John Webster

Pilze

Eine Einführung

Übersetzt von Bernd Dieter Epp

Mit einem Geleitwort von
Karl Esser

Mit 332 Abbildungen

Springer-Verlag
Berlin Heidelberg New York 1983

Professor JOHN WEBSTER
University of Exeter, Department of Biological Sciences Hatherly
Laboratories
Prince of Wales Road
Exeter EX4 4PS, England

Übersetzer:
Oberstudienrat BERND DIETER EPP, Am Huchtert 5 a, 5810 Witten 3

Titel der englischen Originalausgabe:
JOHN WEBSTER, Introduction to Fungi. Second Edition.
© Cambridge University Press 1970, 1980

Umschlagmotiv s. Seite 277

ISBN 3-540-11939-6 Springer-Verlag Berlin Heidelberg New York
ISBN 0-387-11939-6 Springer-Verlag New York Heidelberg Berlin

CIP-Kurztitelaufnahme der Deutschen Bibliothek
Webster, John:
Pilze : e. Einf.
John Webster. Übers. von Bernd Dieter Epp. Mit e. Geleitw. von Karl Esser.
– Berlin ; Heidelberg ; New York : Springer, 1982.
Einheitssacht.: Introduction to fungi ⟨dt.⟩
ISBN 3-540-11939-6 (Berlin, Heidelberg, New York)
ISBN 0-387-11939-6 (New York, Heidelberg, Berlin)

Satz-, Druck- und Bindearbeiten: Konrad Triltsch GmbH, Graphischer Betrieb,
8700 Würzburg
2131/3130 - 543210

Geleitwort

Als ich vor mehr als zehn Jahren die erste Auflage des Buches von WEBSTER zu Gesicht bekam, wurde mir klar, daß damit eine Marktlükke in der mykologischen Literatur geschlossen wurde. Im Gegensatz zu manchen streng taxonomisch ausgerichteten Lehrbüchern der Mykologie sind die in diesem Buch behandelten Pilze unter den Aspekten der Grundlagenforschung, aber auch der angewandten Forschung ausgesucht. Mit dem leicht faßbaren Text und den einheitlichen, sehr instruktiven Abbildungen dürfte dies gerade das Richtige sein für den Studenten, aber auch als Nachschlagewerk für den Lehrenden. Es ist daher sehr zu begrüßen, daß es dem Springer-Verlag gelungen ist, in Herrn EPP einen kompetenten Übersetzer zu finden, so daß dieses Buch auch im deutschen Sprachraum eine größere Verbreitung haben wird. Durch gemeinsame Bemühungen mit Autor und Übersetzer war es möglich, terminologische Anpassungen an den deutschen Sprachgebrauch vorzunehmen und auch im Vergleich zur zweiten englischen Auflage einige Gesichtspunkte in Bezug auf Entwicklungszyklen, Fortpflanzungsverhalten und Genetik stärker hervorzuheben.

Bochum, im Oktober 1982   KARL ESSER

Vorwort zur zweiten Auflage

Nach Durchsicht der ersten Auflage, die vor ungefähr 10 Jahren veröffentlicht wurde, erschien es zweckmäßig, die Myxomycota ausführlicher zu behandeln und gleichzeitig eine mehr allgemeinere Einführung in die Eumycota zu geben. Außerdem werden bei den imperfekten Pilzen drei besondere ökologische Gruppen besprochen: einige Wasserpilze, nematodenfressende Pilze und solche, die auf Samen leben. Die taxonomischen Angaben stützen sich auf die Bände IVA und IVB von AINSWORTH, SPARROW und SUSSMAN: The Fungi. An Advanced Treatise (Academic Press, 1973).

Exeter   JOHN WEBSTER

Danksagungen

Den vielen Kollegen, die mir bei der Abfassung dieses Buches geholfen haben, bin ich zu großem Dank verpflichtet. GLYN WOODS und MIKE ALEXANDER machten die Fotos, und TONY DAVEY leistete ausgezeichnete technische Hilfestellung. Ich danke für die Abbildungen, die mir zur Verfügung gestellt wurden oder die ich nachzeichnen durfte. Besonders danke ich Dr. G. C. AINSWORTH, Herausgeber von „The Fungi: An Advanced Treatise" und ebenso Academic Press für die Erlaubnis, die verschiedenen Schlüssel zu den Pilztaxa zu übernehmen. Die Urheberrechte für diese Taxa liegen bei Academic Press. Ich danke auch Frau H. EVA von der Universitätsbibliothek Exeter, die mir bei der Literaturbeschaffung half. Dr. M. W. DICK und Dr. M. J. CARLILE möchte ich für die Durchsicht des Oomyceten- und Myxomycetenteils danken. Dr. D. J. ALDERMAN gab mir nützliche Hinweise über den Mechanismus der Flagellenbewegung. Vor allem danke ich JOAN VAUGHAN für ihre immerwährende Geduld und ihr Geschick, ein schwieriges Manuskript in einen lesbaren Maschinentext zu übertragen.

Herrn Professor K. ESSER und Herrn Oberstudienrat B. D. EPP danke ich herzlichst für ihre Hilfe bei der Übersetzung dieses Buches. Besonders dankbar bin ich Herrn Prof. ESSER für zahlreiche Korrekturen und Vorschläge sowie Hinweise auf neuere Arbeiten. Ich danke auch Herrn H. J. RATHKE für die Neuanfertigung verschiedener Zeichnungen und Frau A. GEBAUER für ihre Hilfe beim Schreiben des Manuskriptes. Ich danke auch meinem Kollegen Dr. P. T. FISHER für seine Hilfe bei der Überprüfung der Übersetzung.

Exeter   JOHN WEBSTER

Inhaltsverzeichnis

Einleitung. 1

Teil 1 Myxomycota 3

Schleimpilze und ähnliche Organismen 4

  Klasse: Acrasiomycetes 4

    Unterklasse: Protostelidae 5

      Ordnung: Protosteliales 5

    Unterklasse: Acrasidae 7

      Ordnung: Acrasiales 7

    Unterklasse: Dictyostelidae 7

      Ordnung: Dictyosteliales 7

  Klasse: Hydromyxomycetes 15

      Ordnung: Labyrinthulales 15

  Klasse: Myxomycetes 18

    Unterklasse: Ceratiomyxomycetidae 19

    Unterklassen: Myxogastromycetidae und
Stemonitomycetidae 22

  Klasse: Plasmodiophoromycetes 36

      Ordnung: Plasmodiophorales 36

      Plasmodiophora 38

      Spongospora 43

Teil 2 Eumycota 47

Einleitung. 48

  Mastigomycotina. 86

Chytridiomycetes.   87

Chytridiales   87

Olpidiaceae   91
Olpidium   91

Synchytriaceae.   96
Synchytrium.   96

Rhizidiaceae   104
Rhizophlyctis   104

Cladochytriaceae.   106
Cladochytrium.   106

Chytridiaceae   108
Chytridium   108

Megachytriaceae   110
Nowakowskiella   110

Blastocladiales   112

Blastocladiaceae   113
Allomyces.   113
Blastocladiella   121

Monoblepharidales.   124
Monoblepharis.   125

Oomycetes   127

Saprolegniales   128

Saprolegniaceae   129
Saprolegnia   130
Achlya   134
Aphanomyces   136
Thraustotheca   136
Dictyuchus   136

Peronosporales.   146

Pythiaceae   148
Pythium   148
Phytophthora   154

Peronosporaceae.   164
Peronospora.   164
Plasmopara   169
Bremia   169

Albuginaceae   171

Zygomycotina   175

   Zygomycetes   175

      Mucorales.   175

         Mucoraceae   177
           Mucor   195
           Zygorhynchus   195
           Rhizopus   195
           Absidia   197
           Phycomyces   197
           Syzygites   197

         Pilobolaceae.   197
           Pilobolus   199
           Pilaira   203

         Thamnidiaceae   204
           Thamnidium   204
           Helicostylum   204
           Chaetocladium   206

         Choanephoraceae   208
           Choanephora und Blakeslea   208

         Piptocephalidaceae.   211
           Syncephalastrum.   211
           Piptocephalis   212

         Cunninghamellaceae   214
           Cunninghamella   214

         Mortierellaceae   215
           Mortierella   217

         Endogonaceae.   217

      Entomophthorales   220

         Basidiobolus.   220
         Entomophthora   225

Ascomycotina (Ascomycetes)   232

   Hemiascomycetes   249

      Endomycetales.   250

         Endomycetaceae.   250
           Schizosaccharomyces   250
           Endomyces   254
           Eremascus   254

         Saccharomycetaceae   255
           Saccharomyces.   255
           Endomycopsis   261

Taphrinales 263
    Taphrina 263

Plectomycetes 266

Erysiphales 267
    Erysiphe 269
    Sphaerotheca 276
    Podosphaera 276
    Uncinula 281
    Phyllactinia 281

Eurotiales 282

Gymnoascaceae 282
    Gymnoascus 282

Eurotiaceae 283
    Byssochlamys 287
    Aspergillus 288
    Eurotium 290
    Emericella 291
    Penicillium 294
    Eupenicillium 294
    Talaromyces 295

Pyrenomycetes 296

Sphaeriales 297

Ophiostomataceae 297
    Ceratocystis 297

Sordariaceae 302
    Sordaria 303
    Podospora 306
    Neurospora 310

Melanosporaceae 314
    Chaetomium 315

Xylariaceae 317
    Daldinia 318
    Xylaria 318
    Hypoxylon 319

Hypocreaceae 321
    Hypocrea 325
    Nectria 325

Clavicipitaceae 327
    Claviceps 328
    Epichloe 335
    Cordyceps 337

Discomycetes 339

   Helotiales 340
      Sclerotinia 340
      Trichoglossum 344

   Phacidiales 345
      Rhytisma 345

   Lecanorales 348
      Xanthoria 349
      Peltigera 351
      Cladonia 352

   Pezizales 353
      Pyronema 354
      Ascobolus 357

   Tuberales 363
      Tuber 364
      Elaphomyces 367

Loculoascomycetes 368

   Pleosporales 369
      Leptosphaeria 369
      Pleospora 371
      Sporormia 373

Basidiomycotina (Basidiomycetes) 374

Hymenomycetes 394

   Holobasidiomycetidae 395

   Agaricales 395

      Hygrophoraceae 408

      Tricholomataceae 408

      Amanitaceae 410
        Amanita 410

      Agaricaceae 410
        Agaricus 410
        Lepiota 410

      Coprinaceae 411
        Coprinus 411
        Panaeolus 412

      Bolbitiaceae 412
        Agrocybe 412

Strophariaceae.   413
  Stropharia   413
  Hypholoma   413
  Psilocybe   413
  Pholiota   413
Cortinariaceae.   413
  Cortinarius   413
Boletaceae   413
  Boletus.   414
  Leccinum   414
  Suillus   414
  Paxillus.   414
Russulaceae.   415
  Russula und Lactarius   415
Aphyllophorales   416
  Polyporaceae   416
  Ganodermataceae   422
  Auriscalpiaceae   425
  Hydnaceae   426
  Schizophyllaceae.   426
  Coniophoraceae   429
  Clavariaceae.   431
    Clavaria   431
  Stereaceae   432
    Stereum   434
  Thelephoraceae   435
    Thelephora   435
Dacrymycetales   436
  Dacrymyces.   436
  Calocera   438
Phragmobasidiomycetidae.   438
Tremellales   439
  Exidia   442
  Tremella   443
Auriculariales   443
  Auricularia   443
Gasteromycetes   445
Lycoperdales   446
  Lycoperdon   446
  Calvatia   448
  Geastrum   449

Nidulariales 450
    Cyathus. 450
    Sphaerobolus 453

Sclerodermatales 455
    Scleroderma 455

Phallales 455
    Phallus 456

Teliomycetes 458

Ustilaginales. 459

    Sporobolomycetaceae. 472
    Sporobolomyces 472

Uredinales 476
    Puccinia 477

Pucciniaceae. 489

Coleosporiaceae 490

Melampsoraceae 490

Deuteromycotina (Fungi imperfecti) 490

Imperfekte Wasserpilze 501

An der Luft sporulierende imperfekte Wasserpilze   . . . 514

Tierfangende Fungi imperfecti   516

Hyphomycetes 529
    Alternaria 529
    Stemphylium 532
    Epicoccum 532
    Nigrospora 532
    Drechslera 534
    Cercospora 537
    Curvularia 537
    Pyricularia 540

Coelomycetes 541
    Colletotrichum. 541
    Phoma 542
    Ascochyta. 543
    Septoria 545

Literatur 547
Organismenverzeichnis 627
Sachverzeichnis 637

Einleitung

Was sind Pilze?

Es ist sehr schwierig, eine genaue Definition des Begriffes „Pilz" zu geben, weil sich die entsprechenden Organismen in Form, Verhalten und Lebensweise zu sehr unterscheiden. Ainsworth (1973) hat einige ihrer wichtigsten Merkmale aufgeführt:

Ernährung: heterotroph (Photosynthese fehlt) und Nährstoffe absorbierend (Phagocytose selten).

Thallus: auf oder in einem Substrat und plasmodial amöboid oder pseudoplasmodial; oder in dem Substrat und einzellig oder fadenförmig (Myzel), die letzteren septiert oder nicht septiert; typischerweise nicht beweglich (mit Protoplasmaströmung im Myzel), aber auch bewegliche Stadien (z.B. Zoosporen = Planosporen) können vorkommen.

Zellwand: gut ausgebildet, typischerweise chitinisiert (Zellulose bei Oomycetes).

Zellkern: eukaryotisch, vielkernig, das Myzel homo- oder heterokaryotisch, haploid, dikaryotisch oder diploid, letzteres gewöhnlich nur für begrenzte Dauer.

Entwicklungszyklus: einfach bis komplex.

Sexualität: asexuell oder sexuell (s. S. 34).

Sporokarpien: mikroskopisch oder makroskopisch sichtbar mit begrenzten Gewebedifferenzierungen.

Vorkommen: als Saprophyten, Symbionten, Parasiten oder Hyperparasiten.

Verbreitung: weltweit.

Warum befaßt man sich mit Pilzen?

Das Fehlen von Photosynthesepigmenten zwingt die Pilze zu einer saprophytischen oder parasitischen Lebensweise. Als Saprophyten bewirken sie zusammen mit den Bakterien und Tieren im Erdboden den Abbau von komplexen Pflanzen- und Tierresten, indem sie diese in einfache Substanzen spalten, welche von nachfolgenden Pflanzengenerationen wieder verwendet werden können. Ohne diese wichtigen Abbauvorgänge würde schließlich das Pflanzenwachstum, von dem das gesamte Leben abhängt, wegen Mangel an notwendigen Rohstoffen aufhören. Die Fruchtbarkeit des Bodens hängt daher zum Teil von der Aktivität der Pilze ab. Die Wurzeln der meisten grünen Pflanzen sind mit Pilzen infiziert, wodurch die Aufnahme von Mineralien gefördert werden kann. Diese infizierten Wurzelsysteme nennt man Mykorrhizen, sie sind ein Beispiel für eine Symbiose zwischen höheren Pflanzen und Pilzen. In unfruchtbaren Böden kann das Wachstum höherer Pflanzen von solchen Pilzinfektionen abhängen (Harley, 1969). Schädliche Auswirkungen saprophytischer Pilze auf die Volkswirtschaft können auftreten, wenn Nahrungsmittel, Hölzer und Textilien verfaulen. Pilze haben auch eine Bedeutung für industrielle Zwecke erlangt, z.B. im Brauereiwesen, in der Produktion von Antibiotika oder in der Zitronensäureproduktion.

Die Zubereitung von Nahrungsmitteln, wie z. B. das Backen, die Käse- oder Weinherstellung, ist ebenfalls von Pilzen abhängig. Zunehmend werden Pilze für Stoffwechselumsetzungen der pharmazeutischen Industrie verwendet. Literaturübersichten: Christensen (1965), Gray (1959), Emerson (1973) und Rehm (1980).

Als Parasiten verursachen Pilze Krankheiten in Pflanzen und Tieren. Obwohl der Pilzbefall von Nutzpflanzen seit Menschengedenken bekannt ist, gab erst das Auftreten der Kartoffelkrautfäule in Irland, die zu einer großen Hungersnot und zu einer Dezimierung der Bevölkerung führte, in der Mitte des 19. Jahrhunderts den Anstoß für wissenschaftliche Untersuchungen (Large, 1958).

Als Erreger von Krankheiten bei Tier und Mensch sind Pilze im allgemeinen nicht so gefährlich wie Bakterien und Viren, obwohl es auch tödliche Pilzerkrankungen gibt.

Mit der fortschreitenden Bekämpfung von Krankheitsursachen hat man auch die Bedeutung der durch die Pilze verursachten Krankheiten erkannt (Ainsworth, 1952).

Neben diesen angewandten Gesichtspunkten der Mykologie sind die Pilze auch in sich selbst eine interessante Gruppe: sie dienen den Physiologen, Mikrobiologen, Biochemikern und Genetikern als ideale Objekte für die Grundlagenforschung. Den Untersuchungen an *Neurospora* verdanken wir sehr viele allgemeine, genetische Erkenntnisse; das tiefere Verständnis von der Atmung stammt von Untersuchungen an der Hefe. Untersuchungen der „bakanae"-Reiskrankheit, verursacht durch *Gibberella fujikuroi*, führten zur Entdeckung von Pflanzenwuchshormonen, den Gibberellinen. Diese Aspekte der Pilzbiologie werden in diesem Buch nicht näher erwähnt. Sie sind von Cochrane (1958), Fincham und Day (1971), Esser und Kuenen (1967) und Burnett (1975) ausführlich beschrieben worden.

Klassifizierung

Kein Lebewesen klassifiziert sich selbst, sondern wird vom Menschen der Übersicht wegen klassifiziert. Eine ideale Klassifizierung sollte die natürlichen Verwandtschaftsbeziehungen aufzeigen, jedoch werten die Mykologen die taxonomischen Kriterien in unterschiedlicher Weise. Es ist daher nicht überraschend, daß verschiedene Fachleute nicht die gleichen Klassifizierungen benutzen. Ich habe mich, wie schon erwähnt, für das von Ainsworth (1973) vorgeschlagene Schema entschieden.

Die Pilze ordnet man zwei Abteilungen zu, die durch das Vorhandensein oder Fehlen von Plasmodien oder Pseudoplasmodien charakterisiert sind. Ein Plasmodium ist eine zellwandlose, vielkernige Protoplasmamasse, die infolge des Fehlens von Zellwänden ihre Nahrung durch Phagocytose aufnimmt. Die Kernteilungen in einem Plasmodium erfolgen im allgemeinen simultan. Ein Pseudoplasmodium entsteht durch Aggregation von einzelnen amöboiden Zellen. Pilze mit Plasmodien oder Pseudoplasmodien werden der Abteilung Myxomycota zugeordnet, während die Mehrheit der Pilze, die gewöhnlich Myzelien ausbilden, den Eumycota zugeordnet werden.

Schlüssel für die Abteilungen der Pilze

Plasmodium oder Pseudoplasmodium vorhanden . . . . . **Myxomycota** (S. 3)
Plasmodium oder Pseudoplasmodium fehlend, in vegetativer Phase Myzelien vorhanden . . . . **Eumycota** (S. 47)

Teil 1 Myxomycota

Schleimpilze und ähnliche Organismen

Ob die Myxomycota mit den Eumycota eng verwandt sind, ist zweifelhaft. Möglicherweise sind sie mit den Protozoen enger verwandt. De Bary (1887) gebrauchte den Begriff Mycetozoa, um damit eine Verwandtschaft mit den Tieren aufzuzeigen. Diese Ansicht vertritt auch Olive (1970), der eine Übersicht über die Klassifikation dieser Gruppe gibt. Die unten aufgeführte Klassifikation (Ainsworth, 1973) ordnet sie jedoch den Pilzen zu. Es ist aber keineswegs sicher, daß diese Organismen, die in der Abteilung Myxomycota zusammengefaßt werden, untereinander verwandt sind, und in der Tat ordnen einige Autoren bestimmte Gruppen anderswo ein.

Schlüssel zu den Klassen der Myxomycota

1 Vegetative Phase als freilebende Amöben, die sich vor der Fortpflanzungsphase zu einem Pseudoplasmodium vereinigen . . . . **Acrasiomycetes** (S. 4)
Vegetative Phase als Plasmodium 2
2 Plasmodium bildet eine Netzstruktur („Netz-
plasmodium") . . . . **Hydromyxomycetes** (S. 15)
Plasmodium bildet keine Netzstruktur 3
3 Plasmodium saprotroph, freilebend . . . . **Myxomycetes** (S. 18)
Plasmodium parasitiert in den Zellen der
Wirtspflanzen . . . . **Plasmodiophoromycetes** (S. 36)

Klasse: Acrasiomycetes

Das charakteristische Merkmal dieser Gruppe ist ein vegetatives Stadium, in dem amöboide Zellen oder Myxamöben (oder in einigen Fällen kurzlebige Plasmodien) Bakterien oder andere Beuten phagocytieren. Raper (1973) führt in einer zusammenfassenden Darstellung aus, daß die Organismen, die als Acrasiomycetes klassifiziert werden, wahrscheinlich keine natürliche Gruppe darstellen. Es ist auch ungewiß, ob diese Gruppe eher den Pilzen oder den Protozoen nahesteht. Das wichtigste Argument für ihre Betrachtung an dieser Stelle ist, daß sie traditionsgemäß von Mykologen bearbeitet wurde.

Die Fortpflanzungsorgane der Acrasiomycetes sind **Sporokarpien** (zarte, tubuläre Stiele, die eine oder mehrere Sporen tragen), oder **Sorokarpien** (mehrzellige Fruchtkörper, in denen auf der Spitze eines ein- oder mehrzelligen Stieles ein Sorus von Sporen gebildet wird).

Schlüssel zu den Unterklassen der Acrasiomycetes (Raper, 1973)

1 Sporulation geht der Aggregation der Myxamöben nicht voraus; Sporokarpien ein-
bis mehrsporig; vegetatives Stadium bestehend aus Myxamöben oder winzigen
Plasmodien, beide mit fadenförmigen Pseudopodien und Kernen mit einzelnen,
zentral angeordneten Nukleoli; Flagellaten-Stadium bei einigen Arten vorkom-
mend, bei anderen fehlend . . . . **Protostelidae** (S. 5)
Sporulation geht der Aggregation von Myxamöben zur Bildung eines Pseudoplasmodiums voraus; Sorokarpien vielsporig; vegetative Phase bestehend aus einkernigen Myxamöben; Pseudopodien bei einigen Arten fadenförmig, bei anderen lappig;
Flagellatenzellen fehlen 2
2 Aggregatbildende Myxamöben fließen bei der Pseudoplasmodienbildung nicht zusammen; Fruchtkörper durch Fehlen oder Vorhandensein von deutlichen Sori oder
Sorophoren gekennzeichnet; Myxamöben mit lappigen Pseudopodien und Kernen
mit einzelnen, zentral angeordneten Nukleoli . . . . **Acrasidae** (S. 7)
Aggregatbildende Myxamöben fließen bei der Pseudoplasmodienbildung zusammen; Sorokarpien mit deutlich ausgebildeten Sori und Sorophoren; Myxamöben
mit fadenförmigen Pseudopodien und Kernen mit zwei oder mehr peripheren
Nukleoli . . . . **Dictyostelidae** (S. 7)

Unterklasse: Protostelidae

Ordnung: Protosteliales

Diese Gruppe von Organismen ist wahrscheinlich wegen ihrer Unauffälligkeit erst
kürzlich entdeckt worden. Ihre Vertreter sind Ubiquisten und kommen auf faulenden Pflanzenteilen im Boden, auf Dung und auch im Süßwasser vor. Olive (1967)
hat eine Monographie der Protostelidae verfaßt. Man kann diese Schleimpilze auf
nährstoffarmen Nährböden kultivieren, wie z. B. auf Laktose-Hefe-Extrakt-Agar
(0,1% Laktose, 0,05% Hefeextrakt, 2% Agar) oder Heu-Infusions-Agar (2,5% Heu/
Liter, 0,2% $K_2HPO_4 \cdot 3 H_2O$, 2% Agar), wenn Bakterien oder andere Organismen
als Futterorganismen zugesetzt werden, wie z. B. *Escherichia coli, Klebsiella aerogenes* und die Hefe *Rhodotorula mucilaginosa*.

Protostelium ist ein typischer Vertreter dieser Gruppe (Abb. 1). *Protostelium mycophaga* wurde auf Teilen abgestorbener Pflanzen gefunden. Dieser Pilz wächst und
fruktifiziert gut in Kulturen, die mit Pilzzellen, wie z. B. Hefen, gefüttert werden,
wächst aber nicht mit Bakterien. Der Fruchtkörper, das Sporokarp, besteht aus einem etwa 75 μm langen, schlanken, tubulären Stiel, der eine einzelne kugelförmige
Spore (ϕ 4–10 μm) trägt. Die Spore fällt sehr leicht ab. Bei ihrer Keimung entsteht
eine einkernige Amöbe, die dünne Pseudoplasmodien entwickelt. Die Amöben ernähren sich sowohl von Hefezellen als auch kannibalisch von Amöben der eigenen
Art. Der Entwicklungszyklus der Protostelidae ist in Abb. 2 dargestellt. *P. mycophaga* stimmt mit diesem Schema überein. Die im folgenden beschriebene allgemeine
Sporenentwicklung geht auf Olive (1967) zurück. Am Ende der Ernährungsphase
runden sich die Amöben ab und konzentrieren sich zu einem sogenannten „Hut-

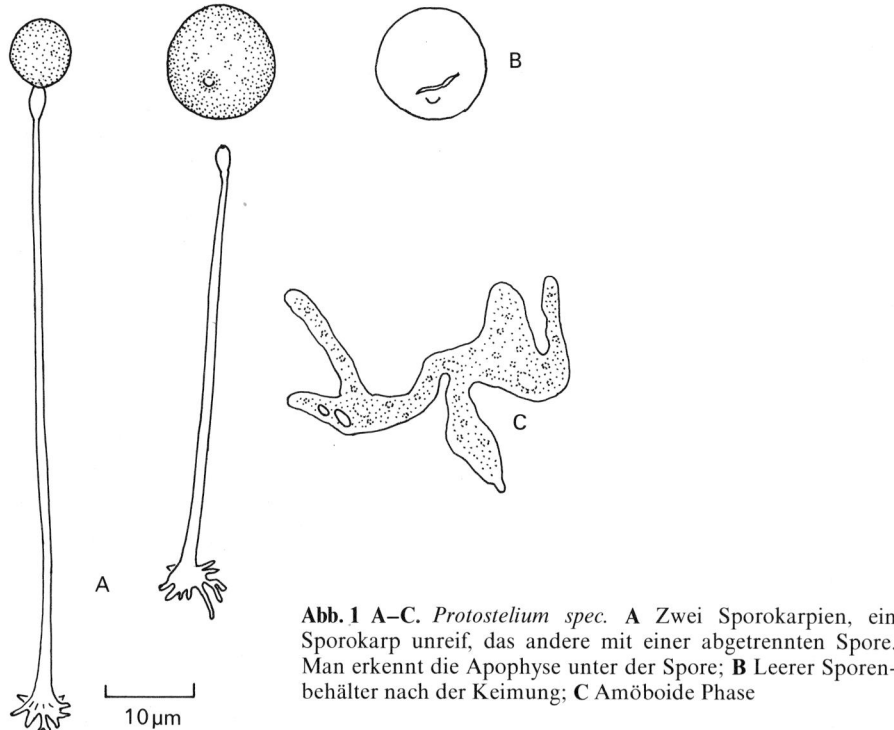

Abb. 1 A–C. *Protostelium spec.* **A** Zwei Sporokarpien, ein Sporokarp unreif, das andere mit einer abgetrennten Spore. Man erkennt die Apophyse unter der Spore; **B** Leerer Sporenbehälter nach der Keimung; **C** Amöboide Phase

Form"-Stadium (Abb. 2 B). Über der Außenseite der Zelle entwickelt sich eine geschmeidige, membranartige und undurchlässige Scheide. Der Protoplast zieht sich in den zentralen „Höcker" zusammen, verläßt die Scheide durch den dünnen Rand und fällt dann auf dem Substrat zusammen, wo er eine scheibenförmige Basis für den Stiel des Sporokarps bildet. Innerhalb des Protoplasten bildet sich dann ein granulärer, unechter Kern heraus.

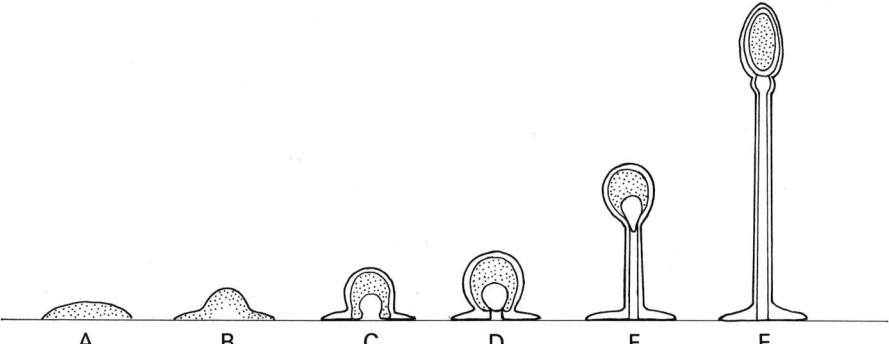

Abb. 2 A–F. Sporogenese eines Vertreters der Protostelidae (nach Olive, 1967). **A** Frühes Vorspor-Stadium; **B** Hutform-Stadium; **C** Erscheinen des Steliogens; **D** Beginn der Stielbildung; **E** Späteres Stadium der Stielentwicklung, das Steliogen dehnt sich in den oberen Teil der Stielröhre aus; **F** Reifes Sporokarp mit terminaler Spore und darunter liegender Apophyse, äußerer Scheide und innerer Stielröhre

Diese Struktur, die dazu bestimmt ist, den Stiel emporzuheben, nennt man **Steliogen.** Das Steliogen beginnt mit der Bildung einer schmalen, hohlen Röhre (Abb. 2 D, E). Während des Längenwachstums der Röhre wandert der Protoplast aufwärts und sitzt dann auf dem oberen Ende der Röhre. Mittlerweile wird die Außenseite der Röhre angelegt und bildet eine zweite Schicht um den Stiel (Abb. 2 E). Schließlich verläßt das Steliogen die Spitze des Stieles, während sich der Protoplast davon zurückzieht. Das Steliogen scheidet eine Wand aus und wird zur Spore. Der gegenüber der Spore liegende Rest des Steliogens besitzt kein Cytoplasma mehr und bleibt als **Apophyse** erhalten. Die gesamte Entwicklung kann bei *P. mycophaga* in weniger als einer halben Stunde ablaufen. Die Feinstruktur des Protostelid-Sporokarps wurde von Furtado et al. (1971) untersucht.

Obwohl die Entwicklung der Protostelidae diesem allgemeinen Muster entspricht, können doch Abweichungen vorkommen. Bei einigen Arten können die Protoplasten Anastomosen bilden; bei dem Plasmodien bildenden *Schizoplasmodium cavostelioides* fusionieren die Protoplasten zu einem großen Plasmodium. Bei *Cavostelium* kann die Amöbe in eine Zelle übergehen, die an der Vorderseite eine oder auch 2–4 Geißeln besitzt. In dieser Gattung können die Sporokarpien 1–2sporig sein. *Schizoplasmodium cavostelioides* ist deshalb interessant, weil ihre Sporen aktiv freigesetzt werden. Olive (1964) und Olive und Stoianovitch (1966) haben diesen Sporenausschleuderungsmechanismus als Folge der Explosion einer Gasblase zwischen Sporenwand und äußerer Scheide gedeutet. Sie behaupten, daß ein ähnlicher Mechanismus die aktive Freisetzung der Basidiosporen von Basidiomycotina bewirkt (siehe S. 378). Cysten, die aus amöboiden oder plasmodialen Stadien gebildet werden, findet man bei den meisten Protostelidae. Sie können ein- oder vielkernig sein, ihre Form variiert von kugelig bis unregelmäßig. Sexuelle Fortpflanzung ist bisher nicht beschrieben worden.

Unterklasse: Acrasidae

Ordnung: Acrasiales

Diese Gruppe wird nicht näher beschrieben, weil ihre Vertreter sehr selten gefunden werden. *Acrasia rosea*, die auf toten Pflanzenteilen vorkommt (wie z. B. Blüten von *Phragmites*), bildet Myxamöben aus, die sich unabhängig ernähren. Letztere aggregieren und bilden ein Pseudoplasmodium. Dieses fruktifiziert und bildet verzweigte Kette von Sporen aus (Olive und Stoianovitch, 1960; Raper, 1973).

Unterklasse: Dictyostelidae

Ordnung: Dictyosteliales

Der bekannteste Vertreter dieser Gruppe ist *Dictyostelium*, deren Name von der Tatsache abgeleitet wird, daß der Stiel ihres vielzelligen Fruchtkörpers wie ein Netz erscheint, das aus den Wänden der vakuolisierten Myxamöben aufgebaut wird. *Dictyostelium*-Arten sind im Boden weit verbreitet und können wie folgt isoliert werden: Auf einem nährstofffreien Agar werden zunächst als Futterorganismen Zellen von *Klebsiella aerogenes* oder *Escherichia coli* aufgetragen und dann etwas angefeuchtete Erde in die Mitte des Bakterienausstriches hinzugefügt (Raper, 1951). Myxamöben von *Dictyostelium* bewachsen die Agaroberfläche und ernähren sich phagocytotisch von den Bakterien. Wenn die Bakterien, die sich auf dem nährstofffreien Agar nicht vermehren können, verbraucht sind, vereinigen sich die Myxamöben, um ein sternförmiges, vielzelliges Pseudoplasmodium zu bilden. Aus diesen Pseudoplasmodien entstehen nach Zugabe von Erde innerhalb einer Woche Fruchtkörper oder Sorokarpien. Um eine Reinkultur von *Dictyostelium* zu erhalten, entnimmt man den Sorokarpien Sporen, die auf einer frischen Platte mit Futterorganismen angezogen werden. *Dictyostelium mucoroides* ist am häufigsten anzutreffen und kommt auch auf Dung vor, der im feuchten Zustand im Labor gehalten wird. Die bekannteste Art für umfangreiche morphogenetische Untersuchungen ist *D. discoideum*. Zusammenfassende Darstellungen dieser Gruppe, die manchmal als zelluläre Schleimpilze bezeichnet werden, findet man bei Bonner (1967, 1971) und Raper (1973), während die Morphogenese von *Dictyostelium* von Gregg (1966), Newell (1971, 1975), Garrod und Ashworth (1973) und Loomis (1975) zusammenfassend behandelt wurde. Es ist auch möglich, *Dictyostelium* in axenischen (d. h. bakterienfreien) Kulturen wachsen zu lassen (Sussman und Sussman, 1967; Watts und Ashworth, 1970; Ashworth und Watts, 1970; Schwalb und Roth, 1970).

Das Sorokarp von *D. discoideum* besteht aus drei Zelltypen (Abb. 3), Zellen, die die Basalscheibe bilden (B), den vielzelligen Stiel (A) und die Sporen (C). Letztere befinden sich in einem birnenförmigen Sorus an der Spitze des Stieles. Die Sporen sind zylindrisch und keimen nach einigen Stunden aus, wenn sie auf einen Bakteriennährboden gelegt werden. Auf einer Seite der Spore wird eine Myxamöbe entlassen (Abb. 3 C). Diese Myxamöbe ernährt sich durch Aussenden von Pseudopodien von den umliegenden Bakterien. Nach Größenzunahme teilt sie sich. Die Generationsdauer für Myxamöben beträgt 2–3 Stunden. Die Zahl der Myxamöben nimmt auf Kosten der Bakterienzahl zu. Während dieser Fütterungsphase sind die Myxamöben mehr oder weniger isodiametrisch und können sich amöboid zu den Bakterien bewegen. Nach Verbrauch der Bakteriennahrung strömen die Myxamöben auf einen zentralen Punkt zu (**Aggregation**). Die auf diese Weise entstehenden Aggregate bilden sternförmige Pseudoplasmodien (Abb. 4 A, B), die einige hundert bis mehrere tausend Zellen enthalten.

Für die Aggregation der Mxyamöben benutzt man manchmal den lateinischen Ausdruck **grex** (= Herde). Die Myxamöben befinden sich innerhalb des Pseudoplasmodiums in lebhafter Bewegung: sie strömen entweder zum Zentrum oder in einen der ausstrahlenden Arme. Die Myxamöben können sich während der vegetativen Ernährungsphase zwar berühren, bleiben aber nicht aneinander haften. Während der Aggregation verändern die Myxamöben ihre Form und werden länglicher (Abb. 3 D, 4 D). Ihre Oberfläche ändert sich ebenfalls, so daß sie nun aneinander haften bleiben. Eine als 3′,5′zyklisches Adenosin-Monophosphat (zyklisches AMP) von Konijn et al. (1967) (siehe auch Bonner, 1969) identifizierte chemische Substanz, Acrasin genannt, leitet die Aggregation ein. Die aggregierten Myxamöben häufen sich zu einer kugelförmigen Masse an. Bei *D. discoideum* fällt diese Masse

Abb. 3 A–G. *Dictyostelium discoideum.* **A** Reifes Sorokarp, das den gebildeten Sorus an der Spitze eines vielzelligen Stieles zeigt, der von einer Basalscheibe ernährt wird; **B** Vergrößerte Ansicht der Scheibe und der Stielbasis; **C** Zwei Sporen und sechs Myxamöben fressend unter Bakterien. Die Form dieser Sporen deutet an, daß sie diploid sind; **D** Einige verlängerte Myxamöben, die Teil eines radialen Arms eines zusammenfließenden Pseudoplasmodiums sind. Die Pfeile zeigen die Bewegungsrichtung an. Vergleiche die Form der vegetativen und der zusammenfließenden Myxamöben in **C** und **D**; **E** Zwei Makrocysten; **F** Keimende Makrocysten. Der freigesetzte Inhalt wird noch von der Innenwand der Cyste eingeschlossen; **G** Die gleiche Makrocyste 4 Stunden später. Sie zeigt das Ausströmen der Myxamöben, nachdem die innere Wand geplatzt ist. **C** und **D** im gleichen Maßstab, **F** und **G** im gleichen Maßstab. **E, F** und **G** nach Nickerson und Raper (1973 b)

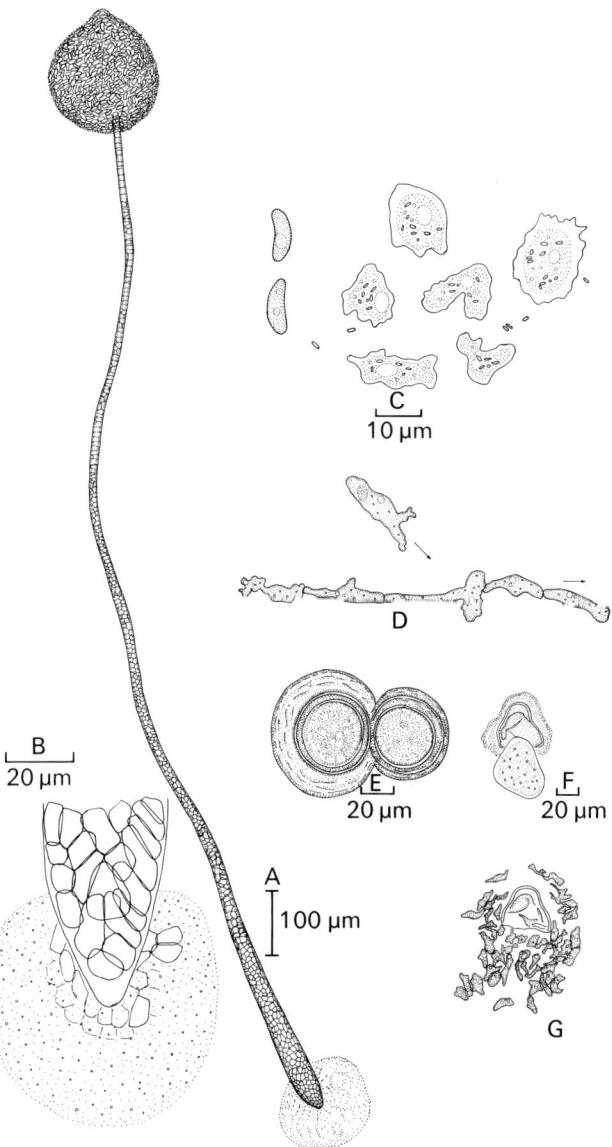

wieder auf das Substrat zurück und kann auf Licht positiv phototaktisch reagieren (**Migration**). Diese Migrationsphase ist nicht bei allen Acrasiomycetes zu finden und tritt z. B. nicht bei *D. mucoroides* auf. Die durchwanderte Strecke beträgt oft einige Millimeter. Dabei wird eine Geschwindigkeit bis zu 2 mm/Stunde erreicht. Das wandernde Pseudoplasmodium hinterläßt eine Schleimspur. Die das Pseudoplasmodium bildenden Zellen weisen während der frühen Wanderungsphase nur einen geringen sichtbaren Unterschied auf. Später kann man zwei verschiedene Zelltypen erkennen: eine durch eine scharfe Grenzlinie voneinander getrennte Gruppe größe-

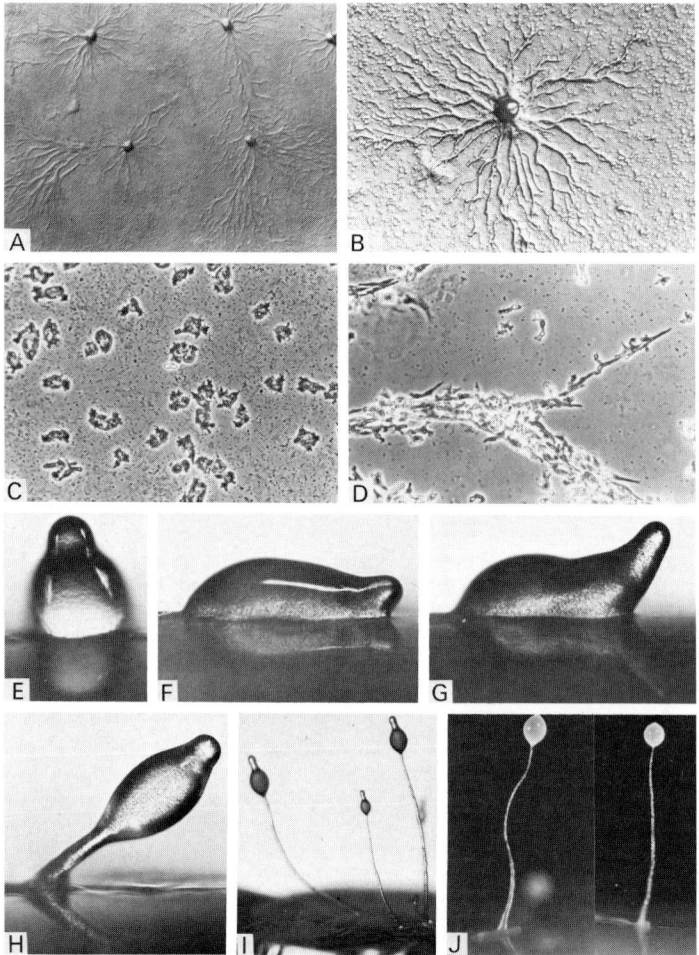

Abb. 4 A–J. *Dictyostelium discoideum*, Entwicklung. **A** Aggregation der Myxamöben; **B** Aggregation, vergrößert; **C** Bakterienfressende Myxamöben: man erkennt die isodiametrische Form; **D** Zusammenfließende Myxamöben: man erkennt die verlängerte Form; **E** Späteres Aggregationsstadium; **F–G** Migrationsstadium; **H** Kulmination: die Sporenmasse steigt um den Stiel empor; **I** Sporenmasse fast an der Spitze des Stieles; **J** Reife Sorokarpien

rer Zellen (Vorderzellen) und eine Gruppe kleinerer Zellen (Hinterzellen). Diese Unterschiede können auch durch Färbeversuche nachgewiesen werden: die Vorderzellen nehmen nämlich Hämatoxylin langsamer auf als die Hinterzellen. Die Vorderzellen haben auch signifikant größere Kerne. Hinweise über die Differenzierung erhielt man auch durch Pfropfungsexperimente. Es ist nämlich möglich, Myxamöben zu markieren, indem man sie mit dem rot gefärbten Bakterium *Serratia marcescens* füttert. Wenn man dann den vorderen Teil abschneidet und auf eine nicht markierte hintere Region eines Plasmodiums überträgt, kommen die beiden Zelltypen miteinander in Kontakt. Dabei zeigte sich, daß sich die Vorderzellen zu Stielzellen und sich die kleineren Zellen der hinteren Region zu Sporen entwickeln. Die sich verändernden Aktivitäten dieser beiden Zelltypen sind verschieden: die Vorderzellen sind Energieverbraucher, während die Hinterzellen Energie speichern. Man kann daher von präsumptiven Stielzellen und präsumptiven Sporenzellen sprechen. Das Pseudoplasmodium bildet am Ende der Migrationsphase eine konische Struktur. In der abschließenden Phase der Entwicklung, **Kulmination** genannt, bildet sich aus dieser konischen Struktur der vielzellige Stiel und der Sorus, der entlang der Außenseite des Stieles nach oben wandert.

Die mit der Differenzierung des Sorokarps einhergehende zelluläre Umordnung ist in Abb. 5 (Bonner, 1944) dargestellt. Inmitten der präsumptiven Stielzellen wird eine Zellgruppe in der Nähe der Spitze des konischen Pseudoplasmodiums vakuolisiert und bildet eine keilförmige Masse. Diese drängt sich selbst durch die präsump-

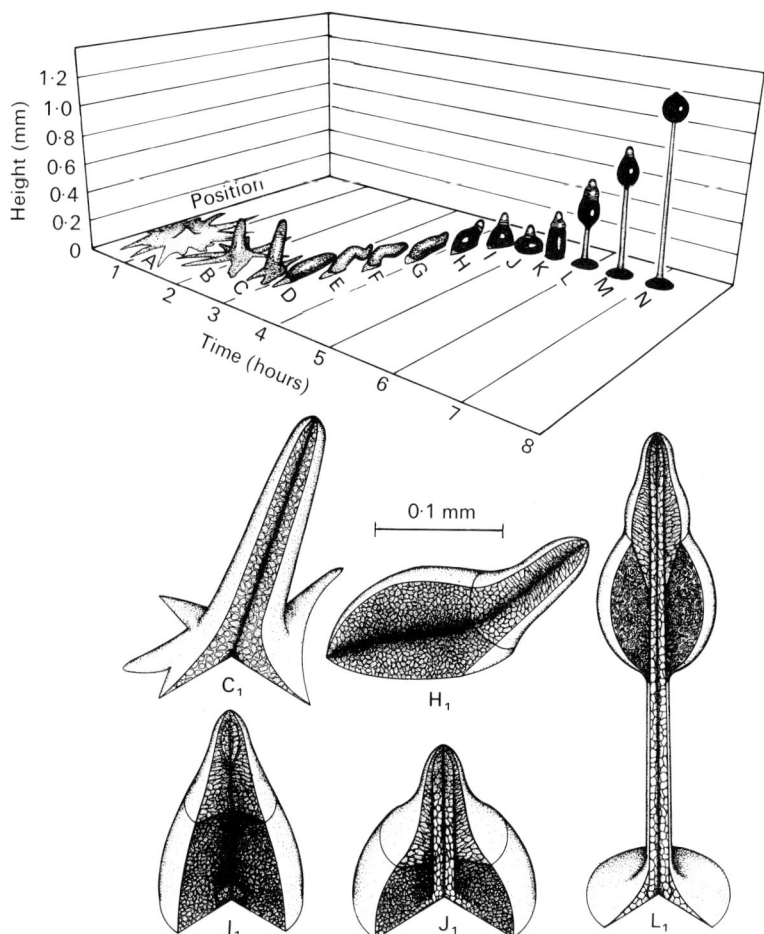

Abb. 5 A–N. *Dictyostelium discoideum:* Entwicklung des Sorokarps (nach Bonner, 1944). **A–C** Aggregation; **D–H** Migration; **I–N** Kulmination. C_1 Ende der Aggregationsphase; H_1 Ende der Migrationsphase; I_1 Beginn der Kulmination und der Stielbildung; J_1 Abgeflachtes Stadium der Kulmination; L_1 Ein späteres Stadium der Kulmination

tiven Sporenzellen hinunter, bis sie schließlich die Basis erreicht und einen vollständigen Stiel bildet (Abb. 5 I, J). An seinem oberen Ende bildet der Stiel eine offene Röhre. Es wandern weitere Zellen in die Röhre und verlängern so den Stiel, dessen äußere Hülle aus Zellulose besteht. Die stielbildenden Zellen vakuolisieren sich während der Endphase der Differenzierung. Ihre Kerne degenerieren und sterben bei der Reife der Stielzellen ab.

Untersuchungen zur Feinstruktur der vegetativen Myxamöben und der Entwicklung der Sorokarpien von *D. discoideum* sind von George et al. (1972) gemacht worden. Bei einigen Vertretern der Dictyostelidae, einschließlich *D. discoideum,* wurden **Mikrocysten** und **Makrocysten** als Fortpflanzungsorgane beschrieben (Blaskovics und Raper, 1957; Nickerson und Raper, 1973a, b; Erdos et al., 1972, 1973a). Mikrocysten entstehen durch Encystierung einzelner Myxamöben, Makrocysten jedoch durch die Encystierung mehrerer Myxamöben. Früher hat man angenommen, daß in Isolaten nur wenige Makrocysten vorkommen. Filosa und Chan (1972) behaupten aber, daß bei einer geeigneten Methode ungefähr 50% der Isolate von *D. mucoroides* Makrocysten ausbilden. Makrocysten sind globulär oder ellipsoid und entstehen aus aggregierten Myxamöben. Sie kommen einzeln oder in Gruppen vor und sind von einer dreischichtigen Wand umgeben, von denen die innere aus Zellulose gebildet wird. Bei der Reife keimen die Makrocysten aus und entlassen Myxamöben (Abb. 3 F, G). Unter Mangelbedingungen, d. h. ohne Bakterien, können diese Myxamöben aggregieren und dann kleine Sorokarpien (MacInnes und Francis, 1974) bilden. Die Makrocystenbildung läßt sich durch entsprechende Kulturbedingungen, wie Feuchtigkeit, Wärme und Dunkelheit, steigern. Cytologische Untersuchungen zur Makrocystenentwicklung wurden von Dengler et al. (1970) durchgeführt. Diese Autoren zeigten, daß sich jedes Aggregat noch einmal in mehrere sphärische Komplexe unterteilen kann. Im Zentrum dieser Komplexe erscheint eine große Zelle, Riesenzelle genannt. Sie umfließt die umgebenden Myxamöben und schließt sie in die Vakuole ein. Diese phagocytierten Zellen sind auch schon von anderen Wissenschaftlern beobachtet worden und wurden Endocyten genannt. Die Riesenzelle vergrößert ihren Kern beträchtlich und phagocytiert schließlich alle peripheren Myxamöben. Anschließend erscheinen in der Riesenzelle anstelle eines einzigen großen Kerns zahlreiche kleinere Kerne, so daß die reife Cyste vielkernig ist.

Wahrscheinlich sind die Makrocysten Bestandteile eines echten Sexualvorganges mit Kernverschmelzung (Karyogamie) und Meiose.

1. Bei *Polysphondylium violaceum* (siehe S. 15) sind die sich entwickelnden Makrocysten zweikernig, sie vergrößern sich zu Myxamöben verschlingenden Riesenzellen. Später enthalten sie nur noch einen einzelnen sich teilenden Kern mit zahlreichen Nukleoli. Mit der Kernteilung sind einzelne und paarige axiale Elemente verbunden, die als **synaptomale Komplexe** gedeutet werden. Diese Komplexe sind für Zellen charakteristisch, die eine Meiose durchführen (Erdos et al., 1972).

2. MacInnes und Francis (1974) haben bei *Dictyostelium mucoroides* den Beweis für eine genetische Rekombination in markierten Stämmen erbracht. Der von ihnen benutzte Stamm (DM-7) ist selbstfertil; eine Fusion zwischen Myxamöben verschiedenen Genotyps zur Bildung einer heterozygoten Makrocyste kann aber vorkommen. Die Makrocysten können bei der Keimung bis zu 200 Myxamöben bilden, die

man direkt zu Sorokarpien aggregieren lassen kann. Nach Ausplattierung der Sporen konnte die Aufspaltung der Marken innerhalb der Nachkommenschaft analysiert werden. Die Ergebnisse bestätigten einen Meiosevorgang während der vorhergehenden Makrocystenkeimung. Ähnliche Beweise erzielte man auch bei Verwendung der nicht selbstfertilen *D. giganteum* (Erdos et al., 1975). Hier entdeckte man, daß alle von der keimenden Makrocyste stammenden Zellen genotypisch gleich waren. Das bedeutet, daß nur ein haploides Meioseprodukt überlebt. Vermutlich ist nur ein einzelnes Gen mit multiplen Allelen (bisher wurden 4 Allele entdeckt) für den Kreuzungstyp verantwortlich (siehe S. 34). Die Sexualreaktion von *D. discoideum* ist ambivalent. Einige Stämme sind selbstfertil und bilden in Kulturen Makrocysten aus, die von einer einzelnen Spore stammen. In anderen Stämmen entwickeln sich die Makrocysten nur, wenn bestimmte Kulturen gekreuzt werden. Deshalb ist es auch wahrscheinlich, daß das Kreuzungsverhalten durch einen einzelnen Locus mit multiplen Allelen kontrolliert wird (Erdos et al., 1973 b).

Sexuelle Fortpflanzung ist auch ohne nachfolgende Makrocystenbildung möglich. Skupienski (1918) beschrieb von *D. mucoroides* die Paarung und Fusion von Myxamöben und die darauf folgende Aggregation der Zygoten. C. M. Wilson (1952 b, 1953) und Wilson und Ross (1957) haben diese Beobachtung bestätigt. Diesen Autoren zufolge kann in jungen *D. discoideum*-Aggregaten eine haploide Myxamobe eine andere phagocytieren. Danach erfolgt Syngamie. Wahrscheinlich findet kurz danach die Meiose statt, so daß sowohl die Syngamie, die Karyogamie als auch die Meiose während der Aggregationsphase stattfinden. Für *D. discoideum* wird ein haploider Satz von sieben Chromosomen angegeben. Spätere Arbeiten von Ross (1960 b) zeigten, daß Stämme von *D. discoideum* haploid und diploid sein können. Sussman und Sussman (1962) haben das Auftreten stabiler haploider und diploider Stämme bestätigt. Die diploiden Myxamöben sind wesentlich größer als die haploiden. Die diploiden Sporen sind ebenfalls signifikant größer als die haploiden. Ferner gibt es neben den stabilen Haplonten und Diplonten einige Stämme, in denen ein unterschiedliches Verhältnis von haploiden und diploiden Kernen vorkommt. Solche Isolate werden als metastabile Stämme bezeichnet. Es ist sehr wahrscheinlich, daß der ursprünglich von Raper (1935) isolierte Stamm ein stabiler Haplont war. Ein hoher Anteil von Laborstämmen, die eine bestimmte Zeit kultiviert wurden, ist diploid. Das läßt vermuten, daß diploide Stämme im Verlauf der Kultur isoliert werden können. Ross behauptet, daß die Meiose in einigen haploiden Stämmen am Ende der Aggregationsphase auftreten kann (der Prä-Migrationsphase), während die Meiose in diploiden Stämmen selten ist. Andere Autoren haben die Ergebnisse cytologischer Untersuchungen von *D. discoideum* anders beurteilt. Olive (1963 b) hat darauf hingewiesen, daß der Nachweis von diploiden Zellen solange keine Bestätigung für eine sexuelle Fortpflanzung ist, wie keine entsprechenden genetischen Beweise vorliegen.

Außer dem oben beschriebenen Mechanismus kann eine genetische Rekombination durch einen alternativen Mechanismus erfolgen, und zwar als Folge eines Phänomens, das man **parasexuelle Rekombination** nannte. Diese parasexuelle Rekombination wurde zuerst an den Hyphenpilzen *Aspergillus nidulans* und *A. niger* entdeckt und ist seitdem für eine Reihe weiterer Pilze bestätigt worden (Pontecorvo, 1956; Raper, 1966), siehe S. 236. Einzelheiten dieses Vorganges werden im Zusammenhang mit der Besprechung der Aspergillaceae auf S. 283 dargestellt.

a) Anastomosen zwischen Hyphen von zwei genetisch verschiedenen Stämmen. Daraus ergibt sich ein Myzel mit zwei genetisch verschiedenen Kernen. Ein solches Myzel nennt man **Heterokaryon.**

b) Fusion genetisch verschiedener Kerne. Dies führt zur Bildung heterozygoter, diploider Kerne, die sich zusammen mit den haploiden Elternkernen vermehren.

c) Entstehung und Isolation von diploiden Kolonien. Dies kann durch Bildung diploider, asexueller Sporen geschehen (d. h. diploide Konidien) oder möglicherweise durch schnelleres Wachstum der diploiden Hyphenspitzen.

d) Während der Vermehrung der diploiden Kerne kann als seltenes Ereignis mitotisches crossing-over auftreten, das zu Austausch zwischen homologen Chromosomen führt.

e) Haploidisierung, ein nicht meiotischer Prozeß, in dem möglicherweise durch aufeinanderfolgenden Verlust einzelner Chromosomen während der Kernteilung der diploide Chromosomensatz zu einem haploiden reduziert wird. Wenn z. B. der diploide Satz 2n beträgt, könnte er zu 2n−1, 2n−2 usw reduziert werden. Solche Kerne mit anormalen Chromosomensätzen werden *aneuploid* genannt.

f) Die Neubildung haploider Kolonien, von denen einige die genetischen Eigenschaften der haploiden Elternstämme in sich vereinigen.

Auch Pilze mit fehlenden konventionellen, sexuellen Fortpflanzungszyklen (keine Karyogamie und Meiose) können als Folge eines parasexuellen Zyklus unterschiedliche Rekombinanten bilden. Beweise für einen dem parasexuellen Mechanismus ähnlichen Prozeß bei *Dictyostelium* wurden von mehreren Autoren erbracht (z. B. Sinha und Ashworth, 1969; Fukui und Takeuchi, 1971). Die wesentlichen Schritte in einem solchen Zyklus würden sein:

1. *Zellverschmelzung:* temporäre Zellanastomosen und auch vollständige Zellverschmelzungen wurden beschrieben (z. B. Huffmann und Olive, 1964; Kirk et al., 1971).

2. *Karyogamie:* Kernverschmelzungen wurden beschrieben (C. M. Wilson, 1952 b, 1953). Die unterschiedliche Größe der Kerne korreliert wahrscheinlich mit der Chromosomenzahl. Es ist bewiesen, daß aufgrund von Kernverschmelzungen heterozygote, diploide Kolonien (siehe unten) gebildet werden.

3. *Bildung diploider Kolonien:* wie schon erwähnt, gibt es für die Existenz diploider Stämme von *Dictyostelium* viele Beweise.

4. *Mitotisches crossing-over* wurde bei heterozygoten, diploiden Stämmen von *D. discoideum* (Gingold und Ashworth, 1974) nachgewiesen.

5. *Haploidisierung:* diploide Stämme sind in Langzeitkulturen instabil und fallen leicht in den haploiden Zustand zurück. Cytologische Untersuchungen eines instabilen, heterozygoten diploiden Stammes zeigten eine Zellmischung mit unterschiedlicher Chromosomenzahl: 30% diploide Zellen mit 14 Chromosomen; 60% haploide Zellen mit 7 Chromosomen; 10% aneuploide Zellen mit 8–13 Chromosomen (Sinha und Ashworth, 1969). Diese Autoren zogen daraus den Schluß, daß die Haploidisierung durch vorübergehende Aneuploidie weiter fortschreitet. Nach Fukui und Takeuchi (1971) ist dies auch durch andere Mechanismen möglich.

Der Anteil rekombinierter Zellen kann sehr niedrig sein. Sinha und Ashworth (1969) vermischten Myxamöben von zwei genetisch unterschiedlichen Haplonten, die an fünf verschiedenen Loci markiert waren. Diese Myxamöben ließ man miteinander aggregieren und Fruchtkörper bilden. Nach der Sporenisolation wurden von ungefähr 15 000 Kolonien fünf als heterozygot-diploid identifiziert. Sie enthielten einkernige Sporen, die größer waren als die der Elternstämme. Aus diesen fünf Kolonien entstanden mehrere Rekombinanten. Nach fünfmaliger Übertragung wurden in einer Population von 173 Stämmen 10 verschiedene Phänotypen entdeckt: 47 mit elterlichem Phänotyp und 126 Rekombinanten.

Die Fruchtkörperentwicklung von *Dictyostelium* (eines relativ einfachen Organismus) wirft viele interessante Probleme für Entwicklungsphysiologen auf. Eine interessante Frage ist die Art des auslösenden Faktors für den Aggregationsprozeß. Das Zentrum eines Aggregates scheidet zyklisches AMP aus; hungernde Myxamöben antworten chemotaktisch. Ennis und Sussman (1958) postulieren, daß ein Aggregat ursprünglich aus einer Initiatorzelle, der I-Zelle, entsteht und daß bei jedem Stamm die Anzahl von I-Zellen in einer Population ungefähr konstant ist. Ashworth und Sackin (1969) haben bewiesen, daß in einer Myxamöbenpopulation eine Anzahl von aneuploiden Zellen vorkommen kann. Wenn der genetische Code für die zyklische AMP-Produktion auf einem einzelnen Chromosom lokalisiert ist, dann kann in einer bestimmten Anzahl aneuploider Zellen ein doppelter Satz dieser genetischen Information vorhanden sein. Dies müßte dann zu einer doppelten zyklischen AMP-Produktion führen. Ashworth und Sackin haben die Häufigkeit solcher Zellen innerhalb des Bereichs von möglichen aneuploiden Zellen berechnet. Ihre Ergebnisse stimmen mit früheren Schätzungen zur Häufigkeit der I-Zellen überein.

Zu den Dictyostelidae gehören ferner *Polysphondylium* und *Acytostelium*. Bei *Polysphondylium* kommen sowohl seitliche Sori-Wirtel an kurzen Stielen als auch ein terminaler Sorus vor. *Acytostelium* ist wegen des tubulären und nicht zellulären Stieles, auf dem der Sorus gebildet wird, interessant, im Gegensatz zum vielzelligen Stiel von *Dictyostelium* und *Polysphondylium* (Raper und Quinlan, 1958). Man vermutet, daß Formen wie *Acytostelium* ein Bindeglied zwischen Dictyostelidae und Protostelidae darstellen. Diese Annahme wird durch die Beobachtung unterstützt, daß *Acytostelium* auf reinem Wasseragar einsporige Fruchtkörper bilden kann (Olive, 1967).

Klasse: Hydromyxomycetes

Diese Klasse ist eine andere Gruppe mit ebenfalls ungesicherter Verwandtschaft. Der Thallus besteht aus einem Netzwerk mit verzweigten Schleimröhren; in diesen sogenannten **Netzplasmodien** bewegen sich amöboide Zellen.

Ordnung: Labyrinthulales

Die Labyrinthulales findet man hauptsächlich im Meer und in Flußmündungen. Sie werden einerseits den Schleimpilzen, andererseits den Protozoen oder den eumycotischen Mastigomycotina (Pilze mit Planosporen) oder den Chrysophyceae zugeordnet (Pokorny, 1967; Perkins, 1974a). Vertreter dieser Gruppe können leicht von marinen Angiospermen (z.B. *Zostera* und *Spartina*) oder von Algen isoliert werden. Dazu schwemmt man kleine Stücke dieser Pflanzen mit sterilem Seewasser

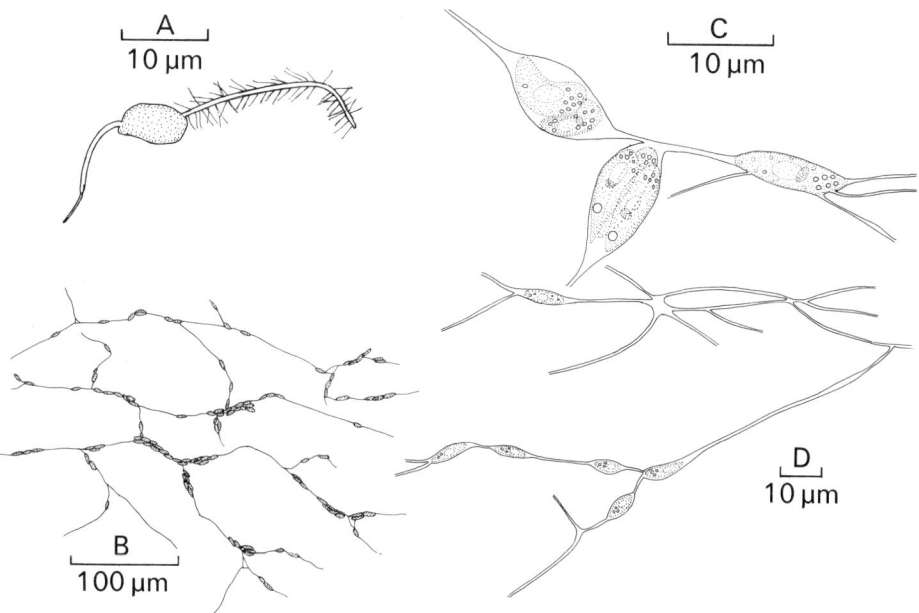

Abb. 6 A–D. *Labyrinthula.* **A** Planospore mit einer langen Flimmergeißel vorn und einer kurzen Peitschengeißel hinten (nach Amon und Perkins, 1968); **B, C, D** Ausschnitte von Kolonien in unterschiedlicher Vergrößerung. In **C** sind die angeschwollenen Spindelzellen in den Schleimröhren zu sehen

ab, das man auf eine Agarschale gibt, die eine Mischung der Antibiotika Penicillin und Streptomycin enthält (zur Eliminierung von Bakterienverunreinigungen). Von *Labyrinthula* wurden auf diese Weise Reinkulturen erhalten, die nicht nur in Gegenwart von Hefen oder Bakterien, sondern auch axenisch wuchsen (Literatur bei Carlile, 1971).

Innerhalb einiger Tage nach dem Animpfen der Serum-Seewasserkulturen kann man ein fein ausgebreitetes Fasernetz auf der Agaroberfläche erkennen (Abb. 6). Eine Untersuchung dieser Thalli zeigte, daß das Netz aus verzweigten Schleimröhren besteht, in denen sich spindelförmige Zellen vorwärts und rückwärts bewegen. Solche Thalli sind typisch für *Labyrinthula* und *Labyrinthuloides*. Die spindelförmigen Zellen sind gewöhnlich einkernig, bei *Labyrinthuloides minuta* jedoch vielkernig; plasmodiumähnliche Strukturen wurden beschrieben (Watson und Raper, 1957). Die Schleimröhren, in denen sich die Zellen bewegen, werden auch ektoplasmatische Netze genannt. Sie sind aus extrazellulären Polysacchariden aufgebaut, die von den Zellen abgesondert werden. Das Material ist etwas elastisch und kann sich ausdehnen und kontrahieren, wenn sich eine Zelle hindurchbewegt (mit einer Geschwindigkeit bis zu 150 µm/min). Der Bewegungsmechanismus ist noch nicht vollständig geklärt. Obwohl die spindelförmigen Zellen gewöhnlich einzeln innerhalb der Röhren verteilt sind, können gelegentlich auch Ansammlungen von 2–3 oder auch mehr Zellen an einer Stelle vorkommen. In einigen Fällen ist das Auftreten von Zellgruppen das Ergebnis einer Mitose. Die Feinstruktur von Vertretern der Labyrinthulales ist von Hohl (1966), Stey (1968), Porter (1969), Perkins (1970, 1972,

1973 a, b, 1974 b) und Schwab-Stey und Schwab (1973) untersucht worden. Die Zellstruktur entspricht dem typischen eukaryotischen Muster. Ein ungewöhnliches Merkmal ist eine Struktur, die von Porter „Bothrosom" und von Perkins „Sagenetosom" genannt wird. Diese Organellen haben wahrscheinlich mit den Absonderungen der Schleimröhren zu tun. Die Feinstrukturanalyse der Schleimröhren ergab, daß diese eine Reihe von membranartigen und vesikelartigen Einschlüssen enthalten, aber keine Strukturen wie z. B. Ribosomen, Endoplasmatisches Retikulum oder andere Zellorganellen aufweisen. Die äußere Schicht der Schleimröhre scheint innen mit einer dünnen Membran ausgelegt zu sein, die in Verbindung mit dem Plasmalemma der Zelle steht.

Fruktifikation

Für *Labyrinthula* sind wengistens drei verschiedene Arten der Fortpflanzung beschrieben worden.

1. *Congregation:* Die Spindelzellen können sich verkürzen und sich zu einem Sorus zusammenschließen. Bei *Labyrinthula macrocystis* kann der Sorus aus mehr als 100 Zellen bestehen, um die ein zähes Häutchen gebildet wird. Wenn dieses zerreißt, wird eine Reihe von kleinen, runden Zellen entlassen. Pokorny (1967) hat vorgeschlagen, den Begriff „Aggregation" nicht für *Labyrinthula* zu benutzen, um eine Verwandtschaft mit den zellulären Schleimpilzen auszuschließen.

2. *Cystenbildung:* *L. macrocystis* bildet durch Umwandlung einer einzelnen, verkürzten Spindelzelle in vier sphärische Tochterzellen Cysten, die eiförmige Zellen entlassen.

3. *Planosporenbildung:* Amon und Perkins (1968), Perkins und Amon (1969) und Perkins (1972) haben für einen Teil der Isolate von *Labyrinthuloides yorkensis* die Freisetzung von biflagellaten Planosporen beschrieben. Die Planosporenbildung gcht der Congregation der Spindelzellen voraus, die sich dann abrunden und vergrößern und schließlich Präsporangien bilden. Innerhalb der großen Schleimröhren, die die Spindelzellen umhüllen, verteilen sich diese Zellen und bilden einen Sorus von Sporangien. Jedes Sporangium entläßt durch Risse in der Sporangienmembran acht Planosporen. Diese sind birnenförmig, vorne schmal und mit zwei seitlichen Flagellen versehen. Diese Geißeln sind ungleich lang, die vordere ist doppelt so lang wie die hintere. Beide Geißeln unterscheiden sich auch in der Struktur. Die vordere ist eine „Flimmergeißel" mit zwei Reihen feinen seitlichen Anhängseln oder **Mastigonemen**. Die hintere ist eine „Peitschengeißel", glatt und ohne seitliche Anhänge (Abb. 6 A). Planosporen mit diesen beiden verschiedenen Geißeltypen nennt man **heterokont**. Im Querschnitt entsprechen beide Geißeltypen dem klassischen 9 + 2 Muster mit neun peripheren Doppel- und zwei zentralen Einzelfibrillen (Gibbons und Grimstone, 1960). Nach Perkins und Amon geht der Bildung von 8 Planosporen wahrscheinlich eine Meiose voraus, an die sich mehrere Mitosen anschließen. Ein Beweis für die Meiose ist die Bildung von **synaptonemalen Komplexen** (Moses, 1968; John und Lewis, 1973). Wenn diese Deutung richtig ist, sind die congregierten Spindelzellen diploid und die Planosporen haploid. In welchem Stadium des Entwicklungszyklus die diploide Phase wiederhergestellt wird, ist noch unbekannt. Die Planosporen können ungefähr 24 h lang schwimmen und werden dabei von der vorderen Geißel angetrieben. Beim Festsetzen verlieren sie ihre Gei-

ßeln und bilden sich in bewegungsfähige Spindelzellen um. Eine Kopulation von Planosporen ist nicht beobachtet worden.

Labyrinthula macrocystis wird als möglicher Erreger für die Verfallskrankheit des Seegrases *Zostera marina* angesehen (Peterson, 1936; Young, 1943). Obwohl dieser Organismus meistens gemeinsam mit erkrankten Pflanzen gefunden wird, kann er nicht als einzige Ursache dieser Krankheit angesehen werden (Pokorny, 1967). Perkins (1973a) hat gezeigt, daß das ektoplasmatische Netz mehrerer labyrinthuloider Organismen zur Zerstörung von tierischen und pflanzlichen Zellen führen kann und daß einige den Gehalt des chemisch inerten Sporopollenin verringern können, das einen Teil der Pollenzellwand bildet.

Eine Verwandtschaft zwischen den Labyrinthulales und anderen Organismen ist gegenwärtig noch ungewiß. Hier gibt es bis jetzt noch keine allgemeine Übereinstimmung. Es ist zweifelhaft, ob das „Netzplasmodium" und das Plasmodium der Myxomycetes ähnlich genug sind, um eine enge Verwandtschaft anzudeuten, zumal das Netzplasmodium vielzellige, plasmodiumähnliche Strukturen enthält. Ferner sind Planosporen mit heterokonten Geißeln nicht für die Myxomycetes charakteristisch, die Planosporen mit Peitschengeißeln aufweisen (S. 2). Es wäre interessant, etwas über Planosporen bei anderen Arten der *Labyrinthula* zu erfahren. Heterokonte Planosporen sind bei den Oomycetes (S. 72) gefunden worden. Amon und Perkins (1968) vermuten, daß *Labyrinthula* mit den Thraustochytriaceae, einer Familie der Saprolegniales, verwandt sein könnte (S. 128). Die Chrysophyceae sind eine Algengruppe, mit der ebenfalls eine Verwandtschaft möglich wäre.

Klasse: Myxomycetes

Hierzu gehören die bekannten Schleimpilze, die sehr häufig auf feuchtem und faulendem Holz oder anderen organischen Substraten vorkommen. Die vegetative Phase ist durch ein freilebendes Plasmodium gekennzeichnet. Dies ist eine vielkernige, nackte Protoplasmamasse, deren Gestalt von einer unauffälligen, mikroskopischen Struktur (**Aphanoplasmodium**) bis zu großen Flächen oder Netzgebilden (**Phaneroplasmodium**) variiert, in dem das Protoplasma rhythmisch und reversibel strömt. Das Plasmodium ernährt sich durch Phagocytieren von Bakterien, Pilzzellen usw. und unter günstigen Bedingungen führt dies zu einer Entstehung von Sporophoren (Sporenträger) mit unterschiedlichen Formen. Unter den sich entwickelnden Sporophoren scheidet das Plasmodium eine besondere Schicht aus (Hypothallus), die sehr unterschiedlich gestaltet sein kann: scheibenförmig, membran- oder hornartig, schwammig oder kalkig. Die Sporen werden durch den Wind verbreitet und keimen zu Myxamöben oder Planosporen mit 1–2 vorderen Peitschengeißeln aus. Die Myxamöben können sich asexuell durch Spaltung vermehren und das Plasmodium kann in Bruchstücke zerfallen. Eine sexuelle Fortpflanzung findet durch Fusion von Myxamöben oder Planosporen statt. Es entstehen Zygoten, aus denen sich Plasmodien entwickeln.

Eine sehr wertvolle, allgemeine Darstellung zu dieser Gruppe stammt von Alexopoulos (1973) und Gray und Alexopoulos (1968), einen taxonomischen Überblick geben Martin und Alexopoulos (1969). Beiträge zur systematischen Stellung der

Myxomycetes liefern Martin (1960) und Olive (1970). Der nachfolgende Schlüssel ist von Alexopoulos (1973) übernommen.

Schlüssel zu den Unterklassen der Myxomycetes

1 Sporenbildung einzeln an der Spitze von haarartigen Stielen, auf säulenförmigen, baumähnlichen oder morchelartigen Sporophoren . **Ceratiomyxomycetidae** (S. 19)
Sporenbildung in Massen, innerhalb verschiedener Sporophorentypen, Peridie ausdauernd oder beizeiten verschwindend 2
2 Sporophorenentwicklung subhypothallisch, der plasmodiale Protoplast steigt bei gestielten Formen innerhalb des sich entwickelnden Stieles nach oben; Peridie mit Stiel und Hypothallus verbunden; Sporen blaß, in leuchtenden Farben, rostbraun, purpurbraun oder schwarz; verschiedene vegetative Stadien, aber niemals ein richtiges Aphanoplasmodium . . . . **Myxogastromycetidae** (S. 22)
Sporophorenentwicklung epihypothallisch; Stiel, wenn vorhanden, intraplasmodial ausgeschieden, hohl oder teilweise mit Fibrillen gefüllt; Sporen violettbraun, lila, rostbraun oder blaß im durchscheinenden Licht; Kalk, wenn vorhanden, niemals auf dem Capillitium; Aphanoplasmodium als vegetatives Stadium . . . .
. . . . **Stemonitomycetidae** (S. 22)

Unterklasse: Ceratiomyxomycetidae

Diese Unterklasse enthält eine Ordnung, die Ceratiomyxales, mit der einzigen Gattung *Ceratiomyxa,* die sich von den übrigen Myxomycetes darin unterscheidet, daß die Sporen exogen auf der Oberfläche der säulenartigen Sporophoren gebildet werden, während bei den anderen Myxomycetes die Sporen endogen innerhalb der Sporophoren entstehen und gewöhnlich bis zu einem späten Stadium von einer äußeren Hülle oder Peridie umgeben sind.

Ceratiomyxa fruticulosa bildet dünne, wäßrige, weißliche Plasmodien in verrottendem Holz. Das Plasmodium kommt zum Vorschein und fruktifiziert durch Bildung von aufrechten, einzelnen oder verzweigten weißen Säulchen, die ungefähr 1–10 mm hoch sind (Abb. 7 und 8). Diese bestehen aus einer zentralen, vakuolisierten Matrix mit einer dünnen Protoplasmaaußenseite. Auf der gesamten Außenseite dieser Säulchen entwickeln sich einzellige, kugelförmige Sporen auf kurzen Stielen. Scheetz (1972) hat die Ultrastruktur der Sporenentwicklung beschrieben. Die Sporen sind zuerst einkernig, aber durch aufeinanderfolgende Kernteilungen werden sie vierkernig. Die Annahme, daß die Kernteilungen Meiosen sind, wurden durch den Nachweis von synaptonemalen Komplexen in den sich entwickelnden Sporen bestätigt (Furtado und Olive, 1971). Nach Verbreitung durch Wind keimen die Sporen und entlassen einen einzelnen nackten, vierkernigen Protoplasten, der sich zur Bildung eines kurzen Fadens verlängern kann und sich dann abrundet (Nelson und Scheetz, 1976). Das filamentöse Stadium wird nicht immer gebildet, und der nackte Protoplast, der der Spore während der Keimung entschlüpft, behält ungefähr die isodiametrische Gestalt, gelegentlich sendet er Pseudopodien aus (Abb. 8 D, E). Die vier Kerne durchlaufen eine Mitose, und der Protoplast teilt sich dann in eine Tetra-

Abb. 7. *Ceratiomyxa fruticulosa.* Plasmodien und Fruchtkörper

de kugeliger, einkerniger Segmente auf. Jede Zelle der Tetrade erfährt eine weitere mitotische Teilung, nach der sich die Zellen teilen, so daß ein achtzelliger Komplex vorliegt (Abb. 8 F, G). Jede Zelle entläßt eine Planospore, die nach Gilbert eingeißelig ist, aber nach McManus (1958) zwei ungleiche Geißeln hat. Unter den Planosporen wurden einige ein- oder zweigeißelige beobachtet (Abb. 8 H). Ungeachtet dieser Unterschiede befinden sich an der Vorderseite der Planospore zwei Kinetosomen. Beide Geißeln sind Peitschengeißeln (Nelson und Scheetz, 1975). Die Planosporen verlieren ihre Geißeln und werden amöboid. Nach Gilbert (1935) fusionieren die Planosporenzellen paarweise zu einem diploiden Plasmodium (Abb. 8 I, J). Eine Fusion von Myxamöben wird nicht beschrieben. Der Entwicklungszyklus ist in Abb. 9 dargestellt.

Die Verwandtschaftsbeziehungen von *Ceratiomyxa* sind ungeklärt. Martin und Alexopoulos (1969) ordnen sie als Unterklasse den Myxomycetes zu, während Olive (1970) sie den Protostelidae zugeordnet hat und dabei auf Ähnlichkeiten bei der Sporenentwicklung hinweist. Das Plasmodium von *Ceratiomyxa* zeigt nach Olive keine Umkehrung der Cytoplasmaströmung, ein charakteristisches Kennzeichen der Plasmodien der Myxomycetes. Diese Tatsache steht jedoch im Widerspruch zu den Beobachtungen von Gilbert (1935). Ein mögliches Bindeglied zwischen *Ceratiomyxa* und den Protostelidae ist *Ceratiomyxella tahitiensis* (Olive und Stoianovitch, 1971). Die Sporokarpien dieser Organismen bilden kugelige, einzellige Sporen, die bei der Keimung eine Planocyste entlassen, die zwei, vier oder acht Zellen enthalten kann. Jede Zelle einer Planocyste entläßt eine Planospore mit einer oder manchmal zwei Vordergeißeln, die paarweise fusionieren können. Die Planocyste kann auch unbegeißelte amöboide Zellen entlassen, deren Fusion mit Planosporen ebenfalls möglich ist. Es entstehen kleine netzartige Plasmodien, die den Aphanoplasmodien der Myxomycetes (S. 26) ähnlich sehen, aber keine rhythmische Plasmaströmung

Abb. 8 A–J. *Ceratiomyxa fruticulosa.* **A** Säulenartige Fruchtkörper mit gestielten Sporen; **B** Teil der Fruchtkörperoberfläche mit Sporen und ihrer Befestigung; **C** Spore; **D** Nackter Protoplast bei der Keimung aus einer Spore; **E** Nackter Protoplast vor der Trennung; **F** Trennung des Protoplasten zur Bildung einer Protoplastentetrade; **G** Oktett-Stadium: ein Komplex von acht Protoplasten; **H** Aus den Oktett-Protoplasten entlassene ein- und zweigeißelige Planosporen; **I** Kopulation der Planosporen an ihren hinteren Regionen; **J** Junges Plasmodium: c kontraktile Vakuole, s Nahrungsvakuole mit phagocytierter Spore. **C, D, E, F, G, H, I** im gleichen Vergrößerungsmaßstab

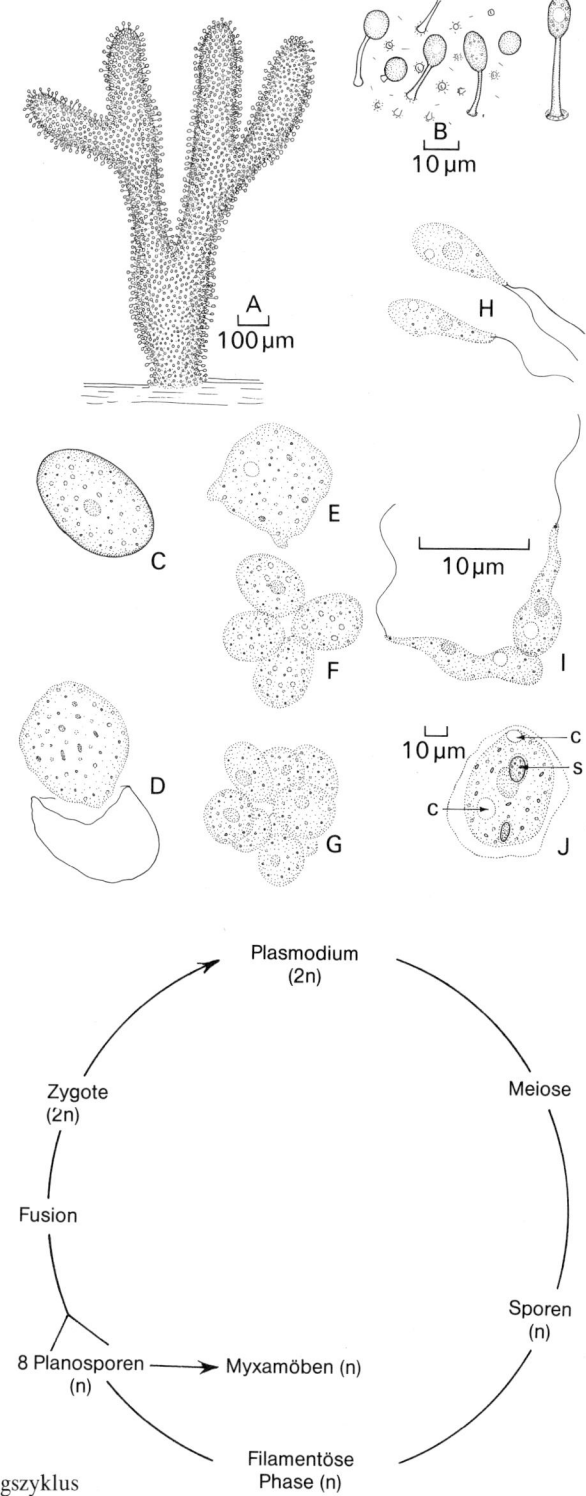

Abb. 9. *Ceratiomyxa.* Entwicklungszyklus

zeigen. Die Sporulation tritt am Rande des Plasmodiums auf, ein ähnlicher Vorgang, wie er schon für die Protostelidae (S. 5) beschrieben wurde. Die cytologischen Einzelheiten des Entwicklungszyklus sind noch unbekannt. Die Ähnlichkeit mit dem Zyklus von *Ceratiomyxa* ist jedoch unverkennbar. Leider ist es bisher nicht gelungen, *Ceratiomyxa* im Labor zu kultivieren.

Unterklassen: Myxogastromycetidae und Stemonitomycetidae

Diese Organismen sind allgemein als Myxomycetes bekannt (echte, plasmodienbildende Schleimpilze), die von den zellulären Schleimpilzen unterschieden werden. Im Gegensatz zu *Ceratiomyxa* bilden sie Endosporen, die während der Fruchtkörperentwicklung zuerst von einer dünnen Membran, der Peridie, umschlossen werden.

Von den Myxomycetes sind über 400 Arten bekannt (Martin und Alexopoulos, 1969) davon lassen sich etwa 15% unter Laborbedingungen kultivieren, und zwar meist nur Vertreter der Ordnung Physarales (Gray und Alexopoulos, 1968; Alexopoulos, 1969). In der Natur wachsen sie meist auf verfaulendem Holz oder anderen Pflanzenteilen, wie Mist, Abfall oder Sägemehl. In Europa hat man ungefähr 250 Arten gefunden. Ein verallgemeinerter Entwicklungszyklus ist in Abb. 10 dargestellt.

Sporen

Die Sporen der Myxomycetes sind einzellig. Nach Schuster (1964) ist die Sporenwand von *Didymium nigripes* zweischichtig. Es gibt eine äußere, etwas dunklere und stachlige Schicht, die auch Chitin, Mucopolysaccharide, Melanine oder Lipofuchsi-

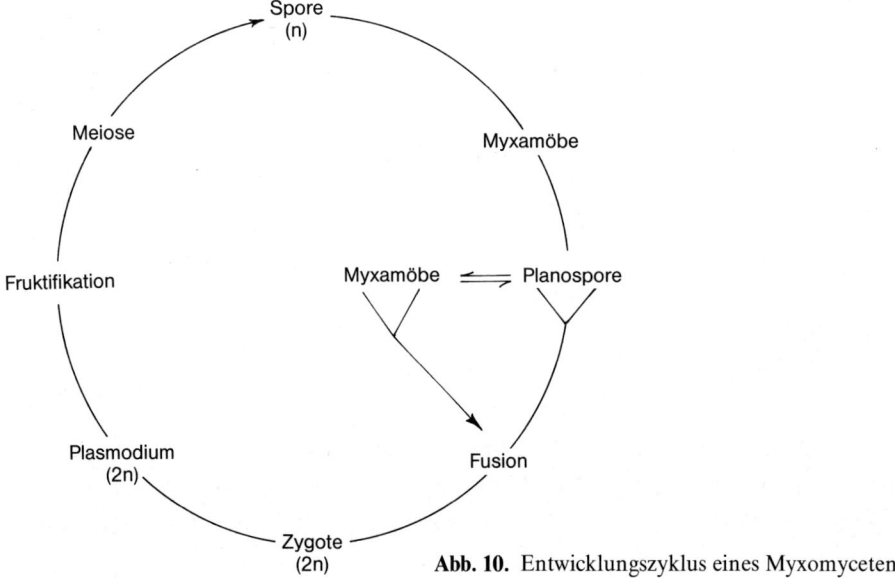

Abb. 10. Entwicklungszyklus eines Myxomyceten

ne enthalten kann, und eine innere dicke Schicht, die etwas Zellulose enthält. Koevenig (1964) beschreibt jedoch für *Physarum gyrosum* eine dreischichtige Sporenwand. Die meisten Sporen der Myxomycetes sind einkernig, obwohl bei einigen auch 2–8 Kerne vorkommen sollen (Gray und Alexopoulos, 1968). Die Sporen werden passiv durch den Wind verbreitet. Bei *Trichia* (Abb. 14) werden die Sporen durch eine hygroskopisch verursachte Drehung der spiralig verdickten „Elateren" entlassen, wobei das eine Ende feststeht und sich das andere entsprechend der Luftfeuchtigkeit dreht (Ingold, 1971). Bei vielen anderen Myxomycetes sind die Sporen während der Fruchtkörperbildung in ein Netz aus tubulären, verzweigten und anastomosierenden Fäden eingebettet, das die Sporen zusammenhält. Es kommt daher zu einem langsamen Ausstreuen durch den Wind (Abb. 15). Dieses Netzwerk wird **Capillitium** genannt. Die Sporen können für viele Jahre lebensfähig bleiben. Elliott (1949) brachte sechzig Jahre alte Sporen von *Physarum flavicomum* zum Keimen.

Die Sporenkeimung wird durch Aufbrechen der Sporenwand oder durch Bildung einer Pore eingeleitet. Eine oder mehrere nackte Protoplasten, die eine oder zwei Geißeln tragen, werden entlassen (Abb. 11). Die Geißeln sind ungleich lang (**anisokont**), die kürzere, hintere Geißel ist allerdings nur schwer zu erkennen. Der typische Protoplast ist jedoch zweigeißlig, aber es gibt zahlreiche Angaben über eingeißelige Zellen. Möglicherweise erklärt sich diese Divergenz durch die Tatsache, daß sich die Geißeln nicht simultan entwickeln. Nach Kerr (1960) sind frisch begeißelte Zellen von *Didymium nigripes* eingeißelig, bilden aber später eine zweite Geißel aus. Bei beiden Geißeln handelt es sich um Peitschengeißeln, deren Feinstruktur von Gottsberger (1967) und Aldrich (1968) untersucht wurde: beide Geißeln zeigten die normale 9 + 2 Anordnung der Fibrillen. In einigen Fällen bildet der aus der Spore hervorgehende Protoplast keine Geißeln. Umgekehrt können aber bei einigen Arten die begeißelten Zellen in ein amöboides Stadium zurückfallen. Beide Stadien sind reversibel. Die Entwicklung von Geißeln kann bei *Physarum polycephalum* und bei *Didymium nigripes* ausgelöst werden, wenn man Wasser auf Myxamöben gibt (Kerr, 1960).

Planosporen und Myxamöben können Bakterien phagocytieren. Auf einem nährstoffarmen Medium, wie z. B. einem halb-konzentriertem Maisagar mit *Escherichia coli* oder *Klebsiella aerogenes* Bakterien, kann man von verschiedenen Myxomycetes Kulturen mit beiden Zelltypen erhalten. Die Myxamöben vermehren sich durch aufeinanderfolgende mitotische Kernteilungen. Im Geißelstadium sind sie offensichtlich teilungsunfähig: die Geißeln ziehen sich vor oder während der Prophase zurück. Axenische Myxamöbenkulturen erhält man, wenn tote oder zerstörte Bakterienzellen als Futter verwendet werden (Kerr, 1963). Ross (1964) kultivierte Myxamöben ohne tote Bakterienzellen in einem komplexen Medium, das Extrakte aus Hühnerembryonen und Maismehl enthält, während Goodman (1972) axenische Myxamöben von *P. polycephalum* auf einem Medium erhielt, das Mineralsalze, Glucose, Pepton, Leberbestandteile und Rinderserumalbumin enthält.

Die Dauer des begeißelten Stadiums ist unterschiedlich. Ross (1957 a), der die Sporenkeimung bei 19 Myxomycetes untersucht hat, schlägt folgende Unterteilung vor:

a) *kurzzeitig begeißelt:* Formen mit kurzzeitigem, weniger als 24 h dauerndem Geißelstadium. Die aus den Sporen entlassenen Protoplasten sind zunächst amöbo-

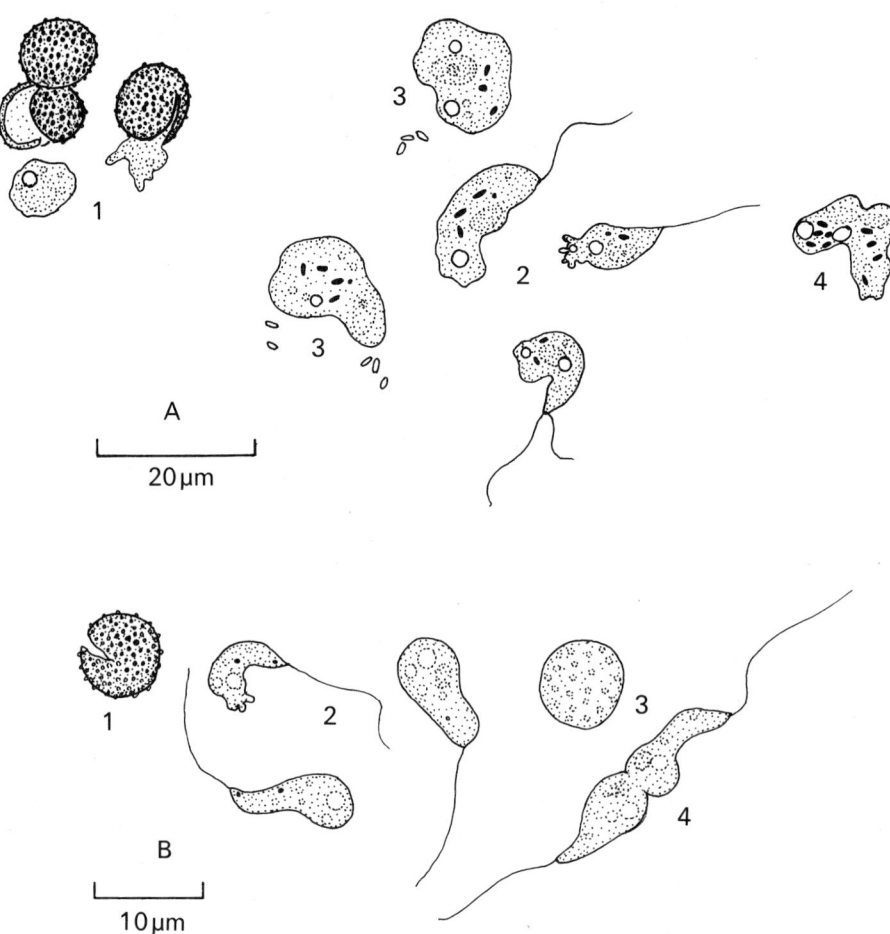

Abb. 11 A, B. *Physarum und Reticularia.* Sporenkeimung und Planosporen. **A** *Physarum polycephalum:* 1 Keimende Sporen mit entlassenen Myxamöben; 2 Ein- und zweigeißelige Planosporen; man erkennt die Pseudopodien am hinteren Ende der einen Planospore; 3 Myxamöbe; 4 Fusion zweier Myxamöben; **B** *Reticularia lycoperdon:* 1 Spore mit aufgebrochener Wand; 2 Planosporen, eine mit Pseudopodien; 3 Cystenstadium; 4 Fusion zweier Planosporen

id, begeißeln sich aber innerhalb von 1–5 h. Nach Ross werden die Zellen nach einem relativ kurzen Geißelstadium irreversibel amöboid; als Beispiele nennt er *Didymium squamulosum* und *Physarum oblatum.* Carlile und Odell (unveröffentlicht) zeigten, daß sich Amöben von *D. squamulosum* nach Hinzufügen von Wasser begeißeln, aber nach Entfernen des Wassers wieder amöboid werden können.

b) *begeißelt:* Keimende Sporen entwickeln sich sofort zu begeißelten Zellen oder zu Myxamöben, die sich sehr schnell begeißeln. Das Geißelstadium dauert mehrere Tage. Dieses Verhalten zeigen z. B. *Fuligo septica* und *Physarum polycephalum* (Abb. 11A). Bei dem letztgenannten Objekt wird jedoch das Auftreten von Geißelzellen oder Amöben von vorhandenem Wasser bestimmt.

c) *ständig begeißelt:* Keimende Sporen entwickeln sofort begeißelte Zellen; Myxamöben werden nicht beobachtet. Begeißelte Zellen von *Reticularia lycoperdon* und *Stemonitis nigrescens* können in diesem Zustand länger als drei Wochen leben (Abb. 11 B).

Unter bestimmten Bedingungen können sich die Amöben von Schleimpilzen abrunden und Cysten bilden.

Syngamie

Sowohl die begeißelten Zellen als auch die Myxamöben können als Gameten fungieren. Die der Kernverschmelzung vorausgehende Zellfusion wird Plasmogamie und die Kernverschmelzung Karyogamie genannt. Die Fusion haploider Zellen zu einer diploiden Zygote nennt man **Syngamie.** Bei ständig begeißelten Formen wie z. B. *Reticularia lycoperdon* erfolgt Plasmogamie nur zwischen Planosporen (Abb. 11 B), während bei anderen Formen eine Fusion entweder zwischen Planosporen oder zwischen Myxamöben erfolgen kann (Abb. 11 A). Planosporen fusionieren an ihrem Hinterende, die Geißeln bleiben dadurch erhalten und bilden so eine Zygote mit doppelter Begeißelung. Nach der Plasmogamie zwischen Planosporen oder Myxamöben findet meist innerhalb weniger Minuten die Karyogamie statt. Aus der diploiden Zygote entwickelt sich nur das Plasmodium. Nach Therrien (1966) enthält das Plasmodium einen diploiden Kern. Die Fortpflanzungssysteme der Myxomycetes werden später beschrieben.

Das Plasmodium

Der diploide Zygotenkern teilt sich mehrmals und bildet schließlich eine vielkernige Protoplasmamasse. Die Kernteilungen im Plasmodium verlaufen nahezu synchron. Das Plasmodium phagocytiert weiterhin Bakterien, Pilzzellen und auch Myxamöben. Es bewegt sich kriechend über das Substrat und bedeckt meist große Flächen mit mehreren Zentimetern Umfang. Historisch interessant ist die Verwendung von *Fuligo*-Plasmodien in einigen der ersten chemischen Cytoplasma-Analysen. Durch rhythmische Cytoplasmabewegung wandelt sich das Plasmodium häufig selbst in ein fächerförmiges Netz aus Adern und Röhren um. Alexopoulos (1960 b, 1969) teilt die Plasmodien wegen ihrer unterschiedlichen Eigenschaften in drei Typen ein:

1. *Protoplasmodien:* Plasmodien dieses Typs fand man bei *Echinostelium minutum*, einem Myxomyceten, der winzige, gestielte Fruchtkörper auf Rinde und Blättern bildet. Diese Fruchtkörper sind gewöhnlich bis zu 0,5 mm hoch und tragen Sporangien von 40–50 µm $\varnothing$. Alexopoulos (1960 a) schreibt: „Das Plasmodium dieser Arten erscheint auch in einem fortgeschrittenen Entwicklungsstadium mehr oder weniger homogen. Die Grundsubstanz ist granulär. Vakuolen sind meist deutlich erkennbar, ebenso eine dünne Schleimscheide am Rande. Es gibt niemals eine Netzbildung, keine Adern, keinen fächerartigen Wuchs, keine rhythmisch-reversible Strömung. Die Protoplasmabewegung ist so langsam, daß sie bei hoher Vergrößerung kaum wahrnehmbar und, soweit entdeckt, unregelmäßig ist."

Dieser Plasmodientyp gilt als primitiv, was auch schon durch die Vorsilbe „Proto" angedeutet wird. Protoplasmodien fand man außer bei *Echinostelium* auch bei *Clastoderma debaryanum* und *Licea spp.* Die meisten Protoplasmodien bilden wahrscheinlich nur ein einzelnes Sporangium.

2. *Aphanoplasmodien:* Die Vorsilbe „Aphano" bedeutet „unauffällig". Zu diesem Typ gehören die Plasmodien der Arten *Stemonitis* und *Comatricha,* die beide zu den Stemonitomycetidae gehören und wahrscheinlich charakteristisch für diese Gruppe sind. Abgesehen von ihrer unauffälligen Erscheinung unterscheiden sich die Aphanoplasmodien von den besser bekannten und sichtbaren Phaneroplasmodien (siehe unten) durch ein dünnes, offenes Netz aus plasmodialen Fibrillen und durch das flache und transparente Aussehen. Die plasmodialen Fibrillen sind ähnlich wie die Pilzhyphen nur ungefähr 5–10 µm breit, während das von ihnen gebildete Netzwerk 100–200 µm breit sein kann (Abb. 15). Die Aphanoplasmodien bleiben bis zu einem späten Stadium farblos, werden dann kurz vor der Fruchtkörperbildung gelblich, und die Fibrillen werden dicker und korallenartig.

3. *Phaneroplasmodien:* Die Vorsilbe „Phanero" bedeutet „unverkennbar" oder „auffallend" und bezieht sich auf die für die Ordnung Physarales charakteristischen großen und auffälligen Plasmodien, von denen schon viele kultiviert wurden. Zu den Physarales gehören Arten der Gattungen *Fuligo, Badhamia, Physarum* und *Didymium.* Die bekannteste Art ist *Physarum polycephalum,* ein fleischiger Pilz, der in der Natur auf faulendem und totem Holz wächst. Es ist möglich, ein Plasmodium in Reinkultur auf einem halbdefinierten, flüssigen oder festen Medium wachsen zu lassen (Abb. 12) (Carlile, 1971; Gray und Alexopoulos, 1968). Die wichtigsten Bestandteile dieses halbsynthetischen Mediums sind Glucose (oder Stärke), Pepton, Mineralsalze, Vitamine und Hämatin. Das Plasmodium kann auch auf lebenden Bakterien, Hefen, Mais- oder Haferflockenagar kultiviert werden. Weil das Plasmodium leicht kultiviert und die Sporulation induziert werden kann, wird es häufig für Versuche benutzt. Phaneroplasmodien sind typisch gebaute, fächer- und netzförmige gelbe Körper (Abb. 12 A). In den Adern findet man eine reversible, häufig richtungswechselnde Cytoplasmaströmung (pendelnde Strömung). Die Dauer jeder Fließrichtung ist unterschiedlich lang: meist zwischen 70–85 sec. Einmal wurde sogar ein 30minütiger Cytoplasmafluß in eine Richtung beschrieben. Die beobachteten Fließgeschwindigkeiten liegen im Bereich von 1 mm/sec, also wesentlich schneller als die Cytoplasmaströmungen bei Pilzen oder pflanzlichen Zellen. Der Mechanismus der Cytoplasmaströmung und insbesondere die Umkehrung der Fließrichtung ist noch nicht geklärt, obwohl dieses Problem häufig untersucht wurde. Möglicherweise sind die kontraktilen Proteinfibrillen im Plasmodium dafür verantwortlich, die sich durch ATP-Aktivierung kontrahieren können. Ausführlichere Darstellungen geben Gray und Alexopoulos (1968), Korohoda et al. (1970), Alléra und Wohlfarth-Bottermann (1972).

Wie schon erwähnt, können Plasmodien Planosporen und Myxamöben verschlingen. Merkwürdigerweise kann ein ausgewachsenes Plasmodium ebenso Planosporen oder Myxamöben bilden (Indira, 1964; Ross und Cummings, 1967). Diese Zellen sind wahrscheinlich diploid, was aber noch bestätigt werden muß. Indira vermutete, daß sie der asexuellen Fortpflanzung des Plasmodiums dienen, Ross und Cummings nehmen dagegen an, daß die Planosporenbildung eine Reaktion des Plasmodiums auf ungünstige Bedingungen ist.

Bei ungünstigen Sporulationsbedingungen bildet das Plasmodium dunkle, hornartige **Sklerotien** aus. Dies sind dickwandige Ruhestadien, in denen sich das Cytoplasma in zahlreiche, vielkernige Zellen (*Sphaerula* genannt) teilt (Jump, 1954). Die Sklerotien leben anscheinend nur einige Monate, die Sporen dagegen einige Jahre.

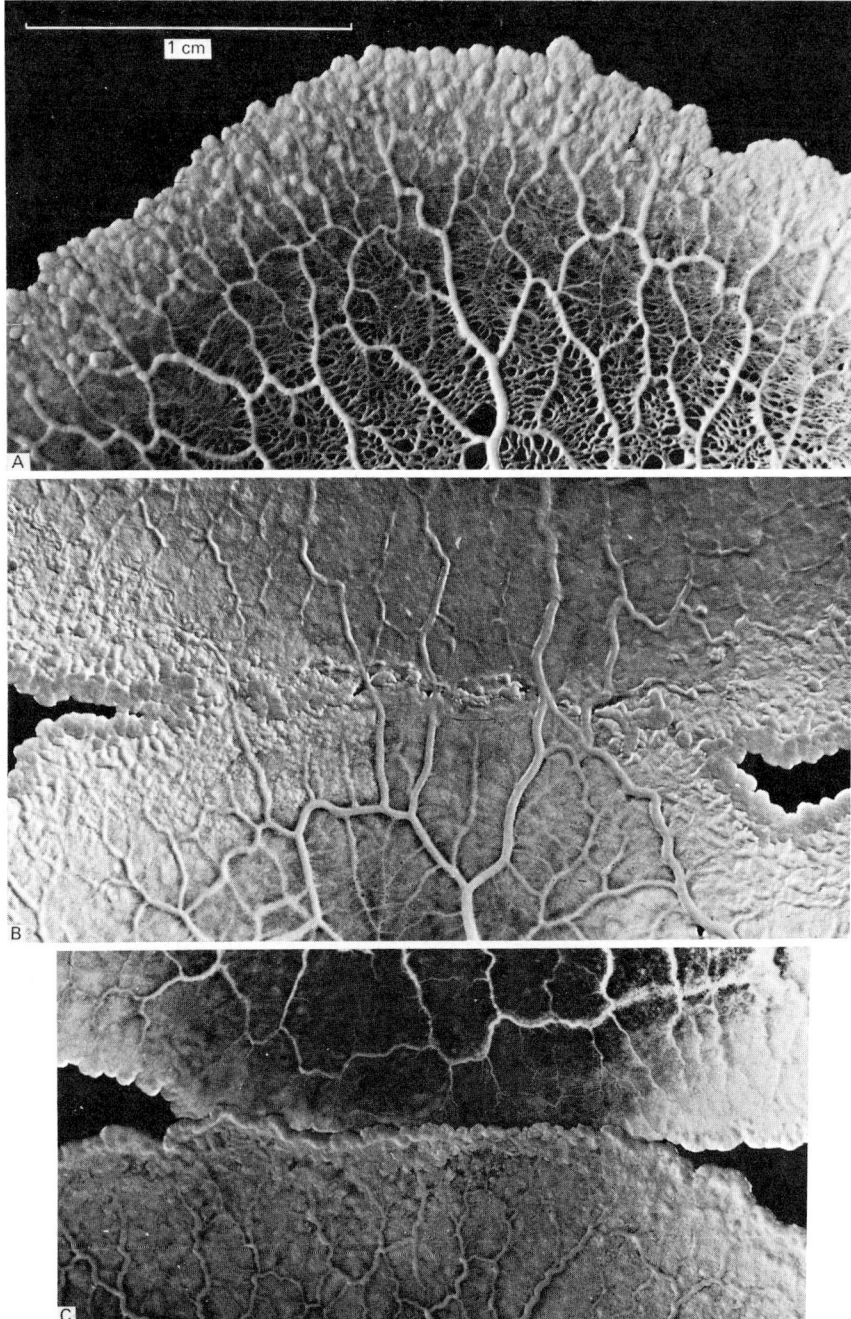

Abb. 12 A–C. *Physarum polycephalum.* Plasmodien. **A** Randzone eines normalen Plasmodiums; **B** Fusion zwischen zwei compatiblen Plasmodien. Man erkennt die vollständige Vereinigung der Adern; **C** Zwischen incompatiblen Plasmodien findet keine Fusion statt. Die Photographien stellte Dr. M. J. Carlile freundlicherweise zur Verfügung. Photo **A:** Carlile (1971) mit Genehmigung von Academic Press; Photo **B** und **C:** Carlile und Dee (1967) mit Genehmigung von MacMillan's Journals

Unter günstigen Bedingungen bilden die Sklerotien schnell wieder frische Plasmodien. Obwohl bei einigen Arten die Sklerotien als Folge von Trockenheit Plasmodien bilden, können bei anderen Arten, z. B. *P. polycephalum*, die Sklerotien in Flüssigkulturen zur Plasmodienbildung veranlaßt werden.

Sporulation

Nach einer Fütterungsperiode und unter günstigen Bedingungen bildet sich das Plasmodium zu Fruchtkörpern um. Dabei wird gewöhnlich das gesamte Plasmodium erfaßt. Vor der Sporulation bewegt sich das Plasmodium eine beträchtliche Strecke über das Substrat, und zwar in Richtung des Lichtes. Möglicherweise löst der Nahrungsverbrauch eine Sporulation aus, denn bei einigen Myxomycetes, einschließlich *P. polycephalum*, bleibt das Plasmodium so lange bestehen, wie genügend Nahrung verfügbar ist. Besonders bei pigmentierten Plasmodien wirkt sich Licht stimulierend auf die Fruchtkörperbildung aus, während bei nicht-pigmentierten Formen die Sporulation genausogut ohne Licht eintreten kann (Gray und Alexopoulos, 1968). Der hier beschriebene Sporulationsvorgang läuft in der Natur vorzugsweise nachts ab und kann innerhalb weniger Stunden abgeschlossen sein.

Form und Farbe der reifen Fruchtkörper sind sehr unterschiedlich, im allgemeinen entsprechen sie folgenden drei Typen:

a) *Sporangien:* Aus einem einzelnen Plasmodium können sich ein bis mehrere tausend Sporangien entwickeln. Die Sporangien können gestielt oder stiellos, kugelig, zylindrisch oder becherförmig sein und sitzen meist auf einer membranartigen Schicht, dem **Hypothallus.** Im jungen Sporangium sind die Sporen von einer Peridie umhüllt, die als äußere, membranartige Schicht während der Reife verschwindet oder auch weiterbestehen kann und sich durch unregelmäßige Risse oder an präformierten Stellen öffnet. Dort wo das Sporangium gestielt ist, kann sich der Stiel im Körper des Sporangiums als **Columella** fortsetzen. Verzweigte Capillitiumfäden ziehen sich durch die Höhlung des Sporangiums, indem sie gleichzeitig die Sporen zusammenhalten. Einigen Arten fehlen jedoch die Capillitien. Sporangien fand man bei *Physarum* (Abb. 13 D), *Trichia* (Abb. 14), *Arcyria* (Abb. 13 C, 16), *Stemonitis*, *Comatricha* (Abb. 15) und verschiedenen anderen Gattungen.

b) *Plasmodiokarpien:* Ein Plasmodiokarp ähnelt einem Sporangium, bildet aber über dem Substrat ein Netzwerk aus, das den Adern des Plasmodiums folgt, aus dem es sich entwickelt hat. Diesen Typ der stiellosen Fruchtkörper fand man bei *Hemitrichia*.

c) *Aethalium:* Aethalien sind große, polsterförmige Fruchtkörper mit einer verhärteten Oberfläche. Sie können als Zusammenlagerung mehrerer Sporangien betrachtet werden. Die Aethalien von *Reticularia lycoperdon* (Abb. 13 B) findet man als hühnereigroße Gebilde auf faulenden Baumstämmen. Sie sind zunächst von einer silbrigen Peridie umgeben, die dann aufreißt und braune Sporen freisetzt. *Fuligo septica* („Lohblüte") bildet flache, gelbliche Krusten von mehreren Zentimetern Länge über der Erde, auf Sägemehl oder faulendem Holz (Abb. 13 A). Nach Aufbrechen der Kruste werden purpurschwarze Sporen freigesetzt. *Lycogala epidendrum* bildet rosafarbige, halbkugelige Aethalien von 1 cm ⌀ auf faulendem Holz.

Abb. 13 A–D. Verschiedene Arten von Myxomycetes-Fruchtkörpern. **A** *Fuligo septica* auf einem von Brombeeren überwachsenen Sägemehlhaufen. Die Farbe der Fruchtkörper ist hellgelb; **B** *Reticularia lycoperdon* auf abgestorbenem Baumstamm. Die zerplatzende weißliche Peridie entläßt schokoladenbraune Sporen; **C** *Arcyria denudata* auf faulendem Holz. Die Farbe der Fruchtkörper ist dunkelrot. Die meisten Sporen sind schon entlassen und das Netzwerk (Capillitium) ist freigelegt; **D** *Physarum polycephalum* in einer Agar-Petrischalenkultur. Man erkennt die vielköpfigen Sporangien

Entwicklung

Die Entwicklung der Plasmodien der Myxomycetes folgt einer Anzahl verschiedener Muster, die anhand von zwei besonderen Typen, *Physarum* und *Stemonitis,* erläutert werden soll.

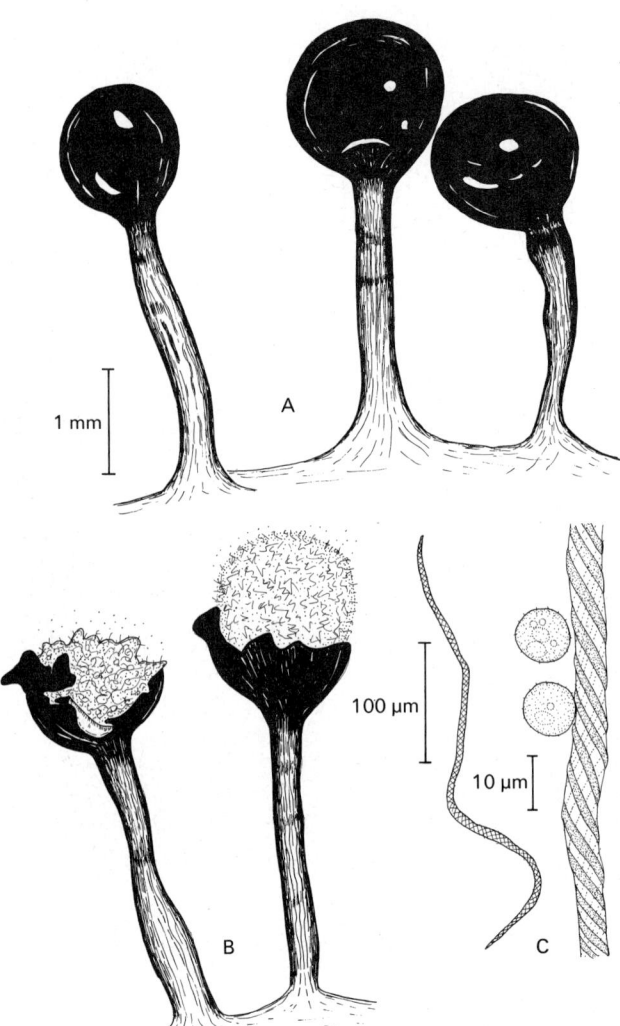

Abb. 14 A–C. *Trichia flori-forme.* **A** Noch nicht auf-gesprungene Sporangien. Man erkennt die Fortset-zung der Sporangienstiele mit dem Hypothallus; **B** Auf-gesprungene Sporangien, die durch Verdrehen der Ela-teren die Sporen freisetzen; **C** Elateren und Sporen

Bei *Physarum polycephalum* bilden die plasmodialen Fasern unregelmäßige Knötchen, von denen sich jedes zu einem sporangialen Primordium entwickelt (Guttes et al., 1961). Die biochemischen Veränderungen in Verbindung mit der Fruchtkörperdifferenzierung sind von Sauer (1973) ausführlich beschrieben wor-den. Die Sporangienentwicklung erfolgt durch Errichten einer Protoplasmasäule mit schlankem Stiel und endständigen, lappigen Beuteln. Der Stiel ist unten durch-gehend und besitzt Reste einer Scheibe aus Plasmamaterial. Diese als Hypothallus bezeichnete Unterlage bleibt als Ablagerung des Fruchtkörpers zurück (Abb. 17 A).

Der mit amorphem, granulärem Material gefüllte Stiel dient als skelettartige Unterstützung. Darüber setzt sich der Stiel mit der Peridie fort. Diese Peridie wird von der äußeren Protoplasmaschicht gebildet. Es handelt sich hier um eine nichtzel-

Abb. 15 A–D. Fruchtkörper der Stemonitomycetidae. **A** Sporangium von
Comatricha nigra. Man erkennt den
Hypothallus; **B** Sporangium von *Stemonitis fusca;* **C** Teil des Capillitiums
von *Stemonitis fusca* und drei Sporen;
D Teil des Plasmodiums (Aphanoplasmodium) von *Stemonitis fusca.* **A** und **B**
in gleicher Vergrößerung

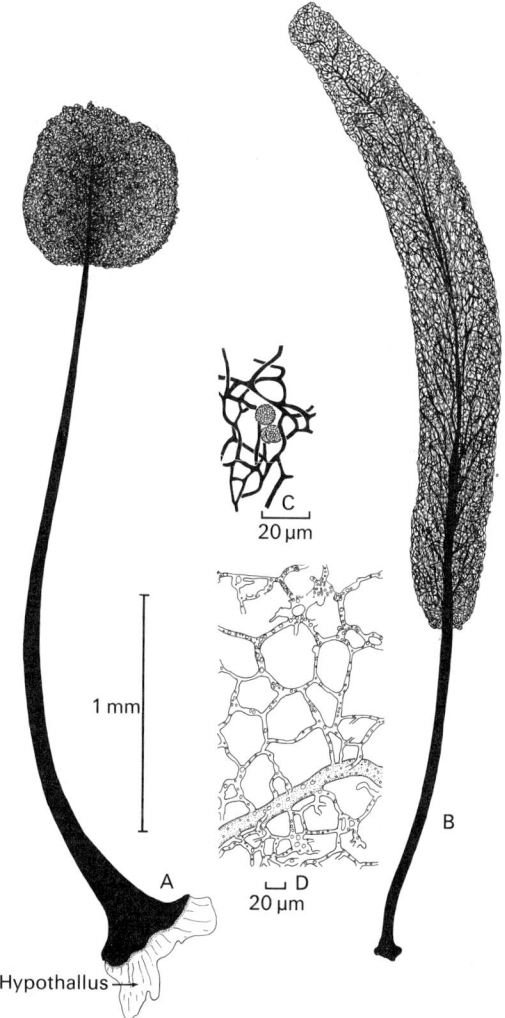

luläre Membran, die bei *Physarum* amorphen Kalk ($CaCO_3$) enthält. Der Hypothallus, die äußere Stielumhüllung und die das Sporangium umgebende Peridie bleiben
erhalten, zweifellos findet die Sporangienentwicklung unter dem Hypothallus statt.
Diese für Myxogastromycetidae typische Entwicklung nennt man **subhypothallisch**
und unterscheidet sie von der Entwicklung der Stemonitomycetidae (siehe unten).

Der größte Teil des Protoplasmas fließt in einen Beutel, in dem die Umwandlung zum Capillitium und zu Sporen erfolgt. Das Capillitium ist ein anastomosie-
rendes, fädiges Netzwerk. An den Kreuzungsstellen der Fäden findet man Kalkan-
häufungen in Form von sogenannten Kalkknoten oder -knötchen. Weitere Untersuchungen zur Feinstruktur der Capillitiumentwicklung bei den Physarales sind noch
notwendig. Bei der verwandten Gattung *Didymium* wird das Capillitium durch Ab-

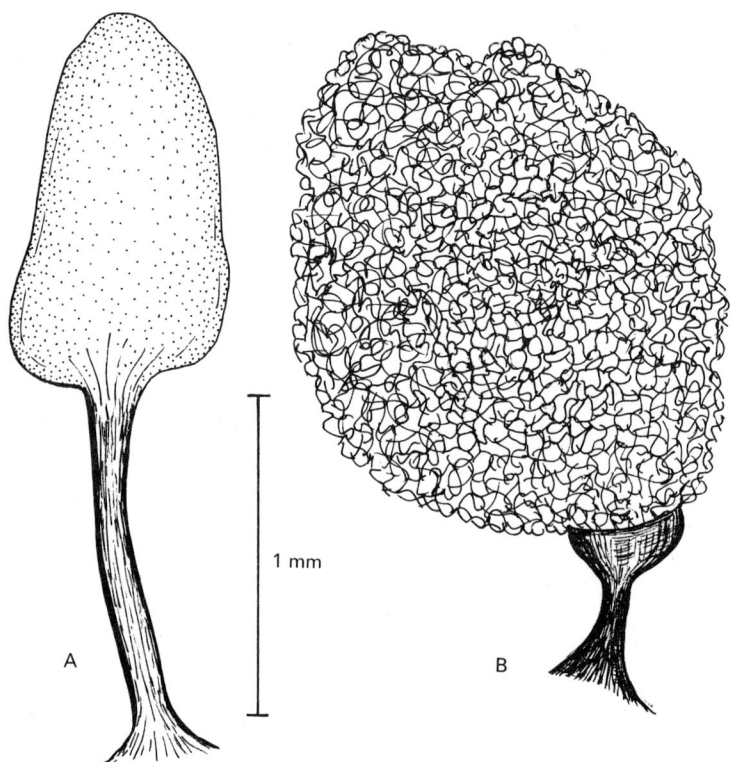

1 mm

A

B

Abb. 16 A, B. *Arcyria denudata.* **A** Unreifer Fruchtkörper; **B** Reifer Fruchtkörper mit flockigem Capillitium

lagerung einer tubulären Schicht gebildet, die Cytoplasmateile enthält. Mims (1969) zeigte bei *Arcyria,* einem Vertreter der Trichiales, daß sich das Capillitium aus einem System verlängerter und anastomosierender Vakuolen entwickelt. Die vakuolenartigen Strukturen sind durch eine Membran vom umgebenden Protoplasma getrennt. Sie enthalten keine Organellen, aber Bakterienreste. Mims behauptet, daß dies ein Beweis für die Fusion von Nahrungsvakuolen mit dem Vakuolarsystem ist, aus dem dann das Capillitium entsteht. Eine Lage fibrillenartigen Materials an der Membraninnenseite bildet die Wand der Capillitienfäden. Man nimmt an, daß das Capillitium eine Art Leitsystem bildet, durch das Calciumcarbonate und andere Substanzen zur Peridie transportiert und dort abgelagert werden. Untersuchungen zur Feinstruktur zeigten, daß einige Capillitien massiv, andere hohl sind (Ellis et al., 1973).

Die Sporangienentwicklung von *Stemonitis* verläuft vollkommen anders: sie wird **epihypothallisch** genannt. Während bei den Myxogastromycetidae der Hypothallus auf der Oberfläche des Plasmodiums gebildet wird und erst nach dem Aufsteigen des Plasmodieninhalts in die Sporangien das Substrat berührt, liegt der Hypothallus bei *Stemonitis* und den verwandten Arten *Comatricha* (Abb. 15) und *Lamproderma* auf der Substratoberfläche, auf der sich dann die Sporangien entwikkeln (Ross, 1957 a, 1960 a, 1973). Eine dünne, durchgehende Protoplasmaschicht verbindet die sich entwickelnden Sporangien. Während das Protoplasma des Plasmodiums in die Sporangien fließt, wird der Hypothallus, der unterhalb des sich entwickelnden Sporangiums steht, zurückgelassen und bleibt am Substrat haften. Der Hypothallus trocknet aus und bleibt als dünnes, membranartiges Blatt erhalten, das als Basis die Sporangien miteinander verbindet und als Stielinitiale in jedes sporangiale Primordium hineinragt. Der Stiel besteht als verlängerter Hypothallus aus einem System von parallel verflochtenen Röhren. Er ist oben offen und verlängert sich durch Streckung der Tubuli am oberen Ende. Innerhalb des Sporangiums erfolgt eine Weiterentwicklung als Columella. Die das Sporangium umgebende Peridie differenziert sich verhältnismäßig spät. Ausgehend von einer Columella, entsteht das Capillitium als ein System von verzweigten, nach außen abgebogenen Tubuli. Bei *Stemonitis* entstehen die Capillitiumfäden auch in dem die Columella umgebenden Protoplasma; beide Fadentypen vereinigen sich schließlich. Die Unterschiede zwischen beiden Entwicklungsarten sind in Abb. 17 schematisch dargestellt.

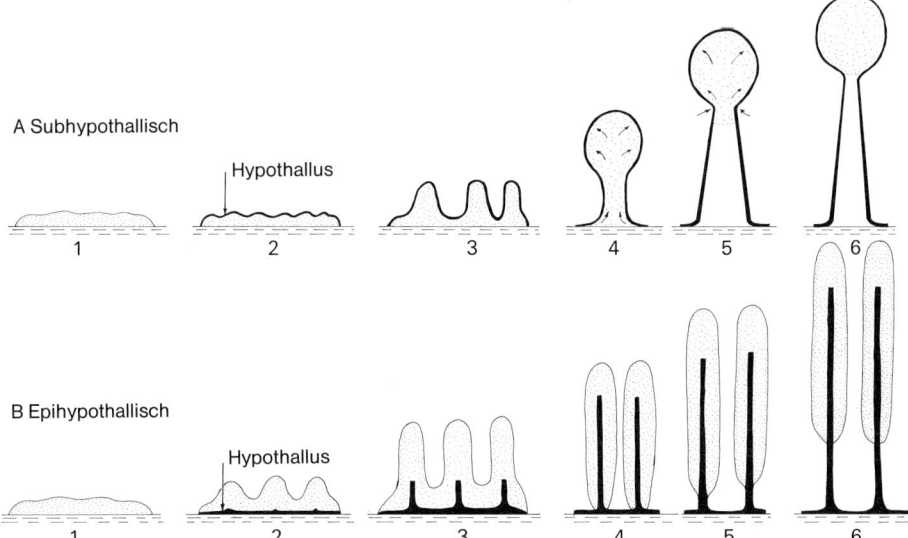

Abb. 17 A, B. Sporangienentwicklung der Myxomycetes (nach Ross, 1973). A Subhypothallische Entwicklung, charakteristisch für Myxogastromycetidae: 1 Plasmodium, 2 Bildung des supraplasmodialen Hypothallus, 3 Differenzierung der Primordien, Protoplasma fließt in die Primordien, 4 Vergrößerung der Primordien durch weiter einfließendes Protoplasma; Ausdehnung der Spitze, 5 Weitere Ausdehnung der Spitze, Stielwand zieht sich zusammen, 6 Voll ausgebildetes Sporangium vor der Bildung des Capillitiums. Man erkennt, daß die Peridie, der Stiel und der Hypothallus bestehen bleiben; **B** Epihypothallische Entwicklung, charakteristisch für Stemonitomycetidae: 1 Plasmodium, 2 Bildung eines subplasmodialen Hypothallus, 3 Differenzierung zu Primordien; Absonderung einer Stielinitiale im Inneren, 4 Protoplasma bildet getrennte Primordien, 5 Fortgesetzte Protoplasmaablagerung an der Stielspitze führt zur Stielverlängerung; die Präsporenmasse des Protoplasmas ist angehoben, 6 Ausdifferenziertes Sporangium vor der Capillitiumbildung. Man erkennt, daß der innere Stiel mit dem subplasmodialen Hypothallus bestehen bleibt

Einige Stunden nach der Bildung der sporangialen Primordien erfolgt die Sporenbildung, anschließend eine oder zwei synchrone Kernteilungen. Obwohl heute allgemein angenommen wird, daß die plasmodialen Kerne diploid und die der Sporen haploid sind, unterscheiden sich einige Myxomycetesarten hinsichtlich des Zeitpunktes der Meiose während des Entwicklungszyklus. Die Meiose kann vor oder nach der Sporentrennung stattfinden, d. h. sie geschieht innerhalb der Spore. Von *Didymium iridis* wurde beschrieben, daß die Meiose vor der Sporentrennung stattfindet (Therrien, 1966; Carroll und Dykstra, 1966); spätere Arbeiten lassen vermuten, daß die cytologischen Beweise dafür auf einer Fehldeutung beruhen und daß bei dieser Art die Meiose ungefähr 12–24 h nach der Sporentrennung stattfindet (Aldrich und Carroll, 1972). Aldrich (1967) zeigte an drei Arten von *Physarum*, *P. flavicomum, P. polycephalum* und *P. globuliferum*, daß die Meiose in den Sporen nach der Trennung stattfindet. Ross (1961) gibt an, daß die Meiose vor der Sporentrennung geschieht; dieser Fall bestätigt ein zeitlich unterschiedliches Auftreten der Meiose während des Entwicklungszyklus. Wenn die Meiose in der Spore stattfindet, verkümmern gewöhnlich drei der vier haploiden Meioseprodukte, so daß nur ein funktionsfähiger, haploider Kern in einer reifen Spore übrig bleibt.

Fortpflanzungssysteme

Die meisten Myxomycetes (Abb. 10) haben einen sexuellen Entwicklungszyklus mit Karyogamie und Meiose. Bei einigen Myxomycetes ist es jedoch auch möglich, daß die Entwicklung ohne eine Sexualreaktion erfolgt. Einen solchen Zyklus nennt man **apogam.** Überzeugende Beweise für Apogamie sind nur schwer zu erhalten. Von Stosch et al. (1964) postulieren aufgrund von Chromosomenauszählungen, daß in bestimmten Stämmen von *Physarum polycephalum* und *Didymium nigripes* Apogamie vorkommt. N. S. Kerr (1967) und S. Kerr (1968) sprechen ebenfalls von einer apogamen Entwicklung der Plasmodien in einem Stamm von *D. nigripes*. Bei dieser Art weisen Amöben und Plasmodien den gleichen Chromosomensatz auf. Die sexuelle Fortpflanzung der Myxomycetes wird durch zwei verschiedene Systeme kontrolliert (Zusammenstellung der verschiedenen Fortpflanzungssysteme siehe S. 240, 387):

a) *Monözie mit Selbstfertilität:* Eine Fusion kann zwischen Planosporen oder Myxamöben stattfinden, die aus einer einzigen Spore stammen, z. B. *Didymium squamulosum.*

b) *Physiologische Diözie:* Sexuelle Fortpflanzung findet nur statt, wenn Planosporen oder Myxamöben von genetisch verschiedenen Sporen zusammentreffen. Beispiele für diesen Fortpflanzungstyp sind *Physarum polycephalum* (Dee, 1960, 1966) und *Didymium iridis* (Collins, 1963). Dee (1960) arbeitete mit Stämmen von *P. polycephalum* und bewies, daß in der Sporenpopulation eines einzelnen Plasmodiums zwei Kreuzungstypen auftraten, die mit (+) und (–) bezeichnet wurden. Wenn Myxamöben gleichen Kreuzungstyps vermischt wurden, entstanden keine Plasmodien. Wenn aber (+) Myxamöben mit (–) Myxamöben zusammentreffen, beginnt die Plasmodienbildung. Dieses Verhalten wird durch ein einzelnes, den Kreuzungstyp kontrollierendes Gen mit zwei Allelen (+) und (–) verursacht.

Nach Einbeziehung weiterer geographischer Rassen entdeckte Dee (1966), daß es multiple Allele des Kreuzungstyplocus gibt. Deswegen war es nicht mehr möglich, die + / – Nomenklatur beizubehalten. Der Kreuzungstyplocus wurde *mt* (engl.

mating type) genannt und die verschiedenen Allele mit mt_1, mt_2, mt_3 ... mt_n benannt. Wie später noch ausführlich erläutert wird, kommt es nur dann zur Plasmogamie, wenn Fortpflanzungszellen mit unterschiedlichen mt-Allelen (=Kreuzungstyp), z.B. mt_x, mt_y, fusionieren. Das gleiche Fortpflanzungssystem, nämlich physiologische Diözie mit multipler Allelie, wurde auch bei *Didymium iridis* (Collins 1963, 1965; Collins und Ling, 1964) entdeckt. Multiple Allelie bestimmt nicht nur das Fortpflanzungsverhalten vieler Myxomycetes, sondern auch das der meisten höheren Basidiomycotina. Zwar sind in beiden Fällen unterschiedliche Mechanismen vorhanden, aber es wird das gleiche Ziel erreicht: eine Herabsetzung der Inzucht und eine starke, bis zu 100%ige Erhöhung der Fremdzucht (siehe S. 389).

Plasmodien-Incompatibilität

Zwischen Plasmodien verschiedener Isolate einer einzigen Art der Myxomycetes sind folgende zwei Reaktionen möglich:

a) *Compatibilität:* Die zwei Plasmodien fusionieren und ihre Adern verschmelzen zu einer gemeinsamen Protoplasmamasse (Abb. 12 B).

b) *Incompatibilität:* Hier gibt es zwei alternative Reaktionen: entweder fusionieren die Plasmodien nicht und trennen sich wieder (Abb. 12 C) oder nach Beginn der Fusion erfolgt eine Letalreaktion (Carlile, 1972), die zu einem Zerfall und Absterben der fusionierten Plasmodienteile führt.

Für die Plasmafusionen sind bestimmte Erbfaktoren verantwortlich. Bei *P. polycephalum* hat man zwei ungekoppelte Gene gefunden, von denen der eine Genort mindestens 4 und der andere 2 Allele besitzt. Eine Fusion tritt nur auf, wenn die Partner gleiche Allele tragen. Bei *D. iridis* dagegen gibt es mehr als 2 Genorte, von denen allerdings multiple Allele bisher nicht entdeckt wurden (Carlile und Dee, 1967; Poulter und Dee, 1968; Wheals, 1970; Collins und Haskins, 1970; Collins, 1963, 1966; Collins und Clark, 1968; Collins und Ling, 1972; Clark und Collins, 1972).

Die durch die Wechselwirkung genetisch verschiedener Plasmodien hervorgerufene Art der Incompatibilität ist ein Beispiel für ein weit verbreitetes Phänomen, das man als heterogenische Incompatibilität bezeichnet. In der Literatur findet man dafür auch die Bezeichnungen somatische Incompatibilität oder vegetative Incompatibilität. Dieses System findet man nicht nur bei den Schleimpilzen, sondern auch bei anderen Pilzen, Wirbeltieren und vielen anderen Organismen (Esser und Blaich, 1973). Beim Menschen kennt man dieses System bei den Blutgruppen oder bei mißlungenen Gewebetransplantationen. Schleimpilze haben sich für einige komplizierte biochemische Reaktionen als ideales Untersuchungsmaterial erwiesen.

Das unterschiedliche Verhalten der Myxamöben und Plasmodien von physiologisch diözischen Schleimpilzen stellt ein Paradoxon dar (Carlile, 1973). Bei der sexuellen Fortpflanzung wird die Fusion zwischen genetisch identischen Myxamöben verhindert und die Fusion von ungleichen Myxamöben durch das Auftreten von Kreuzungstypen begünstigt. Vegetative Fusion zwischen genetisch verschiedenen Plasmodien wird durch die heterogenische Incompatibilität verhindert.

Die Vorteile der Sexualreaktion zwischen genetisch verschiedenen Zellen bestehen darin, daß auf diese Weise die Fremdzucht und somit die genetische Rekombination gefördert wird. Weniger augenscheinlich ist, warum die vegetative Fusion von genetisch verschiedenen Zellen verhindert wird. Dieses Problem wird an anderer Stelle ausführlich diskutiert (siehe S. 236).

Klasse: Plasmodiophoromycetes

Ordnung: Plasmodiophorales

Die Plasmodiophorales sind obligate (d. h. **biotrophe**) Endoparasiten. Die bekanntesten Vertreter befallen höhere Pflanzen und verursachen wirtschaftlich bedeutende Krankheiten, wie z. B. die Kohlhernie bei Kohlpflanzen (*Plasmodiophora brassicae*), den Pulverschorf der Kartoffel (*Spongospora subterranea*) und die Hakenwurzelkrankheit der Wasserkresse (*S. subterranea f. sp. nasturtii*). Andere Arten befallen Wurzeln und Knospen wildlebender Pflanzen, insbesondere Wasserpflanzen. Algen und Pilze werden ebenfalls befallen. Es sind mehr als neun Gattungen bekannt, die größtenteils an der Anordnung in den Wirtszellen unterschieden werden. Einen Überblick über diese Gruppe gaben Karling (1968), Sparrow (1960) und Waterhouse (1973 a).

Die Planospore der Plasmodiophorales ist zweigeißelig. Die Geißeln sind ungleich lang; elektronenmikroskopische Aufnahmen zeigen eindeutig, daß es sich bei beiden um Peitschengeißeln handelt (Abb. 18) (Kole und Gielink, 1961; Keskin, 1964). Planosporen dieser Art nennt man **anisokont.**

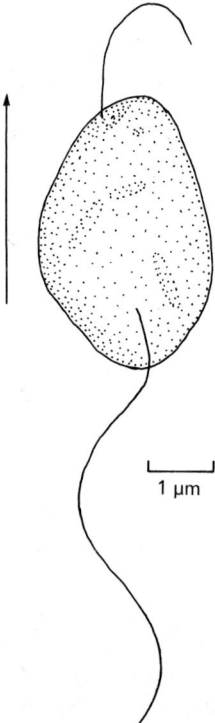

1 µm

Abb. 18. *Plasmodiophora brassicae.* Planospore. Die Planospore hat eine kurze Vorder- und eine lange Hintergeißel. Beide Geißeln gehören zum Peitschentyp (nach Aist und Williams, 1971)

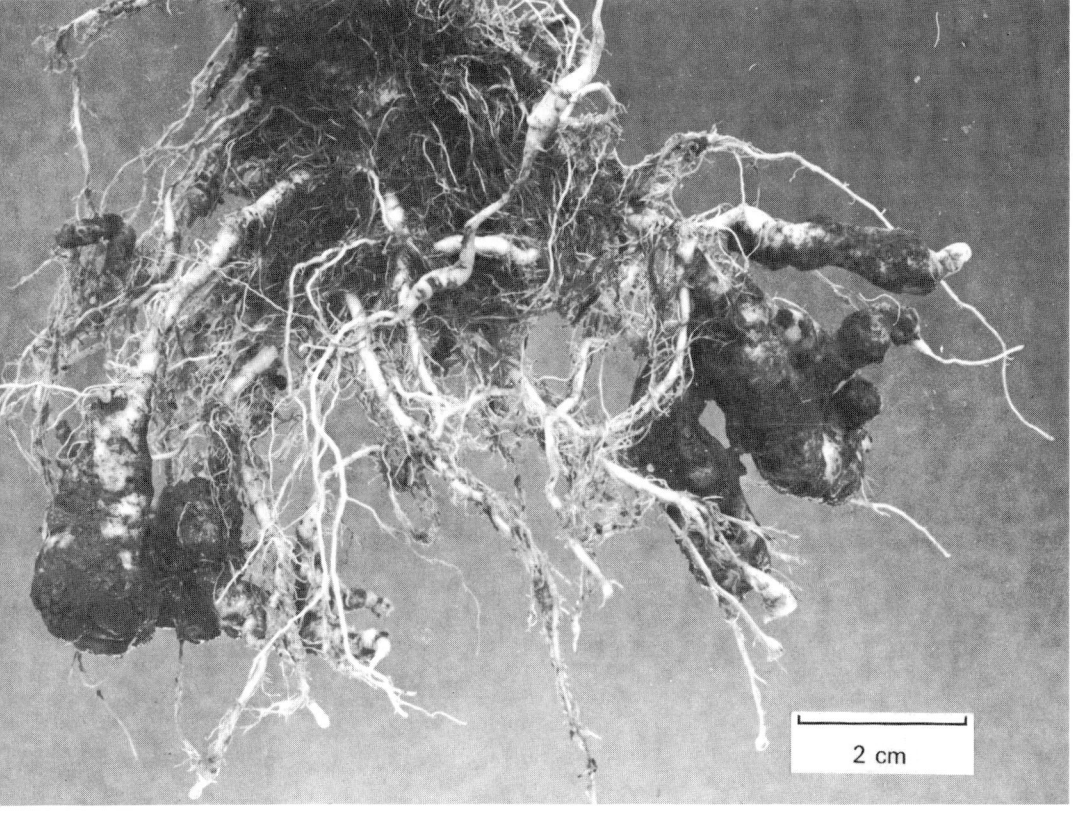

Abb. 19. *Plasmodiophora brassicae.* Kohlhernie der Kohlpflanze

Obwohl bei einigen Arten in der Sporenwand Zellulose gefunden wurde, enthält die Dauersporenwand von *P. brassicae* wahrscheinlich Chitin, das allerdings nicht bei *Woronina polycystis* und *Octomyxa brevilegniae* vorkommen soll (Goldie-Smith, 1954; Pendergrass, 1950).

Die Einzelheiten des Entwicklungszyklus vieler Vertreter der Plasmodiophorales sind noch unbekannt. Viele Arten haben zwei verschiedene Plasmodienphasen. Die erste entsteht gewöhnlich durch Infektion einer Planospore, die aus einer Dauerspore stammt, und bildet dünnwandige Sporangien. Die zweite Phase, in ihrem Frühstadium vom Plasmodium der Planosporangien nicht zu unterscheiden, bildet Dauersporen. Es gibt lediglich Anhaltspunkte, daß bei einigen Arten vor der Bildung einer Dauerspore eine Sexualreaktion erfolgen könnte. Manchmal erscheint das Plasmodium, das die Dauersporen bildet, nur als ein späteres Infektionsstadium.

Plasmodiophora

P. brassicae (Abb. 19) ist der Erreger der Kohlhernie. Die Erkrankung tritt vor allem in Gärten mit häufigem Kohlanbau auf und besonders dann, wenn der Boden sauer und schlecht entwässert ist. Neben vielen Cruciferen werden auch die Wurzelhaare von anderen Wirtspflanzen befallen. Die Erkrankung ist weltweit verbreitet (Colhoun, 1958).

Infizierte Cruciferen haben normalerweise knollenartig angeschwollene Wurzeln. Sowohl Haupt- als auch Nebenwurzeln können befallen sein. Gelegentlich führt eine Infektion zur Bildung von zusätzlichen Wurzelknospen, die aber angeschwollen und verkrüppelt sind. Über der Erde können infizierte Pflanzen nur sehr schwer von gesunden unterschieden werden. Ein erstes Infektionsanzeichen ist das Welken der Blätter bei warmer Witterung, obwohl sich diese verwelkten Blätter häufig nachts wieder erholen. Später verzögert sich das Wachstum infizierter Pflanzen, sie sehen gelb und verkümmert aus. Werden die Pflanzen als Keimlinge befallen, gehen sie ein. Wenn aber die Infektion verzögert wird, sind auch die Auswirkungen weniger schädlich, so daß Pflanzen mit starker Wurzelhypertrophie gut gewachsene Kohlköpfe, Blumenkohlköpfe usw. bilden können. Infizierte Wurzelhaare schwellen an ihren Spitzen keulenförmig an und sind manchmal gelappt und verzweigt (Abb. 20). MacFarlane und Last (1959) beobachteten das Wachstum von gesunden und infizierten Pflanzen zu verschiedenen Zeiten nach der Keimung. 35 Tage nach der Saatinfektion zeigte sich eine signifikante Verzögerung der Gewichtszunahme im Vergleich mit den gesunden Kontrollpflanzen. In infizierten Pflanzen ist das Wurzel/Sproß-Verhältnis höher. Dies läßt ebenfalls auf eine Abwanderung des Materials in die Keulen schließen. Angeschwollene Wurzeln enthalten viele sphärische, kleine Dauersporen, die von der faulenden Wurzel in die Erde entlassen werden. Elektronenmikroskopische Aufnahmen ergaben, daß die Dauersporen von einer stacheligen Wand umgeben sind (Williams und McNabola, 1967). Die Dauerspore keimt aus und bildet eine einzelne Planospore mit zwei ungleich langen Peitschengeißeln (siehe Abb. 18; Kole und Gielink, 1962; Aist und Williams, 1971). Die Keimung wird durch Substanzen stimuliert, die von den Wurzeln der Kohlpflanze ausgeschieden werden (MacFarlane, 1952, 1959, 1970).

Die primären Planosporen (d. h. das erste bewegliche Stadium der Dauerspore) schwimmen mit Hilfe ihrer Geißeln. Die kurze Geißel zeigt nach vorn, die lange Geißel wird nachgezogen. Aist und Williams (1971) beobachteten den Vorgang der Wurzelhaarinfektion: Bringt man eine Dauersporensuspension in die Nähe von Keimlingswurzeln des Kohls, werden nach 26–30 Stunden die Planosporen von *P. brassicae* entlassen. Die Planosporen können mehrmals mit einem Wurzelhaar zusammenstoßen, bevor sie sich anheften. Die Anheftungsstelle scheint dabei die gegenüberliegende Seite des Geißelansatzes zu sein.

Die Geißeln wickeln sich um die flach an der Wirtszelle liegenden Planosporen, diese bilden ständig vor- und zurück bewegende pseudopodiumähnliche Gebilde. Die Geißeln werden dann eingezogen und die an dem Wurzelhaar befestigte Planospore encystiert sich (Abb. 21 D). In der Planospore bilden sich Lipidtropfen und eine Vakuole (Abb. 22). Eine sehr auffallende, ungewöhnliche Struktur ist eine lange **Röhre**[1], die mit der Außenseite zur Wirtszelle hingewendet ist (d. h. der Zellwand des Wurzelhaares). Die Röhrenöffnung ist durch einen Pfropfen verschlossen. Innerhalb der Röhre befindet sich ein kugelförmiger **Stachel,** der außen aus parallel

---

1 Terminologie nach Keskin und Fuchs, 1969.

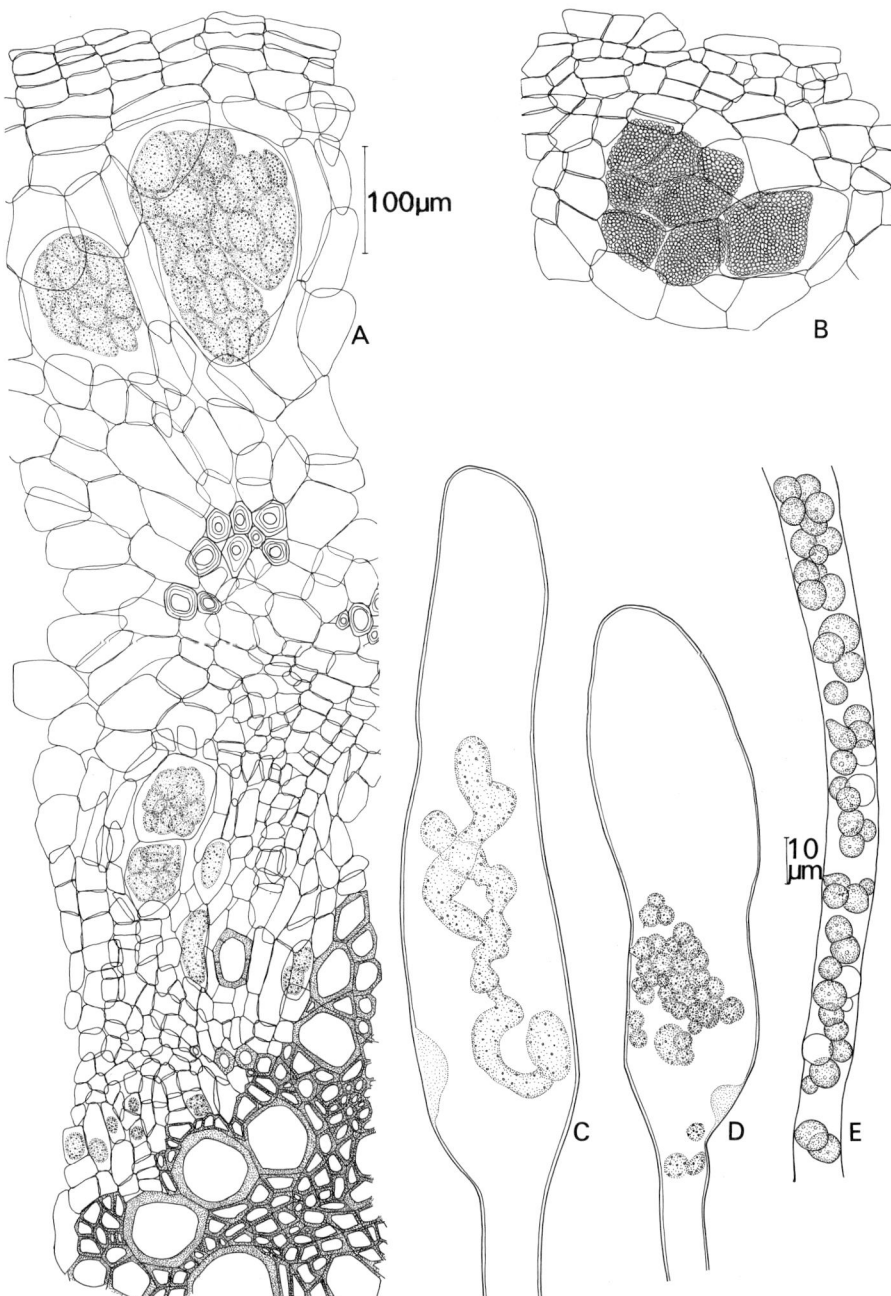

Abb. 20 A–E. *Plasmodiophora brassicae.* **A** Querschnitt durch eine junge infizierte Kohlwurzel mit Plasmodien in der Rinde. Man erkennt die Hypertrophie einger Wirtszellen mit Plasmodien und das Auftreten junger Plasmodien in Zellen, die unmittelbar außerhalb des Xylems liegen; **B** Querschnitt durch eine Kohlwurzel während eines späteren Infektionsstadiums: Entstehung der Dauersporen; **C** Planosporangiales Plasmodium eines Kohlwurzelhaares 4 Tage nach Einpflanzen in stark infizierte Erde; **D** Junge Planosporangien in einem Wurzelhaar. Man erkennt die keulenförmige Anschwellung des infizierten Wurzelhaares; **E** Reife und entlassene Planosporangien. **A** und **B** im gleichen Maßstab; **C, D** und **E** im gleichen Maßstab

angeordneten Fibrillen besteht. Hinter dem stumpfen Ende des Stachels verjüngt sich die Röhre zu einem **Schlauch.**

Ungefähr drei Stunden nach der Encystierung der Planospore dringt sie in die Zellwand des Wurzelhaares ein; dabei werden leere, vakuolisierte Cysten beobachtet. Das Eindringen an sich verläuft sehr schnell. In der Abb. 22 wird der Eindringvorgang näher erläutert. Eine feste Verbindung zwischen der Röhre und dem Wurzelhaar wird wahrscheinlich durch das **Adhesorium** hergestellt, das sich durch Evagination (d. h. Ausstülpung) der Röhre bildet (Abb. 22 C). Die Vergrößerung der Vakuole ist vermutlich die treibende Kraft, die zur vollständigen Evagination der Röhre führt und den Stachel durch die Wirtszellwand schiebt. Der parasitische Pilz dringt als kleine, sphärische Amöbe in die Wirtszelle ein und wird von der Plasmaströmung aufgenommen. Nach dem Eindringen der Amöbe (Abb. 22 D) bildet sich, wahrscheinlich zur schnelleren Wundheilung, eine Kallosepapille neben dem Adhesorium und um die Infektionsstelle.

Die Amöben teilen sich im infizierten Wurzelhaar und bilden mehrere einkernige Amöben. Später teilen sich die Kerne und bilden kleine, vielkernige Plasmodien. Diese Plasmodien werden als sporangiale oder primäre Plasmodien bezeichnet. Die Plasmodien teilen sich weiter und bilden in unterschiedlicher Menge rauhe, sphärische, dünnwandige Planosporangien, die wahrscheinlich durch Verschmelzung einzelner Protoplasten dicht in der Wirtszelle zusammenliegen (Abb. 20). Die Bildung der Planosporangien findet innerhalb von vier Tagen nach der Infektion statt. Jedes Planosporangium enthält vier bis acht einkernige Planosporen. Das reife Planosporangium wird an der Wirtszellwand befestigt und bildet an der Kontaktstelle eine Pore, durch die die Planosporen freigelassen werden. Gelegentlich werden die Pla-

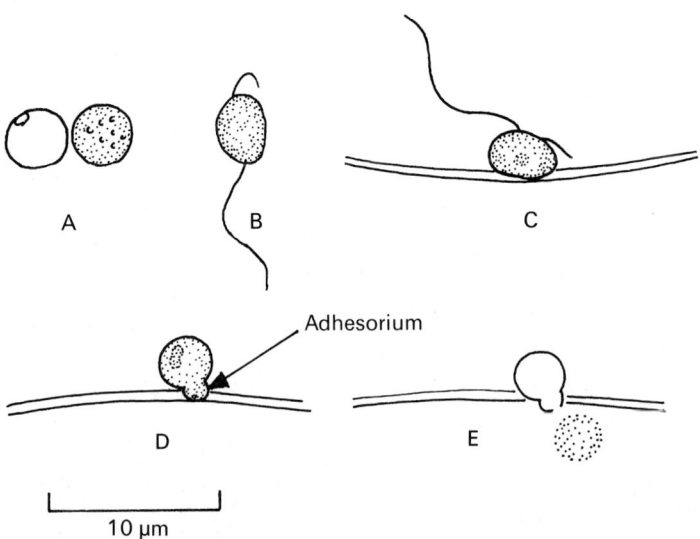

Abb. 21 A–E. *Plasmodiophora brassicae.* **A** Dauersporen, gefüllt und entleert (mit einer in der Wand befindlichen Pore); **B** Planospore; **C** Anheften der Planospore am Wurzelhaar; **D** Planosporencyste mit Adhesorium nach Einzug der Geißelaxonemen; **E** Eindringen der Amöbe in das Wurzelhaar. Nach Aist und Williams (1971)

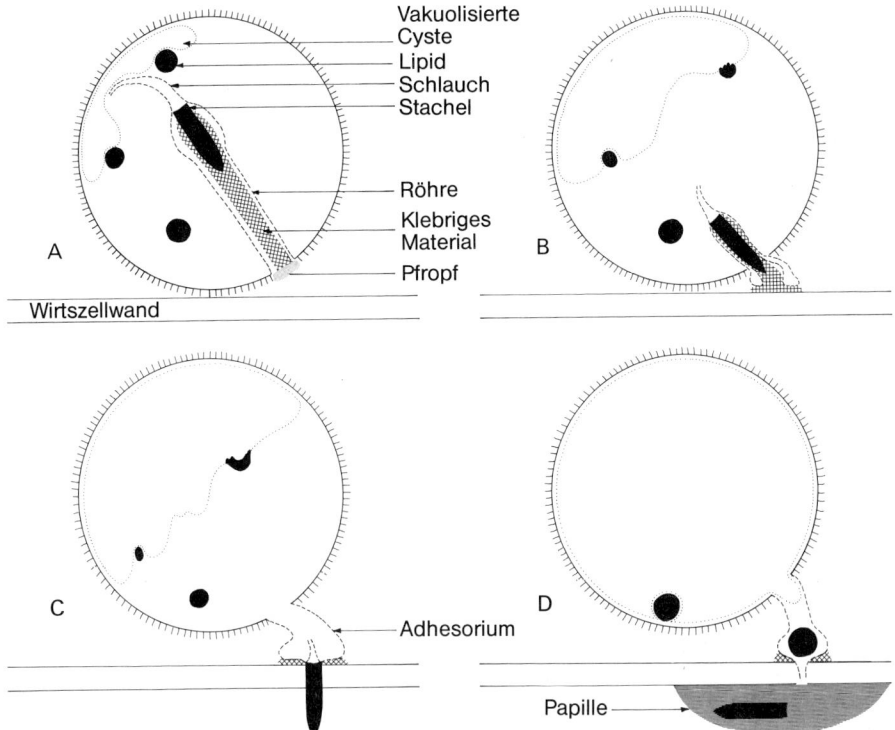

Abb. 22 A–D. *Plasmodiophora brassicae:* Schematische Darstellung der Durchdringung der Zellwand des Wirtes (nach Aist und Williams, 1971). Die Schemazeichnungen zeigen eine an der Zellwand eines Wurzelhaares befestigte Planosporencyste; **A** Cystenvakuole noch nicht vergrößert; **B** Cystenvakuole vergrößert sich und ein kleines Adhesorium erscheint; **C** Stachel sticht durch die Wirtszellwand; **D** Inhalt der Planospore ist in die Wirtszelle eingedrungen, anschließend sondert das Wirtszellenprotoplasma an der Infektionsstelle ein Papille ab

nosporen auch in das Lumen der Wirtszelle entlassen. Das Verhalten der entlassenen Planosporen ist noch nicht vollständig geklärt, es ist aber möglich, daß sie sich wie Gameten verhalten und paarweise fusionieren. Viergeißelige, zweikernige Planosporen sind ebenso wie solche mit sechs Geißeln beobachtet worden (Kole und Gielink, 1961). Ob aber diese Planosporen aus einzelnen zweigeißeligen Planosporen oder aus einer unvollständigen Teilung der Planosporinitialen entstehen, ist noch nicht geklärt.

Es gibt verschiedene Erklärungsmöglichkeiten für den Nebenzyklus von *P. brassicae*. Tommerup und Ingram (1971) untersuchten das Verhalten des Parasiten in Kallusgewebekulturen von *Brassica napus*. Ihre Darstellung des Entwicklungszyklus von *P. brassicae* ist in Abb. 23 dargestellt. Möglicherweise verhält sich der parasitische Pilz in Gewebekulturen nicht genauso wie in den Erdwurzeln, weshalb Tommerup und Ingram Paralleluntersuchungen an keulenförmigen Erdwurzeln durchführten und ihre Beobachtungen aus den Gewebekulturen bestätigt fanden.

Die Kallusgewebekulturen wurden aus oberflächensterilisiertem, keulenförmigem und Dauersporen enthaltendem Wurzelgewebe entnommen. Brachte man das infizierte Kallusgewebe in frisches Medium, keimten die Dauersporen (die normalerweise in die Erde entlassen werden) in situ aus und entließen einkernige, mit zwei ungleichen Geißeln versehene Planosporen. In jede infizierte Wirtszelle wurden mehrere parasitische Protoplasten entlassen, die zu vielkernigen primären Plasmodien verschmolzen. Diese Plasmodien teilten sich später und bildeten Planosporangien, die vermutlich mit den normal gebildeten Planosporangien in den Wurzelhaaren homolog sind. Plasmogamie zwischen Planosporen wurde beobachtet, obwohl nicht sofort eine Karyogamie folgte. Kole und Gielink (1963) beobachteten bei Planosporen aus Kohlwurzelhaaren ein einfacheres Verhalten. Man glaubt, daß die zweikernigen Planosporen eine Reinfektion der Wurzel durchführen und die Bildung zweikerniger Plasmodien bewirken, die dann in die Wurzelrinde eindringen. Es ist nicht sicher, ob die Plasmodien aktiv in die Zellwand eindringen oder ob sie passiv von Zelle zu Zelle übertragen werden. Das Plasmodium besitzt keine spezifische Nahrungsaufnahmestruktur wie z. B. Haustorien. Das Plasmodium ist von einer dünnen, plasmaartigen Hülle umgeben und tief im Wirtscytoplasma eingebettet. Phagocytotisch aufgenommene Wirtszellorganellen innerhalb des Plasmodiums wurden noch nicht nachgewiesen (Williams und Yukawa, 1967). Das Plasmodium vergrößert sich, weitere Kernteilungen finden statt und die plasmodiumhaltigen Zellen hypertrophieren (Abb. 20), während der Kern der Wirtszelle aktiv bleibt. Die Hypertrophie der Wirtszellen wird wahrscheinlich durch eine Blockierung des Zellteilungsmechanismus verursacht und von einer erhöhten DNA-Synthese begleitet. In Kalluskulturen wurde nachgewiesen, daß die Anwesenheit der Plasmodien in den Wirtszellen mit einer Erhöhung des Ploidiegrades des Wirtskerns

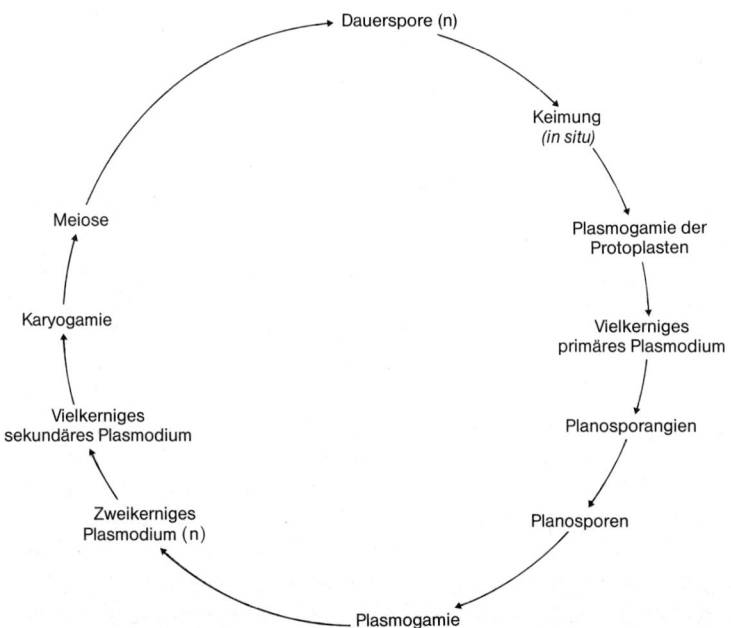

Abb. 23. *Plasmodiophora brassicae.* Entwicklungszyklus in einer Kallusgewebekultur (nach Tommerup und Ingram, 1971)

einhergeht (Tommerup und Ingram, 1971). Der Auxingehalt (IES) keulenförmiger Kohlwurzeln ist gegenüber nicht infizierten Wurzeln 50–100fach höher (Raa, 1971), während der Cytokiningehalt keulenförmiger Rübenwurzeln 10–100mal höher ist als in gesunden Wurzeln (Dekhuizen und Overeem, 1971). Die Gewebe gesunder Cruciferen enthalten verhältnismäßig viel Indol-Glucosinolate, wie z. B. Glucobrassicin und Neoglucobrassicin. Sie enthalten auch das Enzym Glucosinolase, das Glucobrassicin zu 3-Indolacetonitril (IAN) hydrolisiert. Ein zweites Enzym, Nitrilase, kann IAN zu 3-Indolessigsäure (IES) umwandeln. Butcher et al. (1974) haben nachgewiesen, daß das Wachstum von *Plasmodiophora* den Wirtsstoffwechsel unterbricht und zu einer Ausschüttung und Anreicherung großer Mengen von IAN aus Indol-Glucosinolaten in den Geweben führt und daß dieses erhöhte Niveau für die Hypertrophie verantwortlich ist. In infizierten Zellen sammelt sich Stärke an (Williams, 1966). Zuerst sind nur die Rindenzellen junger Wurzeln infiziert, später kann man auch in den Zellen der Markstrahlen und im faszikulären Kambium kleine Plasmodien finden. Später sind auch die aus dem Kambium gebildeten Gewebe infiziert. In den großen angeschwollenen Wurzeln verursachen die ausgedehnten, keilförmigen Zellmassen hypertrophierter Markstrahlgewebe eine Spaltung des Xylems. In diesem Stadium erscheint das Wurzelgewebe unterschiedlich meliert. Ist das Wachstum der Plasmodien beendet, wandeln sie sich in Dauersporen um. Nach Tommerup und Ingram (1971) enthalten die vielkernigen, reifen Plasmodien viele paarig angeordnete haploide Kerne. Vor der Bildung der Dauersporen findet eine Karyogamie statt und vermutlich sofort eine Meiose. Wenn sich das Plasmodium dann zu Dauersporen umbildet, enthalten sie haploide Kerne. Nur in den späten Stadien der Enwicklung der Dauersporen degenerieren die Kerne der Wirtszelle. Die Dauersporen sind zuerst nackt. Später sind sie von einer dünnen Zellwand umgeben. Sie sind innerhalb der Wirtszelle eng zusammengepreßt und werden nach Zerfall des Wurzelgewebes in die Erde entlassen.

Spongospora

Der Entwicklungszyklus von *S. subterranea,* dem Erreger des Pulverschorfs der Kartoffel, ist dem von *P. brassicae* sehr ähnlich (Kole, 1954, Kole und Gielink, 1963; Piard-Douchez, 1949). Erkrankte Knollen haben auf ihrer Oberfläche puderartige Pusteln, die viele zu Hohlkugeln verklumpte Dauersporen enthalten. Die Dauersporen entlassen Planosporen mit zwei ungleich langen Geißeln, die die Wurzelhaare von Kartoffel- oder Tomatenpflanzen infizieren. In den Wurzelhaaren bilden sich Plasmodien, die sich dann zu Planosporangien entwickeln. Die Planosporen solcher Planosporangien sind infektiös und führen zur Bildung weiterer Planosporangien. Man hat beobachtet, daß die Planosporen paarweise oder gelegentlich auch zu dritt fusionieren und dann vier- oder sechsgeißelige Planosporen bilden (Kole, 1954). Es ist noch unklar, ob diese Beobachtungen als Sexualreaktion angesehen werden können. *S. subterranea f. sp. nasturtii* verursacht eine Krankheit der Wasserkresse, die man an den spiralförmig gedrehten und gekrümmten Wurzeln deutlich erkennen kann. Die Planosporangien und Sporenkugeln wurden in infizierten Wurzelzellen gefunden (Abb. 24; Tomlinson, 1958 b).

S. subterranea dient auch als Vektor für die Übertragung des Kartoffel-mop-top-Virus. Bei einigen Kartoffelsorten führt dieser zu mehr als 20% verringerten Ernteerträgen (Jones und Harrison, 1969, 1972). Das Virus kann mehrere Jahre in den in der Erde befindlichen Sporenkugeln überdauern und wird dann von den Planosporen übertragen. Auch Wurzelhaare von Wirtspflanzen, die nicht zu den Solanaceae gehören, können von diesem Pilz befallen werden, der dann Planosporangien bildet und auch das Virus überträgt. Auf diese Weise schaffen sich der Pilz und zahlreiche wildlebende Pflanzen einen Infektionsvorrat dieses Parasiten, auch wenn an einer Stelle mehrere Jahre keine Kartoffeln angebaut wurden. Die Übertragung des Weizenmosaikvirus schreibt man einem anderen Plasmodiophoromyceten, *Polymyxa graminis*, zu.

Bekämpfung der Kohlhernie, des Pulverschorfs und der Hakenwurzelkrankheit.

Die Bekämpfung der Kohlhernie ist schwierig. Die Krankheit läßt sich auch nicht durch kurzfristigen Fruchtwechsel ausrotten, denn die Dauersporen bleiben viele Jahre in der Erde lebensfähig. Da *Plasmodiophora* auch die zu den Cruciferen gehörenden Unkräuter befällt (z. B. das Hirtentäschelkraut *Capsella bursa-pastoris*) ist anzunehmen, daß die Krankheit von diesen Wirten übertragen wird und daß auch eine Unkrautbekämpfung notwendig ist. Weiterhin ist bekannt, daß die Wurzelhaarinfektion auch bei nicht zu den Cruciferen gehörenden Wirten auftreten kann, wie z. B. bei Garten- und Feldunkräutern *Agrostis, Dactylis, Holcus, Lolium, Papaver* und *Rumex*. Ob solche Infektionen zur Erhaltung des Krankheitserregers beitragen, wenn keine Cruciferen als Wirte vorhanden sind, ist nicht bekannt. Man versucht die Krankheitserreger durch Anwendung von Kalk und verbesserter Entwässerungsmethoden zu bekämpfen. Wahrscheinlich hemmt der Kalk die Keimung der Dauersporen. Befinden sich aber genügend Sporen in der Erde, kann auch Kalk das Ausbrechen der Krankheit nicht verhindern. Auch wenn die Wirkung des Kalkes nicht lange anhält, so kann er doch vielleicht die Keimung der Dauersporen

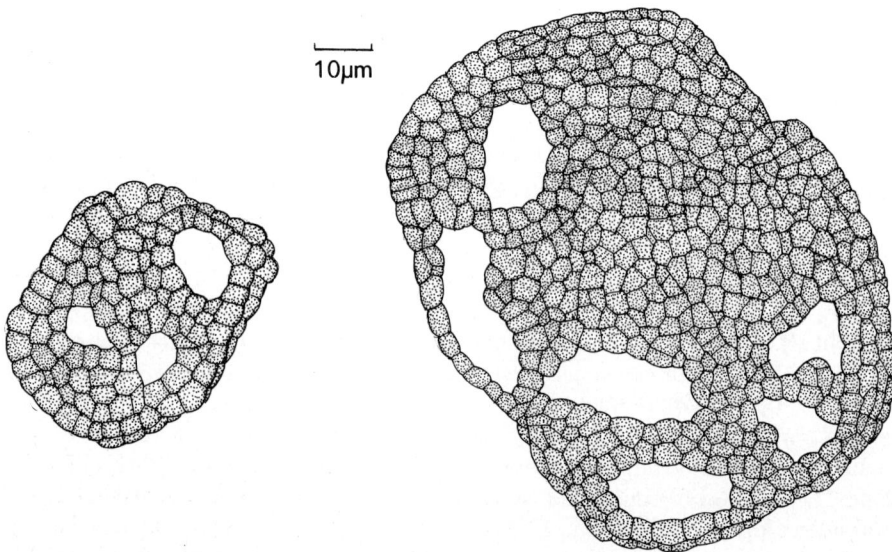

10μm

Abb. 24. *Spongospora subterranea f. sp. nasturtii.* Sporenkugeln von Wurzeln der Wasserkresse mit Hakenwurzelkrankheit

verzögern, was aber wieder ihre Lebensfähigkeit im Boden verlängert (MacFarlane, 1952). Eine frühe Infektion der Keimlinge kann zu ernsten Symptomen führen, so daß die Anzucht der Keimlinge in nicht-infizierter oder dampfsterilisierter Erde erfolgen sollte. Die jungen Pflanzen können dann in unsterile Erde übertragen werden. Die Infektionsgefahr kann verringert oder verzögert werden, indem man der Erde während der Pflanzzeit Quecksilber(1)-chlorid oder Quecksilber(2)-chlorid (Sublimat) hinzufügt. Verschiedene andere Fungizide, wie z. B. das Benomyl, wurden bei der Bekämpfung der Kohlhernie benutzt (Jacobsen und Williams, 1970). Systemisch wirkende Fungizide (d. h. Substanzen, die von der Pflanze aufgenommen und innerhalb der Pflanze weitergeleitet werden), wurden ebenfalls erfolgreich angewandt (van Assche und Vanachter, 1970). Seitdem man weiß, daß einige Dauersporen den tierischen Verdauungsvorgang überstehen können, werden keine Kohlpflanzen mehr mit Dung behandelt, der von Tieren stammt, die mit erkrankten Pflanzen gefüttert wurden. Bestimmte Formen des Kohls scheinen gegen die Erkrankung immun zu sein, wie z. B. einige Steckrübenvarietäten. Pflanzenzüchtern gelang auch die Züchtung resistenter Stämme anderer Kohlformen. Die Ursache der Resistenz ist nicht bekannt, obwohl die Wurzelhaare resistenter und empfindlicher Formen gleichermaßen infiziert werden, so daß die Resistenzfähigkeit der Wirtspflanze wahrscheinlich während eines späteren Stadiums des Infektionszyklus einsetzt. Es gibt mehrere physiologische Rassen von *P. brassicae*, die sich nur in ihrer spezifischen Infektiösität für bestimmte Kohlformen unterscheiden, was natürlich die Züchtung resistenter Formen erschwert. Die resistenten Formen gegen die Kohlhernie eines Gebietes können von pathogenen Stämmen eines anderen Gebietes uneingeschränkt infiziert werden. Es wäre wünschenswert, ausgewählte Kohlvarietäten mit vielen geographisch verschiedenen Stämmen von *P. brassicae* zu testen. Möglicherweise beruht die Resistenz gegen die Kohlhernie auf Polygenie (Watson und Baker, 1969; Chiang und Crête, 1970; Johnston, 1970; Lammerink, 1970; Vriesinga und Honma, 1971). Buczacki et al. (1975) haben gezeigt, wie man mit 15 verschiedenen Wirtsformen (je 5 von *Brassica campestris, B. napus* und *B. oleracea*) zwischen physiologisch verschiedenen pathogenen Rassen unterscheiden und bei Anwendung dieser Wirtspflanzen 34 physiologische Rassen in Europa isolieren kann.

Normalerweise richtet der Pulverschorf nur einen geringen wirtschaftlichen Schaden an, der durch gute Entwässerung noch gemindert werden kann. Die Hakenwurzelkrankheit der Wasserkresse kann man durch Zinkzusatz im Wasser bekämpfen. Das Zink kann man als Zinksulfat in einer Endkonzentration von ungefähr 0,5 ppm in das Wasserbecken der Wasserkresse geben oder durch zermahlenes, Zinkoxid (Zinkfritte) enthaltendes Glas. Die langsame Freisetzung des Zinks aus der Fritte führt zu einer infektionsverhindernden Konzentration (Tomlinson, 1958 a).

Die Verwandtschaften der Plasmodiophorales sind unklar. Sie ähneln einigen anderen Myxomycota, weil sie ein Plasmodium und Planosporen mit ungleich langen Geißeln haben. Manchmal werden sie den Planosporen bildenden Pilzen (Mastigomycotina) zugeordnet, obwohl keine klare Verwandtschaft zu einigen anderen Gruppen besteht (Waterhouse, 1973 a). Sparrow (1958) hat vorgeschlagen, sie als eigenständige Gruppe, als Plasmodiophoromycetes, zu betrachten. Möglicherweise stehen sie aber den Protozoen näher als den anderen Pilzen (Karling, 1968).

Teil 2 Eumycota

Einleitung

Zu dieser Gruppe gehören die meisten Pilze. Bis auf einige wenige Ausnahmen besteht der Thallus nicht aus Plasmodien oder Pseudoplasmodien, sondern ist einzellig oder besteht aus einem Myzel. Es ist möglich, daß sie sich entwicklungsgeschichtlich unterschiedlich entwickelt haben und auch unterschiedliche Verwandtschaftsbeziehungen aufweisen, d. h. sie sind polyphyletisch. Dennoch haben sie bestimmte gemeinsame Eigenschaften in Bezug auf Organisation, Ernährung, Fortpflanzung und Physiologie.

Organisation des Thallus

Im allgemeinen besteht der Pilzthallus aus einem einreihigen, verzweigten Faden. Bei den meisten Pilzen ist der Thallus in einen vegetativen, nahrungsaufnehmenden und in einen reproduktiven Teil differenziert. Man bezeichnet solche Thalli als **eukarp.** Einige Pilzthalli zeigen jedoch nicht diese Differenzierung: nach einer vegetativen Wachstumsphase wandelt sich der gesamte Thallus in Fortpflanzungszellen um. Diese Thalli werden **holokarp** genannt. Sie kommen bei bestimmten parasitischen Pilzen vor, die mit ihrem Thallus innerhalb der Wirtszelle leben (z. B. *Synchytrium, Olpidium*), und bei einigen einzelligen, frei beweglichen Organismen, die ihre Nahrung aus dem sie umgebenden Medium entnehmen. Der einzellige Thallus ist typisch für Hefen und hefeartige Pilze (z. B. *Saccharomyces* und *Sporobolomyces*). Einige, insbesondere tierpathogene Pilze, können sowohl fädig als auch einzellig (d. h. hefeartig) leben; diese Erscheinung ist als **Dimorphismus** bekannt. Durch Veränderung der Umweltbedingungen (z. B. Zusammensetzung des Mediums und der CO_2-Konzentration; Romano, 1966) kann ein Übergang von der fädigen zur einzelligen Form hervorgerufen werden. Die vegetativen Pilzfäden werden **Hyphen** genannt. Der aus Hyphen bestehende Thallus wird als **Myzel** oder **Myzelium** bezeichnet.

Ein wichtiges Unterscheidungsmerkmal für die einzelnen Pilzgruppen ist die Gegenwart oder Abwesenheit von Querwänden oder **Septen** innerhalb der Hyphen. Im allgemeinen haben bestimmte Pilzgruppen, insbesondere die Oomyceten und Zygomyceten, keine septierten Hyphen, während die Ascomyceten, Basidiomyceten und Deuteromyceten septierte Hyphen besitzen. Das Myzel unseptierter Formen enthält zahlreiche Kerne, die natürlich nicht durch Querwände voneinander getrennt, sondern von einem gemeinsamen Cytoplasma umgeben sind. Man bezeichnet einen solchen Zustand als **coenocytisch.** Die Hyphensegmente septierter Formen können ein, zwei oder mehr Kerne enthalten. Ein Myzel wird **homokaryotisch** genannt, wenn es von einer einzelnen einkernigen Spore stammt und alle Kerne ge-

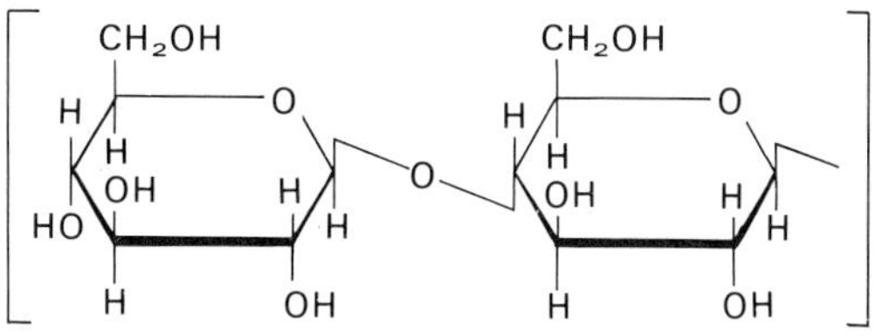

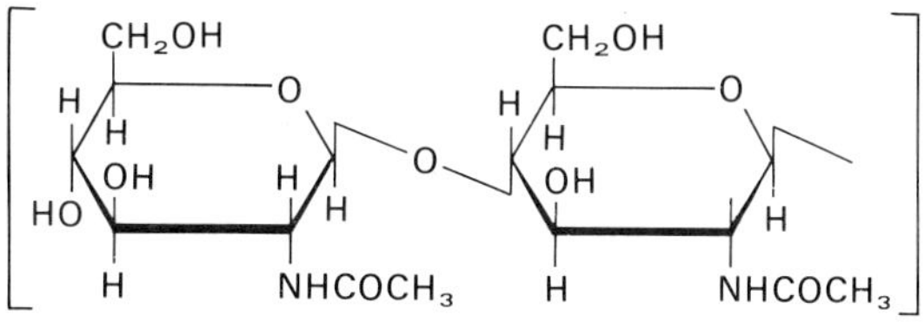

Abb. 25. Strukturformeln der Zellu-
lose- und Chitin-Bausteine

Zellulose

Chitin

netisch gleich sind. Ein Myzel ist **heterokaryotisch,** wenn es genetisch verschiedene Kerne enthält, die entweder auf eine Mutation oder eine Hyphenanastomose zurückzuführen sind. In den Myzelien bestimmter Basidiomyceten findet man pro Segment zwei genetisch verschiedene Kerne. Diesen speziellen Zustand nennt man **dikaryotisch** und unterscheidet ihn vom **monokaryotischen,** wo die Segmente einzelne, haploide, genetisch identische Kerne enthalten.

Struktur der Zellwand

Der Turgor des Protoplasten und die Starrheit der Zellwand sind für die äußere Form der Hyphe verantwortlich. Die wechselnde Form des Pilzthallus während der Entwicklung wird durch Form- und Größenveränderungen der Pilzzellen[2] verursacht, die ihrerseits eng mit Veränderungen der Zellwandstruktur verknüpft sind. Daher kann man morphogenetische Probleme nur verstehen, wenn man die Zellwandstruktur kennt. Die taxonomische Einteilung richtet sich ebenfalls nach der chemischen Struktur der Zellwände. Aufgrund chemischer Analysen enthalten die durch physikalische und chemische Methoden vom Cytoplasma gereinigten Zellwände einen 80–90%igen Polysaccharidgehalt, während der Rest aus Proteinen und Lipiden besteht (Aronson, 1965; Bartnicki-Garcia, 1968, 1970). Die meisten Pilzformen enthalten als „Skelett"-Material spiralig angeordnete Chitinfibrillen (ein Polymer aus N-Acetyl-Glucosamin), Zellulose (ein Polymer der β-D-Glucose) oder auch andere Glucane (siehe Abb. 25). Chitin ist der häufigste Bestandteil, während Zellulose zusammen mit Glucanen in Oomycetenzellwänden vorkommt. Chitin und Zel-

---

2 Im strengen Sinne handelt es sich hier nicht um Zellen, sondern um Kompartimente, da nicht nur bei Phyco- und Ascomyceten, sondern auch bei Basidiomyceten trotz doliporer Septen ein cytoplasmatischer Kontakt durch die Querwände gegeben ist. Der Ausdruck ‚Zelle' wird aus Gründen der Vereinfachung und Analogie gegenüber den übrigen Eukaryonten verwendet.

Tabelle 1. *Zellwandtaxonomie der Pilze* (nach Bartnicki-Garcia, 1968)

Chemische Zusammensetzung	Taxonomische Gruppe	Spezifische Merkmale
I. Zellulose-Glycogen	Acrasiales	Pseudoplasmodien
II. Zellulose-Glucan	Oomycetes	zweigeißelige Planosporen
III. Zellulose-Chitin	Hyphochytridiomycetes	Planosporen mit einer einzelnen Vordergeißel
IV. Chitosan-Chitin	Zygomycetes	Zygosporen
V. Chitin-Glucan	Chytridiomycetes	Planosporen mit einer einzelnen Hintergeißel
	Ascomycetes	septierte Hyphen, Ascosporen
	Basidiomycetes	septierte Hyphen, Basidiosporen
	Deuteromycetes	septierte Hyphen
VI. Mannan-Glucan	Saccharomycetaceae	Hefezellen, Ascosporen
	Cryptococcaceae	Hefezellen
VII. Mannan-Chitin	Sporobolomycetaceae	Hefen (Carotinoidpigment) Ballistosporen
	Rhodotorulaceae	Hefen (Carotinoidpigment)
VIII. Polygalactosamin-Galactan	Trichomycetes	heterogene Gruppe, Arthropodenparasiten

lulose tritt gelegentlich zusammen auf, z. B. bei *Rhizidiomyces,* einem Vertreter der Hyphochytridiomycetes, und bei *Ceratocystis,* einem Ascomyceten. Darüber hinaus hat man auch andere Substanzen in den Zellwänden gefunden; hier scheint eine Korrelation zur Taxonomie zu bestehen, wie es Tabelle 1 zeigt. Ein charakteristisches Merkmal der zellulosehaltigen Oomycetenzellwand ist das Vorkommen der Aminosäure Hydroxyprolin (Novaes-Ledieu et al. 1967).

Die mikrofibrillären Bestandteile sind in einer aus anderen Substanzen bestehenden Matrix eingebettet. Protein ist eine wesentliche Komponente. Einige dieser Substanzen können Enzyme sein, die an die Zellwand gebunden sind. Das Auftreten von Enzymen als integrale Zellwandbestandteile erklärt, warum Zellwandfragmente nicht inert sind, sondern biochemische Aktivität zeigen.

Die Zellwände der Hefen weisen unterschiedliche chemische Eigenschaften auf, da sie sich aus einem Mannan-Glucan-Komplex zusammensetzen (Phaff, 1963).

Feinstruktur

Die Zellen der Eumycota (Eumycetes) sich eukaryotisch und enthalten, bis auf die Chloroplasten, viele für Eukaryoten charakteristische Organellen (Moore, 1965; Bracker, 1967). Der Kern ist von einer sich im Endoplasmatischen Retikulum (ER) fortsetzenden Doppelmembran umgeben. In vielkernigen Hyphen können die Kerne durch das ER untereinander verbunden sein. Die Kernmembran weist zahlreiche Poren auf, die einen Materialaustausch zwischen Kern und Cytoplasma ermöglichen. Bei einer mitotischen Kernteilung löst sich die Kernmembran nicht immer wie bei den meisten anderen Organismen auf, sondern sie kann sich in der Mitte zusammenziehen und so zwei Schwesterkerne absondern. Die Form der Mitochondrien ist unterschiedlich, meist jedoch länglich. In vielen Pilzen sind die Mitochondrien groß genug, um sie lichtmikroskopisch beobachten zu können, außerdem bewegen sie sich innerhalb des Protoplasten schnell hin und her. Das Endoplasmatische Retikulum kann glatt oder rauh sein. Im letzteren Falle ist es mit Ribosomen besetzt, die an der Proteinsynthese beteiligt sind. Für Pilzzellen sind häufig cytoplasmatische Mikrotubuli beschrieben worden, die an der Aufrechterhaltung der Zellform und an der Protoplasmabewegung beteiligt sein können. Golgi-Apparate, die aus gefalteten Membranstapeln oder Dictyosomen bestehen und Sekrete bilden, sind in vielen eukaryotischen Zellen, jedoch relativ selten in Pilzzellen zu finden. Als Beispiel hierfür werden die Oomyceten, z.B. *Pythium*, genannt (Grove et al. 1970). Lipidtropfen und Glycogen als typisches Speicherprodukt der Pilze sind weitere charakteristische, cytoplasmatische Einschlüsse. Lipid und Glycogen sind häufig in ausdifferenzierten Zellen, Nahrungsspeicherstrukturen und Sporen vorhanden. Die Oberfläche des Pilzprotoplasten besteht aus einer typischen Einheitsmembran aus Lipoproteinen, dem Plasmalemma. Eine ähnlich aufgebaute Membran umgibt eventuell vorhandene Vakuolen, sie wird Tonoplast genannt.

In Pilzzellen lassen sich die Septen in drei Haupttypen unterteilen. Septen, die Fortpflanzungsstrukturen abtrennen, sind vollständig ausgebildet, d.h. sie sind nicht perforiert. Septen dieses Typs sind in vegetativen Hyphen selten anzutreffen. Das Septum besteht bei den Asco- und Deuteromycetes aus einer einfachen, zur Hyphenachse rechtwinkelig angeordneten Querwand. Es ist gewöhnlich perforiert und erlaubt ein Durchwandern von Zellorganellen (z.B. Mitochondrien und Kerne) durch die Poren (Abb. 122). Bei einigen Basidiomyceten (Rost- und Brandpilze ausgenommen) ist das Septum komplizierter gebaut. Der zentrale Porus besitzt an beiden Seiten eine krugartige, oft verdickte Zellwandausstülpung, die als tonnenförmige oder zylindrische Struktur den Porus umgibt. Septen dieses Typs werden als **dolipore** Septen bezeichnet. Diese Septen sind oft von einer perforierten Kappe bedeckt, die eine Ausstülpung des Endoplasmatischen Retikulums ist (Abb. 225).

Hyphenwachstum

Die Hyphen wachsen meist apikal (Burnett, 1976, Kapitel 3; Bartnicki-Garcia, 1973). Im Verlauf ihres Wuchses müssen offenbar sehr schnell neue Zellwand- und Membrankomponenten gebildet werden, um die Zunahme des Plasmalemmas sicherzustellen. Der durch zunehmende Vakuolisierung erzeugte Turgor der distalen Hyphen ist wahrscheinlich die treibende Kraft für die wachsenden Hyphen. Die Veränderungen der Feinstruktur, die das Hyphenwachstum begleiten, sind ausführlich untersucht worden. Dabei ergaben sich bei den verschiedenen Pilzgruppen kleinere Unterschiede. Am Beispiel *Pythium ultimum*, einem Oomyceten mit Zellulose anstatt Chitin als Hauptzellwandmaterial, haben Grove et al. (1970) die Ablagerung von Wand- und Membranmaterial erläutert, wie in den Abbildungen 26 oder 27 dargestellt. Die Dictyosomen (D) sind möglicherweise dem Golgi-Apparat anderer Organismen äquivalent. Sie besitzen einen proximalen Pol, Dp, proximal zum Kern oder zum Endoplasmatischen Retikulum, und einen distalen Pol, Dd, der dem Kern

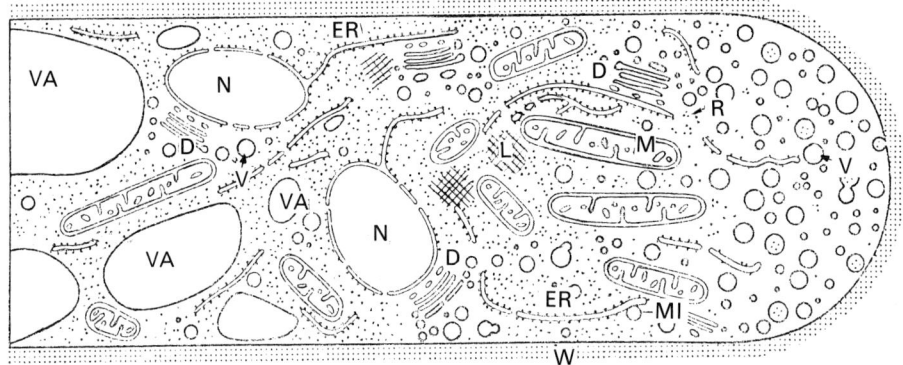

Abb. 26. *Pythium ultimum.* Schematische Darstellung der Hyphenspitze (nach Grove et al. 1970). D Dictyosom; ER Endoplasmatisches Retikulum; L Lipidtropfen; M Mitochondrium; MI Microbody; N Nukleus; R Ribosom; V Cytoplasmavesikel; VA Vakuole; W Zellwand

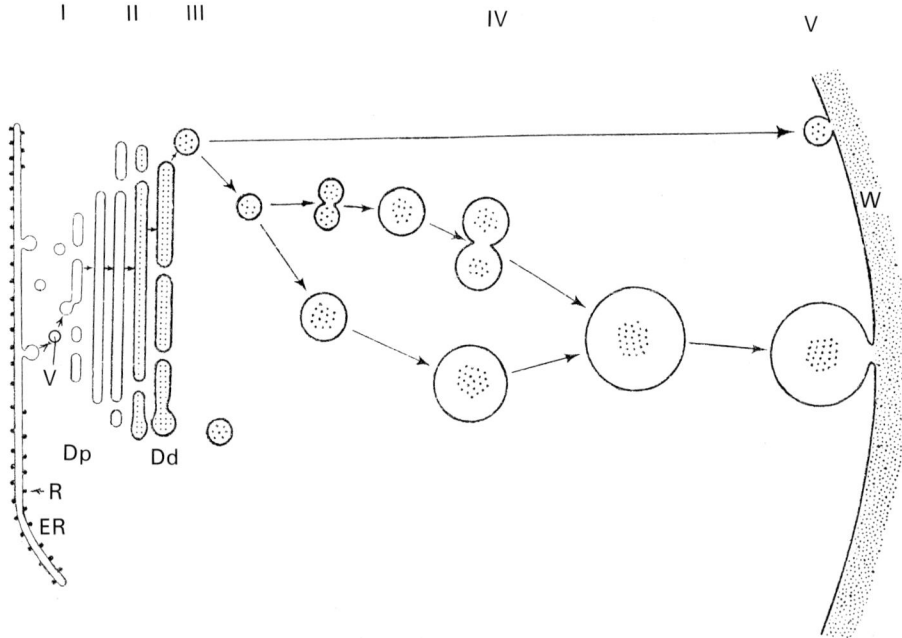

Abb. 27. *Pythium ultimum.* Schematische Darstellung des Hyphenwuchses (nach Grove et al. 1970). I Durch Bläschenbildung des ER wird Material zum Dictyosom transportiert. Durch Fusion bildet sich am proximalen Pol des Dictyosoms (Dp) eine Cisterne; II Der Inhalt der Cisternen und die Membranen werden durch kontinuierliche Neubildung von Cisternen im Verlaufe der Verlagerung zum distalen Pol (Dd) umgewandelt; III Bei Annäherung und Erreichen des distalen Poles bilden die Cisternen Sekretvesikel aus; IV Sekretvesikel wandern zur Hyphenspitze. Einige fusionieren mit anderen Vesikeln, während andere direkt an die Außenseite der Zelle transportiert werden; V Die Sekretvesikel sammeln sich in der Hyphenspitze an, fusionieren mit der Plasmamembran und entleeren ihren Inhalt in die Zellwandregion. Dd distaler Pol des Dictyosoms; Dp proximaler Pol des Dictyosoms; V Cytoplasmavesikel; W Zellwand

ab- und dem Plasmalemma zugewandt ist. Die Dictyosomen halten sich dadurch im Gleichgewicht, daß sie auf der proximalen Seite Membranmaterial von endoplasmatischen Retikulumbläschen erhalten und auf der distalen Seite Sekretvesikel bilden. Die Sekretvesikel wandern direkt zur Hyphenspitze oder verschmelzen zu größeren Vesikeln. In der Nähe der Hyphenspitze sind selten Ribosomen zu finden. An der Hyphenspitze fusionieren die Vesikel mit der Plasmamembran und entleeren ihren Inhalt in die Zellwandregion. Vermutlich enthalten die Sekretvakuolen die für den Zellwandaufbau notwendigen Polysaccharide und Material für die Plasmamembran und die Enzyme (Grove und Bracker, 1970, 1978). Verschiedentlich wurde gezeigt, daß die Inkorporation von neuem Zellwandmaterial auf die äußerste Spitze der wachsenden Hyphe beschränkt ist (Gooday, 1971; Gull und Trinci, 1974). Grove et al. bestimmten die notwendige Vesikelzahl für das Wachstum einer Hyphe von 5 μm Φ und einer Wuchsrate von 1 mm/h. Sie fanden, daß für ein einminütiges Wachstum ungefähr 10 000 Vesikel notwendig sind.

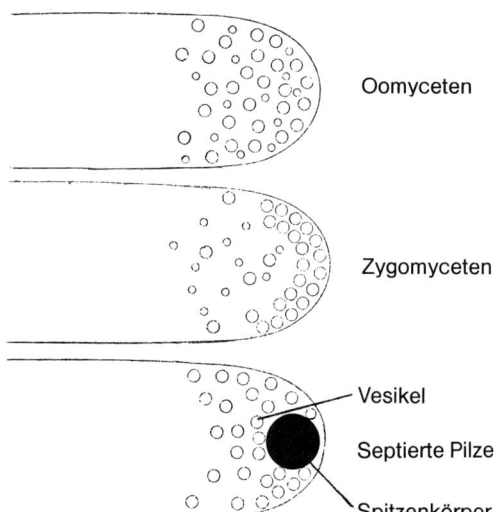

Abb. 28. Vergleich der hauptsächlichen Organisationsformen der Hyphenspitzen anhand repräsentativer Organismen der wesentlichen taxonomischen Gruppen (nach Grove und Bracker, 1970)

Die Anordnung der Vesikel ist bei den verschiedenen Pilzen sehr unterschiedlich (Abb. 28). Nicht für alle taxonomischen Pilzgruppen werden Dictyosomen beschrieben. Die großen Vesikel bilden bei den Zygomyceten eine halbmondförmige Ansammlung direkt hinter der Hyphenspitze. Marchant et al. (1967) nehmen an, daß es sich bei *Phycomyces*, einem Zygomyceten, um zusammengesetzte Vesikel (multivesikuläre Körper) handelt, und sie glauben, daß dies ein Merkmal für Pilze mit chitinösen Zellwänden ist. Nach Zellzerstörung und Fraktionierung kann man eine spezielle Organelle, das **Chitosom**, isolieren, das zusammen mit der Chitinvorstufe Uridin-diphosphat N-acetyl-D-Glucosamin und nach einer in vitro Inkubation Chitinmikrofibrillen bildet. Man nimmt an, daß die Chitosomen die cytoplasmatischen Behälter von Chitin-Synthetase-Zymogen sind und dieses an ihre Wirkungsstelle an der Zelloberfläche transportieren. Die Chitosomen haben eine sphäroidale Form und vorwiegend zwei Arten: proctoid (einem Anus ähnlich) oder cycloid. Ihr Durchmesser beträgt 40–70 nm (Bracker et al. 1976; Bartnicki-Garcia et al. 1978). Im Lichtmikroskop erkennt man bei septierten Pilzen einen dunklen **Spitzenkörper**. Diese Struktur kann zur Zeit noch nicht erklärt werden. Grove und Bracker (1970) zeigten, daß der Spitzenkörper mit einer örtlichen Differenzierung der Spitzenregion in Zusammenhang steht und eng mit den Vakuolen und dem Wachstum der Hyphenspitze verbunden ist. Nach beendetem Wachstum verschwindet der Spitzenkörper und bei erneutem Wachstum erscheint er wieder. Gegenwärtig ist auch noch nicht bekannt, auf welche Weise sich die Sekretvesikel vorwärtsbewegen. Da die Vesikel keine Eigenbewegung besitzen, hat man an die Möglichkeit einer elektrophoretischen Bewegung gedacht (Bartnicki-Garcia (1973). Man nimmt an, daß es zwischen der Spitze und der subapikalen Region einer *Neurospora*-Hyphe eine ausreichende Potentialdifferenz gibt, die einen genügend starken elektrischen Strom für die Vesikelbewegung erzeugt (Slayman und Slayman, 1962; Jaffe, 1968). Bartnicki-Garcia (1973) vermutete, daß der Spitzenkörper das elektrische Potential erzeugen könnte. Es muß aber betont werden, daß es dafür gegenwärtig keine Beweise gibt.

An den Stellen des Plasmalemmas, an denen die Cytoplasmavesikel fusionieren, entdeckte man spezielle Organellen, wie z. B. **Plasmalemmasomen** und **Lomasomen.** Heath und Greenwood (1970 a) definierten ein Plasmalemmasom als ‚verschiedene Membranstrukturen, die sich außerhalb des Plasmalemmas befinden, meist in einer taschenförmigen Ausstülpung innerhalb des Cytoplasmas, weniger deutlich in Zellwandmaterial eingebettet‘, während das Lomasom als ein ‚membranartiges, in die Zellwand eingelassenes Vesikelmaterial außerhalb des Plasmalemmas‘ definiert wurde. Zwischen diesen beiden Strukturtypen gibt es jedoch eine Abstufung. Sie kommen nicht nur bei Pilzen, sondern auch bei anderen Arten mit Zellwand vor (Marchant und Robards, 1968). Nach Heath und Greenwood (1970 a) werden die Plasmalemmasomen nur dann gebildet, wenn das Gleichgewicht zwischen der Zellwandplastizität und dem Turgor derart zerstört ist, daß mehr Plasmalemma gebildet wird, als zur Belegung der Zellwand notwendig ist. Wenn die Plasmalemmasomen in die sich entwickelnde Zellwand verdrängt werden oder sich dorthin zurückziehen, werden sie zu Lomasomen.

Differenzierung hinter der Hyphenspitze

Wie schon erwähnt, findet das Hyphenwachstum in der Spitze statt. Mit zunehmender Entfernung von der Spitze erfolgt Differenzierung. Diese wird durch Septenbildung und durch Bildung von Vakuolen deutlich sichtbar. Mit Hilfe histochemischer Färbungen an Hyphen von *Neurospora crassa* zeigte Zalokar (1959), daß es hinter der Hyphenspitze einen bestimmten Bereich mit Enzymen und mit anderen Zell-strukturen gibt. So kann man z. B. kein Glycogen in der Nähe der Hyphenspitze nachweisen, obwohl ältere Hyphenabschnitte glycogenreich sind. Er deutet dies als Folge einer Hydrolyse von Glycogen zu Zucker in Spitzennähe, der zum Aufbau der Zellwand benutzt wird. Ungefähr 15 μm von der Hyphenspitze entfernt häuft sich Ribonuclease, während die alkalische Phosphatase in der subapikalen Zone ungefähr 20–60 μm hinter der Hyphenspitze reichlich vertreten ist. Hyphen von *N. crassa* haben eine maximale Wuchsrate von ungefähr 100 μm/min oder 6 mm/h. Nach Zalokars Messungen ist ein kontinuierliches Wachstum nur dann gewährleistet, wenn die Syntheseleistungen eines ungefähr 12 mm langen Hyphenabschnittes hinter der Spitze den Bedarf der wachsenden Spitze decken. Für den Materialtransport zur wachsenden Hyphenspitze ist die lebhafte Cytoplasmaströmung erforderlich und auch die Vakuolenbildung, die zum ersten Mal ungefähr 150 µm hinter der Hyphenspitze einsetzt. Die Wichtigkeit der Perforation der Septen für den Materialtransport wird dadurch deutlich.

Die Hyphendifferenzierung führt zu einer großen Mannigfaltigkeit an Strukturen, die jeweils an besondere Funktionen angepaßt sind. Zum Beispiel bildet die in den Wirt eindringende Hyphenspitze vieler parasitischer Pilze eine besondere Anheftungsstruktur aus. Innerhalb der Wirtszelle werden besondere Absorptionsorgane, **Haustorien** genannt, gebildet, die von invaginiertem Wirtsplasmalemma umgeben sind. Bei den sogenannten obligaten (oder biotrophen) Parasiten, wie z. B. beim falschen Mehltau (Oomycetes, Peronosporales), echten Mehltau (Ascomycetes, Erysiphales) und bei den Rostpilzen (Basidiomycetes, Uredinales) sind diese Strukturen besonders gut ausgebildet. Die Feinstruktur der Haustorien wird bei der Besprechung der einzelnen Gruppen beschrieben. Die Hyphen sind zur Bildung von Fortpflanzungsstrukturen deutlich modifiziert. Diese Modifikationen sollen jedoch später erläutert werden.

Verzweigungen

Die Struktur der meisten Pilzthalli mit ihren vegetativen und Fortpflanzungsstrukturen beruht auf der Differenzierung verzweigter Hyphen. Das Wachstum einer Pilzhyphe ist meist monopodial mit einer einzelnen Hauptachse, die potentiell unbegrenzt wachsen kann. Verzweigungen entstehen nur in einer beträchtlichen Entfernung von der Spitze; diese apikale Dominanz hemmt die Entwicklung seitlicher Verzweigungen. Dichotome Verzweigungen sind selten, treten aber bei *Allomyces* auf (siehe Seite 113, Abb. 55). Bei septierten Pilzen entstehen seitliche Verzweigungen direkt hinter einem Septum. In vegetativen Hyphen gibt es gewöhnlich nur Einzelverzweigungen, während Verzweigungswirtel (d. h. mehrere Verzweigungen an einem gemeinsamen Ausgangspunkt) in Fortpflanzungsstrukturen vorkommen. Verzweigungen entstehen als eine Entdifferenzierung der Hyphenwand, die auf Verdünnung und Aufweichung der Wandstruktur basiert. Die aufgeweichte Wand bläht sich aufgrund des Protoplastenturgors nach außen und bildet eine neue Spitze aus. Die Verzweigung wird durch genetische (interne) und äußere Faktoren kontrolliert (Butler, 1961, 1966; Plunkett, 1966; Burnett, 1976). Ein gleichmäßiges Flächenwachstum der Hyphen erfolgt einerseits durch chemotropisches Wachstum in Richtung zu einer diffundierbaren Nahrungsquelle und andererseits durch Wachstumshemmung durch Stoffwechselendprodukte, die von den das Substrat bewachsenen Hyphen stammen. Das kreisförmige Wachstum der Pilzkolonien in Petrischalen entsteht durch seitliche Verzweigungen, die den Raum zwischen den Radialverzweigungen einnehmen und auch mit dem Wachstum der Radialverzweigungen Schritt halten.

Hyphenaggregationen

Die meisten makroskopisch sichtbaren Pilzstrukturen werden von Hyphenaggregationen gebildet. Vegetative Hyphenaggregationen können zu **Myzelsträngen** oder

Rhizomorphen führen. Dickwandige Strukturen mit Reservestoffen werden **Sklerotien** genannt. Die bekannten Sporophoren der größeren Asco- und Basidiomyceten sind aus pseudoparenchymatischen Hyphengebilden aufgebaut, die oft eine annähernde Gewebedifferenzierung aufweisen. Die Einzelheiten dieser Strukturen werden später im Zusammenhang mit den verschiedenen Pilzgruppen beschrieben.

a) Myzelstränge

Bei den Basidiomyceten, einigen Asco- und Deuteromyceten ist die Anordnung von parallelen und relativ undifferenzierten Hyphen allgemein verbreitet. Die Myzelstränge bilden beim Kulturchampignon *Agaricus bisporus* die bekannten Pilzgeflechte. Diese Stränge entwickeln sich am besten auf einer nährstoffreichen Unterlage und breiten sich dann auf nährstoffarmen Unterlagen aus. Die Entwicklung dieser Myzelstränge hat Mathew (1961) beschrieben. Deutlich erkennbare ‚Führungshyphen' entstehen auf der nährstoffreichen Unterlage und verzweigen sich in größeren Intervallen in feinere Lateralverzweigungen. Einige Hyphenverzweigungen bilden jedoch einen spitzen Winkel zur Elternhyphe und wachsen dann parallel zu ihr weiter. Gelegentlich treffen Hyphen zufällig eine neben ihnen wachsende Hyphe. In einem späteren Stadium der Myzelstrangentwicklung findet die Bildung von zahlreichen feinen, unseptierten ‚Windehyphen', als Verzweigung der Hauphyphe aus älteren Myzelregionen, statt. Die Windehyphen können sich entweder vor- oder zurückbewegen, werden an die Hauphyphe gepreßt und verzweigen sich oft mit waagerechten, feinen Ranken, die um die Hauphyphe herumwachsen und eine Scheide bilden. Anastomosen zwischen Hauphyphensträngen dienen der Festigung; durch das Wachstum der Nebenhyphenstränge erhöht sich die Dicke der Hauptstränge. Eine sehr ähnliche Entwicklung der Hyphenstränge wurde bei *Serpula lacrimans*, dem echten Hausschwamm (Abb. 29) beobachtet, der von einer Nahrungsquelle in faulendem Holz mehrere Meter in Steinwände wachsen kann (Butler, 1957, 1958; Watkinson, 1971). Die Myzelstränge können in beide Richtungen Material übertragen. Diese liefern wahrscheinlich die Nahrungsstoffe für ein weiteres Wachstum der Pilze. Auf diese Weise können neue Substrate erschlossen werden (Garrett, 1954, 1956, 1960, 1970).

b) Rhizomorphen

Im Gegensatz zu den verhältnismäßig undifferenzierten Myzelsträngen ohne gut ausgebildete Spitzenmeristeme weisen bestimmte Pilze hochdifferenzierte Aggregationen von Hyphen mit gut entwickelten Spitzenmeristemen, einem ‚Zentralzylinder' aus größeren, dünnwandigen, langgestreckten Zellen, und einer Rinde schmaler, dickwandiger, oft dunkel pigmentierter Zellen auf. Diese wurzelähnlichen Zusammenlagerungen von Hyphen sind sehr gut bei *Armillariella mellea* (= *Armillaria mellea*), dem Hallimasch, zu erkennen, der ein gefährlicher Parasit für Bäume und Sträucher ist (Abb. 30). Dieser Pilz kann sich mit Hilfe der Rhizomorphen unter der Erde von einem Wurzelsystem zum anderen ausbreiten. In der Natur kommen zwei Typen vor: ein dunkler, zylindrischer oder ein blasser, flacher Typ. Der letztgenannte Typ ist besonders unter der Borke infizierter Bäume zu finden. Auf abgestorbenen Bäumen können die Rhizomorphen einen Durchmesser von bis zu 4 mm

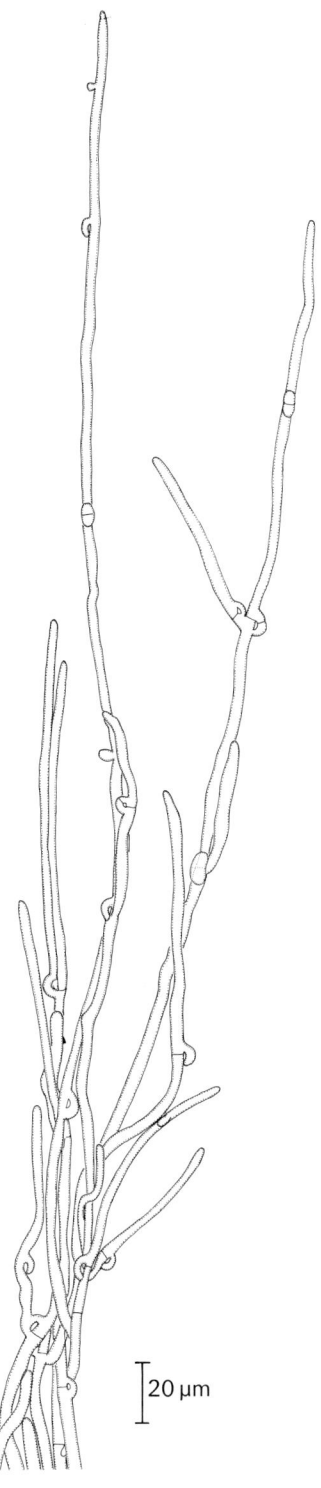

Abb. 29. *Serpula lacrimans.* Bildung von Hyphensträngen. Man erkennt die Bildung der Seitenverzweigungen, die parallel zur Haupthyphe wachsen. Die buckelförmigen Strukturen an den Septen sind Schnallen

20 µm

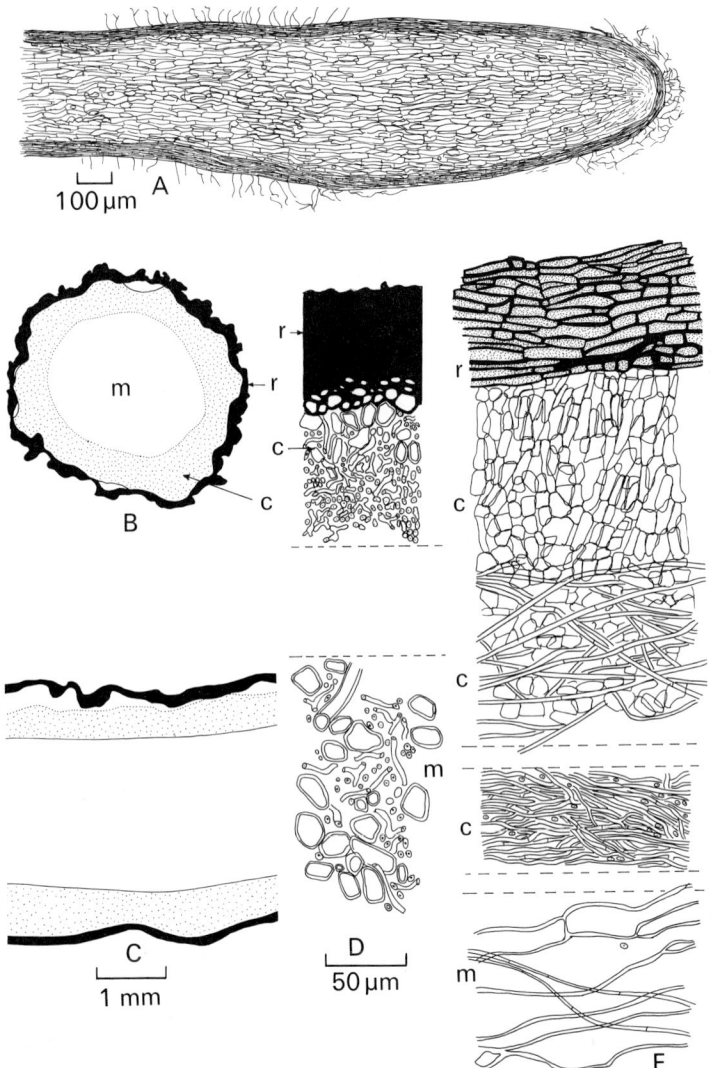

100 µm A

r →

m   ← r

c →

c

B

r

c

c

m

c

m

C

1 mm

D

50 µm

m

E

Abb. 30 A–E. *Armillariella mellea.* Rhizomorphenstruktur. **A** Längsschnitt; **B** Querschnitt, schematisch; **C** Längsschnitt, schematisch; **D** Querschnitt mit Einzelheiten der Zellen; **E** Längsschnitt mit Einzelheiten der Zellen. r Rinde, c Zentralzylinder, m Mark

erreichen. Eine Rhizomorphe von nur 1 mm ϕ kann über 1000 aggregierte Hyphen enthalten. Garrett (1953, 1970) und Snider (1959) haben die Entwicklung von Rhizomorphen in Agarkulturen beschrieben. Etwa 7 Tage nach dem Ansetzen der Kultur setzt die Rhizomorphenbildung ein. Auf dem Agar können die Rhizomorphen als kompakte Masse hypertrophierter und miteinander verbundener Zellen erkannt werden. Diese durch Melanin dunkel pigmentierten Strukturen werden **Mikrosklerotien** genannt. Von weißen, nicht pigmentierten Stellen der Oberfläche entwickeln sich die Rhizomorphen. Das Wachstum der Rhizomorphen kann im Vergleich zu undifferenzierten Hyphen um ein Vielfaches höher liegen (Rishbeth, 1968). An ihrem Ende bilden die Rhizomorphen eine Art Vegetationspunkt, der aus schmalen, isodiametrischen Zellen besteht und von kappenartig verflochtenen Hyphen eingebettet in einer schleimigen Matrix liegt. In dieser meristematischen Zone finden mitotische Teilungen statt (Motta, 1967). Dahinter folgt eine Streckungszone. Das Innere einer Rhizomorphen kann aus Hyphen bestehen, aber auch hohl oder luftgefüllt sein. Dieses zentrale Lumen ist von einer Schicht vergrößerter, länglicher Zellen mit einem vier- bis fünfmal so großen Durchmesser wie dem von vegetativen Hyphen umgeben (Abb. 30 E). Diese Zellen dienen möglicherweise dem Stofftransport. Zur Rhizomorphenperipherie hin werden die Zellen kleiner, dunkler und dickwandiger. Zwischen den äußeren Zellschichten der Rhizomorphen können vegetative Hyphen nach außen wachsen, was sehr an die Wurzelhaarzone höherer Pflanzen erinnert. Die Rhizomorphen entwickeln sich sowohl bei monokaryotischen Myzelien, die von einer einzelnen Basidiospore stammen, als auch bei dikaryotischen Myzelien, die sich nach einer Fusion von Monokaryen gebildet haben. Dikaryotische Rhizomorphen von *Armillaria* bilden keine Schnallen (Hintikka, 1973).

Myzelstränge und Rhizomorphen sind Extrembeispiele für Hyphenzusammenlagerungen; Übergangsformen zwischen beiden sind bekannt (Townsend, 1954; Garrett, 1970).

c) Sklerotien

Sklerotien sind pseudoparenchymatische Zusammenlagerungen von Hyphen, die als Dauerorgane dienen. Man findet sie besonders häufig bei Pflanzenpathogenen. Einige bekannte Pflanzenpathogene mit Sklerotien sind *Thanatephorus cucumeris*, *Sclerotinia ssp.* und *Claviceps purpurea*. *Thanatephorus cucumeris* ist ein Basidiomycet (bekannter als *Rhizoctonia solani*, der Name der imperfekten Form) und Erreger der Pockenkrankheit der Kartoffeln und der Umfallkrankheit verschiedener Wirtspflanzen. *Sclerotinia spp.* sind Ascomyceten und Krankheitserreger vieler Pflanzen. *Sclerotinia fuckeliana* ist die perfekte Form von *Botrytis cinerea*, dem Erreger des Grauschimmels auf zahlreichen Wirtspflanzen, während *S. sclerotiorum* Kartoffeln, Saubohnen, Blumenkohl, Karotten und Hopfen befällt. Der Ascomycet *Claviceps purpurea* (siehe S. 328) ist der Erreger des Mutterkorns an Gräsern und Getreide.

Die Form der Sklerotien ist sehr variabel (Butler, 1966). Das Sklerotium des australischen *Polyporus mylittae* kann kopfgroß werden und ist als ‚Eingeborenenbrot‘ oder ‚blackfellows‘ bread‘ bekannt. Zum anderen Extrem können die Sklerotien mikroskopisch klein sein und nur aus wenigen Zellen bestehen. Townsend und Willetts (1954) und Willetts und Wong (1971) haben mehrere Entwicklungstypen der Sklerotien beschrieben.

I. *Schwammige Sklerotien* findet man bei *Rhizoctonia solani*. Sklerotien dieses Typs sind leicht am dünnen, braunen Schorf zu erkennen, der häufig auf der Oberfläche der Kartoffelknollen zu finden ist. In Reinkulturen entstehen die Sklerotieninitialen durch Verzweigung und Septenbildung der Hyphen. Die Zellen werden tonnenförmig und sichtbar größer als vegetative Zellen, vakuolisieren und färben sich dunkel und schließlich rötlich-braun. Das reife Sklerotium hat keine klar definierten ‚Gewebezonen‘. Es besteht aus einem zentralen, pseudoparenchymatischen Teil, dessen Hyphenstruktur noch erkennbar ist. Nach außen sind die Hyphen locker angeordnet, bestehen aber nicht aus dickeren Zellen (Willetts, 1969).

II. *Terminale Sklerotien* zeichnen sich durch ein besonders gut ausgebildetes Verzweigungsmuster aus. Als Beispiele sind zu nennen: *Botrytis cinerea* und *Botrytis allii*. *Botrytis cinerea* ist der Erreger des Grauschimmels auf sehr vielen Pflanzen (Moore, 1959), während *Botrytis allii* die Wurzelfäule bei Zwiebeln verursacht. Die Sklerotien von *B. cinerea* findet man auf überwinternden Stämmen krautiger Pflanzen, besonders von Umbelliferen, wie z. B. *Anthriscus, Heracleum* und *Angelica*. Sie bilden sich auch leicht in Kulturen, besonders in solchen mit hohem C:N-Verhältnis. Bei parasitärem Wuchs findet man in den Sklerotien von *Botrytis* auch Zellen des Wirtsgewebes, ein Merkmal, das auch die Sklerotien von *Sclerotinia spp.* aufweisen (siehe S. 340). Wie auf der Seite erwähnt, wird der Name *Botrytis* für die imperfekten Stadien einer Reihe von Pilzen verwendet. Diese enthalten einige Arten von *Sclerotinia*. Bei *B. allii* entstehen die Sklerotien durch wiederholte, dichotome Verzweigungen der Hyphen, die von Querwandbildung begleitet werden. Nach Verschmelzen der Hyphen sehen sie wie festes Gewebe aus. Ein reifes Sklerotium kann ungefähr 10 mm lang und 3–5 mm breit sein, ist ungewöhnlich abgeflacht und 1–3 mm dick. Es ist oft parallel zur Längsachse der Wirtszelle inseriert. Es ist folgendermaßen differenziert: in eine aus mehreren Lagen abgerundete, dunkle, aus verdickten Zellen bestehende Rinde, einen schmalen Zentralzylinder aus dünnwandigen, pseudoparenchymatischen Zellen und ein aus locker angeordneten Filamenten bestehendes Mark.

III. *Strangartig aufgebaute Sklerotien* lassen sich am besten am Beispiel von *Sclerotinia gladioli* beschreiben, dem Erreger der Zwiebelfäule von *Gladiolus, Crocus* und anderen Pflanzen. Mit der Bildung von sklerotischen Initialen beginnt die Bildung zahlreicher Seitenverzweigungen aus einer oder mehreren Haupthyphen. Sind mehrere Hyphen beteiligt, liegen sie parallel. Sie sind gegenüber den normalen vegetativen Hyphen dicker und werden durch Septen in eine Kette kurzer Zellen geteilt. Diese Zellen können zu kurzen Verzweigungen führen, die entweder parallel zur Parentalhyphe angeordnet sein können oder rechtwinkelig auswachsen und sich vor einer weiteren Verschmelzung wieder verzweigen. Die Randhyphen verzweigen sich weiter, während die gesamte Struktur dunkler wird. Das reife Sklerotium hat ungefähr 0,1–0,2 mm Φ und differenziert sich in eine Rinde aus kleinen dickwandigen Zellen und ein Mark aus großen dünnwandigen Zellen. Komplizierter gebaute Sklerotien hat man bei *Sclerotium rolfsii* (Sklerotiumstadium des Basidiomyceten *Pellicularia rolfsii*) gefunden. In diesem Falle ist das reife Sklerotium in vier Bereiche differenziert: in eine ziemlich dicke Haut oder Kutikula, einen Zentralzylinder aus 2–4 Schichten tangential abgeflachter Zellen, eine Rinde aus dünnwandigen Zellen mit stark gefärbtem Inhalt und ein Mark aus locker angeordneten, fädigen Hyphen. Ultrastrukturuntersuchungen von Chet et al. (1969) zeigten, daß die Haut oder Kutikula aus Resten der Zellwand aufgebaut ist, die an der Außenseite der leeren, melanisierten und dickwandigen Rindenzellen befestigt sind. Alle Zellen des Sklerotiums haben dickere Wände als die der vegetativen Hyphen. Die Zellen der Außenseite des Zentralzylinders lassen mit ihren großen Vesikeln dem Cytoplasma und den anderen Organellen nur noch wenig Platz. Die innere Schicht des Zentralzylinders ist mit granulärem Material, wahrscheinlich Polysacchariden, dicht angefüllt.

IV. *Andere Typen:* Wahrscheinlich gibt es noch andere Entwicklungstypen für Sklerotien (Butler, 1966). Die Sklerotien von *Claviceps purpurea* (das Mutterkorn von Gramineen und Getreide, siehe S. 332) entwickeln sich aus einer Myzelmasse, die sich im Fruchtknoten der befallenen Pflanze befindet und ausdehnt. Die äußeren Lagen bilden eine violettfarbene Rinde, in der sich farblose, dickwandige und lipidhaltige Zellen befinden. *Cordyceps militaris*, ein Insektenparasit, bildet in toten, in der Erde befindlichen Insektenkörpern eine dichte Myzelmasse. Aus dieser entwickeln sich die Fruchtkörper. Die Myzelmasse ist vom Exoskelett des Wirtes umschlossen und nicht von einer vom Pilz gebildeten Rinde. Viele holzzerstörende Pilze umgeben die befallenen Teile des Holzgewebes mit einer schwarzen, zonenartigen Schicht aus dunklen, dickwandigen Zellen. Diese Struktur kann als ein Sklerotiumtyp angesehen werden.

Die Struktur des Riesensklerotiums von *Polyporus mylittae* hat Alveolen und enthält weiße Regionen und durchscheinendes Gewebe. Es hat eine äußere glatte, dünne und schwarze Rinde. Die Gewebe werden von drei verschiedenen Hyphentypen gebildet: dünnwandigen, dickwandigen und ,geschichteten' Hyphen. In den weißen Regionen sind dünn- und dickwandige Hyphen reichlich und im durchscheinenden Gewebe spärlich vorhanden, während geschichtete Hyphen nur im durchscheinenden Gewebe auftreten. Abgetrennte Sklerotien können auch im trockenen Zustand Basidiokarpien bilden. Wahrscheinlich dient das durchscheinende Gewebe als extrazellulärer Nahrungs- und Wasserspeicher (MacFarlane et al. 1978). Bei diesem Pilz scheint ein Zusammenhang zu bestehen zwischen der Sklerotiumstruktur und der Fähigkeit, unter trockenen Bedingungen zu fruktifizieren, wie sie z. B. im westlichen Australien gegeben sind.

Sklerotien können sehr lange Zeiträume, manchmal mehrere Jahre überleben (Sussman, 1968; Coley-Smith und Cooke, 1971; Willetts, 1971). Die Keimung kann auf drei verschiedene Arten stattfinden: durch die Entwicklung von Myzelien, Konidien oder durch die Bildung von Asco- oder Basidiokarpien. Bei *Sclerotium cepivorum*, dem Erreger der Weißfäule bei Zwiebeln, keimt das Myzel durch gasförmige Ausscheidungen der Zwiebelwurzeln. Bei *Botrytis cinerea* kann sehr häufig eine Konidienentwicklung beobachtet werden, wenn man überwinterte Sklerotien warm und feucht hält. Die Entwicklung von Ascokarpien kann man bei *Sclerotinia* beobachten, wo unter günstigen Bedingungen (S. 340) aus Sklerotien gestielte, Asci tragende, schalenförmige Strukturen (**Apothezien**) entstehen. Bei *Claviceps purpurea* entstehen aus überwinterten Sklerotien trommelschlägelförmige Strukturen, die man **Perithezienstromata** nennt und die **Perithezien** enthalten. Diese Perithezien sind flaschenförmige Behälter, in denen die Asci gebildet werden.

d) Weitere vegetative Myzelverbände

Eine besondere Art von Hyphenbildung sind die mantelförmigen Umhüllungen von Wurzelspitzen (Scheidenmykorrhiza, sheathing mycorrhizas, Lewis, 1973). Die in verhältnismäßig unfruchtbarer Erde wachsenden Wurzelspitzen vieler Nadel- und Laubbäume sind mit einer durchgehenden, mehrere Zellagen dicken Schicht aus Pilzzellen bedeckt. Das Myzelium dehnt sich nach außen in die lockeren Erdschichten und nach innen zwischen den Wurzelzellen aus und bildet das sogenannte ,Hartig-Netz'. Die äußeren Pilzlagen ersetzen die Wurzelhaare als Absorptionssystem für Mineralien (Clowes, 1951). Es ist nachgewiesen, daß in den meisten normalen Waldböden mit niedriger bis mittelmäßiger Fertilität die Leistungsfähigkeit und der

Ernährungszustand mykorrhizainfizierter Bäume höher ist als der von nicht infizierten Bäumen (Harley, 1969). Mykorrhizapilze sind normalerweise zu den Agaricales gehörende Hutpilze (S. 395). Viele haben eine spezialisierte Symbiosebeziehung. In der Erde oder in Reinkultur findet keine Zusammenlagerung des Myzeliums zu einer gewebeartigen Struktur der Scheide statt. Wahrscheinlich wird durch die enge Verbindung zwischen Baumwurzel und Myzelium diese Entwicklung verursacht. Nach Read und Armstrong (1972) ist die Bildung von Pilzpseudoparenchym zum Aufbau der Scheide von drei Stimulanzien abhängig: Oberfläche, Sauerstoffgehalt und Nahrungsversorgung. In der Erde sind alle drei Bedingungen an der Wurzeloberfläche gegeben.

e) Aggregationen zur Bildung von Fortpflanzungsstrukturen

Bei den größeren Pilzen, hauptsächlich bei den Asco- und Basidio-, aber auch bei den Deuteromycotina können sich die Hyphen zu sporentragenden Fruchtkörpern zusammenlagern, die Sporen unterschiedlichster Art besitzen. Bei den Ascomycotina werden die nach einem Sexualvorgang (Karyogamie und Meiose) gebildeten Sporen **Ascosporen** genannt. Sie befinden sich in kugeligen oder zylindrischen Schläuchen oder **Asci** (Singular: **Ascus**). In den meisten Fällen können die Asci die Ascosporen ausschleudern. Die Asci. die gelegentlich auch freistehend sind, werden von einem Hyphengeflecht umgeben, das **Ascokarp** genannt wird. Die Ascokarpien haben einen unterschiedlichen Habitus. Diese verschiedenen Typen (Booth, 1966 b) werden später ausführlicher erläutert. Formen, bei denen die Asci vollständig umschlossen sind und bei denen das Ascokarp keine besondere Öffnung aufweist, heißen **Kleistokarpien** oder **Kleistothezien.** Man findet sie bei den Eurotiales (S. 282) und den echten Mehltaupilzen (Erysiphales. S. 267). Die Ascokarpien der Pezizales und Helotiales (S. 340) sind scheibenförmig und heißen **Apothezien.** Bei ihnen sind die Asci auf der Oberseite eines sterilen Hyphengeflechts angeordnet. Die sterilen Elemente des Apotheziums weisen oft beträchtliche Strukturunterschiede auf. Die in offenen Hymenien befindlichen Asci können ihre Sporen simultan ausschleudern. Andere Ascomycotina besitzen Ascokarpien mit einer sehr schmalen Öffnung. Durch dieses **Ostiolum** schleudern die Asci sukzessiv ihre Sporen aus. Ascokarpien dieses Typs werden **Perithezien** oder **Pseudothezien** genannt. Perithezien findet man bei den Sphaeriales und den Hypocreales (S. 297), während Pseudothezien bei den Loculoascomycetes vorkommen (S. 368). Die zwei Typen des Ascokarps entwickeln sich unterschiedlich: ein wichtiges Unterscheidungsmerkmal ist die doppelte Ascuswand bei den Pseudothezien, d.h. der Ascus ist **bitunicat,** während die Ascuswand der Perithezien einfach oder **unitunicat** ist. Bei vielen Sphaeriales und Hypocreales entstehen die Perithezien aus einer Plcktenchymmasse oder sind in ihr eingebettet; diese Masse nennt man **Perithezienstroma,** das man sehr gut bei den Xylariaceae (S. 317), bei *Cordyceps* (S. 337) und *Claviceps* (S. 328) erkennen kann. In einigen Fällen kann ein Pilz zusätzlich zum Perithezienstroma ein plektenchymatisches Gewebe ausbilden, auf oder in dem sich asexuelle Sporen oder Konidien entwickeln. *Nectria cinnabarina* (S. 325), der zinnoberrote Pustelpilz, der häufig auf abgefallenen Zweigen von Laubbäumen zu finden ist, bildet ein rosafarbenes Konidienstroma aus, das später unter günstigen Feuchtigkeitsbedingungen Perithezien bildet, d.h. zu einem Perithezienstroma umgewandelt wird (Abb. 180).

Die Fruchtkörper der eßbaren Pilze, der Giftpilze, der holzabbauenden Pilze usw. sind Beispiele für **Basidiokarpien** mit sexuell gebildeten Sporen oder **Basidiosporen** an **Basidien**. Die meisten Basidien, außer denen der Gastromycetes (Stäublinge, Stinkmorchel, Vogelnestpilze usw.) haben einen Sporenausschleuderungsmechanismus. Die Basidien sind so angeordnet, daß die Sporen direkt in die Luft geschleudert und vom Wind verbreitet werden. Die Basidiokarpien entstehen fast ausschließlich an dikaryotischen Hyphen. Innerhalb des pseudoparenchymatischen Gewebes, das das Basidiokarp bildet, gibt es beträchtliche Unterschiede in Struktur und Funktion der Hyphen (Smith, 1966). Eine Differenzierung der das Basidiokarp bildenden Hyphenelemente findet man in den höchst entwickelten Fruchtkörpern einiger Polyporales. Hier sind auch eine Reihe verschiedener Hyphenelemente zu erkennen (S. 419).

In den verschiedenen Formgattungen der Deuteromycotina findet man konidientragende Myzelzusammenlagerungen. Bei einigen Gattungen gibt es büschelförmige, parallel angeordnete Konidienträger, die **Koremien** oder **Synemata** genannt werden, z. B. bei *Penicillium claviforme* (S. 295). Bei den Coelomycetes (S. 541) entwickeln sich die Konidien in flaschenförmigen Höhlungen, die man **Pyknidien** nennt (S. 542). Es sind noch verschiedene andere Formen von fruchtenden Myzelzusammenlagerungen bekannt (Tubaki, 1966).

Entwicklung der Fortpflanzungszellen

Die charakteristischen Strukturen, mit denen sich Pilze fortpflanzen und weiterverbreiten, sind Sporen. Die Struktur der Sporen ist sehr verschieden. Sie sind ein- oder vielzellig, farblos oder pigmentiert, dünn- oder dickwandig, sie können sich durch Geißeln fortbewegen oder werden passiv durch Wind, Wasser oder Tiere verbreitet. Ihre höchst unterschiedliche Form reicht von kugelig oder ellipsoid bis zu fädig oder reich verzweigt. Ihr Durchmesser schwankt von ungefähr 2 µm bis über 150 µm. Einige Typen von Pilzsporen sind in Abb. 31 dargestellt. Die Funktion der Sporen ist ebenfalls unterschiedlich. Sie ermöglichen die rasche Ausbreitung eines pathogenen Pilzes von einer Infektionsstelle aus oder die rasche Ausnutzung eines für das Pilzwachstum günstigen, neu erschlossenen Substrates. Sporen, die nach einem Sexualvorgang (Meiose) gebildet werden, können auch der Verbreitung dienen, wie die Ascosporen vieler Ascomyceten oder die Basidiosporen vieler Basidiomyceten. In anderen Fällen sitzen die Meiosporen fest und werden nicht aktiv verbreitet. Dies trifft auf die Oosporen vieler Oomyceten oder die Zygosporen der Zygomyceten zu, die relativ groß sind und eine Ruhephase im Boden aufweisen, bis sie unter günstigen Bedingungen, z. B. in der Nähe eines entsprechenden Substrates, auskeimen können. Sporen können auch bei Sexualvorgängen mitwirken, d. h. sie können als Gameten fungieren. Bei einigen Formen ist dies die ausschließliche Funktion. Dies trifft z. B. auf die Pyknosporen der Rostpilze zu, die nur in engem Kontakt zu Empfängnishyphen auskeimen können, und zwar mit kurzen Keimschläuchen (siehe S. 481).

In einigen Fällen dient nicht die Spore als Verbreitungseinheit, sondern das Sporangium oder andere die Spore umgebende Strukturen. Sporangienverbreitung kann bei Wasserpilzen, wie z. B. *Dictyuchus* (S. 136) vorkommen, bei denen die Sporangien vom Myzelium losgelöst werden können und durch die Wasserströmung

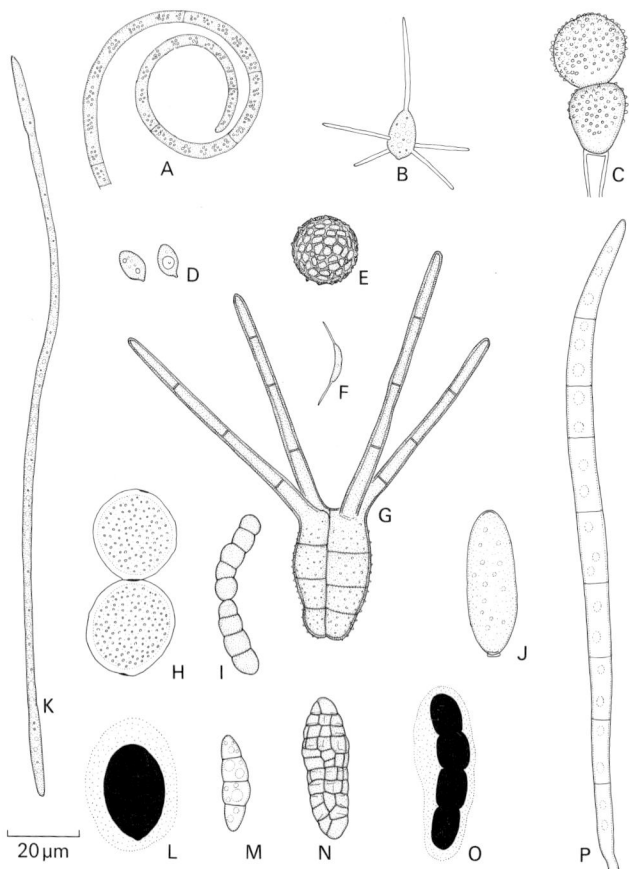

Abb. 31 A–P. Einige verschiedene Typen von Pilzsporen: **A** *Helicomyces scandens*, Konidio-spore; **B** *Nia vibrissa*, Basidiospore; **C** *Tranzschelia discolor*, Teleutospore; **D** *Marasmius ore-ades*, Basidiospore; **E** *Tilletia caries*, Chlamydospore; **F** *Dinemasporium graminum*, Konidio-spore; **G** *Tetraploa aristata*, Konidiospore; **H** *Puccinia poarum*, zwei Aecidiosporen; **I** *Torula herbarum*, zwei Konidiosporen; **J** *Erysiphe graminis*, Konidiospore; **K** *Epichloe typhina*, Asco-spore; **L** *Sordaria fimicola*, Ascospore; **M** *Leptosphaeria microscopica*, Ascospore; **N** *Pleospora herbarum*, Ascospore; **O** *Sporormia intermedia*, Ascospore; **P** *Fusarium sp.*, Phialokonidiospore

passiv verbreitet werden. Die Freisetzung von Sporangien gibt es auch bei Landpil-zen. Bei *Phytophthora infestans*, dem Erreger der Kraut- und Knollenfäule der Kar-toffel, werden die Sporangien auf Sticlen gebildet, die aus den infizierten Blättern hervorragen (Abb. 72). Die Sporangien gelangen auf das Laub eines frischen Wirtes und keimen mit neuen und infektionsfähigen Planosporen aus. In der verwandten Gattung *Peronospora*, einem falschen Mehltaupilz, entwickeln sich ähnliche, den Sporangien von *Phytophthora* gleichende Strukturen. Diese werden ebenfalls durch den Wind verbreitet, entlassen aber keine Planosporen. Die Verbreitungseinheit ist dem Sporangium von *Phytophthora* homolog und wird auch als **Konidiospore** be-zeichnet (siehe später S. 78). Eine aktive Sporangienfreisetzung gibt es bei *Pilobolus*, der allgemein auf Herbivorendung verbreitet ist (S. 199). Die Sporangien können über eine Distanz von mehreren Metern ausgeschleudert werden, bevor sie sich an Blätter anheften und mit ihnen später von Tieren gefressen werden. In der verwandten Gattung *Pilaira*, die ebenfalls auf Herbivorendung vorhanden ist, gleicht das Sporangium morphologisch dem von *Pilobolus*. Es wird nicht mit Vehemenz abgeschleudert, sondern löst sich vom Stiel ab und heftet sich an benachbarte Pflanzen an. Es gibt einige Fälle, bei denen die Ascosporen verbreitet werden, während sie sich noch im Ascus befinden. Ein Beispiel dafür ist der echte Mehltaupilz *Podosphaera* (S. 276), bei dem ein einzelner Ascus durch eine Elastizität der sich dehnenden Wand des Ascokarps ausgeschleudert wird. Die Trüffel liefern weitere Beispiele, bei denen die unterirdischen, wohlriechenden Fruchtkörper von Nagetieren ausgegraben und gefressen werden. Die Nagetiere verbreiten die Asci mit den Ascosporen, die erst nach dem Verdauungsprozeß auskeimen (S. 363). Einige der eindrucksvollsten Beispiele der Sporenverbreitung innerhalb ihrer Schutzhüllen fand man bei den Gasteromyceten. *Sphaerobolus* bildet kugelige, orangefarbene Fruchtkörper von ungefähr 2 mm Ø auf vermodernden Pflanzen und auf altem Herbivorendung. Die Basidiosporen und weitere Fortpflanzungszellen, die Gemmen genannt werden, befinden sich in einem braunen, klebrigen Projektil, **Gleba** genannt, und werden 5–6 m weit ausgeschleudert. Beim Vogelnestpilz *Cyathus* (S. 450) sind die Basidiosporen in einer linsenförmigen **Peridiole** enthalten, die durch spiralig aufgerollte Streifen an der Innenseite eines trichterförmigen Fruchtkörpers befestigt ist. Regentropfen lösen das Abwickeln des Funiculusstreifens aus, der 1 m oder mehr ausgeschleudert wird und sich dabei mit dem klebrigen Ende der Peridiole an benachbarte Pflanzenteile anheftet.

Verschiedene Arten von Pilzsporen

Einige der am häufigsten zu findenden Typen von Pilzsporen sollen nun beschrieben werden.

Planosporen

Dies sind Sporen, die sich mit Hilfe von Geißeln bewegen können. Begeißelte Pilzgruppen leben meist aquatisch und werden hier willkürlich den Mastigomycotina zugeordnet. Dies bedeutet notwendigerweise nicht, daß alle Pilze mit Planosporen eng miteinander verwandt sind. Innerhalb der Eumycota gibt es drei Typen von Planosporen:
a) Eingeißelige Planosporen mit Peitschengeißeln, inseriert am Hinterende, charakteristisch für die Chytridiomycetes.
b) Eingeißelige Planosporen mit Flimmergeißeln, inseriert am Vorderende, charakteristisch für die Hyphochytridiomycetes.
c) Zweigeißelige Planosporen, die entweder seitliche oder vorn inserierte Geißeln vom Peitschen- bzw. vom Flimmertyp aufweisen, charakteristisch für die Oomycetes.

a) Planosporen mit terminalen Peitschengeißeln. Einzelheiten zur Feinstruktur dieser Planosporenart findet man bei Fuller (1966, 1976). Die bekanntesten sind *Blastocladiella emersonii* (Cantino et al. 1963; Reichle und Fuller, 1967; Lessie und Lovett,

1968) und *Allomyces macrogynus* (Hill, 1969; Fuller und Olson, 1971). Die Struktur der Planospore von *B. emersonii* ist schematisch in Abb. 32 zusammengefaßt. Die Planospore ist kaulquappenähnlich mit einem birnenförmigen Kopf von ungefähr 7×9 µm und einer einzelnen Zuggeißel von ungefähr 20 µm Länge. Im Lichtmikroskop sind die dichten, halbmondförmigen Kernkappen die auffallendsten inneren Strukturen, die den transparenten Kern umgeben. Die Kernkappe enthält reichlich RNS, Protein und außerdem zahlreiche Ribosomen. Die Planospore von *Blastocladiella emersonii* enthält nur ein einzelnes, basal lokalisiertes Mitochondrium. Die

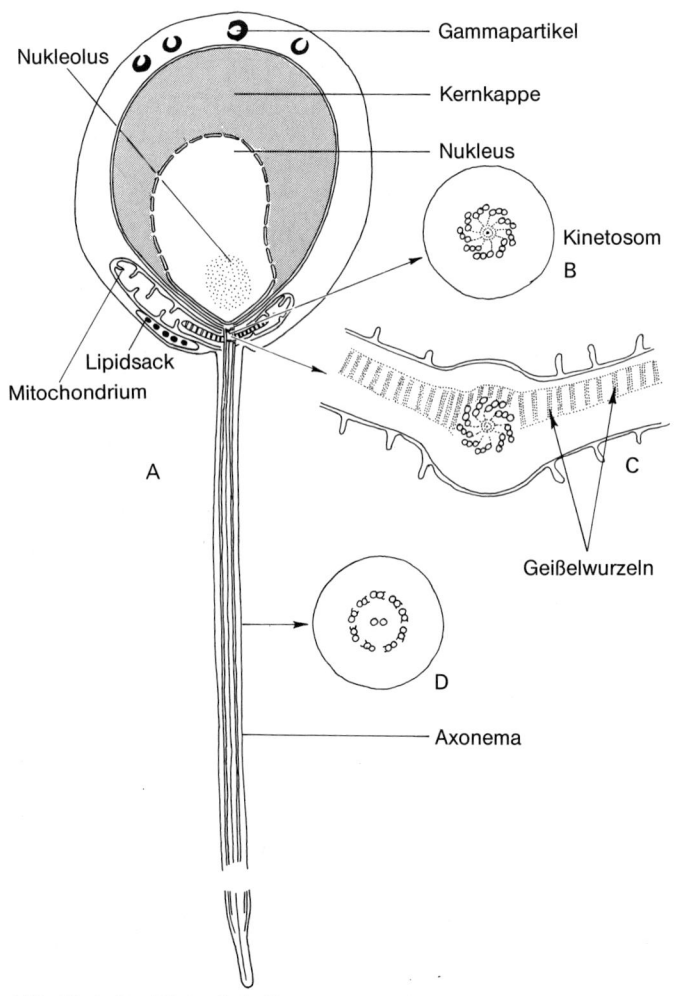

Abb. 32 A–D. *Blastocladiella emersonii.* Struktur einer Planospore, schematisch und nicht maßstabgerecht. **A** Längsschnitt der Planospore entlang der Geißelachse; **B** Querschnitt durch ein Kinetosom: es sind neun Subfibrillentripletts zu erkennen; **C** Querschnitt durch ein Kinetosom etwas weiter unterhalb: er zeigt den Ursprung der bandförmigen Geißelwurzel, die in die Mitochondrien hineinragen. Die Cristae der Mitochondrien liegen eng an der Membran an, die die bandförmigen ‚Wurzelfasern' umgibt; **D** Querschnitt Axonema: es sind die neun peripheren Doppelfibrillen und die zwei Zentralfibrillen zu erkennen

Geißel entspringt einem Basalkörper oder **Kinetosom** (manchmal auch **Blepharoplast** genannt). Das Kinetosom selbst entsteht aus dem größeren von zwei Centriolen, die während der Kernteilung, die vor der Trennung der Planosporen stattfindet, gebildet werden. Das zweite, kleinere Centriol liegt in der Nähe des an den Kern anstoßenden Kinetosoms. Das Kinetosom ist zylinderförmig und besteht aus 9 Fibrillen, von denen jedes aus einem Mikrotubulitriplett besteht, die wagenradähnlich angeordnet sind (Abb. 32 B). Am unteren Ende des Kinetosoms befindet sich eine Endplatte. Unterhalb dieser Endplatte setzt sich der Hauptschaft der Geißel oder des Axonemas als ein Ring von 9 doppelten Mikrotubuli fort, die ein zentrales Paar einzelner Mikrotubuli umschließen. Alle 11 Mikrotubuli sind von einer Scheide umgeben, die mit der Membran der Planospore verbunden ist. Dies ist die typische 9 + 2 Anordnung der Mikrotubuli der meisten beweglichen und mit Cilien besetzten Zellen (Abb. 32 D). Die zwei zentralen Mikrotubuli enden ungefähr auf der Höhe der Querplatte des Kinetosoms. Der obere Teil der Geißel führt im Bereich des Kinetosoms durch einen Kanal in das Mitochondrium. Eine Reihe von Mikrotubuli erstreckt sich vom proximalen Ende des Kinetosoms zum Kern und zur Kernkappe und ist wahrscheinlich für die Festigkeit verantwortlich. Drei gestreifte Körperchen, die auch als **Geißelwurzelfasern, gestreifte Wurzelfasern** oder **gebänderte Wurzelfasern** bezeichnet werden, erstrecken sich in das Mitochondrium und verbinden es mit dem Kinetosom. Diese Geißelwurzelfasern befinden sich in einzelnen Kanälen, die jeweils von einer Einheitsmembran umgeben sind. Da die Energie für die Fortbewegung innerhalb des Mitochondriums erzeugt wird, ist es möglich, daß die Geißelwurzelfasern für die Übertragung der Energie zur Basis des Axonemas verantwortlich sind. Dies ist jedoch gegenwärtig nur eine Vermutung. Es ist auch möglich, daß die Wurzeln als Geißelverankerung innerhalb des Planosporenkörpers dienen. An seinem distalen Ende verjüngt sich das Axonema zu einer spitzen oder stumpf endenden Peitschengeißel. Diese Verjüngung beruht auf einer Abnahme der Anzahl der Mikrotubuli an der Spitze des Axonemas.

Es gibt noch zwei andere, klar erkennbare Organellentypen innerhalb der Planospore: den Lipidbeutel, der am Mitochondrium angeheftet ist, und eine Gruppe von Gammapartikeln, die sehr häufig am Vorderende der Planospore zwischen der Kernkappe und der Sporenwand zu finden sind. Der Lipidbeutel enthält verschiedene Globuli, die sich mit Osmium(IV)-oxid anfärben lassen. Die Gruppe der Globuli ist von einer einzelnen Membran umschlossen. Es ist nicht bekannt, ob das Lipid die Energiereserve für die Schwimmbewegungen darstellt. Wahrscheinlich dienen die glykogenähnlichen Polysaccharide als Hauptsubstrat für die Energieproduktion (Cantino et al. 1968). Die Gammapartikel sind Körnchen mit ungefähr 0,5 µm ϕ. Untersuchungen ihrer Feinstruktur ergaben (Cantino und Mack, 1969; Myers und Cantino, 1974), daß sie aus einem inneren Kern bestehen, der die Form eines langgestreckten Bechers hat. Diese becherförmige Struktur hat zwei ungleich große Öffnungen an den entgegengesetzten Seiten und ist von einer Einheitsmembran umgeben. Die Gammapartikel sind glykolipidreich. Isolierte Gammapartikel sind in der Lage, zusammen mit den Substraten für die Chitinsynthetase in vitro Chitin in Form von Chitinfibrillen zu bilden (Mills und Cantino, 1978). Die Planospore bewegt sich durch rhythmisches Schlagen der Geißel vorwärts. Sie kann ihre Form auch amöboid verändern und für kurze Zeit unter anaeroben Bedingungen leben. Bei der Umwandlung zur Dauerspore wird die Geißel in den Körper der Pla-

nospore eingezogen. Nach Cantino et al. (1968) wird die eingezogene Geißel innerhalb der Planospore aufgewickelt. Dies beruht darauf, daß das Kinetosom den Kern
abstößt und dieser dadurch so in Rotation versetzt wird, daß sich die Geißel um ihn
aufrollt.

Die Planospore von *Allomyces* unterscheidet sich in mehrfacher Hinsicht von
der von *Blastocladiella* (Struktur der Planospore von *Allomyces* in Abb. 33). Obwohl
ein großes basales Mitochondrium vorhanden ist, gibt es viele kleine Mitochon-

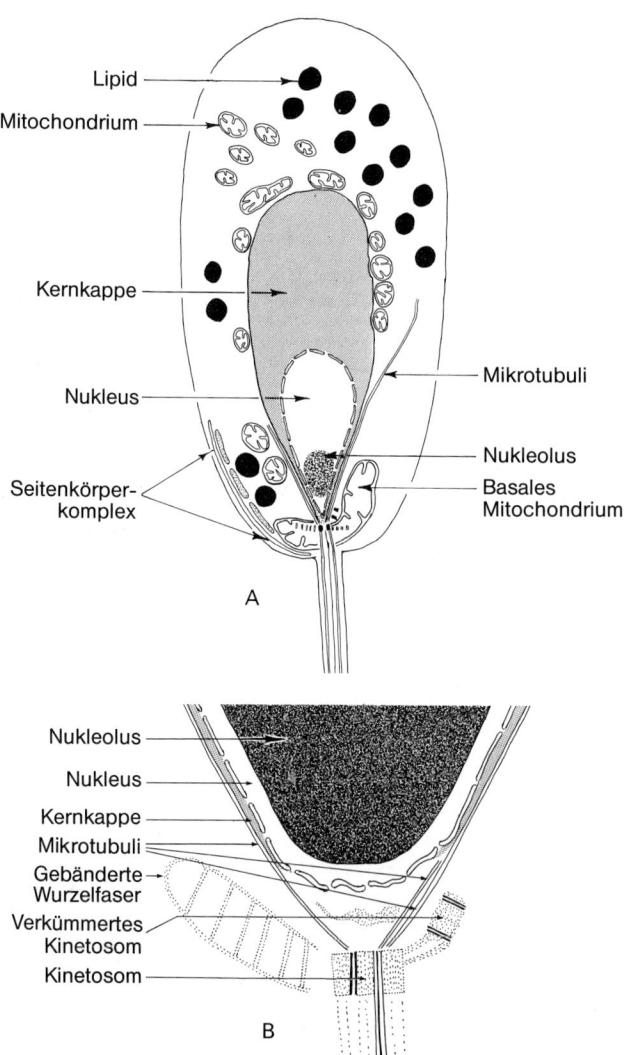

Abb. 33 A, B. *Allomyces macrogynus.* Planospore, schematisch und nicht maßstabgerecht,
nach einer elektronenmikroskopischen Aufnahme von Fuller und Olson (1971). **A** Längsschnitt durch Planospore; **B** Einzelheiten des unteren Teils des Kerns: es sind die zwei Kinetosomen und eine gebänderte Wurzelfaser zu erkennen. Man erkennt die Gruppe von Mikrotubuli, die sich von dem funktionsfähigen Kinetosom nach oben erstrecken

drien, die im allgemeinen entlang der Kernkappenmembran im hinteren Teil der Zelle angeordnet sind. Es gibt keine Gammapartikel. Eine komplexe Struktur, die seitlich am unteren Teil der Planospore zwischen Kern- und Planosporenmembran angeordnet ist, wurde von Fuller und Olson als Seitenkörperkomplex bezeichnet. Dieser Komplex besteht aus zwei eng aneinandergepreßten Membranen, die durch ein elektronenundurchlässiges Material getrennt werden. Diesen Membranen liegen zahlreiche elektronenundurchlässige, membrangebundene Körper (Lipidkörper) und eine Menge basaler Mitochondrien gegenüber. Zusätzlich gibt es noch membrangebundene, nicht lipidhaltige Körper, die von Fuller und Olson ‚Stüben-Körper' genannt werden. Ihre Funktion und Zusammensetzung ist unbekannt. Der Seitenkörperkomplex der *Allomyces*-Planospore entspricht deshalb nicht genau dem Lipidbeutel von *Blastocladiella*.

Die Geißel der Planospore von *Allomyces* besitzt die normale Anordnung von 9 + 2 Mikrotubuli. Die Geißel entspringt einem normalen Kinetosom, an dem sich seitlich ein Centriol befindet und das auch als nicht funktionierendes oder verkümmertes Kinetosom bezeichnet wird. Beide Kinetosomen haben die typische Anordnung von 9 Mikrotubulitripletts. Vom proximalen Ende eines funktionsfähigen Kinetosoms gehen 27 (d. h. 9 × 3) Mikrotubuli aus und bilden eine trichterförmige Struktur, die dem hinteren Teil des Kerns und der Kernkappe anliegt. Sie münden in die Planospore hinter der Kernkappe. Fuller und Olson nehmen an, daß der konisch geformte Kern und die Kernkappe durch diese Anordnung der Mikrotubuli bedingt ist. Es ist auch möglich, daß die Mikrotubuli der Planospore Festigkeit verleihen, so daß die Propellerbewegung der Geißel übertragen werden kann.

Blastocladiella und *Allomyces* sind typisch für die Blastocladiales. Die anderen zwei Ordnungen der Chytridiomycetes sind die Chytridiales (Koch, 1956, 1968) und die Monoblepharidales (Fuller und Reichle, 1968). Es gibt Unterschiede in den Struktureinzelheiten der Planosporen dieser Gruppen, die jedoch später beschrieben werden sollen (siehe auch Fuller, 1966; Sparrow, 1973 a).

b) Planosporen mit vorn inserierten Flimmergeißeln. Die einzige Gruppe von Pilzen mit diesem Planosporentyp sind die Hyphochytridiomycetes, von denen *Rhizidiomyces* der bekannteste Vertreter ist (Fuller, 1966, 1976; Fuller und Reichle, 1965). Die Struktur einer Planospore von *R. apophysatus* ist in Abb. 34 dargestellt. Die Planospore mißt ungefähr 5 μm ⌀. Ihre spiralförmige Schwimmbewegung ist bedingt durch eine sinusartige Undulation der Vordergeißel. Das Axonema der Geißel besitzt auf seiner ganzen Länge eine Reihe von feinen **Mastigonemen**. Die Mastigonemen bestehen zu zwei Dritteln aus einem breiten Schaft, dessen Durchmesser im restlichen Drittel auf 1/5 abnimmt. Der breitere basale Teil zeigt querförmige oder spiralige Bänder, die abwechselnd aus hellem oder dunklem Material bestehen. Manchmal erkennt man an der Spitze des Mastigonemas zwei sehr dünne Verlängerungen. Die Schnitte der Planospore (Abb. 34 B) zeigen, daß sich der Kern im vorderen Teil befindet. Die Geißel entspringt einem Kinetosom (BB für Basalkörper in Abb. 34 B), das sich dicht an der Kernmembran befindet. Ein mit dem Basalkörper verbundenes Centriol C_2 liegt dicht am Kinetosom. Es gibt keine membrangebundene Kernkappe wie bei *Blastocladiella* oder *Allomyces*, aber zahlreiche Ribosomen (RR) nahe dem hinteren Kernende. Lipidkörper, Vakuolen, Mikrotubuli, ein Dictyosom und Endoplasmatisches Retikulum sind ebenfalls zu erkennen. Wenn

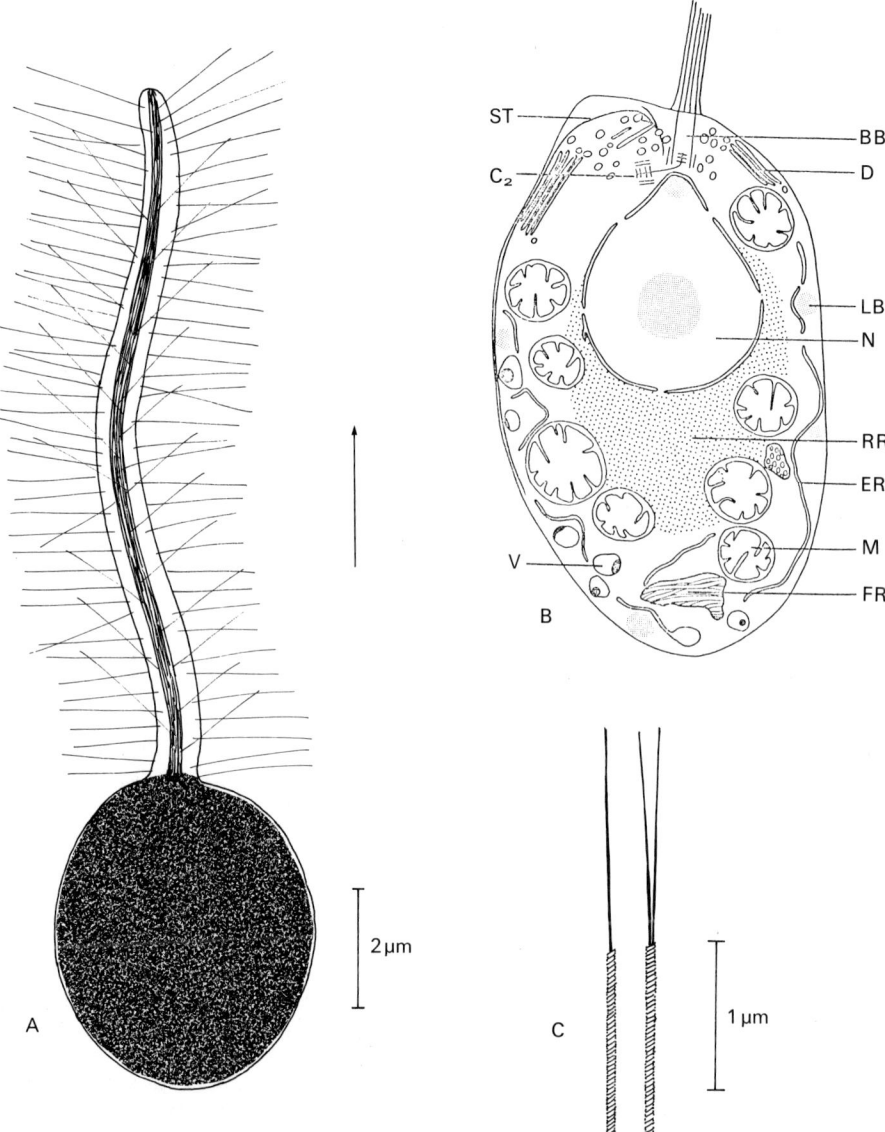

Abb. 34 A–C. *Rhizidiomyces apophysatus.* **A** Planospore im Dunkelfeld. Der Hauptschaft der Geißel oder des Axonemas trägt feine, seitliche Mastigonemen. Der Pfeil zeigt die Richtung der Planosporenbewegung an; **B** Schematische Darstellung eines Längsschnittes der Planospore; aus Fuller und Reichle (1965). Abkürzungen: ST unter der Oberfläche liegende Tubuli, C₂ Centriol, verbunden mit einem Basalkörper, BB Basalkörper (=Kinetosom), RR ribosomenhaltige Region, ER Endoplasmatisches Retikulum, M Mitochondrium, FR fibrillenhaltige Region; **C** Habitus der Mastigonemen bei hoher Vergrößerung

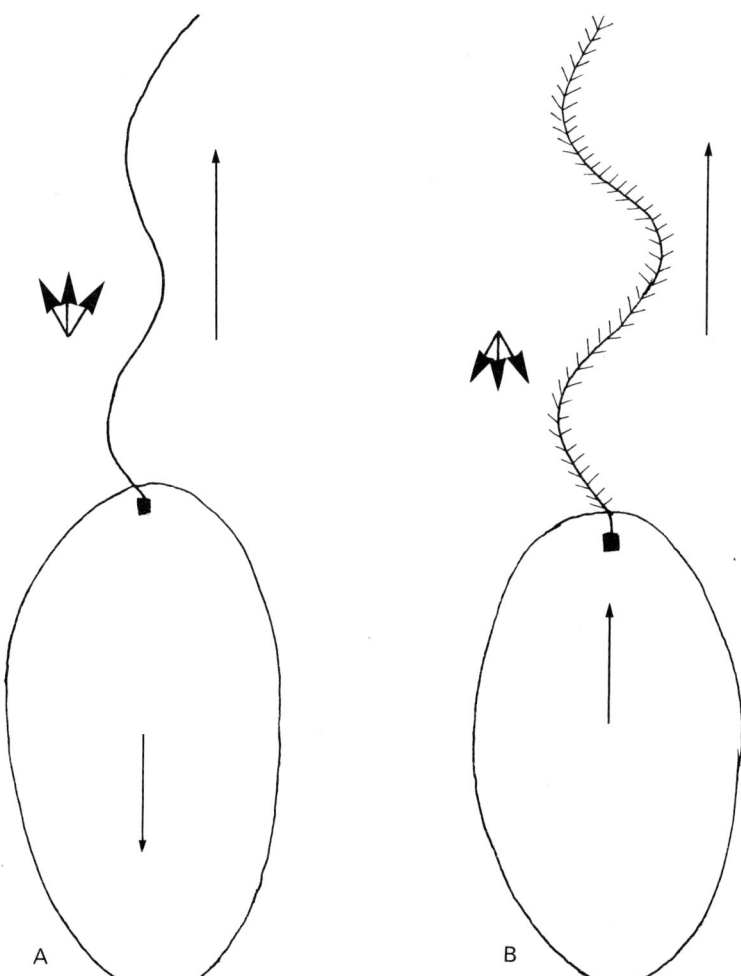

Abb. 35 A, B. Geißelbewegung. Die dünnen Pfeile auf der rechten Seite der Geißeln zeigen die Bewegungsrichtung der Sinuswelle an der Geißel an. Die dünnen Pfeile innerhalb der Planospore zeigen die Bewegungsrichtung der Planospore an. Die dicken Pfeile links von der Geißel zeigen die Bewegungsrichtung des Wassers als Folge der Geißelbewegung an. **A** Die Sinuswelle bewegt sich von der Planospore weg und bewirkt auch eine Wasserbewegung in die gleiche Richtung. Die Planospore bewegt sich durch Rückschlag in die entgegengesetzte Richtung, d.h. von der Geißel weg; **B** Plektonematische Anordnung. Die Geißel trägt zwei Reihen von Mastigonemen mit einer im Vergleich zur übrigen Geißel großer Oberfläche. Die Sinuswelle bewegt sich von der Planospore weg, aber die Wasserbewegung ist zur Planospore hingerichtet, die sich deshalb in die entgegengesetzte Richtung, d.h. gegen die Geißel, bewegt

sich die Planospore festsetzt, wird das Axonema eingezogen und die Mastigonemen bleiben, angeheftet an die Membran der Planosporencyste, übrig.

Beim Vergleich der zwei Arten von eingeißeligen Planosporen stellt sich die Frage, warum eine hinten inserierte Peitschengeißel die Spore vorwärts *schiebt*, während die vorn inserierte Flimmergeißel *zieht*. Folgende Erklärung ist möglich: die Oberfläche, die die Mastigonemen dem Wasser entgegensetzen, ist im Vergleich zur Oberfläche einer Peitschengeißel größer. In Abb. 35 werden die beiden Typen der eingeißeligen Planospore schematisch gegenübergestellt. Abbildung 35 A zeigt eine Spore mit einer einzelnen Peitschengeißel. Eine sinusförmige Wellenbewegung wird vom Kinetosom aus entlang der Geißel bis zur Geißelspitze erzeugt. Die Geißelbewegung verursacht eine Wasserbewegung in die gleiche Richtung wie die Sinuswelle, d.h. distal vom Kinetosom aus. Die Spore wird deshalb in die entgegengesetzte Richtung zur Wasserbewegung angetrieben, in genau der gleichen Weise, wie sich ein Schwimmer selbst nach vorn bewegt, indem er eine nach hinten gerichtete Wasserströmung verursacht. Abbildung 35 B zeigt eine Planospore mit einer Flimmergeißel. Die Sinuswelle wird vom Kinetosom aus abwärts entlang der Geißel erzeugt. Die durch die Mastigonemen gebildete große Oberfläche führt jedoch zur Erzeugung einer Wasserströmung in die entgegengesetzte Richtung der Sinuswellenbewegung, und als Ergebnis wird die Spore in die Richtung der Geißel gezogen.

c) Zweigeißelige Planosporen. Die zweigeißeligen Typen der Planosporen sind charakteristisch für die Oomycetes (Colhoun, 1966; Fuller, 1976; Bartnicki-Garcia und Hemmes, 1976). Die Planospore ist **heterokont**, d.h. sie hat eine Peitschen- und eine Flimmergeißel. Die Geißeln können an der Spitze inseriert sein, wie in dem ersten beweglichen Stadium von *Saprolegnia*, oder seitlich, aus einer Vertiefung herauskommend. Die Flimmergeißel ist nach vorn und die Peitschengeißel nach hinten ausgerichtet. Die Struktureinzelheiten dieses Planosporentyps sind von *Phytophthora* (Ho et al. 1968 a, b; Vujičić et al. 1968; Reichle, 1969) am besten bekannt. Die Struktur einer Planospore von *Phytophthora*, wie man sie im Lichtmikroskop sieht, ist in Abb. 36 dargestellt. Die Planospore ist eiförmig, mit einer stumpfen Spitze am vorderen Ende, mit einer Längsrinne oder Furche, die von lippenartigen Faltungen des Planosporenkörpers überwölbt sind (Abb. 36 A). Die Rinne ist unterschiedlich tief: an den Enden ist sie flach und in der Mitte tiefer. Eine große Vakuole liegt unmittelbar an der Innenseite der Rinne. Die zwei Geißeln entspringen in der Rinne und sitzen auf einem kleinen Vorsprung oder Rücken. Die Flimmergeißel ist nach vorn gerichtet, d.h. in die Bewegungsrichtung der Planospore, während die Peitschengeißel rückwärts gerichtet ist. Die hinten inserierte Geißel ist länger als die vordere. Beide entstehen aus einem Kinetosom, das sich in unmittelbarer Nähe des Kerns befindet. Die Struktur der Geißeln zeigt keine ungewöhnlichen Merkmale: die zwei zentralen Mikrotubuli enden an der Basalplatte des Kinetosoms, dessen proximaler Teil aus der gewöhnlichen Anordnung von 9 Mikrotubulitripletts besteht. Die zwei Kinetosomen sind durch eine Fibrille aneinandergebunden. Jedes Kinetosom besitzt auch zwei Wurzelfasern, die aus ungefähr 8 Mikrotubuli bestehen und sich zur Zelloberfläche erstrecken. In der Region der Rinne gibt es eine große Anzahl von parallel zur Rinne angeordneten Mikrotubuli. Diese können eine Skelettfunktion ausüben, der Geißelbefestigung dienen und die nach vorn treibende Kraft übertragen.

Die Flimmergeißel trägt zahlreiche Mastigonemen oder **Flimmerhaare**, die offenbar an der *Scheide* der Geißel befestigt sind und nicht an den Mikrotubuli. Bei sehr starker Vergrößerung der Flimmergeißel von *Phytophthora* erkennt man, daß die Mikrotubuli zu 2/3 in ihrem Basalteil der Mastigonemen tubulär sind. Dieser Teil mißt ungefähr 17–19 nm ϕ mit einem Lumen von 5–7 nm. Das endständige obere Drittel ist dünner und scheint aus zwei dünnen Strängen (2–5 nm ϕ) zu bestehen. Diese Stränge können miteinander verdreht sein, so daß das Endteil wie ein einzelner Strang erscheint. Bei *Saprolegnia* sind die Flimmerhaare in zwei Reihen angeordnet und ebenfalls an der Geißelscheide befestigt (Heath et al. 1970). Die Flimmerhaare bestehen aus einem breiten, basalen Teil, der 1,5 µm lang ist, und aus einer dünneren, haarartigen Spitze von 1,1 µm Länge. Im Schnitt gleicht der basale Teil einer Röhre von ungefähr 15 nm ϕ, die durch eine spitz zulaufende Struktur von ungefähr 0,3 µm Länge an der Geißelscheide befestigt ist.

Die Peitschengeißeln der Oomycetes können, obwohl sie gewöhnlich als glatt gelten, feine haarartige Anhänge tragen, die nur bei sehr hoher Vergrößerung (ungefähr 20.000×) sichtbar sind. Für die Haare der Peitschengeißel von *P. erythroseptica* geben Vujičić et al. (1968) eine Länge von 0,6 µm an, während Manton et al. (1951) bei *S. ferax* eine Länge von 0,5 µm beschrieben. Nach Angabe dieser Autoren kann die Peitschengeißel von *S. ferax* abgeflacht sein und eine flossenähnliche Erweiterung auf beiden Seiten bilden. Die Spitze der Peitschengeißel ist gewöhnlich schmäler als der Rest der Geißel und ohne feine Härchen.

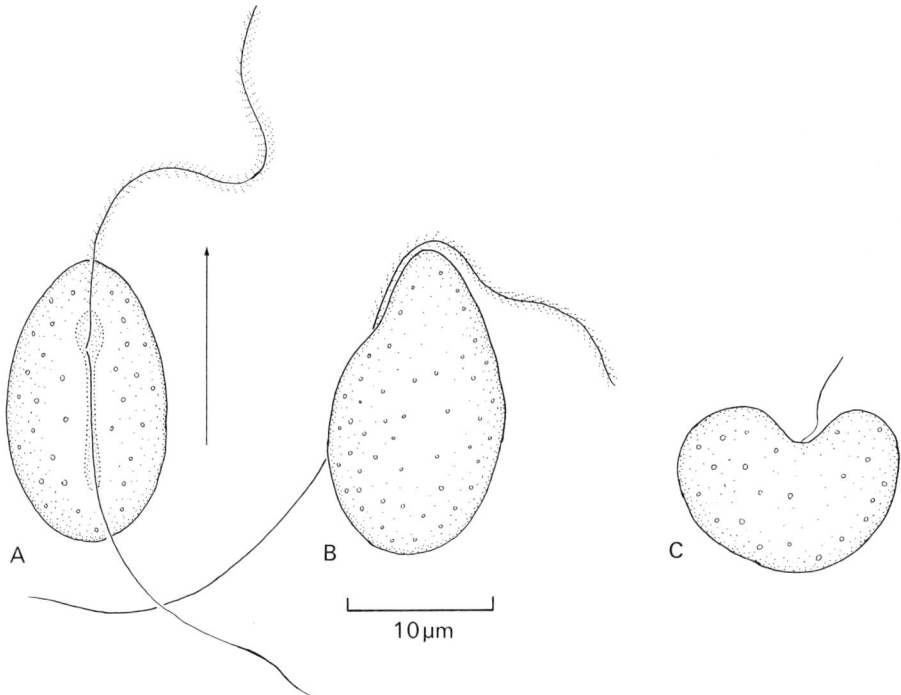

10 µm

Abb. 36 A–C. *Phytophthora.* Planosporen. **A** Blick auf die Längsrinne. Die Pfeile zeigen die Bewegungsrichtung an; **B** Seitenansicht; **C** Apikalansicht: man erkennt die Längsrinne und die aus dieser Sicht nierenförmige Gestalt. (Nach Ho et al. 1968a)

Die meisten Pilzsporen bewegen sich nicht aus eigener Kraft vorwärts. Die Verbreitung kann aktiv oder passiv sein. Bei der aktiven Verbreitung stammt die Energie für die Trennung der Spore vom Pilz selbst. Die passive Verbreitung erfolgt durch andere Faktoren, z. B. Windströmungen, Regentropfen, Wasserströmungen oder Tiere.

Sporangiosporen

Bei den Zygomycetes und besonders bei den Mucorales (siehe S. 175) sind die asexuellen Sporen in kugeligen Sporangien oder zylindrischen Säckchen, **Merosporangien** genannt, enthalten. Aufgrund ihrer Unbeweglichkeit werden sie auch manchmal **Aplanosporen** genannt. Die Sporen können ein- oder vielkernig sein; sie sind einzellig, im allgemeinen glattwandig und von kugeliger oder ellipsoider Gestalt. Reife Sporen können von einer Schleimschicht umgeben sein und werden vom Regen oder von Insekten verbreitet. Trockene Sporen werden durch den Wind verbreitet (Ingold und Zoberi, 1963). In manchen Fällen werden vollständige Sporangien abgetrennt. Die Anzahl von Sporangiosporen pro Sporangium variiert von mehreren Tausend bis zu einer einzigen Spore. Die Abtrennung und Verbreitung von intakten Sporangien, die nur einige wenige Sporangiosporen oder nur eine einzelne Spore enthalten, zeigt an, auf welche Weise die Konidiosporen im Verlauf der Evolution entstanden sein können (siehe S. 208).

Ascosporen

Die Ascosporen sind die typischen Sporen der Ascomycotina. Sie entstehen als das Ergebnis einer Karyogamie mit einer darauffolgenden Meiose. Die vier haploiden Tochterkerne teilen sich dann mitotisch; es entstehen acht haploide Kerne, um die sich dann die Ascosporen bilden. Einzelheiten zur Entwicklung der Ascosporen werden ausführlicher auf den Seiten 241f beschrieben. Bei den meisten Ascomycetes befinden sich die 8 Ascosporen in einem zylinderförmigen Schlauch, dem Ascus, aus dem die Sporen aktiv ausgeschleudert werden. Dabei wird der Ascusinhalt, bestehend aus Ascosporen und Ascussaft, durch ein explosionsartiges Aufbrechen der Spitze des Ascus, dessen elastische Wände sich zusammenziehen, ausgeschleudert. Die Ascosporen haben sehr unterschiedliche Größen, Formen und Farben. Die Größenverhältnisse betragen ungefähr 4–5×1 μm bei kleinsporigen Formen, wie z. B. dem winzigen Becherpilz *Dasyscyphus,* bis zu 130×45 μm bei der Flechte *Pertusaria pertusa,* die eine Symbioseverbindung zwischen einem Ascomyceten und einer Grünalge ist. Die Ascosporenform reicht von kugelig bis oval oder ellipsoid, zitronen- oder wurstförmig, zylindrisch bis nadelförmig. Ascosporen können ein- oder vielkernig, ein- oder vielzellig sein, unterteilt durch Quersepten oder durch Quer- und Längssepten abgetrennt. Die Wand kann dünn oder dick, durchsichtig oder gefärbt, glatt oder rauh oder manchmal gefaltet oder netzartig sein. Sie kann eine klebrige Außenschicht aufweisen, die sich ausdehnen und einfache oder verzweigte Anhänge bilden kann. Manchmal können die Ascosporen als Dauerstrukturen ungünstige Bedingungen überleben. Sie können umfangreiche Nahrungsreserven in Form von Lipid oder Zuckern (z. B. Trehalose) speichern.

Daraus wird klar, daß es keine typische Ascospore gibt. Als Beispiel für eine Ascospore, deren Struktur intensiv untersucht worden ist, soll die Spore von *Neurospo-*

ra tetrasperma dienen (Lowry und Sussman, 1958, 1968; siehe auch Austin et al. 1974). *Neurospora tetrasperma* ist deshalb etwas ungewöhnlich, weil sie viersporige Asci mit zwei Kernen ausbildet. Die Sporen sind schwarz, dickwandig und haben die Form eines Rugbyballes, aber mit abgeplatteten Enden. Der Name *Neurospora* bezieht sich auf die gerippten Sporen, deren dunkle, aus erhabenen Längsrippen aufgebaute Außenwand von Rinnen unterbrochen werden. Die Struktur einer Spore ist im Schnitt in Abb. 37 dargestellt. Im Cytoplasma der Spore gibt es zwei Kerne, Fragmente des Endoplasmatischen Retikulums (nicht dargestellt), angeschwollene Mitochondrien und zwei Arten von Vakuolen, umgeben von einer einzelnen

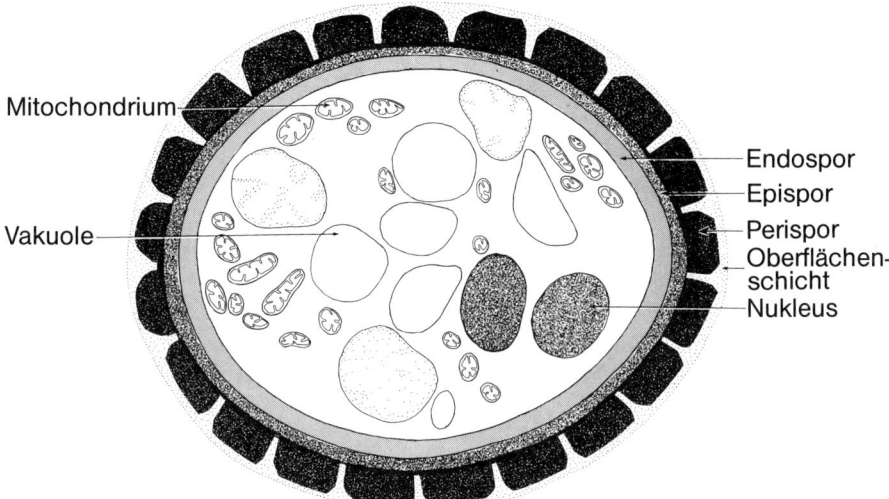

Abb. 37. *Neurospora tetrasperma.* Querschnitt durch eine Ascospore. Vereinfachtes Schema nach einer elektronenmikroskopischen Aufnahme von Lowry in Sussman und Halvorson (1966)

Membran. Eine Vakuole erscheint leer und die andere enthält nach einer Permanganatfixierung grobkörniges Material. Die Vakuolen enthalten wahrscheinlich Reservestoffe, wie z. B. die schon erwähnten Lipide und Trehalose (Lingappa und Sussman, 1959). Die Zellwand besteht aus mehreren Schichten. Die innerste Schicht ist das **Endospor**, außen ist das **Epispor**. Die gerippte Schicht wird **Perispor** genannt. Zwischen den Rippen befinden sich intercostale Adern, die aus einem Material bestehen, das sich chemisch von dem der Rippen unterscheidet. Dieses Material verleiht der Spore den Anschein einer relativ glatten Oberfläche. Die Spore keimt nach einem Hitzeschock aus. Aus einer präformierten Keimpore oder einer dünnen Stelle im Epispor, die sich an jedem der beiden Enden der Spore befindet, stülpt sich der Keimschlauch hervor.

Basidiosporen

Im Vergleich zur morphologischen Vielfalt der Ascosporen sind die Basidiosporen einheitlicher aufgebaut. Sie sind typischerweise einzellig, obwohl auch Sporen mit

Quersepten in bestimmten Gruppen vorkommen, wie z. B. bei den Dacrymycetaceae (Reid, 1974). In ihrem Habitus variieren sie von kugel-, wurst-, mandelförmig (d. h. abgeflacht) bis länglich; die Zellwand kann glatt oder mit Stacheln, Leisten oder Einfaltungen verziert sein. Die Farbe der Basidiosporen ist ein wichtiges Klassifikationsmerkmal. Sie können farblos, weiß, cremefarben, gelblich, braun, rosa, purpur oder schwarz sein. Die Sporenfarbe ist auf Farbsubstanzen im Cytoplasma der Spore oder in der Sporenwand zurückzuführen. Dies erklärt den Farbwechsel der Lamellen des Kulturchampignons von rosa im unreifen Stadium (cytoplasmatische Sporenpigmente) zu purpur im reifen Stadium (Zellwandpigmente). Eine vereinfachte Struktur einer Basidiospore ist in Abb. 38 dargestellt. Die Spore ist gewöhnlich im Tetradenverband an der Spitze eines **Sterigmas** an der Basidie befestigt. Das Sterigma ist eine gebogene, hornähnliche Struktur, die aus der Spitze des Basidiums hervorragt (siehe Abb. 218). Die Spore wird durch einen noch nicht bekannten Mechanismus nicht weit von der Basidie weggeschleudert. Weitere Me-

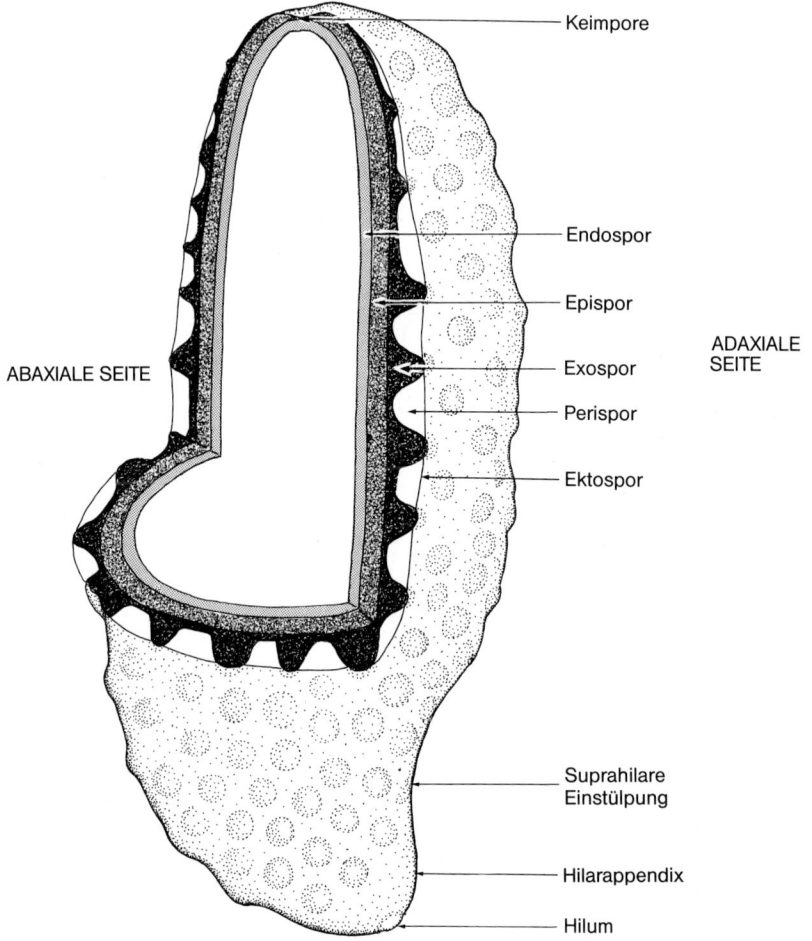

Abb. 38. Strukturschema einer Basidiospore. Darstellung der Terminologie der Schichten der Sporenwand (nach Pegler und Young, 1971). Der Inhalt der Spore wird nicht gezeigt

chanismen siehe S. 378. Die Stelle, an der die Spore am Sterigma befestigt war, ist das **Hilum**, das normalerweise an der Spitze eines kurzen, konischen Vorsprungs, dem Hilarappendix, zu finden ist. Der Begriff **Ballistospore** wird für Basidiosporen gebraucht, die explosionsartig von ihren Sterigmen weggeschleudert werden. Die meisten Basidiosporen sind Ballistosporen. Die Basidiosporen der Gastromycetes werden z. B. nicht aktiv abgeschleudert, so daß sich eine Anzahl von alternativen Mechanismen zur Verbreitung dieser Sporen entwickelt hat (siehe S. 445).

Das Cytoplasma der Spore enthält normalerweise einen haploiden Kern, der aus einer meiotischen Teilung stammt. Manchmal können zwei Kerne vorhanden sein, besonders bei Arten mit zweisporigen Basidien. Auch bei viersporigen Arten kann durch mitotische Teilung des Initialkerns eine Spore zweikernig sein. Andere Organellen innerhalb der Spore umschließen Mitochondrien.

Die Struktur der Zellwandschichten wurde mit Hilfe des Licht- und des Rasterelektronenmikroskopes untersucht (Pegler und Young, 1971). Die Bezeichnung der Zellwandschichten entspricht den für *Neurospora* vorgeschlagenen Begriffen. In einigen Sporenarten konnte man 5 Schichten voneinander unterscheiden. Vom Protoplasten der Spore nach außen hin werden die Schichten **Endospor, Epispor, Exospor, Perispor** und **Ektospor** genannt. Die Zellwandschichten entwickeln sich progressiv von außen nach innen, d. h., das Endospor entwickelt sich zuletzt. Für den Elektronenstrahl ist das Endospor ziemlich transparent. Das Epispor bestimmt die Größe und Form der Spore. Es ist elektronenundurchlässig und zeigt einen lamellenartigen Aufbau. Im Epispor befinden sich Zellwandpigmente. Das Exospor liegt über dem Epispor, es ist eine farblose Schicht und unterscheidet sich chemisch von den angrenzenden Schichten. Für viele Sporen ist dies die Außenschicht, weil sich Perispor und Ektospor aufgelöst haben. Das Exospor kann gelappt oder gefaltet die Oberflächenstruktur der Spore bilden. Bei *Russula* und *Lactarius* jedoch ist das Exospor von Mustern durchdrungen, die aus dem darunter liegenden Epispor entstellen. Das Perispor umhüllt die anderen Sporenschichten einschließlich der Ornamente, die vom Exospor stammen. Das Perispor kann während der Sporenentwicklung verschwinden oder auch bestehen bleiben, um dann den Raum zwischen den Ornamenten auszufüllen. In einigen Fällen z. B. bei einigen Arten von *Coprinus*, bildet das Perispor eine Schicht, die als lose Umhüllung oder perisporialer Beutel die Spore umgibt. Die äußere Membran des Perispors wird Ektospor genannt.

Die Keimung vieler Basidiosporen erfolgt durch eine Keimpore, die sich gewöhnlich an der Spitze der Spore befindet. An der Keimpore sind die Zellwandschichten, mit Ausnahme des Endospors, dünn.

Zygosporen

Zygosporen sind sexuell gebildete Sporen. Sie entstehen nach Plasmogamie zwischen gewöhnlich gleich großen Gametangien und sind Dauerstrukturen. Die Zygosporen sind die typischen, sexuell gebildeten Sporen der Zygomycetes, z. B. der Mucorales (S. 175) und der Entomophthorales (S. 220). Zygosporen sind meist große, dickwandige, warzige Strukturen mit umfangreichen Nahrungsreserven; sie sind für eine Verbreitung über große Entfernungen ungeeignet. Sie bleiben normalerweise in der Stellung, in der sie entstanden sind, und warten auf geeignete Bedingungen zur Weiterentwicklung. Die zu einer Zygospore fusionierenden Gametangien können ein- oder vielkernig sein; die Zygosporen, in der schließlich die Karyogamie und Meiose stattfindet, enthält ein, zwei oder viele Kerne. Die Karyogamie kann früh stattfinden oder bis kurz vor der Sporenkeimung hinausgezögert werden. Die Struktur verschiedener Zygosporen ist in den Abbildungen 92, 94 und 95 dargestellt.

Oosporen

Eine Oospore ist eine sexuell gebildete Spore, die sich nach einer Anisogametangiogamie entwickelt oder nach der Fusion von Anisogameten. Sie ist die typische, sexuell gebildete Spore der Oomycetes. Oosporen entwickeln sich aus befruchteten **Oosphären** oder manchmal auch parthenogenetisch. Innerhalb der **Oogonien**, die vielkernige, kugelige weibliche Gametangien sind, entwickeln sich eine bis viele Oosphären. Die Anzahl der Oosporen pro Oogonium kann von taxonomischer Bedeutung sein. Bei den Saprolegniales gibt es normalerweise, aber unbeständig, mehrere Oosporen pro Oogonium, während bei den Peronosporales typischerweise nur eine Oospore vorkommt. Der Reifung der Oosphäre gehen meiotische Kernteilungen voraus. Nach der Durchdringung einer Oosphäre durch den Befruchtungsschlauch eines Antheridiums dringt ein haploider männlicher Gamet ein. Danach erfolgt Karyogamie. Die Oospore oder das Ei bildet eine dicke Außenwand und hat Lipide als Reservestoffe. In den Abbildungen 64, 65, 71 und 73 sind einige verschiedene Arten von Oosporen dargestellt.

Chlamydosporen

Bei den meisten Pilzgruppen können die terminalen oder interkalaren Segmente des Myzeliums mit Reservestoffen vollgestopft werden, und es entstehen dicke Zellwände. Die Zellwände können farblos oder durch Einlagerung dunkler Melaninpigmente gefärbt sein. Strukturen dieser Art werden Chlamydosporen genannt. Im allgemeinen gibt es keinen Ablöse- oder Verbreitungsmechanismus der Chlamydosporen; sie werden frei durch Auflösung der zwischen ihnen befindlichen Hyphen. Sie bleiben deshalb *in situ* auf dem Substrat, auf dem sie entstanden sind. Bei ihnen handelt es sich um wichtige asexuelle Organe. Bei *Absidia glauca,* einem weiteren verbreiteten Bodenpilz, entwickeln sich im Myzel große interkalare und terminale Chlamydosporen, angefüllt mit Lipiden als Reservestoffe (Abb. 39 B). Daher ist es möglich, daß die Chlamydosporen überleben, wenn das Substrat erschöpft ist. Ähnliche Strukturen findet man in alten Hyphen des Wasserpilzes *Saprolegnia* (siehe S. 139), entweder einzeln oder in Ketten. In diesem Falle können die Chlamydosporen vom Myzel abbrechen und von der Wasserströmung weiter verbreitet werden. Chlamydosporen, die so verbreitet werden, nennt man **Gemmen**.

Als Chlamydosporen werden auch die dickwandigen, dikaryotischen Sporen bezeichnet, die charakteristisch für die Brandpilze (Ustilaginales) sind (S. 459).

Kondidiosporen

Konidiosporen, im allgemeinen als Konidien bekannt, sind asexuelle Fortpflanzungszellen. Sie sind in den verschiedensten Gruppen der Pilze gefunden worden, insbesondere bei den Asco-, Basidio- und Deuteromycotina. In der letztgenannten

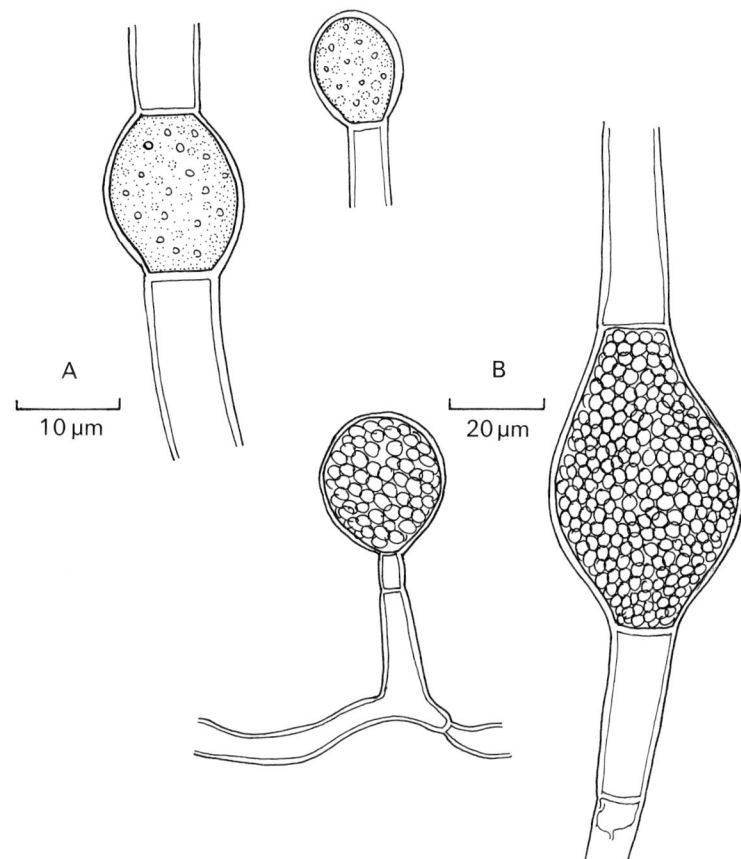

Abb. 39 A, B. Chlamydosporen. **A** *Trichoderma viride:* interkalare und terminale Chlamydosporen; **B** *Absidia glauca:* interkalare und terminale Chlamydosporen

Gruppe sind sie das einzige Fortpflanzungsmittel, da hier sexuell gebildete Zellen nicht bekannt sind. Der Begriff Konidie hat unglücklicherweise verschiedene Bedeutungen und ist leider nicht mehr klar definiert. Als ‚Konidie' wird „jegliche asexuelle Spore (mit Ausnahme der Sporangiospore oder der interkalaren Chlamydospore)" bezeichnet (Ainsworth et al. 1971). Es gibt große Unterschiede in der Konidienontogenese. Dieses Thema soll später bei der Betrachtung der Konidienstadien der Asco- und Deuteromycotina ausführlicher betrachtet werden (S. 491). An dieser Stelle genügt es, zwischen zwei Haupttypen der Konidienentwicklung zu unterscheiden, die entweder **thallisch** oder **blastisch** sein können. Die Konidien entstehen aus sogenannten **konidiogenen Zellen**. Diese heißen thallisch, wenn sich die Initialzelle nicht vergrößert (Abb. 40 A), d. h. die Konidie entsteht direkt aus einem präformierten Segment des Pilzthallus ohne Vergrößerung. Ein Beispiel dafür ist *Endomyces geotrichum*, bei der die Konidien durch Auflösen der Septen entlang den Hyphen entstehen (S. 254 und Abb. 133). Die Entwicklung der meisten Konidien ist blastisch, d. h. die Konidieninitiale vergrößert sich, bevor sie durch ein Septum abgegrenzt wird. Es können zwei Hauptarten blastischer Entwicklung unterschieden werden:

a) Holoblastisch. Sowohl die innere als auch die äußere Zellwandschicht der konidiogenen Zelle wirken an der Konidienbildung mit (Abb. 40 B). Beispiele für diese Art der Entwicklung zeigen die Konidien von *Pleospora herbarum* (Abb. 215) oder *Cladosporium herbarum* (Abb. 290).

b) Enteroblastisch. Nur die innere Zellwand oder eine vollständig neue Zellwand ist an der Konidienbildung beteiligt. Dort, wo sich die innere Zellwand durch eine schmale Pore oder einen Kanal der äußeren Zellwand nach außen bläht, wird die Entwicklung als **tretisch** bezeichnet (Abb. 40 C). Ein Beispiel für enteroblastische, tretische Entwicklung ist an *Helminthosporium velutinum* zu sehen (Abb. 292). Eine andere wichtige Möglichkeit der enteroblastischen Entwicklung wird **phialidisch** ge-

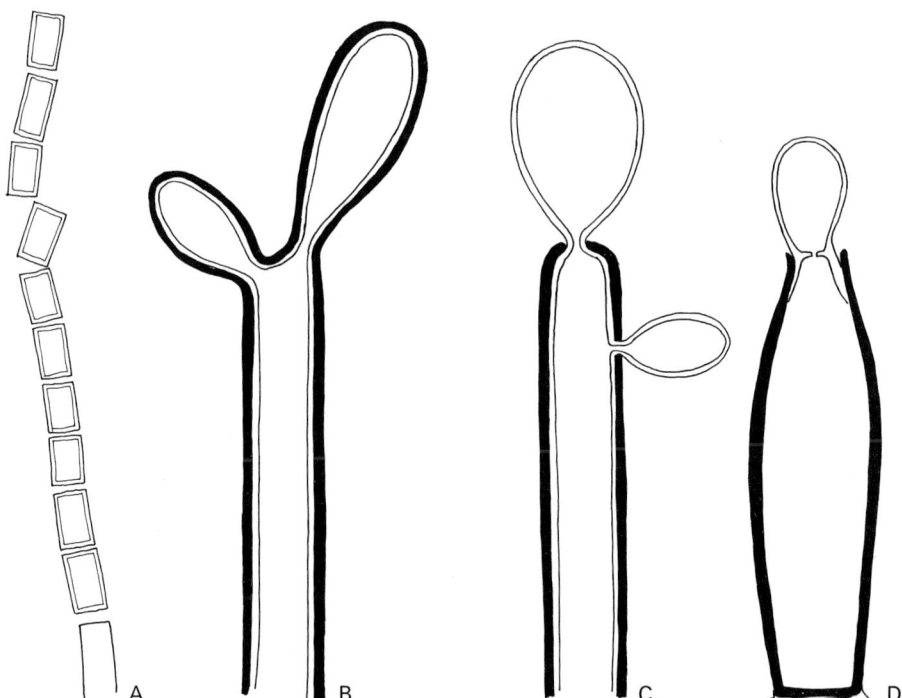

Abb. 40 A–D. Schema der verschiedenen Möglichkeiten der Konidienentwicklung; **A** Thallische Entwicklung: keine Vergrößerung der Konidieninitiale; **B** Holoblastische Entwicklung: alle Zellwandschichten der konidiogenen Zelle blähen sich nach außen und bilden eine Konidie, die erkennbar größer ist als die konidiogene Zelle; **C** Enteroblastische, tretische Entwicklung: nur die inneren Zellwandschichten der konidiogenen Zelle sind an der Konidienbildung beteiligt. Die innere Zellwandschicht bläht sich durch einen schmalen Kanal in der äußeren Zellwandschicht nach außen; **D** Enteroblastische, phialidische Entwicklung: die konidiogene Zelle ist eine Phialide. Die Zellwand der Phialide ist nicht mit der Wand verbunden, die die Konidie umgibt. Die Wand der Konidie entsteht *de novo* aus neu synthetisiertem Material am oberen Ende der Phialide. Schema nach Ellis (1971 b)

nannt. Hier ist die konidiogene Zelle eine spezielle Zelle, die **Phialide** genannt wird. Während der Bildung der ersten Konidie wird die Spitze der Phialide zerstört. Weitere Konidien entstehen durch Ausdehnung von Cytoplasmamasse, die von neuem Zellwandmaterial umschlossen wird. Diese Zellwand unterscheidet sich von der Phialidenwand und wird am oberen Ende der Phialide abgelagert. Nach Bildung eines nach innen wachsenden Ringes, der sich zu einem Septum zusammenschließt, wird der Protoplast abgeschnürt (Abb. 40 D). Unterhalb der zuerst gebildeten Konidien entstehen neue Konidien, so daß sich eine Kette entwickelt, an deren Spitze sich die ältesten und an deren Basis sich die jüngsten Konidien befinden. Einzelheiten zur phialidischen Entwicklung werden ausführlicher im Zusammenhang mit *Aspergillus* (Abb. 153) und *Penicillium* (Abb. 154) erläutert, die vom Wind verbreitete Ketten von trockenen **Phialokonidien** bilden. Klebrige Phialosporen, die sich in schleimigen Tropfen an den Spitzen der Phialiden anhäufen, sind in vielen Gattungen verbreitet, z. B. bei *Trichoderma* (Abb. 179), *Gliocladium* (Abb. 179), *Verticillium* (Abb. 184) und *Nectria* (Abb. 182–184). Klebrige Phialokonidien werden gewöhnlich durch Insekten, Regentropfen oder andere Agenzien verbreitet.

Wie auf Seite 64 erwähnt wurde, wird der Begriff ‚Konidie‘ manchmal für Strukturen gebraucht, die möglicherweise den Sporangien homolog sind. Bei den Peronosporales kann eine Entwicklungsreihe aufgestellt werden, in denen es Formen mit periodisch abfallenden Sporangien gibt, die ihre Sporen nach Wasserkontakt entlassen (z. B. *Phytophthora*), bis zu anderen Formen, die direkt auskeimen, d. h. durch Bildung eines Keimschlauches (z. B. *Peronospora*). Eine ähnliche Entwicklungsreihe gibt es bei den Mucorales, wo in einigen Formen (z. B. *Thamnidium, Choanephora*) wenigsporige Sporangien **(Sporangiola)** abgeworfen werden, während sie in anderen Formen einzellig sind (‚Konidien‘). Man nimmt an, daß diese Art von Konidien als einsporige Sporangiolen aufgefaßt werden.

Es sind zahlreiche andere Arten von Sporen bei den Pilzen gefunden worden, die jedoch ausführlicher später beschrieben werden sollen, und zwar im Zusammenhang mit den einzelnen Pilzgruppen, in denen sie gefunden wurden.

Entwicklungszyklen

Obwohl es sehr viele Unterschiede in den Einzelheiten der Entwicklungszyklen bei Pilzen gibt, kann man sich auf wenige Grundmuster beschränken (Übersichten: Raper, 1966 b; Esser, 1976).

1. Sexueller Zyklus

Die wesentlichen Merkmale im Entwicklungszyklus eines sich sexuell fortpflanzenden Pilzes sind Karyogamie und Meiose. Beide Vorgänge können während der Ontogenese zu verschiedenen Zeiten auftreten. Ihre relative Lage bestimmt den Typ des Entwicklungszyklus. Auf dieser Basis kann man 5 sexuelle Entwicklungszyklen unterscheiden (Abb. 41). Allerdings spielt bei den Pilzen auch die Plasmogamie eine Rolle, da bei einer großen Zahl nach Fusion der Kreuzungspartner nicht unmittelbar eine Karyogamie erfolgt, sondern zwischen Plasmogamie und Karyogamie, und zwar immer noch im haploiden Zustand, eine sogenannte ‚dikaryotische Phase‘ eingeschoben ist.

a) Haplont. Dieser Entwicklungszyklus ist gekennzeichnet durch Karyogamie – Meiose – Mitosen.

Da Plasmogamie, Karyogamie und Meiose unmittelbar aufeinanderfolgen, sind die vegetativen Zellen haploid und nur die Zygote ist diploid. Dieser Zyklus ist typisch für niedere Pilze, wie z.B. die Chytridiomycetes und die Zygomycotina. Asexuelle Fortpflanzung, wenn vorhanden, erfolgt durch Haplosporen.

b) Diplont. Dieser Entwicklungszyklus ist gekennzeichnet durch Karyogamie – Mitosen – Meiose.

Da auf Plasmogamie und Karyogamie Mitosen folgen, ist die vegetative Phase des Organismus diploid, nur die Keimzellen bzw. deren Kernäquivalente sind haploid. Entwicklungszyklen dieses Typs gibt es bei vielen Oomyceten (S. 127) und bei einem sehr bekannten Pilz, der Hefe *Saccharomyces cerevisiae*. Asexuelle Fortpflanzung erfolgt, wenn vorhanden, durch Diplosporen.

c) Haplo-Diplont. Hier treten zwei Generationen im Entwicklungszyklus auf, d.h. es gibt einen Wechsel zwischen einer haploiden und einer diploiden Generation. Entwicklungszyklen dieses Typs sind bei den Pilzen verhältnismäßig selten, sind aber für gewisse Vertreter der Blastocladiales beschrieben worden, insbesondere in der Sektion *Eu-Allomyces* der Gattung *Allomyces* (Abb. 57). Der Zyklus (Abb. 41 C) ist charakterisiert durch: Karyogamie – Mitosen – Meiose – Mitosen.

Asexuelle Fortpflanzung durch Haplo-Diplosporen ist möglich. Bei *Allomyces* ist der Generationswechsel isomorph, d.h. die haploide Gametophytengeneration ist morphologisch der diploiden Sporophytengeneration ähnlich. Die Gametophyten tragen männliche und weibliche Gametangien, die Planogameten unterschiedlicher Form bilden. Die durch Fusion der Gameten gebildete Zygote entwickelt sich direkt zu einem Sporophyt, der dünn- und dickwandige Sporangien trägt. In den dickwandigen Sporangien erfolgt Meiose und Bildung von haploiden Planosporen, die sich zu einem Gametophyt entwickeln.

Während diese drei beschriebenen Entwicklungszyklen auch bei anderen Pflanzen und Tieren vorkommen, gibt es aber noch zwei weitere Zyklen, die bisher nur

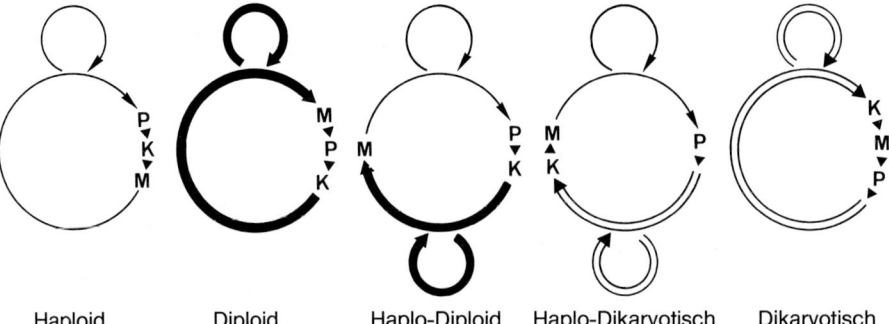

Haploid   Diploid   Haplo-Diploid   Haplo-Dikaryotisch   Dikaryotisch

Abb. 41. Schematische Darstellung der wesentlichen, bei Pilzen vorkommenden Entwicklungszyklen. Die haploide Phase ist mit einem dünnen, die diploide mit einem dicken und die dikaryotische Phase mit einem Doppelstrich gekennzeichnet. Entsprechend sind auch die als kleinere Kreise den sexuellen Zyklen angefügten asexuellen Zyklen charakterisiert. Es bedeutet: K Karyogamie, M Meiose, P Plasmogamie. (Aus Esser, 1982)

bei Pilzen gefunden wurden. In beiden Fällen wird zwischen Plasmogamie und Karyogamie eine sogenannte *dikaryotische Phase* eingeschoben, d. h. die Kerne der beiden Sexualpartner befinden sich zwar im gleichen Cytoplasma, haben aber nicht fusioniert und ihren haploiden Zustand bewahrt. Die Pilze sind demnach in der dikaryotischen Phase Haplonten, obwohl infolge von Komplementation, wenn die Kerne genetisch verschieden sind, Dominanz, Epistasie und andere, für Diplonten typische Effekte vorgetäuscht werden können. Wegen dieser Besonderheit werden diese beiden Zyklen, der Haplo-Dikaryont und der Dikaryont, den anderen „normalen" Zyklen nachgeordnet, obwohl beide innerhalb der Pilze weit verbreitet sind.

d) Haplo-Dikaryont. Dieser Zyklus ist dadurch gekennzeichnet, daß bei einem Haplonten zwischen Plasmogamie und Karyogamie eine dikaryotische Phase eingeschoben ist, so daß wir hier in Analogie zu den anderen drei Entwicklungszyklen schreiben: Karyogamie – Meiose – Mitosen – Plasmogamie – Mitosen.

Diesen Zyklus, bei dem die dikaryotische Phase relativ kurz ist, findet man vorwiegend bei den höheren Ascomycetes. Asexuelle Fortpflanzung im allgemeinen nur durch Haplosporen.

e) Dikaryonten. Bei diesem Entwicklungszyklus ist die gesamte vegetative Phase dikaryotisch, d. h. unmittelbar nach der Meiose erfolgt eine Plasmogamie und die Karyogamie findet erst vor Bildung der Fortpflanzungszellen statt: Karyogamie – Meiose – Plasmogamie – Mitosen.

Dieser Zyklus ist bei den höheren Basidiomycetes weit verbreitet. Der zweikernige Zustand, der als Dikaryon während der gesamten vegetativen Phase vorhanden ist, wird bei dieser Pilzgruppe durch einen speziellen Mechanismus, die sogenannte **Schnallenbildung,** sichergestellt (Einzelheiten siehe S. 385). Asexuelle Fortpflanzung ist sowohl durch haplo- als auch durch dikaryotische Sporen möglich.

2. Parasexueller Zyklus

Im Gegensatz zu den meisten höheren Pflanzen gibt es bei den Pilzen viele Formen, die die Fähigkeit zur sexuellen Fortpflanzung verloren haben. Ihnen fehlen nicht nur Geschlechtsorgane bzw. Gameten, sondern die wesentlichen Parameter der sexuellen Fortpflanzung, Karyogamie und Meiose, sind auch nicht nach Fusion von vegetativen Zellen (wie z. B. bei den Basidiomycotina) möglich. Man hat diese Pilze als imperfekte Pilze oder Deuteromycotina zusammengefaßt (siehe S. 490). Da aber ein ständiger Austausch des genetischen Materials für eine Teilnahme an der Evolution unerläßlich ist, hat die Natur hier einen Ausweg geschaffen, der darin besteht, daß auch im Verlauf der vegetativen Vermehrung ein Austausch des genetischen Materials erfolgen kann. In einigen gut untersuchten Fällen kennt man sogar den gesamten Ablauf dieses sogenannten parasexuellen Zyklus, auf den wir später im Detail eingehen werden (S. 236). Bei anderen Pilzen kann man durch Indizienbeweise auf Austauschvorgänge schließen; hier sind jedoch Einzelheiten nicht bekannt.

Physiologie und Ernährung

Die Eumycota sind ebenso wie die Myxomycota **heterotroph.** Als C-Quelle dient ihnen nicht-lebendes, organisches Material (**Saprophyten**) oder tierische und pflanzliche Gewebe (**Symbionten**) Der Begriff Symbiose wird hier im Sinne von Lewis (1974) gebraucht, als ‚Verbindung von normalerweise verschiedenen Organismen, die ständig oder wenigstens für längere Zeit einen innigen Kontakt aufweisen‘. Diese Definition kommt wieder auf die ursprüngliche Aussage des Begriffes von de Bary (1887) zurück. De Bary's Bedeutung von Symbiose schließt parasitische und kommensalistische Verbindungen ein (d. h. Verbindungen, die zu gegenseitigem Nutzen beider Partner führen). Lewis (1973, 1974) hat die Pilze in fünf Gruppen eingeteilt, und zwar nach ihrem ökologischen und ernährungsphysiologischen Verhalten, so wie es die nachfolgende Tabelle 2 zeigt.

In diesem Buch ist es nicht möglich, die Ernährungsweise und Physiologie der Eumycota ausführlich zu besprechen. Die Ernährungsbedingungen der Gruppe 1, der obligaten Saprotrophen, sind am besten untersucht, weil sie leicht zu isolieren

Tabelle 2. *Gruppen von Pilzen, geordnet nach ökologischen und ernährungsphysiologischen Verhaltensweisen*

Gruppe 1. *Obligat Saprotrophe* (ökologisch-obligate saprophytische Saprotrophe)
Diese Gruppe umfaßt alle typischen Saprophyten, die weder in einer parasitischen noch in einer kommensalistischen Symbiose leben.

Gruppe 2. *Fakultativ Nekrotrophe* (ökologisch fakultative Symbionten, deren Ernährungsform in parasitischerArt und Weise nekrotroph, aber andererseits saprotroph ist)
Diese Gruppe umfaßt die fakultativen Saprophyten und die fakultativen Parasiten von de Bary (1887) und enthält Arten, die als nicht spezialisierte Parasiten klassifiziert werden. Der Unterschied zwischen fakultativen Saprophyten und fakultativen Parasiten ist immer quantitativ gewesen und reicht von solchen Arten, die normale Saprophyten sind, aber auch als Parasiten leben können (z. B. *Rhizopus stolonifer*), bis zu Fäulnispilzen (*Pythium, Rhizoctonia* usw.), die gleichermaßen gut als Saprophyten oder Parasiten leben können. Die Gruppe enthält auch nekrotrophe Mycoparasiten.

Gruppe 3. *Obligat Nekrotrophe* (ökologisch obligat-symbiontische Nekrotrophe)
Diese Gruppe, im wesentlichen die extreme Form von Gruppe 2, umfaßt solche spezialisierten Parasiten, wie z. B. *Gäumannomyces graminis*, Erreger der ‚take-all‘ Krankheit des Weizens und der Gefäßfäule (*Fusarium, Verticillium*, usw.), und holzzerstörende Pilze, deren saprophytische Lebensweise größtenteils allein auf das Überleben in toten, infizierten Wirtsgeweben beschränkt ist. Ihre Lebensweise wechselt deshalb zwischen einer ausgedehnten parasitischen Phase und einer abnehmenden saprophytischen Phase.

Gruppe 4. *Fakultativ Biotrophe* (ökologisch fakultative Symbionten, deren Ernährungsweise in symbiontischer Hinsicht biotroph ist, aber andererseits saprotroph sein kann)
Diese Gruppe besteht aus einigen fakultativen Mykorrhizapilzen und einigen fakultativen Flechten. Die Kategorie ist auch gültig für irgendwelche parasitische oder symbiontische Pilze der Gruppe 5, bei denen man ein unabhängiges Myzelstadium im Freiland feststellen konnte.

Gruppe 5. *Obligat Biotrophe* (ökologisch obligat-symbiontische Biotrophe)
Diese Gruppe umfaßt sowohl symbiontische als auch parasitische Vertreter und enthält Pilze von endotrophen und exotrophen Mykorrhizapilzen und Flechten, Brandpilze (Ustilaginales), Kräuselkrankheit bzw. Hexenbesen (Taphrinales), Rostpilze (Uredinales), echte Mehltaupilze (Erysiphales), falsche Mehltaupilze und Weißrost (der Peronosporales) und der Plasmodiophorales [a]. Diese Gruppe umfaßt auch haustorien- und nicht haustorienbildende Mycoparasiten und einige Vertreter der Chytridiales, Blastocladiales und Lagenidiales, sowie Arten wie *Phytophthora infestans, Venturia inaequalis, Epichloe typhina* und *Claviceps purpurea*.

Nach Lewis (1973).
[a] Hier klassifiziert bei den Myxomycota, siehe S. 36.

sind und in Reinkulturen gehalten werden können (siehe Cochrane, 1958; Ainsworth und Sussman, 1965). Einige dieser Pilze verwendete man in der Fermenterindustrie zur Produktion verschiedener Produkte, wie z. B. Alkohol, organische Säuren, Enzyme, Antibiotika und andere Drogen (Gray, 1959; Hesseltine, 1965; Smith, 1969; Hawker und Linton, 1971). Während der Hauptteil dieser Pilze überwiegend aerob lebt, gibt es auch wenige, die zu Gärungen und anaerobem Wachstum fähig sind.

Parasitische Symbionten können in zwei große Kategorien eingeteilt werden: die nekrotrophen und biotrophen Parasiten. Nekrotrophe Parasiten sind Erreger intensiver Gewebezerstörungen und führen gewöhnlich zum Tod ihres Wirtes. Die fakultativen Nekrotrophen (Gruppe 2) sind auch in der Lage, saprotroph im Boden zu leben. Unter geeigneten Bedingungen (z. B. junge Gewebe in schlecht entwässerten Böden) können sie die verschiedensten Krankheiten verursachen, wie z. B. Fäulnis, Umfallkrankheit und vorzeitiges Absterben der Keimlinge. Arten von *Pythium* (S. 148) und *Rhizoctonia* sind ausgezeichnete Beispiele für fakultative Nekrotrophie. Sie werden ausführlicher bei Garrett (1970) besprochen. Obligat Nekrotrophe (Gruppe 3 der Tabelle) scheinen eine begrenzte Fähigkeit für saprotrophes Wachstum zu haben, ihre vegetative Phase erfordert entweder totes oder absterbendes Pflanzengewebe. Sie können als relativ spezialisierte Parasiten betrachtet werden (Garrett, 1970).

Biotrophe Parasiten sind Organismen, die in ökologischer Hinsicht von lebenden Wirtsgeweben abhängig sind. Die wichtigsten sind die obligaten Biotrophen (Gruppe 5). Sie umfassen eine Anzahl von gefährlichen Pflanzenpathogenen, besonders der falschen Mehltaupilze und der Blasenroste (Peronosporales), der echten Mehltaupilze (Erysiphales), Brandpilze (Ustilaginales) und Rostpilze (Uredinales). Obwohl es bis jetzt nicht möglich war, falsche oder echte Mehltaupilze ohne lebende Wirtsgewebe wachsen zu lassen, ist ein begrenztes Wachstum einiger Brandpilze möglich. In letzter Zeit hat man eine Anzahl von Rostpilzen ohne ihre lebenden Wirte kultiviert (Scott und McLean, 1969), was die strenge Abgrenzung zwischen ‚obligat‘ biotrophen Parasiten und ‚fakultativ‘ biotrophen Parasiten (Gruppe 4) weiter verwischte. Aus diesem Grunde betont Lewis den Begriff ‚ökologisch‘ in seiner Klassifikation. Es ist sicher, daß kein Pilz aus Gruppe 5 in der Natur im freilebenden Myzelstadium ohne lebenden Wirt leben kann, obwohl sie natürlich mit verschiedenen Fortpflanzungsgebilden, wie z. B. Sporen, Sporangien, Oosporen oder Sklerotien, überleben können.

Was die Ernährung anbetrifft, haben biotrophe Parasiten manche Gemeinsamkeit mit den verschiedenen Symbionten, besonders mit einigen Arten von Mykorrhizapilzen (z. B. die endotrophen Typen der Mykorrhiza, verursacht von Vertretern der Endogonaceae (S. 217, und Mosse, 1973) und die exotrophen Mykorrhiza von Waldbäumen (Harley, 1969; Smith et al. 1969). Obwohl ihre grünen Wirtspflanzen die Photosyntheseprodukte normal in Form von Zuckern, wie Glucose, Fructose oder Saccharose, bilden, wurde z. B. gezeigt, daß nach Aufnahme von Kohlenhydraten die Pilze eine Umwandlung zu charakteristischen Pilzkohlenhydraten durchführen, wie z. B. Trehalose und Glycogen, oder polyzyklische Alkohole, wie z. B. Mannitol.

Lewis (1974) hat postuliert, daß sich die nekrotrophen Parasiten aus den saprotrophen entwickelt haben. Die biotrophen Bedingungen können sich in einigen Fällen direkt aus dem saprotrophen Stadium entwickelt haben; bei anderen ist es aber wahrscheinlicher, daß die biotrophen Formen von nekrotrophen Vorfahren abstammen.

Klassifikation der Eumycota

Die Eumycota sind in fünf Hauptgruppen eingeteilt. Sie unterscheiden sich entsprechend dem unten aufgeführten Schlüssel (Ainsworth, 1973). Die Deuteromycotina sind eine künstliche Zusammenfassung von Formen, die wahrscheinlich mit den Asco- und Basidiomycotina verwandt sind. Sie haben die Fähigkeit zur sexuellen Fortpflanzung verloren (d. h. die Fähigkeit zur Bildung von ‚perfekten' Sporen als Ergebnis einer Karyogamie und einer Meiose) oder ihr perfektes Stadium ist bisher noch nicht entdeckt worden.

Schlüssel für die Unterabteilungen der Eumycota

1 Bewegliche Zellen (Planosporen); perfektes Stadium,
  Sporen sind typische Oosporen . . . . **Mastigomycotina** (S. 86)
  Bewegliche Zellen fehlen 2
2 Perfektes Stadium vorhanden 3
  Perfektes Stadium fehlt . . . . **Deuteromycotina** (S. 490)
3 Perfekte Sporen, Zygosporen . . . . **Zygomycotina** (S. 175)
  Zygosporen fehlen 4
4 Perfekte Sporen, Ascosporen . . . . **Ascomycotina** (S. 232)
  Perfekte Sporen, Basidiosporen . . . . **Basidiomycotina** (S. 374)

Mastigomycotina

Die Mastigomycotina bilden Planosporen, und zwar drei verschiedene Arten: 1. Sporen mit einer einzelnen terminalen Peitschengeißel (opisthokont), 2. Sporen mit einer einzelnen apikalen Flimmergeißel (akrokont), 3. zweigeißelige Planosporen mit apikalen oder lateralen Geißen, von denen eine eine Flimmer- und die andere eine Peitschengeißel ist (biflagellat) (Einzelheiten siehe S. 65). Die Struktur der Planosporen ist ein wichtiges Merkmal für die Klassifikation der Mastigomycotina. Man unterscheidet drei Klassen, die durch ihren unterschiedlichen Planosporentyp charakterisiert werden (Ainsworth, 1973).

Schlüssel für die Klassen der Mastigomycotina

1 Planosporen mit einer einzelnen, opisthokonten Geißel
  (Peitschengeißeltyp) . . . . **Chytridiomycetes** (S. 87)
  Planosporen ohne einzelne, opisthokonte Geißel 2
2 Planosporen mit einer einzelnen, akrokonten Geißel
  (Flimmergeißeltyp) . . . . **Hypochytridiomycetes**
  Planosporen biflagellat (apikale Peitschengeißel;
  apikale Flimmergeißel); Zellwand aus Zellulose . . . . . . **Oomycetes** (S. 127)

Die unterschiedliche Struktur der Planosporen deutet darauf hin, daß die Mastigomycotina polyphyletisch sind, d. h. daß sie von nicht verwandten Organismen abstammen. Das bedeutet, daß es keine natürliche Gruppe, sondern lediglich eine Zusammenfassung von Organismen ist, die nur aufgrund ihrer Ähnlichkeit der Planosporen aufgestellt wurde. Eine Literaturübersicht der Taxonomie dieser Gruppe mit
Hinweisen auf die Struktur der Planosporen gibt Sparrow (1973 a).

Chytridiomycetes

Die Chytridiomycetes haben ein gemeinsames Merkmal: die eingeißelige Planospore mit einer terminal inserierten Peitschengeißel. Sparrow (1958) nimmt an, daß die
Vorfahren dieser Organismen innerhalb der eingeißeligen Monaden mit einer terminal inserierten Geißel zu suchen sind. Nach Sparrow (1960) wird die Gruppe in
drei Ordnungen unterteilt:
   a) Dem Thallus fehlt ein vegetatives System, und er wird als Ganzes in eine
Fortpflanzungsstruktur umgewandelt (holokarp) oder er besteht aus einem speziellen rhizoidalen, vegetativen System (eukarp) und bildet eine (monozentrisch) oder
mehrere (polyzentrisch) Fortpflanzungsstrukturen. Die Planosporen enthalten gewöhnlich ein einzelnes, auffälliges Öltröpfchen, Keimung monopolar   **Chytridiales**

   b) Thallus fast immer in ein gut entwickeltes vegetatives System differenziert (oft
hyphenähnlich), an dem zahlreiche Fortpflanzungsorgane entstehen. Planosporen
ohne auffällige Tröpfchen, Keimung bipolar.
   (i) Thallus besitzt gewöhnlich eine gut ausgebildete Basalzelle, die durch spitz
zulaufende Rhizoide im Substrat verankert ist; als Ruhestadium entsteht asexuell
eine dickwandige, oft warzige Dauerspore; sexuelle Fortpflanzung durch Iso- oder
Anisogameten; bei einigen Arten Generationswechsel   **Blastocladiales**

   (ii) Thallus ohne gut ausgebildete Basalzelle; bestehend aus zarten, reich verzweigten Hyphen; Oospore als Ruhestadium, sexuelle Fortpflanzung Oogamie, der
männliche Gamet ist immer frei beweglich, der weibliche ohne Geißel
                                                        Monoblepharidales
Kürzlich wurde eine vierte Ordnung, die Harpochytriales, zugefügt (Emerson und
Whisler, 1968).

Chytridiales

Die Vertreter dieser Gruppe sind Wasserpilze, sie wachsen saprophytisch auf Pflan-
zen- und Tierresten im Wasser oder parasitisch in den Zellen von Algen und kleinen Wassertieren. Einige Landpilze wachsen saprophytisch auf verschiedenen
Pflanzen- und Tiersubstraten im Boden, während andere die unterirdischen und
auch die oberirdischen Teile höherer Pflanzen befallen. Sie rufen gelegentlich
Krankheiten von ökonomischer Bedeutung hervor, so z. B. *Synchytrium endobioticum*, der Erreger des Kartoffelkrebses.

Die auf Algen parasitierenden Chytridiales können ernste Schädigungen der Populationsdichte ihrer Wirte herbeiführen. Einige der Boden- und Schlammchytridiales können Zellulose, Chitin und Keratin abbauen. Köder, die größtenteils aus diesen Materialien bestehen, wie z. B. Zellophan, Außenskelett der Garnelen, Schlangenhaut und Haare, werden im Wasser, dem Erde hinzugefügt wurde, häufig von Planosporen der Chytridiales besiedelt. Diese Sporen wachsen zu Thalli aus. Einzelheiten über derartige Methoden zur Isolierung dieser Organismen findet man bei Sparrow (1957, 1960), Willoughby (1956, 1958), Emerson (1958) und Esser (1976). Einige der saprophytischen Formen kann man in Reinkulturen halten, was zu einer Zunahme der Informationen hinsichtlich ihrer Ernährung und Physiologie führt. Die meisten untersuchten Arten haben relativ einfache Nahrungsansprüche, so daß sie in Medien wachsen, die Mineralsalze und Kohlenhydrate in Form von Zucker, Stärke oder Zellulose enthalten. Ein Gruppenmerkmal der Chytridiales ist die Fähigkeit, Sulfate zu reduzieren und sowohl Nitrat- als auch Ammoniumsalze für das Wachstum zu verwerten. Dies wird als primitives ernährungsphysiologisches Merkmal angesehen (Cantino und Turian, 1959). Ein weiteres ‚primitives‘ Merkmal ist die Fähigkeit einiger Chytridiales, essentielle Vitamine für das Wachstum zu synthetisieren, so daß sie auch auf nicht supplementierten Medien wachsen können. Es ist auch bekannt, daß einige Vertreter dieser Gruppe für Vitamine heterotroph sind und ihr Wachstum durch Zugabe von Thiamin und anderen Vitaminen stimuliert werden kann (Goldstein, 1960 a, b, 1961). Die Zellwände der Thalli einiger Chytridiales sind mikrochemisch und durch Röntgendiffraktion untersucht worden, wobei Chitin nachgewiesen wurde (Bartnicki-Garcia, 1968). Die Zusammensetzung der Zellwand ist deshalb von Interesse, weil Chitin, ein Polymer von N-acetyl-glucosamin, auch in den Zellwänden der Blastocladiales, Monoblepharidales, Zygomycotina, Asco-, Basidio- und Deuteromycotina vorkommt, während die Zellwände von Vertretern der Oomycetes aus Zellulose, einem linearen Polymer der D-Glucose, aufgebaut sind. Zellulose und Chitin sind mit Hilfe von Röntgendiffraktionsmethoden gemeinsam in den Zellwänden einer Art von *Rhizidiomyces*, einem Vertreter der Hyphochytridiomycetes, nachgewiesen worden (Aronson, 1965).

Der Habitus des Thallus der Chytridiales ist sehr unterschiedlich. Bei den morphologisch einfachen Formen, wie z. B. *Olpidium* und *Synchytrium*, ist der ausgewachsene Thallus ein sphärischer oder zylindrischer Schlauch, der von einer Wand umgeben ist. Es gibt keine Rhizoiden und der gesamte cytoplasmatische Inhalt des Thallus wird in Fortpflanzungsstrukturen, wie Planosporen oder Gameten, umgewandelt. Bei vielen anderen Chytridiales ist der Thallus **eukarp**. Die Verbindungen zwischen dem Rhizoidsystem, dem Sporangium und dem Substrat sind ebenfalls unterschiedlich. Bei einigen Chytridiales, wie z. B. *Rhizophydium*, durchdringt das Rhizoidsystem nur die Wirtszelle (oft eine Algenzelle oder ein Pollenkorn), und das Sporangium entsteht an der Außenseite oder **epibiontisch**. Bei anderen, wie z. B. *Diplophlyctis*, wird der gesamte Thallus, die Rhizoiden und das Sporangium innerhalb der Wirtszelle gebildet und deswegen **endobiontisch** genannt. Bei *Physoderma* findet man sowohl epi- als auch endobiontische Sporangien. Während bei vielen Typen die keimende Planospore ein Rhizoidsystem bildet, das ein einzelnes Sporangium oder eine Dauerspore trägt (z. B. *Entophlyctis*, *Rhizophlyctis* und *Diplophlyctis*), gibt es bei anderen, wie z. B. *Cladochytrium* und *Nowakowskiella*, ein besser ausgebildetes, rhizoidales System, das manchmal **Rhizomyzelium** genannt wird und auf dem sich zahlreiche Sporangien entwickeln. Solche Thalli sind polyzentrisch, d. h. sie bilden mehrere Fortpflanzungszentren anstatt eines einzelnen auf einem Thallus, der monozentrisch genannt wird. Diese Typen der Thallusstruktur sind in Abb. 42 dargestellt. Von *Rhizophlyctis rosea* sind mono- und polyzentrische Formen beschrieben worden. Die Begriffe monozentrisch und polyzentrisch haben nur eine deskriptive Bedeutung, da die Unterschiede der beiden Fortpflanzungsmodalitäten nicht immer ganz klar abgegrenzt sind.

Holokarp

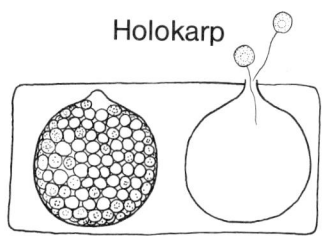

Eukarp

Monozentrisch

Polyzentrisch

Endobiontisch

Epibiontisch

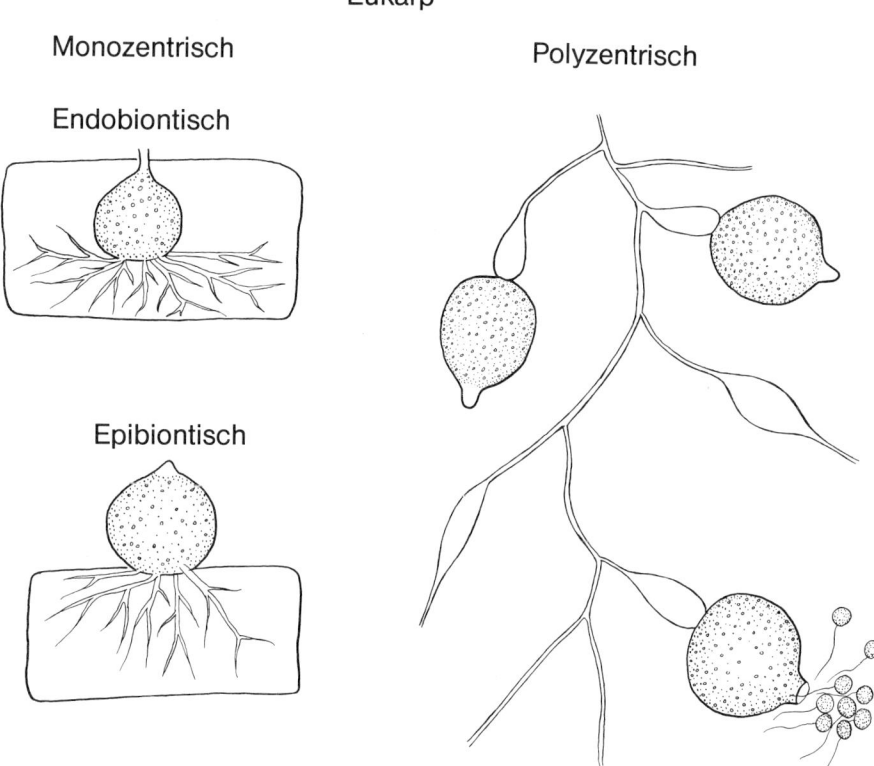

Abb. 42. Typen der Thallusstruktur bei den Chytridiales, schematisch und nicht maßstabgerecht

Das Planosporangium ist normalerweise ein sphärisches oder birnenförmiges Säckchen, das eine oder mehrere Auslaßröhren oder -papillen hat. Der Modus der Planosporenfreisetzung ist ein taxonomisches Merkmal. Bei den **inoperculaten** Chytridiales, wie z. B. *Olpidium, Diplophlyctis* und *Cladochytrium*, bildet das Sporangium eine Auslaßröhre, die aus der Wirtszelle heraustritt und deren Spitze verschleimt und sich auflöst. Bei den **operculaten** Chytridiales, wie z. B. *Chytridium* und *Nowakowskiella*, bricht die Spitze der Auslaßröhre an einer präformierten, sehr dünnen Linie auf und löst sich als besondere Kappe oder Operculum (auch Deckel genannt) ab. Bei einigen Formen bleibt das Operculum scharnierartig angeheftet, klappt zurück wie ein hängendes Lid und setzt so die Planosporen frei.

Die Anzahl der innerhalb der Planosporangien gebildeten Sporen hängt von der Größe der Planospore und des Planosporangiums ab. Obwohl die Größe der Planospore einigermaßen konstant für eine bestimmte Art ist, kann die Größe eines Sporangiums sehr unterschiedlich sein. Bei *Rhizophlyctis rosea* enthalten die winzigen Sporangien nur eine oder zwei Planosporen, wenn sie in Kulturmedien wachsen, die sehr arm an Kohlenhydraten sind. Dagegen werden auf zellulosereichen Medien im allgemeinen große Sporangien mit mehreren tausend Sporen gebildet. Die Entlassung der Planosporen wird durch einen Innendruck bewirkt, der das Aufbrechen der Auslaßpapille auslöst. Untersuchungen zur Feinstruktur von reifen Sporangien von *R. rosea* und *Nowakowskiella profusa* (Chambers und Willoughby, 1964; Chambers et al. 1967) ergaben, daß die einzelne Geißel wie eine Uhrfeder um die Planospore aufgewickelt ist. Die Planosporen sind durch eine Matrix aus schwammigem Material getrennt, das Wasser aufnehmen kann und im Endstadium der sporangialen Reifung schnell anschwillt. Wenn der Innendruck infolge der Freisetzung einiger Planosporen nachläßt, können die zurückgebliebenen Planosporen innerhalb des Sporangiums schwimmend und schlängelnd durch die Auslaßröhre entweichen. Bei einigen Arten wird die Gesamtheit der Sporen als eine Masse freigesetzt, die später in einzelne Planosporen zerfällt. Bei anderen Arten werden die Planosporen individuell freigesetzt. Die äußere Form der Planospore ist bei allen Chytridiales ähnlich, Einzelheiten der inneren Struktur zeigen jedoch beträchtliche Variationen (Koch, 1956, 1958, 1961). Einige Formen haben einen kugeligen Körper, der in der Lage ist, seine Form plastisch zu verändern, und eine lange Peitschengeißel als Schleppgeißel. Wenn die Planosporen durch das Wasser gleiten, verändern sie oft abrupt ihre Richtung und zeigen charakteristische Sprung- oder ‚Hüpf'bewegungen. Bei anderen Arten wurde amöboide Bewegung beobachtet.

Der Zeitraum der Planosporenbewegung ist variabel. Einige begeißelte Planosporen können nur für ein paar Minuten schwimmen, stattdessen aber amöboid kriechen. Bei anderen Planosporen kann die Beweglichkeit auf mehrere Stunden ausgedehnt sein. Zur Keimung kommt die Planospore zur Ruhe und encystiert sich. Die Geißel kann sich kontrahieren, sie kann vollständig eingezogen oder auch abgeworfen werden, die genauen Einzelheiten sind jedoch oft schwer zu verfolgen. Das spätere Verhalten ist bei den verschiedenen Arten unterschiedlich. Bei holokarpen Parasiten encystiert sich die Planospore auf der Wirtszelle, die Cysten- und Wirtszellwand lösen sich auf und das Cytoplasma der Planospore dringt in die Wirtszelle ein. Bei vielen monozentrischen Chytridiales entwickeln sich die Rhizoide von einem Punkt auf der Planosporencyste, die Cyste selbst vergrößert sich zu einem Planosporangium. Es gibt jedoch Varianten dieses Entwicklungstyps, bei denen sich die Cyste zu einem Prosporangium vergrößert, aus dem sich dann später das Planosporangium entwickelt. Bei den polyzentrischen Typen kann die Planospore bei der Keimung ein begrenztes Rhizomyzelium bilden, auf dem eine angeschwollene Zelle entsteht, von der weitere Verzweigungen des Rhizomyzeliums ausgehen. Die Keimung geht von einem einzigen Punkt der Zellwand einer Planosporencyste aus (monopolare Keimung) oder von zwei Punkten, die ein Wachstum in zwei Richtungen ermöglicht (bipolare Keimung). Dies ist ein wichtiges Merkmal zur Unterscheidung der Chytridiales (monopolar) und der Blastocladiales (bipolar); eine Möglichkeit zur absoluten Unterscheidung ist dies jedoch nicht.

Klassifikation

Sparrow (1960, 1973 b) hat Bestimmungsschlüssel aufgestellt, die die Chytridiales in Familien einteilen. Die erste Einteilung basiert auf dem Vorkommen oder Fehlen eines Operculums. Whiffen (1944) hat gegen diese Methode zur Klassifizierung der Chytridiales eingewendet, daß dieses Merkmal von untergeordneter Bedeutung ist. Sie hat dagegen die Entwicklung des Thallus in Relation zur Planosporenkeimung hervorgehoben. So vergrößert sich z. B. bei *Rhizophydium* und *Rhizidium* die encystierte Planospore zu einem Planosporangium, während sich bei *Polyphagus* die encystierte Planospore zu einem Prosporangium vergrößert, aus dem sich dann das Planosporangium entwickelt. Bei *Entophlyctis* entwickelt sich das Planosporangium aus der Vergrößerung einer schlauchartigen Ausstülpung, während sich die schlauchartige Ausstülpung bei *Diplophlyctis* zu einem Prosporangium vergrößert, aus dem das Planosporangium entsteht. Auf der Grundlage dieser und anderer Unterschiede hat Whiffen eine Teilung der Chytridiales vorgeschlagen, die, wie sie annimmt, einer natürlichen Taxonomie entspricht. Wir werden diese ausführliche Klassifikation jedoch nicht untersuchen, sondern nur einige ausgewählte Beispiele bringen.

Olpidiaceae

In dieser Familie ist der Thallus endobiotisch und holokarp, er wird vollständig in ein Planosporangium oder in ein Dauersporangium umgewandelt. Sexuelle Fortpflanzung erfolgt, indem bewegliche Isogameten eine zweigeißelige Zygote bilden, die in den Wirt eindringt und dort ein endobiotisches Dauersporangium bildet. Aus diesem entstehen bei der Keimung Planosporen. Die Vertreter dieser Familie leben meist im Wasser, jedoch kommen Arten von *Olpidium* auch als Wurzelparasiten höherer Pflanzen vor.

Olpidium (Abb. 43)

Olpidium ist ein gutes Beispiel für den holokarpen Typ eines Thallus. Man kennt über 30 Arten, von denen die meisten parasitisch auf Wasseralgen, mikroskopisch kleinen Wasserpflanzen oder auf Sporen der verschiedensten Pflanzen leben, die ins Wasser oder auf die Erde fallen. Andere Arten parasitieren auf Moosprotonemen und auf Blättern und Wurzeln von höheren Pflanzen (MacFarlane, 1968; Johnson,

1969). *O. brassicae* ist häufig auf Kohlwurzeln zu finden, besonders wenn sie in nassen Böden wachsen, und auf einer Reihe von nicht miteinander verwandten Wirten. Auf Salat kommt ein Pilz vor, der *O. brassicae* morphologisch ähnlich ist und der eine gelbe Verfärbung der Blattadern (manchmal auch mit Blattkräuseln) hervorruft. Bei manchen Salatsorten fehlt jedoch dieses Symptom. Pflanzen, die sehr stark mit *Olpidium* infiziert sind, weisen keine Verfärbung auf. Man kann vermuten, daß

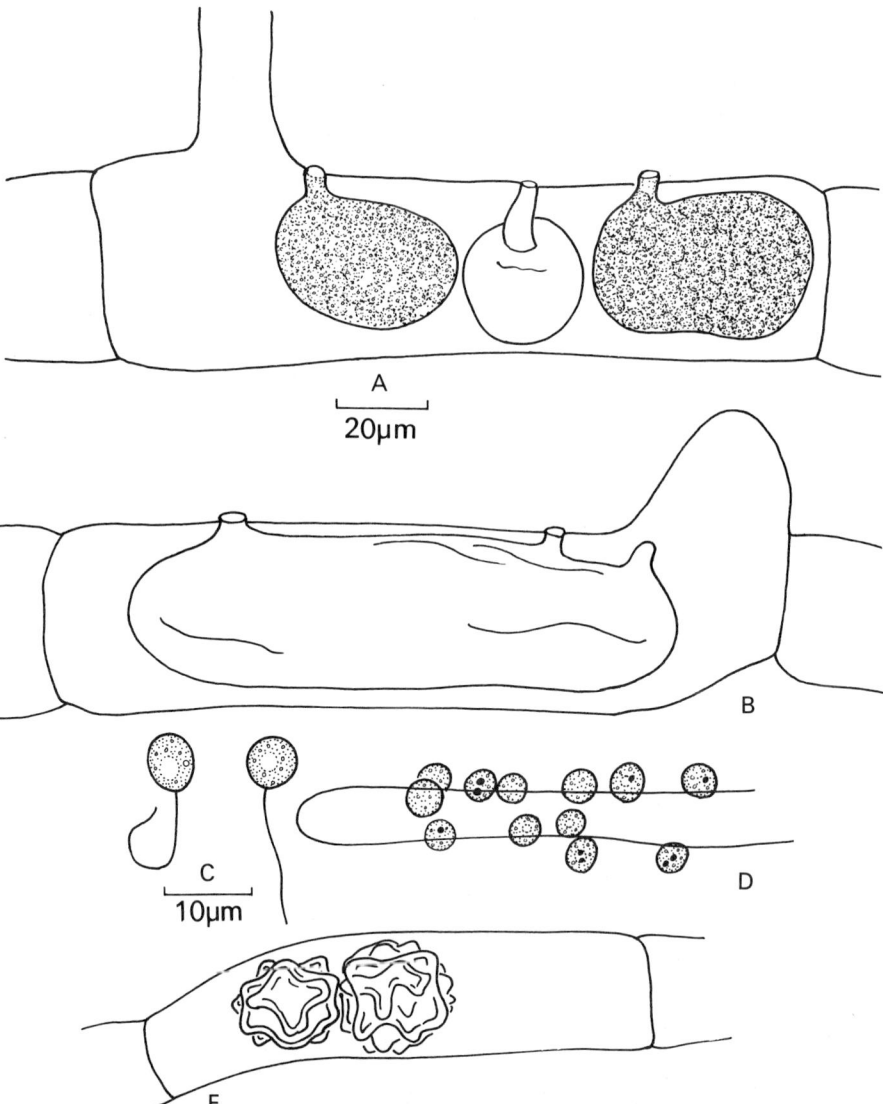

Abb. 43 A–E. *Olpidium brassicae* in Kohlwurzeln. **A** Zwei reife Sporangien und ein leeres Sporangium in einer Epidermiszelle. Jedes Sporangium hat eine einzelne schlauchartige Ausstülpung; **B** Leeres Sporangium mit drei schlauchartigen Ausstülpungen; **C** Planosporen; **D** Planosporencysten auf einem Wurzelhaar. Man erkennt, daß einige Cysten ein- und andere zweikernig sind; **E** Dauersporangien. **A, B, D, E** im gleichen Maßstab

diese Krankheit mit einer Virusinfektion verbunden ist, weil sie durch Pfropfung von Salatkeimlingen ohne *Olpidium*-Infektionen übertragen werden kann. Man dachte an einen Tabaknekrosevirus, aber einige Wissenschaftler betrachten ihn nun als einen spezifischen Verfärbungsvirus. Es ist daher sehr unwahrscheinlich, daß *Olpidium* als Vektor für verschiedene Viren dienen kann. Die Viren werden möglicherweise auf oder innerhalb der Planosporen mitgeführt. Obwohl es keine Beweise dafür gibt, daß sich die Viren innerhalb des Thallus von *Olpidium* vermehren, können sie jedoch mehrere Monate innerhalb der dickwandigen Dauersporangien überleben und später Infektionen hervorrufen (Hewitt und Grogan, 1967).

Der auf Salat vorkommende Stamm von *Olpidium* ist möglicherweise nicht mit dem vom Kohl identisch, nachdem Versuche zur Überimpfung des Pilzes von einem Wirt auf den anderen mißlungen sind. Sahtiyanci (1962) hat diesen Pilz als eine spezifische Art beschrieben. Kohlpflanzen zeigen nach Infektion nur geringe Effekte. Spült man infizierte Kohlwurzeln im Wasser ab, dann kann man den Pilz bei schwacher Vergrößerung im Mikroskop innerhalb der Epidermiszellen (und gelegentlich auch in den Rindenzellen) und der Wurzelhaare erkennen (Abb. 43). Thalli von *Olpidium* sind sphärisch oder zylindrisch, sie können einzeln oder zu mehreren in einer Wirtszelle auftreten. Es gibt keine Rhizoide. Gelegentlich füllt ein großer zylindrischer Thallus vollständig eine Epidermiszelle aus. Das Cytoplasma des Thallus ist granulär, und der gesamte Inhalt teilt sich in zahlreiche Planosporen mit einer terminal inserierten Geißel, die durch eine oder mehrere schlauchartige Ausstülpungen entlassen werden. Die Freisetzung der Planosporen erfolgt innerhalb weniger Minuten nach dem Abwaschen der Erde von den Wurzeln. Die Spitze der schlauchartigen Ausstülpung bricht ab, die Planosporen strömen nach draußen und schwimmen aktiv im Wasser. Die Planosporen sind sehr klein, kaulquappenähnlich, mit einem kugeligen Kopf und einer Schleppgeißel. Im Lichtmikroskop kann man bei starker Vergrößerung in der Planospore einen einzelnen, kugeligen Lipidkörper erkennen. Im Elektronenmikroskop sieht man jedoch mehrere, dicht beieinander liegende Lipidkörper (siehe unten). An der Spitze verjüngt sich die Geißel peitschenartig. Die Planosporen schwimmen ungefähr 20 min aktiv im Wasser. Wenn man die Wurzeln von Kohlkeimlingen in eine Planosporensuspension bringt, setzen sich die Planosporen an den Wurzelhaaren fest und werfen ihre Geißeln ab. Sie dringen in das Wurzelhaar ein und entleeren ihren Protoplasten. Die leere Planosporenhülle bleibt an der Außenseite haften. Das Eindringen der Planospore kann in weniger als einer Stunde vor sich gehen. Innerhalb von zwei Tagen nach der Infektion kann man in den Wurzelhaaren und den Epidermiszellen der Wurzel kleine kugelige Thalli erkennen, die oft von der Plasmaströmung durch die Zelle transportiert werden. Die Thalli vergrößern sich und werden vielkernig. Innerhalb von vier bis fünf Tagen entstehen schlauchartige Ausstülpungen und die Thalli können Planosporen entlassen.

In einigen infizierten Wurzeln beobachtete man zusätzlich zu den glatten Planosporangien mit ihren schlauchartigen Ausstülpungen noch sternförmige Körperchen mit dicken gefalteten Wänden ohne Ausstülpungen. Dies sind Dauersporangien, die wahrscheinlich nach einem Sexualvorgang gebildet wurden. Nach Kusano können die Planosporen von *O. viciae* und *O. trifolii* außerhalb der Wirtspflanze kopulieren und zweigeißelige Zygoten bilden, die ihre spezifischen Wirtspflanzen infizieren und dickwandige Dauersporangien bilden. Bei diesen Arten öffnen sich die

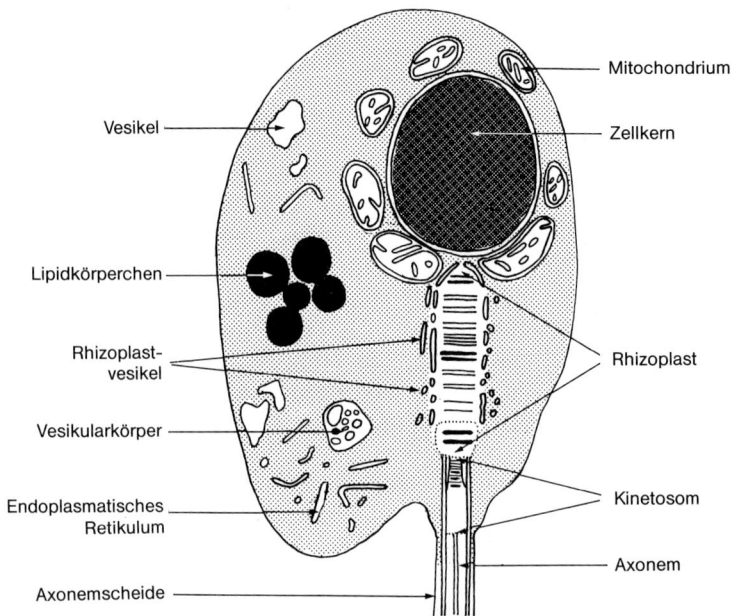

Abb. 44. *Olpidium brassicae:* Schema eines Längsschnittes der Planospore (nach Temmink und Campbell, 1969a)

Dauersporangien nach einigen Monaten und setzen wieder Planosporen frei. Die Dauersporangien sind vielkernig, Karyogamie tritt kurz vor der Keimung auf. Meiose findet wahrscheinlich während der Teilung der Zygote vor der Planosporenbildung statt. Bei *O. brassicae* gibt es ebenfalls Planosporenfusion; hier wurden zusammengesetzte Planosporen mit bis zu sechs Geißeln beobachtet. Es wäre jedoch falsch zu glauben, daß zweigeißelige Planosporen notwendigerweise Zygoten sind. Unvollständige Trennung von Planosporeninitialen kann zu vielgeißeligen Strukturen führen (Garrett und Tomlinson, 1967). Ein Teil der auf den Wurzelhaaren gefundenen Planosporencysten ist zweikernig (siehe Abb. 43), die Dauersporangien sind ebenfalls zweikernig (siehe Sampson, 1939). Sahtiyanci (1962) zeigte, daß Kulturen aus Planosporen, die aus einem Planosporangium stammten, auf Kohlwurzeln keine Dauersporangien bildeten. Durch Vermischung von Planosporen von acht einzelnen Planosporangienlinien in allen möglichen Kombinationen konnte gezeigt werden, daß der Pilz zwei verschiedene Stämme aufweist und Dauersporangien nur entstehen, wenn entgegengesetzte Kreuzungstypen vermischt werden. Nach einer Reifungszeit von 7–10 Tagen sind die Dauersporangien keimfähig. Sie keimen mit ein oder zwei Auslaßpapillen aus, durch die zahlreiche Planosporen entlassen werden. In Abb. 45 ist der für *Olpidium* mögliche Entwicklungszyklus dargestellt.

Die Feinstruktur der Planosporen, der Verlauf der Infektion und die Entwicklung der Thalli innerhalb der Wirtszellen wurde von Temmink und Campbell (1968, 1969a, b) und Lesemann und Fuchs (1970a, b) untersucht. Einzelheiten der Planosporen sind in Abb. 44 dargestellt. Die Planospore mißt ungefähr 2×3 μm, und die Peitschengeißel ist ungefähr 21 μm lang. Die Geißel ist an einem Kinetosom befestigt. Dies unterscheidet sich vom Kinetosom anderer Planosporen insoweit (siehe S. 65), als die Endplatte, auf der normalerweise die Zentralfibrillen des Axonems enden, unauffällig ist. Ein Centriol (in Abb. 44 nicht zu sehen) liegt parallel zum Kinetosom. Das Kinetosom ist durch einen Rhizoplasten mit dem Kern verbunden. Dieser besteht aus alternierenden Banden von elektronendurchlässigem und -dichtem Material. Am hinteren Ende erscheint der Rhizoplast verdoppelt, mit einem Teil am Kinetosom und mit dem anderen am Centriol befestigt. In der Nähe der Anheftungsstelle am Kern und am vorderen Ende ist der Rhizoplast mit einem Mitochondrium verbunden. Möglicherweise ist dieses Mitochondrium tubulär und kann einen Kragen um den Rhizoplasten bilden. Die übrigen Mitochondrien umgeben den Kern. Mehrere Lipidkörperchen treten gruppenweise im Cytoplasma auf. Wenn sie die Planospore auf einer Epidermiszelle eines geeigneten Wirtes encystiert, wird die von ihrer Axonemscheide umgebene Geißel eingezogen. Querschnitte der Cyste zeigen, daß die Geißel innerhalb der Planospore aufgewickelt ist. Die Cysten sind durch schleimige Sekrete befestigt. Gegenüber dem Anheftungspunkt bilden lebende Wirtszellen eine verdickte Zellwand. Eine schmale Röhre durchdringt die verdickte Region, bricht an der Spitze ab, um einen nackten Protoplasten zu entlassen, der möglicherweise durch eine Vergrößerung der Vakuole aus der Cyste ausgestoßen wird.

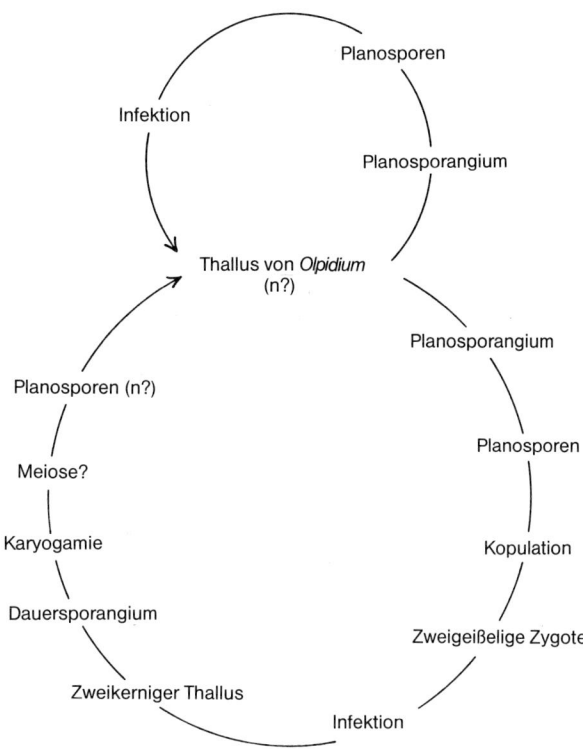

Abb. 45. *Olpidium brassicae.* Möglicher Entwicklungszyklus. Die noch nicht vollständig geklärten Stellen sind durch Fragezeichen gekennzeichnet. Dieser Entwicklungszyklus ist auch für *O. viciae* und *O. trifolii* beschrieben worden

Der Protoplast liegt (nur von einer einzelnen Membran umgeben) frei im Wirtsprotoplasma. 36–48 Stunden nach erfolgter Infektion bilden die Protoplasten eine Zellwand und werden zu Sporangien, die nach 60–72 Stunden ausgereift sind. Die Protoplasten der Planosporen werden durch Vesikel geteilt. Auf der Thalluswand entwickeln sich Auslaßschläuche als Anschwellungen, die jeweils mit einem ‚schwammigen‘ Material gefüllt werden. Die Thalluswand zerreißt, der Pfropf aus dem schwammigen Material bleibt erhalten und blockiert den Auslaßschlauch. Vermutlich löst sich dieser Pfropf auf oder wird zur Seite gestoßen, um die Freisetzung der Planosporen zu ermöglichen.

Interessant ist die Art und Weise, wie Viruspartikel von Planosporen transportiert werden. Es konnte gezeigt werden, daß Viruspartikel von Planosporen in *vitro* absorbiert werden können (Campbell und Fry, 1966; Temmink et al. 1970; Temmink, 1971). Da der größere Teil der Planosporencyste außerhalb des Wirtes bleibt, wenn der Pilzprotoplast injiziert wird, ist es möglich, daß die Viruspartikel an der Axonemscheide die Partikel sind, die in das Innere der Cyste gelangen und in den Wirt übertragen werden.

Synchytriaceae

In dieser Familie ist der Thallus endobiotisch und holokarp. Zur Fortpflanzung kann er direkt in eine Gruppe (Sorus) von Sporangien umgewandelt werden oder zu einem Prosorus, aus dem später ein Sorus von Sporangien entsteht. Alternativ kann der Thallus in ein Dauersporangium umgewandelt werden, das entweder direkt als Sporangium fungiert und Planosporen bildet oder als Prosorus. Dieser bildet einen Vesikel, dessen Inhalt sich teilt und einen Sorus von Sporangien bildet. Die Planosporen weisen die charakteristischen Merkmale der Chytridiales auf. Sexuelle Fortpflanzung erfolgt durch Isogametogamie und führt zur Bildung von dickwandigen Dauersporangien. Sparrow (1960) unterscheidet drei Gattungen: *Synchytrium, Endodesmidium* und *Micromyces. Endodesmidium* und *Micromyces* parasitieren auf Grünalgen. Die größte Gattung ist *Synchytrium* mit vielleicht mehr als 100 Arten, die auf Blütenpflanzen vorkommen. Einige Arten haben einen sehr engen Wirtsbereich, z. B. *S. endobioticum* auf Solanaceae, während andere, z. B. *S. macrospora,* ein relativ breites Wirkungsspektrum haben (Karling, 1964). Viele Arten schädigen die Wirtspflanze nicht sehr stark, sie bilden Gallen auf Blättern, Stämmen und Früchten. Der gefährlichste Parasit ist *S. endobioticum,* der Erreger des Kartoffelkrebses. *Synchytrium endobioticum* ist ein biotropher Parasit, der außerhalb von lebenden Wirtszellen bisher noch nicht erfolgreich kultiviert werden konnte. Versuche, ihn in Kallusgewebekulturen von Kartoffeln zu erhalten, sind bisher erfolglos geblieben (Ingram, 1971).

Synchytrium (Abb. 46 und 47)

Der Kartoffelkrebs (siehe Abb. 46) ist mittlerweile in den Hauptanbaugebieten der Kartoffel auf der Erde verbreitet, besonders in gebirgigen Gebieten und Regionen mit kaltem, feuchtem Klima. Befallene Kartoffelknollen tragen nach dem Ausgraben dunkelbraune, warzige und blumenkohlartige Auswüchse. Es können auch

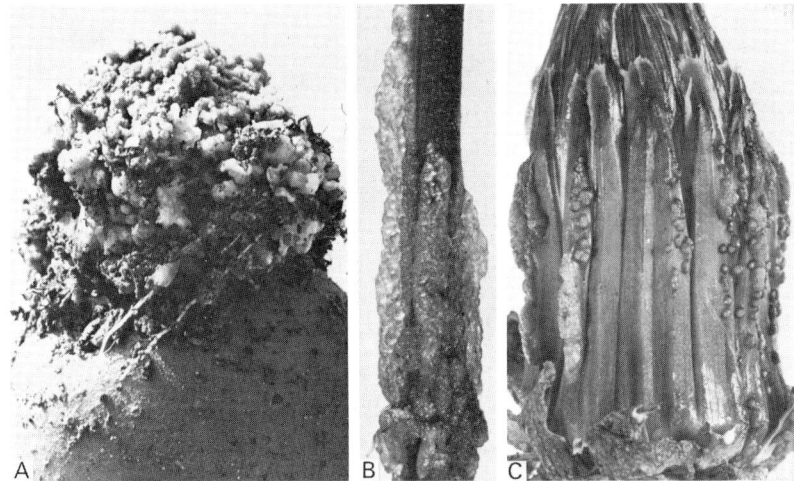

Abb. 46 A–C. *Synchytrium endobioticum.* Kartoffelknolle (Varietät Arran Chieftain) nach künstlicher Infektion mit dem Kartoffelkrebs. Die blumenkohlartigen Auswüchse stellen hypertrophiertes Wirtsgewebe dar, das durch abnormes Wachstum und wiederholte Reinfektion entsteht. Das erkrankte Gewebe ist nahe der Erdoberfläche hellgrün und enthält sowohl Prosori als auch Dauersporangien; **B** *S. mercurialis.* Sproß von *Mercurialis perennis* mit hypertrophierten Epidermiszellen, die die Dauersporangien des Pilzes umgeben; **C** *S. taraxaci.* Involukrale Brakteen von *Taraxacum officinale* mit Blasen aus hypertrophierten Zellen, die die Sori des Pilzes umgeben

Gallen an den oberirdischen Sprossen gebildet werden; diese sind grün und bestehen aus zusammengerollten, blattähnlichen Gewebemassen. Stark infizierte Knollen weisen eine beträchtliche Vergrößerung ihrer Gewebe auf und tragen zahlreiche Warzen. Der Ertrag verkaufsfähiger Kartoffeln aus einer stark infizierten Ernte kann geringer sein als das Saatgewicht der gepflanzten Kartoffeln. Es handelt sich deshalb um eine sehr ernsthafte Krankheit. Der Entwicklungszyklus des verursachenden Pilzes ist von Curtis (1921), Köhler (1923, 1931 a, b) und Lingappa (1958 a, b) untersucht worden. Die dunklen Warzen auf den Knollen sind Gallen, in denen sich die Wirtszellen als Abwehrreaktion gegen den Pilz teilen. Viele dieser Zellen enthalten Dauersporangien, das sind mehr oder weniger kugelige Zellen mit dicken, dunkelbraunen Wänden und gefalteten, plattenähnlichen Auswüchsen (siehe Abb. 47 A). Die Dauersporangien werden durch Zerfall der Warzen frei und können viele Jahre in der Erde überleben. Die äußere Wand bricht mit einer unregelmäßigen Öffnung auf, das Endospor bläht sich nach außen und bildet einen Vesikel, in dem ein einzelnes Sporangium entsteht (Kole, 1965; Sharma und Cammack, 1976). Deshalb hat das Dauersporangium während der Keimung die Funktion eines Prosporangiums und nicht die eines Sporangiums, wie es frühere Autoren vermutet haben.

Die Planosporen sind in der Lage, sich ungefähr zwei Stunden in der Bodenfeuchtigkeit schwimmend fortzubewegen. Wenn sie auf die Oberfläche eines Kartoffel‚auges' stoßen oder auf einen anderen Teil des Kartoffelsprosses, wie z.B. einen Erdsproß oder eine junge Knolle, deren Epidermis noch nicht verkorkt ist, kommen sie zur Ruhe und ziehen ihre Geißeln ein. Sie durchdringen die Epider-

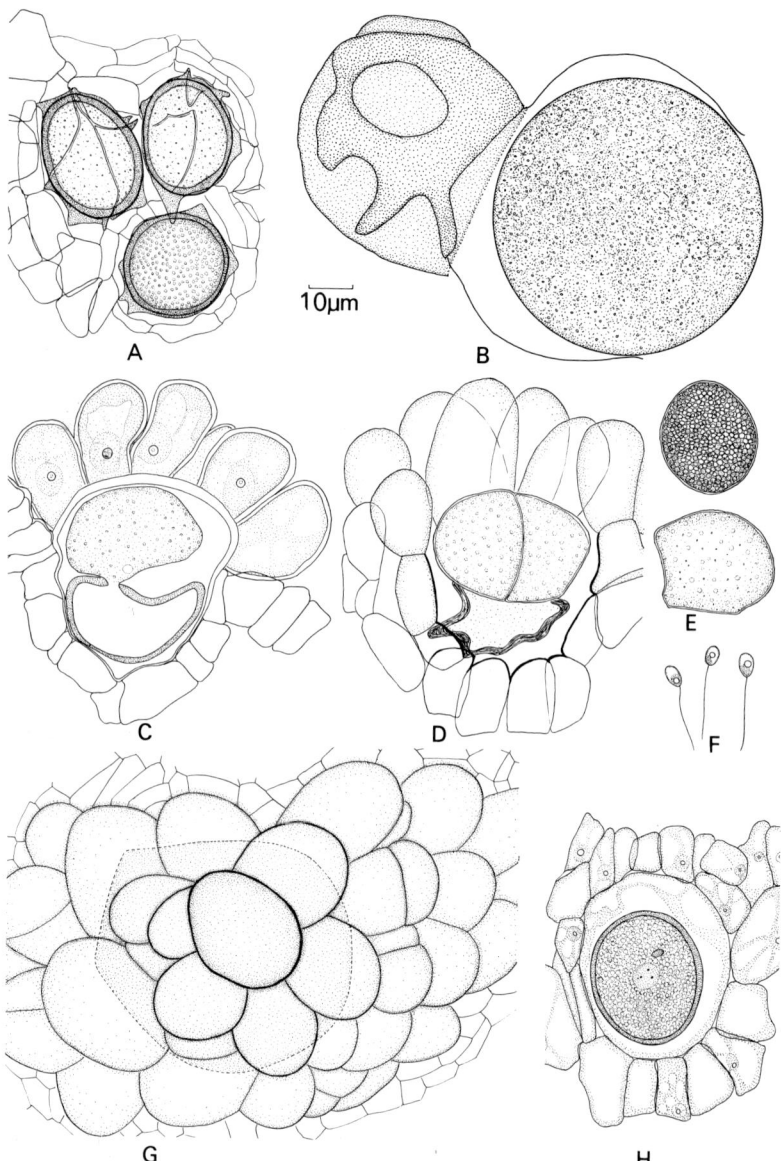

Abb. 47 A–H. *Synchytrium endobioticum.* **A** Dauersporangien in einem Schnitt durch eine Warze; **B** Keimendes Dauersporangium mit Vesikelbildung. Der Vesikel enthält ein einzelnes kugeliges Sporangium (nach Kole, 1965 a); **C** Schnitt einer infizierten Wirtszelle mit einem Prosorus. Der Prosorus stülpt einen Vesikel heraus. Man erkennt die Hypertrophie der infizierten Zelle und der angrenzenden, nicht infizierten Zellen; **D** Teilung des Vesikelinhalts zur Planosporangien; **E** Zwei ausgestülpte Planosporangien; **F** Planosporen; **G** Rosette von hypertrophierten Kartoffelzellen, von der Oberfläche her gesehen; **H** Junges Dauersporangium, das nach Infektion durch eine Zygote entstanden ist. Man erkennt, daß die infizierte Zelle infolge einer Teilung der Wirtszelle unter der Epidermis liegt

miszelle des Wirtssprosses, der Inhalt der Planosporencyste wird in die Wirtszelle übertragen, während die Cystenmembran an der Außenseite haften bleibt. Wenn ein ruhendes ‚Auge‘ infiziert ist, kann die Ruhe unterbrochen werden und die Knolle kann am infizierten ‚Auge‘ auskeimen. Ist die Kartoffelvarietät für diese Krankheit nicht resistent, dann vergrößert sich der kleine Pilzthallus innerhalb der Wirtszelle, wodurch diese zur weiteren Vergrößerung angeregt wird. Nachbarzellen der infizierten Zelle vergrößern sich ebenfalls, so daß eine Rosette von hypertrophierten Zellen eine zentrale, infizierte Zelle umgibt (Abb. 47 G). Die Wände dieser an die infizierte Zelle angrenzenden Zellen sind oft verdickt und nehmen eine dunkelbraune Farbe an. Die infizierte Zelle bleibt einige Zeit leben, stirbt jedoch schließlich ab. Der Parasit dringt tiefer in die Wirtszelle ein, vergrößert sich und wird kugelig und nimmt schließlich den unteren Teil der Wirtszelle ein. Eine doppelschichtige, chitinöse Wand von goldbrauner Färbung wird um den Thallus abgesondert: in diesem Stadium wird der Thallus **Prosorus** oder Sommerspore genannt. Während seiner Entwicklung bis zu diesem Stadium ist der Prosorus einkernig geblieben. Die weitere Entwicklung des Prosorus hat zur Folge, daß die Innenwand durch eine Pore der Außenwand hervortritt und sich zu einem Vesikel ausdehnt, der sich nach oben hin vergrößert und die obere Hälfte der Wirtszelle ausfüllt (Abb. 47 C). Der Protoplast des Prosorus mit Kern wandert in den Vesikel ein. Dieser Vorgang verläuft sehr schnell und kann in vier Stunden abgeschlossen sein. Die Kernteilung kann schon während der Wanderung einsetzen, so daß der Vesikel ungefähr 32 Kerne enthält. Zu diesem Zeitpunkt teilt sich das Cytoplasma in zahlreiche, einen Sorus bildende Sporangien (Abb. 47 D). Die Anzahl der Sporangien variiert von ungefähr vier bis neun. Nach der Bildung der Sporangienwände finden weitere Kernteilungen in jedem Sporangium statt und schließlich entsteht aus jedem Kern mit dem ihm zugehörigen Cytoplasma eine Planospore. Reifende Sporangien absorbieren Wasser, schwellen an und verursachen ein Aufplatzen ihrer Wirtszelle. Inzwischen haben sich die unter der Rosette liegenden Wirtszellen geteilt. Die Vergrößerung dieser Zellen drückt die Sporangien auf die Oberfläche des Wirtsgewebes hinaus (Abb. 47 E). Ist Wasser vorhanden, schwellen die Sporangien an und platzen mit Hilfe eines schmalen Schlitzes auf, durch den dann die Planosporen entlassen werden. In einem großen Sporangium können nicht weniger als 500–600 Planosporen sein. Diese sind denen aus den Dauersporangien ähnlich und schwimmen im Wasser mit charakteristischen ruckartigen und hüpfenden Bewegungen. Sie können sich bis zu 20 Stunden lang schwimmend fortbewegen. Sind geeignete Wirtsgewebe vorhanden, encystieren sie sich auf deren Epidermis und dringen innerhalb einiger Stunden ein. Manchmal infizieren mehrere Planosporen eine einzelne Wirtszelle, so daß diese mehrere Pilzprotoplasten enthält. Innerhalb der Wirtszelle vergrößert sich der Thallus und bildet einen Prosorus, während sich die umgebenden Wirtszellen vergrößern und eine Rosette bilden. Schließlich entstehen erneut Sporangien, aus denen dann Planosporen entlassen werden. Dieser Infektionszyklus, der zur Bildung mehrerer Generationen von Prosori führt, kann während des Frühlings und des Frühsommers ablaufen.

Nach Curtis, Köhler und einer Reihe anderer Wissenschaftler werden die Sporangien von *S. endobioticum* nach der Kopulation gebildet. Diese Autoren haben beobachtet, daß die aus den soralen Sporangien entlassenen Planosporen paarweise fusionieren können (oder gelegentlich in Gruppen zu dritt oder viert), um Zygoten zu bilden, die ihre Geißeln behalten und noch für eine Zeit aktiv schwimmen. Die als Gameten fungierenden Planosporen unterscheiden sich weder in der Größe noch in der Form (Isogamie). Es gibt jedoch Hinweise, daß sich die Gameten physiologisch unterscheiden können. Curtis hat darauf hingewiesen, daß eine Fusion nicht zwischen Planosporen stattfinden kann, die von einem einzelnen Sporangium stammen, sondern nur zwischen Planosporen von verschiedenen Sporangien. Köhler (1956) hat behauptet, daß die Planosporen zuerst sexuell neutral sind. Später reifen sie und werden kopulationsbereit. Die Reifung kann entweder außerhalb oder innerhalb der Sporangien stattfinden, so daß die Planosporen in überreifen Sporangien schon während der Freilassung kopulationsfähig sind. Zuerst sind die Planosporen ‚männlich‘ und schwimmen aktiv. Später werden sie bewegungslos (‚weiblich‘) und bilden wahrscheinlich ein Sekret, das ‚männliche‘ Gameten chemotaktisch anlockt. Nach dem Schwimmen mit Hilfe der beiden Geißeln encystiert sich die Zygote auf der Oberfläche der Wirtsepidermis. Daraufhin kann das Eindringen in die Wirtszelle erfolgen, ein Vorgang, der im wesentlichen dem Eindringen einer Planospore entspricht. Es kann auch eine Mehrfachinfektion einer einzelnen Wirtszelle durch mehrere Zygoten erfolgen. Vor dem Eindringen findet eine Karyogamie in der jungen Zygote statt. Die Folgen von Zygoteninfektionen unterscheiden sich von Infektionen durch Azygoten (Planosporen). Nach Infektion durch eine Azygote reagiert die Wirtszelle mit *Hypertrophie,* d. h. Erhöhung des Zellvolumens. Angrenzende Zellen vergrößern sich ebenfalls zu charakteristischen Rosetten, die den gebildeten Prosorus umgeben. Nach Zygoteninfektion erfährt die Wirtszelle eine *Hyperplasie,* d. h. wiederholte Zellteilungen. Der Parasit liegt am Boden der Wirtszelle und die Teilung erfolgt derart, daß der Pilzprotoplast in die innerste Tochterzelle übertragen wird. Als Ergebnis wiederholter Teilungen der Wirtszellen gelangen die Pilzprotoplasten in einen Bereich, der mehrere Zellagen unter der Epidermis ‚verborgen‘ liegt (siehe Abb. 47 H). Während dieser Teilungen des Wirtsgewebes vergrößert sich der Zygotenthallus und wird von einer zweischichtigen Wand umgeben: eine dicke äußere Schicht, die schließlich dunkelbraun wird und zahlreich Falten aufweist, und eine dünne hyaline Wand, die das granuläre Cytoplasma umgibt. Die Wirtszelle stirbt schließlich. Teile ihres Zellinhaltes können auch auf der Außenwand des Dauersporangiums abgelagert werden. Während seiner Entwicklung bleibt das Dauersporangium einkernig. Die Dauersporangien werden in den Boden abgegeben und sind innerhalb von ungefähr zwei Monaten keimfähig. Vor der Keimung teilt sich der Kern wiederholt. Er bildet die Kerne der Planosporen, deren weitere Entwicklung schon beschrieben wurde.

Einige cytologische Einzelheiten des Entwicklungszyklus sind noch zweifelhaft. Vermutlich ist die Zygote und das junge Dauersporangium diploid, und man nimmt an, daß die Mciose während der Keimung der Dauersporangien stattfindet, also vor der Bildung der Planosporen. Man glaubt deshalb, daß diese Planosporen, die Prosori und die soralen Planosporen haploid sind. Diese Vermutungen scheinen wegen der Kenntnis des Entwicklungszyklus und der Cytologie von *Synchytrium fulgens,* ein Parasit von *Oenothera,* der von Kusano (1930 a, b) beschrieben wurde, einsichtig zu sein. Nach Kusano findet die Meiose bei *S. fulgens* während der Keimung der Dauersporangien statt. Lingappa hat ebenfalls darauf hingewiesen, daß die Meiose zu diesem Zeitpunkt abläuft (Lingappa, 1958 b; Karling, 1958). Der Entwicklungszyklus von *S. endobioticum* ist in Abb. 48 dargestellt.

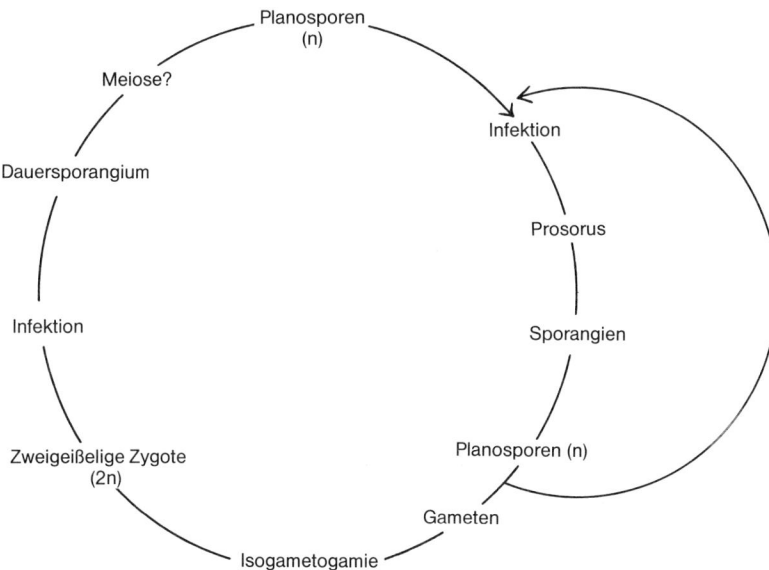

Abb. 48. *Synchytrium endobioticum.* Entwicklungszyklus

Bekämpfung des Kartoffelkrebses

Die Bekämpfung basiert größtenteils auf der Züchtung von resistenten Kartoffelvarietäten. Man hat entdeckt, daß bestimmte Kartoffelvarietäten immun gegen diese Krankheit waren und in Böden gepflanzt werden konnten, die stark mit *Synchytrium* infiziert waren. Nach dieser Entdeckung haben die Pflanzenzüchter eine Reihe von immunen Varietäten gezüchtet. Eine Anzahl von Kartoffelvarietäten, die für diese Krankheit nicht resistent sind, werden noch weiterhin angebaut. In den meisten Ländern, in denen der Kartoffelkrebs vorkommt, wird gesetzlich verlangt, daß nur geprüfte, immune Varietäten auf Böden angebaut werden, auf denen der Kartoffelkrebs schon einmal auftrat. Weiterhin wird der Transport und der Verkauf von erkranktem Material verboten.

Die Reaktion von immunen Varietäten auf eine Infektion ist unterschiedlich (Noble und Glynne, 1970). Wenn man ‚immune‘ Varietäten im Labor einer starken Infektion aussetzt, werden sie manchmal nur leicht infiziert. Die Infektion ist oft auf die äußeren Gewebe beschränkt, die sich bald ablösen. Im Freiland geschehen solche leichten Infektionen wahrscheinlich unbemerkt. Gelegentlich können Infektionen von bestimmten Kartoffelvarietäten zur Bildung von Dauersporangien führen, aber ohne Bildung von erkennbaren Gallen. Ein Eindringen des Parasiten scheint bei allen Kartoffelvarietäten vorzukommen, aber wenn eine Zelle einer immunen Varietät infiziert ist, kann sie innerhalb weniger Stunden absterben. Ist der Pilz ein biotropher Parasit, wird die weitere Entwicklung gehemmt. In anderen Fällen kann der Parasit in der Wirtszelle bis zu zwei oder drei Tagen scheinbar normal leben. Danach zerfällt der Pilzthallus und verschwindet aus der Wirtszelle.

Andere Bekämpfungsmethoden sind weniger befriedigend. Man hat Versuche unternommen, die Dauersporangien des Pilzes im Erdboden zu vernichten. Dies ist aber ein kostspieliger und schwieriger Prozeß mit einem hohen Verbrauch an Fungiziden. In Amerika hat man Kupfersulfat oder Ammoniumthiocyanat im Verhältnis von 0,25 kg/m² angewandt. Eine lokale Behandlung mit Quecksilberchlorid oder mit Formaldehyd und Dampf ist zur Ausrottung von einzelnen Infektionsherden angewandt worden. Kontrollversuche unter Verwendung von resistenten Varietäten scheinen befriedigender zu verlaufen. Unglücklicherweise sind neue physiologische Rassen (oder Biotypen) des Parasiten aufgetreten, die vorher immun angezogene Kartoffelvarietäten befallen können. Von *S. endobioticum* sind jetzt zehn dieser Biotypen bekannt. Die Folgen der Entdeckung von diesen neuen Rassen sind

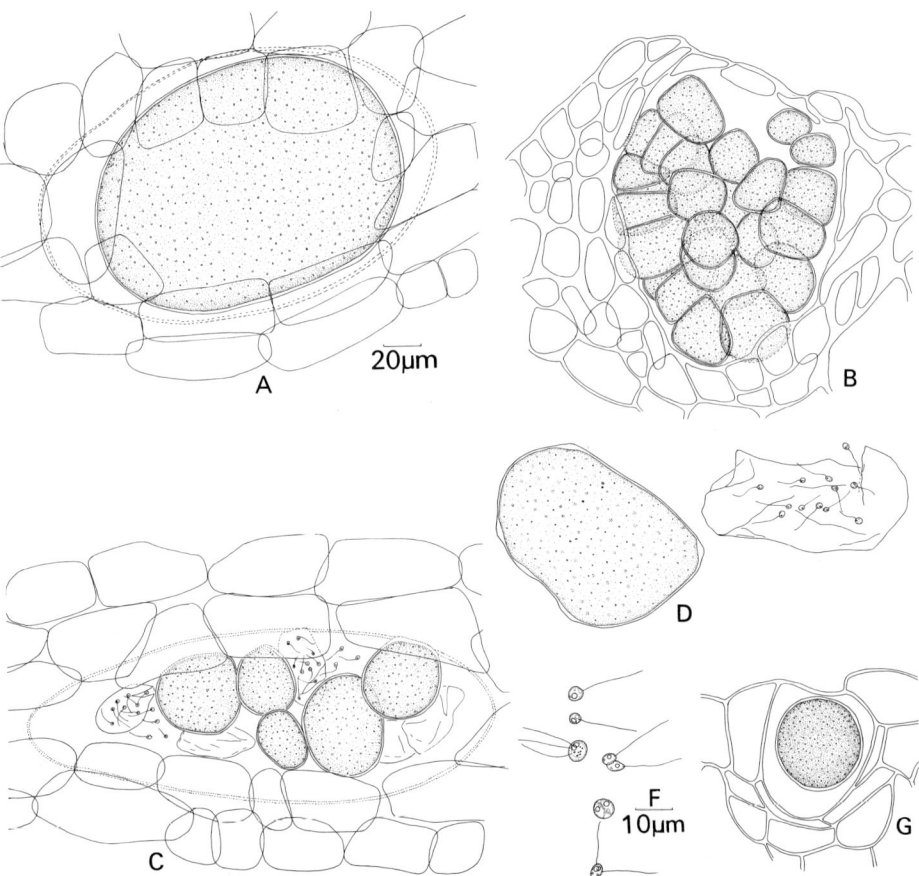

Abb. 49 A–G. *Synchytrium taraxaci.* **A** Ungeteilter Thallus in einer Epidermiszelle eines Blütenstieles von *Taraxacum.* Der Umriß der Wirtszelle ist punktiert; **B** Schnitt durch einen Blütenstiel von *Taraxacum:* Thallus ist in einem Sorus von Sporangien geteilt; **C** Ein Sorus von Sporangien von oben gesehen. Zwei Sporangien entlassen Planosporen; **D** Ein reifes Sporangium; **E** Sporangium, das Planosporen entläßt; **F** Planosporen und Zygoten. Die dreigeißelige Planospore entstand wahrscheinlich durch unvollständige Teilung der Planosporeninitialien; **G** Schnitt durch ein Wirtsblatt mit einem Dauersporangium. **A, B, C, D, E, G** im gleichen Maßstab

klar erkennbar. Es ist lebensnotwendig, ihre Ausbreitung zu verhindern, was auch sofort geschah. Wenn die Verbreitung der neuen Rassen nicht verhindert werden kann oder sie unabhängig irgendwo neu entstehen, dann kann die ganze Arbeit der Pflanzenzüchter während der letzten 60 Jahre wieder von vorn beginnen.

Andere Arten von Synchytrium. Nicht alle Arten von *Synchytrium* haben den gleichen Entwicklungszyklus wie *S. endobioticum. S. fulgens,* ein Parasit auf *Oenothera,* ist *S. endobioticum* ähnlich. Sowohl die Sommerspore als auch die Dauersporangien fungieren als Prosori, die Sporangien herausstülpen (Lingappa, 1958 a, b). Bei diesen Arten wurde auch gezeigt, daß die Planosporen aus Dauersporangien als Gameten fungieren können und Zygoteninfektionen herbeiführen, aus denen weitere Dauersporangien entstehen (Lingappa, 1958 b; Kusano, 1930 a).

Köhler (1931 a) hat darauf hingewiesen, daß das gleiche Phänomen gelegentlich bei *S. endobioticum* auftreten kann. Bei *S. taraxaci,* ein Parasit, der *Taraxacum* (Abb. 49) und eine Anzahl anderer Arten befällt, hat der reife Thallus nicht die Funktion eines Prosorus, sondern teilt sich direkt zu einem Sorus von Sporangien. Das Dauersporangium bildet ebenfalls direkt Planosporen. Bei einigen Arten, z. B. bei *S. aecidioides,* sind Dauersporangien unbekannt, während andere Arten, z. B. *S. mercurialis,* ein weit verbreiteter Parasit auf Blättern und Sprossen vom *Mercurialis perennis* (Abb. 50), nur Dauersporangien bilden und die Sori von Sommersporangien nicht entstehen. *Mercurialis*-Pflanzen, die von März bis Juni gesammelt werden, haben oft gelbliche Blasen an den Blättern und Sprossen. Diese Blasen sind Gallen, die aus ein oder zwei Schichten hypertrophierter Zellen aufgebaut sind, kein Chlorophyll aufweisen und den Thallus von *Synchytrium* umgeben. Dieser

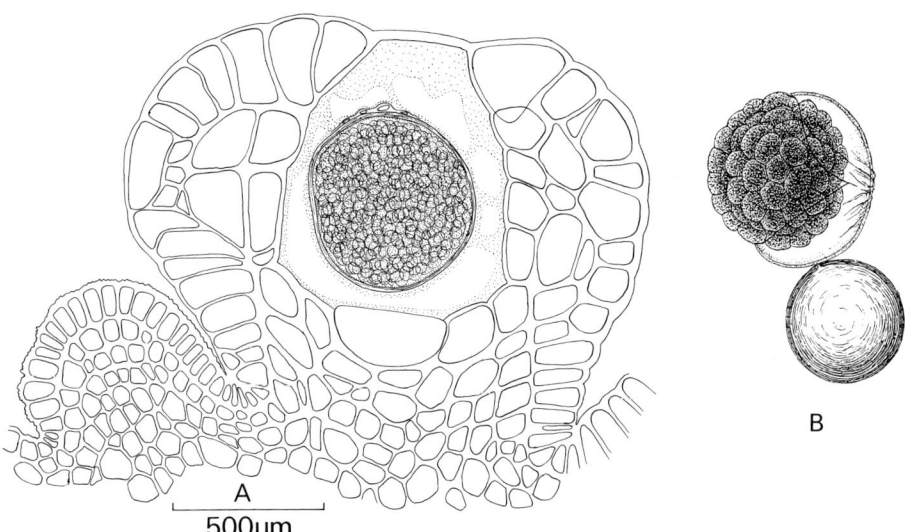

Abb. 50 A, B. *Synchytrium mercurialis.* **A** Schnitt durch einen Sproß von *Mercurialis perennis* mit hypertrophierten Zellen, die ein Dauersporangium umgeben; **B** Keimung der Dauersporangien, die einen Sorus von Planosporangien entlassen. Deshalb hat bei *S. mercurialis* das Dauersporangium die Funktion eines Prosorus (nach Fischer 1982)

reift und bildet ein Dauersporangium. Bei diesen Arten hat das Dauersporangium während des folgenden Frühlings die Funktion eines Prosorus. Der ungeteilte Inhalt wird in einen sphärischen Sack herausgepreßt, der sich in einen Sorus mit nicht weniger als 120 Sporangien teilt, aus dem dann Planosporen entstehen. Die Variationsvielfalt im Entwicklungszyklus der verschiedenen Arten von *Synchytrium* ist eine brauchbare Grundlage zur Klassifizierung der Gattungen (Karling, 1964).

Rhizidiaceae

In dieser Familie ist der Thallus typischerweise monozentrisch, mit einem einzelnen, normalerweise kugeligen, inoperculaten Sporangium oder Dauersporangium, das an einem reich verzweigten rhizoidalen System entsteht. Die Dauersporangien können asexuell gebildet werden oder sexuell durch Fusion von isogamen oder anisogamen **Aplanogameten** (d. h. nicht bewegliche Gameten). Während der Keimung fungieren die Dauersporangien entweder als Sporangien oder als Prosporangien. Die Familie enthält Formen, die auf Frischwasseralgen parasitieren, und eine große Anzahl saprophytischer Formen auf den Exoskeletten von Insekten und auf verfaulenden Pflanzenteilen im Wasser und im Erdboden.

Rhizophlyctis (Abb. 51)

Rhizophlyctis rosea wächst auf zellulosereichen Substraten in einer Reihe von Habitaten, wie im Erdboden und im Schlamm von Süßwasserseen. Der Pilz spielt zweifellos eine aktive Rolle beim Zelluloseabbau. Er kann leicht isoliert und kultiviert werden. So war es möglich, seine Ernährungsansprüche und sein physiologisches Verhalten zu untersuchen (Stanier, 1942; Quantz, 1943; Haskins, 1939; Haskins und Weston, 1950; Cantino und Hyatt, 1953; Davies, 1961). Hinsichtlich der Ernährung ist er anspruchslos, er wächst mit üppigem Wuchs auf Zellulose als einziger Kohlenstoffquelle, obwohl er auch eine Reihe anderer Kohlenhydrate, wie z. B. Glucose, Cellobiose und Stärke, verwerten kann. Bringt man abgekochte Grasblätter oder Cellophan in Wasser, dem *R. rosea*-haltige Erde oder Schlamm hinzugefügt wurde, kann man nach ungefähr sieben Tagen die hellen, rosafarbenen kugeligen Sporangien (oft bis zu 200 μm ϕ) mit Hilfe eines Präpariermikroskopes leicht erkennen. Die rosa Farbe wird durch Carotinoidpigmente, wie z. B. γ-Carotin, Lycopen und ein Xanthophyll, bestimmt. Im Verlauf der Differenzierung der Sporangien bilden sich an mehreren Stellen der Wand Rhizoide, die in das Substrat eindringen. Die Rhizoide verbreiten sich über das ganze Substrat und laufen an den Enden spitz zu. Obwohl sie normalerweise monozentrisch sind, gibt es auch Anhaltspunkte für das Vorkommen von polyzentrischen Isolaten. Bei der Reife enthalten die Sporangien einen rosafarbenen, granulären Inhalt, der sich in zahlreiche einkernige Planosporen mit einer terminal inserierten Geißel differenziert (Abb. 51 A). Es werden ein bis mehrere Papillen gebildet, die jeweils an der Spitze einen klaren, schleimigen Pfropfen enthalten, der vor der Freisetzung als Ganzes herausquillt (Abb. 51 C). Während des Auftretens des Schleimpfropfens bewegen sich die Planosporen innerhalb des Sporangiums und verlassen es dann schwimmend durch die Papille. Bei einigen Arten von *R. rosea* kann eine Membran über das Cytoplasma an der Basis der Papille gebildet werden. Wenn die Sporangien ihre Sporen nicht sofort entlassen, kann sich die Membran verdicken. Tritt die Sporenfreisetzung ein, können diese verdickten Membranen oft freischwimmend innerhalb der Sporangien beobachtet werden. Der Begriff ‚Endo-operculum‘ bezieht sich auf diese Sporangien. Die Gattung *Karlingia* wurde für Formen geschaffen, die ein solches Endooperculum besitzen. Zu dieser Gattung gehört auch *R. rosea*, manchmal auch *Karlingia rosea* genannt. Die Gültigkeit dieser Einteilung ist jedoch fraglich, weil das Vorkommen oder Nichtvorhandensein des Endooperculums ein variables Merkmal ist. Die Planosporen können mehrere Stunden lang schwimmen. Der Kopf der Planospore ist meist kugelig, kann aber auch birnenförmig werden oder amöboide Formwechsel aufweisen. Er enthält einen auffälligen Lipidkörper, mehrere helle, unregelmäßige Kügelchen und trägt eine einzelne Zuggeißel. Wenn die Planospore auf einem geeigneten Substrat zur Ruhe kommt, zieht sie die Geißel ein. Die Planospore vergrößert sich gewöhnlich und bildet ein rudimentäres Sporangium, während an verschiedenen Stellen der Oberfläche Rhizoide erscheinen. Die Feinstruktur von *R. rosea* ist von Chambers und Willoughby (1964) untersucht worden. Innerhalb des Sporangiums sind die Geißeln dicht um die Planosporen gewickelt. Es scheint so, daß die Planosporen

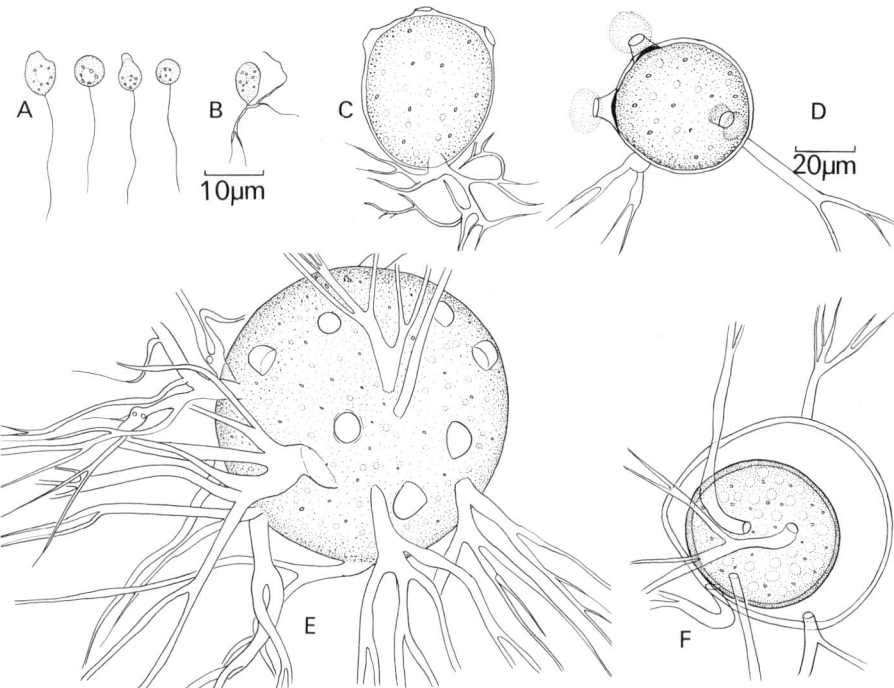

Abb. 51 A–F. *Rhizophlyctis rosea.* **A** Planosporen; **B** Junger Thallus, nach der Keimung einer Planospore entstanden. Die Planosporencyste hat sich vergrößert und wird ein Sporangium bilden; **C** Eine ältere Pflanze mit drei aufspringenden Papillen; **D** Eine Pflanze mit schleimigen Pfropfen an der Spitze der aufspringenden Papillen und Verdickungen der Zellmembran an der Basis dieser Papillen. Solche Verdickungen werden manchmal ‚Endo-opercula‘ genannt; **E** Eine ausgewachsene Pflanze mit einem kugeligen Sporangium und sieben sichtbaren Papillen; **F** Eine Dauerspore, die sich in einem leeren Planosporangium bildet. **A** und **B** im gleichen Maßstab; **C, D, E, F, G** im gleichen Maßstab

in diesem Zustand aus dem Sporangium hervortreten. Man findet auch Dauersporangien. Sie sind braun, kugelig oder eckig und haben eine verdickte Wand. Ihre sexuelle Entstehung bei *R. rosea* ist nicht bekannt. Couch (1939) hat jedoch nachgewiesen, daß der Pilz physiologisch-diözisch ist (d. h. zur sexuellen Fortpflanzung benötigt er zwei verschiedene Thalli). Einzelne in Kulturen wachsende Isolate bildeten keine Dauersporangien, kreuzte man jedoch bestimmte Kulturen, wurden Dauersporangien gebildet. Stanier (1942) berichtete über das Auftreten von zweigeißeligen Planosporen, ob diese jedoch Zygoten darstellen, scheint zweifelhaft. Bei der Keimung fungiert das Dauersporangium als ein Prosporangium. Bei dem selbstfertilen und chitinabbauenden Pilz *Rhizophlyctis oceanis* beschreibt Karling (1969) häufige Fusionen zwischen Planosporen. Diese leiten möglicherweise einen Sexualvorgang ein. Bei *Karlingia dubia* konnte Willoughby (1957) die Entwicklung von fusionierten Planosporen (Gameten) zu einem Thallus verfolgen, in dem eine dickwandige, glatte Dauerspore gebildet wurde.

Cladochytriaceae

In dieser Familie ist der Thallus eukarp und gewöhnlich polyzentrisch. Die vegetativen Organe können interkalare Anschwellungen und septierte, spindelförmige Zellen aufweisen. Viele Formen wachsen saprophytisch auf verfaulenden Pflanzenresten, einige parasitieren auf Algen und auf Tiereiern.

Cladochytrium (Abb. 52)

Cladochytrium replicatum kommt häufig in faulenden Teilen von Wasserpflanzen vor und kann von den anderen Chytridiales durch die hellen, orangeroten Kügelchen in den Sporangien unterschieden werden. Dieser Pilz kann häufig während der Wintermonate isoliert werden, wenn man absterbende Teile von Wasserpflanzen in eine Schüssel mit Wasser legt und mit abgekochten Grasblättern ‚ködert‘. Die im Präpariermikroskop sichtbaren hellen, orangeroten Sporangien scheinen innerhalb von fünf Tagen aus einem intensiv verzweigten, hyalinen Rhizomyzel mit zweizelligen, interkalaren Anschwellungen hervorzugehen. Die Planosporen enthalten während der Freisetzung aus dem Sporangium jeweils einen einzelnen, orangeroten Körper und besitzen eine einzelne, terminal inserierte Geißel. Nach kurzer Schwimmdauer heften sich die Planosporen selbst an die Oberfläche des Substrates an und bilden gewöhnlich einen einzelnen Keimschlauch, der die Gewebe der Wirtspflanze durchdringen kann. Innerhalb der Wirtszelle dehnt sich der Keimschlauch aus und bildet eine elliptisch oder zylindrisch angeschwollene Zelle, die sich später oft durch ein transverses Septum teilt. Diese angeschwollene Zelle wird Spindelzelle geannnt. Die Planospore ist einkernig. Während der Keimung wird der einzelne Kern in die Spindelzelle übertragen, die zu einem vegetativen Zentrum wird. Von hier aus findet das weitere Wachstum statt. Die Kernteilung ist offenbar auf die Spindelzellen beschränkt. Aus diesen wachsen Rhizoide aus, die weitere Spindelzellen produzieren (siehe Abb. 52 B, D). Durch das rhizoidale System werden Kerne transportiert, die aber nicht dort bleiben. Auf diese Weise bildet der Thallus reichlich Verzweigungen. Die charakteristischen zwei- oder dreizelligen

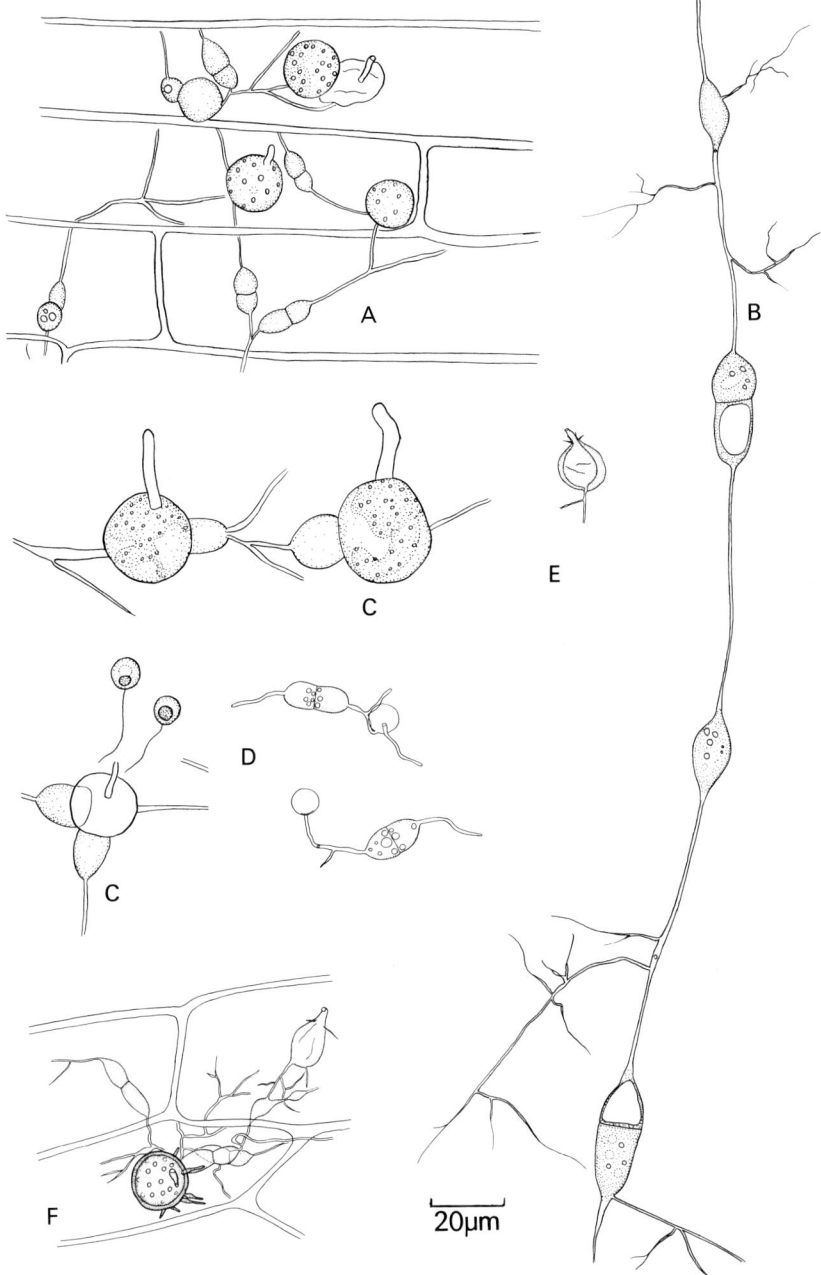

Abb. 52 A–F. *Cladochytrium replicatum.* **A** Rhizomyzel innerhalb der Epidermis einer Wasserpflanze, die zweizellige, hyaline Spindelzellen und kugelige, orangerote Planosporangien aufweist; **B** Rhizomyzel und Spindelzellen aus einer Kultur; **C** Planosporangien aus einer zwei Wochen alten Kultur. Ein Planosporangium hat Planosporen entlassen, von denen jede einen hellen, orangeroten Körper enthält; **D** Keimende Planosporen auf abgekochten Weizenblättern. Die leeren Planosporencysten sind sphärisch. Die Keimschläuche haben sich zu Spindelzellen erweitert; **E** Ein Planosporangium hat sich zur Bildung eines zweiten Sporangiums endogen fortgepflanzt; **F** Rhizomyzel in einem abgekochten Weizenblatt, mit dickwandigem, stacheligem Dauersporangium

Spindelzellen und das feine, rhizoidale System kann in den Wirtsgeweben weit verteilt werden. An bestimmten Stellen des Thallus bilden sich sphärische Planosporangien entweder terminal oder interkalar. Manchmal schwillt eine der zwei Spindelzellen an und wird zu einem Sporangium. In Kulturen kann dies mit beiden Zellen geschehen. Das sphärische Planosporangium durchläuft progressive Kernteilungen und wird vielkernig. Inzwischen erlangt der Inhalt des Sporangiums eine hellorangerote Farbe, die der Ansammlung von Körpern entspricht, die das Carotin-Lycopen enthalten, das später in den Planosporen gefunden wurde. Es folgen Teilungen des Cytoplasmas zur Bildung von einkernigen Planosporeninitialen. Die Planosporen werden durch eine schmale, schlauchartige Ausstülpung entlassen, die durch das Äußere der Wirtspflanze dringt und an der Spitze schleimig wird. Es gibt kein Operculum. Manchmal können sich die Planosporangien endogen fortpflanzen, wenn innerhalb eines leeren Planosporangiums ein neues gebildet wird. An terminalen oder an interkalaren Stellen des Rhizomyzels werden auch Dauersporangien mit dickeren Wänden und einem mehr hyalinen Cytoplasma gebildet. Bei einigen Dauersporangien kann die Wand glatt und bei anderen stachelig sein. Sparrow (1960) hat darauf hingewiesen, daß zwei Dauersporangien zu verschiedenen Arten gehören können. Untersuchungen von Willoughby (1962a) an einer Anzahl von Einzelsporkulturen haben ergeben, daß das Vorkommen oder die Abwesenheit von Stacheln ein variables Merkmal ist. Der Inhalt der Dauersporangien teilt sich, um Planosporen zu bilden, die auch ein auffallendes, orangerotes Granulum haben. Sie entweichen mit Hilfe einer schlauchartigen Ausstülpung wie bei den dünnwandigen Planosporangien. Ob die Dauersporangien durch einen Sexualvorgang gebildet werden, ist nicht bekannt. Reinkulturen von *C. replicatum* sind von Willoughby (1962) und Goldstein (1960b) untersucht worden. Der Pilz ist für Thiamin heterotroph. Biotin stimuliert das Wachstum, obwohl es nicht unbedingt benötigt wird. Nitrate und Sulfate werden nutzbar verwendet. Eine Reihe verschiedener Kohlenhydrate ist ebenfalls nutzbar, auf Zellulose findet jedoch nur ein begrenztes Wachstum statt.

Chytridiaceae

Die Chytridiaceae und die Megachytriaceae unterscheiden sich dadurch von den vorhergehenden Familien, daß ihre Sporangien durch den Fortfall eines zirkulären Deckels oder Operculums die Planosporen freisetzen. Bei den Chytridiaceae ist der Thallus monozentrisch, eukarp und epi- oder endobiontisch, während er bei den Megachytriaceae polyzentrisch ist. Die meisten Chytridiaceae sind Parasiten oder Saprophyten auf Süßwasser- und Meeresalgen, Pilzen, Pollen und Protozoen. Es gibt eine bemerkenswerte Parallele im Thallusaufbau zu den inoperculaten Chytridiales. Die Einzelheiten der sexuellen Fortpflanzung sind nur bei einigen Arten bekannt, gewöhnlich erfolgt Fusion von benachbarten ‚männlichen‘ und ‚weiblichen‘ Thalli, wie bei *Zygorhizidium* und *Chytridium*.

Chytridium (Abb. 53)

Dies ist eine große Gattung mit ungefähr 40 Arten, die meist auf Algen, anderen Pilzen oder Protozoen parasitieren. Das Sporangium ist epibiontisch und wird

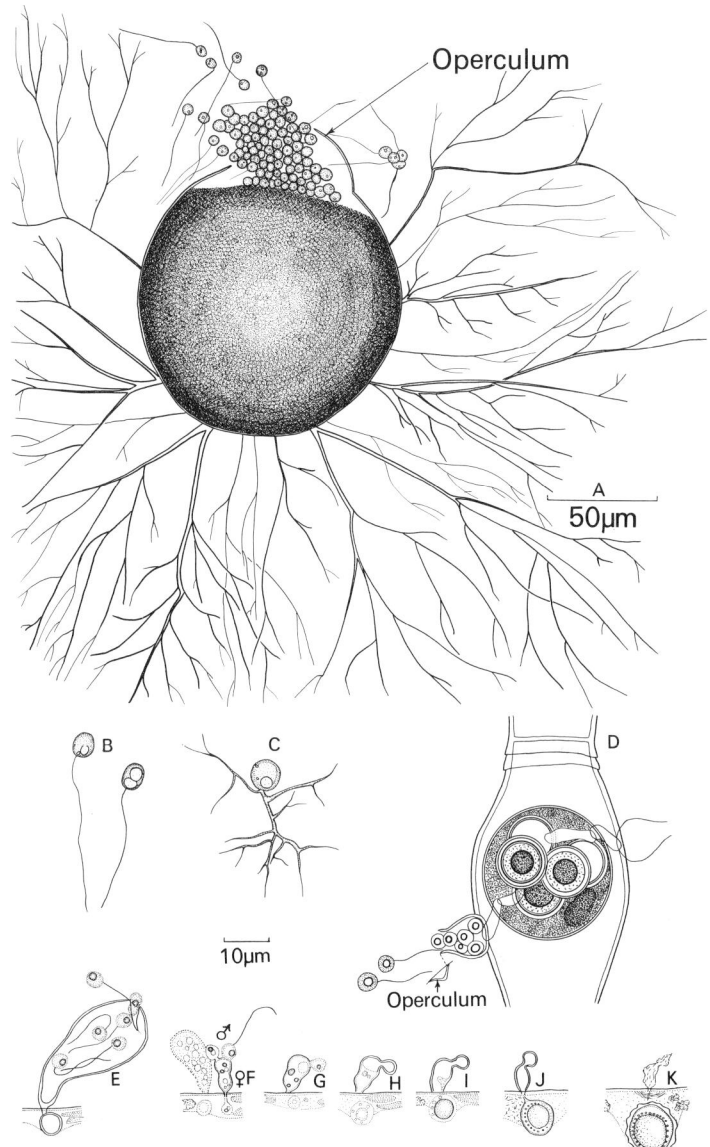

Abb. 53 A–K. *Chytridium* spp. **A–D,** *C. olla;* **E–K,** *C. sexuale.* **A** Reifes Planosporangium, das durch ein weites Operculum Planosporen entläßt; **B** Planosporen; **C** Die junge Pflanze zeigt die Vergrößerung der Planosporencyste zu einem Planosporangium; **D** Oogonium von *Oedogonium* mit einer unreifen Oospore, die von dem Parasiten zerstört wurde. Die Oospore enthält fünf Dauersporen von *Chytridium,* von denen zwei zur Bildung eines Sporangiums ausgekeimt sind. Vom unteren Sporangium hat sich das Operculum abgelöst; **E** Planosporangium von *C. sexuale,* das an einem Filament von *Vaucheria* aufsitzt. Die Planosporen werden entlassen. **F–K** Stadien der Entstehung eines Dauersporangiums; **F** Ein epibiontisches, weibliches Filament (♀) mit einem anhaftenden, encystierten männlichen Thallus und einer beweglichen männlichen Zelle. **G, H, I, J** Stadien der Plasmogamie zwischen dem männlichen und dem weiblichen Thallus. Das Cytoplasma des weiblichen Thallus wird nach und nach vom epibiontischen Teil zu der endobiontischen, sphärischen Zelle übertragen; In **J** ist die Übertragung vollständig; **K** Reife Dauerspore. Der epibiontische Teil des weiblichen Thallus und der anhaftende männliche Thallus sind kollabiert. **A, D** im gleichen Maßstab; **B, C, E–K** im gleichen Maßstab; **D** nach de Bary (1887), **E–K** nach Koch (1951)

durch Vergrößerung der Planosporencyste gebildet, während das verzweigte Rhizoidalsystem in den Wirt eindringt. Das dickwandige Dauersporangium ist endobiontisch. *C. olla* parasitiert auf Oogonien und Oosporen von *Oedogonium*, kann aber auch leicht in Reinkultur wachsen (Emerson, 1958). In Kulturen sind die Sporangien kugelig mit granulärem, blaßrosa Inhalt. Sie entstehen aus einem ausgedehnten rhizoidalen System mit Serien von Hauptachsen, die sich in sehr feine Extremitäten verzweigen. Wenn reife Sporangien (ungefähr 3 Tage alt) mit Wasser bedeckt werden, springen sie durch Emporheben eines großen Operculums auf und zahlreiche Planosporen mit einer terminal inserierten Geißel entweichen und schwimmen einige Stunden lang (Abb. 53 A). Wenn sie zur Ruhe kommen, wird die Geißel eingezogen und die Planospore entwickelt von einem Ende aus ein rhizoidales System. Inzwischen vergrößert sich die Planosporencyste und bildet das Planosporangium (Abb. 53 B, C). Bei diesen Arten sind Dauersporen auf endobiontischen Rhizoidalsystemen innerhalb eines Algenwirtes beschrieben worden, die Einzelheiten ihrer Entstehung sind jedoch unbekannt (Sparrow, 1973 d). Sie sind glatt und dickwandig. Nach einer langen Ruheperiode keimen sie zu einem zylindrischen Keimschlauch aus, der zur Außenseite des Oogoniums von *Oedogonium* wächst. Er dehnt sich aus und bildet ein birnenförmiges, epibiontisches Sporangium, das den normalen epibiontischen Planosporangien ähnlich ist (Abb. 53 D). Eine Fusion vor der Bildung von Dauersporen wurde für *C. sexuale* von Koch (1951) beschrieben. Bei dieser, auf *Vaucheria* parasitierenden Art können sich die beweglichen Zellen auf der Wirtszellwand encystieren und sich zu einem sporangienbildenden Thallus entwickeln. Dieser Thallus bildet eine weitere Generation Planosporen aus einem epibiontischen Sporangium (Abb. 53 E). Alternativ dazu können sich die Thalli als ‚weibliche' Thalli entwickeln, an die sich andere Planosporen anheften, um so einen ‚männlichen' Thallus zu bilden. Koch glaubt, daß der „weibliche Thallus nichts anderes ist als ein sporangienbildender Thallus mit einer exogenen Entwicklung, dessen Entwicklung durch das Anheften der männlichen Zellen in einem frühen Stadium aufgehalten worden ist. Dafür gibt es jedoch keine Beweise". Später entleert die männliche Zelle ihren Inhalt in den weiblichen Thallus und die verbundenen Protoplasten bewegen sich in eine endobiontische Anschwellung, sie werden größer und von einer dicken, warzigen Wand umgeben (Abb. 53 F–K). Die Keimung der Dauerspore wurde noch nicht beschrieben.

Megachytriaceae

In dieser Familie sind die meisten der polyzentrischen operculaten Chytridiales zu finden. Die Thalli sind epi- und endobiontisch, sie kommen saprophytisch auf verfaulenden Überresten von Wasserpflanzen oder im Erdboden vor. Die Planosporangien entstehen aus terminalen oder interkalaren Anschwellungen des Myzels. Dauersporen sind ebenfalls bekannt, sie werden offenbar asexuell gebildet.

Nowakowskiella (Abb. 54)

Arten von *Nowakowskiella* sind weit verbreitete Saprophyten des Erdbodens und der verfaulenden Teile von Wasserpflanzen. Man erhält diese Arten durch Ködern,

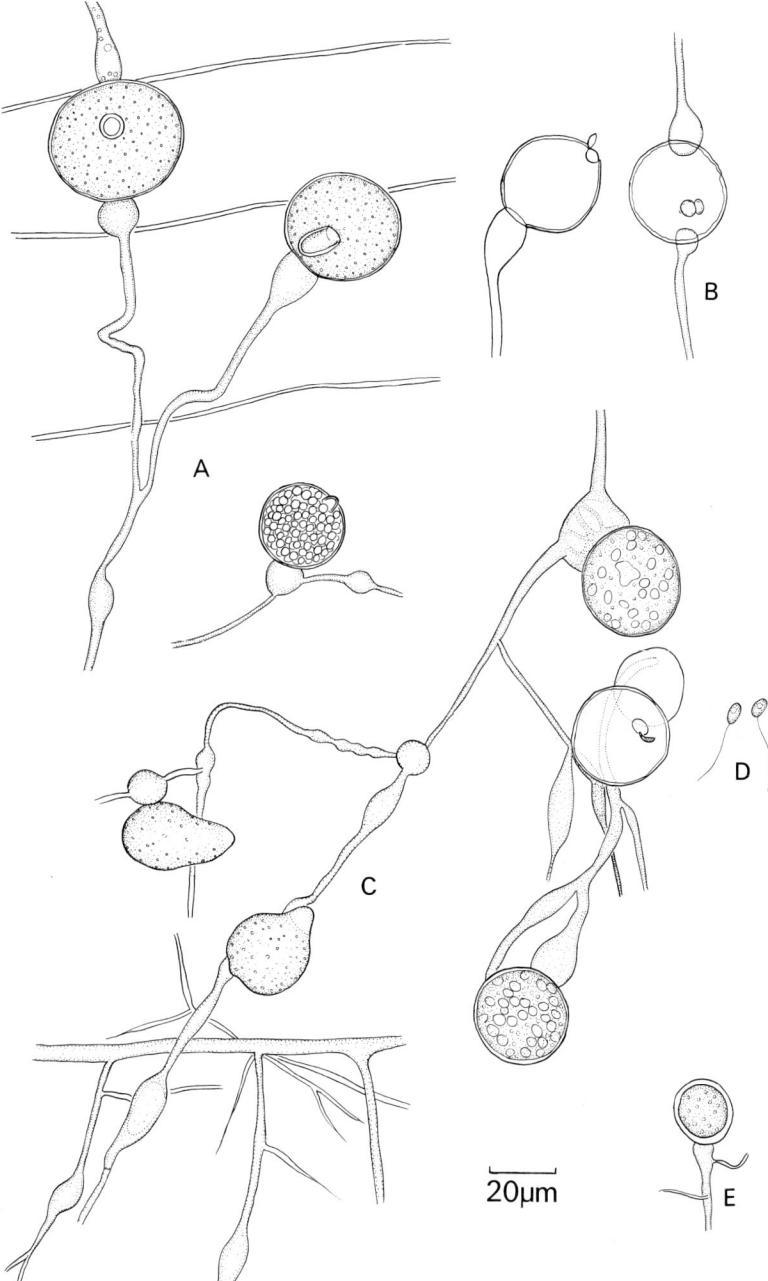

Abb. 54 A–E. *Nowakowskiella elegans.* **A** Polyzentrisches Myzel mit Planosporangien; **B** Leere Planosporangien mit Opercula; **C** Myzel mit Spindelzellen und Planosporangien; **D** Planosporen aus einer Kultur; **E** Dauerspore aus einer Kultur

indem man Überreste von Wasserpflanzen in Wasser mit abgekochten Grasblättern, Cellophan oder ähnliches hält. *N. elegans* wird in solchen Kulturen oft angetroffen, der Pilz wächst als Reinkultur auf Agar oder in Flüssigkulturen (Emerson, 1958). In abgekochten Grasblättern bildet der Pilz ein intensives und ausgedehntes Rhizomyzel mit interkalaren Anschwellungen. Planosporangien werden an terminalen oder an interkalaren Stellen gebildet (siehe Abb. 54). Sie sind kugelig oder birnenförmig mit einer subsporangialen Anschwellung oder Apophyse, mit granulärem oder lichtbrechendem hyalinen Inhalt. Zur Reife entwickeln einige Sporangien einen vorspringenden Schnabel, der bei anderen jedoch nicht vorhanden ist. Die Sporangien springen durch das Abtrennen eines Operculums auf (Abb. 54B, C). Danach werden die Planosporen entlassen, die zunächst zusammengeklumpt an der Mündung des Sporangiums bleiben. Dickwandigere, gelbliche Dauersporangien sind beschrieben worden (Abb. 54E), besonders bei Flüssigkulturen, die bei schwach reduzierten Temperaturen wuchsen (Emerson, 1958). Es gibt keine Beweise dafür, daß diese Strukturen nach einem Sexualvorgang gebildet werden. Einzelheiten über ihre Keimung sind nicht bekannt. Goldstein (1961) berichtete, daß der Pilz Thiamin benötigt und daß er Nitrate, Sulfate und eine Reihe von Kohlenhydraten inklusive Zellulose, aber nicht Stärke verwerten kann.

Für *N. profusa* sind drei Öffnungsmodalitäten beschrieben worden: **exo-operculat** (das Operculum bricht zur Außenseite des Sporangiums auf); **endo-operculat** (das Operculum bleibt innerhalb des Sporangiums); **inoperculat** (die Auslaßpapille öffnet sich ohne ein klar ausgebildetes Operculum) (Chambers et al. 1967; Johnson, 1973). Diese Variation des Öffnungsmechanismus eines einzelnen Stammes unterstreicht die Kritiken, die den Wert des Öffnungsmechanismus als ein primäres Kriterium zur Klassifizierung bezweifeln.

Blastocladiales

Die Blastocladiales leben meist saprophytisch im Erdboden, Wasser, Schlamm oder auf Debris von Pflanzen und Tieren. Eine Gattung jedoch (*Coelomomyces*) besteht aus obligaten Insektenparasiten (normalerweise für Moskitolarven). Diese Gattung ist auch deshalb ungewöhnlich, weil sie einen nackten, plasmodiumähnlichen Thallus ohne Rhizoide aufweist. Ein anderes ungewöhnliches Merkmal besteht darin, daß der Entwicklungszyklus in zwei alternativen Wirten abgeschlossen wird: sporophytische Thalli treten in Moskitolarven auf und gametophytische Thalli in Copepoden. Man hat Versuche unternommen, *Coelomomyces* zur biologischen Bekämpfung von Moskitos zu benutzen (Whisler et al. 1975; Federici, 1977). Bei den übrigen Gattungen ist der Thallus eukarp. Die morphologisch einfacheren Formen, wie z. B. *Blastocladiella*, sind monozentrisch mit einem sphärischen oder sackartigen Planosporangium oder Dauersporangium, das sich direkt oder auf einem kurzen, einzelligen Stiel auf einem Büschel von ausstrahlenden Rhizoiden entwickelt. Diese einfacheren Typen haben eine beträchtliche Ähnlichkeit mit den monozentrischen Chytridiales; im vegetativen Stadium können sie nur schwer von ihnen unterschieden werden. Die komplexer gebauten Organismen, wie z. B. *Allomyces*, sind polyzentrisch. Der Thallus besteht aus einem stämmchenartigen Teil, der unten Rhizoide besitzt und sich oben verzweigt (oft dichotom). Die Spitzen der Verzweigungen tragen Sporangien verschiedener Art. Mikrochemische Methoden, Röntgendif-fraktionsmethoden und elektronenmikroskopische Techniken ergaben, daß die Wand von *Allomyces* aus Mikrofibrillen von Chitin besteht und daß beträchtliche Mengen von Glucan, Mineralien und Protein in den Wänden enthalten sind. Chitin wurde ebenso in den Wänden von *Blastocladiella* nachgewiesen (Aronson, 1965). Die Planosporen von *Blastocladiella* haben eine einzelne, terminal inserierte Peit-schengeißel. Die Einzelheiten zur Struktur der Planosporen von *Blastocladiella* und *Allomyces* sind auf S. 65 beschrieben. Wenn die Planosporen nach dem Schwimmen zur Ruhe gekommen sind, ziehen sie bei *B. emersonii* ihre Geißel ein. Die Geißel ist möglicherweise um die Kernkappe gewickelt. Bei *Allomyces* bildet die Planosporen-cyste an einer Stelle einen Keimschlauch, der sich verzweigt und ein rhizoidales Sy-stem bildet. Am gegenüberliegenden Pol bildet die Planosporencyste einen ausge-dehnteren Keimschlauch, der die Bildung von sporangientragenden Verzweigungen veranlaßt. Die bipolare Möglichkeit zur Keimung ist ein weiteres Unterscheidungs-merkmal zwischen den Blastocladiales und den Chytridiales, bei denen die Kei-mung unipolar ist. Man findet in dieser Gruppe eine Reihe von verschiedenen Ent-wicklungszyklen. *Allomyces arbusculus* weist z. B. einen isomorphen Generations-wechsel zwischen einem haploiden Gametophyten und einem diploiden Sporophy-ten auf. Bei *A. neo-moniliformis* (= *A. cystogenus*) gibt es keinen freilebenden Ga-metophyten. Das sexuelle Stadium wird durch eine Cyste dargestellt (siehe unten). Bei *A. anomalus* findet man in Kulturen normalerweise nur das asexuelle Stadium. Allerdings kann das sexuelle Stadium experimentell induziert werden. Diese Typen der Entwicklungszyklen hat man auch bei anderen Gattungen gefunden, wie z. B. bei *Blastocladiella*. Ein charakteristisches Merkmal der asexuellen Pflanzen der Bla-stocladiales ist das Vorkommen von Dauersporangien mit dunkelbraun genarbten Wänden. Das braune Pigment in den Dauersporangien von *Allomyces* besteht aus Melanin. γ-Carotin kommt ebenfalls vor. Melanin wurde auch in den Dauersporan-gien von *Blastocladiella* nachgewiesen. Die Gruben sind einwärts gerichtete, koni-sche Poren in der Zellwand. Die inneren Enden der Poren stoßen gegen eine glatte, farblose innere Schicht von Zellwandmaterial, die das Cytoplasma umgibt (Skucas, 1967, 1968). Solche pigmentierten und genarbten Dauersporangien hat man bei den Chytridiales nicht gefunden. Die Dauersporangien von *Allomyces* können bis zu 30 Jahren in trockenen Böden überleben.

Die Leichtigkeit, mit der bestimmte Vertreter dieser Gruppe in Kulturen wach-sen, führte zu intensiven Untersuchungen ihrer Ernährungsweise und Physiologie. Die Ergebnisse einiger dieser Untersuchungen werden noch erläutert. Sparrow (1960, 1973 b) unterscheidet drei Familien, von denen aber hier nur ein ausgewähl-ter Vertreter der Blastocladiales untersucht werden soll.

Blastocladiaceae

Allomyces (Abb. 55–57)

Arten von *Allomyces* findet man sehr häufig im Schlamm oder Erdboden der Tro-pen oder Subtropen. Hält man eingetrocknete Bodenproben ins Wasser und ,kö-dert‘ mit abgekochten Hanfsamen, dann können die Köder mit Planosporen besie-delt werden. Man kann aus solchen Rohkulturen die Planosporen herauspipettieren, sie auf ein geeignetes Agarmedium übertragen und den vollständigen Entwicklungszyklus dieses Pilzes im Labor verfolgen. Ein gutes Wachstum erhält man auf einem chemisch nicht definierten Medium, das Hefeextrakt, Pepton und lösliche Stärke enthält (YPSS). Definierte Medien sind ebenfalls benutzt worden (siehe Youatt, 1973 b). Der Pilz benötigt Thiamin und organischen Stickstoff in Form von Aminosäuren. Die Sporangienentwicklung wird durch einen Mangel an Aminosäuren stimuliert (Youatt et al. 1971). Emerson (1941) hat Bodenproben aus der ganzen Welt auf Arten von *Allomyces* untersucht. Er unterscheidet drei verschiedene Typen des Entwicklungszyklus, die durch drei Subgattungen repräsentiert werden.

1. Eu-Allomyces. Der Entwicklungszyklus des *Eu-Allomyces* Typs ist am Beispiel von *A. arbusculus* und *A. macrogynus* dargestellt. Bei *A. arbusculus* entstehen die Dauersporangien auf dem diploiden Sporophyten. Cytologische Untersuchungen ergaben, daß die Dauersporangien ungefähr 12 diploide Kerne enthalten, die sich während der frühen Keimstadien meiotisch teilen (Wilson, 1952 a). Das Cytoplasma umschließt vor der Planosporenbildung die 48 haploiden Kerne. Die äußere Wand der braun genarbten Dauersporangien bricht durch einen Schlitz auf und die Innenwand bläht sich nach außen. Dann öffnet sie sich durch eine oder mehrere Poren und entläßt ungefähr 48 Planosporen mit einer terminal inserierten Geißel. Da die Meiose in den Dauersporangien stattfindet, nennt man sie **Meiosporangien** und die haploiden Planosporen **Meiosporen**. Die Meiosporen schwimmen durch die Bewegung der Schleppgeißel. Wenn sie zur Ruhe kommen, keimen sie aus, bilden ein rhizoidales System und ein coenocytisches Myzel mit dichotomen Verzweigungen. Die ringförmigen Einwachsungen von den Wänden der Stammregion und der Verzweigungen dehnen sich nach innen aus und bilden unvollständige Septen mit einer zentralen Pore, die allerdings eine cytoplasmatische Verbindung erlaubt (Abb. 55 D). Die sich aus den Meiosporen entwickelnden haploiden Pflanzen sind Gametophyten. Sie sind monözisch. Die Spitzen ihrer Verzweigungen schwellen an und bilden paarige Schläuche, die männlichen und weiblichen Gametangien. Die männlichen Gametangien können von den weiblichen durch das helle, orangerote Pigment (δ-Carotin) unterschieden werden. Bei *A. arbusculus* ist das männliche Gametangium subterminal oder hypogyn, d. h. unter dem terminalen weiblichen Gametangium inseriert. Bei *A. macrogynus* können die Positionen umgekehrt, d. h. das männliche über dem weiblichen Gametangium angeordnet sein (Abb. 55 E, I). Die Gametangien besitzen auf ihren Wänden eine Reihe von farblosen Papillen, die sich gelegentlich auflösen und Poren bilden. Der Inhalt der Gametangien differenziert sich in einkernige Gameten, die sich in Größe und Pigmentierung unterschei-

---

Abb. 55 A–I. A–H *Allomyces arbusculus.* **A** Planosporen (haploide Meiosporen); **B** Junge Gametophyten, 1 Tag alt; **C** Junge Sporophyten, 18 Stunden alt; **D** Sporophyt, 30 Stunden alt. Man erkennt die in einigen Septen sichtbaren Perforationen; **E** Gametangien an den Spitzen der Verzweigungen des Gametophyts. Die Verschiedenheit in der Größe der Gameten ist zu erkennen. Die kleineren ♂ Gameten sind orangerot gefärbt, während die größeren ♀ Gameten farblos sind. Man vergleiche die Anordnung der Gametangien mit der von *A. macrogynus* in **I**; **F** R.S. Dauersporangien (oder Meiosporangien) und Z.S. Planosporangien (oder Mitosporangien) auf dem Sporophyten; **G** Ausschwärmen der Mitosporen aus den Mitosporangien des Sporophyten; **H** Aufplatzen des Meiosporangiums; **I** *Allomyces macrogynus.* Gametophyt mit Gametangien. Die ♂ Gametangien sind hier terminal oder epigyn angeordnet

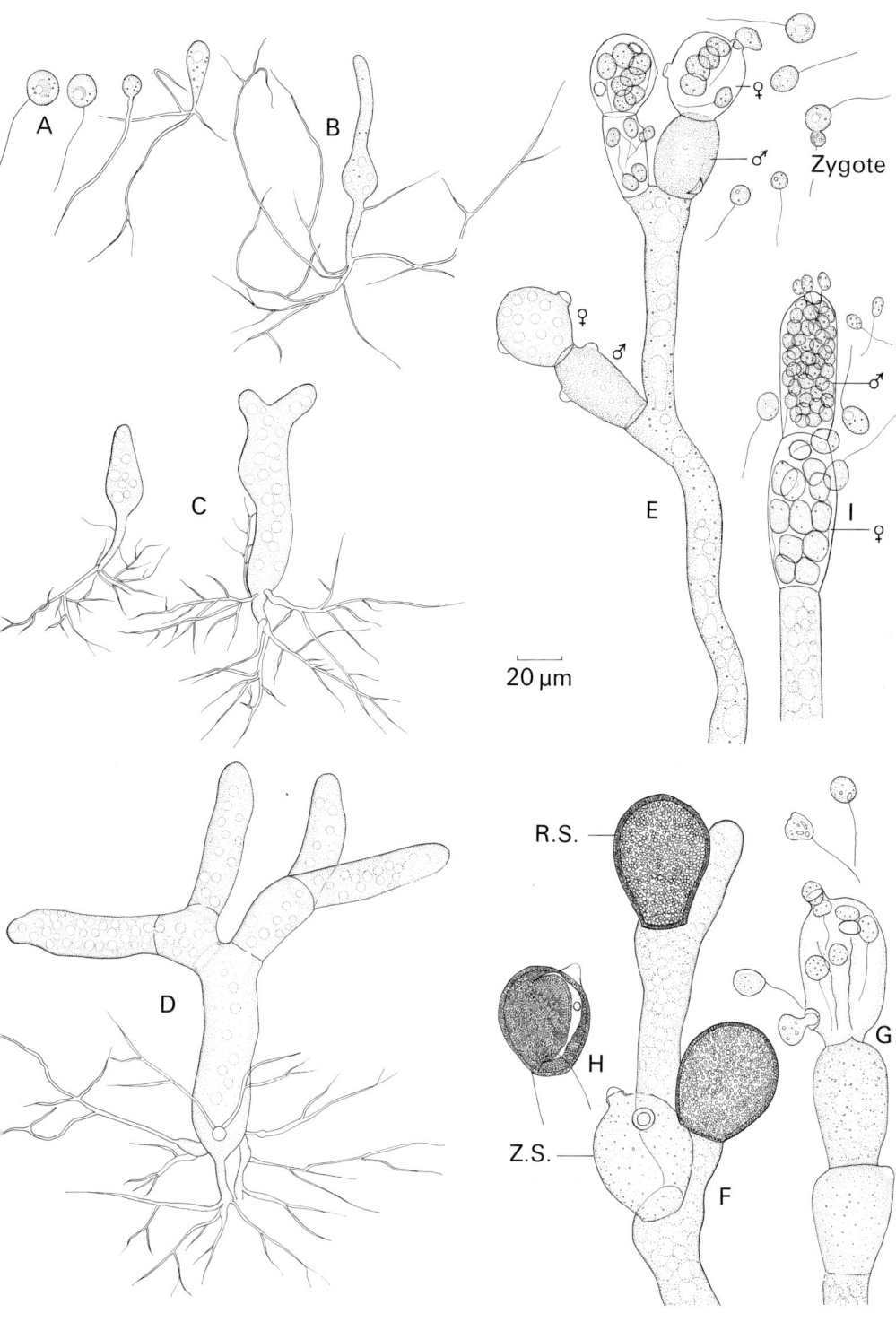

20 µm

den. Das weibliche Gametangium bildet farblose Planosporen, während das männliche Gametangium kleinere, aktive, orangefarbene Planosporen entläßt. Nach der Freisetzung durch die in den Wänden der Gametangien befindlichen Papillen schwimmen die Gameten eine Zeitlang und paaren sich dann. Wenn keine Paarung erfolgt, kann der weibliche Gamet wie eine asexuelle Spore zu einem neuen Gametophyten auskeimen. Die weiblichen Gametangien scheiden während der Gametogenese einen Befruchtungsstoff (Sirenin) aus, der die männlichen Gameten chemotaktisch anlockt (Machlis, 1958 a, b, 1972; Carlile und Machlis, 1965 a, b). Die chemische Struktur des Sirenin ist bekannt und schon als D- und L-Formen synthetisiert. Es handelt sich um ein bizyklisches Keton, das wahrscheinlich von dem elterlichen Sesquicarene abstammt (Plattner und Rapoport, 1971). Nach der Paarung der Gameten schwimmen sie eine Zeitlang, die Zygoten weisen zwei Geißeln auf. Das Cytoplasma der zwei Gameten verschmilzt zunehmend, die Zygote kommt zur Ruhe, encystiert sich und wirft die Geißeln ab, dann erfolgt Karyogamie. Die Zygote entwickelt sich sofort zu einer diploiden Pflanze, die vom allgemeinen Habitus her dem Gametophyt ähnlich sieht. Der erste Typ ist ein dünnwandiges, mit Papillen versehenes Planosporangium, das entweder einzeln oder in Reihen an den Spitzen der Verzweigungen gebildet wird. Innerhalb dieser dünnwandigen Sporangien teilen sich die Kerne mitotisch. Das Cytoplasma bleibt an den Kernen haften und bildet diploide, farblose Planosporen, die in ihrer Gesamtheit als Pfropfen aus den Sporangien entlassen werden. Sie blockieren die Papillen in der Wand, lösen sich auf und bilden runde Poren, durch die die Planosporen ausschlüpfen können. Man hat vermutet, daß die Pfropfen aus einer pektinartigen Substanz bestehen (Skucas, 1966) oder aus einem Glycopeptid (Youatt, 1973 a). Barron und Hill (1974) haben nachgewiesen, daß die Abschnürung der Planosporen dadurch entsteht, daß die verschmelzenden Trennvesikel als Bläschen von der Planosporangienmembran gebildet werden, wenn Wasser zur Verfügung steht.

Da in den dünnwandigen Sporangien mitotische Kernteilungen stattfinden, nennt man sie **Mitosporangien** und die aus diesen entlassenen Planosporen **Mitosporen.** Nach einer Schwimmphase encystieren sich die Mitosporen. Sie sind sofort keimfähig und bilden erneut einen diploiden Sporophyten. Bei der zweiten Art des Planosporangiums handelt es sich um ein dunkelbraunes, dickwandiges, genarbtes Dauersporangium (= Meiosporangium), das an den Spitzen der Verzweigungen gebildet wird. Die Meiose in diesen Sporangien führt zur Bildung von haploiden Meiosporen, die sich zu haploiden Gametophyten entwickeln. Der Entwicklungszyklus eines Vertreters der Subgattung *Eu-Allomyces* weist demnach einen isomorphen Generationswechsel auf, der haploide Gametophyt bildet Gameten. Die daraus entstehenden Zygoten entwickeln sich zu diploiden Sporophyten, auf den Mito- und Meiosporangien gebildet werden (Abb. 57). Vergleiche zum Ernährungsverhalten und der Physiologie der beiden Generationen zeigen keine wichtigen Unterschiede bis zum Entwicklungsstadium von Gametangien oder Sporangien.

Emerson und Wilson (1954) und Emerson (1954) führten cytologische und genetische Untersuchungen an einer Reihe von Isolaten von *Allomyces* durch. Man stellte interspezifische Hybriden zwischen *A. arbusculus* und *A. macrogynus* im Labor her und konnte zeigen, daß der früher als *A. javanicus* beschriebene Pilz ein in der Natur vorkommender Hybride zwischen diesen beiden Arten ist. Cytologische Prüfungen der zwei Elternarten und der künstlichen und natürlichen Hybriden zeigten hinsichtlich der Chromosomenzahl eine große Variationsbreite. Der haploide Chromosomensatz für *A. arbusculus* ist 8, es kommen aber auch Stämme mit 16, 24, und 32 Chromosomen vor. Der niedrigste Chromosomensatz für *A. macrogynus* betrug 14, es sind aber auch Stämme mit 28 und 56 Chromosomen bekannt. So konnte zum ersten Male nachgewiesen werden, daß es auch polyploide Pilze gibt. Das Verhalten der Hybridstämme ist von beträchtlichem Interesse. Die Elternstämme unterscheiden sich in der Anordnung der primären Gametangienpaare. Wie oben erwähnt, ist *A. arbusculus* hypogyn, während *A. macrogynus* epigyn ist. Zygoten, die von Gameten verschiedener Eltern gebildet werden, keimten zu sporophytischen Pflanzen aus. Die Meiosporen von Hybridsporophyten hatten eine niedrige Lebensfähigkeit (0,1–3,2%, im Vergleich zu ungefähr 63% für *A. arbusculus* Meiosporen, einige keimten aber zu Gametophyten aus. Die Anordnung der Gametangien auf diesen F_1-Gametophyten zeigte alle Übergänge von 100% Epigynie zu 100% Hypogynie. Ebenso war das Verhältnis von männlichen zu weiblichen Gametangien bei bestimmten Gametophyten (normalerweise ungefähr 1 bei den zwei Eltern) sehr hoch mit weniger als einem weiblichen pro 1000 männlichen Gametangien. Da man eine intermediäre Anordnung der Gametangien in den Hybrid-Haplonten gefunden hat, hat man geschlossen, daß diese morphologische Anordnung nicht von einem Paar alleler Gene codiert wird. Man muß im Gegenteil annehmen, daß an der Hypogonie bzw. Epigynie eine ziemlich große Anzahl von Genen beteiligt ist. Ojha und Turian (1971) behandelten Meiosporen von *A. macrogynus* mit DNA, die aus Gametophytenkulturen von *A. arbusculus* extrahiert wurde. Es konnte gezeigt werden, daß in einem Teil der Pflanzen eine Inversion der normalen Gametangienanordnung auftrat, d. h., anstatt der normalen epigynen Anordnung entwickelt ein Teil der Kolonien aus DNA-behandelten Meiosporen hypogyne Antheridien. Ähnliche Umkehrungen erhielt man in umgekehrt durchgeführten Experimenten. Bei einem Isolat des in der Natur vorkommenden Hybriden *A. javanicus* konnten Ji und Dayal (1971) trotz Kopulation zwischen Anisogameten die Bildung einer sporophytischen Pflanze mit dünn- und dickwandigen Sporangien nachweisen. Die Planosporen aus den dickwandigen Sporangien entwickelten sich nur zu einem geringen Teil zu Gametophyten, aber dafür mehr zu Sporophyten. Dies ist für einen Hybriden nicht überraschend, sondern möglicherweise auf eine fehlerhafte Meiose in den dickwandigen Sporangien zurückzuführen.

2. *Cystogenes*. Die *Eu-Allomyces* haben einen anderen Entwicklungszyklus als *Allomyces monilifomis* und *A. neo-moniliformis*. Es gibt keine unabhängige Gametophytengeneration, dieses Stadium wird wahrscheinlich durch eine Cyste dargestellt. Die Sporophyten sehen denen der *Eu-Allomyces* ähnlich, sie bilden Mitosporangien und braune dickwandige Meiosporangien. Die Mitosporangien sind dünnwandig und besitzen eine einzelne, terminale Papille, durch die die Mitosporen mit einer einzelnen, terminal inserierten Geißel entweichen können. Diese Planosporen keimen und bilden wieder Sporophyten. Die Entwicklung der Meiosporangien ist jedoch sehr charakteristisch. Die dünne Sporangienwand reißt unregelmäßig auf und das braune, genarbte Sporangium schlüpft aus (Abb. 56 F). Nach der Entlassung ist es für ungefähr zwei bis vier Tage lebensfähig. Vor der Keimung rundet das Sporangium sich ab, die äußere braune Wand bricht auf, dann dehnt sich die innere, dünne Wand aus und es bilden sich ein bis vier Poren (Skucas, 1967, 1968). Der Inhalt

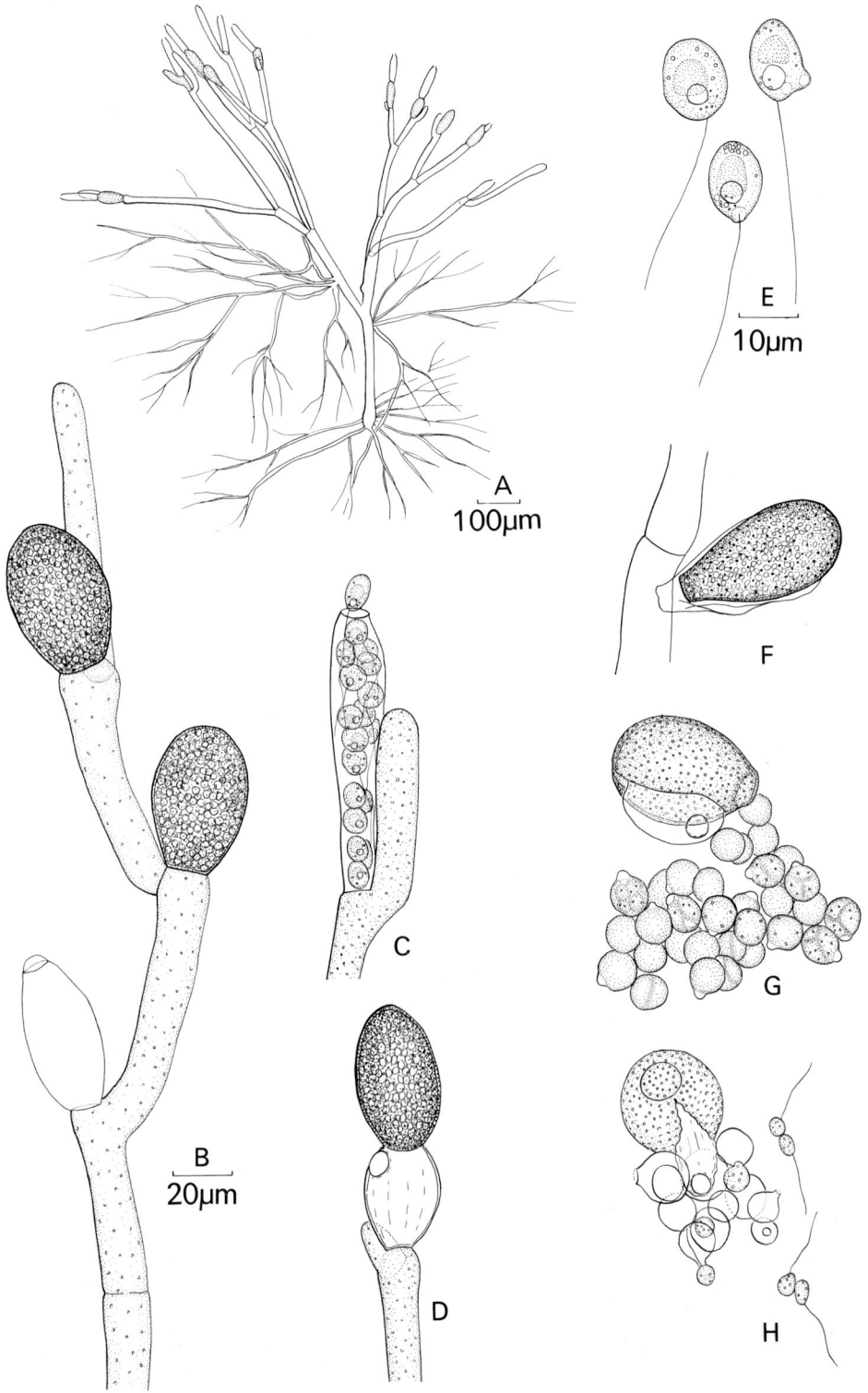

A
100μm

B
20μm

C

D

E
10μm

F

G

H

des Dauersporangiums hat sich inzwischen in bis zu 30 amöboide Körperchen geteilt, die durch die Poren entweichen. Sie besitzen entweder ein Paar terminal inserierter Geißeln (Emerson, 1941; Wilson, 1952 a), bis zu 6 Geißeln (Teter, 1944; Wilson, 1952 a) oder gar keine (McCranie, 1942; Teter, 1944). Die Bewegung dieser Körperchen ist sehr schwerfällig, sie können sich kaum von ihrem elterlichen Dauersporangium fortbewegen. Sie encystieren sich schnell, häufig verklumpen sie miteinander (Abb. 56 G, H). Das Cystenstadium dauert oft nur wenige Stunden, dann teilt sich der Inhalt der Cysten zu vier farblosen Planosporen mit einer terminal inserierten Geißel. Die Planosporen entweichen durch eine einzelne Papille in der Cystenwand. Sie verhalten sich wie Isogameten und kopulieren zu zweigeißeligen Zygoten. Eine Polarität in +/− oder ♂/♀ liegt also nicht vor. Planosporen einer Cyste können kopulieren. Die Zygote schwimmt eine Zeitlang durch die Bewegung ihrer beiden Geißeln, sie kommt dann zur Ruhe und bildet einen Sporophyten (Abb. 56 A). Die cytologischen Einzelheiten des Entwicklungszyklus bei *Cystogenes* stammen von Wilson (1952 a). Die Meiose findet wie bei *Eu-Allomyces* in den Dauersporangien statt. Vor der endgültigen Abschnürung des Cytoplasmas zur Bildung von Planosporen paaren sich die Kerne und werden durch eine gemeinsame Kernkappe zusammengehalten. Die Teilung führt deshalb zu zweikernigen Zellen, von denen einige zwei und einige gar keine Geißel besitzen. Es sind dies Zellen, die die Cysten bilden. Während der Encystierung findet eine einzige Mitose in jeder Cyste statt. Es werden vier separate Kerne gebildet, von denen jeder eine einzelne Kernkappe besitzt. Die Abschnürung des Cytoplasmas um diese Kerne führt zur Bildung von vier Gameten. *Cystogenes* ist daher ein Diplont, die haploide Phase wird durch die Cysten und Gameten dargestellt (Abb. 57).

3. Brachy-Allomyces. In bestimmten Isolaten von *Allomyces,* die den Formarten *A. anomalus* zugeordnet werden, gibt es weder Thalli mit Fortpflanzungszellen noch Cysten. An den Myzelien entstehen Mitosporangien und braune Dauersporangien. Die Sporen der Dauersporangien entwickeln sich direkt zu sterilen Thalli. Nach Wilson (1952 a) soll dieses ungewöhnliche Verhalten auf ein vollständiges oder partielles Ausbleiben der Chromosomenpaarung in den Dauersporangien zurückzuführen sein. Meiose findet nicht statt, die Kernteilungen sind mitotisch. Deshalb sind die von den Dauersporangien gebildeten Planosporen diploid wie ihre Elternpflanzen. Bei der Keimung werden daraus wieder diploide, sterile Myzelien. Ähnliche Fehler in der Chromosomenpaarung wurden auch bei den Hybriden zwischen *A. arbusculus* und *A. macrogynus* beobachtet, die hier zu einer sehr niedrigen Lebensfähigkeit bei Meiosporangien führen. Es ist deshalb möglich, daß einige der Formen von *A. anomalus* durch natürliche Hybridisation entstanden sein könnten.

Abb. 56 A–H. *Allomyces neo-moniliformis.* **A** Vollständige Pflanze; **B** Zweigende mit Dauersporangien und Planosporangium (Mitosporangium); **C** Mitosporen entlassendes Mitosporangium; **D** Zweigende mit einem terminalen Dauersporangium und einem subterminalen leeren Mitosporangium; **E** Mitosporen; **F** Dauersporangium, das die umgebende Hülle verläßt; **G** Keimendes Dauersporangium. Ein dünnwandiger Vesikel hat sich durch die aufgebrochene Wand nach außen aufgebläht. Aus der Pore in dem Vesikel sind Planosporen entschlüpft, die sich sofort encystieren; **H** Freilassung von Planosporen aus den Cysten. Die Planosporen paaren sich und bilden zweigeißelige Zygoten. **B, C, D, E, G, H** im gleichen Maßstab

Eu-Allomyces

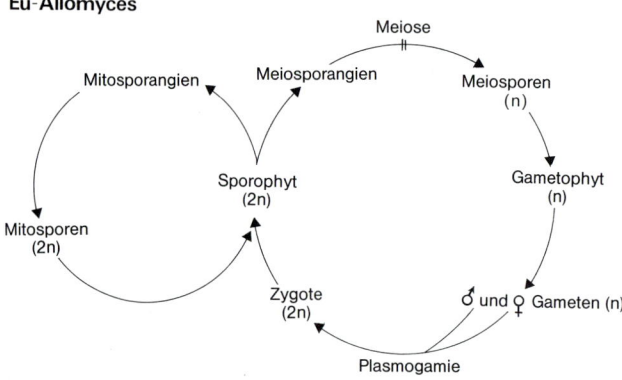

Cystogenes

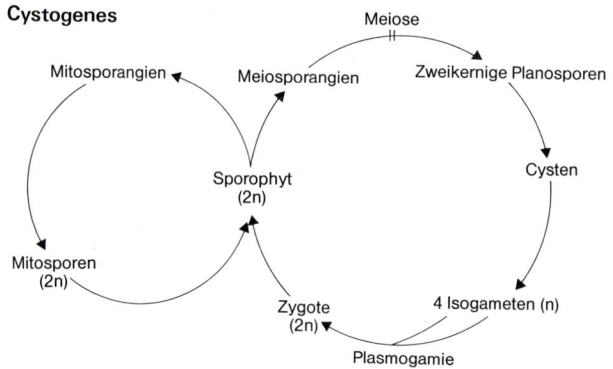

Brachy-Allomyces

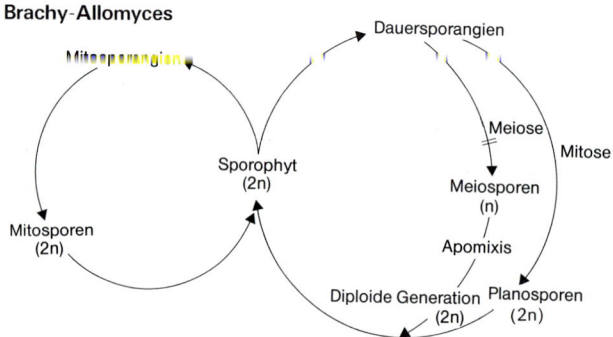

Abb. 57. *Allomyces.* Schematische Skizzen von Entwicklungszyklen

In einer späteren Untersuchung zeigten Wilson und Flanagan (1968), daß es zwei
Wege gibt, den Entwicklungszyklus dieses Pilzes ohne sexuelle Phase ablaufen zu
lassen. Die erste Möglichkeit beruht auf dem Ausbleiben der Meiose in den Dauersporangien. Allerdings findet in bestimmten Isolaten die Meiose in den Dauersporangien statt, mit anschließender Apomixis, so daß sich die Keimlinge zu Sporophyten entwickeln. Dies wird wahrscheinlich durch eine Verdoppelung der Chromoso-

men in der keimenden Meiospore verursacht. In verdünntem K_2HPO_4 wurde von keimenden Dauersporen ein kleiner Prozentsatz von Planosporen gebildet, die sich zu Gametophyten entwickelten. Aus einer Untersuchung zur Anordnung der Gametangien auf diesen Gametophyten identifizierte man einige als *A. macrogynus* und einige als *A. arbusculus*. Hybriden wurden nicht gefunden. Deshalb ist *A. anomalus* nicht eine einheitliche Art, sondern es handelt sich bei ihr um Sporophyten der beiden Arten, in denen der normale Generationswechsel durch cytologische Anomalien unterdrückt wird.

Blastocladiella (Abb. 58)

Arten von *Blastocladiella* findet man in der Erde und im Schlamm. Die meisten Isolate stammen aus der Erde südlicher Breiten. Zwei Arten fand man jedoch in Großbritannien, von denen eine auf der Blaualge *Anabaena* parasitierte (Canter und Willoughby, 1964). Der Thallus ist vergleichsweise einfach und sieht dem Thallus monozentrischer Chytridiales ähnlich. Sie haben ein stark verzweigtes, rhizoidales System, das entweder direkt aus einem schlauchartigen Sporangium entsteht oder aus einer zylindrischen, stammähnlichen Region mit einem einzelnen Sporangium an der Spitze. Verschiedene Arten von *Blastocladiella* haben ähnliche Entwicklungszyklen wie die drei Subgattungen von *Allomyces*. Karling (1973) hat vorgeschlagen, *Blastocladiella* in drei Subgattungen zu unterteilen: *Eucladiella* entsprechend *Eu-Allomyces; Cystocladiella* entsprechend *Cystogenes; Blastocladiella* entsprechend *Brachy-Allomyces.*Bei einigen Arten gibt es einen isomorphen Generationswechsel, der wahrscheinlich in den wichtigsten Merkmalen mit dem *Eu-Allomyces*-Muster übereinstimmt. Dies muß aber noch durch cytologische Einzelheiten bestätigt werden. Bei *Blastocladiella variabilis* findet man z. B. zwei Arten von Sporophyten. Eine

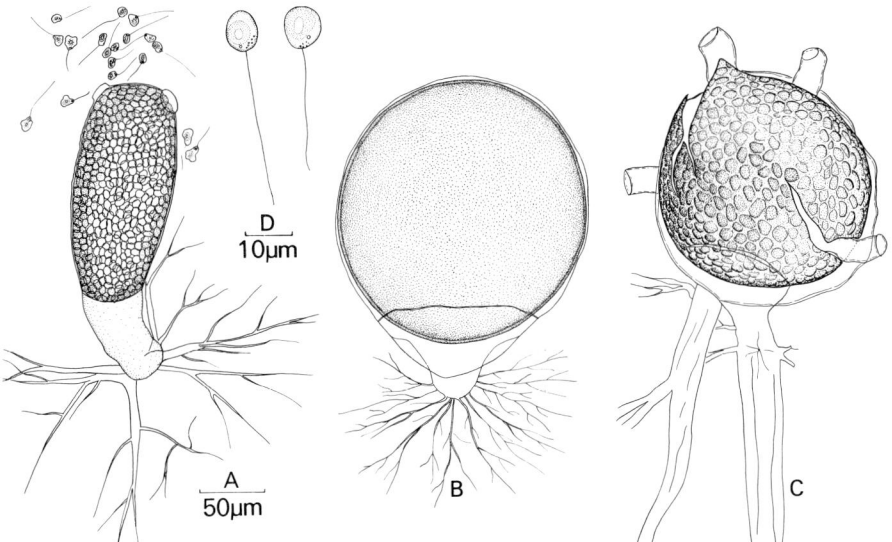

Abb. 58 A–D. *Blastocladiella emersonii.* **A** Reife, dünnwandige Pflanze, die Planosporen entläßt, 3 d alt; **B** Unreifes Dauersporangium, 3d alt; **C** Keimendes Dauersporangium mit aufgebrochener Wand und vier Keimschläuchen; **D** Planosporen einer dünnwandigen Pflanze

Pflanze besitzt dünnwandige Planosporangien, die Planosporen mit einer terminal inserierten Geißel entlassen. Diese Planosporen können sich zu Pflanzen entwickeln, die ihren Eltern ähnlich sehen, oder sie können den zweiten Typ des Sporophyten bilden, mit einem dickwandigen, dunkelbraun genarbten Dauersporangium innerhalb eines terminalen Schlauches. Die Wände der Dauersporangien brechen bei der Keimung auf und lassen Papillen hervortreten. Diese lösen sich auf und entlassen Planosporen mit einer terminal inserierten Geißel. Nach dem Schwimmen keimen die Planosporen und bilden zwei Arten von Gametophyten. Der Habitus der Gametophyten und Sporophyten ist ähnlich. Beide tragen einen terminalen, keulenförmigen Schlauch. Ungefähr die Hälfte der Gametophyten ist farblos, die anderen sind orangerot gefärbt. Analog zu *Allomyces,* wo die orangeroten Gameten kleiner sind oder ‚männlich‘, werden die orangeroten Pflanzen von *Blastocladiella* als männlich angesehen. Bei *Blastocladiella* sind die Gameten isogam, im Gegensatz zu der Anisogamie der *Eu-Allomyces.* Die orangeroten und farblosen Gameten paaren sich und bilden Zygoten, die direkt zu Sporophyten auskeimen. Die orangeroten und farblosen Pflanzen werden ungefähr im Verhältnis 1:1 gebildet. Da sie aus Dauersporangien stammen, nimmt man an, daß die sexuelle Differenzierung (d. h. Färbung) wahrscheinlich genotypisch determiniert ist. Ein ähnlicher Entwicklungszyklus ist für *B. stübenii* beschrieben worden. Bei anderen Arten (z. B. *B. cystogena*) entspricht der Entwicklungszyklus dem *Cystogenes-*Typ. Bei diesen Arten gibt es Thalli, an denen keine Planosporangien gebildet werden, sondern nur Thalli, die Dauersporangien bilden. Die Dauersporangien brechen auf und entlassen Planosporen mit einer terminal inserierten Geißel; die Planosporen encystieren sich zu einer unregelmäßigen Masse. Die Cysten keimen und bilden vier eingeißelige Isogameten. Diese Gameten paaren sich und bilden zweigeißelige Zygoten, die sich zu Pflanzen mit einem Dauersporangium entwickeln. Bei einigen anderen Arten gibt es keinen eindeutigen Beweis für einen Sexualvorgang. Bei *B. emersonii* (Abb. 58) enthält der dauersporangienbildende Thallus ein einzelnes, kugeliges, dunkelbraunes Dauersporangium mit einer mit Grübchen versehenen Wand. Nach einer Ruheperiode bricht die Wand auf und aus den ein bis vier hervortretenden Papillen werden Planosporen entlassen. Diese keimen zu zwei Typen von Pflanzen mit dünnwandigen Planosporangien aus. Ungefähr 98% der Planosporen bilden Pflanzen mit farblosen Sporangien, der Rest bildet Pflanzen mit orangerot gefärbten Sporangien (γ-Carotin). Das Verhältnis dieser zwei Typen von Pflanzen ist jedoch unterschiedlich. Man kennt natürlich vorkommende Mutanten, bei denen sich die Planosporen aus den Dauersporangien fast ausschließlich zu orangeroten Pflanzen entwickeln. Läßt man Pflanzen in Gegenwart des Antibiotikums Cycloheximid wachsen, stellt sich das Verhältnis von 25% orangeroten zu 75% farblosen Pflanzen ein.

Cantino und Horenstein (1956) interpretieren das Vorkommen von farblosen und orangeroten Pflanzen als zufällige Verteilung eines hypothetischen Cytoplasmafaktors (*Gamma*).

Wenn man die Planosporen von den farblosen Pflanzen, dem orangerot gefärbten Wildtyp und der orangeroten Mutante mit Nadi-Reagenz (1% wässrige Lösung von p-Amino-dimethylanilin Hydrochlorid gemischt mit der gleichen Menge von 1% alkoholischem *Alpha*-Naphtol) färbt, erkennt man ein unterschiedliches Verteilungsmuster von kleinen, blau-schwarzen Partikeln. Die Planosporen der farblosen Pflanzen besitzen durchschnittlich 12,5 Partikel pro Sporen, während die Planosporen der orangeroten Wildtyppflanzen und der orangeroten Mutanten durchschnittlich 7,5 bzw. 8,0 Partikel pro Spore aufweisen. Die Verteilung dieser Nadi-positiven Partikel entspricht deshalb der vorhergesagten Verteilung des hypothetisch angenommenen cytoplasmatischen *Gamma*-Partikels. Es ist möglich, daß die *Gamma*- und die Nadi-positiven Partikel identisch sind. Die *Gamma*-Partikel kann man aus aufgebrochenen Zellen von *Blastocladiella* isolieren. Sie enthalten DNA, eine RNA von niedrigem Molekulargewicht und das Enzym Chitinsynthetase (Myers und Cantino, 1974).

Trotz sorgfältiger und wiederholter Untersuchungen gibt es keinen Beweis für einen konventionellen Sexualvorgang zwischen Planosporen von orangeroten und farblosen Pflanzen. Mischt man Planosporen von farblosen und mutierten orangeroten Pflanzen miteinander, kann es zu einem flüchtigen Kontakt durch eine cytoplasmatische Brücke kommen. Die zwei Zellen trennen sich jedoch schließlich, eine Karyogamie findet nicht statt. Solche Kontakte können mehrere Male auftreten, wenn eine farblose Planospore der Reihe nach von mehr als einer orangeroten Planospore berührt wird. Es gibt Beweise, daß während solcher flüchtigen Kontakte ein Austausch von cytoplasmatisch-genetischen Determinanten stattfindet. Mutierte Planosporen zeigen z. B. geringfügige Keimraten auf reinem Synthesemedium, während farblose Planosporen eine gute Keimrate auf dem gleichen Medium aufweisen. Vermischt man die Planosporensuspension dieser zwei Typen, erhöht sich die Zahl der lebensfähigen Pflanzen aus der Suspension in Abhängigkeit vom Zeitpunkt der Vermischung. Diese und andere Beweise haben Cantino und Horenstein (1954) zu der Annahme veranlaßt, daß trotz Abwesenheit von Gametogamie bei *Blastocladiella emersonii* bestimmtes Cytoplasmamaterial einseitig übertragen werden kann.

B. emersonii besitzt noch eine Anzahl anderer, ungewöhnlicher Merkmale. Wenn man Planosporensuspensionen auf Pepton-Hefe-Glucose-Agar plattiert, sind die meisten sich entwickelnden Pflanzen dünnwandig und farblos. Auf dem gleichen Medium mit 10^{-2} M Bicarbonat entstehen Pflanzen mit Dauersporangien, die dicke, genarbte, braune Wände aufweisen. Der Zusatz von 40–80 mM KCl, NaCl oder NH_4Cl oder die Bestrahlung der Kultur mit UV-Licht kann ähnliche Bildungen von Dauersporangien induzieren (Horgen und Griffin, 1969). Deshalb ist es möglich, mit Hilfe einfacher Veränderungen der Umwelt den Stoffwechsel des Pilzes in eine von zwei morphogenetischen Richtungen zu bringen. Cantino und Mitarbeiter haben die Unterschiede der Pflanzen, die mit oder ohne Bicarbonat aufgewachsen sind, analysiert. Sie haben gezeigt, daß es eine Reihe wichtiger Unterschiede in der Aktivität bestimmter Enzyme gibt (weitere Literatur bei Cantino und Lovett, 1964; Cantino et al. 1968). Bei Fehlen von Bicarbonat werden jedoch Teile des Krebs-Zyklus unterdrückt. Dies führt zu alternativen Stoffwechselwegen. Außerdem findet man anstelle der normalen Cytochromoxidase eine Polyphenoloxidase, die jedoch der dünnwandigen Pflanze fehlt. Weiterhin beobachtete man eine erhöhte Melanin- und Chitinsynthese bei Anwesenheit von Bicarbonat.

Die Wirkung von Bicarbonat kann auch mit geeigneten Mengen von CO_2 erzielt werden. Es gibt noch ein anderes ungewöhnliches Phänomen: die CO_2-Fixierung bei *B. emersonii* geschieht im Licht schneller als in der Dunkelheit. In Gegenwart von CO_2 zeigen Pflanzen, die im Licht gewachsen sind, gegenüber Pflanzen, die im Dunkeln gewachsen sind, eine Reihe von Unterschieden. Belichtete Pflanzen werden drei Stunden später reif, sie sind größer als Pflanzen, die im Dunkeln wuchsen.

Sie haben auch eine erhöhte Kernteilungsrate und einen höheren Nukleinsäuregehalt. Die effektivste Wellenlänge für eine erhöhte CO_2-Fixierung liegt zwischen 400 und 500 nm, d. h. im blauen Bereich des Spektrums. Dies deutet darauf hin, daß der Photorezeptor eine gelbliche Substanz sein könnte. Versuche zur Identifizierung des Photorezeptors sind bisher erfolglos gewesen. Man weiß aber, daß es sich nicht um ein Carotinoid oder um Chlorophyll handelt. Ebenso hat man den Ort der lichtaktivierenden Reaktion noch nicht gefunden.

Für *B. britannica* sind keine sexuellen Vorgänge beschrieben worden (Cantino, 1970), es entstehen Pflanzen, die Dauersporangien bilden. Die Bildung von Dauersporangien wird bei diesen Arten durch Bestrahlung mit weißem Licht stimuliert. Es gibt jedoch keine Beweise dafür, daß die Bildung von Dauersporangien durch Bicarbonat stimuliert wird.

Monoblepharidales

Diese Gruppe umfaßt drei Gattungen: *Monoblepharis, Gonapodya* und *Monoblepharella*. Die beiden ersten kommen auf untergetauchten Zweigen und Früchten in Süßwasserteichen und Bächen vor, besonders während des Frühlings. *Monoblepharella* kann man mit Hanfsamen ködern und zwar in wässerigen Aufschwemmungen von Erdproben aus den wärmeren Teilen Nord- und Südamerikas und aus Westindien. Bei allen Gattungen ist der Thallus eukarp und fädig. Untersuchungen der Zellwand von *Monoblepharella* ergaben, daß die Wand Fibrillen aus Chitin enthält. Ein charakteristisches Merkmal ist das Cytoplasma, das schaumig oder alveolisiert erscheint. Asexuelle Fortpflanzung erfolgt durch Planosporen mit einer terminal inserierten Geißel, die in endständigen, zylindrischen oder flaschenförmigen Sporangien gebildet werden. Die Planosporen sind bisher noch nicht so genau untersucht wie die der Chytridiales und Blastocladiales. Die Feinstruktur der Planospore von *Monoblepharella* ist jedoch bekannt (Fuller, 1966; Fuller und Reichle, 1968). Diese Planospore unterscheidet sich von der von Blastocladiales durch eine Reihe von signifikanten Merkmalen. Der Kern der Planospore von *Monoblepharella* ist eindeutig vom Kinetosom getrennt. Eine Gruppe von eng aneinanderliegenden Ribosomen ist mit dem Kern verbunden. Es ist jedoch zweifelhaft, ob dies als Kernkappe anzusehen ist. Zusätzlich gibt es zu den Lipidkörperchen und mehreren Mitochondrien eine charakteristische, seitlich angeordnete Organelle, die Rumposom genannt wird. Ihre Funktion ist aber unbekannt. Man nimmt an, daß diese Organelle aus einem Netzwerk von Röhren besteht. Die Keimung geschieht bi- oder monopolar. Zur Physiologie dieser Gruppe ist sehr wenig bekannt (Springer, 1945; Perrott, 1955, 1958; Aronson und Preston, 1960). Bei der sexuellen Fortpflanzung werden Oosphären durch Spermatozoide befruchtet. Diese Art von Oogamie ist bei Pilzen ungewöhnlich. Nach der Befruchtung kann sich die Eizelle bei einigen Arten von *Monoblepharis* durch amöboide Kriechbewegungen zur Öffnung des Oogoniums bewegen. Bei *Monoblepharella* wird die Eizelle durch die Spermatozoid-Geißel fortbewegt (Sparrow, 1939; Springer, 1945), ebenso bei *Gonapodya* (Johns und Benjamin, 1954). Sparrow (1960) hat aufgrund dieses Verhaltensunterschiedes die drei Gattungen in zwei Familien unterteilt, die Monoblepharidaceae für *Monoblepharis* und die Gonapodyaceae für *Gonapodya* und *Monoblepharella*.

Monoblepharis (Abb. 59)

Arten von *Monoblepharis* kann man auf mit Wasser vollgesogenen Zweigen mit noch vorhandener Borke finden, die aus schlammfreien Teichen mit neutralem bis alkalischem Wasser (d. h. pH 6,4 bis 7,5) stammen. Birken-, Eschen-, Ulmen- und besonders Eichenzweige sind geeignete Substrate. Obwohl alle Zweige, die während des Jahres gesammelt werden, ein Wachstum des Pilzes ermöglichen, gibt es zwei Perioden des vegetativen Wachstums, eine im Frühling und eine im Herbst, und Ruheperioden während des Sommers und im Winter (Perrott, 1955). Niedrige Temperaturen scheinen die Entwicklung zu fördern. Ein gutes Wachstum erhält man auf Zweigen, die man in Schalen mit destilliertem Wasser bei Temperaturen um 3 °C hält. Das Myzel ist zart und vakuolisiert. Die Hyphen sind vielkernig. Während der

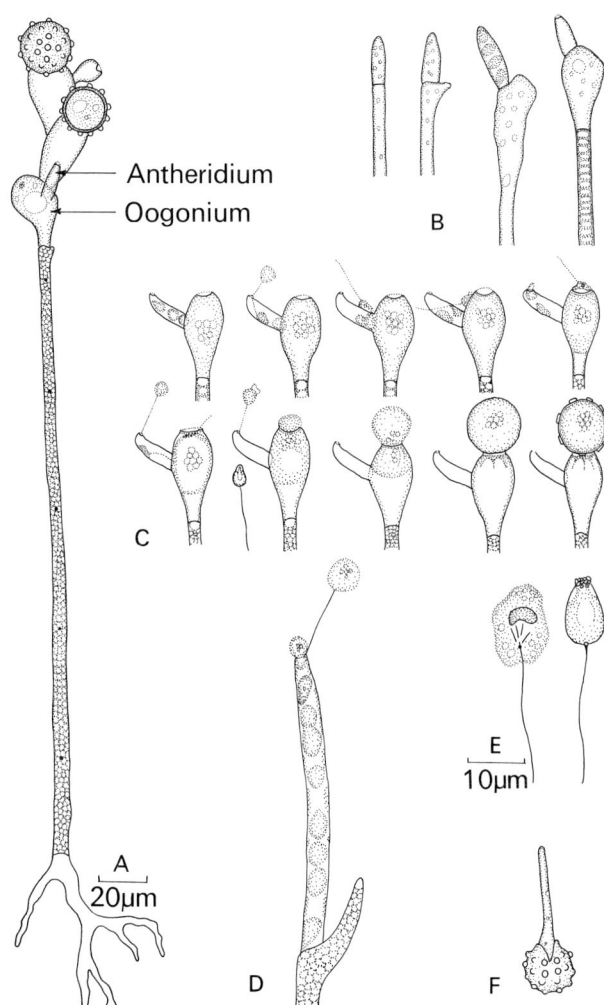

Abb. 59 A–F. *Monoblepharis polymorpha* (nach Sparrow). **A** Vollständige Pflanze mit rhizoidalem System, Antheridien, Oogonien und reifen Oosporen; **B** Stadien der Gametangienentwicklung; **C** Stadien der Befruchtung; **D** Sich entleerendes Sporangium; **E** Planosporen; **F** Keimende Oospore. **A, B, C, D, F** im gleichen Maßstab

Bildung eines Sporangiums wird durch ein Septum eine vielkernige Spitze abgetrennt. Das Cytoplasma lagert sich um die Kerne und bildet Planosporeninitialen, die zuerst eckig, später birnenförmig und nicht sehr viel breiter als die sie tragenden Hyphen sind. An der Spitze des Sporangiums wird eine Pore gebildet, durch die die Planosporen durch amöboide Kriechbewegungen entweichen können.

Sexuelle Fortpflanzung kann induziert werden, indem man Zweige bei Raumtemperatur hält. Bei den meisten Arten können die Sexualorgane auf der gleichen Pflanze entstehen, die auch Sporangien trägt. Für zwei Arten, *M. regignens* und *M. ovigera,* wurden keine sexuellen Stadien beschrieben. Ob diese Arten korrekt als *Monoblepharis* klassifiziert wurden, ist ungewiß. Es ist nämlich möglich, daß sie sich im Falle einer sexuellen Fortpflanzung wie *Monoblepharella* verhalten könnten. Bei *Monoblepharis polymorpha* und verwandten Arten sind die Antheridien epigyn. Das Antheridium wird von der Spitze der Hyphe gebildet, die durch eine Querwand abgetrennt wird. Unter dem Antheridium schwillt die Hyphe asymmetrisch an, so daß das Antheridium an die Spitze gelangt. Der angeschwollene, subterminale Teil wird sphärisch und dann zur Bildung eines Oogoniums durch ein Basalseptum abgetrennt. Bei *M. sphaerica* und einigen anderen Arten ist die Anordnung der Sexualorgane umgekehrt wie bei *M. polymorpha,* wo das Oogonium terminal und das Antheridium subterminal angeordnet ist. Bei beiden Arten entläßt das Antheridium oft Keimzellen, bevor das angrenzende Oogonium reif ist. Die Freisetzung männlicher Keimzellen ähnelt der Freisetzung von Planosporen, und jedes Antheridium entläßt ungefähr vier bis acht Keimzellen mit einer terminal inserierten Geißel, die den Planosporen ähnlich sehen, aber etwas kleiner sind. Das Oogonium enthält eine einzelne, sphärische, einkernige Oosphäre. Wenn diese reift, öffnet sich eine apikale Empfängnispapille an der Oogonienwand. Ein Spermatozoid, das sich der Empfängispapille nähert, haftet in dem Schleim und fusioniert mit der Oosphäre. Die Geißel des Spermatozoids wird innerhalb weniger Minuten absorbiert. Nach der Plasmogamie umgibt sich die Oospore mit einer goldbraunen Wand. Später erfolgt Karyogamie. Bei einigen Arten, z.B. *M. sphaerica,* bleibt die Oospore innerhalb des Oogoniums (endogen), während sich beide anderen Arten, z.B. *M. polymorpha,* die Oospore innerhalb weniger Minuten nach der Befruchtung in Richtung Oogoniumöffnung bewegt und an ihr haften bleibt (exogen) (Abb. 59). Bei diesen exogenen Arten ist die Karyogamie verzögert, findet jedoch schließlich statt und die Oospore wird einkernig. Bei einigen Arten bleibt die Oosporenwand glatt, während bei anderen Arten die Wand ornamentiert sein kann. Die Oospore keimt nach einer Ruheperiode, die den Winterbedingungen oder der Sommertrockenheit entspricht. Es bildet sich eine einzelne Hyphe mit Verzweigungen, die sich zu einem Myzel entwickelt. Die cytologischen Einzelheiten des Entwicklungszyklus sind noch nicht vollständig geklärt. Wahrscheinlich findet die Meiose während der Keimung der überwinterten Oosporen statt (Laibach, 1927).

Die Monoblepharidales sind möglicherweise mit den Blastocladiales verwandt. Die beiden Gruppen weisen im allgemeinen ähnliche Strukturen auf: eingeißelige Planosporen mit einer gut entwickelten Kernkappe und eine bipolare Planosporenkeimung (Sparrow, 1958). Was den Entwicklungszyklus angeht, gibt es keine Parallelen zu der Mannigfaltigkeit, die bei den Blastocladiales existiert.

Oomycetes

Die Oomyceten sind Mastigomycotina mit einer charakteristischen heterokonten, zweigeißeligen Planospore, von denen eine Peitschen- und die andere eine Flimmergeißel ist. Die Saprolegniales können dimorphe Planosporen bilden, d.h. es kommen zwei Arten von Planosporen vor, von denen die eine apikal und die andere lateral inserierte Geißeln besitzt. Bei den Peronosporales gibt es nur Planosporen mit zwei lateral inserierten Geißeln. Die meisten Oomycetes sind Wasserpilze. Einige Saprolegniales und Peronosporales wachsen im Erdboden, andere Peronosporales befallen die Sprosse von Landpflanzen. Der Besitz von Planosporen läßt auf eine Abhängigkeit von Wasser zur Verbreitung schließen, jedoch lösen sich bei einigen pathogenen Peronosporales die Sporangien von der Sporangiophore und werden vom Wind verbreitet. Die nachfolgende Keimung kann mit Planosporen oder bei einigen falschen Mehltaupilzen mit Keimschläuchen erfolgen, d.h. Planosporen können fehlen. Die Zellwände der Oomycetes enthalten kein Chitin. Lin und Aronson (1970) haben jedoch bei *Apodachlya* (Leptomitales) Chitin und Zellulose nachgewiesen. Bei den meisten Oomycetes kommt nur wenig Zellulose vor, die Hauptbestandteile sind Glucane mit β-(1-3) und β-(1-6)glycosidischen Bindungen (Aronson et al. 1967). Der Habitus des Thallus variiert sehr stark. Bei den Lagenidiales (die zum großen Teil auf Algen, anderen Wasserpilzen und mikroskopisch kleinen Wassertieren parasitieren) ist der Thallus holokarp. Bei den übrigen Ordnungen ist er meist eukarp und besteht oft aus relativ dicken, coenocytischen Hyphen. Bei den Leptomitales sind die Hyphen in regelmäßigen Abständen eingeschnürt. An der Spitze der Verengungsstelle befindet sich ein Pfropfen des Kohlenhydrats Zellulin. Eine ausführliche Darstellung dieser Gruppen gibt Sparrow (1960, 1973a; Dick, 1973a). Die sexuelle Fortpflanzung der Oomycetes erfolgt durch Oogametangiogamie, die zur Bildung von einer oder mehreren dickwandigen Dauersporen (=Oosporen) führt. Bei den Lagenidiales können zwei holokarpe Thalli unterschiedlicher Größe fusionieren, während bei den Saprolegniales, Peronosporales und Leptomitales ein mehr oder weniger kugeliges Oogonium (mit einer oder mehreren Eizellen) und ein Antheridium fusionieren. Man nimmt an, daß die Oomycetes Diplonten sind (siehe S. 82 und Dick und Win-Tin, 1973).

Die Oomycetes sind in vier Ordnungen eingeteilt (Martin, 1961).

Holokarp oder eukarp; im letzteren Falle Hyphen ohne Verengungen oder Zellulinpropfen, die nicht aus einer gut ausgebildeten Basalzelle entstehen; Oogonium enthält ein bis mehrere Oosporen . . . . **Saprolegniales** (S. 128)

Eukarp; Hyphen verengt, mit Zellulinpfropfen, aus einer gut ausgebildeten Basalzelle entstanden; Oogonium typischerweise mit einer einzelnen Oospore
. . . . **Leptomitales**

– Primär im Wasser lebend; hauptsächlich parasitisch auf Algen und Wasserpilzen; Thallus holokarp, schwach entwickelt, einfach oder etwas verzweigt . **Lagenidiales**

– Vorwiegend auf dem Lande im Boden lebend oder parasitisch auf Gefäßpflanzen; im letzteren Falle fungieren die Planosporangien als Konidien
. . . . **Peronosporales** (S. 146)

Dick (1976) hat für die Oomycetes eine neue Unterabteilung der Pilze vorgeschlagen (Heterokontimycotina). Möglicherweise ist die Gruppe mit den heterokonten Algen verwandt, die einen ähnlichen Entwicklungszyklus haben.

Saprolegniales

Dies ist die bekannteste Gruppe der Wasserpilze. Vertreter dieser Gruppe sind reichlich in feuchten Böden, an Seerändern und im Frischwasser zu finden, hauptsächlich saprophytisch auf Pflanzen und Tierdebris, während einige andere im Brackwasser vorkommen. Die meisten Saprolegniaceae gedeihen am besten im Süßwasser und sind relativ empfindlich gegen Brackwasser. Einige Arten von *Saprolegnia* und *Achlya* haben eine ökonomische Bedeutung als Fisch- und Fischeiparasiten (Scott und O'Bier, 1962; Willoughby, 1968, 1969, 1970; Willoughby und Pikkering, 1977; Wilson, 1976). *Aphanomyces euteiches* ist der Erreger einer Wurzelkrankheit der Erbse und einiger anderer Pflanzen, während andere Arten gefährliche Parasiten des Flußkrebses *Astacus* (Unestam, 1965) sind. Algen, Pilze, Rädertierchen und Copepoden können ebenfalls von Vertretern dieser Gruppe befallen werden; dies kann gelegentlich zu Epidemien im Zooplankton führen.

Bei den Ectrogellaceae, Parasiten von Süß- und Meerwasser, Diatomeen und von Phaeophyceae, ist der Thallus holokarp und endobiontisch wie bei *Olpidium*. In der größten Familie (Saprolegniaceae) ist der Thallus eukarp und coenocytisch und bildet oft ein kräftiges und starres Myzel.

Die Planosporen sind zweigeißelig. Sind die Geißeln vorn und hinten befestigt, so ist die apikal inserierte Geißel eine Flimmer- und die terminal inserierte Geißel eine Peitschengeißel (Manton et al. 1951). Man nimmt an, daß die terminal inserierte Geißel die Planospore antreibt und die apikal inserierte Flimmergeißel als Ruder fungiert (McKeen, 1962). In einigen Gattungen findet man zwei Typen von Planosporen. Das erste bewegliche Stadium ist normalerweise birnenförmig mit zwei apikal inserierten Geißeln. Nach einer kurzen Schwimmdauer encystieren sich die Planosporen und ziehen ihre Geißeln ein. Die Cyste keimt normalerweise und bildet einen zweiten Planosporentyp, bohnenförmig mit lateral inserierten Geißeln. Die Planospore des zweiten Stadiums encystiert sich nach dem Schwimmen und kann während der Keimung weitere Planosporen des zweiten Typs bilden. Je nach Außenbedingungen können sich mehrfach Cysten und Planosporen bilden. Alternativ kann die Cyste mit einem Keimschlauch auskeimen, aus dem sich dann ein Myzel entwickelt. Andere Gattungen zeigen ein modifiziertes Verhalten der Planosporen (siehe unten).

Die sexuelle Fortpflanzung der Saprolegniales erfolgt durch Oogametangiogamie, mit einem großen, gewöhnlich sphärischen Oogonium, das ein bis viele Eizellen enthält. Antheridienbildende Verzweigungen legen sich an die Wand des Oogoniums an und dringen mit einem Befruchtungsschlauch durch die Wand. Wahrscheinlich dringt dann nur ein einzelner männlicher Kern in jede Eizelle ein.

Die Saprolegniaceae lassen sich im allgemeinen leicht in Reinkulturen halten, sogar in synthetischen Medien, so daß ihre Physiologie intensiv untersucht werden konnte (Cantino 1950, 1955; Papavizas und Davey, 1960; Barksdale 1962; Unestam und Gleason 1968; Gleason et al. 1970a, b; Faro 1971; Gleason 1972, 1973, 1976;

Nolan und Lewis 1974). Die meisten Arten benötigen keine Vitamine. Organische Schwefelverbindungen, wie z. B. Cystein, Cystin, Glutathion und Methionin, werden bevorzugt. Die meisten Arten sind nicht in der Lage, Sulfat zu reduzieren. Organische Stickstoffquellen, wie z. B. Aminosäuren, Pepton und Casein, werden den anorganischen N-Quellen vorgezogen. Nitrat kann im allgemeinen nicht verwertet werden, sondern es wird Ammonium benötigt. Einige Arten brauchen Glucose, Maltose, Stärke und Glycogen, während andere Arten Glucose als einzige Kohlenstoffquelle benötigen. In Flüssigkulturen kann *Saprolegnia*-Myzel unbegrenzt gehalten werden, wenn man organische Nährstoffe in Form von Nährbouillon hinzufügt. Wenn man die Nährstoffe wegläßt, entwickeln sich die Hyphenspitzen schnell zu Planosporangien. Die Bildung der Sexualorgane kann bei einigen Arten durch Veränderung der Umweltbedingungen erreicht werden. Die Salzkonzentration des Mediums spielt dabei eine entscheidende Rolle. Schwefel-, Phosphor-, Calcium-, Kalium- und Magnesiummangel kann die Bildung von Oogonien limitieren (Barksdale, 1962). In Reinkulturen von *Aphanomyces euteiches* werden Oogonien nur dann reichlich gebildet, wenn Schwefel in reduzierter Form hinzugefügt wird (Davey und Papavizas, 1962).

In der nachfolgenden Darstellung werden nur die Saprolegniaceae besprochen. Literatur zur Taxonomie und Ökologie dieser Gruppe bei Dick (1973 b, 1976).

Saprolegniaceae

Vertreter dieser Gruppe kann man leicht aus Wasser, Schlamm und Erdboden isolieren, indem man abgekochte Hanfsamen in Schalen legt, die Teichwasser oder Bodenproben oder Zweigstücke aus Gewässern enthalten (Einzelheiten bei Johnson, 1956). Innerhalb von ungefähr vier Tagen kann man Pilze an den starren, radiären groben Hyphen mit terminalen Sporangien erkennen. Durch Übertragen von Hyphenspitzen oder Planosporen auf Mais-Extrakt-Agar oder andere geeignete Medien kann man Kulturen anlegen. Man findet meist 10 bis 20 Gattungen, die häufigsten sind *Saprolegnia*, *Achlya*, *Aphanomyces*, *Dictyuchus* und *Thraustotheca*. Bei allen Gattungen sind die Hyphen coenocytisch. Sie enthalten innerhalb der Zellwand eine periphere Cytoplasmaschicht, die eine durchgehende zentrale Vakuole umgibt. Im peripherem Cytoplasma kann man leicht Strömungen erkennen. Die zahlreichen Kerne werden nicht durch Zellwände voneinander getrennt. Die Mitosen erfolgen intranukleär, und zwar gleichzeitig mit der Replikation paariger Centriolen (Flanagan, 1970; Heath und Greenwood, 1970 b, 1971; Heath, 1974, 1976). In den vegetativen Hyphen kann man fädige Mitochondrien und Lipidkügelchen erkennen. Die Feinstruktur der vegetativen Hyphen ist bei *Aphanomyces* (Shatla et al. 1966; Hoch und Mitchell, 1972 a), *Saprolegnia* (Gay und Greenwood, 1966; Heath et al. 1971) und *Achlya* (Dargent et al. 1973) untersucht worden. Bei *Saprolegnia* ist die Hyphenspitze verjüngt und in der Apikalregion 10–40 μm lang; Mitochondrien und Kerne fehlen dort. Diese Apikalregion ist hauptsächlich mit membrangebundenen Vesikeln angefüllt, die man Wandvesikel nennt. Diese Vesikel kommen gehäuft in der Spitzenregion (5 μm) vor, aber auch hinter der Spitze im peripheren Cytoplasma, das der Zellwand anliegt. Die Wandvesikel enthalten wahrscheinlich Bausteine für das Zellwandmaterial. Ihr Ursprung ist noch nicht geklärt, ein Golgi-Apparat kommt zwar vor, so daß die Vesikel möglicherweise aus Golgi-cisternen entstehen wie bei anderen Oomycetes (z. B. *Pythium* und *Phytoph-thora* (siehe S. 51)). Die Mitochondrien sind zylindrisch und bis zu 10 μm lang. Man findet sie besonders häufig in einigem Abstand von der Hyphenspitze, und zwar parallel zur Längsachse der Hyphen. Sie sind groß genug, um sie in der Cytoplasmaströmung in lebenden Zellen beobachten zu können.

Ein Merkmal vieler Saprolegniaceae, besonders wenn sie in Kulturen wachsen, ist die Bildung von dickwandigen, vergrößerten terminalen oder interkalaren Teilen von Hyphen, die mit dichtem Cytoplasma angefüllt sind und vom restlichen Myzel durch Septen abgetrennt werden. Diese Strukturen, die einzeln oder in Reihen vorkommen können (siehe Abb. 64), nennt man Gemmen oder Chlamydosporen. Ihre Bildung kann durch Veränderung der Kulturbedingungen induziert werden. Morphologisch weniger klare, aber einfache Strukturen findet man häufig in alten Kulturen. Obwohl bekannt ist, daß Gemmen Austrocknung oder lang andauernde Frostperioden nicht überleben können, bleiben sie doch für eine lange Zeit lebensfähig. Sie können entweder als weibliche Gametangien oder als Planosporangien fungieren, am häufigsten keimen sie aber mit Hilfe eines Keimschlauches. Ein anderes Merkmal von alten Kulturen ist die Fragmentation von zylindrischen Stücken des Myzels, die an jedem Ende durch ein Septum abgetrennt werden.

Asexuelle Fortpflanzung bei den Saprolegniacea

Saprolegnia (Abb. 60)

Arten von *Saprolegnia* kommen häufig im Erdboden und im Frischwasser vor. Sie leben saprophytisch auf Pflanzen- und Tierresten. Eine Reihe von Arten, wie z. B. *S. ferax* und *S. parasitica,* sind Erreger von Fisch- und Fischeikrankheiten. Mit diesen Arten wurden verwundete Fische geimpft, die dann innerhalb von 24 Stunden starben (Tiffney, 1939 a, b; Vishniac und Nigrelli, 1957; Scott und O'Bier, 1962). In der Natur kann *S. parasitica* sehr ernstzunehmende Epidemien bei Fischen verursachen (Stuart und Fuller, 1968). Die Sporangien von *Saprolegnia* entwickeln sich an der Spitze der Hyphen. Die Hyphenspitze schwillt an, wird keulenförmig, rundet sich an der Spitze ab und sammelt dort dichteres Cytoplasma um die noch klar erkennbare zentrale Vakuole an. An der Basis des Sporangiums bildet sich ein Septum, das zuerst in Richtung Spitze konvex ist, d. h. es wölbt sich in das Sporangium hinein. Die Hyphenspitze enthält zahlreiche Kerne, dann teilt sich das Cytoplasma in einkernige Portionen, von denen sich jede in eine Planospore differenziert. Zu diesem Zeitpunkt ist die zentrale Vakuole nicht mehr sichtbar. Die Spitze des zylindrischen Sporangiums enthält klareres Cytoplasma, an seinem Ende entwickelt sich ein abgeflachter Auswuchs. Während das Sporangium reift und die Planosporen ausdifferenzieren, zeigen sie eine leichte Bewegung und Formveränderung (Abb. 60 B–D). An der Form des basalen Septums kann man erkennen, daß der Druck innerhalb des Sporangiums ansteigt. Es wird konkav, d. h. es wird in das Lumen der Hyphe unter das Sporangium gedrückt. Nach der Trennung verschwindet der positive Turgordruck des Sporangiums und das Septum wölbt sich wieder in das Sporangium, während die Planosporen ausdifferenzieren. Das Sporangium verändert sich und die Spitze des Sporangiums bricht zusammen. Das Ausschlüpfen der Sporen

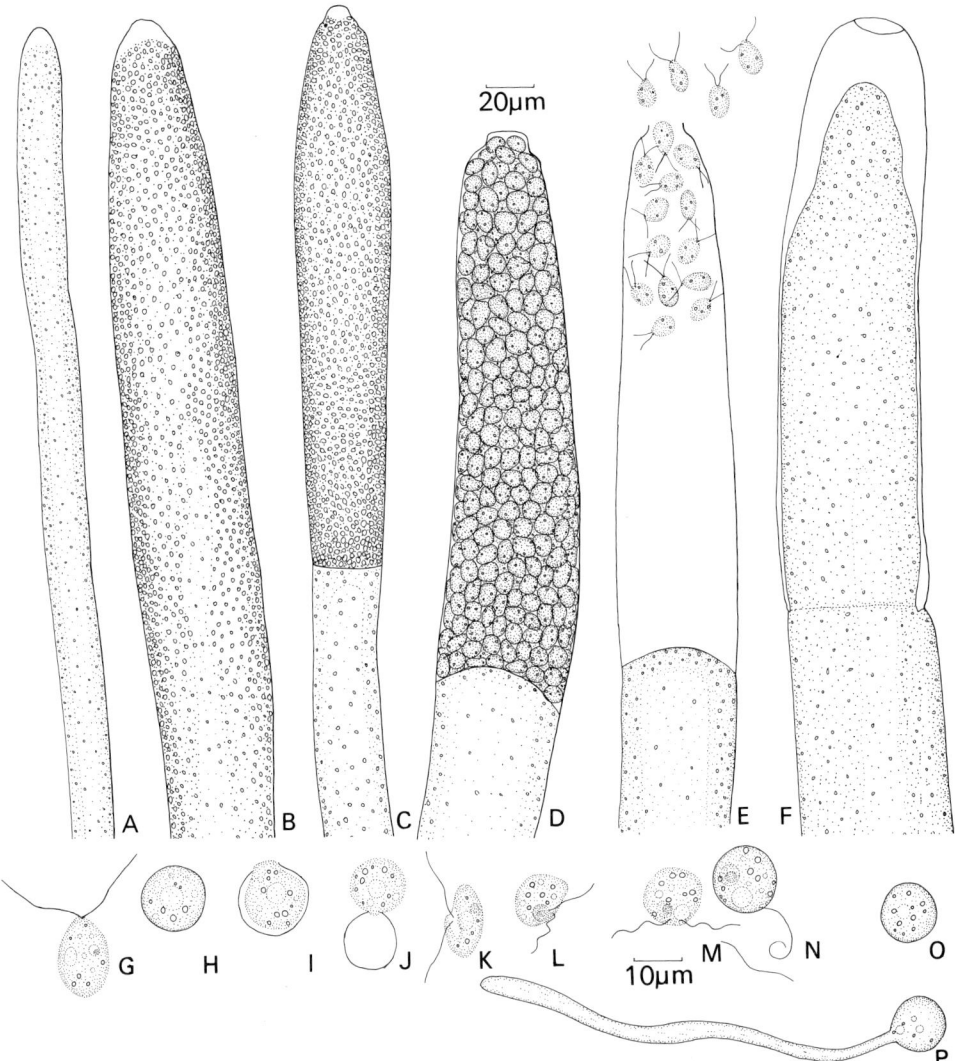

Abb. 60 A–P. *Saprolegnia.* **A** Spitze einer vegetativen Hyphe; **B–D** Entwicklungsstadien von Planosporangien; **E** Freisetzung von Planosporen; **F** Proliferation des Planosporangiums. Innerhalb des leeren Planosporangiums entwickelt sich ein zweites; **G** Primäre Planospore (erstes bewegliches Stadium); **H** Das bewegliche Stadium endet mit einer Cystenbildung (primäre Cyste); **I–J** Keimung der primären Cyste und Freisetzung eines zweiten beweglichen Stadiums (sekundäre Planospore); **K–M** Sekundäre Planospore; **N** Sekundäre Planospore während der Encystierung. Man erkennt die abgeworfenen Geißeln; **O** Sekundäre Cyste; **P** Sekundäre Cyste, die mit Hilfe eines Keimschlauches keimt. **A–F** im gleichen Maßstab; **G–P** im gleichen Maßstab

erfolgt in wenigen Sekunden, sie bewegen sich kolonnenförmig durch die Öffnung, als ob sie herausgedrückt würden. Der ganze Vorgang der Sporangienentwicklung, beginnend mit der Abschnürung des Basalseptums bis zur Planosporenfreisetzung, dauert ungefähr 90 Minuten. Die Planosporen verlassen das Sporangium rückwärts gerichtet, mit dem stumpfen hinteren Ende zuerst. Die Planospore ist manchmal etwas größer als der Durchmesser der Sporangienöffnung, so daß die Planosporen zusammengedrängt werden. Wenn die Freisetzung der Planosporen durch Druck verursacht wird, dann kann der Größenunterschied zwischen Planospore und der Öffnung zur Verhinderung eines plötzlichen Druckverlustes wichtig sein. Manchmal bleibt jedoch eine Planospore zurück und schwimmt im leeren Sporangium, verläßt jedoch schließlich rückwärts das Sporangium durch die Öffnung. Planosporen in teilweise entleerten Sporangien orientieren sich linear entlang der zentralen Achse des Sporangiums, so als wenn sie von der Wand abgestoßen werden. Möglicherweise handelt es sich hier um eine elektrostatische Abstoßung, denn die Orientierung kann gestört werden, wenn man die Sporangien in ein elektrisches Feld bringt. Die Planosporen werden von einer Kathode angezogen (Borkowski, 1969).

Ein charakteristisches Merkmal von *Saprolegnia* ist der Wiederbeginn des Wachstums von der Basis des Septums nach der Entleerung des Planosporangiums, so daß sich eine neue Spitze innerhalb der alten Sporangienwand bildet. Diese kann sich zu einem Planosporangium entwickeln, das die Sporen durch die alte Öffnungspore ausschleudert (Abb. 60 F). Dieser Vorgang kann sich wiederholen, so daß man mehrere Wände innerhalb des Planosporangiums finden kann.

Während der Freisetzung drehen sich die Planosporen langsam und schwimmen schließlich mit dem spitzen Ende voran. Sie sind birnenförmig und haben zwei apikal inserierte Geißeln (Abb. 60 G). Jede Spore enthält auch einen Kern und eine kontraktile Vakuole. Von *Saprolegnia* gibt es elektronenmikroskopische Aufnahmen von Manton et al. (1951). Die Planosporen schwimmen eine Zeit lang, manchmal weniger als eine Minute. Die Planosporen eines einzelnen Sporangiums zeigen jedoch Unterschiede hinsichtlich ihres Bewegungszeitraumes. Die meisten encystieren sich innerhalb einer Minute, während einige mehr als 1 Stunde lang bewegungsfähig bleiben. Die Planospore zieht dann die Geißeln ein und encystiert sich, und das Cytoplasma wird von einer festen Wand umgeben (Abb. 60 H) (Crump und Branton, 1966; Holloway und Heath, 1974, 1977 a, b). Es werden nur die Axonemen der Geißeln eingezogen: die Flimmerhaare bleiben als Büschel auf der Oberfläche der Cysten. Nach einer Ruheperiode (die bei *S. dioica* zwei bis drei Stunden dauert) keimt die Cyste und entläßt eine Planospore (Abb. 60 I–J). Diese unterscheidet sich in der Form von der Planospore, die aus dem Sporangium stammt. Sie ist bohnenförmig (obwohl amöboide Formveränderungen vorkommen), mit zwei lateral, in einer flachen Furche inserierten Geißeln, die an einer Seite der Planospore abwärts verläuft (Abb. 60 K–M). Diese birnenförmige Planospore nennt man sekundäre Planospore oder sekundäres bewegliches Stadium, im Gegensatz zu den primären Planosporen mit den zwei apikal inserierten Geißeln, dem ersten beweglichen Stadium. Die sekundäre Planospore kann mehrere Stunden lebhaft schwimmen, bevor sie sich encystiert. Salvin (1941) verglich die Bewegungsraten der primären und sekundären Planosporen und stellte fest, daß die sekundären Planosporen ungefähr dreimal so schnell schwimmen konnten wie die primären Planosporen. Er schrieb: „Sobald ein Übergang von der primären zur sekundären Planospore stattgefunden hat, gab es nicht nur eine allgemeine morphologische Veränderung, sondern in Wirklichkeit eine Transformation in ihrer biochemischen Konstitution". Neben dieser Möglichkeit ist es aber wahrscheinlicher, daß die Ursache für die schnellere Schwimmbewegung der sekundären Planospore in der lateralen Anordnung der Geißeln zu finden ist. Die nach vorn gerichtete Flimmergeißel und die nach hinten gerichtete Peitschengeißel ermöglichen einen weit effektiveren Antrieb. Die Bewegung der sekundären Planosporen wird chemotaktisch gesteuert. Schon ein Teil eines Tierkörpers, wie z.B. ein Fliegenbein, kann zur Stimulation der Planosporenaggregation benutzt werden. Fischer und Werner (1958a) haben die chemotaktischen Stimulanzien durch Glaskapillaren ersetzt, die 10^{-1} M Natrium- oder Kaliumchlorid und Spuren von Aminosäuren enthielten. Sie zeigten auch (1958b), daß Spuren von Nicotinamid (10^{-7} M) die Encystierung auslösen können. Wird diese Substanz aber von den Cysten abgespült, kann ein weiteres bewegliches Stadium gebildet werden. Dieses Phänomen einer sich wiederholenden Encystierung und Beweglichkeit nennt man **Polyplanie**. Am Ende des zweiten beweglichen Stadiums und jedes weiteren beweglichen Stadiums werden die Geißeln abgeworfen, aber nicht eingezogen. Anstatt weitere Planosporen zu bilden, kann die sekundäre Cyste mit Hilfe eines Keimschlauches auskeimen und ein vegetatives Filament bilden (Abb. 60P). Wegen der zwei Planosporen-Stadien bei der asexuellen Fortpflanzung von *Saprolegnia* bezeichnet man diesen Pilz als **diplan**. Wie wir jedoch gesehen haben, kann es mehrere bewegliche Stadien geben, so daß der Ausdruck polyplan ebenfalls verwendet werden könnte. Als Alternative sind auch andere Ausdrücke gebräuchlich. Wenn sich die beiden beweglichen Stadien morphologisch unterscheiden, sollte man den Begriff **dimorph** verwenden. Elektronenmikroskopische Aufnahmen von Cysten, die sich am Ende des ersten und zweiten beweglichen Stadiums bei *Saprolegnia* gebildet haben, zeigen, daß in dieser Gattung die Cysten ebenfalls dimorph sind. Primäre Cysten von *S. ferax* besitzen einzelne oder in Büscheln angeordnete Stacheln von 0,2–0,4 µm Länge und ungefähr 10 nm ϕ. Sekundäre Cysten besitzen gespaltene und zurückgebogene Haken, die Bootshaken ähnlich sehen und jeweils auf einer Platte aus dickem Zellwandmaterial sitzen. Bei *S. ferax* sind die Haken einzeln, während sie bei *S. parasitica* in Büscheln vorkommen (Meier und Webster, 1954; Heath und Greenwood, 1970c) (Abb. 63). Diese Haken dienen zur Anheftung der Cyste. Es ist aber auch möglich, daß sich die Cysten damit an dem Meniskus befestigen können. Auf der Haut von Forellen, die 10 Minuten lang in eine Suspension sekundärer Planosporen von *Saprolegnia* gebracht und anschließend eine Stunde lang in klarem Wasser gehalten wurden, fand man extrem viele angeheftete Sporen (Willoughby und Pickering, 1977).

Die Feinstruktur der Planosporenentwicklung von *Saprolegnia* wurde von Gay und Greenwood (1966), Heath und Greenwood (1970c, 1971), Heath et al. (1970) und I.B. Heath (1976) untersucht. Die Abschnürung des peripheren Cytoplasmas, das die zentrale Vakuole umgibt, wird durch die Bildung einer Anzahl von großen Vesikeln verursacht, die den Tonoplasten berühren. Die Vesikel dehnen sich so lange aus, bis ihre Membranen das Plasmalemma berühren. Auf diese Weise werden einkernige Planosporeninitialen abgegrenzt. Die Verschmelzung der Trennungsvesikel mit dem Plasmalemma führt zu einer Verbindung mit dem Tonoplasten. Dies führt bei dem Sporangium zu einem Verlust der Semipermeabilität und des Turgors. Die Vakuolenflüssigkeit, d.h. die Flüssigkeit innerhalb des Tonoplasten, fließt aus dem Sporangium aus. Zur gleichen Zeit können die Planosporeninitialen, die nun nicht mehr zurückgehalten werden und frei im Sporangium liegen, Wasser aufnehmen und anschwellen.

Während der Entwicklung der Planosporangien erscheinen im Cytoplasma Organellen, die ‚Stäbchen‘ genannt werden und die weiterhin in den abgeschnürten Planosporeninitialen bleiben. Diese Strukturen findet man nicht in den vegetativen Hyphen. Sie sind zylindrisch mit einem abgerundeten Ende, bis zu 0,5 μm lang und 0,1–0,15 μm breit, von einer einzelnen Membran umgeben und enthalten ein zentrales Bündel von parallelen Fibrillen. Die Stäbchen berühren häufig das Plasmalemma in den Planosporen, die eine Wand gebildet haben. Man glaubt, daß die Stäbchen Material enthalten, aus dem die Cystenwände und Stacheln hergestellt werden. Man nimmt an, daß die Flimmerhaare vom endoplasmatischen Retikulum stammen. Sie erscheinen als Mikrotubulibündel, die von viereckig endenden, membrangebundenen Vesikeln in entstehenden Planosporangien umschlossen werden. Die Membranen der Vesikel gehen in das endoplasmatische Retikulum über und sind mit Ribosomen besetzt. Wenn sich die Geißeln der Planosporen bilden, werden die Flimmerhaare an die Geißelscheide angeheftet. Zu Beginn der Planosporenbildung orientieren sich die gepaarten Centriolen, die mit den Kernen verbunden sind, neu und entwickeln sich zu Kinetosomen.

Achlya (Abb. 61)

Arten von *Achlya* kommen gewöhnlich in der Erde und im submers verfaulenden Pflanzenmaterial vor, z.B. Zweige (Johnson, 1956). Bestimmte Arten hat man als Fischpathogene beschrieben. Die Planosporenentwicklung von *Achlya* ist in jeder Beziehung der von *Saprolegnia* ähnlich. Nach früheren Untersuchungen entwickeln die Planosporen Geißeln, während nach Johnson (1956) die primäre Planospore keine Geißel bildet. Während der Freisetzung schwimmen die Planosporen nicht weg, sondern verklumpen zu einem hohlen Ball an der Mündung des Planosporangiums und encystieren sich dort (Abb. 61 A). Häufig findet eine partielle Fragmentierung des Planosporenballes statt. Dies kann hinsichtlich der Sporenverbreitung vor der Bildung der sekundären Sporen von ökologischer Bedeutung sein. Im Gegensatz zu einigen *Saprolegnia*-Arten findet man Cysten von *Achlya* normalerweise am Boden der Kulturgefäße und wahrscheinlich auch im Schlamm unter natürlichen Bedingungen. Aus der Sporenanhäufung entwickeln sich die sekundären Planosporen nicht simultan. Die Planosporen werden durch Protoplasmaverbindungen zusammengehalten. Das erste bewegliche Stadium bei *Achlya* ist deshalb sehr kurz. Die primäre Cyste bleibt einige Stunden an der Mündung des Sporangiums. Dann entläßt jede Cyste eine sekundäre Planospore durch einen schmalen Porus (Abb. 61 B, C). Nach dem Schwimmen encystiert sich die Planospore und kann mit einem Keimschlauch auskeimen (Abb. 61 E–F) oder sie kann sich erneut in eine sekundäre Planospore umwandeln. Die Cysten von *A. klebsiana* bleiben wenigstens zwei Monate lebensfähig, wenn sie steril bei 5 °C aufbewahrt werden (Reischer, 1951). Nach der Entleerung des Planosporangiums von *Achlya* findet normalerweise ein erneutes Wachstum statt. Dies geschieht durch seitliches Herausdrücken einer neuen Hyphenspitze genau unter dem entleerten Sporangium (Abb. 61 A).

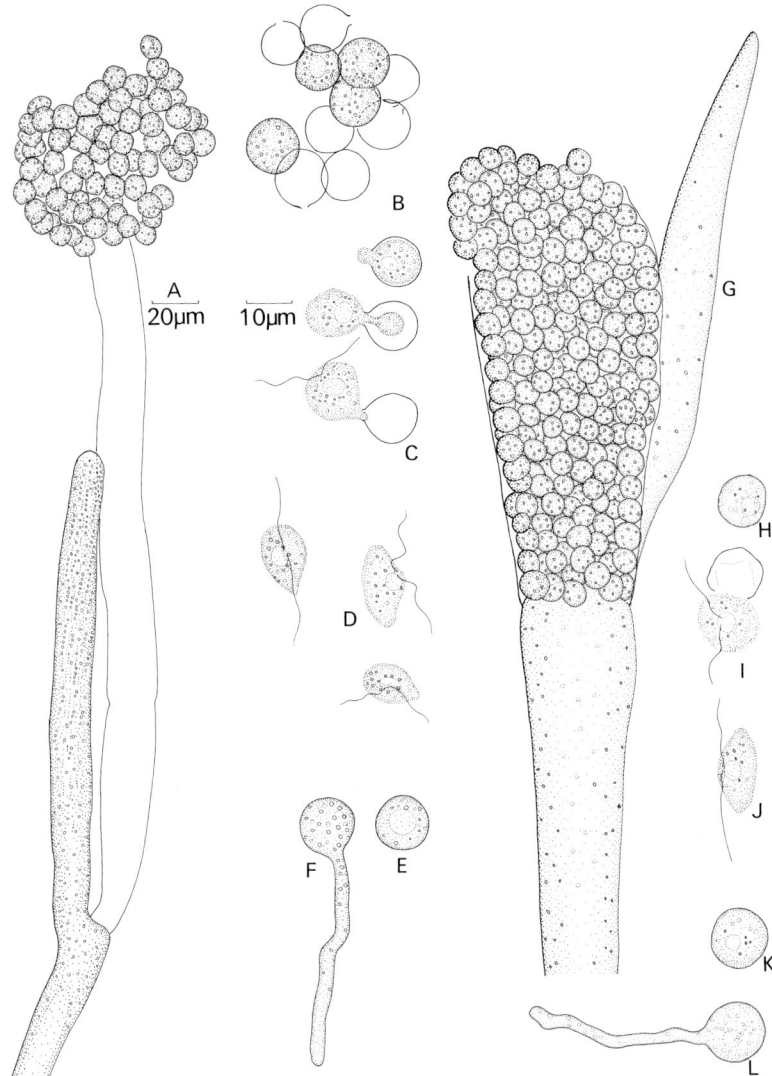

Abb. 61 A–L. *Achlya colorata.* **A** Planosporangium mit einer Anhäufung primärer Cysten an der Mündung. Man erkennt die seitliche Proliferation der Hyphe unterhalb des alten Sporangiums; **B** Volle und entleerte primäre Cysten; **C** Stadien, die die Freisetzung von sekundären Planosporen aus einer primären Cyste zeigen; **D** Sekundäre Planosporen; **E** Sekundäre Cyste; **F** Sekundäre Cyste mit einem Keimschlauch; **G–L** *Thraustotheca clavata;* **G** Planosporangium mit Encystierung innerhalb des Sporangiums. Die primären Cysten werden gerade durch Aufreißen der Sporangienwand entlassen; **H** Primäre Cyste; **I** Keimende primäre Cyste, die eine sekundäre Planospore entläßt (hier das erste bewegliche Stadium); **J** Sekundäre Planospore; **K** Sekundäre Cyste; **L** Sekundäre Cyste mit Keimschlauch. **A** und **G** im gleichen Maßstab; **B–F** und **H–L** im gleichen Maßstab

Aphanomyces

Aphanomyces unterscheidet sich von *Achlya* durch ein schmales, zartes Myzel und durch ein dünnes Sporangium, das eine einzelne Reihe von Sporen enthält. Arten dieser Gattung wachsen im allgemeinen auf vergänglichen Substraten, z. B. auf Insektenexuvien im Wasser (Dick, 1970). Keratinabbauende Arten kommen im Erdboden vor (Seymour und Johnson, 1973). *Aphanomyces astaci* ist pathogen für den Flußkrebs (Unestam, 1965), während *A. euteiches* Erbsenwurzeln befällt. Die asexuelle Fortpflanzung bei *Aphanomyces* ist variabel. Nach Hoch und Mitchell (1972 a, b) entwickeln sich bei *A. euteiches* keine Geißeln auf den primären Sporen. Protoplasten werden abgeschnürt, bewegen sich zur Mündung des Sporangiums und encystieren sich dort. Aus den primären Cysten entstehen sekundäre Planosporen. Hierbei handelt es sich um die ersten beweglichen Stadien. *Aphanomyces euteiches* ist deshalb monomorph. Nach W. W. Scott (1956) kann die Beweglichkeit der primären Planospore von *A. patersonii* durch Temperaturveränderungen kontrolliert werden. Unter 20 °C findet eine Encystierung der primären Planosporen an der Mündung des Sporangiums statt. Oberhalb dieser Temperatur schwimmen die primären Planosporen weg und encystieren sich in einer gewissen Entfernung vom Planosporangium. In dieser Hinsicht ähnelt das Verhalten von *A. patersonii* der Entwicklungsgeschichte von *Leptolegnia*. Ein ähnliches Phänomen wurde für *Saprolegnia* beschrieben. Salvin (1941) gibt an, daß sich die primären Planosporen unterhalb 10 °C nicht mehr normal verhalten. In einigen Fällen encystieren sie sich sofort nach dem Auftreten. Sie bilden dann in der Nähe der Sporangienmündung eine lockere Anhäufung encystierter Sporen.

Thraustotheca (Abb. 61)

Bei *T. clavata* sind die Sporangien keulenförmig. Es gibt kein freischwimmendes, primäres Planosporenstadium. Die Encystierung findet in den Sporangien statt und die primären Cysten werden durch ein unregelmäßiges Aufreißen der Sporangienwand freigesetzt (Abb. 61 G). Nach der Freisetzung keimen die eckigen Cysten und entlassen bohnenförmige Planosporen mit lateral inserierten Geißeln (Abb. 61 I–J). Nach einer Schwimmphase findet eine weitere Encystierung statt, darauf folgt eine Keimung mit einem Keimschlauch (Abb. 61 K–L) oder durch Entlassung einer weiteren Planospore. Die Planosporen sind deshalb monomorph und polyplan.

Dictyuchus (Abb. 62)

Bei dieser Gattung gibt es ebenfalls keine freischwimmenden primären Planosporen. Das Planosporangium ist gefächert. Es werden zwar Planosporeninitialen abgeschnürt, die sich aber sofort in dem zylindrischen Sporangium encystieren. Die Cysten sind leicht zusammengedrückt und entlassen ihre sekundären Planosporen unabhängig durch separate Poren der Sporangienwand (Abb. 62 A). Nach vollständiger Planosporenfreilassung ist im Sporangium ein Netzwerk zu erkennen, das aus den polygonalen Wänden der primären Cysten aufgebaut ist (Abb. 62 B, C). Elektronenmikroskopische Aufnahmen zeigen, daß die Wand der sekundären Cyste von *D. sterile* eine Serie von langen Stacheln besitzt, die so aussehen wie die Frucht einer Roßkastanie (Meier und Webster, 1954; Heath et al. 1970). Nach der Bildung des ersten Planosporangiums kann darunter ein zweites gebildet werden, und zwar durch Bildung eines Septums, das ein subterminales Segment der ursprünglichen Hyphe abtrennt. Oder es findet seitlich des ersten Sporangiums ein erneutes Wachstum statt. Im allgemeinen kann das ganze Sporangium von *Dictyuchus* von der Elternhyphe abgetrennt werden, die Sporenfreisetzung verläuft aber normal.

Da es bei *Thraustotheca* und *Dictyuchus* nur ein bewegliches Stadium gibt (d. h. sekundäre Planosporen), nennt man diese monomorph. Bei *Pythiopsis cymosa* je-

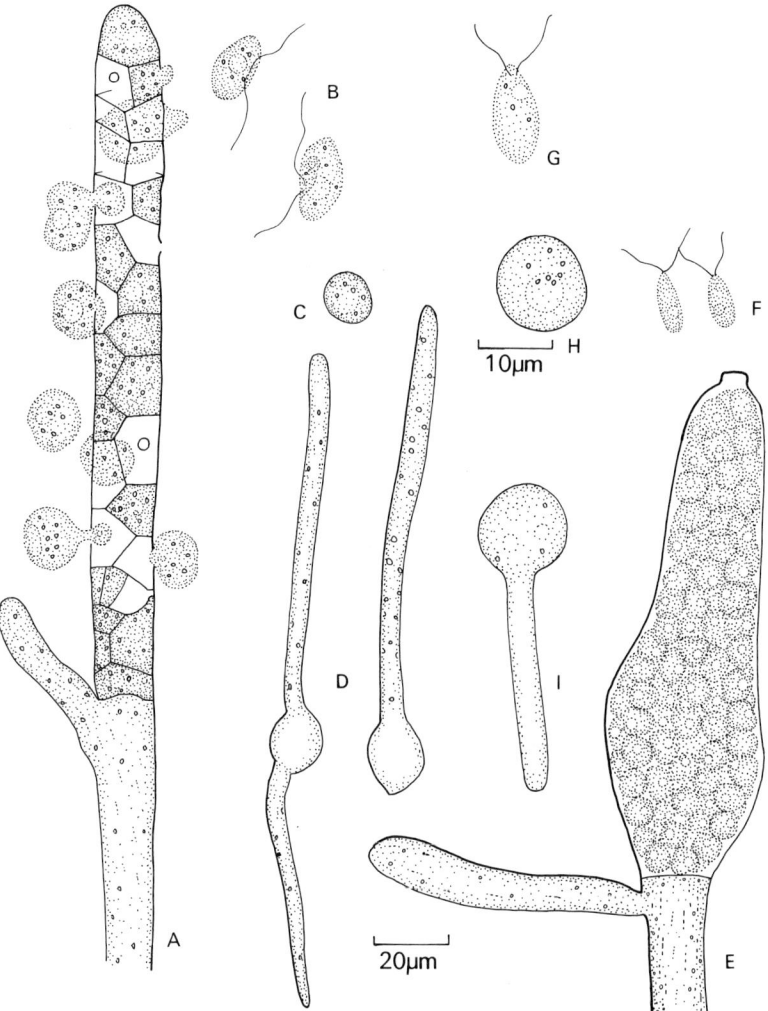

Abb. 62 A–I. *Dictyuchus sterile.* **A** Planosporangium mit Cysten innerhalb des Sporangiums und Freisetzung von sekundären Planosporen durch einzelne Poren in der Sporangienwand. Man erkennt das Netzwerk der Membranen der primären Cysten; **B** Sekundäre Planosporen; **C** Sekundäre Cyste; **D** Sekundäre Cysten mit Keimschläuchen; **E–I** *Pythiopsis cymosa;* **E** Planosporangium; **F, G** Primäre Planosporen; **H** Primäre Cyste; **I** Primäre Cyste mit Keimschlauch. **A, B, C, E, F** im gleichen Maßstab; **G, H, I** im gleichen Maßstab

doch gibt es ebenfalls nur ein bewegliches Stadium (primäre Planosporen). Nach dem Schwimmen encystiert sich die Planospore und keimt dann unmittelbar aus (Abb. 62 G–I).

Aplane Formen

In bestimmten Kulturen von Saprolegniaceae bilden die Planosporangien Planosporen, die sich innerhalb der Sporangien encystieren. Die Cysten bilden aber keine beweglichen Stadien aus. Stattdessen durchdringen Keimschläuche die Sporangienwand. Es gibt daher kein bewegliches Stadium (aplane Formen). Aplanie findet man gelegentlich in alternden Kulturen von *Saprolegnia, Achlya* und *Dictyuchus.* Einige Arten bilden nur sehr selten Sporangien. Aus diesen Formen entstand die Gattung *Aplanes.* Unter sterilen Kulturbedingungen verhalten sich alle Formen wie *Achlya.* Sie unterscheiden sich in anderen Merkmalen, so daß Dick (1973 b) sie einer einzelnen Gruppe innerhalb der Gattung *Achlya* zugeteilt hat. Von zwei Gattungen der Saprolegniaceae ist nicht bekannt, ob sie überhaupt Sporangien bilden. Sie kommen gewöhnlich in der Erde vor und man hat sie in eine eigene Gattung, *Aplanopsis,* eingeordnet. Eine andere Gattung, *Geolegnia,* bildet Sporangien mit vielkernigen, dickwandigen Aplanosporen, die niemals Geißelstadien ausbilden.

Die großen Variabilitäten im Modus der Planosporenfreisetzung bei bekannten und weniger bekannten Arten wirft die Frage der Gattungsabgrenzung auf. Die Gattungen der Saprolegniaceae sind ursprünglich nach einem einzelnen Kriterium, der Planosporenfreisetzung, aufgestellt. In den meisten Fällen kann man auch andere morphologische Merkmale zur Abgrenzung der Gattungen benutzen, indem man z.B. auch anderen Gattungen das Auftreten einer dictyuchusartigen Sporangienentwicklung wie bei *Dictyuchus* zuordnet.

Sexuelle Fortpflanzung bei Saprolegniaceae

Bei allen Saprolegniaceae erfolgt die sexuelle Fortpflanzung in ähnlicher Weise. Die eine oder mehrere Eizellen enthaltenden Oogonien werden von Antheridienverzweigungen befruchtet. Die Befruchtung geschieht durch Eindringen von Befruchtungsschläuchen in die Oogonien. Die meisten Arten sind monözisch, d. h. in einer Einzelsporkultur entsteht ein Myzel mit Oogonien und Antheridien. Einige Arten sind jedoch morphologisch diözisch. Hier erfolgt nur sexuelle Fortpflanzung, wenn zwei verschiedene Stämme nebeneinander wachsen, von denen der eine Oogonien und der andere Antheridien bildet. Bei einigen Arten bilden sich die Eizellen apogam (parthenogenetisch). Bei solchen Formen findet man reife Oogonien, aber keine Antheridien. Zur Cytologie der sexuellen Fortpflanzung gibt es ausführliche Literatur (Dick, 1969, 1972; Dick und Win Tin, 1973). Licht kann die Bildung von Oogonien verhindern (Szaniszlo, 1965).

Die Anordnung der Oogonien und Antheridien bei monözischen Formen ist in Abb. 64 und 65, bei diözischen in Abb. 66 dargestellt. Wenn die antheridienbildenden Verzweigungen von dem Stiel des Oogoniums auswachsen, nennt man sie **monoklin,** entstehen sie an verschiedenen Hyphen, sind die **diklin.** Die oogonienbildende Initiale ist vielkernig; während sie sich vergrößert, finden weitere Kernteilungen statt. Schließlich degenerieren einige Kerne. Sie lassen nur solche Kerne zurück, die

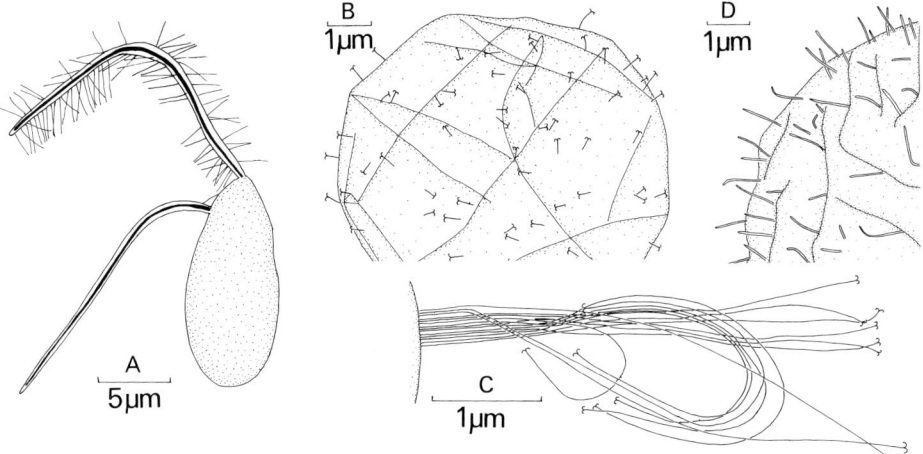

Abb. 63 A–D. Saprolegniaceae. Zeichnungen von Planosporen und Cysten nach elektronen-mikroskopischen Aufnahmen. **A** *Saprolegnia ferax:* primäre Planospore (nach Manton et al. 1951); **B** *S. ferax:* sekundäre Cyste. Leere Cystenmembran mit zweiköpfigen Haken; **C** *S. parasitica:* sekundäre Cystenmembran mit Büschel von zweiköpfigen Haken; **D** *Dictyuchus sterile:* sekundäre Cyste mit stacheligen Vorsprüngen

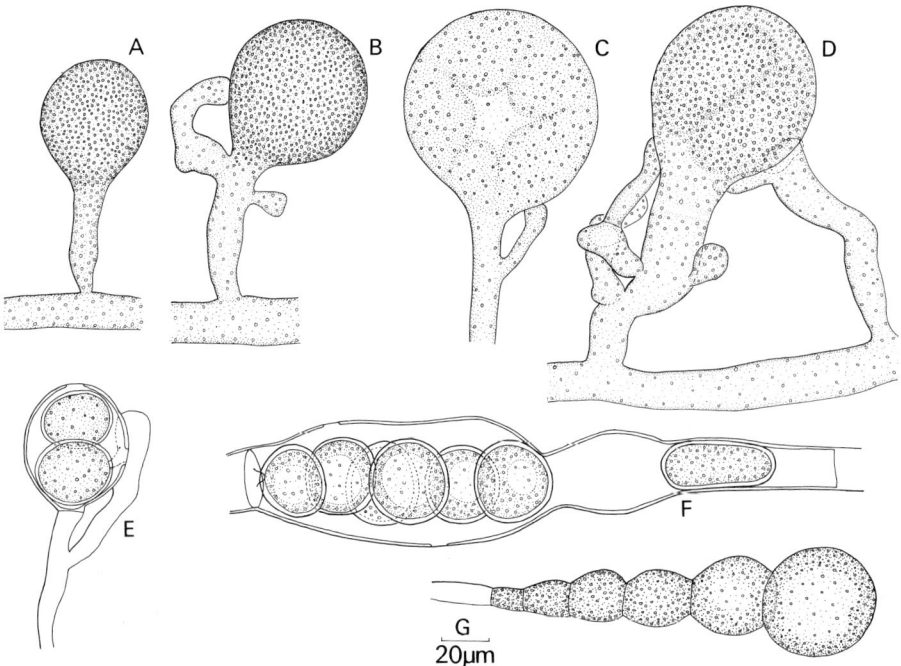

Abb. 64 A–G. *Saprolegnia litoralis.* **A–D** Stadien der Oogonienentwicklung; **C** Oogonium mit gefurchtem Cytoplasma; **D** Umrisse von zwei sichtbaren Oosphären; **E** Oogonium mit zwei reifen Oosporen; **F** Interkalares Oogonium ohne Antheridien; die Oosporen haben sich apogam entwickelt; **G** Eine Kette von Gemmen

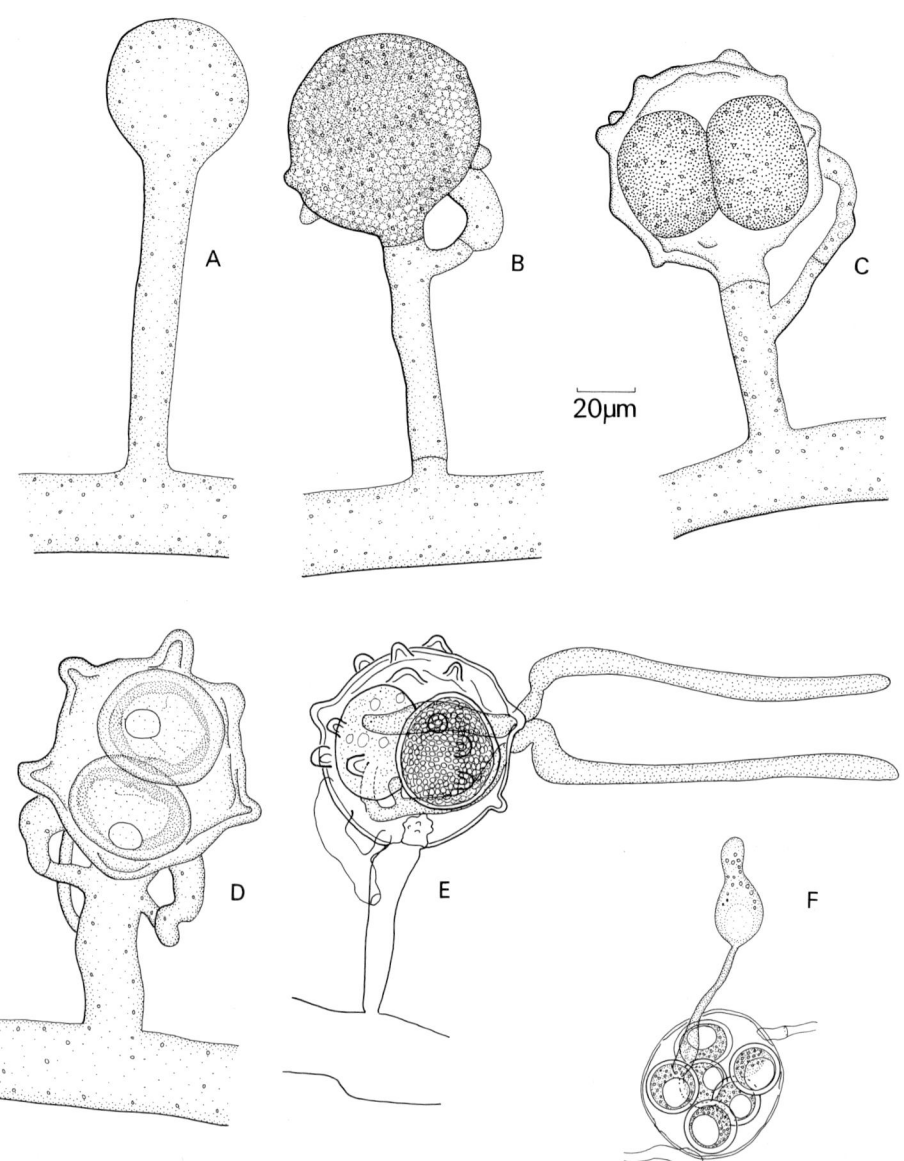

Abb. 65 A–E. *Achlya colorata;* **F** *Thraustotheca clavata.* **A–D** Stadien der Oogonienentwicklung; **E** 6 Monate alte Oosporen, die nach 40 Stunden in Wasser, das Aktivkohle enthält, auskeimen; **F** *T. clavata:* 6 Monate alte Oospore, die nach 17 Stunden in Wasser, das Aktivkohle enthält, auskeimt. Der Keimschlauch besitzt ein terminales Sporangium

in den Eizellen eingeschlossen werden. Von der zentralen Vakuole innerhalb des Oogoniums verlaufen Abschnürungen strahlenartig nach außen und teilen das Cytoplasma in einkernige Portionen, die sich abrunden und Eizellen bilden. Die Anzahl der Eizellen ist variabel. Bei *Aphanomyces* gibt es nur eine einzelne Eizelle, während in anderen Gattungen ein bis mehrere oder gelegentlich sogar bis zu 30 vorkommen können. Die gesamte Cytoplasmamasse innerhalb des Oogoniums wird für die Bildung der Eizellen gebraucht. Es gibt keine Cytoplasmareste (Periplasma) wie bei den verwandten Peronosporales. Die Wand des Oogoniums kann einheitlich dick sein, einige Formen haben aber ungleich dicke Wände mit dünnen Stellen oder Gruben, durch die die Befruchtungsschläuche eindringen können (siehe Abb. 64 E). Bei *Achlya colorata* haben die Oogonienwände stumpfe, abgerundete Auswüchse, die stachelig erscheinen (Abb. 65 D). Ein Septum an der Basis des Oogoniums trennt es von der Traghyphe. Die Antheridien sind ebenfalls vielkernig. Die antheridialen Verzweigungen wachsen chemotrop zu den Oogonien und legen sich an die Oogonienwand an. Die Spitze der antheridialen Verzweigung wird von einer Querwand abgetrennt. Das entstehende Antheridium sendet einen Befruchtungsschlauch aus, der die Oogonienwand durchdringt. Im Oogonium kann sich der Befruchtungsschlauch, der mehrere Kerne enthalten kann, verzweigen. Nachdem der Schlauch die Oosphärenwand durchdrungen hat, fusioniert der männliche Kern schließlich mit dem einzigen Kern der Eizelle. Die befruchtete Eizelle (nun Oospore) differenziert sich und umgibt sich mit einer dicken Wand. Es werden Öltröpfchen sichtbar. Bei bestimmten Arten neigen sie zu einer charakteristischen Aggregationsart (siehe unten). Die Eizellen sind selten zu einer sofortigen Weiterentwicklung fähig. Sie brauchen anscheinend eine Reifungsperiode, die manchmal Wochen oder Monate dauern kann. Die Keimung kann durch Übertragen von reifen Oogonien in frisch destilliertes Wasser stimuliert werden (am besten nach Schütteln mit Aktivkohle und anschließender Filtration). Die Keimung erfolgt mit einem Keimschlauch, der die Oogonienwand durchdringt und als Myzel weiterwachsen oder ein Sporangium bilden kann (Abb. 65 E, F).

Einzelheiten der Entwicklung der Geschlechtsorgane bei den Saprolegniaceae ist von Howard und Moore (1970), Gay et al. (1971), Ellzey (1974) und Beakes und Gay (1978 a, b) untersucht worden. Die Abschnürung der Oosphären vom Cytoplasma innerhalb des Oogoniums wird durch Verschmelzen von speziellen Vesikeln verursacht. Diese fusionieren schließlich mit dem Plasmalemma des Oogoniums. Reife Oosporen enthalten einen membrangebundenen, vakuolenartigen Körper, den **Ooplasten,** der vom Cytoplasma umgeben ist und verschiedene Organellen enthält. Der Ooplast enthält Partikel mit Brownscher Molekularbewegung. Die Anordnung des Ooplasten ist von taxonomischer Bedeutung. Man unterscheidet vier Typen von Oosporen (Howard und Moore, 1970; Howard, 1971). *Zentrische* Oosporen haben einen zentralen Ooplasten, der von ein oder zwei peripheren Schichten mit kleinen Öltröpfchen umgeben ist. *Subzentrische* Oosporen haben zwei oder drei Schichten mit kleinen Öltröpfchen auf der einen Seite des Ooplasten und eine Schicht auf der anderen Seite. *Exzentrische* Oosporen enthalten ein großes Öltröpfchen, das im Cytoplasma seitlich sowohl den Ooplasten als auch das Plasmalemma berührt. *Expersaten* Oosporen fehlt ein Ooplast. Sie haben ein bis mehrere Öltröpfchen, die insgesamt vom Protoplasma umgeben sind. Diese Klassifizierung der Oosporentypen ist nicht allgemein anerkannt. Nach Dick (1971) besitzen alle bekann-

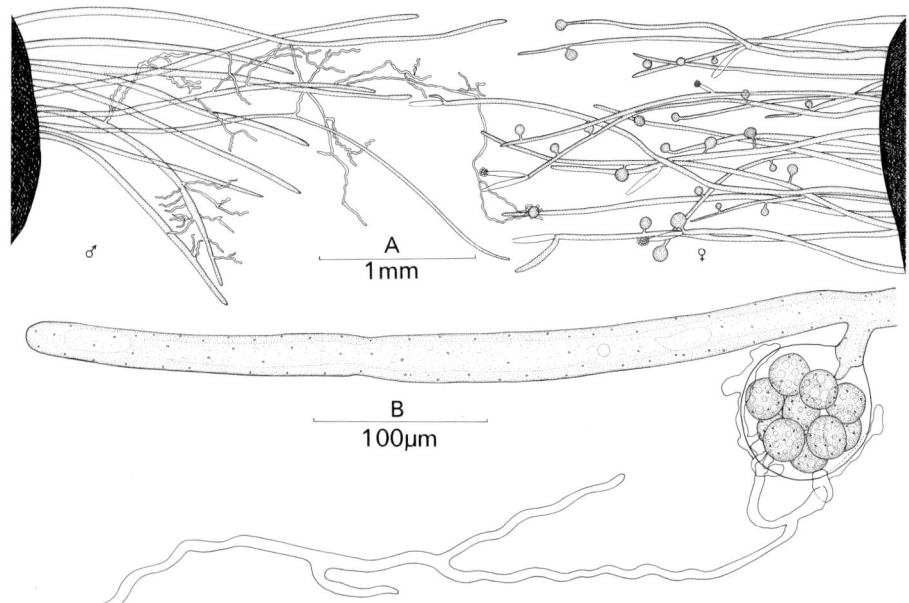

Abb. 66 A, B. *Achlya ambisexualis.* **A** Männliche und weibliche Pflanze auf Hanfsamen, die seit 4 Tagen gemeinsam in einer Wasserkultur sind. Man erkennt die Bildung von antheridialen Schläuchen auf der männlichen und Oogonienanlagen auf der weiblichen Pflanze; **B** Befruchtung mit dikliner Herkunft des antheridialen Schlauches

ten Arten der Saprolegniaceae einen Ooplasten, so daß der Begriff ‚expersat' überflüssig ist.

Es gibt mehrere Möglichkeiten, Meiosen innerhalb der Gametangien der Saprolegniaceae nachzuweisen.

a) Cytologische Beobachtungen mit Hilfe des Lichtmikroskopes ergaben eine Reduktion der Kerngröße während der Kernteilungen in den Antheridien und Oogonien. Die Anzahl und Anordnung der Chromosomen deutete ebenfalls auf eine Meiose hin.

b) Einen ultrastrukturellen Beweis für die Meiose erhielt man durch die Darstellung von synaptomalen Komplexen in sich entwickelnden Oogonien und Antheridien. Man fand ferner eine für die Meiose charakteristische Centriolenorganisation. Die Meiose ist intranukleär, d. h. die Kernmembran bleibt erhalten.

c) Mikrospektrophotometrische Beweise für eine Meiose in den Gametangien gibt es bei *Saprolegnia* (Bryant und Howard, 1969; Howard und Bryant, 1971) und auch bei dem verwandten Pilz *Apodachlya*, einem Vertreter der Leptomitales. Der DNA-Gehalt der Antheridien- und Oogonienkerne betrug vor der endgültigen Kernteilung 4 C. Dieser wurde jedoch bei männlichen und weiblichen Gametenkernen auf 1 C reduziert, während der DNA-Gehalt von vegetativen Hyphen 2 C betrug.

d) Genetische Analysen der Vererbung der Kreuzungstypen lassen auf einen Entwicklungszyklus schließen, bei dem die Meiose im Gametophyten stattfindet (Mullins und Raper, 1965; Barksdale, 1966). Man kreuzte nämlich männliche und weibliche Stämme von *Achlya* (siehe unten) und ließ die Oospore keimen. Die Nachkommenschaft jeder einzelnen Oospore war eindeutig entweder männlich oder weiblich, niemals hermaphrodit. Wenn die Meiose während der Oosporenkeimung stattfinden würde, sollte man, unter der Voraussetzung, daß alle Meioseprodukte überleben, männliche und weibliche Myzelien erhalten. Da dies nicht der Fall ist, muß die aus der Oospore entstehende Pflanze diploid sein.

Die Ergebnisse der cytologischen Untersuchungen sind allerdings nicht eindeutig. Es gibt z. B. bei einigen Formen mit apogamer Oogonienentwicklung keine Meiose. Bei anderen Formen hat man Polyploidie nachgewiesen (Dick und Win Tin, 1973).

Untersuchungen an diözischen Arten von *Achlya* (Raper, 1952, 1954, 1957) haben ergeben, daß der Verlauf der sexuellen Fortpflanzung von Sexualstoffen gesteuert wird, die von männlichen und weiblichen Pflanzen gebildet werden. Wenn man Isolate von *Achlya bisexualis, A. ambisexualis* und *A. heterosexualis* aus dem Wasser oder Schlamm einzeln auf Hanfsamen wachsen läßt, gibt es nur asexuelle Fortpflanzung, es werden keine Geschlechtsorgane gebildet. Läßt man jedoch bestimmte Isolate zusammen in der gleichen Schale wachsen, dann erkennt man innerhalb von zwei oder drei Tagen, daß der eine Stamm Oogonien und der andere Antheridien bildet. Offenbar lösen die beiden Stämme in der gleichen Schale eine gegenseitige Stimulierung zur Bildung von Geschlechtsorganen aus. Es ist nicht notwendig, daß beide Stämme in direktem Kontakt stehen. Man kann sie im Wasser auseinanderhalten oder sie durch eine Membran aus Cellophan oder durch Agar trennen. Die Entwicklung der Antheridien- und Oogonienanlagen tritt dann auf, wenn sich die Myzelien beider Stämme nähern. Dies deutet darauf hin, daß eine diffusible Substanz bzw. Substanzen für dieses Phänomen verantwortlich sind. Die erste sichtbare Reaktion während der Annäherung der männlichen und weiblichen Hyphen ist die Bildung von feinen, lateralen Verzweigungen kurz hinter den Spitzen der männlichen Hyphen. Dies sind antheridiale Verzweigungen. Raper ließ männliche Pflanzen in Wasser wachsen, in dem weibliche Pflanzen wuchsen, und erkannte, daß die vegetativen weiblichen Pflanzen die Entwicklung antheridienbildender Verzweigungen an männlichen Pflanzen auslösen. Wenn weibliche Pflanzen in Wasser wachsen, in dem vorher vegetative männliche Pflanzen wuchsen, gab es keine sichtbare Reaktion bei der weiblichen Pflanze, d. h. es wurden keine Oogonienanlagen gebildet. Der Effekt von vegetativen weiblichen Pflanzen als Auslöser für den Ablauf der sexuellen Fortpflanzung wurde in sehr geschickter Weise in Küvettenaquarien dargestellt. Man hat mehrere Gefäße mit Überflußröhrchen verbunden. In die nebeneinanderliegenden Kammern setzte man alternativ männliche und weibliche Pflanzen, so daß das Wasser von einer männlichen zu einer weiblichen Pflanze usw. fließen konnte. Setzte man eine weibliche Pflanze in die erste Kammer, so reagierte die männliche Pflanze mit Ausbildungen von antheridialen Hyphen. Setzte man jedoch eine männliche Pflanze in die erste Kammer und eine weibliche in die zweite, zeigte die weibliche Pflanze keine Reaktion. Erst die männliche Pflanze in der dritten Kammer reagierte. Raper postulierte, daß die Entwicklung der antheridialen Hyphen nach einer Sekretion von Befruchtungsstoffen (Hormon A)[3] der vegetati-

---

3 Unglücklicherweise wurden die Befruchtungsstoffe Hormone genannt, obwohl die Kriterien eines Hormons (gebildet von einer innersekretorischen Drüse) nicht erfüllt sind.

ven weiblichen Pflanze erfolgt. Durch weitere Experimente dieser Art konnte Raper zeigen, daß die späteren Schritte des Sexualvorganges ebenfalls von diffusiblen Substanzen reguliert werden. Er postulierte, daß die antheridialen Hyphen eine zweite Substanz (Hormon B) bilden, die zur Bildung von Oogonienanlagen auf der weiblichen Pflanze führen, dem nächsten sichtbaren Schritt nach der Bildung der antheridialen Hyphen. Die Oogonienanlagen bilden ihrerseits eine weitere Substanz (Hormon C), die die Antheridienanlagen stimuliert, in Richtung Oogonienanlagen zu wachsen, und auch für die Abschnürung der Antheridien verantwortlich ist. Nach dem Kontakt mit den Oogonienanlagen bilden die Antheridienhyphen das Hormon D, das zur Bildung eines Septums führt. Dieses Septum trennt das Oogonium vom Stiel und führt zur Bildung von Oosphären. Wenn der Austausch von diffusiblem Material durch Wegnahme der männlichen Pflanzen von den weiblichen verhindert wird, kann der Sexualvorgang unterbrochen werden. Wenn der direkte Kontakt der Antheridien und Oogonien durch eine Cellophanmembran verhindert wird, findet keine Befruchtung statt. Das Prinzip dieses Modells ist unten aufgeführt.

Im ursprünglichen Modell wurden vier Hormone postuliert; spätere Untersuchungen deuteten jedoch darauf hin, daß das Hormon A aus einem Komplex von wenigstens vier Hormonen besteht, von denen einige von männlichen Pflanzen gebildet werden. Bestimmte Hormone aus dem ‚A-Komplex‘ vergrößern die Hormonaktivität der vegetativen weiblichen Pflanze, andere Hormone hemmen die Aktivität. Eine Trennung der verschiedenen Hormone des ‚A-Komplexes‘ kann mit chemischen Methoden erreicht werden. Man reinigte und konzentrierte eine Probe des Hormons A. Das gereinigte Hormon von *A. bisexualis* besteht aus farblosen Kristallen mit der Summenformel $C_{29}H_{42}O_5$, dem man den Namen Antheridiol gegeben hat (McMorris und Barksdale, 1967). Die Substanz wurde chemisch bestimmt und kann synthetisch hergestellt werden (Barksdale, 1969; Machlis, 1972). Antheridiol ist ein Sterol mit einem stigmasterolen Skelett. Daß eine Erhöhung der Hormon-A-Wirkung durch weitere Hormone stimuliert werden kann, scheint zweifelhaft, da spätere Arbeiten gezeigt haben, daß vorhandene C- und N-Quellen, wie z. B. Aminosäuren, die Wirkung des Hormons A beeinflussen (Barksdale, 1970). Der Effekt

Tabelle 3. *Achlya ambisexualis.* Wirkung von Hormonen auf Sexualvorgänge (nach Raper, 1939)

Hormon	Bildungsort	Wirkungsort	Spezifische Wirkung
A	vegetative Hyphen	vegetative Hyphen	induziert die Bildung von antheridialen Verzweigungen
B	antheridiale Verzweigungen	vegetative Hyphen	führt zur Bildung von Oogonienanlagen
C	Oogonienanlagen	antheridiale Verzweigungen	1. Anziehung antheridialer Verzweigungen 2. Induziert thigmotrophische Antworten und Abschnürung der Antheridien
D	Antheridien	Oogonienanlagen	induziert Abschnürung der Oogonien durch Bildung von Querwänden

des Hormons A als Induktor zur Bildung von antheridialen Verzweigungen ist korreliert mit der Bildung von Cellulase durch den männlichen Stamm. Wahrscheinlich verursacht die Cellulase ein Aufweichen der Wände der männlichen Hyphen und führt dadurch zur Entwicklung von lateralen Verzweigungen (Thomas und Mullins, 1969; Mullins, 1973). Das Hormon beeinflußt wahrscheinlich die Morphogenese, indem die Synthese von mRNA angeregt und schließlich ein Protein gebildet wird, das zur Differenzierung der antheridialen Anlagen benötigt wird (Kane et al. 1973; Silver und Horgen, 1974).

Wenn man das Hormon A an kleine Teilchen aus inertem plastischem Polystyren adsorbiert, kann man nicht nur die antheridialen Anlagen, sondern auch direktes Wachstum mit diesen Teilchen induzieren (Barksdale, 1963 b). Barksdale bezweifelt deshalb, daß ein zweites, von A verschiedenes Hormon notwendig ist, das ausschließlich für das gerichtete Wachstum zuständig ist.

Drei chemisch nahe Substanzen wurden aus einem hermaphroditen Stamm von *A. heterosexualis* isoliert. Sie zeigen die Aktivität des Hormons B, d. h. sie induzieren Oogonienanlagen in weiblichen Stämmen (McMorris et al. 1975). Die Substanzen, die man Oogoniol-1, -2 und -3 nennt, sind Steroide. Oogoniole entstehen wahrscheinlich durch Hydroxilierung von β- oder γ-Sitosterol, die als Sterole reichlich in Pflanzen vorkommen.

Die hormonelle Kontrolle der sexuellen Fortpflanzung ist nicht auf morphologisch diözische Formen beschränkt: man hat bewiesen, daß bei monözischen Arten eine ähnliche Koordination stattfindet. Die Tatsache, daß es möglich ist, Sexualvorgänge zwischen monözischen und morphologisch diözischen Arten von *Achlya* anzuregen, zeigt, daß einige Hormone wahrscheinlich häufiger als nur in einer Art vorkommen, obwohl auch bewiesen wurde, daß die Hormone von verschiedenen Arten eine unterschiedliche Spezifität aufweisen (Raper, 1950; Barksdale, 1960, 1965). Es wird angenommen, daß partielle oder sexuelle Reaktionen zwischen eng verwandten Arten stimuliert werden können (Couch, 1926; Salvin, 1942; Raper, 1950).

Ein weiteres interessantes Phänomen, das man im Zusammenhang mit morphologisch diözischen Arten von *Achlya* entdeckt hat, ist eine unterschiedliche Fähigkeit zur Sexualreaktion. Kreuzt man eine Anzahl von Isolaten von *A. bisexualis* und *A. ambisexualis* von einander weit entfernten Fundorten in allen möglichen Kombinationen, kann man erkennen, daß bestimmte Stämme die Fähigkeit besitzen, je nach Partner entweder männlich oder weiblich zu reagieren. Andere Stämme bleiben eindeutig männlich oder weiblich, sie werden als echt männlich bzw. weiblich bezeichnet. Interspezifische Reaktionen zwischen Stämmen von *A. bisexualis* und *A. ambisexualis* sind ebenfalls möglich, das Verhalten bestimmter Stämme kann ebenfalls reversibel sein. Weiterhin können einige der Stämme bei Raumtemperatur diözisch und bei niedrigen Temperaturen monözisch sein. Ähnliche Phänomene findet man für *Dictyuchus monosporus*, d. h. ein bestimmter Stamm kann sich wie ein diözischer männlicher oder als monözischer Stamm verhalten, je nach Abhängigkeit des Partners oder der Kulturbedingungen (Sherwood, 1969, 1971). Barksdale (1960) postulierte, daß die diözischen Formen von den monözischen abstammen können. Sie behauptete, daß die meisten sichtbaren Unterschiede zwischen den männlichen und weiblichen Stämmen in ihrer Reaktion und Bildung auf das Hormon A zurückzuführen sind. In männlichen Kulturen findet man sehr wenig von dieser Substanz

und männliche Kulturen sind in ihrer Reaktion auf dieses Hormon auch weit empfindlicher als weibliche Kulturen. Ein weiterer wichtiger Unterschied ist die Aufnahme von Hormon A. Bestimmte Stämme scheinen das Hormon A leichter absorbieren zu können als andere und diese Stämme bilden antheridiale Hyphen während der Konjugation mit anderen Thalli (Barksdale, 1963 a). Angenommen, die
diözischen Formen stammen von den monözischen ab, dann könnte dies durch Mutationen geschehen sein, was zu erhöhter Hormon-A-Empfindlichkeit und damit
zur Männlichkeit führte. Mutationen, die zu einer extrazellulären Anhäufung von
Hormon A führten, könnten zu einer erhöhten Weiblichkeit führen.

Eine ausführliche Besprechung der Befruchtungsstoffe bei *Achlya* findet man bei
van den Ende (1976).

Die Oosporen von *A. ambisexualis* bilden vielkernige Keimschläuche, die sich
bei der Übertretung in Wasser zu Keimsporangien entwickeln oder bei Anwesenheit von Nahrungsstoffen zu einem dichten, coenocytischen Myzel. An diesem Myzel entstehen Planosporangien, wenn man es in Wasser überträgt. Alle Einzelsporkulturen aus Planosporangien reagieren mit den ♂ oder ♀ Elternstämmen, sie sind
Zwitter. Alle Planosporen oder Keimschläuche, die aus einer einzelnen Oospore
stammen, reagieren dagegen entweder männlich oder weiblich. Daraus kann man
schließen, daß die Kernteilung während der Oosporenkeimung wahrscheinlich eine
Mitose ist und das *Achlya* ein Diplont ist (Mullins und Raper, 1965). Dies wurde
bestätigt durch Barksdale (1966), die bei *A. bisexualis* fand, daß die Meiose im Verlauf der Gametendifferenzierung erfolgt.

Verwandtschaftsbeziehungen

Die Saprolegniales sind wahrscheinlich eng mit den Peronosporales verwandt. Beide Gruppen haben Zellwände, die Zellulose enthalten, ähnliche Struktur der Planosporen und als Fortpflanzungsmodus Oogamie. Die Leptomitales umfassen eine andere Gruppe von Wasserpilzen, die einige Ähnlichkeiten mit den Saprolegniales
aufweisen, sie sind aber wahrscheinlich enger mit den Peronosporales verwandt.

Peronosporales

Viele Pilze dieser Gruppe sind Parasiten höherer Pflanzen. Sie können als Krankheitserreger beträchtlichen wirtschaftlichen Schaden anrichten, wie z. B. die Kraut-
und Knollenfäule der Kartoffel, der falsche Mehltau des Weinstocks und der
Blauschimmel des Tabaks. Viele Vertreter dieser Gruppe, insbesondere die Peronosporaceae und Albuginaceae, sind biotrophe (obligate) Parasiten, während einige
Vertreter der Pythiaceae fakultative (nekrotrophe) Parasiten sind und wahrscheinlich saprotroph im Erdboden, Schlamm oder auf verfaulender Vegetation überleben
können.

Das Myzel ist coenocytisch, aber zart. Nach Aronson et al. (1967) Hunsley
(1973) und Sietsma et al. (1975) sind die Zellwände von *Pythium* und *Phytophthora*
fibrillär aufgebaut und bestehen aus einer komplexen chemischen Struktur, aus Polysacchariden, Protein und Lipid. Ungefähr 90% der Zellwand bestaht aus Glucanen. Zellulose, ein β-(1,4)-Glucan, hat nur einen relativ kleinen Anteil an diesen
Glucanen (bis ungefähr 36%). Bei einigen Formen, z. B. *Pythium butleri,* wird die

Zellulose durch ein β-(1,2)-Glucan ersetzt, während bei *Pythium acanthicum* β-(1,3)-und β-(1,6)-Glucane vorkommen. Ein Merkmal der Zellwände der Oomyceten ist das Vorkommen der Aminosäure Hydroxyprolin. Die Feinstruktur der Hyphenspitze ist schon beschrieben worden (S. 51). Bei vielen biotrophen Parasiten werden Haustorien in die Wirtszelle gesendet. Diese Haustorien variieren in der Form von winzig-sphärischen oder zylindrischen bis zu intensiv verzweigten oder gelappten Strukturen. Asexuelle Fortpflanzung erfolgt durch Sporangien, deren Form sehr unterschiedlich ist. Bei bestimmten Arten von *Pythium* sind die Sporangien lediglich aufgeblähte Lappen des Myzels, im allgemeinen sind sie sphärisch oder birnenförmig. Bei den Peronosporaceae entstehen sie auf differenzierten und oft charakteristisch verzweigten Sporangiophoren (= Sporangienträger), während sie bei den Albuginaceae in Ketten auftreten. Die Sporangien von Blattpathogenen werden von den Sporangiophoren abgetrennt und vom Wind verbreitet. Bei den Wasser- und Bodenpilzen bilden die Sporangien gewöhnlich Planosporen. Während Planosporen bei bestimmten Pathogenen, wie z. B. *Phytophthora, Albugo* und *Plasmopara*, vorkommen, können auch die Sporangien mit Hilfe eines Keimschlauches auskeimen. Dies geschieht insbesondere bei *Peronospora*, wo keine Planosporenbildung aus Sporangien vorkommt, so daß der Begriff Konidie manchmal für die asexuelle Fortpflanzungszelle benutzt wird. Die Planosporen haben zwei lateral inserierte Geißeln, eine Peitschen- und eine Flimmergeißel (Colhoun, 1966; Reichle, 1969). Die Planospore entspricht deshalb dem sekundären Planosporentyp der Saprolegniales, mit denen diese Gruppe verwandt ist.

Die sexuelle Fortpflanzung erfolgt durch Oogamie. Jedes Oogonium enthält mit Ausnahme von *Pythium multisporum* eine einzelne Eizelle. Die Antheridien- und Oogonieninitialen sind zu Beginn häufig vielkernig, während der Entwicklung können weitere Kernteilungen vorkommen. Bei vielen Formen gibt es nur einen einzigen funktionsfähigen männlichen und weiblichen Kern, während bei anderen Formen vielfache Fusionen vorkommen. Ein Merkmal der Oogonien der Peronosporales ist, daß das nach der Differenzierung der zentralen Oosphäre übrig gebliebene Cytoplasma als Periplasma bestehen bleibt und bei der Ablagerung von Wandmaterial um die befruchtete Oospore eine Rolle spielt. Die Meiose findet während der Entwicklung der Gametangien statt. Dies bedeutet, daß die Myzelien diploid sind. Die Oospore bildet einen Keimschlauch oder entläßt Planosporen. Die meisten Arten sind monözisch, man hat jedoch auch Diözie beschrieben.

An Vertretern der Pythiaceae, die in Laborkulturen wachsen können, wurden physiologische Untersuchungen durchgeführt (Literatur bei Cantino, 1950, 1955; Cantino und Turian, 1959; Fothergill und Hide, 1962; Fothergill und Child, 1964). Die meisten Arten von *Pythium* und *Phytophthora* sind für Thiamin heterotroph. Sterole spielen eine Rolle bei der asexuellen und sexuellen Fortpflanzung. Vertreter der Pythiaceae dagegen können diese Sterole nicht synthetisieren. Sie benötigen auch Calcium, was für Pilze ungewöhnlich ist (Hendrix, 1970; Elliott, 1972). Der Bedarf an Schwefel wird bei den meisten Formen durch Sulfate gedeckt, obwohl auch organische Schwefelverbindungen verwendet werden. Anorganische Stickstoffverbindungen, wie z. B. Nitrate und Ammoniumsalze, können das Wachstum fördern. Die einzelnen Arten unterscheiden sich aber in ihrer Fähigkeit, diese Stickstoffquellen auszunutzen. Eine Reihe von Zuckern, Alkoholen und anderen Kohlenhydraten dienen als Kohlenstoffquellen.

Waterhouse (1973 b), der eine allgemeine Darstellung zur Taxonomie der Peronosporales geschrieben hat, unterscheidet drei Familien.

Schlüssel zu den Familien der Peronosporales

Fakultative Parasiten oder Saprophyten: Sporangiophoren oder Konidiophoren meist nicht speziell differenziert, verzweigt, wiederbeginnendes Wachstum nach der Bildung eines Sporangiums oder Konidiums entweder von unten oder innerhalb des leeren Sporangiums: Periplasma als dünne Schicht oder fehlend; Haustorien fehlend oder verzweigt . . . . **Pythiaceae** (S. 148)
Obligate Parasiten auf Pflanzen mit verzweigten, baumähnlichen Sporangiophoren oder Konidiophoren (kein subsporangiales Neuwachstum), differenziert aus dem Myzel, sichtbar einzeln oder in Büscheln aus der Epidermis, normalerweise über den Stomata, einzeln an den Verzweigungsspitzen Sporangien und Konidien bildend; Periplasma bleibt bestehen und ist auffallend; Haustorien unterschiedlich, normalerweise verzweigt . . . . **Peronosporaceae** (S. 164)
Obligate Pflanzenparasiten mit unverzweigten Sporangiophoren, von denen jede eine basipetale Kette von abfallenden Sporangien in dichten subepidermalen Büscheln trägt. Weiße oder cremefarbene Sori werden auf dem Wirt gebildet, die gelegentlich mit dem Abwerfen der Sporangien aufbrechen; das oogoniale Periplasma bleibt bestehen und ist auffallend; Haustorien knopfartig . **Albuginaceae** (S. 171)

Pythiaceae

Vertreter der Pythiaceae findet man im Wasser und im Erdboden. Sie leben saprophytisch auf Pflanzen und Tierdebris oder als Tierparasiten (z. B. *Zoophagus,* ein Parasit auf Rotiferen) und Pflanzenparasiten. Obwohl man ungefähr sechs Gattungen unterscheiden kann (Middleton, 1952; Sparrow, 1960; Waterhouse, 1973 b), sollen hier nur *Pythium* und *Phytophthora* besprochen werden.

Pythium

Pythium wächst saprophytisch im Wasser und im Erdboden. Unter geeigneten Bedingungen (z. B. bei dicht zusammenstehenden Keimlingen in schlecht entwässerten Böden) ist *Pythium* parasitisch und verursacht Keimlingskrankheiten und Fußfäulen. Die Fäulnis der Kresse (*Lepidium sativum*) kann durch dichtes Aussäen der Samen in schwerer Gartenerde, die reichlich gewässert wird, demonstriert werden. Innerhalb von fünf bis sieben Tagen zeigen die Keimlinge braune Stellen am unteren Ende des Hypocotyls. Dieses und die Cotyledonen sind aufgeschwemmt und weich. In diesem Zustand kollabieren die Keimlinge und können andere Keimlinge berühren und auf diese Weise die Krankheit verbreiten (Abb. 67 A). Während der Auflösung der Mittellamelle trennen sich die Wirtszellen leicht voneinander. Wahrscheinlich geschieht dies unter Einwirkung von Pektinasen und Cellulasen, die von *Pythium* gebildet werden. Die Enzyme diffundieren von der Hyphenspitze aus, so daß eine Aufweichung des Wirtsgewebes mit dem Vordringen des Myzels einhergeht. Untersuchungen von Reinkulturen in vitro weisen darauf hin, daß Arten von *Py-*

Abb. 67 A, B. *Lepidium sativum,* Topf mit Kresse, 1 Woche alt mit Fäulnissymptomen, hervorgerufen durch *Pythium* spp; **B** Symptome der Kraut- und Knollenfäule auf einem Endblatt einer Kartoffelpflanze, verursacht durch *Phytophthora infestans.* Die weiße Zone entspricht der Entwicklung der Sporangiophoren

thium auch hitzestabile Substanzen ausscheiden können, die auf Pflanzen toxisch wirken. Innerhalb des Wirtes wächst das coenocytische Myzel grobmaschig und zeigt ein granuläres Cytoplasma (Abb. 68). Zuerst sind keine Septen vorhanden. Später gebildete Querwände können leere Hyphenteile abtrennen. Es können auch dickwandige Chlamydosporen gebildet werden. Haustorien sind nicht vorhanden. Es sind mehrere Arten bekannt, die Fäulnis verursachen, z. B. *P. debaryanum* und *P. ultimum.* Mit *Pythium aphanidermatum* assoziiert man Stammfäule und Fäulnis der Gurke. Dieser Pilz verursacht ebenfalls die Fäulnis von reifen Gurken. *P. mamillatum* verursacht die Fäulnis von Senf- und Rübenkeimlingen und auch die Wurzelfäule bei *Viola.* Eine taxonomische Darstellung von *Pythium* gibt Middleton (1943). Schlüssel zu den Arten und Originalbeschreibungen gibt Waterhouse (1967, 1968). Es gibt ungefähr 90 Arten.

Asexuelle Fortpflanzung: Das Myzel innerhalb des Wirtsgewebes oder in der Kultur bildet gewöhnlich Sporangien mit variablen Formen. Bei einigen Arten (z. B. *P. gracile*) sind die Sporangien fädig und kaum von den vegetativen Hyphen zu unterscheiden. Bei *P. aphanidermatum* werden die Sporangien von aufgeblähten, gelappten Hyphen gebildet (Abb. 69 B). Bei vielen Arten (z. B. *P. debaryanum*) sind die Sporangien jedoch kugelig (Abb. 69 A). Ein terminaler oder interkalarer Teil der Hyphe vergrößert sich und wird sphärisch. Dieses Stück wird vom Myzel durch eine Querwand abgetrennt. Die Sporangien enthalten zahlreiche Kerne. Die Teilung des Cytoplasmas zur Bildung von Planosporen beginnt innerhalb des Sporangiums, wird aber innerhalb des dünnwandigen Vesikels abgeschlossen, das aus dem Sporangium herausgepreßt wird. Innerhalb des Sporangiums entstehen Trennvesikel und teilen das Cytoplasma in einkernige Portionen. Vor dem Herauspressen des dünnwandigen Vesikels sind membrangebundene Stapel von Mastigonemen inner-

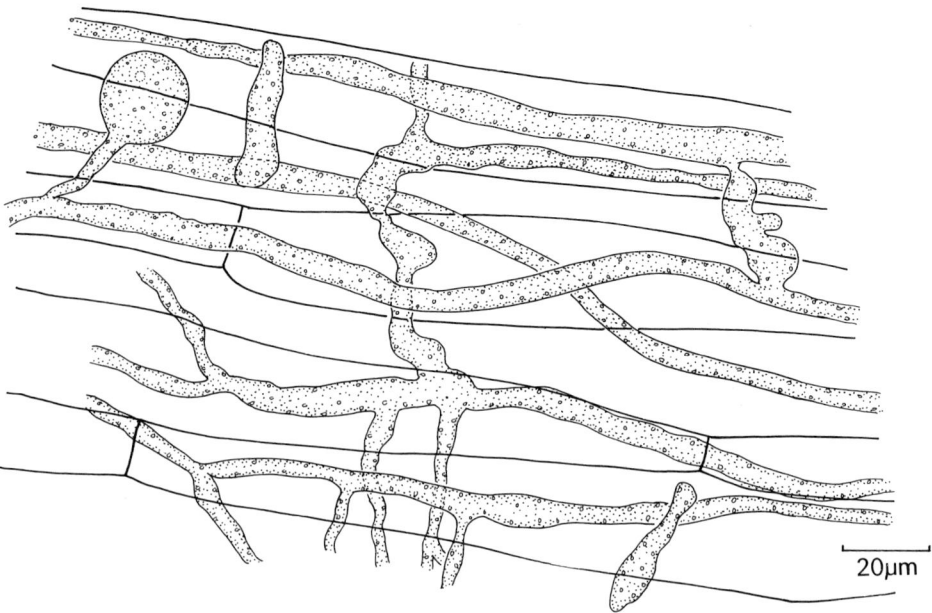

20μm

Abb. 68. *Pythium*, Myzel im verfaulenden Hypocotylgewebe eines Kressekeimlings. Man erkennt die sphärische Sporangieninitiale, jedoch keine Haustorien

halb des Cytoplasmas des Sporangiums sichtbar. Bei *P. middletonii* (manchmal auch als *P. proliferum* bezeichnet (Abb. 70)) ist das Sporangium zu einer apikalen Papille verlängert, und zwar durch eine schalenförmige Masse von fibrillärem Material mit lamellenartiger Struktur als Kappe (Lunney und Bland, 1976). Kurz vor dem Ausschleudern gibt es eine Anhäufung von Trennungsvesikeln hinter der apikalen Kappe auf und an der Peripherie des Cytoplasmas dicht an der Sporangienwand. Die Entleerung des Sporangiums geschieht durch Aufblähen des dünnwandigen Vesikels an der Spitze der Papille. Die noch nicht ausdifferenzierte Planosporenmasse wird dort hineingepreßt. Die Cytoplasmabewegung vom Sporangium in das Vesikel wird wahrscheinlich durch eine Reihe von Kräften verursacht, wie z.B. der elastischen Kontraktion der Sporangiumwand und der Oberflächenspannung (Webster und Dennis, 1967). Lunney und Bland (1976) haben auch darauf hingewiesen, daß das aus den Spaltungsvesikeln herausgepreßte fibrilläre Material an der Peripherie des Sporangiums Wasser aufsaugen kann und dabei einen Druck zwischen Cytoplasma und Sporangiumwand ausübt. Das Vesikel vergrößert sich, sobald sich das Cytoplasma aus dem Sporangium darin befindet. Während der nächsten Minuten teilt sich das Cytoplasma in ungefähr 8–20 einkernige Planosporen auf, die sich innerhalb des Sporangiums durch die dünne Wand des Vesikels unregelmäßig aufblähen (Abb. 70). Ungefähr 20 min nach der Aufblähung des Vesikels bricht die Wand schließlich auf und die Planosporen schwimmen weg. Sie sind bohnenförmig und mit zwei lateral inserierten Geißeln versehen. Die Planosporen mehrerer Arten von *Pythium* bewegen sich chemotaktisch zu den Wurzeln. Nachdem die Planospore eine Zeitlang geschwommen ist, wirft sie die Geißeln ab, encystiert

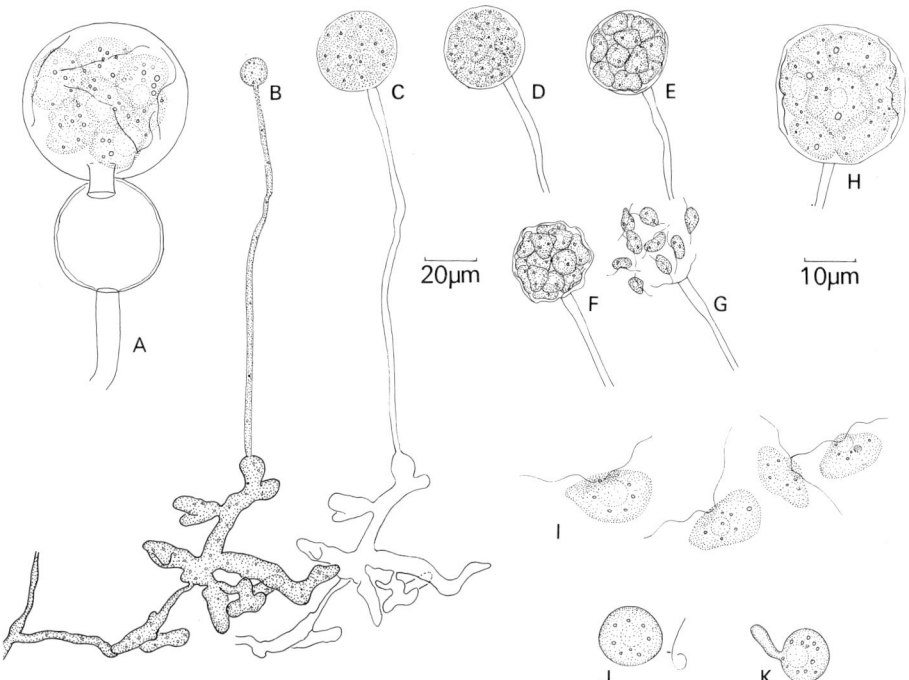

Abb. 69 A–V. *Pythium.* Sporangien und Planosporen; **A** *P. debaryanum.* Sphärisches Spor-
angium mit kurzem Schlauch und einem Vesikel mit Planosporen. **B–K** *P. aphanidermatum.*
B Gelapptes Sporangium mit einem langen Schlauch. Das Vesikel beginnt sich zu dehnen;
C–G Weitere Stadien der Vesikelvergrößerung und der Differenzierung der Planosporen.
Man erkennt die Übertragung des Cytoplasmas aus dem Sporangium zu dem Vesikel in **C**. Die
Stadien **B–G** finden innerhalb von 25 min statt; **H** Vergrößertes Vesikel mit Planosporen.
Geißeln sind ebenfalls sichtbar. **I** Planosporen; **J** Encystierung der Planosporen mit abge-
worfener Geißel; **K** Keimung einer Planosporencyste. **B–G** im gleichen Maßstab; **A, H, I, J,
K** im gleichen Maßstab

sich und keimt mit einem Keimschlauch aus (Abb. 69 K). Mehrfache Keim-
schlauchbildung kann auch vorkommen. Bei einigen Formen, z. B. *P. ultimum var.
ultimum,* gibt es keine Planosporenbildung aus Sporangien; diese Sporangien keimen direkt mit einem Keimschlauch. Drechsler (1960) hat jedoch eine Varietät beschrieben (*P. ultimum var. sporangiferum*), bei der sich die Planosporen aus Planosporangien entwickeln. Sporangien mit direkter Keimung bezeichnet man manchmal als Konidien. Bei *P. ultimum var. ultimum* werden die Planosporen bei der Keimung der Oospore gebildet, obwohl auch schon von einer direkten Keimung der
Oosporen berichtet wurde (Abb. 71 D, E). Bei bestimmten Arten gibt es sporangiale
Wucherungen, z. B. bei *P. middletonii* und *P. undulatum.* Bei *P. ultimum* können die
Sporangien mehrere Monate lang sowohl feucht als auch trocken im Boden überleben. Sie werden innerhalb weniger Stunden durch zuckerhaltige Exudate von den
Samenschalen zur Keimung stimuliert. Die Keimung erfolgt mit Hilfe eines sehr
schnell wachsenden Keimschlauches, so daß ein benachbarter Wirt innerhalb von
24 Stunden infiziert sein kann (Stanghellini und Hancock, 1971a, b).

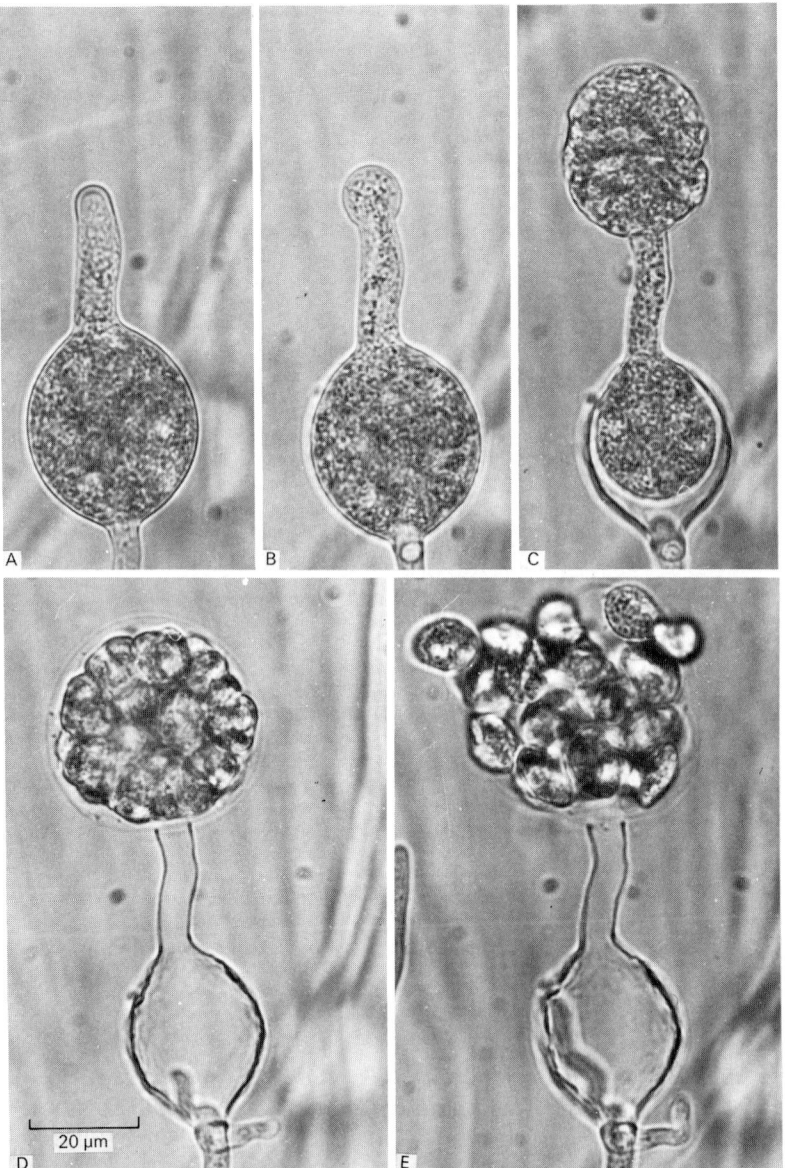

Abb. 70 A–E. *Pythium middletonii.* Stadien der Planosporenfreisetzung. **A** Sporangium kurz vor der Entleerung. Man erkennt die verdickte Spitze der Papille. Sie enthält klares Cytoplasma; **B** Beginnende Aufblähung des Vesikels; **C** Cytoplasma verläßt das Sporangium. Im Vergleich zu **A** erkennt man das eingeschrumpfte Sporangium; **D** Planosporen, die sich innerhalb des Vesikels differenziert haben. Die Geißeln sind zwischen der Vesikelwand und den Planosporen sichtbar; **E** Freigesetzte Planosporen nach dem Aufreißen der Vesikelwand. Der gesamte Entleerungsvorgang dauert ungefähr 20 min

Sexuelle Fortpflanzung: Die Bildung von Oogonien und Antheridien erfolgt sehr leicht in Kulturen, die von einer einzelnen Planospore stammen. Anscheinend sind die meisten Arten von *Pythium* monözisch. Bestimmte Arten können jedoch in Kulturen keine Oosporen bilden. Mehrere dieser Arten (z.B. *P. sylvaticum, P. heterothallicum* und *P. splendens*) sind diözisch, obwohl auch hier monözische Isolate beschrieben wurden (Campbell und Hendrix, 1967; Papa et al. 1967; Pratt und Green, 1971, 1973; van der Plaats-Niterink, 1968, 1969). Bei Kreuzungen zwischen männlichen und weiblichen Stämmen von *P. sylvaticum* erhielten Pratt und Green (1973) überwiegend männliche Nachkommen aus den keimenden Oosporen, während weibliche, neutrale und bisexuelle Nachkommen weniger häufig auftraten. Die genetischen Untersuchungen deuten darauf hin, daß komplexe genetische Systeme die Sexualität bei *P. sylvaticum* steuern. Oogonien entstehen als terminale oder interkalare sphärische Anschwellungen, die durch Querwandbildung von dem angrenzenden Myzel abgetrennt werden. Bei einigen Arten (z.B. *P. mamillatum*) besitzt die Oogonienwand lange Auswüchse (Abb. 71 B). Die Antheridien entstehen als keulenförmige, angeschwollene Hyphenspitzen, oft als Verzweigungen des Oogonienstieles oder manchmal aus einzelnen Hyphen. Bei einigen Arten (z.B. *P. ultimum*) gibt es typischerweise nur ein einzelnes Antheridium zu jedem Oogonium, während bei anderen Arten (z.B. *P. debaryanum*) mehrere Oogonien auftreten können (Abb. 71 A). Das junge Oogonium ist vielkernig. Das Cytoplasma des Oogoniums differenziert sich zu einer vielkernigen zentralen Masse (dem Ooplasma), aus dem sich die Eizellen entwickeln, und eine periphere Masse (dem Periplasma), das ebenfalls mehrere Kerne enthält. Das Periplasma wirkt nicht an der Bildung der Eizellen mit. Die Befunde über den Verlauf der Kernteilung sind nicht eindeutig. Nach älteren Untersuchungen findet die Meiose während der Keimung der Oospore statt, so daß die vegetativen Filamente haploid sind.

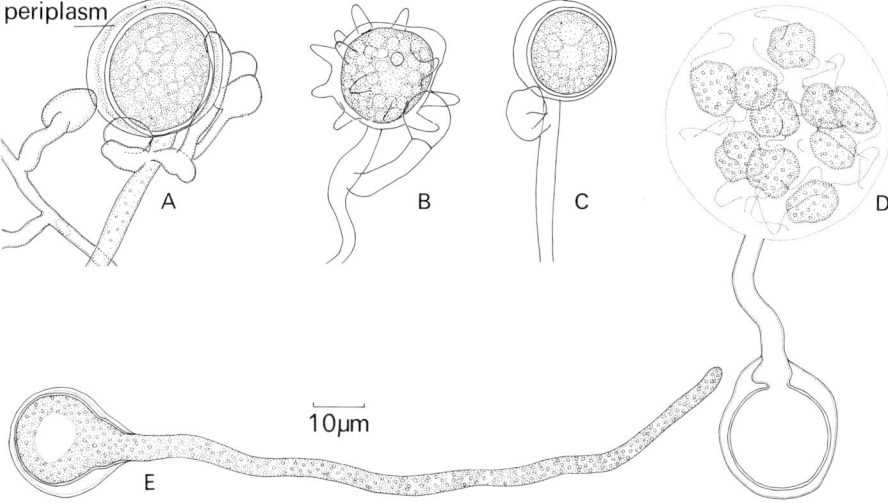

Abb. 71 A–E. *Pythium.* Oogonien und Oosporen. **A** *P. debaryanum.* Man erkennt mehrere Antheridien; **B** *P. mamillatum.* Oogonium mit Auswüchsen der Oogonienwand; **C** *P. ultimum;* **D, E** *P. ultimum:* keimende Oosporen (nach Drechsler)

Während der Eizellenentwicklung finden also nur Mitosen statt. Nach Sansome (1961, 1963) erfolgt in den Oogonien und Antheridien von *P. debaryanum* eine Meiose. Bei *P. debaryanum* beschreibt Sansome junge Oogonien mit zahlreicheren Kernen als bei älteren Oogonien, was auf eine Degeneration bestimmter Kerne zurückzuführen ist. Ein bis acht Kerne überleben, vergrößern sich und durchlaufen eine Meiose. Zu einem späteren Teilungsstadium werden bis zu 32 Kerne gezählt. Bei diesen und anderen Arten überlebt im Zentrum des Ooplasmas nur der Kern einer einzelnen Eizelle, während die übrigen Kerne degenerieren. Die Kerne des Periplasmas degenerieren ebenfalls. Die jungen Antheridien sind vielkernig, bis auf einen degenerieren aber alle Kerne. Der überlebende Kern teilt sich meiotisch, so daß in älteren Antheridien vier Kerne vorhanden sind. Die Antheridien legen sich an die Oogonienwand an und durchdringen sie mit Hilfe eines Befruchtungsschlauches. Nach der Penetration sind im Antheridium nur noch drei Kerne erkennbar. Dies deutet darauf hin, daß ein Kern in das Oogonium eingedrungen ist. Später findet man jedoch leere Antheridien. Man vermutet, daß die drei übriggebliebenen Kerne ebenfalls in das Oogonium eingedrungen sind und dort gemeinsam mit den Kernen des Periplasmas degenerieren. Eine Fusion zwischen einem einzelnen Antheridienkern und einem Eizellenkern wurde beobachtet. Die befruchteten Eizellen sondern eine doppelte Wand ab und im Cytoplasma erscheint ein Kügelchen mit Reservestoffen. Das vom Periplasma stammende Material kann auch an der Außenwand der Eizelle abgelagert werden. Solche Oosporen brauchen eine Ruhezeit (Nachreifung) von mehreren Wochen bis zu ihrer Keimfähigkeit. Die Keimung erfolgt mit einem Keimschlauch oder durch Bildung eines Vesikels, in dem sich die Planosporen differenzieren (Abb. 71 D, E). Bei einigen Formen bilden die sich entwickelnden Planosporen einen kurzen Keimschlauch, aus dem ein Sporangium entsteht.

Pythium kann saprophytisch leben und auch mehrere Jahre in trockener Erde überdauern. Sie kommt häufiger in kultivierten als in Naturböden vor und scheint auf saure Böden empfindlich zu reagieren. Als Saprophyten sind die Arten von *Pythium* wichtige Erstbesiedler bisher nicht infizierter Substrate. Aufgrund ihres schnellen Wuchses haben sie bei der Erstbesiedelung einen Selektionsvorteil. Sie sind jedoch nicht konkurrenzfähig gegenüber anderen Pilzen, die schon ein Substrat besiedelt haben, und sehr empfindlich gegenüber Antibiotika.

Die Bekämpfung der durch *Pythium* verursachten Krankheiten erweist sich deshalb als schwierig, weil sie saprophytisch im Boden überleben können. Ihre Bekämpfung ist wegen ihres breiten Wirtsspektrums auch nicht durch Wechsel der angebauten Pflanzen möglich. Die Wirkung der Krankheit kann durch verbesserte Entwässerungsmethoden und durch größere Abstände der ausgesäten Pflanzen herabgesetzt werden. Im Gewächshaus kann man den Pilz durch Dampfsterilisation oder mit Formalin bekämpfen. Ein erneuter Befall der so behandelten Erde mit *Pythium* erfolgt nur sehr langsam.

Phytophthora (Abb. 72–74)

Der Name *Phytophthora* stammt aus dem griechischen (phyton, Pflanze; phthora, Zerstörung). Einige Arten sind zerstörende Parasiten. Der bekannteste ist *P. infestans*, der Erreger der Kraut- und Knollenfäule der Kartoffel. Dieser Pilz befällt nur

Wirte der Nachtschattengewächse, während andere ein größeres Wirtsspektrum haben. *P. cactorum* befällt z. B. über 40 Familien von Blütenpflanzen und verursacht die unterschiedlichsten Krankheiten, wie z. B. Umfallkrankheit, Wurzel- und Fruchtfäule.

Weitere wichtige pathogene Arten sind *P. erythroseptica,* der Erreger der rosa Fäulnis (pink-rot) der Kartoffelknollen, *P. fragariae,* der Erreger der Rotfäule des

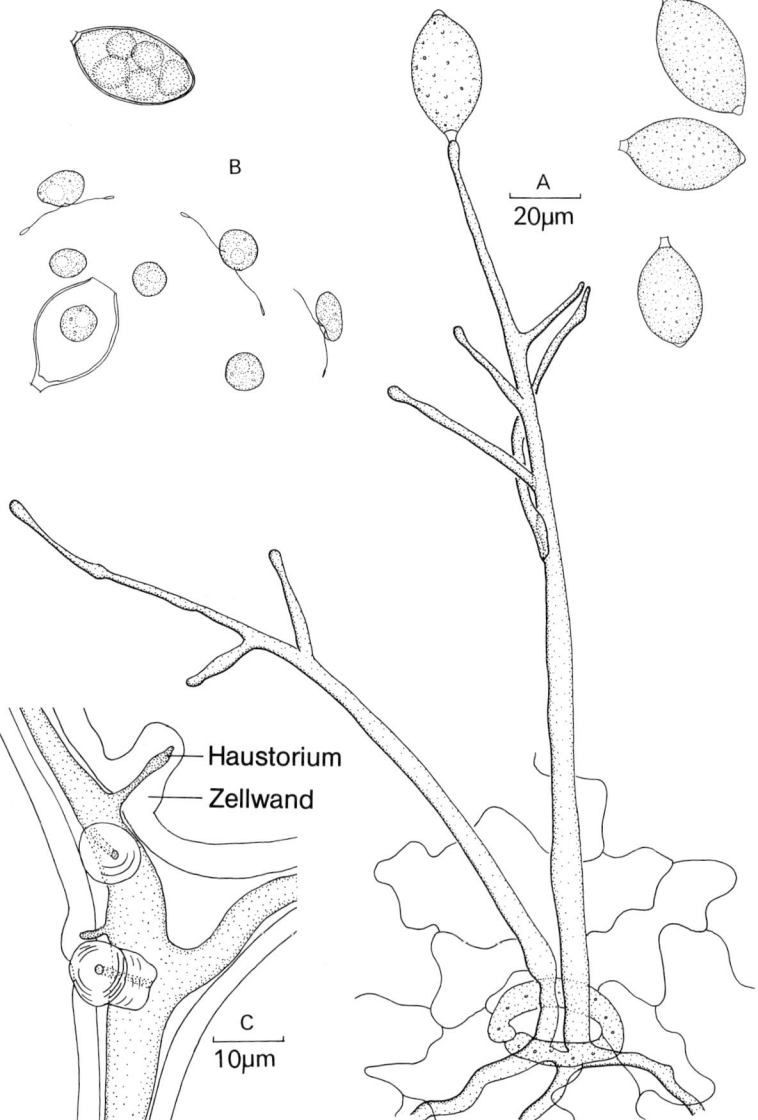

Abb. 72 A–C. *Phytophthora infestans.* **A** Sporangiophoren durchdringen eine Spaltöffnung eines Kartoffelblattes; **B** Der Inhalt eines Sporangiums teilt sich und entläßt Planosporen; **C** Interzellulares Myzel einer Kartoffelknolle mit fingerähnlichen Haustorien, die die Zellwände durchdringen. Man erkennt die verdickte Zellwand um das Haustorium

Zentralzylinders der Erdbeeren (red core disease) und *P. palmivora,* der Erreger der Schotenfäule und des Krebses beim Kakao. *P. cinnamomi* ist ein gefährlicher Krankheitserreger bei verholzten Wirten einschließlich Koniferen. Es gibt eine taxonomische Darstellung dieser Gattung von Tucker (1931) und eine allgemeine Darstellung von Hickman (1958). Waterhouse (1956) hat eine Anzahl von Originalbeschreibungen zusammengestellt und dazu einen Schlüssel angefertigt (1963). Es sind ungefähr 40 Arten bekannt. Während einige Arten saprophytisch als Wasserpilze leben können, leben die meisten pathogenen Formen wahrscheinlich nicht lange als freilebende Saprophyten. Sie überleben als Oosporen in der Erde oder in befallenen Wirtsgeweben. Zu bestimmten Jahreszeiten lassen sich jedoch fast alle pathogenen Formen von ihren Wirten isolieren und dann in Reinkulturen halten. Zur Isolierung von *Phytophthora* verwendet man antibiotikahaltige Medien, z. B. Pimaricin (Tsao, 1970). Die meisten Arten bilden ein unseptiertes Myzel mit rechtwinkligen Verzweigungen, die an ihrem Ursprung meist zusammengepreßt sind. In alten Kulturen können Septen auftreten. Innerhalb des Wirtes ist das Myzel interzellulär, es werden jedoch Haustorien gebildet, die in die Wirtszellen eindringen. Die Haustorien von *P. infestans* stellen in Kartoffelknollen fingerähnliche Auswüchse dar, die teilweise von Verdickungen aus Wirtszellmaterial umgeben sein können (Abb. 72 C). Nach elektronenmikroskopischen Aufnahmen sind die Haustorien in Kartoffelblättern nicht von der Wirtszellwand, sondern von einer Kapsel umgeben, deren Ursprung und Funktion noch nicht geklärt ist (Ehrlich und Ehrlich, 1966, 1971). In den Haustorien von Kartoffelblattzellen treten Kerne auf (Siva und Shaw, 1969). Die Sporangien sind normalerweise birnenförmig und entstehen auf gut ausgebildeten, einfachen oder verzweigten Sporangiophoren. Auf der Wirtspflanze können die Sporangienträger wie bei *P. infestans* (Abb. 72 A) durch die Stomata hervortreten. Das erste Sporangium ist terminal inseriert, die das Sporangium tragende Hyphe kann diese zur Seite stoßen und weitere Sporangien ausbilden. Das reife Sporangium besitzt eine terminale Papille und wird von der Sporangiophore durch eine Verdickung des Wandmaterials abgetrennt. Diese Verdickung bildet einen Pfropfen. Die Feinstruktur der Sporangien von *Phytophthora* spp. ist von mehreren Wissenschaftlern untersucht worden (Chapman und Vujićić, 1965; Hemmes und Hohl, 1969; Williams und Webster, 1970; Elsner et al. 1970; Christen und Hohl, 1972). Die Abschnürung von Cytoplasma zur Bildung von Planosporenanlagen geschieht durch spezifische Vesikel, die vom Golgi-Apparat stammen. In den ersten Stadien der Sporenentwicklung erkennt man Geißeln.

Bei Landformen lösen sich die Sporangien möglicherweise durch hygroskopische Drehung der austrocknenden Sporangiophore und werden vor der Keimung vom Wind verbreitet. Bei Wasserformen findet die Planosporenfreisetzung gewöhnlich noch an den befestigten Sporangien statt. Bei diesen Wasserarten können innere Sporangienproliferationen vorkommen.

Die Sporangienkeimung erfolgt durch zwei alternative Mechanismen. Die *indirekte Keimung* durch Bildung von Planosporen kann bei vielen Arten durch Aufschwemmen der Planosporangien in gekühltem Wasser oder Bodenextrakt induziert werden. Die *direkte Keimung* durch Bildung eines Keimschlauches wird durch höhere Temperaturen induziert. Bei *P. infestans* werden z. B. unterhalb von 15 °C einkernige Planosporen gebildet, während bei einer Temperatur von über 20 °C vielkernige Keimschläuche entstehen. Mit zunehmendem Alter können die Sporangien

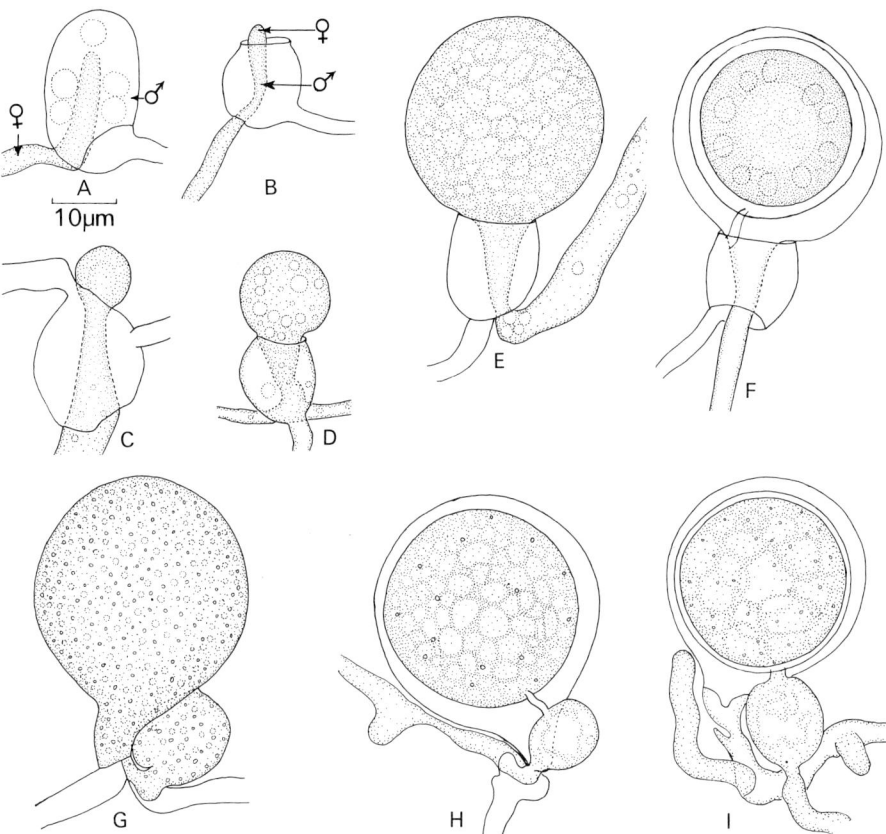

Abb. 73 A–I. *Phytophthora*, Oogonienentwicklung. **A–F** Entwicklungsstadien von *P. erythroseptica;* **G–I** Entwicklungsstadien von *P. cactorum*

keine Planosporen mehr bilden. Der direkten Keimung geht eine Resorption der Geißeln voraus, die innerhalb der Sporangien entstehen. Bei *Phytophthora* differenzieren sich Planosporen typischerweise *innerhalb* des Sporangiums und nicht in einem Vesikel wie bei *Pythium*. Dieser Unterschied tritt aber nicht immer auf. Aus der Papille kann sich ein kleines Vesikel bilden, das die Planosporen vor ihrer Freisetzung durchlaufen. Vielfach werden die Planosporen jedoch direkt aus dem Sporangium durch Aufbrechen der Papille freigesetzt. Die einkernigen Planosporen mit zwei lateral inserierten Geißeln schwimmen eine Zeitlang und werden dabei oft chemotaktisch vom Wirtsgewebe angezogen. Normalerweise encystieren sie sich und bilden dann einen Keimschlauch. Dieser Vorgang kann sich wiederholen. Bei *P. cactorum* bleiben die Sporangien bei mäßig trockenen Bedingungen mehrere Monate lang erhalten. Unter geeigneten Bedingungen kann ein solches Sporangium durch eine vegetative Hyphe oder ein weiteres Sporangium auskeimen. Dickwandige, sphärische Chlamydosporen wurden ebenfalls beschrieben.

Die sexuelle Fortpflanzung bei *Phytophthora* ist der von *Pythium* ähnlich. Auch hier wird die Oosporenbildung durch Sterole stimuliert. Man findet zwei verschie-

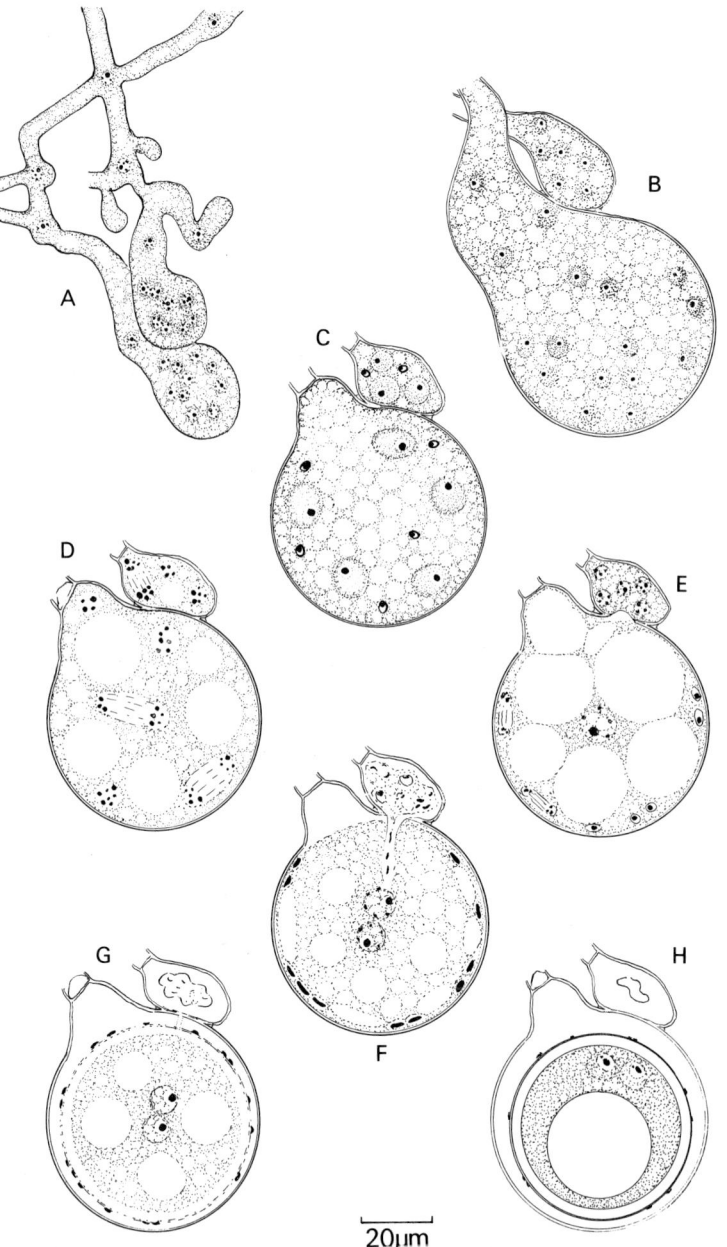

$20 \mu m$

Abb. 74 A–H. *Phytophthora cactorum.* Entwicklung eines Oogoniums, eines Antheridiums und einer Oospore. **A** Oogonium- und Antheridiumanlagen; **B** Ausgewachsenes Oogonium und Antheridium: das Oogonium besitzt ungefähr 24 und das Antheridium ungefähr 9 Kerne; **C** Entwicklung eines Septums und Degeneration einiger Kerne bis auf 8 oder 9 Kerne im Oogonium und 4 oder 5 Kerne im Antheridium; **D** Simultane Kernteilung im Oogonium und Antheridium. Im Protoplasma befinden sich große Vakuolen; **E** Abtrennung von Ooplasma vom Periplasma. Die sich teilenden Kerne im Periplasma degenerieren. Das Oogonium preßt sich in das Antheridium; **F** Ein Antheridienkern dringt durch einen Befruchtungsschlauch ein. Das Protoplasma und die übrigen Kerne des Antheridiums degenerieren; **G** Entwicklung der Oosporenwand; **H** Oospore zu Beginn der Ruheperiode, mit einem Exospor aus abgestorbenem Periplasma, aufgelagertem Endospor (aus Zellulose, Protein usw.) und gepaarten, aber noch nicht fusionierten Kernen. **A–H** sind zusammengesetzte Zeichnungen von 8 nacheinander folgenden Stadien (nach Blackwell, 1943a)

dene Typen der Antheridienanordnung. Bei *P. cactorum* und einer Reihe anderer Arten sind die Antheridien lateral am Oogonium befestigt und werden **paragyn** genannt (Abb. 73, G–I). Bei einigen anderen Arten (*P. erythroseptica* und *P. infestans*) dringen die Oogonien während ihrer Entwicklung durch das Antheridium. Die oogonienbildenden Hyphen werden über dem Antheridium sichtbar und blähen sich zu einem sphärischen Oogonium auf. Das Antheridium bleibt als Ring an der Basis erhalten (Abb. 73, A–F). Diese Anordnung des Antheridiums nennt man **amphigyn.** Hemmes und Bartnicki-Garcia (1975) haben mit Hilfe von Dünnschnitten und des Elektronenmikroskops bewiesen, daß bei *P. capsici* das Oogonium das Antheridium durchdringt. Das widerlegt die Behauptungen von Stephenson und Erwin (1972), daß das Antheridium das Oogonium während der Entwicklung umfaßt. Sowohl die Oogonien als auch die Antheridien sind vielkernig. Bei der Reifung der Oosphäre bleibt jedoch nur ein einzelner Kern im Zentrum übrig, während die übrigen Kerne vom Periplasma aufgenommen werden. Durch Befruchtungsschläuche wird ein einzelner Kern aus dem Antheridium eingeführt (Abb. 74). Die Verschmelzung zwischen dem Eizellenkern und dem Antheridienkern geschieht erst nach der Reifung der Oosporenwand. Diese Wand besitzt ein dünnes, vom Periplasma stammendes Exospor aus Pektin und ein dickeres Endospor aus Zellulose, Protein und möglicherweise anderen Reservestoffen. Das Cytoplasma enthält ein großes Öltröpfchen. Die Oosporen keimen nicht sofort aus, sondern reifen mehrere Wochen oder Monate. Vor der Keimung hat die Karyogamie stattgefunden und der Kern hat sich mehrere Male geteilt. Die Eizellen schwellen an und das Exospor wird gedehnt. Der Öltropfen zerfällt in eine Anzahl kleiner Tröpfchen. Das Endospor wird von innen her aufgelöst. Ein Keimschlauch dringt durch das Exospor und durch die Oogonienwand. An der Spitze können Sporangien gebildet werden. Es ist bewiesen, daß bei *P. cactorum, P. capsici* und *P. drechsleri* die Meiose während der Gametenbildung stattfindet (Sansome, 1963, 1976; Galindo und Zentmyer, 1967; Mortimer und Shaw, 1975). Genetische Untersuchungen zur Vererbung der Methioninbedürftigkeit von *P. cactorum* lassen die Annahme zu, daß die Planosporen diploid sind und die Meiose während der Gametenbildung stattfindet (Elliott und MacIntyre, 1973).

Oosporen können lange in der Erde überleben. Jede Oosporenpopulation ist physiologisch heterogen. Auch die verschiedensten Umweltbedingungen können nicht alle Oosporen zur Keimung stimulieren (Blackwell, 1943a, b).

Einige Arten von *Phytophthora* (z. B. *P. cactorum* und *P. erythroseptica*) sind monözisch und bilden in Kulturen aus einzelnen, einkernigen Planosporen leicht Oosporen. Andere Arten (z. B. *P. infestans* und *P. palmivora*) bilden normalerweise nur Oosporen, wenn verschiedene Isolate miteinander gekreuzt werden, d. h. sie sind incompatibel. Bei diesen beiden Arten findet man zwei compatible Kreuzungstypen, A_1 und A_2, die von zwei Allelen eines einzelnen Locus kontrolliert werden. Oosporen entstehen nur bei einer Kreuzung $A_1 \times A_2$. Jeder Compatibilitätstyp ist bisexuell, d. h. ein Stamm kann in einer gegebenen Kreuzung Antheridien bilden und in einer anderen Kreuzung Oogonien. Die bisexuelle Natur eines jeden Isolates wird durch die Beobachtung bestätigt, daß eine Selbstung nicht nur zwischen Stämmen der gleichen Art, sondern auch durch interspezifische Kreuzungen induziert werden kann. Trennt man z. B. eine Kultur des monözischen *P. heveae* mit einer Cellophanmembran von dem diözischen Pilz *P. palmivora*, dann können einzelne Stämme beider Compatibilitätstypen des letztgenannten Pilzes zur Bildung von Sexualorganen induziert werden. Interspezifische Kreuzungen mit Arten, die eine antheridiale Hyphe bzw. ein Oogonium beisteuern, sind ebenfalls bei anderen Arten durchgeführt worden. Bei *Phytophthora infestans* hängt die Differenzierung der Sexualorgane auch von den Ernährungsbedingungen ab. Schlecht ernährte Hyphen reagieren männlich, während besser ernährte Hyphen Oogonien bilden (Galindo und Gallegly, 1960; Savage et al. 1968; Brasier, 1972). Diese Beobachtungen erinnern an die diözischen Arten von *Achlya* (S. 143), bei denen die sexuelle Fortpflanzung durch Befruchtungsstoffe kontrolliert werden.

Die zwei Kreuzungstypen der incompatiblen Arten von *Phytophthora* sind nicht gleichmäßig verteilt. Mexiko ist wahrscheinlich das Zentrum und das Ursprungsgebiet der Gattung *Solanum*, zu der auch die Kartoffel gehört. Hier kommen die beiden Kreuzungstypen von *P. infestans* in der Natur gleich häufig vor, so daß sich Oosporen auf den Kartoffelblättern entwickeln. In Nordamerika gibt es nur wenige heimische Solanaceae. Hier findet man ebenso wie in Europa nur den A_1-Typ (Gallegly und Galindo, 1958).

Nicht verwandte Pilze können die Oosporenentwicklung bei A_2-Isolaten induzieren. Eine zufällige Verunreinigung eines A_2-Isolates von *P. palmivora* durch den häufig vorkommenden Bodenpilz *Trichoderma viride* führt zur Oosporenbildung. Spätere Untersuchungen ergaben, daß der ,*Trichoderma*-Effekt' auch mit A_2-Isolaten bei anderen diözischen Arten wirkt. Außerdem können mehrere verschiedene Arten von *Trichoderma* eine sexuelle Fortpflanzung induzieren. Ein direkter physischer Kontakt zwischen Hyphen von *Trichoderma* und *Phytophthora* ist nicht notwendig. Die Oosporen entwickeln sich in *Phytophthora*-Kulturen über *Trichoderma*, so daß die von *Trichoderma* gebildeten Substanzen absorbiert werden können. Die Wirkung ist wahrscheinlich nicht spezifisch, weil die Dämpfe des Fungizids Chloroneb die Oosporenentwicklung bei A_2-Isolaten von *P. capsici* induzieren. Eine mechanische Verletzung oder eine Verletzung durch Wasserstoffperoxid induziert die Oosporenentwicklung bei *P. cinnamomi* und *P. cryptogea*. Es liegt nahe, daß der *Trichoderma*-Effekt von ökologischer Bedeutung sein kann. Wenn die Verteilung der Kreuzungstypen die Wahrscheinlichkeit der sexuellen Fortpflanzung senkt, könnte es für *Phytophthora*, die ein Wurzelsystem im Boden in Konkurrenz mit *Trichoderma* besiedelt, von Vorteil sein, Oosporen als Abwehrmechanismus gegen die Antibiotika zu bilden, die ihrerseits von *Trichoderma* produziert werden (Brasier, 1975a, b). Es ist noch nicht geklärt, warum die flüchtigen Antibiotika oder Fungizide die gleiche Wirkung auf die A_2-Stämme ausüben wie die Verbindung mit A_1-Stämmen. Warum A_1-Stämme auf solche Stimuli nicht ansprechen, ist noch nicht bekannt.

Kraut- und Knollenfäule der Kartoffel

Die von *P. infestans* verursachte Kraut- und Knollenfäule der Kartoffel ist eine allgemein bekannte Krankheit. Zwischen 1845 und 1847 führte sie unter der Arbeiterklasse Irlands, deren Hauptnahrung Kartoffeln sind, zu einer Hungersnot. Das Ausmaß dieser Hungersnot ist sehr schwer zu bestimmen. Dazu gibt es einige genaue Angaben. Die Bevölkerung Irlands betrug 1841 8 175 124 Einwohner. 1851 waren es 6 552 385, also 1 622 739 weniger (Salaman, 1949). Indirekt führte die Hungersnot zu einer Intensivierung der Pflanzenpathologie. Die Geschichte der irischen Hungersnot ist von Large (1958) und Woodham-Smith (1962) dokumentiert worden. Der gegenwärtige Stand der Krankheit wird von Cox und Large (1960) erläutert. Man weiß, daß diese Krankheit nicht der Hauptverursacher von Produktionsausfällen ist, weil bestimmte Viruskrankheiten noch schädlicher sind; über diese Krankheit gibt es gegenwärtig umfangreiche Literatur (Moore, 1959).

Der Pilz überwintert in Kartoffelknollen, die in der vorangegangenen Jahreszeit infiziert wurden. Nur aus sehr wenigen dieser Kartoffelknollen entstehen kranke Pflanzen. In einem Feldversuch betrug der Anteil weniger als 1% (Hirst, 1955; Hirst und Stedman, 1960 a, b). Nichtsdestoweniger sind solche infizierten Pflanzen Ausgangspunkt für eine weitere Verbreitung der Krankheit. Die auf den kranken Pflanzen gebildeten Sporangien werden auf gesunde Blätter geweht, wo sie entweder mit Keimschläuchen oder mit Planosporen auskeimen. Die günstigste Temperatur zur Bildung von Planosporen liegt zwischen 9 und 15 °C. Zunächst bewegen sich die Planosporen schwimmend, dann encystieren sie sich und bilden Keimschläuche aus, die normalerweise in die Epidermis des Kartoffelblattes eindringen oder gelegentlich auch in die Stomata. An der Spitze des Keimschlauches wird ein Appressorium gebildet, das die Cyste fest an das Blatt heftet. Das Eindringen in die Zellwand geschieht wahrscheinlich sowohl mechanisch als auch enzymatisch. Der Eindringvorgang kann innerhalb von 2 Stunden stattfinden. Innerhalb des Blattgewebes wächst das Myzel vom Infektionspunkt aus radiär nach außen. Die sich daraus ergebende Läsion ist dunkelgrün und weich, verbunden mit einer Gewebeauflösung durch Toxinausscheidung. Solche Läsionen (Abb. 67 B) werden unter geeigneten Temperatur- und Feuchtigkeitsbedingungen innerhalb von 3 bis 5 Tagen nach der Infektion sichtbar. Um den Rand der sich ausbreitenden Läsion insbesondere auf der Unterseite des Blattes erkennt man eine Sporulationszone mit Sporangiophoren, die aus den Stomata auswachsen. Hohe Sporulationsraten findet man bei hoher Luftfeuchtigkeit und meist nachts nach Taufall. Wenn die Blätter der Kartoffelpflanzen den Erdboden bedecken, entsteht ein humides Mikroklima, das zu einer intensiven Sporulation führt. Wenn das Laub während des Morgens trocknet, werden die Sporangiophoren hygroskopisch gedreht und können dann die Sporangien abstoßen. Deshalb zeigt die Sporangienkonzentration der Luft normalerweise eine charakteristische tageszeitliche Schwankung, mit einem Maximum gegen 10.00 Uhr. Die Sporangien sind empfindlich gegen Austrocknung. Sie sind keimungsunfähig, wenn sie 5 min lang bei einer relativen Luftfeuchte von 95% in Abwesenheit eines Wasserfilms auf der Oberfläche ausgesetzt werden. Eine Verbreitung über große Entfernungen ist deshalb nur durch Wassertröpfchen möglich (Warren und Colhoun, 1975).

Die zerstörende Wirkung von *P. infestans* ist direkt mit der Abtötung des Laubes verbunden. Dies führt zu einer Herabsetzung der Photosyntheseflächen der Kartoffelpflanze und zu einer Herabsetzung des Knollengewichtes. Wenn ungefähr 75% des Blattgewebes zerstört ist, findet keine weitere Gewichtszunahme der Knollen mehr statt (Cox und Large, 1960). Deshalb kann ein früh einsetzender Befall der Kraut- und Knollenfäule eine geringere Ernte bedingen. Die geringeren Erträge können dadurch ausgeglichen werden, daß solche Epidemien meist während der feuchtkalten Jahreszeit auftreten, wenn eigentlich höhere Erträge zu erwarten sind.

Ein weit schlimmerer Ernteverlust kann dadurch auftreten, daß die Kartoffelknollen während des Wachstums oder während der Ernte durch herabfallende

Sporangien infiziert werden. Diese infizierten Knollen können bei der Lagerung
faulen. Oft wird das erkrankte Gewebe noch sekundär von saprophytischen Bakterien und Pilzen besiedelt. Die Kraut- und Knollenfäule der Kartoffel kann mit mehreren Methoden bekämpft werden:

1. Sprühen

Durch Versprühen geeigneter Fungizide, die eine Sporangienkeimung verhindern,
kann ein epidemisches Ausbreiten der Krankheit verzögert werden. Dies kann zu
einer Verlängerung der Photosynthesedauer der Kartoffelblätter und damit zu höheren Erträgen führen. Es gibt verschiedene Typen von Fungiziden. Eine der bekanntesten ist die Bordeaux-Mischung, die Kupfersulfat und Calciumoxid enthält.
Der vom Kupfer verursachte Schaden auf den Kartoffelblättern und der von den
Rädern der Sprühmaschinen angerichtete Schaden an den Kartoffelstengeln kann
jedoch größer sein als der durch die Kraut- und Knollenfäule verursachte Schaden
bei nicht gespritzten Pflanzen. Um unnötiges Spritzen zu vermeiden und zeitlich ab-
gestimmte Sprühaktionen durchzuführen, hat man in manchen Ländern die Möglichkeit einer Vorhersage für das Auftreten der Kraut- und Knollenfäule geprüft.
Die Auswertungen der Kraut- und Knollenfäuleepidemien in Süd-Devon (England) durch Beaumont (1947) ergaben eine ‚Temperatur-Feuchtigkeits-Regel‘, die
einen Zusammenhang zwischen der Krankheit und dem Wetter herstellt. Nach einem bestimmten Datum (das örtlich verschieden sein kann) beginnt die Epidemie
innerhalb von 15–22 Tagen, eine Zeit, in der die niedrigste Temperatur nicht weniger als 10 °C betrug und die relative Luftfeuchte über 75% lag, und zwar an zwei
aufeinanderfolgenden Tagen. Das warme, feuchte Wetter während dieser Zeit führt
zu geeigneten Sporulationsbedingungen und zu neuen Infektionen. Diese Beziehung wird durch Erfahrungswerte verändert und ermöglicht zusammen mit Feldbe-
obachtungen beim ersten Auftreten der Fäuleschäden genaue Vorhersagen zur
Wahrscheinlichkeit von Kraut- und Knollenfäuleepidemien (Cox und Large, 1960;
Bourke, 1970). Diese Vorhersagen schaffen damit die Möglichkeit zu effektiveren
Sprüheinsätzen, die zu nennenswerten Einsparungen und zu verminderten Fungi-
zidverunreinigungen des Erdbodens führen.

2. Zerstörung des Stengels

Die Gefahr der Knolleninfektion durch Sporangien, die während der Ernte von den
Blättern herunterfallen, kann dadurch verringert werden, daß die Blätter vorher zerstört werden. Dies kann man erreichen, indem man die Blätter zwei oder drei Wochen vor dem Entfernen mit Schwefelsäure, Kupfersulfat, Teerverbindungen oder
Natriumchlorat besprüht. Das Aufhäufeln schützt die Kartoffelknollen ebenfalls vor
einer Infektion. Obwohl die Sporangien mehrere Wochen im Erdboden überleben
können, dringen sie nicht tief in das Erdreich ein.

3. Verwendung von resistenten Varietäten

Bei einer weltweiten Suche nach *Solanum*-Arten entdeckte man eine Anzahl von
Arten, die eine natürliche Resistenz gegen *P. infestans* aufwiesen. Eine Art (*S. de-*

missum) hat sich dabei als wichtige Resistenzquelle erwiesen. Obwohl diese Art für den kommerziellen Anbau an sich wertlos ist, so kann man sie doch mit *Solanum tuberosum* kreuzen. Einige Hybriden sind gegen diese Krankheit resistent. *Solanum demissum* enthält wenigstens vier Hauptgene, die für die Resistenz verantwortlich sind (R_1, R_2, R_3 und R_4), und eine Anzahl von untergeordneten Genen, die den Grad der Empfindlichkeit bei den empfindlichen Varietäten bestimmen (Black, 1952). Die vier Gene können bei einem einzelnen Wirtsstamm fehlen (0), sie können einzeln (z. B. R_1), zu zweit (z. B. R_1, R_3), zu dritt (z. B. R_1, R_2, R_3) oder alle zusammen auftreten (z. B. R_1, R_2, R_3, R_4), so daß insgesamt 16 Kombinationen möglich sind. Die Identifizierung des *R*-Genkomplexes war nur deshalb möglich, weil der Pilz selbst in verschiedenen Stämmen oder physiologischen Rassen vorkommt. Unter der Voraussetzung, daß der Pilz selbst entsprechende Gene trägt, die einem Wirts-*R*-Gen entsprechen und die in der Lage sind, diesen Effekt zu überwinden, müßten theoretisch 16 Pilzrassen existieren. Wenn die entsprechenden Gene des Pilzes 1, 2, 3 und 4 genannt werden, dann können die verschiedenen Rassen wie folgt bezeichnet werden: (0), (1), (2) usw., (1, 2), (1, 3) usw., (1, 3, 4) usw., (1, 2, 3, 4). Um 1953 sind 13 der 16 Gene identifiziert worden. Die meist verbreitete Rasse war die Rasse 4. Um 1969 wurden 11 *R*-Gene in Großbritannien entdeckt (Malcolmson, 1969). Eine Resistenz auf der Grundlage weniger Gene mit einem großen Effekt nennt man *oligogene Resistenz* (Day, 1974).

Zusätzlich zu den Hauptgenen für die Resistenz gibt es wahrscheinlich noch eine große Anzahl von Genen bei der Kartoffel, die einzeln nur einen geringen Effekt hervorrufen, aber zusammen zur Resistenz beitragen. Eine Resistenz dieser Art ist als *polygene Resistenz* oder *Feldresistenz* bekannt. Einige Kartoffelzuchtprogramme zielen auf die Herstellung solcher Varietäten ab. Dies ist auf lange Sicht wahrscheinlich eine bessere Methode, denn wenn man sich auf die oligogene Resistenz verläßt, besteht die Gefahr, daß die Varianten innerhalb einer pathogenen Population mit großer Wahrscheinlichkeit selektiert werden, obwohl sie die Kartoffelvarietäten befallen können, die diesen Resistenztyp besitzen (van der Plank, 1971; Day, 1974).

Der Ursprung der physiologischen Rassen ist schwer festzustellen. Wenn die sexuelle Fortpflanzung ein seltenes Ereignis ist, dann ist die dadurch gegebene Möglichkeit einer genetischen Rekombination sehr gering. Es ist jedoch möglich, daß einige dieser Rassen durch Mutation und darauf folgender Selektion auf einem bestimmten Wirt entstehen (Fincham und Day, 1971). Eine andere Möglichkeit besteht darin, daß das Myzel von *P. infestans* heterokaryotisch sein kann und Kerne verschiedener Rassen enthält (Graham, 1955). Eine weitere Möglichkeit besteht darin, daß eine parasexuelle Rekombination beteiligt ist. Mischt man Sporangien von zwei verschiedenen Rassen, so erhält man nach mehrmaligem Überimpfen neue Rassen mit einem unterschiedlichen Virulenzmuster gegenüber den Kartoffelvarietäten (Malcolmson, 1970; Denward, 1970; Day, 1974). Einige Beweise deuten darauf hin, daß sich die Pathogenität eines Parasitenstammes durch dauernde Passage resistenter Wirte erhöhen kann (siehe Buxton, 1960).

Innerhalb von ein oder zwei Tagen nach der Infektion werden die Gewebe eines resistenten Wirtes so schnell nekrotisch, daß eine Sporulation des Pilzes nicht mehr stattfinden kann. Wegen dieser schnellen Reaktion des Wirtsgewebes ist ein weiteres Wachstum des Pilzes unmöglich. Eine solche Reaktion nennt man manchmal

Hypersensitivität. Nach Müller (1959) besteht die Funktion der *R*-Gene in einer Beschleunigung dieser Wirtsreaktion. Wenn Kartoffelgewebe mit einer avirulenten Rasse von *P. infestans* infiziert wird, reagiert das Gewebe mit der Bildung von Antipilzsubstanzen (Phytoalexine). Rishitin und Phytuberin sind zwei von resistenten Kartoffelpflanzen gebildete Phytoalexine. Rishitin (ursprünglich von der Kartoffelvarietät Rishiri isoliert) ist ein bizyklisches Sesquiterpen. Nach Tomiyama et al. (1968) bildet ein R_1-Kartoffelgewebe, das mit einer avirulenten Rasse von *P. infestans* beimpft wurde, 270mal mehr Rishitin, als wenn man das Gewebe mit einer virulenten Rasse beimpft. Möglicherweise bestimmen die *R*-Gene die Fähigkeit des Wirtsgewebes, auf avirulente Rassen von *P. infestans* zu reagieren (Day, 1974).

Peronosporaceae

In der Natur sind die Peronosporaceae biotrophe Parasiten höherer Pflanzen. Sie verursachen eine Reihe von Krankheiten, die unter dem Namen Falsche Mehltaupilze bekannt sind. Keiner dieser Pilze wuchs bisher in Reinkulturen. Kalluskulturen von Wirtsgewebe können jedoch das Wachstum einiger Pathogene, z.B. *Peronospora farinosa* auf Zuckerrüben, unterstützen (Ingram und Joachim, 1971). Die meisten Arten sind auf einzelne Wirtsfamilien oder Wirtsgattungen beschränkt. Das Myzel ist in den Wirtsgeweben coenocytisch und interzellulär, mit verschiedenen Haustorientypen, die in die Wirtszellen eindringen (Fraymouth, 1956). Die Sporangien entstehen an gut ausgebildeten, verzweigten Sporangiophoren, die aus den Stomata herauswachsen. Sie werden vom Wind verbreitet. Bei einigen Gattungen keimen diese mit zweigeißeligen Planosporen. Bei den meisten Gattungen bilden die Sporangien jedoch einen Keimschlauch. Diese Sporangien bezeichnet man als Konidiosporen. Typische Gattungen dieser Familie sind *Peronospora*, *Plasmopara* und *Bremia*.

Peronospora (Abb. 75–77)

Einige Krankheiten von ökonomischer Bedeutung werden von Arten der Gattung *Peronospora* verursacht. *Peronospora destructor* verursacht eine ernstzunehmende Krankheit bei Zwiebeln und Schalotten, während *P. farinosa* als Falscher Mehltau auf Zuckerrüben, roten Rüben und auf dem Spinat vorkommt. Man findet diesen Pilz auch auf Unkräutern, wie z.B. *Atriplex* und *Chenopodium*. *Peronospora tabacina* ist der Erreger des Blauschimmels an Tabakpflanzen. Dieser Name bezieht sich auf die bläulich-purpurne Farbe der Sporangien, die ein besonderes Merkmal vieler Arten von *Peronospora* ist. *Peronospora parasitica* befällt Cruciferen. Obwohl viele Artnamen für diesen Pilz wegen der verschiedenen Wirtsgattungen verwendet werden, betrachtet man sie gewöhnlich alle als eine einzige Art (Yerkes und Shaw, 1959). Weiße Rüben, Steckrüben, Blumenkohl, Rosenkohl und Goldlack werden im allgemeinen befallen, ebenso findet man den Pilz häufig auf dem Hirtentäschelkraut (*Capsella bursa-pastoris*). Erkrankte Pflanzen kann man an ihren geschwollenen und verbogenen Stämmen erkennen, die einen weißen Pelz (Belag) aus Sporangiophoren besitzen (Abb. 75 A). Auf Blättern ist das Auftreten des Pilzes verbunden mit gelblichen Flecken auf der Oberseite und mit der Bildung von weißen Sporan-

Abb. 75 A, B. *Capsella bursa-pastoris.* **A** Stiele, infiziert mit *Peronospora parasitica.* Der weiße Belag besteht aus Sporangiophoren; **B** Sproß von *Capsella,* infiziert mit *Albugo candida.* Man erkennt die Verbiegung und die Hypertrophie des infizierten Sprosses und den Durchmesser des infizierten und des dahinterliegenden, nicht infizierten Sprosses. Die weißen Pusteln sind noch nicht aufgesprungen

giophoren auf der Unterseite. In Schnitten durch das erkrankte Gewebe erkennt man ein ausgedehntes coenocytisches, interzelluläres Myzel und verzweigte, gelappte und grobe Haustorien in bestimmten Wirtszellen (Abb. 76 C). Nach Fraymouth (1956) dringen die Haustorien der Peronosporales nicht wirklich in den Wirtsprotoplasten ein. Sie konnte in Plasmolyseexperimenten mit anschließender Färbung des Protoplasten mit Neutralrot nachweisen, daß sich der Protoplast vom Haustorium zurückzieht und ihn vollständig freilegt. Nach dem Eindringen in die Wirtszelle finden Reaktionen zwischen dem Wirtsprotoplasma und dem eindringenden Pilz statt. Das Haustorium wird von einer Schicht aus Kallose umhüllt, die man oft als verdickten Kragen an der Basis des Haustorium erkennen kann. Fraymouth's Untersuchungen wurden von Peyton und Bowen (1963) bestätigt und weitergeführt. Sie untersuchten die mit *P. manshurica* infizierten Blattgewebe der Sojabohne unter dem Elektronenmikroskop. Ihre Interpretation des Haustoriums ist in Abb. 77 dargestellt. Das Haustorium ist an der Eindringstelle von einer Scheide aus Wirtszellwandmaterial umgeben. Es ist auf der ganzen Länge von einer weiteren Scheide umschlossen; die Appositionszone stammt möglicherweise ebenfalls vom Wirt. Die

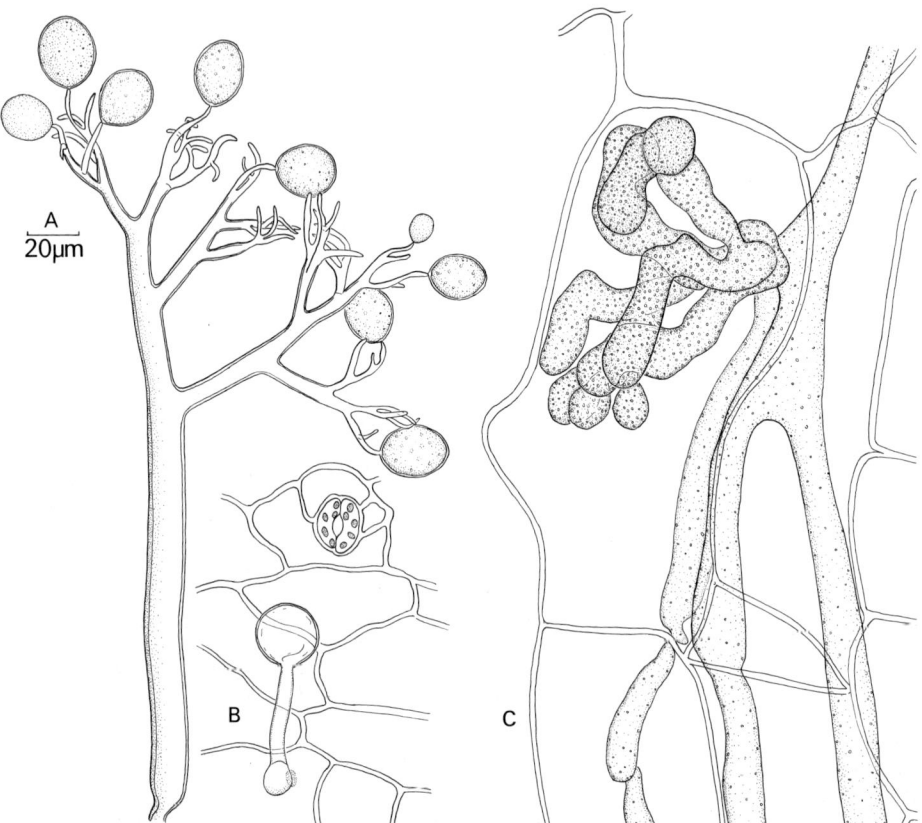

Abb. 76 A–C. *Peronospora parasitica* auf *Capsella bursa-pastoris*. **A** Sporangiophore; **B** Keimendes Sporangium mit Keimschlauch; **C** Längsschnitt durch den Wirtsstamm mit interzellularem Myzel und groben, gelappten Haustorien

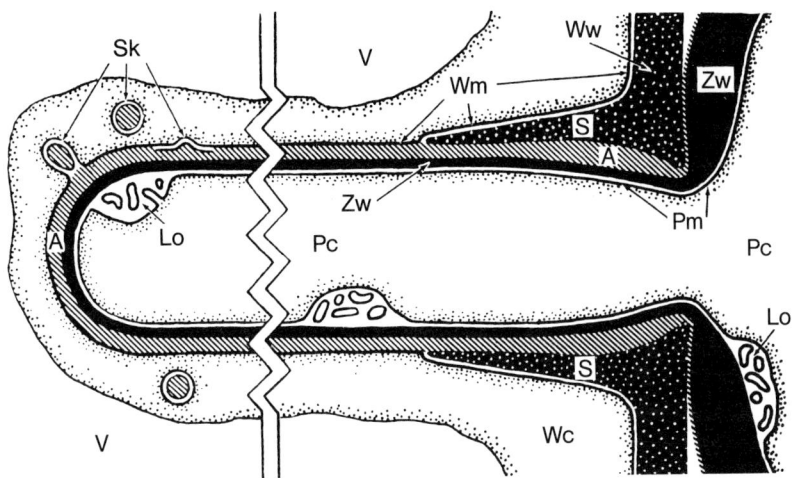

Abb. 77. *Peronospora manshurica.* Schematische Darstellung eines Wirt-Parasit-Kontaktes in der Haustorienregion. Das Pilzcytoplasma (*Pc*) ist von der Plasmamembran des Pilzes (*Pm*), den Lomasomen (*Lo*) und der Zellwand des Pilzes (*Zw*) sowohl in den interzellularen Hyphen als auch im Haustorium umschlossen. Die relative Lage der Wirtszellwandvakuole (*V*), des Wirtscytoplasmas (*Wc*) und der Plasmamembran des Wirtes (*Wm*) sind angedeutet. Die Wirtszellwand (*Ww*) endet in einer Scheide (*S*). Die Appositionszone (*A*) trennt das Haustorium von der Plasmamembran des Wirts. Einstülpungen dieser Membran und des vesikulären Wirtscytoplasmas werden als Beweis für eine sekretorische Aktivität des Wirts angesehen (*Sk*) (nach Peyton und Bowen, 1963)

Plasmamembran stülpt sich an bestimmten Stellen ein und bildet Lomasomen. Die Wirtszelle bildet anscheinend Sekretkörper um die Haustorien; die Konzentration von Wirtsribosomen ist ebenso sichtlich erhöht. Die Sporangiophoren treten einzeln oder in Gruppen aus den Stomata heraus. An einer kräftigen, sich dichotom verzweigenden Hauptachse sitzen die ovalen Sporangien an den Spitzen der gebogenen Verzweigungen (Abb. 76). Die Loslösung der Sporangien erfolgt möglicherweise durch hygroskopische Drehungen der Sporangiophoren und ist von Feuchtigkeitsveränderungen abhängig. Bei *P. tabacina* hat man jedoch nachgewiesen, daß Veränderungen des Turgors der Sporangiophoren gleichzeitig mit Veränderungen des Wassergehalts des Tabakblattes auftreten. Bei diesem Pilz wurde auch beobachtet, daß die Sporangien aktiv abgeschleudert werden. Eine aktive Sporangienfreisetzung findet man auch bei *Sclerospora philippinensis,* einem falschen Mehltaupilz, der in den Philippinen auf Mais vorkommt. Hier wird ein flaches Septum zwischen Sporangium und Sporangiophore gebildet. Eine Trennung wird durch Wegdrehen der turgeszierenden Zellen auf beiden Seiten des Septums hervorgerufen, so daß die Sporangien 1–2 mm weit wegspringen. Wenn sich die Sporangien von *P. parasitica* auf einem geeigneten Wirt niedergelassen haben, keimen sie mit einem Keimschlauch und nicht mit Planosporen aus. Der Keimschlauch dringt in die Wand der Epidermis ein (Abb. 76 B).

Die Oosporen von *P. parasitica* sind in seneszente Gewebe eingebettet und während des ganzen Jahres zu finden. Es ist bewiesen, daß einige Stämme des Pilzes diözisch, andere monözisch sind (McMeekin, 1960). Sowohl Antheridium als auch Oogonium sind zuerst vielkernig. Vor der Befruchtung findet eine Meiose sowohl

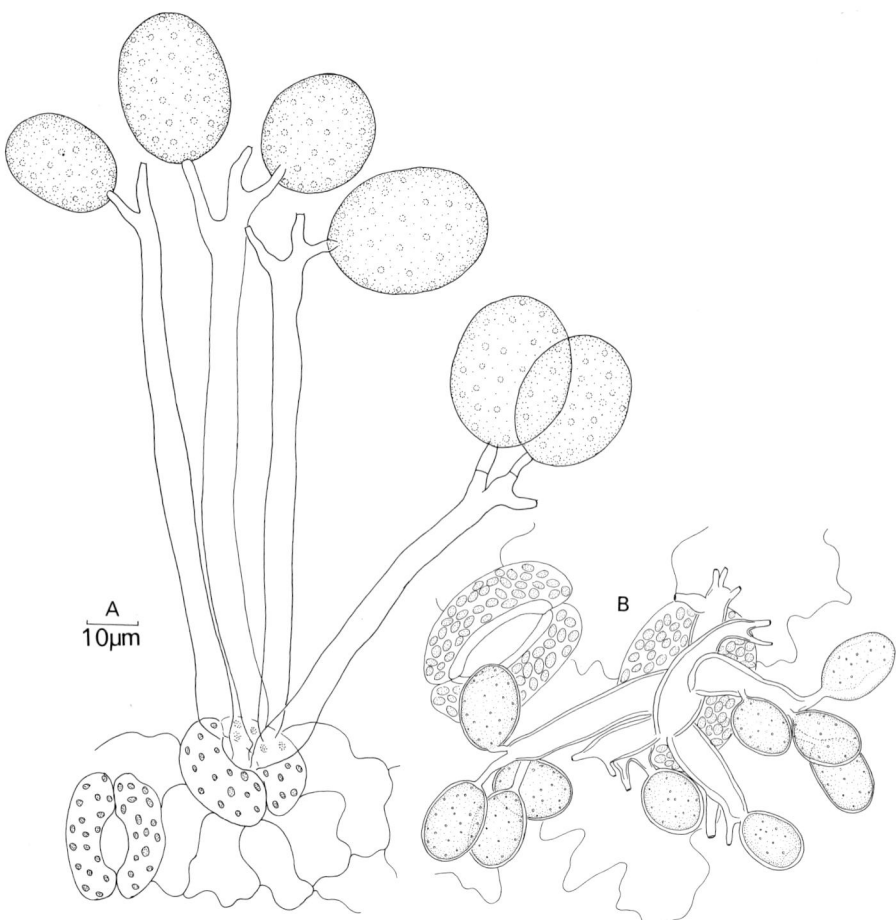

Abb. 78 A, B. *Plasmopara.* **A** *P. pusilla;* Sporangiophoren auf *Geranium pratense;* **B** *P. pyg-maea;* Sporangiophoren auf *Anemone nemorosa*

im Oogonium als auch im Antheridium statt (Sansome und Sansome, 1974). Die einzelnen funktionsfähigen Gametenkerne fusionieren erst, wenn sich die Oosporenwand bildet.

Die Wand der Oospore von *P. parasitica* ist sehr hart. Es ist auch sehr schwierig, die Keimung zu induzieren. *P. destructor* und einige andere Arten keimen mit einem Keimschlauch, während bei *P. tabacina* Planosporen beobachtet wurden. Möglicherweise überwintern die Oosporen im Erdboden und führen so zu Infektionen in den darauf folgenden Jahren. Die Oosporen von *P. destructor* keimen noch nach 25 Jahren. Es war aber nicht möglich, mit diesen keimenden Oosporen Zwiebeln zu infizieren. In diesem Falle könnte die Krankheit möglicherweise durch systemische Infektion der Zwiebel übertragen werden (McKay, 1957). Obwohl es möglich ist, *P. parasitica* in Kallus-Gewebekulturen wachsen zu lassen (Guttenberg und Schmoller, 1958), ist es sehr unwahrscheinlich, daß der Pilz unter natürlichen Bedingungen saprophytisch wächst.

Plasmopara (Abb. 78)

P. viticola ist ein sehr gefährlicher Schädling der Weinrebe. Diese Krankheit war in Amerika endemisch und richtete keine besonderen Schäden an. Im 19. Jahrhundert wurde sie wahrscheinlich nach Frankreich eingeschleppt und führte zu verheerenden Zerstörungen. Sie ist historisch gesehen von großem Interesse, weil die Untersuchungen von Millardet zur Bekämpfung der Krankheit in Frankreich zur Formulierung der Bordeaux-Mischung führte. Diese Mischung ist nicht nur gegen diesen Pilz, sondern auch gegen *Phytophthora infestans* und einigen anderen wichtigen Blattpathogenen wirksam.

Plasmopara nivea findet man gelegentlich auf Umbelliferen, wie z. B. der Karotte und der Pastinak, und ebenso auf *Aegopodium podagraria*. *Plasmopara pygmaea* findet man als gelbliche Flecken auf den Blättern der *Anemone nemorosa*, während *P. pusilla* auf *Geranium pratense* vorkommt. Die Haustorien von *Plasmopara* sind knopfartig; die Sporangiophoren sind monopodial verzweigt und die Sporangien hyalin (Abb. 78). Man kennt zwei Typen der Sporangienkeimung. Bei *P. pygmaea* gibt es keine Planosporen, der gesamte Sporangieninhalt verläßt das Sporangium in Form eines Keimschlauches. Bei anderen Arten keimen die Sporangien durch Planosporen, die durch die Stomata die Wirte infizieren. Die Oosporenkeimung bei *P. viticola* erfolgt mit Planosporen.

Bremia (Abb. 79)

Bremia lactucae ist der Erreger des Falschen Mehltaus auf Salat (*Lactuca sativa*). Stämme dieses Pilzes findet man auch auf einer Reihe von Compositen, wie z. B. *Sonchus* und *Senecio*. Sporangien von diesen Wirten waren nicht in der Lage, Salat zu infizieren. Es scheint so, daß es von diesem Pilz eine Reihe von wirtsspezifischen Stämmen (*formae speciales*) gibt. Obwohl auf Wildarten von *Lactuca* Stämme wachsen, die den Salat infizieren können, so kommen sie aber selten vor, so daß sie keine ernsthafte Infektionsquelle darstellen. Bei der kommerziellen Salatproduktion überlappen sich die Wachstumszeiten und die Ernten, so daß die Krankheit von einer Aussaat auf die andere übertragen wird. Die durch *Bremia* hervorgerufenen Ernteschäden sind nicht so ernst, aber die infizierten Pflanzen sind sehr anfällig für eine weitere Infektion des gefährlichen Grauschimmels *Botrytis cinerea*. Systemische Infektion kann vorkommen. Das interzelluläre Myzel ist oft weitmaschig, die Haustorien sind sackförmig und oft zu mehreren in jeder Wirtszelle vorhanden (Abb. 79 D). Die Sporangiophoren treten einzeln oder in kleinen Gruppen durch die Stomata hervor und verzweigen sich dichotom. Die Spitzen der Verzweigungen vergrößern sich und bilden eine becherförmige Scheibe mit kurzen, zylindrischen Sterigmen am Rande und gelegentlich auch am Zentrum. Aus diesen Sterigmen entstehen die hyalinen Sporangien (Abb. 79 A, B). Sie keimen gewöhnlich mit einem Keimschlauch, der direkt in eine Epidermiszelle eindringt (Abb. 79 C), oder durch ein Stoma. Über die Bildung von Planosporen gibt es bisher nur unbestätigte Angaben. Auf Salat findet man selten Oogonien (Tommerup et al. 1974; Ingram et al. 1975).

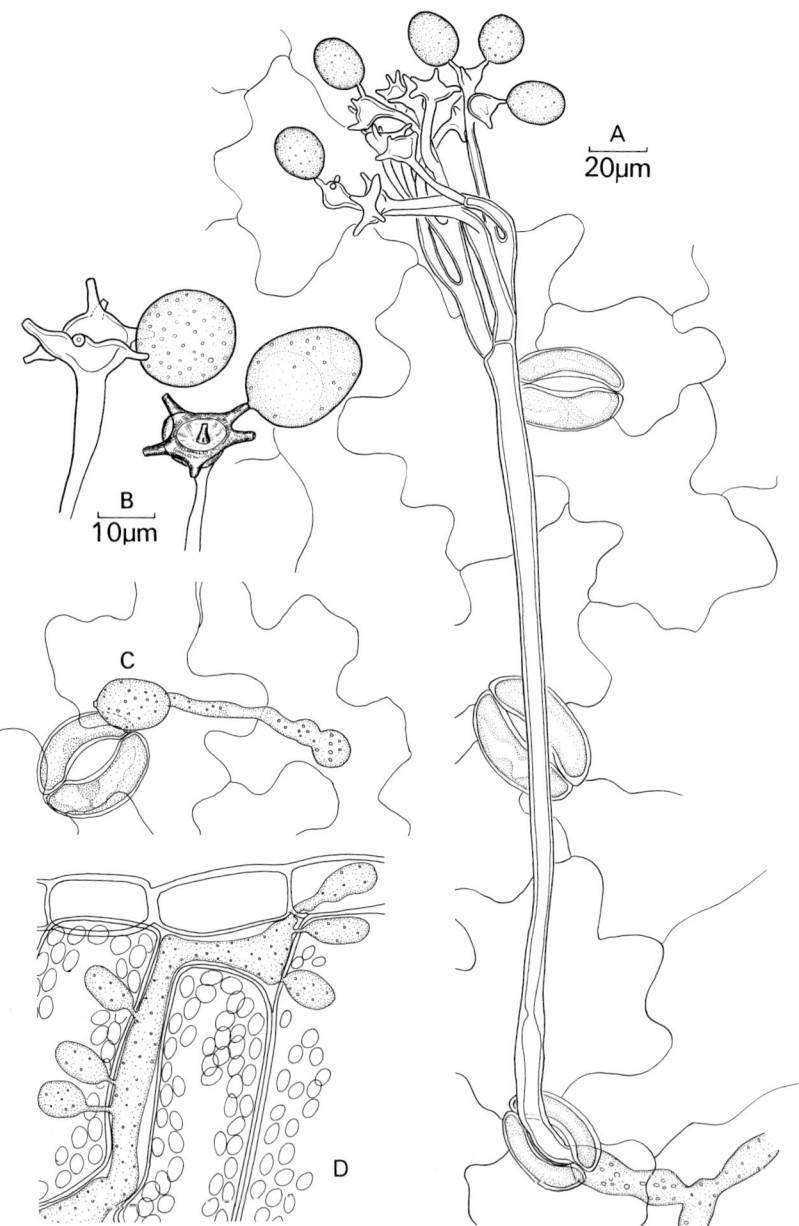

Abb. 79 A–D. *Bremia lactucae* auf *Senecio vulgaris.* **A** Durch ein Stoma hervorragende Sporangiophore; **B** Sporangiophorenspitze; **C** Sporangium mit Keimschlauch; **D** Zellen der Epidermis und des Palisadenmesophylls mit interzellularem Myzel und Haustorien. **A, C, D** im gleichen Maßstab

Albuginaceae (Abb. 80–82)

In dieser Familie gibt es nur die Gattung *Albugo,* mit ungefähr 30 Arten von biotrophen Parasiten auf Blütenpflanzen. Sie sind die Erreger des Weißrostes. Die häufigsten Arten sind *A. candida* (= *Cystopus candidus*), die Erreger des Weißen Rostes auf Cruciferen, wie z. B. dem Kohl, der Rübe, der Steckrübe, des Meerrettichs usw., insbesondere aber auf dem Hirtentäschelkraut (*Capsella bursa-pastoris*) (Abb. 75 B). Die Rassen dieses Pilzes haben sich im wesentlichen in ihrer physiologischen Spezialisierung an die verschiedenen Wirtsgattungen angepaßt. Eine andere, weniger häufige Art ist *A. tragopogi,* der Erreger des Weißen Rostes beim Bocksbart (*Tragopogon porrifolius*), Bocksbart (*T. pratensis*) und *Senecio squalidus.*

Die mit *A. candida* befallenen Pflanzen des Hirtentäschelkrauts können durch ihre verbogenen Sprosse (Abb. 75 B) und die weiß scheinenden Bläschen auf Sproß, Blättern und Früchten vor dem Aufbrechen der Wirtsepidermis entdeckt werden. Wenn die Epidermis später aufbricht, ist eine weiße, pudrige Pustel zu erkennen. Die Drehung des Sprosses tritt wahrscheinlich zusammen mit Veränderungen des Auxingehalts von erkrankten Pflanzen auf, wenn man sie mit gesunden vergleicht. Die Wirtspflanze kann gleichzeitig mit *Peronospora parasitica* infiziert werden. Beide Pilze können jedoch leicht mikroskopisch unterschieden werden, und zwar sowohl in der Struktur der Sporangiophoren als auch durch ihre verschiedenen Haustorien. Bei *Albugo* ist das Myzel in den Wirtsgeweben interzellulär. Es gibt nur kleine, sphärische Haustorien (Abb. 75 C), im krassen Gegensatz zu den groben, gelappten Haustorien von *P. parasitica*. Die Feinstruktur des Haustoriums von *Albugo candida* ist von Berlin und Bowen (1964) untersucht worden (siehe Abb. 81). Die Haustorien sind sphärisch oder etwas abgeflacht, mit einem Durchmesser von ungefähr 4 μm und sind mit dem interzellulären Myzel durch einen schmalen Stiel von ungefähr 0,5 μm ϕ verbunden. Innerhalb der Plasmamembranen von Lomasomen des Haustoriums sind die Systeme aus Einheitsmembranen und Tubuli, die wahrscheinlich von den Plasmamembranen stammen, zahlreicher vorhanden als in den interzellulären Hyphen. Das Cytoplasma des Haustorienkopfes ist dicht mit Mitochondrien, Ribosomen, endoplasmatischen Reticulum und gelegentlich auftretenden Lipoideinschlüssen angefüllt. Kerne wurden bisher nicht beobachtet. Da die Kerne von *Albugo* ungefähr 2,5 μm ϕ aufweisen, können sie die Verbindung zwischen Haustorium und interzellulärer Hyphe nicht durchdringen. Die Basis des Haustoriums ist von einer kragenähnlichen Scheide, einer Erweiterung der Wirtszellwand, umgeben. Normalerweise umfaßt diese Wand nicht das ganze Haustorium. Zwischen Haustorium und Wirtsplasmamembran befindet sich eine Einschnürung. Das Wirtscytoplasma reagiert auf Infektionen durch eine Erhöhung der Ribosomenzahl und der Anzahl der Golgikomplexe. In der Umgebung des Haustoriums enthält das Wirtscytoplasma zahlreiche vesikuläre und tubuläre Elemente, die man nur in infizierten Zellen findet. Diese Strukturen gelten als Beweis für eine sekretorische Tätigkeit der Wirtszelle, die durch den Parasiten ausgelöst wird. Das interzelluläre Myzel konzentriert sich unter der Wirtsepidermis und bildet eine Palisade aus zylindrischen oder kegelförmigen Sporangiophoren, die Ketten von sphärischen Sporangien in basipetaler Folge bilden – d. h. neue Sporangien entstehen an der Basis der Kette. Der Druck der sich entwickelnden Sporangienketten hebt die Wirtsepidermis und zerreißt sie schließlich. Die Sporangien sind dann äußerlich als

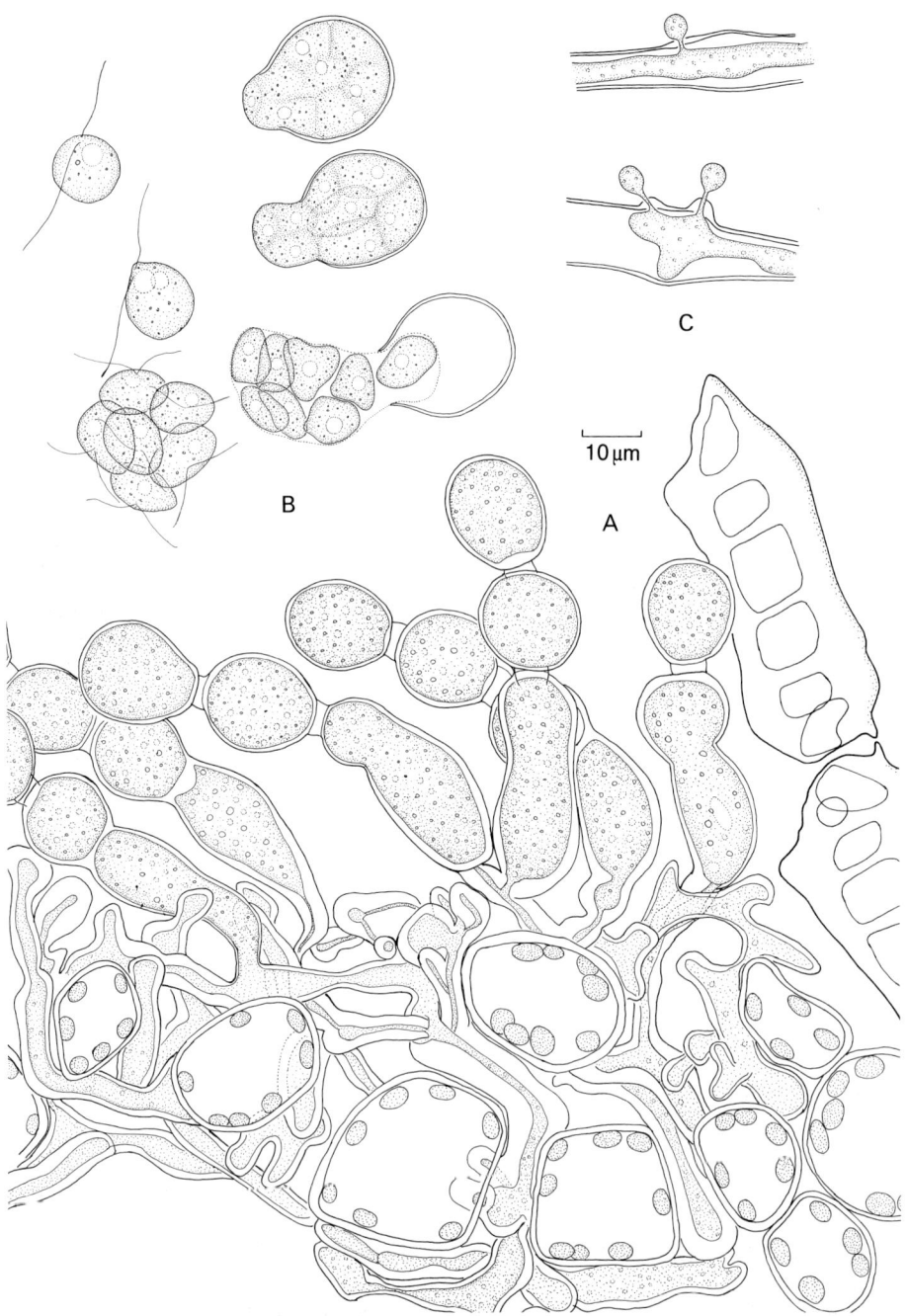

Abb. 80 A–C. *Albugo candida* auf *Capsella bursa-pastoris*. **A** Myzel, Sporangiophoren und Ketten von Sporangien, die unter der aufgerissenen Epidermis gebildet wurden (rechts); **B** Keimung der Sporangien und Freisetzung von 8 zweigeißeligen Planosporen. Der hier dargestellte Entwicklungsvorgang dauerte 2 Minuten; **C** Haustorien

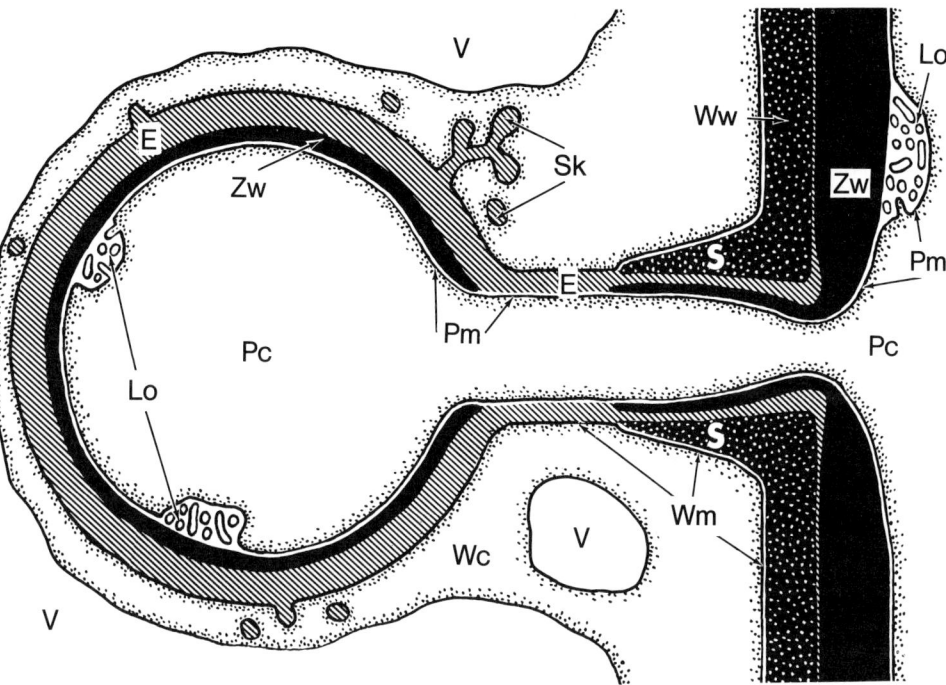

Abb. 81. *Albugo candida.* Schematische Darstellung eines Haustoriums von *A. candida* in einer Mesophyllzelle von *Raphanus.* Das Pilzcytoplasma (*Pc*) ist verbunden mit der interzellulären Hyphe (rechts) wie auch beim Haustoriumkopf (links) durch die Plasmamembran (*Pc*) mit ihren Lomasomen (*Lo*) und der Pilzzellwand (*Zw*). Die relative Lage der Wirtszellvakuole (*V*), des Wirtscytoplasmas (*Wc*) und der Wirtsplasmamembran (*Wm*) sind angedeutet. Die Wirtszellwand (*Ww*) endet in einer kragenähnlichen Scheide (*S*). Die Einkapselung (*E*) trennt das Haustorium vom Wirt. Man erkennt, daß die Pilzzellwand am Stiel in der Nähe des Haustoriumkopfes endet. Einstülpungen der Wirtsplasmamembran und des vesikulären Wirtscytoplasmas werden als Beweis für eine sekretorische Tätigkeit des Wirts gedeutet (*Sk*) (nach Berlin und Bowen, 1964)

weiße, pudrige Masse erkennbar, die vom Wind verbreitet wird. Fallen die Sporangien auf das Blatt eines geeigneten Wirtes, dann können sie innerhalb weniger Stunden auf einem Wasserfilm zu zweigeißeligen Planosporen auskeimen (ungefähr 8 pro Sporangium) (Abb. 80 B). Nachdem sich die Planospore eine Zeitlang schwimmend fortbewegt hat, encystiert sie sich und bildet dann einen Keimschlauch, der in die Wirtsepidermis eindringt. Eine weitere Generation von Sporangien kann innerhalb von 10 Tagen gebildet werden. Die Infektion kann örtlich begrenzt oder systemisch sein. Die Oogonien wachsen in den interzellulären Räumen von Sproß und Blättern. Sowohl das Antheridium als auch das Oogonium sind in ihrer Anlage vielkernig. Während der Entwicklung finden zwei weitere Kernteilungen statt, so daß ein Oogonium über 200 Kerne enthalten kann. Es gibt jedoch nur einen funktionsfähigen männlichen und einen funktionsfähigen weiblichen Kern. Im Oogonium wandern bis auf einen alle Kerne zur Peripherie und werden vom Periplasma umschlossen. Nach der Karyogamie bildet sich zuerst eine dünne Membran um die

Oospore. Der Zygotenkern teilt sich wiederholt, so daß die reife Oospore bis zu 32 Kerne enthalten kann. Nach Sansome und Sansome (1974) findet die Meiose in den Gametangien statt. Sie haben auch darauf hingewiesen, daß *A. candida* physiologisch diözisch ist. Die große Verbreitung von Oosporen von *Albugo* in Stengeln von *Capsella,* die gleichzeitig mit *Peronospora parasitica* infiziert sind, ist wahrscheinlich das Ergebnis eines Stimulus auf die sexuelle Fortpflanzung von *Peronospora,* die die Selbstbefruchtung bei *Albugo* stimuliert. Dies ist eine analoge Situation zu der von *Trichoderma* induzierten sexuellen Fortpflanzung der physiologisch diözischen Arten von *Phytophthora.*

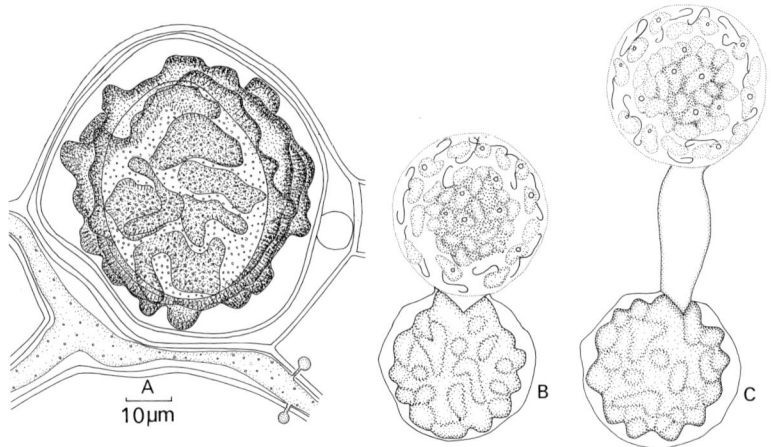

Abb. 82 A–C. *Albugo candida,* Oosporen. **A** Oogonium und Oospore von einem Blatt von *Capsella;* **B, C** Zwei Möglichkeiten der Oosporenkeimung (nach Vanterpool, 1959)

Die reife Oospore ist von einem braunen, warzigen und gefalteten Exospor umgeben (Abb. 82 A). Die Keimung der Oosporen erfolgt nur nach einer Ruheperiode von mehreren Monaten. Unter günstigen Umweltbedingungen bricht die äußere Wand der Oospore auf und das Endospor wird als dünner, sphärischer Vesikel herausgepreßt. Er kann stiellos sein oder am Ende einer weiten, zylindrischen Röhre gebildet werden. Innerhalb des dünnen Vesikels differenzieren sich 40–60 Planosporen, die nach dem Aufbrechen entlassen werden (Abb. 82 B, C).

Die Cytologie der Oosporenentwicklung bei einigen anderen Arten von *Albugo* unterscheidet sich von *A. candida.* Bei *A. bliti,* einem Parasiten von *Portulaca* in Nordamerika und Europa, sind die Antheridien und Oogonien ebenfalls vielkernig. Während der Entwicklung erfolgen zwei Kernteilungen. Die zahlreichen männlichen Kerne fusionieren mit den zahlreichen weiblichen Kernen. Die diploiden Kerne überstehen den Winter ohne weitere Veränderungen. Bei *A. tragopogi* entwickelt sich eine vielkernige Oospore. Wiederum erfolgen zwei Kernteilungen während der Entwicklung der Eizelle und des Antheridiums. Schließlich gibt es aber nur eine einzige Karyogamie zwischen einem männlichen und einem weiblichen Kern. Der fusionierte Kern teilt sich wiederholt, so daß die überwinternde Oospore vielkernig ist.

Zygomycotina

Bei den Zygomycotina handelt es sich um Pilze, die sich asexuell durch Aplanosporen fortpflanzen. Diese befinden sich in Sporangien und können aktiv abgeschleudert werden. Normalerweise werden sie jedoch passiv durch den Wind, Regen oder Tiere verbreitet. Die sexuelle Fortpflanzung erfolgt durch Isogametangiogamie und führt zur Bildung einer *Zygospore*. Das Myzel ist coenocytisch, die Zellwände enthalten Chitin.

Es gibt zwei Klassen, die Zygomycetes und die Trichomycetes. Die Zygomycetes umfassen zwei Ordnungen, die Mucorales und die Entomophthorales. Die Mucorales sind Ubiquisten im Erdboden und im Dung, meist als Saprophyten, obwohl einige parasitisch auf Pflanzen und Tieren vorkommen. Die Entomophthorales enthalten eine Reihe von Insektenparasiten, es gibt jedoch auch saprophytische Formen. Die Trichomycetes sind eine Gruppe mit ungewisser Verwandtschaft. Sie leben meist parasitisch im Darm der Arthropoden, z.B. der Tausendfüßler und Insektenlarven. Diese Gruppe soll nicht weiter betrachtet werden. Literatur siehe bei Lichtwardt (1973 a, b; 1976).

Zygomycetes

Mucorales

Im Gegensatz zu den vorher betrachteten Pilzen bilden die Mucorales keine Planosporen, sondern vermehren sich asexuell durch Aplanosporen, die passiv durch den Wind, Regentropfen , Insekten oder andere Tiere verbreitet werden. Viele Formen enthalten in ihren kugeligen Sporangien, die eine zentrale Columella umgeben, zahlreiche Sporen. Einige Formen haben nur wenigsporige Sporangien, *Sporangiolen* genannt, die als Ganzes verbreitet werden. Andere pflanzen sich durch einzellige Konidiosporen fort. Man nimmt an, daß sie die Konidien im Verlauf der Evolution bei den verschiedenen Gruppen der Mucorales unabhängig voneinander von verschiedenen Typen einsporiger Sporangiolen entwickelt haben könnten. Der Unterschied zwischen Sporangiosporen und Konidiosporen liegt darin, daß vor der Keimung der Sporangiosporen eine neue Zellwand gebildet wird, die sich bei der Keimung schlauchartig einstülpt (Ekundayo, 1966). Bei den Konidien gibt es keine neue Zellwandschicht (siehe Abb. 105 und Dykstra, 1974). Sporangien ohne Columella sind ebenfalls bekannt. Sind die Sporen in einer Reihe innerhalb eines zylindrischen Schlauches angeordnet, liegt ein *Merosporangium* vor.

Die sexuelle Fortpflanzung erfolgt durch Konjugation. Die von den Verzweigungsspitzen stammenden Isogametangien fusionieren zu einer warzigen Zygospore.

Die Mucorales sind im Erdboden weit verbreitet und leben meist saprophytisch. Einige findet man in verdorbenen Lebensmitteln oder als schwache Parasiten auf Früchten. Andere parasitieren auf Pilzen oder sind tierische und menschliche Krankheitserreger. Einige Arten benutzt man zur Alkoholproduktion. Die Nährstoffbedürfnisse und die Physiologie der Mucorales sind in umfassender Form bearbeitet worden (siehe dazu Foster, 1949; Lilly und Barnett, 1951; Cochrane, 1958; Cantino und Turian, 1959). Ein breites Spektrum von unterschiedlichen Zuckern kann verwertet werden. Einige Arten können Stärke abbauen, Zellulose wird von den meisten Arten nicht verwendet. Unter anaeroben Bedingungen werden Äthylalkohol und zahlreiche organische Säuren produziert. Viele Mucoraceae sind für Vitamine auxotroph. Allgemein besteht ein Thiaminbedarf. Da *Phycomyces* auf die Zufuhr dieser Substanz angewiesen ist, kann das Wachstum dieses Pilzes als Maß für die Thiaminkonzentration dienen. Die Carotinsynthese bestimmter Arten der Mucorales, z. B. *Choanephora*, könnte von wirtschaftlicher Bedeutung sein. Zycha et al. (1969) geben eine taxonomische Übersicht. Allerdings gibt es unterschiedliche Klassifikationssysteme. Hesseltine und Ellis (1973) unterteilen in 14 Familien, während Martin (1961) in dem folgenden Schlüssel 9 Familien unterscheidet.

1 Alle Sporangien mit Columella und gleichartig 2
  Sporangien mit Columella ohne oder mit Sporangiolen oder Konidien 3
2 Sporangienmembran dünn, vergänglich; Freisetzen der Sporangiosporen durch Aufbrechen oder Auflösen der Sporangienwand; Suspensoren selten zungenförmig
  . . . . **Mucoraceae** (S. 177)

  Sporangienwand stark cutinisiert; Sporangium wird aktiv weggeschleudert oder passiv als eine Einheit von der Sporangiophore abgetrennt; Suspensoren immer zangenförmig . . . . **Pilobolaceae** (S. 197)

3 Sporangien mit Columella vorhanden, gemeinsam mit wenigsporigen, kugelähnlichen Sporangiolen, in denen die Sporen niemals linear gebildet werden oder durch Konidien 4
  Sporangien mit Columella niemals vorhanden; Sporangiolen einsporig, konidienähnlich oder mit linear angeordneten Sporen oder modifizierte Sporangien ohne Columella, die als Sporen fungieren 5
4 Sporangiolen werden in Büscheln im unteren Teil der Sporangiophore gebildet. Diese haben entweder eine sterile Spitze oder tragen einen stachelähnlichen Fortsatz . . . . **Thamnidiaceae** (S. 204)

  Sporangiolen oder Konidien werden niemals auf den gleichen Sporangiophoren als Sporangien mit Columella gebildet; Zygosporen mit zungenähnlichen Suspensoren
  . . . . **Choanephoraceae** (S. 208)

5 Merosporangien werden auf den Spitzen der Sporangiophoren gebildet, zuerst zylindrisch, sie teilen sich dann in eine einzelne Reihe von Sporangiosporen, täuschen eine Konidienkette vor . . . . **Piptocephalidaceae** (S. 211)

  Sporangiolen fehlen oder sind nicht klar ausgeprägt 6
6 Konidien oder sehr kurze Sporangiolen werden einseitig auf speziellen Verzweigungen (Sporocladien) der Sporophore in kamm- oder fächerähnlichen Aggregaten gebildet . . . . **Kickxellaceae**

  Sporangien ohne Columella oder Konidien sind vorhanden, die letzteren werden nicht auf Sporocladien gebildet 7
7 Konidien vorhanden, gebildet auf nadelförmigen oder aufgeblähten Spitzen der Sporophoren; Sporangien fehlen . . . . **Cunninghamellaceae** (S. 214)

Konidien fehlen; Sporangien ohne Columella 8

8 Sporangien werden reichlich auf der Oberfläche gebildet, das gesamte Sporangium ist manchmal modifiziert und fungiert als eine Spore; Zygosporen in einer Hyphen-matrix, bilden aber kein Sporokarp . . . . **Mortierellaceae** (S. 215)

9 Sporokarp vorhanden, sklerotiumähnlich, umschließt die Sporangien, die Zygospo-ren oder Azygosporen . . . . **Endogonaceae** (S. 217)

Vertreter dieser Familien mit Ausnahme der Kickxellaceae werden besprochen.

Mucoraceae

Vertreter dieser Familie findet man reichlich im Erdboden, auf Dung und auf feuchtem, frischem organischen Material, das auf dem Erdboden liegt. Meistenteils leben diese Pilze saprophytisch und spielen eine wichtige Rolle bei der Erstbesiede-lung von Bodensubstraten. Manchmal verhalten sie sich jedoch wie Parasiten auf Pflanzengeweben. *Rhizopus stolonifer* ist z.B. ein Fäulniserreger bei Süßkartoffeln oder Früchten, wie z.B. Äpfeln, Erdbeeren und Tomaten. Sie sind auch als Krank-heitserreger bei Tier und Mensch bekannt (Mucormycosis). Besonders häufig wer-den Patienten mit Diabetes, Leukämie und Tumorerkrankungen befallen. Schädi-gungen können im Gehirn, in den Lungen oder in anderen Organen auftreten. Sie können auch an verschiedenen Stellen des Vascularsystems verbreitet sein. Arten von *Rhizopus* und *Mucor* fand man auf Hautabschürfungen und ähnlich leichten Verletzungen des Menschen. Beide Gattungen verursachen zusammen mit Arten von *Absidia* die Mucormycosen bei Haustieren. Gelegentlich verderben *Rhizopus* und *Mucor* Brot und andere Nahrungsmittel. Bestimmte Arten, z.B. *Mucor rouxii*, werden auch kommerziell zur Spaltung von Stärke zu Zucker benutzt, als Voraus-setzung für die Fermentation durch Hefen zu Alkohol, da die Hefen keine Amyla-sen enthalten.

Das Myzel, das sich zuerst aus einer keimenden Spore auf einem festen Substrat entwickelt, ist weitmaschig, coenocytisch und reich verzweigt. Die Verzweigungen laufen gewissermaßen in eine Spitze aus (Abb. 83). Später können Septen auftreten. Dickwandige Myzelsegmente oder Chlamydosporen können durch Septen abge-trennt werden. Bei bestimmten Arten, z.B. *Mucor racemosus,* kann das Vorkommen von Chlamydosporen ein hilfreiches, diagnostisches Merkmal sein (Abb. 84 A). In anaeroben Flüssigkeitkulturen, insbesondere bei Anwesenheit von CO_2, kann *Mu-cor* hefeähnlich anstatt fädig wachsen (Abb. 85). Ist Sauerstoff vorhanden, kehrt *Mucor* wieder zum fädigen Wachstum zurück (Bartnicki-Garcia und Nickerson, 1962 a, b; Lara und Bartnicki-Garcia, 1974). Die chemische Zusammensetzung der Zellwände der Mucoraceae ist komplex. Neben den Chitinmikrofibrillen findet man eine größere Menge Chitosan. Andere Polysaccharide, wie z.B. Glucosamine und Galaktose, Poly-D-Glucoronide, Polyphosphate, Proteine, Lipide, Purine, Pyrimidi-ne, Magnesium und Calcium, kommen ebenfalls vor (Bartnicki-Garcia und Nicker-son, 1962 c; Bartnicki-Garcia et al. 1968; Bartnicki-Garcia und Reyes, 1968; Jones et al. 1968; Kreger, 1954). Strukturvergleiche des Aufbaus und Zusammensetzung der hefeähnlichen und fädigen Zellen von *Mucor rouxii* zeigten, daß die hefeähnli-

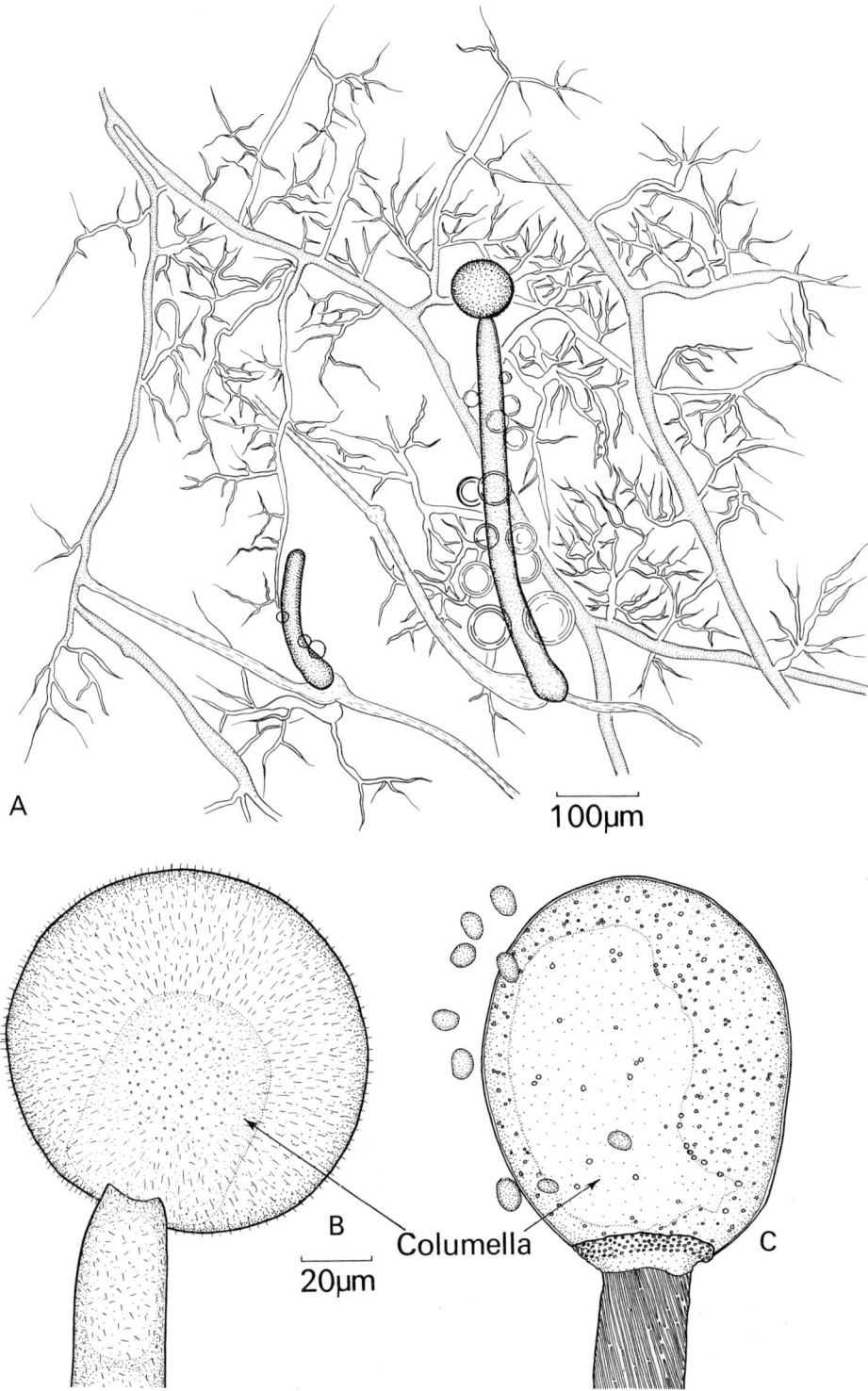

A

100µm

B

Columella

20µm

C

Abb. 83 A–C. *Mucor mucedo.* **A** Myzel und junge Sporangiophoren mit anhaftenden Flüssig-keitströpfchen; **B** Unreifes Sporangium mit der durch die Sporangienwand sichtbaren Columella; **C** Aufgesprungenes Sporangium mit Columella. Der Kragen stellt die Reste der Sporangienwand und der Sporangiophoren dar

chen Zellen viel dickere Zellwände haben. Ihr Gehalt an Mannose ist ungefähr fünfmal so hoch wie bei fädigen Zellwänden.

Die Synthese von Chitinmikrofibrillen ist korreliert mit dem Vorkommen von multivesikulären Körperchen, die wahrscheinlich aus dem endoplasmatischen Retikulum entstehen. Solche Strukturen kennt man von den Sporangiophoren von *Phycomyces* und einer Reihe anderer Pilze mit Chitinwänden (Peat und Banbury, 1967; Marchant et al. 1967).

Mit Hilfe des Phasenkontrastmikroskopes kann man erkennen, daß in der lebhaften Cytoplasmaströmung Granula transportiert werden, z. B. kurze Mitochondrien in den Hyphenspitzen und längere, fädige in den älteren Hyphenabschnitten,

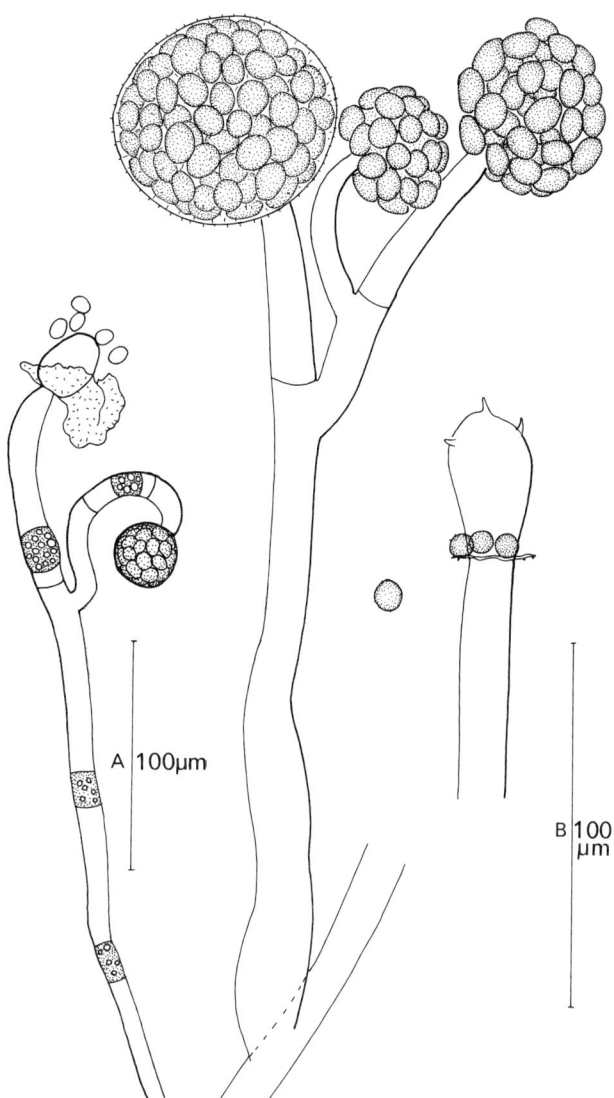

Abb. 84 A, B. *Mucor racemosus.* **A** Verzweigte Sporangiophoren mit Chlamydosporen. Die Reste der Sporangienwand bei dem oberen aufgesprungenen Sporangium sind klar erkennbar. *M. plumbeus;* **B** Verzweigte Sporangiophore. Die Sporangienwand ist bei zwei Sporangien verschwunden. Man erkennt die stacheligen Fortsätze auf der Columella

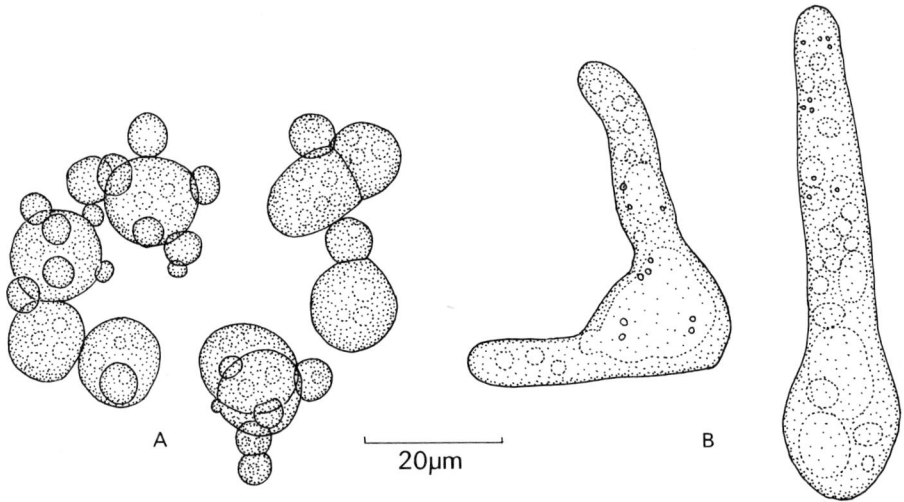

Abb. 85 A, B. *Mucor rouxii.* A Hefeähnliches Wachstum in Flüssigkulturen unter anaeroben Bedingungen, 24 Stunden nach der Beimpfung mit Sporen; **B** Fädiges Wachstum von Sporen in flüssigem Medium unter aeroben Bedingungen, 4 Stunden nach der Beimpfung

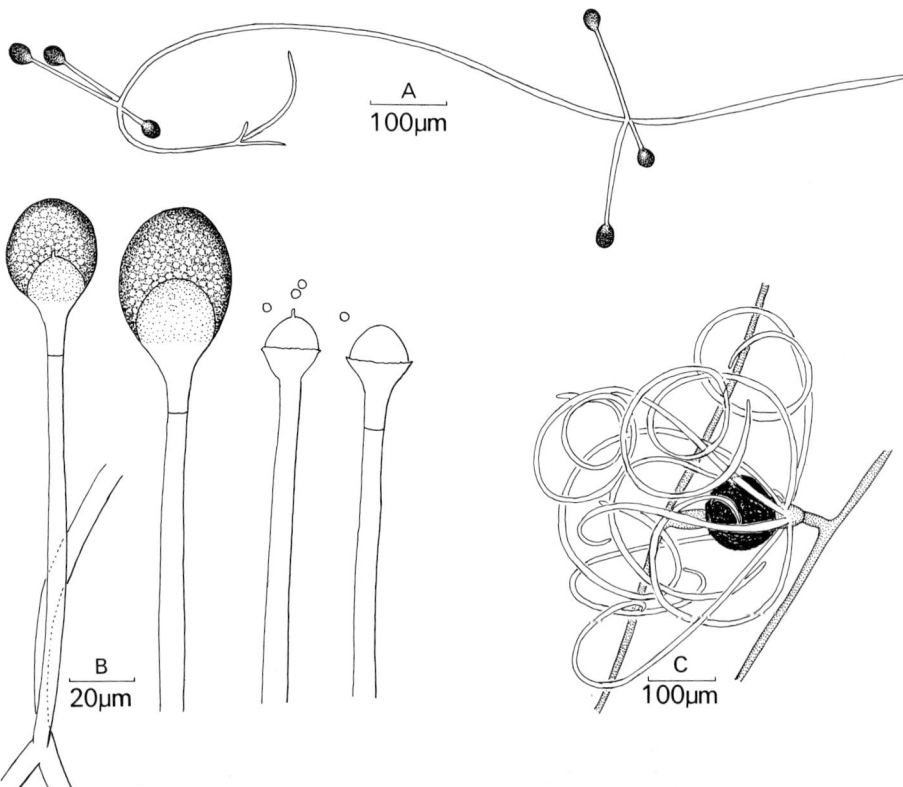

Abb. 86 A–C. *Absidia glauca.* **A** Habitus mit Wirteln von birnenförmigen Sporangien; **B** Intakte und aufgesprungene Sporangien. Man erkennt den einzelnen, stachelähnlichen Fortsatz, der auf manchen Columellae zu finden ist; **C** Zygospore mit bogenförmigen Suspensoranhängen

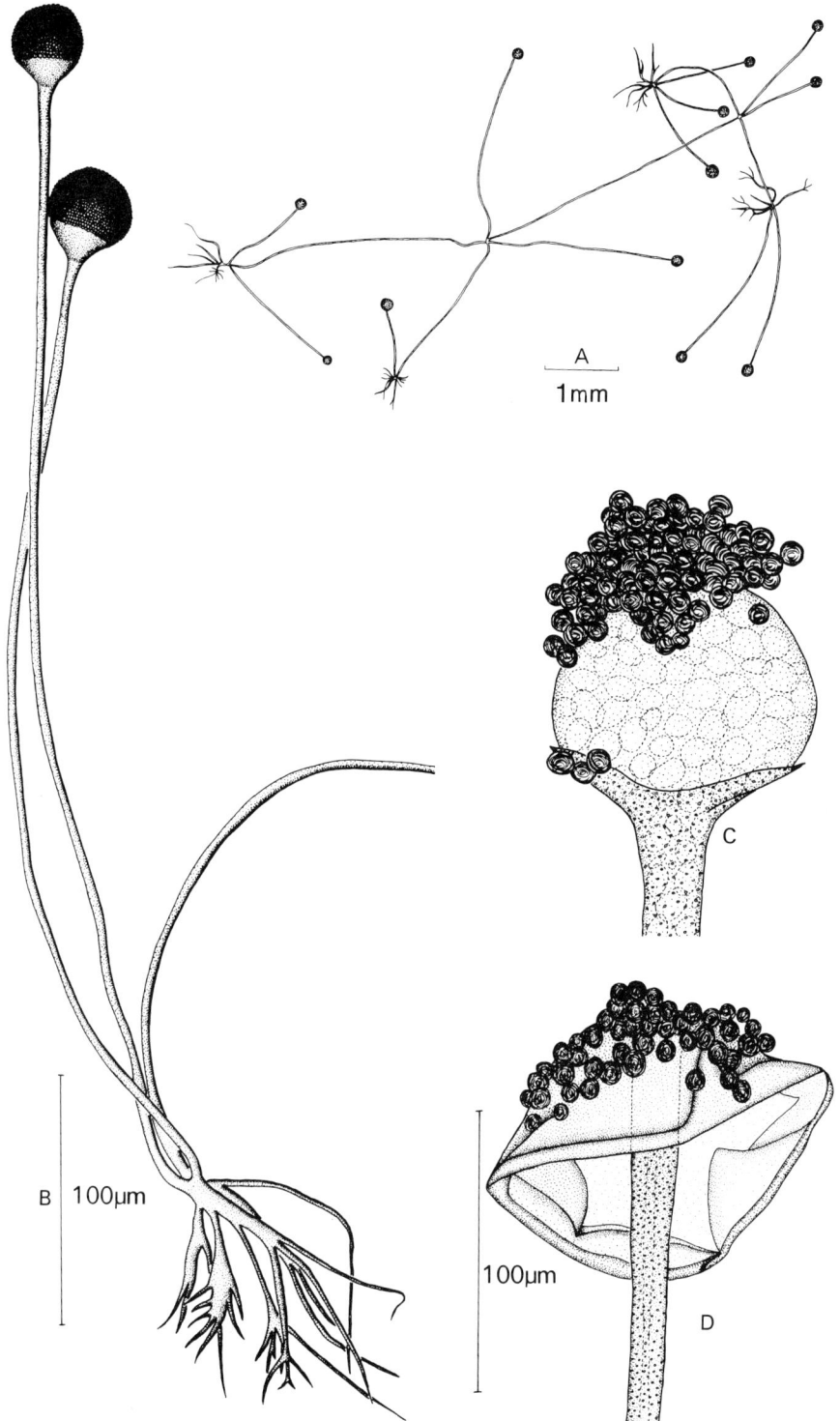

Abb. 87 A–D. *Rhizopus stolonifer.* **A** Habitus mit stolonähnlichen Verzweigungen, die Rhizoide und Sporangiophorenbüschel ausbilden; **B** Zwei Sporangiophoren mit basalen Rhizoiden; **C** Columella mit anhaftenden Sporen; **D** Eingefallene Columella

Saftvakuolen und Kerne. Die Kerne haben oft eine unregelmäßige Form. Mitosen und Spindelbildungen wurden nicht beobachtet. Die Kerne teilen sich wahrscheinlich endomitotisch, allerdings konnten auch Chromosomen beobachtet werden (Cutter, 1942 a, b; Robinow, 1957 a, b; 1962). Elektronenmikroskopische Analysen des Myzels von *Rhizopus* haben diese Diskrepanz nicht aufgeklärt (Hawker und Abbot, 1963 a).

Asexuelle Fortpflanzung

Die asexuelle Fortpflanzung erfolgt durch Aplanosporen, die in kugeligen oder birnenförmigen Sporangien enthalten sind. Die Sporangien können entweder einzeln an der Spitze einer Sporangiophore entstehen oder an einer verzweigten Sporangiophore. Bei einigen Gattungen (z. B. *Absidia*, Abb. 86) sind die Sporangien in Wirteln auf Lufthyphen angeordnet. Bei vielen Arten von *Rhizopus* entstehen die Sporangiophoren gruppenweise aus einer Anhäufung von Rhizoiden (Abb. 87). Die Sporangiophoren sind meistens phototrop. Der Phototropismus der großen Sporangiophoren von *Phycomyces* ist intensiv untersucht worden (Castle, 1966; Shropshire, 1963; Bergman et al. 1969; Cerdá-Olmedo, 1974).

Die Sporangiophoren dieses Pilzes sind wegen ihrer Größe nicht typisch für die Mucoraceae. Nichtsdestoweniger war dieser Pilz Objekt für interessante sinnesphysiologische Untersuchungen. „Die Sporangiophore von *Phycomyces* ist eine gigantische einzellige, aufgerichtete, zylindrische Lufthyphe. Sie ist für wenigstens vier verschiedene Reize empfindlich: Licht, Schwerkraft, Streckung und einen unbekannten Reiz, der es ihr erlaubt, feste Objekte zu meiden. Die verschiedenen Reize haben den gleichen Effekt: sie beeinflussen den Wuchs, indem sie entweder temporäre Veränderungen oder tropistische Reaktionen auslösen" (Bergman et al. 1969). Die Sporangiophore kann eine Höhe von 15–20 cm erreichen, ihr Durchmesser mißt meist 100 μm. Die 0,6 μm dicke Wand umschließt eine periphere, 30 μm dicke Cytoplasmaschicht, die eine zentrale Vakuole mit einem Radius von ungefähr 20 μm umgibt (Abb. 88). Das kugelige Sporangium mißt ungefähr 500 μm ϕ.

Man nimmt an (Abb. 88), daß die Sporangiophore als zylindrische Linse funktioniert, die das einseitig einfallende Licht auf die distale Wand der Sporangiophore fokussiert, so daß diese Wand intensiver beleuchtet wird. Wenn durch diese intensivere Beleuchtung der distalen Sporangiophorenhälfte die Wand plastischer wird, kann sich der Turgor der Sporangiophore schneller ausdehnen und sie dem Licht zuwenden.

Wenn die Sporangiophore von einer Flüssigkeit mit einem höheren Brechungsindex als dem ihres Inhalts umgeben ist, funktioniert die Sporangiophore als Streuungslinse und wendet sich vom Licht weg. Dies geschieht, wenn man die Sporangiophoren in flüssiges Paraffin mit einem Brechungsindex von 1,47 taucht. Es ist auch möglich, Flüssigkeiten mit einem „neutralen Brechungsindex" herzustellen, d. h. Flüssigkeiten, in denen die Sporangiophoren weder positiv noch negativ auf das einseitig eingestrahlte Licht reagieren. Benutzt man Licht mit einer Wellenlänge von 440 nm, dann beträgt der neutrale Brechungsindex einer Mischung von Fluorkohlenstoffölen 1,295, ein Wert, der beträchtlich unter dem des Cytoplasmas oder der Vakuole liegt. Die Auffassung, daß das Licht normalerweise zu einer größeren Intensität auf der distalen Seite der Sporangiophore fokussiert wird und daß dies zu einem schnelleren Wachstum der distalen Wand führt, wurde durch Experimente untermauert: fällt ein sehr schmaler Lichtstrahl auf den Rand einer Sporangiophore, dann wächst die beleuchtete Region schneller als die unbeleuchtete. In der Abb. 88 ist zu erkennen, daß die Wegstrecke eines Lichtstrahles durch die distale Hälfte einer Sporangiophore größer ist als durch die proximale Hälfte. Unter der Voraussetzung, daß die Abschwächung der Lichtstrahlen beim Durchgang durch die proximale Hälfte gering ist, ist der absorbierte Gesamtbetrag der Lichtenergie in der distalen Hälfte wahrscheinlich größer. Nach Bergman et al. ist es jedoch unwahrscheinlich, daß die Art und Weise, in der die Sporangiophore auf die Asymmetrie des Lichtes reagiert, mit dieser Erklärung im Zusammenhang steht.

Ein zentrales Problem bei den Untersuchungen zur Lichtempfindlichkeit ist die Natur des Photorezeptors oder der Rezeptoren. Man untersuchte das Aktionsspektrum der Empfindlichkeit mit verschiedenen Wellenlängen. Es ergab sich folgender Anhaltspunkt: die phototrope Krümmung der Sporangiophoren von *Phycomyces* erfordert das gleiche Aktionsspektrum wie die Wuchsreaktion des vegetativen Myzels, die ebenfalls durch Licht stimuliert wird. Es gibt mehrere klar erkennbare

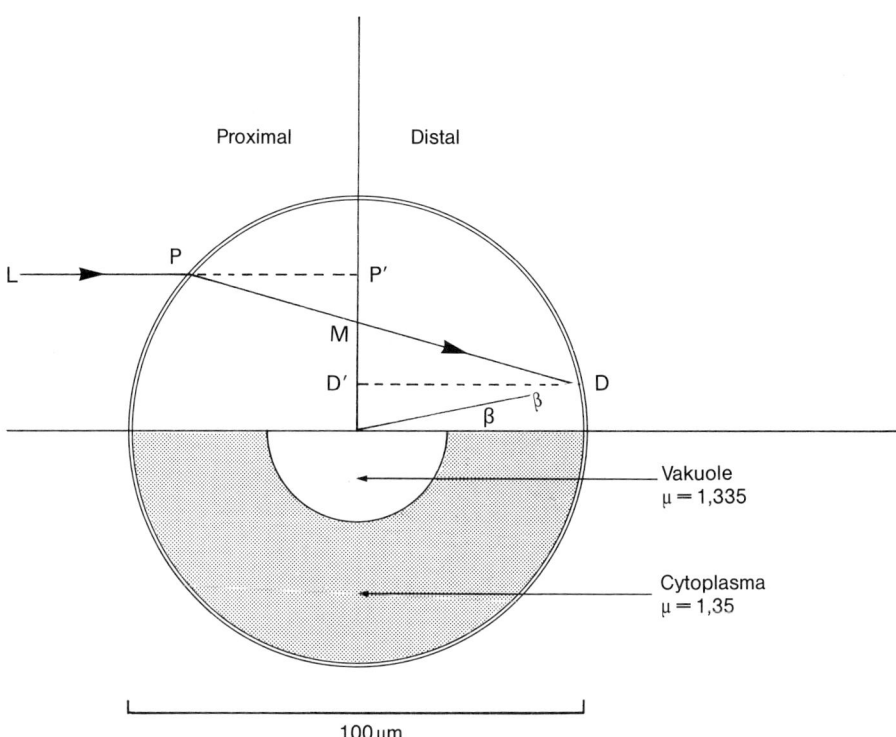

Abb. 88. *Phycomyces.* Sporangiophore als zylindrische Linse. Oberer Teil: Ein Lichtstrahl *L* fällt von der linken Seite ein und wird an der ersten Oberfläche gebrochen. Das Verhältnis der Wellenlänge des Lichtstrahles im oberen Teil der Sporangiophore zur Wellenlänge im distalen Teil beträgt *PM/MD*. Der größte Wert für den Winkel β beträgt ungefähr 20°. Unterer Teil: Schnitt durch eine Sporangiophore: die periphere Cytoplasmaschicht umgibt die zentrale Vakuole. Die Werte des Berechnungsindex für das Cytoplasma und den Vakuolensaft sind geschätzt. Diagramm von Bergman et al. 1969 (verändert)

„Gipfel" meist im blauen Teil des Spektrums: 485, 455, 385 und 280 nm. Ob diese vier „Gipfel" dem Absorptionsmaximum einer oder mehrerer Pigmente bei *Phycomyces* entsprechen, ist nicht bekannt. Der Photorezeptor dieses Pilzes ist bisher noch nicht identifiziert worden, obwohl man vermutet, daß das β-Carotin oder ein Flavoprotein beteiligt ist. Die Entdeckung einer Carotin-Mangelmutante (mit weniger als einem Tausendstel des β-Carotingehaltes des Wildtyps), die aber noch vollständig photosensitiv ist, deutet darauf hin, daß der größte Teil des β-Carotins nicht als Effektor in Frage kommt. Sowohl das β-Carotin als auch die Flavoproteine sind Bestandteile des Cytoplasmas (Einzelheiten bei Carlile, 1965).

Die Sporangiophore von *Phycomyces* dreht sich während der Entwicklung. Castle (1942) verfolgte das Wachstum und die Drehung der Sporangiophore, indem er angeheftete Sporen von *Lycopodium* als Marken benutzte. Die Versetzung der Marken wurde dann verfolgt. Seine Ergebnisse sind in Abb. 89 dargestellt. Nach ei-

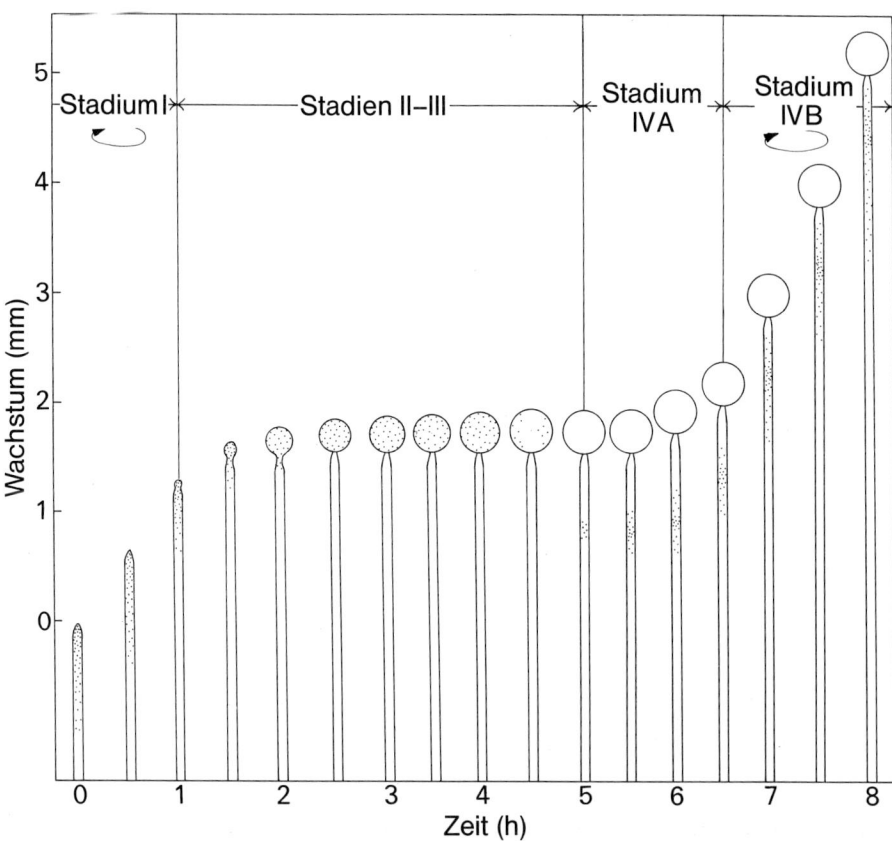

Abb. 89. *Phycomyces.* Schematische Darstellung der Entwicklungsstadien einer Sporangiophore von *Phycomyces.* Wachstumsregionen sind gepunktet gezeichnet. Die Drehbewegung während des Wachstums ist eingezeichnet. Während des Stadiums *I* dreht sich die Achse links herum, während des Stadiums *II* und *III* ist das Wachstum desorientiert. Während des Stadiums *IVA* erfolgt eine rechtsseitige Spiralisierung und während des Stadiums *IVB* wieder eine linksseitige Spiralisierung (nach Castle, 1942)

ner Periode apikalen Wachstums der tubulären Sporangiophore (Stadium I) erscheint das Sporangium als eine terminale Anschwellung, während das Wachstum aufhört. Während dieser Periode (Stadium II) ist das Wachstum auf die Sporangienvergrößerung beschränkt. Während der nächsten Periode (Stadium III) erfolgt keine weitere Vergrößerung des Sporangiums, die Verlängerung stagniert. Während der Stadien IVA und IVB erfolgt eine weitere Ausdehnung, das Wachstum ist hauptsächlich auf eine Zone etwas unterhalb des Sporangiums konzentriert. Während des Stadiums I dreht sich die Spitze der Sporangiophore im Uhrzeigersinn (von oben nach unten gesehen) in einem Winkel von höchstens 90°. Während der Stadien II und III finden keine Drehbewegungen statt. Wenn das Sporangium jedoch fertiggestellt ist, beginnt im Stadium IVA die Ausdehnung wieder von neuem, die Verlängerung ist wieder nachweisbar, so daß sich die Marken spiralig nach oben bewegen. Die Drehrichtung erfolgt nun entgegen dem Uhrzeigersinn (von oben gesehen), und die spiralige Wachstumsrichtung ist rechtsdrehend anstatt linksdrehend wie im Stadium I. Während dieses ungefähr 1 Stunde dauernden Stadiums drehen sich die an der Wachstumszone befindlichen Marken zweimal vollständig um die Achse. Während des Stadiums IVB erfolgt wieder eine Linksdrehung. Die Gründe für das spiralige Wachstum sind noch lange nicht geklärt. Es ist bekannt, daß die Chitinmikrofibrillen, die am Wandaufbau der Sporangiophore beteiligt sind, eine rechtsdrehende oder Z-Spiralisierung aufweisen. Eine mögliche Erklärung läge darin, daß diese Fibrillen für die Drehung verantwortlich sind. Eine alternative Erklärung wäre die, daß die Ausdehnung, die dem Turgor eines Zylinders entspricht (dessen Wände aus spiralig angeordneten Fibrillen bestehen), natürlicherweise zu einer passiven Drehung führen könnte. Das Phänomen des spiraligen Wachstums ist nicht nur für *Phycomyces* spezifisch, sondern tritt während der Ausdehnung von verschiedenen zylindrischen Pflanzenzellen auf. Ausführlicher wird diese Problematik bei Castle (1953) und Roelofsen (1950, 1959) beschrieben.

Die mechanischen Eigenschaften der Sporangiophore von *Phycomyces* ändern sich während der Entwicklung. Während des Stadiums II (in dem sich die Sporangiophore nicht weiter ausdehnt) zeigt sie bei kleinen Belastungen eine elastische Verformung, d. h. die fraktionierte Längenausdehnung ist direkt proportional zur aufgelegten Belastung. Wird die Last entfernt, stellt sich die ursprüngliche Länge der Sporangiophore wieder ein. Während des Stadiums IV (erneute Ausdehnung der Sporangiophore) verlängert sich die Sporangiophore wieder bei Belastung. Unbelastete Zellwände verhalten sich sehr unelastisch, so daß die ursprüngliche Länge der Sporangiophore nicht wieder erreicht wird. Diese Unterschiede deuten darauf hin, daß die Zellwand in der Wachstumszone unterhalb des Sporangiums während der Reifung der Sporangiophore physische Veränderungen erfährt (Ahlquist und Gamow, 1973). Es ist bewiesen, daß die Sporen eine oder mehrere Substanzen bilden, die das Wachstum der Sporangiophore kontrollieren. Entfernt man in Experimenten reife Sporangien, dann stoppt das Wachstum der Sporangiophore. Wird das entfernte Sporangium durch ein anderes Sporangium oder einen Tropfen Flüssigkeit aus einer zentrifugierten Sporensuspension ersetzt, so führt das zur Wiederaufnahme des Wachstums. Es wird noch ein anderer Effekt durch die Wegnahme des reifen Sporangiums ausgelöst: die Verzweigung der Sporangiophore wird induziert, ein Effekt, der mit der von den terminalen Knospen der Angiospermen ausgeübten apikalen Dominanz zu vergleichen ist (Goodell, 1971).

Die Sporangiophoren entwickeln sich als weitmaschige, stumpfendende Lufthyphen, die vom Substrat wegwachsen. Die Spitze dehnt sich zu einer Sporangieninitiale aus und enthält zahlreiche, sich ständig teilende Kerne. Es wird ein kuppelförmiges Septum angelegt, das den distalen Teil abtrennt und Sporen aus einem zentralen, zylindrischen oder kugelähnlichen sporenfreien Raum, der Columella, enthält. In diesem Zusammenhang ist wichtig, daß die Columella schon bei ihrer Entstehung aufgewölbt ist und daß diese Wölbung nicht sekundär durch Aufbiegung eines flachen Septums entsteht. Die zahlreichen Kerne der Sporen werden durch die präsumptiven Wandbildungen getrennt. Die Sporen sind je nach Art ein- oder vielkernig. *M. hiemalis* und *Absidia glauca* haben z. B. einkernige Sporen, während *Phycomyces blakesleeanus, Rhizopus stolonifer* und *Syzygites megalocarpus* vielkernige Sporen besitzen (Robinow, 1957 a, b; Hawker und Abbott, 1963 b; Sjöwall, 1945). Die Anzahl der Sporangiosporen ist sehr variabel. Auf nährstoffarmen Medien können sich nur sehr kleine Sporangien mit sehr wenigen Sporen bilden. Bei *Phycomyces blakesleeanus* können nicht weniger als 50.000 bis 100.000 Sporen pro Sporangium gebildet werden (Ingold und Zoberi, 1963).

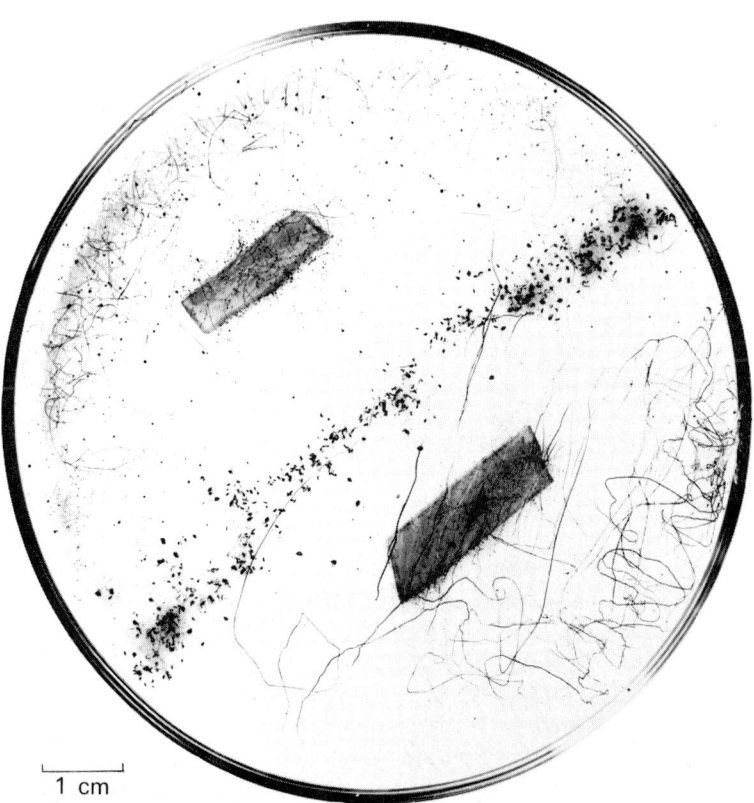

1 cm

Abb. 90. *Phycomyces blakesleeanus.* 10 Tage alte Kultur in einer mit zwei verschiedenen Kreuzungstypen beimpften Petrischale. Die schwarze Zone zwischen den beiden Impfblöcken (Agarstückchen) enthält zahlreiche Zygosporen

Die Feinstruktur von sich entwickelnden Sporangien von *Gilbertella* (Choanephoraceae) wurde von Bracker (1966) untersucht. Die Abspaltung des Sporangiencytoplasmas zur Bildung von Sporen geschieht durch Fusion von Spaltungsvesikeln.

Die Sporangienwand dunkelt meist nach und kann infolge von Kristallbildung eine stachelige Oberfläche ausbilden. Trotz der augenscheinlichen Ähnlichkeit in der Sporangienstruktur bei Vertretern der Mucoraceae gibt es schließlich zwei verschiedene Mechanismen der Sporenfreisetzung. Bei vielen Arten von *Mucor* (z. B. *M. hiemalis*) wird das Sporangium bei der Reife in einen ‚Sporangientropfen‘ umgewandelt. Die Sporangienwand löst sich auf und die Sporen absorbieren Wasser, so daß die Spitze der Sporangiophore einen Flüssigkeitstropfen trägt. Dieser enthält Sporen und klebt an der Columella. Die Reste der Sporangienwand bilden einen Kragen um die Basis der Columella. Bei großen Sporangien, wie z. B. bei *M. plasmaticus* und *M. mucedo* und bei *Phycomyces*, sind die Sporen in Schleim gebettet. Die Sporangienwand bricht nicht spontan auf, sondern nur bei Berührung; der schleimige Inhalt tritt dann hervor. Solche klebrige Sporenmassen werden nicht leicht durch den Wind oder durch mechanische Einwirkungen losgelöst, sondern möglicherweise durch Insekten oder Regentropfen oder nach Austrocknung. Bei anderen Arten (z. B. *M. plumbeus*) zerbricht die Sporangienwand in Stücke. Hier erfolgt die Sporenfreisetzung durch Luftströmung oder mechanische Bewegungen. Bei dieser Art kann die Columella in einen oder mehrere fingerähnliche oder stachelige Fortsätze auslaufen (Abb. 84 B). Bei *Absidia* kann die Columella noch einen einzelnen warzenartigen Fortsatz tragen (Abb. 86). *Rhizopus stolonifer* hat eine große Columella. Während das Sporangium trocknet, kollabiert die Columella und sieht aus wie eine umgedrehte Puddingschüssel, die auf dem Ende eines Stabes balanciert, in diesem Falle auf der starren Sporangiophore (Ingold und Zoberi, 1963) (Abb. 87). Zusammen mit diesen Formveränderungen der Columella bricht die Sporangienwand in viele Fragmente auf, so daß die trockenen Sporen vom Wind verbreitet werden.

Sexuelle Fortpflanzung

Die sexuelle Fortpflanzung der Mucoraceae führt nach Konjugation zur Bildung von Zygosporen. Einige Arten sind monözisch. In Kulturen gebildete Zygosporen stammen von einer einzelnen Sporangiospore (z. B. *Rhizopus sexualis*, *Syzygites megalocarpus*, *Zygorhynchus mölleri* und *Absidia spinosa*). Die meisten Arten sind jedoch physiologisch diözisch und bilden nur Zygosporen, wenn compatible Stämme miteinander gekreuzt werden. In einer Petrischale entwickelt sich in der Kontaktzone eine Linie aus Zygosporen (Abb. 90). Die beiden compatiblen Stämme unterscheiden sich nicht morphologisch. Man kann sie daher nicht als männlich und weiblich bezeichnen. Blakeslee nannte den einen Stamm (+) und den anderen (–) und sprach von Kreuzungstypen. Die morphologischen Vorgänge, die der Zygosporenbildung vorangehen, entsprechen sich bei den verschiedenen Gattungen, so daß man wie folgt verallgemeinern kann.

Wenn zwei verschiedene Kreuzungstypen aufeinander zuwachsen, kann man drei Reaktionen unterscheiden (Burgeff, 1924; Mesland et al. 1974):

a) eine ‚telemorphe Reaktion‘, die eine Luft-**Zygophoren**bildung induziert. Die Zygophoren sind keulenförmig und meist wegen ihres β-Carotingehaltes gelb gefärbt.

b) eine ‚zygotrope Reaktion', bei der man ein direktes Aufeinanderzuwachsen der Zygophoren des (+) und (–) Kreuzungstyps beobachten kann.

c) eine ‚thigmotrope Reaktion', die nach Kontakt der Zygophore die Gametangienfusion und -abtrennung verursacht.

Induktion der Zygophoren

Sowohl die (+) als auch die (–) Zygophore können durch Trisporiesäuren B und C induziert werden. Trisporiesäuren sind oxidierte, ungesättigte Derivate des Trimethylcyclohexans (siehe Gooday, 1973, 1974a; van den Ende, 1976; van den Ende und Stegwee, 1971).

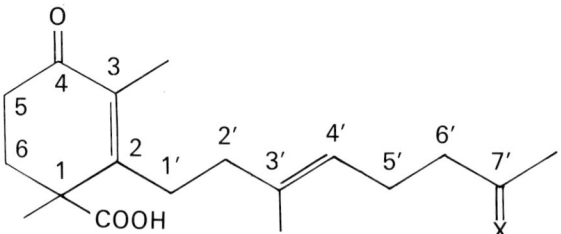

Abb. 91. Trisporiesäure *B: X = D;* Trisporiesäure *C: X = H, OH*

Bei den diözischen Mucorales werden die Trisporiesäuren nur dann in beträchtlichen Mengen gebildet, wenn (+) und (–) Kulturen in ständigem Diffusionskontakt zueinander stehen. Dies gilt sowohl für feste Medien als auch für gut belüftete Flüssigkulturen, obwohl man kleinere Mengen von Trisporiesäure gelegentlich auch in Einzelkulturen entdeckt hat. Den höchsten Synthesezuwachs erhält man in Kreuzungskulturen durch die Bildung von Sekretion von ‚Induktoren', die man als Vorstufen der Trisporiesäuren identifiziert hat (Werkman und van den Ende, 1973). Eine schematische Darstellung zur Abfolge dieser Vorgänge ist nachfolgend abgebildet (Gooday, 1973).

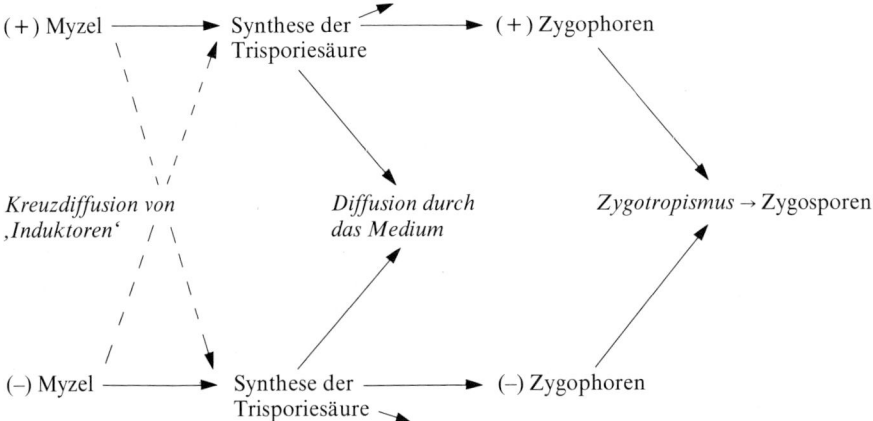

Die spezifischen ‚Induktoren' der Trisporiesäurebiosynthese sind bekannt. (+) und (–) Einzelkulturen bilden kleinere Mengen dieser Vorstufen, die sowohl von den (+) als auch von den (–) Stämmen zu Trisporiesäure umgewandelt werden. Der Hauptteil der (+) Substanzen besteht auf Methyl-4-OH-Trisporiesäure, und der Hauptteil der (–) Substanzen sind Trisporol und *Gem*-Dimethylverbindungen (Bu'Lock et al. 1974 a, b).

Trisporiesäuren zeigen mehrere Wirkungen:

a) Stark erhöhte Sekretion von spezifischen Vorstufen der Trisporiesäure und von β-Carotin, das ebenfalls eine Vorstufe darstellt. Deshalb führt die Trisporiesäure in reifen Kulturen durch Stimulierung von Bausteinvorstufen zu einem positiven feedback-Effekt der eigenen Synthese (Werkman und van den Ende, 1973).

b) Die Zygophorenbildung wird induziert.

c) Die Sporangiophorenbildung wird unterdrückt.

Die Möglichkeiten der Trisporiesäure, die Carotinsynthese und die Zygophorenbildung zu induzieren, sind unspezifisch; die von *Choanephora (Blakeslea) trispora* gebildete Trisporiesäure kann z.B. die Zygophorenentwicklung anderer Mucorales, wie z.B. *Mucor mucedo*, induzieren. Es ist auch bekannt, daß die Trisporiesäure bei Sexualvorgängen einiger monözischer Mucorales (z.B. *Zygorhynchus mölleri, Mucor genevensis* und *Syzygites megalocarpus*) eine Rolle spielt (Werkman und van den Ende, 1974).

Zygotrope Reaktion

Liegen (+) und (–) Zygophoren nahe beieinander, dann wachsen sie direkt aufeinander zu. Man deutet dies als chemotrope Antwort auf einen flüchtigen Stimulus. Banbury (1955) nimmt an, daß eine gegenseitige Anziehung nicht nur zwischen (+) und (–) Zygophoren stattfindet, sondern auch zwischen Zygophoren gleichen Typs. Diese Behauptung muß jedoch noch bewiesen werden.

Plempel und Dawid (1961), Hepden und Hawker (1961) und Mesland et al. (1974) haben gezeigt, daß das *vegetative Myzel* von *Mucor mucedo* flüchtige Substanzen bilden kann, die die Zygophorenentwicklung und die zygotrope Reaktion induziert, auch wenn kein Diffusionskontakt mit dem vegetativen Myzel des entgegengesetzten Stammes vorhanden ist. Es wurde nicht bewiesen, daß das vegetative Myzel Trisporiesäure enthielt, die in jedem Falle nicht flüchtig ist. Wahrscheinlich sind die flüchtigen Substanzen mit den charakteristischen Vorstufen eines jeden Kreuzungstyps identisch. Die flüchtigen Bestandteile haben deshalb eine zweifache Aufgabe: Erhöhung der Trisporiesäuresynthese im entgegengesetzten Kreuzungstyp und das Zustandebringen der zygotropen Antwort.

Thigmotrope Reaktion

Wenn sich compatible Zygophoren berühren, entwickeln sie sich zu Progametangien. Die Spitze eines jeden Progametangiums wird durch ein Septum abgetrennt; es trennt ein distales, vielkerniges Gametangium von einem subterminalen Suspensor (siehe Abb. 92). Die Wand zwischen den beiden Gametangien zerbricht, so daß die zahlreichen Kerne einer jeden Zelle vom gemeinsamen Cytoplasma umgeben sind. Die fusionierte Zelle oder Zygospore schwillt an und bildet eine dunkle, warzi-

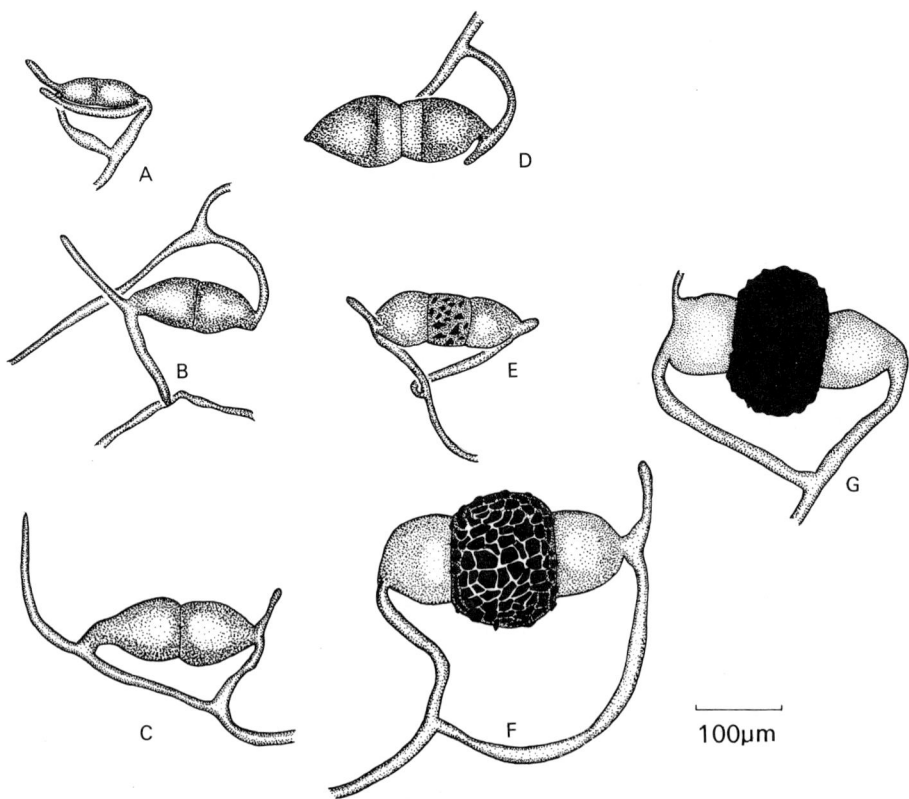

Abb. 92 A–G. *Rhizopus sexualis.* **A–G** Sukzessive Stadien der Bildung von Zygosporen. Der Pilz ist monözisch

ge Außenschicht. Nach einer Ruheperiode kann die Zygospore mit einem Keim-sporangium auskeimen. Dies geschieht normalerweise auf einer unverzweigten Sporangiophore, die in ein typisches Sporangium mit Columella ausläuft. In einigen Fällen entwickelt sich aus der keimenden Zygospore ein vegetatives Myzel. Die ge-nauen Bedingungen für die Zygosporenkeimung sind nicht bekannt. Es gibt zahlrei-che Untersuchungen zur Cytologie der Zygosporenbildung. Von den neueren sollen die von Cutter (1942 a, b), Sjöwall (1945, 1946) und Laane (1974) erwähnt werden. Man unterscheidet vier Haupttypen des Kernverhaltens:

1. Bei *Mucor hiemalis, Absidia spinosa* und einigen anderen Vertretern der Mu-coraceae fusionieren innerhalb weniger Tage alle Kerne paarweise, teilen sich dann sehr schnell meiotisch, so daß die reifen Zygosporen nur haploide Kerne enthalten.

2. Bei *Rhizopus stolonifer* und *Absidia glauca* paaren sich einige in die Zygospore eindringende Kerne nicht, sondern degenerieren. Die übrigen fusionieren paarwei-se, durchlaufen aber nicht sofort eine Meiose. Die Meiose verzögert sich bis zur Kei-mung der Zygospore.

3. Bei *Phycomyces blakesleeanus* teilen sich die Kerne in der jungen Zygospore weiter und erhöhen so die Anzahl. Sie lagern sich zu mehreren zusammen, Einzel-kerne sind selten. Vor der Keimung paaren sich einige Kerne, so daß man im Keim-

sporangium sowohl diploide als auch haploide Kerne findet, von denen einige wahrscheinlich meiotischen Ursprungs oder übriggebliebene Einzelkerne sind, die sich nicht gepaart haben. Diese Ansammlung von Kernen im Keimsporangium hat Auswirkungen auf das Kreuzungstypverhalten der sie enthaltenden Sporen (siehe unten).

4. Bei *Syzygites megalocarpus* teilen sich die Kerne auch in der jungen Zygospore; Karyogamie und Meiose finden anscheinend nicht statt.

Die Ergebnisse der verschiedenen Wissenschaftler (Burgeff, 1914; Köhler, 1935) weisen darauf hin, daß es einen einzelnen Kreuzungstyplocus mit zwei alternativen Allelen (+) und (–) gibt, die sich bei der Meiose trennen.

Die Feinstruktur der Zygosporenentwicklung wurde an dem monözischen Pilz *Rhizopus sexualis* (Hawker und Gooday, 1967, 1968; Hawker und Beckett, 1971) untersucht. Nach Berührung der Spitzen von zwei Zygophoren (Abb. 92, A–C) haften ihre Zellwände aneinander und flachen sich ab. Jede Zelle dehnt sich aus und bildet ein Progametangium. In jedem Progametangium entwickelt sich ein schiefes, zur sich entwickelnden Zygospore konkaves Septum als ein kragenförmiges Diaphragma, das sich allmählich zentripetal ausdehnt, bis das Septum fertiggestellt ist. In Schnitten erscheint das Septum als ein schmaler Keil, der an der Basis mit der Primärwand des Progametangiums verbunden ist und an der inneren Kante verengt, an der es anscheinend durch Verschmelzen von Vesikeln entstanden ist. Das vollständige Septum teilt das terminale Gametangium von den Suspensoren. Es bleibt jedoch eine Cytoplasmaverbindung zwischen dem Suspensor und dem Gametangium durch eine Anzahl von Plasmodesmen bestehen. Diese können wahrscheinlich Nahrung aufnehmen, welche weiterhin aus dem Myzel in die sich entwickelnde Zygospore fließt. An den abgeflachten Wänden sammeln sich zahlreiche Kerne an, die die Spitzen der zwei Gametangien trennen. Schätzungsweise enthält ein Progametangienpaar über 150 Kerne, die Zahl kann aber auf über 300 Kerne in einem Paar vollständig abgetrennter Gametangien ansteigen.

Die Auflösung der Trennwand zwischen den beiden fusionierten Gametangien ist korreliert mit einer Vesikelanhäufung, die sich in großer Zahl in der Nähe dieser Wand befindet. Man vermutet, daß sie den Transport hydrolytischer Enzyme zu der Wand übernehmen wie auch die Zersetzungsprodukte der Zellwand. Die fusionierte Wand hat sich vollständig aufgelöst und läßt keine nachweisbaren festen Bestandteile zurück. Nach der Plasmogamie der beiden Gametangien ordnen sich die Kerne an der Peripherie des Cytoplasmas an. Bei *R. sexualis* fusionieren wahrscheinlich die meisten Gametangienkerne paarweise.

Die Entwicklung der die reifen Zygosporen umgebenden Wände geschieht wie folgt: Nach der Bildung von Septen, die die Gametangien von den Suspensoren trennen, aber vor der vollständigen Auflösung der fusionierten Wand, wird die primäre äußere Wand der Zygospore dicker, möglicherweise durch Gallerteinlagerung. Unter dieser ursprünglichen Wand werden die Warzen (die schließlich die Wand der reifen Zygospore verzieren) als weit verstreute Flecken, die so aussehen wie umgedrehte Untertassen, gebildet (Abb. 93 C). Das Cytoplasma füllt die Wölbungen der ‚Untertassen‘ aus und bläht sich zwischen ihnen aus, ist aber immer vom Plasmalemma umgeben. Wenn sich die Zygospore weiter vergrößert, verändert sich die Form der Untertasse zu umgedrehten Blumentöpfen, die sich durch neues zusätzliches Plasmamaterial an den Rändern vergrößern, bis sie schließlich aneinanderstoßen. Bevor sich die Warzen an der Basis berühren, ist die sich entwickelnde Zygospore permeabel für Fixative. Ist der Kontakt jedoch vorhanden, können keine Fixative mehr eindringen. Dies erklärt die schwierigen cytologischen Untersuchungen der Zygosporenentwicklung. Schließlich werden die Spitzen der Warzen durch die ursprüngliche Primärwand gestoßen. Unter diese Wand lagern sich wenigstens drei weitere Wandschichten an (Abb. 93 G). Das Nachdunkeln der Wand ist wahrscheinlich auf Melaninablagerungen zurückzuführen.

Mit Hilfe des Rasterelektronenmikroskopes kann man erkennen, daß die Zygosporenwände anderer Vertreter der Mucorales unterschiedliche Verzierungsmuster haben, die von runden oder konischen bis zu verzweigten, sternförmigen Warzen reichen. Die Muster können von taxonomischer Bedeutung sein, d. h. Informationen zur Zygosporenverzierung können dazu beitragen, Verwandtschaftsverhältnisse innerhalb der Mucorales aufzuzeigen (Schipper et al. 1975).

Bei *Mucor mucedo* ist die Zygosporenwand reich an Sporopollenin, das auch in den Zellwänden der Pollenkörner vorkommt. Das Sporopollenin ist extrem wider-

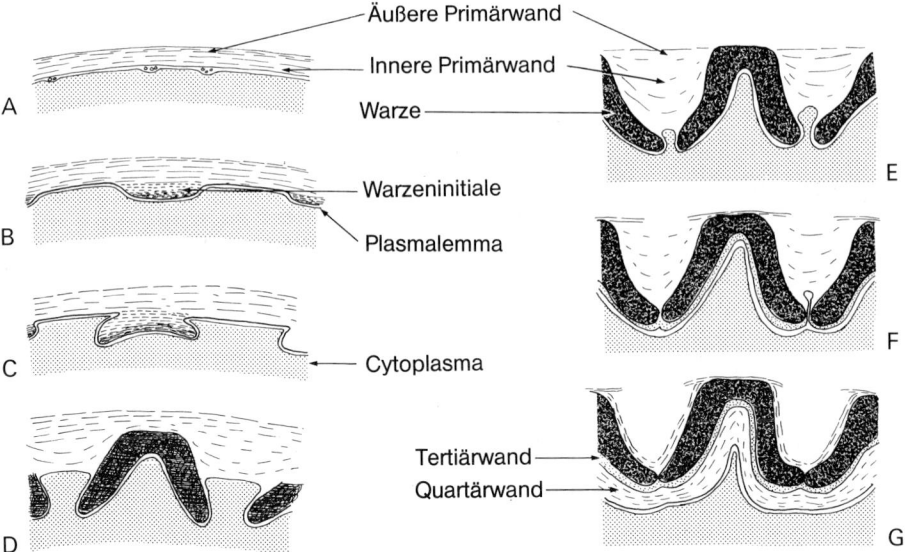

Abb. 93 A–G. *Rhizopus sexualis.* Entwicklung der lateralen Wand der Zygospore. **A** Primärwand vor der Aufblähung der Zygospore, mit dünner, elektronendichter Außenschicht, einer dickeren, weniger elektronendichten inneren Schicht, und lockere, lomasomenähnliche Körperchen; **B** Blöcke von Sekundärmaterial (Warzeninitialen), die sich an bestimmten Stellen der inneren Oberfläche der Primärwand entwickeln; **C** Warzeninitialen, die durch Ablagerung von Sekundärmaterial an den Rändern wachsen und untertassenförmige, pigmentierte Massen darstellen; **D** Die Warzen werden durch weiteres Wachstum an den Rändern blumentopfähnlich. Die innere Schicht der Primärwand wird gallertig und schwillt an. Man erkennt die Cytoplasmataschen zwischen den Warzen; **E** Warzenränder, die sich fast berühren. Die innere Schicht der Primärwand zeigt Drucklinien. Die Cytoplasmataschen zwischen den Warzen sind viel kleiner geworden; **F** Die Warzenkanten berühren sich. Über den Warzen ist eine glatte, tertiäre Schicht gezeichnet. Die äußere Schicht der Primärwand zerreißt; **G** Dick geschichtete, impermeable Schicht aus vier Materialien legt sich innen an die glatte Schicht an. Die innere gallertige Schicht der Primärwand ist als verhornte Haut der Warzen kollabiert. (Schematisch nach Hawker und Beckett, 1971)

standsfähig gegen Zersetzungsprozesse und ermöglicht den Zygosporen, lange Zeit unverletzt im Erdboden zu bleiben. Das Sporopollenin wird durch oxidative Polymerisation des β-Carotins gebildet. Dies erklärt auch den hohen Gehalt dieses Pigmentes in den sich entwickelnden Zygosporen (Gooday et al. 1973). Das β-Carotin und Sporopollenin scheint jedoch in den Zygosporenwänden von *R. sexualis* zu fehlen (Hocking, 1963).

Zygosporenkeimung

Blakeslee (1906) unterscheidet vier Arten der Zygosporenkeimung, und zwar hinsichtlich der Verteilung der Kreuzungstypen in den Sporen eines Keimsporangiums.

1. Reinerbigkeit, bei der alle Keimsporangiosporen den gleichen Kreuzungstyp haben, d.h. alle sind (+) oder (–). Hierzu gehören *Mucor mucedo, M. hiemalis* und *Phycomyces blakesleeanus* (Gauger, 1965; Hocking, 1967). Eine mögliche Erklärung dieser Beobachtung ist die, daß nur ein diploider Kern in der Zygospore überlebt. Wenn sich dieser Kern meiotisch teilt, überlebt nur einer der vier haploiden Tochterkerne. Dieser teilt sich und es entsteht eine homogene Kernpopulation, d.h. nur (+) oder nur (–) Kerne. Diese Ansicht wird von den Ergebnissen Köhlers (1935) unterstützt, der Kreuzungen zwischen zwei Allelenpaaren bei *M. mucedo* durchführte, aber herausfand, daß nur einer der vier möglichen Genotypen in jedem Keimsporangium vorhanden war. Sjöwall (1945) berichtet für *M. hiemalis*, daß die Kerne in den Zygosporen während der Ruhephase degenerieren. Bei *P. blakesleeanus* führte eine Kreuzung zwischen einem diözischen (–) Stamm mit zwei separaten Farbgenmarken (weiß und rot) und einem (+) Stamm (mit einer gelben Marke) zu Zygosporen. Von 32 enthält nur ein Keimsporangium alle drei Farben. „Man schließt daraus, daß viele Kerne in die Zygospore gelangen, aber in der Regel nur ein Kernpaar eine Nachkommengeneration produziert. Das Material der anderen Kerne degeneriert wahrscheinlich und wird als Nahrung oder Energiereserve benutzt" (Cerdá-Olmedo, 1974).

2. Reinerbigkeit, bei denen alle Sporen monözische Myzelien ergeben. Hierzu gehören *Mucor genevensis, Zygorhynchus dangeardi* und *Syzygites megalocarpus.*

3. Mischerbigkeit bei *Phycomyces nitens*, wo das gleiche Keimsporangium manchmal (+), (–) oder monözische (d.h. selbstfertile) Sporen enthält. Cutters Entdeckung, daß diploide Kerne in das Keimsporangium gelangen, könnte die Erklärung für das Vorhandensein der monözischen Sporen sein.

4. Gemischte Kreuzungen liegen dann vor, wenn (+) und (–) Sporen, aber nicht (+)/(–) Myzelien zusammen im gleichen Sporangium vorkommen. Blakeslee hat diesen Typ nie selbst beobachtet. Er wurde aber kürzlich von Gauger (1961) bei *Rhizopus stolonifer* entdeckt. Unter 33 auskeimenden Zygosporen fand er 19 Sporangien, die (+) Sporen enthielten, 9 die (–) Sporen und 5 Sporangien, die (+) und (–) Sporen enthielten. Die ‚reinen' Keimungen könnten cytologisch wahrscheinlich wie bei *M. mucedo* erklärt werden, während die Erklärung für die Mischerbigkeit die Ausnahme zuläßt, daß mehr als ein Meioseprodukt überlebt, so daß beide Kreuzungstypen vorhanden sind. In einigen Keimsporangien findet man ‚neutrale' Sporen, d.h. Sporen, die bei der Keimung Myzelien bilden, die sich weder mit dem (+) noch mit dem (–) Stamm kreuzen lassen. Die Kreuzungsfähigkeit wurde bei be-

stimmten Isolaten zeitweise wiederhergestellt. Die Kreuzungsfähigkeit scheint ein relativ weit verbreitetes Phänomen bei Laborkulturen zu sein, wenn sie über eine längere Zeit vegetativ vermehrt werden. Bis jetzt gibt es noch keine Erklärung für diesen Effekt.

Bei *Phycomyces* und *Absidia* tragen die Suspensoren Appendices, die sich über die ganze Zygospore wölben. Bei *Phycomyces* sind diese Appendices schwarz und

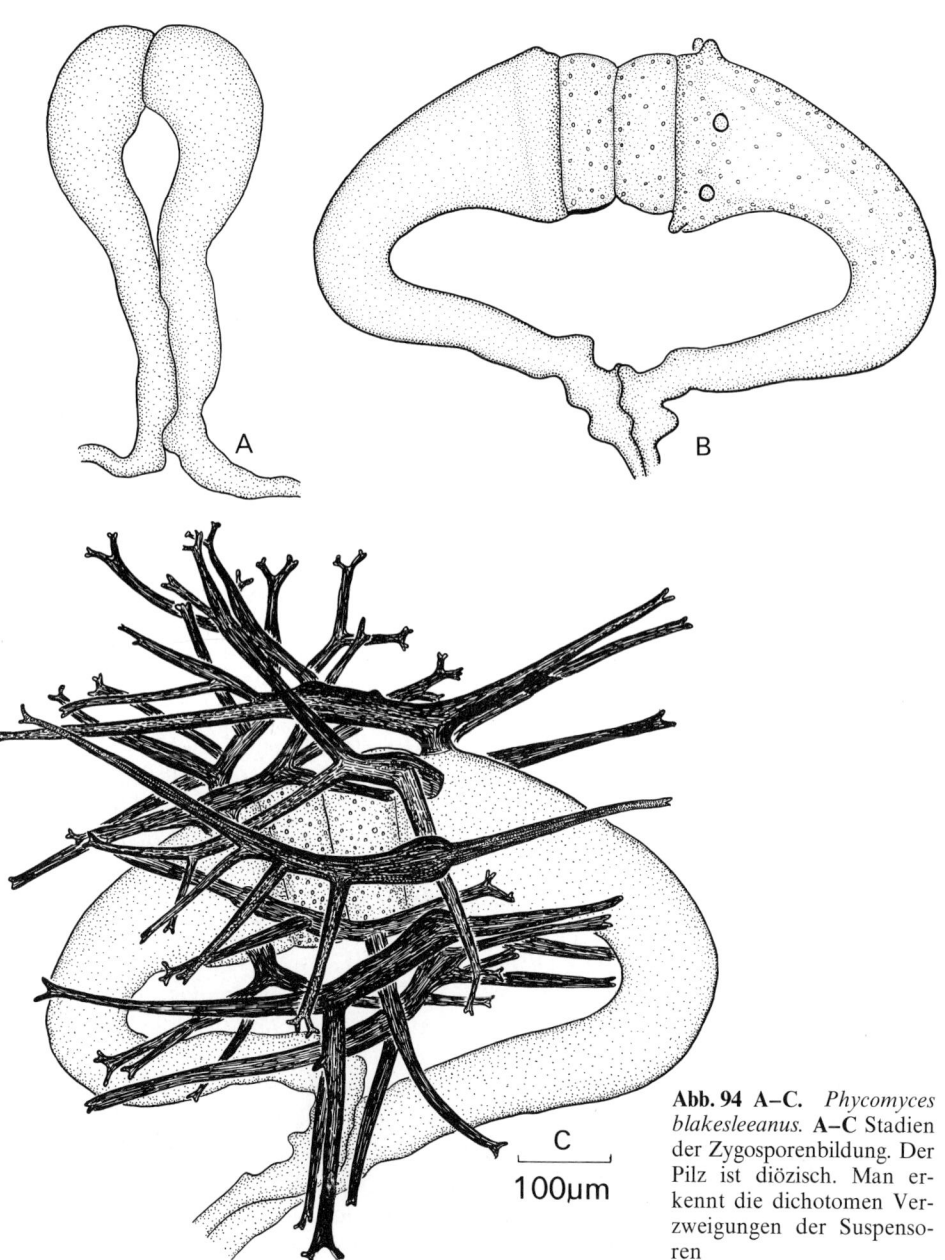

Abb. 94 A–C. *Phycomyces blakesleeanus.* **A–C** Stadien der Zygosporenbildung. Der Pilz ist diözisch. Man erkennt die dichotomen Verzweigungen der Suspensoren

C
100µm

gegabelt, während sie bei *Absidia* unverzweigt, aber nach innen gebogen oder ge-
lockt sind (siehe Abb. 86, 94). Die Funktion dieser Appendices ist unbekannt: möglicherweise tragen sie dazu bei, daß die Zygosporen an vorbeilaufenden Tieren haften bleiben. Bei der monözischen Art *A. spinosa* entstehen die Appendices nur an
einem Suspensor. Bei *Zygorhynchus* sind die Suspensoren unterschiedlich groß, ein
Suspensor ist beträchtlich größer als die anderen (Abb. 95). Formen, bei denen man
die zwei Suspensoren unterscheiden kann, nennt man **heterogametangisch**.

   Bei einigen Mucorales gibt es keine normale Gametangiogamie. Eine oder zwei
Gametangien können parthenogenetisch eine Struktur bilden, die morphologisch
einer Zygospore ähnlich sieht. Bei diesen **Azygosporen** genannten Gebilden befinden sich warzige und kugelige Strukturen, die auf einer einzelnen suspensorähnli-
chen Zelle oder gelegentlich auf einer Sporangiophore gebildet werden. Man findet
sie regelmäßig in Kulturen von *Mucor bainieri* und *M. azygospora* (Benjamin und
Mehrotra, 1963) und bei bestimmten Isolaten von *M. hiemalis* (Gauger, 1966, 1975).
Gaugers Isolate mit Azygosporen von *M. hiemalis* stammen von Sporen aus Keimsporangien, die sich aus normal keimenden Zygosporen entwickelt haben. Wenn
die Azygosporen-Stämme weiter vermehrt werden, entweder aus einzelnen Sporangiosporen oder durch Ausplattieren, dann neigen sie zu einem ,break-down' gegen
Stämme des (+) oder des (–) Kreuzungstyps. Gauger nimmt daher an, daß diese
Azygosporen bildenden Stämme von *M. hiemalis* typische Diplonten sind und heterozygot hinsichtlich des Kreuzungstyps, d.h. die diploiden Kerne besitzen sowohl
das (+) als auch das (–) Kreuzungstypallel. Er nimmt an, daß das Auseinanderbrechen zu normalen (+) und (–) Kreuzungstypen durch eine somatische (d.h. nicht-
meiotische) Reduktion ausgelöst wird, die dann zu aneuploiden Zwischenstufen
und schließlich zu Haplonten führt.

   Im folgenden werden die charakteristischen Merkmale einiger der bekanntesten
Gattungen der Mucoraceae beschrieben.

Mucor (Abb. 83, 84)

Kosmopolit, im Erdboden weit verbreitet, auf Dung und auf anderen organischen
Substraten. Die Sporangien sind kugelig und bilden sich an verzweigten und unverzweigten Sporangiophoren. Die meisten Arten sind diözisch und isogam, d.h. die
Gametangien und die Suspensoren haben die gleiche Größe. Bei den im Erdboden
vorkommenden Arten findet man *M. hiemalis*, *M. racemosus* und *M. spinosus*. *Mucor mucedo* ist häufig im Dung vorhanden. Schipper (1978) hat einen Schlüssel für
alle eindeutig beschriebenen Arten erstellt.

Zygorhynchus (Abb. 95)

Dieser Pilz kommt meist im Erdboden und dort in beträchtlicher Tiefe vor (Hesseltine et al. 1959). Alle Arten sind monözisch und haben heterogametangische Zygosporen. Die Sporangiophoren sind normalerweise verzweigt, die Columella ist meist
breiter als hoch.

Rhizopus (Abb. 87, 92)

Dieser Pilz kommt nicht nur im Erdboden, sondern auch auf Früchten, anderen
Nahrungsmitteln, allen Arten von faulendem Material und als Laborinfektion vor.

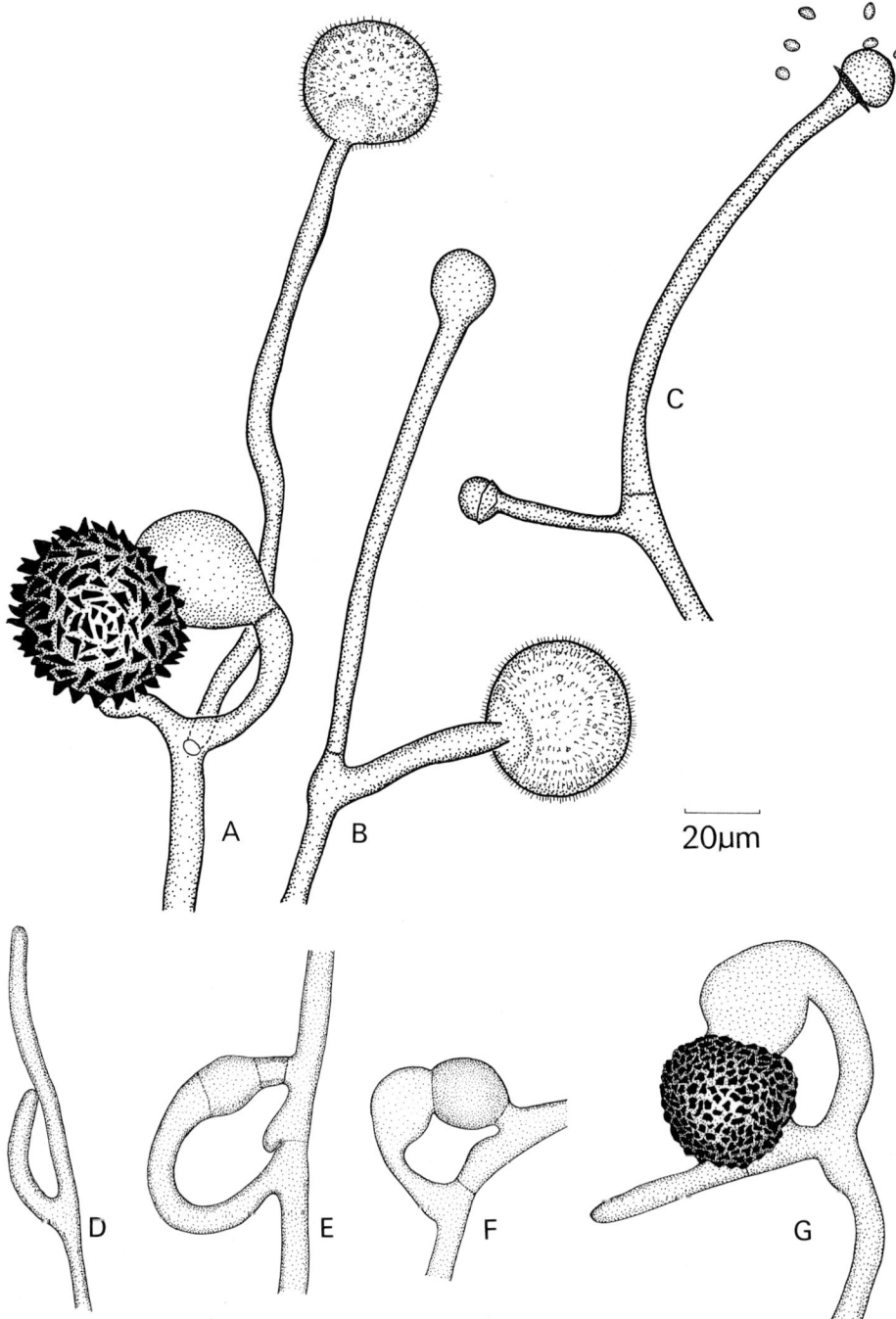

Abb. 95 A–G. *Zygorhynchus molleri.* **A** Zygospore und Sporangium; **B** Junge Sporangiophoren; **C** Aufgesprungene Sporangien; **D–G** Stadien der Zygosporenbildung. Man erkennt, daß der Pilz monözisch ist und die Suspensoren anisogam sind

Rhizopus stolonifer findet man oft auf reifen Bananen, besonders wenn sie feucht gelagert werden. Charakteristische Merkmale sind die Rhizoide der Sporangiophoren (die in Büscheln wachsen können) und die Bildung von ‚Ausläufern‘. Eine Lufthyphe wächst aus; wo sie das Substrat berührt, wachsen Rhizoide und Sporangiophoren. Diese Art des Wachstums wiederholt sich. Die meisten Arten sind diözisch, *R. sexualis* ist jedoch monözisch und bildet im Labor innerhalb von zwei Tagen reichlich Zygosporen.

Absidia (Abb. 86)

Die charakteristischen Merkmale sind die birnenförmigen Sporangien, die intervallartig in unvollständigen Wirteln entlang der stolonähnlichen Verzweigungen gebildet werden. Diese Verzweigungen bilden intervallartig Rhizoide aus, aber nicht gegenüber den Sporangiophoren. Die Zygosporen sind von gebogenen, unverzweigten Suspensoranhängen umgeben, die aus einem oder aus beiden Suspensoren stammen können. Die meisten Arten sind diözisch, *A. spinosa* jedoch ist monözisch. Die am weitesten verbreiteten Arten sind *Absidia glauca*, *A. orchidis* und *A. spinosa*.

Phycomyces (Abb. 94)

Benjamin und Hesseltine (1959) beschreiben drei Arten. Die beiden bekanntesten sind jedoch *P. nitens* und *P. blakesleeanus*. Die Sporen von *P. nitens* sind größer als die von *P. blakesleeanus*. Wahrscheinlich haben viele Wissenschaftler die beiden Pilze verwechselt, bevor Burgeff (1925) die Unterschiede aufzeigte. Viele Veröffentlichungen über *P. nitens* beziehen sich wahrscheinlich auf *P. blakesleeanus*. Keine der Arten ist besonders häufig, ein gutes Habitat sind jedoch Fettprodukte und leere Ölfässer. Brot und Dung sind weitere Substrate.

Syzygites (Abb. 96)

S. megalocarpus (= *Sporodinia grandis*, Hesseltine, 1957) findet man auf verwesenden Sporophoren höherer Hutpilze, besonders von *Boletus*, *Lactarius* und *Russula*. Der Pilz wächst leicht in Kulturen und ist monözisch (Davis, 1967). Die Sporangiophoren sind dichotom und die Sporangien dünnwandig.

Pilobolaceae

In dieser Familie gibt es zwei häufige Gattungen, *Pilobolus* und *Pilaira*. Beide wachsen auf Herbivorendung. Sie sind die ersten Pilze, die in der Sukzession fruchten. Bei beiden Gattungen springt das Sporangium durch einen an der Basis umlaufenden Querriß auf. Dann wird ein schleimiges Sekret freigesetzt, so daß die Sporen in diesem Stadium selbst nicht frei werden. Bei *Pilobolus* sind die Sporangiophoren geschwollen. Die Sporangien werden aktiv durch einen Flüssigkeitsstrahl weggeschleudert. Bei *Pilaira* ist die Sporangiophore zylindrisch. Das Sporangium wird in einen Sporangientropfen verwandelt. Grove (siehe Buller, 1934) hat eine Monographie zu dieser Familie verfaßt.

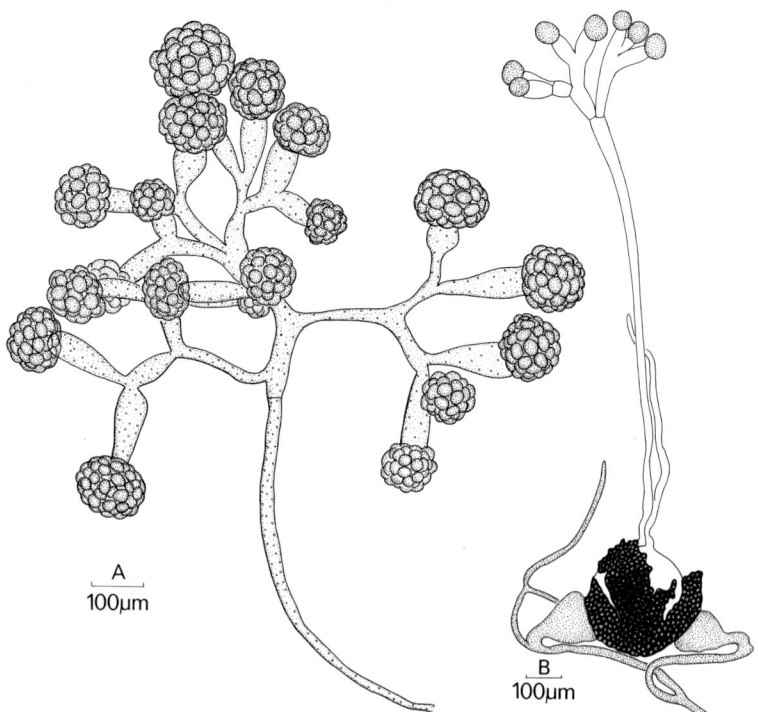

Abb. 96 A, B. *Syzygites megalocarpus.* **A** Sporangiophore; **B** Keimende Zygospore. Der Pilz ist monözisch

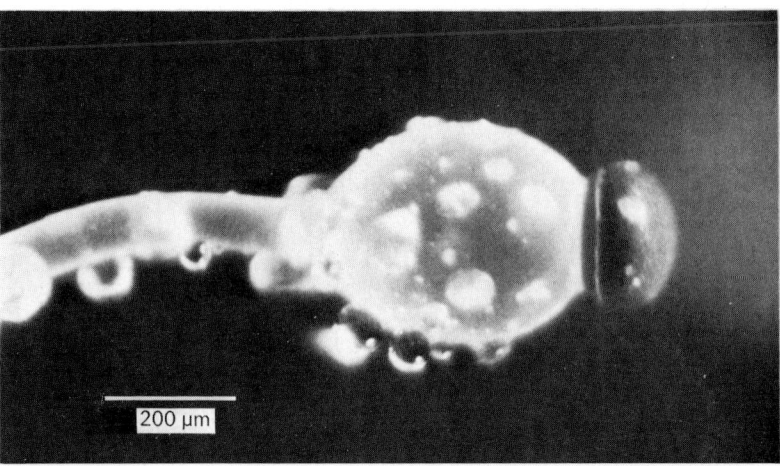

Abb. 97. *Pilobolus* sp. Auf Dung wachsende Sporangiophore. Man erkennt das abgeflachte schwarze Sporangium mit einer umlaufenden Rißlinie an der Basis und das geschwollene subsporangiale Vesikel, an dem Flüssigkeitstropfen haften

Pilobolus (Abb. 97–100)

Der Gattungsname bedeutet „Hutschleuderer" und bezieht sich auf die aktive Sporangienfreisetzung. Inkubiert man frischen Pferdedung in einer Glasschale auf dem Fensterbrett, so erscheinen nach einer vorläufigen, ungefähr 4 bis 7 Tage dauernden Fruchtphase von *Mucor* die knollenförmigen Sporangiophoren von *Pilobolus* (Abb. 97). Häufig vorkommende Arten sind *P. kleinii, P. longipes* und *P. crystallinus.* Von Buller (1934) stammt eine vollständige Darstellung zur Entwicklung und

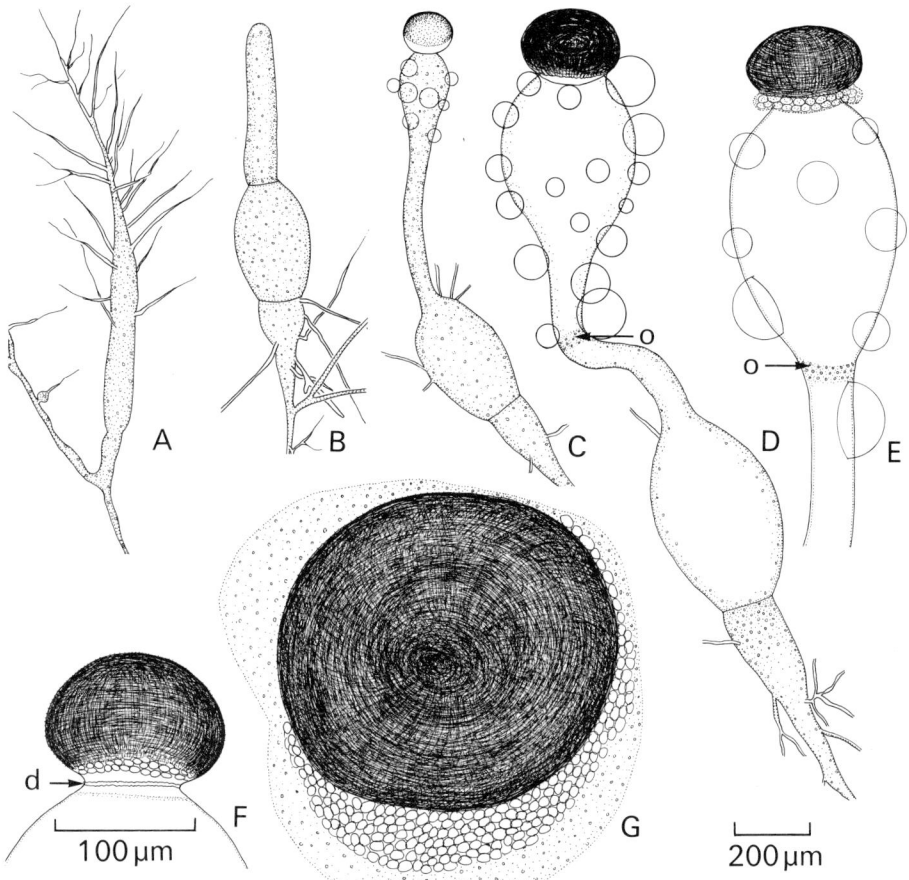

Abb. 98 A–G. *Pilobolus kleinii.* Asexuelle Fortpflanzung. **A** Junge Trophocyste, erkennbar an ihrem carotinreichen Cytoplasma; **B** Trophocyste mit unreifer Sporangiophore. Die durchsichtige Spitze der Sporangiophore ist lichtempfindlich; **C** Trophocyste mit sich entwickelndem Sporangium: der obere Teil des Sporangiums beginnt sich zu verdunkeln. Flüssigkeitströpfchen sammeln sich an der Sporangiophore an. 21.00 Uhr; **D** Trophocyste mit noch nicht aufgesprungenem Sporangium. 9.00 Uhr. Der Pfeil zeigt auf die carotinreichen Cytoplasmabanden oder Ocellen (**o**); **E** Sporangiophore mit aufgesprungenem Sporangium. Sporen werden herausgepreßt und von einem Schleimring festgehalten. 11.30 Uhr; **F** Sporangium mit der an der Basis befindlichen Rißlinie (**d**); **G** Abgeschleudertes Sporangium, das von ausgetrocknetem ,Saft' der subsporangialen Blase umgeben ist. Die Sporen sind in Schleim eingebettet. **A–E** im gleichen Maßstab; **F, G** im gleichen Maßstab

Freisetzung des Sporangiums. Die Sporangien von *Pilobolus* heften sich an die Pflanzen und werden von den Herbivoren gefressen: im Darm werden die Sporen freigesetzt und keimen. In den Fäkalien entwickeln sich die Sporen zu einem Myzel, das ungefähr nach 4 Tagen auf der Oberfläche des Dungs Trophocysten bildet, angeschwollene Segmente, die durch Carotine gelb gefärbt sind (Abb. 98). Aus diesen entwickeln sich in einem regelmäßigen Tagesrhythmus Sporangiophoren. Der Entwicklungsrhythmus ist ziemlich eng mit dem Tagesrhythmus gekoppelt. Während des späten Nachmittag wächst die Sporangiphore von der Trophocyste in Richtung zum Licht. Während der Nacht vergrößern sich die Spitzen der Sporangiophore und werden zu Sporangien. Das Anschwellen der subsporangialen Vesikel findet hauptsächlich zwischen Mitternacht und dem frühen Morgen statt. Junge Sporangiophoren, deren Sporangien noch nicht differenziert sind, sind stark phototrop. Die durchsichtige Spitze der sich entwickelnden Sporangiophore ist die empfindliche Region. Trotz der hellen gelben Farbe der Trophocysten und der jungen Sporangiophoren, die auf den Carotingehalt zurückzuführen ist, deuten die Untersuchungen zur Lichtempfindlichkeit der jungen Sporangiophoren mit verschiedenen Wellenlängen darauf hin, daß der Photorezeptor wahrscheinlich ein Flavin und kein Carotinoid ist (Page und Curry, 1966).

Die vollständig entwickelte Sporangiophore ist ebenfalls stark phototrop. Projiziert man Licht entlang der Achse der Sporangiophore, so wird auf einen Punkt unter dem angeschwollenen Vesikel fokussiert. In dieser Region gibt es eine Ansammlung von carotinreichem Cytoplasma, das bei Beleuchtung orangefarben erscheint. Fällt das Licht asymmetrisch auf die Sporangiophore, so wird es auf die Hinterseite der subsporangialen Vesikel fokussiert. Einige Stimuli werden wahrscheinlich in den zylindrischen Teil der Sporangiophore übertragen, was zu einem sehr schnellen Wachstum der lichtabgewandten Seite führt. Deshalb biegt sich die gesamte Sporangiophore, bis sie sich symmetrisch zum Licht orientiert hat (siehe Abb. 99). Die Struktur des Sporangiums unterscheidet sich in mehrfacher Hinsicht von der der Mucoraceae. Das Sporangium ist abgeflacht, die Wand ist schwarz, glänzend, hart und unbenetzbar. An der Basis des Sporangiums befindet sich eine konische Columella, die von der Spore durch ein Schleimkissen abgetrennt ist. Während des Vormittags bricht das Sporangium genau über der Columella durch eine umlaufende Naht an der Basis auf. Die Sporen werden jedoch noch nicht entlassen, weil sie durch das Schleimkissen, das durch den Spalt der Sporangienwand als Schleimring austritt, an der Freisetzung gehindert werden (Abb. 98 E, F).

Das subsporangiale Vesikel ist turgeszent: es enthält unter Druck stehende Flüssigkeit. Man schätzt den osmotischen Druck der Flüssigkeit auf 5,5 bar. Ausgetretene Flüssigkeitstropfen kleben normalerweise an der Sporangiophore. Gegen Mittag springt das Sporangienvesikel an einer schwachen Nahtstelle genau unter der Columella explosionsartig auf. Durch die Elastizität der Vesikelwand spritzt die Flüssigkeit heraus. Das leere Sporangium wird zum Licht hin weggeschleudert. Photographien des Strahles zeigen, daß er zunächst zylindrisch ist, aber schließlich zu feinen Tröpfchen zerfällt (Page, 1964). Die Schleudergeschwindigkeit schwankt bei *P. kleinii* innerhalb weiter Grenzen zwischen 4,7–27,5 m/sec, mit einem Mittel von 10,8 m/sec (Page und Kennedy, 1964). Die Sporangien können vertikal bis zu 2 m hoch und horizontal bis zu 2,5 m weit abgeschleudert werden. Treffen die Sporangien auf Pflanzen, die den Dung umgeben, dann klebt

Abb. 99. *Pilobolus kleinii.* Schematischer Längsschnitt der Sporangiophore mit dem Weg der Lichtstrahlen, die auf einen Focus unter dem subsporangialen Vesikel treffen. Die gezeigte Sporangiophore ist symmetrisch zu dem entsprechenden Licht orientiert. Man erkennt den ausgepreßten schleimigen Ring an der Basis des Sporangiums (nach Buller, 1934)

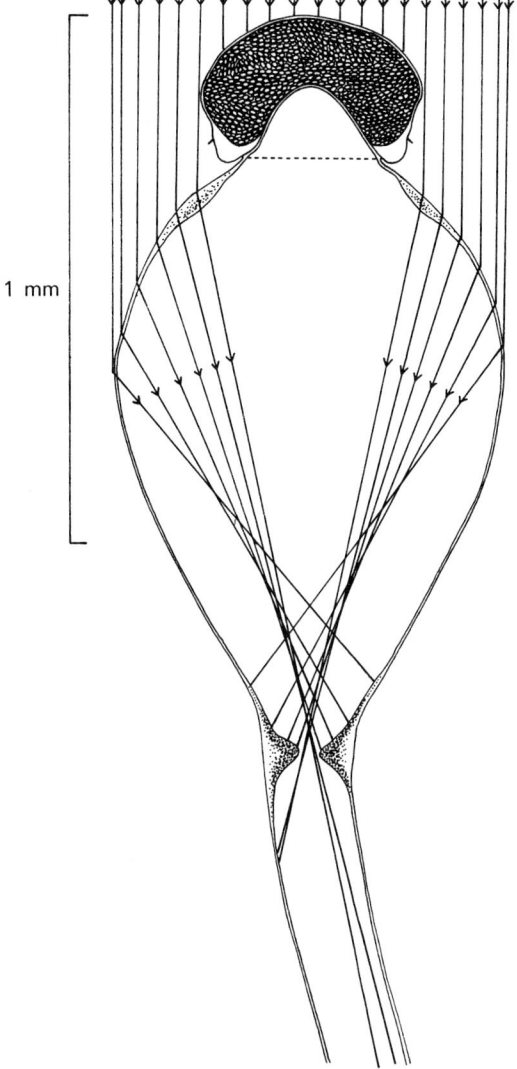

1 mm

der Schleimring so an den Pflanzen, daß das schwarze Sporangium nach außen gerichtet ist. Buller begründet diese Art der Sporangiumanheftung bei *Pilobolus* damit, daß das Projektil aus einem Flüssigkeitstropfen besteht, der an das Sporangium angeheftet ist (Abb. 100 A). Trifft das Projektil auf ein Objekt, so umgibt die Flüssigkeit das Sporangium. Ist die Wand des Sporangiums jedoch unbenetzbar, weil die Basis des Sporangiums von einem benetzbaren Schleimring umgeben ist, dann dreht sich das Sporangium in dem Flüssigkeitstropfen so, daß die Wand nach außen zeigt (Abb. 100 B). Die Nichtbenetzbarkeit der Oberfläche der Sporangienwand beruht wahrscheinlich darauf, daß hohle, stumpf endende Stacheln die Oberfläche bedecken, um die Kristalle unbekannter Zusammensetzung angeordnet sind (Bland und Charles, 1972). Trocknet der Flüssigkeitstropfen aus,

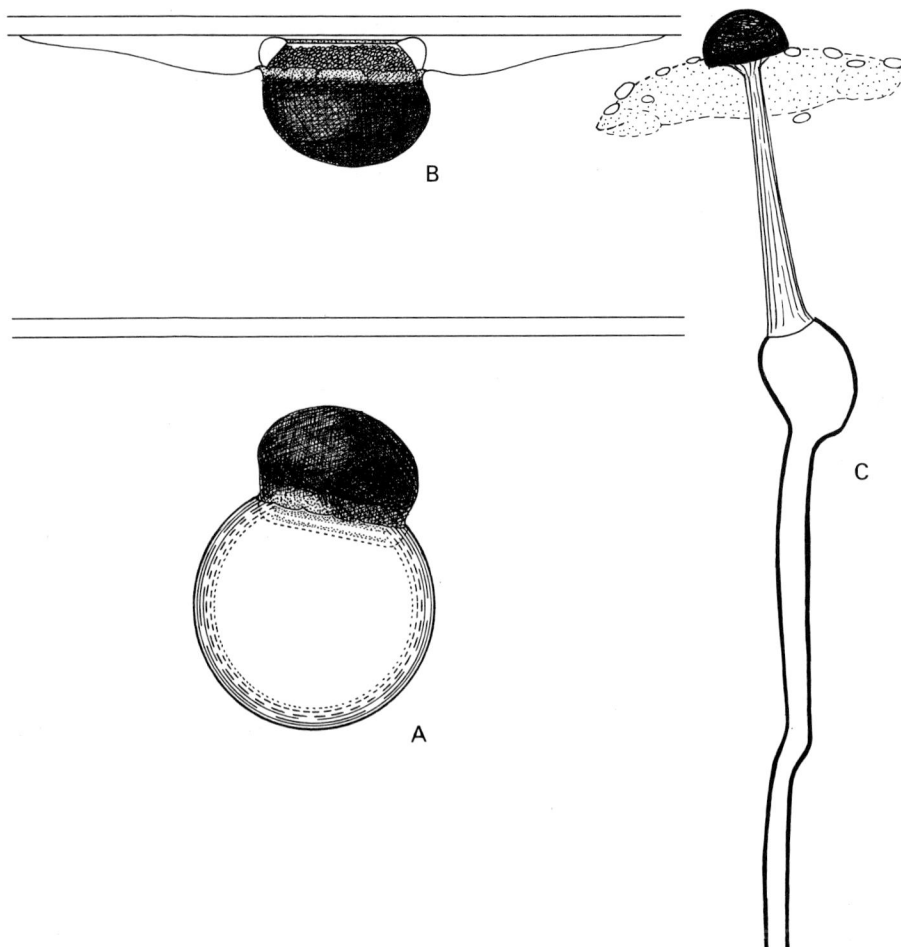

Abb. 100 A–C. *Pilobolus.* Schematische Darstellung des Abschleuderns. **A** Sporangium mit angeklebten Tropfen von Sporangiophorensaft, kurz vor dem Auftreffen auf ein Hindernis; **B** Sporangium nach dem Auftreffen auf ein Hindernis. Der Sporangiophorensaft ist um das Sporangium geflossen, das sich nach außen gedreht hat, so daß der Schleimring an der Oberfläche des Hindernisses kleben bleibt (nach Buller, 1934); **C** Sporangiophore, das ein Sporangium abschleudert. Man erkennt den Flüssigkeitsstrahl und die Biegung der schmalen Basis der Sporangiophore unter dem Rückstoß nach der aktiven Freisetzung (nach Page, 1964)

dann haftet der Schleim noch fester. Getrocknete Sporangien sind nur sehr schwer von den Pflanzen zu lösen. Die Sporen von *Pilobolus* werden deshalb nicht während der Sporangienfreisetzung entlassen, sondern erst nachdem die Sporangien von Tieren gefressen und im Darm freigesetzt wurden.

Soweit bekannt ist, sind alle Vertreter der Pilobolaceae diözisch (Hesseltine und Ellis, 1973).

Das physiologische Verhalten von *Pilobolus* zeigt eine Reihe von interessanten Merkmalen, die möglicherweise mit dem coprophilen Habitat zusammenhängen.

Die Sporen keimen am besten bei einem pH-Wert von über 6,5. Ihre Keimung kann durch eine alkalische Pankreatinbehandlung induziert werden. Das Myzel wächst am besten bei einem pH-Wert von über 7,0. Nach Zusatz von Thiazol, Hämin und Coprogen (organische Eisenverbindung, die von verschiedenen Pilzen und Bakterien gebildet wird) erfolgt Wachstum auf synthetischen Medien. Ammonium stimuliert die Sporangienbildung. In Doppelkulturen von *Mucor plumbeus* und *Pilobolus* kann *M. plumbeus* genügend Ammonium freisetzen, um die Sporulationsrate in *Pilobolus* zu erhöhen (Page, 1952, 1959, 1960; Hesseltine et al. 1953; Pidacks et al. 1953; Lyr, 1953).

Pilaira (Abb. 101)

Pilaira anomala findet man auf dem Dung verschiedener Herbivoren, wie z. B. Pferde und Kaninchen. Die Sporangienstruktur ist der von *Pilobolus* sehr ähnlich. Die Sporen sind von der Columella durch einen Schleimring, der an der Basis des Sporangiums herausgepreßt wird, getrennt. Es gibt jedoch keine subsporangialen Vesikel, die Sporangienfreisetzung erfolgt passiv. Die Sporangiophoren sind phototrop. Sind sie reif, verlängern sie sich sehr schnell (H. J. Fletcher, 1969, 1973). Ihre Entwicklung gleicht im wesentlichen der von *Phycomyces*. Der Schleimring heftet

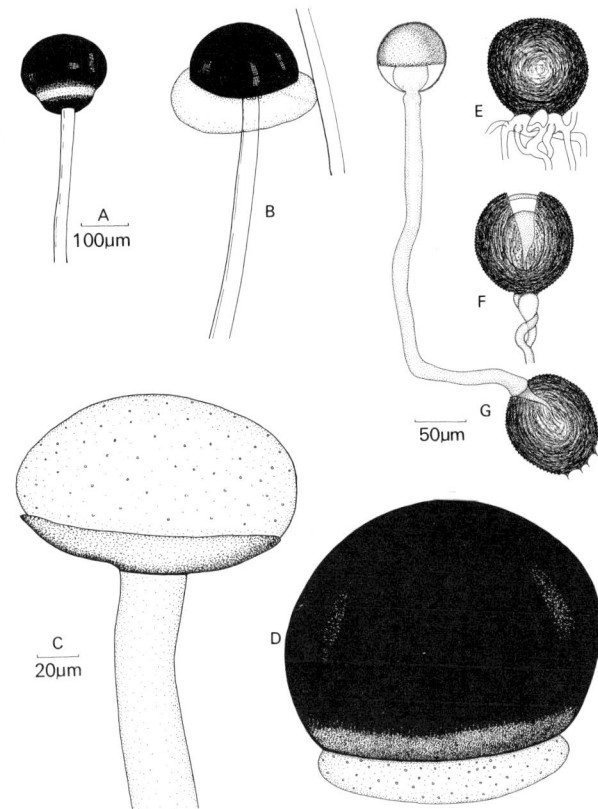

Abb. 101 A–G. *Pilaira anomala.* **A** Sporangiophore von Kaninchendung mit einem Riß an der Basis des Sporangiums; **B** Sporangium mit ausgepreßtem Schleimring, der an einer benachbarten Hyphe klebt; **C** Columella nach Ablösung des Sporangiums; **D** Abgelöstes Sporangium mit basalem Schleimring; **E** Zygospore; **F, G** Stadien der Zygosporenkeimung (**E, F, G** nach Brefeld, 1881)

sich bei Berührung mit einer Pflanze fest an diese an und das Sporangium löst sich von der Columella. Bei hoher Luftfeuchtigkeit kann der Schleimring Wasser absorbieren und beträchtlich anschwellen, so daß ein großer Sporangientropfen gebildet wird (Ingold und Zoberi, 1963).

　　P. anomala bildet Zygosporen, die denen von *Pilobolus* ähnlich sehen. Während der Keimung entsteht ein Sporangium.

Thamnidiaceae

In dieser Familie findet man zwei Arten der asexuellen Fortpflanzung; Sporangien mit Columella vom *Mucor*-Typ und kleinere Sporangien, normalerweise ohne Columella, die Sporangiolen genannt werden und oft in Wirteln oder an den Spitzen der Verzweigungen gebildet werden. Die Verzweigungen, die Sporangiolen tragen, können entweder lateral an den Sporangiophoren mit Columella gebildet werden oder einzeln entstehen. In einigen Fällen läuft das die Sporangiolen tragende Verzweigungssystem in einen Stachel aus. Die Sporangiolen enthalten relativ wenig Sporen. Bei *Chaetocladium* kann es sogar nur eine einzelne Spore geben. Hesseltine und Ellis (1973) unterscheiden 7 Gattungen, wir besprechen jedoch nur *Thamnidium*, *Helicostylum* und *Chaetocladium*.

Thamnidium (Abb. 102)

Die häufigste Art (*T. elegans*) wächst auf Dung, im Erdboden und wurde auch auf Fleisch in Kühlhäusern entdeckt. In Kulturen werden große Sporangien mit terminaler Columella gebildet, deren dichotome, laterale Verzweigungen wenigsporige Sporangiolen ohne Columella tragen. Die Sporangiolen können auch auf einem separaten Verzweigungssystem gebildet werden. Niedrige Temperaturen und Licht induzieren die Bildung von Sporangien im Gegensatz zu den Sporangiolen. Während der Entwicklung der Sporangiophoren ist das Wachstum spiralig wie bei *Phycomyces* (Lythgoe, 1961, 1962). Elektronenmikroskopische Untersuchungen zur Entwicklung der Sporangien und Sporangiolen ergaben, daß beide sich im wesentlichen gleichartig entwickeln (J. Fletcher, 1973 a, b). Bei der Reife werden die Sporangien mit Columella in klebriger Sporangientropfen umgewandelt, die nicht so leicht vom Wind oder durch mechanische Einwirkungen losgelöst werden können. Die Sporangiolen werden jedoch durch solche Einflüsse leicht losgelöst und heften sich in Windkanalexperimenten an Gleitfallen, was die Sporangien nicht tun. Ein Wechsel von feuchter Luft zu trockener Luft führt zu einer Erhöhung der Sporangiolenfreisetzung (Zoberi, 1961; Ingold und Zoberi, 1963). *Thamnidium elegans* ist diözisch und bildet Zygosporen, die denen von *Mucor* oder *Rhizopus* ähnlich sehen. Sie werden jedoch am besten bei niedrigen Temperaturen (6–7 °C) und nicht bei 20 °C gebildet (Hesseltine und Anderson, 1956).

Helicostylum (Abb. 103)

In dieser Gattung laufen einige der Sporangiolen tragenden Verzweigungen in einen terminalen Stachel aus, während ein Sporangium vom *Mucor*-Typ an der Spitze des

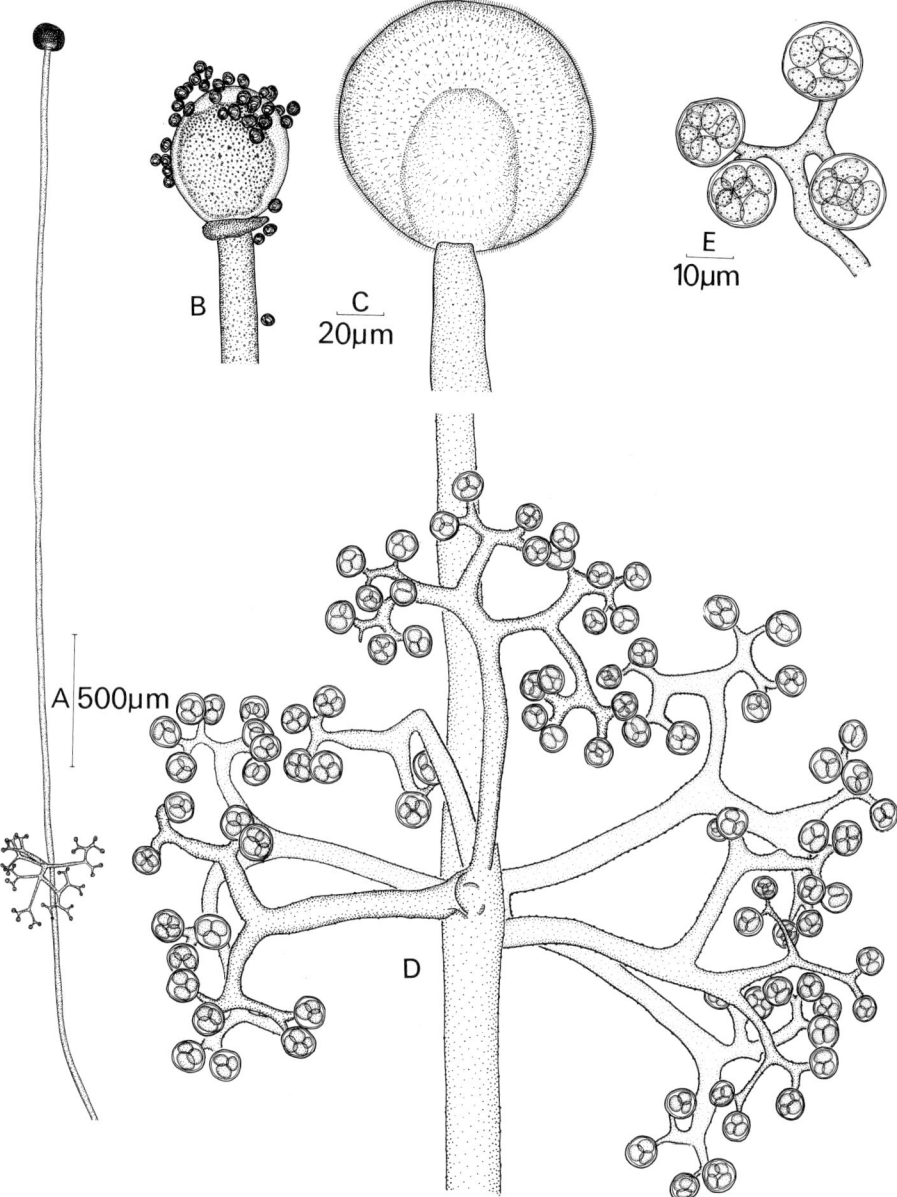

Abb. 102 A–E. *Thamnidium elegans.* **A** Sporangiophore mit terminalem Sporangium und Sporangiolen auf lateralen Verzweigungen; **B** Aufgesprungenes terminales Sporangium mit Columella und Sporen; **C** Unreifes terminales Sporangium mit Columella; **D** Verzweigungen mit Sporangiolen; **E** Sporangiolen. Eine Columella ist nicht vorhanden. **B, C** und **D** im gleichen Maßstab

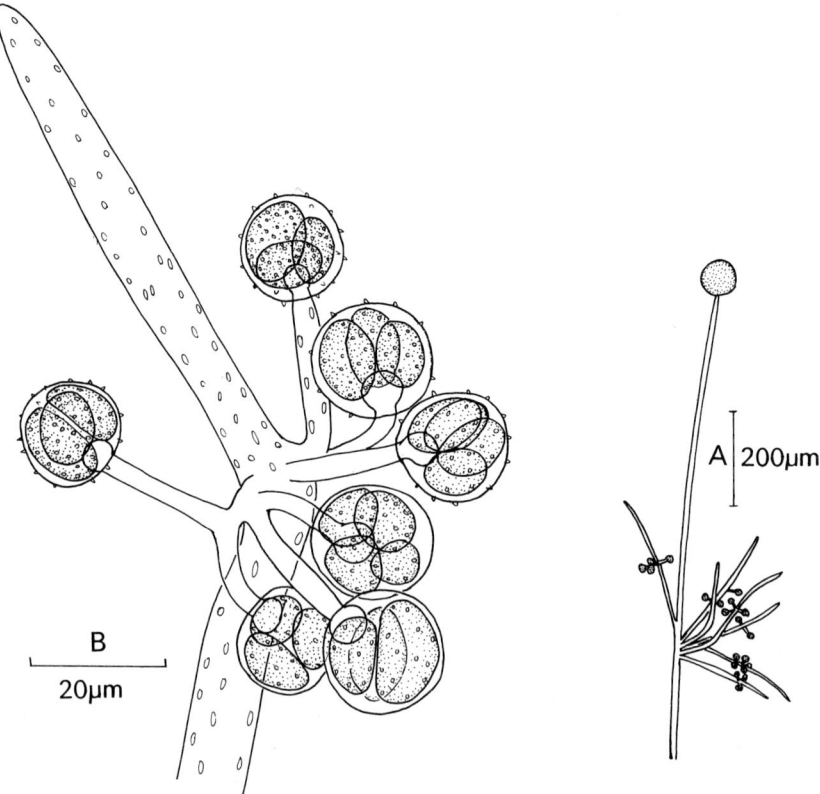

Abb. 103 A, B. *Helicostylum fresenii.* **A** Habitus mit terminalem Sporangium und lateralen Sporangiolen; **B** Verzweigungsende mit terminalem Stachel und lateralen Sporangiolen. Man erkennt, daß die Sporangiolen eine Columella besitzen

Sporangiophore gebildet wird. *H. fresenii* ist dafür ein gutes Beispiel. Dieser Pilz, der von Gefrierfleisch isoliert wurde, wurde früher als *Chaetostylum fresenii* bezeichnet (Lythgoe, 1958; Hesseltine und Anderson, 1957). Im Windkanal verhalten sich die Sporangien und Sporangiolen, wie für *T. elegans* beschrieben.

Chaetocladium (Abb. 104)

Bei *Chaetocladium* gibt es keine Sporangien vom *Mucor*-Typ. Die Sporangien enthalten jeweils eine einzelne Spore und werden auf Verzweigungen gebildet, die in einen Stachel auslaufen. Solche monosporen Sporangien nennt man manchmal Konidien. Dykstra (1974) hat jedoch auf einen Unterschied zwischen Sporangiosporen, monosporen Sporangiolen und Konidien bei den Mucorales hingewiesen (siehe Abb. 105). Die Sporangiosporen bilden zu Beginn der Keimung eine neue Wandschicht innerhalb der Primärwand. Die neue Wandschicht ist mit der Wand des Keimschlauches verbunden. Die Sporenwand kann bei der Keimung zerreißen (Abb. 105 C, D). Die Spore einer monosporen Sporangiole verhält sich im wesentlichen genauso. Die Wand der Sporangiole zerreißt während der Keimung vor der

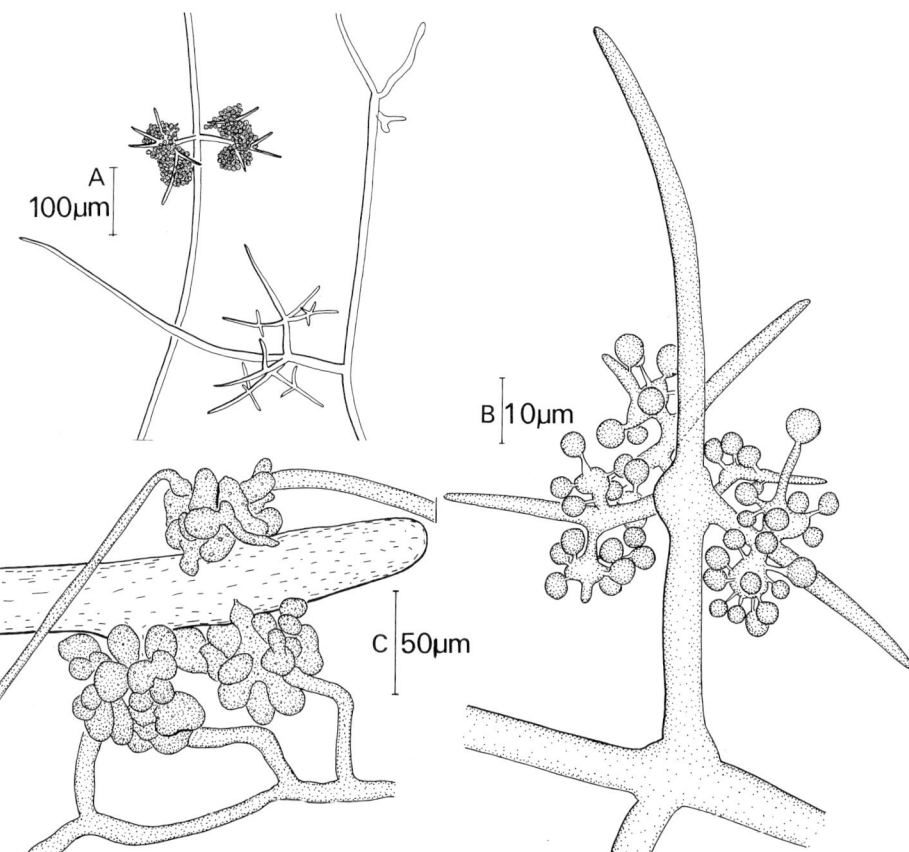

Abb. 104 A–C. *Chaetocladium brefeldii.* **A** Habitus mit Verzweigungen, die in einen Stachel auslaufen und laterale sporangiolen tragen; **B** Verzweigungen mit Stachel und Sporangiolen; **C** Hyphe von *Pilaira anomala* mit blasenähnlichen Auswüchsen nach Parasitenbefall durch *Chaetocladium*

Sporenwand, oder sie wird in einigen Fällen als Einheit von der Spore getrennt. Der Keimschlauch ist mit der neu synthetisierten Wand verbunden. Während des ersten Keimungsstadiums der Konidien dehnt sich die Wand aus, die äußeren Schichten zerreißen aber nicht wie bei den keimenden Sporangiosporen. Die einzige Fraktur findet man an der Stelle, an der der Keimschlauch erscheint (Abb. 105 J, K). Bei *Chaetocladium* ist der Unterschied zwischen der Wand der Spore und der Sporangiole manchmal bei der Keimung sichtbar. Es gibt zwei häufig vorkommende Arten: *C. jonesii* und *C. brefeldii*, die beide auf anderen Vertretern der Mucorales parasitieren. Man findet sie oft auf *Mucor* oder *Pilaira* auf Dung. Die Stelle, mit der sie sich an den Wirt anheften, weist zahlreiche blasenähnliche Auswüchse auf, die sowohl Kerne des Wirtes als auch des Parasiten enthalten (Burgeff, 1924). Die Parasiten können jedoch auch ohne Wirt kultiviert werden (Hesseltine und Anderson, 1975). Beide Arten sind diözisch. *C. brefeldii* weist Anisogametangiogamie auf und bildet Zygosporen, die denen von *Zygorhynchus* ähnlich sehen.

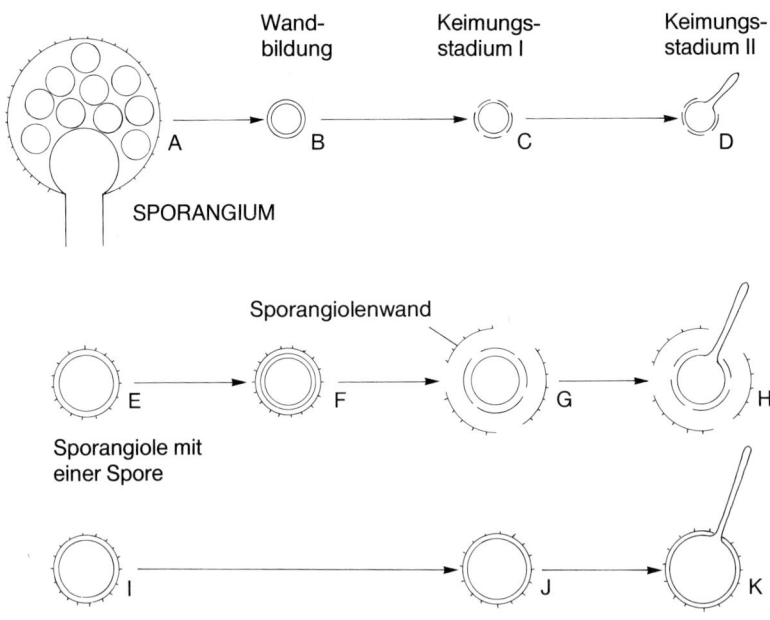

Abb. 105 A–K. Schematische Darstellung der morphologischen Veränderungen während der Keimung in einer Sporangiospore, einer einsporigen Sporangiole und einer Konidie (nach Dykstra, 1974). Die einzelnen Linien stellen die verschiedenen Wandschichten dar

Choanephoraceae

In dieser Familie gibt es wie bei den Thamnidiaceae Sporangien und Sporangiolen. Die Sporangien besitzen normalerweise eine Columella und hängen oft nach unten. Sie enthalten dunkelbraune Sporangiosporen mit einem gefurchten Epispor und borstenähnlichen Anhängen. Die Sporangiolen enthalten ein bis mehrere ähnliche Sporen. Die Zygosporen haben ebenfalls gefurchte Wände. Man unterscheidet drei Gattungen: *Choanephora*, *Blakeslea* und *Gilbertella*. *Blakeslea* wird von einigen Autoren als Synonym für *Choanephora* verwendet (Hesseltine, 1953, 1960; Hesseltine und Benjamin, 1957; Hesseltine und Ellis, 1973; Poitras, 1955).

Choanephora und Blakeslea (Abb. 106, 107)

Arten von *Choanephora* findet man in wärmeren Böden. *C. cucurbitarum* verursacht Fäulnis bei Gurken und verwandten Früchten und wird auch häufig von faulenden Blüten verschiedenster Art isoliert. *Blakeslea trispora* isolierte man von Kuhbohnen, Tabak und Gurkenblättern. Dieser Pilz bildet in Kulturen zwei Arten von asexuellen Fortpflanzungsstrukturen: Sporangien mit geneigter Columella oder ohne Columella mit braunen, schwach gefurchten Sporen, die normalerweise borstenähnliche Anhänge besitzen, und Sporangiolen ohne Columella, die in großer Anzahl auf kugeligen Vesikeln gebildet werden. Die Sporangiolen enthalten zwei bis

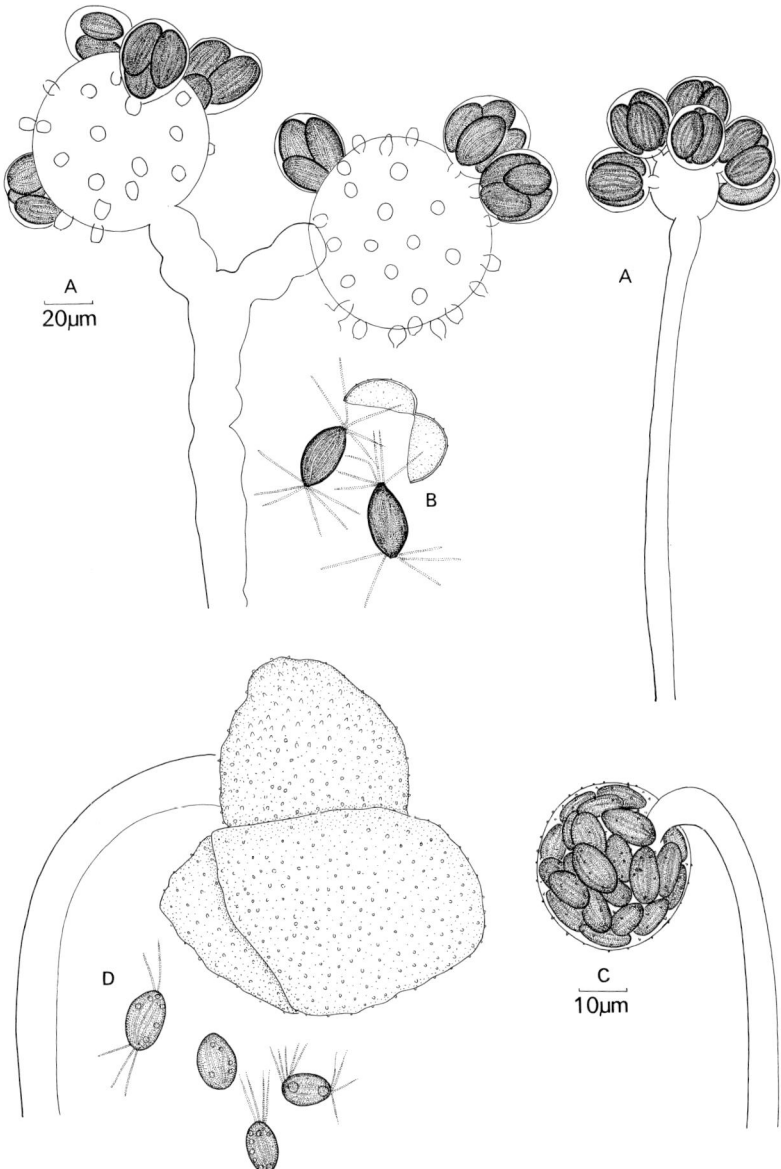

Abb. 106 A–D. *Blakeslea trispora.* **A** Sporangiophoren mit kugeligen Vesikeln, die Sporangiolen mit 3 oder 4 Sporen tragen; **B** Eine aufgesprungene Sporangiole mit zwei Sporen. Man erkennt das gefurchte Epispor, die schleimigen Anhänge und die Aufspaltung der Sporangiole in zwei Hälften; **C** Sporangiophore mit hängendem Sporangium. Eine Columella ist nicht zu sehen, obwohl sie vorhanden sein soll; **D** Aufgesprungenes Sporangium, ebenfalls ohne Columella. Man erkennt die gespaltene Sporangienwand, die Sporangiosporen mit dem gestreiften Epispor und die schleimigen Anhänge

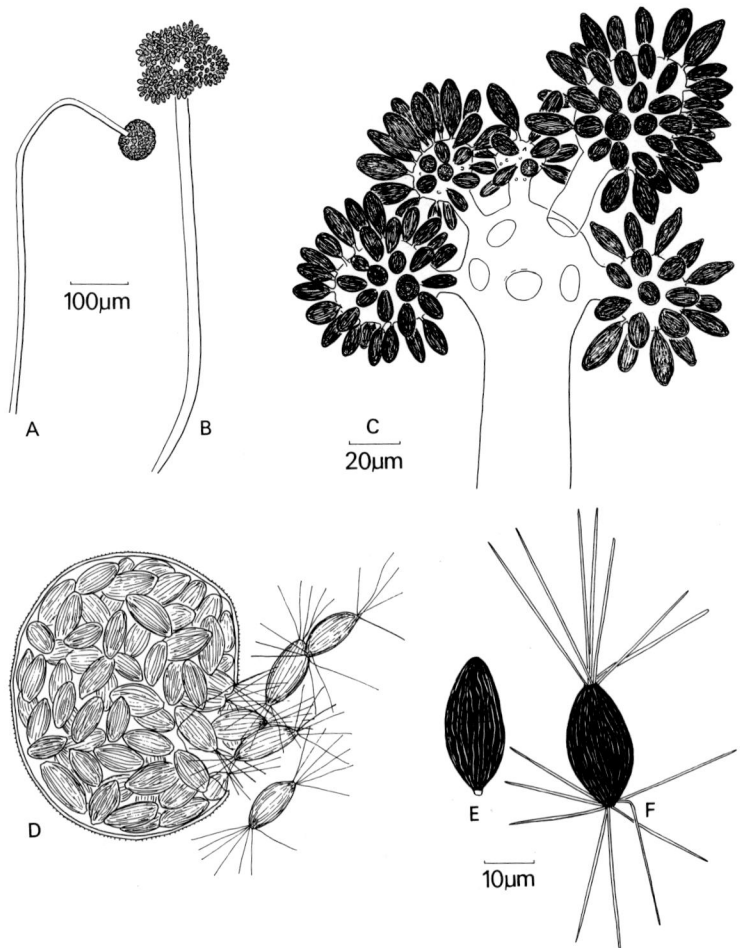

Abb. 107 A–F. *Choanephora cucurbitarum.* **A** Sporangiophore mit hängendem Sporangium; **B** Konidiophore und Konidien; **C** Spitze einer Konidiophore mit Vesikeln und Konidien; **D** Aufgesprungenes Sporangium mit gefurchten Sporen und Anhängen; **E** Konidie; **F** Sporangiospore. **C** und **D** im gleichen Maßstab

fünf, typischerweise aber drei gefurchte, dunkelbraune Sporen, ebenfalls mit borstenähnlichen Anhängen. Bei *C. cucurbitarum* kann man zwei ähnliche Strukturen unterscheiden, jedoch enthält hier die Sporangiole nur eine einzelne Spore (Poitras, 1955) mit charakteristischen Furchen. Solche monosporen Sporangiolen werden auch Konidien genannt.

Die Sporangiolen werden leicht vom Wind losgelöst und brechen im Wasser wie zweischalige Muscheln auseinander, um die Sporen freizusetzen. Die Funktion der Anhänge ist nicht bekannt. Die ‚Konidien' werden von Insekten von einer Pflanze zur anderen transportiert. In der verwandten Gattung *Gilbertella* gibt es keine Sporangiolen. Die Sporangien spalten auf und entlassen gefurchte und mit Anhängen versehene Sporen. *Gilbertella persicaria* parasitiert auf Pfirsichen und Tomaten.

Die Choanephoraceae benutzt man zu physiologischen Untersuchungen (Hesseltine, 1961). Bei *C. cucurbitarum* liegt die optimale Temperatur zur Sporangiolenbildung bei 25 °C. Eine Temperatur von 31 °C ist ungünstig für die Sporangiolenentwicklung, stimuliert aber die Bildung von großen Sporangien. Eine hohe relative Luftfeuchtigkeit verhindert die Konidienbildung, stimuliert aber die Sporangienbildung bei 20 °C. Alle untersuchten Arten sind diözisch. Interspezifische Kreuzungen führten ebenfalls zur Bildung von Zygosporen. Ein interessantes Phänomen im Zusammenhang mit intra- und interspezifischen Kreuzungen ist die beträchtliche Erhöhung der β-Carotinbildung, wenn man (+) und (–) Stämme in Flüssigmedien kreuzt, im Vergleich zur β-Carotinbildung eines einzeln wachsenden Stammes. Die Beobachtung, daß die Carotinbildung durch eine Säurefraktion des Kulturfiltrates aus gemischten Kulturen von *B. trispora* stimuliert werden könnte, führte zur Entdeckung der Trisporiesäuren, dem Befruchtungsstoff der Mucorales (s. S. 188).

Piptocephalidaceae

Ein charakteristisches Merkmal dieser Familie ist die asexuelle Fortpflanzung durch zylindrische Sporangien, die typischerweise eine einzelne Reihe von Sporangiosporen enthalten. Solche Sporangien nennt man **Merosporangien.** Sie werden gruppenweise auf abgeflachten Vesikeln oder an den Spitzen von dichotomen Verzweigungen gebildet (Benjamin, 1966). Benjamin (1959) und Hesseltine und Ellis (1973) ordnen dieser Familie nur *Piptocephalis* und *Syncephalis,* Parasiten auf anderen Pilzen, zu. Der saprophytische Pilz *Syncephalastrum* wird manchmal einer separaten Familie, den Syncephastraceae, zugeordnet.

Syncephalastrum (Abb. 108)

S. racemosum wächst im Erdboden und auf Dung. Das Wachstum in Kulturen gleicht dem von *Mucor.* Dieser Pilz bildet Luftverzweigungen, die keulenförmig oder in kugeligen Vergrößerungen, die als Vesikel bekannt sind, auslaufen. Die Vesikel sind vielkernig und bilden auf der gesamten Oberfläche zylindrische Auswüchse, die merosporangialen Primordien. In diese Auswüchse gelangen ein oder vielleicht auch mehrere Kerne, dann erfolgt eine Kernteilung. Das Cytoplasma trennt sich im Merosporangium in eine einzelne Reihe von 5 bis 10 Sporangiosporen, von denen jede ein bis drei Kerne enthält. Der Teilungsprozeß gleicht im wesentlichen dem von anderen Mucorales (Fletcher, 1972). Bei der Reife schrumpft die Sporangienwand, so daß die Sporen reihenförmig sichtbar werden, was an *Aspergillus* erinnert. Gelegentlich können die Merosporen auch in mehr als einer einzelnen Reihe angeordnet sein. Die Sporenköpfe bleiben trocken und ganze Sporenreihen werden vom Wind losgelöst (Ingold und Zoberi, 1963). *Syncephalastrum racemosum* ist diözisch und bildet Zygosporen, die denen der Mucoracea ähnlich sehen.

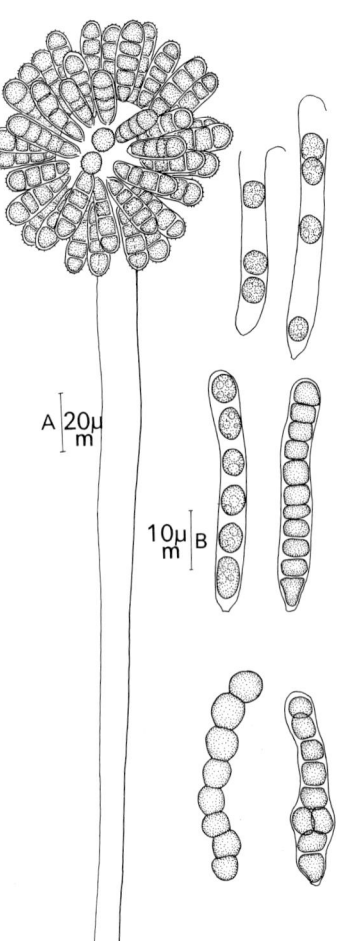

Abb. 108 A, B. *Syncephalastrum racemosum.* **A** Sporangiophore mit einem Vesikel und zahlreichen Merosporangien; **B** Merosporangien und Merosporen

Piptocephalis (Abb. 109)

Die meisten Arten von *Piptocephalis* parasitieren auf dem Myzel anderer Mucorales, während *P. xenophila* verschiedene Ascomycetes und Fungi imperfecti befällt. Ein charakteristisches Habitat für *P. freseniana* ist der Dung, und zwar am Ende der Fruchtphase von *Mucor.* Gelangt dieser Pilz in die Nähe einer Hyphe eines geeigneten Wirtes, dann keimt die zylindrische Spore lateral aus (nicht an den Enden), bildet ein oder mehrere Keimschläuche, die die Wirtshyphe berühren und vergrößerte Appressorien ausbilden (Abb. 109 D). Unter dem Appressorium entwickeln sich feine Haustorien. Das Myzel des Parasiten entwickelt sich dann extern zu dem Wirt und bildet stolonähnliche Verzweigungen, die sich zu weiteren Appressorien und Haustorien entwickeln. An den Spitzen der dichotom verzweigten Lufthyphen werden Merosporangien gebildet, die aus besonderen Anschwellungen oder Kopfzellen entstehen. Die Merosporen von *Piptocephalis* enthalten gewöhnlich ein oder gelegentlich auch zwei Kerne. Während der Reife zeigen die Merosporangien zwei verschiedene Verhaltensweisen. Bei *Piptocephalis virginiana* bleiben die Sporenketten trocken. Die ganzen Ketten werden wie die Kopfzellen vom Wind verbreitet, obwohl die einzelnen Sporen genauso verbreitet werden. Bei *P. freseniana* werden alle Sporenketten eines Kopfes zu einem klebrigen Sporentropfen zusammengefaßt. Dieser wird dann vom Wind verbreitet (Ingold und Zoberi, 1963). Die meisten Arten sind monözisch (Leadbeater und Mercer, 1956, 1957 a, b; Benjamin, 1959). In Kulturen werden die Zygosporen normalerweise im Agar gebildet. Die reife Zygospore ist eine kugelige, dunkelbraun verzierte Zelle, die von zwei gabelförmigen Suspensoren festgehalten wird.

Kulturen von *Piptocephalis* wachsen ohne Wirt sehr schlecht (Manocha, 1975). Auf geeigneten Medien keimen die Sporen aus und bilden ein spärlich wachsendes Myzel, das kleine Sporophoren bildet. Die auf diese Weise gebildeten Sporen keimen nicht ohne Wirt, können aber geeignete Pilze infizieren. Man hat nachgewiesen, daß die Sporenkeimung und das chemotrope Wachstum des Keimschlauches durch Pilzsekrete stimuliert wird (Berry und Barnett, 1957). Die Wirkungen von *Piptocephalis* spp. auf die Wachstumsrate ihrer Wirte sind unterschiedlich (Curtis et al. 1978). In einigen Fällen unterscheidet sich die Wachstumsrate von gemischten Kulturen nicht signifikant von der Wachstumsrate nichtinfizierter Kontrollen. In anderen Kulturen war die Wachstumsrate reduziert, während sie in anderen erhöht war. Diese Wirkungen sind temperaturabhängig.

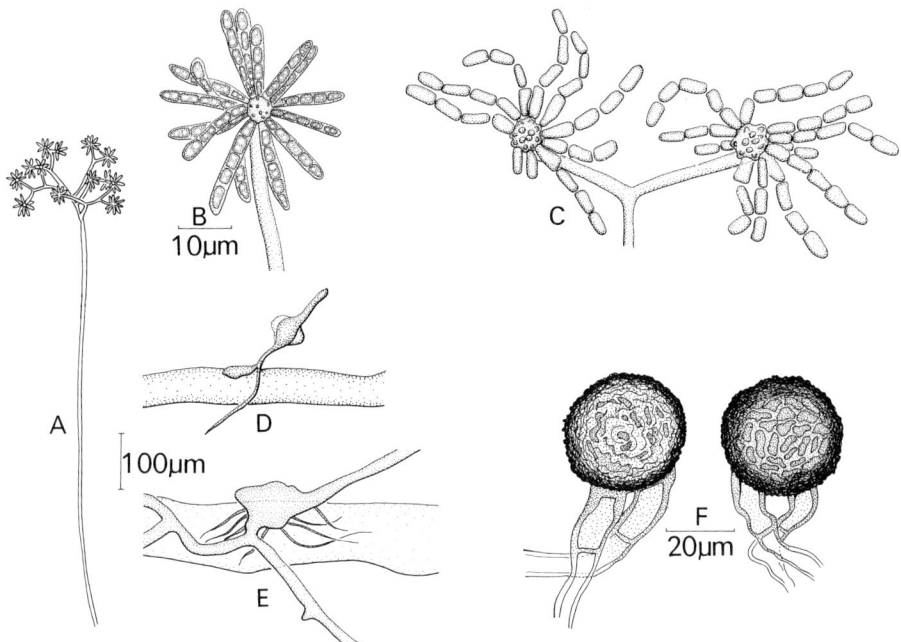

Abb. 109 A–F. *Piptocephalis virginiana.* **A** Habituszeichnung mit dichotomer Sporangiophore; **B** Kopfzelle und intakte Merosporangien; **C** Kopfzellen mit aufbrechenden Merosporangien, aus denen sich Ketten von Sporen bilden; **D** Sporenkeimung und Bildung eines Appressoriums auf einer Wirtshyphe; **E** Appressorium und verzweigtes Haustorium auf einer Wirtshyphe; Das parasitische Myzel ist verzweigt und dehnt sich auf andere Hyphen aus; **F** Zygosporen. Der Pilz ist monözisch

Cunninghamellaceae

In dieser Familie erfolgt die asexuelle Fortpflanzung auschließlich durch Konidien: Sporangien und Sporangiolen werden nicht gebildet. Deshalb werden die hierzu gehörenden Gattungen von den Choanephoraceae getrennt, denen sie früher zugeordnet waren. Hesseltine und Ellis (1973) unterscheiden 4 Gattungen. Hier wird jedoch nur *Cunninghamella* besprochen.

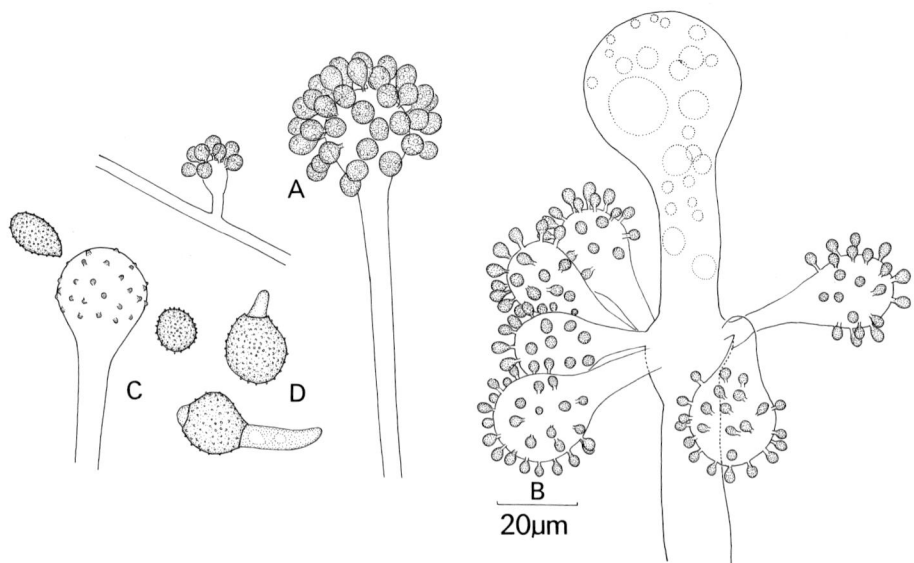

Abb. 110 A–D. *Cunninghamella elegans.* **A** Einfache Konidiophore; **B** Unreife verzweigte Konidiophore mit sich entwickelnden Konidien; **C** Reife Konidiophore mit Narben der abgefallenen Konidien; **D** Keimende Konidien, 5 Stunden

Cunninghamella (Abb. 110)

Arten von *Cunninghamella* findet man im Erdboden der wärmeren Regionen der Welt. Die hyalinen Konidiosporen entstehen einzeln auf kugeligen Vesikeln verzweigter oder unverzweigter Konidiophoren. Die Konidien können als einsporige Sporangiolen angesehen werden, von ihrer Struktur her gibt es dafür allerdings keinen Beweis. Obwohl die ursprüngliche Wand des Konidiums zweischichtig ist, ist die Bildung einer neuen Wandschicht während oder vor der Keimung nicht bewiesen. Der Keimschlauch ist mit einer Wandschicht verbunden, die wahrscheinlich durch eine chemische Veränderung der ursprünglichen Wand entstanden ist und nicht durch eine *de novo* gebildete Wand (Hawker et al. 1970; Dykstra, 1974). Bei einigen Arten (z. B. *C. echinulata* und *C. elegans*) sind die Konidien stachelig, bei anderen glatt. Die Zygosporen entsprechen dem *Mucor*-Typ.

Mortierellaceae

Das charakteristische Merkmal dieser Familie sind Sporangien ohne Columella. Bei einigen Arten gibt es gestielte, kugelige, ablösbare einzellige Sporen oder **Stylosporen,** die möglicherweise modifizierte Sporangien darstellen. Bei der am häufigsten vorkommenden Gattung *Mortierella* entstehen die Zygosporen durch Ani-

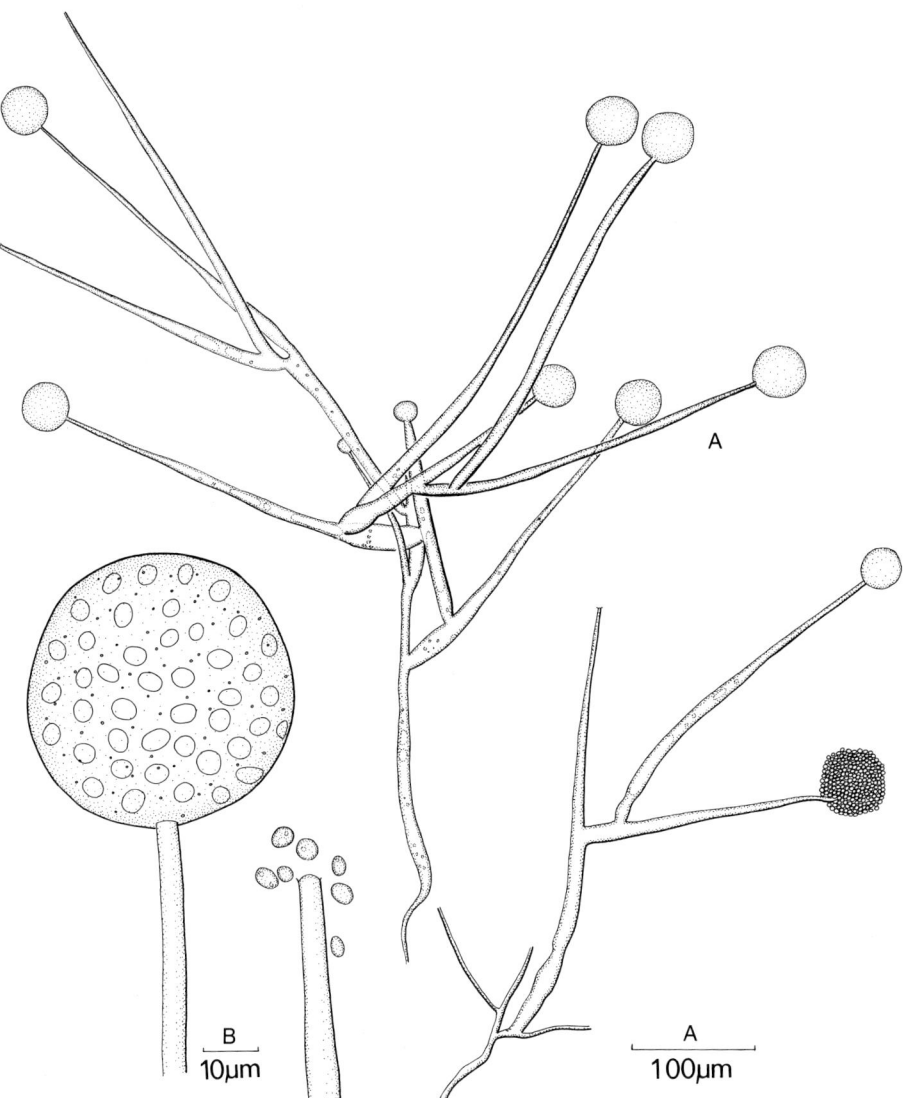

Abb. 111 A, B. *Mortierella* sp. **A** Verzweigte Sporangiophoren; **B** Intaktes Sporangium und Spitze einer Sporangiophore nach dem Aufspringen des Sporangiums. Eine Columella ist nicht vorhanden

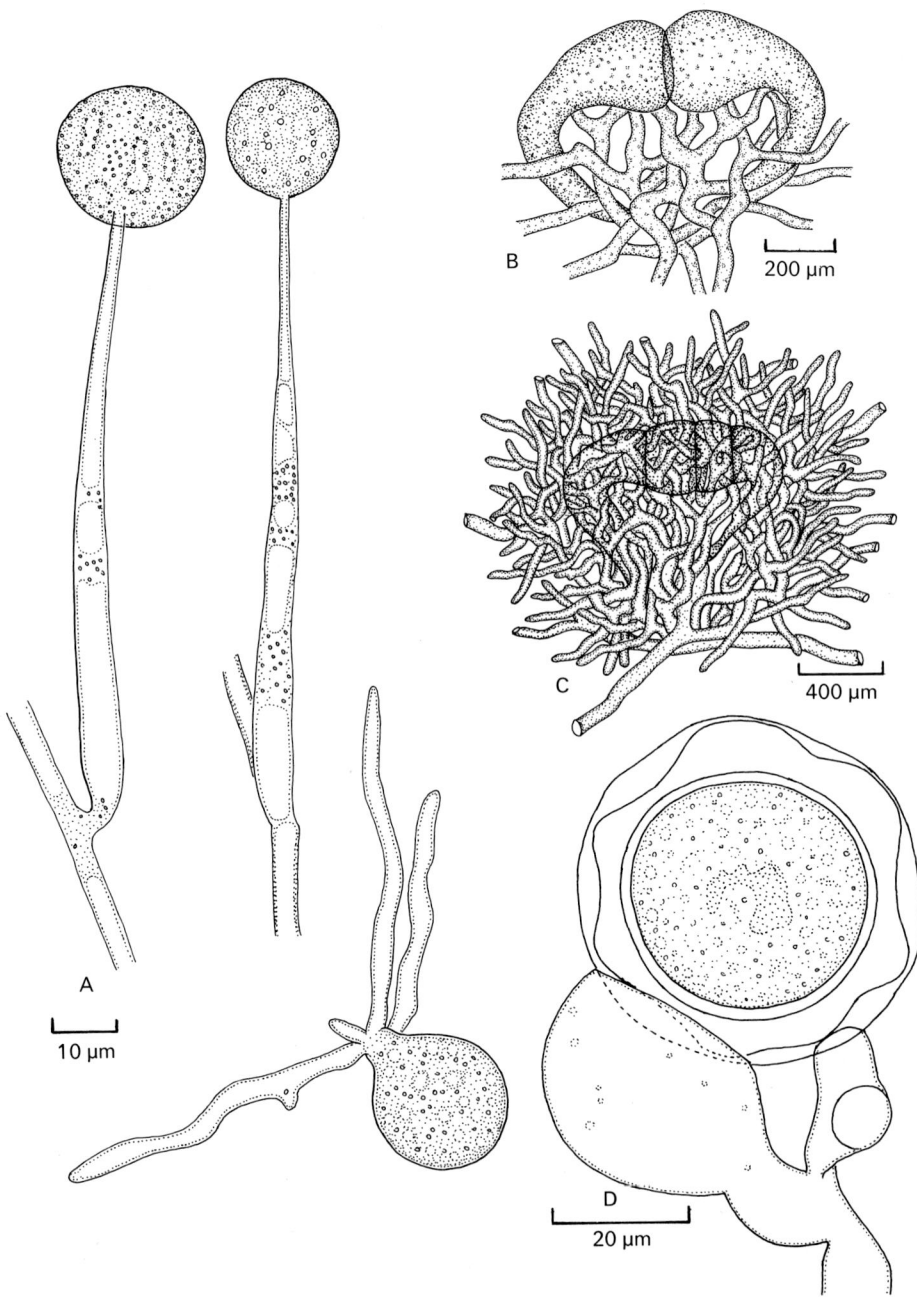

Abb. 112 A–D. A *Mortierella zonata.* Stylosporen, von denen eine auskeimt; **B, C** *Mortierella rostafinskii* (nach Brefeld, 1876). **B** Sich entwickelnde Zygospore; **C** Ältere Zygospore, die von Hyphen umgeben ist; **D** *Mortierella epigama.* Zygospore mit ungleichen Suspensoren, die aus einer gemeinsamen Verzweigung entstehen

sogametangiogamie. Sie liegen frei oder sind vom Myzel umgeben. Hesseltine und Ellis (1973) unterscheiden 4 Gattungen. Eine Monographie der Familie stammt von Linnemann (Zycha et al. 1969).

Mortierella (Abb. 111, 112)

Es sind ungefähr 80 Arten von *Mortierella* bekannt, die im Erdboden und auf Pflanzen- und Tierresten im Boden weit verbreitet sind. Dieser Pilz kann leicht auf nährstoffarmen Nährböden isoliert werden, die das Aufkommen üppig wachsender Pilze verhindern. Einige Arten, z. B. *M. wolfii*, treten zusammen mit mykotischen Fehlgeburten beim Vieh auf und können von der Plazenta und aus dem fötalen Mageninhalt isoliert werden (Ainsworth und Austwick, 1973). Das Myzel ist zart und weist oft fächerähnliche Zonen auf. Die Sporangien werden auf verzweigten oder unverzweigten, normalerweise spitz zulaufenden Sporangiophoren gebildet. Die Sporangienwand ist zart und kann um die Sporen herum zusammenfallen. Es gibt keine Columella. Häufig löst sich das gesamte Sporangium ab. Bei einer Reihe von Arten gibt es nur zwei oder drei Sporen in einem Sporangium. Einige Arten besitzen gestielte, kugelige, einzellige Stylosporen, die sich leicht ablösen und zu einem neuen Myzel auskeimen. Einige Arten (z. B. *M. stylospora* und *M. zonata*) haben nur Stylosporen; richtige Sporangien fehlen.

Die Zygosporen einiger Arten von *Mortierella* können von sterilen Hyphen umgeben sein (siehe Abb. 112 B, C). Während einige Arten monözisch sind, ist *M. parvispora* diözisch und zeigt Anisogamie. Die Zygosporen dieses Pilzes sind nicht von sterilen Hyphen umgeben. *Mortierella marburgensis* ist ebenfalls diözisch. Bei diesem Pilz sind die Suspensoren gleich gestaltet, später vergrößert sich der eine, während der andere den größten Teil des Cytoplasmas verliert (Gams und Williams, 1963; Williams et al. 1965; Gams et al. 1972; Chien et al. 1974; Kuhlman, 1972, 1975).

Endogonaceae

Diese Familie wird den Mucorales zugeordnet, weil sie nach der Konjugation Zygosporen bildet. Die Zygosporen können in Büscheln auftreten und sind von sterilen Hyphen umgeben. Solche Strukturen nennt man **Sporokarpien.** Man kennt auch Sporokarpien, die Azygosporen oder Chlamydosporen enthalten. Diese ähneln den Zygosporen, sind aber nicht das Ergebnis eines Sexualvorgangs. Die Größe der Sporokarpien variiert von ungefähr 1 mm ⌀ (z. B. bei *Glomus mosseae*, Abb. 113 A, B) bis zu 20 mm oder mehr bei einigen Arten von *Endogone*.

Vertreter der Endogonaceae können als Mykorrhizapilze eine ganze Reihe von krautigen und verholzten Wirten aller Gruppen der höheren Pflanzen einschließlich des Getreides befallen (Mosse, 1973; Sanders et al. 1976). Die älteste bekannte Gefäßpflanze, die fossile *Rhynia* oder andere Psilophytales aus dem Devon (400 Mill. Jahre alt), hatte Mykorrhizainfektionen an der Wurzel, die den heutigen, von den Endogonaceae verursachten Infektionen ähnlich sehen.

Die Taxonomie dieser Gruppe bereitet Schwierigkeiten, weil in früheren Untersuchungen nicht zwischen zygosporen, azygosporen und chlamydosporen

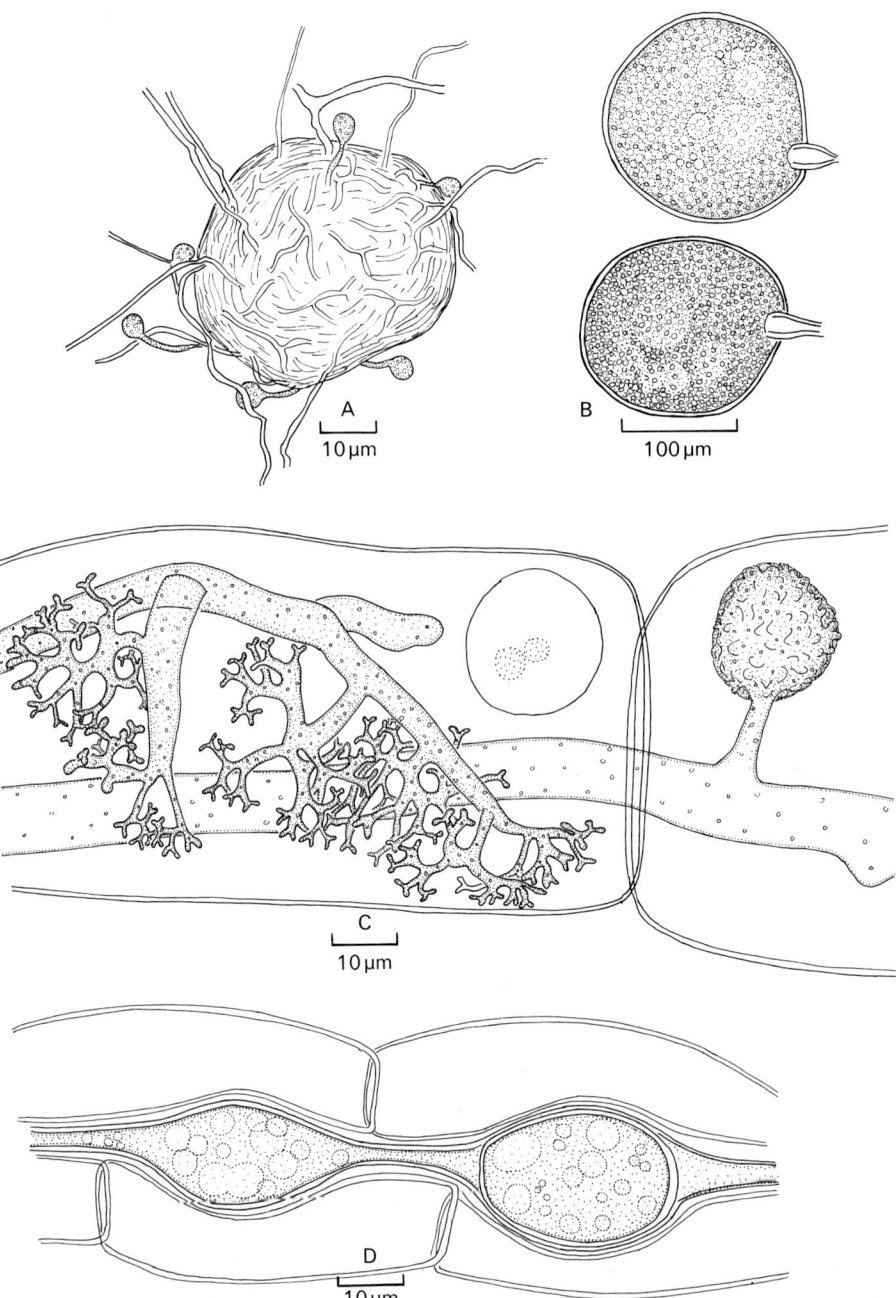

Abb. 113 A–D. *Endotrophe Mykorrhiza.* **A** *Glomus mosseae.* Sporokarp mit nackten Chlamy-dosporen auf den äußeren Hyphen; **B** Chlamydosporen aus dem Inneren des Sporokarps, die auf einer einzelnen Hyphe gebildet werden; **C** Infektion von Zwiebelwurzeln. Die Zelle auf der linken Seite enthält einen Kern mit zwei Nukleoli und ein verzweigtes Haustorium oder Arbusculum. In der rechten Zelle ist das Arbusculum degeneriert; **D** Vesikel aus den Wurzeln von *Arum maculatum*

Formen unterschieden wurde. Gerdemann und Trappe (1974) trennen jedoch 7 Gattungen voneinander. Die Gattung *Endogone* gilt nur für Formen mit wirklichen Zygosporen. Diese erkennt man daran, daß sie an zwei Suspensoren angeheftet sind, während die Chlamydosporen von einer einzelnen Hyphe abgeschnürt werden (Abb. 113 B). Mit Vertretern der Gattung *Glomus*, bei der die Chlamydosporen reichlich im Boden oder in festen Sporokarpien vorkommen, sind viele Experimente zur Untersuchung der Mykorrhizainfektionen gemacht worden. Bei anderen Gattungen (z. B. *Glaziella*) sind die Sporokarpen hohl. Asexuelle Fortpflanzung durch Sporangien ist ungewöhnlich, kommt aber bei *Modicella* vor. Die meisten Endogonaceae können nicht als Reinkulturen gehalten werden. Es ist jedoch möglich, Sporokarpien und Chlamydosporen aus dem Erdboden zu extrahieren, indem man feuchten Boden siebt und die Oberfläche sterilisiert. Oberflächensterilisierte Sporen können dazu benutzt werden, keimende Sämlinge zu infizieren, die in steriler Erde wachsen. Die Chlamydosporen keimen direkt an den Wurzeln aus und bilden Keimschläuche, die in die Epidermiszellen eindringen. Die Endogonaceae sind sowohl an exotrophen als auch an endotrophen Mykorrhizen beteiligt (siehe unten). Eine exotrophe Mykorrhiza von *Pinus* und *Pseudotsuga* wird von *Endogone lactiflua* ausgelöst, eine Form mit sporokarpen Zygosporen (Fassi et al. 1969). Dies ist jedoch sehr ungewöhnlich, weil die exotrophe Mykorrhiza normalerweise von Basidiomyceten verursacht wird (Harley, 1969). Die endotrophe Mykorrhiza mit Infektionen von *Glomus, Gigaspora, Acaulospora* und anderen Gattungen der Endogonaceae kommt jedoch häufiger vor. Infizierte Wurzelsysteme tragen Hyphen, die strahlenartig in die Erde wachsen. Auf diesem extramatrikalen Myzel können Chlamydosporen oder Sporokarpien entstehen. Die Chlamydosporen sind gewöhnlich groß, oft mehr als 150 µm ⌀, so daß man sie durch Sieben mit entsprechenden Maschenweiten von der Erde trennen kann. Sie sind oft ballonförmig und dickwandig, die Färbung variiert von weiß bis gelb, honigfarben bis braun (Mosse und Bowen, 1968). Innerhalb der Wurzeln wachsen weitlumige, nichtseptierte Hyphen zwischen den Zellen. Die Hyphen dringen mit reich verzweigten Haustorien in die Zellen ein (Abb. 113 C). Das Plasmalemma der Wirtszelle ist um das Haustorium gefaltet, so daß die Oberflächenregion des Zwischenraumes zwischen dem Pilz und dem Wirt sehr groß ist (Cox und Sanders, 1974). Die verzweigten Haustorien nennt man **Arbuscules.** Ihre feinen Spitzen werden später vom Wirt abgebaut und bilden unregelmäßige, kugelige Körperchen, für die man unglücklicherweise den Begriff Sporangiole verwendete (Abb. 113 C). Innerhalb des Wurzelsystems können sich intervallartig entweder innerhalb oder zwischen den Zellen große endständige oder interkalare, dickwandige **Vesikel** bilden (Abb. 113 D).

Vergleicht man das Trockengewicht von Pflanzen, die mit endogenen Mykorrhizen infiziert sind, mit dem nichtinfizierten Pflanzen, dann zeigt sich, daß in phosphatarmen Böden die Infektion zu einem schnelleren Wachstum und einer erhöhten Phosphataufnahme führt. Die erhöhte Aufnahme entspricht nicht der Tatsache, daß der Pilz Phosphat aufnehmen kann, das der Pflanze nicht zugänglich ist, sondern daß er eine größere Menge an Boden durchwächst. Der Phosphatgehalt des Bodens ist oft der limitierende Faktor für das Pflanzenwachstum. Die Diffusionsrate des Phosphates ist im Boden geringer als die Rate innerhalb der Pilzhyphe.

Das Fehlen einer asexuellen Fortpflanzung bei den meisten Endogonaceae, verbunden mit ihrer weiten Verbreitung im Erdboden, scheint zunächst widersprüchlich. Es ist jedoch bekannt, daß der Darm der Nagetiere oft charakteristische Sporen enthält. Es ist daher möglich, daß die Nagetiere auf diese Weise zur Verbreitung der Pilze beitragen (Silver-Dowding, 1955). Trappe und Maser (1976) konnten z. B. die Sporen von *Glomus macrocarpus* zum Keimen bringen, nachdem sie den Darm von Nagetieren passiert haben.

Entomophthorales

Viele Entomophthorales parasitieren auf Insekten, anderen Tieren und auch auf Menschen, während einige auf Desmidiaceae oder Farnprothallien parasitieren. Andere leben saprophytisch im Dung oder im Erdboden. Die Zellen sind einkernig oder coenocytisch mit chitinhaltigen Zellwänden. In den Kulturen oder in den Insektenwirten neigen die Myzelien zum Zerfall in Segmente (Hyphenkörper). Die asexuelle Fortpflanzung erfolgt durch kräftig abgeschleuderte, einkernige oder vielkernige Konidien. Während der Keimung bilden solche Konidien manchmal sekundäre Konidien aus. Die sexuelle Fortpflanzung erfolgt durch Isogamie oder Anisogamie zwischen vielkernigen Gametangien; es entsteht eine dickwandige Zygospore. Azygosporen können ebenfalls gebildet werden, allerdings ohne Sexualvorgang.

Die Klassifizierung dieser Gruppe ist recht unterschiedlich. Martin (1961) unterscheidet drei Familien, Waterhouse (1973 c) dagegen nur eine einzige, die Entomophthoraceae mit 6 Gattungen. Die Zoopagaceae von Martin ordnet man jetzt einer getrennten Ordnung, den Zoopagales, zu. Diese Ordnung wird hier nicht besprochen. Sie umfaßt Bodenparasiten in Amöben und Nematoden, die sich durch passiv verbreitete Konidien fortpflanzen (siehe Duddington, 1973).

Basidiobolus (Abb. 114–116)

Hält man einen gefangenen Frosch in einem Gefäß, so kann man mit etwas Wasser den Dung abfiltrieren. Legt man den feuchten Filter in den Deckel einer Petrischale mit geeignetem Medium (z. B. 1% Peptonagar), dann werden Konidien von *B. ranarum* gegen die Agaroberfläche geschleudert und innerhalb weniger Tage wird ein weitmaschiges, septiertes Myzel sichtbar. *Basidiobolus* kommt im Darm der Frösche in Form von kugeligen, einkernige Zellen mit bis zu 20 μm ⌀ vor (Levisohn, 1927). Diese Zellen werden mit den Fäzes ausgeschieden und können bei trockenen Bedingungen mehrere Monate überleben. Unter feuchtwarmen Bedingungen keimen die kugeligen Zellen zu einem Myzel aus, an dem sich Konidiophoren entwickeln. Das Cytoplasma im Myzel bewegt sich zur Hyphenspitze, so daß nur einige wenige terminale Segmente Cytoplasma enthalten, während die älteren Segmente leer sind. Die mit Cytoplasma angefüllten Myzelsegmente nennt man Hyphenkörper. Die Konidiophoren sind phototrop und ähneln den Sporangiophoren von *Pilobolus,* tragen jedoch eine farblose, birnenförmige Konidie. Eine konische Columella ragt in das Konidium. Darunter befindet sich eine angeschwollene, subkonidiale Blase, die turgeszent ist. An der Basis der Blase

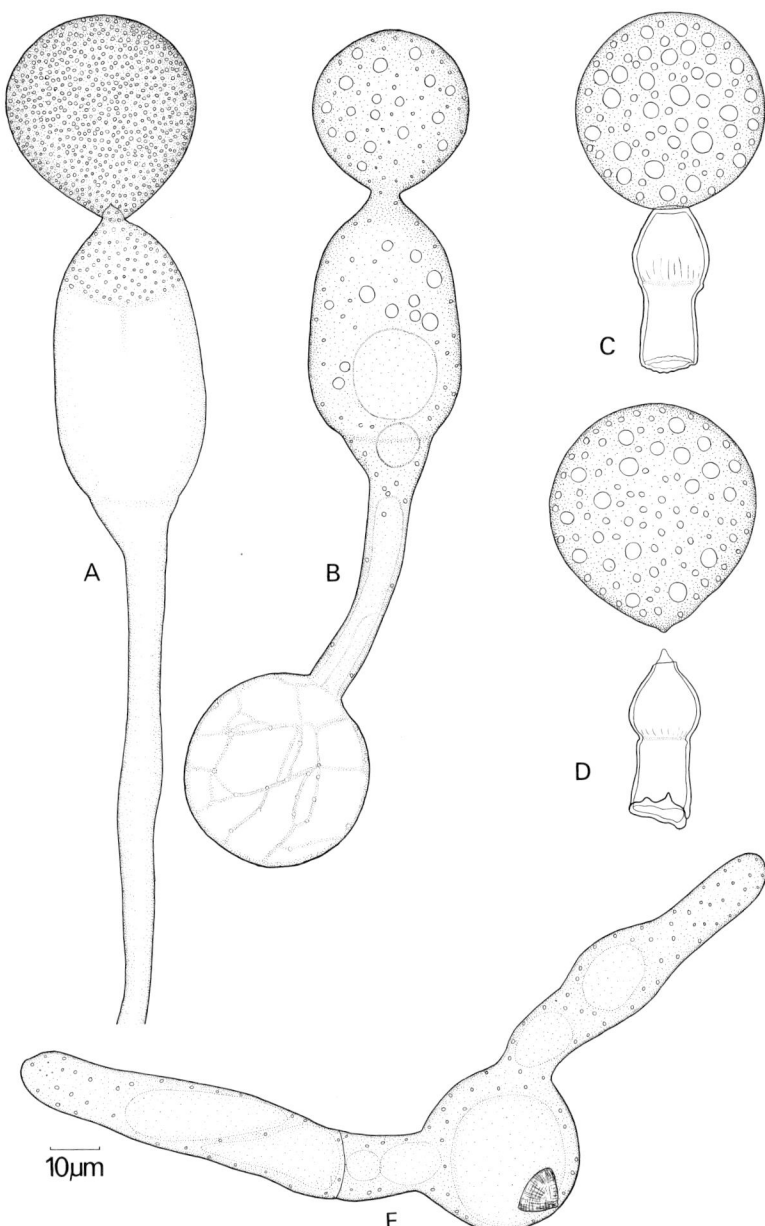

Abb. 114 A–E. *Basidiobolus ranarum.* **A** Konidiophore aus einer Kultur. Man erkennt die konische Columella und das angeschwollene Vesikel, das nahe der Basis bricht; **B** Keimende Konidie, die sekundäre Konidiophoren bildet; **C** Abgeschleuderte Konidie mit anheftenden Vesikelresten; **D** Abgeschleuderte Konidie, die von anheftenden Vesikelresten getrennt ist; **E** Keimende Konidie, die ein septiertes Myzel bildet

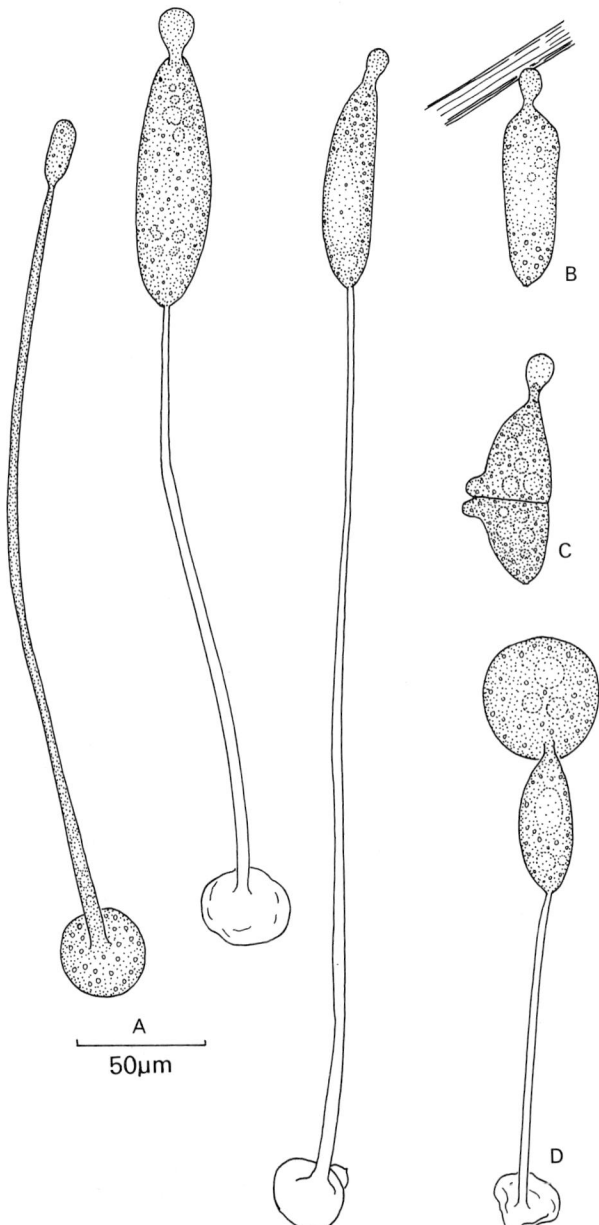

ist eine präformierte Aufrißlinie. Reißt diese auf, dann fliegt das Konidium mit anhaftender Blase 1–2 cm weit weg. Der elastische obere Teil der Blase kontrahiert sich und der darin befindliche Saft quillt nach hinten heraus, so daß sich das Projektil wie eine kleine Rakete verhält. Während des Fluges wird das Konidium meist vom Raketenmotor (d. h. vom Vesikel) getrennt, obwohl die beiden Teile auch zusammenbleiben können. Solche Konidien können zu sekundären Konidien gleichen Typs auskeimen oder direkt zu einem septierten Myzel. Die Konidien trocknen leicht aus und werden von Käfern gefressen. Innerhalb des Darms der Käfer bleibt das Konidium unverändert. Werden diese Käfer jedoch von Fröschen gefressen, dann werden diese Konidien nach der Verdauung in den Darm des Frosches entlassen. Der Konidieninhalt teilt sich in zahlreiche kugelige Zellen, aus denen sich später ein Myzel entwickelt. Es ist unklar, ob der Pilz dem Frosch oder dem Käfer schadet. Eine zweite Art der asexuellen Fortpflanzung wird von Drechsler beschrieben (1956). Die kugeligen Konidien können bei der Keimung Keimschläuche bilden, weitere kugelige Konidien des gleichen Typs oder verlängerte, wurstförmige, einkernige oder zweikernige sekundäre Konidien mit einem klebrigen Teil am distalen Ende (Abb. 115). Der Inhalt der sekundären, klebrigen Konidien kann durch Quer- und Längsteilung eine vielzellige Struktur bilden. Diese Körper fand man an den Borsten von Milben, und es ist möglich, daß Frösche auch sekundäre Konidien aufnehmen.

In Kulturen stimuliert Licht, insbesondere blaues Licht mit einer Wellenlänge von 440–480 nm, die Konidienentwicklung und deren Freisetzung. Das Licht induziert die Bildung von Lufthyphen aus Hyphenkörpern. Diese differenzieren sich zu Konidiophoren (Callaghan, 1969 a, b). Das Schicksal der freigesetzten Konidien hängt vom Licht, Nährstoffgehalt und dem pH-Wert des Substrates ab, auf den die Konidien fallen. Bei geringem Nährstoffgehalt, z. B. auf Wasseragar, keimen die meisten Konidien zu sekundären Konidiophoren, die eine weitere Konidie entlassen. Auf nährstoffreichem Agar bilden die meisten Konidien ein Myzel (Callaghan, 1969 c, 1974).

Zygosporen werden nach der Konjugation gebildet. Die Entwicklung kann leicht in 4 bis 5 Tage alten Kulturen verfolgt werden, die von einer einzelnen Konidie stammen. Die Zygosporenentwicklung findet auch in der Dunkelheit statt. Unter diesen Bedingungen werden die Hyphenkörper vor der Entwicklung zu Zygosporen zweizellig (Callaghan, 1969 b). Auf jeder Seite des Septums bilden sich schnabelähnliche Auswüchse. Die Spitzen dieser Verzweigungen werden durch Septen abgetrennt und die darunter befindlichen Zellen (Gametangien) fusionieren zu einer Zygospore, die bei der Reife eine runzelige, dicke Wand besitzt (Abb. 116).

Die Cytologie der Zygosporenbildung ist von mehreren Autoren beschrieben worden (siehe Woycicki, 1927). Die vegetativen Zellen von *Basidiobolus* sind einkernig; ein einziger Kern wandert in jeden schnabelähnlichen Auswuchs, wo er sich mitotisch teilt. Ein Tochterkern wird duch ein Septum in der terminalen Zelle des Schnabels abgetrennt und löst sich später auf. Der andere Kern wandert zurück in die Parentalzelle des Gametangiums. Darauf vergrößert sich eines der beiden Gametangien um ein Mehrfaches seines Volumens. Dann entsteht eine Pore, die die beiden Gametangien durch das sie trennende Septum verbindet. Der Kern des kleineren Gametangiums wandert durch diese Pore und legt sich eng an den Kern des größeren Gametangiums. Eine Karyogamie kann direkt oder auch erst nach einer weiteren Teilung erfolgen. Im letzten Falle fusionieren nur zwei Tochterkerne, während die anderen beiden degenerieren. In der reifen Zygospore erfolgt eine Meiose, die zu vier haploiden Kernen führt, von denen normalerweise drei degenerieren. Die Zygospore kann mit einem Keimschlauch auskeimen oder eine Konidiophore mit einer kugeligen Konidie bilden (Drechsler, 1956). *Basidiobolus ranarum* ist eine Ausnahme, weil das Myzel einkernige Segmente aufweist. Ferner

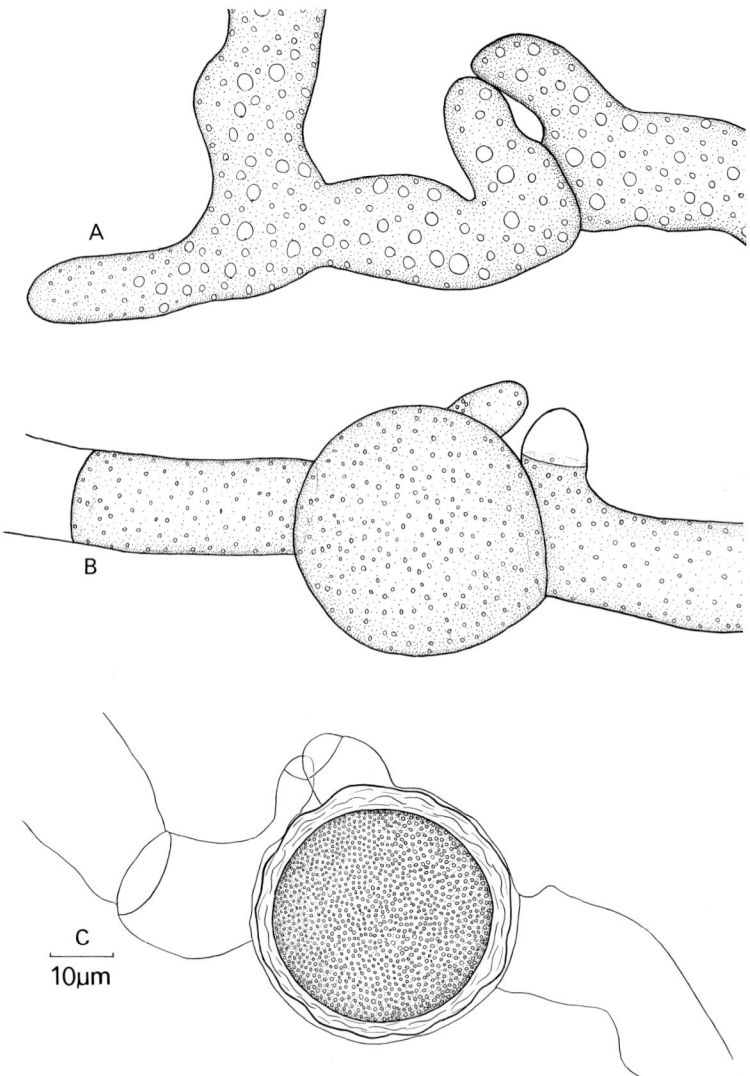

Abb. 116A–C. *Basidiobolus ranarum*. **A–C** Sukzessive Stadien der Zygosporenbildung; **A** Progametangien; **B** Junge Zygospore; **C** reife Zygospore

sind die Kerne bis zu 25 μm groß. Deswegen ist der Pilz mehrfach cytologisch untersucht worden (z.B. Robinow, 1963; Tanaka, 1970; Sun und Bowen, 1972). Man schätzt die Chromosomenzahl auf bis zu 900 und nimmt an, daß der Kern polyploid ist.

Gelegentlich wird berichtet, daß man *Basidiobolus* vom Menschen oder von Haustieren isolierte. Die vom Menschen isolierten pathogenen Pilze identifizierte man als *B. meristosporus* (Greer und Friedman, 1966). Von Benjamin (1962) stammt ein Schlüssel zu den Arten.

Entomophthora (Abb. 117–121)

Der Name *Entomophthora* bedeutet ‚Insektenzerstörer'. Man kennt ungefähr 150 Arten, von denen die meisten Insektenparasiten sind (MacLeod, 1963; MacLeod und Müller-Kögler, 1973; Waterhouse, 1975). Während einige hinsichtlich ihrer Wirte sehr spezialisiert sind, können andere eine Reihe verschiedener Wirte befallen. Einige Arten lassen sich kultivieren. Einer von den leicht zu haltenden Pilzen ist *E. coronata*, ein Pilz, der unter verschiedenen Namen bekannt ist, z. B. *Delacroixia coronata, Conidiobolus villosus, C. coronata* (siehe Srinivasan und Thirumalacher, 1964; Tyrell und MacLeod, 1972; Waterhouse, 1973c). Dieser Pilz parasitiert auf Läusen und Termiten, kommt aber auch allgemein saprophytisch auf Pflanzendebris vor. Die Infektion von Termiten erfolgt, indem Keimschläuche durch das Exoskelett eindringen oder durch den Ösophagus, wenn keimende Konidien gefressen wurden (Yendol und Pashke, 1965). Dieser Pilz wurde auch aus Nasengranula von Pferden isoliert (Emmons und Bridges, 1961). Mykotoxine wurden im Kulturfiltrat von *E. coronata* gefunden (Prasertphon und Tanada, 1961). Diese Toxine induzieren eine Vergiftung, sie zerstören die Blutzellen und führen bei einigen Insekten zu einem frühen Tod, wenn sie in das Hämocöl injiziiert werden. In Kulturen wächst der Pilz sehr schnell, er bildet innerhalb von zwei bis drei Tagen ein septiertes Myzel und zahlreiche phototrope Konidiophoren (Abb. 117), die gegen den Deckel der Petrischale Konidien abschießen. Die Konidienfreisetzung findet sowohl im Licht als auch in der Dunkelheit statt, ist jedoch größer im Licht (Callaghan, 1969a). Die endständige Konidie wird durch eine halbkugelartige Columella, die in die Spore hineinragt, von der Konidiophore getrennt. Die Columella ist doppelwandig, und die Spore wird durch den Turgor, welcher die Konidienwand ausbaucht, bis zu 4 cm weit von der Spitze der Konidiophore weggeschleudert. Nach ihrer Freisetzung kann man sehen, daß sich dieser Teil der Sporenwand als konische Papille nach außen stülpt. Das Verhalten der Konidien während der Keimung ist abhängig vom pH-Wert, vom Licht und den Nährstoffen. Fällt die Konidie auf ein nährstoffreiches Medium, dann bildet sie einen Keimschlauch, auf nährstoffarmen Medien, wie z. B. Wasseragar, kann sie sich zu einer sekundären Konidiophore entwickeln, die eine etwas kleinere Konidie bildet. Die sekundäre Konidiophore entsteht an der beleuchteten Seite der primären Konidie. Die sich entwickelnde Konidiophore ist phototrop (Page und Humber, 1973). Zusätzlich zu den glatten, kugeligen Konidien werden auch spitze, stachelige Konidien gebildet und wahrscheinlich auf die gleiche Art und Weise weggeschleudert. Während der Keimung der glatten Konidien können sie gelegentlich als sekundäre Konidien entstehen. Die genauen Bedingungen, unter denen stachelige Konidien gebildet werden, sind nicht bekannt. Es ist auch nicht bekannt, ob sie sich physiologisch von den glatten Konidien unterscheiden, obwohl sie von Martin (1925) als Dauersporen bezeichnet wurden. Zygosporenähnliche Strukturen wurden ebenfalls beschrieben (Kevorkian, 1937; Emmons und Bridges, 1961). *Entomophthora coronata* wächst gut auf synthetischem Medium, das Mineralsalze, Arginin, Hydrochlorid und Glucose enthält. Zugabe von Pepton führt zu einem schnelleren Wachstum. Der Pilz scheint für Vitamine autotroph zu sein.

Eine weitere, sehr bekannte Art von *Entomophthora* ist *E. muscae*. Dieser Pilz parasitiert auf Stubenfliegen und anderen Insekten. Diese Krankheit kommt bei

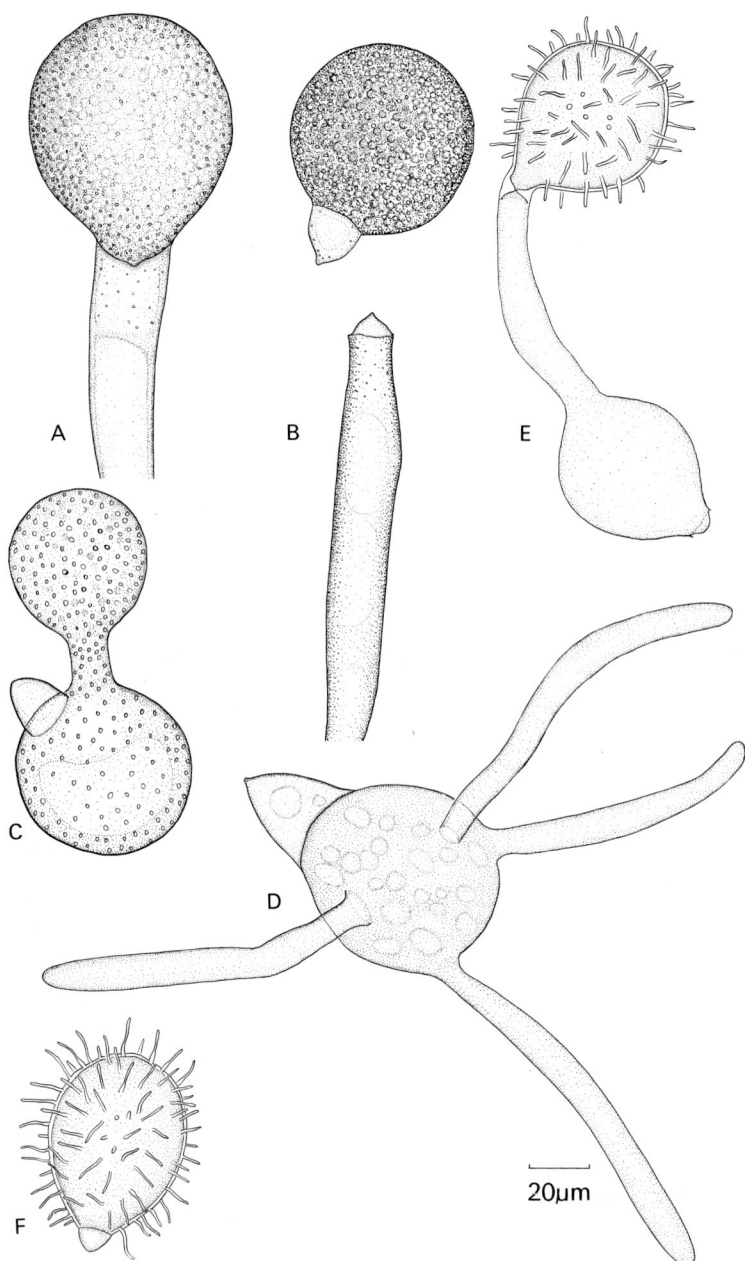

Abb. 117 A–F. *Entomophthora coronata.* **A** Konidiophore mit anhaftender Konidie; **B** Spitze der Konidiophore und einer Konidie nach dem Wegschleudern; **C** Keimende Konidie, die eine sekundäre Konidie bildet; **D** Keimende Konidie, die mehrere Keimschläuche bildet; **E** Keimende Konidie, die stachelige Sporen bildet; **F** Losgelöste stachelige Spore

Abb. 118 A, B. A *Entomophthora muscae.* Tote Stubenfliege, die an einer Fensterscheibe klebt und von abgeschleuderten Konidien umgeben ist; **B** *Entomophthora americana.* Tote Schmeiß-fliege auf einem Blatt. Man erkennt die drei Banden von Konidiophoren die zwischen den Abdominalsegmenten eindringen, und die Konidien auf der Blattoberfläche

feuchtem Wetter anscheinend häufiger vor. Erkrankte Fliegen kann man gelegentlich an die Fensterscheibe angeklebt finden. Sie sind von einem weißen, ungefähr 2 cm ⌀ großen Ring von abgeschleuderten Konidien umgeben (Abb. 118A). Die Fliege hat ein angeschwollenes Abdomen mit weißen Banden von Konidiophoren, die zwischen den Segmenten des Exoskeletts hervorragen. Die Konidiophoren sind unverzweigt und vielkernig und entstehen aus einem coenocytischen Myzel, das den Körper der toten Fliege anfüllt. Die Konidien sind ebenfalls vielkernig (Abb. 119B). Sie werden durch einen nach vorn gerichteten Cytoplasmastrahl von den elastischen Konidiophoren weggeschleudert. Frisch abgeschleuderte Konidien sind von einem Cytoplasmatropfen umgeben. Die Cytoplasmaumhüllung kann vor Austrocknung schützen. Trifft eine Konidie auf den Körper einer Fliege, dann wird ein Appressorium oder ein Haftkörper gebildet, welcher die Konidie an die Kutikula bindet. Die Durchdringung der Kutikula geschieht wahrscheinlich mechanisch. Einige Stunden nach der Infektion sind dreistrahlige Brüche in der Kutikula unter den anhaftenden Konidien sichtbar. Untersucht man die Kutikula an dieser Stelle von der Innenseite, kann man einen dünnwandigen, blasenähnlichen Auswuchs über dem dreistrahligen Bruch erkennen. Von dieser Zelle aus entwickeln sich Myzelverzweigungen. Die Hyphen wachsen in Richtung der Fettgewebe. Sind diese verbraucht, dann wandeln sie sich in abgerundete Zellen um, die Hyphenkörper genannt und durch Zirkulation in alle Teile des Körpers transportiert werden (Schweizer, 1947) (Abb. 119C). Ungefähr eine Woche nach der Infektion stirbt die Fliege. Oft krabbelt sie auf die Spitze eines Grashalmes, umklammert diesen oder sie klebt mit ihrem Rüssel an Wänden oder an Fensterscheiben. Die Hyphenkörper wachsen dann zu coenocytischen Hyphen aus. Diese dringen zwischen den Abdominalsegmenten nach außen und entwickeln sich zu Konidiophoren. Die primären Konidien bleiben nur 3 bis 5 Tage lebensfähig. Wenn sie nicht in eine Fliege eindringen, können die primären Konidien innerhalb von 12 Stunden sekundäre Konidien bilden. Die sekundären Konidien werden an den Spitzen von kurzen Konidiophoren gebildet und durch einen unterschiedlichen Mechanismus weggeschleudert, nämlich durch Abrunden einer zweifachen Columella wie bei *E. coronata*. Die sekundären Konidien können einen Keimschlauch oder tertiäre Konidien bilden.

Innerhalb des Körpers einer toten Fliege werden asexuell vielkernige, kugelige Dauerkörper gebildet. Wahrscheinlich geht die Infektion jedes Jahr von einer solchen Zelle aus (Goldstein, 1923). Ihre Keimung soll durch die Wirkung von chitinabbauenden Bakterien stimuliert werden. *Entomophthora muscae* wächst als Reinkultur auf Extrakten tierischer Gewebe, aber nur, wenn die Medien kalt (d.h. chemisch) sterilisiert wurden. Das Wachstum wird durch Anwesenheit tierischer Fette und Glucosamine, ein Abbauprodukt des Chitins (Schweizer, 1947), deutlich stimuliert. Der Pilz läßt sich auch auf einem Medium mit Weizenkornextrakt, Pepton, Hefeextrakt und Glycerin kultivieren (Srinivasan et al. 1964).

Bei anderen Arten von *Entomophthora* sind die Konidiophoren verzweigt. Diese erkennt man sehr gut bei *E. americana* (Abb. 118B; 120), einem Pilz, den man im Herbst häufig auf Schmeißfliegen findet, besonders in der Nähe toter Tiere oder Stinkmorcheln, wo sich Schmeißfliegen ansammeln. Bei nassem Wetter können Epidemien an Schmeißfliegen vorkommen, die deren Anzahl stark reduzieren. Die toten Fliegen sind oft an benachbarten Pflanzen durch fädige, rhizoidähnliche

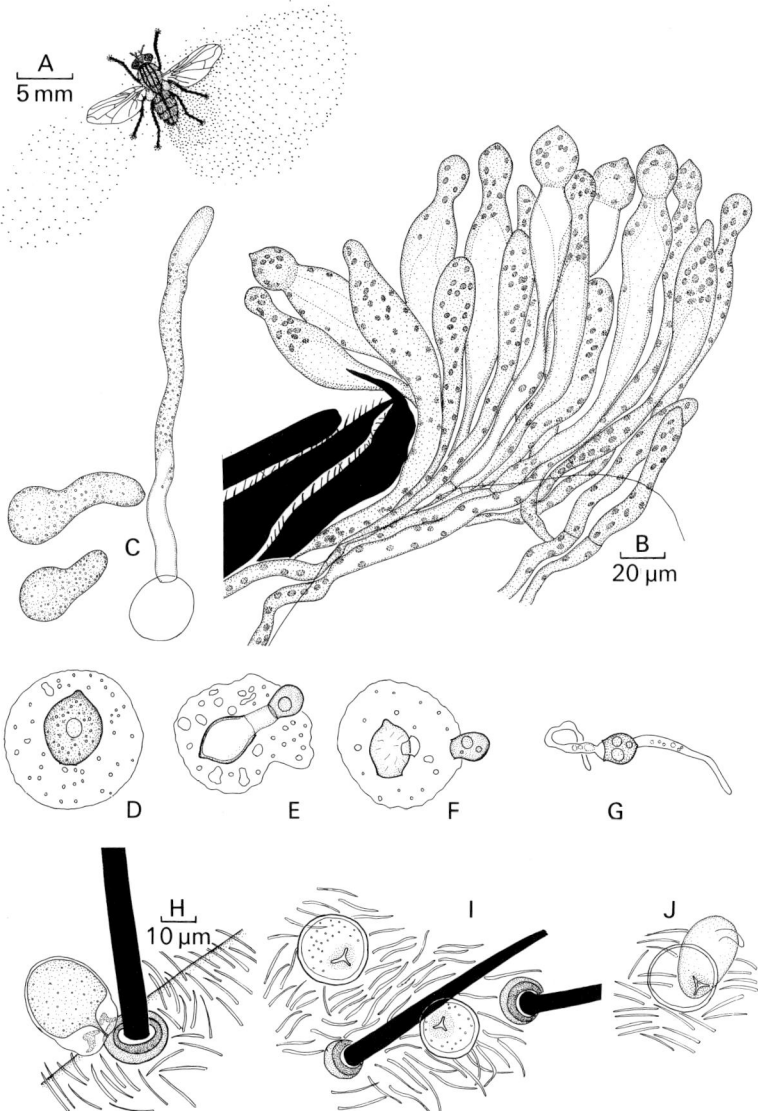

Abb. 119 A–J. *Entomophthora muscae.* **A** Stubenfliege an einer Fensterscheibe, die von einem Konidienring umgeben ist; **B** Längsschnitt durch Stubenfliege mit unverzweigten Konidiophoren, die zwischen den Segmenten des Exoskeletts herausragen. Die Konidiophoren sind vielkernig; **C** Hyphenkörper vom Körper einer gerade gestorbenen Fliege. Die Hyphenkörper wachsen zu Konidiophoren aus; **D–F** Keimung primärer Konidien zu sekundären Konidien innerhalb von 12 Stunden nach dem Abschleudern. Man erkennt das Septum, das die sekundäre Konidie in **E** abtrennt, und das Abrunden des Septums beim Abschleudern der sekundären Konidie; **G** Sekundäre Konidie mit zwei Keimschläuchen; **H** Anheften der primären Konidie an das Integument einer Fliege. Man erkennt das verdickte Appressorium und die kleine Eindringstelle; **I** Zwei dem Integument anhaftende primäre Konidien. Eindringvorgang durch einen dreistrahligen Bruch; **J** Eindringvorgang, Blick vom Integument. Man erkennt die blasenähnlichen Auswüchse innerhalb der dreistrahligen Brüche. **B–G** im gleichen Maßstab; **H–J** im gleichen Maßstab

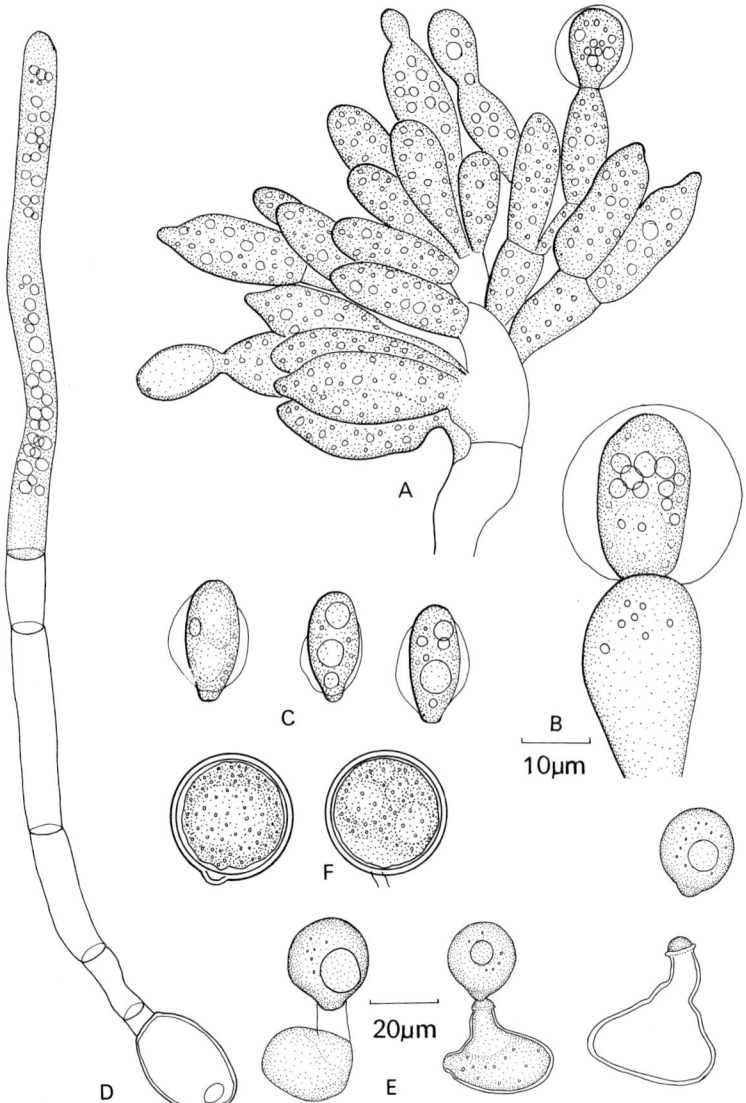

Abb. 120 A–F. *Entomophthora americana* von einer Schmeißfliege. **A** Verzweigte Konidiophore; **B** Einzelne Konidiophore mit Konidie; **C** Konidien nach dem Wegschleudern; **D** Konidie mit Keimschlauch; **E** Keimende Konidien, die sekundäre Konidien bilden; **F** Kugelige Dauerkörper von einer toten Fliege

Hyphen geklebt. Die Konidiophoren bilden gelbliche Pusteln zwischen den Abdominalsegmenten, und die verzweigten Spitzen tragen doppelwandige Konidien. Die zwei Schichten sind häufig durch Flüssigkeit voneinander getrennt (Abb. 120 A–C). Diese Konidien ragen mehrere Zentimeter aus dem Wirt heraus und können Keimschläuche oder sekundäre Konidien bilden, die durch Abrunden der

doppelten Columella weggeschleudert werden. Innerhalb des trockenen Fliegen-
körpers entstehen zahlreiche glatte, durchsichtige dichwandige Dauersporen.

Einige Arten von *Entomophthora* (z. B. *E. sepulchralis*) bilden die Dauersporen
wahrscheinlich nach einer Konjugation zwischen Hyphenkörpern (siehe Abb. 121).
Nach Riddle (1906) sollen die Dauersporen von *E. americana* durch Fusion der
Hyphenkörper Zygosporen bilden können. Diese Beobachtung ist jedoch zweifelhaft (Krenner, 1961) und bedarf einer Bestätigung.

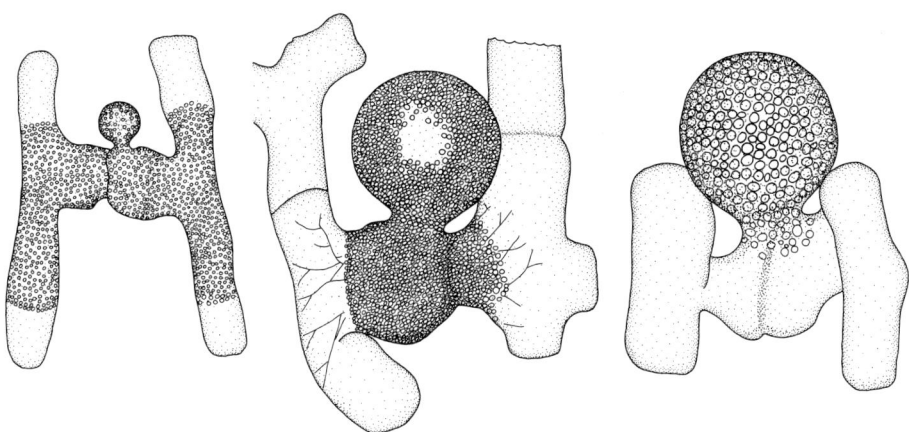

Abb. 121. *Entomophthora sepulchralis.* Drei Stadien der Zygosporenbildung. Zwei Hyphenkörper konjugieren. Die Zygospore entsteht als Keim aus der fusionierten Zelle (nach Thaxter,
1888)

Die Dauersporen vieler parasitischer Entomophthora-Arten keimen im Labor
nicht leicht aus. Jedoch bleiben sie ein oder möglicherweise auch zwei Jahre
lebensfähig. Bei *E. virulenta* können nur 2–5% der Dauersporen (Azygosporen)
sofort nach ihrer Bildung auskeimen. Die Keimung der Dauersporen wird durch
Wasser stimuliert. Keine andere spezielle Behandlungsmethode ist notwendig, wie
z. B. Einwirkung chitinabbauender Bakterien (Hall und Halfhill, 1959).

Die Möglichkeit, parasitische Entomophthorae zur Bekämpfung von pathogenen Insekten zu benutzen, ist mehrfach aufgegriffen worden. Eine ganze Reihe
dieser Organismen wächst nämlich auf synthetischen Medien (Literatur bei Müller-
Kögler, 1959, 1965; Gustafason, 1965, 1969). Andere haben komplexe Nährstoffbedürfnisse und wachsen nicht gut in synthetischen Medien, sondern nur auf
tierischen Substraten, wie z. B. Fleisch, Fisch, koaguliertem Eigelb oder Milch oder
auf Gewebekulturen, die mit Rinderserum angereichert wurden. *E. egressa,* ein
Parasit des Fichtenknospenwurmes, wächst auf Gewebekulturmedien und vermehrt
sich im Protoplastenstadium. Ähnliche Protoplasten hat man im Hämocöl infizierter
Larven gefunden (Tyrell, 1977). Unglücklicherweise sind jedoch Versuche geschei-
tert, solche Kulturen zur Auslösung von Epidemien in natürlichen Populationen zu
benutzen.

Ascomycotina (Ascomycetes)

Dies ist die formenreichste Klasse der Pilze mit ca. 15 000 Arten, obwohl wahr-scheinlich noch viele nicht beschrieben wurden. Sie leben in und auf den verschiedensten Habitaten: Erdboden, Dung, Salz- und Süßwasser. Sie leben als Saprophyten auf Pflanzen- und Tierresten und als tierische und pflanzliche Krank-heitserreger. Ihr charakteristisches Merkmal ist die Bildung von Sporen als Folge eines Sexualvorgangs. Diese Sporen, manchmal auch perfekte Sporen genannt, entstehen in einem Schlauch, dem Ascus, der typischerweise acht Sporen (Asco-sporen) enthält, die explosionsartig herausgeschleudert werden. Die vegetativen Strukturen bestehen entweder aus einzelnen Zellen (Hefen) oder aus septierten Hyphen, bei denen jedes Segment oft mehrere Kerne enthält. Die Zellwände der fadenförmigen Ascomycetes enthalten ein Mikrofibrillenskelett aus Chitin und zusätzlich verschiedene andere Bestandteile, wie z.B. Aminozucker, Proteine, Mannose und Glucose. Die Zellwand ist keine funktionslose, inaktive Umhüllung, sondern kann Oberflächenenzyme enthalten (Sussman, 1957; Aronson, 1965). Auf elektronenmikroskopischen Aufnahmen sieht man, daß das Septum perforiert ist, so daß das Cytoplasma von einem Segment zum anderen strömen kann. Der Porus ist weit genug, um Mitochondrien und Kerne passieren zu lassen (Abb. 122, Shatkin und Tatum, 1959; Moore, 1965). Befinden sich mehrere Kerne in einer einzelnen Zelle oder in einem Myzel, so müssen sie nicht immer genetisch identisch sein. Eine

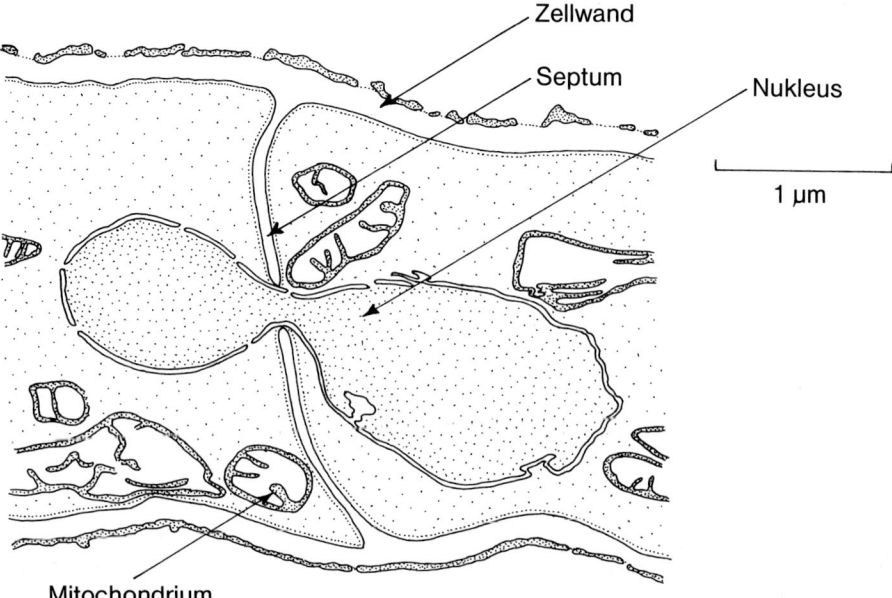

Abb. 122. *Neurospora crassa.* Längsschnitt durch eine Hyphe mit dem perforierten, quer angeschnittenen Septum, durch das sich gerade ein Kern bewegt (elektronenmikroskopische Aufnahme von Shatkin und Tatum, 1959)

unterschiedliche Kernausstattung kann entweder durch Mutation oder durch Anastomosen zwischen Hyphen verschiedener Genotypen mit anschließender Kernwanderung entstehen. Eine Zelle (oder ein Myzel), die genetisch verschiedene Kerne enthält, nennt man Heterokaryon (bzw. heterokaryotisch). Heterokaryose findet man bei zahlreichen Ascomycetes, Basidiomycetes und Fungi imperfecti (Davis, 1966). Die Bedeutung ist offensichtlich:

1. Anpassungsfähigkeit

Das Verhältnis der verschiedenen Arten von Kernen in einem Heterokaryon kann während des Wachstums einer Kolonie variieren. Dieses Verhältnis ist auch abhängig von wechselnden Nahrungsbedingungen. Jinks (1952) zeigte, daß *Penicillium cyclopium* (ein imperfekter Pilz) in der Natur als Heterokaryon vorkommen kann. In Reinkulturen entstehen aus dem Heterokaryon zwei unterscheidbare Homokaryen, weil die Konidien einkernig sind. Das Wachstum der einzelnen Homokaryen ist schwächer als das des Heterokaryons auf semi-synthetischen Medien unterschiedlicher Konzentration (Abb. 123). Wenn man das Verhältnis der beiden Konidienarten als Maßeinheit nimmt, ist zu sehen, daß das Verhältnis der Kerne in einem Heterokaryon von der Konzentration des im Medium verwendeten Apfelbreis abhängt (siehe nachfolgende Tabelle).

Tabelle 4. Kernverhältnis in einem Heterokaryon von *Penicillium cyclopium* in Mischungen aus Apfelbrei und Minimalmedium (nach Jinks, 1952)

Medium		% von ‚A'-Kernen im Heterokaryon
10% Apfel	Minimal	
40	60	12,82
35	65	15,15
30	70	13,70
25	75	15,87
20	80	15,38
15	85	17,86
10	90	20,41
5	95	29,41
0	100	57,47

2. Komplementation

Die Beobachtung, daß Heterokaryen besser wachsen als die einzelnen Homokaryen, gilt auch für andere Pilze. Ausgehend von den klassischen Versuchen von Beadle und Coonradt (1944) mit *Neurospora* weiß man, daß sich **auxotrophe** Mutanten in in Heterokaryen komplementieren. Bei diesen ernährungsdefekten Mutanten handelt es sich um Stämme, die z. B. die Fähigkeit für die Synthese einer bestimmten Aminosäure verloren haben. Als Homokaryen wachsen sie nur, wenn man diese Substanz (z. B. Tryptophan oder Lysin) dem Nährmedium zusetzt. Das Heterokaryon wächst jedoch wie der **prototrophe** Wildstamm ohne Zusatz dieser Komponenten. Dieses Phänomen nennt man Komplementation.

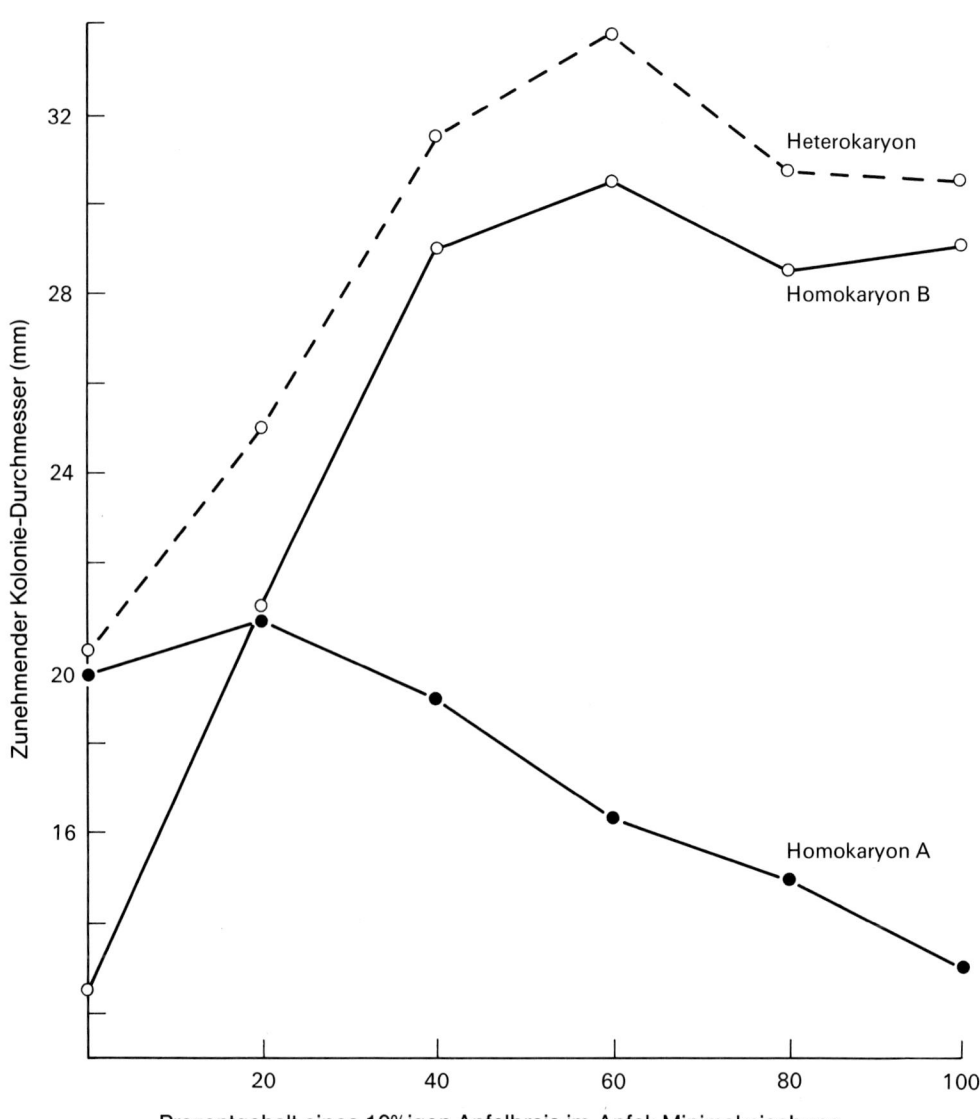

Abb. 123. Wuchsrate von Homokaryen (*A* und *B*) und eines Heterokaryons mit A und B Kernen auf einem Medium mit unterschiedlicher Konzentration von Apfelbrei. Man erkennt, daß das Wachstum des Heterokaryons signifikant höher ist als das des Homokaryons *A* (nach Jinks, 1952)

Komplementation im Heterokaryon ist nicht auf physiologische Defizienzen beschränkt, sondern sie kann auch morphologische Defekte betreffen. Bei einem mit *Neurospora* verwandten Ascomyceten (*Sordaria macrospora*) ist es z. B. möglich, daß Mutanten, die an verschiedenen Stellen der Fruchtkörperbildung einen Defekt besitzen, nach Anastomosierung und Heterokaryonbildung diese komplementieren (Esser und Straub, 1958).

3. Genetische Variabilität

Obwohl das Heterokaryon nur zwei haploide Kerne enthält, kann es funktionell einer diploiden Heterozygote als Äquivalent angesehen werden, denn in beiden Fällen wird ein Vorrat an Genen gespeichert, von denen die rezessiven weder in der Heterozygote noch im Heterokaryon exprimiert werden.

4. Entmischung des Heterokaryons

Ein heterokaryotisches Myzel kann einkernige (oder homokaryotische) Konidien oder homokaryotische Hyphenspitzen bilden. Beispiele für vielkernige, aber homokaryotische Konidien findet man bei *Aspergillus*. Bei *A. tamarii* (imperfekt) gibt es typischerweise drei oder vier Kerne pro Konidie. Wildstämme haben grüne Konidien. Es gibt jedoch eine Mutante mit weißen Konidien. Heterokaryen zwischen dem Wildtyp und der Mutante bilden Konidienköpfe, die Reihen mit grünen und mit weißen Konidien tragen, aber nicht mit einer Zwischenfarbe. Einzelsporkulturen von weißen oder grünen Sporen verhalten sich ebenso. Daraus schließt man, daß jede Phialide nur einen einzelnen Kern enthält, entweder einen Mutanten- oder einen Wildkern (Abb. 124), obwohl die Konidiophore hetero-

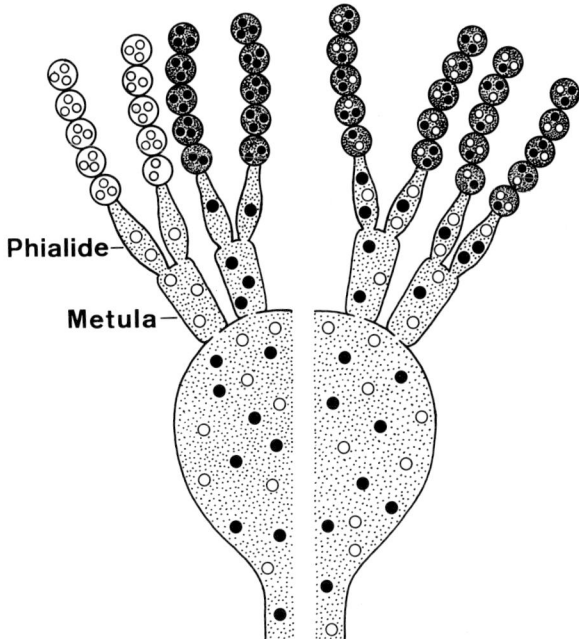

Abb. 124. *Aspergillus* spp. Heterokaryosis. Links: Situation bei *A. tamarii,* wo eine heterokaryotische Konidiophore zwischen einem dunkelsporigen Wildtyp und einer hellsporigen Mutante gebildet wird. Dies führt zu verschiedenen Sporenreihen, weil jede Phialide nur einen einzelnen Kern enthält, von dem alle Kerne der Sporenkette stammen. Die Sporen sind deshalb homokaryotisch. Rechts: Situation bei *A. carbonarius,* wo eine ähnlich heterokaryotische Konidiophore zu heterokaryotischen Konidien führt, weil die Phialiden mehrkernig sind

karyotisch ist. Eine andere Situation findet man bei *A. carbonarius,* wo sich 2–5 Kerne in einer Spore befinden. Bei diesem Pilz tragen die heterokaryotischen Konidiophoren, die aus einem schwarzsporigen Wildtyp und einer blaßbraunen Mutante entstanden sind, intermediäre Farbsporen dieser beiden Stämme. Kultiviert man einzelne Sporen von diesen heterokaryotischen Köpfen, dann ergeben sie oft gemischte Kolonien aus Wild- und Mutantenstämmen. Daraus kann man schließen, daß die Sporen heterokaryotisch sind und an Phialiden entstehen, die beide Arten von Kernen enthalten. Die Folgerung, daß die Phialiden vielkernig sind, kann cytologisch bewiesen werden (Yuill, 1950).

5. Rekombination

Die Bedeutung der Heterokaryosis liegt darin, daß sie Rekombination auch bei monözisch compatiblen Pilzen und Fungi imperfekti ermöglicht. Bei den ersteren (z. B. *Emericella nidulans = Aspergillus nidulans* oder *Sordaria macrospora*) führt die Heterokaryonbildung zu genetisch verschiedenen Kernen in der Ascusanlage. Karyogamie und Meiose kann im Verlauf der sexuellen Fortpflanzung im herkömmlichen Sinne zu Rekombinationen zwischen den beiden Genotypen führen, so daß auch bei monözisch selbstfertilen Organismen ein gewisses Maß an Fremdzucht möglich ist (Esser und Straub, 1958). Bei den Fungi imperfekti (Pilze, bei denen man eine sexuelle Fortpflanzung nicht kennt) fand man Rekombinanten in der Nachkommenschaft von Heterokaryen. Dieser Rekombinationsprozeß ohne Einschaltung eines Sexualvorganges wurde als parasexuelle Rekombination bezeichnet (Pontecorvo, 1956; Roper, 1952, 1966).

Bei *E. nidulans,* einem Pilz mit einkernigen Konidien, wurde dieses Phänomen zuerst beobachtet, und zwar in Heterokaryen zwischen zwei Stämmen, deren Sporenfarbe von der des Wildtyps verschieden war (weiß oder gelb im Gegensatz zu den grünen Wildtypkonidien) und die zusätzlich biochemische Marken (z. B. Adenin- oder Lysinauxotrophie) trugen. Die Gene für weiße und gelbe Sporenfarbe sind rezessiv und nicht allel. Auf Minimalmedium kann nur der Wildtyp, aber keiner der beiden Mutantenstämme wachsen. Impft man sie jedoch gleichzeitig an, dann bildet sich ein Heterokaryon. Dieses wächst auf dem Minimalmedium, weil jede Mutante den Ernährungsdefekt der anderen komplementiert, d.h. ein adeninauxotropher Stamm ist nicht auxotroph für Lysin und umgekehrt. Die gebildeten Konidien des Heterokaryons sind gelb und weiß wie die beiden Elternstämme, gelegentlich werden auch grüne Konidien gebildet. Diese sind diploid und etwas größer als die haploiden Wildtypkonidien. Man nimmt an, daß die diploide Phase durch selten stattfindende Fusionen der beiden verschiedenen Mutantenkerne entsteht. Wenn solche diploiden Konidien auf frisches Nährmedium übertragen werden, bilden die Kolonien vier verschiedene Konidientypen: die zwei ursprünglichen Mutantenstämme, diploide und seltener Konidien, die nach dem Ausplattieren eine Rekombination der Eigenschaften der zwei Elternmutanten aufweisen. Hat z. B. ein Elter weiße Konidien und ist lysinauxotroph und der andere gelbe Konidien und ist adeninauxotroph, dann haben die aus den diploiden Kolonien isolierten Rekombinanten gelbe Konidien und sind lysinauxotroph oder sie haben weiße Konidien und sind adeninauxotroph. Die Rekombination ist nicht das Ergebnis einer Meiose, sondern sie tritt während der Mitose in diploiden

Kernen auf. Nach einer solchen mitotischen Rekombination werden die diploiden Kerne durch fortlaufenden Verlust eines Chromosoms haploid. Pontecorvo (1956) postuliert, daß die Vorgänge der parasexuellen Rekombination Teil eines Zyklus sind, den er als parasexuellen Zyklus bezeichnet, dessen einzelne Stadien sind:

a) Fusion von zwei genetisch verschiedenen Kernen in einem Heterokaryon.

b) Vermehrung der entstehenden diploiden heterozygoten Kerne neben den elterlichen haploiden Kernen.

c) Entstehung eines homokaryotischen diploiden Myzels.

d) Mitotisches crossing-over während der Vermehrung der diploiden Kerne.

e) Vegetative Haploidisierung der diploiden Kerne.

Parasexuelle Rekombination wurde in der Folgezeit bei vielen Pilzen unterschiedlicher Taxa gefunden. Mittlerweile hat man auch die große Bedeutung der parasexuellen Rekombination erkannt:

1. Asexuelle Organismen können genetisch bearbeitet werden. Bei E. nidulans konnte man Genkarten vergleichen, die sowohl konventionell nach sexueller Rekombination als auch nach parasexueller Rekombination angefertigt wurden. Die Genkarten stimmen weitgehend überein.

2. Asexuelle Organismen können züchterisch bearbeitet werden, so z.B. die Vertreter der Fungi imperfekti, die in der Fermenterindustrie verwendet werden. In einen Stamm mit gewünschten Eigenschaften können andere Stämme eingekreuzt werden.

3. Die große Variationsvielfalt der Fungi imperfekti kann nur durch die parasexuelle Rekombination erklärt werden, so können z.B. auf diese Weise neue pathogene Stämme entstehen (Parmeter et al. 1963).

Die Bedeutung der Heterokaryosis und der parasexuellen Rekombination in der Natur sollte jedoch nicht überschätzt werden, denn dic Untersuchungen beruhen vielfach auf erzwungenen Heterokaryen (Auxotrophie-Komplementation), die nur als solche wachsen können. Weiterhin zeigen zahlreiche Versuche, daß nur dann Heterokaryen gebildet werden, wennn sich die beteiligten Stämme genetisch weitgehend gleichen (z.B. Mutanten eines häufig vorkommenden Wildtyps). Dies wirkt hemmend auf einen möglichen Genfluß zwischen Stämmen mit sehr unterschiedlichen Genotyp (Caten und Jinks, 1966).

Croft und Jinks (1977) besprechen die Incompatibilität von Heterokaryen bei E. nidulans, Perkins und Barry (1977) bei Neurospora. Eine Zusammenfassung früherer Daten findet sich bei Esser und Blaich (1973).

Kernwanderungen bei den Ascomycetes

In der Abb. 122 ist zu erkennen, daß die Kerne durch die Poren der Septen hindurchwandern können. Einen indirekten Beweis für die Kernwanderung erhielt man aus Experimenten mit Myzelien unterschiedlichen Kreuzungstyps bei incompatiblen Ascomycetes. Gelasinospora tetrasperma bildet flaschenförmige Ascokarpien (Perithezien) mit Asci, deren Ascosporen zwei verschiedene Größen aufweisen. Kulturen, die sich aus den großen Ascosporen entwickeln, sind selbstfertil, während Kulturen aus kleinen Ascosporen zwei verschiedene Kreuzungstypen besitzen: (+) und (–). Perithezicn werden nur dann gebildet, wenn die zwei verschiedenen Myzelien miteinander fusionieren. Gibt man in eine vollgewachsene Petrischalen-

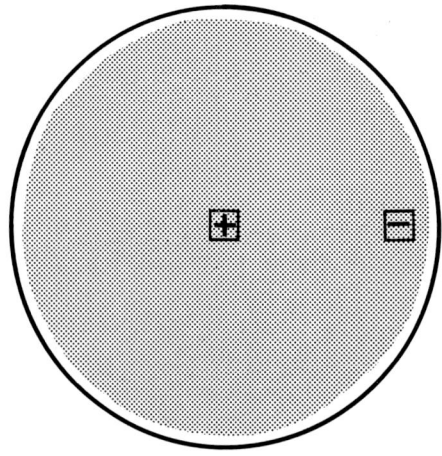

Abb. 125. *Gelasinospora tetrasperma:* Kernwanderung. Impfstück des (+) Kreuzungstyps. Aufsatzstelle des (–) Kreuzungstyps, nachdem das (+) Myzel die gesamte Platte bewachsen hat. Die Wanderung der (–) Kerne kann dadurch verfolgt werden, indem man zu unterschiedlichen Zeiten in verschiedenen Entfernungen zur Impfstelle Proben entnimmt

kultur mit (+) Myzel ein kleines Stück mit (–) Myzel, dann erscheinen innerhalb weniger Tage in einiger Entfernung vom hinzugefügten (–) Myzel Perithezien. Entfernt man kleinere Agarstückchen zu verschiedenen Zeiten nach der Zugabe des (–) Myzels und überträgt sie in frische Agarplatten, dann werden die Stücke, die einen (–) Kern empfangen haben, Perithezien ausbilden. Auf diese Weise konnte man die Kernwanderungsrate bestimmen; sie liegt im Bereich von 10,5 mm/h, ungefähr zwei- bis dreimal über der Wachstumsrate des Myzels (Dowding und Bakerspigel, 1954). Der genannte Wert ist wahrscheinlich zu gering. Direkte Beobachtungen und photographische Aufnahmen ergeben Werte von 40 mm/h (Dowding, 1958). Der tatsächliche Mechanismus der Kernwanderung hängt wahrscheinlich von der Strömung des Cytoplasmas ab (Snider, 1965). Von *Schizophyllum commune* (Basidiomycotina) nimmt man jedoch an, daß die an der Kernmembran befindlichen Mikrotubuli mit der Kernwanderung zu tun haben (Raudaskoski, 1972a). In einigen Fällen ist die Kernwanderung einseitig, d.h. es gibt keinen reziproken Kernaustausch. Dieses Phänomen wird noch besprochen (Literatur siehe S. 393).

Mitotische Kernteilung

Die Mitosen bei den Ascomycetes und den verwandten Fungi imperfekti verlaufen wahrscheinlich nach demselben Schema wie bei den meisten Eukaryonten. Die vielfach aufgetretenen Schwierigkeiten bei der Interpretation von Kernteilungsvorgängen beruhen darauf, daß die Pilzkerne sehr klein sind und die während der Mitose sichtbaren Chromosomen eine Größenordnung haben, die nahe am Auflösungsvermögen des Lichtmikroskopes liegt. Cytologische Daten von *Fusarium oxysporum*[4] zeigen, daß die Mitose 5–6 Minuten dauert (Aist und Williams, 1972).

---

4 *Fusarium oxysporum* ist ein Vertreter der Fungi imperfekti, weil man bis jetzt noch kein perfektes Stadium kennt: einige andere Arten von *Fusarium* haben ein perfektes Stadium und gehören zu den Hypocreales (S. 321).

In der Abb. 126 ist zu erkennen, daß die Mitose intranukleär verläuft, d.h. die Kernmembran löst sich nicht vor der Trennung der Schwesterchromatiden auf. Die Auflösung des Nucleolus erfolgt nach der Teilung des Centriols, einem Organell, das sich außerhalb der Kernmembran in einer kleinen Einstülpung befindet. Die beiden Centriolen wandern zu den Polen des Kerns. Innerhalb der Kernhülle und gegenüber den Centriolen werden Mikrotubuli sichtbar, die sich schließlich über den Kern von einem Centriol zum anderen erstrecken. Die Mikrotubuli bilden ein paralleles Bündel. Dieses wird zur Spindel, die daher von der Kernmembran umschlossen wird und nicht wie bei vielen anderen Eukaryonten außerhalb entsteht (Pickett-Heaps, 1969). Die Chromosomen ordnen sich nicht während der Meta-

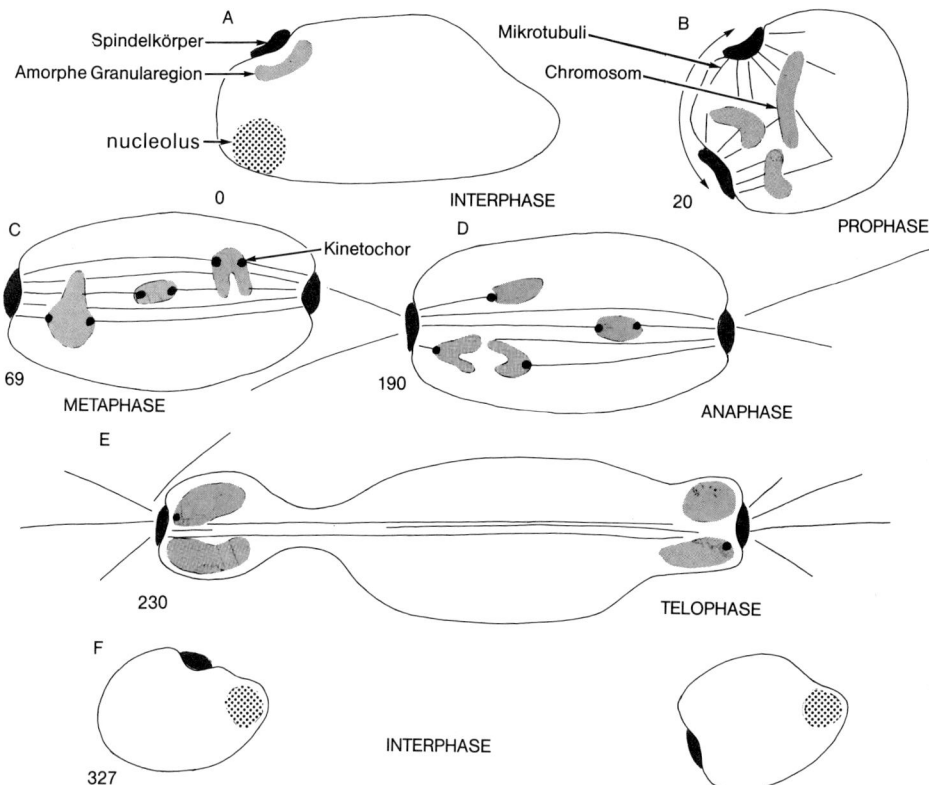

Abb. 126 A–F. *Fusarium oxysporum.* Schematische Darstellung der mitotischen Kernteilung (modifiziert nach Aist und Williams, 1972). Die links aufgeführten Zahlen stellen die Zeit in Sekunden dar (vom Beginn der Mitose an). **A** Interphase: Kern mit intaktem Nucleolus; **B** Prophase: der Nucleolus hat sich aufgelöst und die Chromosomen sind sichtbar. Es bilden sich Halbspindeln gegenüber der Vertiefung in der Kernhülle. In dieser Vertiefung befinden sich die Centriolen; **C** Metaphase: einzelne Chromosomen sind voneinander zu unterscheiden. Sie sind an verschiedenen Stellen an der Längsachse der Spindeln angeheftet. Die Schwesterkinetochoren befinden sich an den entgegengesetzten Enden der Chromosomen; **D** Anaphase: asynchrone Trennung der Schwesterchromatiden und ihre Wanderung zu den Polen; **E** Telophase: Verlängerung des gesamten Kerns, anschließend Einschnürung der noch intakten Kernmembran; **F** Interphase: der Nucleolus erscheint wieder

phase in der Äquatorialebene an, sondern werden mit Hilfe der Kinetochore an verschiedenen Stellen der Spindelfasern an die Mikrotubuli angeheftet. Während der Telophase verlängert sich der Kern.

Die Kernmembran schnürt sich ungefähr in der Mitte ein und es entstehen zwei Tochterkerne. Ungefähr 5½ Minuten nach Beginn der Kernteilung erscheinen die neuen Nucleoli in den vergrößerten Tochterkernen. Day (1972) diskutiert die Bedeutung verschiedener Mitosemodelle für die Pilzgenetik.

Kreuzungsverhalten

Hinsichtlich ihres sexuellen Fortpflanzungsverhaltens können die Ascomycetes entweder compatibel oder incompatibel sein. Im ersten Falle ist das aus einer Ascospore hervorgegangene Myzel in der Lage, Fruchtkörper zu bilden. Im zweiten Falle bedarf es dazu eines Partners, obwohl jedes Einspormyzel monözisch ist, d. h. männliche und weibliche Gechlechtsorgane bilden kann. Eine Befruchtung kann aber nur zwischen ♂ und ♀ Geschlechtsorganen verschiedener Stämme (und Kreuzungstypen) stattfinden. Bei den Ascomycetes gibt es nur zwei Kreuzungs-typen, die durch die beiden Allele (+) und (–) bestimmt werden.

Zur Bezeichnung der Kreuzungstypen wurden bei *N. crassa* die Symbole A und a, bei Hefen die Symbole a und α verwendet. Da eine sexuelle Incompatibilität nur dann vorliegt, wenn Geschlechtsorgane oder Gameten den gleichen Kreuzungstyp haben, also genetisch gleich sind, wurde dieses Fortpflanzungssystem als homo-genische Incompatibilität bezeichnet (Esser, 1971), im Gegensatz zur heterogeni-schen Incompatibilität, die nicht nur auf den sexuellen Bereich beschränkt ist, sondern auch in der vegetativen Phase vorkommt (siehe S. 309).

Bei bestimmten Arten mit viersporigen Asci (z. B. *Neurospora tetrasperma, Podospora anserina*) sind die Ascosporen zweikernig und enthalten häufig Kerne mit beiden Kreuzungstypen. Solche Ascosporen können zu fertilen Myzelien aus-keimen. Der Pilz erscheint dann compatibel. Gelegentlich werden jedoch auch einkernige Ascosporen gebildet. Das aus diesen entstehende Myzel ist nach der Keimung nicht fertil: nur 50% der Kreuzungen zwischen solchen Myzelien bilden Ascokarpien. Diese Pilze sind daher in Wirklichkeit hinsichtlich ihres Kreuzungs-typverhaltens incompatibel, sie werden daher als **pseudocompatibel** bezeichnet (= secondary homothallism) (Whitehouse, 1949 a, b).

Bei einigen Ascomycetes werden Sexualorgane gebildet. Das weibliche Organ oder **Ascogon** ist im allgemeinen eine gekrümmte, vielkernige Zelle, aus der manchmal eine **Trichogyne** auswächst. Als männliche Gameten können einkernige Mikrokonidien (= Oidien) dienen. Während normalerweise die Mikrokonidien auch als asexuelle Fortpflanzungszellen dienen, ist dies bei einigen Formen nicht der Fall. Man hat für diesen Mikrokonidientyp, der ausschließlich Gametenfunktion hat, den Ausdruck **Spermatium** eingeführt. Bei einigen incompatiblen Arten (z. B. *Neuro-spora crassa*) werden die Ascogone und Mikrokonidien von einem einzigen Stamm gebildet. Sie sind jedoch selbst-incompatibel, d. h. die Mikrokonidien können nicht die Ascogone des gleichen Myzels befruchten. Eine Befruchtung findet nur statt, wenn ein Mikrokonidium des entgegengesetzten Kreuzungstyps mit dem Ascogon in Berührung kommt. Dieses Phänomen findet man bei zahlreichen Ascomycetes. Jeder Kreuzungstyp enthält die Information zur Ausbildung beider Sexualorgane.

Die verschiedenen Kreuzungstypen sind morphologisch nicht voneinander zu unterscheiden.

Bei einigen Ascomycetes gibt es keine erkennbaren Sexualorgane; die Fusion findet zwischen gewöhnlichen Hyphen statt. Bei incompatiblen Formen geschieht dies nur, wenn eine Heterokaryose zwischen Hyphen entgegengesetzten Kreuzungstyps möglich ist.

Die sexuelle Incompatibilität ist auch unter dem Begriff homogenische Incompatibilität bekannt, denn genetisch gleiche Stämme ($+ \times +$ bzw. $- \times -$) können sich gegenseitig nicht befruchten. Da es nur 2 Kreuzungstypen gibt, spricht man vielfach auch von bipolarer homogenischer Incompatibilität (Esser, 1976). Es gibt auch noch andere Systeme bzw. Mechanismen der Incompatibilität, über die an entsprechender Stelle anhand von spezifischen Beispielen zu berichten ist (S. 309).

Entwicklung der Asci

Bei Hefen und verwandten Pilzen kann der Ascus direkt aus einer einzelnen Zelle entstehen. Bei den meisten anderen Ascomycetes entwickelt sich jedoch der Ascus aus einer spezialisierten Hyphe, der sogenannten ascogenen Hyphe, die wiederum von einem Ascogon gebildet wird. Die ascogene Hyphe ist vielkernig, ihre Spitze ist zu einem Haken gebogen. Innerhalb der ascogenen Hyphe erfolgen simultane Mitosen. Zwei Septen an der Spitze des Hakens trennen die Scheitelzelle, die zum Ascus wird (Abb. 127 C). Die letzte Zelle des Hakens krümmt sich und fusioniert

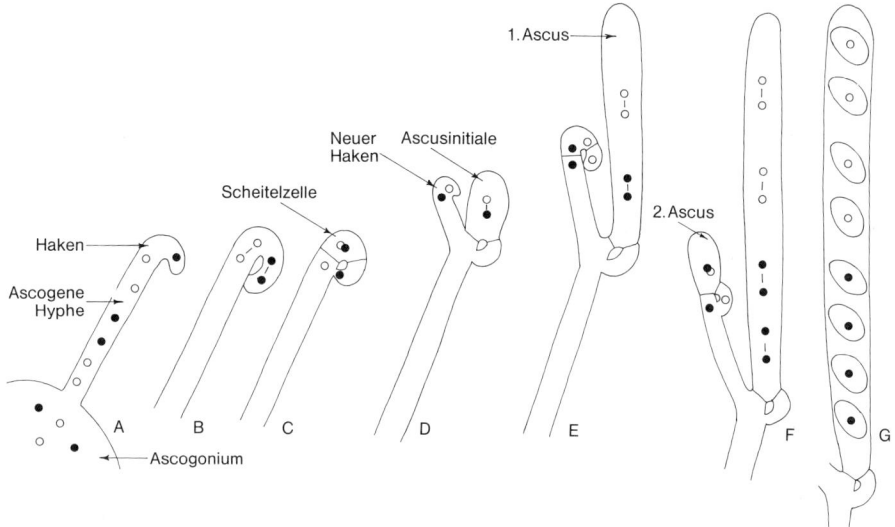

Abb. 127 A–G. Schematische Darstellung der cytologischen Merkmale der Ascusentwicklung. **A** Ascogene Hyphe aus einem Ascogon mit einem Haken an der Spitze; **B** Konjugierte Teilung der zwei Kerne im Haken; **C** Zwei Septen trennen eine zweikernige Scheitelzelle ab. In dieser erfolgt die Karyogamie. Die einkernige, umgebogene Spitzenzelle fusioniert mit der ascogenen Hyphe; **D** Die diploide Scheitelzelle wird zur Ascusanlage, dessen Entwicklung durch den Beginn der Meiose eingeleitet wird. An der Basis des jungen Ascus entsteht ein neuer Haken; **E** Im Verlauf der Meiose II streckt sich der junge Ascus. Der neue Haken an seiner Basis folgt dem gleichen Entwicklungsmodus; **F** Postmeiotische Mitose; **G** Ascosporen

mit der ascogenen Hyphe unterhalb der Scheitelzelle. An dieser Stelle kann eine neue Hakenbildung mit den gleichen Vorgängen erfolgen. Wiederholte Verzweigungen an der Basis des Hakens führen zu einem Büschel von Asci.

In der Ascusinitiale fusionieren die beiden Kerne. Nach einer Meiose entstehen vier haploide Tochterkerne (Abb. 127 D, E) (Olive, 1965). Diese Kerne teilen sich dann mitotisch, so daß schließlich 8 haploide Kerne entstehen. Während der Mitosen verlängert sich der Ascus, die Teilungsebene liegt parallel zur Längsachse des Ascus. Um jeden Kern schnürt sich Cytoplasma ab und es entsteht eine Ascospore.

Bei einigen Formen teilen sich die 8 Kerne nochmals, so daß jede Ascospore zweikernig ist. Bei vielzelligen Ascosporen erfolgen wiederholte Kernteilungen. Bei einigen Formen werden mehr als 8 Ascosporen gebildet oder die 8 Ascosporen zerfallen in Teilsporen. Untersuchungen zur Feinstruktur der Asci während der Teilung der Ascosporen ergaben, daß sich ein System aus Doppelmembranen, die mit dem endoplasmatischen Retikulum verbunden sind, von der Kernhülle aus in den sich entwickelnden Ascus ausdehnt (Abb. 128). Die Doppelmembran bildet als zylindrische Hülle die Verkleidung im jungen Ascus. Die Verkleidungsschicht nennt man Ascusvesikel oder Ascosporenmembran. Die Ascosporen werden im Ascus durch Einstülpungen der Doppelmembran abgetrennt. Zwischen den zwei membranbildenden Schichten wird die Sporenwand gebildet. Die innere Membran bildet die Plasmamembran der Ascospore (Carroll, 1967; Delay, 1966; Reeves, 1967; Oso, 1969; Wells, 1970, 1972).

Es muß noch erwähnt werden, daß nach dem vierkernigen Stadium eine Mitose erfolgt und daß die Teilungsebene normalerweise parallel zur Längsachse des Ascus liegt. Benachbarte Sporenpaare, von der Spitze aus gesehen, sind normalerweise genetisch identisch. Gelegentlich findet man Ausnahmen, bei denen die Teilungsebenen schräg liegen. Eine übersichtliche Darstellung der normalen Sporenanordnung erhält man durch Kreuzungsexperimente zwischen schwarzsporigen Ascomycetes und Mutanten, die eine veränderte Sporenfarbe haben. Neben Asci mit unreifen oder gelben Sporen erhält man in den reifen Asci 4:4 Aufspaltungen für die beiden Sporenfarben der Eltern. Bei genauerer Beobachtung erkennt man, daß die vier schwarzen und die vier nicht schwarzen Sporen in unterschiedlichen Mustern innerhalb der einzelnen Asci verteilt sind. Dies ist teils zufallsbedingt, z. B. vier schwarze Sporen an der Basis und vier anders gefärbte an der Spitze oder umgekehrt (siehe Abb. 129), teils aber auch abhängig von dem Reduktionsmodus während der Meiose. Werden die beiden für die Farbgebung verantwortlichen Allele während der Meiose I voneinander getrennt (Präreduktion), erfolgt die schon oben angesprochene 4:4 Verteilung der beiden Sporentypen auf eine Ascushälfte. Werden aber die beiden Gene infolge eines crossing-over, das zwischen ihrem Genort und dem Centromer stattfindet, erst in der Meiose II voneinander getrennt (Postreduktion), dann erfolgt eine 2:2:2:2 Verteilung, die sich in vier verschiedenen Verteilungsmustern darstellt, wie ebenfalls aus Abb. 129 zu ersehen ist.

Die tatsächliche Form des reifen Ascus ist sehr verschieden. Bei Formen mit passiver Ascosporenfreisetzung ist der Ascus meist ein kugeliger Sack. Der Ascus der meisten Ascomycetes ist jedoch zylindrisch und die Sporenfreisetzung aktiv. Man nimmt an, daß die aktive Freisetzung durch Wasseraufnahme und dadurch bedingten höheren Turgor geschieht. Im jungen Ascus verbleibt das Epiplasma

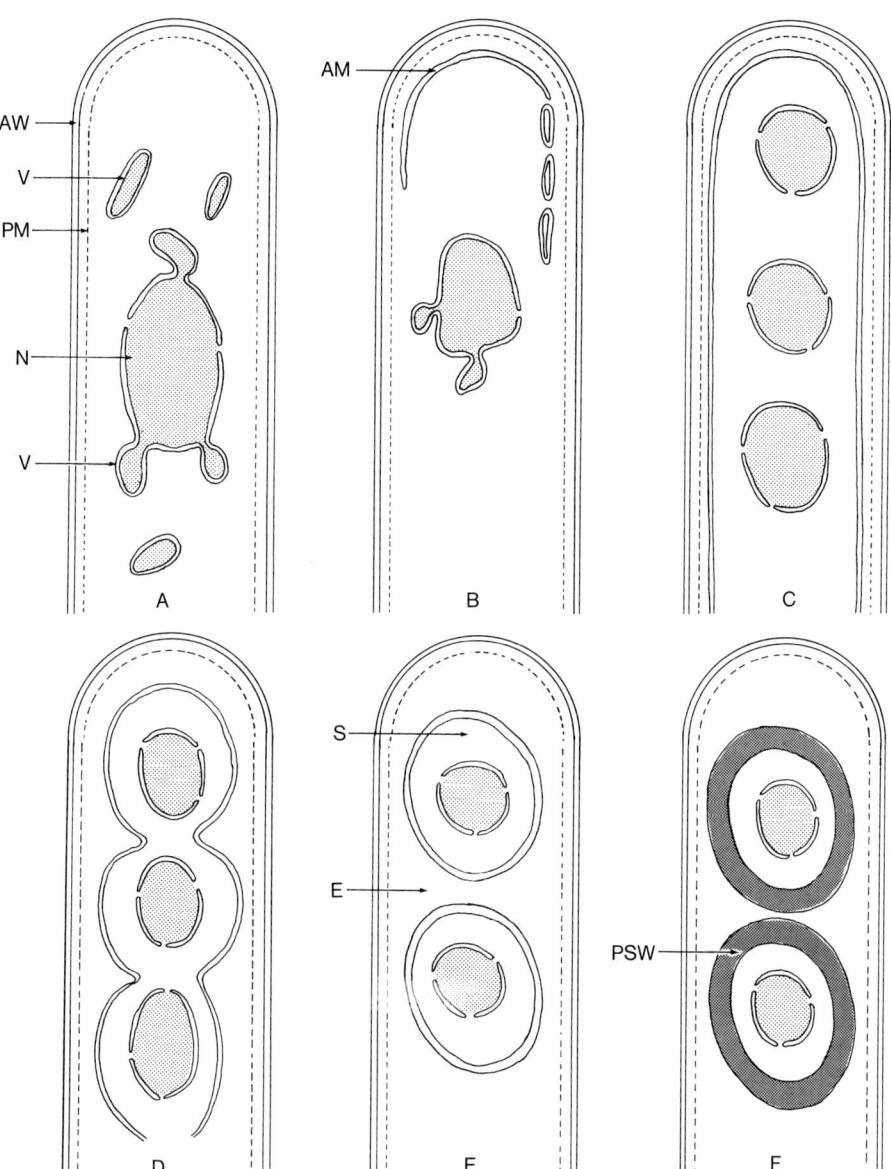

Abb. 128 A–F. *Ascobolus.* Ascusentwicklung (nach Oso, 1969). **A** Junger Ascus mit membrangebundenen Vesikeln (*V*) vom Kern (*N*). Die Ascuswand (*AW*) ist vom Plasmalemma (*PM*) ausgelegt; **B** An der Spitze des Ascus erscheint die Ascosporenmembran (*AM*) und eine Ansammlung von Vesikeln entlang der Peripherie des Ascus; **C** Die Ascosporenmembran hat nun die Form einer peripheren Röhre, die am unteren Ende geöffnet ist. Der diploide Kern hat sich geteilt; **D** Einstülpungen der Ascosporenmembran zwischen die haploiden Kerne; **E** Junge Ascosporen (*S*), die von der Ascosporenmembran vom Epiplasma (**E**) abgegrenzt werden; **F** Trennung der zwei Schichten der Ascosporenmembran als Folge der Bildung der primären Sporenwand (*PSW*) zwischen den Ascosporen

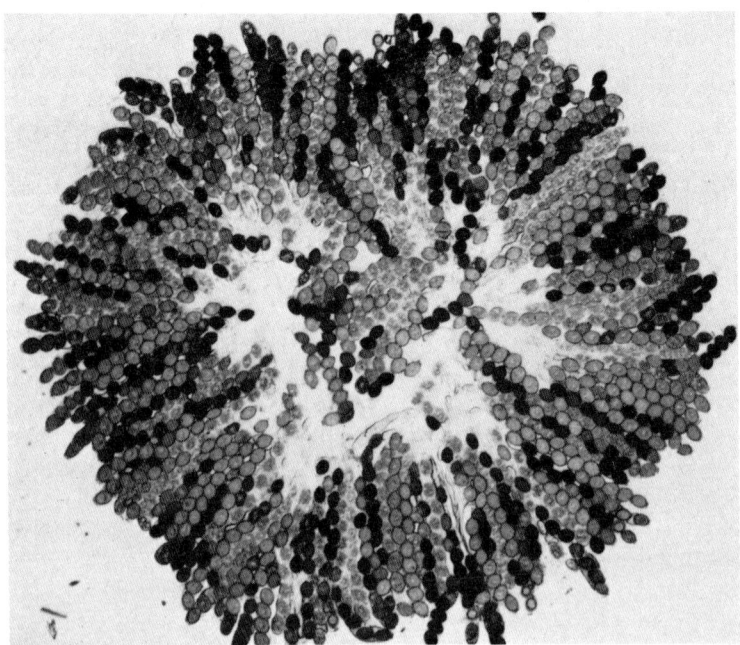

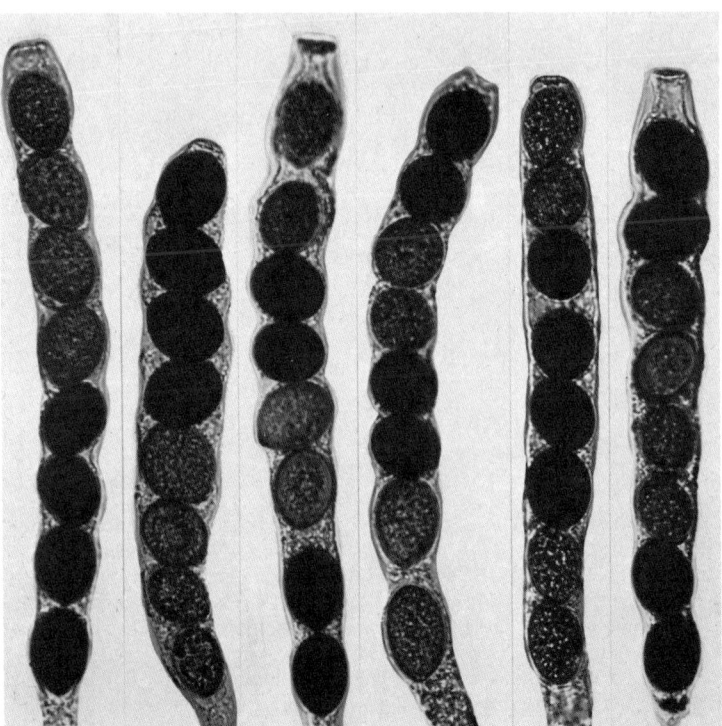

Abb. 129. *Sordaria macrospora.* Quetschpräparat aus einem Hybridperithezium. Die reifen Asci enthalten 4 schwarze und 4 gelbe Ascosporen. (Fotos: K. Esser)

(Restcytoplasma, das reich an Polysacchariden, wie z. B. Glycogen ist) nach der Sporenabtrennung eng an der Ascuswand und umgibt eine große, zentrale Vakuole, die Ascussaft enthält. In dieser Flüssigkeit befinden sich die Ascosporen. Man nimmt weiterhin an, daß die Umwandlung der Polysaccharide zu Zuckern mit niedrigerem Molekulargewicht zu einer erhöhten osmotischen Konzentration des Ascussaftes führt. Der Ascus nimmt dann noch mehr Wasser auf. Dadurch erhöht sich der Turgor, so daß sich der Ascus streckt. Ingold (1939) schätzt den osmotischen Druck der Ascusflüssigkeit bei *Ascobolus furfuraceus* (= *A. stercorarius*) auf ungefähr 10–13 bar und für *Sordaria fimicola* auf 10–30 bar (Ingold, 1966a). Bei dem letztgenannten Pilz findet sich im Ascussaft reichlich Glucose. Der Glucosegehalt ist aber unbedeutend gegenüber den gesamten löslichen Substanzen; der Rest besteht aus Salzen. In vielen Fällen sind die Asci von dichtgepackten Geweben in Form von Paraphysen, Pseudoparaphysen oder anderen Asci umgeben, so daß sie nicht seitwärts, sondern langgestreckt wachsen müssen. Bei den Becherpilzen oder Discomycetes überragen die Spitzen der Asci das Hymenium. Die Ascusspitzen sind meist phototrop. Wenn die Ascusspitze durch Druck aufbricht, werden die Sporen in einem Flüsigkeitstropfen, dem Ascussaft, herausgeschleudert. In dieser Gruppe können zahlreiche Asci simultan entleert werden, so daß man Wolken von Ascosporen erkennen kann. Bei einigen Discomycetes (z. B. Pezizales) ist die Ascusspitze von einer Kappe oder Operculum bedeckt. Dieses wird durch das explosionsartige Aufplatzen des Ascus von der Spitze weggeschleudert. Bei anderen Discomycetes (z. B. Helotiales) ist die Ascusspitze jedoch durch einen Porus perforiert. In diesem Falle gibt es kein Operculum. Diese zwei Ascustypen nennt man entsprechend operculat und inoperculat. Das Operculum ist ein wichtiges Klassifikationsmerkmal.

Bei den Pyrenomycetes sind die Asci von einem Hohlraum umschlossen. Dieser öffnet sich nach außen mit einem schmalen Porus, der Ostiole. Ein reifender Ascus streckt sich und nimmt einen bestimmten Raum in der Ostiole ein. Der Ascus wird oft von Wandschichten aus Haaren, den Periphysen, in seiner Stellung gehalten. Im Gegensatz zu der vorher besprochenen Gruppe entleeren sich die Asci nicht simultan, sondern sukzedan.

Die Asci der Pyrenomycetes sind niemals operculat. Viele Gruppen haben einen typischen Apikalapparat, dessen Struktur bei der Klassifikation eine wichtige Rolle spielt (Chadefaud, 1973). Unterschiedliche Anfärbungen der Apikalstrukturen lassen eine scheinbar große Mannigfaltigkeit erkennen. Auf elektronenmikroskopischen Aufnahmen sind solche komplexen Strukturen jedoch nicht zu erkennen (Greenhalgh und Evans, 1967; Reeves, 1971; Griffiths, 1973; Beckett und Crawford, 1973). Viele Pyrenomycetes besitzen einen apikalen Ring oder Anulus (Abb. 130), der sich mit Jod blau anfärbt (z. B. bei *Xylaria* und den nahen Verwandten) oder auch nicht (z. B. bei *Sordaria*). Wenn der Ascus sich entleert, stülpt sich der apikale Ring nach außen um (Abb. 130 B). Man nimmt an, daß die Ascosporen durch den Druck des apikalen Ringes herausgedrückt und weggeschleudert werden.

Der Ascus kann aus einer einzelnen (**unitunicaten**) oder einer doppelten (**bitunicaten**) Wand bestehen. Dies ist ein wichtiges taxonomisches Merkmal. Bitunicate Asci sind charakteristisch für die Loculoascomycetes (Luttrell, 1973). Chadefaud (1960) behauptet, daß es im allgemeinen nur doppelte Ascuswände gibt; dies wird aber nicht durch elektronenmikroskopische Untersuchungen bestätigt.

Mit bestimmten Fixierungsmethoden vor der Einbettung für die elektronenmikroskopische Untersuchung kann man Schichten mit unterschiedlicher Dichte bei unitunicaten Asci unterscheiden. Die Schichten lassen sich jedoch wahrscheinlich auf eine unterschiedliche Anordnung der Mikrofibrillen, die die Ascuswand aufbauen, zurückführen (Reeves, 1971). Bei bitunicaten Asci gibt es zwei voneinander getrennte Wandschichten. Die äußere nennt man **Ectoascus** oder **Ectotunica**, die innere **Endoascus** oder **Endotunica**. Die Entwicklung eines bitunicaten Ascus erfolgt in zwei Schritten vor der Ascosporenbildung: Während des ersten wächst die Ascusinitiale, außerdem dehnt sich die Ascusmutterzelle aus. Während des zweiten legt sich eine sekundäre Wandschicht, d. h. die Endotunica, auf die primäre Wand (Ectotunica). Beide Schichten bestehen aus Mikrofibrillen, die in eine amorphe Matrix eingebettet sind und sich nur in der Anordnung dieser Fibrillen unterscheiden (Reynolds, 1971). Die äußere Wand ist verhältnismäßig starr und nicht dehnbar. Wenn sich der Ascus ausdehnt, zerreißt die äußere Wand entweder seitlich oder an der Spitze (siehe Abb. 214–217). Die innere Wand dehnt sich aus bevor der Ascus aufbricht. Bei einigen Formen (z. B. *Cochliobolus sativus*) kann der Endoascus zerfallen und hat anscheinend bei der Sporenfreisetzung keine Funktion mehr (Shoemaker, 1955). Diese Behauptung muß noch bestätigt werden. An *C. cymbopogonis* haben El Shafie und Webster (1980) gezeigt, daß der Endoascus unvollständig ist. Er besitzt eine fingerhutähnliche Kappe, welche über den umgebogenen Spitzen der miteinander verflochtenen Ascosporen sitzt, die durch den Peritheziumhals schlüpfen.

Die explosionsartige Freisetzung der Ascosporen erfolgt scheinbar simultan. Tatsächlich werden die Sporen meist einzeln und räumlich getrennt durch die Ascuspore entlassen. Ingold und Hadland (1959a) zeigten dies sehr zutreffend, indem sie eine durchsichtige Scheibe über eine sporulierende Kultur von *Sordaria* drehten. Der Ascusinhalt befindet sich dann so auf der Scheibe, wie er ausgeschleudert wurde. Man erkennt verschiedene Muster der Sporenanhäufung und -vereinzelung. Obwohl die 8 Sporen bei vielen Asci eindeutig voneinander getrennt sind, gibt es auch die Möglichkeit daß die Sporen zusammenkleben. Durch Abstandsmessungen der abgeschleuderten Ascosporen und der Rotationsgeschwindigkeit der Scheibe kann man auf die Geschwindigkeit der Ascosporenfreisetzung schließen. Die niedrigste, durch diese Methode gemessene Geschwindigkeit betrug 736 cm/sec. Mit einer anderen Methode erhielt man einen Wert von 1078 cm/sec. Man schätzt die Zeit, die ein Ascus zur Sporenfreisetzung braucht, mit Hilfe der Drehscheibenmethode auf 0,000024 sec [5].

Zusammenklebende Ascosporen werden weiter weggeschleudert als einzelne Sporen. Bei vielen coprophilen Formen (z. B. *Ascobolus*, *Saccobolus*, *Podospora*) können die Sporen durch schleimige Sekrete zusammengehalten werden, so daß sie bis zu 30 cm weit wie bei *Ascobolus immersus* und *Podospora fimicola* fortgeschleudert werden können.

---

5 In der Originalveröffentlichung ist ein Rechenfehler enthalten, wodurch sich ein Wert von 366 cm/sec ergibt. Die Zeit zur Entleerung des Ascus wird ebenfalls falsch mit 0,000048 sec angegeben.

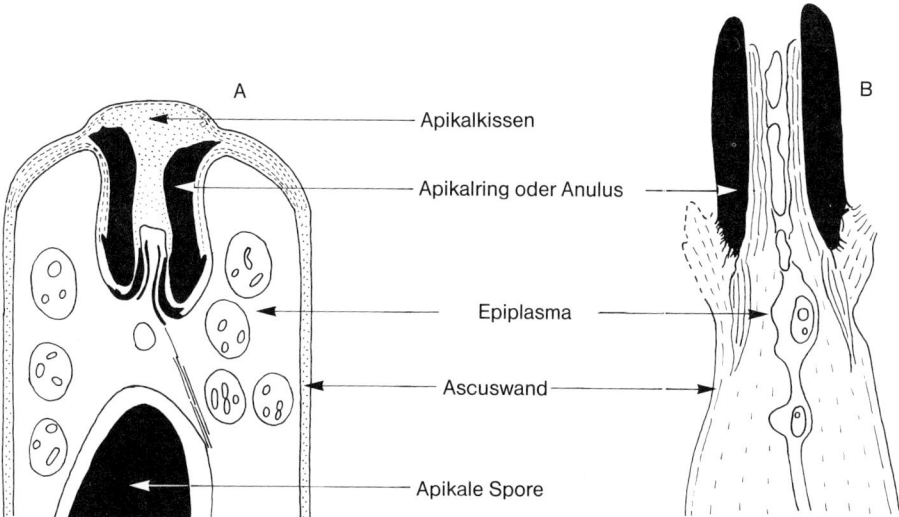

Abb. 130 A, B. *Xylaria longipes.* Feinstruktur der Ascusspitze (nach Beckett und Crawford, 1973). **A** Längsschnitt, Ascus mit apikalem Ring vor der Sporenfreisetzung; **B** Längsschnitt, Ascus mit ausgestülptem apikalen Ring nach der Sporenfreisetzung

Einzelne Ascosporen werden unterschiedlich weit fortgeschleudert, im allgemeinen ungefähr 1–2 cm. Bei einer simultanen Abschleuderung kann sich dieser Wert noch erhöhen.

Bei einigen Ascomycotina werden die Sporen nicht weggeschleudert; in diesem Falle sind die Asci meist kugelig anstatt zylindrisch. Asci dieses Typs findet man bei den Endomycetales und Eurotiales. Bei *Ceratocystis* platzen die Asci auf und bilden eine klebrige Sporenmasse, die an der Spitze des langgestreckten Fruchtkörperhalses in Form eines Tropfens erscheint (*Chaetomium*). Ascomycotina mit unterirdischen Fruchtkörpern (z. B. Tuberales) entlassen normalerweise die Ascosporen nicht aktiv. Die Sporen werden dadurch verbreitet, daß die Fruchtkörper von Nagetieren gefressen werden.

Fruchtkörpertypen

Bei Hefen und verwandten Pilzen (Endomycetales) sind die Asci nicht von Hyphen umgeben, während sie bei den meisten Ascomycotina von Hyphen umwachsen sind, die ein Ascokarp bilden. Die Form des Ascokarps ist sehr unterschiedlich. Bei *Gymnoascus* besteht das Ascokarp nur aus verzweigten, lockeren Hüllhyphen. Bei Arten von *Aspergillus* und *Penicillium*, die Ascokarpien ausbilden, und bei den Erysiphales sind die Asci in einem kugeligen Fruchtkörper eingebettet, der keine besondere Öffnung aufweist. Solche Ascokarpien nennt man **Kleistokarpien** (geschlossene Fruchtkörper) oder **Kleistothezien.** Bei den Becherpilzen (z. B. Pezizales und Helotiales) werden die Asci in offenen, untertassenförmigen Ascokarpien gebildet. Aus den reifen Ascokarpien ragen die Ascusspitzen frei heraus. Solche Fruchtkörper nennt man **Apothezien.** Die Pyrenomycetes (Sphaeriales und Hypocreales) besitzen **Perithezien,** flaschenförmige Fruchtkörper mit Porus oder

Ostiole als Öffnung. Die Perithezienwand wird von sterilen Zellen, den Hüllhyphen, gebildet. Der Ascus dieser Gruppen ist unitunicat. Die Loculoascomycetes (z. B. Pleosporales) haben perithezienähnliche Ascokarpien mit bitunicaten Asci. Solche Fruchtkörper nennt man eigentlich **Pseudothezien,** da sie anders entstehen als die Perithezien, obwohl der letztgenannte Begriff manchmal die Pseudothezien mit einschließt.

Ascokarpien können entweder einzeln oder auch oft in Büscheln zusammen entstehen. Bei vielen Pyrenomycetes sitzen die Perithezien auf einer Gewebemasse, die **Stroma** genannt wird (z. B. *Nectria cinnabarina*) oder sie sind so darin eingebettet, daß nur noch die Ostiolen sichtbar sind (Beispiele gibt es bei den Xylariaceae und den Clavicipitaceae).

Eine Übersicht der Fruchtkörperformen bei Ascomycetes findet man bei Booth (1966 b).

Konidien der Ascomycetes

Während sich einige Ascomycetes nur mit Hilfe von Ascosporen vermehren, haben andere ein oder mehrere Konidienstadien. Die Erkenntnis, daß die Ascomycetes pleiomorph sind, stammt von den Brüdern Tulasne, die in ihrem umfangreichen Werk *Selecta Fungorum Carpologie* (1861–1865) die Verbindungen der perfekten (d. h. ascosporen) und imperfekten (mit Konidien) Stadien vieler Ascomycetes beschrieben und ihre Ergebnisse in ausgezeichneten Abbildungen darstellten, die bisher in ihrer Genauigkeit und Ausführlichkeit unerreicht sind. Die Beweise für die Gemeinsamkeiten können jedoch irreführend sein. Die von Brefeld und anderen Mykologen angewandte Reinkulturtechnik zeigte als Ergebnis eindeutig perfekte und imperfekte Stadien. Die Form des Konidienapparates ist manchmal ein Mittel, um Verwandtschaftsbeziehungen aufzuzeigen (Tubaki, 1958). Die Konidien vieler Eurotiales und Hypocreales sind z. B. Phialosporen und es besteht eine starke Ähnlichkeit zwischen den Konidien der Erysiphales. Solche Verallgemeinerungen sind jedoch gefährlich, weil morphologisch ähnliche Konidien zu den verschiedensten Gruppen von Pilzen gehören können (man vergleiche die *Monilia*-Konidien von *Neurospora crassa*, einem Vertreter der Sphaeriales (Abb. 170 D), mit denen von *Sclerotinia fructigena*, einem Vertreter der Helotiales (Abb. 193 D). Die Konidien unterscheiden sich auch häufig durch einen unterschiedlichen Verbreitungsmodus von den Ascosporen. Die Konidien von *Nectria cinnabarina* werden z. B. durch Regentropfen, die Ascosporen dagegen vom Wind verbreitet. Die Voraussetzungen, unter denen die Ascosporen und Konidien gebildet werden, können ebenfalls sehr unterschiedlich sein. Die Konidien entstehen meist nach der Infektion eines neuen Wirtes oder eines Substrates, während sich die Ascosporen später entwickeln. Die Lebensfähigkeit der Ascosporen und der Konidien ist normalerweise sehr unterschiedlich, denn die Konidien sind verhältnismäßig kurzlebig.

Klassifizierung der Ascomycotina (Ascomycetes)

Die Mykologen haben sehr unterschiedliche Aufassungen über die Klassifizierung der Ascomycetes. Die Problematik wird von Miller (1949), Luttrell (1951), von Arx und Müller (1954) und Müller und von Arx (1962) besprochen. Meine Darstellung folgt dem von Ainsworth (1973) vorgeschlagenen System.

Schlüssel zu den Klassen der Ascomycotina

1 Ascokarpien und ascogene Hyphen fehlen; Thallus myzelartig oder hefeähnlich
   . . . . **Hemiascomycetes** (S. 249)
   Ascokarpien und ascogene Hyphen vorhanden; Thallus myzelartig   2
2 Asci bitunicat; Ascokarp als Ascostroma   . . . . . . **Loculoascomycetes** (S. 368)
   Asci typischerweise unitunicat; wenn bitunicat, dann Ascokarp als Apothezium   3
3 Ascuswand verschwindet zeitweise, innerhalb des geschlossenen Ascokarps verstreut
   liegend, typisches Kleistothezium: Ascosporen nicht septiert **Plectomycetes** (S. 266)
   Asci sind regelmäßig als basale oder periphere Schicht innerhalb des Ascokarps
   angeordnet   4
4 Exoparasiten auf Arthropoden; Thallus verkleinert; Ascokarp als Perithezium: Asci
   inoperculat . . . . **Laboulbeniomycetes** [6]
   Keine Exoparasiten auf Arthropoden   5
5 Ascokarp typischerweise ein Perithezium, welches gewöhnlich eine Ostiole besitzt
   (wenn keine Ostiole, dann verschwinden die Ascuswände nicht); Asci inoperculat
   mit einer apikalen Pore oder einem Schlitz   . . . . **Pyrenomycetes** (S. 296)
   Ascokarp ist ein Apothezium oder ein modifiziertes Apothezium, häufig makro-
   karp, epigäisch oder hypogäisch; Asci inoperculat oder operculat
   . . . . **Discomycetes** (S. 339)

Hemiascomycetes

Die Hemiascomycetes unterscheiden sich von anderen Asomycetes durch das Fehlen eines Ascokarps, d.h. einer sterilen Zellschicht um die Asci. Die Asci werden nach der Karyogamie einzeln gebildet und entstehen nicht aus ascogenen Hyphen. Diese Gruppe umfaßt drei Ordnungen (Martin, 1961): die Protomycetales, Endomycetales und Taphrinales. Die Protomycetales parasitieren auf höheren Pflanzen und bilden die Sporen in einem Sporensack oder Synascus, der mit mehreren Asci äquivalent ist. Diese Gruppe wird nicht weiter besprochen (siehe Kramer, 1973). Die Endomycetales umfassen eine Reihe von Hefen und verwandten Formen mit Myzelien, sie leben meist saprophytisch. Die Taphrinales parasitieren auf Gefäß-pflanzen und sind als Erreger der verschiedensten Krankheiten, wie z.B. Blatt-kräuselungen, Hexenbesen und Erkrankungen der Früchte bekannt. Diese zwei Ordnungen unterscheiden sich wie folgt:
   a) Die Zygote ist eine einzelne Zelle, aus der unmittelbar ein Ascus entsteht; das Myzel fehlt manchmal. Meist saprophytisch   . . . .   **Endomycetales**
   b) Die Hyphen tragen endständige Chlamydosporen oder ascogene Zellen, von denen jede einen einzelnen Ascus bildet, und eine weitläufige, hymeniumähnliche Schicht auf oft modifizierten Wirtsgeweben. Parasiten auf Gefäßpflanzen
   . . . . **Taphrinales**

---

6 Diese Gruppe wird nicht weiter besprochen (siehe Benjamin, 1973).

Endomycetales

Diese Gruppe von Pilzen, die manchmal auch unter dem Namen Saccharomycetales bekannt ist, hat wegen ihrer ascosporenbildenden Hefen (z. B. *Saccharomyces* und *Schizosaccharomyces*) eine besondere wirtschaftliche Bedeutung. Diese Pilze werden zur alkoholischen Gärung und zur Brotherstellung benutzt. Beide Gattungen bilden gewöhnlich kein typisches Myzel, sondern leben als einzelne Zellen, die sich durch Knospung oder Teilung vermehren. Es gibt jedoch verwandte Formen mit einem Myzel (z. B. *Eremascus*). Bei zahlreichen hefeähnlichen Organismen sind Ascosporen bisher nicht gefunden worden. Einige dieser Formen sind möglicherweise 'imperfekte' Hefen, z. B. solche, die die Fähigkeit zur sexuellen Fortpflanzung verloren haben, oder es kann sich um haploide Stämme diözischer Hefen handeln. Diese asporogenen Hefen umfassen solche Gattungen wie z. B. *Cryptococcus, Torulopsis, Pityrosporum* und *Candida*. Einige dieser Gattungen sind menschliche und tierische Krankheitserreger.

Eine taxonomische Darstellung der Hefen verfaßten Lodder (1970) und Kreger van Rij (1973), Schlüssel dazu gibt es von Barnett und Pankhurst (1974). Weitere allgemeine Darstellungen zur Biologie der Hefen gibt es von Ingram (1955), Cook (1958), Reiff et al. (1960), Phaff et al. (1966) und Rose und Harrison (1969–1970). Die Klassifikationen der Autoren unterscheiden sich lediglich in Einzelheiten. Kreger-van Rij (1973) unterscheidet vier Familien, hier beziehen wir uns nur auf zwei, die Endomycetaceae und Saccharomycetaceae.

Endomycetaceae

Zu dieser Gruppe gehören *Schizosaccharomyces, Endomyces* und *Eremascus.* Eine neuere Darstellung zur Taxonomie dieser Familie stammt von Redhead und Malloch (1977).

Schizosaccharomyces (Abb. 131)

Von *Schizosaccharomyces* sind vier Arten bekannt (Slooff, 1970). *S. japonicus* var. *versatilis* wurde aus Grapefruitsaft-Konserven isoliert und ist deshalb interessant, weil dieser Pilz sowohl hefeähnlich wachsen als auch ein Myzel bilden kann (Wickerham und Duprat, 1945). Die beiden bekanntesten Arten sind *S. pombe* und *S. octosporus*. *S. pombe* wird zur Herstellung des afrikanischen Hirsebiers und des javanischen Araks benutzt. Dieser Pilz wurde aus Zuckermolasse und auch aus Grapefruitsaft isoliert und wird häufig für genetische und zellbiologische Untersuchungen benutzt (Leupold, 1970; Flores de Cunha, 1970; Mitchison, 1970; Gutz et al. 1974). Beide Arten wachsen gut in flüssigen und auf festen Medien (wie zu. B. Malz-Extrakt-Agar). Bei 25 °C entwickeln sich in drei Tagen reife Asci. Einzelne Zellen sind kugelig bis zylindrisch, einkernig und haploid. Vor der Zellteilung erfolgt eine intranukleäre Mitose. Am Ende der Einschnürungsphase wird der Kern hantelförmig (Conti und Naylor, 1959; McCully und Robinow, 1971). Die Teilung der Zelle in zwei Tochterzellen erfolgt durch ein zentripetal gebildetes und das Plasma teilendes Septum (Johnson et al. 1973). Die zwei Tochterzellen können eine

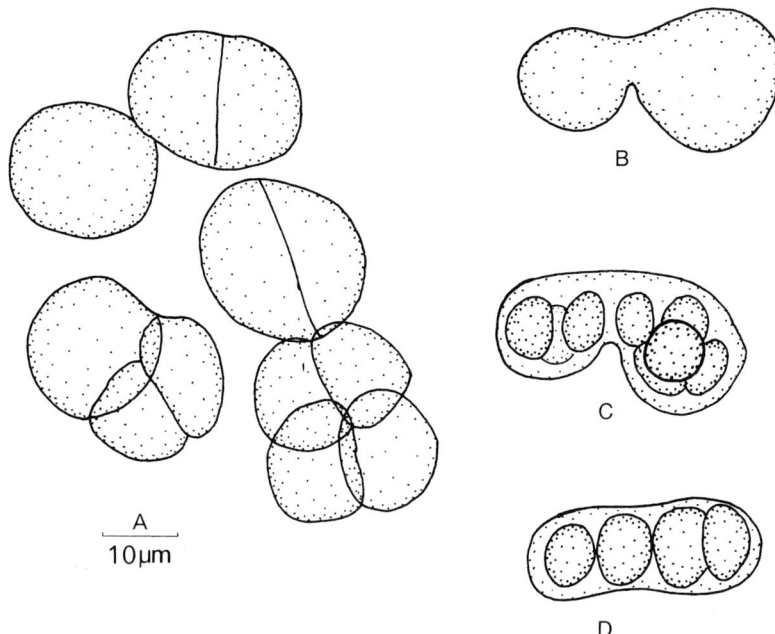

Abb. 131 A–D. *Schizosaccharomyces octosporus.* **A** Vegetative Zellen mit Querteilungen; **B** Zellfusion; **C** Achtsporiger Ascus; **D** Viersporiger Ascus

Zeitlang zusammenbleiben oder sich durch Auflösen einer Schicht in der Mitte des Septums trennen. Die Arten von *Schizosaccharomyces* nennt man wegen ihrer Zellteilung Spalthefen, im Gegensatz zu den Zellen von *Saccharomyces,* die sich durch Einschnürung vermehren. Vor der Ascusbildung erfolgt bei *Schizosaccharomyces* eine Kopulation (= Sproßhefen). *S. octosporus* ist monözisch, sehr oft fusionieren benachbarte Tochterzellen miteinander. *S. pombe* kann monözisch oder diözisch sein (Leupold, 1970; Gutz und Doe, 1975). Wenn Zellen verschiedenen Kreuzungstyps in einer Flüssigkultur wachsen, erfolgt eine sexuelle Agglutination. Man erkennt dies an der Zellverklumpung, die zur Ausflockung der Kultur führt (Egel, 1971; Calleja und Johnson, 1971). Die Cytologie dieses Vorgangs wurde von Widra und Delamater (1955) mit dem Lichtmikroskop und von Conti und Naylor (1960) und Yoo et al. (1973) mit Hilfe des Elektronenmikroskopes erneut untersucht. Zwei Zellen berühren sich mit der Zellwand. Bei den fusionierten Zellen handelt es sich oft um Tochterzellen. In der Mitte der Berührungszone entsteht ein Porus. Dieser vergrößert sich und bildet einen Konjugationskanal (Abb. 131). Während dieses Vorgangs wandern die haploiden Kerne der beiden Zellen aufeinander zu und fusionieren. Der so entstandene diploide Kern streckt sich und kann dabei eine halbe Ascuslänge erreichen. Er teilt sich dann durch Einschnürung (Meiose I). Die Kernmembran bleibt während des Teilungsvorgangs erhalten. Die zwei Tochterkerne wandern zu den entgegengesetzten Enden des Ascus und teilen sich wieder (Meiose II). Eine anschließende Mitose führt zu 8 haploiden Kernen, so daß schließlich 8 Ascosporen entstehen. Diese werden nach Auflösen der Ascuswand freigesetzt. Viersporige Asci kommen ebenfalls vor. *Schizosaccharomyces* ist ein

Abb. 132 A, B. *Schizosaccharomyces* und *Sac-*
charomyces: Entwicklungszyklen

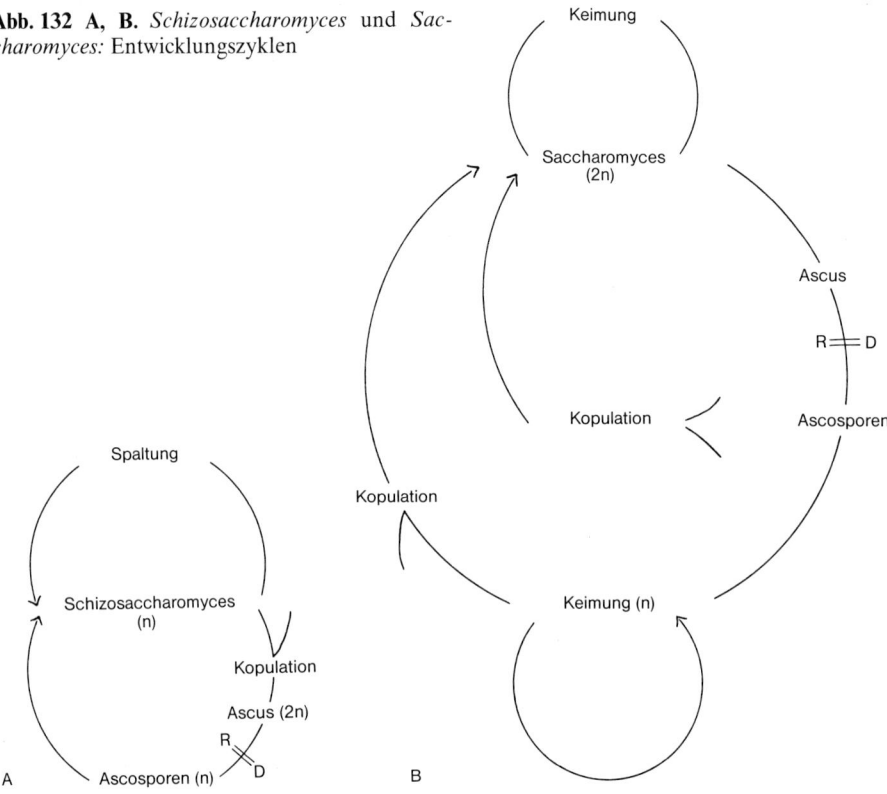

Haplont, dessen haploide, vegetative Zellen fusionieren und dan Asci bilden, die die
einzigen diploiden Zellen darstellen. Die Meiose im Ascus stellt den haploiden
Zustand wieder her (Abb. 132 A). Abweichungen und Veränderungen kommen bei
S. japonicus var. *versatilis* und *S. pombe* vor. Hier gibt es vor der Ascosporenbil-
dung während des diploiden Stadiums eine begrenzte Zygotenteilung (Suminoe und
Dukmo, 1963). Es ist so möglich, diploide Stämme zu selektionieren.

Physikalische und chemische Untersuchungen der Zellwand von *Schizosaccharo-*
myces ergaben, daß sie im wesentlichen aus zwei Glucanarten und Galaktomannan
aufgebaut ist. Bei wachsenden Zellen von *S. octosporus* konnte man in Anwesenheit
von Magnesiumsulfat und 2-Deoxy-D-Glucose (beeinträchtigt wahrscheinlich die
Phosphorylierung von Zuckern zu Glucan) die Bildung von zellwandreien Protoplasten induzieren, die sich durch Sprossung vermehren (Berliner, 1971). Die
Sporenwände ergeben mit Jod eine blaue Reaktion. Die Zellwand wächst nur an
einem Ende der Zelle, und zwar am gegenüberliegenden Ende der Teilungsnarbe
(MacLean, 1964). Die Zellen von *Schizosaccharomyces* zeigen eine relativ geringe
Alkoholtoleranz (etwa 5–7%), eine wichtige Eigenschaft der Hefen, die bei der
Fermentation benutzt werden (Gray, 1941; Ingram, 1955). Im Gegensatz dazu
können viele Weinhefen sehr viel höhere Alkoholkonzentrationen vertragen (bis zu
12%).

Abb. 133 A–E. *Endomyces geotrichum.* **A** Vegetative Hyphenspitze. Die zwei seitlichen Verzweigungen am unteren Ende sind sich entwickelnde Konidiophoren; **B** Konidiophore während der Entwicklung und Trennung der Arthrokonidien; **C** Gametangien, die sich als seitlich Hyphenanschwellungen an beiden Seiten des Septums bilden; **D** Fusion der Gametangien zu Asci. In einem Ascus ist schon eine einzelne Ascospore ausgebildet; **E** Reife Asci, die jeweils eine einzige Ascospore enthalten

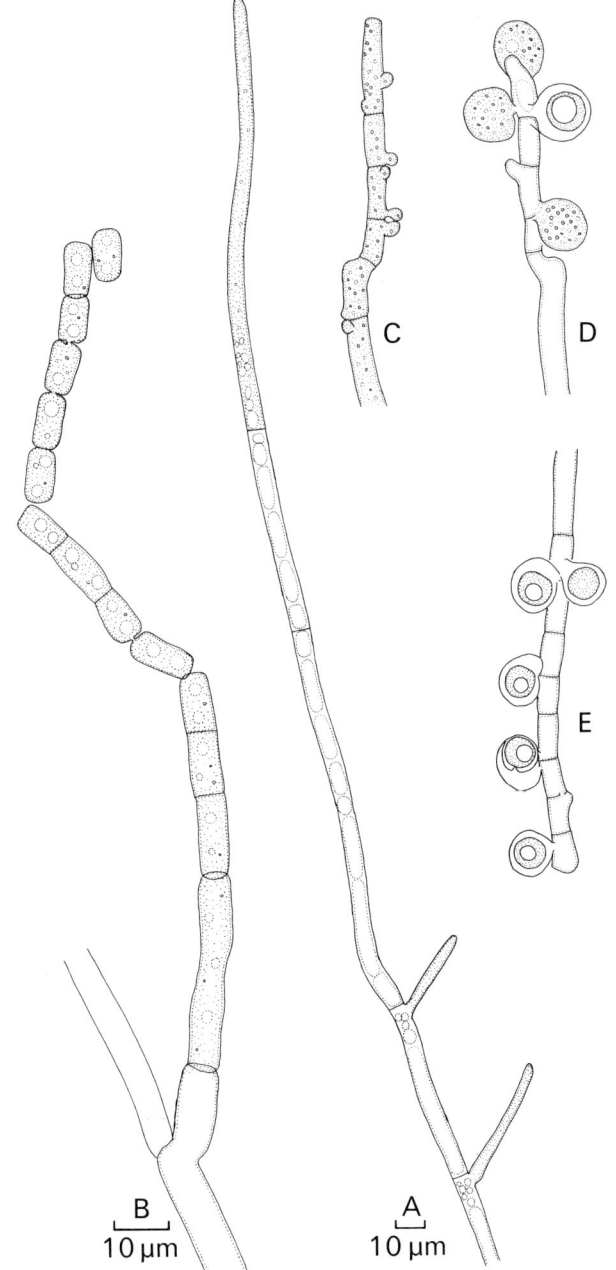

B
⌐ ⌐
10 µm

A
⌐ ⌐
10 µm

Endomyces (Abb. 133)

Diese Gattung bildet ebenso wie *Schizosaccharomyces* ein Myzel aus, das in Segmente zerfällt (siehe Abb. 133). Die bekannteste Art ist *E. geotrichum* (*Galactomyces geotrichum* bei Redhead und Malloch, 1977). In der Konidienphase ist dieser Pilz auch bekannt als *Geotrichum candidum,* ein ubiquitärer Schimmelpilz, der häufig im Erdboden, in Milchprodukten, Abwaser und anderen Substraten zu finden ist. Einige Stämme leben saprophytisch oder pathogen im menschlichen Darm oder in der Lunge (Carmichael, 1957), während andere als Pflanzenpathogene bekannt sind, z. B. auf Zitronen, Tomaten und Melonen (Butler, 1960; Butler et al. 1965). Der Pilz läßt sich sehr leicht kultivieren, er bildet derbe Hyphen mit feineren Spitzenverzweigungen. Die vegetativen Zellen enthalten 1–4 Kerne.

E. geotrichum wurde während des Myzel- oder Konidienstadiums mehrfach morphologisch (z. B. Steele und Fraser, 1973 a, b), morphogenetisch und wachstumskinetisch untersucht (Literatur bei Robinson und Smith, 1976). Es gibt zwei Verzweigungsarten, eine pseudodichotome in der Nähe der Spitze und eine seitliche Verzweigung direkt hinter einem Septum. Aus diesen seitlichen Verzweigungen entwickeln sich Konidien (Abb. 133 A, B). Es ist nicht leicht, Konidiophoren von vegetativen Hyphen zu unterscheiden. Vor der Konidienbildung stoppt das Spitzenwachstum einer Hyphe und in der Spitzenregion werden zweischichtige Septen angelegt. Eine Trennung der beiden Schichten bei der Öffnung der Septen führt zu einer Abschnürung der hinteren Hyphenteile zu zylindrischen Segmenten, die *Arthrosporen* oder *Arthrokonidien* genannt werden (Cole und Kendrick, 1969 c; Kendrick, 1971 b). Die übermäßig vielen Konidien geben den Kulturen ein schleimiges Aussehen. Das perfekte Stadium von *E. geotrichum* ist seltener anzutreffen (Butler und Petersen, 1972). Dieser Pilz ist monözisch, mutiert aber zu selbststerilen Formen, die sich kreuzen und Asci bilden. Bei monözischen Formen entstehen die Gametangien paarig auf jeder Seite eines Septums, und zwar auf den derben Haupthyphen oder auf den kurzen Seitenverzweigungen (Abb. 133 C–E). Die Gametangiogamie führt zu einer kugeligen Zelle, aus der sich unmittelbar ein Ascus entwickelt. Dieser enthält nur eine einzige Ascospore mit zwei Wänden, einer glatten Innen- und einer gefurchten Außenwand. Bei diözischen Rassen entwickelt sich der einsporige Ascus nach Konjugation von Hyphenspitzen kurzer Seitenverzweigungen. Die Ascosporen enthalten 1–2 Kerne und keimen zu monözischen Stämmen aus. Es ist nicht bekannt, ob eine Meiose stattfindet. Nach Butler und Petersen (1972) umfaßt *Geotrichum candidum* eine ganze Gruppe von imperfekten Pilzen, für die es mehr als nur ein sexuelles Stadium gibt. *Endomyces reessii* bildet Konidien, die man im Grunde genommen nicht von den Konidien von *E. geotrichum* unterscheiden kann. Die ursprünglich aus dem Schleimfluss von Bäumen isolierte *Endomyces magnusii* besitzt viersporige Asci, die durch Konjugation von Seitenverzweigungen entstanden sind.

Eremascus (Abb. 134)

Zwei Arten von *Eremascus, E. albus* und *E. fertilis,* sind bekannt. Sie wachsen auf zuckerhaltigen Substraten (wie z. B. schimmeliger Marmelade). Einige Stämme von *E. albus* wurden jedoch von Senfpulver isoliert. Nach Harrold (1950) wachsen beide

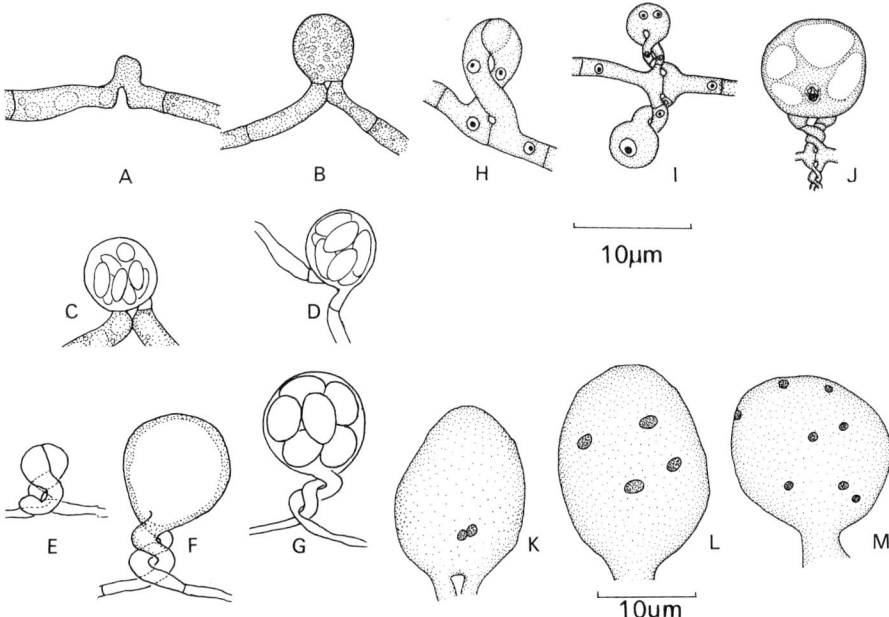

Abb. 134 A–M. *Eremascus.* **A–D** *E. fertilis,* Entwicklungsstadien der Asci; **E–G** *E. albus,* Entwicklungsstadien der Asci. Man erkennt die gebogenen Gametangien und die kugeligen Ascosporen von *E. albus;* **H–M** *E. albus,* Verhalten des Kerns während der Ascusbildung (nach Harrold, 1950); **H** Einkernige Gametangien; **I** Plasmogamie und Karyogamie; **K–M** Kernteilungen vor der Ascosporenbildung

Arten am besten auf Medien mit hohem Zuckergehalt (z. B. 40% Saccharose) und nicht so gut bei hoher Luftfeuchtigkeit. Das reife Myzel besteht aus einkernigen Segmenten. Beide Arten sind monözisch. Auf jeder Seite des Septums entstehen kurze, gametangienartige Verzweigungen, die an ihrer Spitze angeschwollen sind und sich bei *E. albus* umeinanderwinden. Die gametangienartigen Spitzen bei *E. albus* sind gewöhnlich einkernig. Nach dem Auflösen der Wand erfolgt Plasmogamie und Karyogamie. Anschließend findet eine Meiose und eine Mitose statt (Delamater et al. 1953), so daß schließlich 8 Kerne vorhanden sind. Nach Einschluß von Cytoplasma entstehen danach einkernige Ascosporen (Abb. 134 M). Diese werden nach Auflösung der Ascuswand passiv verbreitet. Bei der Keimung bildet sich zuerst ein vielkerniger Keimschlauch. Durch Bildung von Septen wird der einkernige Zustand wiederhergestellt.

Saccharomycetaceae

Saccharomyces (Abb. 135–137)

Man unterscheidet ungefähr 40 Arten von *Saccharomyces* (van der Walt, 1970a). Die bekannteste Art ist jedoch *S. cerevisiae,* deren Rassen zur Herstellung von Bier und Wein und zum Backen verwendet werden. In der Natur findet man *S. cere-*

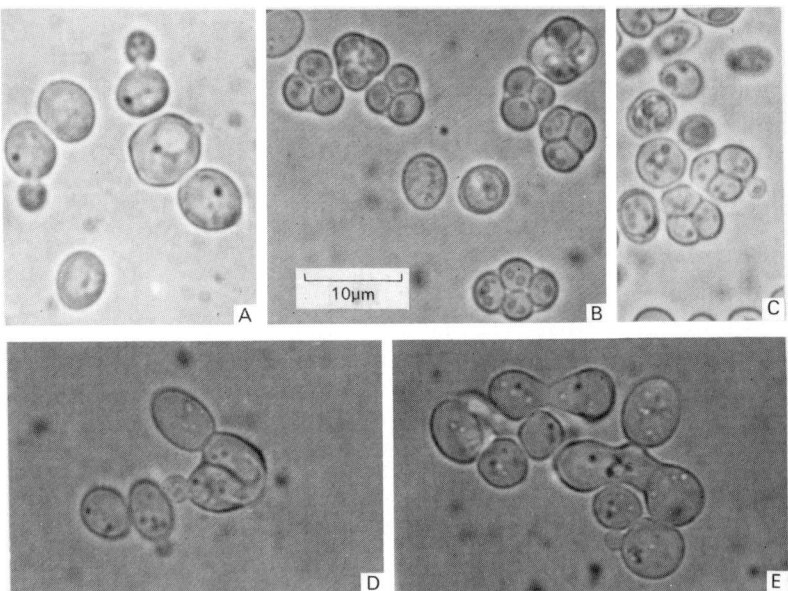

Abb. 135 A–E. *Saccharomyces cerevisiae.* **A** Vegetative Hefezellen (diploid) mit Sprossungen und Sprossungsnarben. Man erkennt deutlich die Vakuole; **B** Hefeasci, die meist vier Sporen enthalten, manchmal sind aber nur drei Sporen sichtbar; **C** Ascus mit sprossender Ascospore; **D** Ascus, in dem zwei Sporen nach Fusion sprossen; **E** Zwei fusionierende Ascosporen (oben links) und zwei fusionierte Ascosporen, die eine diploide Sproßzelle bilden (rechts)

visiae auf reifen Früchten. Die wirtschaftliche Bedeutung der Hefen hat eine umfangreiche Literatur zur Cytologie, Genetik, Ökologie, Ernährungsphysiologie und zur Technologie der Hefe zur Folge (siehe Rose und Harrison, 1969–1970).

Die Zellen von *S. cerevisiae* sind elliptisch und ungefähr $6–8 \times 5–6$ µm groß. Unter geeigneten Bedingungen vermehren sie sich durch Sprossung (Abb. 135 A, 136). Ihre verhältnismäßig geringe Größe erschwert die Untersuchung der Feinstruktur mit Hilfe des Lichtmikroskopes. Jedoch führten elektronenmikroskopische Untersuchungen von Dünnschnitten und durch Gefrierätzung hergestellte Präparate mit zusätzlichen chemischen Analysen der Zellwände und Zellinhalte zu einem klareren Verständnis der Feinstruktur der Hefe (Matile et al. 1969). In Zellen mit dicken Wänden kann man drei Schichten unterscheiden. In dünnwandigen Zellen sind sie jedoch weniger gut sichtbar. Die drei Schichten unterscheiden sich hauptsächlich durch ihre chemische Zusammensetzung. Die äußere Schicht besteht in erster Linie aus Mannaprotein und Chitinen. Die mittlere Schicht besteht größtenteils aus Glucan (Hefezellulose), während die innere Schicht aus Protein-Glucan besteht. Einige Lipide und Phosphate sind ebenfalls vorhanden. Das Glucan macht bis zu 30% des Trockengewichts der Zellwand aus und besteht aus den Polymeren von $\beta(1 \to 3)$- und $\beta(1 \to 6)$ verbundener Glucose. Der Gehalt an Mannan entspricht dem von Glucan. Es ist ein verzweigtes Polymer der Mannose mit einem Gerüst in $\alpha(1 \to 6)$ Bindung und Seitenketten in $\alpha(1 \to 2)$- und $\alpha(1 \to 3)$ Bindung. Chitin, ein Polymer des $\beta(1 \to 4)$-N-Acetyl-Glucosamin, kommt nur in geringen Mengen vor

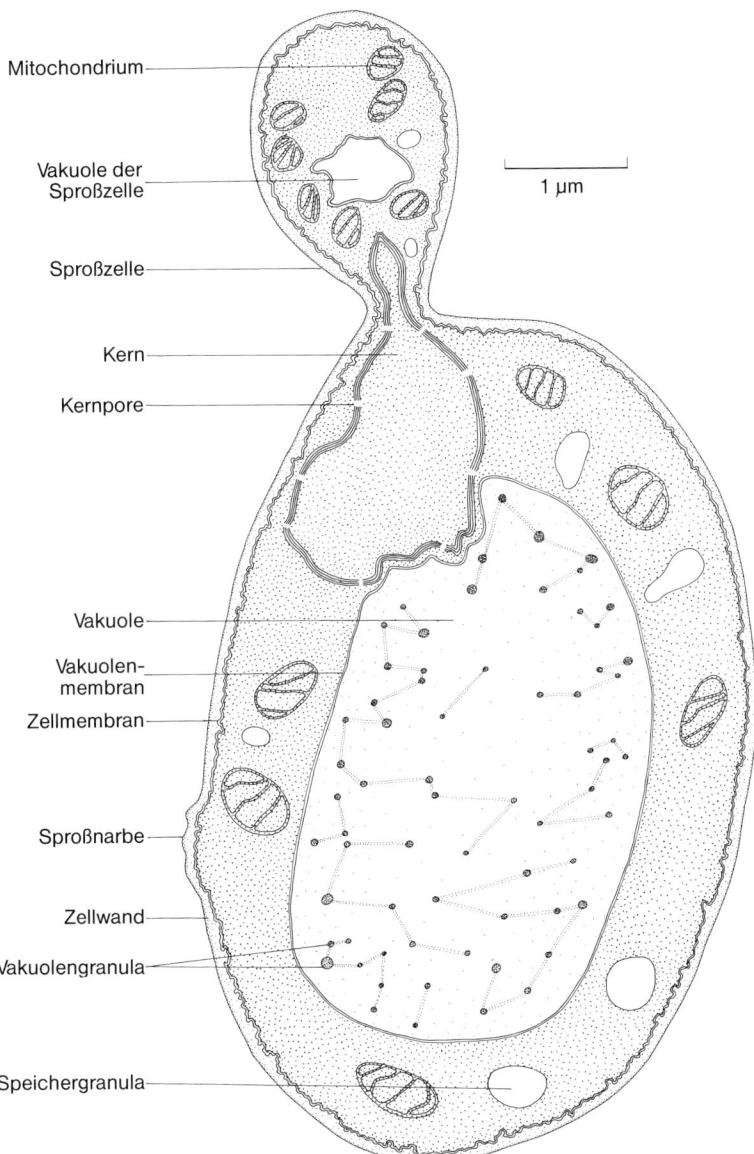

Mitochondrium

Vakuole der
Sproßzelle

1 µm

Sproßzelle

Kern

Kernpore

Vakuole

Vakuolen-
membran

Zellmembran

Sproßnarbe

Zellwand

Vakuolengranula

Speichergranula

Abb. 136. *Saccharomyces cerevisiae.* Schematische Darstellung eines Schnitts durch eine
sprossende Hefezelle (elektronenmikroskopisches Bild)

und ist besonders reichlich an den Sproßnarben zu finden (siehe unten). Der Anteil
des Proteins beträgt ungefähr 7% des Trockengewichts der Wand. Bei einigen dieser
Proteine handelt es sich um Enzyme (z. B. Invertase und andere Hydrolasen), was
durch Zellwanduntersuchungen bestätigt wurde. Das ,Skelett' der Wand besteht aus
willkürlich angeordneten Mikrofibrilen aus Chitin, Glucan und Mannan.

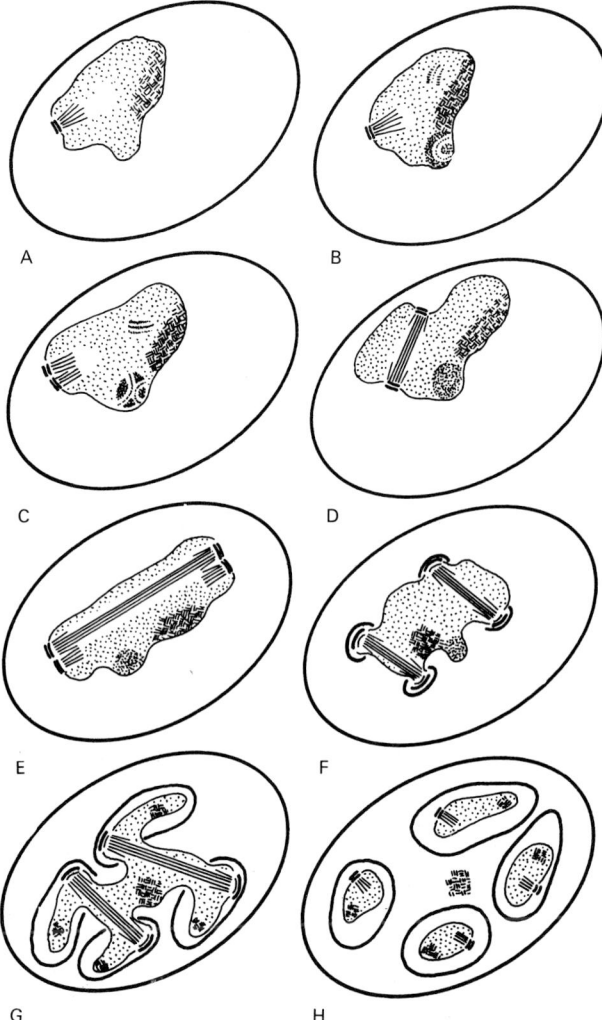

Abb. 137 A–H. *Saccharomyces cerevisiae.* Schema der Meiose und der Ascosporenbildung (von Beckett et al. 1974). **A–D** Centriolen verdoppeln sich und wandern zu den Polen des Kerns; die Kernmembran bleibt erhalten; **E–F** Erneute Verdoppelung der Centriolen; die Kernmembran bleibt erhalten. Neue Membranen, die die Ascosporen abgrenzen, bilden sich außerhalb der Centriolen; **G–H** Die Umhüllung der durch Teilung entstandenen Kerne durch die Membranen führt zur Bildung von haploiden, einkernigen Ascosporen

Die Zellmembran (Plasmalemma) entspricht der bekannten Einheitsmembran. Ungewöhnlich sind jedoch eine Reihe von flachen Vertiefungen oder Einstülpungen, so wie man sie von gefriergeätztem Material her kennt. Andere Einschlüsse in der Zelle sind denen anderer eukaryontischer Zellen ähnlich: Endoplasmatisches Retikulum, Ribosomen, Mitochondrien, Lipidgranula (Sphärosomen), Golgi-Apparate und ein Kern, der von einer perforierten Kernmembran umschlossen ist. In der Mitte einer reifen Hefezelle befindet sich eine auffällige, große Vakuole, die von einer einzigen Membran, dem Tonoplast, umgeben ist. Die Vakuole enthält wässerige Substanzen, Granula aus Polymetaphosphat und Lipid. Die Form der Mitochondrien ist sehr unterschiedlich und teilweise von den Wuchsbedingungen der Hefe abhängig. Sie können kugelig, stabförmig, fadenförmig, unverzweigt oder verzweigt sein. Unter anaeroben Bedingungen werden die Mitochondrien kleiner und degenerieren zu winzigen, kugeligen oder stabförmigen Strukturen ohne Cristae. Mutanten mit Atmungsdefekten bilden kleinere Kolonien als der Wildtyp (‚petite‘-Mutanten); die Mitochondrien weisen Nukleinsäuredefekte auf. In lebenden Hefe-zellen ist der Kern nur schwer zu erkennen. In sprossenden Hefezellen findet man ihn zwischen der Vakuole und dem Sproß. Der Kern besteht aus einem becher-förmigen Nucleolus und einem kuppelförmigem Nucleoplasma. Die Mitose erfolgt *intranucleär*, d. h. die Kernmembran bleibt während der Kernteilung erhalten. Eine intranucleäre Spindel aus Mikrotubuli erstreckt sich zwischen den beiden Pol-körpern auf den entgegengesetzten Seiten des sich teilenden Kerns (Moens und Rapport, 1971). Vegetative Zellen von *S. cerevisiae* sind diploid. Zur Chromo-somenzahl diploider Hefezellen gibt es widersprüchliche Aussagen. Nach cyto-logischen Untersuchungen ist der diploide Chromosomensatz 8 (McClary et al. 1957; Ganesan, 1959). Dies stimmt jedoch nicht mit den von Mortimer und Hawthorne (1966) postulierten 14 Koppelungsgruppen überein. Spätere Schätzun-gen weisen auf 17 Koppelungsgruppen hin (Sherman und Lawrence, 1974). Polyploide Hefen sind ebenfalls bekannt.

Bei der Sprossung der Hefezelle wandert nach einer Endomitose ein Tochter-kern zusammen mit anderen Organellen in den Sproß. Die Cytoplasmaverbindung wird durch Ablagerung von Wandmaterial geschlossen. Schließlich trennt sich der Sproß von der Elternzelle. An der vorhergehenden Anheftungsstelle ist eine Narbe erkennbar.

Die Sprosse entstehen an den Polen der Hefezellen. Möglicherweise hängt dies damit zusammen, daß der innere Flüssigkeitsdruck an den Stellen maximaler Krümmung am höchsten ist. Die Sproßnarben können mit Hilfe des Fluoreszenz-mikroskopes und des Fluoreszenzfarbstoffes Primulin sichtbar gemacht werden. Die Sproßnarben bleiben als kreisförmige, kraterähnliche und erhabene Narben sicht-bar. Auf einer einzelnen Zelle kann man bis zu 23 Narben erkennen. Berechnungen unter Berücksichtigung der durchschnittlichen Oberflächengröße einer Hefezelle ergeben eine maximale Narbenzahl von etwa 100. Das bedeutet, daß sich eine Hefezelle nicht unbegrenzt teilen kann. Die Entstehung eines Sprosses hängt wahr-scheinlich mit der Lockerung von Molekülbindungen der Zellwand zusammen, so daß die Wand an dieser Stelle dehnbar wird. Bei der optimalen Wachstums-temperatur von 30 °C dauert der vollständige Teilungsvorgang ungefähr 100 Mi-nuten. Ausführlichere Darstellungen zur Biochemie der Morphogenese der Hefen geben Bartnicki-Garcia und McMurrough (1971), Hartwell (1974) und Cabib (1975).

Die Ascosporenbildung von *S. cerevisiae* kann durch entsprechende Behand-lungsmethoden induziert werden. Dieser Pilz wird deshalb als **ascosporogene** Hefe bezeichnet. Im Gegensatz zu den **asporogenen** Hefen, bei denen man bisher keine Ascosporen beobachtet hat. Die Ascosporenbildung der Hefe kann durch ein nährstoffreiches Präsporulationsmedium induziert werden. Dieses Medium enthält assimilationsfähige Zucker, eine geeignete Stickstoffquelle und B-Vitamine. In einem solchen Medium findet man gut wachsende Zellen, die nach dem Übertragen in ein Sporulationsmedium, in dem die Sprossung unterdrückt wird, sporulieren. Die Sporulation erfordert niedrige Konzentrationen eines assimilierfähigen Zuckers als Energiequelle. Natrium- und Kaliumacetat (0,1–1,0% w/v) stimulieren die Sporulation (Fowell, 1969; Haber und Halvorson, 1975).

Auf einem Sporulationsmedium können die diploiden Hefezellen innerhalb von 12–24 Stunden direkt Asci bilden. Das Cytoplasma differenziert sich zu meist vier dickwandigen, kugeligen Sporen (Abb. 135 D). Vor der Sporenbildung teilt sich der Kern meiotisch. Elektronenmikroskopischen Untersuchungen zufolge bleibt die Kernmembran wie bei der Mitose während der Meiose erhalten, so daß die Teilungen, die zur Entstehung der vier haploiden Tochterkerne führen, alle innerhalb der ursprünglichen Kernmembran stattfinden. Diese Art der Kernteilung nennt man **uninucleär** (Moens und Rapport, 1971; Illingworth et al. 1973; Beckett et al. 1974) (siehe Abb. 137).

Die Sporen der Hefen enthalten im Vergleich zu den vegetativen Hefezellen mehr Kohlenhydrate (Glucan, Mannan und Trehalose) und Lipide, aber weniger Proteine, und haben daher einen geringeren Aminosäuregehalt. Untersuchungen zum Stoffwechsel während der Ascosporenbildung werden von Fowell (1969), Tingle et al. (1973) und Haber und Halvorson (1975) referiert.

Wenn man die Ascosporen der Asci mit Hilfe eines Mikromanipulators vereinzelt und sie auf einem Nährmedium zum Keimen bringt, bilden sie meist kleinere und rundere haploide Sprosse als eine diploide Hefezelle. Durch Einzelsporkulturen kann man unbegrenzt haploide Stadien erhalten. Das diploide Stadium kann auf verschiedene Weise wiederhergestellt werden:

1. Durch Fusion der Ascosporen: dies kann innerhalb oder außerhalb des Ascus geschehen. Die die Ascosporen trennenden Wände lösen sich auf oder es entwickelt sich eine kurze Konjugationsröhre, durch die das Cytoplasma der beiden Sporen fließen kann. Es folgt eine Karyogamie und die Zygote bildet diploide Sprosse (Abb. 135).

2. Haploide Zellen fusionieren zu diploiden Zellen.

3. Es fusionieren eine Ascospore und eine haploide Zelle.

Viele Stämme von *S. cerevisiae* sind diözisch, und bei den Ascosporen gibt es zwei Kreuzungstypen. Der Kreuzungstyp wird im wesentlichen von einem einzigen Gen mit zwei Allelen (a oder +) und (α oder –) kontrolliert. Eine Aufspaltung im Verlauf der Meiose führt zu zwei (+) und zwei (–) Ascosporen. Eine Fusion findet normalerweise nur zwischen Zellen unterschiedlichen Kreuzungstyps statt, man nennt dies legitime Kopulation. Solche Fusionen ergeben diploide Zellen, die sofort Asci mit lebensfähigen Ascosporen bilden (Lindegren und Lindegren, 1943). Es gibt jedoch auch Ausnahmen bei der Fusion von Zellen oder Kernen mit unterschiedlichem Kreuzungstyp:

1. In haploiden Kolonien von einzelnen Ascosporen können Mutationen von (+) zu (–) und von (–) zu (+) vorkommen; danach erfolgt Kopulation (Ahmad, 1965).

Nach neueren Untersuchungen besitzen derartige Stämme nicht exprimierbare Gene („stille" Strukturgene) beider Kreuzungstypen. Diese sind in der Lage, Kopien (=Kassetten) herzustellen, die sich einzeln an den durch Nucleotidsequenzen getrennten Kreuzungstyp-Locus, der offenbar nur eine Regelfunktion hat, anlagern können. In Abhängigkeit von der jeweils „eingeschobenen" Kassette reagieren die Hefestämme als + oder als – Kreuzungstyp. Wenn die Kassetten „wechseln", ändert sich auch (analog zu einem Tonbandgerät) der Kreuzungstyp (Literatur bei Leupold, 1980).

2. Aus haploiden Kolonien von einzelnen Ascosporen erhielt man zweisporige Asci: die Ascosporen sind verhältnismäßig schlecht lebensfähig. Man glaubt, daß

solche Asci aus diploiden Zellen entstehen, die ihrerseits durch Fusion von Zellen gleichen Kreuzungstyps entstanden sind (illegitime Kopulation; Lindegren, 1949).

3. Spontane Diploidisierung nach der ersten Mitose der keimenden Spore durch Fusion der beiden Tochterkerne (Winge und Lausten, 1937).

4. Bei *S. chevalieri* und bei Hybriden zwischen dieser Hefe und *S. cerevisiae* kann ein Gen *D*, verantwortlich für die Diploidisierung, vorhanden sein. Dieses Gen erlaubt die Diploidisierung in der haploiden Nachkommenschaft eines jeden Kreuzungstyps. Diploide Hefezellen können hinsichtlich des Gens *D* (d. h. *Dd*) heterozygot sein und Asci bilden, aus denen zwei Ascosporen direkt zu diploiden Kolonien auskeimen und zwei nicht (Winge und Roberts, 1949). Eine ausführlichere Besprechung zur Genetik des Kreuzungsverhaltens bei Hefen findet man bei Fowell (1969) und Mortimer und Hawthorne (1969), Sherman und Lawrence (1974) und Gutz et al. (1974).

Die haploiden Hefezellen der verschiedenen Kreuzungstypen fusionieren mit Hilfe eines Mechanismus, bei dem die Zellwände beider Zellen eine Rolle spielen. Einen Anhaltspunkt zur Art des Mechanismus gibt das Verhalten von *Hansenula wingei*. Mischt man haploide Kulturen unterschiedlichen Kreuzungstyps, dann agglutinieren diese (*sexuelle Agglutination*). Man deutet dies als ein Präkonjugationsphänomen, das einen innigen Kontakt zwischen den Zellen unterschiedlichen Kreuzungstyps sicherstellen soll. Die agglutinierten Zellen hängen so dicht zusammen, daß einzelne Zellen eine polygonale Form annehmen. Nach der Agglutination erfolgt eine Konjugation. Der Agglutinationsfaktor wurde aus einer zellfreien Suspension extrahiert und ist ein heterogener Komplex aus Protein und Mannan (Fowell, 1969). Bei den meisten Arten von *Saccharomyces* gibt es nur eine schwache Agglutination. Aus den Zellen des α Kreuzungstyps von *S. cerevisiae* hat man ebenfalls einen sexual-spezifischen Faktor isoliert und teilweise gereinigt. Er verhindert das Sprossen von Zellen des entgegengesetzten Kreuzungstyps und induziert diese zur Bildung von Kopulationsfortsätzen (Duntze et al. 1970; Yanagishima, 1969; Herman, 1971).

Endomycopsis (Abb. 138)

Endomycopsis ist eine Myzelform, die sich sowohl durch Sprossung (Blastosporen) als auch mit Asci parthenogenetisch oder nach Isogamie vermehrt. Man kennt ungefähr 10 Arten (Kreger van Rij, 1970). *Endomycopsis fibuligera* wächst auf Mehl, Brot und Makkaroni und bildet eine aktive, extrazelluläre Diastase, eine ungewöhnliche Eigenschaft von Hefen (Wickerham et al. 1944). In Kulturen kann dieser Pilz sprossende Hefezellen und septierte, verzweigte Hyphen mit seitlichen oder endständigen Blastosporen bilden (Abb. 138). Eine Arthrosporenbildung wurde ebenfalls beobachtet (Müller, 1964).

Die Ascusbildung kann induziert werden, indem man die Hefe einige Tage auf Malzagar wachsen läßt und anschließend in destilliertes Wasser überträgt. Die Asci sind meist viersporig. Die Sporen sind hutförmig (Abb. 138 D) mit einer kragenartigen Erweiterung auf der Zellwand. *Endomycopsis fasciculata* wächst in den Gängen der Baumrindenkäfer und dient als Futter für deren Larven (Batra, 1963). Der Pilz ist monözisch und bildet zweisporige Asci. *Endomycopsis scolyti* kommt gemeinsam mit den Baumrindenkäfern in der Gattung *Scolytus* vor. Dieser Pilz

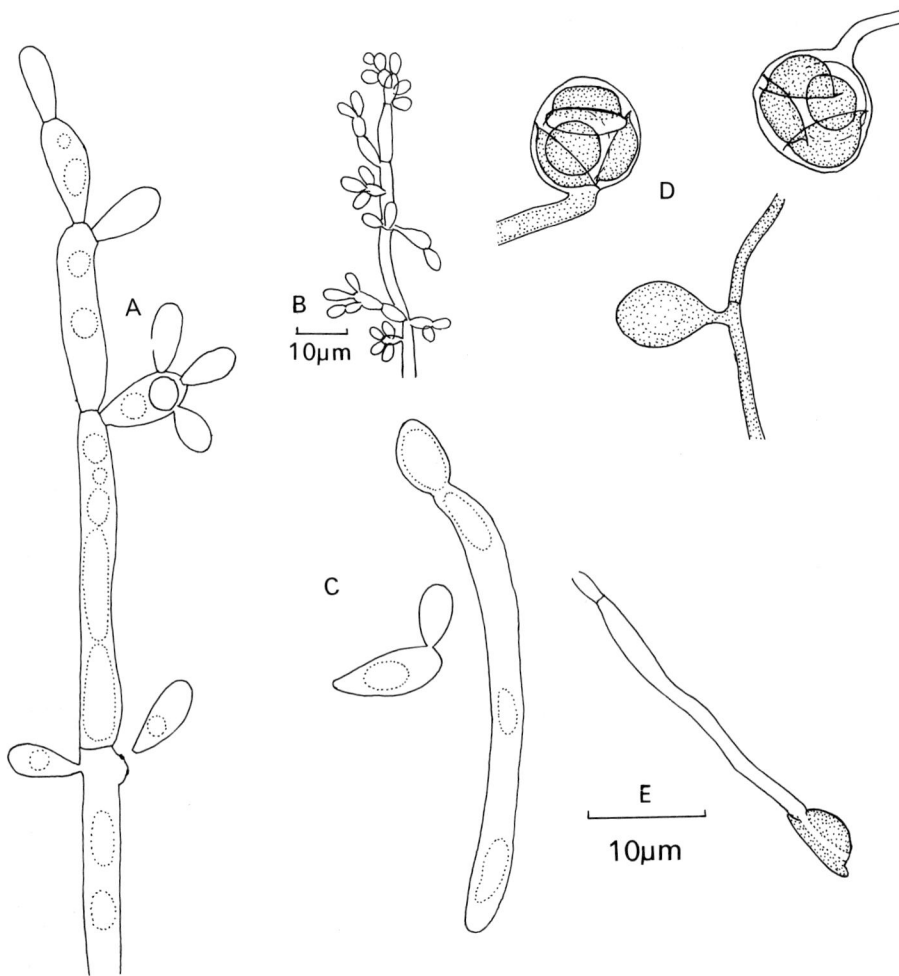

Abb. 138 A–E. *Endomycopsis fibuligera.* **A, B** Myzel aus einer 3 Tage alten Kultur mit Blasto-sporenbildung; **C** Blastosporen mit Keimschlauch oder Sprossung und Bildung weiterer Blastosporen; **D** Ein Junger Ascus und zwei reife Asci mit vier hutförmigen Ascosporen; **E** Keimende Ascospore. **A, C, D, E** im gleichen Maßstab

parasitiert auf Koniferen und ist diözisch. Eine Konjugation führt zur Bildung von diploiden Zellen und Asci mit ein bis vier hutförmigen Ascosporen (Phaff und Yoneyama, 1961). Es gibt eine Reihe von Myzelformen mit Blastosporen, die denen von *Endomycopsis* ähnlich sehen. Eine der bekanntesten Formen ist *Candida albicans,* der Erreger verschiedener Mykosen beim Menschen (Gentles und La Touche, 1969). Andere Arten von *Candida* hat man als Stämme diözischer Arten von *Endomycopsis* (Wickerham und Burton, 1954) bzw. *Saccharomycopsis lipolytica* (Yarrow 1972) identifiziert.

Taphrinales

Die Taphrinales parasitieren auf Blütenpflanzen und auf Farnen. Sie sind als Erreger verschiedener Krankheiten bekannt. Einige Autoren unterscheiden zwei Familien, die Taphrinaceae und die Protomycetaceae, andere Autoren sehen die letztgenannte Gruppe als eigene Ordnung, die Protomycetales, an (Kramer, 1973; Reddy und Kramer, 1975). Diese Gruppe, die nicht weiter besprochen wird, enthält die Art *Protomyces*, ein Pilz, der auf den Blättern und Blattstielen der Wirtspflanzen blasenähnliche Gallen bildet. Häufig vorkommende Arten sind *P. macrosporus* auf *Aegapodium* und *P. inundatus* auf *Apium*.

Die Taphrinaceae besitzen nur eine einzige Gattung: *Taphrina*, früher unter dem Namen *Exoascus* bekannt.

Taphrina (Abb. 139, 140)

Man kennt ungefähr 100 Arten, die meist auf Amentiferae und Rosaceae parasitieren (Mix, 1949). Sie sind als Erreger von drei Krankheitstypen bekannt:

1. Die Kräuselkrankheit des Pfirsichs (*T. deformans*); *T. tosquinetii*, der Erreger der Kräuselkrankheit der Erle und *T. populina* der Pappel.

2. Erkrankung der Zweige: die infizierte Pflanze verzweigt sich wiederholt und bildet dichte Zweigbüschel, die Hexenbesen genannt werden. *T. betulina* ist z. B. der Erreger des Hexenbesens an Birken. Ähnliche Zweigwucherungen werden auch durch Milben verursacht. *T. institiae* ist der Erreger des Hexenbesens an Pflaumen und Damaszenerpflaumen. Eine Infektion von *T. cerasi* an Kirschen führt ebenfalls zum Hexenbesen und zu Blattkräuselungen.

3. Erkrankung der Früchte: *T. pruni* ist der Erreger der ‚Narrentaschen‘ (Taschenkrankheit der Pflaumen). Dabei sind die Früchte zusammengeschrumpft und haben anstelle eines Steins einen Hohlraum.

T. deformans. Die Kräuselkrankheit findet man häufig an den Blättern und den Zweigen von Pfirsichen und Mandeln, insbesondere nach einem kühlen, feuchten Frühling. Gegen Ende Mai erkennt man auf infizierten Pfirsichblättern erhabene, rötlich gekräuselte Bläschen, die manchmal wachsartig glänzen (Abb. 139). In diesem Zustand kann man in Blattschnitten ein ausgedehntes, septiertes Myzel erkennen, das zwischen den Zellen des Mesophylls und zwischen der Kutikula und der Epidermis wächst. An der Epidermis bilden die Hyphen angeschwollene Chlamydosporen aus (siehe Abb. 140). Der Kontakt zwischen dem parasitischen Pilz und dem Wirt besteht in der Berührung der Zellwände. Bei *T. deformans* gibt es keine Haustorien, obwohl sie bei anderen Arten beschrieben wurden (Syrop, 1975 a, b; Marte und Gargulio, 1972). Nach cytologischen Untersuchungen (Martin, 1940; Kramer, 1961; Caporali, 1964) sind die Segmente des Myzels und die jungen Chlamydosporen zweikernig. In der Chlamydospore fusionieren die zwei Kerne, der diploide Kern teilt sich dann mitotisch. Der obere der beiden Tochterkerne durchläuft eine Meiose mit anschließender Mitose. Es entstehen dann die acht Kerne der acht Ascosporen. Der untere Tochterkern bleibt im unteren Teil der Chlamydospore und wird meist durch eine Querwand vom anderen Kern getrennt. Während dieser Kernteilungen dehnt sich die Wand der Chlamydospore zu einem

Abb. 139. *Taphrina deformans.* Pfirsichblatt mit Blattkräuselungen

Ascus. Eine Bildung der 8 Ascosporen erfolgt während des 8-Kernstadiums. Die einzelnen Kerne werden von einer doppelten Membran umschlossen, die durch Einstülpungen des Plasmalemmas des sich entwickelnden Ascus entsteht (Syrop und Beckett, 1972). Innerhalb des Ascus können die Ascosporen sprossen, so daß reife Asci dann zahlreiche Sproßzellen enthalten (siehe Abb. 140 C). Die Asci bilden über der Epidermis eine palisadenähnliche Schicht, wodurch das Blatt einen wachsartigen Glanz erhält. Sie öffnen sich meist mit einem charakteristischen

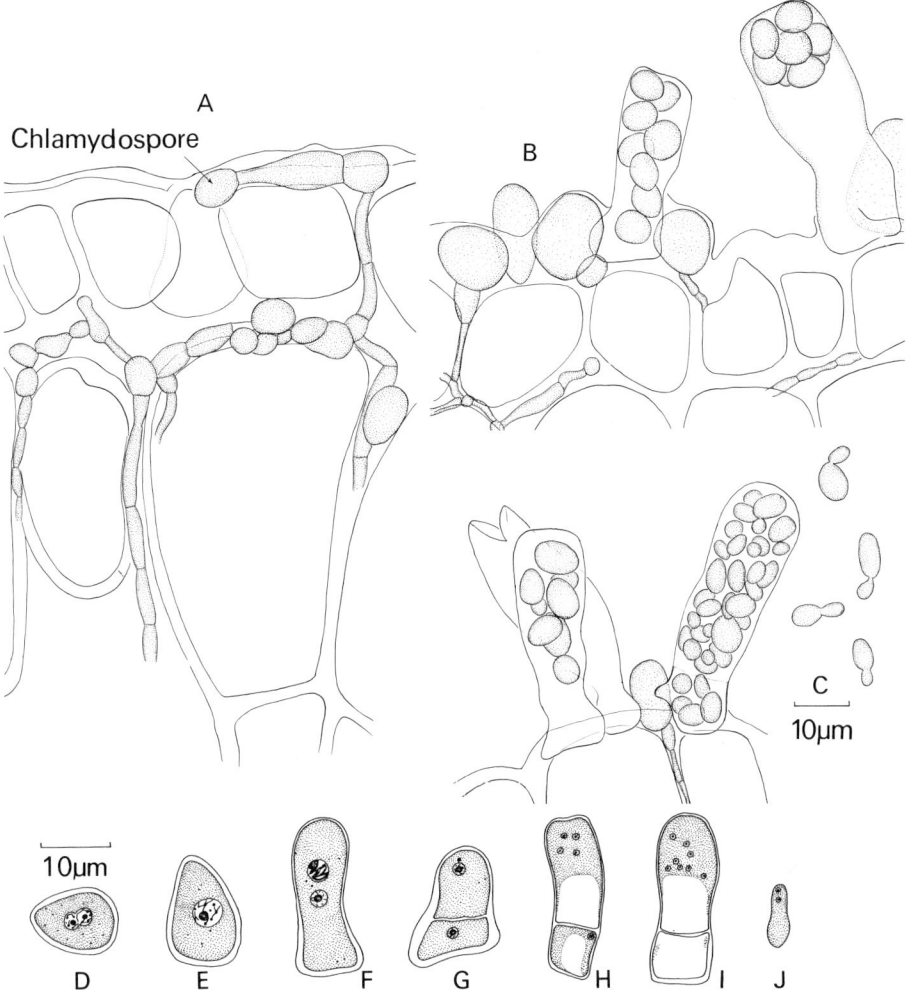

Abb. 140 A–J. *Taphrina deformans.* **A** Querschnitt durch ein Pfirsichblatt mit interzellularem Myzel und subkutikularen Chlamydosporen; **B** Querschnitt durch ein Pfirsichblatt mit Chlamydosporen und Asci mit 8 Ascosporen; **C** Querschnitt durch ein Blatt mit einem aufgesprungenen Ascus, einem achtsporigen Ascus und einem Ascus mit sprossenden Ascosporen. Außerhalb des Ascus sprossende Ascosporen sind ebenfalls zu erkennen; **D–J** Cytologie der Ascusbildung (nach Martin, 1940); **D, E** Karyogamie in Chlamydospore; **F** Gestreckte ascogene Zelle mit zwei durch Mitose eines fusionierten Kerns entstandenen Kernen. Der obere Kern hat schon begonnen, sich meiotisch zu teilen; **G** Einkerniger Ascus mit einkerniger Basalzelle; **H, I** Vier- und achtkernige Asci; **J** Zweikerniger Keimschlauch in keimender Ascospore

Schlitz (Abb. 140 C) und schleudern die Ascosporen bzw. Sprosszellen aus. Nach Behandlung mit Kaliumhydroxid erscheint die Ascuswand von *T. populina* zweischichtig. Schneider (1956) vergleicht diese Wand mit den bitunicaten Asci anderer Ascomycetes. Nach Yarwood (1941) gibt es bei *T. deformans* einen Tagesrhythmus der Ascusentwicklung und der Sporenfreisetzung. Die Karyogamie findet während des Nachmittags oder am Abend statt. Die Kernteilungen sind am nächsten Morgen gegen 5.00 Uhr beendet und die Sporen scheinen um 8.00 Uhr reif zu sein. Sie werden jedoch erst gegen 20.00 Uhr abgeschleudert. Außerhalb des Ascus können die Spore oder Konidien weiter sprossen. Der Pilz kann auf Agar oder in Flüssigkulturen saprophytisch auf hefeähnliche Weise wachsen. Junge Blätter können von solchen sprossenden Zellen infiziert werden. Eine Einzelsporkultur kann eine Infektion verursachen, die zur Ascusbildung führt, so daß *T. deformans* monözisch ist. In dieser Hinsicht unterscheidet sich dieser Pilz von anderen Arten, z. B. von *T. epiphylla,* wo eine Fusion von Sprosszellen, wahrscheinlich von unterschiedlichem Kreuzungstyp, vor einer Infektion erfolgen muß (Wieben 1927). Bei *T. deformans* kann der zweikernige Zustand während der ersten Kernteilung eines Sprosses auf einem Pfirsichblatt nachgewiesen werden; die zwei Tochterkerne bleiben im Keimschlauch, der die Kutikula durchdringt (Abb. 140 J), verbunden.

Die Entstellung des Wirtsgewebes ist mit der Teilung und Hypertrophie der Zellen des Palisadenmesophylls verbunden. In Flüssigkulturen von *T. deformans* konnten besonders in tryptophanhaltigen Medien beträchtliche Mengen an Indolessigsäure festgestellt werden (Crady und Wolf, 1959; Sommer, 1961). Vergleiche von gesunden und infizierten Blattgeweben ergaben eine erhöhte Cytokininaktivität in infizierten Blättern und einen erhöhten Gehalt an Indol-3-Essigsäure und Tryptophan (Sziraki et al. 1975; Kern und Naef-Roth, 1975).

Der Pilz überwintert auf zweierlei Weise:

1. Das Myzel überdauert den Winter in der Rinde infizierter Zweige. Gegen Ende des Winters durchdringen Sprosse das Myzel unter der infizierten Stelle.

2. Ascosporen und Konidien überleben auf der Oberfläche der Zweige und zwischen den Knospenschuppen während des Herbstes und Winters. Zwischen November und März bilden die Sporen und Konidien dicke Wände aus. Im Frühling, wenn sich die Pfirsichknospen öffnen, bilden die Konidien Keimschläuche, mit denen sie in die jungen Blätter eindringen (Caporali, 1964).

Die Bekämpfung der Kräuselkrankheit des Pfirsichs geschieht durch Versprühen geeigneter Fungizide vor dem Aufbrechen der Knospen im Frühling (Burchill et al. 1976).

Plectomycetes

Zu dieser Gruppe (die in Wirklichkeit nur nichtverwandte Pilze zusammenfaßt) gehören Ascomycetes mit rudimentären Ascokarpien oder solche mit einer lockeren Hyphenumhüllung oder mit kugeligen Kleistokarpien, d. h. geschlossene Ascokarpien, die sich nicht mit einer Ostiole öffnen. Zwei Ordnungen, die Erysiphales und die Eurotiales, sollen besprochen werden. Diese beiden Taxa sind nicht eng miteinander verwandt. Die Erysiphales sind biotrophe Parasiten auf höheren Pflanzen. Ihre Ascokarpien enthalten ein bis mehrere ovale bis keulenförmige Asci, die ihre Ascosporen aktiv entlassen. Die Eurotiales leben meist saprophytisch. Die Form ihrer Ascokarpien ist sehr variabel, Die Asci sind jedoch klein und kugelig; Ascosporen werden nicht aktiv freigesetzt.

Erysiphales

Dies ist eine wichtige Gruppe pflanzlicher Krankheitserreger (Spencer, 1978). Yarwood (1973, 1978) unterscheidet zwei Familien: Perisporiaceae (dunkler Mehltau) und Erysiphaceae (echter oder weißer Mehltau). Die Perisporiaceae findet man in warmen, feuchten tropischen Wäldern auf Blättern. Die echten Mehltaupilze sind biotrophe Parasiten der Angiospermen. Ihren Namen erhielten sie durch das mehlige Aussehen der Konidien auf infiziertem Laub. Die von den Erysiphales verursachten Krankheiten haben wirtschaftliche Bedeutung, z. B. *Erysiphe graminis,* der echte Mehltau der Gräser; *Podosphaera leucotricha,* der Apfelmehltau, *Sphaerotheca mors-uvae,* der Stachelbeermehltau. Das Myzel der Erysiphales wächst gewöhnlich auf der Oberfläche der befallenen Pflanzenteile, die Haustorien dringen meist nur in die Epidermiszellen ein. Auf dem Myzel entstehen aus einer Mutterzelle Ketten von Konidien in basipetaler Reihenfolge. Später können Ascokarpien (Kleistothezien) gebildet werden. Diese sind braune, kugelige Körper ohne Ostiole. Sie können ein bis mehrere Asci enthalten, die ihre Sporen explosionsartig entlassen.

Über die Ascokarpentwicklung gibt es umfangreiche Literatur (Luttrell, 1951; Gordon, 1966). Die Entwicklung erfolgt wahrscheinlich bei den meisten Arten auf gleiche Art und Weise (Abb. 141). Zwei Verzweigungen des oberflächlich wachsenden Myzels berühren sich. Die terminale Zelle ist zunächst einkernig. Eine Zelle umschließt die andere, die sich dann vergrößert. Durch die Auflösung der sie trennenden Zellwände oder durch die Bildung einer Konjugationsröhre wird ein Kern in die größere, zentrale Zelle übertragen. Die Darstellungen über das Eintreten einer Karyogamie sind jedoch widersprüchlich. Früher beschrieben viele Wissenschaftler die zentrale, vergrößerte Zelle als Ascogonium und die umgebenden Zellen als Antheridium. Sie behaupteten, daß das Ascogonium die Bildung der Asci induziert. Nach Gordon gibt es jedoch keinen Beweis dafür, daß das Ascogonium eine Rolle bei der Ascusentwicklung spielt, obwohl auch er eine Karyogamie in der zentralen Zelle annimmt. Er nennt diese Zelle deshalb Pseudoascogonium und die umgebenden Zellen (und die von ihnen abstammenden Zellen) Pseudoantheridium. In Gordons Darstellung (die unglücklicherweise eine Zusammenfassung der Entwicklung von vier Arten ist) verläuft die weitere Entwicklung wie folgt: die pseudoantheridialen Zellen, die das Pseudoascogonium vollständig umgeben, teilen sich zu peripheren Zellen des Ascokarps. Die äußeren Zellen (die wir hier Mutterzellen nennen) bilden zwei- bis fünfzellige Hyphen (Empfängnishyphen) mit einkernigen Segmenten. Die Spitzen der Empfängnishyphen berühren vegetative Hyphen auf der Oberfläche des Wirtes. Offensichtlich wandert aus der vegetativen Hyphe ein Kern in die Empfängnishyphe und paart sich mit dem schon vorhandenen Kern. Einer der gepaarten Kerne, von dem man annimmt, daß er von der vegetativen Hyphe stammt, teilt sich. Ein Tochterkern wandert durch den Septenporus in die nächste Zelle der Empfängnishyphe. Dieser Vorgang wiederholt sich, bis sich ein Tochterkern mit dem Kern einer peripheren Zelle paart und dies zur Bildung einer Empfängnishyphe (d. h. Mutterzelle) führt. Anschließend zerfließt das Endstück der Empfängnishyphe. Die zweikernige Mutterzelle vergrößert sich jetzt, wird vielkernig und teilt sich. Die durch Teilung der sich vergrößernden Mutterzelle entstandenen inneren Zellen werden vielkernig, während die äußeren Zellen

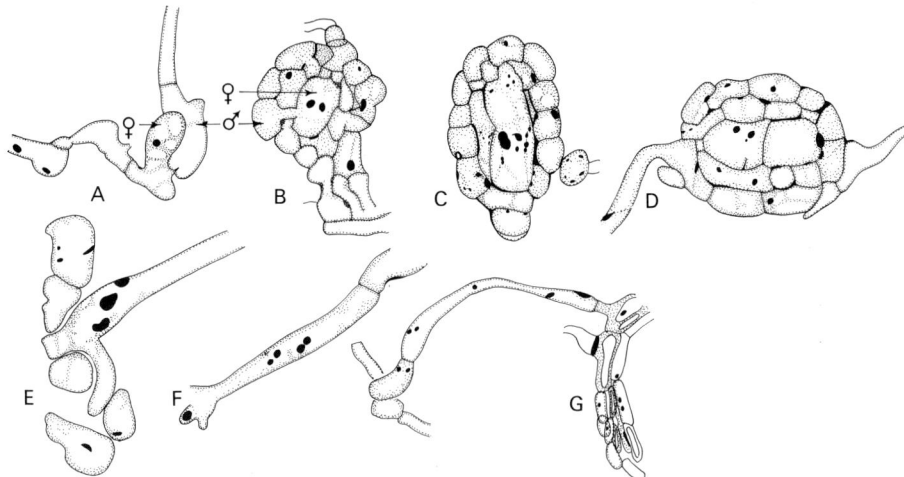

Abb. 141 A–G. Ascokarpentwicklung bei verschiedenen Erysiphaceae (nach Gordon, 1966). **A** Berührung zwischen Pseudoascogonium (♀) und Pseudoantheridium (♂) bei *Erysiphe cichoracearum;* **B** Konjugation zwischen einer Zelle des Pseudoantheridiums (♂) und des Pseudoascogoniums (♀) bei *E. cichoraceacum.* Man erkennt, daß das Pseudoascognium zweikernig ist; **C** Zweikerniges Pseudoascogonium von *Microsphaera diffusa.* Das Pseudoascogonium ist von zwei Schichten pseudoantheridialer Zellen umgeben; **D** Vergrößerung der Mutterzelle des Pseudoantheridiums zu einer Empfängnishyphe bei *E. cichoraceacum;* **E** Spitze der Empfängnishyphe von *E. cichoraceacum.* Sie berührt und umgibt eine Zelle des Oberflächenmyzels; **F** Kernpaar in der Empfängnishyphe von *M. diffusa;* **G** Empfängnishype von *E. cichoraceacum,* in Verbindung mit einer Zelle des vom Pseudoascogoniums stammenden Peridiums

einkernig bleiben. Von den äußeren einkernigen Zellen bilden jetzt viele Zellen Empfängnishyphen aus und der gesamte Vorgang der Anastomose und Kernwanderung wiederholt sich.

Während der gerade beschriebenen Vorgänge fusionieren die beiden Kerne im Pseudoascogonium und der vergrößerte Kern teilt sich. Bei der anschließenden Zellwandbildung zwischen den Tochterkernen entwickelt sich das Pseudoascogonium zu einer Reihe von drei- bis fünfkernigen Zellen. Diese enthalten zunächst ein dichteres Cytoplasma als die umliegenden pseudoparenchymatischen Zellen. Später kann man diesen Unterschied jedoch nicht mehr erkennen. Gelegentlich findet man zweikernige Zellen in dem drei- bis fünfzelligen Pseudoascogonium. Es ist jedoch möglich, daß sich solche Zellen gerade teilten. Das unreife Ascokarp besteht aus einem pseudoparenchymatischen Zentrum, das größtenteils zweikernige Zellen enthält, die von den Mutterzellen des Pseudoantheridiums und einigen einkernigen Zellen stammen. Das Ascokarp ist von einer Peridie umgeben (vier bis sechs Zellschichten dick), die sich dunkel pigmentiert. Einkernige und zweikernige Zellen über dem mittleren Teil des Zentrums lösen sich auf. In bestimmten zweikernigen Zellen, die mehr oder weniger unabhängig von den umgebenden Zellen sind, erfolgt Karyogamie. Diese Zellen vergrößern sich dann zu Asci. Die Asci scheinen die Fähigkeit zu haben, die einkernigen und zweikernigen Zellen des Zentrums zu absorbieren. Schließlich nehmen die Asci (oder in einigen Fällen ein einziger Ascus) fast den gesamten Innenraum ein. Die Meiose der fusionierten Kerne in den sich entwickelnden Asci verzögert sich gewöhnlich so lange, bis alle Zentralzellen absorbiert sind.

Zusätzlich zu den Empfängnishyphen haben auch die Kleistothezien aller Erysiphaceae dickwandige Hyphen (Appendices), die verzweigt sein können und oft ein höchst unterschiedliches Aussehen haben. Der Habitus der Anhänge dient der Klassifizierung. Ein anderes Kriterium ist die Anzahl der Asci (ein bis mehrere) in jedem Ascokarp. Aufgrund dieser Kriterien kann man 8 Gattungen unterscheiden (Blumer, 1967; Yarwood, 1973, 1978).

Erysiphe (Abb. 142–146)

Erysiphe ist der Erreger des Mehltaus an Gräsern und Getreide (*E. graminis*), des Mehltaus am Kürbis und anderen Pflanzen (*E. communis = E. cichoracearum*) und des Mehltaus an Erbsen und am Klee (*E. polygoni*). Der letztgenannte Mehltaupilz ist aber auch auf *Polygonum* und *Heracleum sphondylium* und auf außergewöhnlich

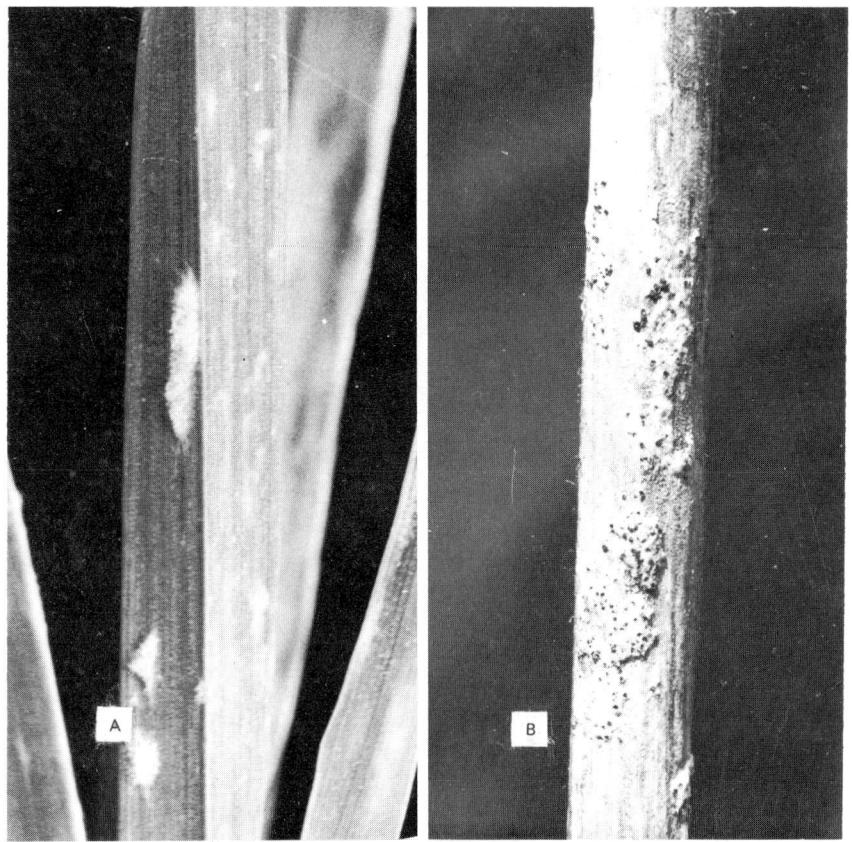

Abb. 142 A, B. *Erysiphe graminis.* **A** Konidienpusteln auf Weizenblatt; **B** Kleistothezien auf einer Weizenblattscheide. Ungefähr zweifache natürliche Größe

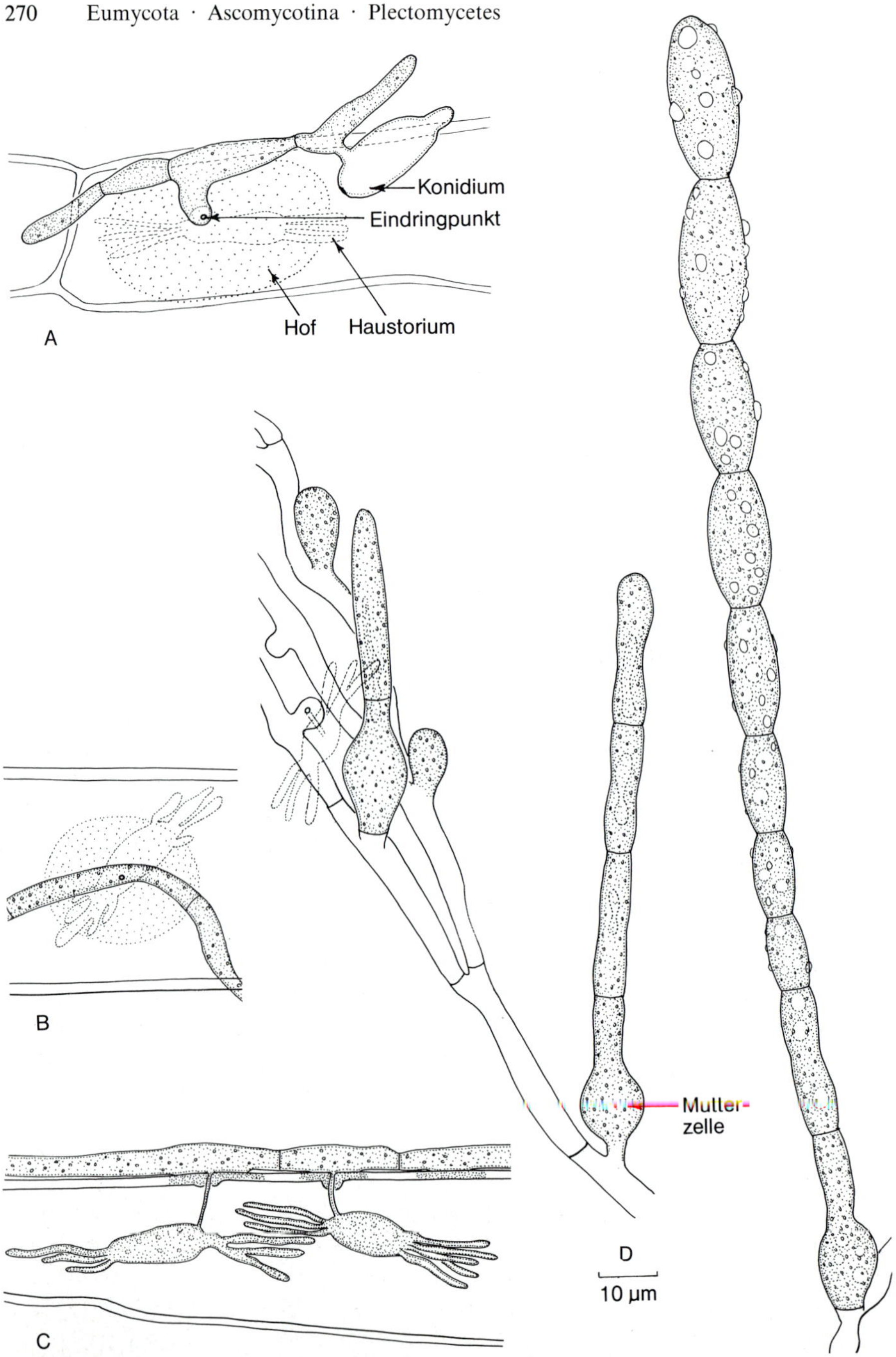

Abb. 143 A–D. *Erysiphe graminis.* **A** 2 Tage altes keimendes Konidium auf Weizenblatt mit Eindringpunkt, der von einem ‚Hof‘ (gepunktet) umgeben ist. Unter dem Eindringpunkt bildet sich ein Haustorium; **B** Eindringen eines Haustoriums eines Myzels; **C** Teil einer Epidermiszelle mit zwei Eindringpunkten und zwei Haustorien. Man erkennt die Verdickung der Epidermiszelle unter dem Eindringpunkt; **D** Myzel und Konidiophoren mit verdickter, flaschenförmiger Mutterzelle

vielen anderen Wirten zu finden. *E. graminis* kann während des ganzen Jahres im Konidienstadium von zahlreichen Gräsern und Getreide gesammelt werden. Von *E. graminis* gibt es eine Reihe von wirtsspezifischen Formen (oder formae speciales), z. B. *E. graminis* f. sp. *tritici,* der Weizen, nicht Gerste befällt, während *E. graminis* f. sp. *hordei* die Gerste, (*Hordeum*) aber nicht Weizen infiziert. Das Auftreten von Hybriden zwischen *formae speciales* ist jetzt bekannt, insbesondere wenn die Wirte selbst hybridisieren können. Eine Hybridisierung zwischen den drei *formae speciales* von *E. graminis agropyri, tritici* und *secalis* kann ebenfalls vorkommen und zu lebensfähigen Ascosporen führen. Die drei Wirtsgattungen *Agropyron* (Quecke), *Triticum* (Weizen) und *Secale* (Roggen) können ebenfalls hybridisieren (Hiura, 1978). Die Kleistothezien findet man meistens auf Getreide während des Sommers und des Herbstes. Der Habitus von Konidienpusteln auf Weizenblättern ist in Abbildung 142 dargestellt. Die Pusteln sind weiß bis blaßbraun. Die Konidien auf den Weizenblättern keimen innerhalb von 1–2 Tagen und bilden kurze Keimschläuche (Abb. 143 A). Der Keimschlauch heftet sich mit Hilfe eines Fußes oder Appressoriums an die Epidermis und dringt unterhalb dieser Anheftungsstelle mit einem feinen Infektionsschlauch in die Wirtszellwand ein. Der Eindringvorgang verläuft wahrscheinlich in zwei Stadien (Edwards und Allen, 1970; Stanbridge et al. 1971; Ellingboe, 1972). Die Kutikula und die epidermale Zellwand sind empfindlich gegen Enzymeinwirkung. Man kann dies an dem Hof um den tatsächlichen Eindringpunkt der Zellwand erkennen, der durch Baumwollblau angefärbt werden kann. Nach der anschließenden enzymatischen Aufweichung der äußeren Wand findet der mechanische Eindringvorgang der inneren Wand statt. Die Wirtszellwand kann auf der gegenüberliegenden Seite des Eindringpunktes eine verdickte Papille aufweisen (Abb. 143 C). Es ist möglich, daß die genetisch bedingte Resistenz bestimmter Getreidearten gegen Infektionen durch Repression der die Pilzzellwand abbauenden Enzyme hervorgerufen wird. Die verdickte Wandpapille färbt sich an den Stellen eines nicht erfolgreichen Eindringens mit Bromphenol blau, jedoch nicht dort, wo ein Eindringen erfolgte, die Farbreaktion erstreckt sich über die ganze Zelle bis zu den angrenzenden Mesophyllzellen (Edwards, 1970; Lin und Edwards, 1974). Auf einem geeigneten Wirt breitet sich der Infektionsschlauch in der epidermalen Zelle zu einem verlängerten, einkernigen Haustorium mit fingerähnlichen Vorsprüngen aus, die sich am entgegengesetzten Ende bilden (Abb. 143 C). Solche Haustorien sind typisch für *E. graminis.* Bei den meisten anderen Vertretern der Erysiphales erscheinen die Haustorien als einfache, kugelige Körper (Abb. 146 B), in Wirklichkeit sind sie aber auch gelappt. Die Lappen können nach hinten über den Körper des Haustoriums gefaltet sein (Bushnell und Gay, 1978; Perera und Gay, 1976). Das gesamte Haustorium, d.h. der Körper und die fingerähnlichen Lappen, ist von einer **Scheide** umgeben (Abb. 144 A). Die Lappen können einzeln oder zu mehreren von einer gemeinsamen Erweiterung der Scheide umgeben sein. Der Körper des Haustoriums enthält einen einzelnen Kern, Mitochondrien und nicht identifizierte Vesikel. Ein hervorstechendes Merkmal der Haustorienlappen sind die Mitochondrien und ein verzweigtes System von Tubuli, die vom endoplasmatischen Retikulum gebildet werden. Unter dem Eindringpunkt an der Wirtszelle ist der Hals des Haustoriums von einem Kragen umgeben, der sich von der Struktur her von der Wirtszellwand unterscheidet und eine Materialablagerung darstellt. Die Scheide um das Haustorium ist wahrscheinlich eine

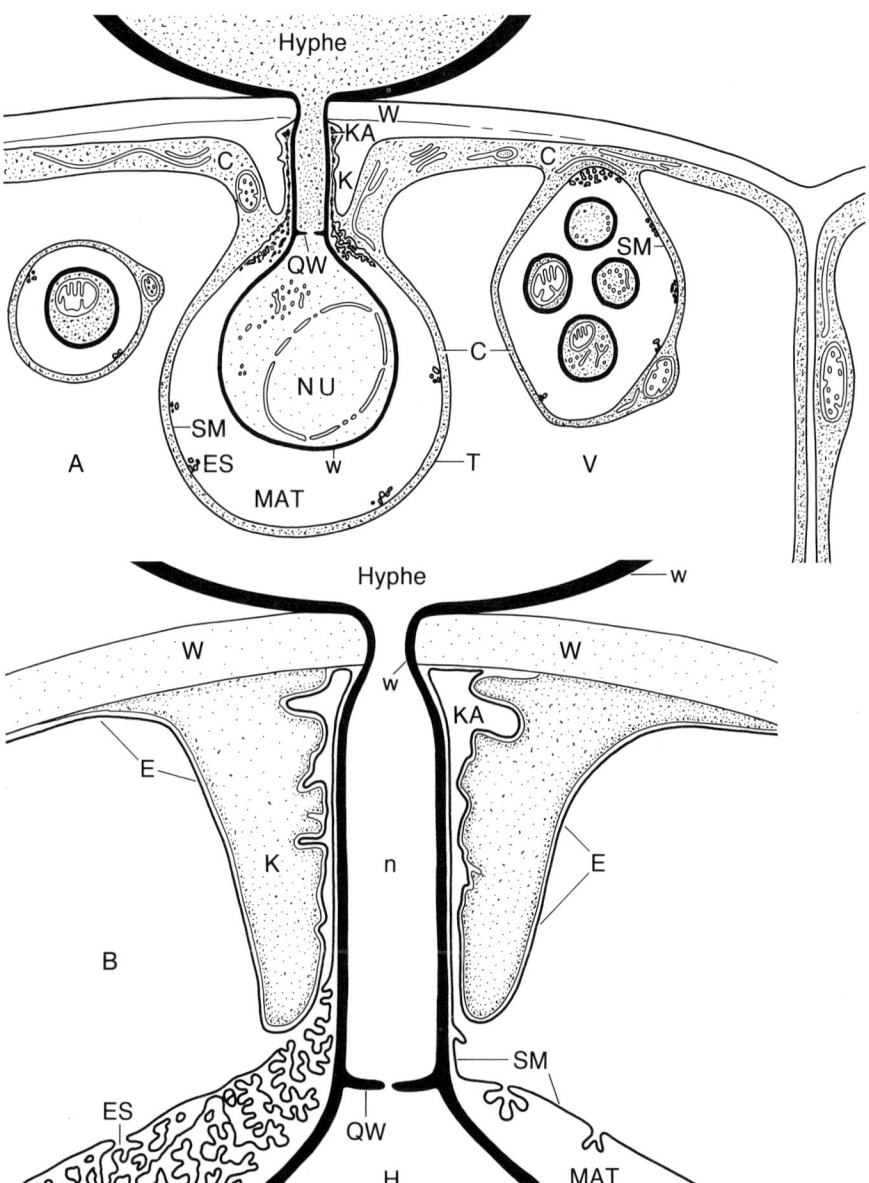

Abb. 144 A, B. *Erysiphe graminis,* Erläuterung zur Feinstruktur eines Haustoriums (Bracker, 1968). **A** Teil eines Wirtsblattes mit Eindringpunkt. Das Haustorium (*H*) enthält einen einzigen Kern (*NU*) und liegt direkt unter dem Eindringpunkt. Es ist von einer Scheide mit einer ausgedehnten Matrix (*MAT*) umgeben. Die Scheidenmembran (*SM*) berührt den Wirtstonoplasten (*T*), sie besitzt Einstülpungen (*ES*). Auf der linken Seite der Darstellung wird ein einzelner Lappen eines anderen Haustoriums gezeigt, der von einer Verlängerung der Scheide umschlossen ist. Auf der rechten Seite sind vier Lappen von einer gemeinsamen Scheide umschlossen; **B** Vergrößerung des Halses eines Haustoriums. Man erkennt den verdickten Kragen (*K*), der sich auf der Wirtszellwand abgelagert hat (*W*). Die Scheidenmembran (*SM*) ist mit dem Wirtsektoplasma (*E*) verbunden. (*QW*), Querwand oder Septum; (*KA*), Kanal; (*C*), Wirtscytoplasma

modifizierte Einstülpung des Wirtscytoplasmalemmas (Ektoplast), so daß das Haustorium nicht frei im Wirtscytoplasma liegt, sondern von einer Membran eingefaßt wird, die mit dem Plasmalemma verbunden ist. Direkt außerhalb der Haustorienwand gibt es eine weite **Scheidenmatrix,** die ihrerseits von einer **Scheidenmembran** umgeben ist, die an den Tonoplasten der Wirtszelle grenzt. Deshalb ist die Scheidenmembran das Bindeglied zwischen Pilz und Wirt. An verschiedenen Punkten der Scheidenmembran gibt es tubuläre Einstülpungen. Dies sind wahrscheinlich Stellen, an denen ein Materialaustausch zwischen der Wirtszelle und dem Krankheitserreger stattfindet. Am Hals des Haustoriums ist die Scheide fest angeheftet und zu zwei Halsbändern verdickt, die aus unterschiedlichem Material bestehen. Man nimmt an, daß diese Halsbänder einen undurchdringlichen Verschluß bilden, der sicherstellt, daß die aus der Wirtszelle in das Haustorium gelangenden Stoffe durch die Scheidenmembran, die den Hauptkörper und die Lappen des Haustoriums umgibt, gelangen müssen (Bracker, 1968; Bracker und Littlefield, 1973; Bushnell, 1972; Bushnell und Gay, 1978). Viele Merkmale des Haustoriums von *E. graminis* findet man auch bei dem Haustorium von *E. cichoracearum* (McKeen et al. 1966).

In einem sensitiven Wirt bleibt die infizierte Zelle lebensfähig. Nach seiner Ausbildung in einer Epidermiszelle entstehen aus dem Myzel neben Verzweigungen auch Appressorien und Haustorien (Slesinski und Ellingboe, 1969; Ellingboe, 1972) (Abb. 143 B, D). Innerhalb von 7–10 Tagen beginnt die Entwicklung der Konidien. Wird jedoch ein unverträglicher Graswirt infiziert, dann wird die Wirtszelle sehr rasch nekrotisch. Benachbarte Zellen können ebenfalls absterben, wodurch die weitere Entwicklung des Krankheitserregers eingeschränkt wird. Weizen- und Gerstenrassen, die aufgrund von Züchtungsversuchen Resistenzgene gegen Mehltau tragen, zeigen nach Infektion ein anderes Verhalten als die sensitiven Rassen:

1. Das Verhältnis von keimenden zu haustorienbildenden Konidien ist geringer.

2. Die Haustorienentwicklung ist verzögert und ihre Größe reduziert.

3. Die Sporulation, d.h. die Bildung von Konidien, wird unterdrückt (Masri und Ellingboe, 1966).

Die Konidien entstehen in einer flaschenförmigen Mutterzelle, in der auch die Kernteilung erfolgt. Die Mutterzelle verlängert sich; eine Querwand trennt die Hyphenspitze ab. Durch Bildung weiterer Querwände entsteht eine Kette von Zellen, die an der Basis immer länger wird, d.h. durch weitere Teilungen der Mutterzelle. Jedes Konidium ist einkernig. Die Segmente schwellen an, werden tonnenförmig und vom Wind losgelöst. Dieser Typ der Konidienentwicklung wird gewöhnlich der Formgattung *Oidium* der Fungi imperfecti zugeordnet. Yarwood (1978) vertritt jedoch die Ansicht, daß *Acrosporium* der korrekte Name für diese Formgattung ist. Ähnliche Konidien findet man bei den meisten Vertretern der Erysiphales. Die Darstellung, daß die Mutterzelle eine rudimentäre Phialide ist, wird nicht allgemein anerkannt. Hughes (1953) ordnet diese Konidien den meristematischen Arthrosporen und nicht den Phialosporen zu. Die Feinstruktur der Konidien von *E. cichoracearum* wurde von McKeen et al. (1967) untersucht. Man schätzt die Zeit der Konidienentwicklung bei *E. graminis* auf ungefähr 3 Stunden. Nur die endständigen Sporen der Kette werden freigesetzt. Diese Sporen unterscheiden sich von den mehr proximalen Sporen dadurch, daß sie mit Hilfe eines glatten, zentralen Polsters an benachbarte Sporen angeheftet sind. Wind unterstützt

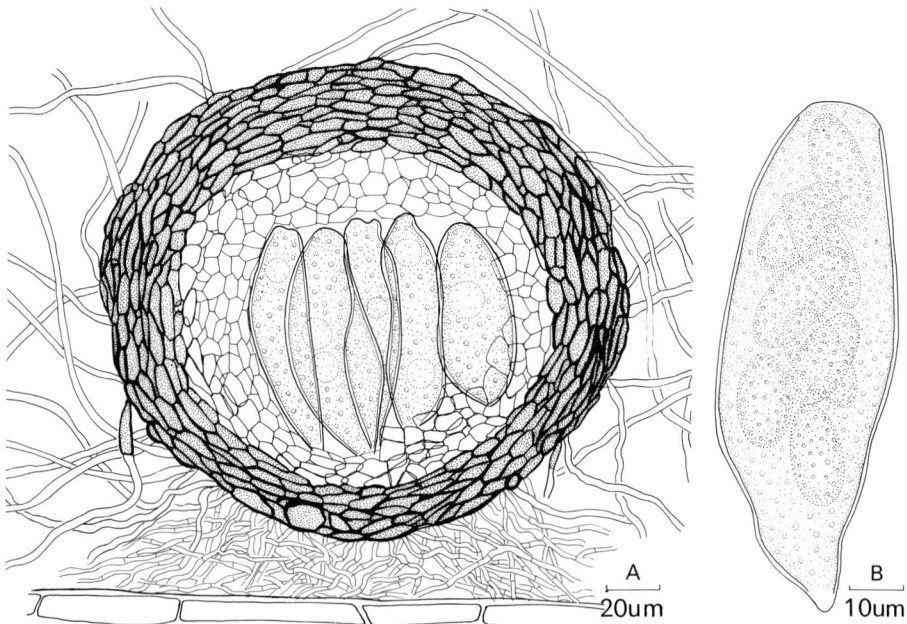

Abb. 145 A, B. *Erysiphe graminis.* **A** Schnitt durch ein Kleistothezium mit mehreren Asci; **B** Ascus

die Sporenfreisetzung. Ist die Oberfläche des Blattes naß, wird sie verhindert. Die Sporenfreisetzung ist einer tageszeitlichen Periodik unterworfen mit einer maximalen Freisetzung am frühen Nachmittag (Hammett und Manners, 1971, 1973, 1974; Plumb und Turner, 1972; Ward und Manners, 1974).

Die Konidien von *Erysiphe* können sogar bei 0% relativer Luftfeuchtigkeit keimen. Außerdem enthalten die Sporen bis zu 70% Wasser, im Vergleich zu ungefähr 10% bei anderen typischen, durch die Luft verbreiteten Pilzsporen (Somers und Horsfall, 1966). Man nimmt an, daß die großen Lipidreserven der Konidien ein Substrat liefern, das relativ hohe Mengen an Wasser zur Atmung freisetzt (McKeen, 1970). Andere Reservestoffe in den Konidien sind scheibenförmige, kohlenhydrathaltige Faserkörper. Möglicherweise hängt die Keimfähigkeit der Sporen bei niedriger Luftfeuchtigkeit damit zusammen, daß die Mehltaupilze in heißen, trockenen Sommern reichlich vorhanden sind (Schnathorst, 1965). Es ist interessant, daß durch Niederschläge tatsächlich die von einigen Mehltaupilzen verursachten Infektionen gehemmt werden, z.B. bei *Erysiphe graminis* (Manners und Hossain, 1963), *Sphaerotheca pannosa* (Perera und Wheeler, 1975; Butt, 1978).

Die Kleistothezien von *E. graminis* sind dunkelbraun und kugelig. Sie wachsen auf den unteren Blättern und Blattscheiden von Getreidepflanzen in einem dichten Myzel (Abb. 142 B, 145). Bei vielen Arten von *Erysiphe* haben auch die Kleistothezienwände unverzweigte dunkle Appendices mit freien Enden (siehe Abb. 146 von *E. polygoni*). Jedes Kleistothezium besitzt eine aus mehreren Zellschichten bestehende Wand, die eine Reihe von Asci umgibt. Ein Ostiolum ist nicht vorhanden. Deshalb werden die Ascokarpien Kleistothezien genannt, obwohl auch der Begriff Perithezien benutzt wird. Diese brechen infolge einer Anschwellung ihres Inhaltes auf und die Asci entlassen ihre Sporen. Die Ascosporen von *E. graminis* sind unmittelbar infektionsfähig; sie können aber auch bis zu 13 Jahren überleben (Moseman und Powers, 1957). *E. graminis* ist incompatibel; dies trifft wahrscheinlich auch für einige andere Erysiphaceae zu (Yarwood, 1978).

Die Infektion von Getreide durch *E. graminis* führt zu einer Erhöhung der Atmung und zu einer Verringerung der Photosyntheserate. Dies kann bedeuten, daß ein infiziertes Blatt nicht mehr in der Lage ist, Kohlenhydrate abzuführen. Die den Mehltaupusteln benachbarten gesunden Blattregionen bilden Kohlenhydrate, die dann zu diesen Pusteln transportiert werden. Diese Vorgänge bewirken schließlich ein verringertes Gewicht von Sproß, Wurzel und Ähre (Brooks, 1972 a; Jenkyn und Bainbridge, 1978).

Die Erysiphales können durch Bestäuben oder Besprühen der Wirtspflanzen mit einem schwefelhaltigen Fungizid bekämpft werden. Es gibt auch systemische Fungizide (z.B. Ethirimol). Die systemischen Fungizide schützen gegen Mehltaubefall während der gesamten Vegetationsperiode. Nach der Anwendung von Ethirimol beobachtete man eine 100%ige Steigerung der Gerstenernte. Die Qualität des Getreides konnte dadurch ebenfalls verbessert werden (Bent, 1970, 1978). Eine Bekämpfung kann auch durch Selektion und Züchtung resistenter Wirtsvarietäten

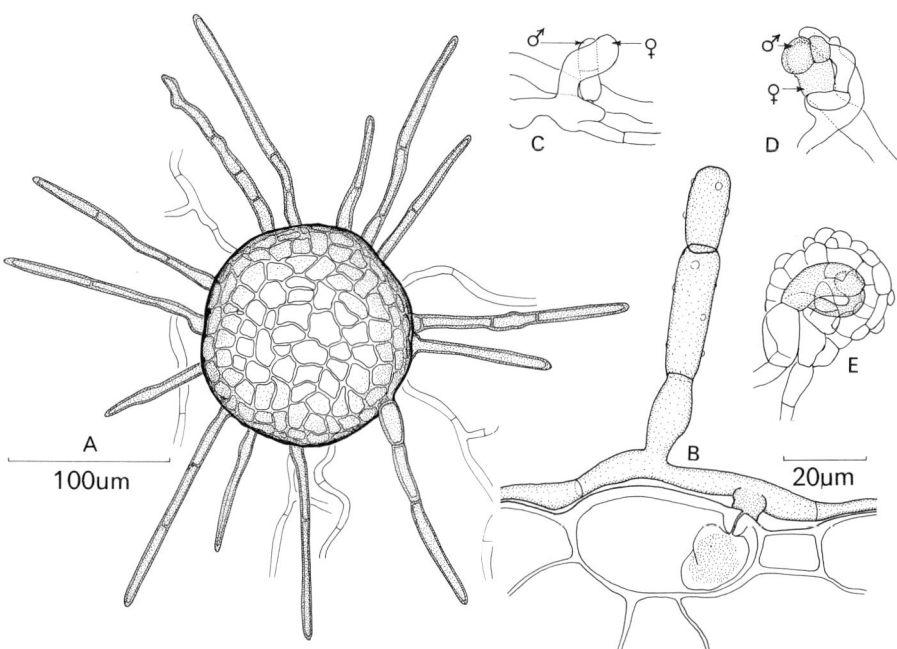

Abb. 146 A–E. *Erysiphe polygoni.* **A** Kleistothezium mit dunklen, freiendenden äquatorialen Anhängen. Das Oberflächenmyzel verankert das Kleistothezium am Wirtsblatt; **B** Querschnitt durch ein Wirtsblatt mit einfachem Haustorium, Oberflächenmyzel und Konidienketten; **C** Berührung zwischen Pseudoascogonium (♀) und Pseudoantheridium (♂); **D** Pseudoascogonium, das von Zellen des Pseudoantheridiums umgeben wird; **E** Fast vollständig umschlossenes Pseudoascogonium

erfolgen (McIntosh, 1978). Die Vererbung der Mehltauresistenz ist komplex. Bei *E. graminis* sind 7 Genorte für die Resistenz bekannt, davon sind 5 auf einem Gerstenchromosom lokalisiert. Insgesamt sind wenigstens 17 Allele bekannt, die für die Resistenz verantwortlich sind. damit sind die Kombinationsmöglichkeiten für Resistenz des Wirtes sehr groß (Moseman, 1966; Wolfe, 1972).

Sphaerotheca (Abb. 147)

S. macularis var. *fuliginea* (= *S. fuliginea*) findet man häufig auf Löwenzahn und anderen Compositen; *S. macularis* (= *S. humuli*), Hopfenmehltau; *S. mors-uvae*, amerikanischer Stachelbeermehltau (auf Stachelbeeren und schwarzen Johannisbeeren); *S. pannosa*, Rosenmehltau.

Die Kleistothezienstrukturen von *Sphaerotheca* sind denen von *Erysiphe* sehr ähnlich. Die Appendices sind einfach, jedes Ascokarp enthält jedoch nicht mehrere Asci, sondern nur einen (Abb. 147). *S. macularis* var. *fuliginea* ist monözisch. die Feinstruktur von sich entwickelnden und reifen Kleistothezien von *S. mors-uvae* wurden von Martin et al. (1976) untersucht. Diese Untersuchungen ergaben, daß die dunkel melanisierten Zellen, die das Peridium bilden, wie die vegetativen Hyphen einkernig sind. Die meisten inneren Zellen eines Kleistokarps sind zweikernig, was darauf hinweist, daß sie aus einer zweikernigen, fusionierten Ascogonienzelle entstanden sein könnten. Eine andere interessante Entdeckung sind die Fibrosinkörper, die auch in den Ascosporen vorhanden sind (wie schon für die Konidien beschrieben).

Das Myzel und die Konidien von *S. pannosa* kommen häufig auf Blättern und Sprossen von kultivierten und wilden Rosen vor. Auf den Zweigen werden Kleistothezien gebildet, die in ein dichtes Myzel eingebettet sind. Die Überwinterung erfolgt nicht nur durch Ascosporen, sondern auch als Myzel in ruhenden Knospen. Price (1970) schließt daraus, daß die Kleistokarpien bei *S. pannosa* keine entscheidende Rolle bei der Überdauerung spielen. Bei *S. mors-uvae* von schwarzen Johannisbeeren scheint z. B. weniger als eines von tausend überwinternden Kleistokarpien funktionsfähig zu sein. Der Verlust der Lebensfähigkeit ist verbunden mit einer Degeneration der Asci und der Ascosporen. Auf dem Erdboden überwinternde Kleistokarpien werden von chitinabbauenden Mikroorganismen befallen, die auch eine wichtige Rolle beim Abbau der Kleistokarpienwände vor dem Aufbrechen des sich ausdehnenden Ascus spielen (Jackson und Wheeler, 1974; Jackson und Gay, 1976).

Podosphaera (Abb. 148 A)

Die Kleistothezien von *Podosphaera* enthalten einen einzigen Ascus und tragen charakteristische abgeflachte, dichotom verzweigte Appendices (Abb. 148 A). *P. leucotricha* ist der Erreger des Apfelmehltaus. Das Myzel und die Konidien sind während des Frühlings auf den Blättern und den jungen Sprossen sichtbar. Wahrscheinlich handelt es sich um ein perennierendes Myzel. Kleistothezien entstehen an jungen Verzweigungen. Nach Woodward (1927) werden die Asci von den Perithezien fortgeschleudert. Die Ascokarpien öffnen sich, wenn sich die Asci nach Wasseraufnahme dehnen. Die Wand ist jedoch elastisch, und gelegentlich

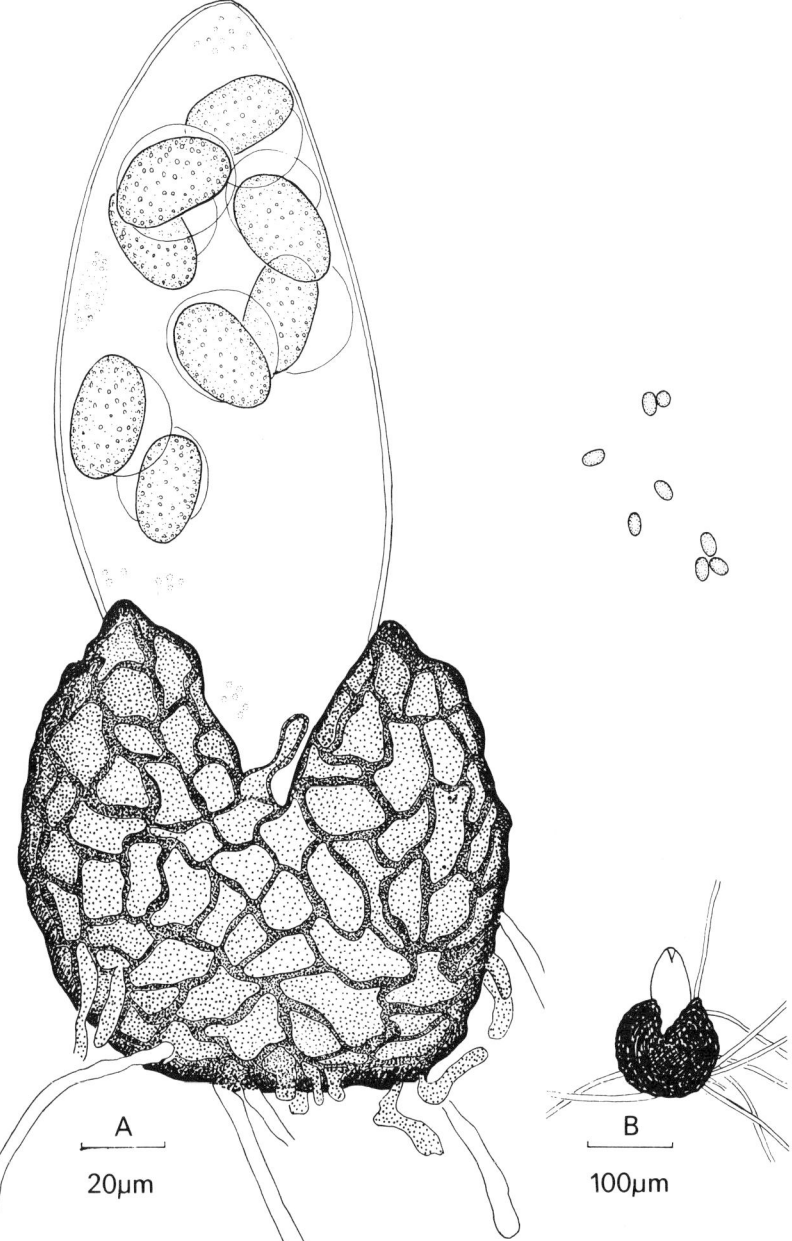

Abb. 147 A, B. *Sphaerotheca pannosa.* **A** Zerdrücktes Kleistokarp mit dem einzigen Ascus; **B** Kleistokarp mit ausgeschleuderten Ascosporen

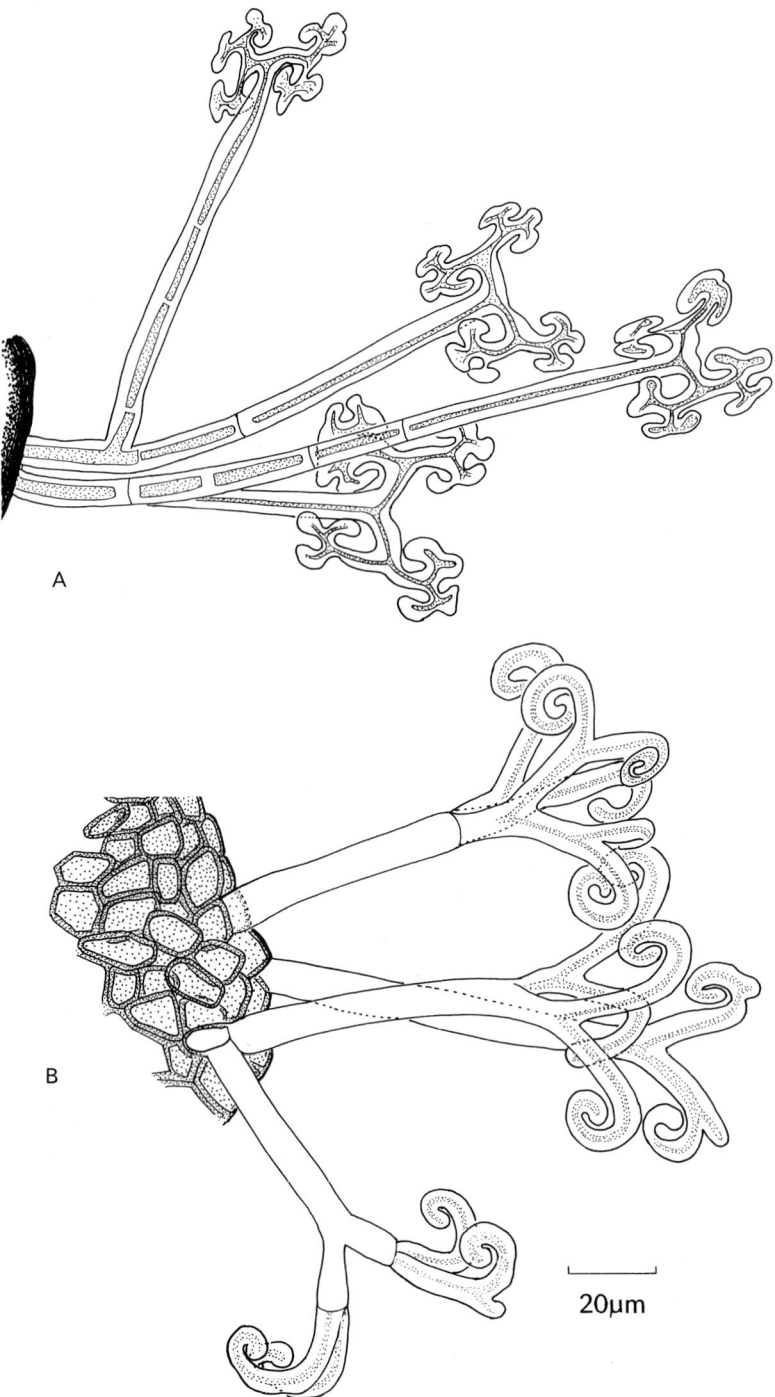

Abb. 148 A, B. A *Podosphaera clandestina;* auf *Crataegus,* Kleistothezienanhänge; **B** *Uncinula bicornis;* auf *Acer,* Kleistothezienanhänge

werden die Asci durch Zusammenklappen der ‚Kiefer' des Kleistotheziums mehrere Zentimeter weit hinausgeschleudert. Landet der Ascus im Wasser, dann dehnt er sich weiter aus, explodiert und schießt die Ascosporen hinaus. Eine ähnliche doppelte Freisetzung wurde für *Erysiphe graminis* (Ingold, 1939) beschrieben. Eine andere, häufig vorkommende Art von *Podosphaera* ist *P. clandestina* (= *P. oxyacanthae*) auf dem Weißdorn. Die Ausbreitung der Krankheit erfolgt zusammen mit dem Heckenschnitt während des Sommers, wenn in der Luft reichlich Konidien vorhanden sind. Beim Schneiden der Hecken werden die Spitzen entfernt. Dies führt zur Vergrößerung der Seitenknospen. Der Pilz kann in diese laterale Knospen eindringen und dort überwintern. Eine effektive Bekämpfung kann dadurch erreicht werden, daß man entweder auf das Heckenschneiden verzichtet oder die Beschneidung nur im Winter vornimmt (Khairi und Preece, 1978 a, b).

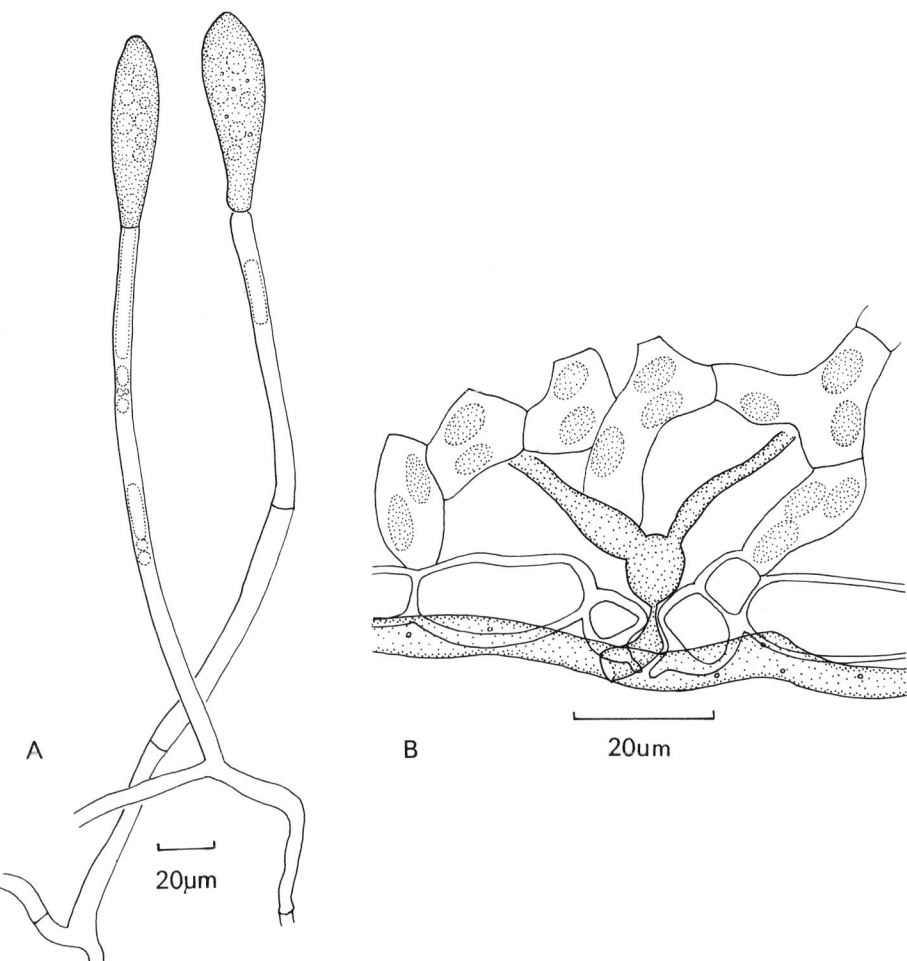

Abb. 149 A, B. *Phyllactinia guttata.* **A** Konidiophoren mit einzelnem, terminalem Konidium; **B** Querschnitt durch ein Blatt von *Corylus avellana,* man erkennt das Eindringen des Parasiten durch die Spaltöffnung in die Epidermis und die Ausbreitung des Myzels im Mesophyll

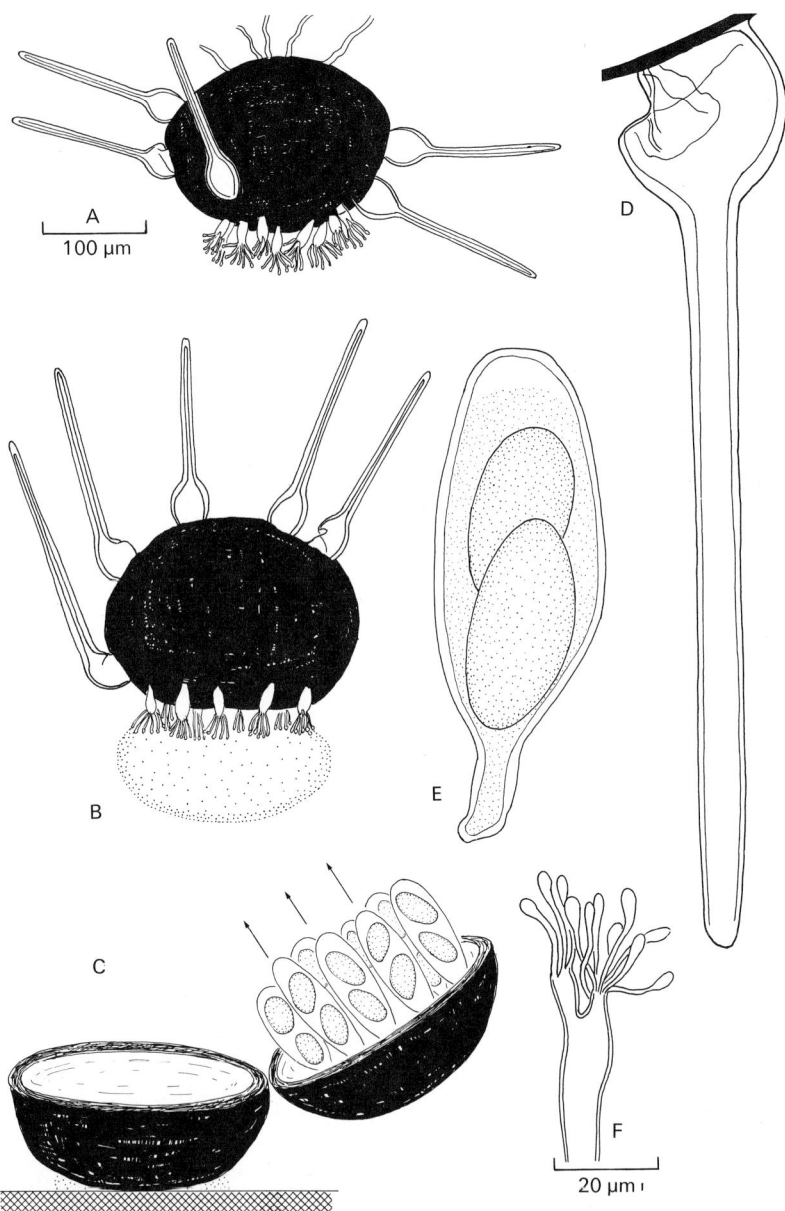

Abb. 150 A–F. *Phyllactinia guttata*. **A** Kleistokarp auf der Unterseite eines Haselblattes (*Corylus*). Die strahlen- und knollenförmigen Appendices sind horizontal angeordnet. Die verzweigten und sekretbildenden Appendices, die auf dem Kleistokarp kronenförmig aufsitzen, befinden sich auf der morphologischen Oberseite, d. h. der Seite, die den Ascusspitzen am nächsten ist; **B** Lage des Kleistokarps während des Falls von einem Wirtsblatt. Die knollenförmigen Appendices sind nun zu Flügeln umgebildet. Dadurch wird der klebrige Schleim nach unten gerichtet; **C** Schematische Darstellung eines geöffneten Kleistokarps. Dieses ist mit Hilfe des Schleims an einem Substrat befestigt. Es hat sich an einer umlaufenden, äquatorial angeordneten, präformierten Linie geöffnet. Das Kleistokarp ist

Microsphaera besitzt ähnliche Appendices wie *Podosphaera*, hat aber mehr als einen Ascus in jedem Kleistothezium. *Microsphaera alphitoides* ist der Erreger des Eichenmehltaus, der häufig auf Keimlingen vorkommt. Kleistothezien sind selten und nur in heißen Sommern zu finden.

Uncinula (Abb. 148 B)

Die Kleistothezien von *Uncinula* enthalten mehrere Asci. Ihre Appendices sind verzweigt und haben gebogene Spitzen (Abb. 148 B). *U. bicornis* (= *U. aceris*) bildet auf der Unterseite von Bergahornblättern Kleistothezien. *U. necator* ist der Erreger des Weinmehltaus. Als er entdeckt wurde, kannte man nur das Konidienstadium und nannte diesen Pilz *Oidium tuckeri*. Dieser Pilz gefährdete die Weinindustrie Frankreichs. Versuche zu seiner Bekämpfung führten zur Entdeckung der schwefelhaltigen Fungizide.

Phyllactinia (Abb. 148 – 150)

P. guttata (= *P. corylea*) wächst auf Haselblättern und bildet im Spätsommer und Herbst Kleistothezien auf der Unterseite der Blätter. Das Myzel wächst sowohl auf der Blattoberfläche als auch im Mesophyll.

Die Konidien werden einzeln gebildet und sind keulenförmig. Da dies ungewöhnlich ist, werden sie der Formgattung *Ovulariopsis* zugeordnet. In einer feuchten Kammer entstehen Ketten von bis zu vier Konidien in basipetaler Reihenfolge wie bei anderen Erysiphales. Die Kleistothezien tragen zwei verschiedene Appendices: eine äquatorial angeordnete Gruppe von strahlenförmig unverzweigten Appendices mit knollenförmiger Basis und einer Krone von sich wiederholt verzweigten und schleimsekretierenden Appendices (Abb. 150). Die Basis der knollenförmigen Appendices ist oben dick- und unten dünnwandig.

Bei Austrocknung biegen sich die Appendices zur Blattoberfläche, während sich der dünne Teil nach innen krümmt. Durch den Druck der Spitzen der Appendices wird das Kleistothezium aus dem Oberflächenmyzel herausgedrückt. Die knollenförmigen Appendices fungieren jetzt als Flügel und das Kleistokarp fällt wie ein Federball senkrecht herunter. Während des Falls befindet sich die klebrige Schleimseite unten. Der Schleimtropfen zwischen der apikalen Krone der verzweigten Appendices dient dazu, das Kleistothezium an Zweige und Blätter anzukleben. Die Asci enthalten normalerweise nur zwei Sporen (Abb. 150 E). Überwinternde Kleistothezien öffnen sich an der äquatorial verlaufenden Linie. Die Basis des Fruchtkörpers klappt zurück, um die Asci in eine geeignete Position zum Ausschleudern zu bringen (Cullum und Webster, 1977; Webster, 1979).

---

zurückgedreht, so daß nun die Spitzen der Asci nach außen zeigen. Die Pfeile zeigen die Richtung der Ascosporenfreisetzung an; **D** Knollenförmiger Appendix mit unterschiedlicher Verdickung der Zellwand. Ein Kollabieren der dünneren Wände führt zur Bewegung des Appendix; **E** Zweisporiger Ascus; **F** Verzweigter, sekretbildender Appendix. **A, B** im gleichen Maßstab. **D, E, F** im gleichen Maßstab

Eurotiales

Zu den Eurotiales gehören Pilze von größtem wirtschaftlichem Interesse, wie z. B. *Aspergillus* und *Penicillium,* von denen einige Arten Nahrungsmittel und Textilien verderben, während andere Arten zur industriellen Fermentation benutzt werden. Die Gymnoascaceae sind wegen ihrer Verwandschaft mit tierischen und menschlichen Hautpathogenen interessant. Während die Asci bei *Aspergillus* vollständig von einer gut ausgebildeten Hülle aus sterilen Hüllhyphen (Peridium) umschlossen sind, werden die Asci von *Gymnoascus* nur teilweise von lockeren Hüllhyphen umgeben. Bei *Byssochlamys* liegen die Asci frei, obwohl sie büschelweise aus ascogenen Hyphen entstehen. Die Zuordnung dieser Gattung zu den Eurotiales (Kuehn, 1958; Fennell, 1973) ist umstritten. Einige Mykologen ordnen sie den Endomycetales zu. Ihre Konidienstrukturen gleichen jedoch denen anderer Eurotiales, so daß diese Gattung gewissermaßen zwischen den Endomycetales und Eurotiales steht.

Eine allgemeine Darstellung zur Taxonomie der Eurotiales gibt Fennell (1973), der 9 Familien unterscheidet. Von diesen sollen jedoch hier nur zwei, nämlich die Gymnoascaceae und Eurotiales, besprochen werden. Alle Vertreter der Eurotiales haben folgende allgemeine Merkmale: Ascokarpien ohne Ostiolen und Paraphysen; innerhalb des Ascokarps sind die Asci unregelmäßig verteilt und nicht bündelförmig angeordnet; die Asci werden von fertilen Hyphen gebildet, die sich im Zentrum des Ascokarps verzweigen; die Asci sind typischerweise achtsporig, festsitzend, dünnwandig mit leicht auflösbaren Wänden. Die Ascosporen sind einzellig und ohne Keimporen oder Keimschlitze. Vielen Eurotiales können charakteristische imperfekte Stadien zugeordnet werden.

Gymnoascaceae

Diese Gruppe umfaßt etwa 15 Gattungen (Benjamin, 1956; Kuehn, 1958; Apinis, 1964). Die meisten Arten kommen im Erdboden vor und fruchten auf tierischen Substraten, wie z. B. Dung, Federn, Wolle, Haut und Knochen. Einige sind tierische und menschliche Hautpathogene (Kuehn et al. 1964; Ajello, 1977; Padhye und Carmichael, 1971; Ainsworth und Austwick, 1973). Die perfekten Stadien vieler dieser Dermatophyten oder ,Hautpilze' gehören zu den Gattungen *Nannizzia* und *Arthroderma,* die imperfekten Stadien gehören den Formgattungen *Microsporum* und *Trichophyton* an. Das Ascokarp besteht normalerweise aus einem lockeren Hyphennetz, das die Asci umgibt. In seltenen Fällen können die Asci auch nackt sein.

Gymnoascus (Abb. 151, 152)

Darstellungen dieser Gattung stammen von Kuehn (1959), Orr et al. (1963) und Apinis (1964). *Gymnoascus reessii* bildet auf tierischen Substraten, Sackleinwand usw. winzige, rötlichbraune, kugelige Ascokarpien, die aus verzweigten, gebogenen, dickwandigen Hyphen bestehen, die ihrerseits die Asci locker umgeben (Abb. 151). In Kulturen beginnt die Ascokarpentwicklung mit einer Konjugation von Ga-

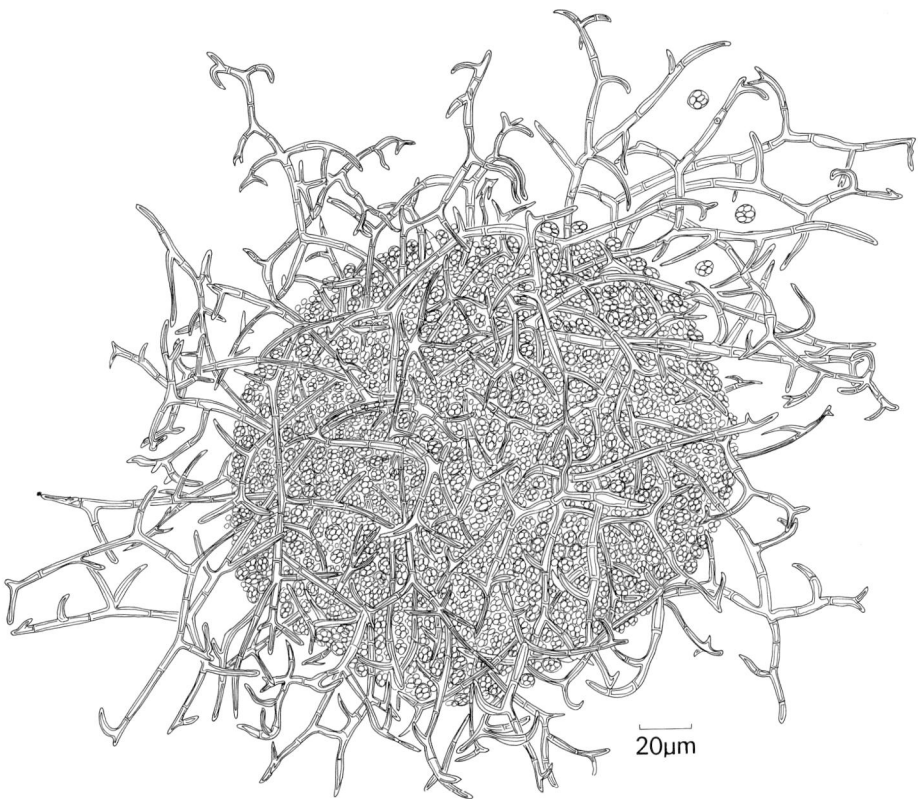

Abb. 151. *Gymnoascus reessii.* Ascokarp mit verzweigten, peridialen Hyphen und Asci

metangien, die aus gleichen oder verschiedenen Hyphen entstanden sind. Das Antheridium ist keulenförmig, das Ascogonium windet sich um das keulenförmige Antheridium (Abb. 152 A). Das Ascogonium septiert sich und aus den einzelnen Zellen entstehen ascogene Hyphen (siehe Abb. 153 B). An den Spitzen dieser Hyphen entstehen Haken und dann Asci (Kuehn, 1956). Die verzweigten peridialen Hyphen bilden sich aus vegetativen Hyphen in der Region der Gametangien (Abb. 113 B, C). Die Ascuswand löst sich auf und die Sporen werden passiv freigesetzt. Konidien werden nicht gebildet.

Eurotiaceae

Zu dieser Familie gehören nach Fennell (1973) mehrere Gattungen mit unterschiedlicher Ascokarp-Morphologie: Büschel freiliegender Asci bei *Byssochlamys*, umgeben von lockeren Hyphenverbänden und harte, sklerotiumähnliche Fruchtkörper bei bestimmten Arten von *Eupenicillium*. Die Konidien der Eurotiaceae besitzen im allgemeinen eine Phialide. Sie umfassen wichtige und bekannte Gattungen wie *Aspergillus* und *Penicillium*. Bei diesen bilden sich die Konidien an

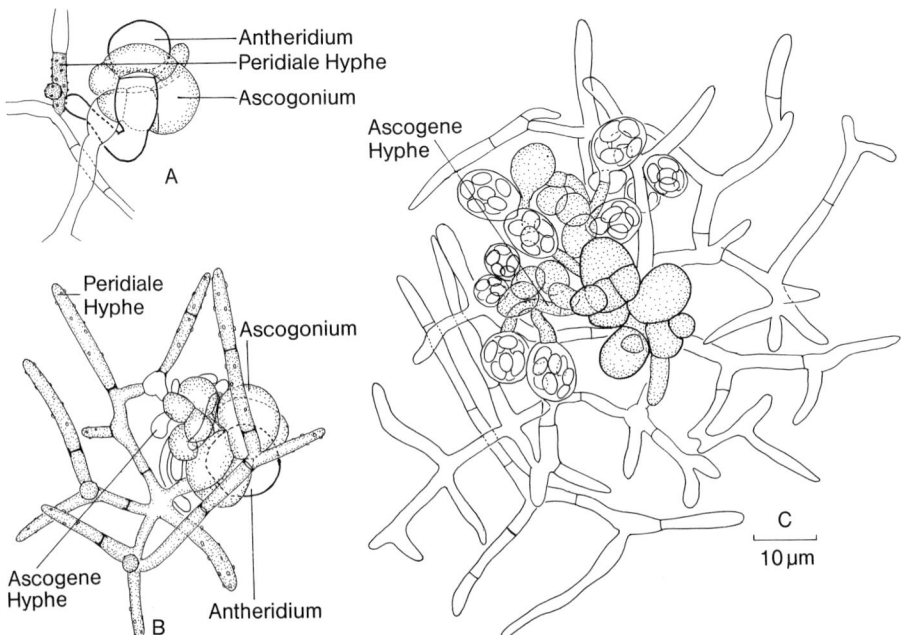

Abb. 152 A–C. *Gymnoascus reessii.* Entwicklung des Ascokarps. **A** Antheridium und Ascogonium; **B** Ascogonium während der Entstehung ascogener Hyphen und peridialer Hülle;
C Junges Ascokarp mit Asci an den Spitzen der ascogenen Hyphen

einer spezialisierten Zelle, die Phialide genannt wird. Als Phialide bezeichnet
Kendrick (1971 a) eine „konidiogene Zelle, in der schließlich die erste Konidieninitiale in einer apikalen Ausstülpung der Zelle gebildet wird. Sie wird früher oder
später durch Zerstörung oder Auflösung der oberen Wand der Elternzelle freigesetzt. Danach wird von einer bestimmten konidiogenen Stelle aus eine basipetale
Anordnung von enteroblastischen Konidien gebildet, von denen jede von einer
neugebildeten Wand umgeben ist. An dieser Bildung ist die Wand der konidiogenen
Zelle jedoch nicht beteiligt. . . . Während der Bildung der Konidienketten ändert
sich die Länge der Phialide nicht . . .“ Die von den Phialiden gebildeten Konidien
werden auch **Phialokonidien** genannt. Diese findet man bei mehreren Gruppen der
Ascomycetes, sowohl bei den Eurotiales, z. B. den Hypocreaceae (S. 321), als auch bei
bestimmten Gattungen der Fungi imperfekti. Die Entwicklung der Phialokonidien
bei *Aspergillus niger* ist in Abbildung 153 dargestellt. Die Phialiden von *A. niger*
sind in Gruppen auf besonderen Zellen, die *Metulae* genannt werden, angeordnet.
Diese werden auf einem kugeligen Vesikel gebildet. Junge Phialiden sehen äußerlich keulenförmig aus. Bei *A. niger* sind die Phialiden und Phialokonidien einkernig,
bei einigen anderen Arten von *Aspergillus* können sie jedoch auch vielkernig sein.
Bei *A. niger* teilt sich der einzige Kern. Die Spitze der Phialide dehnt sich zu einem
kugeligen Knopf aus, der die Initiale für die zuerst gebildete Spore ist. In diese
Initiale gelangt ein Tochterkern. Eine Anschwellung der ersten Konidiospore führt
zum Aufbrechen der Phialidenwand in der Nähe der Spitze. Die Reste der
Phialidenwand bleiben als Kappe um das zuerst gebildete Konidium bestehen. Vor

der Zerstörung der Phialidenwand wird eine Schicht aus Wandmaterial angelegt (Abb. 153 D). Diese Schicht wird zur äußeren Wandschicht des Konidiums; innerhalb dieser Schicht wird später eine weitere Wand gebildet (Abb. 153 H). In der Phialide erfolgt eine weitere Kernteilung. Um den Tochterkern lagert sich Cytoplasma ab, und es entsteht die Wand des zweiten Konidiums, welches ebenfalls aus der zerstörten Spitze der Phialide herausgepreßt wird (Abb. 153 E). Das zweite Konidium und alle danach gebildeten Konidien unterscheiden sich dadurch von der erstgebildeten, daß sie nicht von den Resten der Phialidenwand umgeben sind. Das Cytoplasma des zweiten Konidiums ist zunächst noch durch einen zylindrischen

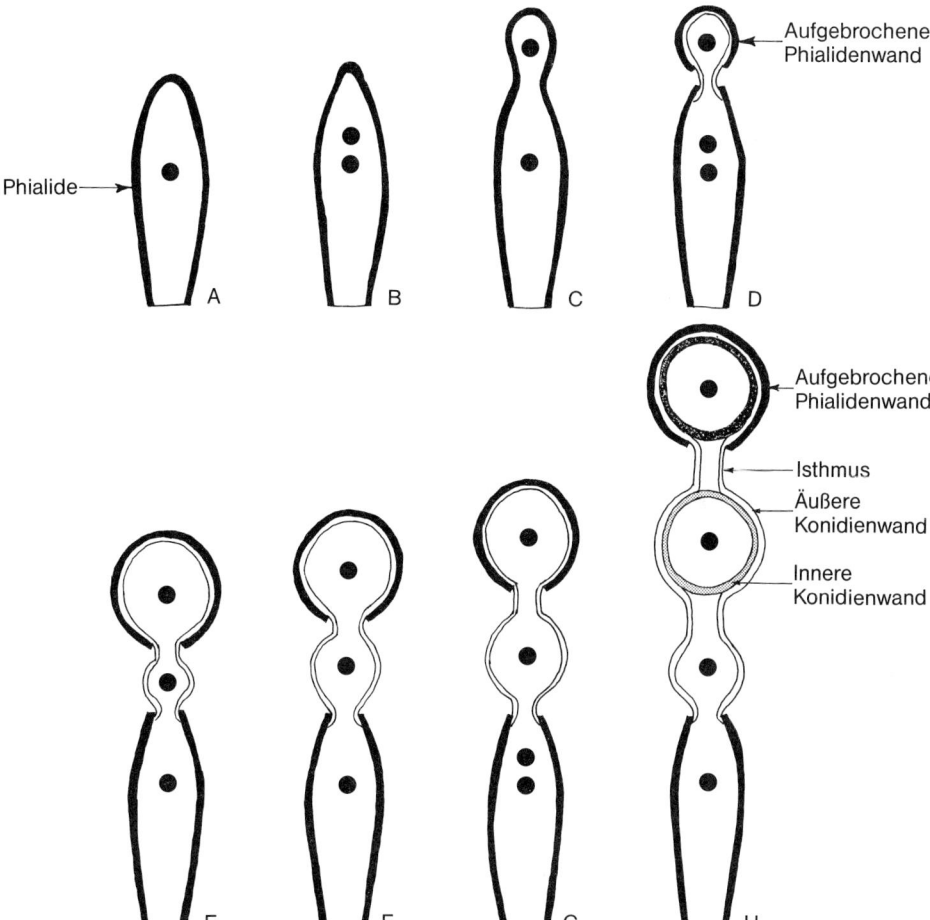

Abb. 153 A–H. *Aspergillus niger.* Schematische Darstellung der Phialokonidiumontogenese (modifiziert nach Subramanian, 1971); **A** Junge Phialide; **B** Mitose in der Phialide; **C** Konidiuminitiale mit Tochterkern; **D** Aufbrechen der Phialidenwand; Bildung einer neuen Wandschicht um das Konidiencytoplasma; weitere Mitose in der Phialide; **E, F** Auspressen der zweiten Phialospore. Man sieht, daß sich die Phialide nicht verlängert hat; **G** Weitere Mitose in der Phialide. Man sieht die Verengung, welche die Konidienketten verbindet; **H** Dreisporige Kette. Man sieht innerhalb der äußeren die Bildung einer inneren Konidienwand

Isthmus mit dem Cytoplasma des ersten Konidiums verbunden. Die Bildung einer inneren Konidienwand um die Konidien trennt diese Cytoplasmaverbindung. Der überlebende, leere Isthmus wird manchmal **Konnektiv** genannt. Die Kernteilung und die Bildung von neuen Tochterkernen geht in der Phialide weiter, so daß Ketten von Konidiosporen entstehen, bei denen sich die jüngste Spore an der Basis der Kette und die älteste an der Spitze befindet.

Die Feinstruktur der Phialiden und die Ontogenese des Phialokonidiums wurde von Trinci et al. (1968), Oliver (1972), Fletcher (1976), Hanlin (1976) bei *Aspergillus* und von Fletcher (1971) bei *Penicillium* untersucht.

Zeitrafferaufnahmen zur Konidienentwicklung von *P. corylophilum* durch Cole und Kendrick (1969a) ergaben, daß bei entsprechenden Bedingungen jedes Konidium 50–60 min zur Entwicklung braucht. Die Einzelheiten der Konidienontogenese sind wahrscheinlich bei beiden Gattungen gleich. Bei der Feinstruktur ist besonders der Ursprung der Wandschicht interessant, welche das Konidium umgibt. Für *Penicillium* beschreibt Fletcher einen ‚apikalen Propf' aus einem Material (Abb. 154A, D), das den Hals der Phialide auskleidet, sich aber von der Phialidenwand unterscheidet. Der apikale Pfropf bildet die Primärwand des Konidiums. Wenn ein Konidium herausgepreßt wird, bildet sich durch zentripetales Einwachsen von Wandmaterial ein Septum, das den Konidienprotoplasten von dem Protoplasten der Phialide abschnürt. Eine Schließung des Septenporus führt zu einer vollständigen Abgrenzung des Konidienprotoplasten. Eine neue Wandschicht wird innerhalb der Primärwand gebildet. Die abgrenzende Wand (Abb. 154 D)

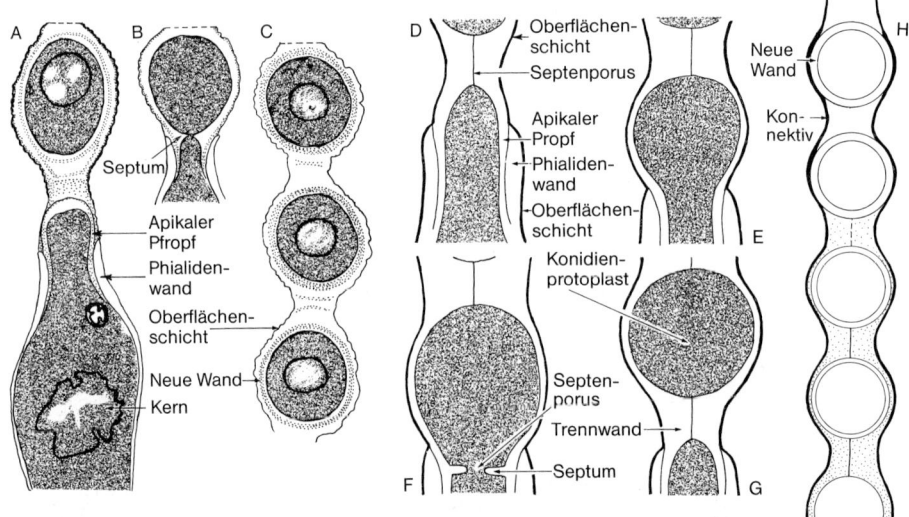

Abb. 154 A–H. *Penicillium.* Schematische Darstellung der Ontogenese der Phialokonidien (modifiziert nach Fletcher, 1971). **A** *P. clavigerum:* Phialide und abgeschnürter Konidienprotoplast; **B** *P. clavigerum:* gerade abgeschnürter Protoplast. Man sieht das Einwachsen des Septums; **C** *P. clavigerum:* distaler Teil der Konidienkette. Man erkennt die Bildung einer neuen Wand um den Konidienprotoplasten. Das ursprüngliche Wandmaterial zwischen den benachbarten Sporen bleibt als Konnektiv bestehen; **D–H**: schematische Darstellung der Konidienbildung bei *Penicillium*

bleibt als Verbindung zwischen den benachbarten Sporen in der Kette erhalten. Die äußere Primärwand kann eingefaltet und gewellt werden, so daß die Oberfläche der Spore rauh oder stachelig erscheint. Reife Sporen sind oft pigmentiert; grün bei *Penicillium*, gelb, grün, braun oder schwarz bei *Aspergillus*.

Bei *Penicillium* und *Aspergillus* bleiben die Sporen trocken und werden vom Wind verbreitet. Bei vielen anderen Pilzen ist die Phialosporenwand schleimig, Sporenketten werden nicht gebildet. Stattdessen werden an der Spitze der Phialide zusammenhängende, klebrige Sporenmassen gebildet (z. B. bei *Trichoderma*, S. 326, *Gliocladium*, S. 326, *Verticillium*, S. 331). In solchen Fällen erfolgt die Verbreitung höchstwahrscheinlich passiv, z. B. durch Insekten oder Regentropfen. Vielkernige Phialokonidien sind sehr häufig, in einigen Fällen sind die Phialokonidien vielzellig. Bei *Fusarium* (S. 330) und *Cylindrocarpon* (S. 329) z. B. ist das Konidium durch Quersepten in mehrere Zellen geteilt. Die Phialidenentwicklung wird von Subramanian (1971) ausführlich besprochen. Es ist noch erwähnenswert, daß die beschriebenen Gattungen mit klebrigen Phialokonidien nicht den Eurotiales, sondern den Hypocreales oder Deuteromycotina zugeordnet werden.

Die Nomenklatur der Eurotiales ist problematisch, weil den perfekten und imperfekten Stadien des gleichen Pilzes in der Vergangenheit eigene Gattungsnamen gegeben wurden. Der Gattungsname *Eurotium* gilt z. B. für das perfekte Stadium einiger Arten von *Aspergillus* (z. B. *A. repens*). Eine andere Schwierigkeit besteht darin, daß Pilze mit ähnlichen Konidienstadien unterschiedliche perfekte Stadien haben können. Ein Beispiel dafür ist *Aspergillus nidulans*. Dieser Name gilt für das Konidienstadium eines Pilzes, dessen perfektes Stadium *Emericella nidulans* genannt wird. Ein weiteres Problem besteht darin, daß viele Arten von *Aspergillus* und *Penicillium* kein bekanntes perfektes Stadium haben, weswegen man sie den Deuteromycotina oder den Fungi imperfecti zuordnet. Ein Klassifikationssystem, das morphologisch ähnliche Organismen trennt, obwohl sie wahrscheinlich verwandt sind und sich nur durch das Fehlen eines einzigen Merkmals unterscheiden, ist sicherlich unbefriedigend.

Byssochlamys (Abb. 155)

Byssochlamys ist eine Gattung von Erdpilzen, die eine thermotolerante Art, *B. verrucosa*, enthält (Samson und Tansey, 1975; Brown und Smith, 1957; Stolk und Samson, 1972; Samson, 1974). *Byssochlamys fulva* hat wirtschaftliche Bedeutung, weil dieser Pilz eingemachte Früchte verderben kann. Dieser Pilz ist im Erdboden von Obstgärten ziemlich häufig, so daß er leicht auf Früchte übertragen werden kann. Die Ascosporen können Temperaturen von 84–87 °C für 30 min überleben. Sie behalten ihre Lebensfähigkeit bis zu einer Temperatur von 98 °C. Sie sind auch gegen hohe SO_2- und Alkoholkonzentrationen resistent. Weiterhin kann der Pilz bei niedrigem Sauerstoffgehalt wachsen. Er kann auch verschiedene pektolytische Enzyme bilden (Chu und Chang, 1973). Diese vielfältigen Eigenschaften erklären die Überlebensfähigkeit und das Wachstum dieses Pilzes in Fruchtkonserven. *Byssochlamys nivea* kann aus dem Erdboden isoliert werden. In Gegenwart hoher Saccharosekonzentrationen sind die Ascosporen gegen Hitze resistent (Beuchat und Toledo, 1977). In Kulturen können sich beide Arten durch Bildung von Konidienketten vegetativ vermehren. Die Konidienketten entstehen an spitz zulaufenden,

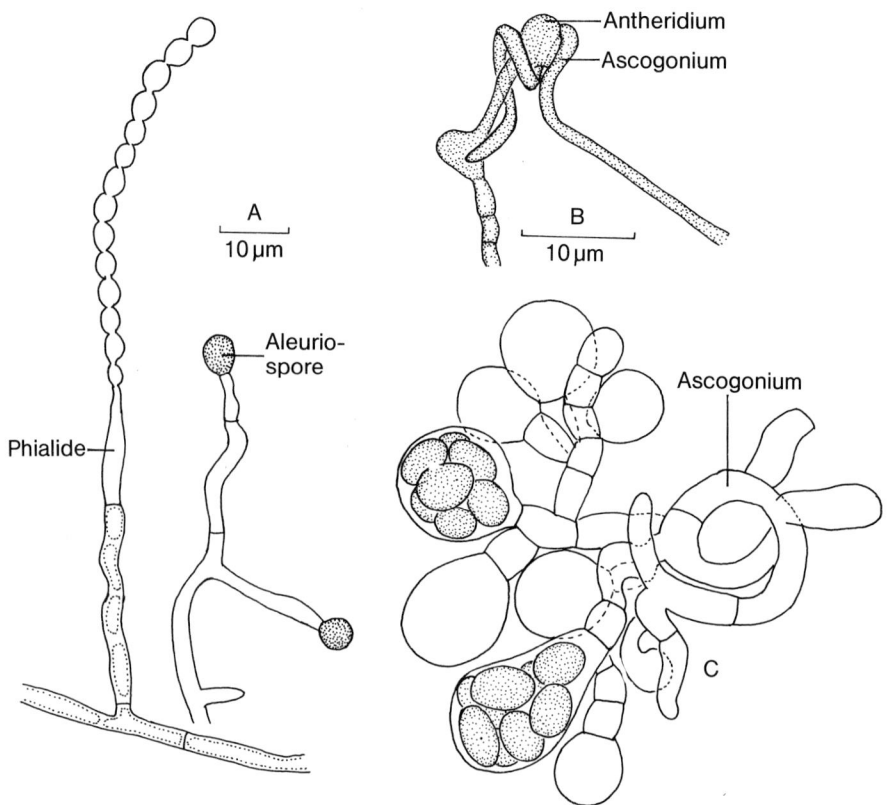

Abb. 155 A–C. *Byssochlamys nivea.* **A** Phialosporen und Aleuriosporen; **B** Gewundenes Ascogonium, das ein Antheridium umgibt; **C** Ascogonium mit ascogener Hyphe, die reihenförmig Asci trägt. Sterile Hüllhyphen sind nicht vorhanden

offenen Phialiden (Abb. 155 A), die entweder einzeln oder in Gruppen auf dem Luftmyzel vorkommen. Aufgrund ihrer Konidienmorphologie gehören sie zur Formgattung *Paecilomyces* der Fungi imperfekti. Es gibt auch endständige, dick-wandige, einzellige Thallokonidien (manchmal auch Aleuriosporen genannt). Die Asci von *Byssochlamys* entwickeln sich am besten in Kulturen bei etwa 30 °C. Bei *B. nivea* wird das keulenförmige Antheridium durch ein Ascogonium eingerollt (Abb. 155 B). Später bildet das aufgerollte Ascogonium kurze Verzweigungen oder ascogene Hyphen, die kugelige, terminale oder laterale achtsporige Asci tragen. Man kann gelegentlich Büschel von Asci finden. Sterile Hyllhyphen sind nicht vorhanden (Abb. 155 C).

Aspergillus und seine perfekten Stadien (Abb. 156–158)

Das Nomenklaturproblem, das sich bei Arten der Formgattung *Aspergillus* durch fehlende oder vorhandene perfekte Stadien und ihre Einordnung in die verschiede-nen Gattungen der Ascomycetes ergibt, wurde schon angesprochen. Ähnliche

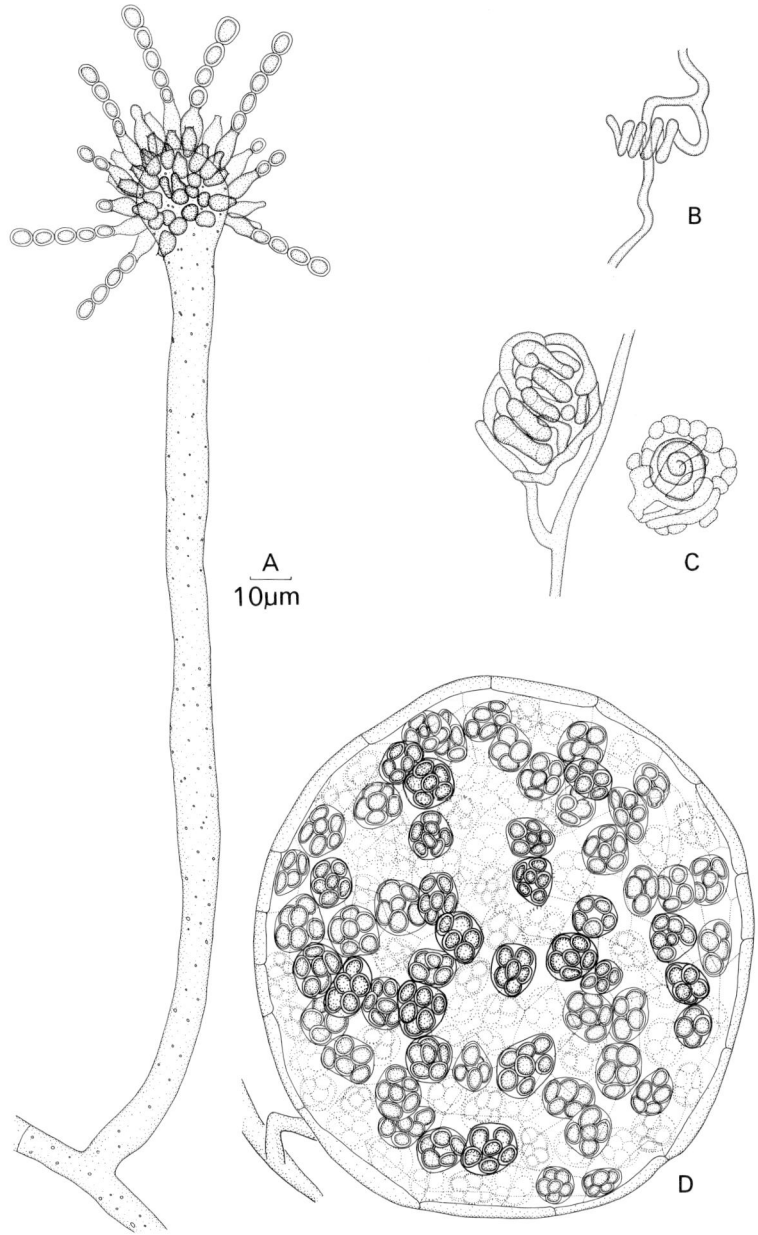

Abb. 156 A–D. *Eurotium repens.* **A** Konidiophore; **B** Ascogonium; **C** Von sterilen Hyphen umschlossenes Ascogonium; **D** Kleistokarp mit reifen und unreifen Asci

Probleme gibt es bei der Formgattung *Penicillium*. Es gibt zwei verschiedene Auffassungen. Bei der einen verwendet man den ‚Konidien'namen (*Aspergillus* oder *Penicillium*) wie bei den Formen mit oder ohne Ascokarpien (Raper und Fennell, 1965; Raper und Thom, 1949; K. B. Raper, 1957). Dies bedeutet, daß alle Formen mit ähnlichen Konidienstadien (z. B. Arten von *Aspergillus*) trotz morphologischer Unterschiede der perfekten Stadien hinreichend nahe verwandt sind. Als alternative Möglichkeit benutzt man den ‚perfekten' Namen und berücksichtigt, daß sich die Konidienstadien der verschiedenen Gattungen der Ascomycetes ziemlich ähnlich sehen können. Die Ähnlichkeit kann auf eine Verwandtschaft hindeuten oder auch nicht. Dies könnte auf einer konvergenten Entwicklung beruhen. Die letztgenannte Ansicht scheint sich jedoch durchzusetzen (Subramanian, 1972; Benjamin, 1955).

Eurotium (Abb. 156, 157)

Vertreter dieser Gattung findet man sehr häufig in der Natur, besonders im Erdboden. Sie sind Nahrungsmittelverderber, insbesondere von solchen mit hohen osmotischen Werten. Ein typisches Beispiel dafür ist *Eurotium repens* (Abb. 156), der häufig auf Marmelade vorkommt. In Kulturen mit niedrigem Zuckergehalt

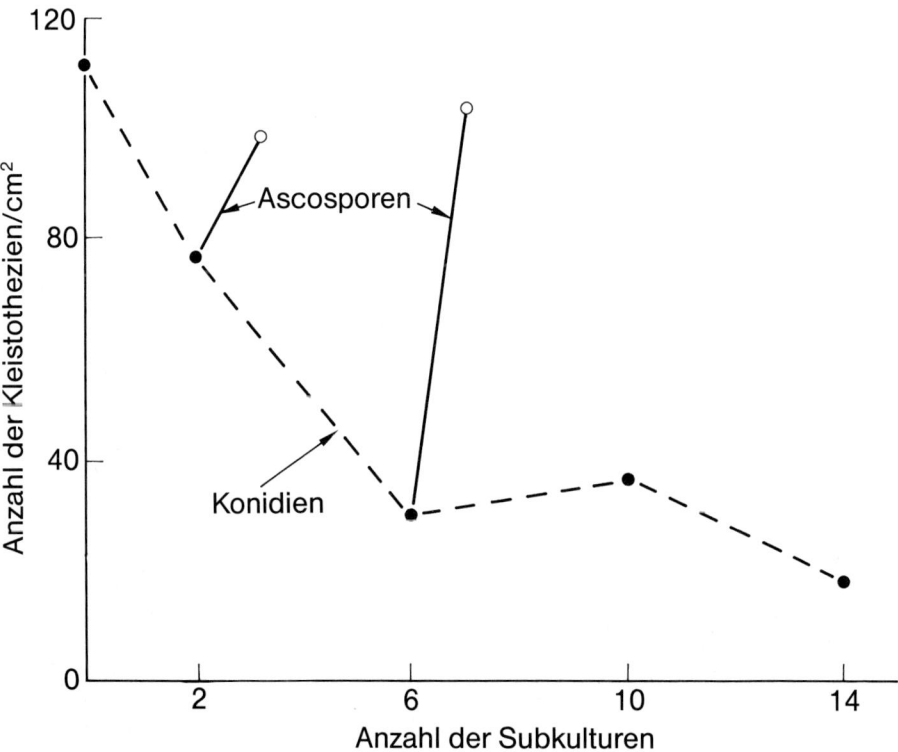

Abb. 157. *Aspergillus glauca*. Veränderungen der Kleistotheziendichte in Subkulturen aus Konidien oder Ascosporen (nach Mather und Jinks, 1958)

werden nur Konidien gebildet. Die Segmente des Myzels, aus dem Konidiophoren entstehen, bleiben als verdickte Fußzellen erhalten (Abb. 156 A). Die Spitze der Konidiophore schwillt zu einer keulenförmigen Blase an, die auf der Oberfläche ein Büschel flaschenförmiger Phialiden trägt. Diese bilden in basipetaler Reihenfolge Ketten von grünen Konidien. Auf Medien mit hohem Zuckergehalt (z. B. 20% Saccharose) bilden sich gelbe, kugelige Ascokarpien. An Lufthyphen entstehen gewundene Ascogonien (Abb. 156 B); obwohl nicht immer sichtbar, sollen auch Antheridien gebildet werden (Benjamin, 1955). Das Ascogonium wird von sterilen Hyphen, die aus dem Stiel des Ascogoniums herauswachsen, umwachsen. Das Ascogonium septiert sich, und aus den Segmenten entwickeln sich ascogene Hyphen, die in das umliegende, aus den Deckhyphen entstandene Pseudoparenchym eindringen und es auflösen. Aus den Haken an den Spitzen der ascogenen Hyphen entstehen kugelige Asci. Das reife Ascokarp besteht aus Büscheln von Asci, die von einer einschichtigen, gelbgefärbten Peridie umgeben sind. Nach Aufbrechen der Peridie werden die Asci passiv freigesetzt. Die linsenförmigen, glatten Ascosporen werden nach Auflösen der Ascuswände freigesetzt.

Eurotium repens ist wie nahezu alle ascokarpen Formen monözisch. Die Kulturen kann man mit Hilfe von Konidien, Ascosporen oder Hyphenspitzen übertragen. Nach mehrfachem Transfer von Konidien vermindert sich die Fähigkeit, Ascokarpien zu bilden. Sie kann jedoch wiedererlangt werden, wenn man Ascosporen aussät (siehe Abb. 157, Mather und Jinks, 1958). Dies deutet darauf hin, daß die Bildung von Ascokarpien und Konidiophoren teilweise von cytoplasmatischen Faktoren kontrolliert wird. Außerdem wird hier eine Entwicklungsrichtung aufgezeigt, in die sich die nicht-ascokarpen Formen entwickeln können.

Emericella (Abb. 158)

Emericella unterscheidet sich in mehrfacher Hinsicht von *Eurotium*. Während das Ascokarp bei *Eurotium* gelegentlich von einer einschichtigen Peridie umgeben ist, ist das Ascokarp von *Emericella* von Ketten sehr dickwandiger Zellen, die Hüllzellen genannt werden, umgeben (Abb. 158 B). Während die Ascosporen von *Eurotium* farblos und ihre Wände glatt sind, sind die Sporen von *Emericella* rot mit einem doppelten, äquatorial verlaufenden Kragen (Abb. 158 C). Die Konidiophoren unterscheiden sich dadurch, daß die Phialiden nicht direkt auf den Vesikeln entstehen, sondern auf Reihen von zylindrischen Zellen, die Metulae genannt werden.

Die bekannteste Art ist der Bodenpilz *E. nidulans* (*Aspergillus nidulans*), so benannt wegen der nestförmigen Anordnung der von Hüllzellen umgebenen Ascokarpien. Diese Art ist oft zur genetischen Untersuchung sexueller und parasexueller Rekombinationen verwandt werden (Roper, 1966; Clutterbuck, 1974). Ein verwandter Pilz, *E. heterothallica* (*Aspergillus heterothallicus*) ist monözisch, aber incompatibel (Kwon und Raper, 1967). Einzelsporisolate bilden keine Ascokarpien. Die Entdeckung der Incompatibilität sollte zu weiteren Untersuchungen anderer Arten von *Aspergillus* anregen, von denen bisher noch keine Ascokarpien beschrieben wurden. Wenn diese Ascokarpien bilden würden, könnten sie der entsprechenden ‚perfekten' Gattung zugeordnet werden.

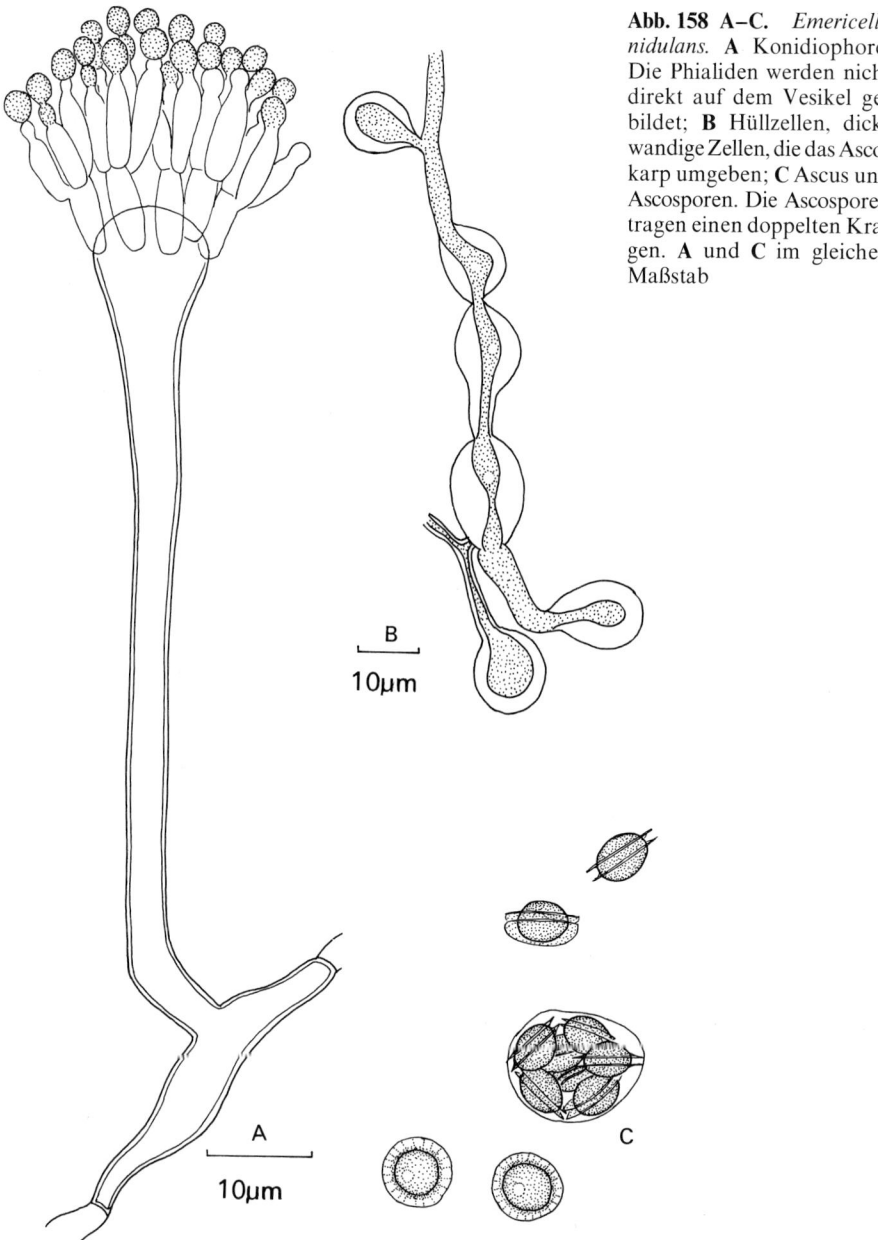

Abb. 158 A–C. *Emericella nidulans.* A Konidiophore. Die Phialiden werden nicht direkt auf dem Vesikel gebildet; B Hüllzellen, dickwandige Zellen, die das Ascokarp umgeben; C Ascus und Ascosporen. Die Ascosporen tragen einen doppelten Kragen. A und C im gleichen Maßstab

B
⊢ ⊣
10µm

A
⊢   ⊣
10µm

Arten von *Aspergillus* ohne Ascokarpien

Man kennt eine große Anzahl von nicht-ascokarpen Arten von *Aspergillus.* (Raper und Fennell, 1965). Einige von ihnen sind wirtschaftlich besonders wichtig, z.B. bei der industriellen Fermentation. *A. niger* wird zur Herstellung von Zitronensäure, Gluconsäure und anderen Produkten benutzt (Smith, 1969). Einige Stämme dieses

Pilzes sind Pflanzenpathogene, besonders in den Tropen (z. B. die Kronenfäule der Erdnuß und die Kapselfäule der Baumwolle). Der Pilz wird auch bei der biologischen Bodenanalyse auf Spurenelemente (z. B. Kupfer) benutzt. *A. oryzae* wird zur Fermentation von Reis und Sojaprodukten und bei industrieller Herstellung von proteolytischen und amylolytischen Enzymen verwendet (Hesseltine, 1965). Der häufig vorkommende Pilz *A. flavus* kann z. B. Erdnußmehl und getrocknete Nahrungsmittel befallen. Er bildet ein Karzinogen, das Aflatoxin, das Leberkrebs beim Menschen und Geflügel verursachen kann (Wogan, 1965).

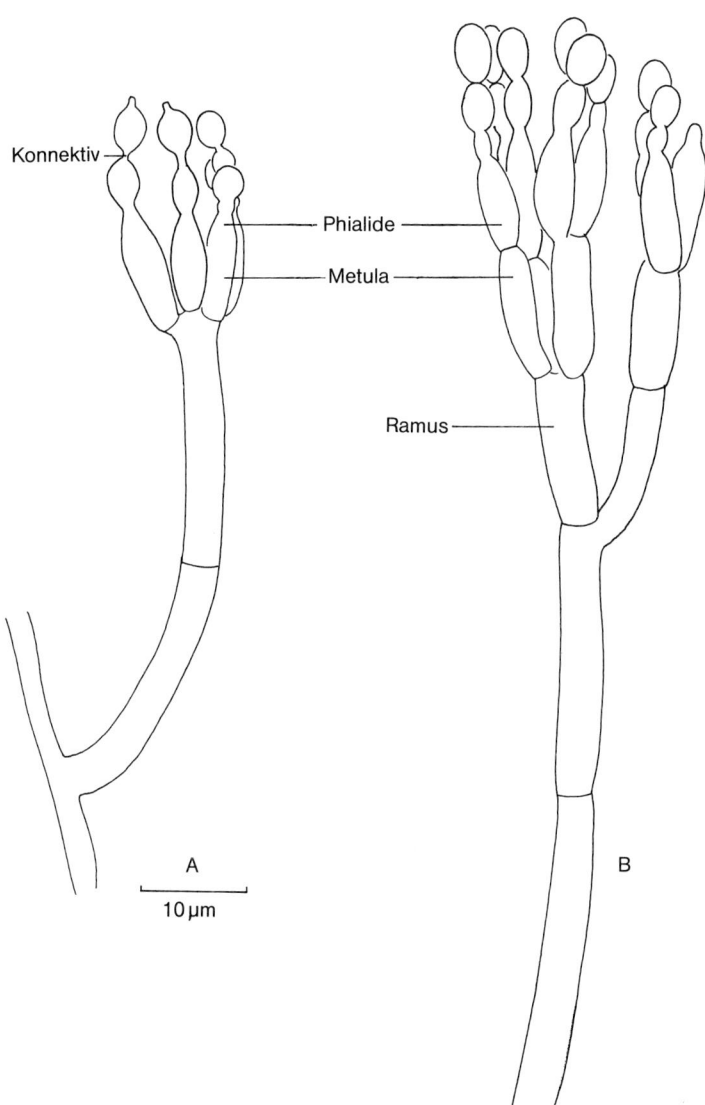

Abb. 159 A, B. A *Penicillium spinulosum;* **B** *Penicillium expansum.* Vergleich der Konidiophorenstruktur

Penicillium und die perfekten Stadien (Abb. 159–161)

Bei *Penicillium* gibt es die gleichen Taxonomie- und Nomenklaturprobleme wie bei *Aspergillus*. Es ist eine Formgattung, die sich auf die Konidienmorphologie stützt. Einige Arten haben perfekte Stadien, die verschiedenen Gattungen zugeordnet werden können: *Eupenicillium, Talaromyces* und *Carpenteles*. Die Ascokarptypen dieser Gattungen scheinen mit den Konidiophorentypen korreliert zu sein, besonders mit den komplizierten Konidiophorenverzweigungen. Von den meisten Arten von *Penicillium* sind Ascokarpien nicht bekannt.

Dieser Pilz ist einer der meist verbreiteten Kosmopoliten. Er kommt überall dort vor, wo geeignete Substrat- und Wachstumsbedingungen herrschen. Die Sporen sind fast überall in der Luft vorhanden und infizieren häufig Kulturen. Die Verunreinigung einer Bakterienkultur durch *P. notatum* führt zur Hemmung des Bakterienwachstums. Diese Beobachtung von Fleming führte zur Entdeckung des Antibiotikums Penicillin (Fleming, 1944). Obwohl *P. notatum* zuerst zur Herstellung von Antibiotikum benutzt wurde, verwendet man heute nach intensiver Suche die verwandte Art *P. chrysogenum* (K. B. Raper, 1952). Andere wirtschaftlich wichtige Arten sind *P. camemberti* und *P. roqueforti,* die eine wichtige Rolle bei der Käseherstellung spielen, und *P. griseo-fulvum,* aus dem das Antibiotikum Griseofulvin gewonnen wird. Dieses Antibiotikum verursacht Verdrehung von Pilzhyphen und wird klinisch zur Behandlung von Haut- und Nagelinfektionen erfolgreich eingesetzt (Brian, 1960). *Penicillium italicum* und *P. digitatum* sind die Erreger der Fäule von Zitrusfrüchten, während *P. expansum* Braunfäule bei Äpfeln hervorruft.

Die Klassifizierung dieser Gattung ist schwierig; man unterscheidet über 100 Arten (Raper und Thom, 1949). Der charakteristische Konidienapparat besteht aus einer verzweigten Konidiophore mit reihenförmig angeordneten Verzweigungswirteln, die in Büscheln von Phialiden auslaufen. Bei einigen Arten (die zur Sektion Monoverticillata gehören), z. B. *P. spinulosum* (Abb. 159 A), werden die Phialiden direkt auf der Konidiophore gebildet. Häufiger werden sie jedoch auf einem weiteren Verzweigungswirtel, den Metulae, gebildet. Diese können der Reihe nach auf weiteren Verzeigungswirteln, den **Rami**, entstehen, z. B. *P. expansum* (Abb. 159 B). Bei einigen Arten (z. B. *P. claviforme*) können die einzelnen Konidiophoren zu keulenförmigen ‚Fruchtkörpern‘, den **Koremien,** zusammengefaßt sein (siehe Abb. 160).

Perfekte Stadien von Penicillium

Eupenicillium

Hierzu gehört eine Gruppe von Arten mit verhältnismäßig einfachen Konidiophoren (Monoverticillata stricta) und eine Gruppe mit divaricaten Konidiophoren (Divaricata), die entweder Sklerotien oder Ascokarpien mit sehr derben Peridien (sklerotisierte Ascokarpien) bilden. Die Ascosporen haben riemenscheibenähnliche Kragen. Möglicherweise sind die beiden Gruppen miteinander verwandt. Einige Sklerotienformen können auch Ascokarpien bilden (Scott und Stolk, 1967; Stolk, 1968). Zu den Formen mit sklerotisierten Ascokarpien gehören *E. javanicum* und *E. brefeldianum* (Monoverticillata stricta). Die letztgenannte Art ist monözisch, die

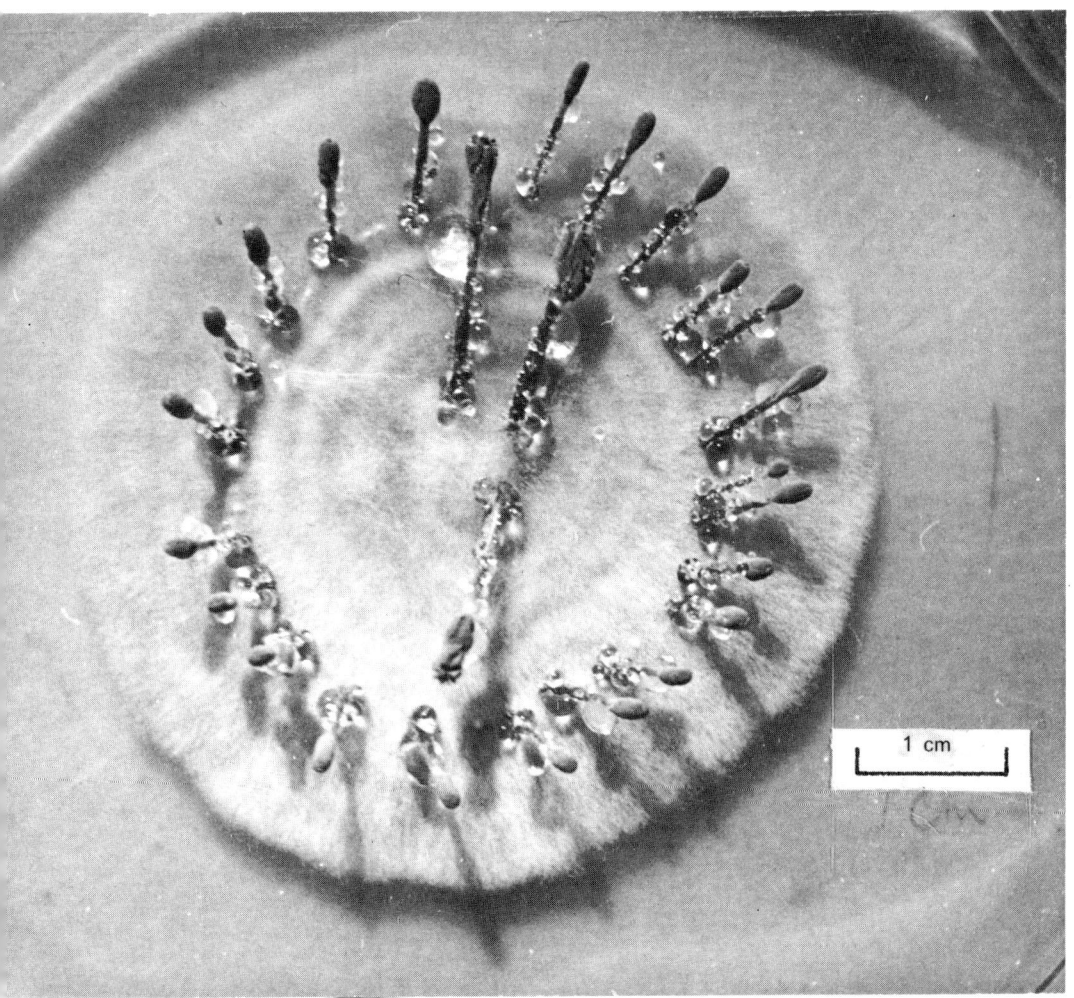

Abb. 160. *Penicillium claviforme*

jedoch häufig in Kulturen Sektoren vorwiegend mit Konidien bilden. Dies zeigt die mögliche Entstehung der Sklerotienformen mit einfachen Konidien, wie z. B. *P. thomii.* Die Gruppe der Divaricata, Arten mit sklerotisierten Ascokarpien, wurde früher der Gattung *Carpenteles* zugeordnet. Sie sind offenbar einer Gruppe von sklerotienbildenden Arten ähnlich.

Talaromyces (Abb. 161)

Eine Gruppe von Arten mit wolligen, lockeren Ascokarpien, zu denen z. B. *T. vermiculatus (Penicillium vermiculatum)* und *T. stipitatus (Penicillium stipitatus)* gehört. Das lockere Ascokarp deutet auf eine Verwandschaft mit den Gymno-

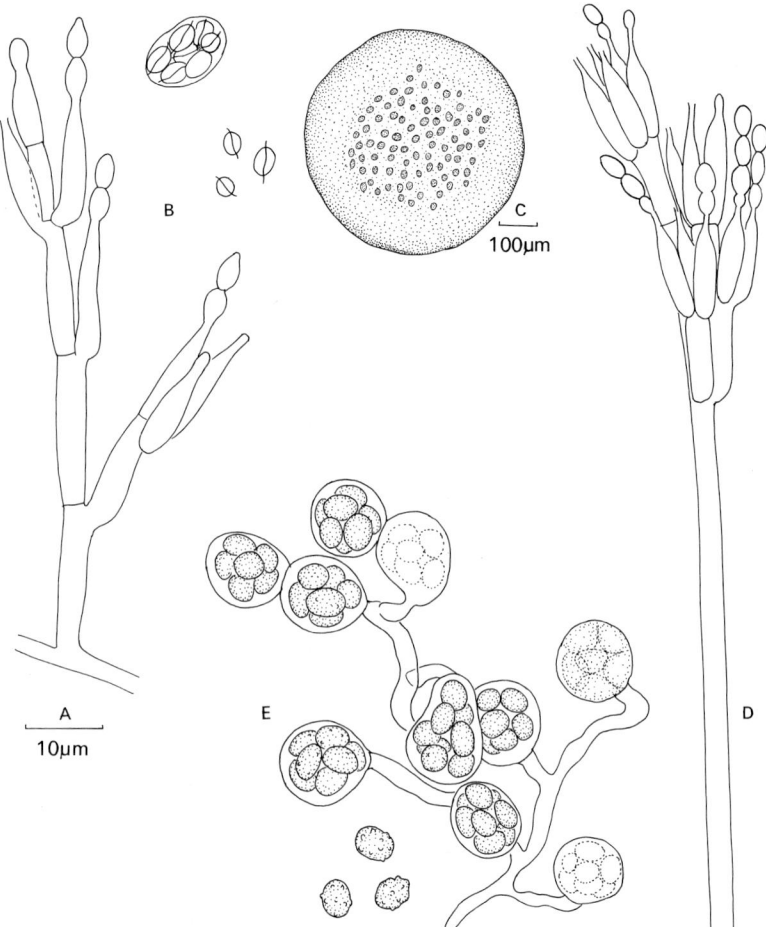

Abb. 161 A–E. A *Talaromyces stipitatus.* Konidiophore; **B** Ascus und Ascosporen: man erkennt den äquatorial verlaufenden Kragen; **C** *Talaromyces vermiculatus.* Ascocarp; **D** Konidiophore mit langen, für Biverticillata-Symmetrica charakteristischen, spitz zulaufenden Phialiden; **E** Ascogene Hyphen und Asci: einige Asci entstehen kettenförmig

ascaceae hin. Die Konidiophoren von *Talaromyces* gehören zu einer Gruppe von *Penicillium,* die Biverticillata-Symmetrica genannt wird und lange, spitz zulaufende Phialiden besitzt.

Pyrenomycetes

Die Gruppe der Pyrenomycetes umfaßt verschiedene Entwicklungsrichtungen innerhalb der Ascomycetes. Müller und von Arx (1973) beschrieben diese Gruppe als Ascomycetes mit Fruchtkörpern (Ascokarpien), die vollständig von einer

Peridienwand umgeben sind und unitunicate, meist in einem Hymenium liegende Asci enthalten. Die Ascokarpien nennnt man **Perithezien.** Im allgemeinen sind sie mit einer Öffnung (**Ostiolum**) versehen, die mit **Periphysen** ausgekleidet ist. Die Perithezien können entweder einzeln oder in Büscheln zusammen auf einem oder innerhalb eines **Stroma** vorkommen. Obwohl die endgültige Form des Peritheziums sehr einheitlich ist, kann man doch verschiedene Entwicklungstypen unterscheiden, die im Zusammenhang mit jeder Ordnung besprochen werden. Bestimmte Gruppen der Pyrenomycetes umfassen eng verwandte Gattungen, die entweder ein Ostiolum besitzen oder nicht. Müller und von Arx ordnen die meisten Pyrenomycetes einer einzigen Ordnung, den Sphaeriales, zu, während einige andere Autoren die Pyrenomycetes in mehrere Ordnungen unterteilen. Nach Müller und von Arx gehören die Erysiphales zu den Pyrenomycetes. Diese Gruppe wurde als Plectomycetes jedoch schon früher in diesem Buch besprochen (S. 266). Die Loculoascomycetes (mit bituncaten Asci) wurden von den Pyrenomycetes ausgeschlossen. Sie können perithezienähnliche Ascokarpien bilden, deren Entwicklung im Detail jedoch anders verläuft. Die Fruchtkörper der Loculoascomycetes werden korrekterweise **Pseudothezien** genannt, obwohl der Begriff Perithezium oft für beide Fruchtkörperformen benutzt wird.

Die Pyrenomycetes wachsen auf den verschiedensten Habitaten: z.B. in Erde, auf Dung und faulenden Pflanzenresten. Man findet sie besonders häufig auf verholzten Wirten. Einige Arten (z.B. *Claviceps, Nectria*) sind Pflanzenpathogene, während *Verrucaria* z.B. als Pilzsymbiont in einer Flechte lebt. Viele Arten haben typische Konidienstadien.

Sphaeriales

Nach Müller und von Arx umfaßt diese Ordnung der Pyrenomycetes ungefähr 15 Familien, von denen einige von anderen Autoren auch als Ordnungen angesehen werden. Hier sollen nur die Vertreter von 6 Familien besprochen werden.

Ophiostomataceae

Zu den Ophiostomataceae gehören Formen mit meist hyalinen, einzelligen Ascosporen und Asci, deren Wände innerhalb des Perithezienkörpers zerfließen, und Ascokarpien mit langen Hälsen. Die bekanntesten Gattungen sind *Sphaeronaemella* und *Ceratocystis*. *S. fimicola* wächst auf Herbivorendung und bildet winzige, blaßbraune Perithezien mit langen Hälsen, an denen sich klebrige Ascosporenmassen ansammeln.

Ceratocystis (Abb. 162–164)

Es sind mehr als 80 Arten bekannt (Olchowecki und Reid, 1974; Upadhyay und Kendrick, 1975). Einige von ihnen verursachen gefährliche Pflanzenkrankheiten, z.B. *C. ulmi*, der Erreger des Ulmensterbens, *C. fagacearum*, der Erreger der Eichenwelke, *C. fimbriata* verursacht Fäule an Süßkartoffeln, Welkekrankheiten des

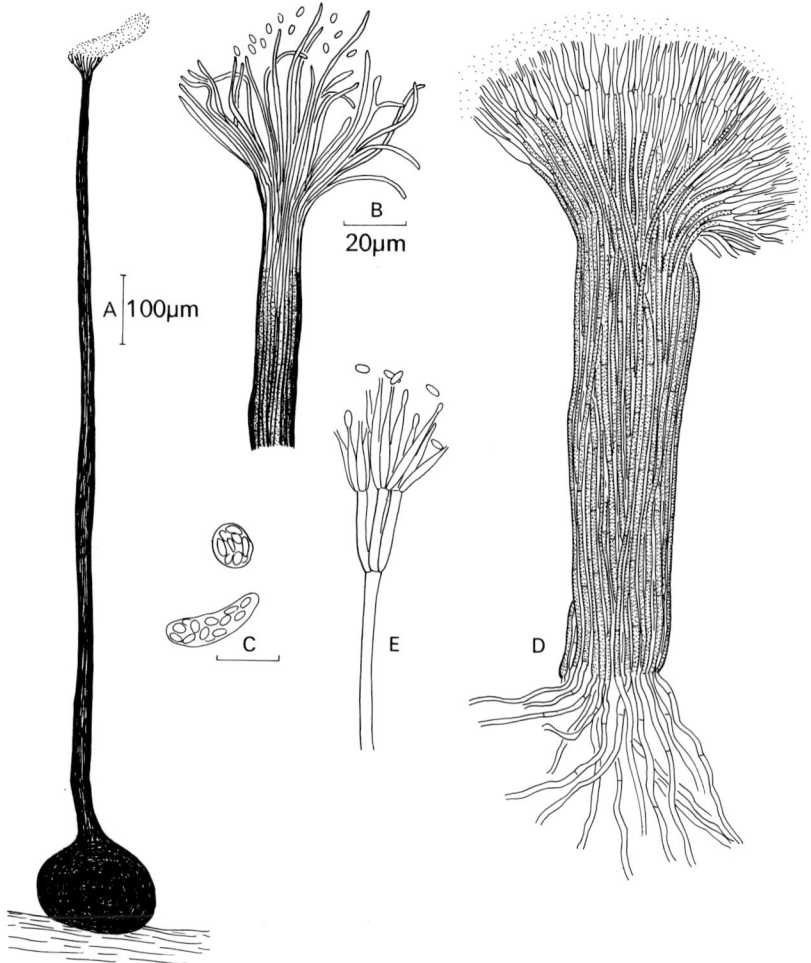

Abb. 162 A–E. *Ceratocystis piceae.* **A** Perithezium mit ‚Sporentropfen‘ an der Spitze des Halses; **B** Ostiolum mit Borstenring; **C** Asci; **D** Koremium mit klebrigen Sporenmassen; **E** Apex einer Konidiophore. **B** und **D** im gleichen Maßstab; **C** und **E** im gleichen Maßstab

Kautschuks und des Kaffees, *C. adiposa,* der Erreger der Schwarzfäule des Zuckerrohrs. Andere Arten verfärben Hölzer und befallen hauptsächlich die Markstrahlen von Splintholz (z. B. *C. piceae* und *C. coerulescens*). Die Perithezien sind an der Basis verdickt und tragen an der Spitze des langen, schlanken Halses einen Haarsaum (Abb. 162). Die Ascuswand zerfällt schon während der frühen Ascosporenentwicklung, so daß intakte Asci nur schwer aufzufinden sind. Die Ascosporen werden durch den schmalen Hals getrieben und bleiben als klebrige Sporentropfen (Abb. 162) am fransenähnlichen Haarbesatz des Ostiolums haften. Wahrscheinlich ist dies eine Anpassung an die Insektenverbreitung. Die Ascosporen sind klein und durchsichtig, ihre Form variiert von ellipsoid bis bohnen-, hut-, nadelförmig oder quadratisch. Man kennt verschiedene Arten von Konidienapparaten

(Abb. 163–164). Bei *C. ulmi* können die Konidiophoren **mononematisch** (einzeln, Abb. 164 C) oder **synnematisch** sein (d. h. büschelig zu einem parallelen Bündel, das **Coremium** oder **Synnema** genannt wird – Abb. 164 A, B). Die einzelnen Konidiophoren können farblos oder dunkel gefärbt sein (häufiger bei Synnemata). Die durchsichtigen Konidien sammeln sich als klebrige Masse an den Spitzen der Synnemata an. Die Entwicklung der Konidien aus mononematischen oder synnematischen Konidiophoren erfolgt blastisch oder sympodial auf kurzen Zähnchen. Sie werden durch ein Septum von der konidiogenen Zelle getrennt. Nach der Loslösung

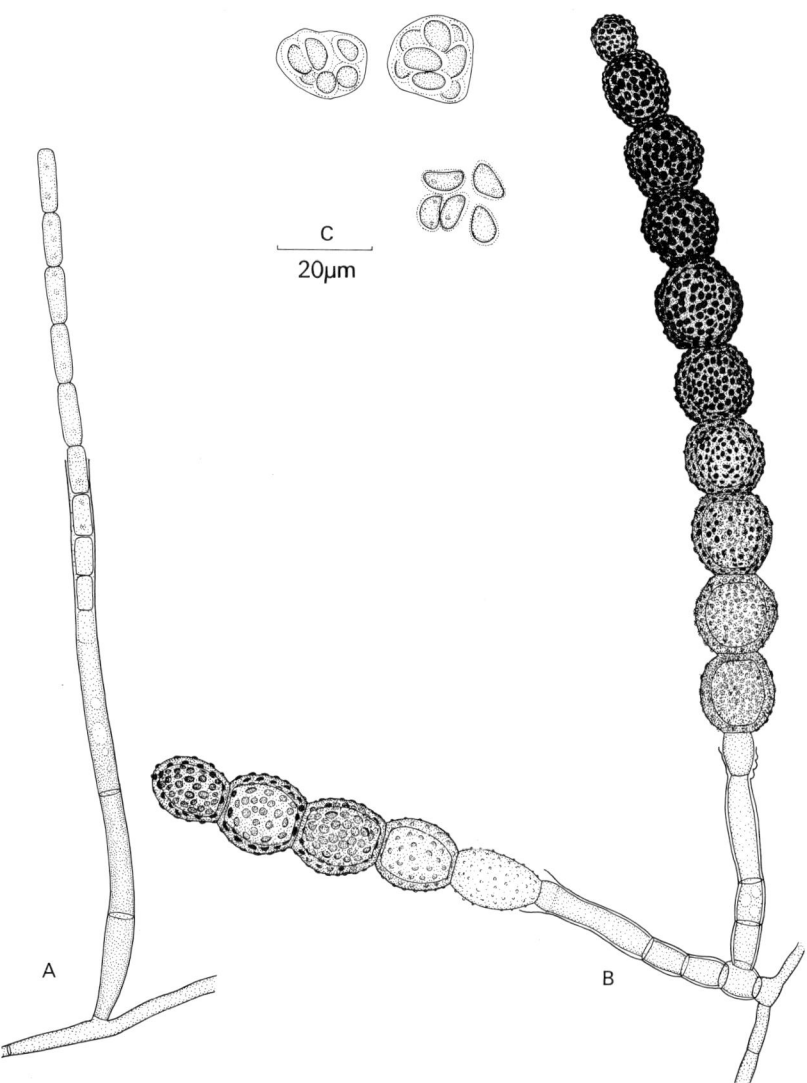

Abb. 163 A–C. *Ceratocystis* spp. Konidien und Asci. **A** *Endoconidiophora* Konidientyp von *C. coerulescens;* **B** Konidien von *C. adiposa;* **D** Asci und Ascosporen von *C. adiposa*

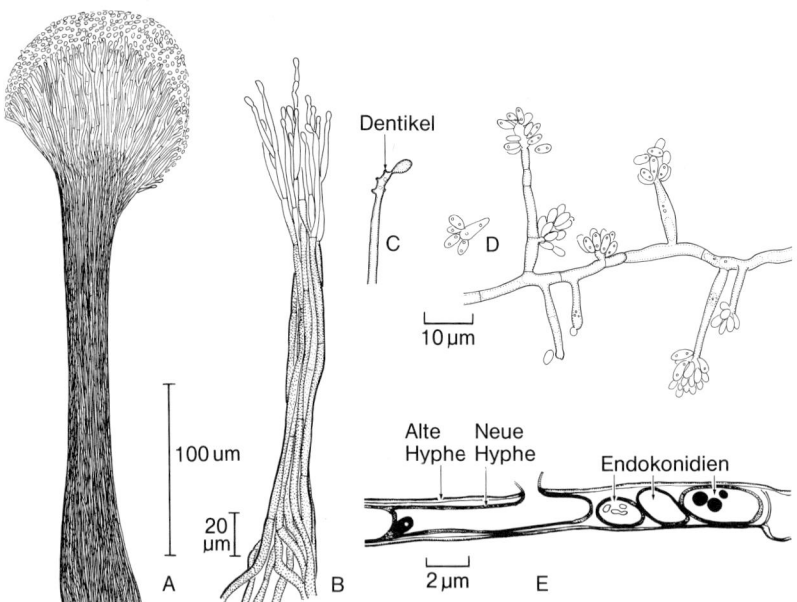

Dentikel

10 µm

100 um

20 µm

Alte   Neue
Hyphe Hyphe   Endokonidien

2 µm

A   B   E

Abb. 164 A–E. *Ceratocystis ulmi.* Asexuelle Fortpflanzung. **A, B** Synnematische Konidiophoren, bestehend aus parallelen Bündeln dunkel gefärbter Hyphen, die sich an der Spitze zu konidienbildenden Zellen verzweigen. Die Konidien liegen in einem klebrigen Tropfen; **C** Mononematische Konidiophoren, die in polyblastische und sympodiale Konidien bildende, konidiogene Zellen auslaufen. Die Konidien sind an ‚Zähnchen' angeheftet; **D** Konidium mit hefeartiger Knospung; **E** Eine sich neu bildende Hyphe in einer alten Hyphe. Bildung von Endokonidien (nach Harris und Taber, 1973)

ist an der Basis des Konidiums eine Narbe sichtbar. Dieses Konidienstadium von *C. ulmi* wurde der Formgattung *Pesotum* zugeordnet, obwohl man dieses Stadium in der älteren Literatur in die Formgattung *Graphium* einordnete (Crane und Schoknecht, 1973; Harris und Taber, 1973). Außer diesem Stadium sind noch zwei weitere Konidienformen von *C. ulmi* bekannt. Eine Form wird durch hefeartige Knospung der Konidien gebildet, die andere bildet Mikroendosporen durch Intra-Hyphen-Knospung (Abb. 164D, E) (Sansome und Brasier, 1973). Bei anderen Arten von *Ceratocystis* können die Konidien auf Stielen mit reich verzweigten Köpfen gebildet werden (Formgattung *Leptographium*) oder sie entstehen kettenförmig in langen, spitz zulaufenden Phialiden (Formgattung *Endoconidiophora*) (siehe Upadhyay und Kendrick, 1975).

Einige Arten (z. B. *C. ulmi*) sind diözisch, andere (z. B. *C. piceae*) monözisch. Die Entwicklung der Perithezien erfolgt auf eine charakteristische Art und Weise, die von Luttrell (1951) als *Ophiostoma*-Typ bezeichnet wurde, obwohl der Name *Ceratocystis* gegenüber *Ophiostoma* vorrangig benutzt werden sollte.

Die Ascogonien befinden sich frei auf dem Myzel. Die Verzweigungen der Stielzelle des Ascogoniums oder der benachbarten vegetativen Hyphen umhüllen das Ascogonium und bilden das Protoperithezium. Die äußeren Schichten der Hyphen entwickeln sich zu Perithezienwänden, die pseudoparenchymatische Zellen umhüllen. Die Reifung der Asci erfolgt progressiv von der Spitze des Peritheziums bis zur Basis, entlang der Ketten ascogener, vom Ascogonium stammender Zellen. Deshalb entstehen die Asci unregelmäßig und entwickeln niemals eine zusammenhängende Zellschicht. Während der Ascusreife kollabieren die sterilen Zellen, lösen sich auf und bilden eine Perithezienvertiefung. Die Wände der Asci zerfließen und setzen die Ascosporen innerhalb der Perithezienvertiefung frei. Hyphenwachstum in der Apikalregion der Perithezienwand führt zu einem verlängerten Hals, der von einem lysogenen Ostiolum durchdrungen wird.

Das wichtigste Merkmal dieses Entwicklungsmodus ist die unregelmäßige Bildung der Asci im gesamten Zentrum des Fruchtkörpers anstelle einer Ansammlung an der Basis des Peritheziums.

Diese Art der Entwicklung findet man bei den verschiedenen Arten von *Ceratocystis*. Früher nahm man an, daß die Asci nicht durch Hakenbildung entstehen. Nach neueren Untersuchungen entstehen die typischen Haken an den Spitzen der ascogenen Hyphen, die ihrerseits meistens aus einem ‚Kissen‘ in der Basis des Peritheziums gebildet werden (Andrus und Harter, 1937; Gwynne-Vaughan und Broadhead, 1936; Bakshi, 1951; Rosinski, 1961).

Die taxonomische Einordnung von *Ceratocystis* ist umstritten. Einige Autoren ordnen sie den Plectomycetes (Nannfeldt, 1932, Hunt, 1956) zu, während andere Autoren eine separate Ordnung (Ophiostomatales) (Rosinski, 1961) oder Microascales (Upadhyay und Kendrick, 1975) vorschlagen.

Ulmensterben

Das Ulmensterben ist eine gefährliche Krankheit, die zum ersten Male 1927 in Großbritannien entdeckt wurde und zwischen 1930 und 1940 ungefähr 10% des Ulmenbestandes in Südengland vernichtete. In trockenen Sommern (z. B. 1947) wurde die Krankheit auch in Deutschland beobachtet. Später verschlimmerte sich die Krankheit. Man erkennt sie an der Gelb- und Braunfärbung der Blätter, danach welken diese, fallen ab und die Zweige sterben. Die Frühlingstriebe infizierter Zweige zeigen oft eine braune Verfärbung. Diese Symptome entstehen durch Gefäßverschlüsse (insbesondere von neugebildeten Gefäßen), durch Harz und Tylose, das vom Holzparenchym gebildet wird. Aus den Kulturfiltraten wurden auch Toxine isoliert.

Die Krankheit wird von Borkenkäfern, besonders von *Scolytus multistriatus* und *Hylurgopinus rufipes* übertragen. Die befruchteten Weibchen bohren sich zur Eiablage in die Borke lebender Bäume und können dabei auch die klebrigen Konidien oder Ascosporen in die Höhlungen eintragen. Die Larven bohren strahlenförmige Röhren nach außen und kommen im Frühjahr und Sommer als junge Käfer zum Vorschein. An den Käfern befinden sich oft Sporen von den Fruchtkörpern, die unter der Rinde entstehen. Sie fliegen dann zu jungen Zweigen, wo sie sich vor Reife und Fortpflanzung an der Borke ernähren. Die Infektion des Wirtes kann deshalb in zwei Stadien erfolgen: während der Nahrungsaufnahme bei der Reifung und durch die befruchteten Weibchen vor der Eiablage. Die Verbreitung des Pilzes innerhalb eines Baumes von den Infektionsstellen aus ist auf die äußeren, wasserführenden Holzteile beschränkt. Die Verbreitung kann entweder durch Myzelwachstum oder durch Transport der Konidien durch den Wasserstrom des Xylems erfolgen. Die Verbreitung nach der letztgenannten Methode kann bis zu 10 cm/Tag betragen, das ist schneller als die Wachstumsgeschwindigkeit des Pilzes (Hart und Landis, 1971). Die Konidien können durch die Tüpfel von einem Gefäß zum anderen gelangen (Pomerlau, 1970).

Zwischen 1965 und 1967 trat im südlichen England an mehreren Stellen in der Nähe von Häfen gleichzeitig eine aggressivere Form dieser Krankheit auf. Sie verbreitete sich sehr schnell, so daß in den darauffolgenden Jahren viele Ulmen starben. *C. ulmi*-Kulturen von Bäumen, die von der aggressiven Form dieses Pilzes befallen waren, können durch den flockigen Myzelwuchs und durch schnelleres Wachstum von dem nichtaggressiven Stamm mit einem wachsartigen Myzel und langsamen Wuchs unterschieden werden. Untersuchungen von Schiffsladungen ergaben, daß der aggressive Stamm dieses Pilzes auf ungeschältem Holz der Felsenulme (*Ulmus thomasii*) (für den Schiffsbau) von Kanada und den USA eingeschleppt wurde (Gibbs und Brasier, 1973a, b; Brasier und Gibbs, 1978).

Eine wirksame Bekämpfung des Ulmensterbens ist bisher noch nicht gelungen. Das Abholzen infizierter Bäume kann die Verbreitung der Krankheit nicht aufhalten. Injektionen mit dem Fungizid Benomyl ergeben zwar einen gewissen Schutz, jedoch muß diese Behandlung, um wirkungsvoll zu sein, wiederholt werden. Eine solche Behandlung ist jedoch zu kostspielig, um im großen Rahmen durchgeführt zu werden. Das Versprühen von Insektiziden zur Eliminierung der Überträger und das Verbrennen oder die Entfernung der Borke des Holzes zur Dezimierung der überwinternden Larvenpopulationen der Borkenkäfer ist ebenfalls möglich, aber schwierig durchzuführen. Es wäre wünschenswert, wenn der Transport von infiziertem Holz in nicht befallene Regionen unterbunden würde (Burdekin und Gibbs, 1974; Gibbs, 1974). Man hat auch versucht, die Insekten biologisch zu bekämpfen. Auf längere Sicht gesehen, sollten weniger anfällige Ulmenvarietäten gezüchtet werden. Dies ist jedoch ein langwieriger Prozeß. *Ulmus pumila* und *U. japonica* besitzen in einem gewissen Grade eine natürliche Resistenz gegen den aggressiven Stamm von *C. ulmi* (Gibbs et al. 1975; Gibbs, 1978).

Sordariaceae

Die Vertreter dieser Familie bilden dunkle Perithezien, die nicht in ein Stroma eingebettet sind. Gattungen wie z.B. *Sordaria* und *Podospora* sind coprophil, sie fruktifizieren auf Herbivorendung. Es sind auch ligninabbauende Arten bekannt (Carroll und Munk, 1964).

In der Natur findet man *Neurospora* auf Brandstellen in den Wäldern wärmerer Regionen. Alle drei Arten werden sehr häufig zu genetischen Untersuchungen benutzt. Die Perithezien haben normalerweise ein mit Periphysen ausgekleidetes Ostiolum. Einige Gattungen sind jedoch **astomat**, d.h. sie bilden einen geschlossenen Fruchtkörper ohne Ostiolum. Die Asci sind dünnwandig, der Apikalapparat hat die Form eines verdickten Anulus oder einer Apikalplatte, die sich mit Jod nicht blau anfärben läßt. Man findet oft freiendende Paraphysen, die sich jedoch bei der Reife auflösen. Die Ascosporen sind schwarz und manchmal von einem schleimigen Epispor umgeben oder besitzen schleimige Appendices. Die Sporen sind meist einzellig und keimen mit Hilfe eines Keimporus.

Sordaria (Abb. 165, 166)

Die Perithezien von *Sordaria* findet man häufig auf Herbivorendung oder gelegentlich auch auf anderen Substraten (Moreau, 1953; Lundquist, 1972). Die bekanntesten Arten sind *S. fimicola* und *S. macrospora*, die beide für Untersuchungen über Ernährungsverhalten, Physiologie der Fruchtkörperbildung, Sporenfreisetzung und zu genetischen Experimenten benutzt wurden. Die Perithezienentwicklung erfolgt innerhalb von 7–9 Tagen auf den verschiedensten Medien. Abbildung 165 zeigt einen Längsschnitt durch ein Perithezium mit einem basal angeordneten Büschel von Asci mit unterschiedlichen Entwicklungsstadien. Die Asci verlängern sich der Reihe nach, so daß nur ein Ascus zu einer bestimmten Zeit das Ostiolum besetzt. Die Sporen werden bis zu 8 cm weit herausgeschleudert. Die Apikalöffnung des Ascus mißt nur ungefähr 4 µm, jede Spore ist ungefähr 13 µm breit, so daß sie beim Verlassen des Ascus festgehalten wird und dabei Projektile unterschiedlicher Größe von 1 bis 8 Sporen gebildet werden können. Je größer die Anzahl der Sporen pro Projektil,

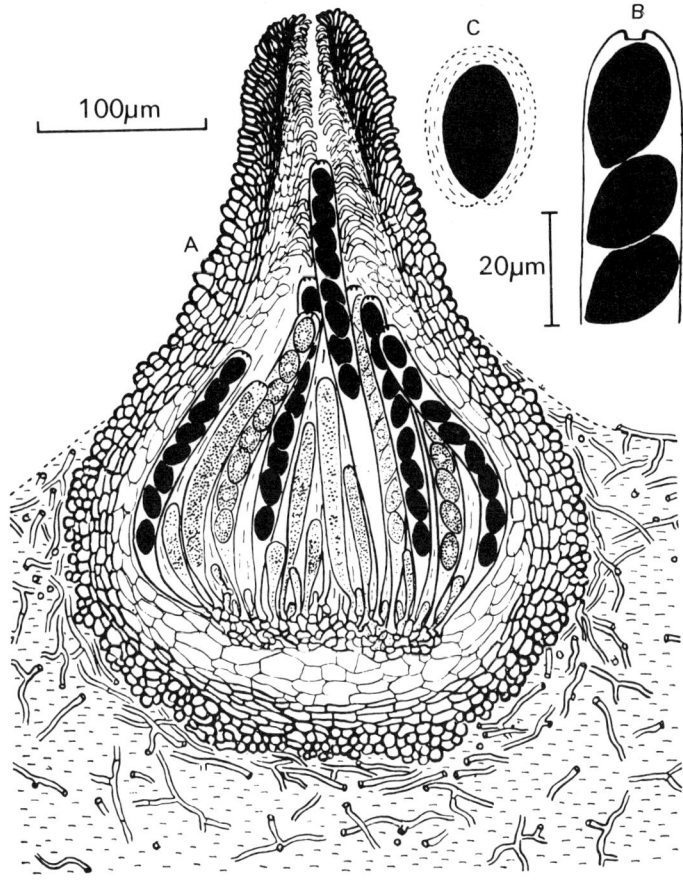

Abb. 165 A–C. *Sordaria fimicola.* **A** Längsschnitt eines auf Agar wachsenden Peritheziums; **B** Ascusspitze; **C** Ascospore mit schleimigem Epispor (nach Ingold, 1965)

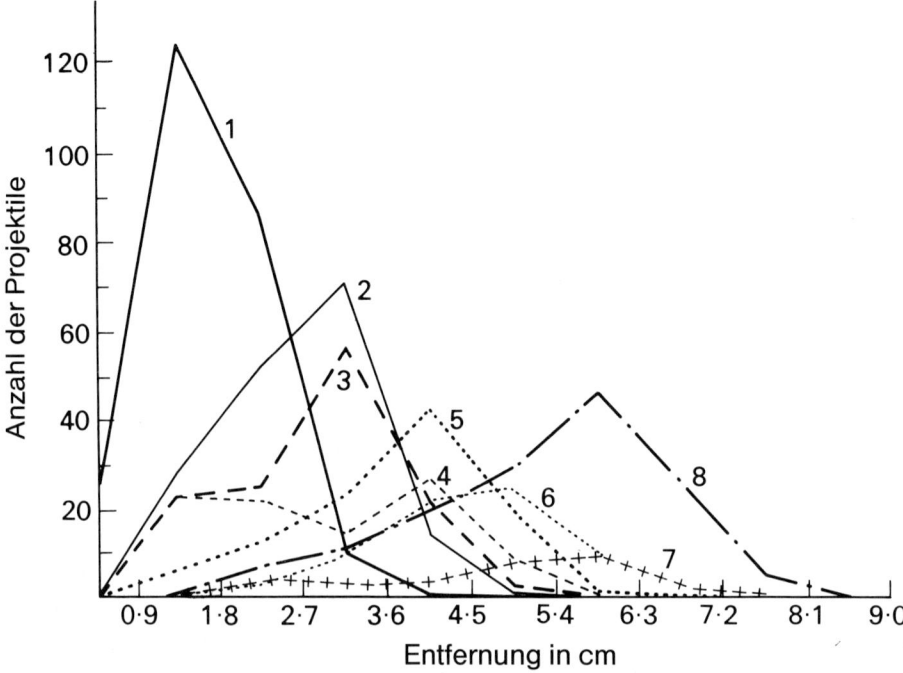

Abb. 166. *Sordaria fimicola.* Graphische Darstellung der Abhängigkeit Ausschleuderentfernung von Ascosporen von der Zahl der in einem 'Projektil' vorhandenen Sporen. Die Zahlen 1–8 über jedem Graphen geben die Anzahl der Sporen pro Projektil an (aus Ingold und Hadland, 1959a)

desto weiter werden sie abgeschleudert. Zweifellos hängt dies damit zusammen, daß das Verhältnis der Oberfläche zum Volumen einer einzelnen Spore größer ist als das eines vielsporigen Projektils. Deshalb ist der Windwiderstand unverhältnismäßig hoch (Ingold und Hadland, 1959a) (Abb. 166).

Aufgrund ihrer Schleimhülle können die Ascosporen von *S. fimicola* an Kräutern haften bleiben. Sie können dort lange überleben. Bei Austrocknung können in den Sporen Gasvakuolen auftreten, die ihre Lebensfähigkeit jedoch nicht beeinträchtigen (Ingold, 1956; Milburn, 1970). Die Sporen keimen nicht, bevor sie den Verdauungstrakt eines Pflanzenfressers passiert haben. Allerdings kann im Labor durch Behandlung mit Natriumacetat oder Pankreatin eine Keimung induziert werden. Obwohl die Fruchtkörperbildung sowohl im Hellen als auch im Dunklen gleich gut erfolgt, kann die Ascosporenfreisetzung durch Licht stimuliert werden (Ingold und Dring, 1957; Ingold und Hadland, 1959b). Die Perithezienhälse sind phototrop. Dies ist wahrscheinlich wie bei vielen anderen coprophilen Pilzen eine Anpassung, die ein Fortschleudern der Sporen vom Substrat sicherstellen soll.

Die Perithezienentwicklung bei *Sordaria* entspricht dem *Diaporthe*-Typ von Luttrell (1951).

Die Ascogonien werden entweder innerhalb des Stromas oder freiliegend auf dem Myzel gebildet. Verzweigungen der Stielzelle des Ascogoniums oder der benachbarten vegetativen Hyphen umhüllen das Ascogonium und bilden eine kugelige Gewebemasse, das sogenannte Protoperithezium. Die äußeren Schichten dieser Masse differenzieren sich zu Perithezienwänden. Der zentrale Teil bildet sich zu einem Zentrum aus pseudoparenchymatischen Zellen um. Die Ausdehnung und schließlich die Auflösung dieser pseudoparenchymatischen Zellen führt zur Bildung eines Perithezienhohlraumes. Die Asci wachsen gruppenweise in das sich auflösende pseudoparenchymatische Zentrum und bilden schließlich eine Schicht, die den Boden des Perithezienhohlraumes auskleidet. Das Hyphenwachstum im apikalen Teil der Perithezienwand führt zu einem mehr oder weniger langen Peritheziennakken. Dieser wird von einem schizogenen, periphysenhaltigen Ostiolum durchdrungen.

Die Entwicklung dieses Typs wurde für *Sordaria fimicola* (Piehl, 1929; Dengler, 1937; Ritchie, 1937), *S. macrospora* (Parguey-Leduc, 1967 b) und *S. humana* (Uecker, 1976) nachgewiesen. Nach Uecker entstehen die Paraphysen bei *S. humana* aus dem Boden des Perithezienhohlraumes und verlängern sich zusammen mit den Asci. Wenn die Asci reifen, lösen sich die Paraphysen auf und bleiben nur noch als Reste übrig. Das Vorhandensein der Paraphysen ist nicht so sehr für die Perithezienentwicklung des ‚Diaporthe'-Typs, sondern mehr für den ‚Xylaria'-Typ charakteristisch (Erläuterungen siehe bei Uecker, 1976).

Die cytologischen Einzelheiten der Perithezien- und Ascusentwicklung bei *S. fimicola* weisen keine ungewöhnlichen Merkmale auf. Die Kompartimente der vegetativen Hyphen können über 100 Kerne enthalten, einzelne Kerne gelangen in das junge Ascogonium. Die Karyogamie findet in der vorletzten Zelle der typischen Haken statt, danach erfolgen drei Kernteilungen. Die ersten beiden sind meiotische Teilungen und die letzte Teilung ist eine Mitose, so daß schließlich 8 Kerne vorhanden sind. Daher ist bei der Reife jede Spore zumindest zweikernig (Carr und Olive, 1958; Heslot, 1958). Weitere mitotische Kernteilungen können in der Spore stattfinden.

Die Feinstruktur der Ascosporenentwicklung wurde von Furtado und Olive (1970) und Mainwaring (1972) beschrieben. Die Septen des Myzels und der meisten Zellen, die den Perithezienkörper bilden, sind einfache Septen des normalen Ascomycetentyps. Jedoch sind die Septen der ascogenen Hyphen, die z. B. die Zellen bei der Hakenbildung abtrennen, deshalb ungewöhnlich, weil sie von einem Rand oder Kragen umgeben sind. Dies erinnert an die doliporen Septen der Basidiomycotina. Einfache Poren findet man in den Septen ascogener Hyphen anderer Ascomycetes. Obwohl ihre Funktion noch nicht bekannt ist, scheint ein Zusammenhang zu bestehen zwischen ihrer Präsenz und dem Entwicklungsstadium vor der Karyogamie und Meiose. (Furtado, 1971).

Sowohl *S. macrospora* als auch *S. fimicola* sind monözisch, d. h. aus einer einzelnen Ascospore entwickelt sich ein Myzel, das Perithezien bildet. Damit ist für den Genetiker eine Kreuzungsanalyse sehr schwierig, wenn nicht gar technisch unmöglich geworden, denn wie soll man bei einer Kreuzung von zwei selbstfertilen Stämmen zwischen Selbstungs- und Kreuzungsperithezien unterscheiden? Hier hat sich nun folgender Ausweg gezeigt. Man fand nämlich bei *S. macrospora* (Esser und Straub, 1956, 1958) und auch bei *S. fimicola* (Olive, 1956; Carr und Olive, 1959) Farbsporvmutanten. Bei diesen kann durch ein einzelnes Mutationsereignis die Ausbildung der schwarzen Melaninpigmente in den Sporenwänden an verschiedenen Stellen der Sequenz weiß, gelb, grau, grünlich, schwarz unterbunden werden. Wenn man nun mindestens einen der beiden selbstfertilen Kreuzungspartner mit einem solchen Sporenfarbgen markiert (z. B. gelbfarbig), kann man nach Aufbrechen der Perithezien schon bei relativ schwacher Vergrößerung die Selbstungsperithezien von den Hybridperithezien an deren schwarzgelber Aufspaltung unterscheiden (siehe Abb. 129).

In solchen Einfaktorkreuzungen findet man in jedem Ascus eines Hybridperitheziums eine 4:4 Aufspaltung für gelbe und schwarze Sporen. Da diese Sporen linear angeordnet sind und, wie wir oben gesehen haben, in jedem Ascus eine typische Verteilung der Kernspindeln vorliegt, kann man anhand der Farbverteilung der Ascosporen auf die cytologischen Ereignisse rückschließen, die im Verlauf der Meiose stattgefunden haben.

Wie man aus der Abbildung 129 leicht erkennen kann, gibt es Asci mit 4:4 Verteilung für die Farbgene. In diesem Falle erfolgte (siehe Schema der Abb. 171) eine Trennung der Farbsporallele in der Meiose I (= Präreduktion). In den anderen Fällen, in denen in jeder Ascushälfte zwei schwarze und zwei gelbe Sporen vorhanden sind, hat die Trennung erst in der Meiose II (= Postreduktion) stattgefunden. Diese Postreduktion ist als Folge von mindestens einem crossing-over entstanden, das in der Prophase der Meiose I zwischen Gen und Centromer stattgefunden hat. Da die Häufigkeit dieser crossing-over vom Abstand des Farbsporgens zum Centromer abhängt, ist die Postreduktionsfrequenz ein Maß für den relativen Abstand Gen-Centromer und wird als Maß bei der Aufstellung von Genkarten verwendet (Einzelheiten bei Esser und Kuenen, 1967).

Manchmal zeigen Hybridasci auch von der Norm 4:4 abweichende Aufspaltungen, wie z. B. 5:3, 6:2 oder gar 7:1. Ähnliche Beobachtungen wurden auch bei anderen Ascomycetes (z. B. *Ascobolus immersus*) gemacht. Diese Besonderheiten werden als Unregelmäßigkeiten im Verlauf der Prophase von Meiosis I angesehen und unter dem Sammelbegriff ‚Genkonversion‘ zusammengefaßt. Der Mechanismus der Genkonversion ist noch nicht in Einzelheiten abgeklärt (siehe Whitehouse, 1973).

Nicht alle Arten von *Sordaria* sind selbstfertil. *S. brevicollis* und *S. heterothallis* sind zwar monözisch, aber incompatibel. Sie bilden winzige, einzellige Spermatien, die als männliche Gameten für die Befruchtung der Myzelien des entgegengesetzten Kreuzungstyps verantwortlich sind (Olive und Fantini, 1961; Fields und Maniotis, 1963). Zu genetischen Demonstrationen eignen sich gut *S. brevicollis* (Chen, 1965; Chen und Olive, 1965) und *S. macrospora* (Esser, 1976).

Podospora (Abb. 167)

Die Perithezien von *Podospora* kann man ebenfalls auf Herbivorendung finden. Es sind über 60 Arten bekannt (Mirza und Cain, 1969; Lundqvist, 1972). Die meisten Arten besitzen halbdurchsichtige Perithezien, durch die man die Umrisse der Asci erkennen kann (Abb. 167 A). Die Zahl der Sporen im Ascus variiert von 4 bis 512. Obwohl man früher die Sporenzahl als taxonomisches Merkmal benutzte, erweiterte man den Artbegriff, so daß nun auch Formen von *Podospora decipiens* mit 8, 16, 32 und 64 Sporen einer Art zugerechnet werden (Moreau, 1953; Remacle und Moreau, 1962). Der Name *Podospora* (podos = Fuß, spora = Samen) bezieht sich auf die schleimigen Anhänge, die sich an einem Ende oder an beiden Enden der schwarzen Ascospore befinden (Abb. 167 B). Bei einigen der häufigsten Arten (*P. curvula* und

Abb. 167 A–C. *Podospora minuta.*
A Perithezium. Durch die transparente Wand sind Asci zu erkennen; **B** Ascus; **C** Aus vier Sporen bestehendes ‚Projektil‘, das an der Ascuskappe haftet. Die Sporen sind untereinander durch schleimige Anhänge verbunden

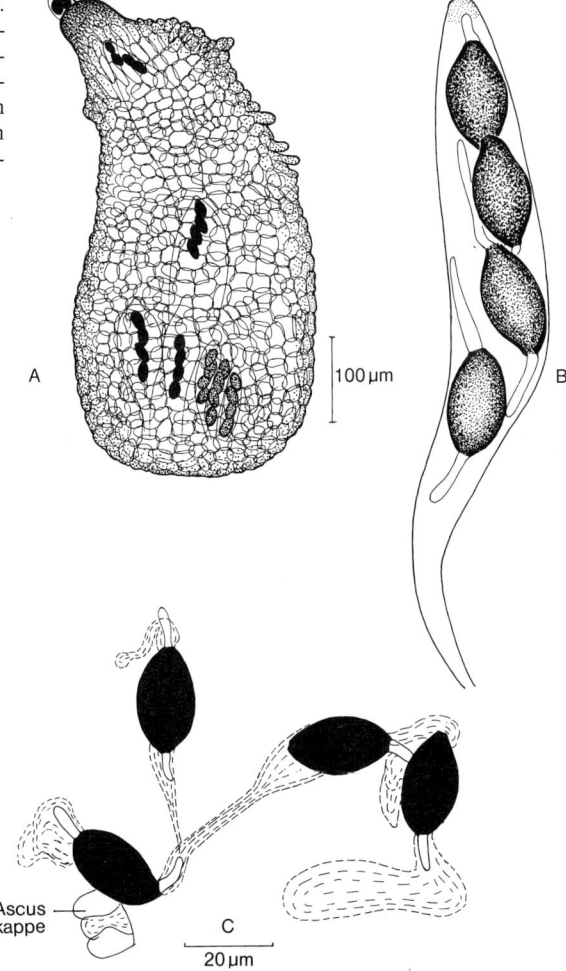

P. minuta) sind die Sporenanhänge an der Ascuskappe befestigt. Wenn der Ascus explodiert, werden die durch ihre Anhänge zusammengehaltenen Sporen als einziges Projektil herausgeschossen (Abb. 167 C). Nach Walkey und Harvey (1966 a) werden die vielsporigen Projektile wie bei *Sordaria* weiter fortgeschleudert als einzelne Sporen.

Die Perithezienentwicklung von *P. anserina* beginnt mit einem eingerollten Ascogonium, welches in einer Trichogyne endet und von Hyphen umgeben wird. Diese bilden eine Hülle, die später zur Peritheziumwand wird. Innerhalb der Perithezienwand bilden sich mehrere Schichten aus dünnwandigen, pseudoparenchymatischen Zellen. Aus dem Boden des Ascokarps und aus den pseudoparenchymatischen Zellen entstehen Paraphysen, die nach innen und nach oben wachsen und das Innere des Peritheziums vollständig mit dicht zusammengepackten Filamenten ausfüllen. Die ascogenen Hyphen bilden sich aus dem Ascogonium im unteren Teil des Zentrums. Die Asci entwickeln sich wie gehabt mit Karyogamie und Meiose (Beckett und Wilson, 1968). An der Spitze des Ascokarps bildet sich ein von Periphysen ausgekleidetes Ostiolum. Dieser Entwicklungstyp scheint charakteristisch für die Sordariaceae zu sein. Nach Mai (1976) unterscheidet sich dieser Entwicklungstyp vom *Diaporthe*-Typ, dem *Sordaria* nach Luttrell (1951) zugeordnet wird.

Die Entwicklung von Ascosporen von *Podospora anserina* wurde von Beckett et al. (1968) untersucht. Die Ascosporen (4 bei *P. anserina*, siehe jedoch weiterer Text) werden wie bei anderen Ascomycetes von einem doppelten Membransystem begrenzt (Abb. 168). Die primäre Sporenwand bildet sich zwischen den drei Membranen und drückt sie allmählich auseinander. Die innere Membran erfüllt weiterhin die Funktion als Plasmamembran der Spore, während die äußere Membran als Sporenmembran fungiert. Wenn sich die primäre Sporenweand erweitert, wird Material der Sekundärwand am äußeren Rand der Primärwand abgelagert. Diese pri-

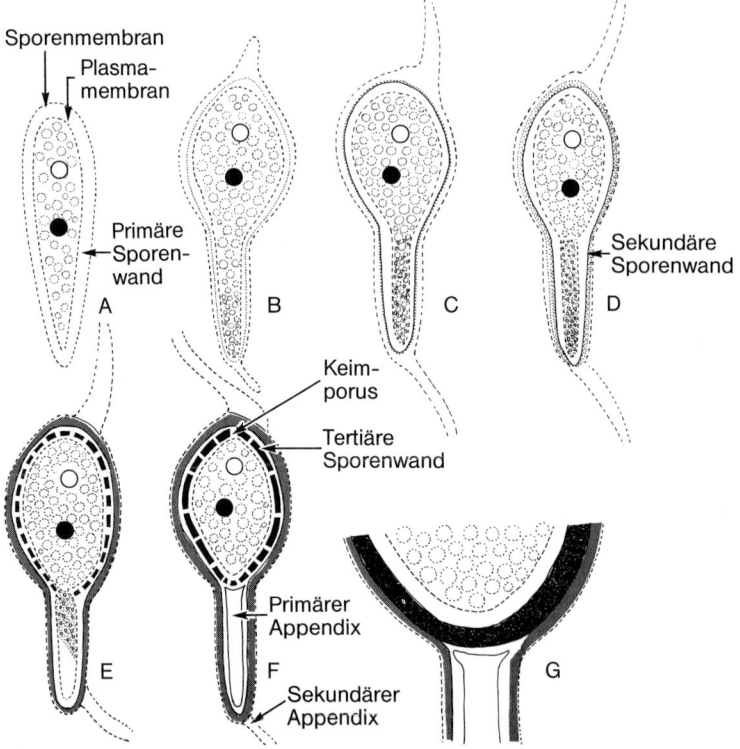

Abb. 168 A–G. *Podospora anserina.* Ascosporenentwicklung (nach Beckett et al. 1968). **A** Zweikernige Ascosporeninitiale, die von zwei Membranen umgeben ist. Zwischen den Membranen bildet sich die primäre Sporenwand; **B–D** Die sekundäre Sporenwand entwickelt sich innerhalb der Primärwand. Die sekundären Appendices bilden sich an jedem Ende der Spore durch Ausstülpung der Sporenmembran; **E–G** Bildung der tertiären, pigmentierten Wandschicht. Der kernfreie Anhang der Spore wird vom Sporenkörper abgetrennt. Das Cytoplasma degeneriert, der Anhang bleibt jedoch als primärer Appendix erhalten. Man erkennt, daß sich die tertiäre Wandschicht nicht in den primären Appendix fortsetzt. Am entgegengesetzten Ende ist die Lage des Keimporus an einer Verdünnung der tertiären Wand zu erkennen

märe und sekundäre Wand umschließt die gesamte Spore mit Sporenkopf und -anhang. Die tertiäre, pigmentierte Wandschicht wird an der Innenseite der Sekundärschicht abgelagert (Abb. 168 E–G). Der verlängerte Anhang der Spore wird durch ein Septum vom Sporenkopf abgetrennt. Die pigmentierte, tertiäre Wandschicht erstreckt sich nicht in den Sporenanhang; er bleibt deshalb farblos. Der Inhalt dieses Anhangs degeneriert. Dieser Teil der Spore bleibt als primärer Appendix erhalten. An der Spitze des Sporenkopfes und an der unteren Spitze des primären Appendix bilden sich sekundäre Appendices. Sie entstehen durch Ausstülpungen der Sporenmembran. Am gegenüberliegenden Ende des primären Appendix ist die Keimpore als dünne Stelle in der Tertiärwand zu erkennen (Abb. 168 F).

Podospora anserina besitzt normalerweise viersporige Asci; jede Ascospore ist zweikernig. Einzelsporkulturen zweikerniger Ascosporen bilden sofort Perithezien. Gelegentlich können jedoch kleinere, einkernige Ascosporen in einigen Asci vorkommen. Die Myzelien solcher Sporen bilden keine Fruchtkörper. Die Perithezien bilden sich nur, wenn bestimmte Kulturen aus einkernigen Ascosporen gekreuzt werden. Jeder Stamm, der sich aus einkernigen Ascosporen entwickelt, bildet Ascogonien mit Trichogynen und Spermatien, diese sind jedoch selbstincompatibel. Die Perithezien bilden sich nur dann, wenn die Trichogynen des einen Stammes von den Spermatien eines genetisch verschiedenen Stammes befruchtet werden (Ames, 1934). Obwohl das Verhalten der großen Ascosporen darauf hinweist, daß *P. anserina* monözisch ist, ist sicher, daß die Perithezienentwicklung durch Incompatibilität gesteuert ist, d. h. durch ein Gen mit einem Allelenpaar ($+$ und $-$). Whitehouse (1949 a) nennt dieses Verhalten Pseudocompatibilität. Die meisten der großen Ascosporen (97%) enthalten nämlich Kerne mit zwei unterschiedlichen Kreuzungstypen (Esser 1965, 1974). An diesem Pilz wurde auch eine neue Art des Incompatibilitätssystems entdeckt. Kreuzt man ‚einkernige' Stämme unterschiedlicher geographischer Herkunft miteinander, so kann man oft ein als Barrage bezeichnetes Phänomen als weiße Zone zwischen den beiden Stämmen erkennen (siehe rechte Sektoren oben und unten in Abb. 169). Anstelle eines erwarteten reziproken Verhaltens der $+$ und $-$ Kreuzungstypen findet man meistens Abweichungen, z. B.

1. bei reziproken Kreuzungen ist nur eine der beiden Kreuzungen compatibel, die andere ist incompatibel; diese nicht-reziproke Incompatibilität nennt man Semi-Incompatibilität.

2. Eine reziproke Incompatibilität kommt ebenfalls vor: zwischen den $+$ und $-$ Stämmen verschiedener Rassen werden keine Perithezien gebildet.

Esser (1965) erklärt das Verhalten dieses Pilzes durch die Wirkungen von vier nicht gekoppelten Genorten c, v, a, b mit je zwei Allelen. Die Semi-Incompatibilität erfolgt in Kreuzungen $ab \times a_1b_1$ und $cv \times c_1v_1$, d. h. durch Zusammenwirken von zwei verschiedenen Allelen. Deshalb ist die in Abb. 169 dargestellte Kreuzung $+cvab \times -cvab$ voll compatibel, da sich die beiden Stämme nur im Kreuzungstyp unterscheiden: alle anderen Gene sind homozygot. Die Kreuzung $+cvab \times -cva_1b_1$ ist semi-incompatibel, da nur ein Genpaar verschieden ist (ab vs a_1b_1). Ein totale Imcompatibilität erhält man, wenn beide Genpaare gleichzeitig verschieden sind (z. B. die Kreuzung $-cva_1b_1 \times +c_1v_1ab$). Auch wenn sich die beiden Stämme vom Kreuzungstyp her unterscheiden, sind sie nicht voll compatibel, solange nicht die vier Gene in jedem Stamm identisch sind. Die Incompatibilität wird in diesem Fall durch genetisch verschiedenes Material hervorgerufen. Esser hat für dieses Phäno-

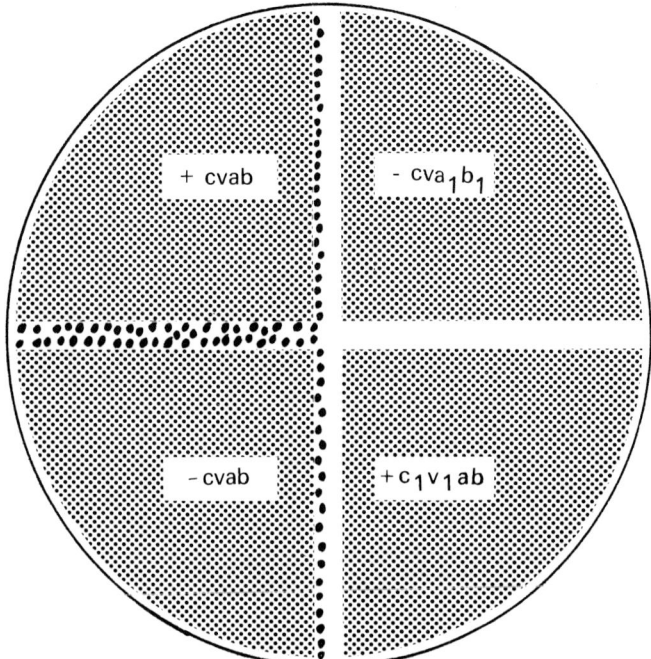

Abb. 169. *Podospora anserina.* Genetische Grundlagen der heterogenischen Incompatibilität. A Petrischale, mit vier verschiedenen Myzelien beimpft. Das Auftreten von Perithezien wird durch schwarze Punkte angezeigt. Bei diesen Kreuzungen sind die Myzelien der oberen und unteren linken Sektoren voll compatibel (nur homozygote Gene, aber unterschiedlicher Kreuzungstyp). Die oberen Sektoren zeigen eine Semi-Incompatibilität, weil die a- und b-Genloci heterozygot sind während die unteren Sektoren semi-incompatibel sind, weil die Genloci c und v heterozygot sind. Die Semi-Incompatibilität wird dadurch sichtbar, daß die Perithezien nur auf einer Seite der Sektoren gebildet werden. Die beiden rechten Sektoren sind incompatibel, weil alle vier Genloci a, b, c und v heterozygot sind (nach Esser, 1965)

men den Begriff der *heterogenischen Incompatibilität* eingeführt im Gegensatz zu der weit häufigeren sogenannten *homogenischen Incompatibilität,* bei der genetisch gleiches Material die Kreuzung verhindert, wie z. B. zwischen + und – Kreuzungstypen. Dieses Incompatibilitätssystem ist nicht auf *P. anserina* beschränkt, man findet es nicht nur bei *Sordaria* (Olive, 1956) und anderen Pilzen, sondern auch bei höheren Pflanzen und Tieren. Letztlich wird die Organtransplantation von menschlichem Gewebe und von Organen auch durch heterogenische Incompatibilität kontrolliert (Literatur bei Esser und Blaich, 1973).

Neurospora (Abb. 170)

Verschiedene Arten von *Neurospora* wurden sehr häufig zu genetischen und biochemischen Untersuchungen benutzt. Die bekanntesten sind *N. crassa* und *N. sitophila,* beide sind achtsporig und diözisch. *N. tetrasperma* ist viersporig und pseudocompatibel, wie die oben erwähnte *Podospora anserina. Neurospora* ist ein geeignetes Ob-

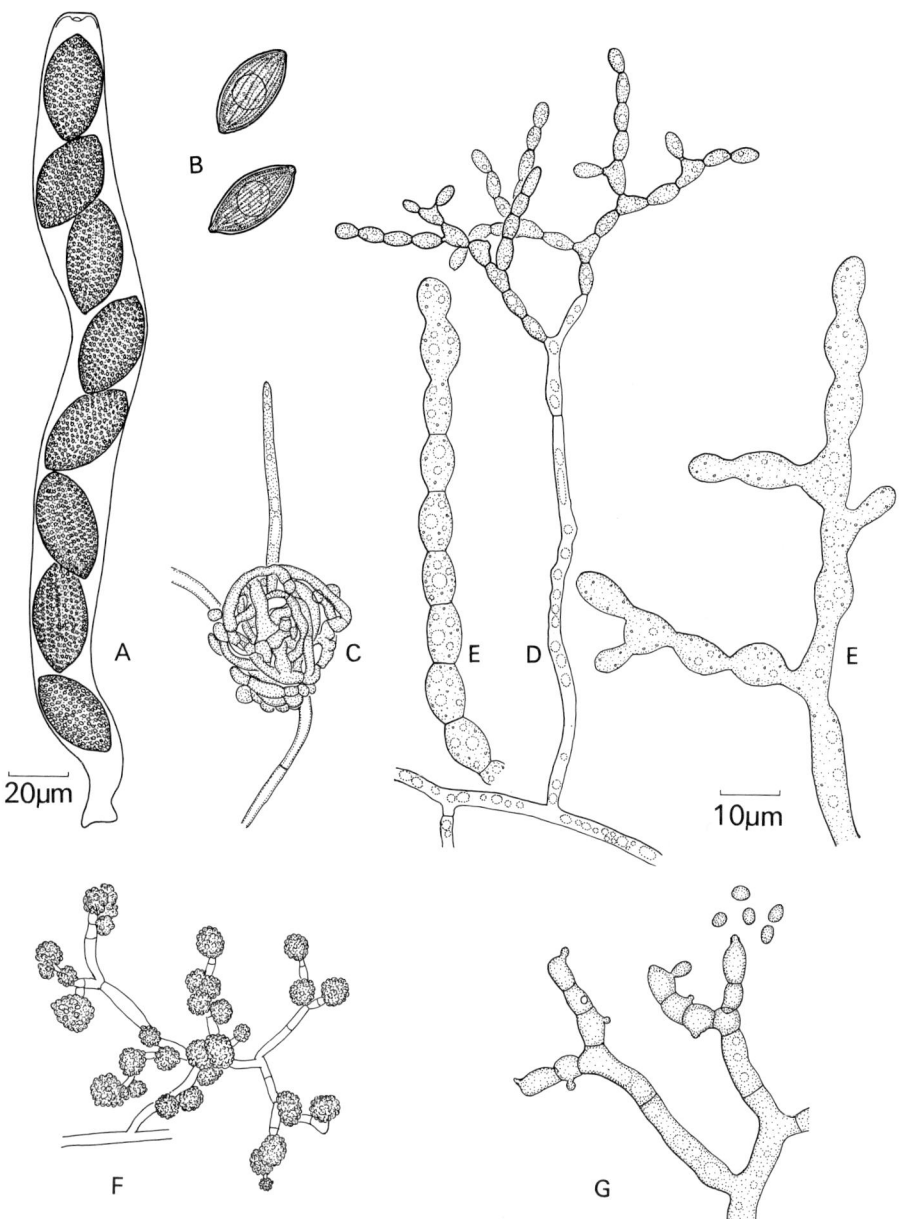

Abb. 170 A–G. *Neurospora crassa.* **A** Ascus; **B** Ascosporen mit gerippter Oberfläche; **C** Protoperithezium mit vorstehender Trichogyne; **D** Makrokonidien von 1 Tag alten Kulturen; **E** Vergrößerte Darstellung von sich entwickelnden Makrokonidien; **F** Mikrokonidien, die klebrige Büschel bilden; **G** Vergrößerte Darstellung, die die Entstehung der Mikrokonidien zeigt. **A, B, C, D, F** im gleichen Maßstab; **E, G** im gleichen Maßstab

jekt für biochemische und genetische Untersuchungen, weil die Wildtypstämme hinsichtlich der Ernährungsbedingungen anspruchslos sind (eine Kohlenhydratquelle, einfache Mineralsalze, Biotin als Vitamin). Mutationen können leicht durch Bestrahlung von Konidien induziert werden, das Wachstum und die sexuelle Fortpflanzung erfolgt binnen einiger Wochen. Die Tetradenanalyse ist möglich (Tatum, 1946; Beadle, 1959). Die umfangreiche Literatur wurde von Bachmann und Strickland (1965) zu einer Bibliographie mit 2310 Literaturangaben zusammengetragen (siehe auch Barratt, 1974).

In der Natur besiedeln die *Neurospora*-Arten verbrannte Erde und verkohlte Pflanzenteile. Man findet sie auch in warmen, humiden Biotopen, wie z. B. in Trokkenöfen und Bäckereien, wo sie wegen ihres schnellen Wachstums und der reichlichen Konidienbildung großen Schaden anrichten können. Aus diesem Grunde wird *N. sitophila* als roter Brotschimmel bezeichnet. Der Gattungsname leitet sich von den charakteristischen gerippten Ascosporen ab (Lowry und Sussman, 1958, 1968; Sussman und Halvorson, 1966; Austin et al. 1974; Hohl und Streit, 1975) (Abb. 170). Die Ascosporen von *N. crassa* sind viele Jahre lebensfähig. Sie keimen aber nur nach einer chemischen Behandlung (z. B. mit Furfural) oder nach Hitzeschock (z. B. 60 °C für 20 min) aus. Sie bilden ein weitmaschiges, septiertes und schnell wachsendes Myzel. Jedes Kompartiment dieses Myzels ist vielkernig. Im Gegensatz dazu werden die Konidien durch die Hitzebehandlung abgetötet (Sussman, 1966). Die Ascosporen enthalten Lipide und Kohlenhydrate (Trehalose) als Reservestoffe.

Innerhalb von 24 Stunden beginnt das Myzel mit der asexuellen Fortpflanzung. Es bilden sich aufrecht stehende Verzweigungen, an denen verzweigte Ketten vielkerniger und rosafarbener Konidien entstehen. Weitere Konidien bilden sich durch Knospung der terminalen Konidien an einer Kette. Diese verzweigt sich, wenn die terminale Konidie zwei Knospen hervorgebracht hat (Abb. 170 D, E).

Konidien dieses Typs gehören zur Formgattung *Monilia*. Die einzelnen Segmente der Sporenkette brechen auseinander und werden leicht vom Wind verbreitet. Die produzierte Sporenmenge ist beträchtlich: in Laboratorien können die freigesetzten Sporen gefährliche Verunreinigungen anderer Kulturen hervorrufen.

Einzelsporkulturen bilden ebenfalls zwei verschiedene Typen von Fortpflanzungsstrukturen. Im Gegensatz zu den großen, trockenen und vom Wind verbreiteten Makrokonidien bilden sich seitlich Klumpen mit kleinen, ovalen, klebrigen Mikrokonidien (Abb. 170 F, G). Die konidiogenen Zellen, aus denen sich die Mikrokonidien entwickeln, werden als reduzierte Phialiden angesehen (Subramanian, 1971; Lowry et al. 1967; Turian, 1976). Es bilden sich auch Ascogonien, an deren Enden sich lange, spitz zulaufende Trichogynen befinden und die an der Basis von Hyphen umwachsen werden und sich so zu Protoperithezien entwickeln (Abb. 170 C).

Einzelsporkulturen von *N. crassa* und *N. sitophila* sind selbst-incompatibel. Diese Incompatibilität wird durch ein Allelenpaar (A und a)[7] kontrolliert. Wachsen zwei compatible Stämme für einige Tage zusammen in einem Kulturgefäß, dann können die Mikrokonidien des einen Stammes durch Überschwemmen mit sterilem Wasser auf die Trichogynen des anderen Stammes übertragen werden. Die Übertra-

---

7 Diese Allele entsprechen den bei anderen Pilzen üblicherweise verwendeten Symbolen + und −.

gung von Makrokonidien auf die Trichogyne eines anderen Stammes kann ebenfalls zu einer Befruchtung führen. Nach der Fusion von Trichogyne und befruchtender Zelle erfolgt eine Wanderung von einem oder mehreren Kernen von der als männlichem Gamet fungierenden Zelle in das Ascogonium (Backhus, 1939). Die Entwicklung reifer Perithezien geschieht innerhalb von 7–10 Tagen und erfolgt nach einer für die Ascomycetes typischen Art und Weise (Colson, 1934; McClintock, 1945; Singleton, 1953; Hohl und Streit, 1975), obwohl nach Mitchell (1965) einige Anomalien auftreten können. Nelson und Backhus (1968) beschreiben die Perithezienentwicklung der beiden selbstcompatiblen Arten *N. terricola* und *N. dodgei*. Die Entwicklung verläuft wie bei anderen Sordariaceae. Das Zentrum der unreifen Perithezien ist mit Paraphysen angefüllt, diese lösen sich aber bei der Reife der Asci auf.

Die Mitose in der Ascosporeninitiale führt zu zweikernigen Sporen. Dies scheint ein gemeinsames Merkmal der Sordariaceae zu sein.

Die Asci von *N. tetrasperma* enthalten normalerweise vier zweikernige Ascosporen. Einzelsporkulturen von viersporigen Asci bilden ebenfalls Perithezien. Wie bei *Podospora anserina* treten gelegentlich Asci mit 5 oder 6 Ascosporen auf. Einige dieser Sporen sind kleiner und einkernig. Einzelsporkulturen dieser kleinen Ascosporen bilden keine Perithezien. Kreuzt man jedoch solche Kulturen untereinander, so werden Asci gebildet. Die genetische Ursache der Incompatibilität bei Myzelien aus einkernigen Ascosporen ist die gleiche wie bei *N. crassa*. Myzelien aus einzelnen großen Ascosporen bilden dann Perithezien aus, wenn die beiden Kerne je einen der beiden Kreuzungstypen repräsentieren. Die Trennung der beiden Kreuzungstypen findet zwar fast immer während der Meiose I in den sich entwickelnden Asci statt, d. h. es erfolgen sehr selten crossing-over zwischen dem distal liegenden Locus für die Incompatibilität und dem Centromer. Während der weiteren Kernteilungen überlappen sich die Spindeln im Ascus. Die jungen Ascosporen erhalten dadurch zwei Kerne unterschiedlichen Kreuzungstyps. Gelegentlich werden auch einkernige Ascosporen gebildet (Abb. 171) (Dodge, 1927).

Bei *Podospora anserina*, einem Pilz, der ebenfalls pseudocompatibel ist, erhält man das gleiche Ergebnis auf eine andere Weise. Bei diesem Pilz erfolgt die Trennung der Kreuzungstypallele in 98% aller Asci in der Meiose II. Während dieser Phase liegen die Spindeln quer zur Längsachse des Ascus, während die Spindeln bei der postmeiotischen Mitose parallel zum Ascus liegen. Die Ascosporen enthalten dann ein Paar genetisch unterschiedliche Kerne (Abb. 171) (Franke, 1957).

Bei *N. crassa* wurde von Sansome (1946) beobachtet, daß sehr oft zwischen Myzelien verschiedenen Kreuzungstyps keine Heterokaryonbildung auftritt, obwohl die Trichogynen in reziproker Kombination mit den als männlichen Gameten dienenden Mikro- oder Makrokonidien fusionieren und deren Kerne aufnehmen. Man hat dieses Phänomen zunächst nicht verstanden, und erst später wurde klar, daß es sich um einen Mechanismus der heterogenischen Incompatibilität handelt, wie er oben für *Podospora* beschrieben wurde (S. 310). Die beiden Allelenpaare C/c und D/d konnten für diese nur im vegetativen Bereich wirksame heterogenische Incompatibilität verantwortlich gemacht werden. Ihr Effekt ist der gleiche: Sie verhindern in heterogenischer Kombination die Hyphenfusion. Heterokaryonbildung findet nur zwischen Stämmen statt, die für beide Erbfaktoren homogen sind (z. B. CD/ CD, Cd/Cd oder cd/cd) (Garnjobst, 1955; Garnjobst und Wilson, 1956; Wilson

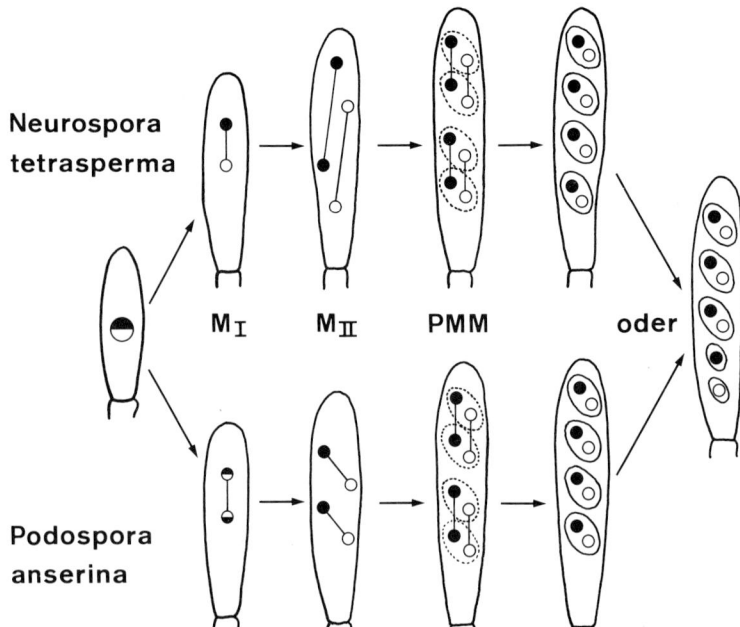

Abb. 171. Zwei Mechanismen, die zu Pseudocompatibilität führen. Obere Reihe: *Neurospora tetrasperma,* Trennung der Kreuzungstypallele in der Meiose *I* (Präreduktion); man erkennt die überlappenden Spindeln. Untere Reihe: *Podospora anserina,* Trennung in der Meiose *II* (Postreduktion). Während der Meiose *II* liegen die Spindeln transversal (schräg) zum Ascus. Während der postmeiotischen Mitose liegen die Spindeln parallel zum Ascus (nach Esser und Kuenen, 1967)

et al. 1961; Wilson und Garnjobst, 1966; Williams und Wilson, 1968). Damit ist nun auch die Erklärung für die oben erwähnte Beobachtung von Sansome gegeben; die von ihr untersuchten + und – Kreuzungstypen waren heterogen an den C und D Genorten. Eine Literaturzusammenstellung über vergleichbare Fälle von heterogenischer Incompatibilität findet man bei Esser und Blaich (1973).

Melanosporaceae

Eine kleine Familie mit einfachen Perithezien, oft mit langen, schnabelförmigen Hälsen, die aber manchmal (wie bei *Chaetomium*) auch vollständig fehlen können. Die Asci sind keulenförmig und dünnwandig. Sie lösen sich innerhalb der Perithezien auf, so daß die Ascosporen säulenartig herausgepreßt und nicht aktiv entlassen werden. Die Ascosporen sind einzellig und haben eine schwarze Farbe. Die einzige Gattung, die hier besprochen werden soll, ist *Chaetomium.* Diese Gattung wird von einigen Wissenschaftlern einer besonderen Familie, Chaetomiaceae (Hawksworth, 1971), oder Ordnung, Chaetomiales (Ames, 1963), zugeordnet.

Chaetomium (Abb. 172)

Man kennt mehr als 180 Arten (Ames, 1963; Seth, 1972), von denen viele für die Zersetzung zellulosereicher Substrate, wie z. B. Textilien, die mit dem Erdboden Kontakt hatte, Stroh, Sackleinen, Dung (Lodha, 1964 a, b) und Holz verantwortlich sind. Der Zerfall des Holzes erfolgt oberflächlich und ist als Weichfäule bekannt (Savory, 1954). *C. thermophile* wächst bei höheren Temperaturen (30–55 °C) (Tansey, 1972).

Die tonnenförmigen Perithezien von *Chaetomium* sind oberflächlich angeordnet. Sie sind von dunklen, starren Haaren umgeben. Bei einigen Arten (z. B. *C. elatum*, eine der häufigsten Arten), die auf feuchtem, verfaulendem Stroh wachsen, sind die Haare dichotom verzweigt. Bei anderen Arten (z. B. *C. cochliodes*) findet man an der

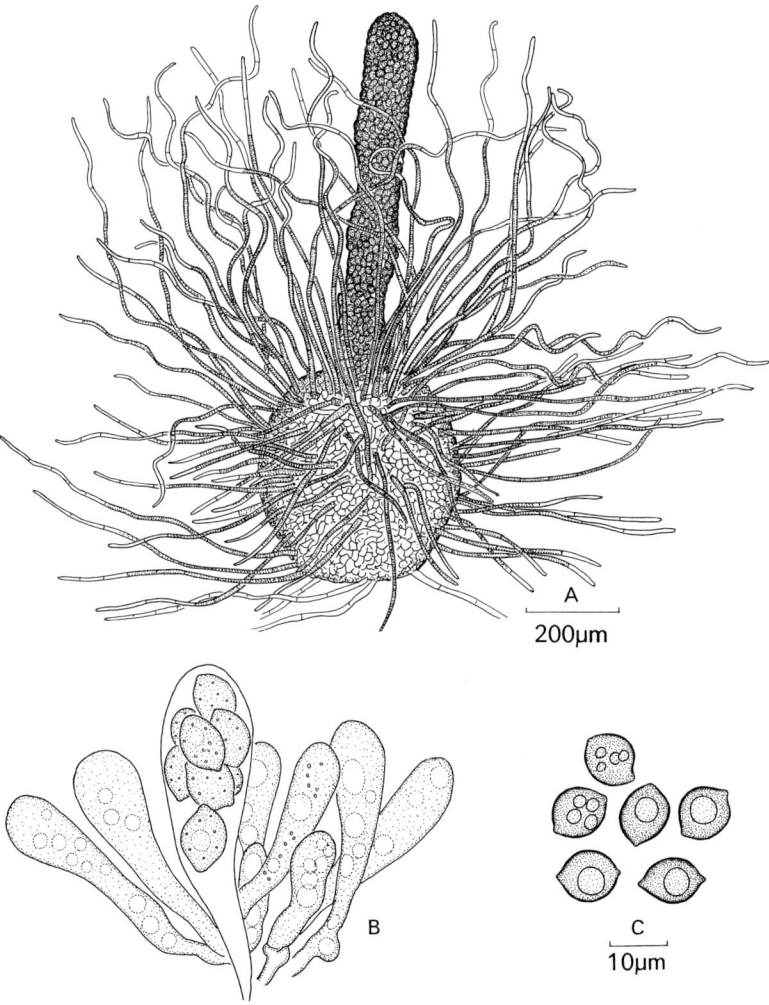

Abb. 172 A–C. *Chaetomium globosum.* **A** Perithezium mit Säulen von Ascosporen; **B** Asci; **C** Ascosporen

Perithezienbasis gerade oder leicht gewellte, unverzweigte Haare, während sich an der Spitze eine Gruppe spiralig gebogener Haare befindet. Die Haare sind aufgerauht oder mit Ornamenten versehen. Die Art der Ornamentierung ist ein Hilfsmittel zur Identifizierung (Hawksworth und Wells, 1973). An reifen Perithezien erkennt man an der Spitze eine säulenförmige Masse schwarzer Ascosporen (Abb. 172 A). Bei den meisten Arten sind die Sporen zitronenförmig und haben einen einzigen Keimporus. Die Sporensäule entsteht durch Auflösung der Asci innerhalb des Perithezoums, d. h. die Asci setzen ihre Sporen nicht aktiv frei. Die jungen Asci sind zylindrisch bis keulenförmig. Diese zerfallen jedoch früh, so daß man sie nur in jungen Perithezien (Abb. 172 B), meist vor der Pigmentierung der Sporen und manchmal vor der Bildung eines Ostiolums, findet. Die Entwicklung der Perithezien bei den Arten von *Chaetomium* ist unterschiedlich (Whiteside, 1957; 1961; Corlett, 1966; Berkson, 1966; Ave und Müller, 1967; J. C. Cooke, 1969 a, b, 1970).

Die Ascogonien sind spiralförmig, Antheridien fehlen. Die Hüllhyphen entstehen aus dem Ascogonienstiel oder aus benachbarten vegetativen Zellen und umwachsen das Ascogonium. Die Perithezienhaare bilden sich frühzeitig aus den externen Zellschichten. Der Innenraum ist zunächst mit einem hyalinen Pseudoparenchym angefüllt. An der Spitze des Perithezoums werden einige dieser Zellen meristematisch. Aus ihnen entstehen die verlängerten Periphysen, die das Ostiolum auskleiden. Aus der Basis des Ascogoniuminnenraumes entstehen ascogene Hyphen. Zu dieser Zeit zerfließen die pseudoparenchymatischen Zellen des Innenraumes und bilden einen Hohlraum. Bei einigen Arten wurden Haken beobachtet, bei anderen können sie fehlen. Für einige Arten sind zwei Typen von Paraphysen beschrieben worden. Bei *C. brasiliense* gibt es laterale Paraphysen, d. h. die Paraphysen entstehen aus den pseudoparenchymatischen Zellen außerhalb des Hymeniums. Für *C. globosum* dagegen sind hymeniale Paraphysen beschrieben worden (Whiteside, 1961). Die Paraphysen sind sehr klein. Möglicherweise kommen sie auch bei anderen Arten vor. Dieser Typ der Perithezienentwicklung läßt sich dem *Xylaria* Typ von Luttrell (1951) zuordnen.

Die meisten Arten von *Chaetomium* sind monözisch und selbstfertil, einige jedoch incompatibel (z. B. *C. cochliodes*) (Seth, 1967; Sedlar et al. 1972). Nach anderen Angaben soll es bei *Chaetomium elatum* sowohl monözische als auch incompatible Rassen geben (Fox, 1953). Bei *Chaetomium* sind die Konidienstadien selten. Bei *C. elatum* und *C. globosum* kommen jedoch einfache Phialiden und Phialosporen vor, während *C. pululiferum* sowohl Phialosporen als auch kugelige Thallokonidien des *Botryotrichum* Typs bildet (Daniels, 1961). Die Konidien von *Chaetomium trigonosporum* gehören zur Formgattung *Scopulariopsis* (Corlett, 1966).

In Kulturen wird die Fruchtkörperbildung von Arten von *Chaetomium* oft durch Zugabe von Zellulose in Form von Filterpapier, Stoff oder Jutefasern stimuliert. In Reinkulturen von *C. globosum* wird die Sporulation durch Jute-Extrakte ausgelöst. Eine Induktion wurde auch beobachtet, wenn *C. globosum* zusammen mit *Aspergillus fumigatus* wächst. Chemische Analysen ergaben, daß der Jute-Extrakt durch Zugabe von Calcium in das Medium teilweise ersetzt werden kann (Basu, 1951). Die Sporulation wird auch durch Zuckerphosphate und Phosphoglycerinsäuren im Medium stimuliert. Ferner wurde nachgewiesen, daß *A. fumigatus* diese Bestandteile in das Medium abgibt und daß Zuckerphosphate auch im Jute-Extrakt enthalten sind (Buston et al. 1953; Buston und Khan, 1956).

Die Zersetzung von Zellulose durch *Chaetomium* geschieht durch eine hoch-wirksame Zellulase (Abrams, 1950; Agarwal et al. 1963 a, b). Bei Fütterung mit Sac-charose zersetzt *C. globosum* dieses Disaccharid in seine zwei Hexosebestandteile Fructose und Glucose. Die Glucose wird bevorzugt, Saccharose jedoch nur in gerin-gem Maße direkt absorbiert (Walsh und Harley, 1962). Eine Infektion des Holzes durch *C. globosum* ist verbunden mit einer Verminderung des Zellulose- und Pen-tosangehaltes, es bleibt jedoch noch eine beträchtliche Menge an Lignin erhalten (Savory und Pinion, 1958; Levi und Preston, 1965). Einige Arten von *Chaetomium,* z. B. *C. cochliodes,* sind antagonistisch zu Pilzpathogenen, die man im Erdboden oder an Samen findet. Es wurde daher versucht, diese Arten zur Bekämpfung von Pflanzenkrankheiten einzusetzen (Tveit, 1953, 1956; Tveit und Moore, 1954; Tveit und Wood, 1955). Aus *C. cochliodes* isolierten Waksman und Bugie (1944) ein Anti-biotikum, das Chaetomin.

Xylariaceae

Die typischen Vertreter dieser Gruppe haben Perithezien, die in ein Stroma einge-bettet sind. Die meisten Vertreter wachsen saprophytisch auf Holz und gelegentlich auf anderen Substraten, wie z. B. Dung. Einige leben jedoch parasitisch auf verholz-ten Wirten, z. B. Arten von *Rosellinia. Ustulina deusta* ist der Erreger der Stammfäu-le von Buchen. Eine allgemeine Darstellung zu den Xylariaceae gibt Miller (1930, 1932 a, b) und Dennis (1968); siehe auch Martin (1967).

Die Entwicklung der Perithezien in dieser Familie entspricht dem *Xylaria*-Typ von Luttrell (1951). Der Gattungsname *Xylosphaera* wird manchmal benutzt, da dieser Name nach Dennis (1958 a, b) Priorität hat. Der Vorschlag zur Anwendung dieses Namens wurde jedoch von anderen Mykologen (z. B. Petrak, 1962; Holm und Müller, 1965) abgelehnt.

„Die entwickelten Ascogonien liegen frei auf dem Myzel oder weit häufiger in-nerhalb eines Stromas. Verzweigungen der Stielzelle des Ascogoniums oder benach-barter vegetativer Hyphen umgeben das Ascogonium und bilden die Perithezien-wand. Hyphenverzweigungen mit freiliegenden Spitzen (Paraphysen) wachsen von der Innenseite der Wand über die Basis und die Seiten des Peritheziums nach oben und nach innen. Durch den Druck der entgegengesetzt wachsenden Paraphysen dehnt sich das Perithezium und bildet einen zentralen Hohlraum. Durch das Hy-phenwachstum in der oberen Region entsteht ein Hals und das Perithezium wird birnenförmig. Die Schicht der einwärts wachsenden Hyphen verläuft an den Seiten bis in den Perithezienhals. Das Wachstum dieser Hyphen innerhalb des Halses führt zur Bildung eines schizogenen Ostiolums, das mit freiliegenden Hyphenspit-zen (Periphysen) ausgekleidet ist. Das Ascogonium bildet ascogene Hyphen, die ty-pischerweise an der Innenwand entlang und über die Basis und die Seiten des Peri-theziums hinauswachsen. Die aus den ascogenen Hyphen entstandenen Asci wach-sen zwischen den Paraphysen und bilden ein durchgehendes Hymenium von Asci und mehr oder weniger beständigen Paraphysen, die den Perithezienhohlraum aus-kleiden. Bei einigen Formen sind die Paraphysen winzig klein. Die ascogenen Hy-phen bilden am Boden des Peritheziums ein Geflecht. Die Asci entstehen dann in einem winzigen, paraphysenfreien Büschel" (Luttrell, 1951).

Die Cytologie der Ascusentwicklung bei *Xylaria* (Rogers, 1968, 1969, 1975 a; Beckett und Crawford, 1973) und bei der verwandten Gattung *Hypoxylon* (Rogers, 1965, 1975 b) entspricht in den meisten Fällen dem bekannten Muster. Die Ascosporen können ein- oder zweikernig sein. Bei *X. polymorpha* und *H. serpens* sind die unreifen Ascosporen durch ein Septum in der Nähe der Basis geteilt. Dieses Septum trennt einen kleinen Appendix ab, der sich in der reifen Ascospore auflöst. Diese scheint einkernig zu sein mit nur einem stumpfen Ende, das die Lage der Appendixreste markiert. Die Wand der reifen Ascospore ist dunkel. Über der gesamten Länge der Ascospore befindet sich ein hyaliner Keimschlitz (Abb. 174 A). Die Ascusspitze enthält einen zylindrischen, stärkehaltigen Apikalapparat (Blaufärbung mit Jod). Dieser ist von einem schmalen Porus durchbrochen und dreht sich beim Platzen des Ascus um (Greenhalgh und Evans, 1967; Beckett und Crawford, 1973).

Daldinia (Abb. 173, 174)

Daldinia concentrica parasitiert auf der Esche (*Fraxinus excelsior*), kann aber auch weiter auf abgestorbenen Baumstümpfen oder Zweigen fruktifizieren. Auf anderen Wirten kommt dieser Pilz selten vor, wächst jedoch auf verbrannten Birken (*Betula*) oder Stechginster (*Ulex*). Auf Eschen bildet dieser Pilz jährlich große (5–10 cm ϕ), halbkugelige braune Stromata, die zwischen Mai und Oktober reife Asci enthalten. Im Querschnitt erkennt man im Stroma eine konzentrische Anordnung von alternierenden hellen und dunklen Streifen. Die Oberfläche der jungen Stromata kann mit einer blaßbraunen, pulverigen Masse von Konidien bedeckt sein. Die Konidien sind trocken und haben eine ovale Form. Sie entwickeln sich sukzessiv an den Spitzen der verzweigten Konidiophoren durch Auswachsen der Zellwand. Nach ihrer Abtrennung hinterlassen sie eine kleine Narbe (Abb. 174 D). Konidien dieses Typs nennt man *Nodulisporium tulasnei*.

Die Perithezien bilden sich in den äußeren Stromaschichten, wobei jedes Perithezium aus einem gewundenen Archikarp entsteht. Die Perithezienwand ist von ascogenen Hyphen ausgekleidet. Dies ist deshalb ungewöhnlich, weil die sukzessiv entstehenden Asci oft durch einen beträchtlichen Abstand voneinander getrennt sind (Ingold, 1954 a) (Abb. 174 C). Das Stroma von *Daldinia* fungiert anscheinend als Wasserspeicher. Losgelöste Stromata können in einem Exsikkator noch ungefähr drei Wochen lang Ascosporen entlassen (Ingold, 1946 a). Die Sporenfreisetzung erfolgt in der Nacht. Dieser Rhythmus kann mehrere Tage andauern, auch wenn die Stromata bei Dunkelheit gehalten werden. Bei Dauerlicht wird die Sporenfreisetzung nach ungefähr drei Tagen eingestellt, bei Hell-Dunkel-Wechsel setzt sie jedoch wieder ein (Ingold und Cox, 1955). Der Ausstoß eines einzigen Stromas durchschnittlicher Größe beträgt pro Nacht ungefähr 10 Millionen Sporen.

Xylaria (Abb. 173–175)

Die Stromata von *Xylaria hypoxylon,* der geweihförmigen Holzkeule, kommen häufig auf Baumstümpfen und abgefallenen Zweigen von Laubbäumen vor. Wie bei den meisten auf Holz wachsenden Xylariaceae erkennt man die Grenzen des Myzels in infizierten Geweben an den deutlichen schwarzen Linien. Die Stromata sind verzweigt und zylindrisch. Am oberen Ende ist das Stroma von einer weißen, pul-

Abb. 173 A, B. *Xylaria polymorpha.* **A** Perithezienstroma an einem Baumstumpf von *Fagus sylvatica;* **B** *Daldinia concentrica.* Perithezienstroma am Fuße von *Fraxinus excelsior.* Ein Stroma wurde aufgeschnitten, um die konzentrische Zonierung und die Perithezien in den äußeren Schichten zu zeigen

verigen Masse von Konidien bedeckt (Abb. 175 A, 174 B). Die Perithezien bilden sich später am Grunde des Stromas. Sie sind äußerlich auf der Oberfläche als Anschwellungen sichtbar (Abb. 175 B). Der Apikalapparat des Ascus ist sogar in unreifen Asci nach Jodanfärbung als hellblauer, zylindrischer Kragen, der von einem schmalen Porus durchbrochen ist, sichtbar (Abb. 174 A). *Xylaria polymorpha* wächst im Spätsommer und im Herbst an alten Baumstümpfen. Die Stromata sind fingerähnlich und büschelig (Abb. 173). Die Oberfläche ist zunächst von einer unscheinbaren Konidienschicht bedeckt, gelegentlich bilden sich jedoch unter der gesamten Oberfläche Perithezien. Diese Perithezienbildung ist nicht wie bei *X. hypoxylon* auf den basalen Teil beschränkt. Beide Arten sind aktive holzzerstörende Pilze und gehören zu den Weißfäulepilzen.

Hypoxylon (Abb. 176)

Zu dieser großen Gattung gehören über 100 Arten (Miller, 1961; Whalley und Greenhalgh, 1973 a, b). Sie bilden Stromata, die oft halbkugelig oder manchmal

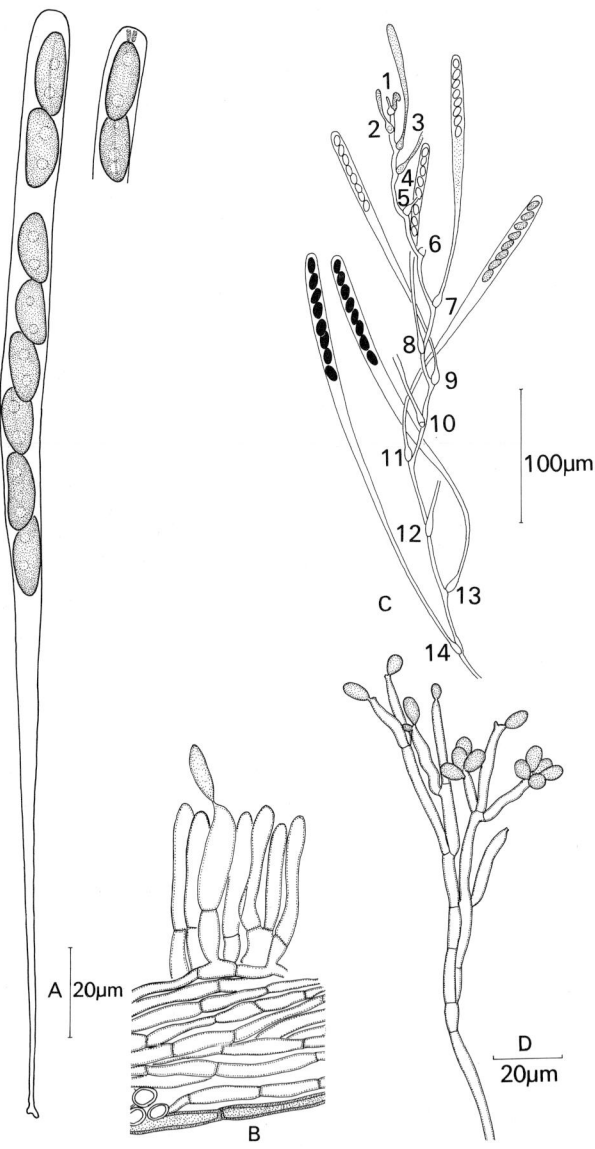

Abb. 174 A–D. *Xylaria hypoxylon.* Ascus. Die rechte Ascusspitze wurde zur Darstellung des Apikalapparates mit Jod gefärbt; **B** *X. hypoxylon,* Konidiophoren; **C** *Daldinia concentrica.* Ascogene Hyphen. Die Ziffern bezeichnen die sukzessiv entstandenen Asci (von der Spitze aus rückwärts gezählt); **D** *D. concentrica.* Konidien vom *Nodulisporium*-Typ. **C** nach Ingold (1954a)

Abb. 175 A, B. *Xylaria hypoxylon.* **A** Konidienstroma. Die Konidien werden auf den weißen Spitzen der Verzweigungen gebildet; **B** Perithezienstroma. Die Perithezien bilden sich am Grunde des alten Perithezienstromas

auch flach auf der Oberfläche von Holz und Borke wachsen. Die verschiedenen Arten bevorzugen meist bestimmte Wirte. Die häufigsten Arten (*H. fragiforme* = *H. coccineum*) sind fast ausschließlich auf frisch abgefallenen Zweigen und Stämmen von *Fagus* (Abb. 175 A) zu finden, *H. multiforme* auf *Betula* (Abb. 176 B) und *H. rubiginosum*, eine Art, die flache Stromata auf geschältem Holz von *Fraxinus* bildet. Das junge Stroma all dieser Arten ist filzartig von Konidien des *Nodulisporium*-Typs überzogen (Chesters und Greenhalgh, 1964). Die meisten Arten setzen die Sporen nachts frei (Walkey und Harvey, 1966 b).

Hypocreaceae

Vertreter dieser Familie besitzen intensiv gefärbte (weiß, gelb, orange, rot, violett) Perithezien, die entweder einzeln oder auf Stromata vorkommen. Perithezien oder Stromata sind fleischig oder ledrig. Das Perithezienostiolum ist von Periphysen ausgekleidet. Die Asci sind unitunicat und enthalten Ascosporen, die meist zwei- oder

Abb. 176 A, B. *Hypoxylon fragiforme* und *H. multiforme*. **A** *H. fragiforme:* Perithezienstroma auf *Fagus sylvatica*. Ein Stroma wurde aufgebrochen, um die in den äußeren Schichten eingebetteten Perithezien zu zeigen; **B** *H. multiforme:* Perithezienstroma auf *Betula pendula*

mehrzellig sind. Sie können sich innerhalb des Ascus auflösen und Teilsporen bilden. Einige Wissenschaftler ordnen diese Familie einer gesonderten Ordnung, den Hypocreales, zu (Rogerson, 1970). Die Perithezienentwicklung enspricht dem *Nectria*-Typ von Luttrell (1951). Die innerhalb des Stromas gebildeten Ascogonien werden von konzentrischen Schichten vegetativer Hyphen umgeben und bilden eine echte Perithezienwand. Die Zellen der inneren Wandschicht formen in der Apikalregion des jungen Perithcziums eine Palisade, die aus nach innen wachsenden Hyphenverzweigungen besteht. Diese wachsen nach unten und bilden eine vertikal an-

Abb. 177. *Hypocrea pulvinata.* Stromata mit Perithezien auf Fruchtkörper von *Piptoporus betulinus.* Die dunklen Punkte sind die Perithezienostiolen. Aus einigen Ostiolen entspringen Ranken von weißen Ascosporen

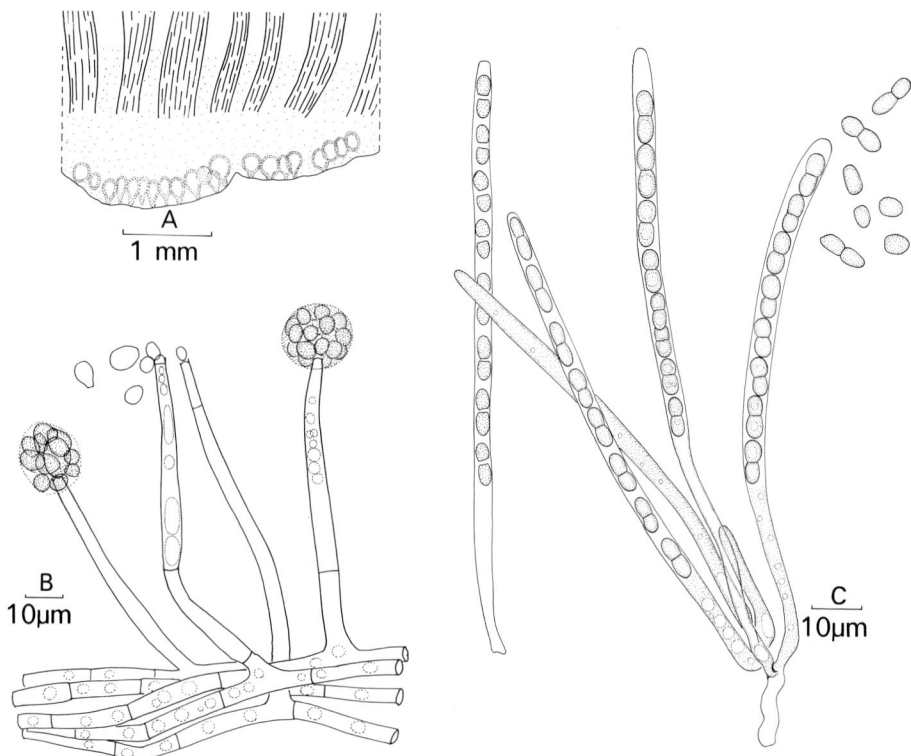

Abb. 178 A–C. *Hypocrea pulvinata.* **A** Längsschnitt durch den unteren Teil des Fruchtkörpers von *Piptoporus betulinus* mit angeschnittenem Perithezienstroma von *Hypocrea;* **B** Konidien, die von aufrecht stehenden Phialiden gebildet werden; **C** Asci und Ascosporen. Man erkennt die Teilung der zweizelligen Ascosporen in Teilsporen

geordnete Hyphenmasse mit freien Endigungen, die als apikale Paraphysen bezeichnet werden (Luttrell, 1965 b). Der durch die Verlängerung der apikalen Paraphysen erzeugte Druck und die Ausdehnung der Wand führt zur Bildung eines zentralen Hohlraumes innerhalb des Peritheziums. Die freien Spitzen der apikalen Paraphysen stoßen schließlich in den unteren Teil der Wand, so daß sie sowohl den oberen Teil als auch den Boden des Perithezienhohlraumes berühren. Die aus dem Ascogonium entstehenden ascogenen Hyphen breiten sich über den Boden und die Seiten des Hohlraumes aus. Die nach Hakenbildung entstandenen Asci wachsen zwischen den apikalen Paraphysen aufwärts und bilden eine konkave Schicht, die die innere Wand in der Basalregion des Peritheziums auskleidet. In der Wand des Peritheziums bildet sich ein mit Periphysen (Hyphen mit freien Spitzen, die an ihrer Basis an der Innenwand des Halses befestigt sind) ausgekleidetes, schizogenes Ostiolum. Während der Reife können die Perithezien durch das Stroma hervortreten und sitzen dann scheinbar auf der Oberfläche. Dieser Typ der Perithezienentwicklung wurde schon für *Nectria* (Strickmann und Chadefaud, 1961; Hanlin, 1961, 1971) und für *Hypocrea* (Doguet, 1957; Hanlin, 1965; Parguey-Leduc, 1967a; Canham, 1969) beschrieben.

Die Hypocreaceae leben saprophytisch auf Pflanzensubstraten, im Erdboden, auf Dung usw., einige sind auch Pflanzenpathogene. Sie haben phialidische Konidienstadien und gehören zu Formgattungen, wie z B. *Fusarium, Cylindrocarpon, Gliocladium, Verticillium* und *Trichoderma*. Nach Cain (1972) stammen die Eurotiaceae (die ebenfalls phialidische Konidien besitzen) von dieser Gruppe ab.

Hypocrea (Abb. 177–179)

Arten von *Hypocrea* bilden glänzendfarbige, fleischig aussehende Stromata mit Perithezien, die in den äußeren Schichten eingebettet sind. Die dünnwandigen Asci enthalten acht zweizellige Ascosporen. Bei vielen Arten trennen sich die Sporen vor der Freisetzung in zwei Teilsporen, so daß 16 Teilsporen entlassen werden (Abb. 178C). *H. pulvinata* bildet auf toten Fruchtkörpern von *Piptoporus betulinus* (Birkenporling) tiefgelbe Stromata. Möglicherweise wächst dieser Pilz parasitisch auf den Porlingen. Die Ascosporen erkennt man meist als weiße Ranken, die aus den Ostiolen der Perithezien entspringen (Abb. 177). In Kulturen entstehen die Konidien in klebrigen Massen an der Spitze einer einzelnen Phialide (Abb. 178B). Konidien dieses Typs gehören zur Formgattung *Cephalosporium* (Rifai und Webster, 1966). Einige Arten von *Hypocrea* besitzen Konidien des *Trichoderma*-Typs, wo aus Phialidenwirteln einzelne klebrige, grüne oder weiße Sporenmassen entstehen. *Hypocrea rufa* bildet Konidien, die *T. viride* zuzuschreiben sind (Abb. 179D). Die Arten von *Trichoderma* sind wichtige Bodensaprophyten, von denen mehrere mit anderen, auch pathogenen Pilzen, konkurrieren (Rifai, 1969). In Kulturen von *H. gelatinosa* fand man Konidien des *Gliocladium*-Typs (Webster, 1964) (Abb. 179A, B).

Nectria (Abb. 180–184)

Perithezien von *Nectria* findet man häufig auf Stämmen und Zweigen von Hölzern. Viele Arten leben saprophytisch, einige verursachen bedeutende wirtschaftliche Schäden, wie z.B. *N. galligena* (Obstbaumkrebs). *Nectria cinnabarina* (zinnoberroter Pustelpilz) kommt häufig auf frisch geschnittenen Zweigen vor, kann aber auch gelegentlich als Wundparasit auftreten. Der Name ‚zinnoberroter Pustelpilz' bezieht sich auf die roten Konidienpusteln (ungefähr 1–2 mm ϕ) die durch die Rinde hindurchbrechen (Abb. 180). Früher nannte man diese Konidienpusteln *Tubercularia vulgaris*. Damals waren die Zusammenhänge und Verbindungen mit *Nectria* noch nicht bekannt. Die Pusteln bestehen aus einer Säule von Pseudoparenchym mit einem dichten Büschel von Konidiophoren und langen, schlanken Hyphen, die intervallartig auf der gesamten Länge Phialiden bilden (Abb. 181B, D). Die Konidienpusteln dieses Typs werden **Sporodochien** genannt. Die Konidien sind klebrig und bilden eine schleimige Masse auf der Oberfläche des Sporodochiums. Die Konidien werden durch aufschlagende Regentropfen verbreitet (Gregory et al. 1952). Um die alten Konidienpusteln entstehen unten Perithezien (Abb. 180). Gelegentlich kann eine Pustel auf der gesamten Oberfläche mit Perithezien bedeckt sein. Die Perithezienpusteln bilden sich im Spätsommer und im Herbst bei feuchtem Wetter. Man kann sie sofort an ihrer hellroten Farbe und am granulären Aussehen von Konidienpusteln unterscheiden. Die Pusteln werden als Perithezienstroma angesehen, sie tragen bis zu 30 Perithezien. Reife Perithezien enthalten zahlreiche keulenförmige

Asci, in denen sich jeweils acht zweizellige hyaline Ascosporen befinden
(Abb. 181 C), die vielkernig sind (El-Ani, 1971). Im Ascus ist kein Apikalapparat zu
erkennen (Strickmann und Chadefaud, 1961).

Die Perithezienentwicklung beginnt mit der Bildung von Ascogonprimordien
unter der Oberfläche der Konidienpusteln. Einzelheiten zu dieser Entwicklung wurden schon beschrieben. Ein wichtiges Merkmal ist die Bildung von apikalen Paraphysen, die vom oberen Teil des Perithezienhohlraumes nach unten wachsen. Während der Bildung der Asci aus den ascogenen Hyphen, die den unteren Teil des Perithezienhohlraumes auskleiden, wachsen sie durch die Masse der apikalen Para-

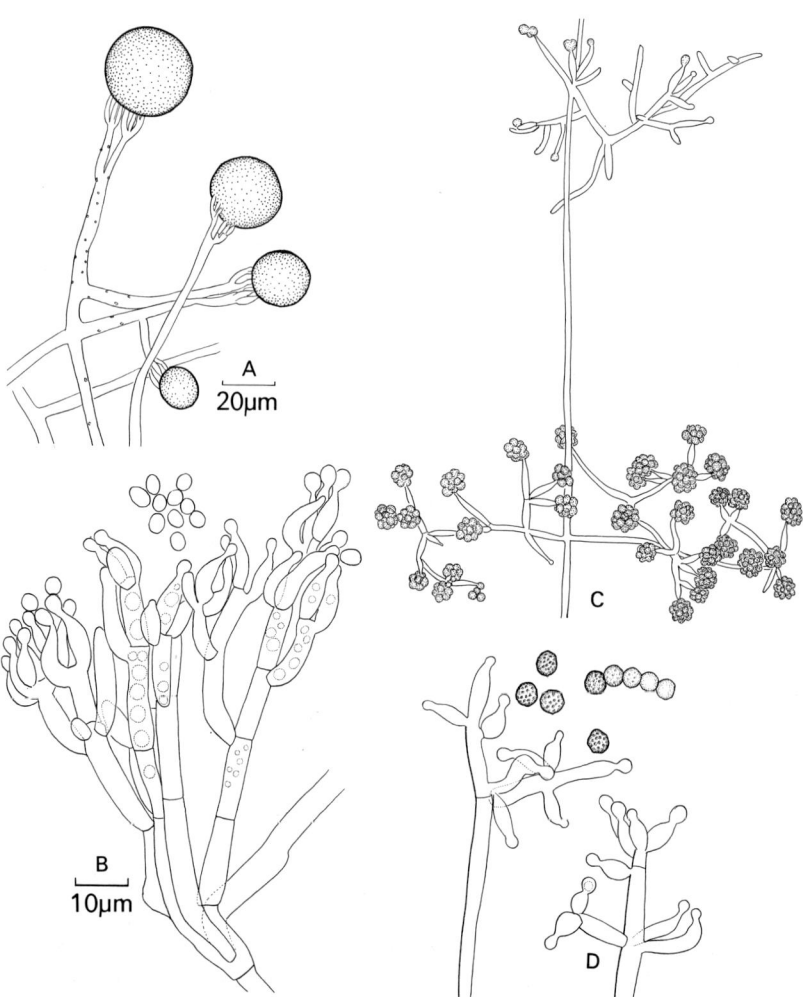

Abb. 179 A–D. *Hypocrea* spp. Konidien. **A** Konidiophoren des *Gliocladium-Typs von H. gelatinosa;* **B** Einzelheiten von Phialiden von *H. gelatinosa;* **C** *Trichoderma viride* entsprechendes
Konidienstadium von *H. rufa.* Anordnung der Konidiophoren; **D** Ausschnitt von Phialiden
von *H. rufa.* **A, C** im gleichen Maßstab; **B, D** im gleichen Maßstab

mm

Abb. 180. *Nectria cinnabarina.* Konidien- und Perithezienstroma auf einem Zweig von *Acer pseudoplatanus.* Die glatten, blassen Strukturen sind Konidienpusteln und die rauhen, büscheligen Körper sind Perithezien, die sich um die Konidienpusteln herum bilden

physen nach oben. In reifen Perithezien sind diese schwer zu finden (Strickmann und Chadefaud, 1961).

Andere Arten von *Nectria* unterscheiden sich in mehrfacher Hinsicht von *N. cinnabarina.* Einerseits sitzen die Perithezien auf dem Stroma nicht gruppenweise zusammen, sondern kommen einzeln vor (z.B. *N. galligena*), andererseits haben sie gut ausgebildete Apikalapparate (z.B. *N. mammoidea*) (Abb. 182A). Die Konidienstadien einiger Arten von *Nectria* werden mehreren Formgattungen der Fungi imperfekti zugeordnet, u.a. *Cephalosporium, Cylindrocarpon, Fusarium* und *Verticillium* (Booth, 1959, 1960, 1966a, 1978) (Abb. 183, 184).

Clavicipitaceae

Die Pilze dieser Gruppe weisen mehrere charakteristische Merkmale auf. Die Perithezien werden auf einem fleischigen Stroma gebildet; die Asci haben eine gut ausgebildete, dicke Apikalkappe, die Ascosporen sind fadenförmig und zerfallen oft in kurze Segmente. Sie verlassen den Ascus einzeln und nacheinander durch einen schmalen Porus in der Ascuskappe. Die meisten Vertreter parasitieren auf Gräsern (z.B. *Claviceps, Epichloe*) oder auf Insekten (*Cordyceps*). Während einige Mykologen dieser Gruppe einen eigenständigen Rang geben (Nannfeldt, 1932; Gäumann,

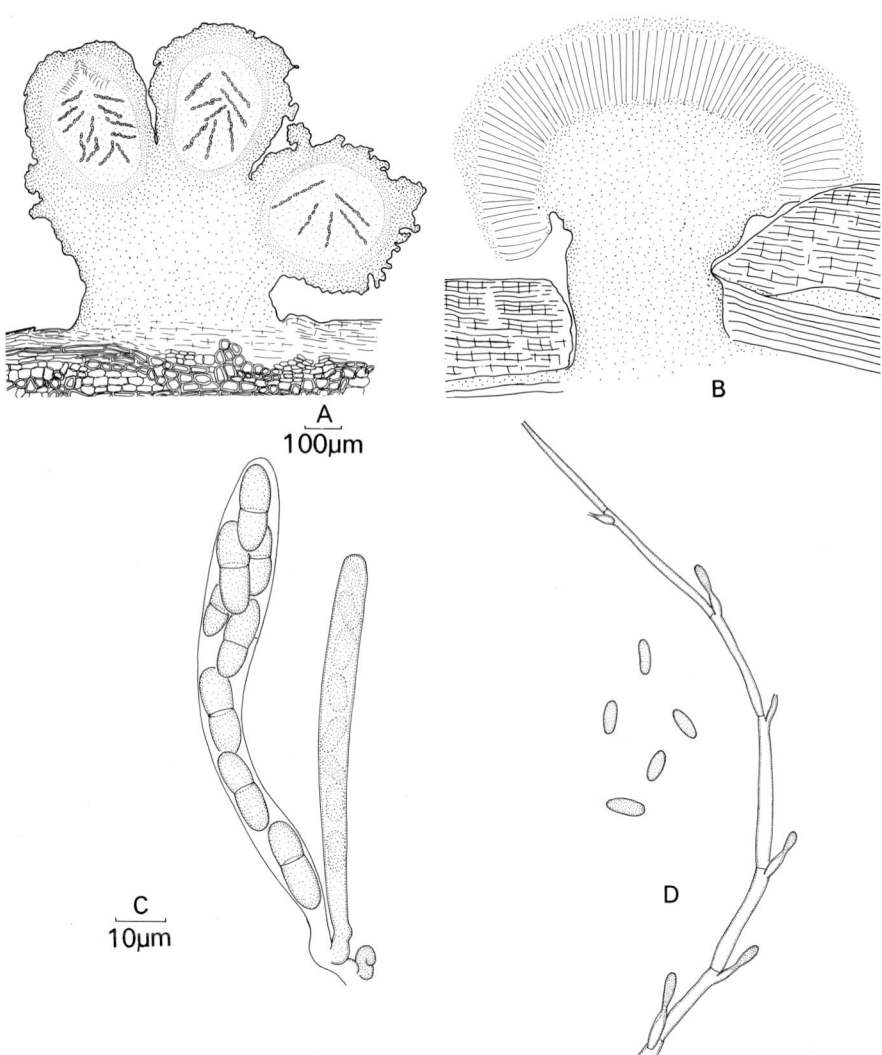

Abb. 181 A–D. *Nectria cinnabarina.* **A** Querschnitt durch das Perithezienstroma; **B** Querschnitt durch das Konidienstroma oder Sporodochium; **C** Asci; **D** Konidiophore, Phialiden und Konidien

1964; Rogerson, 1970), wird sie von anderen als Familie den Hypocreales (Bessey, 1950) oder den Sphaeriales (Miller, 1949; Luttrell, 1951) zugeordnet.

Claviceps (Abb. 185, 186)

Claviceps purpurea ist der Erreger des Mutterkorns, das an Gräsern und Getreide im Spätsommer und im Herbst entsteht. Obwohl man ihn häufig auf Roggen und anderen Getreidearten in Europa und Nordamerika antrifft, ist dieser Pilz in Westeuropa noch nicht unangenehm in Erscheinung getreten. Gelegentlich tritt er epidemisch auf, in diesem Falle ist ein Zusammenhang zwischen hoher relativer Luftfeuchtigkeit und niedrigen Maximaltemperaturen des Monats Juni erkennbar (Marshall, 1960 a). Wahrscheinlich ist dies auf eine verlängerte Phase der Infektionsempfindlichkeit der Wirtspflanzen zurückzuführen. Eine Form mit kleinen Sklerotien auf *Molinia, Phragmites* und *Nardus* wird von einigen Wissenschaftlern als separate Art angesehen (*C. microcephala*). Die von *C. purpurea* infizierten Gräser und Getreidepflanzen bilden schwarze, gebogene Sklerotien (Mutterkörner) anstelle gesunder Körner (Abb. 185 A). Die Sklerotien enthalten eine Reihe von toxischen Alkaloiden (McLaughlin et al. 1964). Ihr Genuß führt zu schweren Erkrankungen und manchmal auch zum Tode. Die Toxine verengen die Blutgefäße, die verringerte Blutzirkulation führt zu Gangränen oder zum Gliedmaßenverlust. Weiterhin wirken diese Toxine auf das Nervensystem (Krämpfe, Halluzinationen). Im Mittelalter nannte man die Symptome des Ergotismus ‚Antoniusfeuer‘. Zu dieser Krankheit gibt es eine Reihe von Berichten (siehe Barger, 1931; Ramsbottom, 1953; Fuller, 1969; Bové, 1970). Durch verbesserte Reinigungstechniken des Getreides kommt diese Krankheit beim Menschen nur noch sehr selten vor (z. B. 1928 in Großbritannien in der Jüdischen Gemeinde von Manchester nach dem Genuß von Roggenbrot

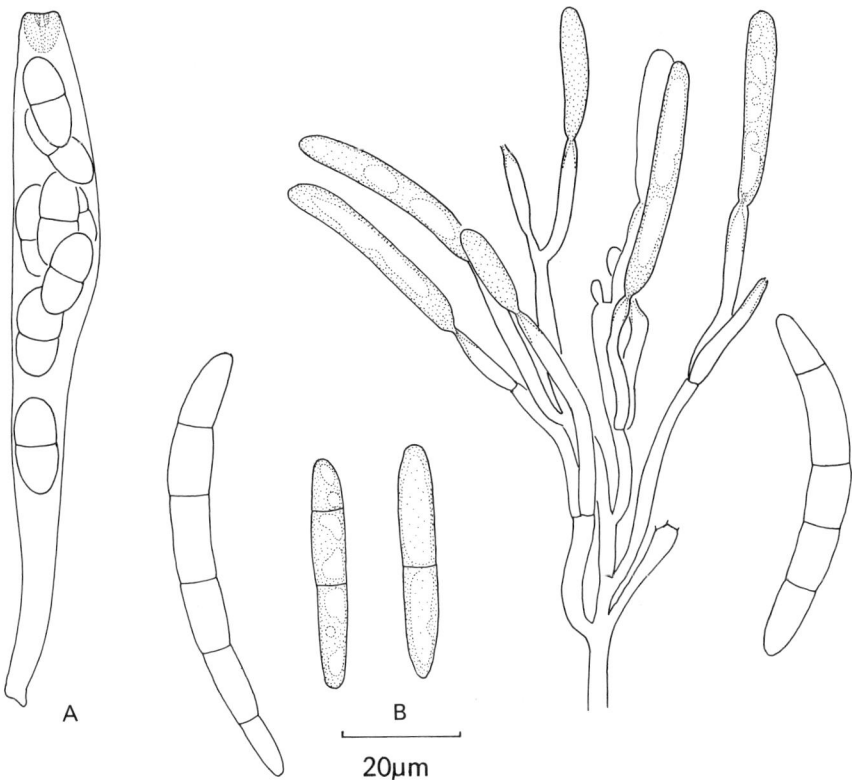

Abb. 182 A, B. *Nectria mammoidea.* **A** Ascus mit Apikalapparat; **B** Konidien des *Cylindrocarpon*-Typs

zum letzten Male). Kinder und Schafe können nach dem Verzehr von Sklerotien von Weidegras ebenfalls von dieser Krankheit befallen werden. Bei trächtigen Tieren kann es zu Fehlgeburten kommen (Ainsworth und Austwick, 1973).

Die Sklerotien von *C. purpurea* werden in der Medizin zur Uteruserregung bei der Geburt benutzt. Das Mutterkorn wird kommerziell auf Roggen (*Secale cereale*) kultiviert. Dieses Getreide wird in Osteuropa, Spanien, Schweiz und Portugal angebaut. Es ist auch möglich, die medizinisch wirksamen Alkaloide aus Reinkulturen des Pilzes zu extrahieren (Mantle, 1974).

Die Sklerotien fallen auf den Erdboden und überwintern dort. Sie brauchen zur weiteren Entwicklung eine Phase mit niedrigen Temperaturen. Die Hauptreservesubstanz des Sklerotiums besteht aus Lipiden, das ungefähr 50% des Trockengewichtes ausmacht. Wahrscheinlich ist diese Kälteperiode zur Bildung von Enzymen notwendig, die die Lipidreserven mobilisieren können (Cooke und Mitchell, 1966, 1967, 1969, 1970; Mitchell und Cooke, 1968). Im darauf folgenden Sommer bilden sich eine oder mehrere Perithezienstromata, die ungefähr 1–2 cm hoch sind und die Form kleiner Trommelschlegel haben (Abb. 185 C). Die Perithezienstroma sind positiv phototrop (Hadley, 1968). Die vergrößerten, kugeligen Köpfe enthalten eine Anzahl von Perithezien, die in das Stroma eingebettet und jeweils von einer geson-

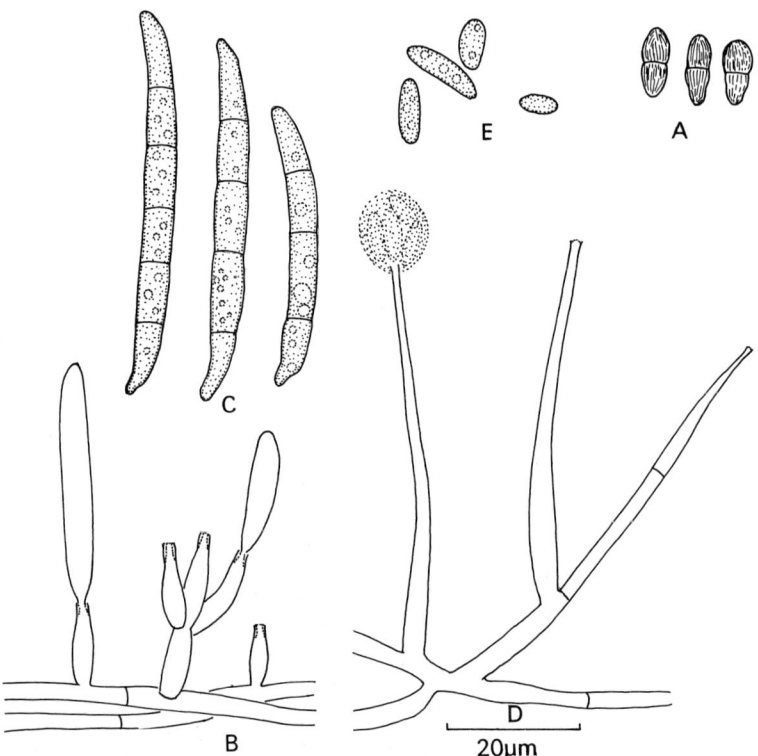

Abb. 183 A–E. *Nectria haematococca.* **A** Ascosporen; **B** Phialiden mit Makrokonidien; **C** Makrokonidien des *Fusarium*-Typs; **D** Phialiden mit Mikrokonidien; **E** Mikrokonidien

Abb. 184. *Nectria inventa. Verticillium cinnabarinum* Konidienstadium. Auf den wirteligen Phialiden sitzen kugelige Massen von klebrigen Phialosporen

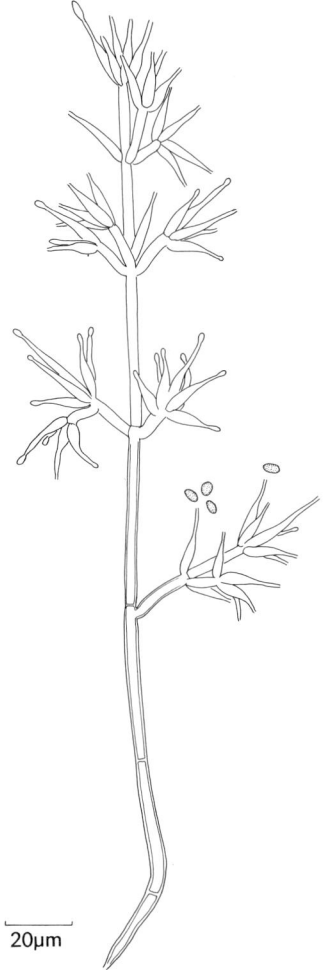

20µm

derten Perithezienwand umgeben sind (Abb. 186 A). Die Cytologie der Perithezien-entwicklung wurde von Killian (1919) an *C. purpurea* und von Kulkarni (1963) an *C. microcephala* untersucht. In den äußeren Schichten des Perithezienstromas findet zwischen den keulenförmigen und vielkernigen Antheridien und den Ascogonien eine Plasmogamie statt. Die hauptsächlich aus zweikernigen Segmenten bestehen-den ascogenen Hyphen bilden sich am Grunde des Ascogoniums. Die Spitzen der ascogenen Hyphen bilden typische Haken mit zweikerniger Spitze. Die Spitzenzelle verlängert sich zum Ascus. Die beiden Kerne fusionieren. In jedem Perithezium gibt es zahlreiche Asci, die jeweils ein Bündel von acht fadenförmigen Ascosporen ent-halten. Der Ascus besitzt an der Spitze eine deutlich sichtbare Kappe (Abb. 186 C). Die Entlassung der Ascosporen fällt ungefähr mit der Anthese der Gramineen oder Getreidewirte zusammen, so daß eine Infektion der sich entwickelnden Samenanla-gen erfolgt. Eine erfolgreiche Infektion von *Secale* durch Einzelsporkulturen ergab,

Abb. 185 A–D. *Claviceps und Epichloe.* **A** Roggenähre (*Secale cereale*) mit mehreren Sklerotien (Mutterkörner) von *Claviceps purpurea;* **B** Roggenblütenstand während der Anthese mit Tropfen (Pfeile) des Honigtaus oder des *Sphacelia*(=Konidien)stadiums von *Claviceps purpurea;* **C** *Claviceps purpurea,* keimendes Sklerotium mit gestieltem Perithezienstroma; **D** *Epichloe typhina,* Perithezienstroma auf der Blattscheide von *Agrostis tenuis*

Abb. 186 A–C. *Claviceps purpurea.* **A** Längsschnitt durch Perithezienstroma; **B** Querschnitt durch junges Sklerotium. Die Konidien werden auf der Oberfläche gebildet; **C** Ascus und Ascosporen. Man erkennt die Kappe des Ascus

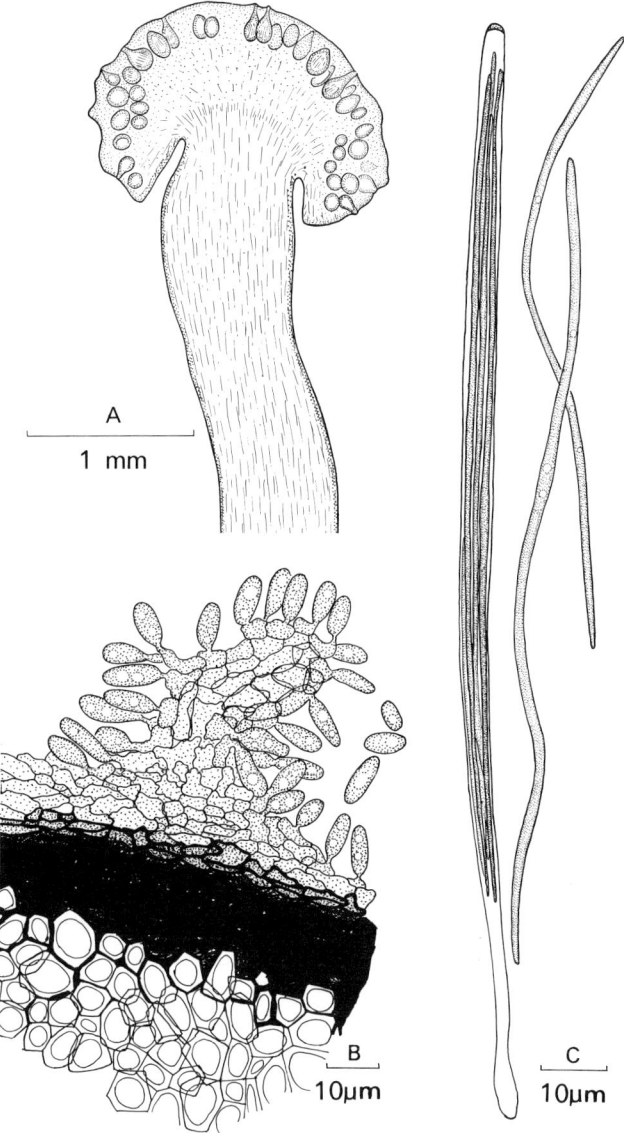

daß es sich um einen monözischen selbstfertilen Pilz handelt (Esser und Tudzynski, 1978). Es ist nicht sicher, ob die Ascosporeninfektion über die Stigmata oder das meristematische Gewebe an der Basis des Ovars erfolgt. Innerhalb weniger Tage nach der Infektion bilden sich jedoch viele Konidien, die wiederum junge Ovarien infizieren können (Abb. 185 B; 186 B). Manchmal können früh reifende Gräser Konidien bilden, die dann spät blühendes Getreide infizieren. Dies trifft für *Alopecurus myosuroides* zu, die von Ascosporen infiziert wird und Konidien bildet, die Weizen infizieren (Mantle und Shaw, 1976). Die Konidien sind einzellig und sprossen von der Oberfläche des infizierten Ovars ab. Sie sind von einer klebrigen, süßen Flüssigkeit, Honigtau genannt, umgeben, die Insekten anlockt. Der Honigtau enthält Glucose, Fructose, Saccharose und andere Zucker (Mower und Hancock, 1975 a). Die verschiedenen Gramineenwirte weisen hinsichtlich der Konidiengröße beträchtliche Unterschiede auf (Loveless, 1971; Loveless und Peach, 1974). Die Infektion einer Grasblüte durch *Claviceps* führt zu einem erhöhten Wasser- und Saccharosetransport zu der erkrankten Blüte. Innerhalb des infizierten Wirtsgewebes findet eine Umwandlung der Saccharose des Wirts zu Mono-, Di- und Oligosacchariden durch den Pilz statt. Dies verursacht einen ständigen Saccharoseverbrauch. Ferner löst die Verdunstung auf der Oberfläche des erkrankten Getreides eine Erhöhung des osmotischen Wertes aus, was möglicherweise die erhöhte Transportrate erklärt (Mower und Hancock, 1975 b). Getreidekörner speichern normalerweise Stärke. Die Sklerotien enthalten jedoch keine Stärke. *Claviceps purpurea* bildet wahrscheinlich einen Stärkephosphorylaseinhibitor, der die Stärkebildung des Wirtes unterdrückt. Der Pilz kann die Stärke nicht verwerten. Man nimmt an, daß der Inhibitor die Umwandlung des Zuckers zu Stärke verhindert und die Zucker des Wirtes in für den Pilz geeigneten Verbindungen erhält (Campbell, 1959). Insekten nehmen Konidien und Honigtau auf und übertragen diese Krankheit auf nicht infizierte Blüten. Die Konidien keimen nicht in dem konzentrierten, sondern nur in verdünntem Honigtau. Diese Konidien wurden erst unter dem Namen *Sphacelia segetum* beschrieben, bevor bekannt war, daß sie zu *C. purpurea* gehören. In Kulturen von Ascosporen oder von Sklerotiengewebe werden reichlich Konidien gebildet, die experimentell zu Infektionen genutzt werden können. Nach früheren Untersuchungen wurde eine weitgehende physiologische Spezialisierung angenommen. Nach heutigen Erkenntnissen kann ein Isolat von einem Gramineenwirt verschiedene andere Getreidearten und Gräser infizieren (Campbell, 1957). Der Zeitraum, in dem die Wirte infiziert werden können, ist unterschiedlich und entspricht der Zeit der Spelzenöffnung (Campbell und Tyner, 1959). Nach einer Impfung mit Konidien verläuft die Infektion von der Basis des jungen Ovars aus, nicht von den Stigmata (Campbell, 1958). Innerhalb von ungefähr 5 Tagen nach der Infektion kann sich eine weitere Konidiengeneration entwickeln. Schließlich kann sich das gesamte Ovar in ein Sklerotium umwandeln, welches oft beträchtlich größer ist als ein normales Getreidekorn.

Die Bekämpfung des Mutterkorns im Getreide ist schwierig. Obwohl verschiedene Techniken zur Verfügung stehen, ist keine bekannt, die vollkommen ist. Die Verwendung von mutterkornfreier Saat könnte die Infektionen reduzieren. Der Pilz kann jedoch die vorhergehende Ernte überleben oder er kann von infizierten Gräsern neben dem Feld das Getreide befallen. Man benötigt systemische Fungizide in ausreichender Menge, um eine wirkungsvolle Konzentration auf der Oberfläche des Ovars zu erreichen. Seitdem bekannt ist, daß Insekten als Überträger für sekundäre Infektionen verantwortlich sind, könnte eine Kombination von Fungiziden und Insektiziden wirkungsvoll sein (Puranik und Mathre, 1971). Da die Infektionen während der Anthese auftreten, könnte eine Selektion selbstbestäubender kleistogamer Getreidestämme ebenfalls zur Reduzierung von Infektionen beitragen. Ein Pflanzenzüchtungsprogramm zur Entwicklung resistenter Varietäten hängt jedoch von einer natürlichen Resistenzgrundlage ab. Es gibt Hinweise, daß bestimmte Weizensorten eine gewisse Resistenz besitzen (Platford und Bernier, 1970).

Epichloe (Abb. 185 und 187)

Epichloe typhina ist der Erreger des Erstickungsschimmels der Weidegräser. Man findet diesen Pilz häufig auf *Dactylis, Holcus* und *Agrostis.* Während der Blütezeit wird die oberste Blattscheide von einer weißen Masse aus Myzel in einer Länge von 2 cm oder mehr umgeben. Auf der Oberfläche bilden sich kleine, einzellige Konidien (Abb. 187 B). Später wird das Konidienstroma dicker und verändert seine Farbe zu orange, sobald die Perithezien gebildet werden (Abb. 185 D). Die Perithezien enthalten zahlreiche Asci, die jeweils einen gut ausgebildeten Apikalapparat besitzen und acht lange, schmale Ascosporen, die sich innerhalb des Ascus teilen (Abb. 187 D) (Ingold, 1948). Das Myzel ist systemisch, meistenteils innerzellular, unverzweigt und hauptsächlich im Mark lokalisiert. Im Bereich des Infloreszenzprimordiums findet man jedoch auch intrazellulären Wuchs. Aufgrund des systemischen Wuchses lassen sich die mit *Epichloe* infizierten Gräser klonieren und somit kultivieren. Es entstehen dann Pflanzen, die fast alle infiziert sind. Perithezienstromata entstehen nur auf Sprossen mit Infloreszenzprimordien. Durch Veränderung der Tageslänge oder durch Auxinbehandlung konnte ebenso wie durch Stimulierung der Induktion der Infloreszenzprimordien gezeigt werden, daß eine direkte Korrelation zwischen der Bildung der Stromata und der Anwesenheit eines Infloreszenzprimordiums besteht. Äußere Bedingungen spielen dabei eine geringere Rolle (Kirby, 1961).

Bei den meisten infizierten Gramineenwirten ist das vegetative Wachstum nur leicht reduziert, obwohl das Blühen unterdrückt wird. Die Anzahl vegetativer Schößlinge kann erhöht sein. Deshalb ist der Erstickungsschimmel keine gefährliche Krankheit der Weidegräser. Dieser Schimmel kann insbesondere beim Knäuelgras (*Dactylis*) in den zur Saat verwandten Ernten schädlich werden (Large, 1952). Die Infektion bei *Festuca rubra* kann durch Myzel in den Samen übertragen werden, die durch gelegentliches Blühen entstehen. Infizierte *Dactylis*-Pflanzen blühen jedoch selten. Eine normale Infloreszenzentwicklung von infizierten *Dactylis*-Schößlingen kann durch Zugabe von Gibberellinsäure induziert werden. Von infizierten Pflanzen abstammende Saatpflanzen bilden keine infizierten Nachkommen (Emecz und Jones, 1970). Experimentell war es nicht möglich, Samen von *Dactylis* zu infizieren. Die einzige wirkungsvolle Infektionsmethode besteht darin, daß man den abgeschnittenen Stoppelenden Ascosporen oder Konidien zusetzt (Western und Cavett, 1959). Falls dies der natürliche Infektionsvorgang anderer Gräser ist, kann dadurch auch die größere Verbreitung dieser Krankheit bei *Agrostis* in stark abgegrasten Weiden erklärt werden (Bradshaw, 1959). *Epichloe* wird jedoch im gesamten Verbreitungsgebiet von einer parasitischen Fliege (*Phorbia phrenione*) befallen, die die Konidien, Konidiophoren und Hyphen frißt. Die Konidien können nach der Darmpassage der Fliege auskeimen. Möglicherweise ist die Fliege Überträger dieser Krankheit (Kohlmeyer und Kohlmeyer, 1974).

Die Perithezien bilden sich auf der Oberfläche des Konidienstromas und besitzen echte Perithezienwände. Die Paraphysen entstehen an der Innenseite des oberen Teils der Perithezienwand. Während der Ascusentwicklung verschwinden die meisten Paraphysen, einige können jedoch als Auskleidung des Ostiolums erhalten bleiben (Abb. 187 C). Die meisten Wissenschaftler sind der Meinung, daß nur eine einzige Ascuswand vorhanden ist. Nach Doguet (1960) könnten die Schläuche auch

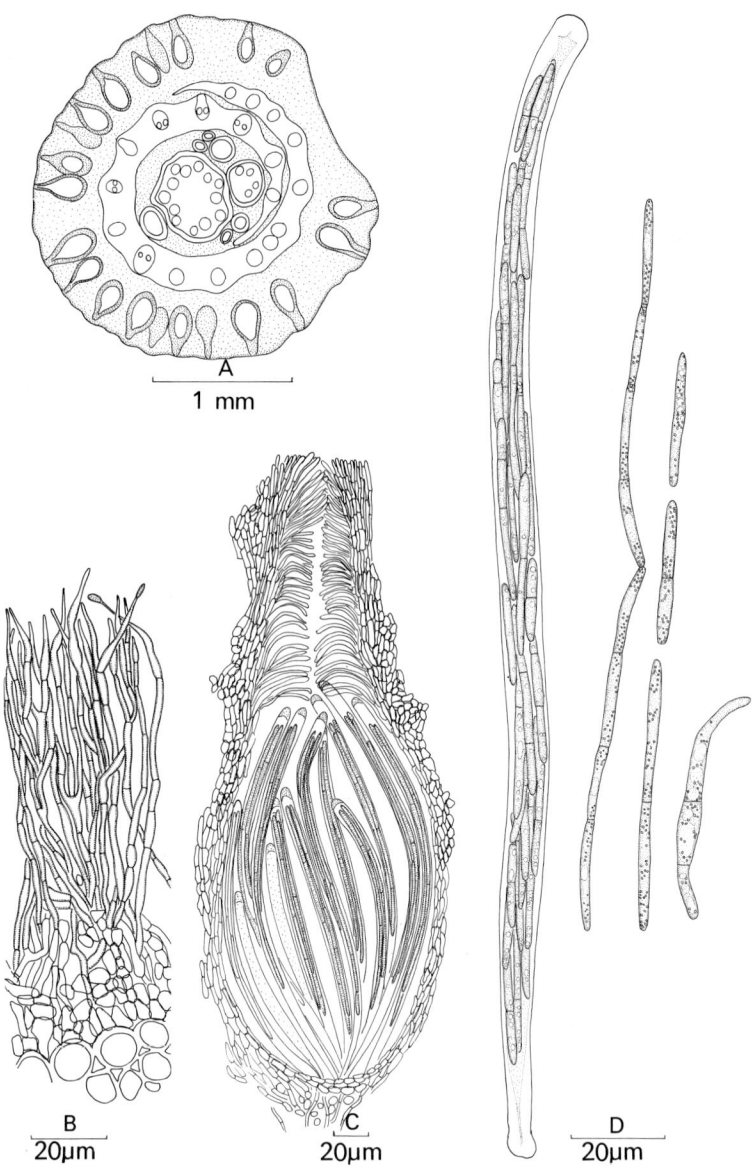

Abb. 187 A–D. *Epichloe typhina*. **A** Querschnitt durch Stamm und Blattscheide (umgeben von einem Perithezienstroma) von *Agrostis*. Man erkennt die achselständigen Knospen zwischen der Blattscheide und dem Stamm; **B** Teil des Konidienstromas; **C** Einzelnes Perithezium. Man erkennt das von Periphysen ausgekleidete Ostiolum; **D** Ascus und Ascosporen. Beachte den Apikalapparat des Ascus

bitunicat sein. Der Apikalapparat besteht aus einem verdickten Ring, der von einem schmalen Kanal durchbohrt ist und mit dem Cytoplasma des Ascus verbunden ist (Abb. 187 D).

Die systemische Infektion durch *Epichloe* kann bei bestimmten Wirten, z. B. *Festuca arundinacea*, symptomlos sein, d. h. es gibt kein Konidien- oder Perithezienstroma. Man weiß, daß Rinder, die auf infiziertem *Festuca* weiden, an brandähnlichen Symptomen litten, die den durch Alkaloide von *Claviceps* verursachten Symptomen ähnlich waren (Bacon et al. 1977).

Cordyceps (Abb. 188, 189)

Man kennt ungefähr 150 Arten von *Cordyceps*, von denen die meisten auf Insekten parasitieren. Andere parasitieren auf Spinnen oder auf den unterirdischen Fruchtkörpern von *Elaphomyces*. *Cordyceps militaris* bildet keulenförmige, orangefarbene Stromata, die im Herbst aus vergrabenen Schmetterlingslarven oder -puppen durch den Boden an die Oberfläche kommen (Abb. 188 A). Mehrere Gattungen der Lepidoptera und einige Hymenoptera sind infektionsfähig. Das Stroma weist zahlreiche Perithezien auf. Die Asci besitzen winzige Apikalkappen und enthalten acht lange,

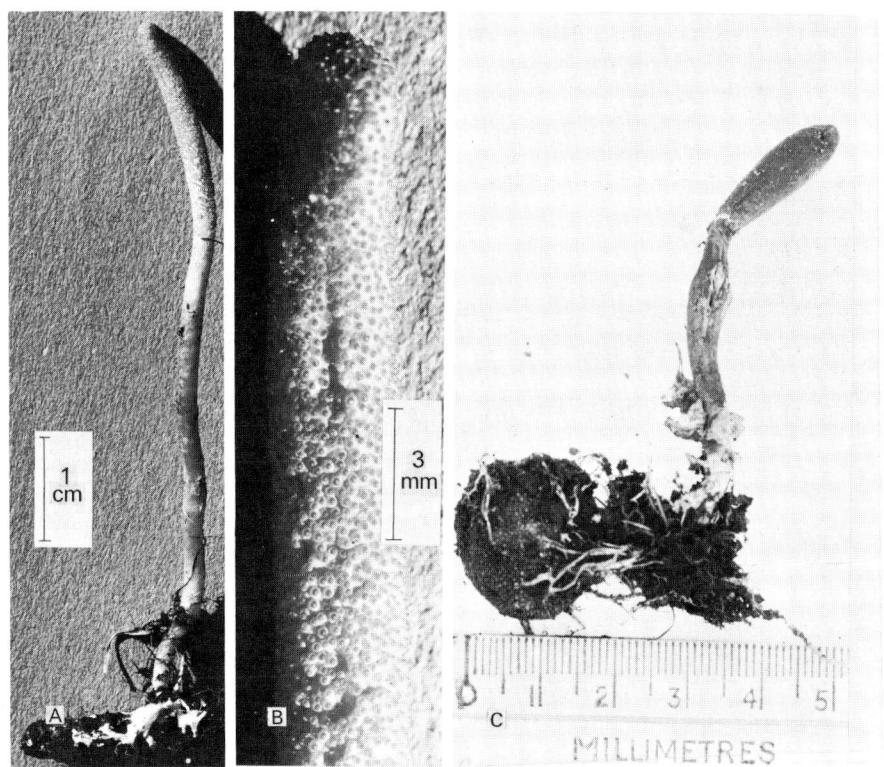

Abb. 188 A–C. **A** *Cordyceps militaris:* Perithezienstroma aus einer Lepidopterenpuppe; **B** Vergrößerung der Stromaspitze zur Darstellung der Perithezien; **C** *Cordyceps ophioglossoides* an Ascokarp von *Elaphomyces*

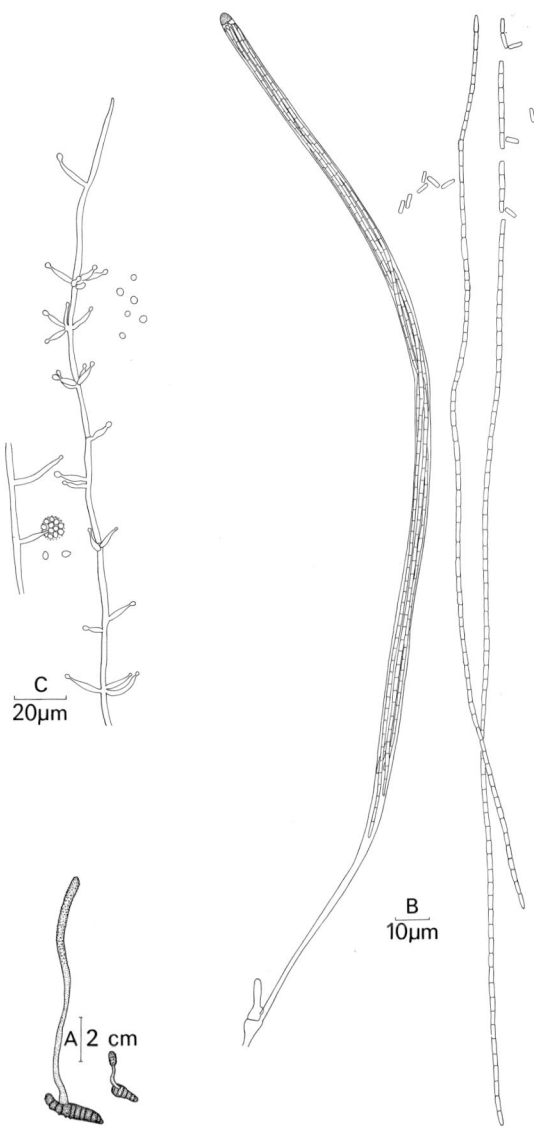

Abb. 189 A–C. *Cordyceps militaris.* **A** Zwei an den Puppen befindlichen Perithezienstromata; **B** Ascus und Ascosporen. Die rechte Ascospore enthält 82 Segmente. Man erkennt die Ascuskappe; **C** Konidiophoren und Konidien

C
20μm

B
10μm

A 2 cm

schmale Ascosporen, die nach der Freisetzung in zahlreiche kurze Segmente zerfallen (Abb. 189 B). Fallen die Ascosporen auf das Integument einer entsprechenden Puppe, dann können die Keimschläuche möglicherweise mit Hilfe ihrer Fähigkeit, Chitin zu hydrolisieren, eindringen (Huber, 1958; McEwen, 1963). Nach der Infektion erscheinen im Hämocoel der Puppe zylindrische Hyphenkörper. Die Hyphenkörper vermehren sich durch Knospen, die innerhalb des Insektenkörpers verbreitet werden. Nach dem Tod erfolgt Myzelwachstum. Der Körper des Insekts wird in ein Sklerotium umgewandelt, aus dem sich später die Perithezienstromata entwickeln.

In Reinkulturen wird ein Konidienstadium vom *Paecilomyces*-Typ gebildet (Abb. 189 C). Frühere Beobachtungen, nach denen Koremien des *Isaria*-Typs auch Konidien von *Cordyceps* sind, sind falsch (Petch, 1936). Impft man Puppen von Lepidopteren Konidien in die Körperhöhle, dann sterben sie innerhalb von 5 Tagen. Reife Fruchtkörper können sich innerhalb von 45–60 Tagen nach der Infektion bilden (Shanor, 1936). Der Pilz wächst und bildet auch Perithezienstromata in Reinkulturen auf Reiskörnern, denen Stickstoff in Form von Hämoglobin oder Kasein zugeführt wird. Zur Fruchtkörperbildung ist Licht notwendig. Der Ernährungsbedarf des Pilzes ist einfach. Es ist deshalb schwer verständlich, daß der Pilz in der Natur nur auf Lepidopterenwirten vorkommt (Basith und Madelin, 1968).

Die Entwicklung der Perithezien wurde bei *C. agariciformia* (wahrscheinlich synonym mit *C. canadensis*) von Jenkins (1934) und bei *C. militaris* von Varitchak (1931) untersucht. Die spiralförmigen, septierten Ascogonien entstehen in den peripheren Schichten des Perithezienstromas. Die Segmente des Ascogoniums werden vielkernig und es entstehen ascogene Hyphen, aus denen sich in einem einzigen Büschel am Grunde des Perithziums Asci bilden. Die Perithezienwand entsteht aus Hyphen, die sich aus dem Stiel des Ascogoniums oder aus den umliegenden Hyphen entwickeln. Von der Perithezienwand wachsen paraphysenähnliche Hyphen nach innen. Während der Reife lösen sich diese Hyphen jedoch auf und verschwinden. *Cordyceps ophioglossoides* wächst auf unterirdischen Fruchtkörpern von *Elaphomyces* und bildet auf der Oberfläche leuchtendgelbe Myzelfasern. Im Herbst wachsen über der Erdoberfläche braune, keulenförmige Perithezienstromata (Abb. 189 C).

Discomycetes

Diese Gruppe umfaßt Ascomycetes, bei denen das Ascokarp normalerweise schalenförmig oder untertassenförmig ist. Das reife Hymenium liegt gewöhnlich frei. Als Ausnahme gelten die hypogäischen Discomycetes (Tuberales), die unterirdische Fruchtkörper mit einem geschlossenen Hymenium bilden. Korf (1973) und Kimbrough (1970) haben die Klassifikation der Discomycetes überprüft; von Dennis (1968) gibt es einen sehr brauchbaren Schlüssel zur Identifikation. Ein wichtiges Merkmal bei der Klassifizierung ist das Vorhandensein oder das Fehlen eines Operculums an der Ascusspitze. Die inoperculaten Formen (Helotiales, Phacidiales) bilden meist kleinere und weniger auffallende Fruchtkörper als die operculaten Formen (Pezizales). Die Pezizales leben meist terrestrisch oder coprophil, während die Helotiales meistens saprophytisch oder parasitisch auf Pflanzen wachsen. Zu den Phacidiales gehören eine Reihe wichtiger Blattpathogene. Bei vielen Flechten ist der Flechtenpilz oder Mycobiont ein Discomycet. Die Fähigkeit zur Flechtenbildung hat sich bei den verschiedenen Gruppen der Discomycetes wahrscheinlich mehrfach entwickelt. Es gibt zwei verschiedene Wege zur Klassifizierung der Flechtenpilze: die Annahme einer vollständig separaten Klassifizierung oder der Versuch einer Klassifizierung mit Gruppen, von denen die frei lebenden verwandten Formen bekannt sind (Poelt, 1973; Cooke und Hawksworth, 1970).

Helotiales

In diesem Buch sollen nicht die Einzelheiten der Klassifikation angesprochen (siehe Nannfeldt, 1932; Dennis, 1968; Korf, 1973), sondern nur einige repräsentative Formen betrachtet werden. Obwohl die meisten Helotiales Saprophyten sind, umfaßt die Gruppe eine Reihe von wichtigen Pflanzenpathogenen, wie z. B. Arten von *Sclerotina* und deren abgesonderten Formen und *Trichoscyphella willkommii*, den Erreger des Lärchenkrebses.

Sclerotinia (Abb. 190–193)

Das charakteristische Merkmal dieser Gattung ist die Bildung von gestielten Apothezien. Diese wachsen aus Stromata, die sich im infizierten Wirtsgewebe entwikkeln. Die Apothezien bilden sich meistens im Frühling aus überwinterten Stromata. Das Stroma ist ein Nahrungsspeicherorgan und in zwei Teile differenziert: eine Medulla aus hyalinen Zellen und eine Rinde aus dunklen, dickwandigen Zellen. Man unterscheidet zwei Typen von Stromata. Zitat aus Whetzel (1945):

„Das *sklerotische Stroma* (im allgemeinen Sklerotium genannt) hat eine mehr oder weniger charakteristische Form und bei der Entwicklung unter natürlichen Bedingungen eine ausschließliche Hyphenstruktur. Soweit Elemente des Substrates in die Medulla eingebettet sind, kommen sie dort nur gelegentlich vor und sind auch nicht Teil der Nahrungsreserve. Das *Substratstroma* hat eine diffuse und nicht näher bestimmbare Form. Die Medulla besteht aus losen Hyphenfäden oder einem Netzwerk. Sie dient als Nahrungsspeicher und durchzieht einen Teil des Wirtes oder anderer Substrate (z. B. Kulturmedien)."

Es gibt verschiedene Typen von Makrokonidien. Einige Autoren (z. B. Whetzel, 1945; Dennis, 1956) ordnen Arten mit verschiedenen Makrokonidien einzelnen Gattungen oder Subgattungen zu. *Sclerotinia fuckeliana* (= *Botryotinia fuckeliana*)

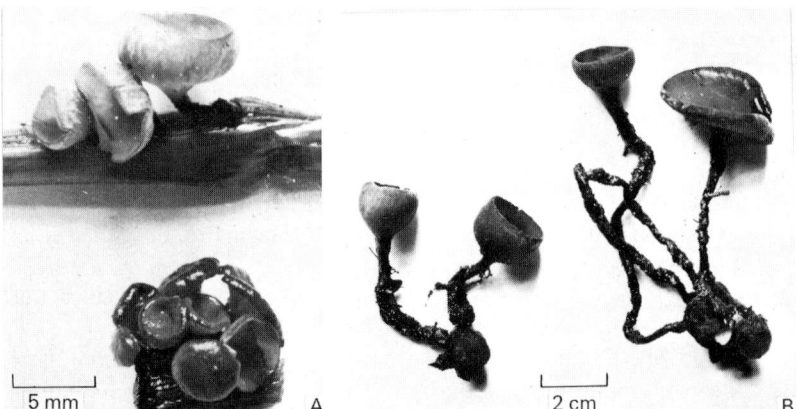

Abb. 190 A, B. A *Sclerotinia curreyana.* Oben: aufgespaltene Basis eines Stammes von *Juncus effusus* mit schwarzem Sklerotium und drei Apothezien. Unten: vom Wirt entferntes Sklerotium mit acht Apothezien; **B** *Sclerotinia tuberosa.* Zwei Gruppen von Apothezien aus Sklerotien, die sich auf Rhizomen von *Anemone nemorosa* gebildet haben. Die Apothezien haben sich auf der Erdoberfläche gebildet

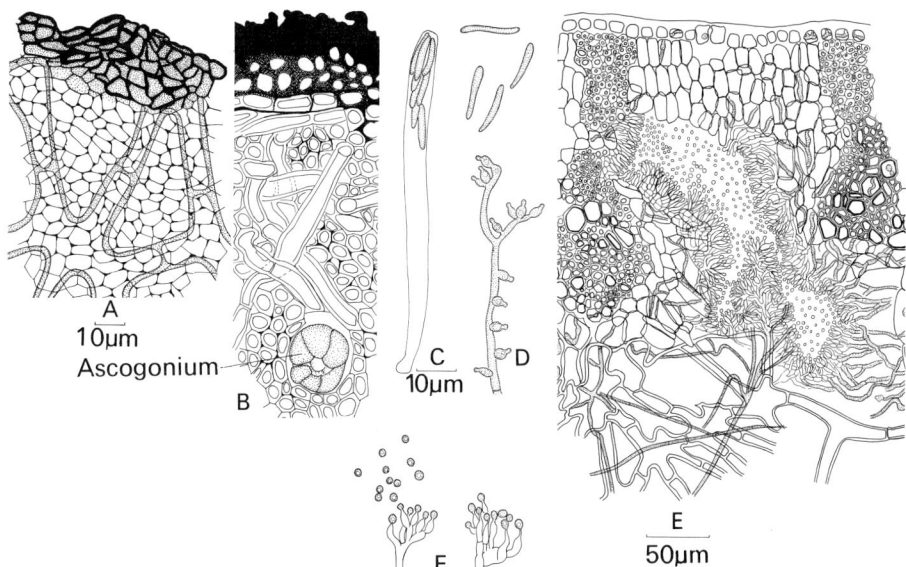

Abb. 191 A–F. *Sclerotinia curreyana.* **A** Längsschnitt Sklerotium. Man erkennt die strahlenförmigen Markzellen des Wirtes *Juncus effusus;* **B** Längsschnitt Sklerotium mit Ascogonium; **C** Ascus und Ascosporen; **D** Mikrokonidien in einer Kultur; **E** Längsschnitt Spermodochidium auf *Juncus effusus.* Man erkennt den von Phialiden ausgekleideten Hohlraum; **F** Mikrokonidien vom Wirt

hat als Konidienstadium *Botrytis cinerea* (Groves und Loveland, 1953), während *Sclerotinia fructigena* (= *Monilinia fructigena*) als Konidienstadium *Monilia fructigena* hat. Andere Arten können auch kein Makrokonidienstadium haben, z. B. *S. curreyana*, ein Parasit von *Juncus effusus*, und *S. tuberosa*, ein Parasit von *Anemone nemorosa.* Die Apothezien der beiden letztgenannten Arten findet man meistens im Mai. Bei *S. curreyana* entstehen die Apothezien aus schwarzen Sklerotien im Mark des unteren Teils von *Juncus*-Sprossen (siehe Abb. 190 A). Infizierte Sprosse sehen blasser aus als gesunde. Beim Abtasten eines infizierten Sprosses kann man die Sklerotien an der Basis als Anschwellungen zwischen Finger und Daumen fühlen. Das Sklerotium besteht aus einer äußeren Schicht dunklerer Zellen und einem rosafarbenen Inneren mit einigen strahlenförmigen Markzellen des Wirtes (Abb. 191 A). Aus einem einzelnen Sklerotium können ein bis mehrere Apothezien wachsen. Die Ascosporen werden im späten Frühling freigesetzt und infizieren die Sprosse. In Kulturen bilden die keimenden Ascosporen ein Myzel, das aus kleinen Phialiden Mikrokonidien bildet (Abb. 191 D). Ähnliche Büschel von Mikrokonidien können später im Jahr auf infiziertem *Juncus* gefunden werden, ebenso in Hohlräumen unter der Epidermis im oberen Teil von infizierten Stengeln. Whetzel (1946) benutzt für diese mikrokonidialen Fruchtkörper den Begriff *Spermodochidium* (Abb. 191 E). Wahrscheinlich spielen die Mikrokonidien eine Rolle bei der Befruchtung.

Die Apothezien von *S. tuberosa* (Abb. 190 B) haben einen Durchmesser von ungefähr 2 cm und entstehen innerhalb der Rhizome von *Anemone nemorosa* aus Skle-

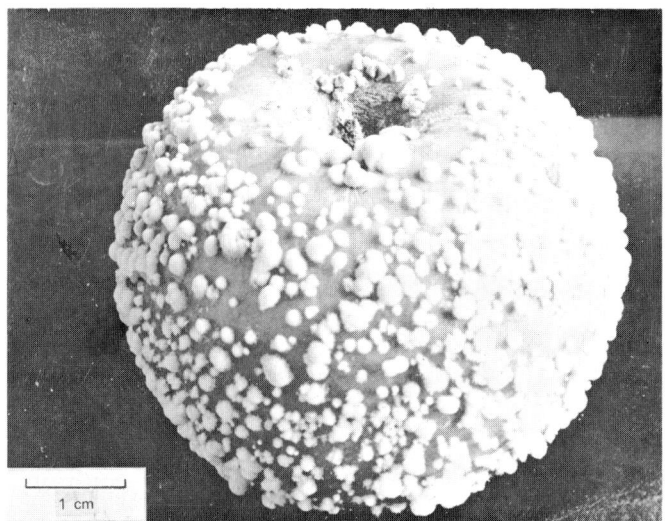

Abb. 192. *Sclerotinia fructigena.* Apfel mit Braunfäule und mit Konidienpusteln

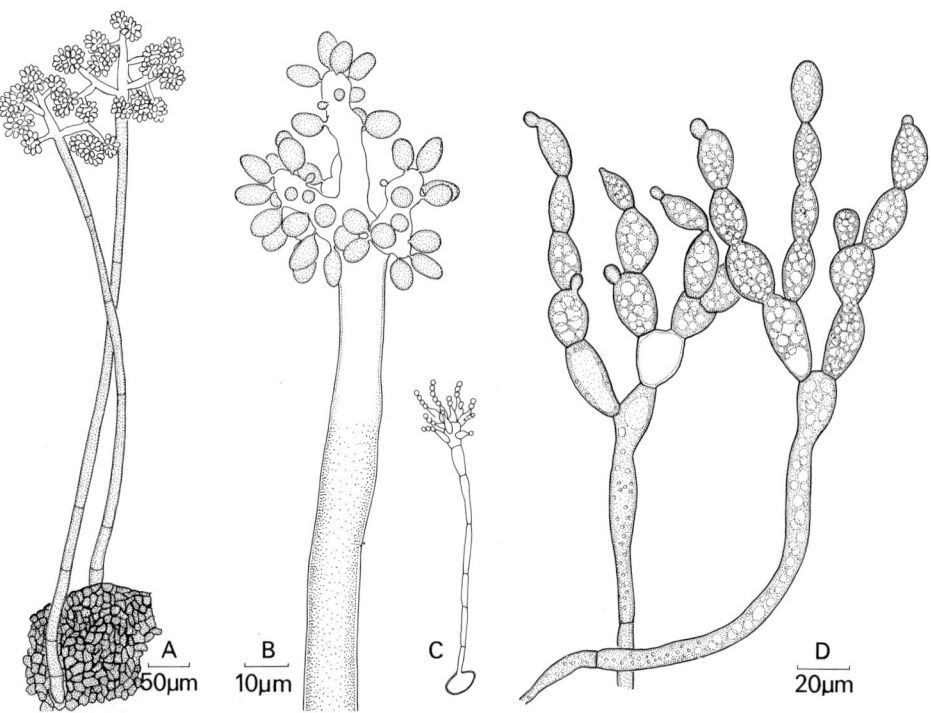

Abb. 193 A–D. A–C *Botrytis cinerea.* **A** Konidiophorenbildendes Sklerotium; **B** Spitze von Konidiophoren mit der Entstehung der Konidien als Blastosporen; **C** Keimende Konidie, die Phialiden und Mikrokonidien bildet (nach Brierley, 1918); **D** *Sclerotinia fructigena.* Konidien des *Monilia*-Typs

rotien (Spaeth, 1957; Siegel, 1958). Die Apothezien können auch auf der Garten-anemone zusammen mit der Schwarzfäule vorkommen. Mikrokonidien werden in Kulturen gebildet. Elektronenmikroskopische Untersuchungen des Ascus zeigen einen zweischichtigen Wandaufbau. Die beiden Schichten sind aber nicht voneinander getrennt, d. h. der Ascus ist funktionell nicht bitunicat. Die Ascusspitze enthält eine verdickte Wölbung aus Wandmaterial mit einem zentralen Kanal. Beim Ausschleudern der Sporen dreht sich der Apikalapparat nach außen um (Schoknecht, 1975).

Sclerotinia fructigena ist der Erreger der Braunfäule von Äpfeln, Birnen und einigen anderen Früchten. Obwohl das Apothezienstadium selten vorkommt, ist diese Krankheit doch häufig. Sie wird durch Konidien übertragen. Äpfel und Birnen mit Braunfäule besitzen lederfarbene Konidienpusteln, die oft konzentrisch angeordnet sind (Abb. 192). Die Sporulation wird durch Licht stimuliert. Die Zonierung ist abhängig von der täglichen Belichtungszeit. Die Konidien werden kettenförmig gebildet. Diese Ketten verlängern sich an ihren Spitzen durch Knospung des terminalen Konidiums. Gelegentlich wird auch mehr als eine einzelne Knospe gebildet, dies führt dann zu verzweigten Ketten (siehe Abb. 193 D). Die Konidienbildung dieses Typs ist charakteristisch für die Formgattung *Monilia* der Fungi imperfekti. Die Infektion der Frucht erfolgt meistens durch Wunden, die mechanisch oder durch Insekten, wie z. B. die Apfelmotte, Wespen oder Ohrwürmer, verursacht werden (Croxall et al. 1951). Auf dem Boden liegende Früchte sind eine Infektionsquelle für die nächste Reifezeit. Während des Winters mumifizieren infizierte Früchte. Im darauffolgenden Jahr können solche Früchte Konidienpusteln bilden. Die Krankheit kann sich auch in eingelagerten Äpfeln entwickeln. Bei einigen Varietäten kann auch eine Infektion der Zweige erfolgen. Eine ähnliche Gruppe von Krankheiten an Äpfeln und Pflaumen wird durch *Sclerotinia laxa* hervorgerufen. Dieser Pilz hat ebenfalls ein *Monilia*-Konidienstadium. Das Apothezienstadium wird selten gefunden (Wormald, 1921, 1954).

Obwohl man die Apothezien von *Sclerotinia fuckeliana* nicht häufig findet, kommt das Konidienstadium (*Botrytis cinerea*) reichlich auf allen Sorten von absterbendem Pflanzenmaterial vor. Dieser Pilz tritt gemeinsam mit einer Reihe von Krankheiten auf, die meist als Grauschimmel bezeichnet werden. Wahrscheinlich ist der Name *Botrytis cinerea* ein Sammelname, der zur Beschreibung für eine Anzahl von sehr ähnlichen, aber genetisch unterschiedlichen Arten, möglicherweise mit unterschiedlichen Apothezienstadien, verwandt wird. Aus diesem Grunde sprechen viele Autoren von einem *Botrytis* des *cinerea*-Typs. Dieser Pilz ist der Erreger gefährlicher Krankheiten: Grauschimmel des Salats, der Tomaten, Erdbeeren, Himbeeren, der Stachelbeeren und Krankheiten der Koniferenkeimlinge. Die Makrokonidien werden auf dem infizierten Wirtsgewebe an dunkelfarbigen, verzweigten Konidiophoren gebildet. Die Spitzen der Verzweigungen sind dünnwandig und knospen zu zahlreichen elliptischen, vielkernigen Konidien (Blastosporen) aus (Hughes, 1953). Diese werden vom Wind leicht losgelöst oder abgeworfen, wenn sich die Konidiophoren hygroskopisch drehen (Abb. 193 A, B). Die Mikrokonidien werden aus Büscheln von Phialiden gebildet (Abb. 193 C). Sie können auskeimen (Brierley, 1918), aber ebenso auch bei der sexuellen Fortpflanzung mitwirken. Die Sklerotien werden auf der Oberfläche infizierter Gewebe gebildet. In dieser Form überwintert der Pilz. Im Frühling können sich die Sklerotien zu Büscheln von Makrokonidien entwickeln oder, weit weniger häufig, zu Apothezien. *Sclerotinia fuckeliana* ist monözisch incompatibel mit zwei Arten von Ascosporen. In einer Einzelsporkultur bilden sich Makrokonidien, Mikrokonidien und Sklerotien, aber keine Apothezien. Diese entwickeln sich, wenn man Mikrokonidien des einen Kreuzungstyps zu Sklerotien des anderen Kreuzungstyps gibt (Groves und Drayton, 1939; Groves und Loveland, 1953). Ein anderes Beispiel ist *Sclerotinia gladioli* (= *Stromatinia gladioli*) (Drayton, 1934). Diese Art bildet sowohl Sklerotien- als auch Substratstromata. Die Stromata besitzen säulenförmige Rezeptakel, die im Inneren gewundene Ascogonien enthalten. Bringt man Mikrokonidien des entgegengesetzten Kreuzungstyps auf die Empfängniskörper, dann bilden sich Apothezien. Eine Übertragung von Mikrokonidien auf die Sklerotien des gleichen Myzels führt zur Bildung von Apothezien (Drayton und Groves, 1952).

Ein anderes Befruchtungsverhalten wurde bei *Sclerotinia narcissi* gefunden (Drayton und Groves 1952). Aus den acht Myzelien, die sich aus den Sporen eines Ascus entwickeln, bilden 4 Mikrokonidien, aber keine Sklerotien, und 4 Sklerotien und Stromata. Apothezien entstehen nur an den Stämmen, die Stromata bilden, wenn auf sie Mikrokonidien übertragen werden. Das Fortpflanzungsverhalten von *S. narcissi* scheint demnach durch Diözie bestimmt zu sein und unterscheidet sich vom monözisch incompatiblen Typ, von *S. gladioli*. Raper (1959) hat darüber spekuliert, ob dieses System im Verlauf der Evolution aus dem monözisch incompatiblen System von *S. gladioli* entstanden ist. Ein drittes Fortpflanzungssystem, nämlich Monözie mit Selbstfertilität, ist durch *S. sclerotiorum* repräsentiert. Hier bildet das Myzel, das aus einer einzigen Ascospore entstanden ist, Mikrokonidien und Sklerotien. Apothezien entstehen nach Selbstbefruchtung (Drayton and Groves 1952). Ein ähnlicher Selbstbefruchtungsvorgang kommt auch bei *Sclerotinia porri* (= *Botryotinia porri*) vor (Elliott, 1964).

Sclerotinia sclerotiorum ist der Erreger einer Reihe von Krankheiten bei Kultur- (z. B. an Karotten, Kartoffeln, Tomaten und Hopfen) und Wildpflanzen (*Sclerotinia*-Fäule, Stengelbruch). Es gibt kein Konidienstadium. Die auf faulenden Getreideresten gebildeten Sklerotiden überleben im Erdboden. In Kulturen bilden sich leicht Sklerotien, die zu intensiven Untersuchungen zur Entwicklungsphysiologie (siehe R. C. Cooke, 1969, 1970, 1971 a, b; Trevethick und Cooke, 1973), Morphologie (Calonge, 1970; Colotelo, 1974; Wong und Willetts, 1975; Kosasih und Willetts, 1975), Überlebensfähigkeit und Keimung (Coley-Smith und Cooke, 1971) benutzt wurden.

Trichoglossum (Abb. 194)

Trichoglossum ist ein Vertreter der Geoglossaceae (Erdzungen). Dieser Pilz bildet keulenförmige, gestielte Fruchtkörper, die normalerweise auf dem Erdboden, aber manchmal auch auf abgestorbenen Blättern oder in *Sphagnum* (z. B. *Mitrula*) wachsen. Beschreibungen dieser Familie gaben Nannfeldt (1942) und Dennis (1968). *Trichoglossum hirsutum* besitzt schwarze, leicht abgeflachte Fruchtkörper mit einer Höhe von bis zu 8 cm. Sie wachsen auf Wiesen und Rasenflächen. Die Ascosporen sind lang, dunkel und septiert. Die Asci findet man verstreut in schwarzen, dickwandigen und spitzen hymenialen Setae, deren Funktion unbekannt ist (Abb. 194 B). *Trichoglossum* unterscheidet sich von *Geoglossum,* der auf ähnlichen Habitaten

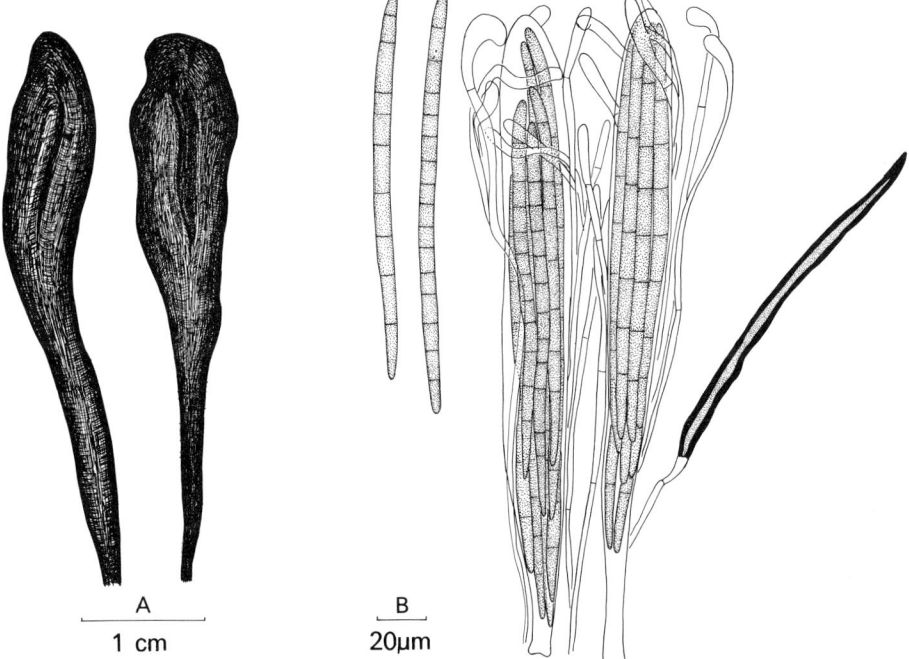

A
1 cm

B
20µm

Abb. 194 A, B. *Trichoglossum hirsutum.* **A** Apothezien; **B** Asci, Ascosporen, Paraphysen und eine hymeniale Seta

wächst, durch die hymenialen Setae. Die länglichen Ascosporen von *Trichoglossum* und *Geoglossum* werden einzeln durch einen winzigen Porus an der Spitze des Ascus entlassen. Bei der Ascusreife bricht der Porus auf, eine Ascospore wird hineingepreßt und blockiert den Porus. Der Druck des Ascussaftes hinter der Spore schiebt die Spore zunächst langsam nach vorn. Wenn die Spore halb sichtbar ist, wird sie plötzlich freigesetzt. Eine andere Ascospore nimmt sofort den Platz der ersten Spore ein und der Vorgang wiederholt sich, bis alle acht Ascosporen entlassen sind (Ingold, 1953).

Phacidiales

Der bekannteste Vertreter ist *Rhytisma acerinum*, der Erreger der Teerfleckenkrankheit des Ahorns. Einige andere Pflanzenpathogene gehören ebenfalls hierher, z. B. *Lophodermium pinastri*, der Erreger der Kiefernnadelschütte. Weitere Besonderheiten dieser Gruppe beschreiben Dennis (1968) und Korf (1973).

Rhytisma (Abb. 195, 196)

Rhytisma acerinum kommt häufig auf den Blättern des Bergahorns (*Acer pseudoplatanus*) vor und bildet schwarze Läsionen (Teerflecken) mit einem Durchmesser von ungefähr 1–2 cm (Abb. 195). Diese entstehen durch Infektion von Ascosporen,

Abb. 195 A, B. *Rhytisma acerinum.* **A** Blatt des Bergahorns (*Acer pseudoplatanus*) mit Teerflecken; **B** Teerflecken eines überwinterten Blattes mit aufgebrochener Oberfläche und aufgedeckten Hymenien

die von Apothezien überwinterter Blätter freigesetzt wurden. Man kann sie im Juni oder Juli, ungefähr 2 Monate nach der Infektion, makroskopisch als gelbliche Flekken erkennen. Manchmal können sie auch schwarz werden. In diesem Stadium erkennt man auf Teilen des Blattes ein ausgedehntes Myzel, das die Zellen des Mesophylls und insbesondere die Zellen der oberen Epidermis anfüllt. Innerhalb der Epidermiszellen bilden sich flaschenförmige Spermogonien, in denen einkernige, gekrümmte, keulenförmige Spermatien von ungefähr 6×1 µm entstehen (Abb. 196 A, B). Diese Spermatien kommen durch Ostiolen in der Spermogonienwand im

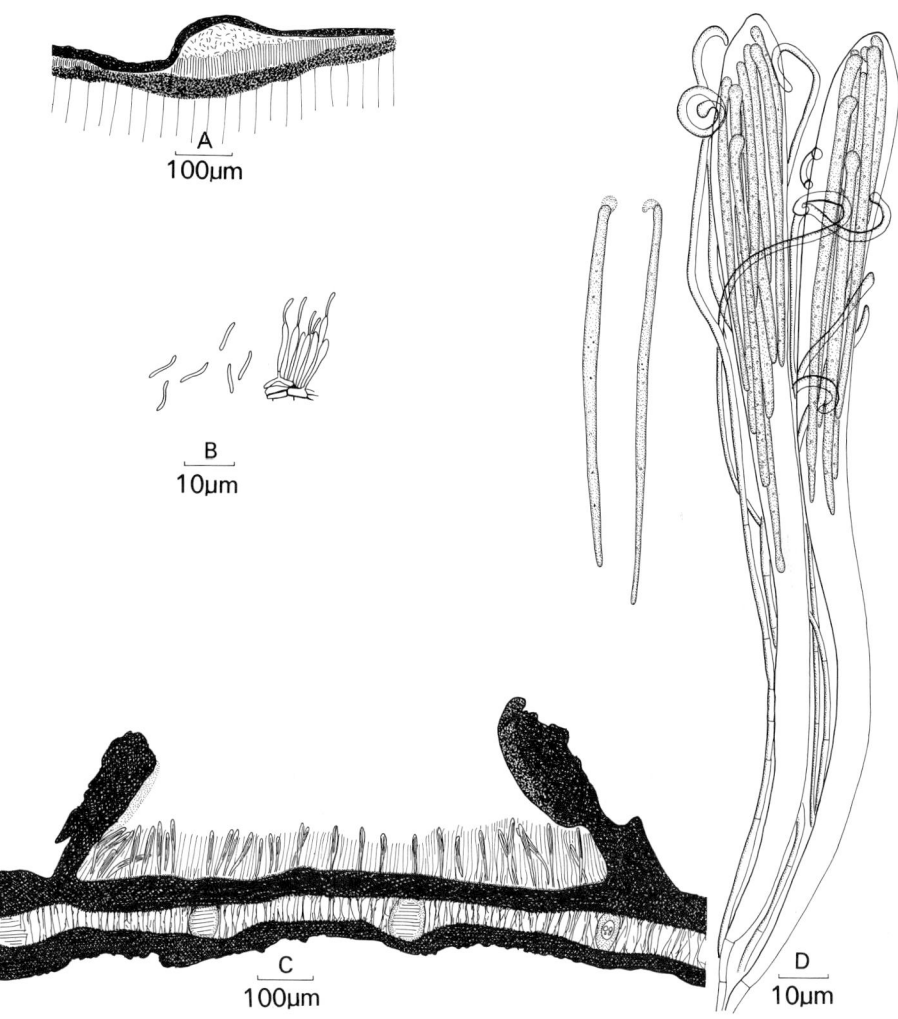

Abb. 196 A–D. *Rhytisma acerinum.* **A** Querschnitt durch ein lebendes Blatt von *Acer pseudoplatanus* im Juni mit Spermogonium; **B** Einzelheiten der spermatienbildenden Zellen; **C** Querschnitt eines überwinterten Blattes von *Acer* mit geöffneten Lippen des Epitheziums und freigelegtem Hymenium; **D** Asci, Paraphysen und Ascosporen. Man erkennt den schleimigen Anhang am oberen Ende der Ascospore

Zentrum der Läsion an die Oberfläche. Die Spermatien keimen nicht, auch nicht auf den Blättern des Bergahorns. Man nimmt an, daß sie bei Sexualvorgängen eine Rolle spielen (Jones, 1925). Die Apothezienentwicklung beginnt in dem Teil, der vorher von den Spermogonien besetzt war. Das Hymenium ist von mehreren Schichten schwarzer Zellen, die im oberen Teil der Epidermis gebildet wurden, überdeckt. Die Asci reifen etwa im Mai auf den abgefallenen Blättern des Vorjahres, wenn die Blätter des Bergahorns entfaltet sind (Aragno, 1968). Das Hymenium wird durch das Aufbrechen der Oberflächenschicht des Pilzstromas freigelegt (Abb. 196 B). Die Sporen werden entlassen, manchmal auch aktiv ausgestoßen. Obwohl die Sporen nur ungefähr 2 mm hoch über die Oberfläche des Stromas ausgestoßen werden, werden sie vom Wind mehrere Meter weit auf Blätter übertragen. Die Ascosporen sind nadelförmig und besitzen ein schleimiges Epispor, das besonders am oberen Ende gut ausgebildet ist (Abb. 196 D). Wahrscheinlich haften die Sporen damit besser an den Blättern. Die Infektion erfolgt mit Hilfe eines Keimschlauches durch die Stomata der unteren Epidermis.

Rhytisma acerinum kommt nicht in dicht besiedelten Gebieten vor. Wahrscheinlich wird die Keimung der Ascosporen durch Schwefeldioxid verhindert. Die Verbreitung und die Häufigkeit des Teerfleckenpilzes auf den Bergahornblättern kann als genaues und sichtbares Indiz für die Luftverunreinigung verwandt werden (Bevan und Greenhalgh, 1976; Greenhalgh und Bevan, 1978).

Lecanorales

Dies ist eine Gruppe von inoperculaten Discomycetes, die symbiotisch mit Algen in Flechtenthalli leben. Die meisten Flechten gehören zu dieser Gruppe, obwohl andere Pilze auch Flechten bilden, z.B. die Pleosporales, Hysteriales, Sphaeriales, Basidiomycetes und einige Fungi imperfekti (Santesson, 1953; Ciferri und Tomaselli, 1955; Poelt, 1973). Ungefähr ein Viertel der bekannten Pilzarten ist lichenisiert. Flechten besiedeln die Oberfläche von Felsen und Bäumen, einige wachsen auch auf unfruchtbarem Boden. Sie können auch für die Verwitterung von Felsen und für die Bodenbildung von Bedeutung sein (Syers und Iskandar, 1973). Von den aquatischen Flechten kennt man auch solche, die an Meeresfelsen oder an Steinen im Süßwasser leben. Obwohl sie aus zwei Organismen bestehen, werden sie in Arten, Gattungen und Familien eingeteilt. In Westeuropa kennt man über 1300 Arten (Smith, 1918, 1921, 1926; Duncan, 1959, 1963; James, 1965; Alvin, 1977). Allgemeine Darstellungen zu den Flechten gibt es von Abbayes (1951), Ahmadjian (1967a), Hale (1967), Ahmadjian und Hale (1973) und Richardson (1975). Als Algenkomponente der Flechten kommen Vertreter der Chlorophyceae (Grünalgen) und Myxophyceae (Blaugrüne Algen) in Betracht (Ahmadjian, 1967b). Die Algen- und Pilzpartner vieler Flechten kann man einzeln in Reinkultur halten, so daß physiologische Untersuchungen der einzelnen Partner und der intakten Flechtenthalli durchgeführt werden können (Quispel, 1959; Smith, 1962, 1963; Ahmadjian, 1965). Man hat auch versucht, die Algenthalli *in vitro* aus Kulturen mit beiden Komponenten zu synthetisieren. Typische Flechtenthalli wurden aber nur sehr selten gebildet (Ahmadjian, 1973).

Bei den meisten Flechtenthalli sind die Algen auf eine besondere Region, die Algenzone, beschränkt und wachsen inmitten der Pilzhyphen (siehe Abb. 199 und

200). Über der Algenzone befindet sich meist eine Rinde, die vollständig aus dicht verflochtenen Pilzzellen besteht. Unter der Algenzone befindet sich ein Mark aus lockeren, dickwandigen Hyphen. In die Algenzellen können gelegentlich Pilzhaustorien eindringen (Peveling, 1973). Gibt man intakten Flechtenthalli unter Lichteinwirkung $^{14}CO_2$, dann sammeln sich ^{14}C-haltige Verbindungen zuerst in der Algenzone und später im Mark (Smith, 1961). Bei Flechten mit Cyanobakterien als Phycobiont (z. B. *Peltigera polydactyla*) wird das Kohlenhydrat in Form von Glucose von dem Cyanobakterium zum Pilz weitergegeben. In Flechten mit Grünalgen ist das Kohlenhydrat ein Alkohol mit mehreren Hydroxylgruppen, z. B. Ribitol, Erythritol und Sorbitol. Wenn Flechtengewebe im Experiment ^{14}C-markierten Zucker aufnehmen, dann kann man später im Pilzgewebe viel ^{14}C in Form von Zuckeralkoholen, wie z. B. Mannitol und Arabitol, nachweisen (Smith et al. 1969; Richardson, 1973). In Flechten mit Cyanobakterien, wie z. B. *Nostoc,* wird Stickstoff von den Algen fixiert. Die Assimilationsprodukte wandern weiter in den Pilz (G. D. Scott, 1956; Millbank und Kershaw, 1973). Bei Flechten mit Grünalgen konnte keine Stickstofffixierung beobachtet werden, obwohl bei einigen Thallusköpfchen (Cephalodien genannt) mit Cyanobakterien vorkommen können, die Stickstoff fixieren. Versuche mit Reinkulturen der Flechtenalge und des Flechtenpilzes zeigten, daß das Wachstum des jeweiligen Flechtenpartners durch Kulturfiltrate des anderen Partners stimuliert werden kann (Quispel, 1959).

Obwohl die Flechten häufig als klassisches Beispiel einer Symbiose betrachtet werden, d. h. einer Verbindung, aus der beide Partner einen gegenseitigen Nutzen ziehen, ist der Vorteil des Phycobionten doch zweifelhaft. Es ist bisher nicht nachgewiesen, daß Nahrungsstoffe oder andere Substanzen vom Pilz zur Alge transportiert werden (D. C. Smith, 1973, 1978).

Die Fortpflanzung der Flechtenpilze erfolgt durch Ascosporen, die aktiv aus Apothezien freigesetzt werden. Wenn die Sporen in der Nähe eines geeigneten Algenpartners auskeimen, kann ein neuer Flechtenthallus entstehen. Viele Arten vermehren sich durch abgelöste Thallusfragmente, die sowohl Pilz- als auch Algenzellen enthalten. Manchmal bilden diese Fortpflanzungskörper auf der Oberfläche von besonderen, aufrechten Verzweigungen des Thallus eine pulverige Masse, die *Soredien* genannt werden (z. B. bei *Cladonia*) (Abb. 198).

Flechten sind besonders empfindlich gegen Luftverunreinigung, insbesondere Schwefeldioxid, so daß sie langsam aus den Ballungsgebieten und Industriezentren verschwinden. Einige Flechten zeigen eine unterschiedliche Empfindlichkeit, so daß sie als genauer Indikator für den Grad der SO_2-Verunreinigung benutzt werden können. Eine der am wenigsten empfindlichen Flechten ist *Lecanora conizaeoides*. Diese kann in den Stadtzentren geeignete Flächen besiedeln (Gilbert, 1973; Hawksworth und Rose, 1976). Da die Flechten Mineralien absorbieren können, nehmen sie radioaktive Nuklide, die nach Kernspaltungsexplosionen entstanden sind, auf und speichern sie. Diese Nuklide gelangen in die Nahrungskette Flechten-Rentiere-Mensch und führen zu einer Anreicherung im menschlichen Gewebe (Tuominen und Jaakkola, 1973).

Xanthoria (Abb. 197 A, 199)

Eine weit verbreitete Art ist *X. aureola* (= *X. parietina* var. *aureola*). Sie bildet leuchtendgelbe Krusten auf der Oberfläche von Felsen, Dächern, Bäumen und Bauernhöfen, insbesondere in Meeresnähe (Abb. 197 A). Diese Flechte ist besonders häufig an Stellen, an denen viel Dung vorkommt, z. B. in der Nähe von Viehställen oder von Vogelhabitaten. Der Thallus ist gelappt und durch Rhizoide am Substrat befestigt. Der Algenpartner ist die Grünalge *Trebouxia,* die einzelne, kugelige Zellen bildet. Die Apothezien sind untertassenförmig (ϕ 2–3 mm) und befinden sich auf

Abb. 197 A, B. A *Xanthoria aureola.* Thallus mit Apothezien; **B** *Peltigera polydactyla.* Man erkennt die Rhizine, die aus der Unterseite des Thallus und des gefalteten Apothezienrandes herauswachsen

Abb. 198. *Cladonia pyxidata.* Primärer blattartiger Thallus mit trichterförmigen Podetien. Außerhalb und innerhalb der Podetien erkennt man die granulären Soredien

der Oberfläche des Thallus. Die Algenzone erstreckt sich bis an den Rand des Apotheziums (Abb. 199). Die Ascosporen sind zunächst einzellig. Durch Einwachsen der Ascosporenwand wird schließlich der Sporeninhalt geteilt. Die gelbe Farbe des Thallus ist auf die Gegenwart des Chinonparietin zurückzuführen.

Peltigera (Abb. 197 B, 200)

Die Arten von *Peltigera* bilden große gelappte, blattähnliche Thalli, die durch Gruppen weißer Rhizine am Boden oder an Felsen befestigt sind. Die häufigsten Arten sind *P. polydactyla* (Abb. 197 B) und *P. canina.* Die letztgenannte Art wächst im Heidegras, auf Sanddünen und im Moos auf Felsen. Der Algenpartner ist das Cyanobakterium *Nostoc.* Die Apothezien sind rötlichbraune, gefaltete Verlängerungen des Thallus. Sie enthalten keine Algenzellen. Die rote Farbe der Apothezien ist auf Pigmente in den Spitzen der Paraphysen zurückzuführen (Abb. 200 B).

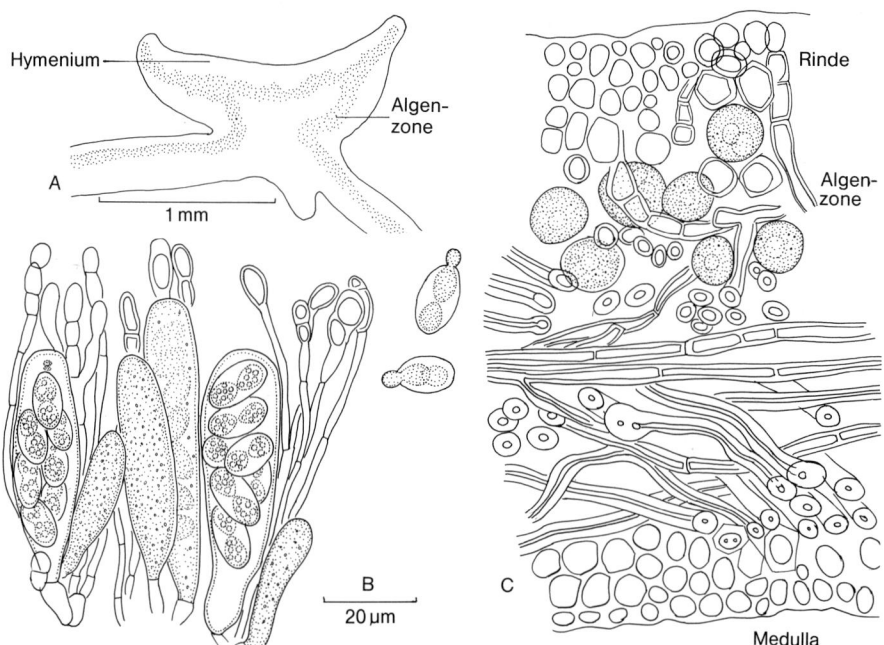

Abb. 199 A–C. *Xanthoria aureola.* **A** Querschnitt durch Thallus und Apothezium mit Verlängerung der Algenzone in das Apothezium; **B** Asci, Paraphysen und zwei keimende Ascosporen; **C** Querschnitt Thallus

Cladonia (Abb. 198, 201)

Es gibt zahlreiche Arten von *Cladonia.* Einige sind besonders häufig und wachsen in Heide und Moor, auf Felsen und Mauern. Es gibt zwei Thallustypen. Der primäre Thallus ist langgestreckt und gelappt, der sekundäre Thallus ist aufrecht und zylindrisch und besteht meist aus einem hohlen *Podetium,* das sich um die Ränder, aus denen die Apothezien entstehen, becherförmig ausdehnen kann (z. B. bei *C. pyxidata*) (Abb. 198). Die Podetien besitzen häufig granuläre Soredien, die Algen- und Pilzzellen enthalten (Abb. 201). In Windkanalexperimenten konnte an *C. pyxidata* (Brodie und Gregory, 1953) gezeigt werden, daß sich die Soredien von den trichterförmigen Podetien bei Windgeschwindigkeiten von 1,5–2,0 m/sec lösen, obwohl sie sich von horizontal angeordneten Glasscheiben bei der gleichen Windgeschwindigkeit nicht lösen. Nach Brodie und Gregory erzeugen die trichterförmigen Strukturen bei Luftströmungen Wirbel, so daß dadurch die Soredien gelöst werden.

Bei einigen Arten von *Cladonia* (z. B. *C. sylvatica*) verschwindet der primäre basale Thallus sehr schnell und ein sekundärer Thallus, bestehend aus reich verzweigten zylindrischen Achsen, entsteht. *Cladonia rangiferina* (Rentierflechte) kommt häufig in der arktischen Tundra vor. Sie wächst weniger als 1 cm/Jahr. Man schätzt, daß Flechtenthalli in der Arktis bis zu 4000 Jahre alt sein können.

Abb. 200 A, B. *Peltigera polydactyla.* **A** Querschnitt Thallus; **B** Ascus, Ascosporen und Paraphysen

Rinde

Algen-
zone

Medulla

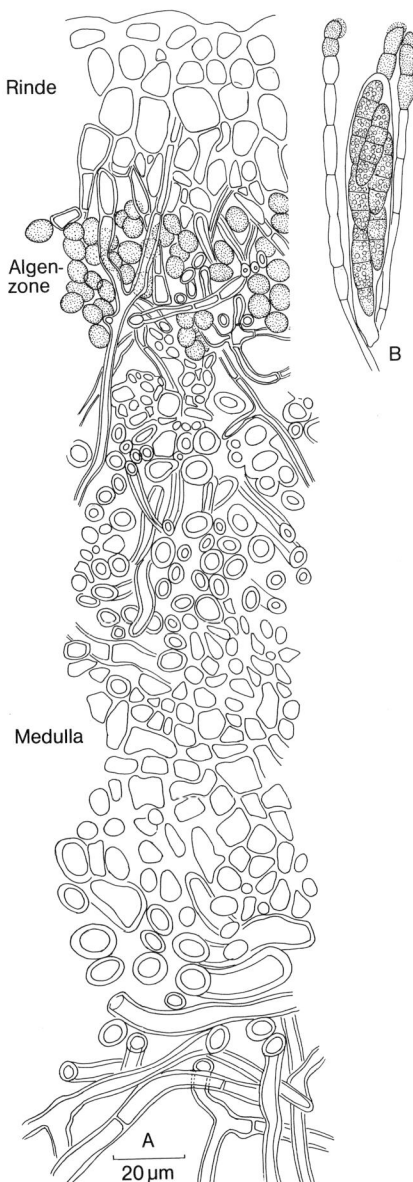

A
20 µm

B

Pezizales

Die Pezizales haben operculate Asci, die durch einen Deckel oder ein Operculum
geöffnet werden. In dieser Hinsicht unterscheidet sich die Gruppe von den Helotiales, die inoperculate Asci haben. Die Klassifikation soll nicht ausführlich besprochen werden (siehe Dennis, 1968; Korf, 1973). Es sollen hier eine Reihe häufiger
Vertreter der Hauptgruppen beschrieben werden.

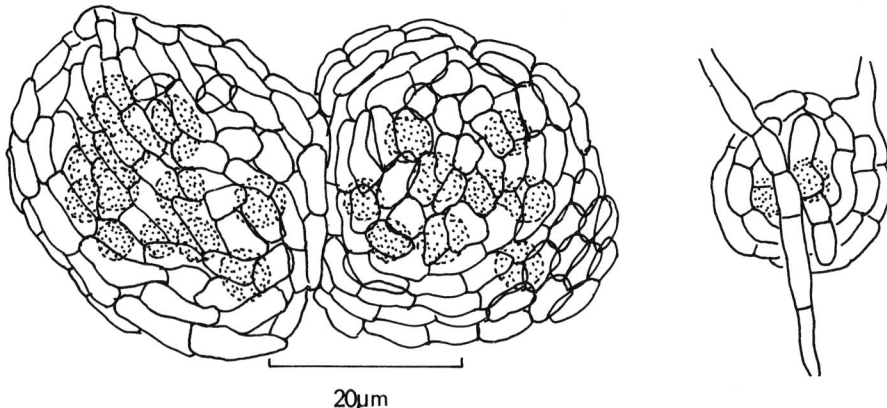

20μm

Abb. 201. *Cladonia pyxidata.* Soredien. Man erkennt die von Pilzhyphen umgebenen Algenzellen

Pyronema (Abb. 202, 203)

Pyronema findet man an Feuerstellen und auf sterilisierter Erde. Es gibt zwei häufig vorkommende Arten: *P. omphalodes* (= *P. confluens*) und *P. domesticum.* Bei *P. omphalodes* sind die Apothezien oft verwachsen. Es fehlen Randhaare, während die Apothezien bei *P. domesticum* getrennt und von spitzen Härchen umgeben sind (siehe Abb. 202 A). *Pyronema domesticum* bildet in Kulturen Sklerotien, während dies bei *P. omphalodes* nicht geschieht (Moore und Korf, 1963). In früheren Untersuchungen wurde der Unterschied zwischen den beiden Arten meist nicht richtig wahrgenommen, so daß einige Arbeiten mit ,*P. confluens*' wahrscheinlich mit *P. domesticum* durchgeführt wurden. Beide Arten sind monözisch und wachsen gut in Agarkulturen oder auf sterilisierter Erde. Sie bilden innerhalb von vier bis fünf Tagen rosafarbene Apothezien mit einem Durchmesser von 1–2 mm. Es gibt zahlreiche Darstellungen der Cytologie der Apothezienentwicklung (Referenzen siehe bei Moore, 1963). Das frühere Postulat einer doppelten Karyogamie und einer Reduktion (Brachymeiose) wird nicht länger aufrechterhalten (Hirsch, 1950; I. M. Wilson, 1952; McIntosh, 1954). Bei *P. domesticum* entstehen die Apothezien aus Büschel gepaarter Ascogonien und Antheridien, die durch wiederholte dichotome Verzweigungen einer einzelnen Hyphe entstanden sind. Die Ascogonien sind größer als die Antheridien. Jedes Ascogonium wird von einer tubulären, zurückgebogenen Trichogyne überragt, die die Spitze des Antheridiums berührt (Abb. 202 B). Die Ascogonien und Antheridien sind vielkernig. Bei der folgenden Fusion des Antheridiums mit der Trichogyne gelangen zahlreiche Kerne des Antheridiums in das Ascogonium. Im Gegensatz zu früheren Darstellungen gibt es in diesem Stadium keine Karyogamie. Aus dem Ascogonium entstehen vielkernige ascogene Hyphen (Abb. 202 D). Sie sind septiert, meist unverzweigt, und ihre Spitzen biegen sich zur Hakenbildung zurück. Die Spitze des Hakens ist zunächst zweikernig (Abb. 202 E). Jeder Kern teilt sich mitotisch. Zwischen den Kernen bildet sich ein Septum und trennt eine einkernige terminale Zelle, eine zweikernige Spitzenzelle mit zwei Nichtschwesterkernen und eine einkernige Stielzelle ab (Abb. 202 F, G). Die zwei-

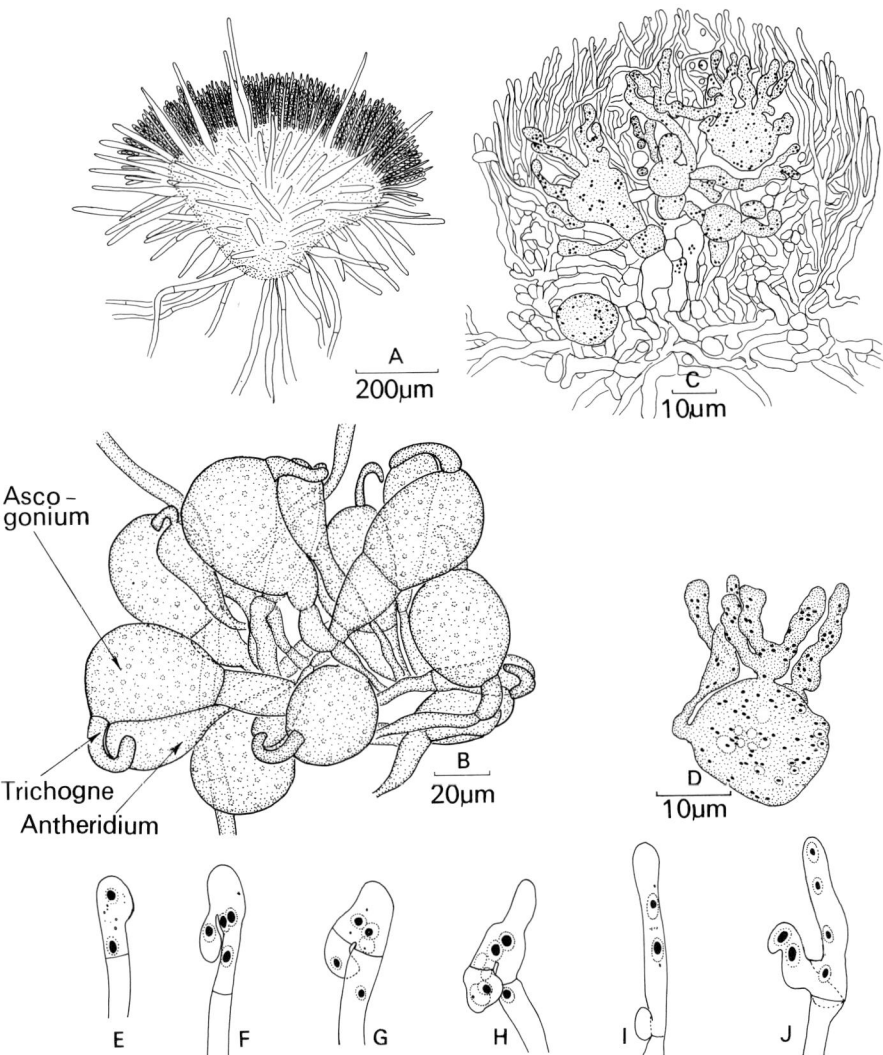

Asco-
gonium

Trichogne
Antheridium

Abb. 202 A–J. *Pyronema domesticum.* **A** Apothezium mit Hymenium und Randhaaren; **B** Gruppe von Ascogonien und Antheridien; **C** Querschnitt durch ein sich entwickelndes Apothezium mit mehreren ascogene Hyphen bildenden Ascogonien und die Entwicklung von Paraphysen und Excipulum der Ascogonienstiele; **D** Größere Darstellung des Ascogoniums und der sich entwickelnden ascogenen Hyphen; **E–J** Stadien der Ascientwicklung; **E** Zweikernige Spitze einer ascogenen Hyphe mit beginnender Hakenbildung; **F** Vierkerniges Stadium; **G** Septenbildung des Hakens und Bildung einer zweikernigen Spitzenzelle; **H** Entwicklung des Ascus aus einer zweikernigen Zelle; **I** Abgeschlossene Meiose; **J** Abgeschlossene Meiose II. Man erkennt die Proliferation der neuen ascogenen Hyphe aus der Stielzelle

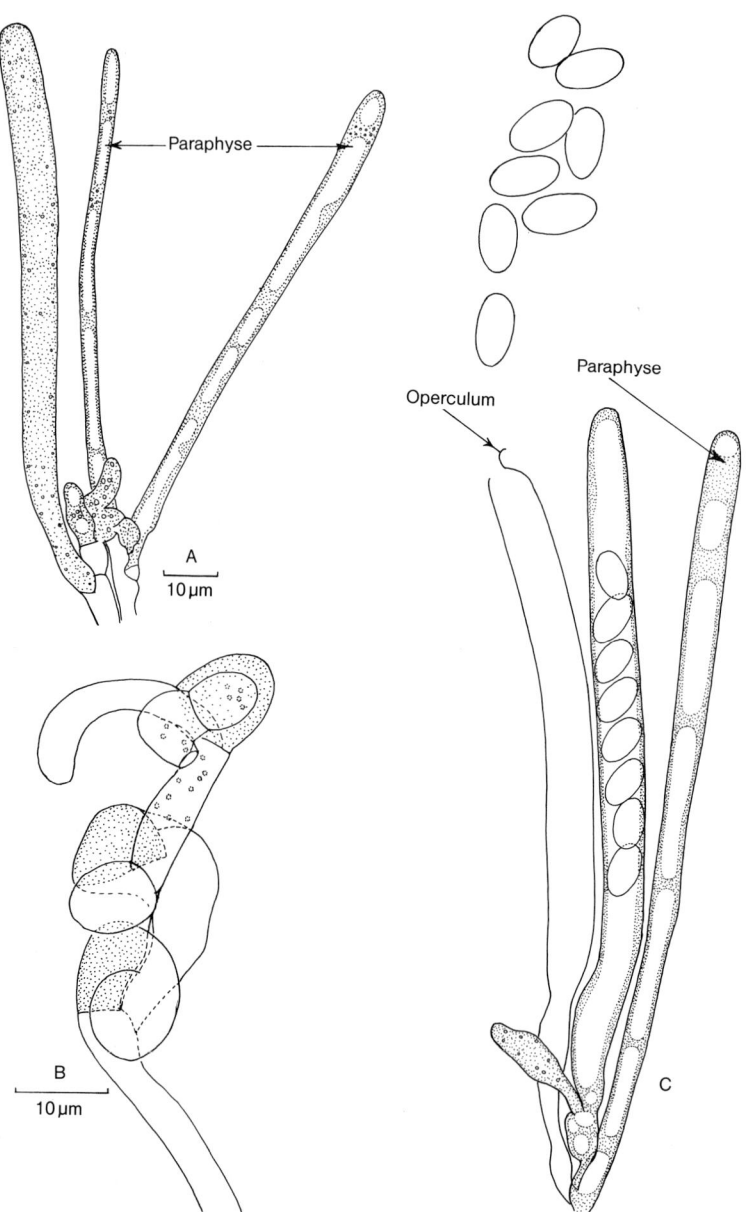

Abb. 203 A–C. *Pyronema domesticum.* **A** Ein unreifer Ascus (links) mit ascogenen Hyphen, aus denen er sich entwickelt hat und weiteren Proliferationen; **B** Vergrößerte Ansicht der Spitze einer ascogenen Hyphe mit mehrfacher Proliferation. Die drei gepunkteten Zellen sind die Spitzenzellen der Haken, die wahrscheinlich zur Ascusbildung bestimmt sind; **C** Reife Asci, einer entleert und mit Operculum. Eine Paraphyse, die scheinbar aus einer ascogenen Hyphe entstanden ist

kernige Spitzenzelle entwickelt sich gewöhnlich zu einem Ascus. Die zwei Kerne fusionieren, es erfolgt eine Meiose mit anschließender Mitose, so daß acht haploide Kerne gebildet werden, um die sich die Ascosporen abschnüren. Die Feinstruktur sich entwickelnder Asci von *Pyronema* wurde von Reeves (1967) untersucht. Gelegentlich kann die zweikernige Zelle zu einem neuen Haken auswachsen, anstatt einen Ascus zu bilden. Die Proliferation des ursprünglichen Hakens kann auch durch Fusion der einkernigen, terminalen Zelle mit der Stielzelle erfolgen. Diese wächst dann zu einem neuen Haken aus. Auf diese Weise entsteht aus der Spitze einer einzigen ascogenen Hyphe ein komplexes und verzweigtes System mit mehreren Asci (Abb. 203 B).

Die übrigen Gewebe des Apotheziums entwickeln sich aus den ascogonientragenden Hyphen. Die Paraphysen entwickeln sich nach der Differenzierung der Sexualorgane und sind meist vollständig entwickelt, bevor die ascogenen Hyphen erscheinen. Die Asci entstehen deshalb zwischen den Paraphysen. Anscheinend entwickeln sie sich ebenfalls aus den ascogenen Hyphen (Abb. 203 C). Um die Basis der Ascogonien bilden sich pseudoparenchymatische Zellen. Sie füllen den Raum aus, der noch nicht von den Paraphysen oder den ascogenen Hyphen eingenommen wurde. Zur Außenseite des Apotheziums bilden sie eine spezielle Schicht (Excipulum), das bei *P. domesticum* die spitzen excipularen (Rand-) Haare trägt (Abb. 202 A).

Bei einigen Isolaten von *P. domesticum* sind ascogene Hyphen beschrieben worden, die sich aus Ascogonien entwickeln, in denen die Trichogynen nicht mit den Antheridien fusioniert haben, d. h. die Plasmogamie wird umgangen (=Apandrie). Trotzdem erfolgt die weitere Entwicklung der Apothezien nach dem normalen Muster (Moore-Landecker, 1975). *Pyronema* gehört zu einer Gruppe von Discomycetes, die auf verbranntem Boden vorkommen. Warum sie dieses Habitat bevorzugen, ist noch nicht klar. Man weiß nur, daß *Pyronema* eine sehr hohe Wuchsrate hat und gegenüber Pilzkonkurrenten anscheinend relativ intolerant ist (El-Abyad und Webster, 1968 a, b).

Ascobolus (Abb. 204, 205)

Die meisten Arten von *Ascobolus* sind coprophil und wachsen auf Herbivorendung. *A. carbonarius* wächst jedoch an alten Feuerstellen (van Brummelen, 1967). Eine häufig vorkommende coprophile Art ist *A. furfuraceus* (=*A. stercorarius*), die man auf altem Kuhdung meist zusammen mit *A. immersus* findet (Abb. 205). Diese Arten sind monözisch incompatibel, andere (z. B. *A. crenulatus*=*A. viridulus*) sind selbstfertil. Charakteristische Merkmale aller Arten sind die purpurne Farbe der Ascosporen und die operculaten phototropen Asci. *A. furfuraceus* bildet gelbliche, untertassenförmige Apothezien mit einem Durchmesser bis zu 5 mm. Die Oberfläche reifer Apothezien ist mit purpurfarbenen Punkten besetzt, die die reifen Asci kennzeichnen. Reifende Asci werden länger und ragen aus dem Hymenium heraus. Die Ascusspitzen sind phototrop. Dadurch wird sichergestellt, daß die Sporen bei der Ascusentleerung vom Dung weggeschleudert werden. Die Ascosporen haben ein schleimiges Epispor, das der Anheftung dient. Bei den sehr großen Ascosporen (ungefähr 70 µm × 30 µm) von *A. immersus* werden alle 8 Ascosporen durch das Epispor zusammengehalten und bilden ein einzelnes Projektil von ungefähr 250 µm

Länge. Dieses kann horizontal bis zu 30 cm weit weggeschleudert werden. Die Sporen haften von selbst an Kräutern. Werden diese dann von Herbivoren gefressen, so keimen die Sporen in den Fäzes. Wahrscheinlich stimuliert die Verdauung die Sporenkeimung, denn die meisten Sporen keimen auf entsprechenden Medien nicht aus. Die Keimung kann jedoch durch eine Behandlung mit einem Hydroxid oder durch Gallensalze stimuliert werden (Yu, 1954). Das Purpurpigment in der Sporenwand bildet sich erst spät, unreife Sporen sind deshalb farblos. Die Sporenwand weist häufig farblose Längsfurchen auf.

Eine Einzelsporkultur von *A. scatigenus* (= *A. magnificus*) bildet keine Apothezien. Sexualorgane, gewundene Ascogonien und Antheridien werden nur gebildet, wenn Myzelien mit unterschiedlichem Kreuzungstyp zusammenwachsen. Ascogonien und Antheridien bilden sich bei beiden Stämmen, d. h. jeder Stamm ist hermaphrodit, aber er ist selbstincompatibel: die Antheridien des einen Stammes befruchten nicht die auf dem gleichen Myzel gebildeten Ascogonien (Gwynne-Vaughan und Williamson, 1932). Dieser Pilz bildet zwei Typen von Ascosporen, *A* und *a*. Eine Befruchtung erfolgt nur zwischen einem *A* Ascogonium und einem *a* Anthe-

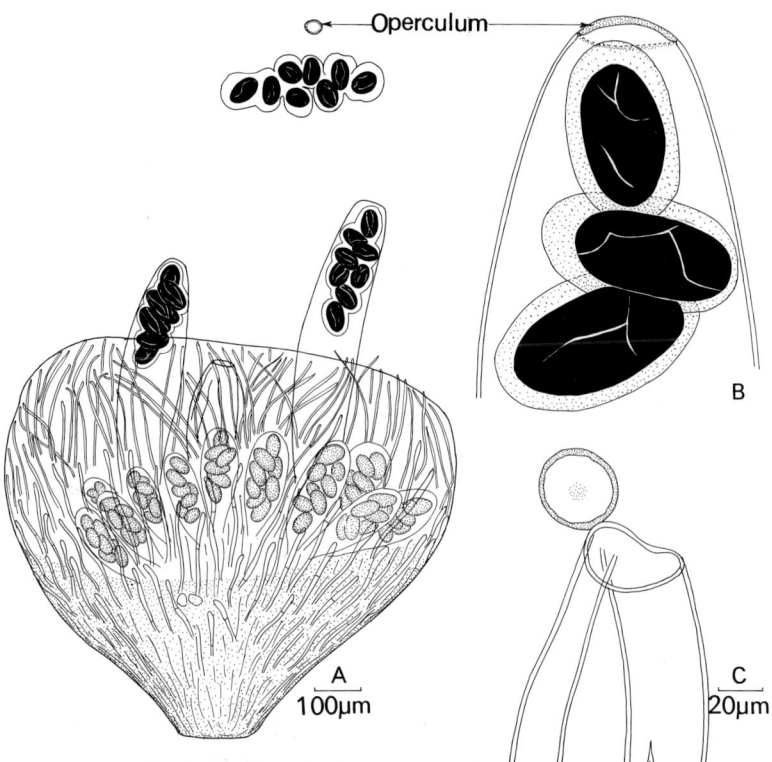

Abb. 204 A–C. *Ascobolus immersus.* **A** Apothezium mit zwei herausragenden Asci. Darunter sind unreife Asci zu erkennen. Über dem Apothezium ist ein einzelnes Projektil, bestehend aus 8 zusammenhaftenden Ascosporen, zu sehen. Man erkennt auch das schon abgeworfene Operculum; **B** Spitze eines reifen Ascus mit Operculum; **C** Spitze eines entleerten Ascus. In diesem Falle blieb das Operculum an der Ascusspitze haften

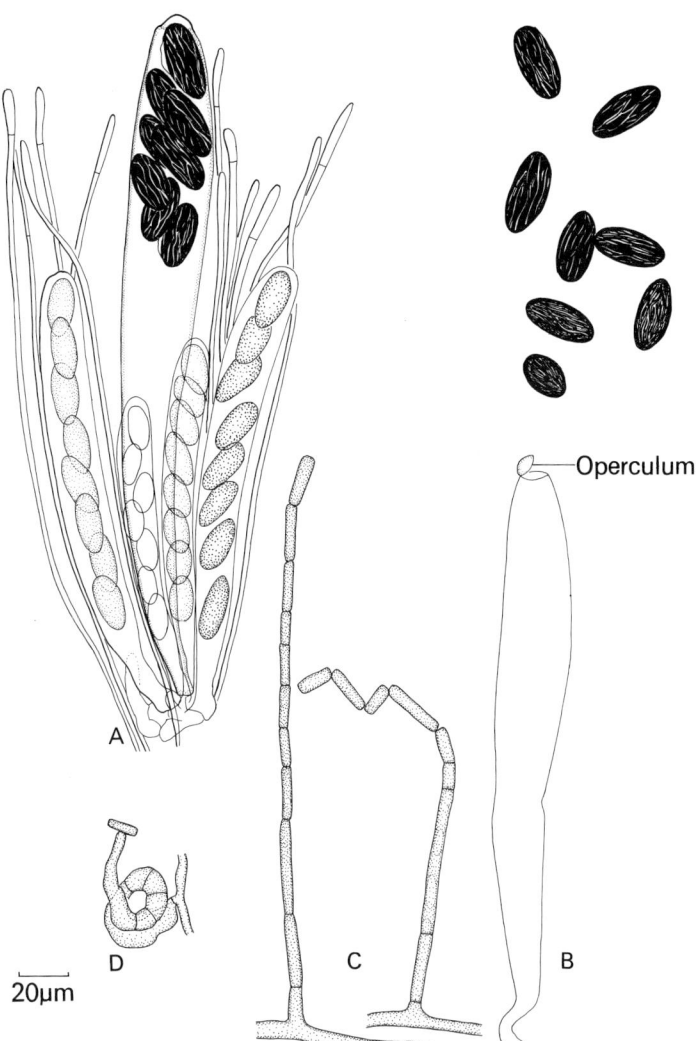

Operculum

Abb. 205 A–D. *Ascobolus furfuraceus.* **A** Gruppe von Asci und Paraphysen. Ein Ascus ist reif und enthält purpurfarbene Ascosporen; **B** Der gleiche Ascus wie in A nach der Freisetzung der Sporen. Nach der Sporenfreisetzung verkleinert sich der Ascus. Das Operculum ist zu erkennen; **C** Arthrosporen (oder Oidien), die sich in einer 5 Tage alten Kultur entwickelt haben; **D** Gewundenes Ascogonium, das sich innerhalb von 48 Stunden nach Zugabe von Oidien des anderen Kreuzungstyps in einer Einzelsporkultur gebildet hat. Die Trichogyne des Ascogoniums ist auf das Oidium zugewachsen und hat fusioniert

ridium und umgekehrt. Für den Kreuzungstyp gibt es ein Gen mit zwei Allelen (*A* und *a*, entsprechend + und –). Diese Gene kontrollieren die Incompatibilität, und zwar unabhängig vom Vorhandensein der beiden Typen der Sexualorgane eines jeden Stammes. Zwischen den beiden compatiblen Kreuzungstypen gibt es keine morphologischen Unterschiede. Dies ist wie *Neurospora* ein weiteres Beispiel für Monözie, die durch bipolare Incompatibilität übertragen wird.

Abb. 206. *Aleuria aurantia.* Ein reifes und zwei sich entwickelnde Apothezien

A. furfuraceus verhält sich ähnlich, doch bildet hier jeder Stamm zunächst Ketten von Arthrosporen oder Oidien (siehe Abb. 205 C). Diese Oidien können zu einem Myzel auskeimen, sie sind aber auch bei der sexuellen Fortpflanzung von Bedeutung. Die Oidien können von Milben und Fliegen von einem Stamm auf das Myzel eines anderen übertragen werden. Anschließend bilden sich Apothezien (Dowding, 1931). Der Vorgang der Befruchtung wurde von Bistis (1956, 1957) und Bistis und Raper (1963) ausführlich untersucht. Überträgt man ein *A* Oidium auf ein *a* Myzel, dann keimt das Oidium nicht aus. Innerhalb von 10 Stunden erscheint eine ascogone Anlage auf dem *a* Myzel (Abb. 205 D). Das Ascogonium besteht aus einer breiten, gewundenen Basis und einer schmalen, spitzen Trichogyne, die chemotropisch zum Oidium wächst und schließlich mit diesem fusioniert. Es ist erwiesen, daß der Ablauf dieser Vorgänge durch Befruchtungsstoffe gesteuert wird. Ein frisches *A* Oidium kann nicht sofort die Entwicklung einer ascogonen Anlage induzieren, sondern es muß zuerst durch Ausscheidung aus einem *a* Myzel sexuell aktiviert werden. Im Anschluß an die Aktivierung kann das Oidium die Ascogonienentwicklung induzieren. Durch Substitutionsexperimente konnte gezeigt werden, daß ein *A* Ascogonium mit einem *A* Oidium fusionieren kann, d. h. mit einem Oidium

Abb. 207. *Aleuria aurantia.*
Asci, Ascosporen und Paraphysen. Die Spitzen der Paraphysen sind mit orange-
roten Granula angefüllt

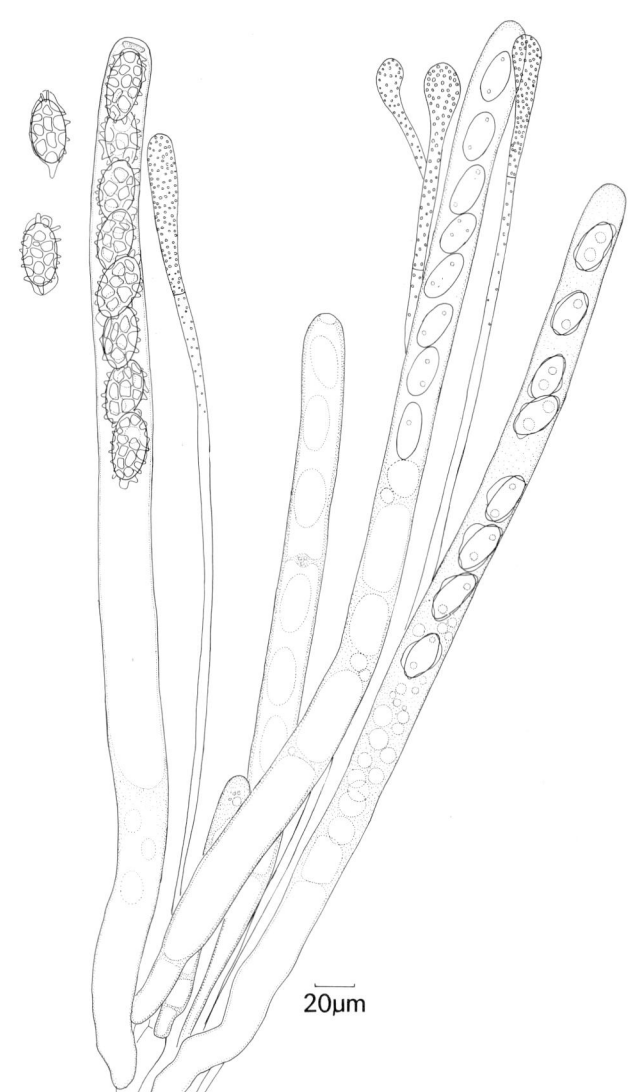

20µm

des gleichen Kreuzungstyps, obwohl sich aus solchen Fusionen keine Apothezien
entwickeln. In compatiblen Kreuzungen bilden sich innerhalb von ungefähr 10 Tagen nach der Befruchtung fertile Apothezien, bei denen jeder Ascus vier *A* und vier
a Sporen bildet. Die Entwicklung der Apothezien von *A. furfuraceus* ist von Gamundi und Ranalli (1963), Gremmen (1955), Corner (1929), Wells (1970, 1972) und
O'Donnell et al. (1974) untersucht worden. Das Ascogonium wird von Hyphenscheiden umwachsen, die sich aus dem Ascogonienstiel entwickeln. Paraphysen und
Excipulargewebe entwickeln sich aus den Hyphenscheiden. Aus dem Ascogonium
entstehen zahlreiche ascogene Hyphen. Van Brummelen (1967) unterscheidet bei
Ascobolus zwei Arten der Ascokarpentwicklung. Bei den *gymnohymenialen* Formen

Abb. 208. A *Morchella esculenta;* **B** *Morchella elata*

liegt das Hymenium von Beginn bis zur Reife der Asci frei. Bei den *kleistohymenialen* Formen ist das Hymenium geschlossen, zum mindesten während der frühen Entwicklungsphase. *A. furfuraceus* und *A. immersus* sind Beispiele für kleistohymeniale Entwicklung.

    A. immersus wurde zur Analyse der Genfeinstruktur verwendet. Der Wildstamm hat purpurfarbene Sporen, man findet sehr häufig Mutanten mit hellen Sporen. Kreuzt man solche allelen Mutanten miteinander, dann können durch folgende zwei Ereignisse Wildtyprekombinanten entstehen: a) crossing-over, führt zu reziproken Rekombinanten und b) Konversion, führt zu nicht-reziproken Rekombinanten, die nur einem der vier Meioseprodukte entsprechen. Unter Konversion versteht man eine Verdoppelung eines Teiles eines Chromatids, während der entsprechende Teil des anderen nicht repliziert ist. Eine Konversion liegt vor, wenn Farbsporen und farblose Sporen im Verhältnis von 6:2 auftreten, während das Verhältnis bei einem crossing-over 4:4 beträgt. Bei bestimmten Mutanten sind Konversionen deutlich häufiger als crossing-over. Dies führt zu der Annahme einer genetischen Einheit, die *Polaron* genannt wurde. Dies ist eine lineare DNA-Struktur, auf der die Mutationsstellen lokalisiert sind und in der die nicht-reziproken Veränderungen (Konversionen) stattfinden können (Lissouba et al. 1962; Fincham und Day, 1971; Decaris et al. 1974).

Weitere Vertreter der Pezizales

In dieser Gruppe gibt es zahlreiche andere, häufig vorkommende Vertreter. *Coprobia granulata* kommt reichlich auf Kuhdung vor und bildet orangefarbene Apothezien von ungefähr 3 mm ⌀. Dieser Pilz ist incompatibel, obwohl Sexualorgane fehlen; Plasmogamie erfolgt durch Fusion von Myzelien unterschiedlichen Kreuzungstyps (Gwynne-Vaughan und Williamson, 1930). Arten von *Peziza* bilden untertassenförmige Apothezien mit einem Durchmesser von 5 cm und mehr. Sie wachsen auf dem Boden, auf faulendem Holz oder Dung. Die Ascusspitzen von *Peziza* färben sich mit Jod blau. Dieses Merkmal unterscheidet den Pilz von *Aleuria*. *Aleuria aurantia*, manchmal auch orangeroter Becherling genannt, bildet im Herbst leuchtende orangefarbene, untertassenförmige Apothezien bis zu 10 cm Durchmesser (Abb. 206). Die Ascosporen haben eine rauhe, netzartige Oberfläche (Bellemère und Melendez-Howell, 1976) (Abb. 207). Die Farbe kommt von orangeroten Granula in den keulenförmigen Spitzen der Paraphysen. *Morchella esculenta* (Abb. 208 A) ist eßbar und bildet gestielte, ungefähr 10–15 cm hohe Apothezien. Diesen Pilz findet man im April und Mai auf Kalkstein in Wäldern oder auf Wiesen. Das Hymenium kleidet die flache Vertiefung im oberen Teil des Fruchtkörpers aus, während auf den dazwischenliegenden Rücken die Asci fehlen. Die Ascusspitzen von *Morchella* sind gewunden, so daß die Sporen nach außen abgeschleudert werden und nicht an die gegenüberliegende Seite der Vertiefung anstoßen, in der die Asci gebildet werden. *Helvella crispa* bildet im Herbst weiße, gestielte Apothezien mit einer Höhe von ungefähr 10 cm. Das Hymenium wird auf einem sattelförmigen Hut gebildet, der auf sterilen Stielen entsteht (Abb. 209).

Hypogäische Discomycetes

Tuberales

Hierzu gehören die Trüffel, Ascomycetes mit unterirdischen Fruchtkörpern, in die das Hymenium eingeschlossen ist. Die Sporen werden von den Asci nicht aktiv entlassen. Den Asci fehlt ein spezieller Apikalapparat oder Operculum. Die Fruchtkörper haben einen spezifischen, starken Geruch und Geschmack und werden deshalb von Eichhörnchen und Kaninchen ausgegraben und gefressen. Möglicherweise wird der Pilz auf diese Art verbreitet. Zu den käuflichen Trüffeln gehören *Tuber melanosporum* (Périgordtrüffel), *T. magnatum* (weißer Piedmont-Trüffel) und eine Reihe anderer Arten. Bestimmte Arten bilden mit Bäumen ektotrophe Mykorrhizen; z. B. *T. albidum* und *T. maculatum* mit *Pinus strobus*, *T. aestivum*, *T. brumale* und *T. melanosporum* mit der Hasel *Corylus avellana* (Fontana und Palenzona, 1969; Fassi und Fontana, 1969; Palenzona, 1969; Delmas, 1976).

Der Périgordtrüffel bildet Mykorrhizen mit den Wurzeln von Eichen und wird in Frankreich speziell auf Eichen kultiviert (Malençon, 1938; Singer, 1961; Grente und Delmas, 1974). Nach ungefähr 7 Jahren können die ersten Trüffel geerntet werden, und zwar mit Hilfe besonders ausgebildeter Schweine oder Hunde, die die

Abb. 209. *Helvella crispa*

Fruchtkörper am Geruch erkennen. Geschickte Trüffelsammler können die Lage der Trüffel auch an den sogenannten Trüffelfliegen erkennen, die ebenfalls die Fruchtkörper aufsuchen (Ramsbottom, 1953; Delmas, 1976).

Es gibt mehrere Gattungen der Tuberales (Hawker, 1954, 1974). Einige Autoren ordnen die Gattung *Elaphomyces* den Tuberales zu, andere den Eurotiales.

Tuber (Abb. 210, 211)

Die Fruchtkörper von *Tuber* spp. kann man mit einer Harke aus dem Boden unter Bäumen sammeln. Scharrspuren von Kaninchen und Eichhörnchen sind oft ein nützlicher Hinweis auf erfolgversprechende Stellen. Häufig vorkommende Arten sind *T. rufum*, *T. puberulum* und *T. excavatum*. Die Fruchtkörper sind kugelig und bis zu 3 cm ⌀. Im Querschnitt erkennt man ein äußeres Peridium, oft mit dickwandigen Zellen, und einen zentralen, fertilen Teil (Gleba) mit querverlaufenden dunklen ‚Adern', die das Hymenium darstellen. Bei einigen Arten öffnen sich die Adern durch ein oder mehrere Poren und sind so mit der Außenwelt verbunden. Bei *T. excavatum* gibt es z. B. einen basalen Hohlraum, der mit seinen Ausläufern bis in die Gleba hineinragt. Die Asci sind kugelig und enthalten meist weniger als 8 Sporen, meist nur 2 bis 4. Die Ascosporen sind dickwandig und mit Stacheln (z. B. *T. rufum*, Abb. 210) oder mit netzförmigen Einfaltungen der äußeren Sporenwand (z. B. *T. puberulum*, Abb. 211 D) verziert.

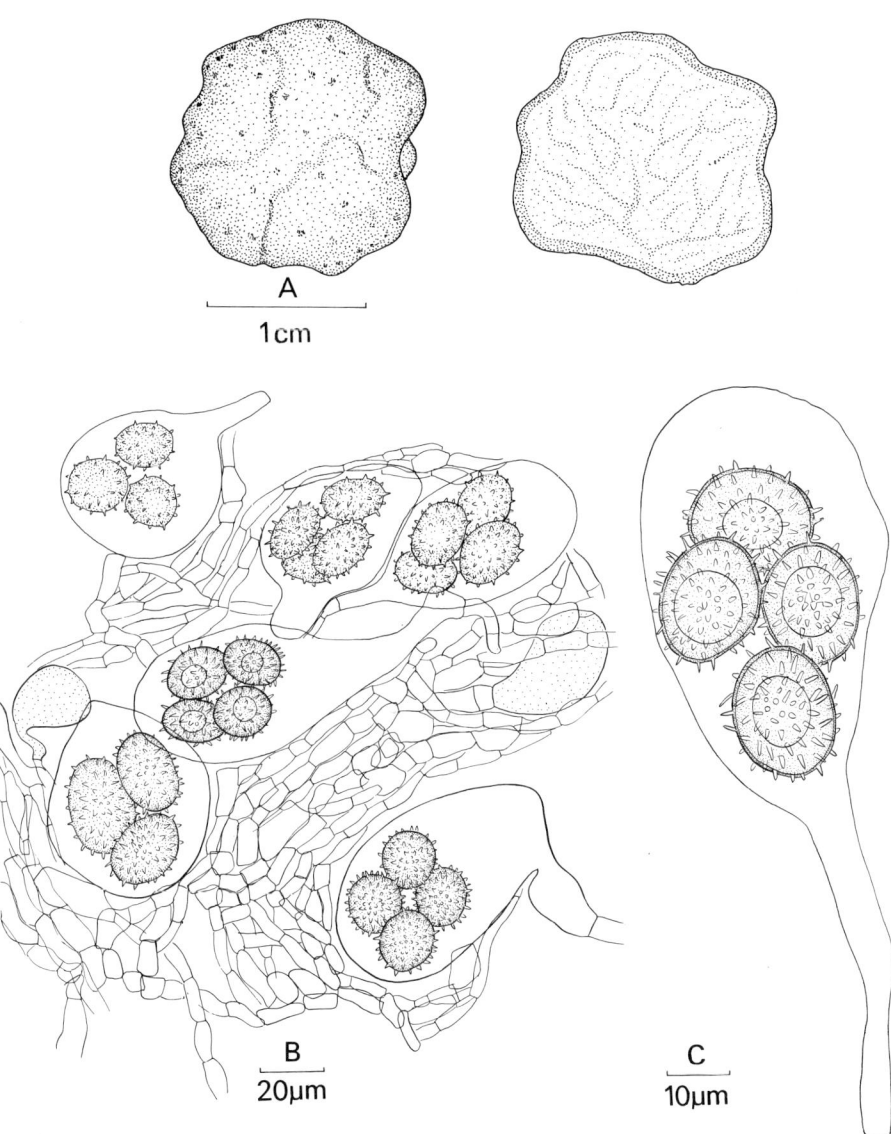

Abb. 210 A–C. *Tuber rufum.* **A** Fruchtkörper von oben gesehen und im Querschnitt (mit Adern); **B** Teil des Hymeniums; **C** Ascus

Die Entwicklung der Fruchtkörper von *T. excavatum* wurde von Buchholtz (1897) und Hawker (1954) untersucht. Der junge Fruchtkörper besteht aus einem scheibenähnlichen Hyphengeflecht, das auf der Unterseite wellig und durch Wölben der oberen Oberfläche kugelig wird. An der Unterseite befindet sich eine Öffnung, die schließlich zu einem Hohlraum wird. Die gewellte untere Oberfläche bildet ein System komplexer, verzweigter Kanäle, ,venae externae' genannt. Eine pali-

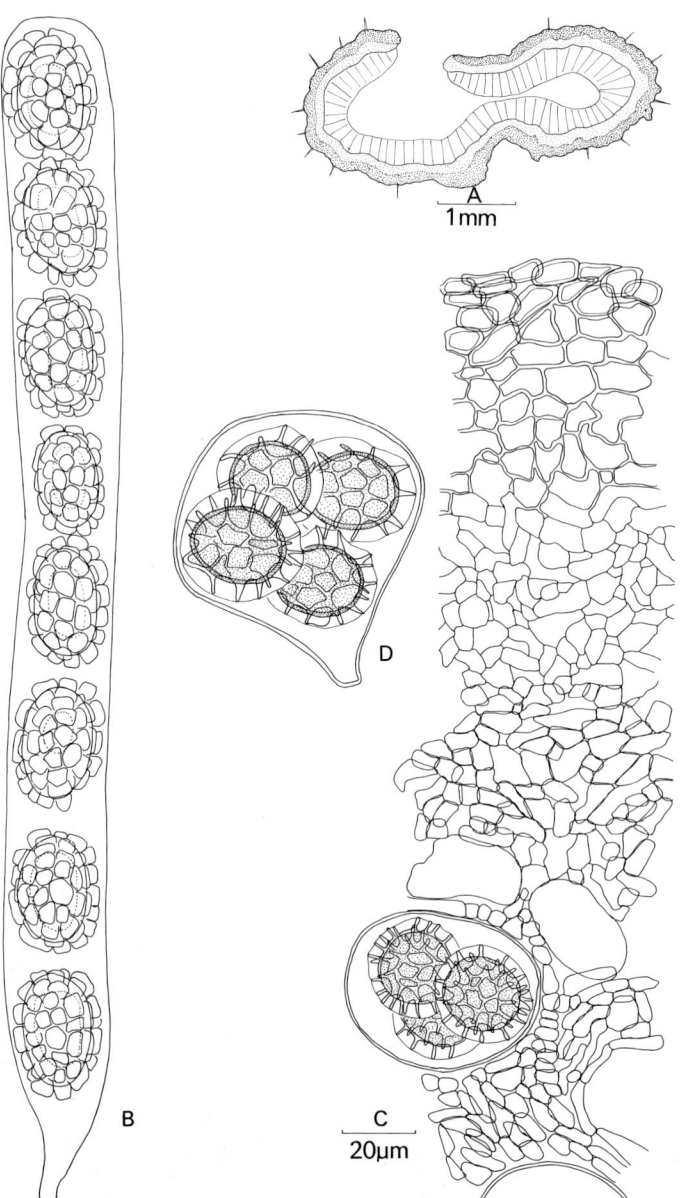

Abb. 211 A–D. A, B *Genea hispidula.* **C, D** *Tuber puberulum.* **A** Querschnitt durch Fruchtkörper; **B** Ascus; **C** Querschnitt durch Fruchtkörper; **D** Ascus

sadenähnliche Schicht von Paraphysen bildet sich über den venae externae und bildet auch innerhalb des Fruchtkörperfleisches ein System innerer Höhlungen (venae internae). Unter der Palisadenschicht entstehen zweikernige Zellen. Diese werden zu ascogenen Hyphen und tragen die kugeligen Asci. Die Paraphysen wachsen zu einem losen Hyphengeflecht aus und füllen die venae externae. Die Cytologie der Ascusentwicklung wurde für *T. brumale* und *T. aestivum* (Greis, 1938, 1939) beschrieben. Die dikaryotische Phase wird durch Fusion von zwei einkernigen Zellen eingeleitet. Die dann sich bildenden ascogenen Hyphen enthalten zahlreiche Kernpaare. Die Hakenbildung geschieht wie bei entsprechenden anderen Ascomycetes auch.

Nach Fischer (1938) können sich die Tuberales aus Ascomycetes mit offenen Hymenien, wie bei den heute vorkommenden Pezizales, entwickelt haben. Zu den Tuberales gehören Gattungen wie z.B. *Genea* (siehe Abb. 211), bei denen die Fruchtkörper einem Apothezium ähnlich sehen, das sich auf der Oberseite mit einem Porus öffnet. Die Asci von *Genea* sind zylindrisch und achtsporig. Aus diesem Grunde sind sie den Asci der epigäischen Discomycetes noch ähnlicher.

Elaphomyces (Abb. 212, 213)

Elaphomyces (Hirschtrüffel) ist wahrscheinlich der häufigste hypogäische Pilz in Europa. Die Fruchtkörper von *E. granulatus* (Abb. 212, 213) und *E. muricatus* kann

Abb. 212. *Elaphomyces granulatus.* Zwei Ascokarpe. Zur Darstellung des Inhalts ist eins aufgeschnitten

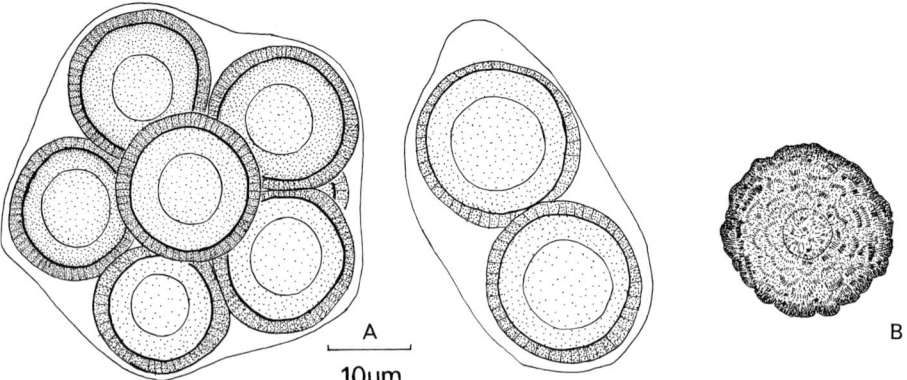

Abb. 213 A, B. *Elaphomyces granulatus.* **A** Asci mit zwei und sieben Ascosporen; **B** Reife
Ascospore

man während des ganzen Jahres unter der Humusschicht der verschiedensten Bäu-
me, besonders unter Buchen, finden. *Elaphomyces muricatus* ist oft von *Cordyceps
ophioglossoides* befallen. Dieser Pilz bildet ein gelbes Myzel um die unterirdischen
Fruchtkörper und ein keulenförmiges Perithezienstroma über dem Erdboden. Die
Fruchtkörper von *Elaphomyces* sind unterschiedlich groß (ungefähr 1–4 cm). Im
Schnitt kann man eine äußere Rinde (oder Cortex) von einer zentralen Masse mit
kugeligen Asci unterscheiden, die von helleren, sterilen ‚Adern‘ durchzogen ist. Bei
E. granulatus besitzen die Asci normalerweise 6 Sporen, bei *E. muricatus* 2–4. Die
Sporen sind dunkelbraun und nach der Reife dickwandig. Die Keimungsbedingun-
gen sind nicht bekannt.

Loculoascomycetes

Das charakteristische Merkmal dieser Gruppe ist der bitunicate Ascus mit zwei getrennten Wänden. Die äußere Wand dehnt sich nicht sehr leicht, sondern reißt seitlich oder an der Spitze auf, um die Dehnung der dünneren inneren Wand zu ermöglichen. Die Asci bilden sich in einem Fruchtkörper, Ascostroma genannt. Dieses ist eine Zusammenlagerung von vegetativen Hyphen, die nicht als Folge einer
Sexualreaktion entstanden sind (Wehmeyer, 1926). Die Richtigkeit dieser Definition wird von Holm (1959) in Frage gestellt, da Beispiele bekannt sind, deren Ascokarpe nach einer Sexualreaktion gebildet wurden (Shoemaker, 1955). Innerhalb des
sich entwickelnden Ascokarps werden durch nach unten wachsende Pseudoparaphysen und durch die Entwicklung von Asci (siehe unten) ein oder mehrere Höhlungen (Loculi) gebildet. Durch das Aufbrechen einer präformierten Gewebemasse
bilden sich ein oder mehrere Ostiolen. Bei der Entwicklung eines einzelnen Loculus
entsteht eine perithezienähnliche Struktur, für die jedoch der Ausdruck **Pseudothezium** eingeführt wurde. Der Name dieser Gruppe wurde von Luttrell (1955) geprägt
und entspricht den Ascoloculares von Nannfeldt (1932). Zu dieser Gruppe gehören
mehrere große Ordnungen (Luttrell, 1973; von Arx und Müller, 1975), hier soll jedoch nur eine, die Pleosporales, besprochen werden.

Pleosporales

Dies ist eine große Gruppe von Ascomycetes mit einigen ökonomisch wichtigen Gattungen von pflanzenpathogenen Pilzen, wie z. B. *Cochliobolus* und *Pyrenophora*, Parasiten auf Gras und Getreide, *Ophiobolus*, *Pleospora* und *Leptosphaeria*, häufig als Saprophyten oder schwache Parasiten auf Kräutern, *Sporormia*, Saprophyt auf Dung.

Bei diesen Formen entspricht die Entwicklung der Pseudothezien dem *Pleospora*-Typ von Luttrell (1951). Die Ascogonien entstehen innerhalb eines Stromas. In der Region der Ascogonien erscheint eine Gruppe von vertikal angeordneten, septierten Hyphen, von denen jede einzelne aus einer Stromazelle entsteht. Diese Hyphen können sich durch interkalares Wachstum verlängern und werden **Pseudoparaphysen** genannt (Luttrell, 1965 b). Pseudoparaphysen entstehen am oberen Ende des Hohlraumes und wachsen nach unten. Ihre Spitzen verflechten sich schnell und dringen zwischen die anderen Zellen des Stromas, so daß man freie Enden selten findet. Sie können deshalb von den **echten Paraphysen** anderer Pilze unterschieden werden, die aus Hyphen entstehen, die am Grunde des Hohlraumes befestigt sind, nach oben wachsen und frei enden. Man kann sie ebenfalls von den **apikalen Paraphysen** unterscheiden, die am oberen Ende befestigt sind, aus einem klar definiertem Meristem in der Nähe der Spitze des Peritheziums entstehen und eine gut ausgebildete Hyphenschicht mit freien unteren Enden bilden (siehe die Entwicklung des *Nectria*-Typs, S. 322). Beim *Pleospora*-Typ entstehen die Asci inmitten der Pseudoparaphysen an der Basis des Hohlraumes und wachsen zwischen ihnen nach oben. Die Ostiole bildet sich lysogen, d. h. durch Aufbrechen oder Trennung schon existierender Zellen. Die Entwicklung dieses Leittyps wurde für *Pleospora herbarum* (Wehmeyer, 1955; Corlett, 1973), *Leptosphaeria* (Dodge, 1937), *Sporormia* (Arnold, 1928; Morisset, 1963) und andere Pilze (siehe Luttrell, 1951, 1973) beschrieben.

Leptosphaeria (Abb. 214)

Arten von *Leptosphaeria* wachsen auf absterbenden Blättern und Stämmen krautiger Pflanzen. Es gibt wahrscheinlich 200 Arten, von denen viele einen breiten Wirtsbereich haben, während einige auf eine Wirtspflanze beschränkt sind. Obwohl die meisten nur Saprophyten oder schwache Parasiten sind, gibt es auch gefährliche Parasiten, wie z. B. *L. avenaria*, Erreger der Blattfleckenkrankheit des Hafers, und *L. coniothyrium*, Erreger des Triebsterbens von Himbeeren. *L. acuta* wächst in Mengen an der Basis von überwinternden Stämmen von Brennesseln (*Urtica dioica*). Die schwarz glänzenden Pseudothezien sind an der Basis etwas konisch und abgeflacht. Die bitunicaten Asci verlängern sich innerhalb einer präformierten Gruppe von verzweigten Pseudoparaphysen. Eine genaue Untersuchung ihrer Wuchs- und Verzweigungsrichtung ergab, daß die Pseudoparaphysen sowohl nach oben als auch nach unten wachsen. Die Ostiole des Peritheziums wird lysogen durch Auflösen einer vorher vorhandenen Massen dünnwandiger Zellen gebildet (Abb. 214 A).

Die bitunicate Struktur der reifen Asci ist schwer zu erkennen, weil die innere Wand während der Ausdehnung des Ascus durch eine dünne Region in der äußeren Wand an der Ascusspitze hervorsteht (Abb. 214 E). Anschließend dehnt sich die innere Wand aus. Aus diesem Grunde besteht die Spitze des gestreckten Ascus aus

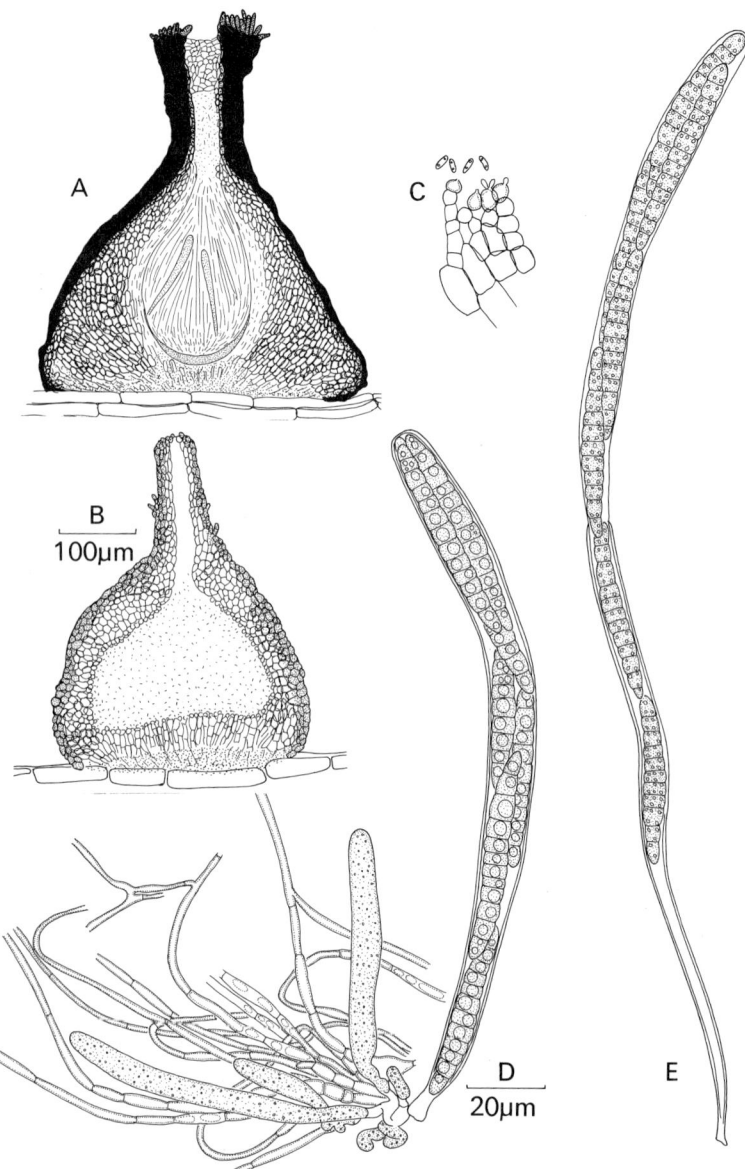

Abb. 214 A–E. *Leptosphaeria acuta.* **A** Längsschnitt durch ein unreifes Pseudothezium. Man erkennt die jungen Asci (gepunktet), die die vorher vorhandene Masse von Pseudoparaphysen durchwachsen, und die dünnwandigen Zellen dieses Stadiums, die die Ostiole blockieren und sich später auflösen. Danach vergrößert sich das Zentrum durch Auflösen des umliegenden Pseudoparenchyms; **B** Längsschnitt Pyknidium; **C** Stark vergrößerte Zeichnung von Zellen, die das Pyknidium auskleiden und aus denen Konidien entstehen; **D** Büschel von sich entwickelnden Asci in einem jungen Pseudothezium. Man erkennt die Verzweigung der Pseudoparaphysen; **E** Gestreckter bitunicater Ascus mit aufgerissener Außenwand an der Spitze

einer einzelnen Wand. Die Ascosporen werden im Abstand von ungefähr 5 sec sukzessiv entlassen. Bei jeder Sporenfreisetzung ist ein leichtes Schrumpfen in der Länge des Ascus zu erkennen (Hodgetts, 1917).

Außer den dickwandigen, konischen Pseudothezien kommen auf den Brennesselstämmen noch dünnere, etwas kleinere, kugelige Pyknidien mit zylindrischen Hälsen vor (Abb. 214 B). Der Hohlraum der Pyknidien ist von kleinen, kugeligen Zellen ausgekleidet, die sich zu zahlreichen, stabförmigen Pyknosporen entwickeln und auskeimen können (Abb. 214 C). Solche Pyknidien wurden *Phoma acuta* genannt. Nach Laborkulturen fand man, daß es sich um das Konidienstadium von *L. acuta* handelt (Müller und Tomasevic, 1957). Bei anderen Arten von *Leptosphaeria* hat man mehrere unterschiedliche Typen des Konidienapparates gefunden (Lucas und Webster, 1967; Lacoste, 1965).

Pleospora (Abb. 215, 216)

Nach Wehmeyer (1961) gibt es über 100 Arten, wahrscheinlich ist diese Zahl zu gering angesetzt. Die meisten Arten bilden Fruchtkörper auf absterbenden Stengeln von Kräutern, offensichtlich als Saprophyten. Wahrscheinlich sind aber einige Arten schwache Parasiten. Hierzu gehört *P. bjoerlingii* (= *P. betae*), der Erreger des Wurzelbrands bei Zuckerrüben. *P. herbarum* befällt die verschiedensten Kulturpflanzen und verursacht netzförmige Flecken auf der Saubohne und Blattflecken auf Klee, Luzerne und anderen Wirten. Dieser Pilz wird mit der Saat übertragen. Man findet ihn ebenfalls in größeren Mengen auf überwinternden, krautigen Sprossen zahlreicher Litoralpflanzen. Die große schwarzen, etwas abgeflachten Pseudothezien enthalten helle, sackähnliche, bitunicate Asci mit 8 gelblichbraunen, pantoffelförmigen, quer- und längsseptierten Ascosporen. (Abb. 215 A). Das Konidienstadium (*Stemphylium*) besitzt eine Anzahl von verwandten Arten mit Konidien, die sich morphologisch und größenmäßig voneinander unterscheiden (Simmons, 1969). Die Konidien bilden sich einzeln aus den angeschwollenen Spitzen der Konidiophoren, die apikal blasig aufgetrieben sind. Die sich entwickelnde Spore ist durch einen Porus mit der entsprechenden Konidiophore verbunden. Hughes (1953) nennt Konidien dieses Typs Porosporen (Abb. 215 D), allerdings ist auch der Begriff Porokonidium gebräuchlich (Ellis, 1971 a). Elektronenmikroskopische Untersuchungen (Carroll und Carroll, 1971) ergeben, daß die Konidienentwicklung blastisch ist und dabei die ganze Wand der Spitze der konidiogenen Zelle beteiligt ist. Die Cytoplasmaverbindung zwischen der konidiogenen Zelle und dem Konidium ist eng und von zwei Schichten verdicktem Wandmaterial umgeben. Die Konidien von *P. herbarum* bilden sich leicht in Kulturen, die mit langwelligem UV-Licht beleuchtet werden (Leach, 1968). Licht und niedrige Temperaturen stimulieren ebenfalls die Entwicklung der Pseudothezien (Leach, 1971). Der Pilz ist monözisch. Nach Meredith (1965 a) werden die Konidien aktiv von der Spitze der Konidiophore abgestoßen.

Pleospora infectoria bildet im Frühling auf Gras- und Getreidehalmen Pseudothezien mit kleinen Ascosporen. In Kultur genommen, bildet dieser Pilz verzweigte Ketten mit schnabelförmigen Sporen. Neue Sporen bilden sich an der Spitze der Kette (Abb. 216). Konidien dieses Typs gehören zu der Formgattung *Alternaria* und

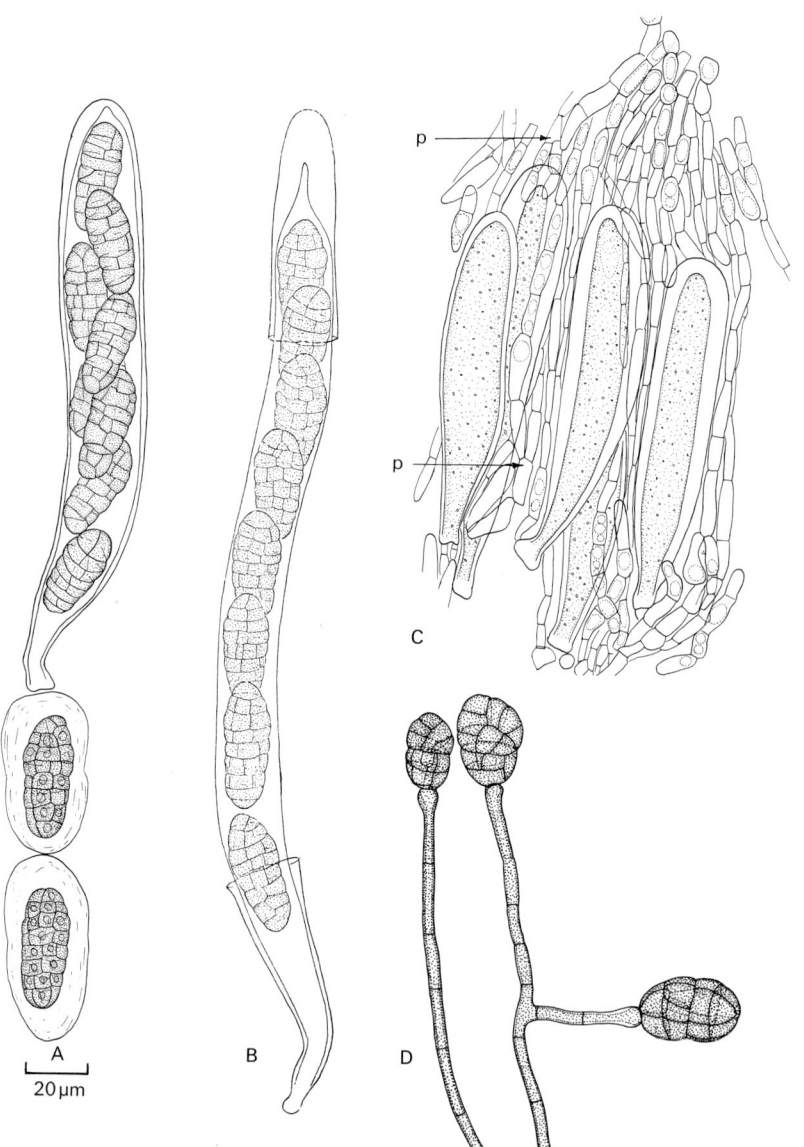

Abb. 215 A–D. *Pleospora herbarum.* **A** Ascus und Ascosporen mit schleimigem Epispor; **B** Gestreckter, bitunicaler Ascus mit aufgerissener äußerer Wand; **C** Sich entwickelnde Asci und Pseudoparaphysen. Die Pfeile (*p*) zeigen auf Verzweigungspunkte von hängenden und aufrechtstehenden Pseudoparaphysen; **D** Konidien des *Stemphylium*-Typs

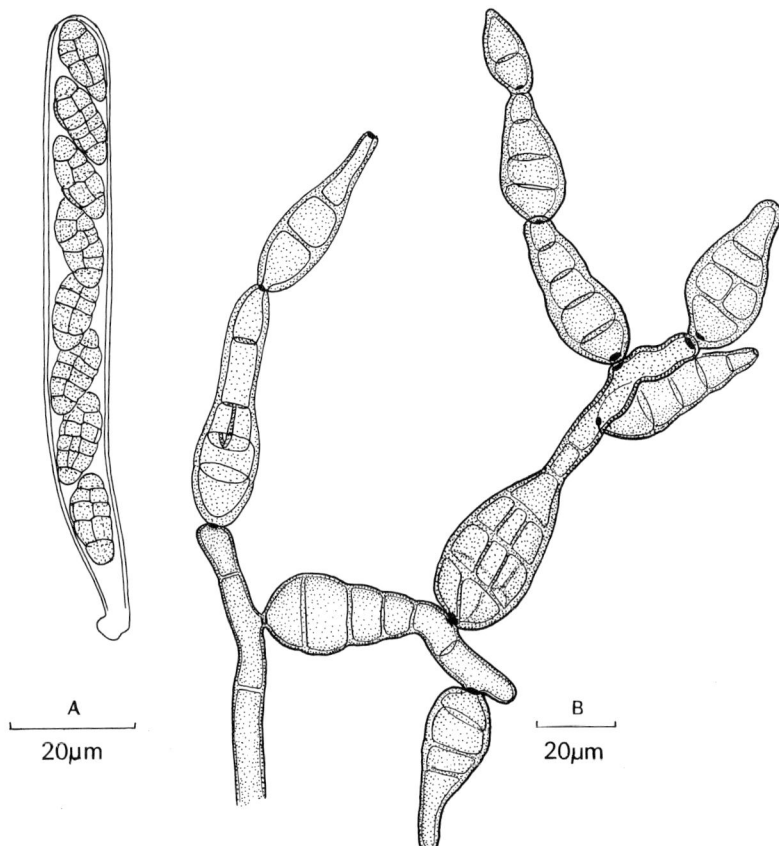

A
20μm

B
20μm

Abb. 216 A, B. *Pleospora infectoria.* **A** Ascus; **B** *Alternaria* Konidienstadium

sind ebenfalls Porokonidien. Im Spätsommer und Herbst sind in der Luft reichlich Sporen von *Alternaria* vorhanden. Sie können beim Einatmen Allergien hervorrufen (Hyde und Williams, 1946).

Sporormia (Abb. 217)

Pseudothezien von *Sporormia* findet man häufig auf Herbivorendung. Gelegentlich kann man diesen Pilz aus Erde isolieren. *S. intermedia* ist eine der häufigsten Arten mit dünnen, transparenten Perithezienwänden, durch die man die Asci erkennen kann (Abb. 217). Der Ascus besitzt eine klar erkennbare, doppelte Wand. Die äußere Wand dehnt sich nicht sehr leicht; schwillt der Ascus an, zerreißt sie und die dünne elastische, innere Wand dehnt sich beträchtlich. Die Spitze des Ascus durchdringt die Ostiole, dann werden die Sporen ausgeschleudert. Die Ascosporen von *S. intermedia* sind vierzellig und von einer Schleimhülle umgeben. Die Spore kann in einzelne Zellen zerfallen, von denen jede einzelne keimfähig ist. Die Sporenfreisetzung erfolgt nachts (Walkey und Harvey, 1966 b).

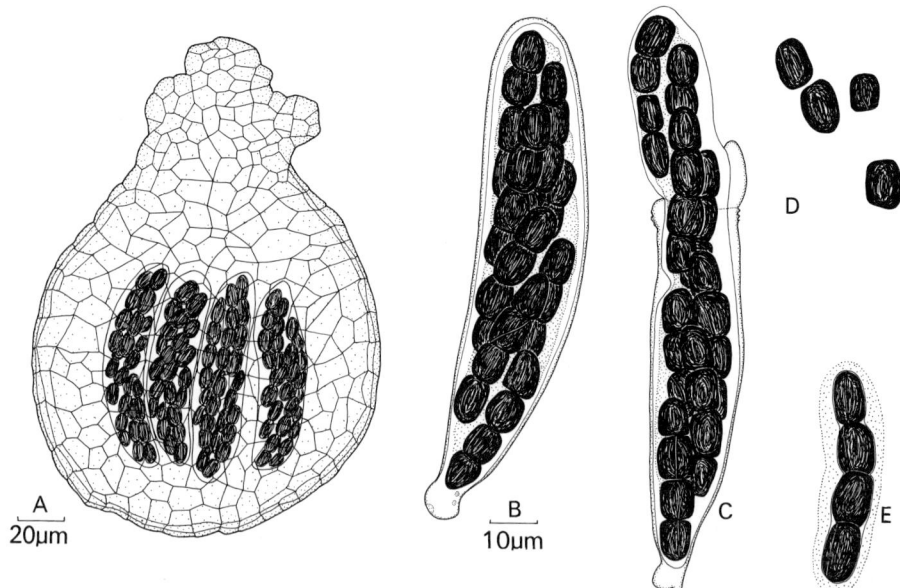

Abb. 217 A–E. *Sporormia intermedia.* **A** Pseudothezium mit Asci, sichtbar infolge der transparenten Wand; **B** Reifer, noch nicht gestreckter Ascus mit doppelter Wand; **C** Gestreckter Ascus mit aufgerissener äußerer und gedehnter innerer Wand; **D** Ascospore, in vier Zellbestandteile zerfallen; **E** Intakte Ascospore

Basidiomycotina (Basidiomycetes)

Zu dieser Gruppe gehören die meisten fleischigen Pilze, neben den Speisepilzen und Giftpilzen die Keulenpilze, Boviste, Stinkmorcheln, Erdsterne, Vogelnestpilze und Gallertpilze. Die meisten von ihnen sind Saprophyten, sie zersetzen Abfall, Holz oder Dung. Einige sind gefährliche Holzfäuleerreger, wie z. B. der Hausschwamm *Serpula lacrymans* (*Merulius lacrymans*) (Cartwright und Findlay, 1958). Einige mit Bäumen zusammenlebende Hutpilze bilden Mykorrhizen, eine Symbiosegemeinschaft (Harley, 1969) während andere gefährliche Parasiten sind, wie z. B. *Armillariella* (*Armillaria*) *mellea* (Hallimasch), der die verschiedensten Holz- und Krautpflanzen befällt und zerstört. Während die fleischigen Pilze im allgemeinen als giftig angesehen werden, so ist doch der größte Teil der Hutpilze harmlos. Neben dem Wildchampignon gibt es mehrere gute, eßbare Arten (Ramsbottom, 1953; Neuner, 1976). Zwei bedeutende Gruppen von Pflanzenpathogenen, die Rost-(Uredinals) und die Brandpilze (Ustilaginales), werden gewöhnlich den Basidiomycetes zugeordnet. In der Natur kommen diese Organismen nur auf lebenden Wirtspflanzen vor.

Das charakteristische Meiosporangium ist die Basidie. Im Gegensatz zu den endogenen Sporen des Ascus tragen die Basidien die Sporen exogen, gewöhnlich auf einer Sterigma genannten Ausstülpung. Die Anzahl der Sporen pro Basidie beträgt typischerweise vier, jedoch findet man auch häufig zweisporige Basidien. Bei *Phal-*

lus impudicus (Stinkmorchel) können bis zu 9 Sporen pro Basidie vorkommen. Die Struktur der Basidien ist sehr unterschiedlich. Ihre Form ist ein wichtiges Merkmal zur Klassifizierung. Bei den Hutpilzen und ihren Verwandten ist die Basidie eine einzelne, zylindrische Zelle, nicht durch Septen geteilt, sondern mit typischerweise vier Basidiosporen an der Spitze (Abb. 218). Solche Basidien werden **Holobasidien** genannt. Bei den Uredinales und Ustilaginales bildet sich die Basidie aus einer dickwandigen Zelle (Teleuto- oder Chlamydospore) und ist gewöhnlich durch 3 Quersepten in vier Zellen unterteilt. Die quergeteilten Basidien findet man auch bei den Auriculariaceae, hier entsteht die Basidie jedoch nicht aus Dauerzellen. Bei den Tremellaceae sind die Basidien in vier Zellen längsgeteilt. Dagegen ist sie bei den Dacrymycetaceae ungeteilt, gabelt sich allerdings ähnlich einer Stimmgabel in zwei Arme. Die geteilten Basidien werden auch **Phragmobasidien** (oder **Heterobasidien**) genannt. Einige dieser verschiedenen Basidientypen sind in Abb. 219 dargestellt.

Entwicklung der Basidien

Die Entwicklung einer Basidie soll am Beispiel eines Lamellenpilzes dargestellt werden. *Oudemansiella radicata* (= *Collybia radicata*) wächst z. B. auf alten Stümpfen von Laubbäumen (Abb. 218, 237 A). Die Basidie entsteht als terminale Zelle von einer Hyphe, aus der das Lamellengewebe auf der Unterseite des Fruchtkörperhutes hervorgeht. Die Basidien sind dicht zusammengedrängt und bilden eine fertile Schicht, das Hymenium. Eine Basidie ist zunächst dicht mit Cytoplasma angefüllt, bald entstehen jedoch mehrere kleine Vakuolen. Später bildet sich eine einzelne, große Vakuole an der Basis der Basidie. Durch die Vergrößerung dieser Vakuole wird das Cytoplasma zum Ende der Basidie gedrückt. An der Spitze ist eine durchscheinende Kappe zu erkennen. An dieser Stelle bilden sich die Sterigmen. Corner (1948) postuliert, daß in der Wand vier elastische Regionen vorhanden sein müssen, aus denen die Sterigmen entstehen. Nach seiner Auffassung kommt die Energie für die Bildung der Basidien und der Sporen aus der Vergrößerung der basalen Vakuole, die wie ein Kolben das Cytoplasma in die Sporen hineinpreßt. Reife Basidien enthalten deshalb sehr wenig Cytoplasma, aber eine große Vakuole (Abb. 218 E).

Die jungen Basidien sind zweikernig, in ihnen erfolgt die Karyogamie. Der Zygotenkern teilt sich sofort meiotisch. Es entstehen vier haploide Tochterkerne, die jeweils in eine Basidiospore gelangen. In einigen Basidien findet nach der Meiose eine Mitose statt, so daß einige Basidiosporen zweikernig sind. Während der Meiose können die Spindeln quer zur Längsachse der Basidie angeordnet sein. Solche Pilze sind **chiastobasidial**. Sind die Spindeln dagegen parallel zur Längsachse der Basidie angeordnet, dann spricht man von einem **stichobasidialen** Zustand. Die Lage der Teilungsebene kann als taxonomisches Kriterium gewertet werden. Die Cytologie der Basidien wird bei Raper (1966 a), Olive (1953, 1965), Kühner (1977) und Wells (1977) ausführlich besprochen.

Die Feinstruktur der Basidienentwicklung ist von mehreren Wissenschaftlern untersucht worden. Die Karyogamie löst die Entwicklung von Vesikeln des endoplasmatischen Retikulums aus, die vor der Karyogamie nur vereinzelt zu finden sind (Clemençon, 1969). Während der Meiose kann sich die Kernmembran auflösen (z. B. bei *Coprinus radiatus;* Lerbs, 1971) oder sie bleibt erhalten (z. B. bei *Agaricus bisporus;* Thielke, 1976). Bei *Coprinus radiatus* sammelt sich während der Meiose

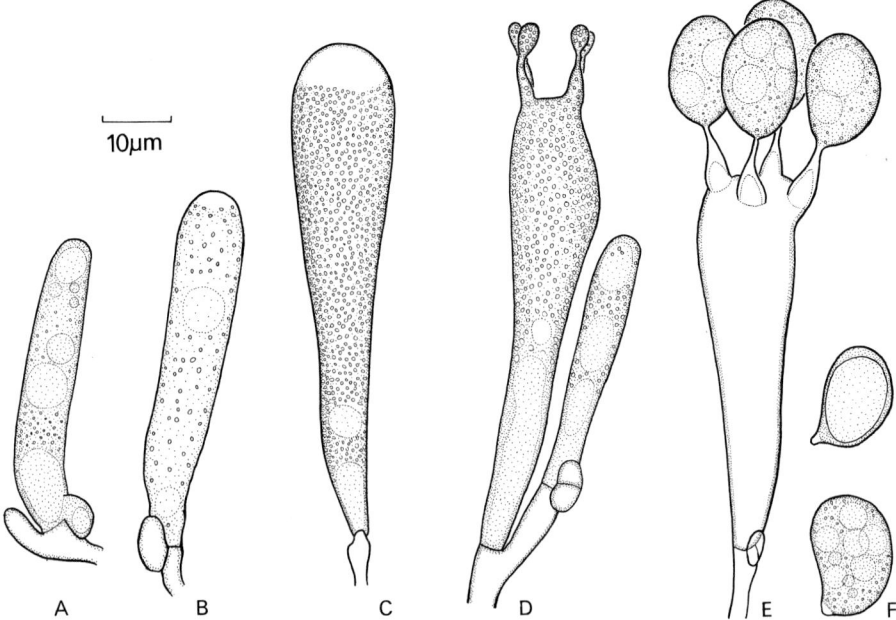

Abb. 218 A–F. *Oudemansiella radicata*. Stadien der Basidienentwicklung. **A** Junge Basidie mit zahlreichen Vakuolen. Man erkennt die Hakenverbindung an der Basis und die Bildung einer weiteren Basidieninitiale; **B** Späteres Stadium mit der Entwicklung einer durchscheinenden Apikalkappe; **C** Lokalisation von Vakuolen an der Basis der Basidie; **D** Entwicklung der Sterigmata und der Sporeninitialen. Man erkennt die Vergrößerung der basalen Vakuole; **E** Voll entwickelte Basidie. Die Sporen sind mit Cytoplasma angefüllt, während die Basidien stark vakuolisiert von einer dünnen Cytoplasmaschicht ausgekleidet sind; **F** Entlassene Basidiosporen

endoplasmatisches Retikulum innerhalb des Plasmalemmas an der Basidienwand an. Diese Ansammlung ist vergleichbar mit der der Ascusvesikel in sich entwickelnden Asci (Lerbs, 1971). Während der meiotischen Prophase erfolgt eine intensive Synthese von Membrankomplexen, die sich im oberen Teil der Basidie ansammeln. Das Wachstum der Sterigmen ist mit dem Spitzenwachstum der vegetativen Hyphen zu vergleichen (McLaughlin, 1973). Innerhalb der Sterigmen sind zahlreiche Vesikel zu erkennen, die Vorstufen für die Synthese von Wandmaterial in den sich entwickelnden Basidiosporen enthalten können. Die Bewegung der Kerne durch die Sterigmen in die Basidiosporen geschieht gleichzeitig mit der Bildung cytoplasmatischer und intranukleärer Mikrotubuli bei *Lentinus edodes* (Nakai und Ushiyama, 1978). Beim Einwandern strecken sich die Kerne. Dabei können Beschädigungen der Kernmembran auftreten, wenn intranukleäre Mikrotubuli durch die Kernhülle eindringen. Die cytoplasmatischen Mikrotubuli verbinden sich mit dem Centrosom, sobald dieses in die Basidiospore wandert.

Die Strukturvielfalt der Basidien wird zum Problem bei der Nomenklatur der verschiedenen Strukturteile. Talbot (1973a) schlägt Definitionen vor, die hier in vereinfachter Form übernommen werden.

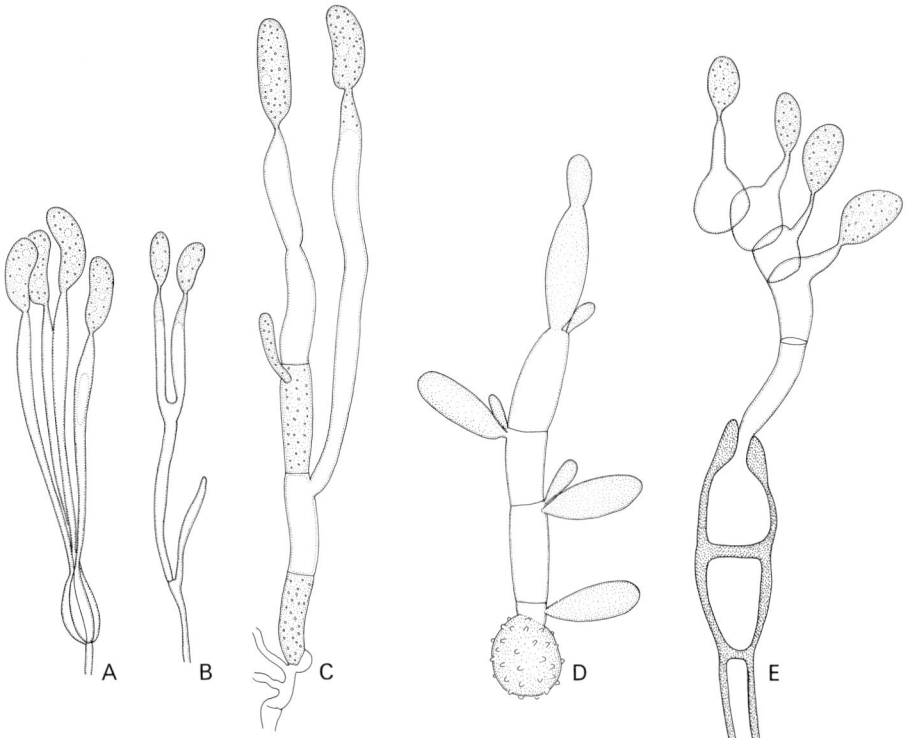

Abb. 219 A–E. Basidientypen. **A** Längsgeteilte Basidie von *Exidia glandulosa* (Tremellaceae); **B** Stimmgabelähnliche Basidie von *Calocera viscosa* (Dacrymycetaceae); **C** Quergeteilte Basidie von *Auricularia auricula* (Auriculariaceae); **D** Keimende Chlamydospore von *Ustilago avenae* (Ustilaginales); **E** Keimende Teleutospore von *Puccinia graminis* (Uredinales)

Basidie: eine Pilzzelle oder ein Organ mit Sporen, die sich nach der Karyogamie und Meiose terminal und einzeln als Ausstülpung der Zellwand gebildet hat ... Der Begriff umfaßt die Probasidie, die Metabasidie (und Pariobasidie, falls vorhanden) und die Sterigmen als Teil der gesamten, reifen Basidie.

Probasidie: der morphologische Teil oder das Entwicklungsstadium einer Basidie, in der die Karyogamie oder die Vergrößerung eines einzelnen haplo-parthenogenetischen Kerns erfolgt; d.h. die primäre Basidienzelle.

Metabasidie: der morphologische Teil oder das Entwicklungsstadium einer Basidie, in der die Meiose ... stattfindet. In den meisten Basidien ersetzt es die Probasidie, in einigen Basidien sind offensichtlich Reste der Probasidie als Sack, Cyste oder Stielzelle an der Basis der Metabasidie erhalten. Sie können durch ein Septum abgegrenzt sein. Der Metabasidie ist die *Pariobasidie* untergeordnet: der distale und funktionelle Teil der Metabasidie, in der bei einer reifen Basidie probasidiale Reste sichtbar sind, ist normalerweise das Ergebnis einer probasidialen Entwicklung in zwei Phasen.

Sterigma: eine Ausstülpung der Metabasidienwand, durch die ein oder mehrere Kerne von der Metabasidie in die sich entwickelnde terminale Basidiospore übertragen werden. Ein Sterigma besteht aus einem basalen, filamentösen oder aufgeblähten Teil, dem *Protosterigma*, und einer apikalen, sporentragenden Stelle, dem *Spiculum*.

Holobasidie: eine Basidie, deren Metabasidie nicht durch primäre Septen geteilt ist (d.h. Septen, die in direktem Zusammenhang mit der Kernteilung und der Trennung der Tochterkerne entstanden sind), aber manchmal zufällig septiert sein kann (d. h. es können sich Septen entwickeln, die sich unabhängig von der Kernteilung insbesondere im Zusammenhang mit der Veränderung der lokalen Cytoplasmakonzentration gebildet haben).

Phragmobasidie: eine Basidie, deren Metabasidie durch primäre Septen normalerweise kreuzweise oder quergeteilt ist.

Feinstruktur der Basidiosporen

Die Struktur sich entwickelnder und reifer Basidiosporen ist lichtmikroskopisch und mit dem Rasterelektronenmikroskop untersucht worden (Wells, 1965; Perreau-Bertrand, 1967; Clemençon, 1970; Pegler und Young, 1971; Kühner, 1973; Nakai und Ushiyama, 1974b; Nakai, 1975; siehe auch S. 75 und Abb. 38).

Die Wände der Sterigmen und der Sporenanlage sind miteinander verbunden, d. h. die Sporenanlage wird durch Aufblähen der Spitze des Sterigmas gebildet. Der Inhalt der sich vergrößernden Basidiosporenanlage ist cytoplasmatisch direkt mit dem Lumen des Sterigmas verbunden. Während der Sporenbildung werden die Wandschichten sukzessiv abgelagert. Sie stammen von zwei Membranen, die als interne Basidienschicht und externe Basidienhülle bekannt sind. Bei einigen Arten können bei reifen Sporen Reste dieser Membranen vorkommen (Abb. 38, siehe weiterer Text). Die erste auftretende Wandschicht ist das **Epispor**, die dickste und deutlichste Schicht, die auf der Innenseite der Spore direkt am Plasmalemma gebildet wird. Bei bestimmten Arten kann das Epispor die Bildung einer äußeren Schicht (**Exospor**) bewirken. Gegenüber der Anheftungsstelle können Epi- und Exospor dünner sein und so einen Keimporus bilden. Die letzte und innerste Wandschicht ist das **Endospor.** Im Bereich des Hilums (siehe Abb. 38 und 220) zieht sich das endoplasmatische Retikulum der Basidiospore zurück. Das Endospor unterbricht die Verbindung zwischen dem Sterigma und der Spore. Die Form der reifen Spore ist abhängig vom Turgor des Inhalts und der unterschiedlichen Härte der Wandschichten. Kugelige Basidiosporen, wie z. B. die von *Oudemansiella mucida* oder *Amanita vaginata,* entstehen durch eine Streckung der überall gleich elastischen Wandschichten. Häufig ist die Spore asymmetrisch, mit einer adaxialen oder dorsalen Seite, die weniger stark gewölbt ist als die abaxiale oder ventrale Seite. Wahrscheinlich ist dies auf die elastischere Eigenschaft der gewölbten Wand während der Entwicklung zurückzuführen (Abb. 38, 220). Bei vielen Basidiomycetes ist die Sporenwand nicht glatt, sondern mit Stacheln oder Einfaltungen, die meistens vom Exospor stammen, verziert. Die Spore kann farblos oder pigmentiert sein. Das Pigment kann im Cytoplasma oder im Epispor oder in beiden Strukturen vorkommen. Die Sporenform, -größe, -verzierung und -pigmentierung ist ein wichtiges Gattungs- oder Familienmerkmal. Bei einigen Basidiosporen ist die Spore von einer oder zwei weiteren Schichten, dem **Perispor** und dem **Ektospor,** umgeben. Das verschwindet meist in der frühen Sporenentwicklung. Bei *Coprinus* bleibt diese Schicht jedoch als nur leicht befestigte, farblose Schicht erhalten, die die Spore als perisporialer Sack umhüllt. Das Ektospor ist eine feine Membran, die lichtmikroskopisch kaum sichtbar ist und wahrscheinlich von der externen Basidienhülle stammt.

Der Mechanismus der Basidiosporenfreisetzung

Beobachtungen reifer Basidien ergaben, daß die einzelnen Sporen der Reihe nach aktiv von der Spitze des Sterigmas abgeschleudert werden. Der Begriff **Ballistospore**

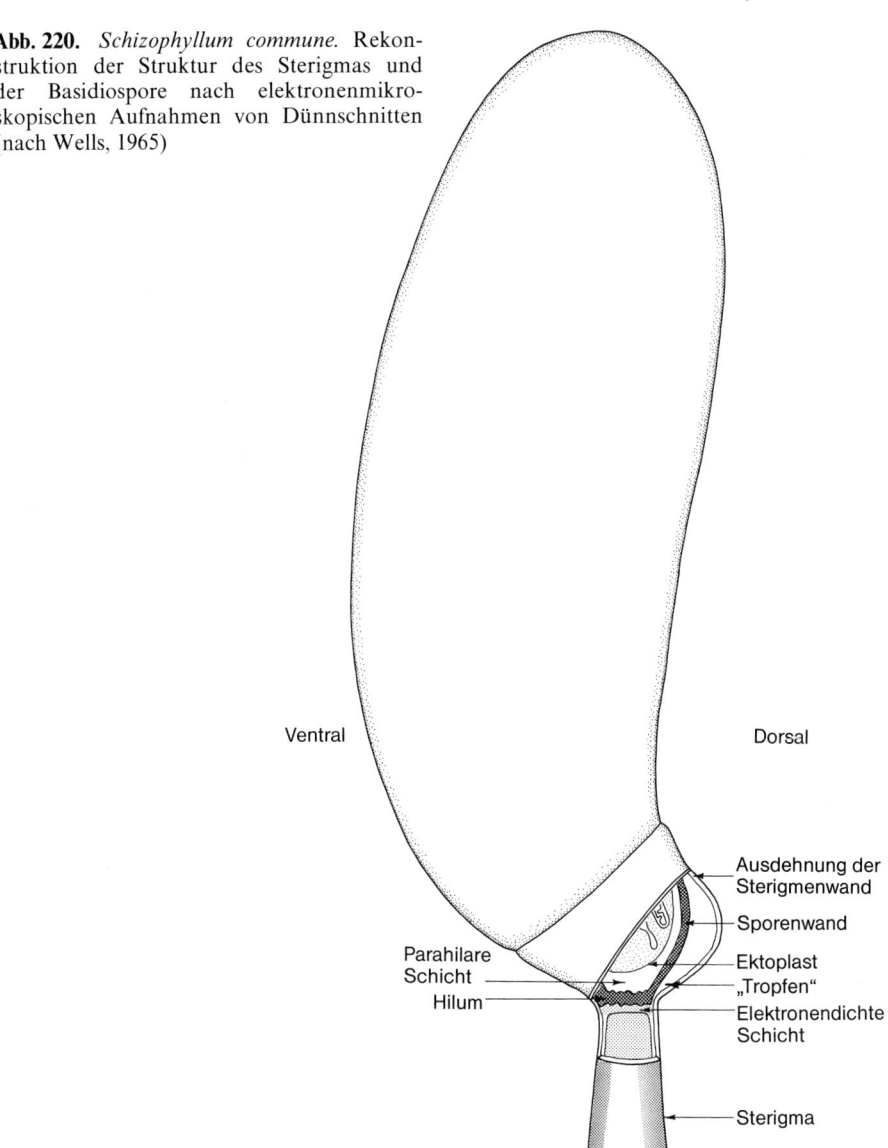

Abb. 220. *Schizophyllum commune.* Rekonstruktion der Struktur des Sterigmas und der Basidiospore nach elektronenmikroskopischen Aufnahmen von Dünnschnitten (nach Wells, 1965)

Ventral

Dorsal

Ausdehnung der Sterigmenwand

Sporenwand

Parahilare Schicht

Hilum

Ektoplast

„Tropfen"

Elektronendichte Schicht

Sterigma

wird für aktiv freigesetzte Sporen verwendet (Derx, 1948). Während die meisten Basidiosporen Ballistosporen sind, gehören einige, z. B. die der Gasteromycetes, nicht dazu. Diese nicht aktiv freigesetzten Sporen nennt man **Statismosporen.** Kurz vor der Freisetzung erscheint an der adaxialen Seite, wo die Sporen und das Sterigma verbunden sind, eine Anschwellung. Obwohl dies auch schon früher von anderen Wissenschaftlern beobachtet worden war, wies Buller (1909, 1922) besonders auf diese Struktur hin, so daß sie oft als ‚Bullerscher Tropfen' bezeichnet wird. Buller nahm an, daß dieser Tropfen zum größten Teil aus Wasser bestand. Heute weiß man jedoch, daß der Tropfen von einer Membran umgeben ist und aus einer sich aufblähenden Sterigmenwand bestehen kann. Elektronenmikroskopische Aufnahmen von dünnen Längsschnitten der Sterigmen mit Sporen bestätigen diese Ansicht (Wells, 1965) (Abb. 220). Über den Inhalt des Tropfens gibt es keine einheitlichen Meinungen. Nach Corner (1948), Müller (1954) und Wells (1965) enthält die Membran eine Flüssigkeit, während Olive (1964) annimmt, daß sie Gas enthält. Es gibt Beweise, daß der Tropfen Flüssigkeit enthält: er wird oft zusammen mit der Spore transportiert (Buller, 1922), die nach der Freisetzung von einer Flüssigkeit benetzt sein kann (Müller, 1954). Die Sporenfreisetzung erfolgt gelegentlich auch ohne sichtbaren Tropfen. Bei einigen Arten, z. B. bei dem Rostpilz *Cronartium ribicola*, hat man keinen Tropfen beobachtet (Bega und Scott, 1966). Es ist deshalb möglich, daß der Tropfen keine wichtige Funktion bei der Sporenfreisetzung hat. Für die Basidiosporenfreisetzung gibt es eine Anzahl von möglichen Mechanismen. Es ist durchaus möglich, daß mehrere dieser Mechanismen gleichzeitig wirksam sind.

1. *Abrundung turgeszenter Zellen:* In seinen Untersuchungen zur Sporenentwicklung des Rostpilzes *Gymnosporangium nidus-avis* beschreibt Prince (1943) ein flaches Septum, das quer über dem Hals des Sterigmas liegt. Bei der anschließenden Sporenfreisetzung hat das Hilum der Spore und das Ende des Sterigmas eine konvexe Form (Abb. 221). Deshalb wird die Basidiospore durch Abrunden der sekundären Wandschichten, die sich auf beiden Seiten des ursprünglichen Septums abgelagert haben, vom Sterigma weggeschleudert. Wells (1965) hat die Bildung eines flachen Septums, das durch Einstülpung von Wandmaterial entsteht, in elektronenmikroskopischen Aufnahmen von sich entwickelnden Basidien von *Schizophyllum commune* dargestellt (siehe Abb. 220). Nach der Freisetzung rundet sich die Spitze des Sterigmas ab, obwohl das Hilum der Spore flach bleibt. Nach Wells ist der Turgor innerhalb der Basidie für die Abschleuderung der Basidiosporen verantwortlich. Das abgerundete, papillenähnliche Hilum der Spore kann beim Rostpilz *Cronartium ribicola* nach der Freisetzung ebenfalls auf einen Abrundungsmechanismus zurückzuführen sein (Bega und Scott, 1966). Dieser Mechanismus kommt auch bei anderen Pilzen vor, z. B. bei den Sporangien einiger Entomophthorales, den Aecidiosporen von Rostpilzen und den Konidien einiger Fungi imperfekti. Buller (1909) hat diesen Mechanismus als erster für Basidiosporen vorgeschlagen und nennt ihn „stoßweises Abschleudern" im Gegensatz zum „spritzartigen Ausschleudern" der Ascomycetes.

2. *Druckstrahlabschleuderung:* Brefeld (1877) behauptet, daß die Basidiosporen von dünnen Flüssigkeitsstrahlen aus den Sterigmen abgeschleudert werden. Corner (1948) schließt sich dieser Meinung an. Es gibt folgende Einwände gegen diese Hypothese:

a) Es gibt keine nennenswerte Abnahme des Basidienvolumens während der Sporenfreisetzung (Buller, 1922).

b) Wenn die Sporen sukzessiv entlassen werden, muß zur Aufrechterhaltung des Basidienturgors die Sterigmenspitze sofort nach der Sporenfreisetzung verschlossen werden. Auf elektronenmikroskopischen Aufnahmen von Schnitten durch die Sterigmen nach der Sporenfreisetzung sind keine Poren zu erkennen (Wells, 1965; Bega und Scott, 1966).

3. *Oberflächenspannung:* Nach Buller (1922) besteht die Möglichkeit, daß die Oberflächenspannung eines Tropfens genügend Energie für die Sporenfreisetzung

enthalten kann. Ingold (1939) berechnete die Oberflächenspannung eines Tropfens unter der Annahme, es wäre Wasser, und fand heraus, daß darin mehr Energie vorhanden ist, als für die Sporenfreisetzung benötigt wird. Es wird jedoch nicht gesagt, wie diese Energie, die eine *potentielle Energie* ist, in die notwendige *kinetische Energie* übertragen werden kann, mit der die Sporenfreisetzung abläuft. Dieses Modell wurde nicht weiter unterstützt.

4. *Explosionsartige Freisetzung:* Olive (1964) untersuchte die Sporenfreisetzung bei der Spiegelhefe (*Sporobolomyces*) (wahrscheinlich ein Basidiomycet). Nach seiner Meinung enthält die Blase, die an der Verbindung des Sterigmas und der Spore entsteht, Gas, möglicherweise CO_2. Dies widerspricht Müllers (1954) Beobachtung

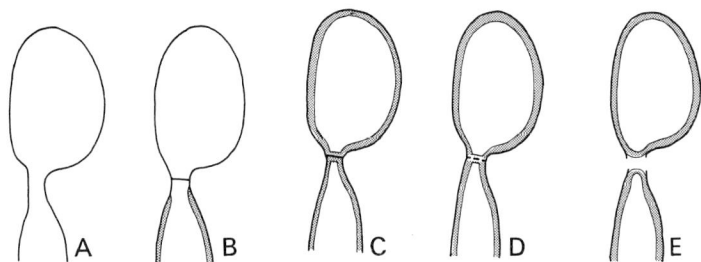

Abb. 221 A–E. *Gymnosporangium nidus-avis.* Basidiosporenbildung und -freisetzung (nach Prince, 1934). **A** Basidiospore, die ihre volle Größe erreicht hat; **B** Bildung der pirmären Querwand im Hals des Sterigmas; **C** Ablagerung der sekundären Wände auf jeder Seite der primären Wand; **D** Auflösen der Primärwand; **E** Vom Sterigma abgetrennte Spore, die sich durch Abrundung der beiden turgeszenten Sekundärwände gelöst hat

an *S. salmonicolor,* wo die Blase Flüssigkeit enthält. Olive glaubt, daß die Explosion der gashaltigen Blase die Spore vom Sterigma stößt. Für die Hypothese der Gasexplosion sprechen Experimente von Ingold und Dann (1968), die die Wirkung des äußeren Gasdruckes auf die Sporenfreisetzung bei *Schizophyllum* untersuchten. Die Anzahl der Sporen, die gegen einen Druck von 50 Atmosphären weggeschleudert wurden, war unbedeutend im Vergleich zu der Anzahl der Sporen, die bei atmosphärischem Druck weggeschleudert werden. Im Gegensatz dazu wird die Sporenfreisetzung bei *Entomophthora coronata*, die durch den Abrundungsmechanismus erfolgt, durch den äußeren Druck wenig beeinflußt. Weitere Bestätigungen der Vorstellung, daß die Blase Gas (und möglicherweise auch Flüssigkeit) enthalten kann, sind die Experimente von van Niel et al. (1972) an *Sporobolomyces holsaticus,* einem hefeähnlichen Pilz, der wahrscheinlich ein Badidiomycet ist. Diese Wissenschaftler beobachteten, daß sich die Spore kurz vor der Freisetzung auf das Sterigma senkt. Dies wird als Folge einer Schwächung der Befestigung der Spore am Sterigma gewertet. Diese Schwächung könnte durch enzymatische Hydrolyse der äußeren Wandschicht hervorgerufen werden. Diese auf das Sterigma sinkenden Sporen können mit Hilfe eines Mikromanipulators von der Spitze des Sterigmas entfernt werden. Sporen, die auf diese Weise von der Basidie abgelöst werden, können durch leichten Stoß von der Nadel unter Blasenbildung abgeschleudert werden. Schnitte durch freigesetzte Sporen zeigen in der Region des Hilums eine aufgerissene Wandschicht an der Stelle, an der sich vorher die Blase befand. In rasterelektronenmikroskopischen Aufnahmen von Basidiosporen von *Lentinus edodes* kann man ebenfalls oberhalb des Hilumappendix einen kreisförmigen Riß an der Wand erkennen (Nakai und Ushiyama, 1974 b). Eine Blase mit einem Radius von 2 μm und einem Gasdruck von 5 Atmosphären (über 500 kN/m²) ist notwendig, um eine Spore von *Sporobolomyces* über eine horizontale Entfernung von 100 μm wegzuschleudern. Wahrscheinlich sind für größere Basidiosporen noch höhere Drucke notwendig. Seitdem bekannt ist, daß die Sporenwand wahrscheinlich undurchlässig für Gase ist, haben van Niel und Mitarbeiter postuliert, daß das Gas plötzlich entsteht, und zwar nach der Mischung von zwei nicht gasförmigen Substanzen, die bis zur Sporenfreisetzung getrennt in der Spore vorhanden waren.

5. *Elektrostatische Abschleuderung:* Bringt man elektrostatisch aufgeladene Platten unter Basidiomycetenfruchtkörper, dann sammeln sich die meisten Sporen auf der einen oder der anderen Platte. Dies zeigt, daß die Sporen selbst elektrostatisch aufgeladen sind (Buller, 1909; Gregory, 1957). Man hat auch darauf hingewiesen, daß die elektrostatische Abschleuderung teilweise für die Freisetzung der Sporen verantwortlich sein kann. Savile (1965) glaubt, daß die Basidiosporen durch eine Gasexplosion freigesetzt werden, die von Olive vorgeschlagen wurde, und daß die elektrostatischen Kräfte bei der Schleuderrichtung eine Rolle spielen. Gegen diese Hypothese gibt es zwei Einwände:

a) Die Ladung ist wahrscheinlich zu gering, um die Spore weit genug seitlich abzulagern. Swinbank et al. (1964) stellten die Ladung für die Basidiosporen von *Serpula lacrymans* (Hausschwamm) fest. Danach ist es unwahrscheinlich, daß eine elektrostatische Aufladung beim Abschleudern der Sporen eine wichtige Rolle spielt.

b) Die Ladung der Spore ist wahrscheinlich für die Trennung vom Sterigma notwendig. Vor der Trennung hat die Spore und das Sterigma das gleiche Potential. Wenn die Spore die Ladung für die Trennung benötigt, dann benötigt das Sterigma gleichzeitig eine Ladung gleicher Größenordnung, nur mit anderem Vorzeichen. Wenn dann Spore und Sterigma entgegengesetzte Ladungen besitzen, stoßen sie sich gegenseitig ab.

Es gibt bis jetzt noch keinen allgemein anerkannten Mechanismus der Basidiosporenfreisetzung (siehe Ingold, 1971). Trotz der Beobachtungen, daß freigesetzte Sporen von einem Flüssigkeitstropfen umgeben sind, braucht man noch mehr überzeugende Beweise für die Existenz einer Gasblase, bevor die Hypothese einer Gasexplosion allgemein anerkannt wird. Untersuchungen der Feinstruktur von Sterigmen weiterer Basidiomycetes könnten den Sachverhalt klären. Bei vielen Basidiomycetes sind die Hymenien fast senkrecht und die Basidien waagerecht angeordnet. Die Sporen werden bei der Freisetzung nur ein kurzes Stück (normalerweise weniger als 1 mm) horizontal weggeschleudert, drehen sich dann plötzlich rechtwinkelig und fallen mit einer langsameren Endgeschwindigkeit nach unten. Die eigentümliche rechtwinkelige Bahn (Abb. 222) ist eine Folge des großen Verhältnisses von Oberfläche zu Volumen der Basidiosporen, das einen unverhältnismäßig hohen Luftwiderstand zur Folge hat. Diese Flugbahn wird von Buller (1909) als Sporabola bezeichnet. Die Form der Flugbahn wird noch ausführlicher von Ingold (1965) erläutert.

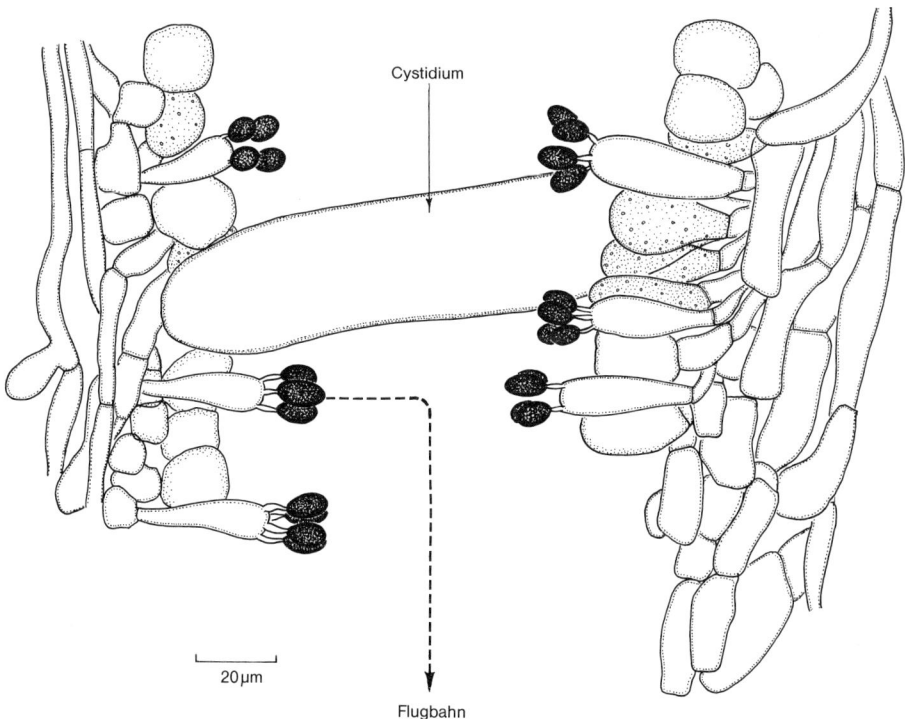

Cystidium

20 µm

Flugbahn

Abb. 222. *Coprinus atramentarius.* Vertikaler Schnitt durch eine Lamelle mit reifen Basidien und einem Cystidium, das von einer Lamelle zur anderen reicht. Der Pfeil zeigt die mögliche Flugbahn der Basidiosporen

Anzahl der Basidiosporen

Die Zahl der Basidiosporen eines Fruchtkörpers kann extrem groß sein. Man schätzt (Buller, 1909), daß der abgetrennte Hut des Champignons *Agaricus campestris* innerhalb von zwei Tagen $1,8 \times 10^9$ Sporen bildet, im Durchschnitt 40 Millionen pro Stunde. Schätzungen für einige andere Pilze sind in der nachfolgenden Tabelle aufgeführt.

Das Myzel all dieser Pilze ist perennierend. Ein einziges Myzel kann zahlreiche Fruchtkörper besitzen, so daß eine einzelne Basidiospore eine unendlich kleine Chance hat, erfolgreich ein fruktifizierendes Myzel zu bilden.

Die Struktur des Myzels

Bei der Keimung bilden viele Basidiosporen ein Myzel (das Primärmyzel), das zunächst vielkernig ist, aber später Septen ausbildet, die das Myzel in einkernige Segmente trennen. Die Septen des Primärmyzels haben einfache Querwände (Abb. 223 A). Die Kerne eines haploiden Myzels stammen von dem einen Kern ab, der in die Basidiospore gewandert ist, so daß alle Kerne normalerweise identisch oder **homokaryotisch** sind. Wenn jedes Segment eines Myzels einkernig ist, spricht man

Tabelle 5. *Anzahl der Sporen, die von bestimmten Basidiomycetes gebildet werden* (nach Buller, 1922)

	Gesamtzahl der Sporen	Zeitraum des Sporenfalls	Sporenfreisetzung pro Tag
Calvatia gigantea	7×10^{12}	–	–
Ganoderma applanatum	$5,46 \times 10^{12}$	6 Monate	3×10^{10}
Polyporus squamosus	5×10^{10}	14 Tage	$3,5 \times 10^{9}$
Agaricus campestris	$1,6 \times 10^{10}$	6 Tage	$2,6 \times 10^{9}$
Coprinus comatus	$5,2 \times 10^{9}$	2 Tage	$2,6 \times 10^{9}$

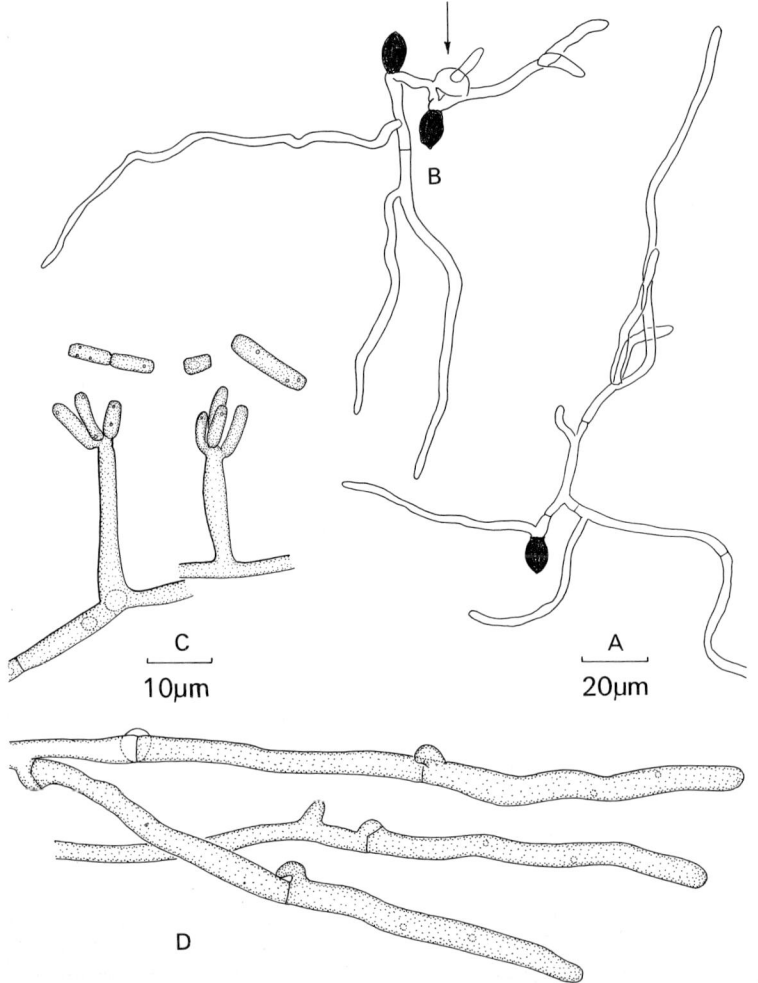

Abb. 223 A–D. *Coprinus cinereus.* **A** Basidiospore 24 Stunden nach der Keimung. Man erkennt Hyphen ohne Schnallen; **B** Zwei Basidiosporen mit Verschmelzung der Keimschläuche (Pfeil); **C** Oidien, gebildet auf einem monokaryotischen Myzel; **D** Dikaryotisches Myzel mit Entwicklungsstadien der Hakenbildung. **A** und **B** im gleichen Maßstab. **C** und **D** im gleichen Maßstab

von einem **Monokaryon** (Jinks und Simchen, 1966). Bei den meisten Basidiomycetes fruktifizieren die homokaryotischen Myzelien nicht. Vor der Fruktifizierung müssen zwei Homokaryen unterschiedlichen Kreuzungstyps (siehe unten) fusionieren. Wenn sich zwei compatible homokaryotische Myzelien berühren, lösen sich die Trennwände auf und das Cytoplasma vermischt sich. Anschließend erfolgt die Kernwanderung. Obwohl zu diesem Zeitpunkt die Plasmogamie stattfindet, wird die Kernverschmelzung oder Karyogamie verzögert. Es bildet sich ein Myzel mit zweikernigen Segmenten, von denen jedes Segment zwei genetisch unterschiedliche (d. h. compatible) Kerne enthält. Dieses Myzel wird Sekundärmyzel genannt und ist **dikaryotisch** (genauer ein **heterokaryotisches Dikaryon**). Die zwei Kerne einer jeden Zelle des Dikaryons teilen sich gewöhnlich simultan. Diese Kernteilung nennt man **konjugierte Teilung.** In vielen Fällen besitzen die dikaryotischen Myzelien an jedem Septum eine charakteristische seitliche Ausbuchtung, die als **Schnalle** bezeichnet wird (Abb. 223, 224). Myzelien mit Schnallen sind in jedem Falle dikaryotisch, wäh-

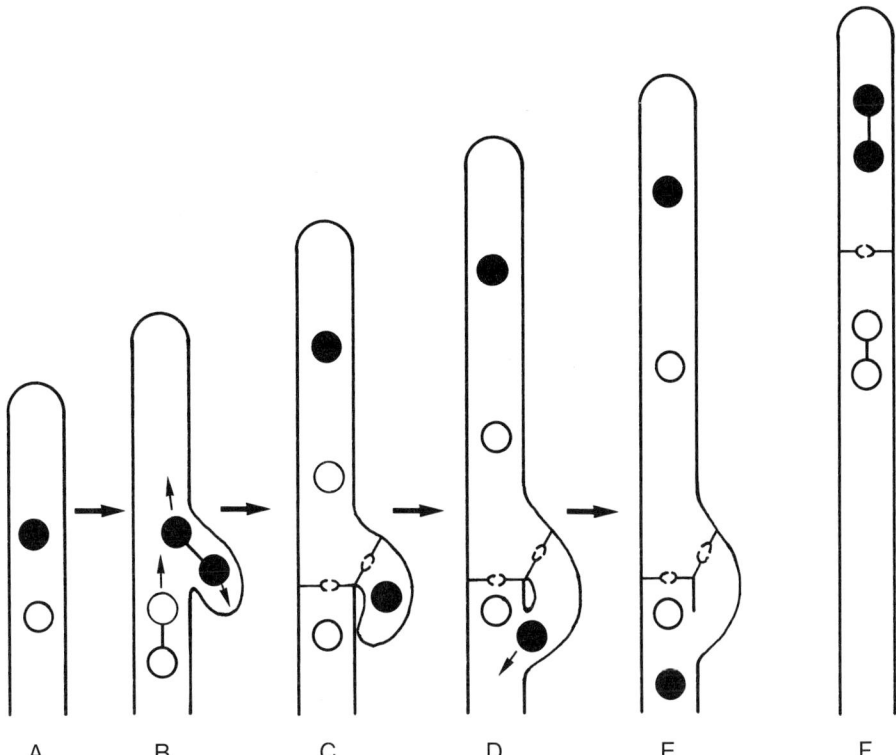

A   B   C   D   E   F

Abb. 224 A–F. Schematische Darstellung der Schnallenbildung. **A** Eine dikaryotische Hyphenspitze; **B** Simultane Kernteilungen und Bildung einer nach hinten gerichteten, seitlichen Verzweigung, in die einer der zwei Tochterkerne einwandert; **C** Bildung von zwei Querwänden, die die terminale Zelle mit zwei compatiblen Kernen abtrennt; seitliche Verzweigung mit einem einzelnen Kern; **D** Verschmelzung der seitlichen Verzweigung mit der subterminalen Zelle, die jetzt dikaryotisch ist; **E** Späteres Stadium; **F** Hypothetische Kernteilung und Segmentierung in eine dikaryotische Hyphe ohne Schnallenbildung. Man erkennt, daß die Hyphenspitze homokaryotisch würde

rend das Gegenteil nicht richtig ist: es gibt nämlich zahlreiche Pilze, bei denen das dikaryotische Myzel keine Schnallen aufweist. Dies ist meist bei Hyphen der Fall, die den Fruchtkörper bilden (Furtado, 1966). Durch den Vorgang der Schnallenbildung wird sichergestellt, daß im Dikaryon jedes Segment zwei genetisch verschiedene Kerne erhält. Ohne Schnallenbildung oder bei Abwesenheit anderer Mechansimen, die eine konjugierte Kernteilung sicherstellen, würde sich das dikaryotische Myzel entmischen und homokaryotische Sektoren bilden (siehe Abb. 224). Einige Wissenschaftler sehen in den Schnallen der Basidiomycetes eine homologe Struktur zu den Haken an der Spitze der ascogenen Hyphen bei den Ascomycetes. Sie schließen daraus, daß die Basidiomycetes von den Vorfahren der Ascomycetes abstammen (Teixeira, 1962; Gäumann, 1964; Olive, 1965; Raper und Flexer, 1971). Anhand von Fossilien kann man erkennen, daß Schnallenbildungen schon im Karbon vorkamen (Dennis, 1970).

Die Feinstruktur der Basidiomycetensepten ist komplexer als die der Ascomycetes. Die Feinstruktur der Septen ist nämlich nur unter großen Schwierigkeiten mit dem Lichtmikroskop zu erkennen. Sowohl bei den mono- als auch bei den dikaryotischen Myzelien ist jedes Septum von einem schmalen Septenporus, 0,1 bis 0,2 μm weit, durchbrochen und von einer tonnenförmigen Verdickung umgeben (siehe Abb. 225, nach Bracker und Butler, 1963). Diesen Septentyp findet man bei zahlreichen Basidiomycetes (Auriculariaceae, Tremellaceae, Aphyllophorales, Agaricales) aber nicht bei den Ustilaginales und Uredinales. Dieser Typ ist als **dolipores Septum**

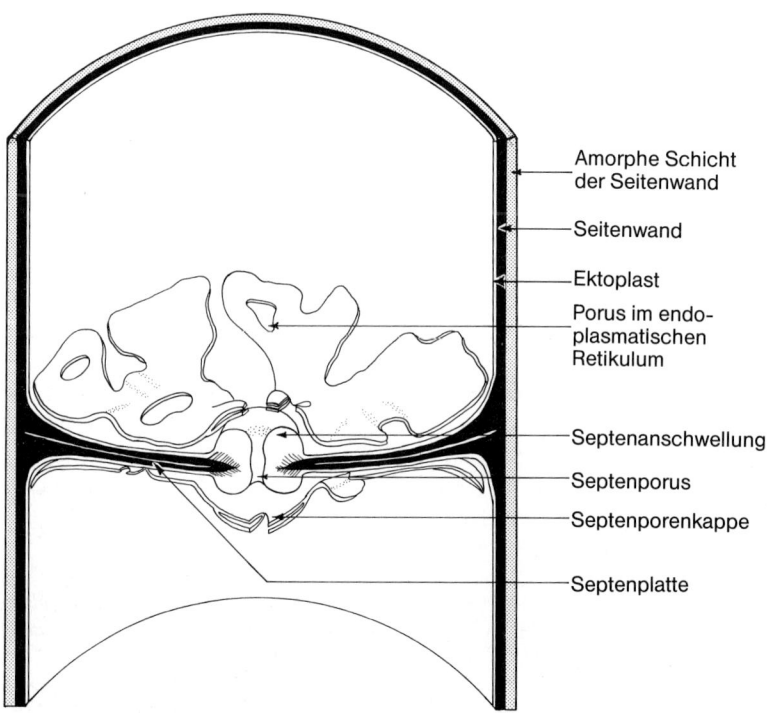

Amorphe Schicht der Seitenwand

Seitenwand

Ektoplast

Porus im endoplasmatischen Retikulum

Septenanschwellung

Septenporus

Septenporenkappe

Septenplatte

Abb. 225. *Rhizoctonia solani.* Feinstruktur des Septums eines Basidiomyceten (nach Bracker und Butler, 1963)

bekannt (Moore und McAlear, 1962; Moore, 1965, 1975; Moore und Marchant, 1972; Thielke, 1972; Ellis et al. 1972). Der Septenporus ist von einer perforierten Kappe (eine Ausstülpung des endoplasmatischen Retikulums) überwölbt. Diese Kappe nennt man **Parenthosom** oder Porenkappe. Trotz dieser Barriere gibt es eine cytoplasmatische Kontinuität zwischen den Nachbarzellen. Innerhalb des Septenporus von *Rhizoctonia* hat man nämlich Organellen (wie z. B. Mitochondrien) beobachtet (Bracker und Butler, 1964). Bei *Polyporus rugulosus* ist die Perforation der Porenkappe jedoch zu klein, um Mitochondrien passieren zu lassen (Wilsenach und Kessel, 1965). Es gibt einige Unterschiede in der Struktur der doliporen Septen in den verschiedenen Teilen eines Myzels oder eines Fruchtkörpers. Bei *Agaricus bisporus* z. B. befinden sich im Zentralkanal des Doliporus, der die Basidie von der dahinter liegenden Zelle trennt, zwei äußere Wölbungen und eine in der Mitte liegende Membran, die einen direkten cytoplasmatischen Kontakt zwischen den beiden Zellen verhindert (Thielke, 1972). Bei den subhymenialen Zellen (d. h. den Zellen, die direkt unter der Basidienschicht liegen) von *Agrocybe praecox* ist das Parenthosom von einer hemisphären Kappe aus fibrillärem Material auf der Außenseite bedeckt, d. h. auf der Seite des Septums, die nicht der Basidie zugewandt ist. Möglicherweise hat diese äußere Kappe die Funktion, die Basidie von den übrigen Zellen des Fruchtkörpers zu trennen (Gull, 1976). Die Wanderung der Kerne von einer Zelle zu anderen ist mit der Auflösung des komplexen doliporen Apparates verbunden (Giesy und Day, 1965; Janszen und Wessels, 1970).

Die Zellwände der meisten bisher untersuchten Basidiomycetes bestehen aus Chitinmikrofibrillen und Glucanen mit 1,3 und 1,6-β-D glykosidischen Bindungen (Aronson, 1965; Scurfield, 1967; Bartnicki-Garcia, 1968, 1973; Hunsley und Burnett, 1970; Wessels et al. 1972).

Fortpflanzungssysteme bei den Basidiomycetes

Ungefähr 10% der untersuchten Basidiomycetes sind monözisch und selbstfertil (compatibel) (Raper, 1966 a). Man kann hier drei Typen unterscheiden:

1. *Primäre Selbstfertilität:* Bei *Coprinus sterquilinus* keimt eine einzelne Basidiospore zu einem Myzel aus, das bald in zweikernige Segmente gegliedert ist und an den Septen Schnallen besitzt. Die beiden Kerne in jeder Zelle sind genetisch identisch. Dieses Myzel kann Fruchtkörper bilden.

2. *Sekundäre Selbstfertilität:* Bei *Coprinus ephemerus* f. *bisporus* tragen die Basidien nur zwei Sporen, die jedoch heterokaryotisch sind. Nach der Meiose wandern je zwei Kerne in jede Spore. Darauf kann eine postmeiotische Mitose folgen. Während der Keimung keimt eine einzelne Spore zu einem dikaryotischen Myzel aus, das fruktifizieren kann. Gelegentlich entstehen aus Sporen Myzelien ohne Schnallenbildung, die nicht fruktifizieren. Werden jedoch diese Myzelien in bestimmten Kombinationen miteinander gepaart, dann fruktifizieren sie und zeigen, daß der Pilz im Grunde genommen incompatibel ist. Dieser Fortpflanzungsmechanismus entspricht dem einiger viersporiger Ascomycetes, wie z. B. *Podospora anserina* (Seite 309, Abb. 171). Es kommt ferner bei einer Reihe anderer zweisporiger Basidiomycetes (Raper, 1966 a), wie z. B. beim Kulturchampignon (*Agaricus bisporus*), vor. Obwohl die meisten Basidien zwei Sporen tragen, gibt es auch viersporige Basidien. Einzelsporkulturen von viersporigen Basidien bilden in Kreuzungen bei bestimm-

ten Kombinationen fruktifizierende Myzelien. Nach Miller (1971) und Raper et al. (1972) ist dafür ein bipolarer Mechanismus verantwortlich.

3. *Nicht klassifiziertes Selbstfertilität:* Beim viersporigen Feldchampignon (*Agaricus campestris*) kann ein Myzel aus einer einzelnen Spore fruktifizieren. In diesem Falle findet eine Karyogamie in der Basidie statt, anschließend erfolgen zwei Kernteilungen, wahrscheinlich eine Meiose. Gepaarte Kerne, konjugierte Kernteilungen und Schnallen wurden jedoch nicht beobachtet. *Armillariella mellea* (= *Armillaria mellea*) ist eine andere Art, deren Entwicklungszyklus schwer zu deuten ist. Die meisten Zellen des Myzels sind monokaryotisch und es gibt keine Anhaltspunkte für Schnallenbildung im Myzel oder in den Rhizomorphen (siehe S. 56). Die Fruchtkörperanlagen entstehen aus monokaryotischen Rhizomorphen. Die Zellen der jungen Anlagen sind ebenfalls monokaryotisch. Die das Lamellengewebe bildenden Zellen sind jedoch dikaryotisch. Diese dikaryotischen Hyphen besitzen Schnallen, während z. B. die monokaryotischen Zellen des Stieles und der Kappe keine Schnallen bilden. Aus dem Kernvolumen mono- und dikaryotischer Zellen kann geschlossen werden, daß die Kerne monokaryotischer Zellen diploid und die der dikaryotischen Zellen haploid sind. Man vermutet, daß während der Bildung der Lamellenanlage die diploiden Kerne durch einen unbekannten Mechanismus haploidisiert werden. In den Basidien findet die Karyogamie und die Meiose statt. Jedes Meioseprodukt wandert in eine Basidiospore. In der Spore teilt sich der Kern mitotisch. Ein Tochterkern jeder Spore wandert in die Basidie zurück und degeneriert (Tommerup und Broadbent, 1974; Korhonen und Hintikka, 1974; Ullrich und Anderson, 1978). Die Rückwanderung der Kerne in die Basidie und die darauf folgende postmeiotische Kernteilung werden auch bei anderen Hymenomycetes, wie z. B. *Boletus* (Duncan und Galbraith, 1972), beschrieben.

Die verbleibenden 90% der Basidiomycetes sind monözisch und incompatibel. Hier unterscheidet man drei verschiedene Mechanismen.

1. *Bipolar:* In Arten wie *Coprinus comatus* (Schopftintling) und *Piptoporus betulinus* (Birkenporling) entstehen in Kreuzungen von Einzelspormyzelien, die von irgendeinem Fruchtkörper stammen, in der Hälfte aller Kombinationen Dikaryen. Diese Erscheinung kann durch die Wirkung eines einzigen Gens mit zwei Allelen erklärt werden. Die Trennung der zwei Allele im Verlauf der Meiose stellt sicher, daß jede Spore nur ein Allel besitzt. Dikaryen werden nur zwischen Monokaryen mit verschiedenen Allelen des Incompatibilitätslocus gebildet. Es ist bekannt, daß in einer Population von Fruchtkörpern, die in einer größeren Region gesammelt wurden, zahlreiche Allele des Incompatibilitätslocus (siehe unten) vorkommen können. Ungefähr 25% der untersuchten Basidiomycetes sind bipolar. Die Uredinales und die meisten Ustilaginales besitzen dieses Incompatibilitätssystem.

2. *Tetrapolar:* In Arten wie *Coprinus cinereus* (oft auch *C. lagopus* genannt) und *Schizophyllum commune.* Kreuzt man monospore Myzelien, die von einem einzigen Fruchtkörper stammen, entstehen nur in einem Viertel der Kreuzungen fertile Dikaryen. Dieser Incompatibilitätsmechanismus wird durch zwei Faktoren (A und B genannt) kontrolliert, die in mehreren allelen Konfigurationen auftreten können. Eine sexuelle Verträglichkeit liegt nur vor, wenn die Monokaryen für die beiden Faktoren verschiedene Allele tragen, z. B. $A_1B_1 \times A_2B_2$. Auf diese Weise entstehen Dikaryen ($A_1B_1 + A_2B_2$), die nach der Meiose vier Typen von Sporen bilden: A_1B_1, A_2B_2 (Parentaltypen) und A_2B_1 und A_1B_2 (Rekombinationstypen). In den meisten

untersuchten Fällen ist das Verhältnis der vier Typen gleich. Dies zeigt, daß die A-und B-Faktoren nicht gekoppelt sind, sondern auf verschiedenen Chromosomen liegen. Das Ergebnis der Kreuzungen der vier verschiedenen Typen monokaryotischer Myzelien ist in der Tabelle 6 dargestellt.

Tabelle 6. Kreuzungsverhalten der vier monokaryotischen Myzeltypen bei einem tetrapolaren Basidiomyceten. Es bedeutet: + Bildung eines dikaryotischen Schnallenmyzels

	A_1B_1	A_2B_2	A_2B_1	A_1B_2
A_1B_1	–	+	–	–
A_2B_2	+	–	–	–
A_2B_1	–	–	–	+
A_1B_2	–	–	+	–

Bei gleichen Allelen von einem oder beiden Faktoren ist die Kreuzung nicht fertil. Deshalb beträgt die Inzuchtrate bei Sporen beliebiger Fruchtkörper nur 25% bei tetrapolaren Formen im Vergleich zu 50% bei bipolaren Formen (siehe oben).

Sowohl bei *Schizophyllum* als auch bei *C. cinereus* ist eine Einzelspore von einem Fruchtkörper mit einem Viertel der Sporen des gleichen Fruchtkörpers compatibel. Kreuzt man Sporen verschiedener Fruchtkörper, dann entstehen zu fast 100% fertile Kreuzungen. In diesem Falle wird das Fortpflanzungsverhalten nicht nur durch zwei Allele von A und B bestimmt, sondern durch eine in der Population vorkommende große Zahl von Allelen, die man als $A_1A_2A_3 \ldots A_n$ bzw. $B_1B_2B_3 \ldots B_n$ bezeichnet. Die vier möglichen Sporentypen eines Fruchtkörpers $[A_3B_3 + A_4B_4]$ sind mit allen Sporen des Fruchtkörpers $[A_1B_1 + A_2B_2]$ compatibel, da die Partner verschiedene Incompatibilitätsfaktoren haben. Inzuchtkreuzungen wären deshalb nur zu 25%, Fremdzuchtkreuzungen jedoch zu fast 100% erfolgreich.

Untersuchungen zur Anzahl der A und B Allele bei einer weltweit durchgeführten Sammlung von 57 Proben von *Schizophyllum commune* ergaben 96 A-Faktoren und 56 B-Faktoren (Raper, Krongelb und Baxter, 1958). Extrapoliert man diese Ergebnisse, dann erhält man für die auf der Welt vorkommende Population von *S. commune* 339 (217 zu 562) A-Faktoren und 64 (53 zu 79) B-Faktoren (Raper, 1966a). Eine spätere Schätzung ergibt 450 A-Faktoren und 90 B-Faktoren (Raper und Flexer, 1971). Für *C. cinereus* schätzte man 164 A-Faktoren und 79 B-Faktoren (Day, 1963). Ähnliche Zahlen wurden für andere tetrapolare Hymenomycetes ermittelt. Die Anzahl der Allele für die Gasteromycetes wird sehr viel niedriger eingeschätzt (z.B. *Cyathus striatus*, 4 A- und 5 B-Faktoren; *Crucibulum vulgare*, 3 A- und ungefähr 16 B-Faktoren). Man nimmt an, daß die geringen Zahlen für die Incompatibilitätsfaktoren mit der besonderen Verbreitungsmethode der Basidiosporen innerhalb der Peridiolen zusammenhängen (Whitehouse, 1949b).

Bei der großen Zahl von Allelen bei *Schizophyllum* erhebt sich die Frage nach der Struktur und der Funktion der Incompatibilitätsfaktoren. Kreuzt man bestimmte Stämme miteinander, dann können in der Nachkommenschaft „neue" Allele entstehen. Kreuzt man diese „neuen" Stämme untereinander, so können wieder Parentalallele auftreten. Daraus schließt man, daß der A-Faktor bei *Schizophyllum* aus zwei gekoppelten Genen (a und β) besteht, wobei jedes Gen eine Reihe von Allelen besitzt. Aufgrund dieses Modells kann man annehmen, daß z. B. A_1 die Gene α_1-β_1 und A_2 die Gene α_2-β_2 trägt. Rekombination innerhalb des A-Faktors führt zu α_1-β_2 und α_2-β_1, die sich tatsächlich wie „neue" Kreuzungstypfaktoren verhalten. Um die große Zahl von A-Faktoren erklären zu können, müssen 9 verschiedene Allele für das A_α- und ungefähr 50 verschiedene Allele für das A_β-Gen postuliert werden (Raper, 1966 b; Raper und Flexer, 1971). Der ‚B'-Faktor besteht ebenfalls aus zwei eng gekoppelten Genen, B_α und B_β, von denen jedes schätzungsweise 9 Allele besitzt (Koltin et al. 1967; Parag und Koltin, 1971; Stamberg und Koltin, 1973). Funktionell bilden die α und β Gene jedes Faktors eine Einheit, nämlich $A_1 B_1$ oder allgemein A_x bzw. B_x. Fulton (1950) arbeitete mit *Cyathus stercoreus*. Er schrieb dem A-Faktor die Bildung der Schnallen zu, da die Schnallenbildung nur auftrat, wenn dieser Faktor heterozygot war. Der B-Faktor kontrolliert die Kernwanderung. Diese findet nur statt, wenn die gekreuzten Myelien verschiedene B-Allele haben. Die gleichen charakteristischen Funktionen der A- und B-Faktoren wurden bei anderen tetrapolaren Basidiomycetes nachgewiesen, auch für *S. commune* und *S. cinereus* (Raper, 1966a; Fincham und Day, 1971).

Bis jetzt ist unklar, warum der hohe Spezifizierungsgrad der großen Allelenzahl der zwei Faktoren notwendig ist. Hypothesen dazu werden von Raper (1966a), Dick (1965) und Parag (1965) diskutiert.

Früher hat man angenommen, daß es für die Bildung der Fruchtkörper ausreichend ist, wenn aufgrund der Verträglichkeit der Incompatibilitätsfaktoren ein Dikaryon gebildet wird und das Einsetzen der Fruchtkörperbildung nur von Außenbedingungen abhängig ist. Aus Untersuchungen des Südlichen Schüppling (*Agrocybe aegerita*) (Meinhardt und Esser, 1981) weiß man, daß diese Bedingungen nicht ausreichend sind, sondern daß für den Übergang vom Myzelwuchs zur Bildung von plektenchymatischen Fruchtkörpern ein Schwellengen verantwortlich ist. Dieses wurde s_u genannt, weil es in seiner aktiven Form s_u^+ als Suppressor wirkt und jede Fruchtkörperbildung unterbindet. Für die Ausdifferenzierung der Fruchtkörper sind weitere Gene (f_i^+, f_b^+) notwendig. f_i^+ ermöglicht die Bildung von Fruchtkörperanlagen, f_b^+ ist für die Bildung der Fruchtkörper verantwortlich. Nur wenn alle drei Erbfaktoren s_u, f_i^+, f_b^+ in einfacher Dosis (in einem oder auf beiden Kernen des Myzels verteilt) vorhanden sind, entstehen normale Fruchtkörper (Abb. 226). Mit Hilfe dieser Befunde lassen sich auch früher beobachtete Verhaltensweisen an *Psathyrella coprobia* (Jurand und Kemp, 1973) erklären, die zusätzlich zu den Incompatibilitätsfaktoren ein weiteres Gen (C) für die Ausbildung der Fruchtkörper besitzen.

Oidien

Einige Hymenomycetes vermehren sich mit Hilfe von Oidien, die auch der Fortpflanzung dienen können (Brodie, 1936). Sie kommen selten bei den compatiblen Monözisten vor (Kemp, 1975 b). Es gibt zwei Haupttypen von Oidien, „nasse" und „trockene". *Coprinus cinereus* besitzt Oidien des „nassen" Typs, die von Monokaryen an besonderen, aufrechten Oidiophoren gebildet werden (Abb. 223). Mehrere Oidien werden an der Spitze der Oidiophore gebildet und verschmelzen zu einer klebrigen Kugel. Die Oidien werden von Insekten verbreitet (Brodie, 1931, 1932). Sie sind zylindrisch, einkernig und glattwandig (Heintz und Niederpruem, 1970).

Psathyrella coprophila bildet ebenfalls nasse Oidien. Die Oberfläche des Oidiums ist durch zahlreiche fädige Anhänge vergrößert (Abb. 227) und von einer Kapsel umschlossen, die wahrscheinlich aus Mucopolysacchariden besteht (Jurand und Kemp, 1972). Trockene Oidien bilden sich gewöhnlich als Ketten von zylindrischen Arthrokonidien (Abb. 227). Oidien dieses Typs wurden für Monokaryen von *Corpinus micaceus* und *Clitocybe truncicola* beschrieben. „Trockene" Oidien entstehen an Mono- und Dikaryen bei *Flammulina velutipes* und an Dikaryen bei *Peniophora gigantea* (Abb. 227). Das Vorkommen von Oidien bei Dikaryen deutet darauf hin, daß sie hier zur asexuellen Fortpflanzung dienen.

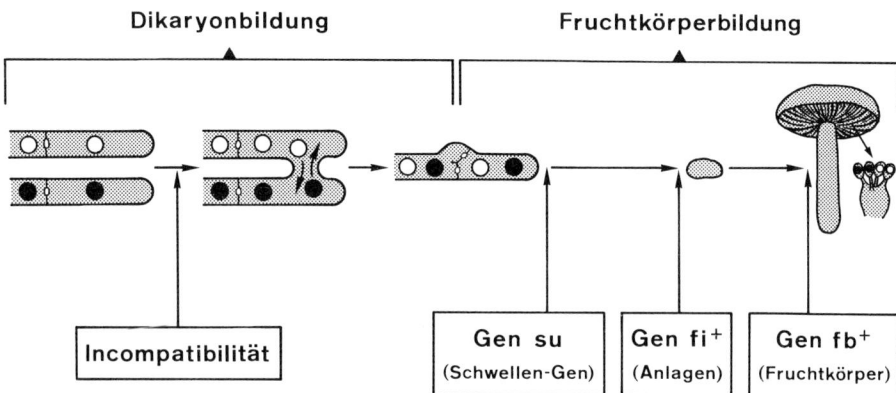

Abb. 226. Genetische Kontrolle der Fruchtkörperbildung bei *Agrocybe aegerita*. Einzelheiten s. Text. (Aus Esser und Stahl 1981)

Die an Monokaryen gebildeten Oidien fungieren normalerweise als Spermatien, die sehr schlecht keimen. Legt man ein Oidium in einen geringen Abstand vor eine wachsende monokaryotische Hyphe, dann kann die wachsende Hyphe die Richtung ändern, als ob sie chemotropisch vom Oidium angelockt würde (Abb. 227). Der chemotropische Effekt überbrückt eine Entfernung in der Größenordnung von 75 µm. Dies ist deshalb bemerkenswert, weil der Durchmesser eines durchschnittlichen Monokaryons ungefähr 2,5 µm und die Wuchszone der Hyphenspitze ungefähr 0,5 µm beträgt (Kemp, 1975 a). Diese Anlockungsreaktion ist nicht spezifisch für compatible Oidium-Hyphe-Kombinationen, sondern kann sogar zwischen verschiedenen Arten beobachtet werden. Ist das Oidium und die sich nähernde Hyphe compatibel, dann findet eine Plasmogamie, d. h. eine Fusion zwischen der Hyphenspitze und dem Oidium statt. Darauf erfolgt die Kernwanderung und schließlich die Bildung eines Dikaryons (Bistis, 1970). Die Plasmogamie kann auch zwischen einem Oidium und einer nicht verwandten, sich nähernden Hyphe stattfinden, d. h. zwischen verschiedenen Arten. In diesem Falle führt das Eindringen eines Kerns des Oidiums in eine Zelle der Hyphe zum Tod der Hybridzelle und möglicherweise einiger angrenzenden Zellen. Kemp (1975 a, b) behauptet, daß diese Letalreaktion zur Aufrechterhaltung interspezifischer Barrieren wichtig ist. Es handelt sich hierbei wahrscheinlich um heterogenische Incompatibilität.

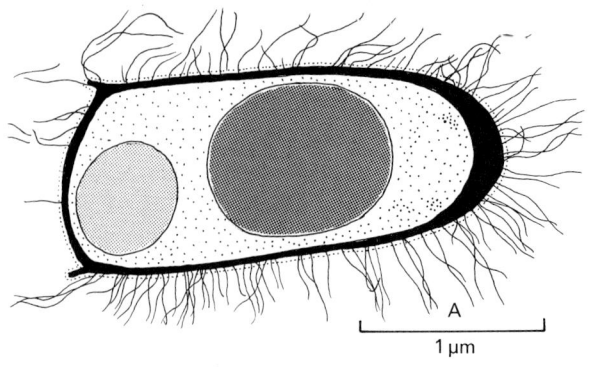

A

1 µm

Abb. 227 A–C. Oidien einiger Basidiomycetes. **A** *Psathyrella coprophila.* Zeichnung nach einer elektronenmikroskopischen Aufnahme eines Längsschnittes durch ein Oidium. Der große dunkle Körper innerhalb des Oidiums ist der Kern. Die Zellwand besitzt Filamente (nach Jurand und Kemp, 1972); **B** *Peniophora gigantea.* Bildung von Oidienketten durch Auseinanderbrechen einer Lufthyphe; **C** *Coprinus cinereus.* Anlockungsreaktion von Hyphenspitzen oder lateralen Verzweigungen von monokaryotischen Myzelien in die Richtung von Oidien, die vier Stunden vorher daneben abgelegt wurden

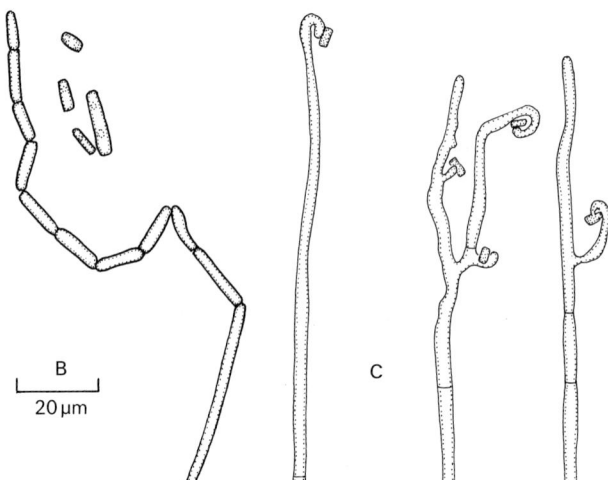

B

20 µm

C

Kernwanderung

Die Dikaryotisierung eines Monokaryons kann durch Plasmogamie mit einem compatiblen Oidium, einem anderen compatiblen Monokaryon oder einem Dikaryon erfolgen, das als compatibler Kerndonator fungiert (siehe unten). Nach dem Übergang des compatiblen Kerns teilt sich dieser und wandert weiter, so daß schließlich die meisten Zellen des ursprünglichen Monokaryons dikaryotisiert werden. Die Wanderungsgeschwindigkeit eines eingedrungenen Kerns ist meist beträchtlich größer als die Wuchsgeschwindigkeit einer dikaryotischen Hyphe. Die Kernwanderungsgeschwindigkeiten für eine Reihe von Pilzen betragen: *Coprinus cinereus* 0,5–1,0 mm/Std.; *C. congregatus* 4 cm/Std.; *Schizophyllum commune* 1,5–5,4 mm/ Std. (Snider, 1965, 1968; Ross, 1976). Es gibt eine alternative Erklärung für die hohe Kernwanderungsgeschwindigkeit: entweder sind die Kerne sehr beweglich oder sie werden passiv mit der Plasmaströmung bewegt. Gegenwärtig wird die letztgenannte Erklärung bevorzugt. Es ist jedoch interessant, daß die Mikrotubuli, die bekanntlich zusammen mit den Bewegungen eines sich teilenden Kerns und anderen Formen der Zellbewegung auftreten, gemeinsam mit den wandernden Kernen bei *Schizo-*

phyllum commune (Raudaskoski, 1972 a) und *Coriolus versicolor* (Girbardt, 1968) auftreten.

Die doliporen Septen sollten eigentlich die Kernwanderung verhindern. Elektronenmikroskopische Aufnahmen von Hyphen, in denen Kernwanderungen stattgefunden haben, zeigen, daß der Doliporus aufgelöst wurde und die Kerne durch das zusammengebrochene Septum gewandert sind (Giesy und Day, 1965; Jersild et al. 1967; Koltin und Flexer, 1969; Janszen und Wessels, 1970). Es wurde ferner nachgewiesen, daß die Enzymaktivität der R-Glucanase in Kreuzungen von *Schizophyllum* mit verschiedenen B-Allelen (mit Kernwanderung) höher ist als in Kreuzungen mit gleichen B-Allelen. Man nimmt weiter an, daß die R-Glucanase für die Septenauflösung verantwortlich ist (Wessels und Koltin, 1972; Raudaskoski, 1972 b).

Das Buller-Phänomen: Buller (1931) fand heraus, daß bei der Kreuzung eines Homokaryons von *C. cinereus* mit einem Dikaryon das Homokaryon dikaryotisiert werden konnte. Die gleiche Erscheinung wurde bei anderen tetrapolaren und bipolaren Formen beobachtet. Die Umwandlung oder Dikaryotisierung geschieht durch Kernwanderung vom Dikaryon zum Monokaryon. Dabei sind verschiedene Kombinationen möglich (Papazian, 1950; Raper, 1966 a).

I. Legitim

  A Compatibel: Homokaryon ist mit beiden Kernen des Dikaryons compatibel:

    z. B. bipolar $(A_1 + A_2) \times A_3$

    tetrapolar $(A_1 B_1 + A_2 B_2) \times A_3 B_3$.

  B Hemicompatibel: Homokaryon ist nur mit einem der beiden Kerne des Dikaryons compatibel:

    z. B. bipolar $(A_1 + A_2) \times A_2$

    tetrapolar $(A_1 B_1 + A_2 B_2) \times A_1 B_1$.

II. Illegitim (incompatibel): Homokaryon ist mit keinem der beiden Kerne des Dikaryons compatibel:

    tetrapolar $(A_1 B_1 + A_2 B_2) \times A_1 B_2$ oder $A_2 B_1$.

In solchen Kreuzungen wurden eine Reihe unerwarteter Beobachtungen gemacht:

1. In compatiblen Kreuzungen mit *Schizophyllum* erfolgt die Auswahl des compatiblen Kerns aus dem Dikaryon nicht zufällig. Betrachtet man die vollcompatible Di-Mon-Kreuzung $(A_1 B_1 + A_2 B_2) \times A_3 B_3$, dann ist die Umwandlung des $A_3 B_3$-Monokaryons durch einen der beiden compatiblen Kerne sehr selten. Dikaryen des Typs $(A_1 B_1 + A_3 B_3)$ und $(A_2 B_2 + A_3 B_3)$ sind wesentlich häufiger. Es ist bewiesen, daß ein Kreuzungstyp bevorzugt wird, obwohl die Gründe dafür unbekannt sind (Ellingboe und Raper, 1962; Raper, 1966 a).

2. Die Dikaryotisierung kann auch in incompatiblen Kreuzungen auftreten. Dieses Phänomen kann dadurch erklärt werden, daß eine somatische Rekombination zwischen den Kernen des ursprünglichen Dikaryons stattfinden kann. Daraus entsteht ein mit dem Monokaryon compatibler Kern (Raper, 1966 a).

Bedeutung des Fortpflanzungssystems der Basidiomycetes für die Evolution

Die Bedeutung der verschiedenen Incompatibilitätsmechanismen für die Evolution wurde mehrfach diskutiert. Innerhalb einer einzigen Gattung, wie z. B. *Coprinus*,

gibt es monözische, bipolare und tetrapolare Vertreter. Bei den nicht verwandten tetrapolaren Formen, wie z. B. den Gasteromycetes, Polyporales und Agaricales, stimmen die Incompatibilitätsmechanismen nahezu überein. Die genetische Komplexi-
tät des tetrapolaren Mechanismus macht es höchst unwahrscheinlich, daß sich ein
solcher Mechanismus aus mehreren Möglichkeiten unabhängig entwickelt haben
kann. Aus diesen und anderen Gründen behauptet Raper (1966a), daß der tetrapolare Mechanismus der primitivere ist und daß sich die bipolaren und selbstfertilen
Stadien sekundär entwickelt haben. Stamberg und Koltin (1973) haben die Auswirkungen von bipolaren und tetrapolaren Incompatibilitätsmechanismen auf In- und
Fremdzucht analysiert. Nach ihrer Auffassung hat sich der tetrapolare Mechanismus bei *Schizophyllum* aus einem bipolaren entwickelt.

Klassifizierung der Basidiomycotina

Zur Klassifizierung der Basidiomycetes gibt es viele Auffassungen (Shaffer, 1975).
Wir werden das von Ainsworth (1973) vorgeschlagene Schema übernehmen.

Schlüssel zu den Klassen der Basidiomycetes

1 Basidiokarp fehlt und ist durch Teliosporen oder Chlamydosporen ersetzt (encystierte Probasidien), die in Sori angeordnet oder innerhalb des Wirtsgewebes verstreut sind; parasitierend auf höheren Pflanzen . . . . . . **Teliomycetes** (S. 458)
Basidiokarp gewöhnlich gut ausgebildet; Basidien typischerweise als Hymenium or-
ganisiert; saprophytisch oder selten parasitisch 2
2 Basidiokarp typischerweise gymnokarp oder hemiangiokarp; Basidien sind Phragmobasidien (Phragmobasidiomycetes) oder Holobasidien (Holobasidiomycetes); Basidiosporen sind Ballistosporen . . . . **Hymenomycetes** (S. 394)
Basidiokarp typischerweise angiokarp; Basidien sind Holobasidien; Basidiosporen
sind keine Ballistosporen . . . . **Gasteromycetes** (S. 445)

Es ist nicht möglich, in einem sehr kurzen Schlüssel alle Unterscheidungsmerkmale zwischen den verschiedenen Gruppen darzustellen. Daher ist diese Einteilung
keinesfalls eine natürliche Klassifizierung. Sie geht auf Elias Fries zurück, einen
schwedischen Mykologen des 19. Jahrhunderts, der hauptsächlich auf makroskopi-
sche Kriterien angewiesen war. Man weiß z. B., daß die Gasteromycetes nicht nur
aus eng verwandten Formen bestehen. Man nimmt an, daß einige Gasteromycetes
mit den Agaricales *Russula* und *Lactarius* eng verwandt sind, während der
Gasteromycet *Rhizopogon* eng mit *Boletus* verwandt ist (siehe Heim, 1948, 1971;
Corner, 1954). Es sind noch viele Untersuchungen notwendig, um die natürlichen
Gruppierungen innerhalb der Basidiomycetes zu erkennen. Gegenwärtig dient das
Friessche System lediglich als Rahmen.

Hymenomycetes

Dies ist die größte Gruppe der Basidiomycetes. Sie umfaßt viele der gut bekannten
Hutpilze und ihre Verwandten sowie auch die Gallertpilze und ähnliche Formen.

Die Basidien sind meist palisadenähnlich angeordnet und bilden ein Hymenium, das bei der Reife vollkommen frei liegt, im Gegensatz zu den Gasteromycetes, bei denen das Hymenium eingeschlossen ist.

Aufgrund der Basidienstruktur unterscheidet man zwei Unterklassen. Die Pragmobasidiomycetidae bilden Phragmobasidien, während die Holobasidiomycetidae Holobasidien besitzen (siehe S. 375).

Holobasidiomycetidae

McNabb und Talbot (1973) teilen die Holobasidiomycetidae in 6 Ordnungen ein, von denen hier drei untersucht werden sollen: Agaricales, Aphyllophorales und Dacrymycetales. Die beiden erstgenannten haben Holobasidien des konventionellen Typs, während die Dacrymycetales einzellige, gegabelte Basidien, die stimmgabelähnlich aussehen, besitzen (Abb. 176).

Ein wesentlicher Unterschied zwischen den Agaricales und den Aphyllophorales besteht darin, daß die Fruchtkörper der Agaricales fleischig sind und gewöhnlich aus dünnwandigen, aufgeblähten Hyphen bestehen. Einen solchen Aufbau nennt man **monomitisch**. Im Gegensatz dazu sind die Fruchtkörper vieler Aphyllophorales meist komplexer aufgebaut. Sie bestehen aus dünnwandigen, **generativen Hyphen,** die zusammen mit dickwandigen, unverzweigten **Skeletthyphen** oder dickwandigen, reichverzweigten **Bindehyphen** oder mit beiden gemeinsam auftreten können. Ein solcher Aufbau kann deshalb monomitisch, **dimitisch** oder **trimitisch** sein.

Bei vielen Agaricales ist der sich entwickelnde Hymeniumträger von einem oder mehreren Vela umgeben, die jedoch nicht bei den Aphyllophorales vorkommen. Ein weiterer Unterschied besteht darin, daß bei den Agaricales die Kernspindeln in den Basidien quer angeordnet sind (chiastobasidial), während sie bei den Aphyllophorales längs angeordnet sind (stichobasidial).

Agaricales

Singer (1975) und A. H. Smith (1973) teilen die Gruppe in 16 bis 18 Familien. Im allgemeinen wird Singer's Auffassung übernommen, mit der Ausnahme, daß *Schizophyllum* weiterhin zu den Aphyllophorales gezählt wird. Ich schließe mich ebenfalls Singer nicht an und ordne die Polyporaceae nicht den Agaricales zu. Von A. H. Smith (1973) stammt eine Klassifizierung der Agaricales, die die Merkmale der Familien und die Schlüssel zu den Familien und den Gattungen enthält. Traditionsgemäß gehören alle lamellentragenden Hymenomycetes zu einer einzigen Familie, den Agaricaceae. Neuere Taxonomien haben diese in mehrere homogene Familien aufgeteilt. Die Agaricales sind meist Saprophyten und spielen ein wichtige Rolle beim Abbau von Laub, Holz, Dung und Kompost. Einige Arten sind Parasiten, z. B. *Armillariella mellea* (= *Armillaria mellea*) und pathologisch für holzbildende Pflanzen. Viele Agaricaceae und Boletaceae bilden mit Waldbäumen Mykorrhizen (Harley, 1969). Die meisten Arten mit fleischigen Fruchtkörpern sind eßbar. Einige werden speziell zu Speisezwecken kultiviert, hauptsächlich *Agaricus bisporus,* der weiße

Kulturchampignon Europas und Nordamerikas. Auch *Volvariella volvacea* (schwarzstreifiger Scheidling der Tropen) und *Lentinus edodes* (Shiitake Ostasiens) (Singer, 1961; Atkins, 1966) gehören dazu. Einige sind giftig, besonders *Amanita phalloides* und *A. verna* (Ramsbottom, 1953), während andere Halluzinationen auslösen können, ganz besonders *Psilocybe mexicana* und verwandte Arten (Heim und Wasson, 1958; Heim, 1963; Singer, 1975).

Die Fruchtkörper der Agaricales entstehen gewöhnlich aus einem dikaryotischen Myzel, das kurzlebig oder perennierend sein kann. In einigen Fällen können die einzelnen Hyphen zu Myzelsträngen oder Rhizomorphen verbunden sein. Im allgemeinen bestehen die Fruchtkörper der Agaricales aus dem Hut mit einem zentralen Stiel. Auf der Unterseite des Hutes befinden sich zahlreiche radial angeordnete Lamellen. Bei einigen, insbesondere bei den auf Holz lebenden Arten, kann der Stiel exzentrisch (lateral) angeordnet sein oder ganz fehlen. Bei der verwandten Familie Boletaceae befinden sich auf der Unterseite des Hutes eine Reihe von Röhren, die mit der Außenwelt durch individuelle Poren in Verbindung stehen. Das Hymenium bedeckt die Oberfläche der Lamellen oder kleidet die Röhren aus. Die jungen Fruchtkörper können von einem Gewebe, dem **Velum universale,** eingeschlossen sein. Dieses bricht auf, wenn sich der Hut ausdehnt, und bleibt als basale becherförmige **Volva** zurück. Manchmal bleiben Reste des Velums auf dem Hut zurück (*Amanita* spp.). Bei einigen Agaricaceae kann das Hymenium durch ein **Velum partiale** geschützt sein, das sich vom Rand des Hutes bis zum Stiel erstreckt. An der Stelle, wo das Velum partiale dünn und durchsichtig ist wie bei *Cortinarius* spp., wird es **Cortina** genannt. Bei einigen Gattungen (z. B. *Agaricus, Armillariella* und *Amanita*) besteht das Velum partiale jedoch aus einem festeren Gewebe, das als deutlicher Ring oder Anulus am Stiel bestehen bleibt (siehe Abb. 228).

Aus der Anordnung des Velums läßt sich die Fruchtkörperentwicklung ableiten. Von Reijnders (1963) gibt es dazu eine umfassende Übersicht, die die verschiedenen Entwicklungsmodi unterscheidet:

1. *Gymnokarp:* Hymenophor von Beginn an nackt und niemals von einem Gewebe eingeschlossen. Der Hut bildet sich an der Spitze des Stieles und das Hymenophor differenziert sich auf der Unterseite. Die gymnokarpe Entwicklung findet man bei mehreren nicht verwandten Gattungen, wie z. B. *Cantharellus cibarius, Xerocomus subtomentosus* (*Boletus subtomentosus*), *Russula emetica, Lactarius rufus, Clitocybe clavipes* (Abb. 228 A).

2. *Angiokarp:* Hier ist das Hymenophor oder der Teil des Primordiums, aus dem sich das Hymenophor bildet, zeitweise während der Entwicklung von einem Gewebe eingeschlossen. Man kann zwei Arten angiokarper Entwicklung unterscheiden:

a) *Primär angiokarp:* Der Hutrand, das Hymenophor und manchmal der Hut und der Stiel differenzieren sich unter der Oberfläche des primären Gewebes der Fruchtkörperanlagen (Protenchyma). Hierhin gehören *Stropharia semiglobata* und *Amanita rubescens* (Abb. 228 C, D).

b) *Sekundär angiokarp:* Die Hyphen einer schon differenzierten Oberfläche wachsen nach außen und umschließen die Fruchtkörperanlage oder Teile davon. Die Hyphen können sich vom Rand des Hutes zum Stiel hin ausdehnen oder vom Stiel zum Hut oder beides gleichzeitig.

Bei *Lentinus tigrinus* breiten sich die Hyphen sowohl vom Hutrand aus als auch vom Stiel und umschließen die sich entwickelnden Lamellen (Abb. 228 B).

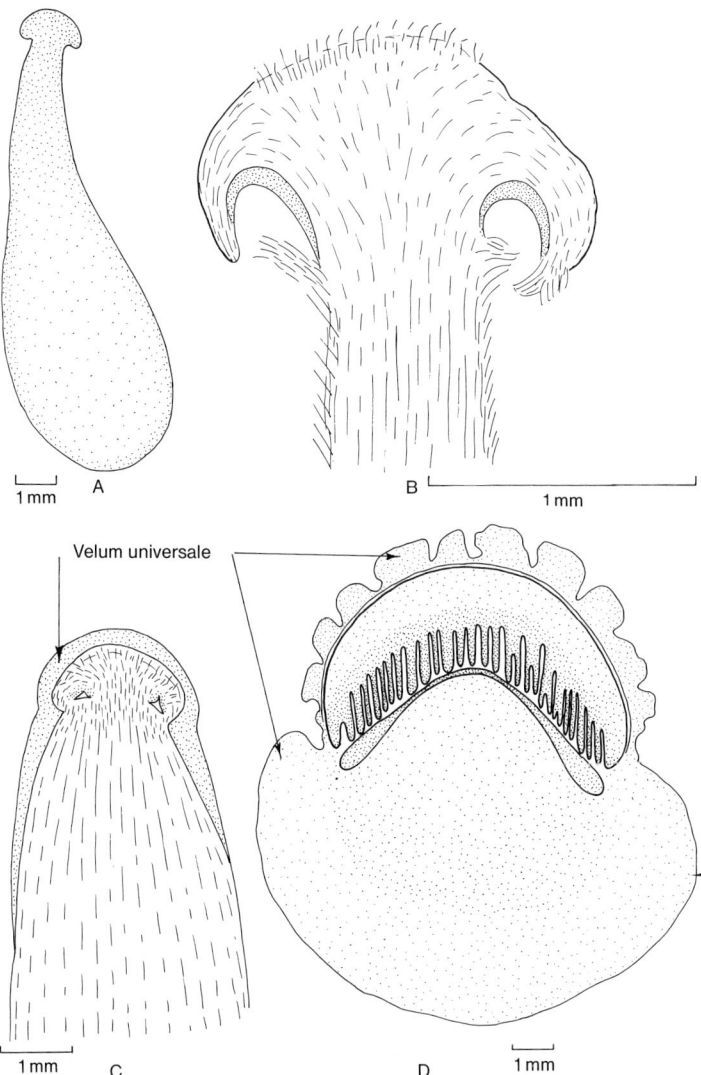

Abb. 228 A–D. Sporophorenentwicklung bei einigen Agaricales, dargestellt an Längsschnitten (nach Reijnders, 1963). **A** *Clitocybe clavipes.* Gymnokarpe Entwicklung; **B** *Lentinus tigrinus.* Sekundär angiokarpe Entwicklung, die sich aus der Ausbreitung der Hyphen vom Hutrand und vom Stiel ergibt und das vorher differenzierte Hymenophor umschließt; **C** *Stropharia semiglobata.* Primär angiokarp. Man erkennt das Velum universale, das den oberen Teil der Fruchtkörperanlagen umschließt. In reifen Fruchtkörpern wird dieses gallertartig. Das Hymenophor ist ebenfalls von einem Velum partiale umgeben; **D** *Amanita rubescens.* Querschnitt. Man erkennt das aufgerissene Velum universale, das auf der Oberfläche des Hutes Schuppen bildet. Die Lamellenkammer ist von einem Velum partiale umgeben

Reijnders (1963, 1975) hat die verschiedenen Entwicklungstypen noch weiter klassifiziert und gibt zu deren Beschreibung auch die entsprechenden Begriffe. Er behauptet, daß die gymnokarpe Entwicklung primitiver ist als die angiokarpe.

Fruchtkörperanatomie

Das Gewebe des Sporophors ist bei den Agaricales ein Plektenchym und besteht aus einer Aggregation von Hyphen. Die Hyphen sind normalerweise dünnwandig und dikaryotisch (generative Hyphen) und können Schnallen aufweisen oder auch nicht. Der Fruchtkörper dehnt sich entsprechend der Aufblähung der Zellen. Obwohl keine Differenzierung zu Skelett- oder Bindehyphen erfolgt, können doch spezialsierte Gewebe oder Zellen entstehen. Eine Untersuchung zur Feinstruktur des Sporophors von *Agaricus campestris* zeigte (Manocha, 1965), daß der Stiel zwei Typen von Zellen enthält: weite, aufgeblähte Zellen und schmalere, fadenförmige Zellen. Eine ähnliche Differenzierung findet man bei *Coprinus cinereus*. Wenn man Teile des Stielgewebes auf ein geeignetes Medium gibt, wachsen nur die dünnen Hyphen vegetativ aus (Borris, 1934). Ein weiteres Beispiel für die Differenzierung gibt es bei *Lactarius,* wo ein System aus latexhaltigen Hyphen vorhanden ist, die ihren Inhalt entleeren, wenn das Gewebe beschädigt ist (Lentz, 1954). Charakteristische, geschwollene, kugelige Zellen (Sphaerocysten) geben den Fruchtkörpergeweben der Gattungen *Lactarius* und *Russula* eine schwammige Textur (Abb. 229 B). Die Oberflächenschichten des Hutes zeigen oft beträchtliche Modifikationen.

Man unterscheidet zwei Haupttypen der Lamellenstruktur:

1. *Äquihymenial:* Die meisten Gattungen besitzen Lamellen dieses Typs. In Längsschnitten sind die Lamellen keilförmig. Der Begriff erklärt sich daraus, daß sich das Hymenium auf die gleiche Art auf der ganzen Lamellenoberfläche bildet, d.h. die Basidienentwicklung ist nicht auf irgendeinen Punkt der Lamelle beschränkt. Die keilförmige Form kann eine Anpassung sein, die dazu dient, den Sporenverlust bei geneigtem Fruchtkörper so gering wie möglich zu halten. Buller (1909) errechnete, daß bei einer Lageveränderung von 2°30' aus der Vertikalen beim Feldchampignon *Agaricus campestris* noch immer alle Sporen freigesetzt würden. Leichte Orientierungsanpassungen des Stieles und der Lamellen selbst können weiterhin Verluste vermeiden (Abb. 231).

2. *Inäquihymenial:* Dieser Lamellentyp ist charakteristisch für die Gattung *Coprinus* (allgemein als Tintling bekannt), bei der die Lamellen im Querschnitt nicht keilförmig, sondern parallel zueinander verlaufen. Der Begriff inäquihymenial erklärt sich daher, daß sich das Hymenium ungleich entwickelt, und zwar in Zonen, in denen sich Basidien bilden. Bei *Coprinus* erfolgt die Lamellenreifung wellenförmig, sie beginnt an der Basis und bewegt sich langsam nach oben. Nachdem die Basidien am unteren Rand der Lamelle ihre Sporen freigesetzt haben, zerfließt das Lamellengewebe zu einer tintenschwarzen Flüssigkeit, die vom Hut heruntertropft. Die geotropische Lamellenkrümmung, die für die äquihymenialen Typen charakteristisch ist, fehlt. Der Stiel krümmt sich jedoch und bringt die Lamelle in eine annähernd vertikale Lage.

Die Struktur einer äquihymenialen Lamelle, so wie man sie in einem Längsschnitt sehen kann, ist in Abb. 229 dargestellt. Man erkennt eine zentrale Gruppe längs angeordneter Fäden, **Trama (hymenophores Trama)** genannt. In einigen Fäl-

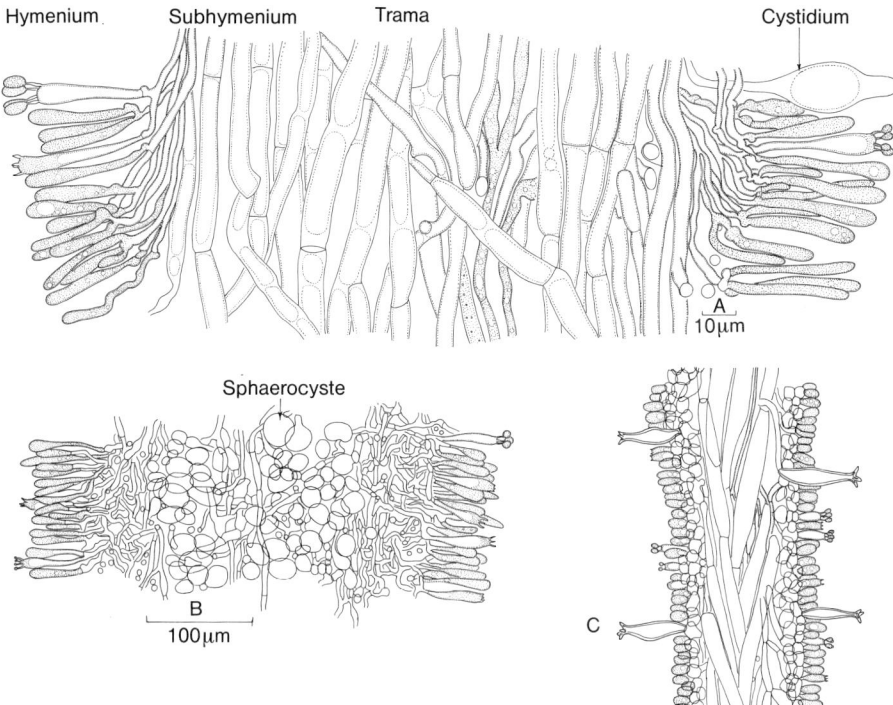

Abb. 229 A–C. Längsschnitte von Lamellen verschiedener Agaricales des äquihymenialen Typs. **A** *Flammulina velutipes*; **B** *Russula cyanoxantha*. Man erkennt die kugeligen Sphaerocysten; **C** *Pluteus cervinus*. Man erkennt die charakteristische V-Anordnung der Tramazellen (invertiertes Trama). Man erkennt ebenfalls die hakenförmigen Cystidien. **B** und **C** im gleichen Maßstab

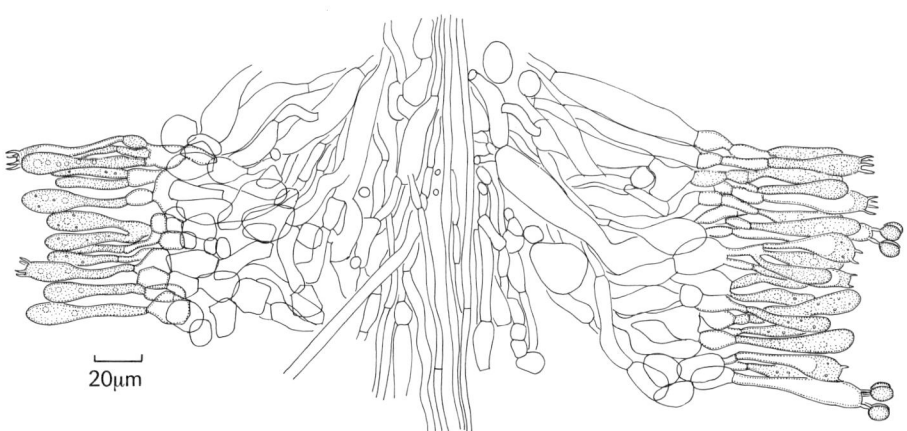

Abb. 230. *Amanita rubescens.* Querschnitt durch Lamelle mit bilateralem, hymenophorem Trama

len kann das Trama aus mehr als einer Schicht bestehen (Singer, 1975; Douwes und von Arx, 1965). Die direkt außen an der Zentralschicht des Tramas liegende Schicht nennt man Hymenopodium. Das Trama ist bilateral (siehe *Amanita rubescens,* Abb. 230). Bei Formen mit einem einfachen Trama biegen sich die Enden der Tramahyphen nach außen und bilden eine getrennte Schicht aus kürzeren Zellen. Diese Schicht wird **Subhymenium** genannt und liegt direkt unter dem Hymenium, das aus einer palisadenähnlichen Schicht reifer Basidien, sich entwickelnder Basidien (Basidiolen) oder manchmal aus anderen Strukturen (z. B. Cystidiolen und Cystidien) besteht. Diese Strukturen stellen die terminalen Hyphenzellen dar, die den Fruchtkörper aufbauen. Möglicherweise sind sie mit den Basidien homolog. Lentz (1954) berichtet von Fusionen gepaarter Kerne innerhalb der Cystidien. Cystidiolen sind dünnwandige, sterile Elemente des Hymeniums, deren Durchmesser dem der Basidien entspricht und die normalerweise nur langsam aus der Hymeniumoberfläche heraustreten. Die Form der Cystidien ist variabel. Es sind meist vergrößerte, konische oder zylindrische Zellen, die zusammen mit den Basidien aus dem Hymenium (hymeniale Cystidien) oder manchmal aus tieferen Schichten hervortreten, z. B. aus dem Trama (tramale Cystidien). Bei vielen Arten von *Coprinus* (inäquihymenial) können sich die Cystidien im Zwischenraum der Lamellen ausbreiten (Abb. 223) und damit die Lamellen auseinanderhalten. Bei *Pluteus* besitzen die Trama-Cystidien hakenähnliche Spitzen (Abb. 229 C), deren Funktion noch nicht bekannt ist. Die Annahme, daß sie Tiere wie z. B. Schnecken davon abhalten sollen, das Lamellengewebe zu fressen, konnte nach Fütterungsexperimenten nicht aufrecht erhalten werden (Buller, 1924). Zur Beschreibung der Cystidien benutzt man

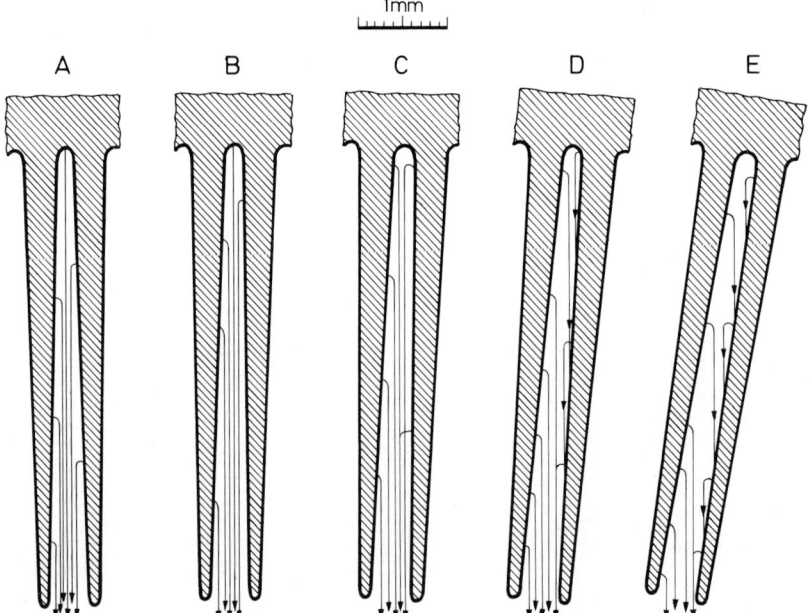

Abb. 231 A–E. Effekt einer Schrägstellung bei den Fruchtkörpern der Agaricaceae mit keilförmigen Lamellen. Man erkennt, daß sich der Fruchtkörper beträchtlich neigen kann, bevor die Flugbahn der meisten Sporen unterbrochen ist (nach Buller, 1909)

verschiedene Begriffe. Die auf der Lamellenoberfläche befindlichen Cystidien nennt man Pleurocystidien, Cystidien auf dem Lamellenrand heißen Cheilocystidien. Die Cystidien sind jedoch nicht nur auf das Hymenium beschränkt. Ähnliche Strukturen findet man auf der Oberfläche des Hutes (Pileocystidien) und des Stieles (Caulocystidien). Wir wissen noch nichts zur Funktion dieser Strukturen, obwohl einige etwas mit der Sekretion zu tun haben sollen. Ausführlichere Erläuterungen dazu finden sich bei Romagnesi (1944), Lentz (1954) und Singer (1975).

Die Physiologie der Fruchtkörperentwicklung

Die Untersuchungen zur Morphogenese der Fruchtkörper der Hymenomycetes sind noch nicht abgeschlossen. Einige Probleme sollen hier anhand von drei Blätterpilzen und einem Porling, die intensiv untersucht wurden, erläutert werden. Die Blätterpilze sind *Agaricus bisporus* (Kulturchampignon), *Coprinus cinereus* (= *C. lagopus*), ein häufiger, auf Dung wachsender Pilz, und *Flammulina velutipes* (= *Collybia velutipes*), ein ligninabbauender Hutpilz, der auch im Winter fruktifiziert. Der Proling ist *Polyporellus brumalis* (= *Polyporus brumalis*), ein ebenfalls ligninabbauender, im Winter und Frühling fruktifizierender Pilz mit einem ungewöhnlichen, zentral gestielten Fruchtkörper (Abb. 232). Mit Ausnahme von *A. bisporus,* der nur auf Kompost gut fruktifiziert, bilden die anderen Arten sehr leicht Fruchtkörper, sogar in flüssigen synthetischen Medien. Deshalb kann die chemische Zusammensetzung des Mediums variiert werden. Durch Veränderung des CO_2-Gehaltes, der Luftfeuchtigkeit und der Lichtintensität kann die Differenzierung des Fruchtkörpers kontrolliert werden. Die Auswirkungen der Ernährung sollen hier nicht weiter betrachtet werden.

1. *Licht:* Die Intensität, Dauer und Wellenlänge sind entscheidende Parameter. Licht kann die Fruchtkörperanlagen und auch ihre Form beeinflussen, z.B. das Verhältnis der Stiellänge zum Hutdurchmesser. Bei *C. cinereus* erfolgt die Fruchtkörperbildung sowohl im Licht als auch in der Dunkelheit. Sie findet aber eher im Licht statt (nach 10 Tagen Dauerlicht und 15 Tagen bei dauernder Dunkelheit; nach Madelin, 1956). Nach einem Wachstum von ungefähr 7 Tagen reagieren die Pilze empfindlich auf Licht. Dazu ist Licht mit einer Dauer von bis zu 1 Sekunde bei 2500 lumen/m² oder 5 Sekunden bei 1 lumen/m² notwendig. Eine Erhöhung der Beleuchtungsdauer hat keinen weiteren Einfluß auf die Anzahl der gebildeten Sporophoren. Dieses Verhalten steht im Gegensatz zu dem von *F. velutipes,* wo das Licht auch die Fruchtkörperbildung stimuliert. In diesem Falle erhöht sich die Zahl der Fruchtkörper proportional zur längeren Beleuchtungsdauer (Plunkett, 1953).

Es ist seit langem bekannt, daß eine niedrige Lichtintensität oder das Fehlen von Licht zur Bildung von Fruchtkörpern mit anormaler Form führen kann, die oft verlängerte Stiele und mangelhaft ausgebildete Hüte besitzen. Fruchtkörper dieses Typs findet man auf Bauhölzer in Bergwerken und Höhlen. Bei *F. velutipes* ist für die Ausbildung des Hutes Licht notwendig (Plunkett, 1953, 1956).

Das Licht kann auch die Wachstumsrichtung der Stiele vieler ligninabbauender und coprophiler Hymenomycetes (z.B. *C. cinereus, P. brumalis*) stimulieren, während bei den terrestrisch wachsenden Blätterpilzen (z.B. *Agaricus campestris*) alle Stadien der Fruchtkörperentwicklung wahrscheinlich nicht phototrop sind (Buller, 1909). Für die Pilze, die in Erdspalten, im Dung oder im Wald wachsen, ist der pho-

Abb. 232 A–D. Fruchtkörper einiger Hymenomycetes. **A** *Flammulina velutipes;* **B** *Coprinus cinereus;* **C** *Polyporellus brumalis;* **D** *Agaricus bisporus.* **A–D** im unterschiedlichen Maßstab

totrophe Stimulus für das Stielwachstum und der anschließende Lichtstimulus sowohl für die Hutentwicklung als auch für die Hutvergrößerung wahrscheinlich lebenswichtig.

2. *Luft:* a) *CO_2-Konzentration:* Der CO_2-Gehalt der Luft kann einen tiefgreifenden Einfluß auf die Entwicklung der Fruchtkörper haben. Bei *A. bisporus* fällt die CO_2-Konzentration in den von den Züchtern verwendeten Kompostbeeten selten unter 0,3%, was ungefähr der 10fachen Menge der normalen Luftkonzentration ent-

spricht. Diese Konzentration kann während des Myzelwachstums bis zu 20% und darüber ansteigen. Konzentrationen über 1,5% stimulieren die Stielverlängerung, verhindern aber die Hutvergrößerung. Die normale Fruchtkörperentwicklung erfolgt bei ungefähr 0,2% CO_2 (Tschierpe, 1959, Tschierpe und Sinden, 1964). Man nimmt an, daß der CO_2-Gehalt im Kompost die Stielverlängerung stimulieren könnte. Dadurch gelangt der Hut in eine höhere Luftregion, in der die CO_2-Konzentration niedrig genug ist, um die Hutvergrößerung und die Sporenfreisetzung zu ermöglichen. Die Vergrößerung des Hutes und die Freisetzung der Sporen innerhalb des Komposts ist ungünstig. Bei *F. velutipes* verursacht die Erhöhung der CO_2-Konzentration über den normalen Gehalt von 5% eine Verringerung des Hutdurchmessers, führt aber auch zu kürzeren Stielen. Für die normale Fruchtkörperentwicklung sind Licht und niedrige CO_2-Werte notwendig (Plunkett, 1956).

b) *Feuchtigkeit und Verdunstung:* Unter kontrollierten Bedingungen kann die Verdunstung sich entwickelnder Fruchtkörper die Form beeinflussen. Bei *P. brumalis* ist der Hutdurchmesser verringert, wenn der Verlust des Transpirationswassers herabgesetzt ist. Eine erhöhte Transpiration führt zu erhöhten Umsetzungsraten in den Fruchtkörpern, wie man es an der Bewegung von Farbstoffen sehen konnte (Plunkett, 1956, 1958). In vergleichbaren Experimenten mit *F. velutipes* verhindern sehr niedrige Transpirationsraten die Vergrößerung der Fruchtkörper.

3. *Schwerkraft:* Das Hymenium der meisten Blätterpilze und Porlinge muß mehr oder weniger vertikal angeordnet sein. Damit soll sichergestellt werden, daß die Sporen wirksam freigesetzt werden können (Buller, 1909). Viele Fruchtkörper können sich an Lageveränderungen entweder durch das Wachstum neuer Poren (bei den Porlingen auf Holz) oder durch ein Ausgleichen der Stielbiegung anpassen. In einigen Fällen (z. B. *P. brumalis*) kann der Fruchtkörper auf einen phototropen Stimulus während der frühen Entwicklungsphase reagieren. Wahrscheinlich erlangen die Fruchtkörper die Fähigkeit für einen geotropischen Ausgleich in einer relativ späten Phase der Entwicklung. Es dürfte von Interesse sein nachzuforschen, auf welche Weise die Antwort des Fruchtkörpers auf diese zwei verschiedenen Stimuli zustandekommt. Wahrscheinlich sind beide Stimuli während der ganzen Entwicklung wirksam. Die Wahrnehmung und die Reaktion auf beide Stimuli erfolgt in dem wachsenden apikalen Teil des Stieles. Sobald die Hutanlage gebildet wurde, überschattet sie den Stiel, so daß die Reaktion auf die Schwerkraft während der späteren Stadien der Fruchtkörperentwicklung verhältnismäßig wichtig wird (Plunkett, 1961). Plunkett beleuchtete Kulturen von unten, so daß die Hutbildung umgekehrt erfolgte, d. h. die Poren zeigten nach oben. In solchen Fruchtkörpern entwickelte sich ein normales Hymenium.

4. *Temperatur:* Gewöhnlich erfolgt die Fruchtkörperentwicklung innerhalb eines bestimmten Temperaturbereiches. Temperaturerhöhungen im unteren Bereich beschleunigen die Entwicklung. Für *C. cinereus* beträgt die optimale Temperatur für das Myzelwachstum ungefähr 37 °C, die Fruchtkörper werden aber nicht bei Temperaturen über ungefähr 30 °C gebildet. Für *F. velutipes* beträgt die optimale Wachstumstemperatur 25 °C, die Sporulation erfolgt aber nicht bei dieser Temperatur. Eine weitere Inkubation im Licht bei 20 °C induziert die Fruchtkörperbildung. Eine kurze Inkubationszeit (12 Stunden bei 15 °C) kann die Fruchtkörperanlagen stimulieren. Nach dieser Behandlung kann bei 25 °C die Fruchtkörperentwicklung erfolgen (Kinugawa und Furukawa, 1965).

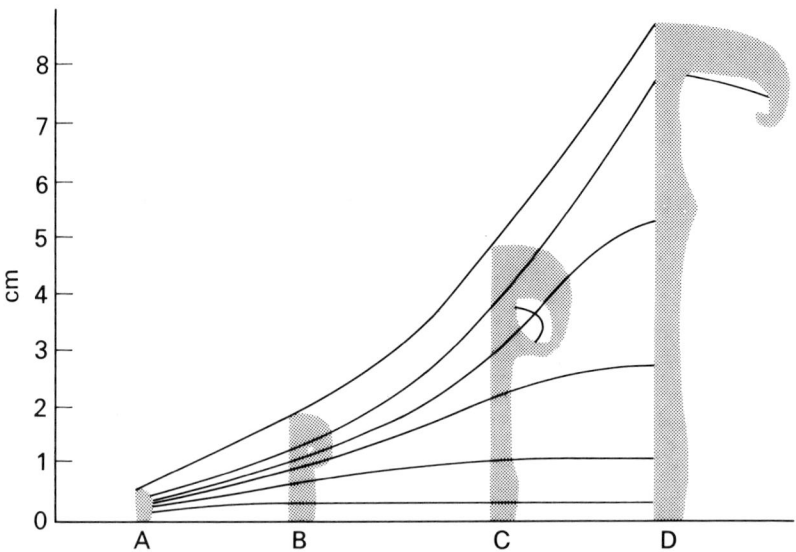

Abb. 233 A–D. *Agaricus bisporus.* Schematische Darstellung des Wachstums mit vier verschiedenen Stadien. Die Linien verbinden homologe Punkte. Die Abzisse stellt in grober Annäherung die Zeit dar (nach Bonner et al. 1956)

5. *Biologische Stimulation: Agaricus bisporus* wächst zwar auf Agarmedien, fruktifiziert aber nicht. Im Labor kann die Fruchtkörperbildung induziert werden, wenn man die ‚Pilzbrut‘ (Myzel, das auf Getreidekörnern gewachsen ist) mit einer Schicht nichtsteriler Erde bedeckt (San Antonio, 1971). Der Zusatz von Aktivkohle zu sterilisierter Erde ermöglicht das Fruchten unter aseptischen Bedingungen (Long und Jacobs, 1974). Beim kommerziellen Pilzanbau wird Kompost mit Pilzbrut beimpft. Die Fruchtkörper bilden sich aber nur, wenn der Kompost mit einer ungefähr 2,5 cm hohen Deckschicht belegt ist. Bei sterilisierter Erde unterbleibt die Fruchtkörperbildung. Vermutlich enthält die Erde Mikroorganismen, die die Fruchtkörperbildung stimulieren (Eger, 1963). Park und Agnihotri (1969) haben mehrere solcher Bakterienarten isoliert, sie gehören zu den Gattungen *Arthrobacter, Bacillus* und *Rhizobium*. Ein weiterer Organismus, der die Fruchtkörperbildung stimuliert, ist *Pseudomonas putida*, dessen Wachstum seinerseits durch flüchtige Bestandteile des Myzels von *Agaricus* stimuliert wird (Hayes et al. 1969; Hayes, 1972). Dies ist ein Beispiel für eine synergistische Wechselwirkung zwischen Bodenorganismen. Wahrscheinlich gibt es in der Natur noch viele Beispiel dieser Art.

Streckung der Fruchtkörper

Die schnelle Vergrößerung der Fruchtkörper der Hutpilze ist eine bekannte Erscheinung. Die dabei auftretende Kraft kann sehr groß sein. *Coprinus atramentarius* kann durch eine Asphaltdecke hindurchdringen. Buller zeigte, daß *C. sterquilinus* ein Gewicht von über 200 Gramm heben kann, ein mehrfaches des Eigengewichtes. Untersuchungen zum Wachstum verschiedener Blätterpilze (z. B. *Agaricus bisporus,*

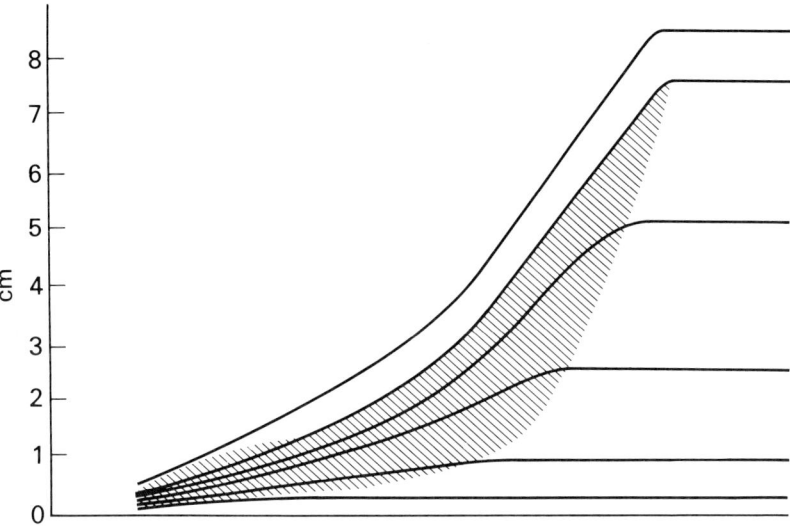

Abb. 234. *Agaricus bisporus.* Wachstumskurve. Die sich verlängernden Regionen des Stiels sind gestrichelt dargestellt (nach Bonner et al. 1956)

Bonner et al. 1956; *C. cinereus,* Borriss, 1934, Gooday, 1974 b) zeigten, daß das letzte, rasch verlaufende Stadium der Expansion wenn nicht ganz, so doch zum größten Teil durch eine Zellstreckung verursacht wird, d. h. die Anzahl der Zellen, die man in der Fruchtkörperanlage findet, bleibt im wesentlichen konstant. Die Zone der stärksten Streckung liegt im Stiel, und zwar unmittelbar unter dem Hut (Abb. 233, 234). Bei *F. velutipes* ist die sich streckende Fruchtkörperanlage abhängig von der Myzelunterlage, die die notwendigen Nährstoffe zu zwei Drittel zur Verfügung stellt. Im Endstadium scheint für den Pilz nur Wasser notwendig zu sein (Gruen und Wu, 1972 a, b). Glycogen kommt in den Zellen des jungen Stiels von *C. cinereus* vor und verschwindet bei der Reifung des Stiels (Borriss, 1934). Die osmotische Konzentration des Zellsaftes der Stielzellen sinkt tatsächlich bei der Reifung ab. Die Stielzellen werden elastischer; dies erklärt jedoch nicht den 50fachen Anstieg der Wuchsrate, der während der Endstadien der Stielstreckung gemessen wird. Möglicherweise steigt die Permeabilität der Stielzellen für Wasser an. Mit der Verlängerung der Stielzellen nimmt der Chitingehalt des Stiels ab und N-Acetylglucosamin wird in das Chitin der Zellwände aufgenommen (Gooday et al. 1976). Bei *C. cinereus* hat die Entfernung des Hutes während eines späten Stadiums keinen Einfluß auf die Verlängerung des Stiels (Gooday, 1974 b). In dieser Hinsicht unterscheiden sich *Agaricus bisporus* und *Flammulina velutipes,* weil bei diesen Arten bewiesen wurde, daß die Verlängerung des Stiels von Substanzen kontrolliert wird, die vom Hut gebildet werden. Die reifenden Lamellen bilden ein Hormon, das die Zellstreckung induziert (Gruen, 1969). Schneidet man bei *A. bisporus* Fruchtkörpern das gesamte Hutgewebe bis auf einen schmalen Streifen und alle anhaftenden Lamellen ab, dann bewirken aufgelegte Agarblocks mit einem Alkoholextrakt aus Lamellen-

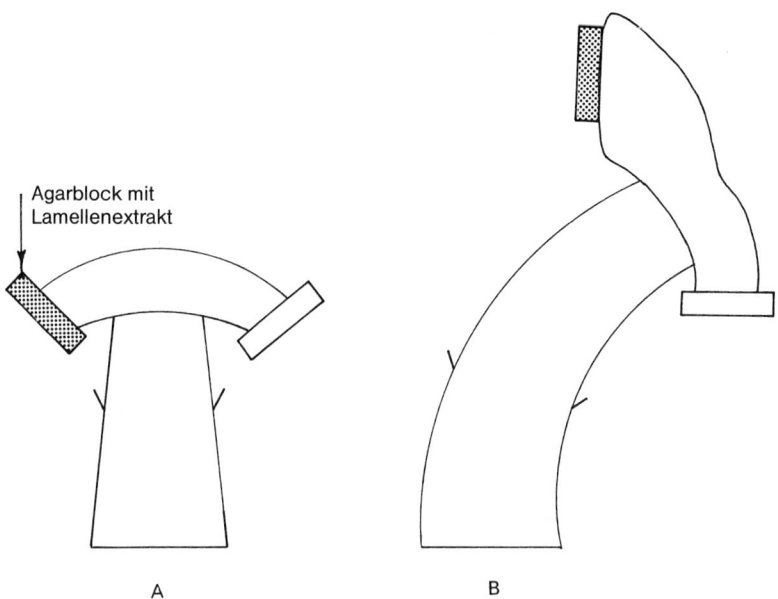

Agarblock mit
Lamellenextrakt

A   B

Abb. 235 A, B. *Agaricus bisporus.* Beweis für die chemische Kontrolle der Stiel- und Hut-streckung. **A** Der Fruchtkörper ist bis auf einen Rest des Hutgewebes (Segment von Durch-messerlänge) entfernt. Ein Agarblock mit einem Alkohol-Extrakt des Lamellengewebes ist auf der einen Seite des präparierten Hutes, ein gleicher Agarblock ohne diesen Extrakt an der anderen Seite befestigt. Eine Streckung des Stiel- und Hutgewebes auf der Seite, an der sich die Testsubstanz befindet, ist in **B** dargestellt (nach Hagimoto und Konishi, 1960)

gewebe eine positive Biegung des Stiels (Abb. 235). In ähnlichen Experimenten, bei denen man nur einen Teil des Hutgewebes von *Flammulina velutipes* zurückläßt, zeigten nicht die Biegung des Stiels (Gruen, 1969). Die Beschaffenheit des Hormons bleibt weiterhin unbestimmt. Es ist unwahrscheinlich, daß es sich um ein natürlich vorkommendes Hormon höherer Pflanzen handelt, da eine Zugabe dieser Produkte zu nicht vergleichbaren Ergebnissen führte (Gruen, 1959, 1963; Hagimoto und Ko-nishi, 1959, 1960; Hagimoto, 1963).

Fruchtkörperform und Funktion

Es ist eine weitverbreitete Beobachtung, daß größere Fruchtkörper übergroße Stiel-durchmesser haben. Die Masse des Hutes verhält sich proportional zum Volumen, d. h. sie ist proportional zum Kubus des Radius. Diese Masse muß vom Querschnitt des Stiels getragen werden, der dem Quadrat des Radius entspricht. Dies stimmt mit dem Prinzip des Ähnlichkeitsverhältnisses, vorgeschlagen von D'Arcy Thompson (1961), überein. Wenn dieses Prinzip für die Fruchtkörper der Blätterpilze gilt, dann verhält sich der Hutdurchmesser (y) zum Stieldurchmesser (x) nicht linear, sondern wie $y^3 = ax^2$. Ingold (1946b, 1965) und Bond (1952) bestätigen dieses Verhältnis (Abb. 236).

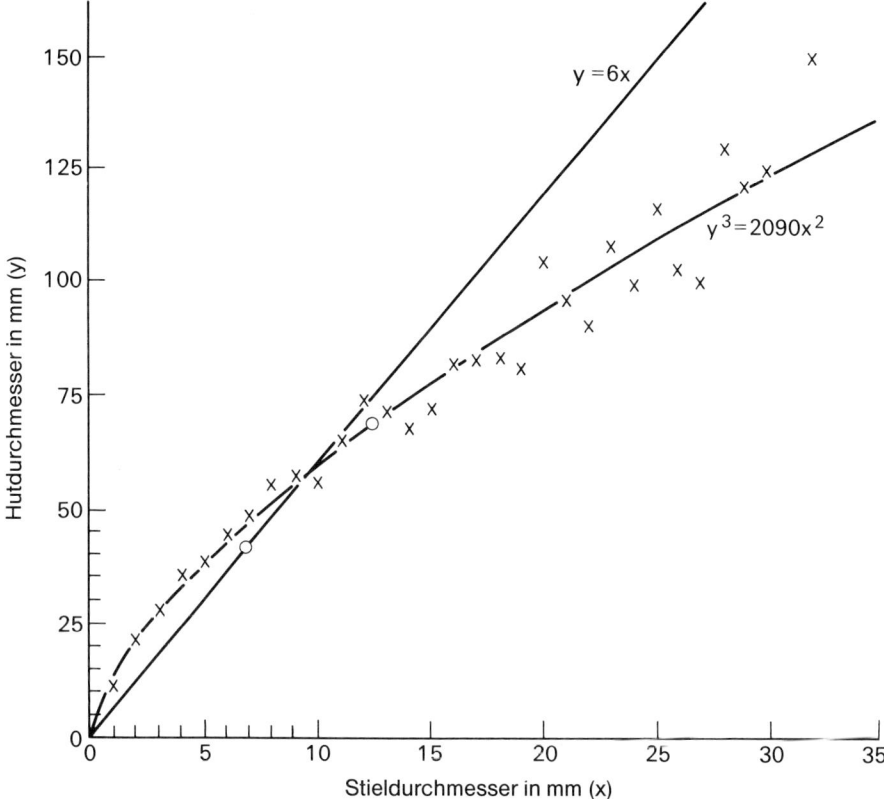

Abb. 236. Durchschnittliche Hutdurchmesser in Abhängigkeit von den Durchmessern der Stiele der Blätterpilze; 1166 Bestimmungen. Die gerade Linie $Y = ax$ geht vom Nullpunkt aus und verbindet die arithmetischen Mittel der Meßwerte. Die Kurve entspricht der Gleichung $Y^3 = ax^2$ und dem Prinzip des Ähnlichkeitsverhältnisses (nach Bond, 1952)

Einige häufig vorkommende Blätter- und Röhrenpilze

Eine ausführliche Behandlung der Agaricales würde den Rahmen dieses Buches überschreiten. Für Interessenten kommt folgende Spezialliteratur in Frage: Singer (1975), Kühner und Romagnesi (1953), Lange (1935–40), Lange und Hora (1963), Moser (1967), Henderson et al. (1969) und Watling (1970). Von Dennis, Orton und Hora (1960) und Kreisel (1969) steht eine Kontrolliste mit moderner Nomenklatur zur Verfügung. Eine Liste mit einigen wichtigen Familien befindet sich weiter unten, zusammen mit den Namen und einigen häufigen Gattungen. Die in der Klassifikation benutzten Kriterien sind: Vorkommen oder Fehlen von Anulus und Volva, Sporenfarbe, Anheftung der Lamellen am Stiel, Struktur des Tramas, Vorkommen oder Fehlen von Sphaerocysten, Cystidien und anderen Spezialstrukturen und die chemischen Reaktionen des Fruchtkörperfleisches und der Sporen.

Hygrophoraceae

Arten von *Hygrophorus* haben meist leuchtende Farben, sie sind klebrig und haben eine wachsartige Struktur. Man findet sie besonders häufig auf Wiesen.

Tricholomataceae

Häufige Gattungen sind: *Laccaria, Clitocybe, Tricholoma, Armillariella (Armillaria), Collybia, Oudemansiella, Marasmius* und *Mycena.*

Armillariella mellea (Hallimasch) wurde schon als Parasit auf holzigen Wirten erwähnt. Die Fruchtkörper sind eßbar. Ihre Form ist erstaunlich unterschiedlich. Möglicherweise wird ein Name für mehrere Taxa verwandt (Singer, 1970). Der Pilz ist ein Wurzelparasit, der sich durch Basidiosporen, Wurzel-zu-Wurzel-Kontakt oder durch Bildung schnürbänderähnlicher Rhizomorphen, die aus infizierten Baumstämmen herauswachsen, ausbreitet (Abb. 30). Ähnliche, aber abgeflachte Rhizomorphen bilden sich unter der Borke und zeigen an, wo das Kambium zerstört ist. Über die Verbreitung der Rhizomorphen liegen zahlreiche Untersuchungen vor. Unter idealen Bedingungen wachsen sie ungefähr 1 m pro Jahr. Ihre Ausbreitung ist abhängig vom Bodentyp. An feuchten Stellen findet man sie gehäuft bis zu 10 cm unter der Erde, an trockenen Stellen sind sie entsprechend tiefer. In Experimenten konnten sich die Rhizomorphen auf eingegrabenem Holz in unterschiedlichen Tiefen entwickeln. Die Rhizomorphen in einer Tiefe von 30–60 cm wuchsen zur Oberfläche, in Richtung der steigenden Sauerstoff- und abnehmenden Kohlendioxydkonzentration (Morris, 1976).

Bodenveränderungen durch Abholzung oder durch Bearbeitung für neue Pflanzungen stimulieren die Entwicklung frischer Rhizomorphen und sind ein beträchtliches Risiko für die nächste Pflanzengeneration (Redfern, 1973). Die Entwicklung der Rhizomorphen erfolgt nicht bei hohen Temperaturen. Dies ist auch die Erklärung dafür, daß sie in tropischen Böden fehlen (Swift, 1968). In Kulturen erfolgt die Rhizomorphenbildung sofort. Sie wird durch Äthanol, andere Alkohole mit niedrigem Molekulargewicht, Ölen, Fettsäuren, Indolessigsäure und o- und p-Aminobenzoesäure stimuliert. Der häufig vorkommende Bodenpilz *Aureobasidium pullulans* bildet ebenfalls ein flüchtiges Stimulans für die Rhizomorphenbildung. Dieses Stimulans wurde als Äthanol identifiziert (Garraway und Weinhold, 1968; Pentland, 1968; Garraway, 1970; Sortkjaer und Allermann, 1972).

In Kulturen bildet *Armillariella mellea* eine Reihe von bakteriziden und fungiziden Antibiotika. Die Antibiotika wirken gegen grampositive Bakterien und auch gegen einige Pilze, zu denen der häufig vorkommende Bodenpilz *Trichoderma* gehört (Richard, 1971; Oduro et al. 1976).

Der Befall eines frischen Wirtes ist oft durch Entwicklung von weißen Myzelflächen zwischen dem Holz und der Borke gekennzeichnet. Der Befall führt nicht immer zum Tode. Aber auch eine begrenzte Wurzelfäule führt immer zum Absterben (z. B. bei dem gruppenweisen Absterben von Koniferen). In vermoderndem Holz kann der Pilz mehrere Jahre überdauern und pseudosklerotische Platten („Zonierungen') bilden, die aus dunklen, blasenähnlichen Zellen bestehen (Lopez-Real, 1975; Lopez-Real und Swift, 1975).

Wegen der langen Lebensfähigkeit in vermodernden Stämmen erweist sich die Bekämpfung der von *Armillariella mellea* verusachten Krankheiten als schwierig.

Die Entfernung infizierter Baumstümpfe ist zwar mühselig, lohnt sich aber in Gärten, Baumschulen und Obstgärten, weil damit dem Pilz die Nahrungsbasis entzogen wird. Die biologische Bekämpfung durch Infektion von Baumstümpfen mit konkurrierenden Pilzen ist ebenfalls möglich (Redfern, 1968). Diese Verdrängung von *Armillariella* durch konkurrierende Pilze kann durch eine chemische Behandlung der Baumstümpfe beschleunigt werden. Dabei verwendet man Substanzen, wie z.B. Ammoniumsulfamat oder das Herbizid 2,4,5-Trichlorophenoxyessigsäure (2,4,5-T), das das erneute Wachstum und die lange Lebensdauer in Hartholzstümpfen bekämpft. Eine sofortige Besiedelung mit entsprechenden Pilzen kann man erreichen, indem man die Stümpfe mit Suspensionen von Basidiosporen oder Myzelfragmenten beimpft. Vielversprechende Konkurrenten von *A. mellea* sind *Coriolus versicolor* und *Phlebia merismoides* (Rishbeth, 1976). Andere chemische Behandlungsmethoden, z.B. die Bedampfung mit Schwefelkohlenstoff oder Methylbromid, zielen auf die Abtötung oder Schwächung von *Armillariella* innerhalb der Wirtsgewebe. Ein auf diese Weise zerstörtes Myzel kann dann von anderen Bodenpilzen (wie z.B. *Trichoderma*) befallen werden. Die Behandlung mit Methylbromid führt bei *Armillariella* zu einer verminderten Antibiotikaproduktion (Munnecke et al. 1970; Ohr und Munnecke, 1974).

Merkwürdigerweise ist dieser zerstörende Parasit ein Mykorrhizapilz der farblosen Orchidee *Gastrodia elata,* in deren Knollen die Pilzhyphen verdaut werden.

Oudemansiella radicata (= *Collybia radicata*) wächst auf Baumstümpfen und kann eine lange Hauptwurzel (Pseudorhiza) ausbilden, die sich durch den Boden bis zu unterirdischen Hölzern erstreckt (Buller, 1934). Die Basidien und Sporen sind groß und für entwicklungsgeschichtliche Studien geeignet (Abb. 218 und 238).

Marasmius oreades (Feldschwindling), ein als Hexenring bekannter Blätterpilz, bildet auch wie andere Arten die Fruchtkörper in Kreisen oder Ringen. Sind keine Fruchtkörper vorhanden, dann kann man den Pilz an den dunkelgrünen Grasringen erkennen. Das kreisförmige Wachstum kommt dadurch zustande, daß der Pilz radiär von einem zentralen Punkt aus wächst und sich das Myzel vom absterbenden Zentrum entfernt. Messungen der radiären Wuchszunahme der Hexenringe pro Jahr ergaben, daß einige Pilze mehrere Jahrhunderte alt sind (Shantz und Piemeisel, 1917; Bayliss-Elliott, 1926; Ramsbottom, 1953; Parker-Rhodes, 1955). Bei den Untersuchungen der Kreuzungstypen stellte man fest, daß die Isolate von Fruchtkörpern eines Ringes identisch sind, da der Ring einen gemeinsamen Ursprung hat (Burnett und Evans, 1966). Das Aussehen des Ringes ist jahreszeitlich unterschiedlich. Zu bestimmten Zeiten können jedoch zwei dunkelgrüne Ringe, die von einem braunen Ring aus abgestorbenem Gras getrennt sind, auftreten. Die tote Zone könnte auf schädliche Einflüsse des Myzels auf die Graswurzeln zurückzuführen sein oder auf den niedrigen Wassergehalt des Bodens in diesem Bereich. Es ist interessant, daß man HCN, eine in Basidiomycetenfruchtkörpern häufig vorkommende Substanz, aus den Myzelien einer Reinkultur von *M. oreades* und aus befallenem Rasen erhielt (Lebeau und Hawn, 1963; Ward und Thorn, 1965; Filer, 1966). Man untersuchte die Bodenpilze, die zusammen mit *M. oreades* in der oberen Bodenzone vorkommen. Dabei zeigte sich, daß aus der oberen Zone weniger Pilze isoliert werden konnten als aus der darunter liegenden Zone (Warcup, 1951). Die Fruchtkörper von *M. oreades* sind eßbar und können getrocknet werden.

Arten von *Mycena* haben spröde Fruchtkörper, die häufig in der Humusschicht des Waldes vorkommen und zwischen Gras und verfaulenden Blättern, Zweigen oder Baumstümpfen wachsen (*M. galericulata*). Ein charakteristisches Merkmal dieser Gattung sind die cystidientragenden Lamellenränder (Cheilocystidien). Bei einigen Arten (z. B. *M. galopus*) tritt aus den abgebrochenen Stielen Latex hervor.

Amanitaceae

Amanita (Abb. 230, 237)

Zu dieser Gattung gehören mehrere tödlich giftige Pilze, insbesondere *A. phalloides* (Grüner Knollenblätterpilz), *A. verna* und *A. virosa*. Die giftigen Bestandteile, die Amanitatoxine genannt werden, sind komplexe Cyclopeptide, die α-, β- und γ-Amanitin umfassen und Phalloidin (Tyler, 1971). Einige andere, weniger giftige Arten führen nicht zum Tode. Hierzu gehört *A. muscaria* (Fliegenpilz), der Halluzinationen hervorruft. Die halluzinogenen Substanzen sind Isoxazol-Derivate, Ibotensäure und das verwandte Decarboxylierungsprodukt Muscimol (Tyler, 1971). Einige andere Arten, wie z. B. *A. rubescens, A. vaginata* und *A. fulva,* sind eßbar. Die beiden letztgenannten Arten ordnete man früher einer eigenen Gattung (Amanitopsis) zu, weil der Anulus fehlt. Diese Unterscheidung wird heute nicht mehr vorgenommen. Viele Arten von *Amanita* sind Mykorrhizapilze. Makroskopisch können die Vertreter dieser Gattung an ihren weißen Lamellen und Sporen, am Anulus des Stiels und an der Volva erkannt werden, die als Kappe an der Basis des Stiels sichtbar ist. Reste der Volva können als Schuppen auf dem Hut bestehen bleiben. Ein charakteristisches mikroskopisches Merkmal sind die bilateralen, hymenophoren Tramen (Abb. 230).

Agaricaceae

Agaricus (Abb. 232)

Die bekanntesten Vertreter sind *A. campestris* (Wiesenchampignon) und *A. bisporus* (Kulturchampignon). Die Zuchtform stammt von dem natürlich wachsenden Myzel, das die Bruthersteller von anderen Arten unterscheiden können (Ramsbottom, 1953; Singer, 1961; Bohus, 1962). Die rosa Färbung der jungen Lamellen ist auf die Cytoplasmapigmente in den Sporen zurückzuführen. Später werden die Lamellen purpurbraun. Dies wird durch Ablagerung von dunklen Pigmenten in der Sporenwand hervorgerufen. Während die meisten der größeren Fruchtkörper von *Agaricus* eßbar sind, ist *A. xanthodermus* schwach giftig. Für diese Arten benutzte man früher den Gattungsnamen *Psalliota*. Von Chang und Hayes (1978) gibt es eine Darstellung zur Biologie und Kultivierung der eßbaren Pilze (Bötticher, 1974).

Lepiota (Abb. 237)

L. procera und *L. rhacodes* sind zwei gutaussehende, schuppige und eßbare Pilze (Parasolpilze). Ein Merkmal dieser beiden Pilze ist der freibewegliche Ring am Stiel.

Coprinaceae

Coprinus (Abb. 232)

Einige Aspekte zur Biologie des Tintlings wurden schon besprochen. Das charakteristische Merkmal dieser Gattung sind die parallel (inäquihymenialen) Lamellen, die sich bei den meisten Arten sofort nach der Sporenfreisetzung von unten nach oben auflösen. Bei *C. curtus* und einigen anderen Arten dehnt sich der Hut durch Erweiterung der nach unten gerichteten Furchen aus. Diese Furchen geben den Lamellen einen Y-förmigen Habitus. Ferner erfolgt eine Selbstverdauung des basalen Teils des vertikalen Randes (Buller, 1931). Der Hut von *C. plicatilis* dehnt sich auf die gleiche Weise aus. Hier gibt es keine Autolyse (Buller, 1909). Bei *C. cinereus* kann im Verlauf der Autolyse eine Chitinaseaktivität, die schon zwei Stunden vor

Abb. 237 A–D. Fruchtkörper von einigen häufig vorkommenden Blätterpilzen. **A** *Amanita excelsa.* Man erkennt die Reste der Volva auf dem Hut des jüngsten Fruchtkörpers und den Anulus am Stiel; **B** *Amanita fulva* (Rotbrauner Scheidenstreifling). Man erkennt die hutähnliche Volva an der Basis des Fruchtkörpers. Ein Anulus ist nicht vorhanden; **C** *Armillariella mellea* (Hallimasch). Büschel von Fruchtkörpern in der Nähe der Basis einer lebenden Birke. Man erkennt den Anulus; **D** *Lepiota procera* (Parasol). Bei reifen Fruchtkörpern ist der Ring frei beweglich; **E** *Agrocybe aegerita.* Reife Fruchtkörper in axenischer Kultur

der Sporenfreisetzung einsetzt, nachgewiesen werden. Behandelt man die Hymeniumzellen von *Coprinus* mit Exsudat aus den autolysierenden Fruchtkörpern, so werden zweikernige Protoplasten freigesetzt. Man nimmt deshalb an, daß dieser Saft Chitinase enthält, die aus Vakuolen oder Lysosomen stammt. Andere hydrolytische Enzyme sind ebenfalls vorhanden (Iten, 1969–70; Iten und Matile, 1970). Viele Arten (z. B. *C. cinereus*) sind coprophil. Es gibt aber auch Formen, die auf Holz wachsen, *C. micaceus* wächst über dem Erdboden, *C. atramentarius* wächst auf unterirdischem Holz. *Coprinus comatus* ist ein großer eßbarer Bodenpilz (Schopftintling). Bei dieser Art kleiden große Cystidien die inneren freien Ränder der Lamellen aus. Nach Buller (1924) sind die Basidien bei vielen Arten von *Coprinus* dimorph, entweder lang oder kurz. Die kurzen Formen sind nicht nur unreife Basidien, anscheinend reifen die Basidiosporen in zwei getrennten Schichten auf dem Hymenium. Durch diese Anordnung ist es möglich, daß sich viele Basidien auf einem Raum entwickeln können, ohne sich zu behindern.

An *C. cinereus* sind viele genetische Untersuchungen durchgeführt worden (Literatur siehe bei Guerdoux, 1974). Monokaryotische Kulturen können auf Luft- oder submersen Myzelien Sklerotien bilden. Das Sklerotium bildet sich aus einer einzigen Zelle. Wiederholte Hyphenverzweigungen führen zunächst zu einer undifferenzierten Zellmasse. Später sammeln nur die zentralen Zellen Glycogen an, während die äußeren Zellen dickwandiger werden und eine schützende Rinde bilden. Die Sklerotien fungieren als asexuelle Vermehrungsorgane (Waters et al. 1975 a, b; Moore und Jirjis, 1976). Die Entwicklung der Furchtkörper beginnt ebenfalls mit einer einzelnen Zelle, aus der nach vielfacher Verzweigung das komplexe Gewebe des reifen Fruchtkörpers entsteht (Matthews und Niederpruem, 1972, 1973; Cox und Niederpruem, 1975).

Panaeolus

Die meisten Arten wachsen auf Dung oder auf gedüngten Böden. Die Fruchtkörper sehen denen von *Coprinus* ähnlich, die Lamellen sind jedoch äquihymenial und lösen sich nicht auf. Die Oberfläche der Lamellen erscheint gesprenkelt, bedingt durch unregelmäßiges Reifen der Basidien an bestimmten Stellen (Buller, 1922). *P. campanulatus*, *P. sphinctrinus* und *P. semi-ovatus* (manchmal der getrennten Gattung *Anellaria* zugeordnet) sind häufig vorkommende Arten.

Bolbitiaceae

Agrocybe (Abb. 237 E)

Die interessanteste Art ist *A. aegerita* (Südlicher Schüppling). Sie lebt entweder parasitisch an lebenden oder saprophytisch an abgestorbenen Laubbäumen, vorwiegend an Pappeln, aber auch an Weiden.

Der Pilz bildet von Mai bis Oktober große, gelbliche bis braune Fruchtkörper mit zunächst weißlich-gelben Lamellen, die im reifen Zustand schließlich dunkelbraun werden. Sein Vorkommen beschränkt sich auf südliche Länder, im Norden wird er nur selten gefunden. Die Art ist sehr vielgestaltig und hat daher viele Synonyme. Nach Michael-Hennig (1970) wird dieser wohlschmeckende Speisepilz in Südfrankreich auf Pappelholzscheiben kultiviert und von Mai bis Oktober geerntet.

Strophariaceae

Stropharia

Die bekannteste Art ist *S. semi-globata,* ein sehr häufig vorkommender, coprophiler Blätterpilz mit einem gelben, klebrigen Hut. *Stropharia aeruginosa* (Grünspan-Träuschling) ist ein gut aussehender, blaugrüner Blätterpilz mit weißen Schuppen. Man findet diesen Pilz auf Weiden und in Wäldern zwischen Gräsern.

Hypholoma

H. fasciculare (Grünblättriger Schwefelkopf) bildet an abgestorbenen Laubbaum-stümpfen Büschel von gelben Fruchtkörpern. Dieser Pilz kann von *H. sublateritium* unterschieden werden, der an der gleichen Stelle wächst, aber einen größeren, zie-gelroten Hut besitzt. Der Gattungsname *Naematoloma* wird manchmal noch be-nutzt.

Psilocybe

Psilocybe wurde schon im Zusammenhang mit den halluzinogenen Eigenschaften bestimmter Arten erwähnt. *Psilocybe semilanceata* ist auf Rasenflächen und Weiden weit verbreitet.

Pholiota

Pholiota squarrosa wächst parasitisch und bildet Büschel von gelblich-braunen, schuppigen Fruchtkörpern an der Basis von Bäumen, wie z. B. Eschen und Ulmen. Dieser Pilz erinnert manchmal an *Armillariella mellea,* von dem er sich aber durch seine rostbraunen Sporen unterscheidet.

Cortinariaceae

Cortinarius

In Westeuropa kennt man allein über 200 Arten. Fast alle Arten wachsen auf dem Boden, viele bilden mit Bäumen Mykorrhizen. Obwohl die Bestimmung der Arten schwierig ist, kann man die Gattung leicht an den lehmfarbenen Lamellen und den Resten der Cortina des Stiels erkennen.

Boletaceae

Die Boletaceae ähneln einigen lamellentragenden Pilzen darin, daß sie fleischige Fruchtkörper, eine ähnliche Entwicklung und ein Hymenium haben, das während der Entwicklung von einem Velum partiale umgeben sein kann oder auch nicht. Das Hymenium kleidet jedoch die Röhren aus, die sich auf der Unterseite des Hutes

durch Poren nach außen öffnen. Die Paxillaceae (siehe unten) ähneln den Boletaceae. Die moderne Taxonomie der Boletaceae unterteilt sie in etwa 13 Gattungen,
von denen die meisten früher zu der Gattung *Boletus* gehörten (Watling, 1970; A.
H. Smith, 1973; Becker, 1975). Wichtige Merkmale bei der Klassifizierung der Gattungen sind die Sporenfarbe (gelb, rosa, braun, purpurschwarz, oliv), Sporenform
(ellipsoid oder fusiform), Vorkommen oder Fehlen von Cystidien, Textur des Hutes
(glutinös oder netzförmig, schuppig). Das Fleisch mehrerer Boletaceae wird blau,
wenn man es der Luft aussetzt oder wenn man es anreibt. Dies ist auf die Oxidation
eines Chinonpigmentes (Boletochinon) durch das Enzym Laccase zurückzuführen.
Die meisten Boletaceae sind Mykorrhizapilze von Koniferen oder Laubbäumen.

Boletus sensu stricto (Abb. 238 D)

Häufig vorkommende Arten sind:

B. chrysenteron findet man im Mischwald zusammen mit großblättrigen Bäumen.
Dieser Pilz wird häufig parasitisch von einem Ascomyceten *Apiocrea chrysosperma*
befallen (Konidienstadium = *Sepedonium chrysosperum*), der ebenfalls auf *Paxillus
involutus* wächst.

Der *Boletus edulis* Komplex, der in Nadel- oder Laubwäldern vorkommt. Man
hat jetzt festgestellt, daß *B. edulis* einen ‚Artenkomplex‘ darstellt, der in eine Reihe
unterschiedlicher Arten und Varietäten unterschieden werden kann. Die Vertreter
des *B. edulis* Komplexes gelten als die besten eßbaren Pilze, die als Steinpilz auf den
Märkten Kontinentaleuropas verkauft werden.

B. satanus, kommt charakteristischerweise zusammen mit Buchen und Eichen
auf kalkreichen Böden vor. Dieser Pilz hat rote Poren und einen roten Stamm mit
einem roten Netzwerk aus Adern. Dieser Pilz ist giftig.

B. parasiticus ist als Parasit eine Ausnahme. Dieser Pilz bildet seine Fruchtkörper auf denen von *Scleroderma*.

Leccinum

Die Arten von *Leccinum* haben schuppige Stiele. *L. scabrum* (*Boletus scaber*) und
L. versipelle (*Boletus versipellis*) sind häufige Mykorrhizapilze der Birke (*Betula*).

Suillus (Abb. 238 C)

Die Arten von *Suillus* haben klebrige Hüte. Einige besitzen einen Ring am Stamm
als Rest des Velum partiale. Alle Arten sind Mykorrhizapilze der Koniferen, z. B.
S. luteus, S. bovinus mit der Kiefer (*Pinus*) und *S. grevillei* (*Boletus elegans*) mit der
Lärche (*Larix*).

Paxillus

Einige Autoren ordnen die lamellentragende Gattung *Paxillus* den Boletaceae zu,
während andere sie als separate Familie (Paxillaceae) betrachten. Abgesehen von
einer starken Strukturähnlichkeit ist es interessant, daß sowohl *Paxillus* als auch

Abb. 238 A–D. Fruchtkörper einiger häufig vorkommender Blätter- und Röhrenpilze.
A *Oudemansiella radicata.* Dieser Pilz wächst an Baumstümpfen und hat einen langen Stiel mit
einem langen, wurzelartigen Ende; **B** *Paxillus involutus.* Man erkennt die Lamellen und den
eingerollten Hutrand; **C** *Suillus grevillei.* Man erkennt den Ring am Stiel und die Poren auf
der Unterseite des Hutes. Dieser Pilz ist ein Mykorrhizapilz auf *Larix;* **D** *Boletus chrysenteron.*
Dieser Pilz hat keinen Ring

Boletus von dem Schimmelpilz *Apiocrea chrysosperma* parasitisch befallen werden,
der andere Blätterpilze nicht befällt. *Paxillus involutus* ist ein häufig vorkommender
Mykorrhizapilz der Birke.

Russulaceae

Russula und *Lactarius*

Diese beiden Gattungen sind eng miteinander verwandt. Diese Verwandtschaft
zeigt sich an der großen Ähnlichkeit der Sporen, an den Sphaerocysten und den

latexbildenden Hyphen im Fruchtkörpergewebe (Abb. 229 B). Zerbricht man das Gewebe eines Fruchtkörpers von *Lactarius,* dann tritt entweder farbloser oder hellgefärbter Latex hervor. In einigen Fällen, z. B. bei *L. deliciosus* (Edel-Reizker), verändert der Latex die Farbe. In diesem Falle ist er zunächst tieforange und wird dann grün. Die Fruchtkörper von *Russula* bilden keinen Latex. Zahlreiche Arten beider Gattungen sind häufig im Wald zu finden, wo viele von ihnen als Mykorrhizapilze an Bäumen leben. *Russula ochroleuca* findet man häufig im Laubmischwald, während *R. fellea,* den man von *R. ochroleuca* durch den bitteren Geschmack und die honigfarbenen Lamellen unterscheiden kann, nur in Buchen-wäldern auftritt. *Lactarius turpis* ist ein Mykorrhizapilz der Birke, während *L. rufus,* der von den anderen rötlich-braunen Arten durch den pfeffrigen Geschmack unterschieden werden kann, zusammen mit Koniferen vorkommt.

Aphyllophorales

Donk (1964) beschreibt diese Gruppe als künstliche Ordnung der Hymenomycetes mit Holobasidien im Gegensatz zu den Agaricales, die unterschiedliche Frucht-körper bilden. Die Fruchtkörper entwickeln sich zentrifugal mit einseitigen Hy-menophoren oder clavarioid mit einem amphigenen Hymenium, das sich nicht innerhalb eines Velum universale bildet. Das Hymenium ist nicht von einem Velum partiale bedeckt und liegt während der Reifung der Basidiosporen frei. Das Hymenophor ist glatt (es kann auch gefaltet sein), ausnahmsweise auch mit Zähnen oder Tubuli versehen. In diesem Falle ist es meist unvollständig ausgebildet.

Anstelle des traditionellen Klassifizierungssystems von Fries, das auf groben, makroskopischen Fruchtkörpermerkmalen und Einzelheiten der Hymenienanord-nung basiert, legen die modernen Klassifizierungssysteme Wert auf mikroskopische Merkmale, besonders auf Details zur Anatomie, der Färbung und Farbreaktionen der Hyphen und Sporen. Eine derartige kritische Betrachtung der Basidiomyceten-fruchtkörper zeigt eine enge Verwandtschaft zwischen den bisher klassifizierten Pilzen in den völlig getrennten Gruppen des Systems von Fries. Das Auftreten natürlicher Gruppen von Arten und Gattungen kommt in den Anordnungen der Familien und der Schaffung neuer Gattungen zum Ausdruck. Donk (1964) und Talbot (1973 b) unterscheiden innerhalb der Aphyllophorales über 20 Familien. Diese Anordnung ist jedoch noch ein Versuch. Weitere Forschungen könnten deshalb zur Schaffung weiterer Familien führen. An dieser Stelle sollen nur die Vertreter von einigen Familien untersucht werden: Auriscalpiaceae, Clavariaceae, Ganodermataceae, Hydnaceae, Polyporaceae, Schizophyllaceae und Stereaceae.

Polyporaceae

In älteren Klassifizierungssystemen wurden alle Hymenomycetes, bei denen die Tubuli mit einem Porus mit der Außenwelt in Verbindung stehen und mit dem Hymenium ausgekleidet sind, dieser Familie zugeordnet. Später erkannte man, daß das Hymenium nur in einer bestimmten Art und Weise angeordnet sein kann, um die Basidiosporen freisetzen zu können. Wahrscheinlich hat sich die tubuläre

Anordnung des Hymeniums mehrere Male unabhängig voneinander entwickelt. Deshalb wird *Boletus* jetzt den Agaricales zugeordnet. Eine auffallende Darstellung einer konvergenten Entwicklung war die Entdeckung, daß *Aporpium caryae*, ein Pilz, der über 120 Jahre lang als Porling angesehen wurde (*Polyporus caryae*), längsseptierte (chiastische) Basidien besitzt, die für die Tremellaceae charakteristisch sind.

Mikroskopische Analysen und Untersuchungen der Fruchtkörperentwicklung führten zur Teilung der alten heterogenen Polyporaceae in eine Anzahl von kleineren, homogeneren Familien. *Fistulina hepatica* (Ochsenzunge) parasitiert hauptsächlich auf *Quercus* und *Castanea* und wird jetzt einer eigenen Familie, Fistulinaceae, zugeordnet. *Ganoderma* wurde in eine separate Familie, die Ganodermataceae, eingeordnet. Die noch verbleibenden Polyporaceae sind zweifellos noch heterogen, so daß wahrscheinlich noch weitere Teilungen bevorstehen, wenn die Verwandtschaften eindeutiger definiert werden. In dieser eingeengten Form werden die Polyporaceae hier besprochen.

Die Polyporaceae oder Konsolenpilze sind ökonomisch wichtig, weil sie eine Reihe von gefährlichen Pflanzenpathogenen von Nadelbäumen umfassen, z. B. *Heterobasidion annosum* (= *Fomes annosus*), Erreger der Rotfäule an Nadelbäumen, und *Piptoporus betulinus* (= *Polyporus betulinus*), Erreger der Braunfäule an Birken. Viele von ihnen sind auch für die Zersetzung von Holz verantwortlich (Cartwright und Findlay, 1958; Fergus, 1960). Man unterscheidet zwei Fäulnistypen. Bei den zelluloseabbauenden Pilzen wird das braune Lignin des Holzes nicht zerstört: man nennt dies Braunfäule. Wird Lignin abgebaut, dann sieht das zersetzte Holz weiß aus: man nennt dies Weißfäule. Die Fähigkeit eines Pilzes zum Ligninabbau scheint mit der Bildung einer extrazellulären Oxidase in Reinkulturen korreliert zu sein. Dies deutet auf eine Oxidation von Gallus- oder Gerbsäure hin (braune Farbe), oder es erfolgt eine rasche Oxidation einer alkoholischen Lösung aus Guiacol zu einer blauen Farbe (Nobles, 1958 a, b, 1965). Untersuchungen von gesundem und faulendem Holz ergaben, daß der Zellulosegehalt sowohl bei der Braun- als auch bei der Weißfäule reduziert ist und der Ligningehalt bei der Braunfäule nahezu konstant bleibt, bei der Weißfäule jedoch sinkt (Findlay, 1940). Die meisten Porlinge sind monözisch und incompatibel, ungefähr 44% sind bipolar und 56% tetrapolar. Sowohl bei bipolaren als auch bei tetrapolaren Formen wurden multiple Allele nachgewiesen (Whitehouse, 1949 b; Nobles, 1958 a, b; Raper, 1966 a; Esser, 1967). Das dikaryotische Myzel kann Schnallen bilden oder auch nicht, in großen Baumstümpfen ist es meist perennierend und bildet jährlich neue Fruchtkörper aus. In einigen Fällen (z. B. Arten von *Fomes*) kann der Fruchtkörper selbst perennierend sein. Typischerweise bilden sich die Fruchtkörper als fächerförmige Konsolen ohne Stiele. Es gibt jedoch auch Formen mit lateralen, d. h. exzentrischen Stielen (z. B. *Polyporus squamosus*) und einige wenige Arten mit zentral gestielten Fruchtkörpern, z. B. *Polyporellus brumalis* (= *Polyporus brumalis*), *P. ciliatus* und *Coltricia perennis*. Der letztgenannte Pilz lebt selten terrestrisch und ist nicht ligninabbauend. Bilden sich Fruchtkörper von Porlingen oder anderen holzzersetzenden Pilzen auf der Unterseite von Holzscheiten, wo sie flach an der Holzfläche anliegen, dann nennt man sie resupiniert.

Um die Struktur eines Fruchtkörpers der Porlinge verstehen zu können, ist es notwendig, mit Hilfe des Steromikroskopes und Präpariernadeln aus dem Frucht-

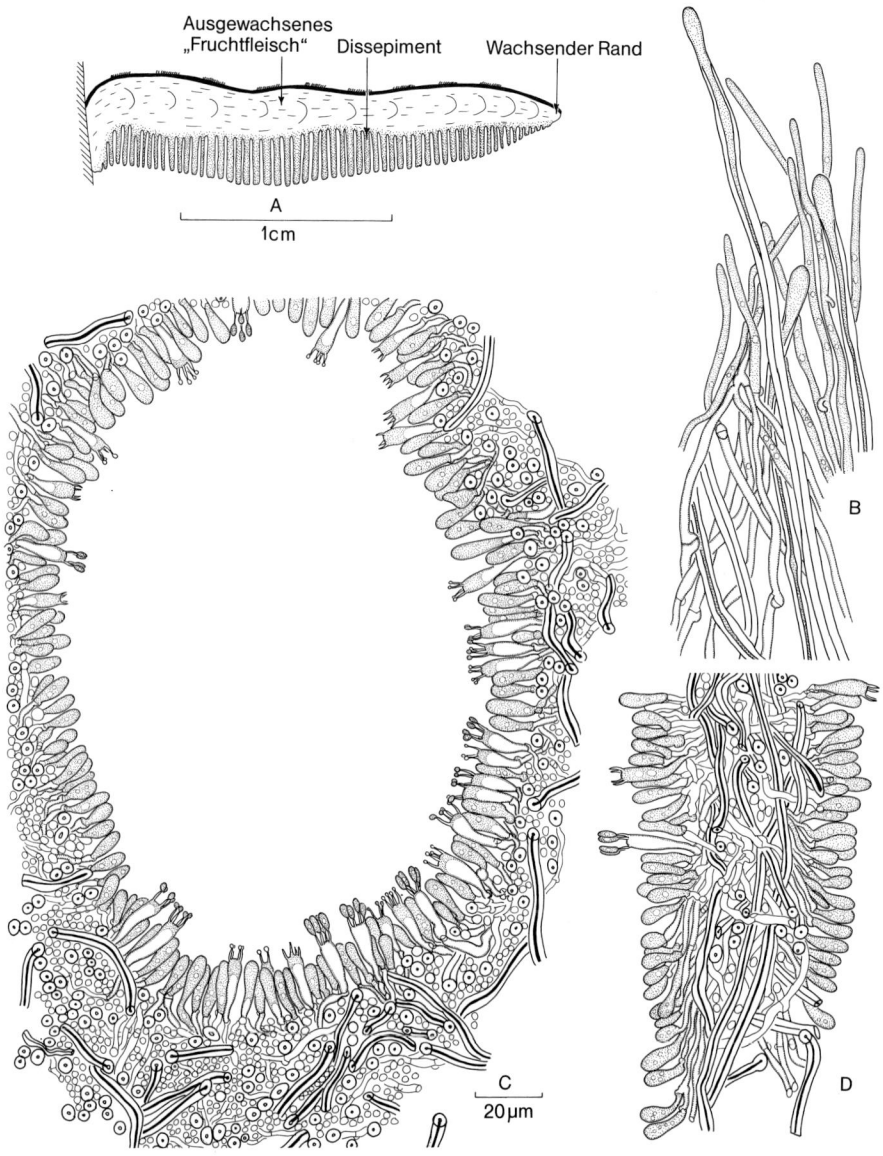

Abb. 239 A–D. *Coriolus versicolor.* **A** Vertikaler Schnitt durch einen Fruchtkörper; **B** Gruppe von Hyphen, die aus dem wachsenden Rand herausgezupft wurden. Man findet nur generative Hyphen und Skeletthyphen. Im ausgewachsenen Gewebe kommen auch Binde-hyphen vor (siehe Abb. 240); **C** Querschnitt durch ein Porus mit Hymenium; **D** Längsschnitt eines Teils eines Dissepiments. Das Gewebe enthält nur generative Hyphen und Skelett-hyphen. **B, C, D** im gleichen Maßstab

fleisch einen dicken Schnitt herauszupräparieren. Diese Technik der Hyphenuntersuchung wurde von Corner (1932, 1953) entwickelt und ist auch von Teixeira (1962) beschrieben worden. Manchmal ist es notwendig, Hyphen von verschiedenen Teilen des Fruchtkörpers zu untersuchen: den wachsenden Rand, das ausgewachsene ‚Fruchtfleisch', das Gewebe direkt über den Röhren und die Dissepimente, d. h. die Gewebe, die die Röhren trennen (Abb. 239). Corner beschreibt drei unterschiedliche Hyphenarten, von denen nicht alle in einer Art vorkommen müssen:

1. *Generative Hyphen:* In der Nähe des wachsenden Randes dünnwandig, dahinter dicker, mit oder ohne Schnallen, gewöhnlich mit unterschiedlichem cytoplasmatischem Inhalt. Dieser Hyphentyp ist bestimmend bei allen Fruchtkörpern der Porlinge. Aus den generativen Hyhphen entstehen die Basidien und auch die zwei anderen Hyphenarten.

2. *Skeletthyphen:* Unverzweigte, dickwandige Hyphen mit einem schmalen Lumen, das als laterale Verzweigung von generativen Hyphen entsteht. Die Skeletthyphen bilden ein starres Netzwerk.

3. *Bindehyphen:* Reichverzweigte, schmale, dickwandige Hyphen mit begrenztem Wachstum. Diese Hyphen neigen dazu, sich selbst mit anderen Hyphen des Fruchtfleisches zu verflechten.

Man hat noch mehrere Hyphenarten beschrieben, von denen einige jedoch Zwischenformen dieser drei Hauptformen sind. Die Begriffe ‚aciculiform', ‚arboriform' und ‚vermiculiform' werden z. B. für skelettähnliche Hyphen benutzt, während der Ausdruck ‚gloiophere Hyphen' für Zellen mit dichtem, öligem Inhalt benutzt wird (Lentz, 1973).

Die drei grundlegenden Hyphenarten sind in Abb. 240 dargestellt. Wenn alle drei Hyphenarten zusammen vorkommen, spricht man von einem trimitischen Fruchtkörper (griech. μ τ o ζ, der Faden einer Kette). *Coriolus versicolor* (*Polyporus, Polystictus, Trametes versicolor*) sind ein typisches Beispiel für einen trimitschen Porling (Abb. 241 A). Die Wuchszone am Rande des Fruchtkörpers und das Gewebe der Dissepimente sind dimitisch. Sie bestehen nur aus generativen Hyphen und Skeletthyphen. Die Bindehyphen findet man nur im ausgewachsenen Fruchtfleisch in einiger Entfernung vom wachsenden Rand.

Es gibt zwei Arten des dimitischen Baus bei Porlingen:
a) Dimitisch mit Bindehyphen (d. h. generative Hyphen und Bindehyphen). Diesen Typ findet man bei *Laetiporus sulphureus* (= *Polyporus sulphureus*) (Abb. 241 B). Die Dissepimente sind jedoch monomitisch.

b) Dimitisch mit Skeletthyphen. Die Fruchtkörper von *Heterobasidion annosum* gehören zu diesem Typ (Abb. 241 C).

Sind nur generative Hyphen vorhanden, dann spricht man von einem monomitischen Bau. Fruchtkörper von *Bjerkandera adusta* (= *Polyporus adustus*) sind monomitisch. Bei diesem Pilz können sich die Wände der generativen Hyphen im Alter verdicken.

Die Unterscheidung zwischen den verschiedenen Bautypen geschieht dadurch am besten, daß man versucht, die Fruchtkörper dieser Pilze auseinanderzubrechen. *Coriolus versicolor* bricht sehr schwer, im Gegensatz zu der käseähnlichen Beschaffenheit von *B. adusta.* Die unterschiedlichen Hyphentypen können sich im Alter verändern. Bei *L. sulphureus* z. B. können die generativen Hyphen anschwellen. Bei *Polyporus squamosus* entstehen die Bindehyphen relativ spät nach der Anschwellung der generativen Hyphen, durch die das saftige Fruchtfleisch des voll ausgewachsenen Fruchtkörpers in eine trockene, feste Struktur umgewandelt wird. Bei *Piptoporus betulinus* entstehen die Bindehyphen ebenfalls sehr spät und ersetzen vollständig die generativen Hyphen. Die Dissepimente sind unterschiedlich aufgebaut, sie sind dimitisch mit Skeletthyphen.

Die Polyporaceae umfassen etwa 1000 Arten. Von Pegler (1966, 1967, 1973) gibt es Bestimmungsschlüssel. Im folgenden Text sind Merkmale von einigen häufig vorkommenden Porlingen im Detail beschrieben.

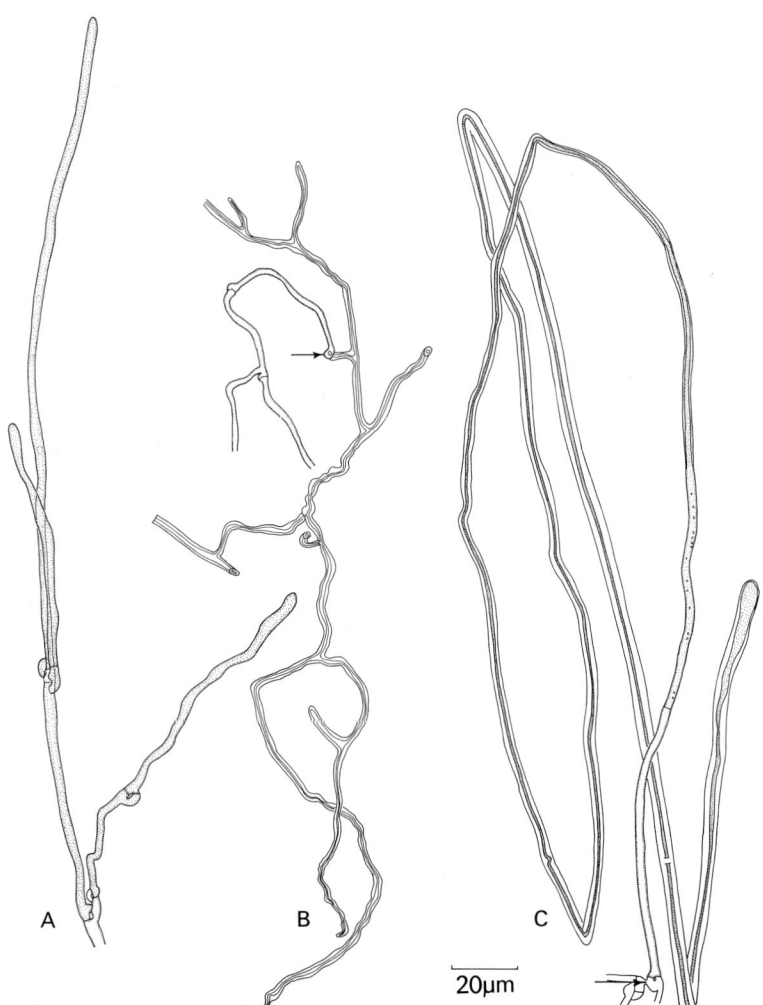

Abb. 240 A–C. *Coriolus versicolor.* Hyphen aus dem Fruchtkörper eines trimitischen Porlings. **A** Generative Hyphen. Charakteristisch sind die dünnen Wände, der dichte cytoplasmatische Inhalt und die Schnallen; **B** Bindehyphen, verzweigt und dickwandig. Der Pfeil weist auf die Entstehung der Bindehyphen aus einer generativen Hyphe hin; **C** Eine Skeletthyphe, unverzweigt und dickwandig. Der Pfeil weist auf die Entstehung dieser Hyphe aus einer generativen Hyphe hin

Abb. 241 A–D. Aphyllophorales. Fruchtkörper. A *Coriolus versicolor* von oben gesehen; B *Laetiporus sulphureus;* C *Heterobasidion annosum* am Fuße einer lebenden Kiefer; D *Piptoporus betulinus* auf einem abgestorbenen Birkenstumpf

Coriolus versicolor (Abb. 241 A) ist ein häufig vorkommender Saprophyt auf Hartholzstümpfen und Holzscheiten. Dieser Pilz ist ein Erreger der Weißfäule. Sowohl das Myzel als auch die Fruchtkörper sind gegen Austrocknung resistent. Die annuellen trimitischen Fruchtkörper haben eine zonierte, samtene Oberfläche, die sofort Regen absorbiert. Die Fruchtkörper unterscheiden sich morphologisch oft beträchtlich voneinander. Man kann dies erkennen, wenn man die verschiedenen Regionen des faulenden Holzes mit einer Säge durchtrennt. Die Regionen sind durch braun zonierte Linien getrennt. Alle Isolate einer Region enthalten ein identisches Dikaryon. Die Zonierungen markieren intraspezifische Antagonismen (heterogene Incompatibilität, S. 310) zwischen den verschiedenen Dikaryen. Dies bedeutet, daß der Pilz innerhalb eines Holzstückes nicht ein einziges ‚einheitliches Myzel' bildet, sondern aus einer Reihe von getrennten Populationen besteht (Rayner und Todd, 1977, 1978). Monokaryotische Myzelien bilden Arthrokonidien. Diese Art ist tetrapolar mit multiplen Allelen. Die Struktur wurde sowohl mit dem Licht- als auch mit dem Elektronenmikroskop intensiv untersucht (Girbardt, 1958, 1961).

Heterobasidion annosum (syn. *Fomes annosus*) (Abb. 241 C) ist der Erreger der Rotfäule an Nadelbäumen und kommt gelegentlich auch an absterbenden Bäumen, wie z. B. der Birke, vor. Diese Krankheit findet man besonders häufig auf alkalischen Böden. In Nadelwäldern ist die Rotfäule eine ernstzunehmende Krankheit (Peace, 1962). Die perennierenden Fruchtkörper bilden sich dicht über der Erdoberfläche an der Basis von Stümpfen. Man kann sie sofort an ihrer orangebraunen Farbe mit weißem Rand erkennen. Sie sind dimitisch mit Skeletthyphen. Sporen werden während des ganzen Jahres gebildet. Das Konidienstadium (Abb. 242) nennt man *Oedocephalum lineatum*. In Schonungen breitet sich diese Krankheit meist von Baumstümpfen aus, die von den Sporen infiziert wurden. Nach Besiedelung von deren Wurzeln verbreitet sich die Krankheit durch Wurzel-Wurzel-Kontakt auf benachbarte gesunde Wurzeln: der Pilz wächst nicht frei im Erdboden. Neuerdings wird diese Krankheit bekämpft, indem man die infizierten Stümpfe mit Creosol, Natriumnitrit oder anderen Desinfektionsmitteln behandelt. Eine alternative Behandlung besteht darin, daß man die Stümpfe mit Sporen von saprophytischen Basidiomycetes (z. B. *Peniophora gigantea*) beimpft, der in Kiefern mit dem Parasiten konkurriert, die Stümpfe zersetzt und eine erfolgreiche Besiedelung durch den Parasiten verhindert (Anon, 1967 a; Rishbeth, 1952, 1961).

Piptoporus betulinus findet man auf toten und absterbenden Birken (Abb. 241 D). Dieser Pilz ist wahrschenlich ein Wundparasit. Die Basidiosporen dringen dort ein, wo Zweige abgebrochen sind. Infizierte Bäume zeigen Braunfäule, bei der das Holz zunächst würfelig zerfällt und sich später pulverisiert. Obwohl die Braunfäule auf einen Zelluloseabbau hinweist, wurde auch Oxidaseaktivität nachgewiesen, die auf einen Abbau des Lignins hindeutet (MacDonald, 1937). Der Pilz ist bipolar mit ungefähr 30 Allelen des Kreuzungstypfaktors. Untersuchungen zur Verteilung der Allele bei den jährlich aufeinanderfolgenden Fruchtkörpern des gleichen Birkenstammes ergaben, daß mehrere dikaryotische Myzelien Seite an Seite auf dem gleichen Stamm vorkommen können und daß die einzelnen Typen nicht in jedem Jahr fruktifizierten (Burnett und Partington, 1957; Burnett, 1965).

Polyporus squamosus ist ein Wundparasit von Laubbäumen, wie z. B. der Ulme und des Ahorns. Das Myzel kann in Stümpfen und Holzstücken überdauern und bildet jährlich während des Frühsommers nacheinander fleischige Fruchtkörper. Singer (1975) ordnet diesen Pilz den Agaricales zu.

Ganodermataceae

Diese Familie gehört normalerweise zu den Polyporaceae. Sie unterscheidet sich von diesen durch die doppelwandige Spore, die eine dunkel gefärbte Innenschicht mit Verzierungen besitzt. Diese Verzierungen durchstoßen die hyaline äußere Schicht, so daß die Spore eine stachelige Oberfläche zu haben scheint (Abb. 243)

Abb. 242. *Heterobasidion annosum.* Konidienträger und Konidien

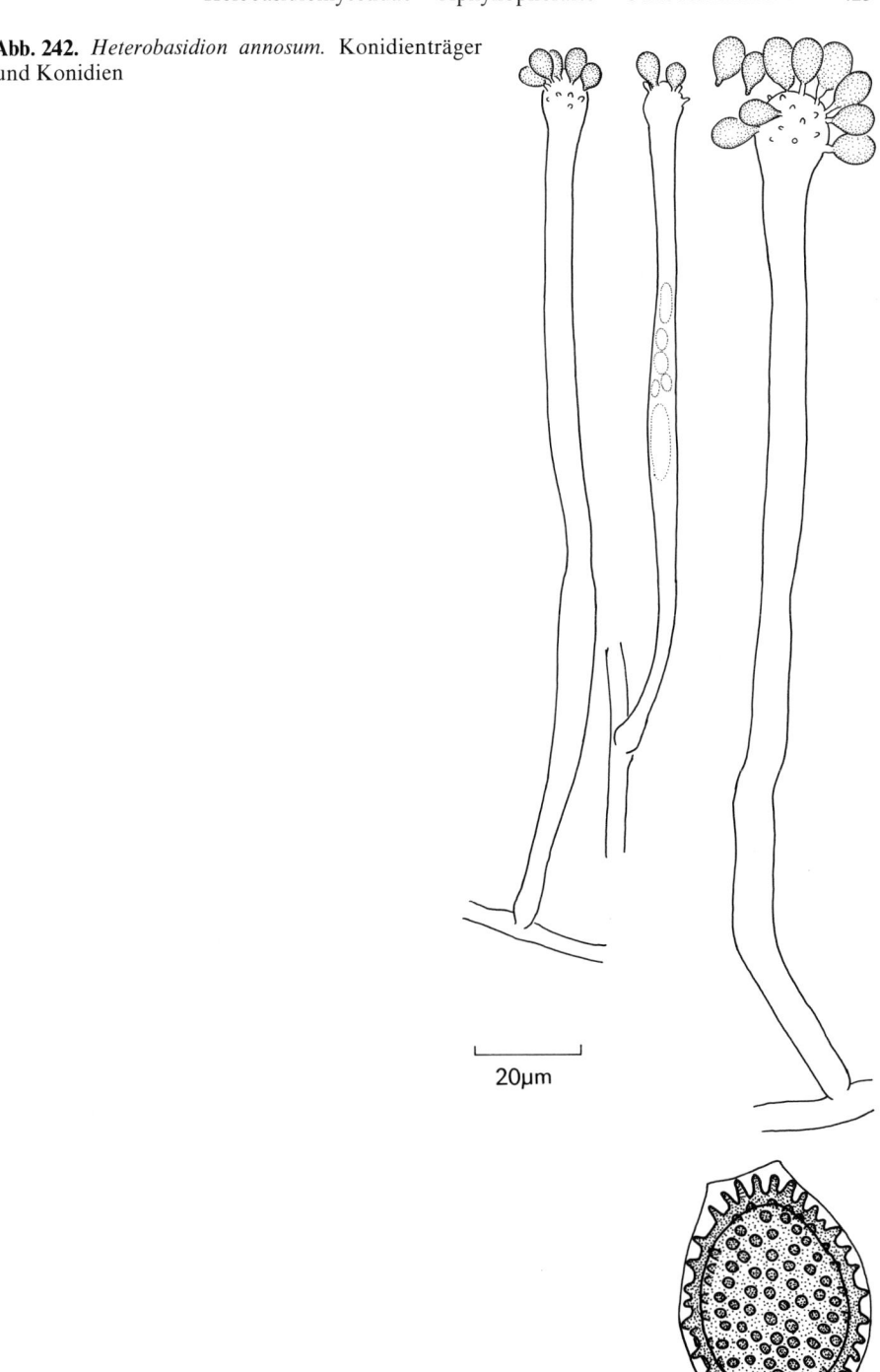

20µm

Abb. 243. *Ganoderma applanatum.* Basidiospore. Der stumpfe Teil ist die Sporenspitze

10µm

Abb. 244 A, B. *Ganoderma applanatum*. **A** Zwei Fruchtkörper an einer Buche; **B** Losgelöster Fruchtkörper, vertikal aufgeschnitten: man erkennt die zwei Schichten der hymenialen Tubuli

(Heim, 1962; Furtado, 1962; Donk, 1964). Die Hyphenstruktur des Fruchtkörpers ist trimitisch. Ein weiteres charakteristisches Merkmal besteht darin, daß es zwei verschiedene Typen von Skeletthyphen gibt: a) *arboriform*, mit einem unverzweigten, basalen Teil und einem verzweigten, spitz zulaufenden Ende, b) *aciculiform*, unverzweigt und normalerweise mit einer scharfen Spitze (Hansen, 1958; Teixiera und Furtado, 1965; Furtado, 1965). Der bekannteste Vertreter ist *Ganoderma applanatum* (syn. *Elfingia applanata*), ein Wundparasit und Fäulniserreger an Buchen und anderen Bäumen (Abb. 244). Es wird sowohl Zellulose als auch Lignin zersetzt. Die Fruchtkörper sind perennierend, braun, holzig, die fächerförmigen Konsolen haben einen Durchmesser von oft 50 cm und gelegentlich fast 1 m (Herrick, 1953). In jedem Jahr wird eine neue Hymenienschicht mit Tubuli unter der Schicht des vergangenen Jahres gebildet. Die Tubuli können bis zu 2 cm lang sein und einen Durchmesser von ungefähr 0,1 mm aufweisen. Da die Tubuli etwa 200 mal so lang wie weit sein können, ist der Fall der Sporen mit Problemen verbunden. Der harte, feste Bau des Fruchtkörpers vermindert seitliche Bewegungen der vertikal gerichteten Tubuli. Nach Gregory (1957) besitzen die meisten Sporen eine positive, elektrostatische Ladung. Ob diese Ladung jedoch auf die Lage der Sporen während des Falls eine Rolle spielt, ist zweifelhaft. Man hat errechnet, daß ein großes Exemplar bis zu 20 Millionen Sporen pro Minute während der fünf oder sechs Monate von Mai bis September entlassen kann (Buller, 1922). Die Sporenfreisetzung kann auch in Trockenperioden weiter erfolgen und hängt sicherlich auch mit der Aufnahme von Wasser aus dem Wirt zusammen (Ingold, 1954b, 1957). Die auf geeigneten Keimmedien ausplattierten Sporen können nach 6 bis 12 Monaten Keimschläuche bilden. Kreuzungen zwischen monosporen Myzelien zeigten, daß der Pilz tetrapolar ist und multiple Allele besitzt

(Aoshima, 1953). Die große Zahl der ausgestoßenen Sporen ist wahrscheinlich eine Anpassung an die sehr geringe Möglichkeit, einen Baum zu infizieren (van der Plank, 1975).

Auriscalpiaceae

Hymenomycetes, in denen das Hymenium mit Zähnen oder Stacheln bedeckt ist, werden von Fries den Hydnaceae zugeordnet. Mittlerweile ist klar geworden, daß diese grobe Einteilung eine Reihe von nicht verwandten Formen umfaßt (Harrison, 1971, 1973). Dies zeigt sich bei *Pseudohydnum gelatinosum* (Abb. 259), deren Basidien längs geteilt sind und die deshalb den Tremellaceae nahesteht. Einige früher den Hydnaceae zugeordneten Gattungen werden jetzt in Familien eingeordnet, z. B. in die Auriscalpiaceae und Hericiaceae (Donk, 1964), so daß die Familie Hydnaceae jetzt nur noch *Hydnum* und einige wenige Gattungen umfaßt, die schließlich auch woanders eingeordnet werden können. Die Auriscalpiaceae umfassen nicht nur Formen mit gezähntem Hymenium, wie z. B. *Auriscalpium*, sondern auch *Lentinellus*, einen Pilz mit Lamellen (Maas-Geesteranus, 1963a, 1975). *Auriscalpium vulgare* (syn. *Hydnum auriscalpium*) wächst auf vergrabenen Pinuszapfen und bildet im Herbst und Winter gestielte, einseitige, braune und

Abb. 245. *Auriscalpium vulgare.* Zwei aus einem Pinuszapfen herauswachsende Fruchtkörper

haarige Fruchtkörper auf der Erdoberfläche (Abb. 245). Der Hyphenbau ist dimitisch mit Skeletthyphen (Ragab, 1953). Das Hymenium entsteht auf vertikalen, fingerförmigen Auswüchsen der Unterseite des Hutes. Zwischen den Basidien befinden sich unregelmäßig vergrößerte, dünnwandige Hyphenspitzen mit sehr stark lichtbrechendem Inhalt (Gloeocystidien) (Abb. 246) (Lentz, 1954). Die Fruchtkörper können proliferieren. Bei seitlicher Verlagerung richten sie sich schnell wieder in die vertikale Lage auf (Harvey, 1958).

Hydnaceae

Die Fruchtkörper von *Hydnum repandum* (Abb. 247 A) und *H. rufescens* wachsen in Wäldern. Sie sind mehr oder weniger hutpilzähnlich mit einem gestielten Hut, der zentral oder lateral angeordnet sein kann. Der Hyphenbau ist monomitisch mit generativen Hyphen. Diese blähen sich auf und geben dem Fruchtkörper eine fleischige Textur (Maas-Geesteranus, 1963 b, 1975). Das Hymenium bedeckt die spitz zulaufenden Stacheln, die sich aus der Unterseite des Hutes entwickeln. Im Gegensatz zu *Auriscalpium* fehlen die Gloeocystidien.

Schizophyllaceae

Traditionell wird *Schizophyllum* den Agaricales zugeordnet, obwohl Einzelheiten der Fruchtkörperentwicklung (Essig, 1922; Wessels, 1965) und die Entwicklung der

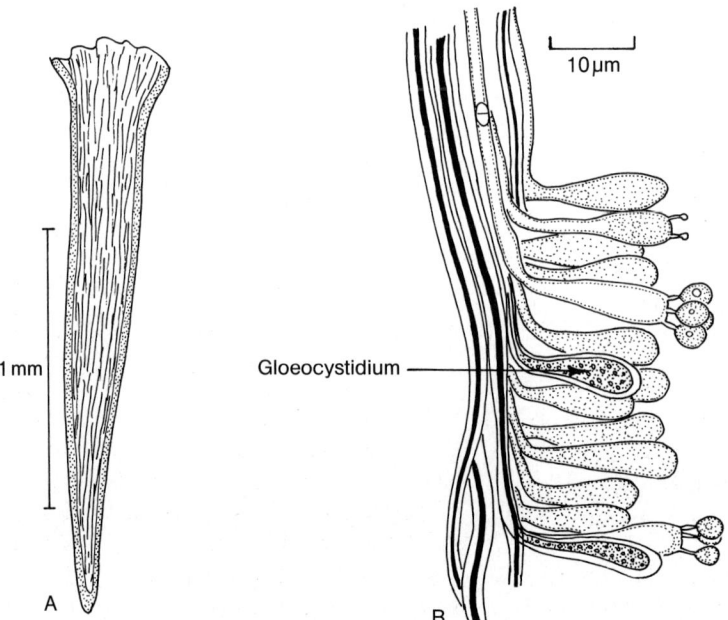

Abb. 246 A, B. *Auriscalpium vulgare.* **A** Stachel von der Unterseite des Hutes, mit Hymenium; **B** Teil des Hymeniums mit Gloeocystidien

Abb. 247 A, B. *Hydnum repandum.* Ein Teil der Unterseite des Hutes mit hymenientragenden Stacheln; **B** *Schizophyllum commune.* Unterseite des Fruchtkörpers mit gespaltenen ‚Lamellen‘

‚Lamellen‘ so eigenartig sind, daß seine Homologisierung mit den Lamellen der Blätterpilze nicht in Betracht kommt (Donk, 1964). *Schizophyllum commune* wächst saprophytisch oder parasitisch auf holzigen Substraten und bildet fächerförmige, lateral befestigte Fruchtkörper mit einer pelzartigen Oberfläche. Der Name *Schizophyllum* ist auf die längs gespaltenen Lamellen zurückzuführen, die eine xeromorphe Anpassung sein können (Abb. 247 B). Bei trockenem Wetter biegen sich die Lamellen nach innen, so daß die Hymeniumoberfläche durch eine Reihe von aneinanderstoßenden Falten geschützt ist. Man nimmt an, daß die Biegung auf eine Schrumpfung der Hymenienschichten bei der Austrocknung zurückzuführen ist.

Da die übrigen Lamellengewebe aus dickwandigen Schnallenhyphen bestehen, die nicht so leicht schrumpfen, biegen sich die Lamellen nach innen. Im Bereich der Spalte sind die Zellen dünnwandiger (Abb. 248). Fruchtkörper, die man zwei Jahre lang getrocknet hat, nehmen sehr schnell Wasser durch die haarige Oberfläche auf. Innerhalb von zwei bis drei Stunden sind die Lamellen aufgerichtet, während sich das Hymenium ausdehnt. Die Sporenfreisetzung beginnt nach drei bis vier Stunden (Buller, 1909). Von Bulller im Jahre 1910 und 1912 gefriergetrocknetes Material

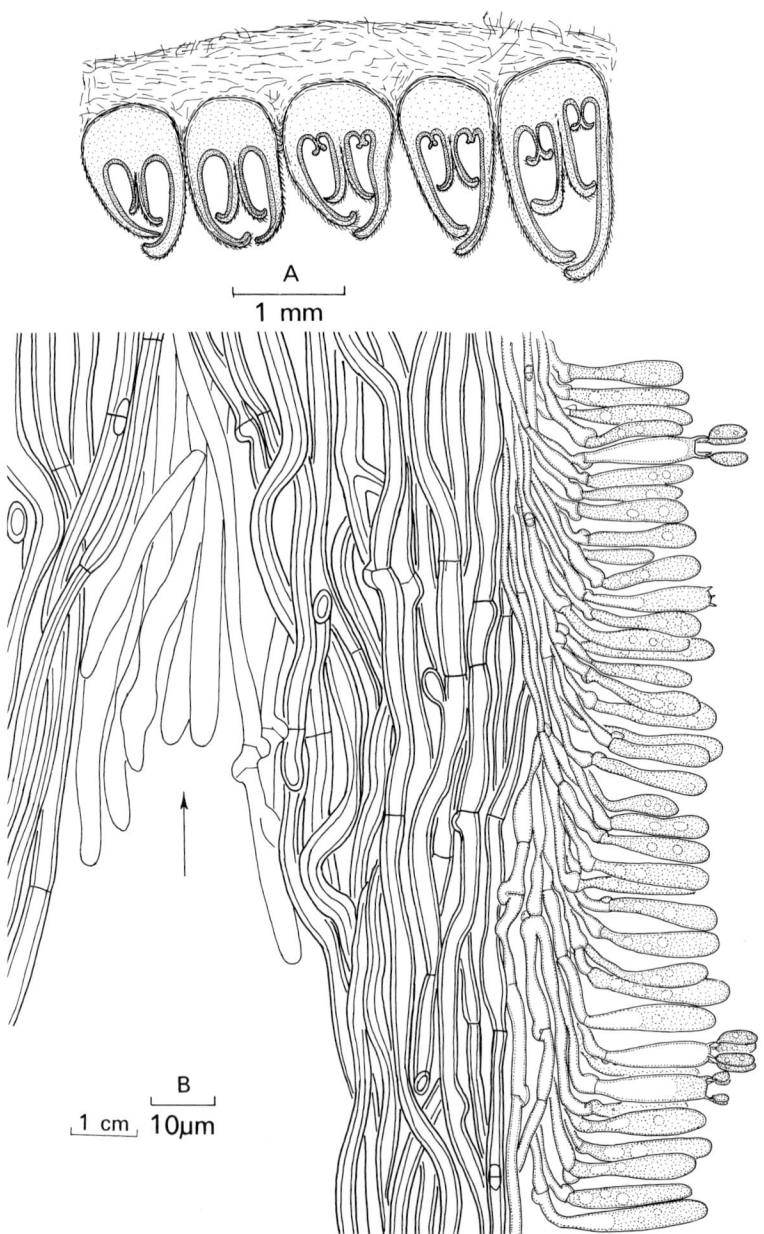

Abb. 248 A, B. *Schizophyllum commune.* **A** Längsschnitt, Teil eines Fruchtkörpers im getrock-
neten Stadium mit den geteilten und eingerollten ‚Lamellen‘; **B** Stark vergrößerte Zeichnung
eines Teiles einer ‚Lamelle‘ im Bereich eines Spaltes (*Pfeil*). In diesem Bereich erkennt man
die dünnwandigen Hyphen im Gegensatz zu den dickwandigeren Hyphen, die den übrigen
Teil des Fruchtkörpergewebes bilden

wurde befeuchtet, und nach 52 Jahren richteten sich einige Fruchtkörper wieder auf und bildeten Sporen (Ainsworth, 1965).

Schizophyllum ist ein Objekt intensiver Laboruntersuchungen, die sich vor allem auf das Fortpflanzungsverhalten (Raper, 1966a), die Genetik (Raper und Hoffmann, 1974), die Kernwanderung (Snider, 1965), die Morphogenese (Niederpruem und Wessels, 1969; Esser et al. 1979) und die Taxonomie (Linder, 1933; Cooke, 1961) beziehen. Dikaryotische Myzelien fruchten leicht in Kulturen.

Die Fruchtkörper entwickeln sich als invertierte Becher mit einem Hymenium, das sich über die gesamte untere Oberfläche erstreckt. Durch das schnellere Wachstum einer Seite kann der Fruchtkörper fächerförmig werden. Die gespaltenen Lamellen entstehen durch Proliferationen des Randes. Die Zahl der Lamellen erhöht sich durch das nach unten gerichtete Wachsen des Fruchtkörpergewebes. Bei der cytologischen Untersuchung der Basidienentwicklung sind keine ungewöhnlichen Merkmale zu erkennen. Reife Basidiosporen sind zweikernig, nach der Mitose erfolgt eine Kernwanderung in jede Spore (Ehrlich und McDonough, 1949).

Coniophoraceae

Serpula lacrymans ist der Erreger des Hausschwamms und einer der gefährlichsten Schädlinge an Hölzern (Cartwright und Findlay, 1958). Dieser Pilz befällt sowohl Hart- als auch Weichholz. Nur Holz mit einem Feuchtigkeitsgehalt von ungefähr 20–25% des Trockengewichtes wird von diesem Pilz befallen. Gründlich getrocknetes und abgelagertes Holz hat einen Feuchtigkeitsgehalt von 15–18%. In einem gut gelüfteten Haus sinkt der Feuchtigkeitsgehalt bald auf 12–14% und darunter ab (Findlay und Savory, 1960). Wenn das Holz durch feuchtes Mauerwerk infolge fehlerhafter Bauausführung oder schlechter Durchlüftung naß wird, besteht die Möglichkeit einer Infektion durch die in der Luft befindlichen Basidiosporen. Das Myzel innerhalb des Holzes entwickelt sich hauptsächlich auf Kosten der Zellulose. Bei dem Abbau der Zellulose wird Wasser gebildet (manchmal auch Stoffwechselwasser genannt), das wieder an das Holz abgegeben wird, so daß der Myzelwuchs weiter gefördert wird. Die Bezeichnung ‚lacrymans‘ (weinend) bezieht sich auf die Feuchtigkeitstropfen, die man manchmal auf dem befallenen Holz findet. Vollständig verrottetes Holz ist eingeschrumpft, zeigt Querrisse und hat eine trockene, krümelige Textur. Das Myzel kann aus dem Holz in das angrenzende Mauerwerk wachsen. Der Pilz ist in der Lage, große Entfernungen (mehrere Meter) mit Hilfe von Myzelsträngen mit einem Durchmesser von bis zu 5 mm zu überbrücken. Die Stränge können auch in den Mörtel eindringen und so den Pilz im Haus von Raum zu Raum verbreiten. Die inneren Hyphen dienen dem Stofftransport, sie können Wasser transportieren und ermöglichen auch eine Besiedelung von verhältnismäßig trockenem Holz. Auch das im Mauerwerk verbliebene Myzel kann neue Infektionen auslösen.

Die Fruchtkörper zeigen sich als flache, fleischige Gebilde, die der Oberfläche anliegen. Auf der Unterseite wird das Hymenium von einer braunen, honigwabenähnlichen Anordnung von flachen Poren getragen (Abb. 249). Der Bau ist monomitisch. Der Pilz bildet sehr viele rostrote Basidiosporen, die als Ablagerungen mit dem bloßen Auge zu erkennen sind.

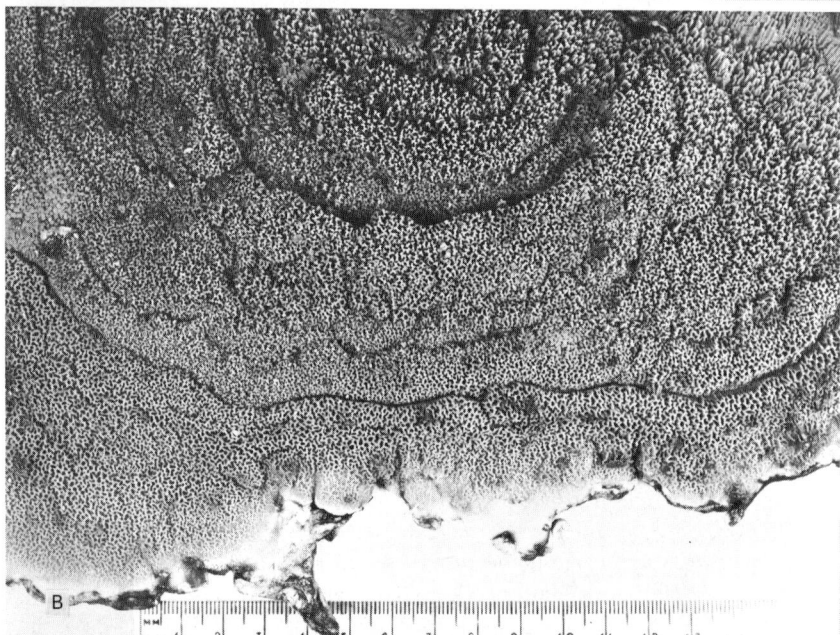

Abb. 249 A, B. *Serpula lacrymans,* der Hausschwamm. **A** Balken, der das Dachgewölbe einer Kirche trägt, mit den typischen Querrissen in der Struktur des Holzes; das Holz zeigt auch schon Schrumpfung; **B** Fruchtkörper von unten gesehen, mit flachen Poren

Bei der Bekämpfung des Hausschwamms kommt es darauf an, alle infizierten Holzteile zu entfernen und das benachbarte Mauerwerk zu sterilisieren. Das neu eingebaute Holz kann dann mit Desinfektionsmittel behandelt werden. Die wichtigste Regel ist jedoch, durch eine entsprechende Baukonstruktion sicherzustellen, daß der Feuchtigkeitsgehalt des Holzes unter dem Wert bleibt, bei dem eine Infektion wahrscheinlich ist.

Serpula lacrymans kommt nur in Gebäuden vor und kaum außerhalb von menschlichen Besiedelungen. Dieser Pilz wurde jedoch auch schon auf Fichtenscheiten aus dem Himalaya aus einer Höhe von 2600–3300 m gefunden (Bagchee, 1954). Er ist im nördlichen Europa weit verbreitet, aber auf die kalten Temperaturzonen beschränkt (optimale Temperatur 23 °C; maximale Temperatur ungefähr 26 °C). Diese charakteristischen Temperaturwerte erklären die Verbreitung dieses Pilzes und auch, warum dieser nicht auf freiliegendem Holz vorkommt (Cartwright und Findlay, 1958).

Clavariaceae

Hymenomycetes mit verzweigten oder unverzweigten, zylindrischen oder keulenförmigen Fruchtkörpern wurden früher in dieser Familie zusammengefaßt. Mikroskopische Untersuchungen ergaben jedoch, daß dies eine Zusammenfassung von nicht verwandten Formen darstelt. Heute weiß man, daß der keulenartige Fruchtkörpertyp unabhängig entstanden ist und sich zu mehreren nicht verwandten Gruppen der Basidiomyceten entwickelt hat. In seiner Monographie über die keulenartigen Pilze versucht Corner (1950), diese in natürliche (d. h. verwandte Gruppen) einzuordnen. Von Peterson (1973) gibt es Bestimmungsschlüssel für die einzelnen Gattungen. Der mikroskopischen Struktur nach sind gewisse clavarioide Formen mit hydnoiden, polyporoiden und agaricoiden Gattungen verwandt.

Clavaria und ihr nahestehende Formen (Abb. 250, 251)

Dies ist eine große Gattung von Wiesen- und Waldpilzen mit zylindrischen oder keulenförmigen, verzweigten oder unverzweigten Fruchtkörpern. Das Fruchtkörpergewebe besteht aus schnallenlosen, dünnwandigen Hyphen. Es kann sich aufblähen und sekundäre Septen bilden (Abb. 250). Das Hymenium, das die gesamte Oberfläche des Fruchtkörpers bedeckt, bildet meist viersporige Basidien mit oder ohne basale Schnalle. Die Basidien tragen farblose Sporen. Ein typischer Vertreter ist *C. vermicularis* (Abb. 251 A). Dieser Pilz wächst auf Wiesen und bildet Büschel von weißlichen, einfachen Fruchtkörpern. *Clavaria argillacea* bildet gelbe, keulenförmige Fruchtkörper auf Hochmooren, Heiden und Torfmooren. In diesem Falle besitzen die Basidien weite, schleifenförmige Schnallen an der Basis. Es gibt zahlreiche, häufig vorkommende Vertreter der Clavariaceae (Lange und Hora, 1963). *Clavariadelphus pistillaris* bildet in Laubwäldern außergewöhnlich große, keulenförmige, monomitische Fruchtkörper (7–30×2–6 cm) mit Schnallen an den Septen. Bei der Reifung des Fruchtkörpers wird das Hymenium durch Bildung von weiteren Basidienschichten dicker. *Clavulinopsis corniculata* mit verzweigten, gelben Fruchtkörpern und *Clavulinopsis fusiformis* mit einfachen, gelben Fruchtkörpern

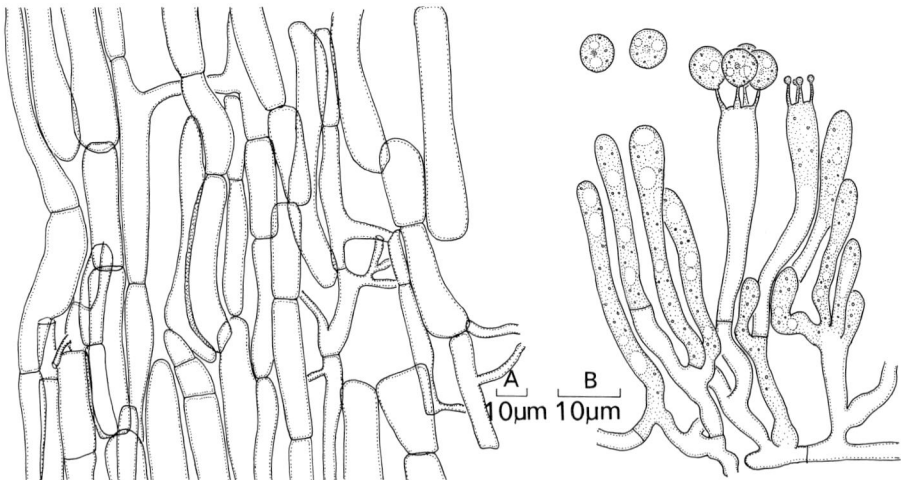

Abb. 250 A, B. *Clavaria vermicularis.* **A** Hyphen aus dem Gewebe. Man erkennt keine Schnallen; **B** Teil des Hymeniums. Es sind keine Cystidien vorhanden. Zeichnungen nach var. *sphaerospora*

findet man häufig auf sauren Wiesen. Das Gewebe besteht aus Hyphen mit Schnallen ohne sekundäre Septen. Das Hymenium wird mit fortschreitendem Alter dicker, die Basidien sind typischerweise viersporig.

Clavulina cristata ist ein sehr variabel aussehender Pilz mit reich verzweigten Fruchtkörpern (Abb. 251). In mikroskopischen Einzelheiten ist der Bau dieses Pilzes dem von *Clavulina rugosa* ähnlich. Der letztgenannte Pilz zeigt ebenfalls ein sehr unterschiedliches Aussehen, bildet aber im allgemeinen weißliche, weniger reich verzweigte Fruchtkörper. Ein charakteristisches Merkmal der Gattung sind die zweisporigen Basidien, eng zylindrisch und nach der Sporenfreisetzung meist septiert (Abb. 252). Donk (1964) ordnet *Clavulina* einer eigenen Familie, den Clavulinaceae, zu.

Einige der sehr reich verzweigten Keulenpilze gehören zur Gattung *Ramaria*. Sie unterscheidet sich durch das feste Gewebe und die gelb- bis braunfarbigen, oft rauhen Basidiosporen. *Ramaria stricta* bildet eine Ausnahme, weil dieser Pilz auf verfaultem Holz wächst. Die Hyphen des Fruchtkörpergewebes sind dickwandig. Die Hyphen des Myzels sind dimitisch mit Skeletthyphen.

Stereaceae

Die Fruchtkörper dieser Familie sind abgeflacht, tafelförmig oder nach oben gebogen, aufsitzend oder gestielt, mit einem glatten (nicht gefalteten) Hymenium auf der einen Seite des Fruchtkörpers. Dieser ist normalerweise dimitisch mit Skeletthyphen. Monomitische und trimitische Formen sind jedoch auch bekannt. Es gibt ungefähr 10 Gattungen (Talbot, 1973 b). Die meisten Arten sind ligninabbauende Saprophyten, einige sind jedoch bekannte Parasiten.

Abb. 251 A, B. **A** *Clavaria vermicularis*, Fruchtkörper; **B** *Clavulina cristata*, Fruchtkörper

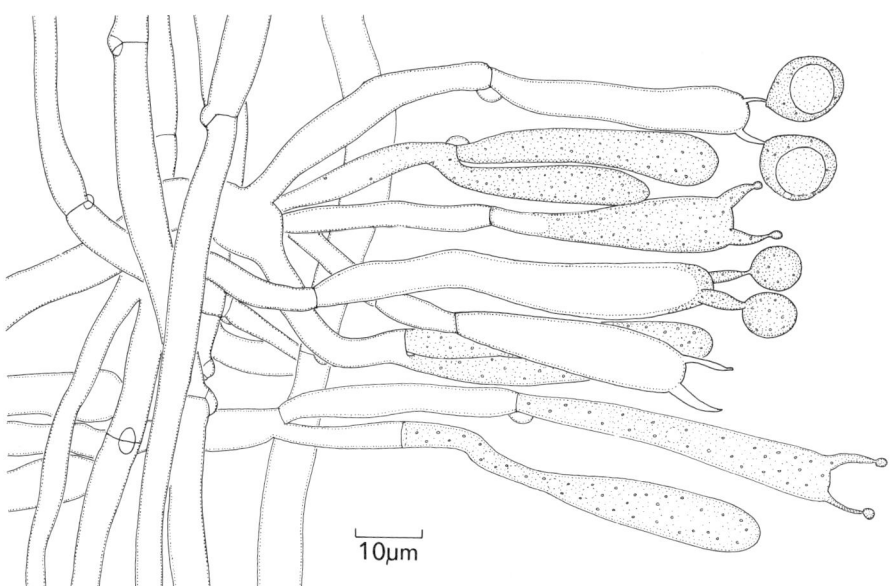

10μm

Abb. 252. *Clavulina rugosa.* Teil des Fruchtkörpergewebes und des Hymeniums. Man erkennt die Hyphen mit Schnallen und die schmalen, zweisporigen Basidien

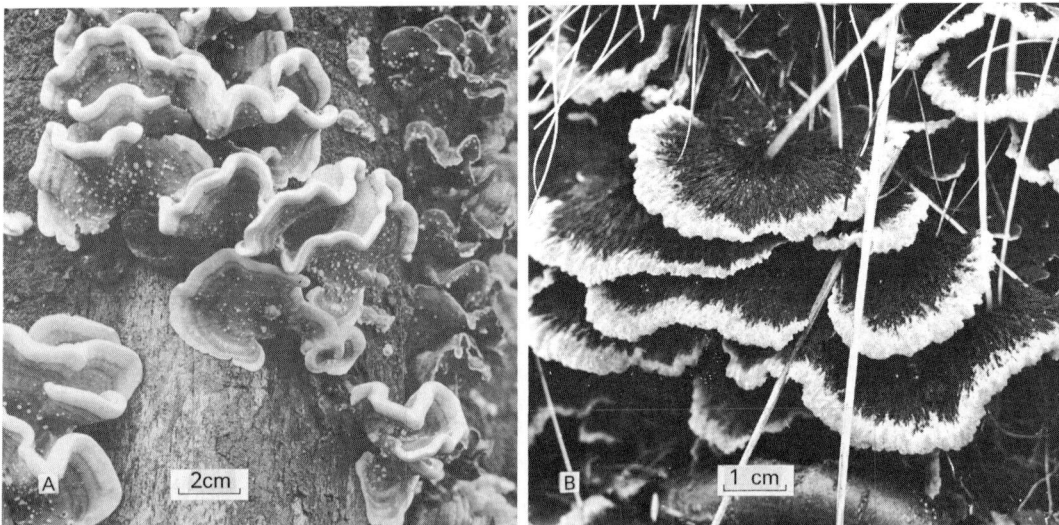

Abb. 253 A, B. A *Stereum hirsutum.* Fruchtkörper auf Buchenstumpf. Die Hymenienoberfläche befindet sich auf der Unterseite des Fruchtkörpers; **B** *Thelephora terrestris.* Fruchtkörper von oben gesehen. Das Hymenium befindet sich auf der Unterseite

Stereum (Abb. 253, 254)

Arten von *Stereum* findet man häufig auf verfaulenden Stümpfen und Zweigen. *Stereum hirsutum* bildet Büschel gelblicher, fächerförmiger, ledriger Konsolen (Abb. 253 A) auf verschiedenen Wirten und ist bekannt als Erreger beim Abbau des Kernholzes von gefällten Eichenstämmen. *Stereum gausapatum* ist ein weiterer, häufig vorkommender Pilz auf Eichen. Dieser Pilz kann parasitisch auf lebenden Bäumen wachsen und eine Fäule des Kernholzes verursachen. Wenn dieser Pilz zerquetscht wird, ,blutet' er, d. h. er sondert roten Latex ab. Diese Erscheinung findet man auch bei *S. rugosum* auf großblättrigen Bäumen und bei *S. sanguinolentum* auf Nadelbäumen. In allen Fällen gibt es im Gewebe besondere latexbildende Hyphen, die durch das Hymenium heraustreten können (siehe Abb. 254 von *S. rugosum*). Diese Hyphen betrachtet man als modifizierte Skeletthyphen.

    Chondrostereum purpureum (= *Stereum purpureum*), ein Vertreter der Corticiaceae (Talbot, 1973 b) sieht *Stereum* oberflächlich ähnlich. *C. purpureum* ist ein bekannter Parasit der Rosaceae, von Obstbäumen wie Pflaumen und Kirschen. Dieser Pilz ist der Erreger des Blei- oder Silberglanzes von Obstbäumen. Der silberne Glanz auf den Blättern ist auf die Trennung der Epidermis vom Palisadenparenchym infolge toxischer Sekretion des Pilzmyzels zurückzuführen. Dies geschieht nicht in den Blättern selbst, sondern in den darunter liegenden Zweigen. Die Infektion erfolgt durch Wunden. Die Bekämpfung umfaßt den Schutz der beschnittenen Triebe und die Entfernung des gesamten Holzes mit Fruchtkörpern von Obstplantagen (Anon, 1967 b). Der Pilz befällt nicht nur Rosaceae, sondern auch häufig Birkenstümpfe sofort nach dem Fällen des Baumes.

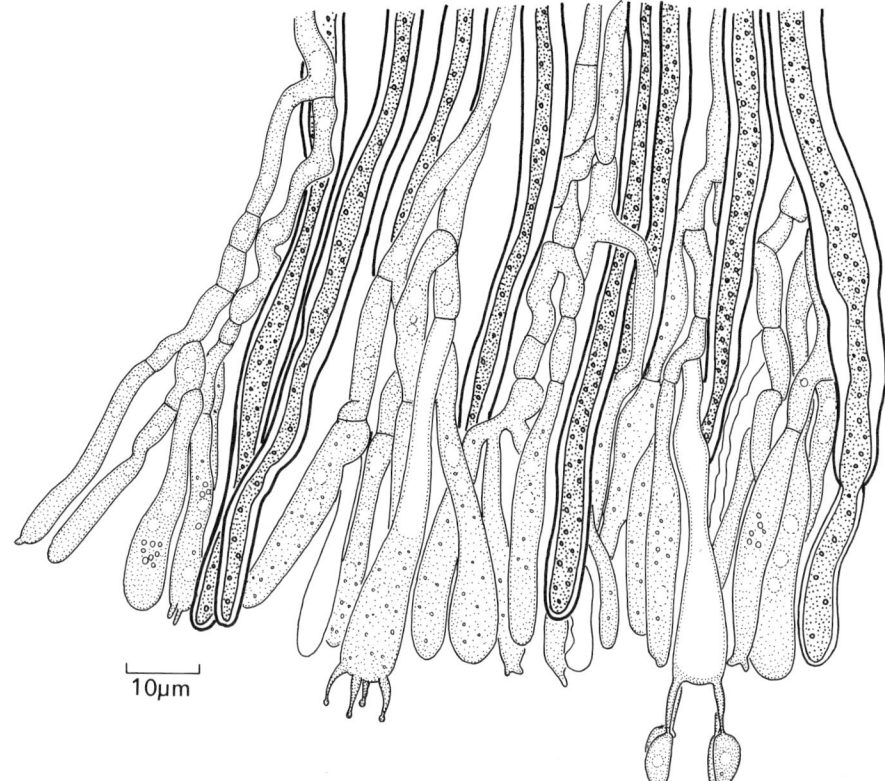

Abb. 254. *Stereum rugosum.* Teil des Hymeniums. Die dickwandigen Hyphen mit dem dichten Inhalt sind latexbildende Hyphen, die nach Verletzung einen rot gefärbten Latex ausscheiden, was als Fruchtkörper ‚bluten' bezeichnet wird

Thelephoraceae

Die Fruchtkörper dieser Familie sind meistens monomitisch, im Gegensatz zu dem vorwiegend dimitischen Bau der Stereaceae. Cystidien fehlen im allgemeinen. Die meisten Gattungen sind terrestrisch, einige sind jedoch ligninabbauend.

Thelephora (Abb. 253, 255)

Thelephora terrestris wächst in leicht sauren Böden auf abgefallenen Zweigen und anderem verfallenden Material. Nach Zak (1976) bildet dieser Pilz Mykorrhiza mit *Arbutus menziesii,* einem Vertreter der Ericaceae. Die fächerförmigen Fruchtkörper sind denen von *Stereum* oberflächlich ähnlich, bestehen jedoch nur aus generativen Hyphen mit Schnallen. Die Basidiopsoren sind braun und warzig.

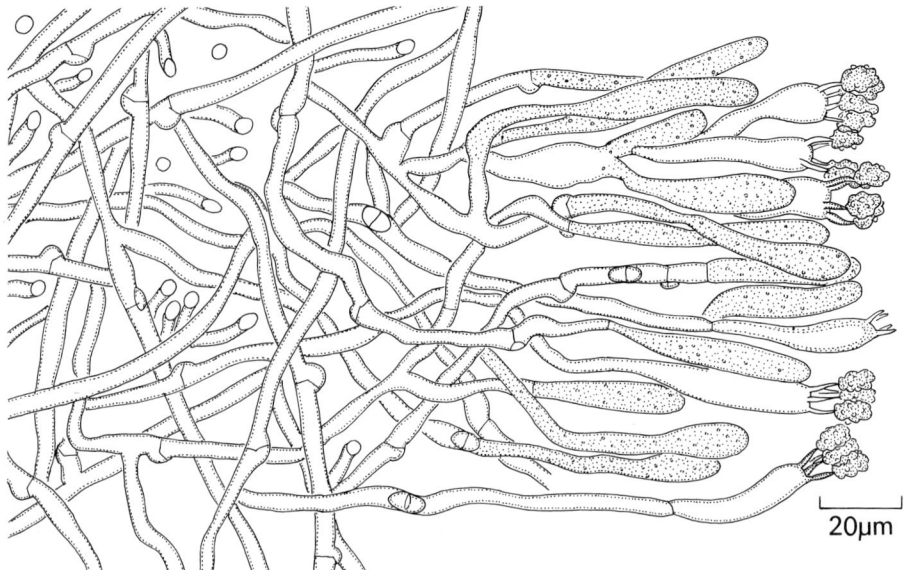

Abb. 255. *Thelephora terrestris.* Schnitt durch den Fruchtkörper und das Hymenium. Man erkennt den monomitischen Bau

Dacrymycetales

Ein charakteristisches Merkmal dieser Ordnung ist die gegabelte Basidie (Abb. 219 B, 257 B). Traditionell wird diese Gruppe zusammen mit anderen Gallertpilzen den Phragmobasidiomycetidae zugeordnet. Man neigt aber immer mehr der Meinung zu, diese Gruppe zu den Holobasidiomycetidae zu stellen (McNabb und Talbot, 1973). Alle Vertreter leben als Saprophyten auf faulendem Holz und bilden gallertige oder wachsartige, gelb- bis orangegefärbte Fruchtkörper mit unterschiedlicher Form. Es gibt eine einzige Familie, Dacrymycetaceae, mit ungefähr 9 Gattungen (McNabb und Talbot, 1973; Reid, 1974).

Dacrymyces (Abb. 256, 257)

Die orangegefärbten, gallertigen Fruchtkörper mit einem Durchmesser von ungefähr 1–5 mm sind Fruchtkörper von *D. stillatus.* Man findet sie auf verrottendem Holz. Eine genaue Untersuchung mit der Lupe zeigt zwei Typen: weiche, hellorangefarbene und halbkugelige Fruchtkörper und festere, blaßgelbe flachere Fruchtkörper. Die hellorangefarbenen Fruchtkörper sind Konidienpusteln, die aus Hyphen bestehen, deren Spitzen verzweigt sind und die in zahlreiche, vielzellige Konidien oder Arthrosporen zerfallen (Abb. 257 C). Die Zellen sind mit Öltröpfchen, die Carotin enthalten, ausgefüllt. Solche Konidien werden sofort vom Regen verbreitet und haben offenbar eine ähnliche Funktion wie die von Regentropfen

Abb. 256 A–C. A *Dacrymyces stillatus.* Kissenartige Fruchtkörper; **B** *Calocera viscosa,* aus einem verbrannten Nadelbaumstumpf herauswachsend; **C** *Calocera cornea*

verbreiteten Konidien von *Nectria cinnabarina.* Die basidientragenden Fruchtkörper sind zentral an dem Holzsubstrat befestigt. Die Oberflächenschichten bestehen aus Büschel von gegabelten Basidien mit jeweils einem Paar Sporen (Abb. 257 B). Zum Zeitpunkt der Freisetzung sind die Basidiosporen einzellig, vor der Keimung bilden sie jedoch im allgemeinen drei Quersepten. Die Keimung erfolgt mit Hilfe eines Keimschlauches aus jeder Zelle oder es können sich kleine Konidien auf kurzen Konidiophoren entwickeln (Abb. 257 A). Ähnliche Konidien können an älteren Hyphen entstehen.

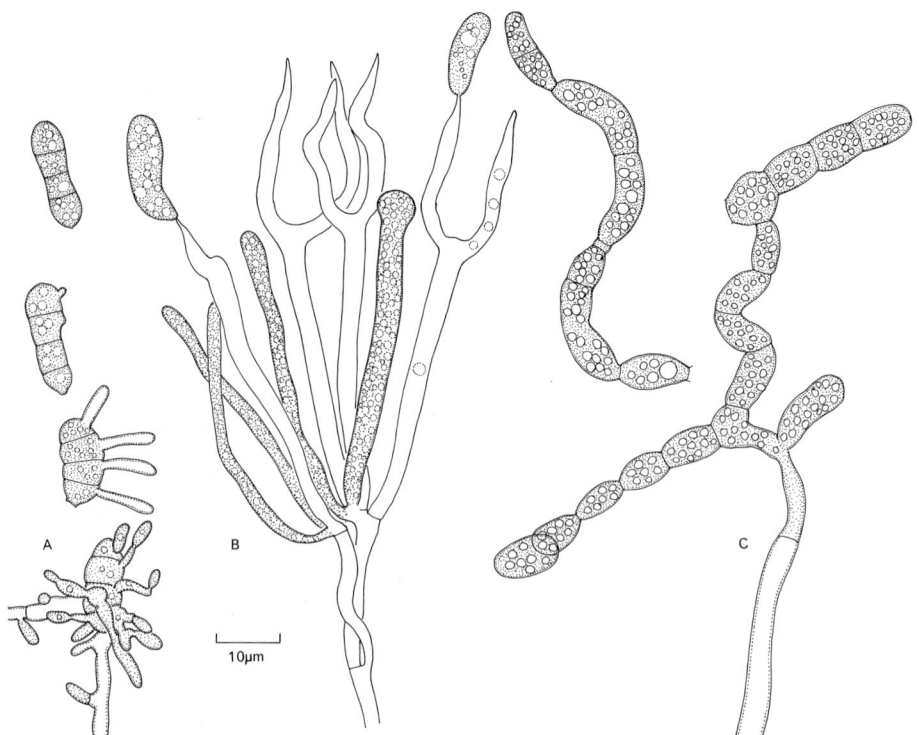

Abb. 257 A–C. *Dacrymyces stillatus.* **A** Keimende Basidiosporen. Die untere Basidiospore bildet Blastosporen; **B** Basidien. Die anhaftenden Basidiosporen sind einzellig. Bei der Keimung bilden sie drei Septen aus; **C** Arthrosporen von einer Konidienpustel

Calocera (Abb. 219, 256, 258)

Auf den ersten Blick könnte man die zylindrischen, orangegefärbten Auswüchse von *C. viscosa* aus Nadelholzstücken oder die kleineren Auswüchse von *C. cornea* aus Hartholzstücken fälschlicherweise für Arten von *Clavaria* halten (Abb. 256 B, C). Aufgrund der gallertigen Konsistenz und der charakteristischen, gegabelten Basidien (Abb. 258) werden sie den Dacrymycetaceae zugeordnet. Bei der Reifung haben die Basidiopsoren beider Arten ein Septum. Sie keimen mit Keimschläuchen oder kugeligen Konidien (McNabb, 1965).

Phragmobasidiomycetidae

Im Gegensatz zu den Holobasidiomycetidae besitzen die Vertreter dieser Unterklasse Phragmobasidien, d.h. Basidien, bei denen die Metabasidie durch Septen geteilt ist. Ein weiteres charakteristisches Merkmal ist die Fähigkeit der Basidiosporen, durch wiederholte Teilung auskeimen zu können, d.h. sie bilden sekundäre Sporen. Die

Abb. 258 *Calocera viscosa.* Basidien und Basidiosporen

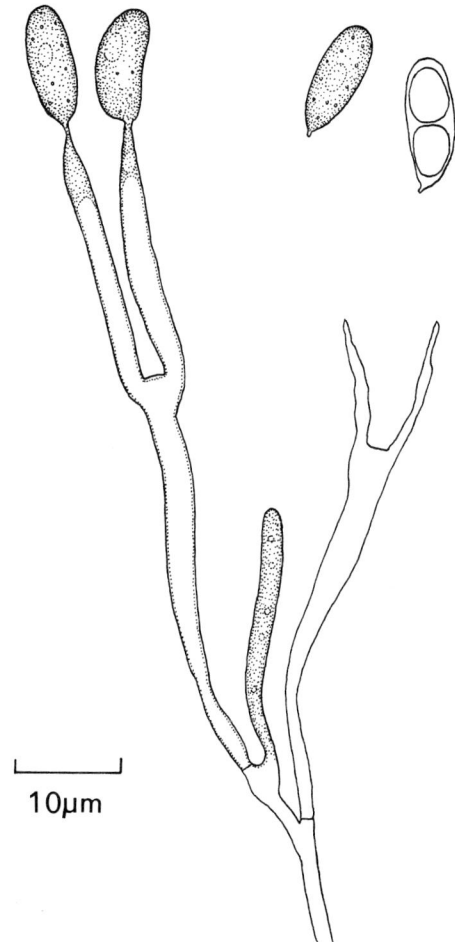

10µm

Fruchtkörper sind meist gallertig oder wachsartig. Deshalb werden die Pilze dieser Gruppe oft als Gallertpilze bezeichnet. Diese Gruppe wird manchmal zusammen mit den Uredinales und Septobasidiales den Heterobasidiomycetes zugeordnet (Donk, 1972a, b). McNabb unterscheidet drei Ordnungen: Tremellales, Auriculariales und Septobasidiales. Die letztgenannte Ordnung lebt symbiontisch oder parasitisch auf Schildinsekten.

Tremellales

Die Tremellales kann man an ihren längsgeteilten Basidien erkennen (Abb. 217, 218). Die meisten Arten leben saprophytisch auf Holz oder kommen gemeinsam mit anderen holzzersetzenden Pilzen, wie z. B. Arten von *Stereum*, vor. Sie bilden gallertige und im nassen Zustand meist glänzendfarbene Fruchtkörper, die beim Eintrocknen ein knorpeliges Aussehen haben. Das Hymenium kann auf einer oder

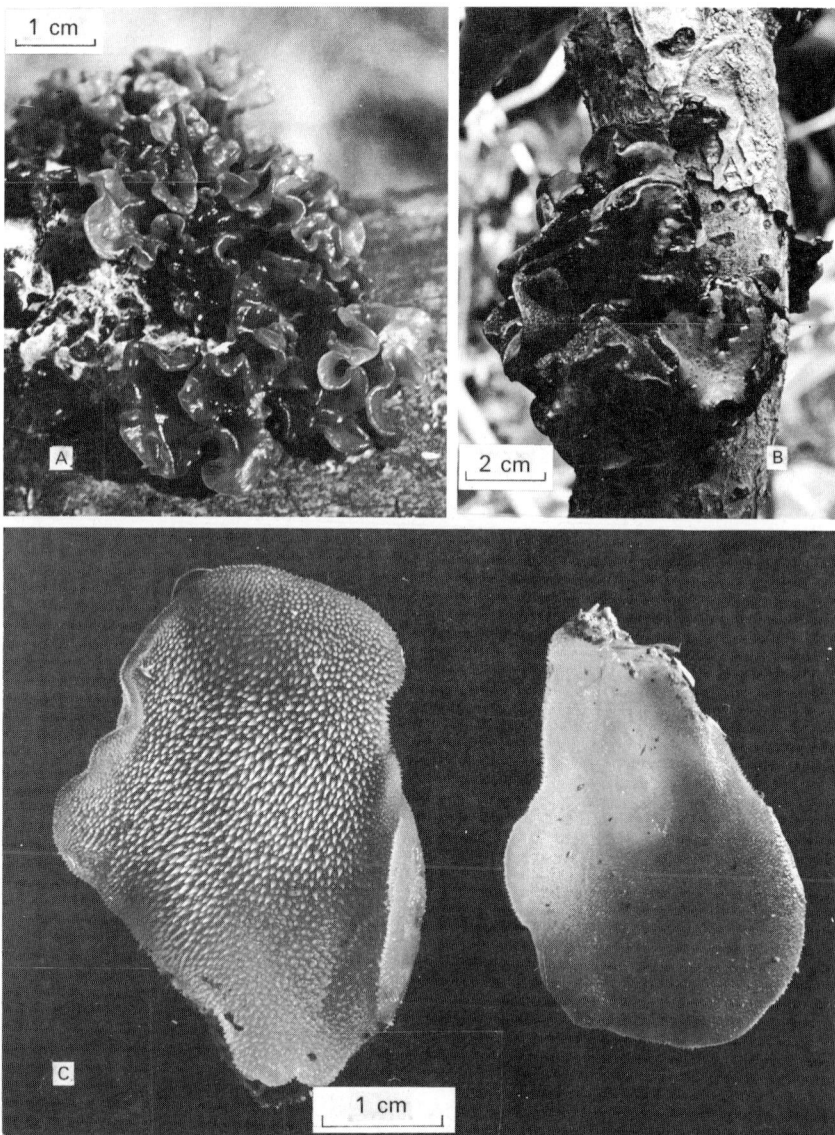

Abb. 259 A–C. A *Tremella frondosa.* Fruchtkörper auf Eichenstumpf. Das Hymenium befindet sich auf beiden Seiten; **B** *Exidia glandulosa.* Fruchtkörper auf Linde. Die Hymeniumoberfläche besitzt schwarze Warzen und befindet sich nur auf einer Seite des Fruchtkörpers; **C** *Pseudohydnum gelatinosum.* Fruchtkörper, von unten und oben gesehen. Das Hymenium bildet sich auf den Stacheln

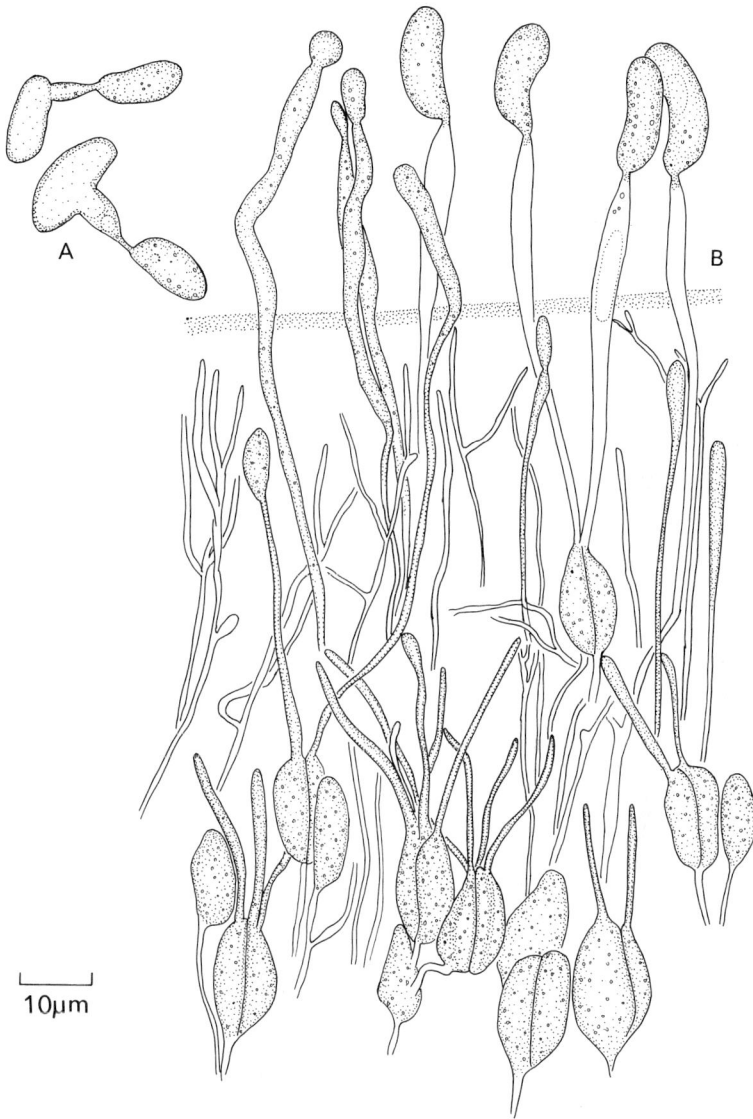

10µm

Abb. 260 A, B. *Exidia glandulosa.* **A** Basidiosporen, die durch wiederholte Teilung keimen; **B** Schnitt durch das Hymenium. Man erkennt die längsgeteilten Basidien mit den langen, die Oberfläche durchdringenden Epibasidien

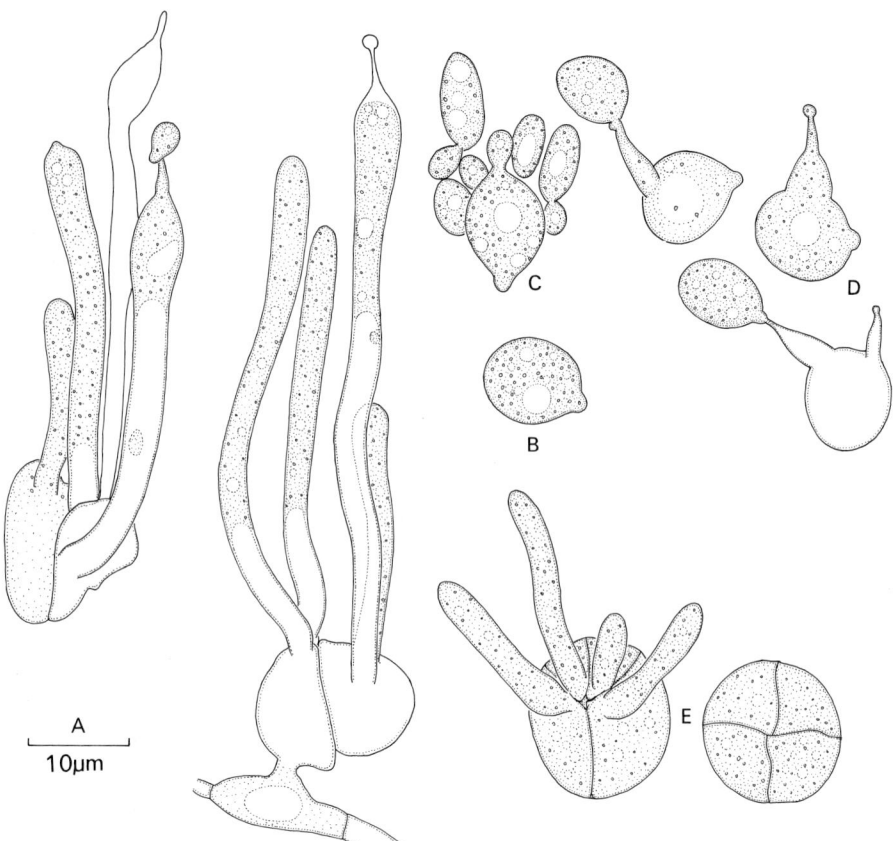

Abb. 261 A–E. *Tremella frondosa.* **A** Basidien mit Epibasidien und verschiedenen Stadien der Sporenentwicklung; **B** Basidiospore; **C** Die auf Malzextrakt keimende Basidiospore bildet hefeähnliche, knospende Zellen; **D** Basidiosporen, die im Wasser durch wiederholte Teilungen keimen, d. h. sie bilden Ballistosporen; **E** Unreife Basidien, von oben gesehen. Man erkennt die Teilung der Basidie in vier Zellen durch Längssepten

auf beiden Seiten des Fruchtkörpers vorkommen. Bei *Pseudohydnum gelatinosum* (syn. *Tremellodon gelatinosum*) besitzt der Fruchtkörper einen kurzen, exzentrischen Stiel und einen Hut auf der unteren Seite, aus dem konische Zähne herausragen, die denen von *Hydnum* ähnlich sehen (Abb. 259). *Aporpium caryae* hat den Porlingen ähnliche Fruchtkörper und Basidien vom Tremella-Typ. Häufig vorkommende Vertreter sind *Exidia* und *Tremella.*

Exidia (Abb. 259, 260)

Exidia glandulosa, manchmal auch Hexenbutter genannt, bildet schwarze, schwammige Fruchtkörper auf verfaulenden Zweigen verschiedener verholzter Wirte, besonders auf Linden und Eichen (Abb. 259 B, 260). Das Hymenium entsteht auf der Unterseite der Fruchtkörper und ist bei dieser Art mit kleinen, schwarzen, warzigen Auswüchsen besetzt. Von Wells (1964 a, b) gibt es eine Beschreibung zur Feinstruktur von *E. nucleata.*

Tremella (Abb. 259, 261)

Die Fruchtkörper bestehen aus abgeflachten, verdrehten Falten mit Hymenium auf beiden Seiten. *Tremella frondosa* wächst auf Eichen- und Birkenstümpfen und bildet fleischfarbene bis blaßbraune Fruchtkörper. Die Basidiosporen können durch wiederholte Teilung, durch hefeähnliche Knospung oder mit einem Keimschlauch auskeimen (Abb. 261 C, D). *T. mesenterica* bildet gelbe bis orangefarbene, gelappte Fruchtkörper auf verschiedenen Wirten, wie z. B. der Eiche, der Weide und Birke. Dieser Pilz ist im allgemeinen mit *Stereum hirsutum* vergesellschaftet. Das Fortpflanzungssystem von *T. mesenterica* ist durch tetrapolare Incompatibilität gekennzeichnet. Nach Bandoni (1963, 1965) soll eine hormonähnliche Substanz das direkte Wachstum der compatiblen Keimschläuche stimulieren. In Kulturen wächst dieser Pilz hefeartig. Die Knospung erfolgt sehr häufig an einem Pol der Zelle (Bandoni und Bisalputra, 1971).

Auriculariales

In dieser Familie ist die Basidie (genauer die Metabasidie) durch Quersepten geteilt. Vertreter dieser Gruppe können als Saprophyten oder Parasiten auf Pflanzen oder anderen Pilzen wachsen. Sie bilden gallertige Fruchtkörper unterschiedlicher Gestalt. *Helicobasidium brebisonii* ist der Erreger der violetten Wurzelfäule von mehreren Kulturpflanzen und kann ebenfalls die Knollenfäule der Kartoffel hervorrufen. Die Basidie ist gekrümmt oder spiralig gewunden. Man nimmt an, daß sich die Auriculariales zusammen mit den Uredinales aus der gleichen Vorstufe entwickelt haben. McNabb (1973) unterscheidet 18 Gattungen.

Auricularia (Abb. 262, 263)

A. auricula (Judasohr) (syn. *Hirneola auricula-judae*) bildet schwammige, ohrenförmige Fruchtkörper auf Holunderzweigen (Abb. 262). Dieser Pilz ist ein schwacher Parasit, der eine Reihe anderer Wirte befällt. Duncan und MacDonald (1967) teilen *A. auricula* in drei ‚Einheiten‘ ein: eine europäische Laubbaum-Population, eine nordamerikanische Laubbaum-Population und eine nordamerikanische Nadelbaum-Population. Kreuzungsversuche zwischen diesen Populationen ergaben, daß die europäische Population sowohl mit der amerikanischen Laubbaum-Population als auch im wesentlichen mit der amerikanischen Nadelbaum-Population nicht kreuzbar ist. Kreuzungen zwischen den beiden amerikanischen Populationen ergaben eine partielle Fertilität. Es könnte sich hier um einen weiteren Fall von heterogenischer Incompatibilität handeln (siehe S. 310).

Bei einem Schnitt durch das Fruchtkörpergewebe erkennt man eine haarige Oberfläche, eine zentrale, gallertartige Schicht, die schmale Hyphen mit Schnallen enthält und ein weites Hymenium auf der Unterseite. Einzelheiten zur Anatomie des Fruchtkörpers sind gebräuchliche Kriterien für die Klassifizierung (Lowy, 1951,

Abb. 262 A, B. *Auricularia auricula.* **A** Fruchtkörper auf einem Zweig vom Holunder, von oben gesehen; **B** Fruchtkörper, von der unteren Hymenienoberfläche aus gesehen

1952). Der Fruchtkörper kann zu einer harten, spröden Masse eintrocknen. Wird er jedoch befeuchtet, dann absorbiert er schnell die Feuchtigkeit und schleudert innerhalb weniger Stunden Sporen ab. Die Basidien sind zylindrisch und teilen sich durch drei Quersepten in vier Zellen (Abb. 263). Jede Zelle der Basidie bildet eine lange, zylindrische Epibasidie, die zur Oberfläche des Hymeniums hervorragt und in einem konischen Sterigma mit einer Basidiospore endet. Diese wird abgeschleudert (Ballistospore). Während der Keimung kann eine zweite Ballistospore gebildet werden: es können sich abwechselnd sichelförmige Konidien oder ein Keimschlauch bilden. Der Pilz ist diözisch und es gibt Hinweise auf das Vorkommen multipler Allele. Nach Barnett (1937) ist dieser Pilz bipolar, während Banerjee (1956) feststellt, daß er tetrapolar ist. Eine andere häufig vorkommende Art ist *A. mesenterica.* Dieser Pilz bildet dickere, haarige und fächerförmige Fruchtkörper auf alten Stümpfen und Holzstücken von Ulmen und anderen Bäumen. Er ist für Holzfäule verantwortlich und kann gelgentlich auch parasitisch wachsen.

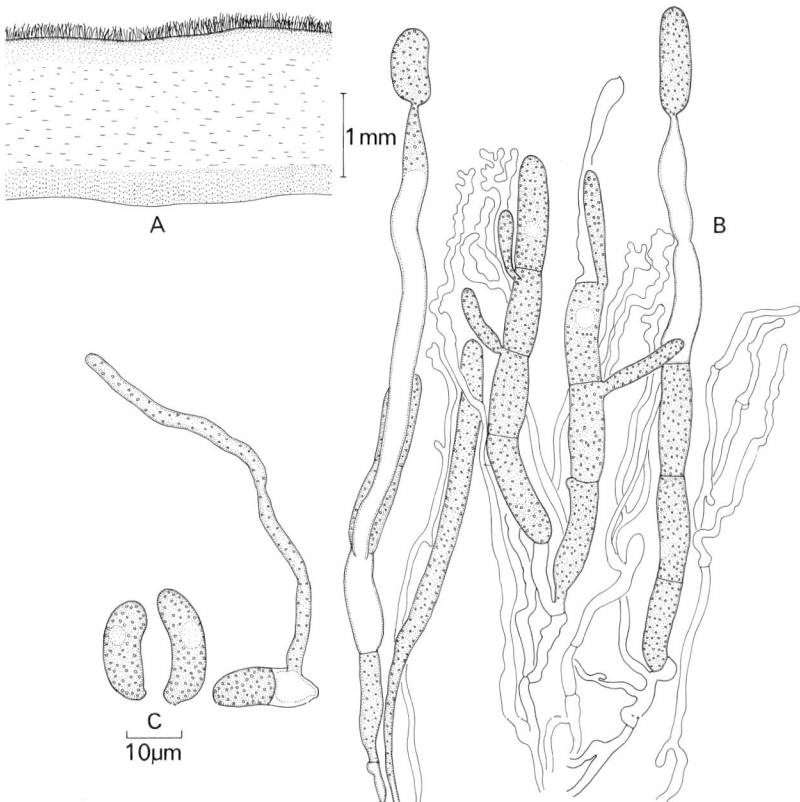

Abb. 263 A–C. *Auricularia auricula.* **A** Schnitt durch den Fruchtkörper. Das Hymenium befindet sich auf der Unterseite; **B** Quetschpräparat mit Basidien. Man erkennt die Quersegmentierung und die langen Epibasidien. Die Basidien kommen zusammen mit den verzweigten Hyphen vor; **C** Basidiosporen, eine keimend. Man erkennt die Bildung eines Septums

Gasteromycetes

Bei dieser Gruppe handelt es sich um eine künstliche Zusammenfassung von Basidiomycetes, die ihre Basidiosporen nicht aktiv freisetzen. Anstelle einer asymmetrischen Anordnung der Basidiopsoren (z. B. bei den Hymenomycetes) sind die Basidiosporen der Gasteromycetes normalerweise symmetrisch auf den Sterigmen angeordnet oder stiellos. Dring (1973) nennt die Basidiosporen dieser Gruppe **Statismosporen.** Im allgemeinen ragen die Basidien in Hohlräume des Fruchtkörpers hinein und setzen in dieser die Basidiosporen frei, sobald sich das Gewebe zwischen ihnen aufgelöst hat oder eintrocknet. Manchmal (z. B. bei *Lycoperdon*) öffnet sich der Fruchtkörper mit einem Porus, durch den die Sporen freigesetzt werden. Formen mit unterirdischen Fruchtkörpern haben keinen speziellen Öffnungsmodus. Möglicherweise werden die Sporen von Nagetieren oder anderen im Erdboden lebenden Tieren verbreitet. Bei *Phallus* und seinen verwandten Arten liegen die Sporen frei in einer klebrigen und insektenanziehenden Masse, während die Sporen der Nidulariaceae von einer getrennten Gleba (Peridiolen) umgeben sind, die als Ganzes verbreitet wird.

Alle Vertreter dieser Gruppe sind Saprophyten und wachsen auf Substraten, wie Erde, verfaulendem Holz und anderen Vegetationsorganen und auf Dung. *Rhizopogon* bildet unterirdische Fruchtkörper und *Scleroderma* kann eine Mykorrhiza mit Waldbäumen bilden. Es gibt zwei im Wasser lebende Gasteromycetes. *Nia vibrissa* wächst auf Treibholz im Meer und bildet kugelige, gelbliche Basidiokarpien mit einigen Millimetern Durchmesser. Die Basidiosporen besitzen 4 oder 5 strahlenförmig angeordnete Anhänge (Doguet, 1967, 1968, 1969). *Limnoperdon* bildet in der Marsch kleine, schwimmende Fruchtkörper (Escobar et al., 1976).

Mikroskopische Untersuchungen zur Fruchtkörper- und Sporenstruktur zeigten, daß bestimmte Gattungen der Gasteromycetes mit Gattungen der Agaricales verwandt sind. Man nimmt an, daß sich die Gasteromycetes aus den Vorfahren der Hymenomycetes entwickelt haben können, möglicherweise als eine Anpassung an xerophytische Bedingungen. Ingold (1971) betrachtet die Gasteromycetes als eine biologische Gruppe, die die Fähigkeit der explosionsartigen Sporenfreisetzung verloren hat und als Ersatz eine Reihe von Möglichkeiten zur Sporenfreisetzung ‚ausprobierte‘. Diese Probleme der Gasteromycetenentwicklung werden von Heim (1948, 1971), Singer und Smith (1960), A. H. Smith (1973) und Dring (1973) erläutert.

Nach Dring (1973) gibt es 9 Ordnungen, von denen wir jedoch nur vier besprechen. Die Hymenogastrales, die nicht weiter besprochen werden, bestehen fast ausschließlich aus unterirdischen Formen. Sie werden manchmal auch als falsche Trüffel angesehen (Hawker, 1954) (Abb. 266). Ihre Fruchtkörper werden ausgegraben und von Nagetieren gefressen.

Lycoperdales

Häufig vorkommende Vertreter dieser Gruppe sind die Stäublinge *Lycoperdon*, *Calvatia* und *Bovista* und der Erdstern *Geastrum*. Die Entwicklung ihrer Fruchtkörper kann unter der Erde beginnen, sie reifen aber über dem Erdboden.

Lycoperdon (Abb. 264 A, B, 265)

Die Fruchtkörper sind birnen- oder kreiselförmig. Die meisten Arten wachsen auf dem Erdboden, während *L. pyriforme* in alten Stümpfen, auf faulendem Holz und auf Sägemehl vorkommt. Die Fruchtkörper entstehen meistens an Myzelsträngen. Die einzelnen Zellen oder das Myzel enthalten normalerweise gepaarte Kerne, Schnallen fehlen jedoch (Dowding und Bulmer, 1964). Im Längsschnitt durch einen jungen Fruchtkörper von *L. pyriforme* (Abb. 265 A, B) kann man erkennen, daß er von einer zweischichtigen Rinde (Peridie) umgeben ist. Bei der Ausdehnung des Fruchtkörpers kann sich die äußere pseudoparenchymatische Exoperidie ablösen oder in zahlreiche Schuppen oder Warzen zerfallen, während die kräftigere Endoperidie, die sowohl aus dickwandigen als auch aus dünnwandigen Hyphen

Abb. 264 A–D. A *Lycoperdon pyriforme.* Fruchtkörper, die aus einem Stumpf auswachsen, der von Blättern überdeckt ist; **B** *Lycoperdon perlatum.* Fruchtkörper im Gras; **C** *Calvatia gigantea.* Fruchtkörper, umgeben von *Urtica dioica;* **D** *Scleroderma aurantium*

besteht, nicht zerreißt, abgesehen von einem Porus an der Spitze des Fruchtkörpers. Das Gewebe innerhalb der Peridie nennt man **Gleba.** Sie ist in einen nichtsporulierenden Bereich (**Subgleba**) an der Basis und in einen fertilen Teil der Gleba im oberen Teil des Fruchtkörpers gegliedert. Die Subgleba ragt als Columella in die sporulierende Region hinein. Das Glebagewebe ist schwammähnlich und enthält zahlreiche kleine Hohlräume. Im oberen Teil sind die Hohlräume vom Hymenium ausgekleidet. Die die Hymenienkammern trennenden Wände bestehen aus dick- und dünnwandigen Hyphen. Mit der Reife des Fruchtkörpers lösen sich die dünnwandigen Hyphen auf, während die dickwandigen Hyphen bestehen bleiben und die **Capillitiumfäden** bilden, zwischen denen sich die Sporen befinden. Die die Hohlräume der Gleba auskleidenden Basidien sind abgerundet und besitzen ein bis vier Basidiosporen, die symmetrisch auf den unterschiedlich langen Sterigmen angeordnet sind (Abb. 265 C). Die jungen Basidien sind zweikernig, Karyogamie und Meiose verlaufen wie gewohnt (Ritchie, 1948; Dowding und Bulmer, 1964).

Die Sporen werden nicht aktiv von den Sterigmen weggeschleudert. Wenn sich das Glebagewebe auflöst und trocknet, werden die Sporen als staubige Masse innerhalb des Fruchtkörpers freigesetzt. Die dünne, obere Schicht der Endoperidie ist elastisch und verhält sich wie ein Blasebalg. Wenn auf diese Schicht Regentropfen fallen, werden kleine Sporenwolken ausgestoßen (Gregory, 1949). Über das Fortpflanzungsverhalten von *Lycoperdon* ist noch nicht sehr viel bekannt.

Calvatia (Abb. 264 C)

C. gigantea bildet Fruchtkörper, die ungefähr die Größe eines Kinderkopfes erreichen. Es gibt keine genau bestimmbare Pore; die Peridie bricht auf und entläßt eine braune Sporenmasse. Buller (1909) hat für einen Organismus von der Größe $40 \times 28 \times 20$ cm einen Sporenausstoß von 7×10^{12} Sporen geschätzt. Man kennt sogar noch größere Exemplare, $120-150 \times 60$ cm (Kreisel, 1961). Die Sporen sind rund mit zerstreut angeordneten Warzen (Gregory und Henden, 1976).

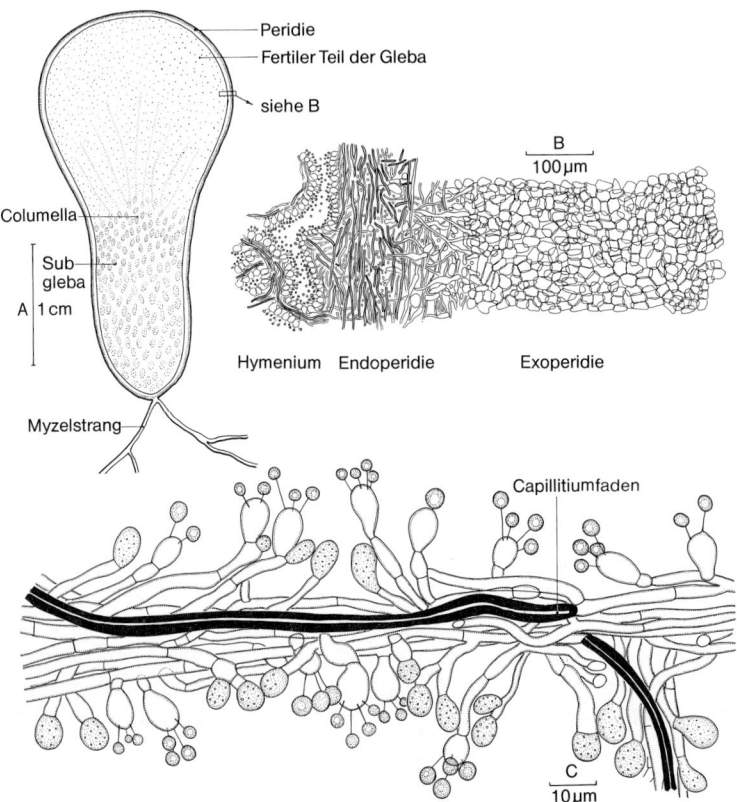

Abb. 265 A–C. *Lycoperdon pyriforme.* **A** Längsschnitt durch Fruchtkörper; **B** Teil der Peridie und der Gleba. Man erkennt die pseudoparenchymatische Exoperidie und die fädige Endoperidie; **C** Teil der Gleba mit Basidien, dünnwandigen Hyphen und Capillitiumfäden

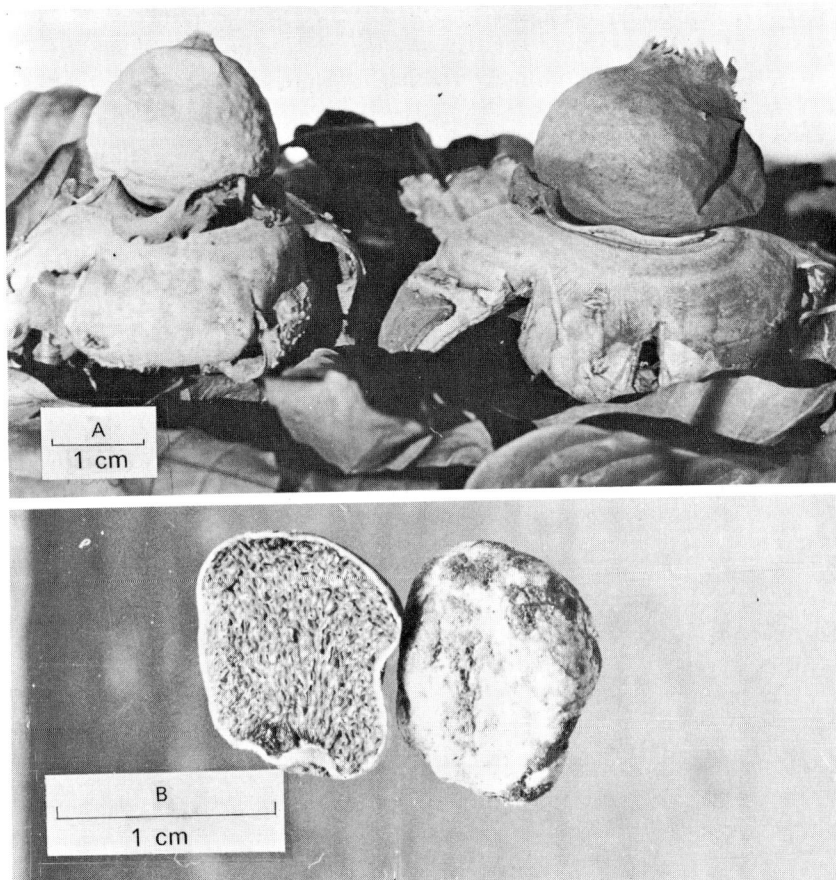

Abb. 266 A, B. A *Geastrum triplex.* Man erkennt die zurückgebogene Exoperidie; **B** *Hymenogaster tener.* Die Fruchtkörper wachsen unterirdisch. In dem aufgeschnittenen Fruchtkörper erkennt man die Hymenienkammern

Versuche zur Sporenkeimung im Labor ergaben bei diesem und anderen Stäublingen eine sehr niedrige Keimrate, die meist niedriger als 1:1000 lag. Die Keimung kann mehrere Wochen dauern und wird durch Zugabe von Hefe stimuliert (Bulmer, 1964; Wilson und Beneke, 1966). Dieser Pilz ist biotechnologisch interessant, weil behauptet wurde, daß das aus ihm gewonnene Extrakt (Calvacin) das Wachstum bestimmter Tumorarten verhindert (Beneke, 1963). Da die Meiose im gesamten Fruchtkörper fast gleichzeitig abläuft, ist es möglich, die enzymatischen Veränderungen in den Gewebeextrakten während und nach der Meiose zu verfolgen (Bulmer und Li, 1966).

Geastrum (Abb. 266 A)

Arten von *Geastrum* (Erdstern) (Abb. 266) bilden Fruchtkörper, deren Entwicklung unter der Erdoberfläche oder dem Humus oder auf der Erde beginnt. *G. triplex*

wächst zwischen den Blättern von Birken, Ahorn und Kiefern. Der junge Fruchtkörper ist zwiebelförmig. Die Exoperidie ist komplexer gebaut als die von
Lycoperdon und besteht aus einer braunen äußeren Schicht aus schmalen Hyphen,
die meist längs angeordnet sind, und einer blassen, pseudoparenchymatischen
Innenschicht. Bei der Reifung des Fruchtkörpers bricht die Exoperidie vollständig
von der Spitze her sternförmig auf. Durch die anschwellenden pseudoparenchymatischen Zellen der Exoperidie biegen sich die dreieckigen Klappen nach außen,
berühren den Erdboden und heben dadurch den inneren Teil des Fruchtkörpers in
die Luft (Fricke und Handke, 1962). Die Endoperidie ist dünn und papierartig und
öffnet sich durch einen apikalen Porus. Nach Auftreffen von Regentropfen werden
die Sporen ausgestoßen (Ingold, 1971). Die Gleba enthält eine Columella (manchmal auch Pseudocolumella genannt) und ein Capillitium wie bei *Lycoperdon*. Die
Basidienentwicklung kann nur in jungen, noch nicht vergrößerten Fruchtkörpern
beobachtet werden. Die Basidien sind birnenförmig mit vier bis sechs (oder
möglicherweise acht) Sporen, die auf einem knopfähnlichen Auswuchs am spitzen
Ende gebildet werden (Palmer, 1955).

Nidulariales

Die Fruchtkörper sind kugelig oder trichterförmig. Die Gleba ist in eine oder
mehrere kugelige bis linsenförmige **Peridiolen** oder Glebamassen differenziert, die
die Basidiosporen enthalten. Häufig vorkommende Vertreter sind *Cyathus, Crucibulum* und *Sphaerobolus*. Die ersten beiden Gattungen werden manchmal auch als
Vogelnestpilze bezeichnet. Brodie (1975) gibt dazu eine ausführliche Darstellung.

Cyathus (Abb. 267 A, 268)

Die trichterförmigen Fruchtkörper von *C. olla* kann man im Herbst zwischen den
Getreidestoppeln finden. *C. striatus* ist an der gefurchten Innenwand des Bechers zu
erkennen. Dieser Pilz wächst auf alten Stümpfen und Zweigen, während *C. stercoreus* auf alten Dungfladen wächst. Diese letztgenannte Art fruktifiziert leicht auf
einer Mischung aus Spreu, Häcksel und Erde (Warcup und Talbot, 1962). Da die
Peridiolen ihre Lebensfähigkeit viele Jahre beibehalten, ist dieser Pilz ein geeignetes
Untersuchungsobjekt. Er kann auch auf Flüssig- oder auf Agarmedien im Licht zur
Fruchtkörperbildung gebracht werden (Lu, 1973). Die erste sichtbare Struktur sind
braune Myzelstränge auf der Erdoberfläche, auf denen sich Hyphenknoten differenzieren. In jungen Fruchtkörpern ist die Mündung des Trichters durch ein dünnes,
papierartiges Epiphragma verschlossen (Abb. 268 A), das bei der Vergrößerung des
Fruchtkörpers zerreißt. Innerhalb des Trichters bilden sich die Peridiolen. Sie sind
linsenförmig, schieferblau und durch einen komplexen **Funiculus** an der Peridie
befestigt. In den frühen Entwicklungsstadien sind die Peridiolen dieser und anderer
Arten von *Cyathus* durch dünnwandige Hyphen getrennt, die jedoch bei der Reifung
wieder verschwinden (Walker, 1920). Die Peridiolen sind von einer **Tunica**
umgeben, die aus locker verwebten Hyphen besteht, und von einer dunklen,
dickwandigen **Cortex,** die dagegen von zahlreichen, sehr dickwandigen hyalinen
Zellen ausgekleidet ist (Abb. 268 G). Der innere Teil des Peridiols besteht aus

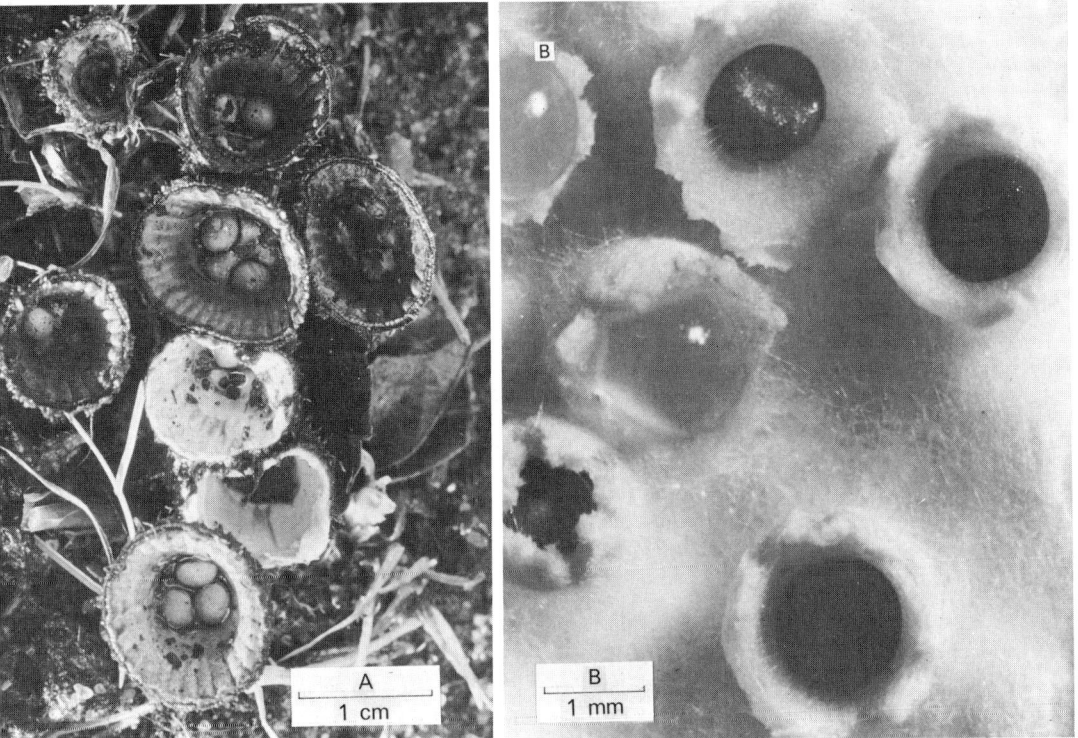

Abb. 267 A, B. A *Cyathus striatus.* Fruchtkörper mit Peridiolen; **B** *Sphaerobolus stellatus.* Fruchtkörper verschiedener Entwicklungsstadien. Vier enthalten noch die Glebamassen, zwei (*links*) haben sie schon freigesetzt

dünnwandigen Hyphen, zwischen denen sich die Basidien entwickeln. Die Basidien bilden vier bis acht Basidiosporen. Unmittelbar nach der Sporenbildung degenerieren die Basidien, die Sporen vergrößern sich jedoch weiter und werden dickwandig (Abb. 268 G). Die meisten dünnwandigen Hyphen lösen sich ebenfalls auf und sind möglicherweise die Nahrung für die sich vergrößernden Sporen. Martin (1972) nennt die dünnwandigen Zellen ,Ammenhyphen'. In den Basidien erfolgt die Karyogamie und Meiose (Lu und Brodie, 1964). Nach Lu (1964) ist *C. stercoreus* wahrscheinlich tetraploid.

Die Fruchtkörper von *Cyathus* und *Crucibulum* werden entsprechend als ,Tropfenbecher' (splash cups) bezeichnet. Die Peridiolen werden nach Auftreffen von Regentropfen bis zu 1 m weit abgeschleudert. Die Struktur des Funiculus ist für den Freisetzungsmechanismus verantwortlich. Bei *Cyathus* (Abb. 268 C, D, E) besteht der Funiculus aus den folgenden Strukturen (Brodie, 1951, 1956, 1963):

a) **Scheide:** Ein tubuläres Netzwerk aus Hyphen, die an der inneren Wand der Peridie befestigt sind.

b) **Mittelstück:** Die innersten Hyphen der Scheide, die einen kurzen Strang bilden, werden als Mittelstück bezeichnet.

c) **Stiel:** Das Mittelstück bricht an der Spitze, an der die Hyphen an dem zylindrischen Sack, dem Stiel, befestigt sind, durch. Der Stiel ist an einer kleinen Vertiefung fest an der Peridiole befestigt.

d) **Funicularstrang:** Innerhalb des Stiels aufgefalteter, langer Strang aus spiralig gewundenen Hyphen (Abb. 268).

e) **Hapteron:** Das freie Ende eines Funicularstranges besteht aus einer wirren Masse klebriger Hyphen.

Regentropfen mit einem Durchmesser von etwa 4 mm und einer Endgeschwindigkeit von ungefähr 8 m/sec können in den Becher fallen. Tropfen dieser Größe

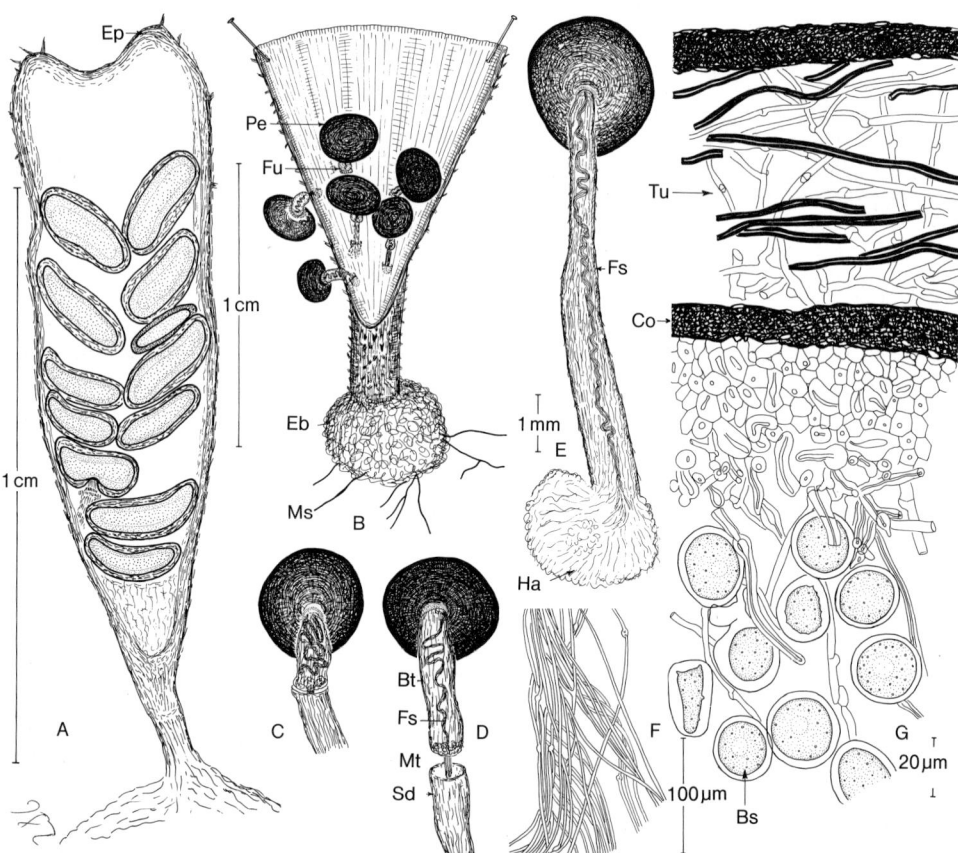

Abb. 268 A–G. *Cyathus stercoreus.* **A** Längsschnitt durch unreifen Fruchtkörper mit Peridiolen im Querschnitt; **B** Aufgeschnittener Fruchtkörper. Durch Aufklappen und Feststecken ist es möglich, die Befestigung der Peridiolen zu erkennen; **C–E** Einzelheiten der Funicularstruktur; **C** Funiculus vor der Streckung; **D** Gestreckter Funiculus. Man erkennt, daß der Funicularstrang innerhalb der Scheide spiralig gewunden ist; **E** Der Funicularstrang dehnt sich nach dem Aufreißen der Scheide aus; **F** Teil des Funicularstranges. Man erkennt die spiralig gedrehten Hyphen. Die Verdickungen sind modifizierte Schnallen; **G** Ausschnitt der Peridiolenwand und des Inhalts. (*Bs* Basidiospore; *Co* Cortex; *Ep* Epiphragma; *Eb* Einbettung; *Fu* Funiculus; *Fs* Funicularstrang; *Ha* Hapteron; *Ms* Myzelstränge; *Mt* Mittelstück; *Sd* Scheide; *Pe* Peridiole; *Bt* Beutel; *Tu* Tunica)

fallen meistens von den Bättern der Bäume nach unten (Savile und Hayhoe, 1978). Der Aufprall der Regentropfen bewirkt einen kräftigen, aufwärts gerichteten Druck, der den Stiel aufreißt. Der spiralig gewundene Funicularstrang schwillt explosionsartig an und dehnt sich bei *C. stercoreus* auf eine Länge von ungefähr 2–3 mm aus, während er bei *C. striatus* 4–12 cm lang sein kann. Das klebrige Hapteron an der Basis des Funicularstranges verhilft der Peridiole, an Pflanzen zu haften. Im Augenblick des Anhaftens rollt sich der Funicularstrang mit der Peridiole mehrfach um das Objekt. Die Peridiolen von *C. stercoreus* werden vermutlich von Herbivoren gefressen. Man weiß auch, daß die Basidiosporen während der Freisetzung aus der Peridiole durch Inkubation bei Körpertemperatur zur Keimung stimuliert werden können. Ob jedoch die Tiere bei der Verbreitung der Peridiolen anderer Vogelnestpilze eine bedeutende Rolle spielen, ist nicht bekannt. Der Funiculus von *Crucibulum* unterscheidet sich vom Funiculus von *Cyathus*. Der erstgenannte besitzt ein längeres Mittelstück, einen sehr kleinen Stiel und einen Funicularstrang.

Das Fortpflanzungsverhalten von *Cyathus* und *Crucibulum* wird bestimmt durch tetrapolare Incompatibilität. Für beide Arten sind nicht mehr als 15 Allele an jedem Locus bekannt. Dies trifft auch für die übrigen Nidulariales zu (Burnett und Boulter, 1963).

Sphaerobolus (Abb. 267 B, 269)

S. stellatus bildet kugelige, orangerot gefärbte Fruchtkörper von ungefähr 2 mm ⌀, die an verfaulenden Holz- und Pflanzenstengeln und altem Herbivorendung, wie z. B. von Kühen oder Kaninchen, befestigt sind. Reife Fruchtkörper öffnen sich und bilden eine sternenförmige Anordnung von zwei Bechern, die ineinander passen und die nur durch ihre dreieckigen Spitzen an den Zähnen befestigt sind (Abb. 267 B). Im inneren Becher befindet sich eine einzige braune Peridiole oder Glebamasse von ungefähr 1 mm ⌀. Durch eine plötzliche Umkehrung des Innenbechers wird die Glebamasse weit fortgeschleudert. Buller (1933) beschreibt ausführlich die Glebafreisetzung. Er zeigte, daß die Glebamasse vertikal mehr als 2 m und horizontal über 4 m weit fortgeschleudert werden kann (siehe auch Ingold, 1971, 1972). Der Pilz kann leicht kultiviert werden, wenn man die Glebamasse in eine Platte mit Hefeagar setzt und ungefähr drei Wochen dem Licht aussetzt. Abb. 269 A zeigt einen Schnitt durch einen fast reifen, aber noch ungeöffneten Fruchtkörper. Die Gleba ist von einer Peridie mit sechs verschiedenen Schichten umgeben. Drei Schichten bilden die Struktur des Außenbechers. Die drei Schichten des Innenbechers bestehen aus einer äußeren Schicht tangential angeordneter, verflochtener Hyphen, einer Schicht radial angeordneter und verlängerter Zellen, die eine Art Palisade bilden, und einer dünnen Schicht aus Pseudoparenchym mit Zellen, die sich vor der Glebafreisetzung auflösen und eine Flüssigkeit bilden, die den Boden des Innenbechers bedeckt und die Gleba umgibt. Vor der Öffnung des Fruchtkörpers sind die Zellen der Palisadenschicht reich an Glykogen. Dieses verschwindet aber während der Reifung und wandelt sich zu Glucose um (Engel und Schneider, 1963). Dies führt zur Erhöhung der osmotischen Konzentration der Zellen, so daß sie Wasser aufnehmen und sich der Turgor noch mehr erhöht. Die Anschwellung der Palisadenschicht wird durch die tangential angeordneten Hyphen gehemmt. Dies führt zur Bildung von Spannungen innerhalb des Gewebes des

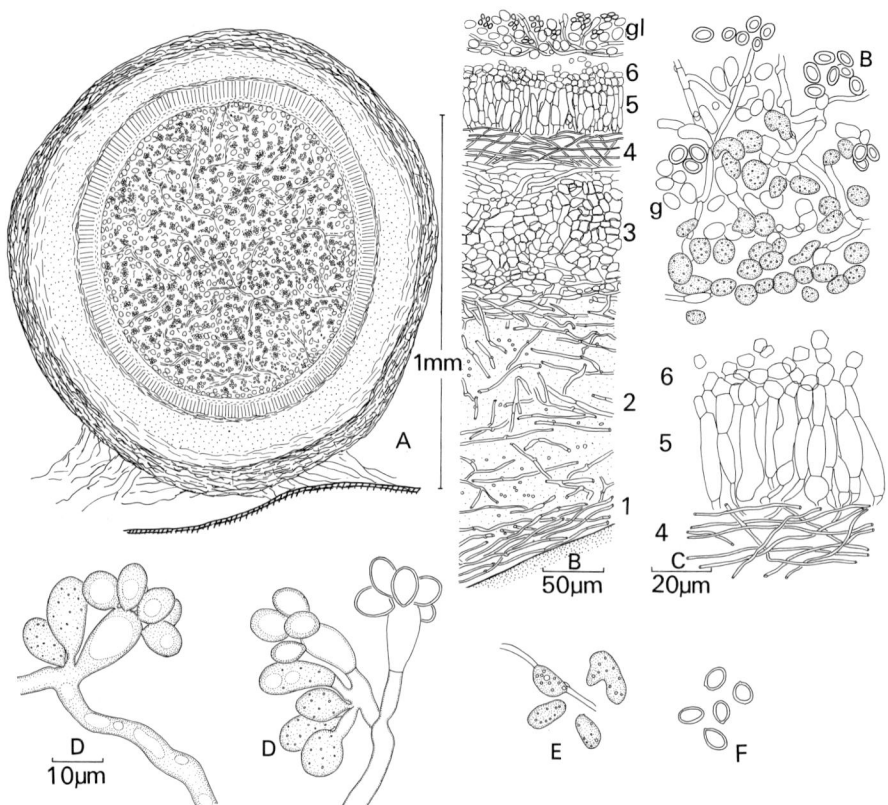

Abb. 269 A–F. *Sphaerobolus stellatus.* **A** Querschnitt eines fast reifen Fruchtkörpers mit zentraler Glebamasse, die von einer sechsschichtigen Peridie umgeben ist; **B** Einzelheiten der Peridienschichten. *1* Äußerste Schicht, bestehend aus verflochtenen Hyphen; *2* Schicht aus Hyphen, die durch viel Schleim voneinander getrennt sind; *3* Pseudoparenchymatische Schicht; *4* Fädige Schicht; *5* Palisadenschicht; *6* Schicht mit schlüpfrigen Zellen. *gl* äußere Schichten der Glebamasse; **C** Vergrößerter Ausschnitt der Schichten *4, 5* und *6* und Teil der Glebamasse. *c* Cystidien; *g* Gemmen; *b* Basidiosporen; **D** Büschel von Basidien von unreifen Fruchtkörpern. Normalerweise kommen 4–6 Basidiosporen vor; **E** Gemmen; **F** Basidiosporen. **C, E** und **F** im gleichen Maßstab

Innenbechers, der nur dadurch freigesetzt wird, daß er seine Innenseite nach außen kehrt.

Zur Entwicklung ist Licht notwendig, die Öffnung des Fruchtkörpers ist phototrop. Dies garantiert, daß die Glebamasse zum Licht hin ausgeschleudert wird (Alasoadura, 1963). Die Peridiolenfreisetzung erfolgt im Tagesrhythmus, die Freisetzung erfolgt nur im Licht. Bei Dauerlicht hört die rhythmische Freisetzung auf, hält man jedoch eine Kultur, die vorher abwechselnd 12 Stunden dem Licht und 12 Stunden der Dunkelheit ausgesetzt war, bei fortwährender Dunkelheit, dann erfolgt weiterhin eine rhythmische Peridiolenfreisetzung, und zwar in dem Rythmus, in dem vorher die Licht-Dunkel-Perioden stattfanden. Dies deutet auf einen endogenen Rhythmus hin (Engel und Friedrichsen, 1964).

Die kugelige Glebamasse ist von einer dunkelbraunen, klebrigen Hülle umgeben, die von den aufgelösten Zellen der innersten Peridienschicht stammen. Unmittelbar innerhalb der braunen äußeren Hülle befinden sich Schichten abgerundeter Zellen, die manchmal Cystidien genannt werden (Abb. 269 C). Anscheinend sind diese Zellen nicht zur Keimung fähig, so daß ihre Funktion unbekannt ist. Der Rest der Glebamasse besteht aus dickwandigen, ovalen Basidiosporen und dünnerwandigen Gemmen. Auf den Basidien bilden sich ungefähr zwei Tage nach der Freisetzung 4 bis 8 Basidiosporen (Abb. 269 D). Bei der Reifung der Gleba verschwinden die Basidien jedoch. Die Gemmen entstehen entweder terminal oder interkalar an Hyphen innerhalb der Gleba. Es sind auch fetthaltige Zellen vorhanden. Die klebrige Gleba heftet sich sofort an Objekte an, auf die sie auftrifft. Nach dem Trocknen ist es sehr schwierig, sie wieder zu entfernen, auch nicht mit einem kräftigen Wasserstrahl. Die Gleba ist mehrere Jahre lebensfähig. Die Projektile haften an Pflanzen und können von Tieren gefressen werden. So ist zu erklären, daß Fruchtkörper auf Dung vorkommen.

Während der Keimung entstehen aus der Gleba Schnallenhyphen, die sich normalerweise aus den Gemmen, aber nicht aus den Basidiosporen bilden. Das Fortpflanzungsverhalten von *Sphaerobolus* ist noch nicht vollständig geklärt. Nach Walker (1927) kommen Schnallen auf Myzelien vor, die von Zellen abstammen, die das Aussehen von Sporen hatten. Gelegentlich können Einspormyzelien fruktifizieren (Fries, 1948). Die meisten Basidiosporen keimen jedoch zu Myzelien mit einfachen Septen aus. Kreuzungen von Einspormyzelien ergaben, daß der Pilz normalerweise physiologisch diözisch ist. Nach Lorenz (1933) liegt ein bipolarer und nach Fries (1948) ein tetrapolarer Incompatibilitätsmechanismus vor. Es wäre interessant zu erfahren, ob multiple Allelie vorkommt.

Sclerodermatales

Scleroderma (Abb. 264 D, 270)

Zwei häufig vorkommende Arten der Boviste sind *S. aurantium* und *S. verrucosum*. Bevor man den Unterschied zwischen den beiden Arten kannte, galt der Name *S. vulgare* für beide Arten. Die Boviste findet man im Herbst auf sauren Waldböden und Heiden. Sie wachsen zusammen mit Bäumen, wie z.B. *Pinus, Betula, Quercus* und *Fagus,* mit denen sie Mykorrhizen bilden können (Fries, 1942; Harley, 1969). In reifen Fruchtkörpern ist die Peridie anscheinend eine einzige, ziemlich dicke Schicht. Obwohl die Gleba von einem System steriler Adern durchzogen sein kann, gibt es keine Columella und kein Capillitium. Die Basidiosporen sind ungestielt (Abb. 270). Der reife Fruchtkörper bricht unregelmäßig auf und die trockenen Sporen werden freigesetzt. Es gibt auch keinen ausgeprägten Abschleudermechanismus wie bei *Lycoperdon* oder *Geastrum.*

Phallales

Häufig vorkommende Vertreter dieser Ordnung sind *Phallus impudicus* (Stinkmorchel) und *Mutinus caninus* (Hundsrute).

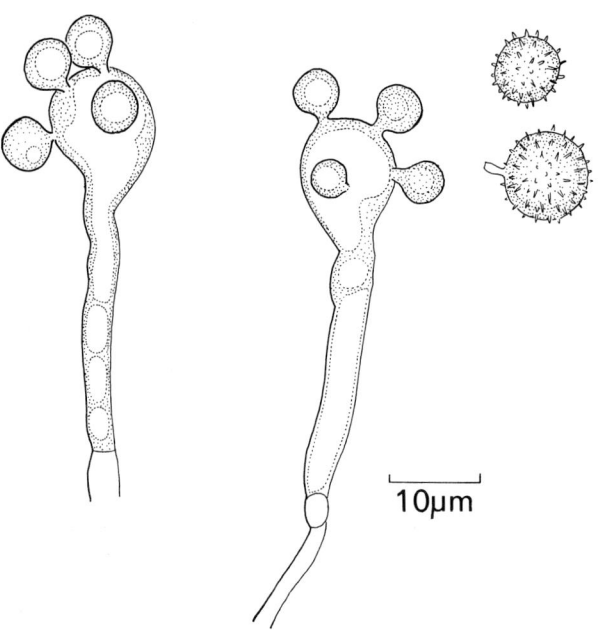

Abb. 270. *Scleroderma verrucosum.* Basidien und Basidiosporen. Man erkennt, daß die Sporen nahezu stiellos sind

10µm

Phallus (Abb. 271 B, 272)

Im Spätsommer und im Herbst kann man die Stinkmorchel leicht an ihrem Geruch erkennen. Die Fruchtkörper entstehen aus ‚Eiern' (‚Teufelseier' genannt) mit einem Durchmesser von ungefähr 5 cm, die sich nacheinander auf einem ausgedehnten Myzelstrang, den man normalerweise unter der Erde bis zu einem unterirdischen Holzstück verfolgen kann, entwickeln (Grainger, 1962). In einem Längsschnitt durch ein ‚Teufelsei' kann man eine dünne, papierartige äußere und innere Peridie erkennen und eine Glebamasse, die die mittlere Peridie darstellt. Der zentrale Teil des Fruchtkörpers ist in einen zylindrischen, hohlen Stiel und einen gefalteten, wabenähnlichen Behälter differenziert, der den fertilen Teil der Gleba trägt. Innerhalb der jungen Gleba befinden sich Hohlräume, die mit Basidien ausgekleidet sind. Diese tragen bis zu 9 Sporen (Abb. 272 B). Bei der Reifung der Gleba lösen sich die Basidien auf. Die Fruchtkörper vergrößern sich sehr schnell: innerhalb weniger Stunden kann sich der Stiel von ungefähr 5 cm auf ungefähr 15 cm verlängern. Dieses plötzliche Wachstum erfolgt wahrscheinlich auf Kosten des in der Gallerte der mittleren Peridie gespeicherten Wassers. Das Durchschnittsgewicht vergrößerter Stiele beträgt mehr als doppelt so viel wie ein nicht vergrößerter Stiel (Ingold, 1959). Gleichzeitig mit der Vergrößerung des Stiels erfolgt ein Abbau von Glycogen und die Umwandlung zu Zucker (Buller, 1933). Eine ähnliche Umwandlung wird auch bei dem verwandten Pilz *Dictyophora indusiata* beschrieben. In den nicht vergrößerten Stielen sind die Zellen gefaltet, sie können sich jedoch auf das 12fache ihres ursprünglichen Volumens ausdehnen, wenn sich der Stiel vergrößert (Kinugawa, 1965). Mit der Stielvergrößerung von *Phallus* sondert die fertile Gleba eine streng riechende Substanz gleichzeitig mit

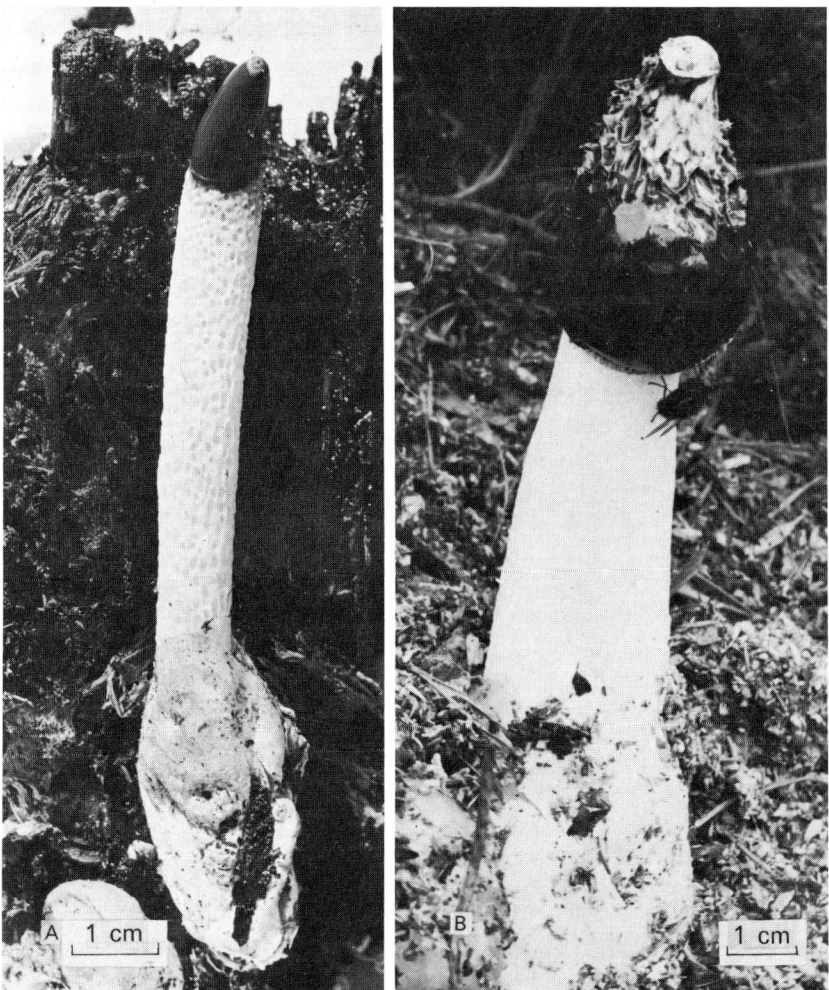

Abb. 271 A, B, A *Mutinus caninus.* Ausgewachsener Fruchtkörper auf verfaulendem Holz; **B** *Phallus impudicus.* Reifer Fruchtkörper mit fressenden Schmeißfliegen

Zucker ab. Beide Substanzen locken Fliegen an, insbesondere Schmeißfliegen und andere Insekten, die sich normalerweise von Aas und Dung ernähren (Schremmer, 1963). Der Geruch ist eine Mischung folgender Substanzen: Methylmercaptan, Schwefelwasserstoff, Phenylacetaldehyd, α-Phenylcrotonaldehyd, Dihydrochalcon, Phenylessigsäure, Acetaldehyd, Essigsäure, Propionsäure, Formaldehyd (List und Freund, 1968). Innerhalb weniger Stunden ist die grüne Sporenmasse entfernt. Die Sporen werden anscheinend unversehrt von den Insekten wieder ausgeschieden und gelangen meist innerhalb kurzer Zeit nach der Aufnahme auf Pflanzen und auf den Boden. Die Einzelheiten der Keimung sind jedoch noch nicht bekannt. Die Besiedelung von Baumstümpfen durch das Myzel ist ebenfalls nicht bekannt. Es gibt einige wenige Versuche zum Ernährungsverhalten und zur Physiologie von

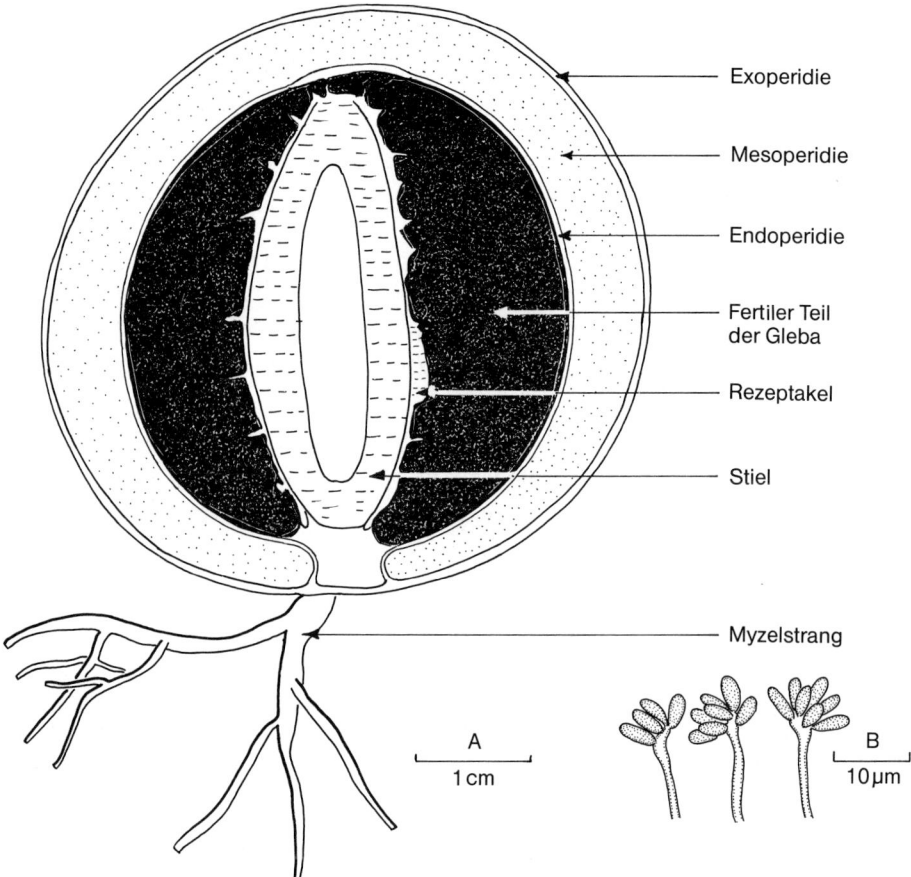

Abb. 272 A, B. *Phallus impudicus.* **A** Längsschnitt durch ein ‚Teufelsei‘ mit noch nicht vergrößertem Stiel; **B** Basidien

Phallus. An *P. ravenelii* konnte gezeigt werden, daß dieser Pilz auf einer Reihe von Kohlenhydraten ein gutes vegetatives Wachstum zeigt und Thiamin benötigt (Howard und Bigelow, 1969).

Der Habitus von *Mutinus* ist dem von *Phallus* ähnlich, jedoch sind die Fruchtkörper kleiner (Abb. 266 A). Der obere Teil des Stiels ist orangefarbig und der Geruch ist weniger streng. Der Behälter mit der Glebamasse ist nicht netzartig.

Teliomycetes

Hierhin gehören zwei wichtige Gruppen von Pflanzenpathogenen: die Brandpilze (Ustilaginales) und die Rostpilze (Uredinales). Die Verwandtschaft dieser beiden Gruppen ist sehr zweifelhaft. Sie unterscheiden sich von den bisher besprochenen

Basidiomycotina in mehrfacher Hinsicht. Obwohl die Myzelien septiert sind, besitzen sie einfache Septen, denen Doliporen und Parenthosomen fehlen. Die den Basidien entsprechenden Strukturen bestehen aus einer dickwandigen Teleutospore (in der die Karyogamie stattfindet) und einem Promyzel (Metabasidie), an dem gewöhnlich vier oder mehr Sporidien entstehen. Ustilaginales und Uredinales können dadurch unterschieden werden, daß die letzteren typischerweise nur vier Sporidien auf dem Promyzel bilden, während bei den Ustilaginales die Sporidien nach der Ablösung fortlaufend neu gebildet werden. Die Ustilaginales können gut in Flüssigkeiten und auf Agar wachsen. Bei einigen Arten kann der Ablauf des vollständigen Entwicklungszyklus auf Agar induziert werden. Im Gegensatz dazu wachsen die meisten Uredinales nur sehr schlecht in Reinkulturen. Vom ökologischen Gesichtspunkt her sind beide Gruppen biotroph.

Die Ustilaginales parasitieren nur auf Angiospermen, während die Uredinales auf Farnen, Gymnospermen und Angiospermen vorkommen. In vielen Fällen kann der komplizierte Entwicklungszyklus nur auf zwei nicht verwandten Wirten abgeschlossen werden. Die Uredinales haben eine lange Entwicklungsgeschichte und parasitierten wahrscheinlich schon im Karbon auf Farnpflanzen.

Ustilaginales

Die Ustilaginales oder Brandpilze parasitieren auf Angiospermen, auf denen sie Krankheiten verursachen, die meist ökonomisch bedeutsam sind. Man kennt über 1000 Arten, die auf über 75 Angiospermenfamilien vorkommen (Durán, 1973). Bestimmte Familien von Blütenpflanzen sind besonders anfällig für Brandpilze, insbesondere die Cyperaceae und Gramineae sowie die zu diesen gehörenden Getreidepflanzen (Fischer und Holton, 1957).

Die Bezeichnung Brandpilze bezieht sich auf die dunkle, pulverartige Sporenmasse, die in Sori auf den Blättern, Sprossen oder in den Blüten bzw. Früchten der Wirtspflanzen gebildet wird (siehe Abb. 273). Für diese Sporen benutzt man eine Reihe von Synonymen: Teleutosporen, Chlamydosporen, Brandsporen, Melanosporen oder Ustosporen (Moore, 1972). Junge Brandsporen sind dikaryotisch und entstehen auf einem dikaryotischen Myzel, das oft systemisch wächst. Gewöhnlich sind keine spezialisierten Haustorien vorhanden, in die Wirtszelle können nur kurze Verzweigungen des Myzels eindringen. Die intrazellulären Hyphen sehen den Haustorien anderer Pflanzenpathogene deshalb ähnlich, da auch sie das Wirtsplasmalemma invaginieren und dann von einer Kapsel umgeben sind, die den Übergang zwischen dem Wirt und dem Parasiten bildet. Außerdem sind sie meist teilweise oder manchmal vollständig von einer Scheide umschlossen, die wahrscheinlich aus der Wirtszellwand entsteht (Fullerton, 1970). Während der Sorusentwicklung proliferieren die dikaryotischen Hyphen und sammeln sich im interzellularen Raum an. Sie zerstören meist die weicheren inneren Wirtsgewebe, aber bleiben von der Wirtsepidermis umschlossen. Im Prinzip können alle Hyphensegmente zu Sporen umgewandelt werden. Die sporogenen Hyphen bestehen aus zweikernigen Zellen. Nach der Karyogamie verdicken sich die Wände und werden gallertartig. Parallel dazu vergrößern sich die Zellen und werden kugelig. Die Sporeninitiale ist zunächst von einer gallertigen Matrix umschlossen, die sich jedoch bei der Reife auflöst. Die

Abb. 273 A–F. Symptome von Brandpilzerkrankungen. **A** *Ustilago violacea,* Antherenbrand der Caryophyllaceae auf *Silene alba;* **B** *Ustilago hypodytes,* Stielbrand des Grases auf *Elymus arenarius;* **C** *Ustilago nuda,* Weizenflugbrand; **D** *Ustilago avenae,* Haferflugbrand auf *Arrhenatherum elatius;* **E** *Tilletia caries,* Weizensteinbrand; **F** *Urocystis anemones,* Anemonenbrand auf *Ranunculus repens*

reifen, einkernigen, diploiden Brandsporen haben dicke, im allgemeinen dunkle Zellwände, die glatt oder mit Stacheln oder einem Netzwerk verziert sein können (Langdon und Fullerton, 1975; Hess und Weber, 1976).

In einigen Gattungen (z. B. *Urocystis*) ist eine zentrale, fertile Zelle vorhanden, die von einer Gruppe nicht fertiler Zellen umgeben ist (Abb. 280). Die Brandsporen werden meistens vom Wind verbreitet und keimen auf unterschiedliche Weise aus (Holton et al., 1968; Zambettakis, 1970, 1973). Die Sporen von *Ustilago avenae,* dem Erreger des Haferbrandes, und des falschen Haferbrandes (*Arrhenatherum elatius*) bilden einen Keimschlauch oder ein Promyzel, in welche die diploiden Kerne wandern und sich meiotisch teilen. Anschließend bildet das Promyzel drei Quersepten aus und schnürt vier Zellen ab, von denen jede einen einzigen, haploiden Kern enthält. Innerhalb jeder Zelle teilt sich der Kern. Ein Tochterkern wandert in ein Sporidium, das sich von der Zelle abschnürt. Die Kernteilungen können sich wiederholen, jede Zelle kann also zahlreiche Sporidien bilden. Losgelöste Sporidien können ebenfalls weitere Sporen durch Abschnüren bilden (Abb. 274 A). Während dieser hefeähnlichen Phase können viele Brandpilze saprophytisch wachsen, dagegen sind diese Haplonten nicht in der Lage, als Parasiten im Wirt zu wachsen (Hüttig, 1931; Holton, 1936). Das vierzellige Promyzel wird als Metabasidie und die Sporidien als Basidiosporen angesehen. *Ustilago avenae* ist wie die meisten anderen Brandpilze bipolar incompatibel, d. h. bei den Sporidien gibt es zwei Kreuzungstypen (Whitehouse, 1951). Das Fortpflanzungsverhalten wird durch ein einziges Gen mit zwei Allelen (a_1 und a_2) kontrolliert. Die Sporidien des

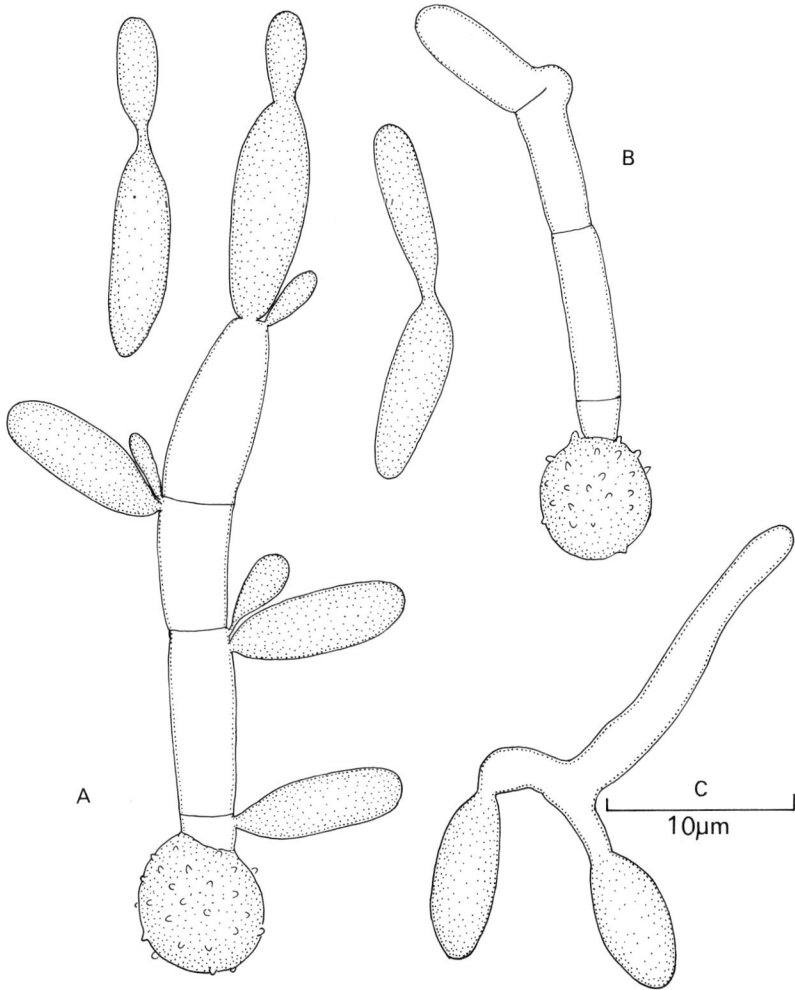

Abb. 274 A–C *Ustilago avenae.* **A** Keimende Teleutospore mit vierzelligem Promyzel. Jede Zelle bildet Sporidien. Man erkennt auch die Sprossung von losgelösten Sporidien; **B** Keimende Teleutospore, deren zwei Endzellen zu einem Dikaryon fusionieren; **C** Verschmelzung der Keimschläuche von zwei Sporidien zu einem Dikaryon

entgegengesetzten Kreuzungstyps fusionieren mit Hilfe einer kurzen Konjugationsröhre (Abb. 274 C) und bilden ein dikaryotisches Myzel, welches neue Wirte
infizieren kann. Die haploiden Sporidien oder Myzelien sind nicht infektionsfähig.
Das Dikaryon kann auch durch Fusion benachbarter Zellen eines Promyzels
gebildet werden (Abb. 274 B).

Die Teleutosporen von *U. violacea* (Erreger des Antherenbrandes der Caryophyllaceae) keimen auf verschiedene Weise aus (Abb. 273 A, 275). Das Promyzel ist
in diesem Fall meist nur dreizellig und kann sich leicht von der Teleutospore
loslösen. Das Promyzel kann auch nach der Trennung weiterhin Sporidien bilden.
Aus einer Teleutospore können sich nacheinander mehrere Promyzelien bilden
(Wang, 1932). Der bipolare Incompatibilitätsmechanismus der Brandpilze wurde
zum ersten Mal an diesem Objekt dargestellt (Kniep, 1919).

Der Verlauf der Sporidienkonjugation wurde intensiv bei *Ustilago violacea*
untersucht. Mischt man Sporidien unterschiedlichen Kreuzungstyps auf einem
geeigneten Medium, so kann man innerhalb von zwei Stunden eine Reihe von
Vorgängen beobachten (Poon et al. 1974) (siehe Abb. 275):

1. Paarung der Zellen unterschiedlichen Kreuzungstyps.
2. Ausbildung von Ausstülpungen der Zellwände an den Kontaktstellen.
3. Verlängerung der Kopulationsbrücken.
4. Auflösen der Zellwände und der Plasmamembranen.
5. Verlängerung der entstandenen Konjugationsröhre.

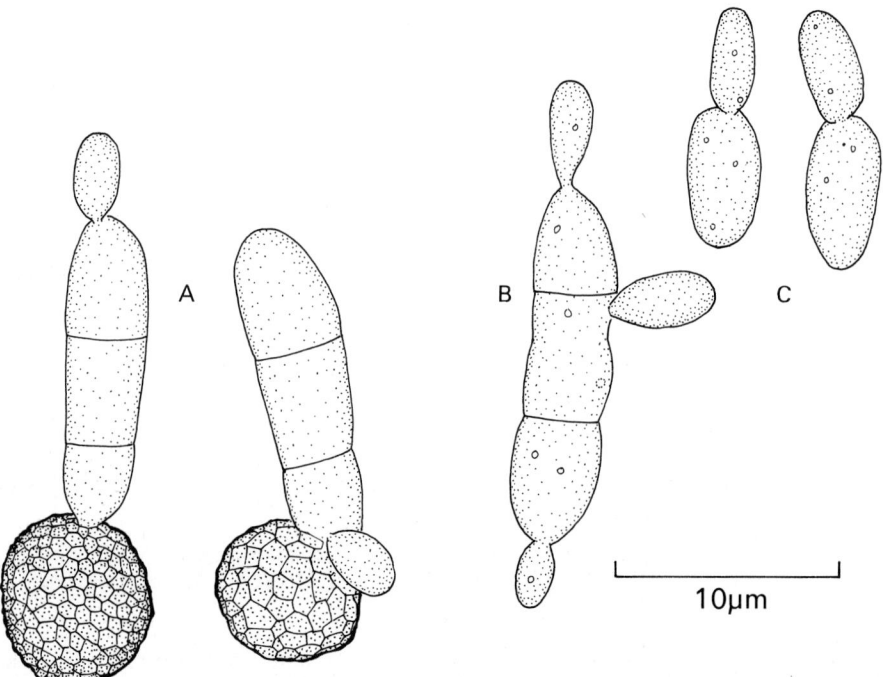

Abb. 275 A–C. *Ustilago violacea.* **A** Keimende Teleutosporen mit dreizelligem Promyzel;
B Losgelöstes und sporidienbildendes Promyzel; **C** Losgelöste und sprossende Sporidien

Bei *U. violacea* und *U. maydis* bilden sich bei der Paarung von Sporidien von entgegengesetzten Kreuzungstypen Fimbrien aus den Wänden der Sporidien, und zwar über 200 lange und zahllose kurze Fimbrien, die einen Durchmesser von 7–10 nm haben. Sie sind meist 0,5–5 μm lang, obwohl auch über 10 μm lange Fimbrien vorkommen können. Anscheinend bestehen sie hauptsächlich aus Protein. Derartige Fimbrien erinnern auffallend an die Fimbrien gewisser Bakterienzellen. Wahrscheinlich spielen sie eine Rolle bei der Konjugation (Poon und Day, 1975; Day und Poon, 1975). Man nimmt an, daß sich die Zellen nach der Kreuzung wahrscheinlich durch Sekretion von klebrigem ‚globulären Material' verbinden. Es ist möglich, daß die Fimbrien die Zellen verbinden und als Leitung für „einen reziproken Informationsaustausch zwischen den beiden Kreuzungstypen vor der Vereinigung der Konjugationsröhren fungieren" (Day und Poon, 1975).

Bei *Ustilago maydis* (Maisbrand) erfolgt die Sporidienfusion und die Bildung eines Dikaryons normalerweise wie bei *U. avenae*. Man hat auch nachgewiesen, daß Einspormyzelien infektionsfähig sind. Aus solchen Infektionen entstehen Teleutosporen, die Sporidien mit zwei Kreuzungstypen bilden. Deshalb ist es möglich, daß diese Sporidien, aus denen sich die sogenannten solo-pathogenen Linien entwickeln, nicht homokaryotisch waren; möglicherweise waren sie dikaryotisch oder diploid (Christensen, 1932; Whitehouse, 1951; Fischer und Holton, 1957). Diese Arten haben ein noch komplizierteres Fortpflanzungsverhalten. Die Incompatibilität wird von zwei Faktoren (A und B) kontrolliert. Es gibt Hinweise darauf, daß einer der Faktoren multiple Allele besitzt. Es ist zur Zeit noch nicht bekannt, ob der zweite Faktor für die sexuelle Verträglichkeit oder für die Pathogenität des Dikaryons verantwortlich ist (Holliday, 1961a; Christensen, 1963; Halisky, 1965; Holton et al. 1968). Ein weiteres interessantes Merkmal dieses Pilzes ist die parasexuelle Rekombination (Holliday, 1961b). *U. maydis* wurde bei vielen genetischen Untersuchungen als Objekt verwendet (Holliday, 1974).

Ustilago nuda (Erreger des Weizen- und Haferflugbrandes) bildet keine Sporidien. Bei der Keimung bildet sich ein septiertes Promyzel. Die Dikaryophase entsteht jedoch durch Verschmelzung der Keimschläuche, die von einzelnen einkernigen Zellen des Promyzels abstammen (Abb. 277) (Mali, 1974). Möglicherweise besteht bei dieser Keimungsart ein Zusammenhang mit der Biologie der Infektion, die weiter unten besprochen wird.

Ustilago longissima (Erreger einer Blattbrandkrankheit an *Glyceria* spp.) besitzt Teleutosporen, die bei der Keimung kein deutlich sichtbares Promyzel bilden, sondern lediglich eine kurze Röhre, von der nacheinander Sporidien absprossen (Paravicini, 1917; Wand, 1934) (Abb. 278).

Die Sporenkeimung bei *Tilletia caries* (Erreger des Weizensteinbrandes) (Abb. 273 E) erfolgt nach einem noch anderen Muster. Die jungen Sporen sind wieder zweikernig. Die zwei Kerne fusionieren zu einem einzelnen diploiden Kern der reifen Spore. Der diploide Kern teilt sich meiotisch und ein oder mehrere Male mitotisch, so daß schließlich 8–16 Kerne gebildet werden. Das Promyzel ist meistens, aber nicht immer, unseptiert. An der Spitze entstehen schmale, gebogene, einkernige primäre Sporidien, deren Zahl mit der Zahl der Kerne in dem jungen Promyzel übereinstimmt (Abb. 279). Die primären Sporidien fusionieren paarweise mit kurzen Konjugationsröhren, meist wenn sie noch an der Spitze des Promyzels anhaften (Abb. 279 C). Losgelöste primäre Sporidien können ebenfalls konjugieren.

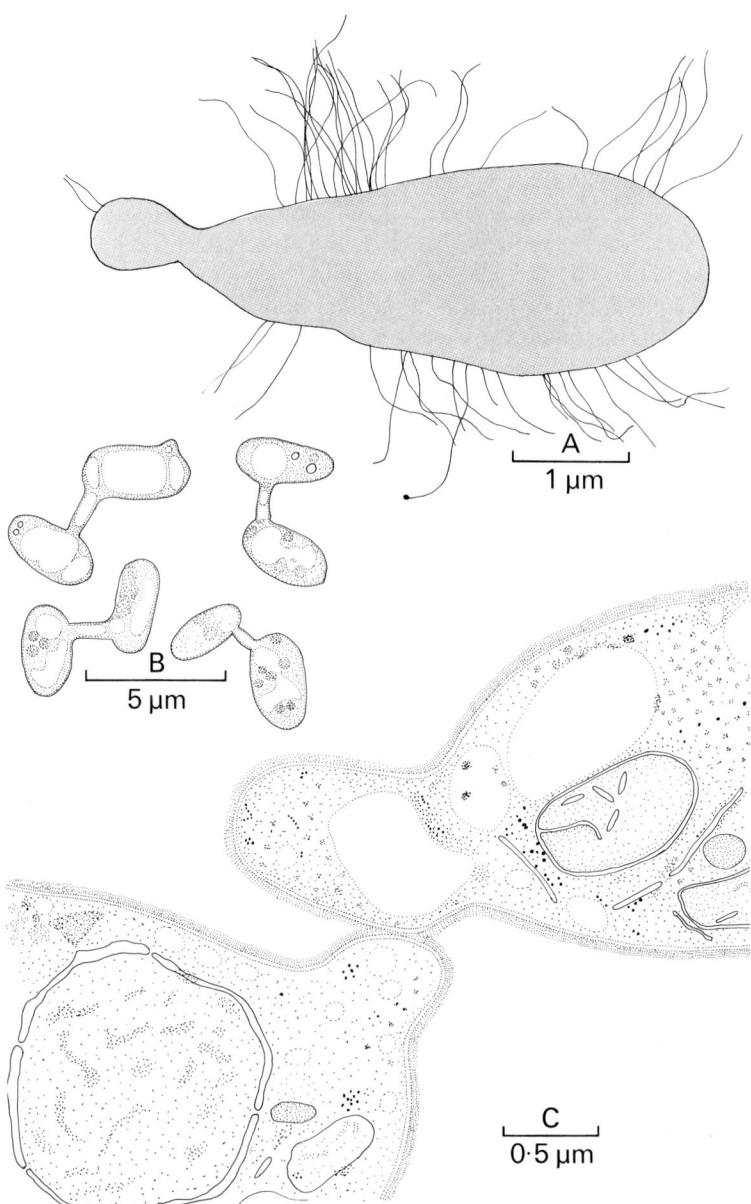

Abb. 276 A–C. *Ustilago violacea.* **A** Eine hefeähnliche Zelle mit zahlreichen Fimbrien (nach einer elektronenmikroskopischen Aufnahme von Day und Poon, 1975); **B** Konjugation zwischen Sporidien (nach Poon et al. 1974); **C** Entwicklung der Konjugationsbrücken beider Partner, anschließend erfolgt die Verschmelzung der Hüllen. Die Plasmamembranen haben sich noch nicht berührt (nach Poon et al. 1974)

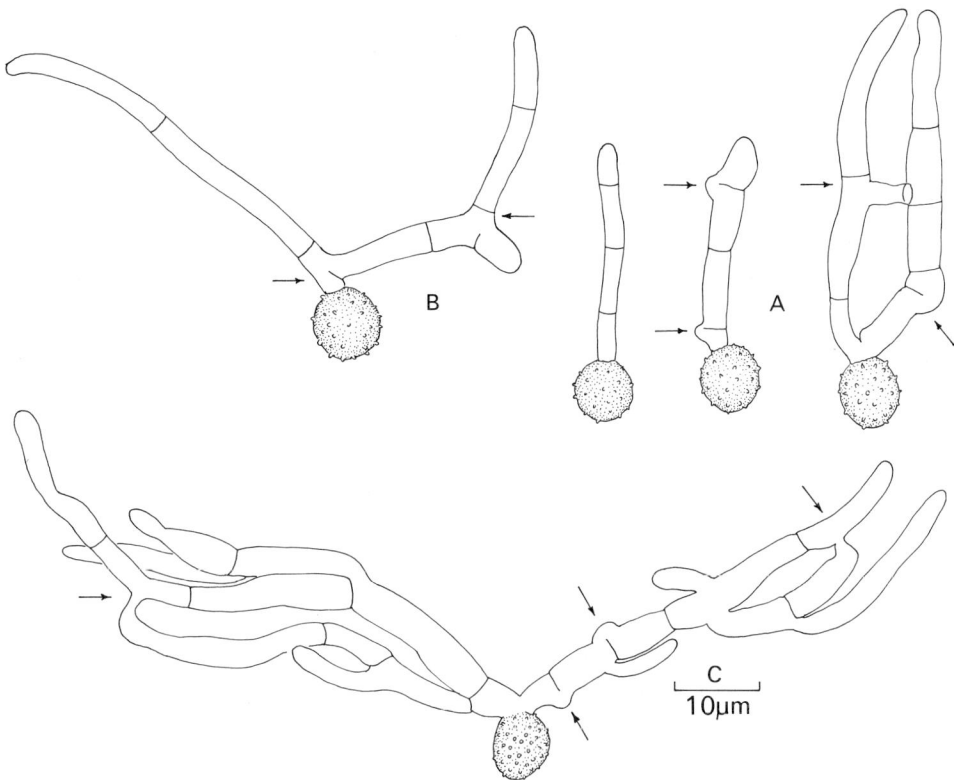

Abb. 277 A–C. *Ustilago nuda.* Keimung: Teleutospore. **A** Drei Teleutosporen, 20 Stunden nach der Keimung, mit verschiedenen Entwicklungsstadien des Promyzels. Die Pfeile zeigen auf die Stellen, an denen die Zellverschmelzung stattgefunden hat; **B** Ein späteres Stadium mit vergrößertem Myzel aus den fusionierten Zellen; **C** 2 Tage alte keimende Teleutospore mit mehrfachen Zellverschmelzungen

Während der Konjugation wandert ein Kern von einem primären Sporidium in das andere, das damit zweikernig wird. Jedes H-förmige primäre Sporidienpaar bildet ein einzelnes, seitliches Sterigma, auf dem sich eine gewundene, zweikernige Spore bildet (Abb. 279 B). Diese Spore wird aktiv vom Sterigma weggeschleudert. Kurz vor der Freisetzung der Spore hat man an dieser einen Wassertropfen gefunden. Die aktiv weggeschleuderte Spore wird manchmal auch als sekundäres Sporidium oder sekundäre Konidie bezeichnet. Buller und Vanterpool (1933) behaupten, daß aufgrund des charakteristischen Sporenfreisetzungsmechanismus die Spore als Basidiospore angesehen werden kann. Sie verwenden deshalb den Begriff ‚primäres Sterigma' für die primären Sporidien und ‚sekundäres Sterigma' für die Struktur unter dem sekundären Sporidium. Diese Sporen infizieren den Wirt.

Während die Teleutosporen von *Ustilago* und *Tilletia* einzellig sind, bestehen die Sporen von *Urocystis* aus einer oder mehreren zentralen, fertilen Zellen, die von einer Gruppe dünnwandiger, steriler Zellen umgeben sind (Abb. 280). Bei *Urocystis agropyri* (Erreger des Blattsteifenbrandes bei Weizen und *Agropyron* (Quecke))

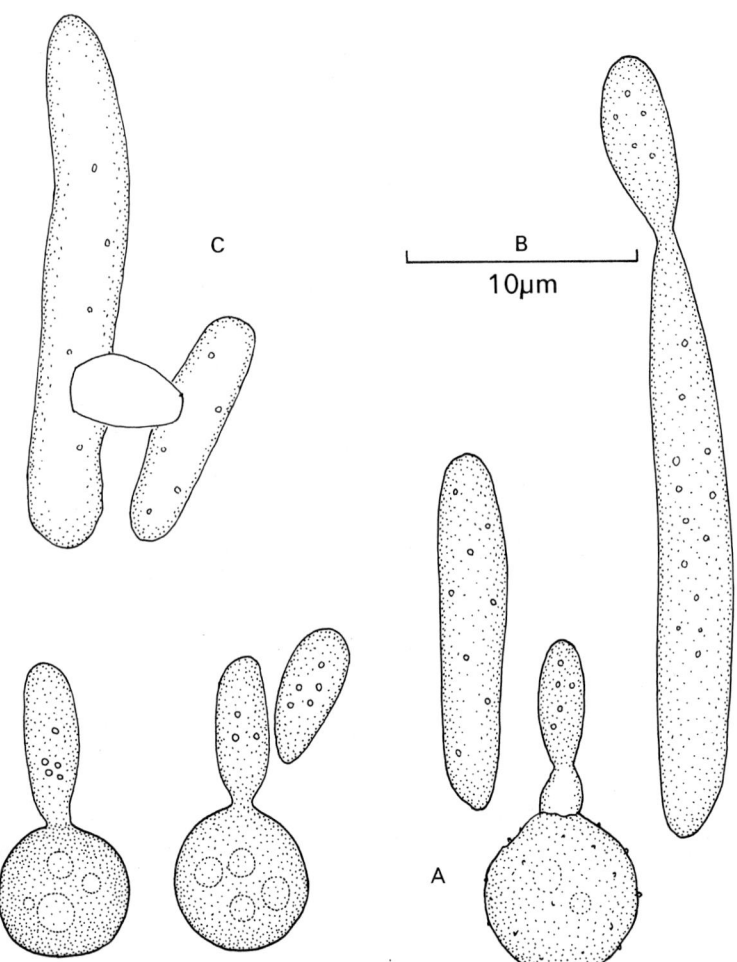

Abb. 278 A–C. *Ustilago longissima.* **A** Teleutospore, die durch wiederholte Bildung von Sporidien auskeimt. Es ist kein ausgedehntes Promyzel zu erkennen. Die zuerst gebildeten Sporidien sind kurz; **B** Sprossendes Sporidium; **C** Konjugierende Sporidien. Nach der Konjugation entsteht ein dikaryotisches Myzel

bilden die fertilen Zellen ein unseptiertes Promyzel, in die die fusionierten Kerne wandern und sich anschließend meiotisch teilen. An der Spitze des Promyzels bildet sich ein Wirtel von vier Sporidien. Diese Sporidien konjugieren (während sie noch anhaften) paarweise wie bei *Tilletia*. Nach der Konjugation wandern die zwei Kerne in eine Infektionshyphe, die sich aus der Konjugationsröhre bildet (Thirumalachar und Dickson, 1949). Bei *U. anemones* (Erreger des Blattbrandes bei *Anemone* und *Ranunculus*) (Abb. 273 F) bilden sich an der Spitze des unseptierten Promyzels drei oder vier Sporidien. Die paarweise Fusion von Sporidien erfolgt vor der Bildung von Verzweigungen von den Spitzen (Abb. 280 B).

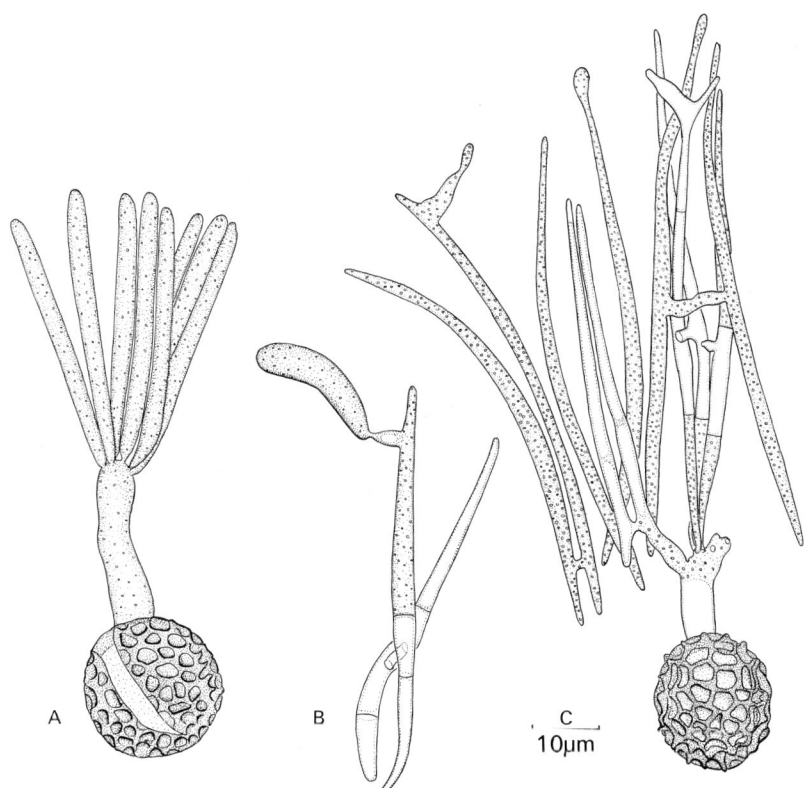

Abb. 279 A–C. *Tilletia caries.* **A** Keimende Teleutospore mit unseptiertem Promyzel und einem Kranz primärer Sporidien; **B** Zwei losgelöste, konjugierende primäre Sporidien. Aus einem primären Sporidium hat sich ein sekundäres Sporidium entwickelt; **C** Am Promyzel haftende, konjugierende primäre Sporidien

Infektion

Die Infektion des Wirtes erfolgt duch das dikaryotische Myzel, das durch Sporidienfusion oder Fusion von Verzweigungen des Promyzels entsteht. Der Infektionsverlauf ist unterschiedlich, wie man an den folgenden Beispielen erkennen kann.

Flugbrand der Gräser. Die vom Brand befallenen Ähren des Weizens oder des Hafers entstehen auf Pflanzen, die systemisch mit *Ustilago nuda* infiziert wurden. Die Embryonen der Samen enthalten das Pilzmyzel, so daß die Infektion während der Blütezeit erfolgt. Früher nahm man an, daß das Stigma der gesunden Blüten die Eintrittsstelle des Myzels sei. Es konnte jedoch gezeigt werden, daß das junge Gewebe an der Basis des Ovars den Infektionsort darstellt (Batts, 1955). Die Teleutosporen von *U. nuda* sind kurzlebig, unter normalen Bedingungen leben sie kaum länger als einige Tage. *Ustilago avenae* (Erreger des Haferflugbrandes) ist während der Blütezeit infektiös. Gelangen in diesem Falle die Sporen auf gesunden

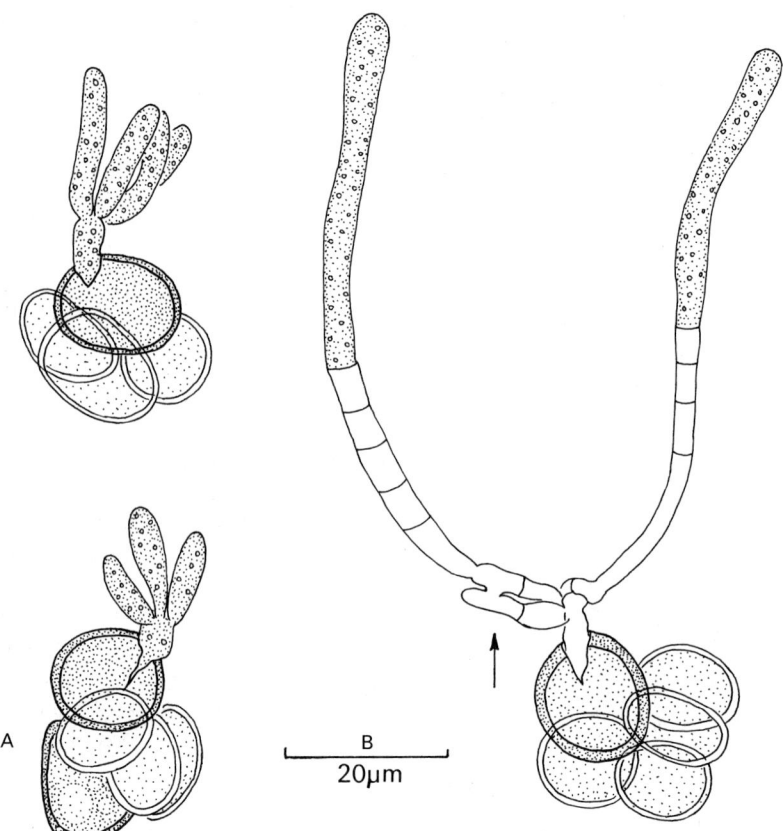

Abb. 280 A, B. *Urocystis anemones.* **A** Keimende Sporen. Aus einer fertilen Zelle bildet sich ein Promyzel mit einem Kranz von drei bis vier Sporidien. 24 Std; **B** Späteres Entwicklungsstadium. Der Pfeil zeigt auf fusionierte Sporidien, aus denen sich septierte Myzelien entwickeln. 48 Std.

Samen, dann kann eine Infektion des Samens bei der Keimung erfolgen. Die Sporen dieses Pilzes sind noch nach 13 Jahren lebensfähig.

‚*Verdeckte*' *Brandpilzkrankheiten des Getreides.* Die Teleutosporen von *Tilletia caries* sind vom Perikarp des Weizenkorns umgeben. Sie werden erst beim Dreschen des Getreides freigesetzt und dann über die Oberfläche des Korns gestäubt. Die Teleutosporen sind bis zu 15 Jahren lebensfähig. Bei der Aussaat infizierter Getreidekörner keimen die Sporen mit dem Getreide, so daß die Koleoptilen der Keimpflanzen inifziert werden, nachdem der Keimschlauch des sekundären Sporidiums eingedrungen ist. Die Infektion verläuft systemisch, das Myzel wächst in den Geweben der Keimlinge. Durch geeignete Techniken ist es möglich, das parasitische, dikaryotische Myzel aus dem infizierten Wirtsgewebe zu isolieren (Trione, 1972). Obwohl die infizierten Pflanzen nicht so stark wachsen wie die nicht infizierten, kann man die Infektion äußerlich bis zur Reifung der Ähren nicht erkennen. Die Spelzen der infizierten Ähren stehen weiter auseinander als die Spelzen gesunder Ähren. Dies ist eine Folge der etwas größeren, abgerundeten und bläulich aussehenden ‚reifen Getreidekörner' (Abb. 273 E). Sie riechen infolge einer Bildung von Trimethylamin intensiv nach faulendem Fisch. Man nennt diese Krankheit manchmal auch ‚Stinkbrand'.

Wirkung der Infektion auf den Wirt

Bei der Brandpilzkrankheit des Getreides führt die Verdrängung der Blüte und des Korns durch die Teleutosporen des Parasiten zu einem verminderten Ernteertrag. Weitere, weniger deutliche Auswirkungen können ebenfalls auftreten. Vergleiche zwischen gesunden Weizenpflanzen und solchen, die von *Ustilago nuda* infiziert sind, zeigten, daß die Wuchsrate der Keimpflanzen und der Wurzeln infizierter Pflanzen reduziert ist. Das Myzel des Pilzes ist praktisch auf die Nodien und die Ähren beschränkt und wächst nicht in die Blattspreiten. Das Volumen des Myzels beträgt im Verhältnis zum Gesamtvolumen der Pflanze 0,01–0,1%. Trotzdem sind die Auswirkungen auf den Wirt überraschenderweise groß. Gibt man radioaktives $^{14}CO_2$ auf die Blattspreiten im Licht, dann kann man feststellen, daß eine Übertragung der markierten Assimilate dem Pilz in den Ähren zuströmt. Die Übertragung der Assimilate findet grundsätzlich in Form von Saccharose statt. Infizierte Bereiche enthalten jedoch Trehalose und die Polyole Mannitol und Erythritol (Gaunt und Manners, 1971 a, b, c). Man kann weiter feststellen, daß die Infektion von sich entwickelnden Gerstenkörnern durch Brandpilze zu einer Reduzierung des absoluten Gewichtes und der Qualität führt. Dies hat jedoch keine Auswirkungen auf die Keimung.

Die Infektion des meristematischen Keimlingsgewebes des Maises durch dikaryotische Myzelien von *U. maydis* führt zur Hypertrophie und zum neoplastischen Wuchs der infizierten Gewebe, besonders der jungen Blätter und der sich entwickelnden Körner. Der Wirtskern kann polyploid werden (Callow und Ling, 1973; Callow, 1975). Eine systemische Infektion wurde nicht nachgewiesen. Möglicherweise überleben die Teleutosporen mehrere Jahre im Erdboden (Christensen, 1963).

Bekämpfung einiger Getreidebrandpilze

Die Bekämpfung der Brandpilze ist ein sehr schwieriges Problem. Während nur die Oberfläche des Getreides von Sporen der ‚verdeckt wachsenden' Brandpilze verunreinigt ist, ist im Falle des ‚offen wachsenden' Brandpilzes das reife Getreide schon durch das Myzel im Embryo infiziert. Die Bekämpfung der ‚verdeckt wachsenden' Brandpilze durch Bestäubung mit Fungiziden ist deshalb sehr einfach. Das Saatgetreide wird heute immer behandelt. In den meisten Ländern mit einer hoch entwickelten Landwirtschaft ist der Weizenbrand heute eine seltene Krankheit. In Großbritannien sank der Anteil der an die ‚Official Seed Testing Station' in Cambridge eingesandten infizierten Saatproben von 12–33% in den Jahren 1921–25 auf 0,2–0,3% in den Jahren 1955–57 (Marshal, 1960 b). Die Bekämpfung des ‚offen wachsenden' Brandpilzes ist erst durch die Entdeckung Jensens möglich, daß das Myzel von *Ustilago nuda* durch heißes Wasser abgetötet werden kann (Heißwasserbeize) und daß das Getreide selbst diese Behandlung unbeschadet übersteht. Gersten- und Weizenkörner werden für 5 Stunden in kaltes Wasser und anschließend in heißes Wasser getaucht; Weizen bleibt 10 min in 54 °C und Gerste 15 min in 52 °C heißem Wasser (Fischer und Holton, 1957). Diese wirkungsvolle Methode ist aber doch riskant und hat den Nachteil, daß das Getreide sofort danach getrocknet oder ausgesät werden muß. Heute werden in größerem Maße chemische Bekämpfungsmethoden angewandt. Dabei verwendet man systemische Fungizide (d. h. Fungizide, die von den Pflanzen aufgenommen und weiter transportiert werden). Die Applikation erfolgt oft durch Zerstäubung der Fungizide. Die wirkungsvollen Bestandteile sind Oxathiinderivate (z. B. Carboxin, Pyracarbolid, Vitavax und Plantvax) und Benomyl (Brooks, 1972 b; Tarr, 1972). Die Oxathiinderivate sind nur in sehr hoher Konzentration phytotoxisch. Sie wirken spezifisch auf das Myzel des Parasiten und scheinen das Enzym Succinatdehydrogenase zu hemmen (Ben-Yephet, et al., 1975; White und Thorn, 1975).

Da die Infektion der Getreidekörner während der Blütezeit geschieht, besteht eine wirkungsvolle Bekämpfungsmethode darin, das Saatgetreide während der Blütezeit zu kontrollieren und Brandähren zu ‚eliminieren'. Als Saatgetreide werden nur Ernten benutzt, die weniger als 1 Brandähre pro 10 000 Ähren aufweisen (Doling, 1966). Es ist auch möglich, das ‚offen wachsende' Brandmyzel in den Embryonen durch mikroskopische Untersuchungen nachzuweisen, nachdem man den Embryo herausgenommen hat. Auf diese Weise kann der Gesundheitszustand der Saatproben kontrolliert werden (Popp, 1958; Morton, 1961; Laidlaw, 1961). Es besteht eine hohe Übereinstimmung zwischen der geschätzten Sameninfektion des Getreides und dem Auftreten der Krankheit auf dem Feld (Rennie und Seaton, 1975). Eine weitere Bekämpfungsmethode besteht darin, kleistogame Blüten auszusondern. Öffnen sich die Blüten nicht, dann ist die Wahrscheinlichkeit einer Infektion des Embryos gering, da die Teleutosporen nicht in die Getreideblüten eindringen können (Macer, 1959). Die Bekämpfung der Brandpilze durch Züchtung resistenter Varietäten ist wie bei den Rostpilzen deshalb schwierig, weil von diesen Krankheitserregern mehrere physiologische Rassen vorkommen (Johnson, 1960; Halisky, 1965).

Antherenbrand der Caryophyllaceae

Eine der merkwürdigsten Brandpilzkrankheiten ist der Antherenbrand der Caryophyllaceae. Erkrankte Pflanzen besitzen anstelle der Pollen purpurne Teleutosporen. Die Untersuchung der Feinstruktur der Oberfläche der Teleutosporen aus einer Sammlung verschiedener Wirtsarten deutet darauf hin, daß daran mehr als eine Pilzart beteiligt ist (Durrieu und Zambettakis, 1973; Brandenburger und Schwinn, 1974).

Die Blüten infizierter weiblicher Pflanzen der diözischen roten oder weißen Lichtnelke (*Silene dioica* und *S. alba*) stimulieren die Bildung von Antheren, die bei gesunden weiblichen Pflanzen fehlen. Die Antheren infizierter weiblicher Pflanzen füllen sich mit Teleutosporen, die Ovarien können sich nur spärlich entwickeln. Männliche Pflanzen dieser Wirte können ebenfalls infiziert werden. Dieses Phänomen des induzierten Hermaphroditismus erregte großes Interesse (weitere Literatur bei Fischer und Holton, 1957). Man nimmt an, daß die Geschlechtsausbildung von lokalen Auxin- oder Auxin-Inhibitor-Konzentrationen abhängt (Heslop-Harrison, 1957; Baker, 1947). Bisher gibt es aber noch keinen Beweis dafür, daß Hormon- oder Hormonoxidasekonzentrationen der Blütengewebe signifikant durch die Infektion beeinflußt werden (Garay und Sagi, 1960). Versuche zur Extraktion von Geschlechtshormonen aus Kulturfiltraten des Pilzes waren erfolglos (Erlenmeyer und Geiger-Huber, 1935).

Die Infektion des gemeinen Leimkrauts (*Silene vulgaris* subspecies *maritima*) führt zu Zwergwuchs. Ein Vergleich von Extrakten aus gesunden und erkrankten Pflanzen ergab, daß der Zwergwuchs auf eine niedrige Gibberellinkonzentration in den infizierten Pflanzen zurückzuführen ist. In Reinkulturen bildet der Pilz Indolessigsäurenitril (IAN). Diese Substanz findet man ebenfalls in erkrankten Pflanzen. Anscheinend ist die erkrankte Wirtspflanze nicht in der Lage, IAN zu Indolessigsäure umzuwandeln (Evans und Wilson, 1971).

Obwohl die Teleutosporen anstelle der Pollen in infizierten Pflanzen sitzen, ist nicht bewiesen, daß diese Krankheit mit der Infektion des Samens beginnt. Die Teleutosporen werden durch blütenbesuchende Insekten übertragen. Gelangen die Teleutosporen auf gesunde Pflanzen, so dehnt sich das Myzel unter der Blüte aus, dringt in andere Wirtsgewebe und kann dort systemisch werden. Später gebildete Blüten sind meist vom Brandpilz befallen. Die Infektion von jungen Keimpflanzen, unterirdischen Trieben und Achselknospen kann ebenso zu einer systemischen, perennierenden Infektion führen (Hassan und MacDonald, 1971; Evans und Wilson, 1971) (weitere Literatur bei Baker, 1947; Ainsworth und Sampson, 1950).

Verwandschaftsbeziehungen der Ustilaginales

Wie schon auf S. 458 gesagt, spricht wenig dafür, daß die Ustilaginales mit den Uredinales verwandt sind. Einige Wissenschaftler bezweifeln sogar, ob diese beiden Gruppen mit den Basidiomycotina verwandt sind. Das Fehlen der doliporen Septen und der Parenthosomen ist ein Merkmal, das diese Annahme unterstützt. Moore (1972) schlägt vor, daß diese beiden Gruppen einer den Basidiomycotina gleichgestellten Gruppe, den Ustomycota, zugeordnet werden sollten. Möglicherweise sind einige der im nächsten Abschnitt besprochenen hefeähnlichen Pilze mit den Ustilaginales verwandt.

Basidiomycetenähnliche Hefen

Es gibt einige hefeähnliche Organismen, die mit den Basidiomycotina verwandt sein können. Da für einige dieser Organismen noch keine sexuelle Fortpflanzung nachgewiesen wurde, scheint es zweckmäßiger zu sein, sie den Deuteromycotina (Fungi imperfekti) zuzuordnen. Es gibt jedoch mehrere Gründe dafür, daß solche Organismen mit den Basidiomycotina verwandt sind:

1. Bildung von Ballistosporen bei einigen Formen – d. h. Sporen, die aktiv von den Sterigmen fortgeschleudert werden. Kreger van Rij (1969) nennt diese Gruppe ballistosporogene Hefen.

2. Das Vorkommen von Schnallen bei einigen Arten.

3. Die Entwicklungszyklen erinnern an die anderer Basidiomycetes, da sie sogar dikaryotische Stadien aufweisen.

4. DNA-Verhältnisse. Die Nukleotidzusammensetzung als Verhältnis von Guanin und Cytosin (GC-Gehalt) scheint von taxonomischer Bedeutung zu sein. Nach Storck (1966) ist der GC-Gehalt für verschiedene Gruppen von Pilzen charakteristisch:

Ascomycotina   38–54%
Hemiascomycetes   39–45%
Zygomycotina   38–48%
Basidiomycotina   44–63%

Die zwei ballistosporogenen Hefen *Sporobolomyces roseus* und *S. salmonicolor* haben einen GC-Gehalt von 50% bzw. 63% (Storck, 1966). Bei späteren Untersuchungen (Storck et al. 1969) erhielt man Werte, die für die 6 Arten von *Sporobolomyces* von 51,5–65,0% schwankten.

5. Zellwandstruktur. Die Feinstruktur der Wände der Hefen mit Basidiomyceteneigenschaften ist lamellenartig und unterscheidet sich deshalb von den ascomycetenähnlichen Hefen. Es gibt auch Unterschiede zu Einzelheiten der Sproßzellenbildung (Kreger van Rij und Veenhuis, 1971).

Sporobolomycetaceae

Die ballistosporogenen Hefen werden einer einzelnen Familie, den Sporobolomycetaceae, zugeordnet. Phaff (1970) unterscheidet drei Gattungen, *Bullera*, *Sporidiobolus* und *Sporobolomyces*. Die Gruppe wird manchmal auch Spiegelhefe genannt, weil die Freisetzung der Ballistosporen von der Oberfläche der Kolonie ein Spiegelbild der Koloniestruktur hervorruft. *Sporobolomyces* und *Bullera* wachsen normalerweise hefeartig und werden hauptsächlich an ihrer Färbung unterschieden; *Sporobolomyces* bildet rosafarbene und *Bullera* weiße Kolonien. *Sporidiobolus* kann sowohl hefeähnlich als auch myzelartig wachsen. Die Hyphen können Schnallen aufweisen und Chlamydosporen tragen.

Sporobolomyces (Abb. 281–283)

Sporobolomyces roseus findet man häufig auf absterbenden Pflanzen. Dieser Pilz kann leicht isoliert werden, indem man seneszentes Pflanzenmaterial (z.B. ein Grasblatt) auf Nähragar überträgt. Untersuchungen mit dem Rasterelektronenmikroskop ergaben, daß der Pilz ein häufig vorkommender Vertreter der Blattoberflächenflora (phylloplane Flora) ist. Die hefeähnlichen Zellen können sich durch Schleimscheiden an der Blattoberfläche anheften. Das Wachstum dieser Hefen scheint keine Zerstörung der Kutikula des Blattes hervorzurufen (Bashi und Fokkema, 1976). Das Wachstum von *S. roseus* auf Weizenblättern wird durch hohe Luftfeuchtigkeit und exogene Nährstoffe, wie z.B. Pollenkörper, stimuliert (Bashi und Fokkema, 1977). Vermutlich kann *Sporobolomyces* auf Blattoberflächen mit Blattpathogenen konkurrieren, so daß eine biologische Bekämpfung dieser Pathogene möglich wäre. Die von der Oberfläche des Blattes abgeschleuderten Ballistosporen bilden auf Agar durch Knospung hefeartige Kolonien. Innerhalb von wenigen Tagen werden weitere Ballistosporen gebildet. Die Sporen der Sporobolomycetaceae findet man häufig in der Luft, besonders in warmen Sommernächten. Die Konzentration hyaliner Ballistosporen, die möglicherweise zu *Sporobolomyces* und *Tilletiopsis* gehören, kann Werte von $10^5 - 10^6/m^3$ erreichen (Last, 1955; Pady, 1974). Hohe Konzentrationen von Ballistosporen von *Sporobolomyces* können Allergien der Atmungsorgane hervorrufen (Evans, 1965). Viele Vertreter der Sporobolomycetaceae scheinen oft auf Verletzungen vorzukommen, die von anderen Pflanzenparasiten stammen. So wurde *Sporidiobolus johnsoni* von rostbefallenen Blättern der Himbeere isoliert. Viele Kolonien von *Sporobolomyces* finden sich an Blattverletzungen, die von Nematoden und Milben stammen (Last und Deighton, 1965).

Während der Knospung sind die Sporen von *Sporobolomyces roseus* einkernig, die erste Kernteilung erfolgt mit der Knospenbildung (Buller 1933). Bei der Sporenbildung entwickelt sich vertikal ein konisches Sterigma mit einer wurstförmigen Spore, in die ein Tochterkern hineinwandert (Abb. 281). Die Spore wird ungefähr 0,1 mm weit fortgeschleudert, anscheinend durch den gleichen Mechanismus, wie man ihn bei vielen Basidiomcetes findet (Müller, 1954). Elektronenmikroskopische Aufnahmen losgelöster Sporen zeigen einen zylindrischen Vorsprung mit einem zerrissenen Rand (Ingold, 1971). Ein einzelnes Sterigma kann eine zweite und sogar eine dritte Spore bilden. Gelegentlich können zwei Sterigmen aus einer Zelle

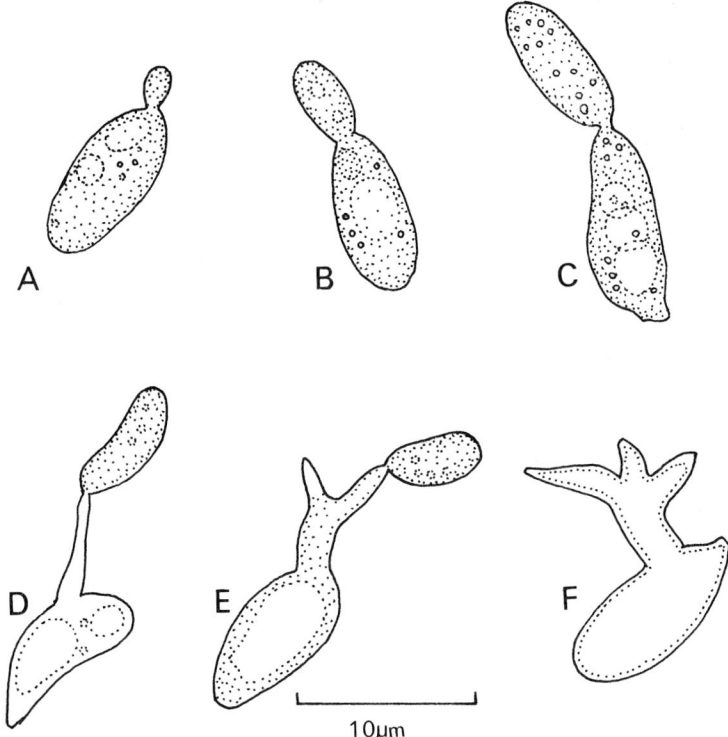

Abb. 281 A–F. *Sporobolomyces roseus.* **A–C** Verschiedene Stadien mit knospenden Zellen; **D** Zelle mit einem Sterigma und einer Ballistospore; **E** Zelle mit zwei Sterigmen; **F** Zelle mit drei Sterigmen

entstehen. Karyogamie und Meiose wurden bei *Sporobolomyces* beobachtet (Laffin und Cutter, 1959). Für *S. roseus* und *S. salmonicolor* wird zusätzlich zur hefeähnlichen Phase Myzelbildung beschrieben.

Ein weiterer Beweis dafür, daß *Sporobolomyces* ein Basidiomycet ist, basiert auf dem durch bipolare Incompatibilität bestimmten Kreuzungsverhalten bestimmter Stämme. Isolate von *S. odorus* bilden nach Konjugation compatibler Zellen ein

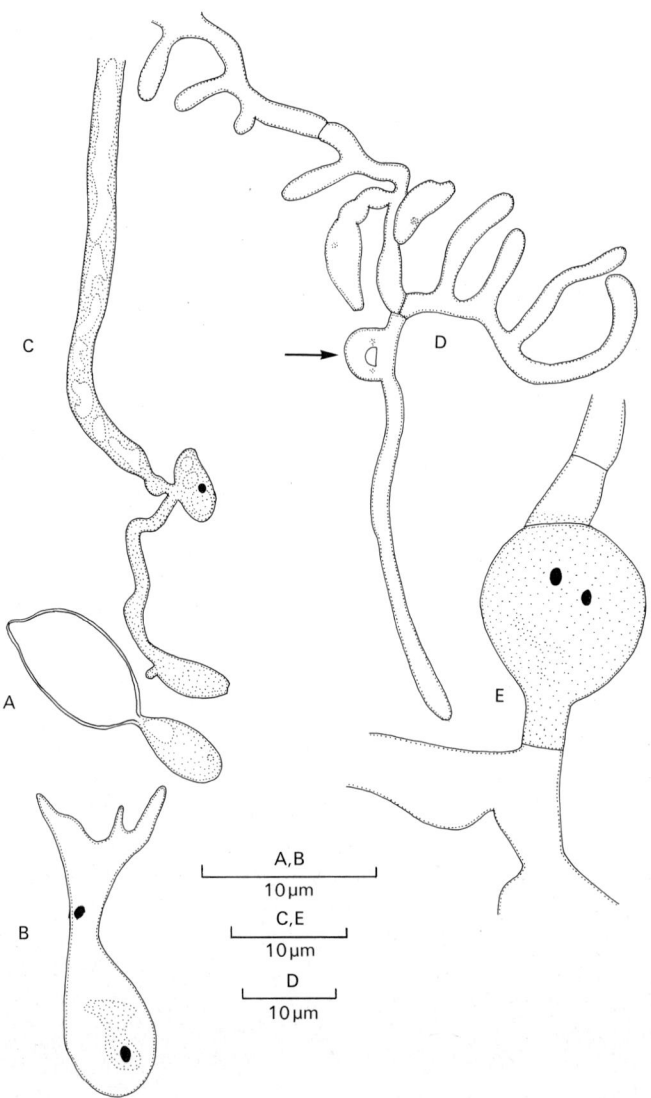

Abb. 282 A–E. *Sporobolomyces odorus.* **A** Sprossende Zelle; **B** Zelle mit Sterigmen; **C** Konjugation haploider Zellen zur Bildung dikaryotischer Hyphen; **D** Junge dikaryotische Hyphen; die beiden konjugierten Zellen sind nicht mehr zu erkennen. Der *Pfeil* zeigt auf die zuerst gebildete Schnalle; **E** Späteres Stadium der Chlamydosporenentwicklung; die gepaarten Kerne sind zu erkennen. (Nach Bandoni et al. 1971)

dikaryotisches Schnallenmyzel und kugelige, zweikernige Chlamydosporen (Abb. 282, Bandoni et al. 1971). Dieser Typ des Entwicklungszyklus ähnelt sehr dem von *Sporidiobolus*. Nach van der Walt und Pitout (1969) und van der Walt (1970b) können Zellen von *Sporobolomyces salmonicolor* haploid oder diploid sein. Die diploiden Zellen sind größer. Beide Zelltypen können sprossen und Ballistosporen bilden. In diploiden, aber nicht in haploiden Kulturen bilden sich dickwandige,

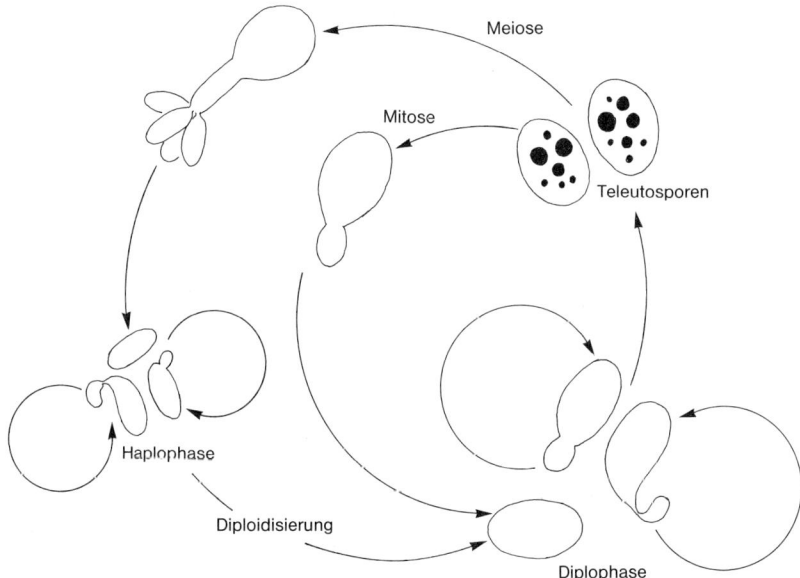

Abb. 283. Entwicklungszyklus von *Aessosporon salmonicolor* (nach van der Walt, 1970b)

lipidreiche Chlamydosporen. Wäscht man solche Zellen und überträgt sie auf Wasseragar, dann keimen sie und bilden gewöhnlich ein kurzes Promyzel, das sich durch Sprossung vermehrt. Aufgrund dieser Beobachtungen postuliert van der Walt (1970b) den in Abb. 283 dargestellten Entwicklungszyklus für *Sporobolomyces salmonicolor*. Da die Gattung *Sporobolomyces* eine ,imperfekte' Gattung ist, überführt er *S. salmonicolor* in die neue Gattung *Aessosporon*, die er bei den Tilletiaceae einordnet (Ustilaginales, siehe S. 459). Er nennt die in den diploiden Kulturen gebildeten Chlamydosporen Teleutosporen. Ob alle Vertreter der Sporobolomycetaceae mit den Ustilaginales verwandt sind, ist noch nicht geklärt. Anderen Wissenschaftlern zufolge gibt es Verwandtschaftsbeziehungen zu verschiedenen Gruppen der Basidiomycotina, z.B. Dacrymycetaceae (Bulat, 1953), Tremellaceae (Olive, 1952; Martin, 1952).

Nicht ballistosporogene Hefen

Es gibt noch andere nicht-ballistosporogene Hefen mit Basidiomycetenmerkmalen, die an Ustilaginales erinnern. Es handelt sich dabei um *Rhodosporidium*, eine

Gattung, die von terrestrischen und marinen Habitaten her bekannt ist und als perfektes Stadium von mehreren Arten von *Rhodotorula* angesehen wird (Banno, 1967; Fell et al. 1973; Fell, 1976), und um *Leucosporidium*, das perfekte Stadium von mehreren Arten von *Candida* (Fell et al. 1969). Ein weiterer hefeähnlicher Basidiomycet ist *Cryptococcus neoformans*, ein gefährlicher Krankheitserreger bei Mensch und Tier (Europäische Blastomycosis, Cryptomycosis). Der Pilz kann saprophytisch in Taubenfäkalien oder in der Umgebung von Vogelnestern leben. Das perfekte Stadium dieses Pilzes ist *Filobasidiella*, der Basidiosporen in Ketten bildet (Kwon-Chung, 1975, 1976). Dies ist ungewöhnlich. Diese Gattung wird den Ustilaginales zugeordnet, obwohl sie dolipore Septen besitzt.

Uredinales

Der allgemein gebräuchliche Name für die Uredinales, Rostpilze, bezieht sich auf die rötlich-braune Farbe einiger Sporen. Ökologisch gesehen sind die Rostpilze biotroph, d. h. sie parasitieren mit Haustorien auf Angiospermen, Gymnospermen und Pteridophyten. Lange Zeit galt es als unmöglich, diese in Reinkulturen oder in Gewebekulturen ihrer Wirte wachsen zu lassen (Literatur bei Scott und MacLean, 1969; Wolf, 1974; Coffey, 1975). Daher ist es als Fortschritt anzusehen, wenn es nun möglich ist, *Puccinia graminis* (Erreger des Getreiderosts) auf Czapek-Dox-Hefeextrakt-Agar zu halten (Williams et al. 1966). Seit 1973 ist es möglich, insgesamt neun Arten der Rostpilze, die zu vier verschiedenen Gattungen gehören, auf künstlichen Medien wachsen zu lassen. Wahrscheinlich ist es nur eine Frage der Zeit, bis man die Kulturbedingungen weiterer Objekte herausfindet.

Rostpilze findet man häufig auf Wild- und Kulturpflanzen, die dadurch schwer geschädigt werden. Ungefähr 4000 Arten, die 100 Gattungen zugeordnet werden, sind bekannt (Cummins, 1959; Gäumann, 1959; Wilson und Henderson, 1966; Laundon, 1973). Viele Arten haben einen komplizierten Entwicklungszyklus mit fünf verschiedenen Sporentypen, obwohl bei einigen Arten eine oder mehrere dieser Sporenstadien fehlen können (Petersen, 1974). Formen mit allen fünf Sporenstadien nennt man *makrozyklisch*. Der makrozyklische Zustand gilt als ein primitives Merkmal, aus dem sich die Formen mit verkürztem Entwicklungszyklus entwickelt haben.

Die verschiedenen Sporentypen im Entwicklungszyklus der Rostpilze haben unterschiedliche Namen. Man findet sie in Pusteln oder Sori, die ebenfalls verschiedene Namen haben. In Tabelle 7 und 8 sind die in der Literatur verwendeten synonymen Bezeichnungen zusammengestellt; die in diesem Buch verwendeten Begriffe erscheinen im Kursivdruck. Üblicherweise werden römische Ziffern als Abkürzungen für die verschiedenen Sporentypen verwendet.

Ein weiteres Unterscheidungsmerkmal vieler Rostpilze besteht darin, daß der Ablauf des Entwicklungszyklus mit Wirtswechsel von nicht miteinander verwandten Pflanzen verbunden ist. *Puccinia graminis* befällt z. B. Gräser und Getreide, aber auch *Berberis* spp. Rostpilze mit zwei verschiedenen Wirtspflanzen nennt man **heteroezisch.** Andere bleiben während des gesamten Entwicklungszyklus auf einem einzigen Wirt, z. B. *P. menthae,* der Minzrost; diese Pilze nennt man **autoezisch.**

Tabelle 7. *Allgemein anerkannte Terminologie der Rostpilze*

Sporen-stadium	0	I	II	III	IV
Sorus	*Pyknidium* Spermogonium	*Aecidium* Aecium Aecidiosorus	*Uredium* Uredosorus *Uredinium*	*Teleuto-sorus* Telium	*Basidie*[a] *Probasidie* *Promyzel*
Spore	*Pyknospore* Spermatium	*Aecidiospore* Aeciospore	*Uredospore* Uredospore Uredinio-spore	*Teleuto-spore* Telio-spore	*Basidio-spore* Sporidium

[a] Im strengen Sinne handelt es sich hierbei um eine Metabasidie (siehe S. 377).

Tabelle 8. *Definition der Sporenstadien der Rostpilze* (nach Hiratsuka, 1973, 1975)

TELEUTOSPOREN: auf Basidien[a] gebildete Sporen.
BASIDIOSPOREN: monokaryotische, auf Basidien gebildete Sporen, die normalerweise Meiosporen sind.
AECIDIOSPOREN: einmalig auftretende, vegetative Sporen, die normalerweise dikaryotisch auftreten. Sie keimen zu einem dikaryotischen Myzel und kommen deshalb normalerweise zusammen mit Spermogonien vor.
UREDOSPOREN: mehrmals auftretende, vegetative Sporen, die normalerweise von einem dikaryotischen Myzel gebildet werden.

[a] Im strengen Sinne handelt es sich hierbei um eine Metabasidie.

Eine ausführliche Klassifikation der Rostpilze in Familien und Gattungen wird auf den Seiten 489–490 gegeben.

Das klassische Beispiel eines makrozyklischen, heteroezischen Rostpilzes ist *Puccinia graminis*.

Puccinia (Abb. 284–288)

Puccinia graminis ist der Erreger des schwarzen Stammrosts auf Getreide und Gräsern. In Nordwesteuropa ist dieser Pilze kein gefährlicher Parasit, weil dort die Temperaturen im Sommer nicht sehr hoch sind. Der häufigste Getreidewirt ist der Weizen, gelegentlich auch Hafer, Gerste und Roggen. Als Graswirte kommen *Agropyron*, *Agrostis* und *Dactylis* vor. Ein charakteristisches Infektionssymptom auf Weizenblättern (Abb. 284 B) sind die ziegelroten Pusteln (Uredien) zwischen den Blattadern. Bei *P. graminis* sind die Uredien hauptsächlich auf die Internodien und Blattscheiden verteilt. Die Uredien enthalten gestielte, einzellige Sporen oder Uredosporen, die durch die Wirtsepidermis hindurchbrechen (Abb. 285 A, B). Die Uredosporen sind dikaryotisch und entstehen aus einem dikaryotischen, interzellulär wachsenden Myzel, das kugelige, intrazelluläre Haustorien bildet. Nach elektronenmikroskopischen Aufnahmen (Ehrlich und Ehrlich, 1963) sind die Haustorien weder vom Plasmalemma des Wirts umgeben noch liegen sie frei in seinem Cytoplasma. Sie sind von einer Kapsel umgeben, die möglicherweise aus Stoff-

Abb. 284 A, B. *Puccinia graminis.* **A** Weizenstroh mit Lagern von Teleutosporen (schwarze erhabene Pusteln); **B** Weizenblatt mit Uredien, die als rötlichbraune, puderige Masse erscheinen

wechselprodukten des Pilzes oder des Wirtes entstanden ist. Im Cytoplasma findet man kleine Vesikel, welche die Haustorien umgeben. Die Haustorien sind meist eng an den Wirtszellkern gepreßt, der dadurch zerstört werden kann (Manocha und Shaw, 1966). Uredosporen wurden radioaktiv markiert, indem man den Parasiten auf mit $^{14}CO_2$ behandelten Weizenblättern wachsen ließ. Diese Sporen wurden zur Infektion frischer Blätter benutzt. Die Radioaktivität sammelte sich im neuen Wirt in Organellen, wie z. B. den Chloroplasten, an. Dagegen fand man wenig Ansammlung der Markierungen um die Haustorien. Diese Beobachtung weist auf einen Stoffwechselaustausch zwischen Pilz und Wirt hin (Ehrlich und Ehrlich, 1970).

Im Gegensatz zu vielen Basidiomycetes weisen die Septen in dem interzellulären Myzel einfache Poren auf (Ehrlich et al. 1968). Die Uredosporen haben eine

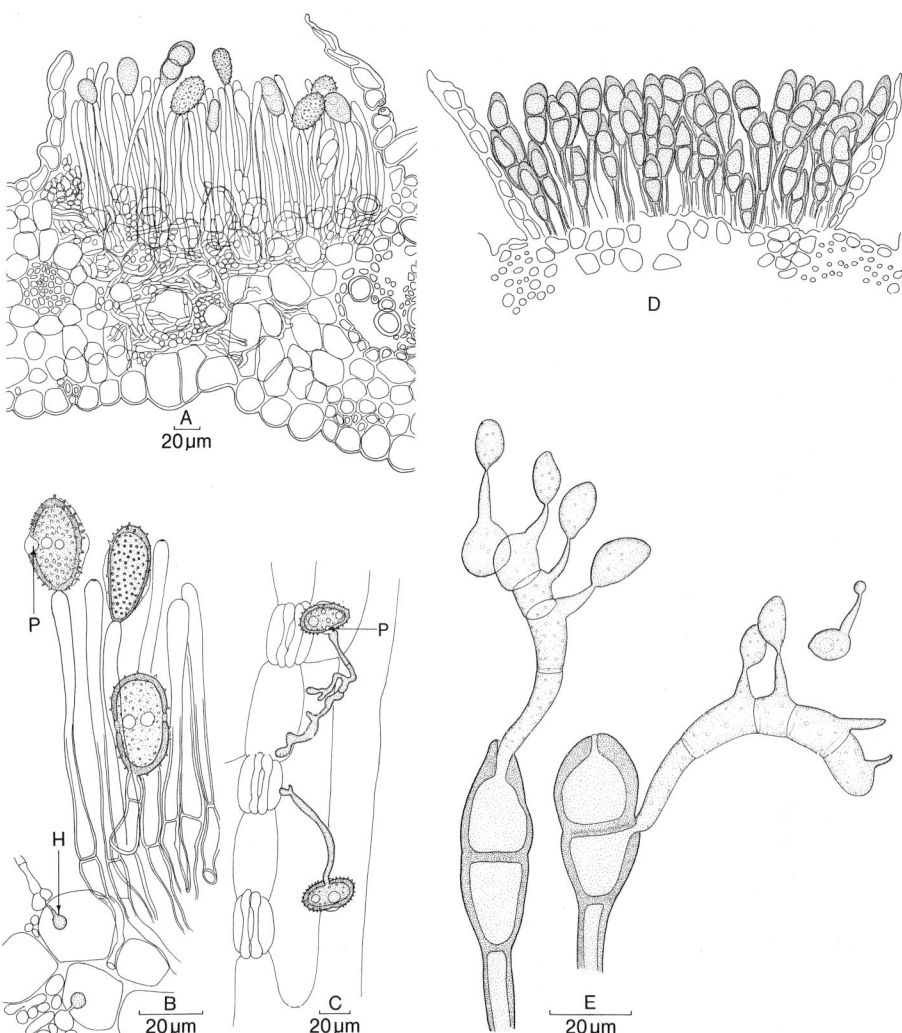

Abb. 285 A–E. *Puccinia graminis.* **A** Querschnitt durch ein Uredium eines Weizenblattes. Die gestielten einzelligen Uredosporen ragen aus der zerrissenen Wirtsepidermis hervor. Eine zweizellige Teleutospore (*T*) ist ebenfalls vorhanden; **B** Stark vergrößerte Einzelheiten von Uredosporen. Man erkennt die Keimporen (*P*) und die Haustorien (*H*) in den Wirtszellen; **C** Keimung von zwei Uredosporen auf einem Weizenblatt. Man erkennt das gerichtete Wachstum der Keimschläuche in Richtung der Stomata; **D** Querschnitt durch ein Teleutosporenlager der Blattscheide. Die gestielten Teleutosporen sind durch die zerstörte Epidermis herausgewachsen. Zeichnung im gleichen Maßstab wie **A**, **E** Keimung von Teleutosporen zu Metabasidien mit Sterigmen und Basidiosporen. An einer Basidiospore entsteht eine sekundäre Spore

stachelige Zellwand. In der Nähe der Sporenmitte befinden sich vier dünnere Regionen oder Keimporen in der Zellwand. Die Uredosporen werden vom Wind losgelöst und auf frische Weizenblätter übertragen, auf denen sie mit einem Keimschlauch aus einem der Keimporen durch ein Stoma in das Blatt eindringen (Abb. 285 C). Unter dem Stoma dehnt sich die Spitze des Keimschlauches zu einer Blase aus. Daraus bilden sich Verzweigungen, die zu einem interzellulären Myzel und zu Haustorien werden. Innerhalb von ungefähr 7–12 Tagen nach der Infektion hat sich eine neue Generation von Uredosporen gebildet. Die Infektion kann sich deshalb schnell ausbreiten. Ein einzelnes Uredium kann 50 000 bis 400 000 Sporen enthalten. Während des Weizenwachstums können vier bis fünf Generationen von Uredosporen gebildet werden. Gegen Ende der Vegetationsperiode entsteht eine zweite Sporenart. Diese Teleutosporen sind dickwandig und zweizellig (Abb. 285 A, D).

Gelegentlich entstehen Lager, die nur Teleutosporen enthalten. Sie erscheinen als schwarze, erhabene Streifen entlang der Blattscheiden und Stämme von infizierten Pflanzen (Abb. 284 A). Die beiden Zellen der Teleutosporen enthalten jeweils ein Kernpaar. In den späteren Entwicklungsstadien fusionieren diese beiden Kerne zu einem diploiden Kern. Die Teleutosporen überleben den Winter auf Stoppeln und im folgenden Frühjahr (April oder Mai) keimen sie aus. Jede Zelle bildet dann eine gebogene, vierzellige Metabasidie. Jede Zelle dieser Metabasidie trägt eine einzelne Basidiospore auf einem Sterigma (Abb. 285 E). Vor der Entwicklung der Basidie teilt sich der diploide Kern meiotisch in vier haploide Kerne, die jeweils in eine Basidiospore wandern.

Die Basidiosporen werden von der Basidie abgeschleudert. Sie sind aber nicht in der Lage, Weizen zu infizieren. Stattdessen infizieren sie junge Blätter von alternativen Wirten, z. B. die Berberitze (*Berberis vulgaris*). Die Infektion eines Blattes von *Berberis* durch eine einzelne Basidiospore führt zur Bildung eines haploiden Myzels, das als gelbliche, runde Pustel erscheint (Abb. 286 A). Auf der Oberseite des Blattes bilden sich mehrere gelbliche, flaschenförmige Strukturen, die die Epidermis durchdringen und Pyknidien genannt werden. Ihre Mündung ist von einem Büschel unverzweigter, spitzer orangefarbener Haare, den Periphysen, ausgekleidet. Zwischen den Periphysen befinden sich dünnwandigere, verzweigte Hyphen, die als Empfängnishyphen bezeichnet werden. Das Pyknidium wird von spitz zulaufenden Zellen ausgekleidet, die zu winzigen einkernigen Pyknosporen werden und durch die Mündung des Pyknidiums nach außen dringen. Sie werden durch einen klebrigen, süß schmeckenden Flüssigkeitstropfen der Periphysen zusammengehalten (Abb. 286 A; 287 A). Nach Hughes (1970) sind die Zellen, aus denen bei den Rostpilzen die Pyknosporen entstehen, Phialiden. Rijkenberg und Truter (1974) zeigten jedoch bei *Puccinia sorghi*, daß die Ablösung der sukzessiv gebildeten Pyknosporen zu einer sukzessiven Bildung von „Kragen" an den sporogenen Zellen führt. Sie betrachten deshalb diese Zelle als Annellophor (Annellide) (Erläuterung siehe S. 495). Innerhalb des Mesophylls des Berberitzenblattes entstehen aus dem haploiden Myzel mehrere kugelige Strukturen. Diese Protoaecidia bestehen meist aus langzelligem Pseudoparenchym; an der oberen Wand befindet sich jedoch eine halbmondförmige Anhäufung kleinerer, dichter Zellen.

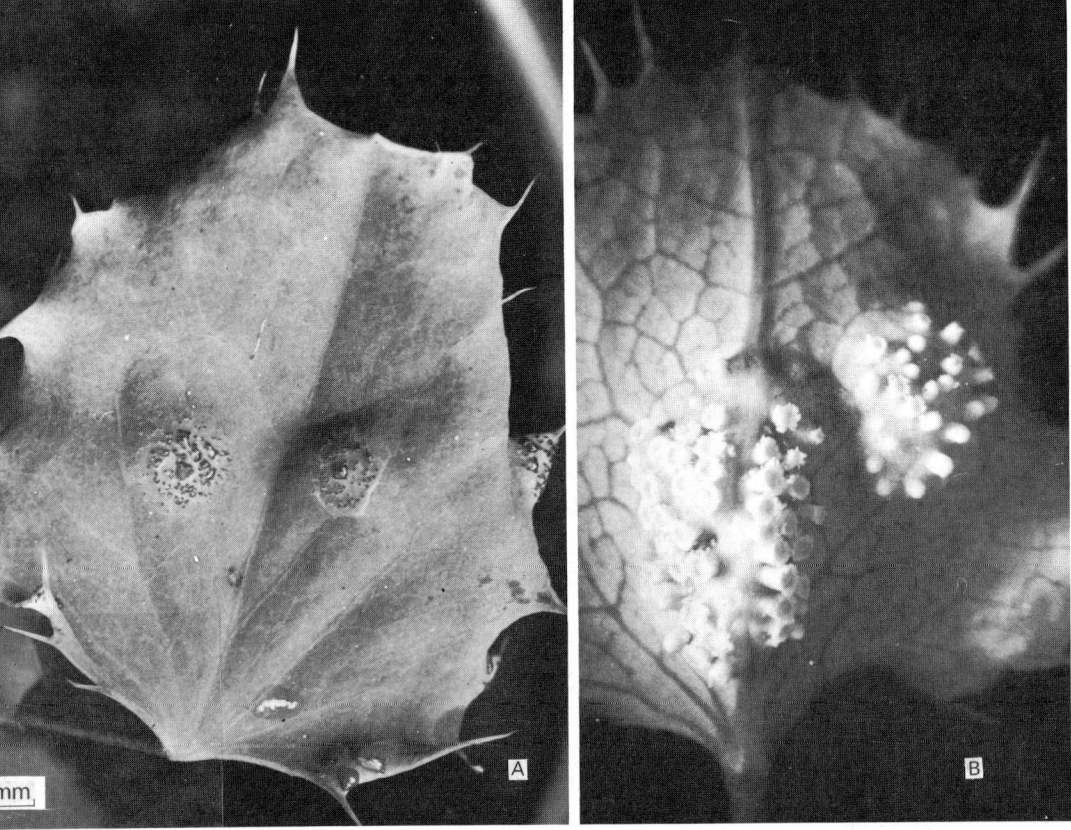

Abb. 286 A, B. *Puccinia graminis.* **A** Pyknidienpusteln auf der Oberseite eines Blattes von *Berberis vulgaris.* Man erkennt die Nektartropfen; **B** Aecidien auf der Unterseite eines Blattes von *Berberis.* Die äußere gekräuselte Schicht ist die weiße Peridie, in der sich eine Masse von orangefarbenen Aecidiosporen befindet

Die einzelnen haploiden Pusteln können sich nur weiterentwickeln, wenn eine Befruchtung erfolgt. Der die Pyknosporen enthaltende, süßschmeckende Nektar lockt Insekten an, die sich davon ernähren. Da die Insekten mehrere Pusteln besuchen, übertragen sie so die Pyknosporen. Die haploiden Pusteln können einen unterschiedlichen Kreuzungstyp haben (+ und −). Bringt man eine + Pyknospore in die Nähe einer − Empfängnishyphe, dann bildet sie einen Keimschlauch, der mit der Hyphe anastomosiert (Craigie, 1927a, b; Buller, 1950).

Dann erfolgt eine Kernwanderung von der Pyknospore in die Empfängnishyphe. Anschließende Kernteilungen führen zur Dikaryotisierung der ursprünglichen haploiden Pustel (Craigie und Green, 1962). Ungefähr 3 Tage nach Übertragung der Pyknosporen werden in dem sich verfärbenden Gewebe zweikernige Zellen sichtbar, welche das Dach des Protoaecidiums bilden (Abb. 287 B). Aus den zweikernigen Zellen entstehen nun Ketten von ebenfalls zweikernigen Zellen, die jedoch abwechselnd aus langen und kurzen Zellen bestehen. Die längeren Zellen

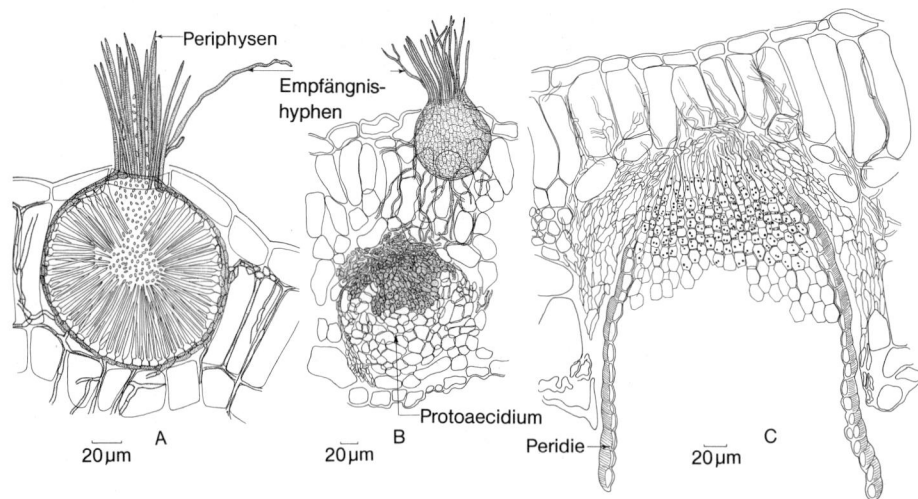

Abb. 287 A–C. *Puccinia graminis.* **A** Querschnitt durch ein Pyknidium auf einem Blatt von *Berberis vulgaris.* Das Pyknidium durchdringt die obere Epidermis. Die Wand des Pyknidiums ist von spitz zulaufenden Zellen ausgekleidet, die zu Pyknosporen werden; **B** Querschnitt durch ein Blatt von *Berberis* mit einem Pyknidium und einem dikaryotischen Protoaecidium. Dies kann man an den zweikernigen Zellen erkennen; **C** Querschnitt durch ein Blatt von *Berberis* mit einem Aecidium, das die untere Epidermis des Wirtsblattes durchbrochen hat. Die Zellreihen bestehen abwechselnd aus großen und kleinen Zellen. Die großen Zellen sind die Aecidiosporen

vergrößern sich und werden zu Aecidiosporen, während die kurzen Zellen bei der Bildung der Sporenketten zerdrückt werden und sich abflachen (Abb. 287 C). Während der Entwicklung der Sporenkette kollabieren die großen pseudoparenchymatischen Zellen des Protoaecidiums ebenfalls. Die Sporenketten sind von einer mit ihr homologen spezifischen Zellschicht (Peridie) umgeben, deren äußere Wände dick und faserig sind und welche die Abgrenzung vom Wirtsgewebe darstellen. Schließlich durchbrechen Peridie und Sporenketten die untere Epidermis. Die orangefarbenen Sporen sind von einer weißen, becherähnlichen Peridie umschlossen (Abb. 286 B). Diese Sori, Aecidien genannt, sind meist zu mehreren büschelartig in einer Pustel angeordnet. In einem Schnitt durch die Mitte einer Gruppe junger Aecidien kann man vielfach auch Pyknidien finden, die allerdings die obere Epidermis durchdrungen haben. Die Aecidiosporen werden aktiv durch Abrunden des abgeflachten Zwischenraumes zwischen den angrenzenden Sporen vom Ende der Sporenkette abgeschleudert (Dodge, 1924). Die dikaryotischen Aecidiosporen können die Berberitze nicht infizieren. Sie können jedoch auf Weizenblättern auskeimen und in sie eindringen. Es entstehen dann Infektionen, aus denen sich in kurzer Zeit Uredosporen bilden.

Der Entwicklungszyklus von *P. graminis* findet deshalb auf zwei Wirten statt. Auf *Berberis* wächst der Haplont. Eine Spermatisierung führt zu dikaryotischen Aecidiosporen. Diese Sporen können nur die Gramineae infizieren. Auf dem Gras- und Getreidewirt entstehen aus dem dikaryotischen Myzel zwei Sporentypen: Uredosporen, die man mit dikaryotischen Konidien vergleichen kann, und Teleutosporen, die nicht weiter verbreitet werden, sondern als Organe fungieren, in denen die Karyogamie und Meiose abläuft (Abb. 288).

Als unmittelbaren Effekt einer Getreideinfektion findet man eine Erhöhung der Transpiration und Respiration und eine Verminderung der Photosynthese. Dies führt zu einer deutlichen Verschlechterung der Qualität und Quantität des Samens (Eversmeyer und Browder, 1974; Buchenau, 1975).

Bekämpfung des Schwarzrostes

Für die Bekämpfung des Schwarzrostes gibt es mehrere Möglichkeiten:

1. Anwendung von Fungiziden. Bis zur Entdeckung von systemischen Fungiziden waren die früher verfügbaren Fungizide wenig effektiv und damit zu kostspielig, um wirtschaftlich zu sein (Rowell, 1968). Systemische Fungizide, wie z. B. Oxycarboxin, sind für eine wirksame Bekämpfung erfolgversprechend (Rowell, 1973, 1976). Um die Fungizide zur richtigen Zeit und möglichst effektiv anwenden zu können, ist es notwendig, die Bedingungen zu kennen, unter denen sich gefährliche Epidemien entwickeln können. Auf diesem Sektor sind beträchtliche Fortschritte erzielt worden, so daß es nun möglich ist, den Ausbruch einer Rostpilzepidemie vorherzusagen (van der Plank, 1963, 1975; Eversmeyer et al. 1973).

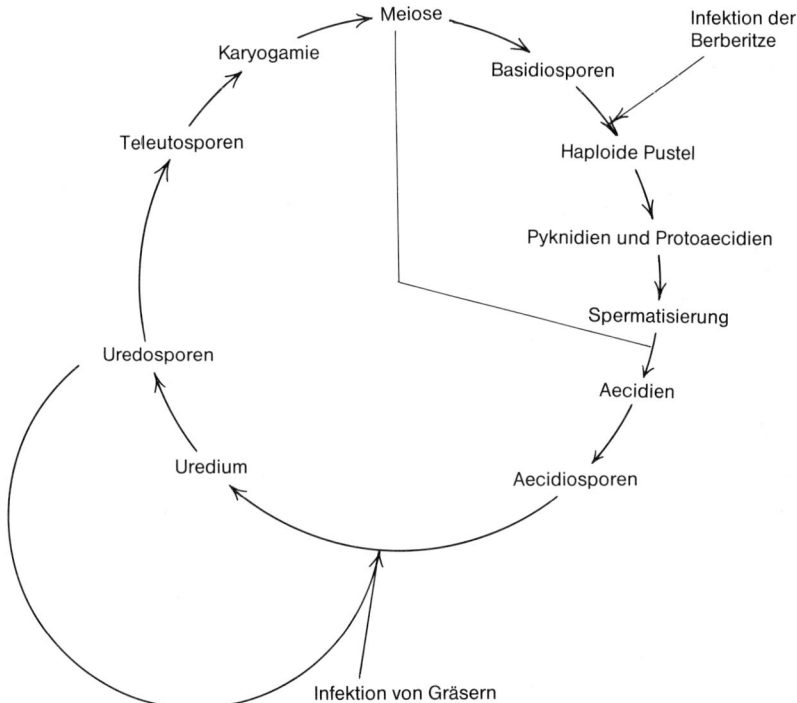

Abb. 288. *Puccinia graminis.* Schema des Entwicklungszyklus. Der Haplont wächst auf *Berberis* und der Dikaryont entsteht durch Bildung von Aecidien auf *Berberis* und infiziert das Gras. Der haploide Teil des Entwicklungszyklus ist in dem kleineren Sektor dargestellt, der dikaryotische umfaßt den größeren Sektor des Kreises

2. Ausrottung der alternativen Wirte. Bevor man den Zusammenhang zwischen *Berberis* und dem Weizenrost kannte (durch de Bary, 1861–65), bemerkte man das Auftreten der Krankheit vorzugsweise am Weizen, der dicht neben Berberitzen wuchs.

Deshalb wurden Gesetze zur Ausrottung der Berberitze erlassen (in Rouen im Jahre 1660, in Massachusetts im Jahre 1755; nach Large, 1958). Diese Methode ist jedoch nur in solchen Regionen wirkungsvoll, in denen die Uredosporen den Winter nicht überleben können. In Regionen mit mildem Winter können die Uredosporen überleben und im nächsten Frühjahr zu Infektionen führen.

Ein weiterer Faktor, der gegen die Ausrottung der Berberitze spricht, sind die großen Entfernungen, über die die Uredosporen transportiert werden. In den Vereinigten Staaten werden Wolken von Uredosporen vom Mississippidelta bis in die Nordstaaten und Kanada übertragen, sie überbrücken Entfernungen bis zu 3000 km (Craigie, 1945; Stakman und Christensen, 1946; Stakman und Harrar, 1957). Die Infektion des Weizens in Kanada erfolgt durch Sporen, die sich vorher im Süden der Vereinigten Staaten gebildet haben. Gegen Ende der Saison können sich die Luftströmungen umkehren, so daß der Weizen in Texas und Mexiko von den Uredosporen aus den nördlichen Regionen infiziert werden kann (Pady und Johnston, 1955). Ähnlich große Entfernungen können Uredosporen in Europa und Indien zurücklegen (Johnson et al. 1967). Man nimmt an, daß die Uredosporen des Kaffeeblattrostes *Hemileia vastatrix* durch den Wind von Afrika nach Brasilien übertragen worden sind (Bowden et al. 1971). Uredosporen können ihre Lebensfähigkeit unter geeigneten Temperatur- und Feuchtigkeitsbedingungen mehrere Monate lang erhalten.

3. Resistenzzüchtung. Die verschiedenen Gräser und Getreidesorten reagieren auf einen bestimmten Stamm von *Puccinia graminis* unterschiedlich. Aufgrund der Wirtsempfindlichkeit ist es möglich, *Puccinia graminis* in sechs wirtsspezifische Formen (oder formae speciales) einzuteilen (Eriksson und Henning, 1894):
1. *P. g.* forma specialis *tritici* auf Weizen.
2. *P. g.* f. sp. *avenae* auf Hafer und bestimmten Gräsern.
3. *P. g.* f. sp. *secalis* auf Roggen und bestimmten Gräsern.
4. *P. g.* f. sp. *poae* auf *Poa.*
5. *P. g.* f. sp. *airae* auf *Deschampsia* (*Aira*) *caespitosa.*
Es ist möglich, von diesen formae speciales Hybriden herzustellen, z. B. zwischen *P. graminis tritici* und *P. graminis secalis* (Green, 1971b). Die Hybridaecidiosporen sind nicht sehr virulent. Nach Green ähneln die Hybriden einer primitiveren Form von *Puccinia graminis* mit geringer Virulenz und weitem Wirtsspektrum. Daraus schließt er, daß die Evolution des Getreideschwarzrostes von geringer Virulenz und breitem Wirtsspektrum zu hoher Virulenz und engem Wirtsspektrum verläuft.

Die Dimensionen der Uredosporen und Teleutosporen von den verschiedenen Wirten unterscheiden sich zwar nur geringfügig, aber signifikant. Die Größe der Uredosporen von f. sp. *tritici* z. B. beträgt ungefähr 30×18 µm, während die von f. sp. *poae* ungefähr 21×14 µm beträgt (Batts, 1951). Innerhalb einer einzigen Varietät eines Rostpilzes fand man weitere Spezialisierungen. Impft man die Sporen eines Stammes von *P. graminis tritici* auf eine Reihe von Weizenvarietäten, dann sind die Reaktionen dieser Wirte verschieden. Einige scheinen resistent zu sein, andere sind sehr empfindlich, während wiederum andere in ihren Reaktionen dazwischen liegen können. Sporen von einem zweiten Stamm können ein ganz anderes Reaktionsmuster aufweisen. Benutzt man die Reaktionen der verschiedenen Weizenvarietäten zur Klassifikation, so kann man die Stämme von *P. graminis tritici* in über 300 physiologische Rassen einteilen. Das Vorkommen dieser vielen Rostpilzrassen erschwert die Arbeit der Pflanzenzüchter. Glücklicherweise sind jedoch nicht alle Rassen gleichzeitig in einem bestimmten Gebiet vorhanden, so daß die Züchtung

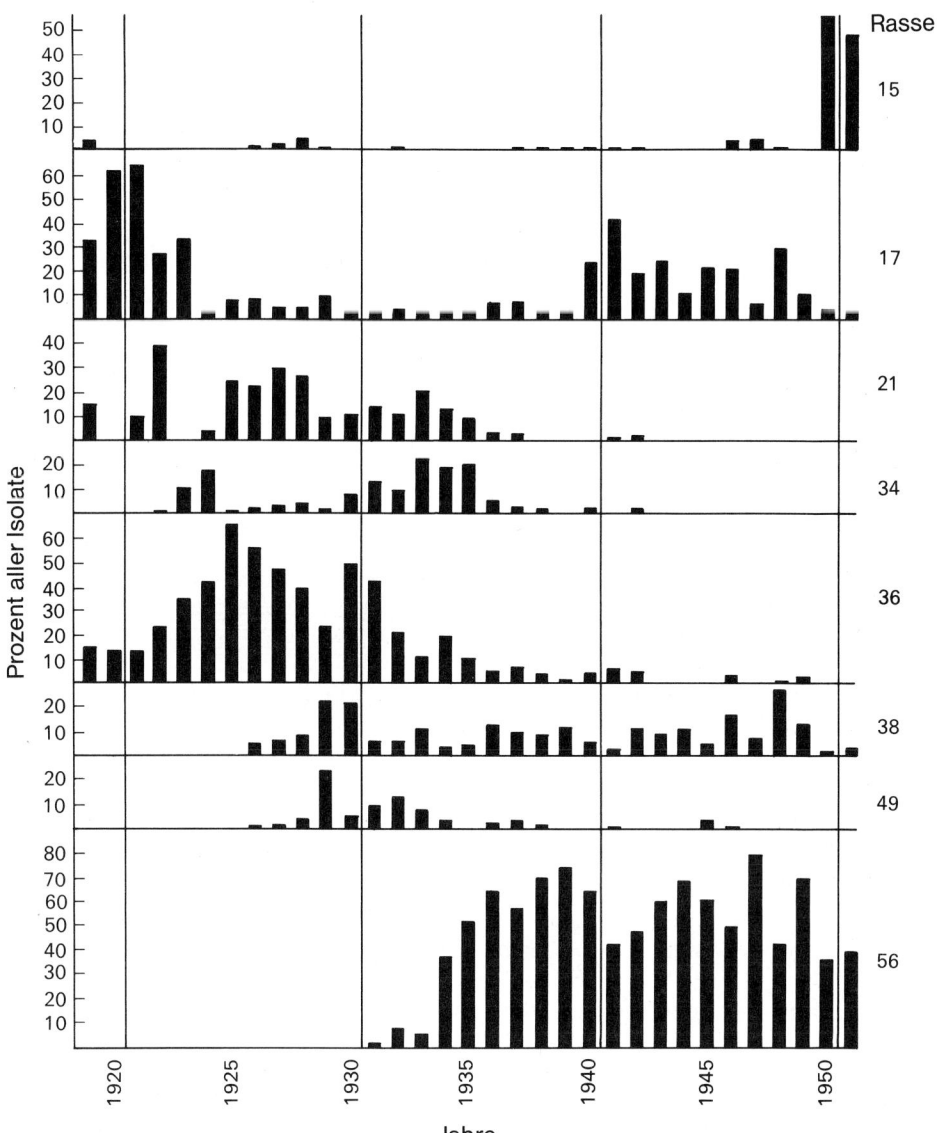

Abb. 289. Schematische Darstellung der Verteilung von 8 physiologischen Rassen von Weizenschwarzrost in Kanada während 1919–1951 (nach Johnson, 1953)

von resistenten Varietäten möglich ist (Johnson, 1953, 1961). Die Häufigkeit des
Vorkommens der verschiedenen Rostpilzrassen ist im Laufe der Jahre unterschiedlich, sie ist abhängig von den angebauten Weizenvarietäten (siehe Abb. 289). Eine
neue Rasse kann plötzlich gehäuft auftreten, wie man es an der Rasse 15 (in
Wirklichkeit eine Unterrasse oder Biotyp der Rasse 15 B) im Jahre 1950 in Kanada
erkennen konnte. Es ist verständlich, daß ständig neue resistente Varietäten
gezüchtet werden müssen.

Das ursprüngliche Schema der Wirtsunterschiede stammt von Stakman und
Levine (1922), die 12 verschiedene Wirte verwenden (‚Standardunterschiede‘), um
zwischen den physiologischen Rassen (‚Standardrassen‘) zu unterscheiden. Mit
Hilfe der Standardunterschiede ist es oft nicht möglich, wichtige Veränderungen in
der Virulenz der Rostpilzpopulation aufzudecken. Deshalb benutzt man zusätzliche
Unterscheidungsmerkmale, mit denen man weitere physiologische Rassen erkennen
kann. Dies führte zu Problemen bei der Numerierung der Rostpilzrassen und zur
Einführung von manchmal verwirrenden Codenummern (z. B. 15B-1LX) (Can.)
(Green, 1971 a). Ein rationellerer Weg zur Identifizierung der physiologischen
Rassen beruht darauf, die Resistenzgene der Wirtspflanze zu klassifizieren. Das
Gen-zu-Gen Konzept (siehe Flor, 1971) bedeutet, ‚daß jedes Gen, das eine
Reaktion im Wirt hervorruft, einem entsprechenden Gen im Parasiten entspricht,
das die Pathogenität hervorruft‘. Die Weizenvarietät Marquis besitzt eine Reihe
von ‚Einzelgenlinien‘, deren Resistenzgene identifiziert wurden. Die Resistenzgene
wurden mit den Symbolen Sr 1, Sr 2 ... usw. gekennzeichnet. Es wurden ungefähr
25 Sr Gene gegen den Schwarzrost im Weizen identifiziert (van der Plank, 1975;
Day, 1974).

Die Entstehung der vielen Rostpilzrassen kann zurückgeführt werden auf:

a) *Rekombination während der sexuellen Fortpflanzung.* Neue Rostpilzrassen
findet man häufig in der Nähe von Berberitzenbüschen. Nach der Infektion mit
einer einzigen Rasse kann man eine Reihe von Varianten unter der Nachkommenschaft der Aecidiosporen finden.

b) *Eine mechanische Mischung der Kerne der verschiedenen Rassen* kann
vorkommen, wenn die Uredosporen verschiedener Stämme dicht nebeneinander
auf einem Wirt auskeimen und eine Anastomose der Keimschläuche oder der
Hyphen erfolgt. An den auf diese Weise entstandenen Heterokaryen können
Uredosporen mit veränderter genetischer Konstitution entstehen, die zu neuen
Rassen mit einer veränderten Pathogenität führen (Literatur bei Ellingboe, 1961).

c) *Parasexuelle Rekombination.* Nach Mischinfektion einer Weizenvarietät mit
zwei verträglichen Rassen fand man in der Nachkommenschaft 15 verschiedene
Rassen. Dies ist mehr, als man aus einer einfachen Kernverteilung erwartet
(Bridgmon, 1959). Ähnliche Ergebnisse erhielten Watson und Luig (1958), die zur
Beschreibung dieses Phänomens den Begriff ‚somatische Hybridisierung‘ benutzen.
Sie zeigten auch, daß die somatische Hybridisierung zwischen den zwei formae
speciales *tritici* und *secalis* erfolgen kann (Watson und Luig, 1959). Eine Erklärungs-
möglichkeit ist die, daß eine parasexuelle Rekombination erfolgt ist. Die Möglichkeit einer Gensuppression in den Elternstämmen oder von cytoplasmatischen
Effekten kann jedoch nicht ausgeschlossen werden (Watson, 1957). Es ist ebenfalls
möglich, daß ganze Chromosomen zwischen den Kernen im dikaryotischen Myzel
während der synchronen Kernteilungen ausgetauscht werden (Hartley und

Williams, 1971). Bei *Puccinia graminis* beträgt der haploide Chromosomensatz n = 6. Angenommen, der Rostpilz ist für mindestens einen Locus auf jedem Chromosom heterozygot, dann besitzt ein Dikaryon mit einer großen Zahl von Kernen bis zu 32 verschiedenen Genotypen. Entsteht ein neues Dikaryon durch Mischung von Sporen aus verschiedenen physiologischen Rassen, dann kann jedes der 32 ,+' Kerne eines Stammes mit jedem der 32 ,–' Kerne eines anderen Stammes gemeinsam vorkommen, so daß 2048 mögliche neue Kombinationen auftreten können.

d) *Mutation.* Es wurde mehrfach beobachtet, daß die Nachkommenschaft von Rostpilzen infolge von Mutationen eine erhöhte Virulenz besaß (Stakman et al. 1930; Day, 1974).

Keimende Uredosporen rufen auf einem incompatiblen Wirt verschiedene Reaktionen hervor (Hooker, 1967). In einigen Fällen sterben die Wirtszellen sofort nach der Infektion ab, so daß nur kleine Flecken als äußerlich sichtbare Zeichen einer Infektion zu erkennen sind, die in diesem Falle abgestorbenes Gewebe darstellen. Da der Pilz nur auf lebenden Zellen wächst, wird die Ausbreitung der Infektion verhindert. Dieses Phänomen nennt man *Hypersensitivität*. Diese ist nicht auf die Rostpilze beschränkt, sondern kommt auch bei anderen biotrophen Parasiten vor. Obwohl nachgewiesen wurde, daß bei *P. graminis* und anderen Rostpilzen das Absterben der Wirtszelle durch die Bildung von diffundierbaren Toxinen erfolgt, kann dies auch andere Ursachen haben (Littlefield, 1973; M. C. Heath, 1976).

Wie schon gesagt, ist *P. graminis* in Nordeuropa kein gefährlicher Parasit. Der schädlichste Rostpilz für den Weizen in dieser Region ist *P. striiformis* (= *P. gluma-rum*), der häufig wegen der leuchtendgelben Uredien als gelber Rostpilz bezeichnet wird. In Amerika ist er als Streifenrost bekannt. Bisher wurde kein Aecidienwirt entdeckt. Die Krankheit kann schon sehr früh in der Reifezeit auftreten. Wahrscheinlich überwintert der Pilz als Myzel auf dem Wintergetreide, das schon während der letzten Vegetationsperiode infiziert wurde. *Puccinia recondita* f. sp. *tritici* (Braun- oder Blattrost) findet man auch häufig auf Weizen. Dieser Pilz ist jedoch in hiesigen Gegenden verhältnismäßig harmlos, während er in den USA eine besondere Bedeutung hat (Chester, 1946). Die Aecidien werden auf *Thalictrum* und *Isopyrum* in Zentraleuropa und Asien gefunden. Weitere heteroezische Rostpilze mit einem Entwicklungszyklus, der dem von *Puccinia graminis* ähnlich sieht, ist *P. caricina* mit Uredosporen und Teleutosporen auf *Carex* und Pyknidien und Aecidien auf *Urtica; P. poarum* mit Uredosporen und Teleutosporen auf *Poa* und Pyknidien und Aecidien auf *Tussilago*. Diese Arten sind deshalb ungewöhnlich, weil sie zwei Aecidiengenerationen in einem Jahr bilden (Wilson und Henderson, 1966). *Puccinia menthae* besitzt alle fünf Sporenstadien. Dieser Pilz ist aber autoezisch (d. h. er hat keinen alternativen Wirt) und im Aecidienstadium systemisch, während die Uredosporen und Teleutosporen mit getrennten Myzelien vorkommen.

Die Vorsilbe ,Eu' wird manchmal den Gattungsnamen makrozyklischer Rostpilze vorangestellt. *P. graminis* ist z. B. ein *Eu-Puccinia*. Von diesem Typ des Entwicklungszyklus kennt man viele Varianten. Einer der bekanntesten ist der Distelrost *P. punctiformis* (syn. *P. suaveolens, P. obtegens*). Dies ist ein systemischer, autoezischer Rostpilz, der *Cirsium arvense* befällt. Im Frühling kann man die infizierten Pflanzen eindeutig an ihrem gelblichen Aussehen, den zusammengedrückten Blättern und an dem streng süßen Geruch erkennen, der von den zahlreichen Pyknidien stammt. Die Infektionen bilden sich aus einem in die Wurzeln eindringenden Myzel. Obwohl das überwinternde Myzel dikaryotisch ist, ist das sich aus den Pyknidien entwickelnde Myzel haploid. Die Trennung der zwei Kerne des Dikaryons erfolgt wahrscheinlich während der Infektion neuer Sprosse. Eine Übertragung von Pyknosporen auf compatible Empfängnishyphen führt zur Dikaryotisierung. Die sich entwickelnden Strukturen sehen jedoch nicht normalen Aecidien ähnlich, sondern Uredosporen. Sie bilden auf Blättern eine schokoladenbraune Masse. Diese Sori werden als Aecidien betrachtet; man nennt sie uredienartige Aecidien. Manchmal wird der Begriff ,primäres Uredium' benutzt, der jedoch vermieden werden sollte (Wilson und Henderson, 1966). Die Sporen aus den Aecidien können gesunde Disteln infizieren und normale Uredien bilden. Später bilden sich Teleutosporen (Buller, 1950; Menzies, 1953). Rostpilze mit uredienartigen Aecidien sind brachyzyklisch (d. h. sie haben einen verkürzten Entwicklungszyklus wie z. B. *P. punctiformis*). Infizierte Sprosse von Disteln haben einen höheren endogenen Gibberellingehalt als gesunde Pflanzen (Bailiss und Wilson, 1967).

Eine weitere Modifikation des Entwicklungszyklus ist das Fehlen von Uredosporen. Diese Art des Entwicklungszyklus findet man bei den heteroezischen Formen von *Gymnosporangium* und unter den autoezischen Formen von *Xenodocus carbonarius*. Rostpilze mit diesem Entwicklungszyklus nennt man *demizyklisch*.

Einige mikrozyklische Rostpilze haben nur Teleutosporen, mit oder ohne Pyknidien. Ein häufig vorkommender Vertreter ist *Puccinia malvacearum* (Herbstrosenrostpilz), der Malvaceae befällt (insbesondere *Althaea* und *Malva*). Von diesen Rostpilzen sind nur Teleutosporen und Basidiosporen bekannt. Die Teleutosporen keimen sofort. Eine einzelne Basidiospore kann eine Infektion hervorrufen, auf der Teleutosporen entstehen, d. h. diese Arten sind monözisch und selbstfertil. Aus den Basidiosporen entsteht ein haploides Myzel mit einkernigen Segmenten. Der dikaryotische Zustand entsteht kurz vor der Entwicklung der Teleutosporen entweder durch Zellfusion oder durch Zellteilung, bei der keine Septen gebildet werden (Ashworth, 1931; Buller, 1950). Buller (1950) schlägt vor, daß alle Rostpilze ohne Pyknidien dahingehend überprüft werden sollten, ob sie selbstfertil seien.

Es gibt noch andere Variationen bei den Entwicklungszyklen der Rostpilze. Die heteroezischen, makrozyklischen Formen werden als primitiv angesehen. Die autoezischen sind dagegen in der Evolution später entstanden. Man ist ebenfalls der Meinung, daß Formen mit kürzeren Entwicklungszyklen während der Evolution aus makrozyklischen Vorfahren entstanden sind. Ausführliche Diskussionen dieser Annahmen findet man bei Buller (1950) und Jackson (1931), aber auch bei Petersen (1974) und Saville (1976).

Andere häufig vorkommende Rostpilzgattungen

Gäumann (1959) unterteilt die europäischen Rostpilze in sechs Familien, wovon hier drei besprochen werden.

Pucciniaceae

Die Teleutosporen dieser Familie sind gestielt. Bei *Puccinia* sind die Teleutosporen zweizellig, während sie bei *Uromyces* einzellig sind (Abb. 290 A). Die Trennung dieser zwei Gattungen ist wahrscheinlich jedoch nicht gerechtfertigt. Es gibt nämlich Beweise für ihre Verwandtschaft. Häufig vorkommende Arten von *Uromyces* sind *U. ficariae,* eine mikrozyklische Art mit braunen Teleutosporen auf *Ranunculus ficaria, U. muscari* auf *Endymion non-scriptus* und *U. dactylidis* mit Teleutosporen und Uredosporen auf *Dactylis, Festuca* und *Poa* und Aecidien auf *Ranunculus* spp. *Triphragmium* besitzt dreizellige, gestielte Teleutosporen (Abb. 290 B). Die häufigste Art ist *T. ulmariae,* eine Brachyform mit großen, hellorangefarbenen uredienartigen Aecidien auf *Filipendula ulmaria.* Bei *Phragmidium* hat die Teleutospore mehrere Zellen (Abb. 290 C). *Phragmidium violaceum* ist leicht an den violetten Blattflecken auf den Blättern von *Rubus fruticosus* agg. zu erkennen. Alle Arten von *Phragmidium* sind autoezisch und kommen nur auf Rosaceae vor.

Xenodocus besitzt Teleutosporen, die aus langen Ketten von bis zu 20 schwarzen Zellen bestehen (Abb. 290 D). Es gibt keine Uredosporen. *X. carbonarius* bildet

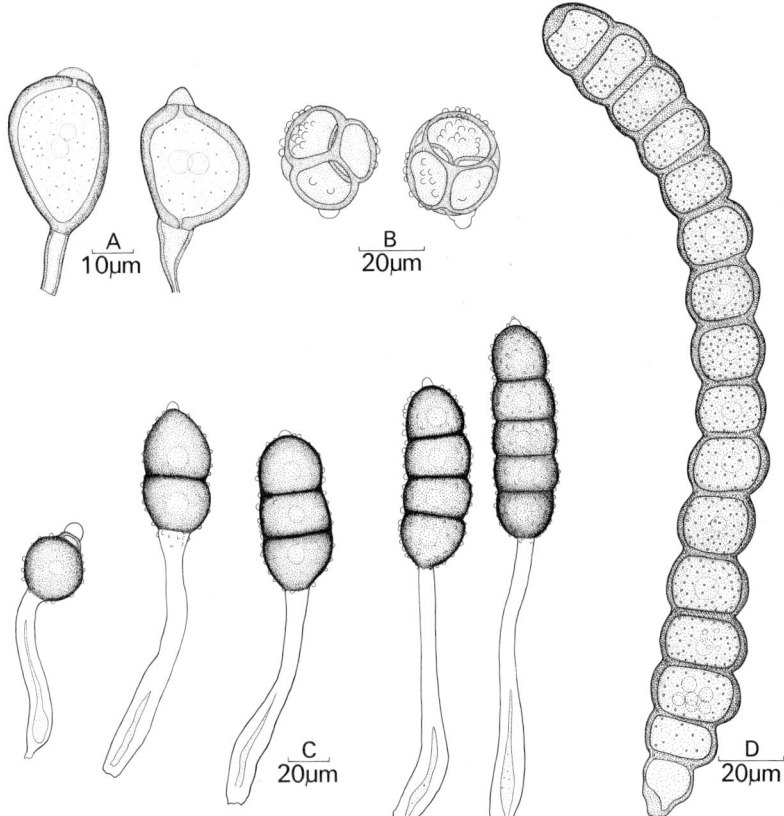

Abb. 290 A–D. Teleutosporen von verschiedenen Rostpilzen. **A** *Uromyces ficariae;* **B** *Triphragmium ulmariae;* **C** *Phragmidium violaceum;* **D** *Xenodocus carbonarius*

hellorange gefärbte Aecidien auf *Sanguisorba officinalis. Gymnosporangium* bildet Teleutosporen auf *Juniperus.* Das Myzel ist auf diesem Wirt perennierend und tritt gemeinsam mit einem Anschwellen der Verzweigungen auf. Im Frühling bilden die angeschwollenen Sprosse *Clavaria*-ähnliche Auswüchse, die zahlreiche dünnwandige, zweizellige Teleutosporen enthalten. Bei *G. clavariiforme* infizieren die Basidiosporen *Crataegus,* der dann zylindrische Aecidien ausbildet.

Coleosporiaceae

In diesem Falle sind die Teleutosporen sessil und bilden meist eine lateral angeordnete, zusammenhängende Schicht von Zellen. Die Sporen haben dünne Seitenwände. Vor der Keimung teilt sich die Spore in vier reihenförmig angeordnete Zellen. Jede Zelle bildet ein langes Sterigma mit einer einzelnen Basidiospore. *Coleosporium tussilaginis* wächst auf den verschiedensten Wirten und bildet Teleutosporen auf *Tussilago, Senecio* und *Melampyrum* und Aecidien auf Piniennadeln.

Melampsoraceae

Hier sind die einzelligen Teleutosporen ebenfalls sessil und bilden meist eine subepidermale Kruste. Sie keimen durch eine externe gewöhnliche Basidie. Den Aecidien fehlen die Peridien, so daß sie nicht becherförmig aussehen. Solche Aecidien nennt man Caeomata (Sing. Caeoma). Viele Vertreter dieser Familie wachsen auf Farnen und Koniferen. *Melampsora lini* ist ein autoezischer Rostpilz, der häufig auf *Linum catharticum* vorkommt. Eine Varietät *liniperda* parasitiert auf dem Flachs (*Linum usitatissimum*). Einige andere Arten von *Melampsora* parasitieren auf *Salix,* während *M. populnea* Uredosporen und Teleutosporen auf *Populus* bildet und Pyknidien und Aecidien auf *Mercurialis perennis. Melampsoridium betulinum* findet man häufig auf Blättern von *Betula,* wo er Uredosporen und Teleutosporen bildet. *Larix* ist ein alternativer Wirt.

Deuteromycotina (Fungi imperfecti)

Von sehr vielen Pilzen ist eine sexuelle Fortpflanzung nicht bekannt. Ihre Vermehrung erfolgt entweder durch asexuell gebildete Sporen oder nur durch Myzelien, die nicht in der Lage sind, irgendwelche Fortpflanzungszellen auszubilden. Obwohl das Fehlen von sexueller Fortpflanzung meiotische Rekombination ausschließt, kann eine Neukombination des genetischen Materials im Verlaufe eines parasexuellen Zyklus stattfinden (siehe S. 236). Aus diesem Grunde können sich sehr viele gefährliche Pflanzenpathogene, wie z. B. *Fusarium* und *Verticillium,* auf neu gezüchtete, resistente Wirtspflanzen einstellen. Die sexuelle Fortpflanzung fehlt vielen ubiquitären Schimmelpilzen (z. B. *Penicillium* oder *Aspergillus*).

Die Klassifikation und Nomenklatur der Deuteromycotina ist in mehrfacher Hinsicht schwierig:

1. Einige Fungi imperfekti können mehrere verschiedene Typen von Konidienstadien bilden. Dies wirft die Frage auf, nach welchem Stadium der Pilz benannt werden soll. Die Verwendung mehrerer Namen für jedes erkennbare Stadium eines Pilzes ist für viele Mykologen unbefriedigend.

2. Nichtverwandte Pilze können morphologisch sehr ähnliche Konidienstadien bilden. Ein Beispiel dafür ist die schon besprochene Ähnlichkeit zwischen den Konidien von *Sclerotinia fructigena* (Helotiales) und *Neurospora crassa* (Sphaeriales). Beide Arten haben hyaline Konidien, die als verzweigte Ketten gebildet werden und durch apikale Sprossung entstehen. Betrachtet man nur die Konidien dieser beiden Pilze, dann ist aufgrund deren morphologischer Ähnlichkeit eine gemeinsame Klassifizierung durchaus gerechtfertigt. Tatsächlich werden die Konidienstadien der gleichen Gattung zugeschrieben (*Monilia*). Dieser Name hat nicht die gleiche Statusbedeutung wie einige andere Gattungsnamen, weil er nicht verwandte Taxa umfaßt. Der Begriff ‚Formgattung‘ wird für derartige Gruppen benutzt. In diesem Zusammenhang ist es wichtig, daß die Formgattungen der Fungi imperfekti aus nicht verwandten Arten bestehen können.

3. Obwohl man versuchte, eine ‚natürliche‘ Klassifizierung der Fungi imperfekti vorzunehmen, sind die Grundlagen eines solchen Systems bruchstückhaft und unvollständig. Eine Diskussion zu dieser Problematik findet man bei Kendrick (1979) und Booth (1978).

Typen der Konidienentwicklung

Die Konidien sind morphologisch sehr unterschiedlich. Die Formvariationen sind Anpassungen an die Verbreitung. Ein wichtiges, wahrscheinlich mit der Verbreitung zusammenhängendes Unterscheidungsmerkmal ist die trockene oder klebrige Beschaffenheit der Konidien. Trockene Konidien werden im allgemeinen vom Wind verbreitet, während Konidien mit Schleimhüllen zusammenhaften und Aggregate oder manchmal auch rankenähnliche Bänder bilden. Diese Sporen können dann von Insekten oder Regentropfen verbreitet werden (Ingold, 1971; Gregory, 1973). Die von Insekten verbreiteten Konidien sind meist von einer Zuckerausscheidung mit anlockendem Geruch umgeben. Trotz der großen Vielfalt der Konidienformen ist es möglich, ihre Entwicklung auf eine verhältnismäßig kleine Zahl von Grundtypen zurückzuführen. Die Untersuchungen von Hughes (1953) dienten als Grundlage für viele Arbeiten über Konidienentwicklung, die mit Zeitrafferaufnahmen, dem Rasterelektronen- und dem Elektronenmikroskop durchgeführt wurden (Kendrick, 1971a; Cole und Samson, 1979).

Die Haupttypen der Konidienentwicklung sind auf Seite 78 dargestellt. Ellis (1971b) unterscheidet in seinem Buch „Dematiaceous Hyphomycetes" folgende Typen der Entwicklung:

a) *thallisch:* „Der Begriff ‚thallisch‘ wird dann zur Beschreibung der Konidienentwicklung benutzt, wenn keine Vergrößerung der erkennbaren Konidieninitiale zu beobachten ist, oder, falls dies doch vorkommt, dies nach der Abgrenzung der Initiale durch ein Septum oder Septen geschieht". *Endomyces geotrichum* (Koni-

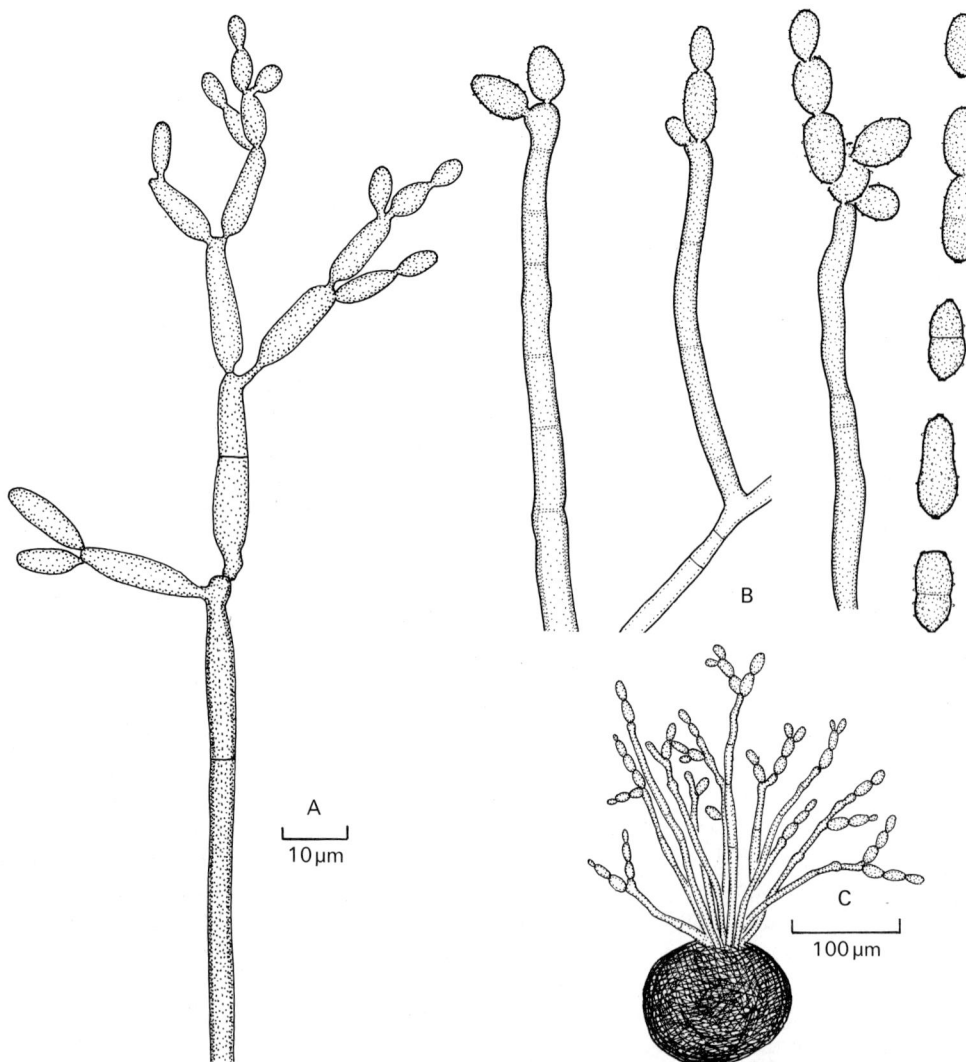

Abb. 291 A–C. A *Cladosporium herbarum:* Konidiophore mit verzweigter Konidienkette; **B** *Cladosporium macrocarpum:* Konidiophoren und Konidien; **C** *Cladosporium macrocarpum:* Konidiophoren, die aus einem Sklerotium entstehen

dienstadium *Geotrichum candidum*) besitzt Konidien dieses Typs (siehe S. 254 Abb. 133 und Cole, 1975).

b) *blastisch:* „Eine deutliche Vergrößerung der erkennbaren Konidieninitiale findet vor der Abgrenzung durch ein Septum statt". Man unterscheidet zwei Typen der blastischen Entwicklung:

I. *holoblastisch:* „Sowohl die äußeren als auch die inneren Wände einer blastischen konidiogenen Zelle wirken an der Bildung von Konidien mit". Die Konidien des *Stemphylium*-Typs von *Pleospora herbarum* (Abb. 215 D) entwickeln sich holo-

Abb. 292. *Aureobasidium pullulans.* Blastokonidien, die sich aus einem undifferenzierten Myzel entwickeln. Die Entwicklung ist polyblastisch, da sich mehrere Konidien an einer einzelnen Stelle bilden

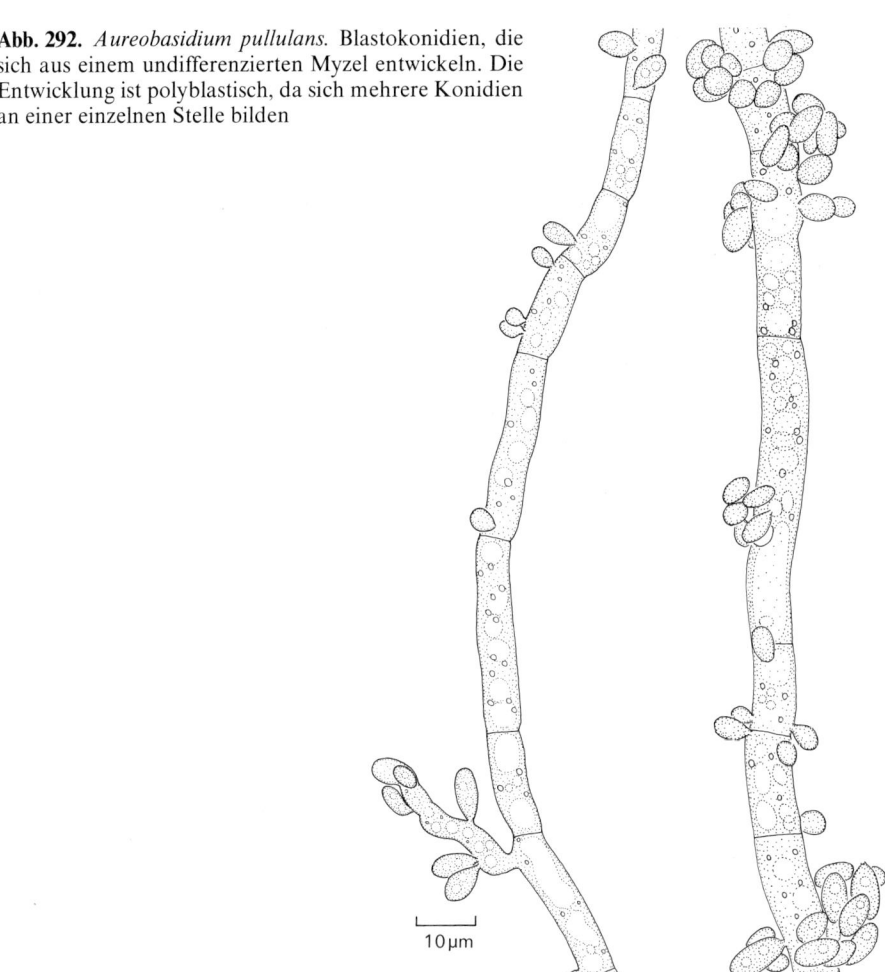

10 µm

blastisch (Carroll und Carroll, 1971). Ein weiteres gutes Beispiel ist *Cladosporium* mit einer apikalen Knospung der Konidienkette. Wie in Abb. 291 dargestellt, kann die Konidie an der Spitze zwei Knospen bilden, so daß die Konidienkette oberhalb dieses Punktes verzweigt ist. Stülpt sich eine holoblastische, konidiogene Zelle an einer einzelnen Stelle aus, dann ist sie *monoblastisch*, stülpt sie sich an mehreren Stellen aus, ist sie *polyblastisch*. *Aureobasidium pullulans* (Abb. 292) bildet polyblastische Konidien. Dickwandige, blastisch gebildete Konidien, die quer von der Konidiophore abgetrennt werden, nennt man manchmal *Aleuriokonidien*.

II. *enteroblastisch:* „Nur die innere Wand der konidiogenen Zellen oder keine Wand trägt zur Bildung der Konidien bei". Wenn sich die Konidie durch Hervortreten der inneren Wand durch einen Kanal in die äußere Wand bildet, dann ist die Entwicklung *tretisch*. Ein Beispiel dafür ist *Helminthosporium velutinum*, ein häufig vorkommender Pilz auf totem Holz und Rinde (Abb. 293). Ein weit häufigerer Typ

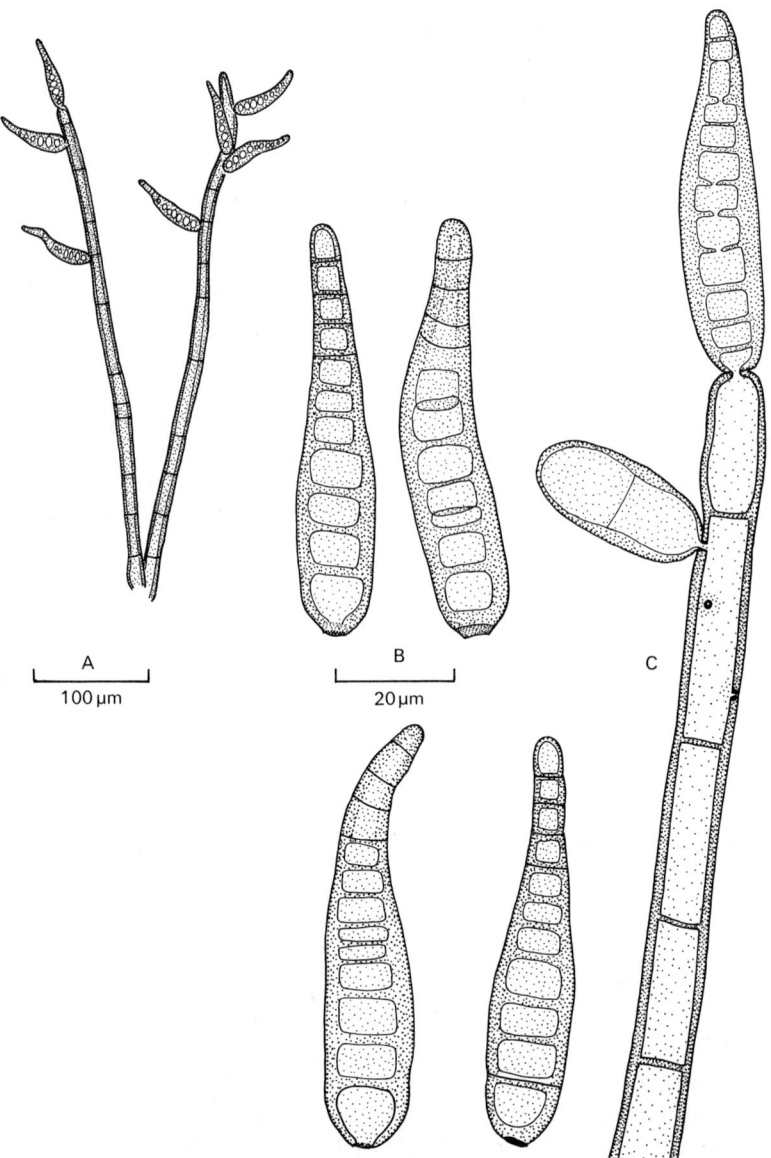

Abb. 293 A–C. *Helminthosporium velutinum.* **A** Konidiophoren und Konidien; **B** Losgelöste Konidien; **C** Einzelheiten der Konidienentwicklung. Man erkennt in der Wand die schmalen Kanäle, durch die das Cytoplasma in die sich entwickelnden Konidien wandert. Dieser Typ der Entwicklung ist tretisch. **B** und **C** im gleichen Maßstab

der enteroblastischen Entwicklung ist die *phialidische* Entwicklung. Sie wurde schon bei *Aspergillus* und *Penicillium* beschrieben (Abb. 153, 154) und ist bei den Vertretern der Eurotiaceae und Hypocreaceae weit verbreitet. Ein wesentliches Merkmal der phialidischen Entwicklung ist die sukzessive, basipetale Bildung der Konidien aus einer spezialisierten, konidiogenen Zelle, die Phialide genannt wird. Die Wand dieser Phialide stößt nicht an die Wand, die die Phialokonidie umgibt. Eine ausführlichere Besprechung der phialidischen Entwicklung steht auf Seite 284 und bei Subramanian (1971).

Die meisten Konidiophoren zeigen nur Spitzenwachstum. Sehr oft hört das Wachstum bei der Bildung der ersten Sporen auf. In anderen Fällen wächst die Konidiophore nach der Bildung und Trennung der primären Konidie durch die Anheftungsstelle weiter (fortlaufendes Wachstum). Ein schmaler Kragen (= Annellation) bleibt bestehen. Dies deutet auf das Wachstum einer neuen Wand der konidiogenen Zellen hin, bevor sich eine sekundäre Konidie bildet. Es gibt holoblastische, konidiogene Zellen mit eng benachbarten Annellationen. Diese werden **Annelliden** genannt. Oberflächlich ähneln sie den Phialiden. Nur mit größter Sorgfalt und mit Hilfe des Lichtmikroskopes kann man die einzelnen Kragen unterscheiden. Sie

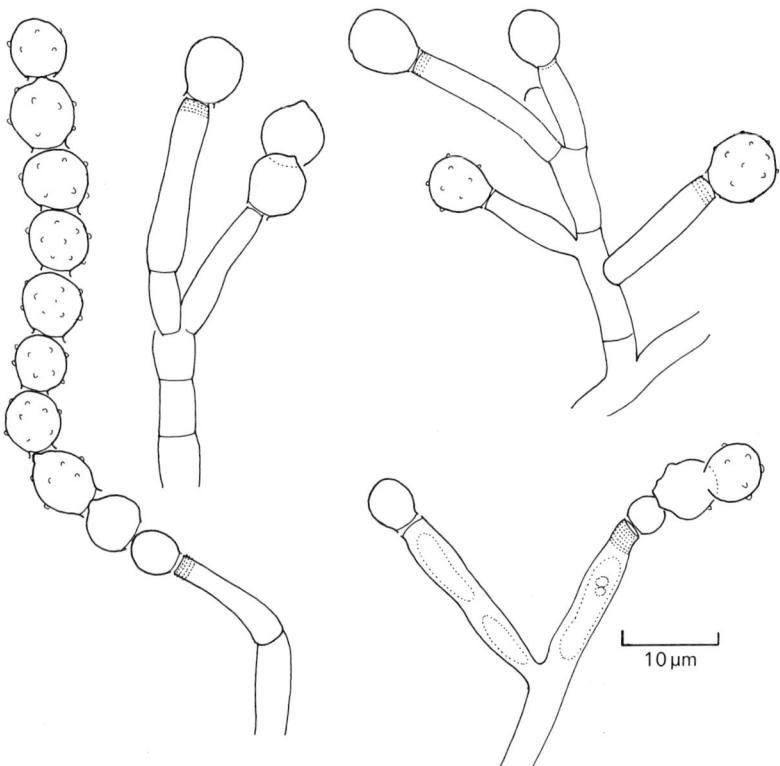

10 µm

Abb. 294. *Scopulariopsis brevicaulis.* Konidiophoren, die in konidiogenen Zellen enden (Annelliden). Aus diesen bilden sich Ketten von Konidien. Die gepunkteten Bereiche an den Spitzen der Annelliden zeigen die Wachstumsregion an. Dieses Wachstum erfolgt gleichzeitig mit der Bildung der sukzessiven Konidien

sind manchmal nur mit einem Fluoreszenzmikroskop und einer speziellen Färbe-
technik sichtbar. Die konidiogene Zelle mit einer Reihe von Kragen wird manchmal *Annellophore* genannt.

Hughes (1971) gibt eine allgemeine Darstellung zur annellidischen Entwicklung.
Cole und Kendrick (1969 b) untersuchten die Konidienentwicklung bei *Scopulariopsis brevicaulis* (Abb. 294 und 295) mit Hilfe von Zeitrafferaufnahmen. Hammill
(1971) verfolgte die Entwicklung des gleichen Pilzes mit Hilfe des Durchlicht-Elek-
tronenmikroskopes. Dieser Pilz, der vom Boden, von Insekten und verschiedenen
anderen verschimmelten Substraten isoliert wurde, war ursprünglich als eine Art
von *Penicillium* identifiziert. Man weiß jetzt jedoch, daß die konidiogenen Zellen

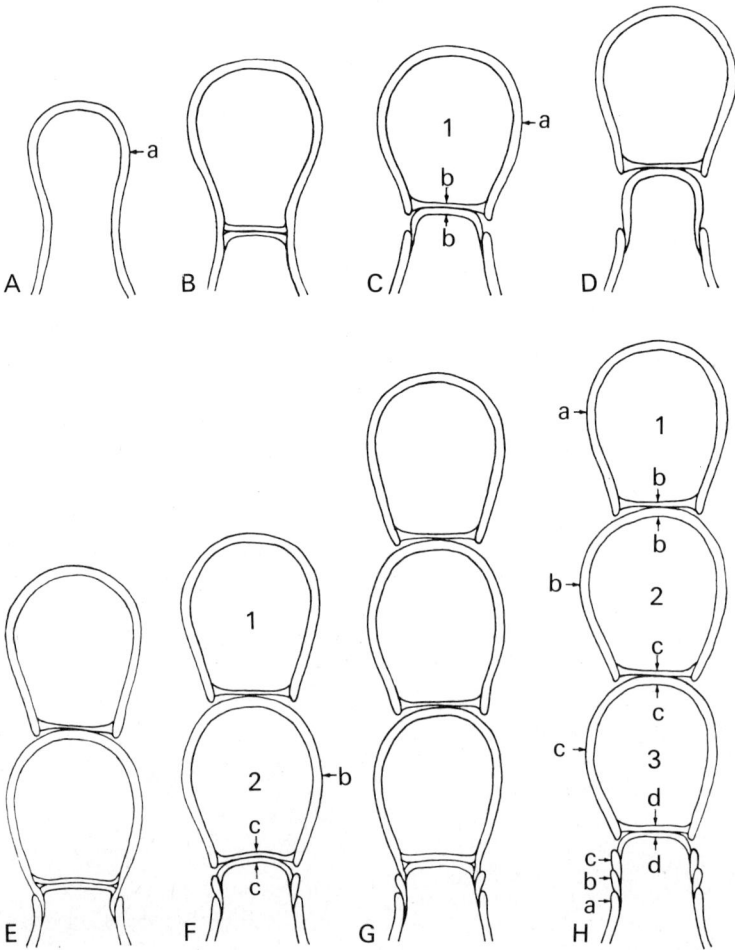

Abb. 295 A–H. *Scopulariopsis brevicaulis.* Schematische Darstellung der Konidienentwicklung.
Die sukzessiv gebildeten Wandschichten werden mit *a, b, c* und *d* bezeichnet. Die mit *1, 2* und
3 bezeichneten Konidien werden auch in dieser Reihenfolge gebildet. (Aus Cole und
Kendrick, 1969 b, mit Erlaubnis des National Research Council of Canada aus *Canadian
Journal of Botany,* Vol. 47, S. 925–929, 1969)

Annellophoren und nicht Phialiden sind. Abb. 295 zeigt eine Darstellung zur Konidienontogenese. Die konidiogene Zelle ist kegelförmig, schwillt an der Spitze an und bildet eine abgerundete Ausstülpung, die die primäre Konidie darstellt. Cole und Kendrick (1969 b) zählen die aufeinanderfolgenden Entwicklungsschritte auf:

1. Die gesamte Spitze der sporogenen Zelle wandelt sich in die primäre Konidie um.

2. Die Basis dieser primären Konidie wird durch ein doppeltes Septum begrenzt, d. h. durch eine neue innere oder sekundäre Wand.

3. Der untere Teil dieses doppelten Septums bedeckt die neu wachsende Spitze und wird dadurch zum Hauptintegument der sekundären Konidie.

4. Während der Anschwellung der neuen Spitze trennt sich die primäre Konidie durch einen Rundumschnitt ab und läßt eine schmale, ringförmige Narbe zurück, die von der ursprünglichen äußeren (ersten) Wand der sporogenen Zelle stammt.

5. Die innere (sekundäre) Wand, die die Basis der primären Konidie abtrennt, bildet das Integument der sekundären Konidie. Ist diese reif, dann wird ihr Boden von einer neuen (dritten) Wand abgegrenzt, von der auch später die äußere Wand der dritten Konidie stammt.

6. Die sekundäre Konidie löst sich, indem sie genau über der ersten auf der sporogenen Zelle einen sekundären Kragen zurückläßt ...

7. Die Bildung einer jeden Konidiospore ist mit einem geringen Zuwachs des Annellophors verbunden, das sich allmählich durch Anhäufung verlängert, während es basipetal Konidien bildet.

Elektronenmikroskopische Aufnahmen von dünnen Längsschnitten durch sich entwickelnde Annellophoren (Hammill, 1971; Beckett et al. 1974) zeigen, daß die Septenbildung, bei der jede sukzessiv gebildete Konidie abgetrennt wird, durch zentripetale Anlagerung von Wandmaterial erfolgt, so daß schließlich ein kreisrunder Porus zurückbleibt. Dieser kann durch einen runden Stopfen verschlossen werden, der nach der Loslösung an der Basis der Konidie haften bleibt.

Ähnliche Beobachtungen zur Konidienentwicklung machte man bei *Doratomyces stemonitis* (Hughes, 1971) und *D. nanus* (Hammill, 1972). *D. stemonitis* hat zusätzlich zu den Annellokonidien ein getrenntes *Echinobotryum*-Konidienstadium (siehe Abb. 296). Es ist interessant, daß die sexuellen Stadien sowohl von *Scopulariopsis* als auch von *Doratomyces*, soweit bekannt, zur Ascomycetengattung *Microascus* gehören (Morton und Smith, 1963).

Obwohl die Annellophoren und Phialiden anscheinend unterschiedliche Typen einer konidiogenen Zelle darstellen, gibt es nur wenige gründlich untersuchte Beispiele. Nur durch weitere Untersuchungen können Zwischenformen festgestellt werden, d. h. Strukturtypen, die zwischen diesen beiden Extremen liegen.

Variationen der Konidienform und -farbe

Obwohl man die Konidienontogenese auf verhältnismäßig wenige unterschiedliche Muster reduzieren kann, gibt es sehr viele Formen von vollständig entwickelten Konidien, die ein-, zwei- oder vielzellig sein können. Vielzellige Konidien können durch Septen in ein bis drei Ebenen geteilt sein. Die Form einer Konidie kann sehr unterschiedlich sein, z. B. kugelig, elliptisch, eiförmig, zylindrisch, verzweigt, spiralig gewunden. Die Farbe der Konidie (und des Myzels und der Konidiophoren) kann

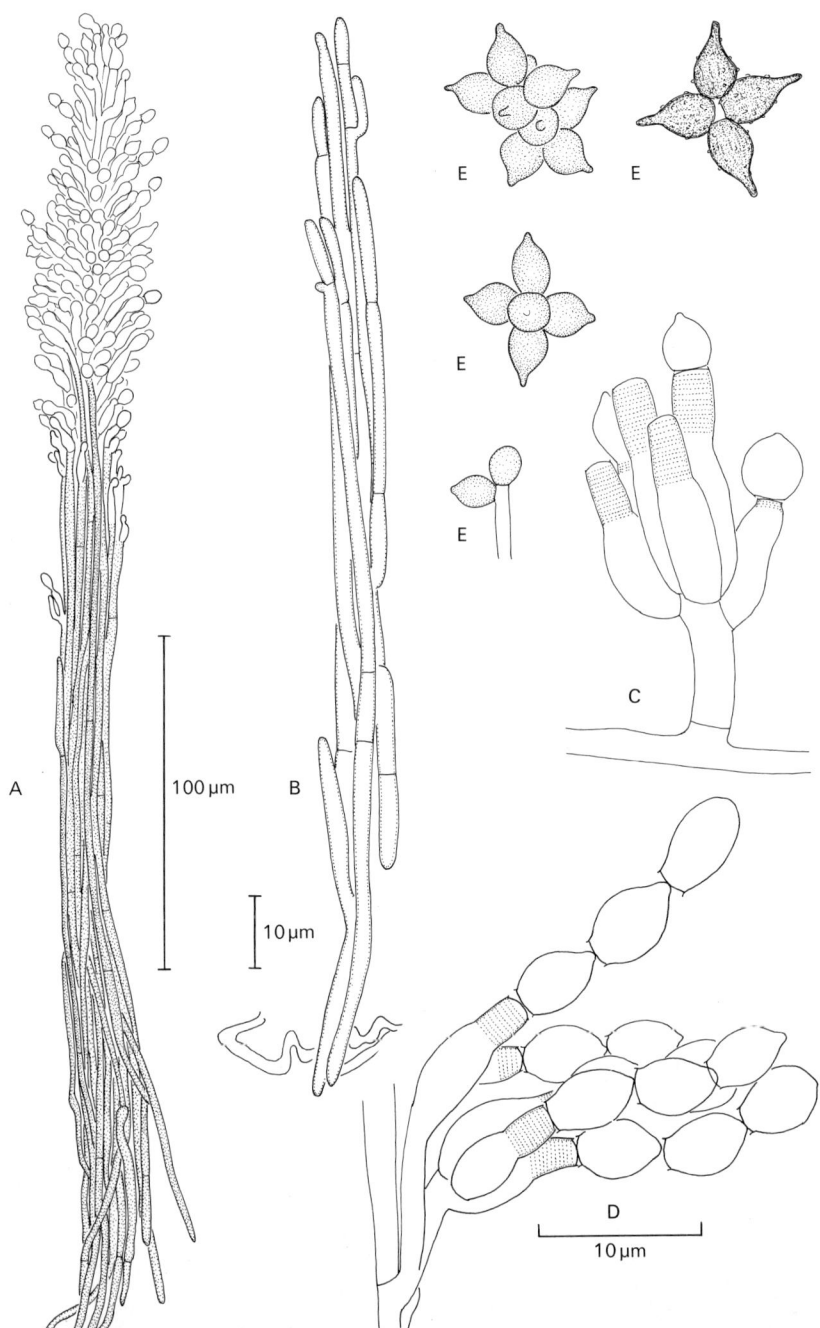

Abb. 296 A–E. *Doratomyces stemonitis.* **A** Synnema (Koremium) oder makronematische Konidiophore, bestehend aus einem parallelen Bündel dunkler Hyphen, die an ihren Spitzen verzweigt sind und konidiogene Zellen und Ketten von Konidien bilden; **B** Sich entwickelnde Synnema; **C** Mikronematische Konidiophore mit sechs Annelliden. Die gepunktete Zone ist der Bereich des Annellidenwachstums; **D** Konidiogene Zellen (Annelliden) von einem Synnema (Koremium) mit Ketten von Annellokonidien. Die gepunktete Zone stellt den Wachstumsbereich der Annellide dar; **E** *Echinobotryum.* Konidienstadium. **B** und **E** im gleichen Maßstab. **C** und **D** im gleichen Maßstab

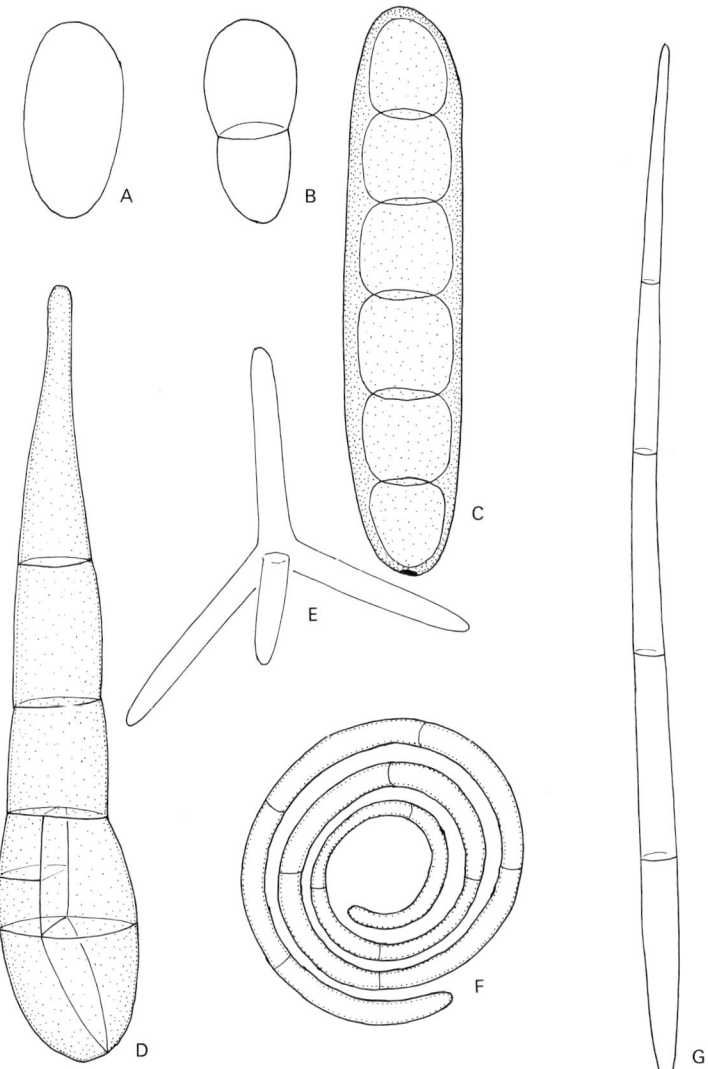

Abb. 297 A–G. Unterschiede der Konidienform bei Deuteromycotina. **A** Amerospore, d. h. eine einzellige Spore; **B** Didymospore, d. h. eine zweizellige Spore; **C** Phragmospore, d. h. eine vielzellige Spore ausschließlich mit Querwänden; **D** Dictyospore, d. h. eine vielzellige Spore mit Quer- und Längssepten; **E** Staurospore, d. h. eine sternförmige Spore mit radiären Armen; **F** Helicospore, d. h. eine spiralig gewundene Spore; **G** Scolecospore, d. h. eine schmale, zylindrische Spore. Die Sporenfarbe wird ebenfalls zur Klassifizierung verwendet. Sporen mit farblosem Inhalt werden mit der Vorsilbe Hyalo- und Sporen mit dunklen Farben mit der Vorsilbe Phaeo- benannt. Deshalb ist die in **B** dargestellte Spore eine Hyalodidymospore, während **C** eine Phaeophragmospore ist

hyalin sein (z. B. farblos), leuchtendfarbig (z. B. rosa, grün) oder dunkel. Die dunklen Pigmente sind wahrscheinlich Melanine. Die Farbe der Konidiophoren und der Konidien sind wichtige Merkmale für die Klassifizierung.

Die Abb. 297 zeigt einige Konidienformen und einige Begriffe, die zur Beschreibung dieser Formen benutzt werden. Saccardo benutzte ein künstliches Klassifizierungssystem von Pilzen mit Konidien. Um ähnliche Formen zu Formgattungen zusammenzufassen, verwendete er als Kriterien die Konidienfarbe und die -form. Ein solches System wird als Hilfe zur Katalogisierung der großen Zahl von Pilzen mit Konidien verwendet. Untersuchungen zur Entwicklung und Kenntnis über die sexuellen Stadien einiger dieser Pilze mit Konidien ergaben, daß die Gruppierungen nur nach den Merkmalen Konidienform und -farbe sehr künstlich sind, d. h. sie umfassen nicht verwandte Formen.

Typen der Konidienfruktifikation

Die Konidienfruchtkörper (Konidiomata) sind in ihrer Gesamtheit sehr unterschiedlich. Unterscheiden sich die Konidiophoren nur sehr wenig von den vegetativen Hyphen oder sind sie unscheinbar, dann nennt man sie **mikronematisch**. Gut ausdifferenzierte Konidiophoren sind **makronematisch**. Einzeln vorkommende Konidiophoren sind **mononematisch**. Wenn sie zusammen vorkommen und parallele Bündel von eng aneinandergepreßten Hyphen bilden, sind sie **synnematisch**. Die Fruchtkörper nennt man dann **Synnema** oder **Koremien**.

Doratomyces stemonitis besitzt makronematische, synnematische Konidiophoren (Abb. 296). Das Konidienstadium von *Nectria cinnabarina* (das *Tubercularia vulgaris* genannt wird) ist ein gutes Beispiel für ein Sporodochium mit klebrigen Phialokonidien (Abb. 181). Zwei andere, häufig vorkommende Fruchtkörperformen sind der Acervulus und das Pyknidium. Ein Acervulus ist eine pseudoparenchymatische Anhäufung von Hyphen, die unter der Oberfläche eines Pflanzenwirtes eine oberflächliche Schicht von Konidiophoren bilden kann. *Colletotrichum graminicola* (Abb. 329) bildet Acervuli auf Samen, Sprossen und Wurzeln von Gräsern. In diesem Falle ist der Acervulus von einer zähen, schwarzen Seta umgeben. Pyknidien sind flaschenförmige oder kugelige Fruchtkörper, die von konidiogenen Zellen unterschiedlichen Typs ausgekleidet sind und sich gewöhnlich durch eine runde Ostiole nach außen öffnen. *Phoma betae, Ascochyta pisi* und *Septoria nodorum* (siehe Abb. 330, 331, 332) besitzen Pyknidien. Die Pyknosporen sickern oft als klebrige Masse aus. Man nimmt an, daß sie im allgemeinen durch Regen verbreitet werden. Die Pyknidien können in das Gewebe des Pflanzenwirtes eingesenkt sein oder sich auf der Oberfläche befinden. Insbesondere bei den Formen, die unter der Rinde von Holzwirten wachsen, können die Pyknidien zusammengesetzt sein, d. h. ein Fruchtkörper kann mehrere Pyknidienhöhlungen einschließen (Pyknidienstroma).

Der Typ der Konidienfruchtkörper wird zur Klassifizierung der Fungi imperfekti benutzt. Mononematische oder synnematische Konidiophoren sind charakteristisch für die Hyphomycetes, während Acervuli und Pyknidien bei den Coelomycetes gebildet werden.

Klassifizierung der Deuteromycotina

Der nachfolgende Schlüssel zu den Klassen der Deuteromycotina stammt von Ainsworth (1973). Die Blastomycetes (imperfekte Hefen) umfassen wahrscheinlich Formen, die Ähnlichkeiten mit den Ascomycotina und Basidiomycotina haben (siehe S. 471).

Schlüssel zu den Klassen der Deuteromycotina

1 Knospende Zellen (Hefen oder hefeähnlich), mit oder ohne typisches Pseudomyzel; echtes Myzel fehlt oder ist nicht gut ausgebildet . . . . **Blastomycetes**
  Myzel gut ausgebildet, vegetative, knospende Zellen fehlen 2
2 Myzel steril oder mit Sporen, die direkt oder auf speziellen Verzweigungen sitzen (Sporophoren). Diese können unterschiedlich zusammengefaßt sein, aber nicht in Pyknidien oder Acervuli . . . . **Hyphomycetes**
  Sporen in Pyknidien oder Acervuli . . . . **Coelomycetes**

Bisher hat man keine weiteren Versuche gemacht, diese Gruppen ausführlicher zu klassifizieren. Von Kendrick und Carmichael (1973) gibt es eine Auflistung von Formgattungen der Hyphomycetes, die auch einen Schlüssel und Abbildungen enthält. Die Bücher von Ellis (1971b, 1976) „Dematiaceous Hyphomycetes" und von Barron (1968) „The Genera of Hyphomycetes from Soil" sind für die Klassifizierung dieser Gruppe nützlich. Sutton (1973, 1980) hat die Coelomycetes auf ähnliche Weise besprochen.

Anstelle einer systematischen Behandlung der Deuteromycotina sollen im folgenden drei ökologische Gruppen besprochen werden, die eine große Zahl der sogenannten Fungi imperfekti umfassen: imperfekte Wasserpilze, tierfangende imperfekte Pilze und auf Samen vorkommende imperfekte Pilze.

Imperfekte Wasserpilze

Es gibt zwei ökologisch unterscheidbare Gruppen dieser Wasserpilze. Bei der ersten Gruppe verläuft der gesamte Entwicklungszyklus unter Wasser, bei der zweiten Gruppe werden die Konidien dagegen nicht im Wasser gebildet, sondern nur, wenn der Pilz mit Luft in Berührung kommt.

Untersucht man eine Schaumprobe aus einem gut durchlüfteten, schnell fließenden Gewässer eines Laubwaldes mit dem Mikroskop, so findet man besonders im Herbst nach dem Laubfall sehr viele Konidien mit ungewöhnlicher Form (Abb. 298). Diese Konidien gehören zu den im Wasser lebenden Hyphomycetes, die auf faulenden Blättern und Zweigen wachsen. Sammelt man diese Blätter aus dem Gewässer und inkubiert sie in einer dünnen Wasserschicht bei Temperaturen von 10–20 °C, dann bilden sich zahlreiche Konidiophoren. Von Ingold (1975a) gibt es ein ausgezeichnetes Bestimmungsbuch für diese Gruppe, die weltweit verbreitet ist. Es sind über 200 Arten bekannt (Webster und Descals, 1981). Zwei Sporenformen kommen häufig vor: tetraradiäre oder verzweigte Konidien und sigmoide oder

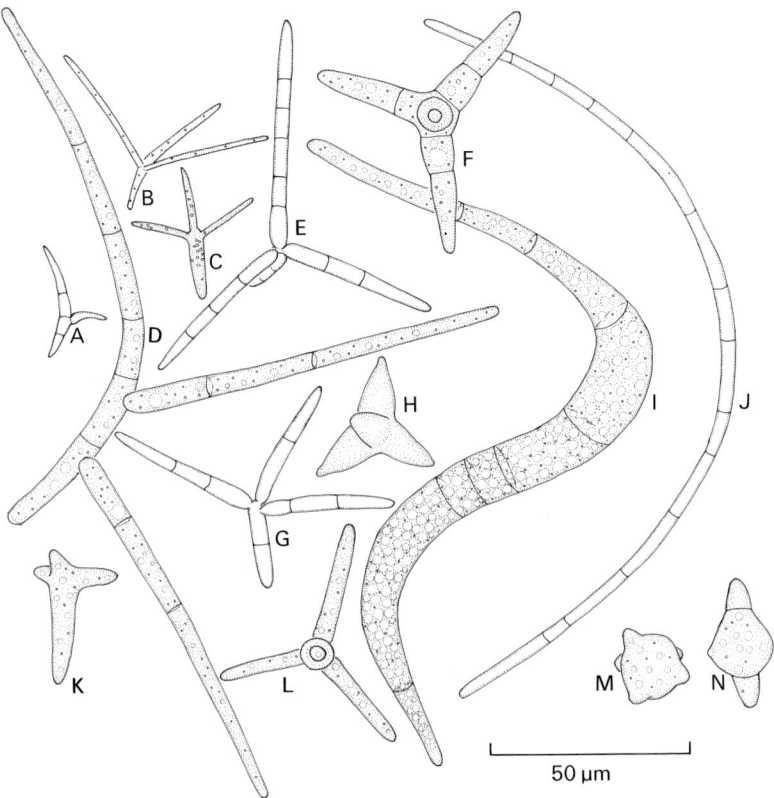

Abb. 298 A–N. Konidien von im Wasser lebenden Hyphomycetes aus dem Schaum eines Flusses; **A** *Volucrispora* sp; **B** *Alatospora acuminata;* **C** *Clavatospora longibrachiata;* **D** *Tricladium splendens;* **E** *Lemonniera aquatica;* **F** *Lemonniera terrestris;* **G** *Articulospora tetracladia;* **H** *Clavatospora stellata;* **I** *Anguillospora crassa;* **J** *Anguillospora* sp; **K** *Heliscus lugdunensis;* **L** Nicht bestimmt; **M** *Margaritispora aquatica;* **N** *Pyricularia aquatica*

schraubige Konidien. Die Ontogenese beider Typen ist verschieden. Nach Ingold (1966 b, 1975 b) sind beide als das Ergebnis von verschiedenen konvergenten Evolutionslinien anzusehen. Dafür, daß sich die tetraradiären Fortpflanzungszellen mehrere Male unabhängig voneinander entwickelt haben, gibt es folgende Beweise:

1. Entwicklungsgeschichtliche Untersuchungen.

2. Kenntnis der sexuellen Stadien einiger tetraradiärer und sigmoider Konidienformen.

3. Vorkommen von tetraradiären Fortpflanzungszellen bei nicht verwandten, im Wasser lebenden Organismen.

Entwicklung

Einige Beispiele zur Entwicklung der verzweigten Konidien zeigen deren große Variabilität.

Tetraradiäre Phialokonidien

Lemonniera (Abb. 299 A): *Lemonniera* bildet Phialokonidien. Man kann bis jetzt sechs Arten unterscheiden (Descals et al. 1977), von denen *L. aquatica* am häufigsten ist. Die Konidiophoren können sich aus dem im Blattgewebe wachsenden Myzel entwickeln, aus Chlamydosporen oder Sklerotien. Die Konidiophoren enden in ein bis drei Phialiden. An der Spitze der Phialide entsteht eine vierstrahlige Konidie. Die vier Strahlen strecken sich simultan und bilden zylindrische Arme, die septiert sein können. Aus diesem Grunde ist die reife Konidie zentral an der Phialide angeheftet, und zwar an der Verzweigung der Arme. Wenn sich die erste Phialokonidie gelöst hat und vom Wasser weggeschwemmt wird, bildet sich eine zweite Konidie usw.

Alatosphora (Abb. 299 B): *Alatospora acuminata* ist ein weiterer Wasserpilz mit Phialokonidien. Die Phialiden bilden sich einzeln an den Spitzen von kurzen, un-

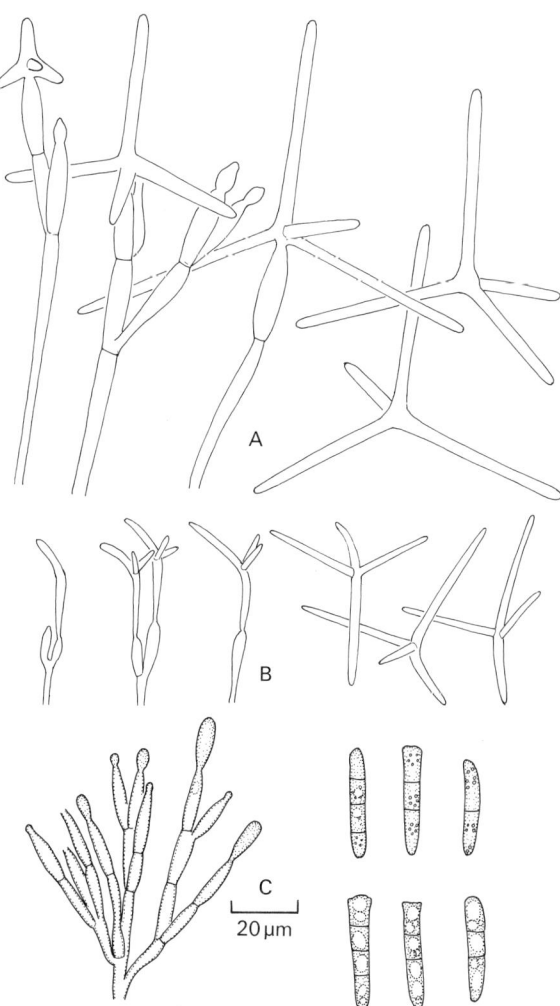

Abb. 299 A–C. Drei im Wasser lebende Hyphomycetes mit Phialokonidien. **A** *Lemonniera aquatica;* **B** *Alatospora acuminata;* **C** *Heliscus lugdenensis*

auffälligen Konidiophoren. Von der Spitze der Phialide wächst eine gebogene Achse, aus der in der Mitte gleichzeitig zwei seitliche Arme entstehen.

Heliscus (Abb. 299 C): *Heliscus lugdunensis* ist ein häufig vorkommender Erstbesiedler auf Zweigen und Blättern in Gewässern. Die Konidiophoren bilden sich meist in Pusteln, verzweigen sich wiederholt und enden in Phialiden. Bilden sich die Phialokonidien unter Wasser, dann sind sie kleeblattähnlich, mit kurzen, konischen Auswüchsen am oberen Ende. Unter Einwirkung von Luft, wie z.B. bei einer Kultur auf Agar, sind die Konidien mehr zylindrisch und erinnern an die Konidien von *Cylindrocarpon*. Ein sexuelles Stadium dieses Pilzes ist von einem Vertreter der Gattung *Nectria* bekannt. Dieser bildet seine leuchtendroten Perithezien auf halb untergetauchten Zweigen (Webster, 1959 a; Willoughby und Archer, 1973).

Blastische, tetraradiäre Konidien

Unter den Wasserpilzen gibt es zahlreiche Beispiele mit blastischer Konidienentwicklung.

Articulospora tetracladia (Abb. 300 A) bildet kleine Konidiophoren, die innerhalb eines Blattes aus dem Myzel herausragen. An der Spitze der Konidiophore bildet sich die primäre Verzweigung als zylindrische „Knospe". An der Spitze dieser

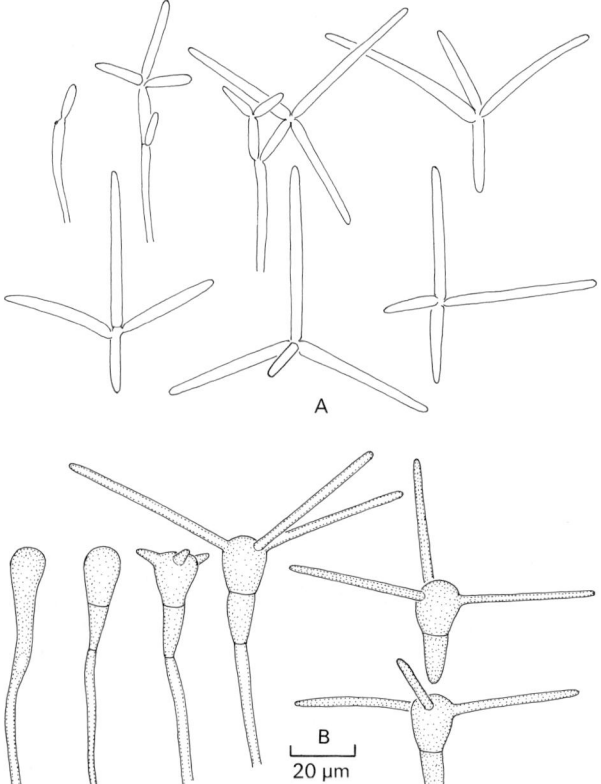

Abb. 300 A, B. Zwei blastische, im Wasser lebende Hyphomycetes. **A** *Articulospora tetracladia.* Die Verzweigungen der Konidien bilden sich sukzessiv; **B** *Clavariopsis aquatica.* Das kopfartige Zentrum der Konidie bildet sich zuerst, anschließend entstehen simultan die drei seitlichen Verzweigungen

Abb. 301 A, B. *Tricladium splendens.* **A** Stadien der blastischen Konidienentwicklung. Eine keulenförmige Hauptachse bildet nacheinander seitliche Verzweigungen an verschiedenen Stellen der Längsachse aus; **B** Reife, losgelöste Konidien

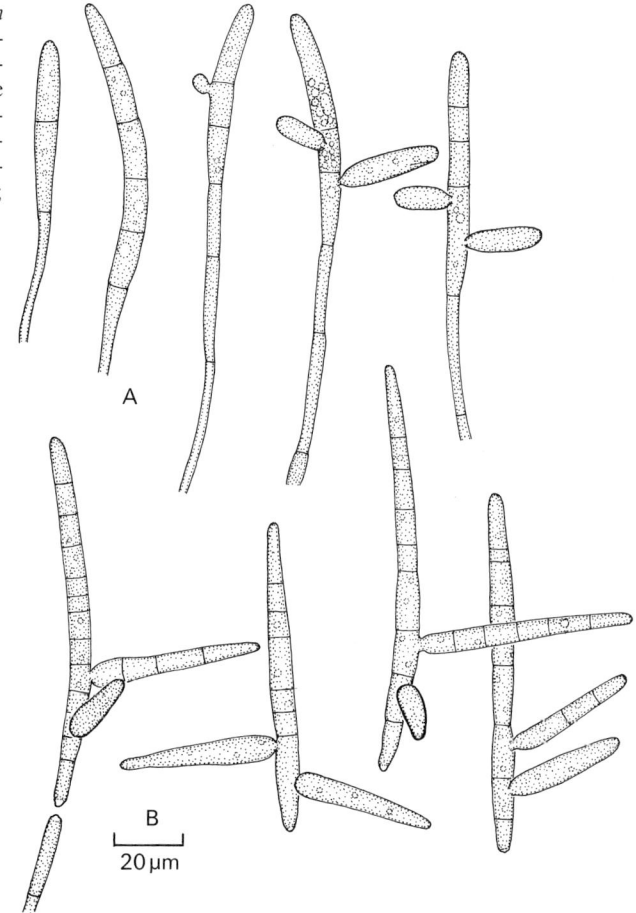

Verzweigung entstehen nacheinander drei weitere zylindrische Knospen. Eine schmale Einschnürung markiert den Anheftungspunkt dieser später gebildeten Verzweigungen gegenüber der ersten (daher der Name *Articulospora*). Das Myzel und die Konidien von *Articulospora* sind hyalin.

Clavariopsis aquatica (Abb. 300 B) besitzt ein dunkles Myzel und dunkle Konidien. Diese tragen an einem keulenförmigen Zentrum drei zylindrische Verzweigungen, die sich gleichzeitig bilden. Die reife Konidie besitzt gewöhnlich ein einziges Septum im Zentralkörper. In Kulturen wurden auch dunkel gefärbte Pyknidien mit winzigen, farblosen Spermatien gefunden. Das sexuelle Stadium ist ein zur Gattung *Massarina* gehörender Loculoascomycet. Die Pseudothezien wachsen auf entrindeten Zweigen in fließenden Gewässern. Die bitunicaten Asci enthalten zweizellige, hyaline Ascosporen (Webster und Descals, 1979).

Tricladium splendens (Abb. 301) besitzt ein dunkel gefärbtes Myzel und dunkel gefärbte Konidien. Die Konidiophore bildet sich als keulenförmige Anschwellung, bildet Septen und stellt die Hauptachse der Konidie dar. An der Hauptachse bildet sich zunächst eine Sproßzelle und dann an einer anderen Stelle eine zweite. Die

Verzweigungen verjüngen sich zur Hauptachse zu einer Einschnürung. Das sexuelle Stadium ist ein inoperculater Discomycet, *Hymenoscyphus splendens* (Abdullah et al. 1981).

Tetrachaetum elegans (Abb. 302) besitzt ein hyalines Myzel und hyaline Konidien, die verhältnismäßig groß sind (bis zu 200 µm). Die Konidien bilden sich durch Zurückbiegen der zuerst gebildeten, schmalen zylindrischen Verzweigung. An einer gemeinsamen Stelle, ungefähr in der Mitte der Längsachse, bilden sich gleichzeitig zwei seitliche Verzweigungen.

Varicosporium elodeae (Abb. 303) und *Dendrospora erecta* (Abb. 304) besitzen Blastokonidien, die noch reicher verzweigt sind.

Verzweigte Konidien mit Schnallen

Eine Reihe verzweigter Konidien besitzen an ihren Septen Schnallen. Hierzu gehört *Leptosporomyces galzinii* (Abb. 305) mit Konidien, die denen von *Tricladium* ähneln, jedoch mit einer einzigen Schnalle zwischen den beiden Verzweigungen (Nawawi et al. 1977 a). Die Konidie ist dikaryotisch. Das Basidienstadium bildet sich in Kulturen, die von einer Konidie abstammen. Überraschenderweise findet man das

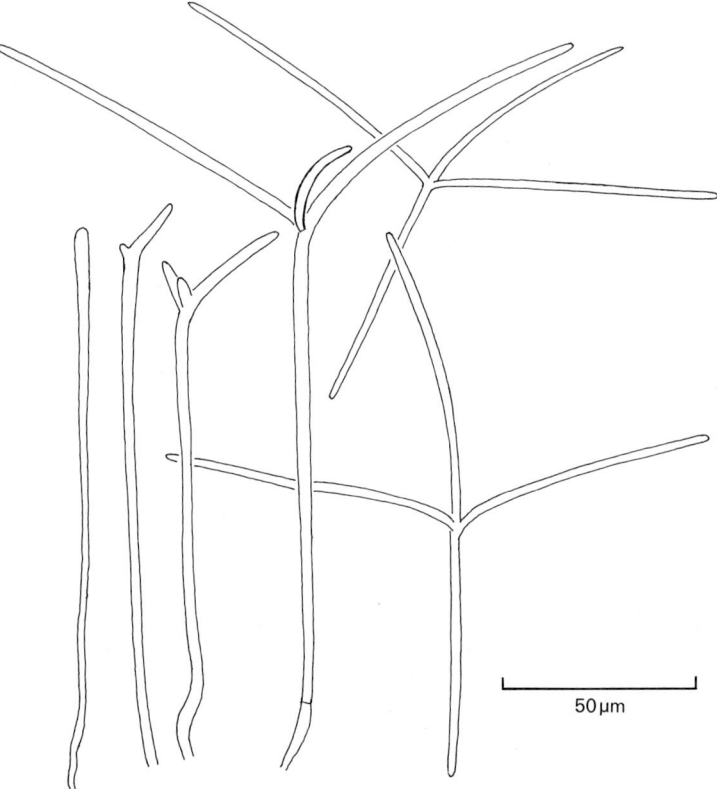

50 µm

Abb. 302. *Tetrachaetum elegans.* Die Hauptsache der Konidie biegt sich. An der Biegung entstehen gleichzeitig zwei seitliche Verzweigungen

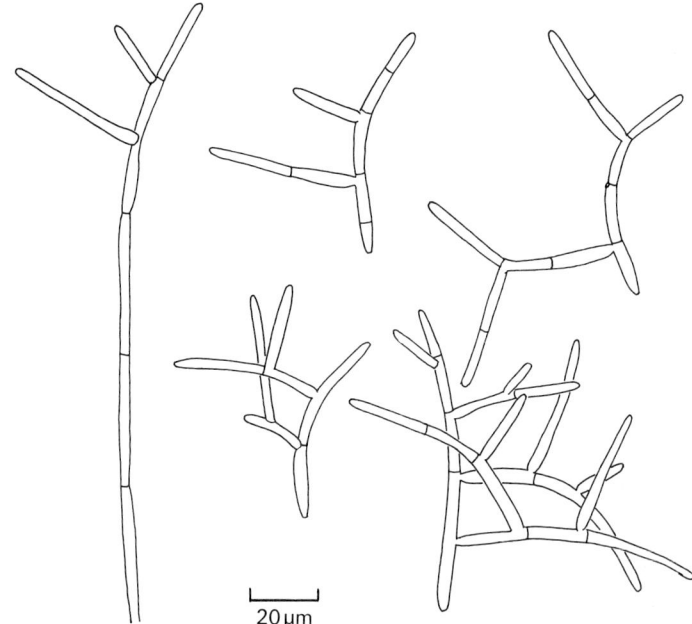

Abb. 303. *Varicosporium elodeae:* verzweigte Blastokonidien, die durch wiederholte Verzweigung der seitlichen Verzweigungen gebildet werden. Diese bilden sich meist von einer Seite der Hauptachse aus

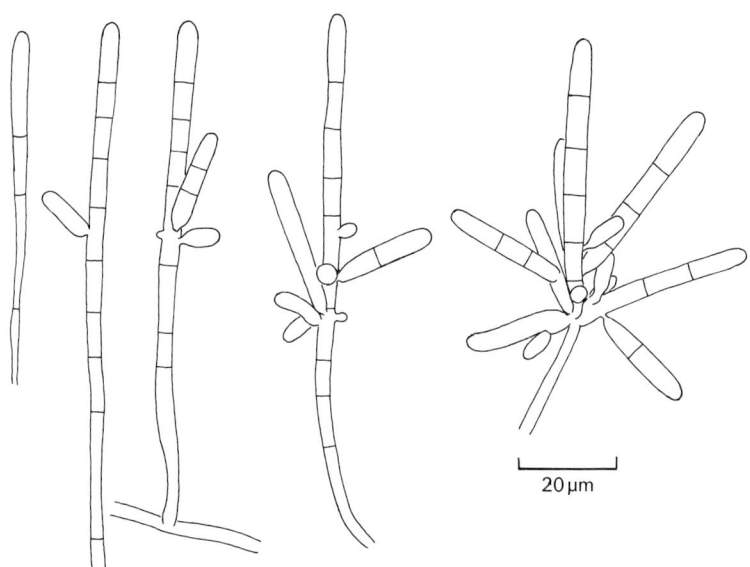

Abb. 304. *Dendrospora erecta:* reich verzweigte Blastokonidien, die durch wiederholte Verzweigung der seitlichen Verzweigungen gebildet werden. Diese bilden sich auf allen Seiten der Hauptachse

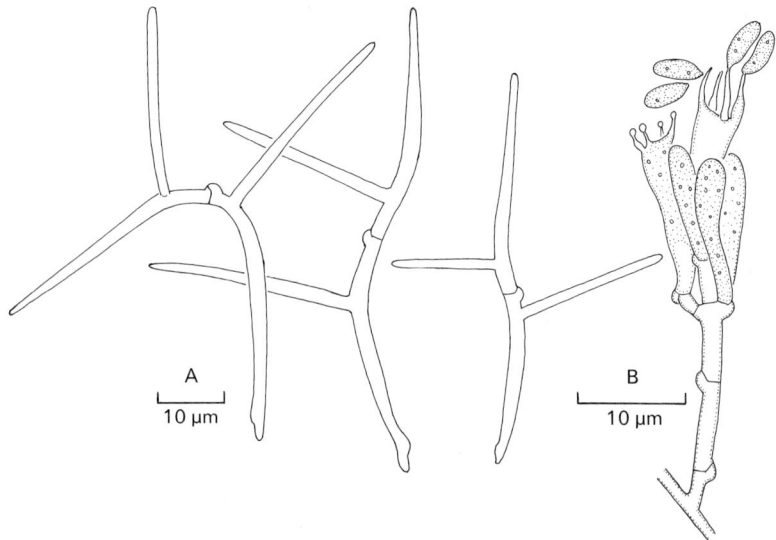

Abb. 305 A, B. *Leptosporomyces galzinii.* **A** Reife, losgelöste Konidien. Man erkennt die Schnallen zwischen den zwei seitlichen Verzweigungen; **B** Basidienstadium

Basidienstadium in der Natur selten im Wasser, aber häufig auf faulendem Holz, Farnen usw. (Nawawi et al. 1977 a). *Ingoldiella hamata* (Abb. 306), ein tropischer Wasserpilz, besitzt große, dikaryotische Konidien mit zahlreichen Schnallen. Das Basidienstadium mit achtsporigen Basidien gehört in die Gattung *Sistotrema*. Einzelne Basidiosporen keimen zu monokaryotischen Myzelien aus, auf denen sich monokaryotische Konidien entwickeln. Diese sehen den dikaryotischen Konidien sehr ähnlich, ihnen fehlen aber die Schnallen (Nawawi und Webster, 1982).

Es gibt noch weitere im Wasser lebende Hyphomycetes mit verzweigten Konidien, die Eigenschaften von Basidiomyceten aufweisen, z. B. *Dendrosporomyces prolifer.* Dieser Pilz besitzt Konidien, die denen von *Dendrospora* morphologisch sehr ähnlich sehen, aber dolipore Septen aufweisen (Nawawi et al. 1977 b).

Sigmoide Konidien

Für die sigmoiden Konidien gibt es ebenfalls verschiedene Typen der Konidienontogenese.

Flagellospora curvula (Abb. 307 A) besitzt schmale, sigmoide Phialokonidien, die sich aus Phialiden auf einer kaum verzweigten Konidiophore entwickeln. Eine reicher verzweigte, penicilliumähnliche Anordnung von Phialiden findet man bei *F. penicillioides* (Abb. 307 B). Nach Ranzoni (1956) ist eine Art von *Nectria* das sexuelle Stadium dieses Pilzes.

Anguillospora besitzt blastische, sigmoide Konidien. Anhand der bekannten sexuellen Stadien wurde nachgewiesen, daß diese Formgattung sehr heterogen ist. Sie umfaßt Konidienstadien von nicht verwandten Gruppen der Ascomycetes. Es gibt auch Unterschiede im Mechanismus der Konidienfreisetzung. *A. longissima*

(Abb. 308) besitzt ein dunkles Myzel und dunkle Konidien. Diese bilden sich als keulenförmige Anschwellungen von der Spitze der Konidiophore. Die Konidie bildet Septen und biegt sich helixartig. Die Konidienfreisetzung erfolgt durch Zerfall einer speziellen *Trennzelle* an der Basis der Konidie. Der Inhalt der Trennzelle löst sich auf und die Zellwand bricht an einer Schwachstelle ungefähr in der Mitte zusammen. Die sich entwickelnde Konidie trägt an der Basis einen kleinen Kragen, der die Hälfte der leeren Trennzelle darstellt. Einen ähnlichen Kragen findet man an der Spitze der Konidiophore nach der Freisetzung der ersten Konidie. Die Koni-

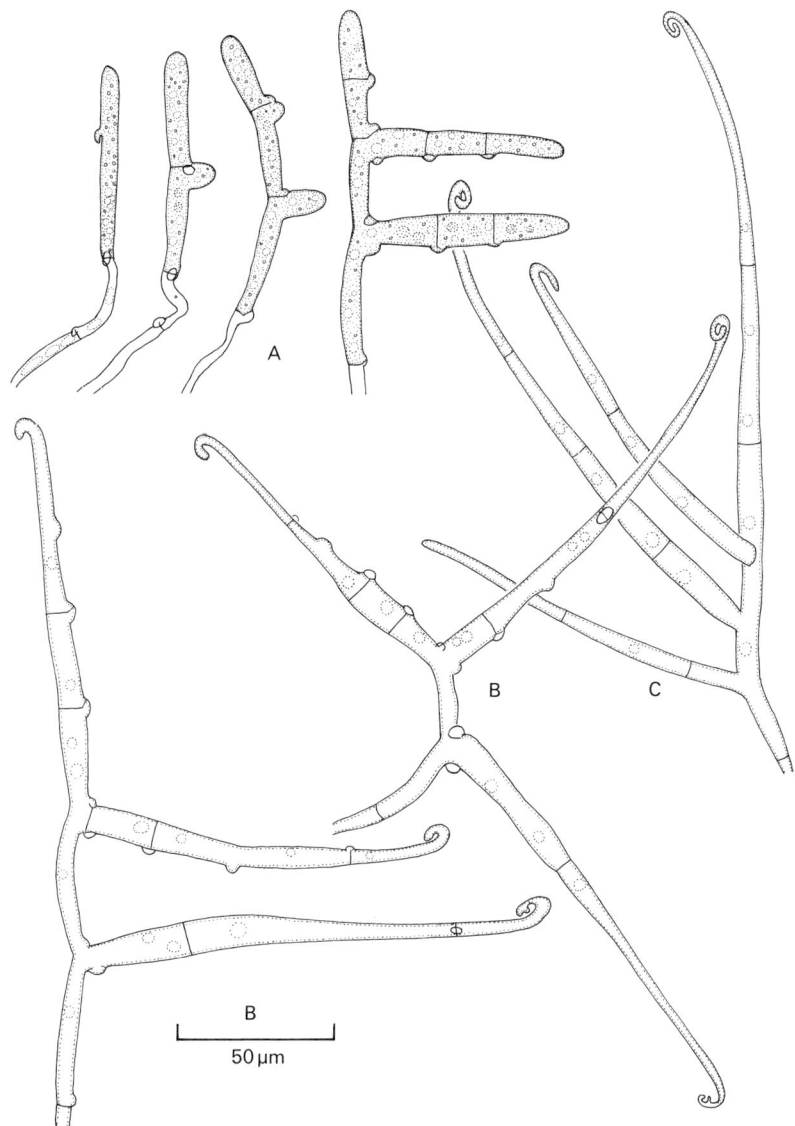

Abb. 306 A–C. *Ingoldiella hamata.* **A** Sich entwickelnde, dikaryotische Konidien mit Schnallen; **B** Reife, losgelöste, dikaryotische Konidie; **C** Monokaryotische Konidie

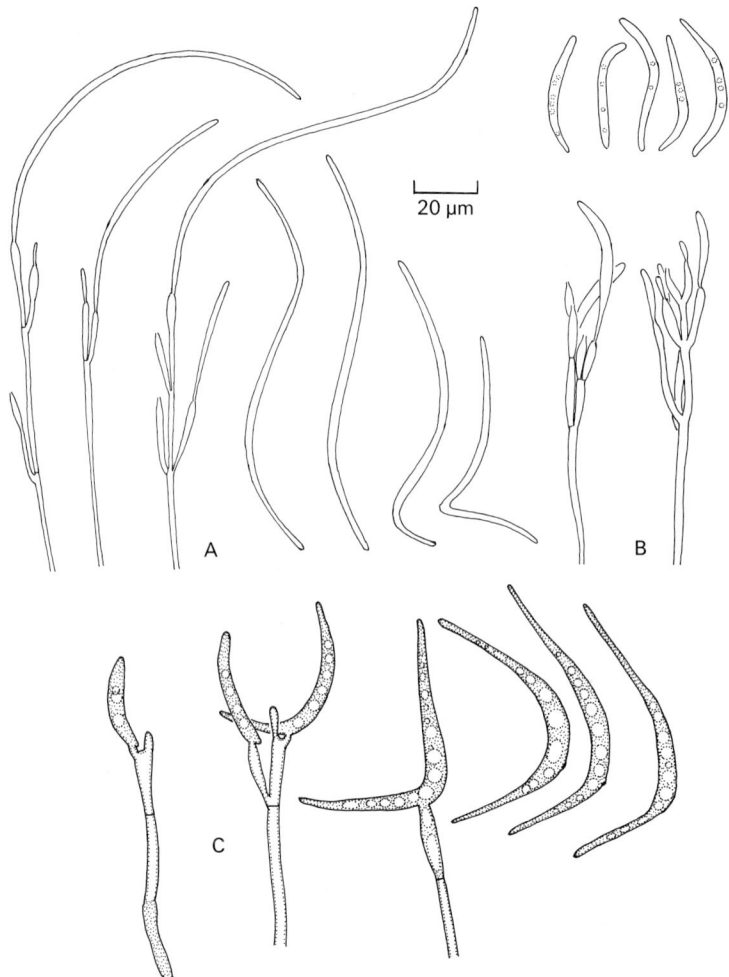

20 µm

A

B

C

Abb. 307 A–C. Drei im Wasser lebende Hyphomycetes mit sigmoiden Konidien. **A** *Flagello-spora curvula:* Konidiophoren mit Phialiden und sigmoiden Phialokonidien; **B** *Flagellospora penicillioides:* Konidiophoren mit Phialiden und Phialokonidien; **C** *Lunulospora curvula:* blastische Entwicklung der halbmondförmigen Konidien

diophore kann durch weiteres Auswachsen durch die Reste der ersten Trennzelle hindurch eine zweite Konidie bilden. Nach der Bildung von mehreren Konidien kann man an der Spitze der Konidiophore eine Ansammlung von Kragen erkennen (Webster und Descals, 1979). Das sexuelle Stadium von *A. longissima* ist eine Art von *Massarina*, die man auf Zweigen in fließenden Gewässern findet (Willoughby und Archer, 1973). Eine zweite Art (*A. furtiva*) besitzt Konidien, die denen von *A. longissima* sehr ähnlich sehen. Kulturen aus solchen Konidien bilden jedoch Apothezien eines inoperculaten Discomyceten. Bei *A. furtiva* gibt es keine Trennzelle: die Konidienfreisetzung erfolgt durch Auflösung eines Septums an der Basis (Webster und Descals, 1979). Bei *A. crassa,* einem Pilz mit dickeren Konidien, erfolgt die Freisetzung ebenfalls durch Auflösen eines Septums. Diese Art hat ebenfalls als sexuelles Stadium einen inoperculaten Discomyceten, und zwar eine Art von *Mollisia* (Webster, 1961).

Lunulospora curvula (Abb. 307 B) besitzt halbmondförmige Blastokonidien, die sich aus spezialisierten, konidiogenen Zellen an der Spitze von dunklen Konidiophoren bilden. Dieser Pilz kommt häufiger in wärmeren Ländern vor. In gemäßigten Zonen kommt er im Spätsommer und im Herbst am häufigsten vor (Iqbal und Webster, 1973 b).

Andere Typen von Sporen

Nicht alle im Wasser lebenden Hyphomycetes haben verzweigte oder sigmoide Konidien. *Margaritispora aquatica* bildet hyaline, kugelige Phialokonidien mit einigen konischen Auswüchsen (Abb. 309 A), während *Pyricularia aquatica* (Abb. 309 B) birnenförmige Blastokonidien hat, die durch Septenauflösung freigesetzt werden. Das sexuelle Stadium dieses Pilzes ist *Massarina aquatica* (Webster, 1965). Dieser Pilz bildet Pseudothezien auf untergetauchtem Holz in fließenden Gewässern.

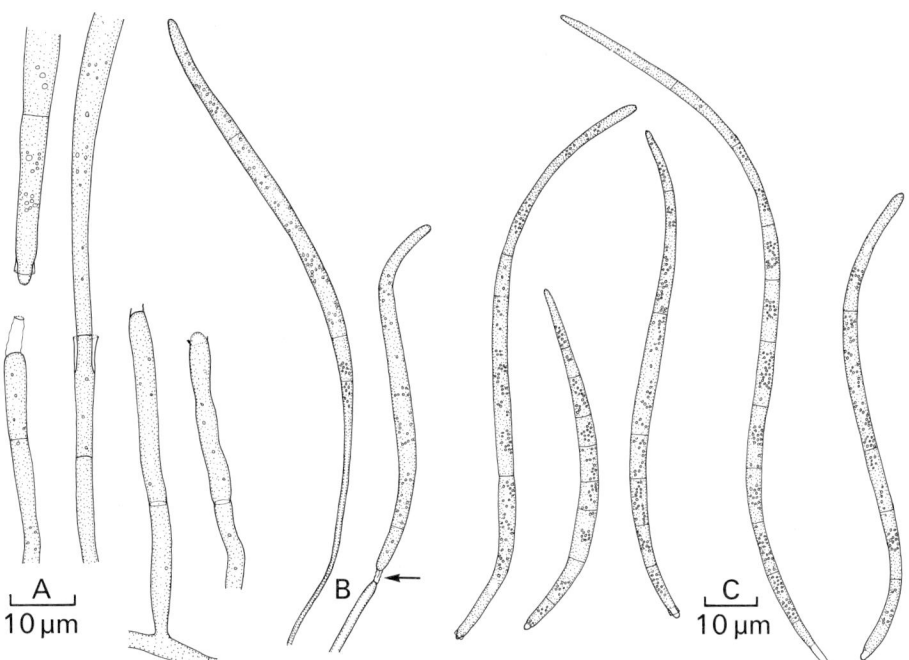

Abb. 308 A–C. *Anguillospora longissima,* ein im Wasser lebender Hyphomycet mit blastischen, sigmoiden Konidien. **A** Ablösen einer Konidie mit den Resten der Trennzelle und anschließender Proliferation; **B** Entwicklungsstadien der Konidien. Der Pfeil zeigt auf eine Trennzelle; **C** Reife, losgelöste Konidien

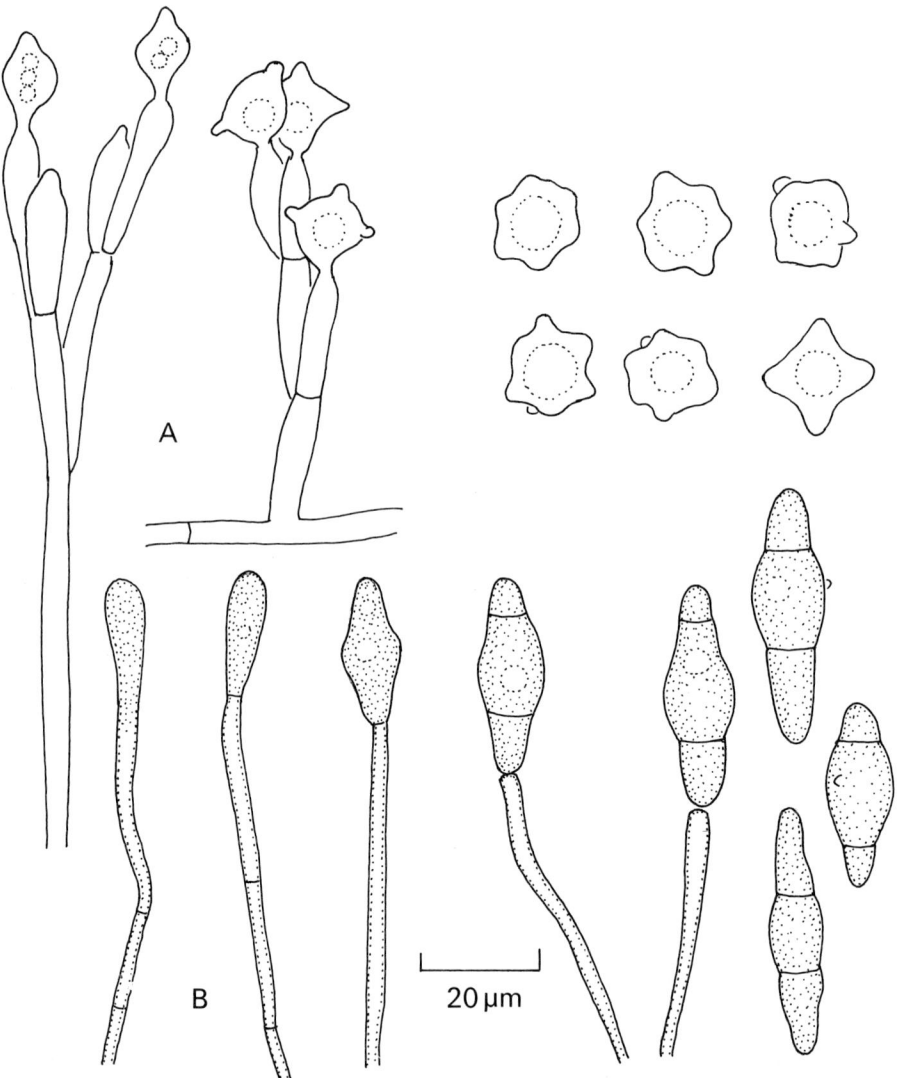

Abb. 309 A, B. A *Margaritispora aquatica:* Konidiophoren, Phialiden und Phialokonidien; **B** *Pyricularia aquatica:* Konidiophoren und Blastokonidien

Die Bedeutung der tetraradiären Fortpflanzungszelle

Wir haben gesehen, daß sich die tetraradiären Konidien auf verschiedene Weise entwickeln können. Einige sind erwiesenermaßen Ascomycetes (z. B. *Clavariopsis aquatica*), während andere Basidiomycetes sind (z. B. *Ingoldiella hamata*). Die tetra-radiären Fortpflanzungszellen findet man ebenso als sekundäre Konidien von *Entomophthora* spp., einem Pilz, der Wasserinsekten befällt (Descals et al. 1981), und als Basidiosporen bei dem marinen Pilz *Digitatospora marina* (Doguet, 1962) und

Nia vibrissa (Gasteromycetes) (Doguet, 1967). Die Braunalge *Sphacelaria* bildet ebenfalls tetraradiäre Fortpflanzungszellen. Es ist deshalb eine weit verbreitete Ansicht, daß sich diese Strukturen während der Evolution wiederholt im Wasser entwickelt haben.

Experimentelle Untersuchungen von Webster (1959 b) ergaben, daß die wichtigste Bedeutung der tetraradiären Fortpflanzungszellen darin liegt, daß sie sich wirkungsvoller an Unterwasserobjekte anheften können als Sporen mit konventioneller Form. Möglicherweise geschieht dies durch eine ,Dreipunktlandung' einer tetraradiären Fortpflanzungszelle. Dies ist die wirkungsvollste Form der Anheftung. An den Kontaktstellen bilden die Konidienverzweigungen schnell ,Appressorien' und Keimschläuche aus. Diese Entwicklung unterbleibt bei der vierten Verzweigung, die nicht das Substrat berührt. Die Auffassung, daß niedrige Sedimentationsraten eine große Bedeutung für Pilze mit tetraradiären Fortpflanzungszellen haben, scheint nicht zuzutreffen. Im Vergleich mit den Fließgeschwindigkeiten des Stromes, die im allgemeinen $1000 \ mm \times sec^{-1}$ bis $5000 \ mm \times sec^{-1}$ und mehr erreichen können, ist die Sedimentationsrate sehr niedrig (im Bereich von $0,1 \ mm \times sec^{-1}$). Es ist auch zweifelhaft, ob die Tiere durch die Sporenform vom Fressen abgeschreckt werden. Es ist nämlich möglich, Tiere (z. B. *Asellus*) mit einer Nahrung aufzuziehen, die eine hohe Sporenkonzentration von Wasserpilzen aufweist (wie z. B. von *Tricladium splendens*).

Bandoni (1974) nimmt an, daß der Falleneffekt nicht die einzige Bedeutung der tetraradiären Fortpflanzungszellen sein kann. Bandoni (1972) und Park (1974) zeigten, daß man die tetraradiären Sporen auch unter Blättern in terrestrischen Habitaten finden kann. Nach ihrer Auffassung haben sich die tetraradiären Sporen an die Bewegung des oberflächlichen Wasserfilms angepaßt.

Schaum ist eine wirkungsvolle Falle für tetraradiäre und sigmoide Sporen. Nach Aufschäumen einer konzentrierten Konidiensuspension durch Preßluft sank nämlich die Konzentration sehr schnell ab. Tetraradiäre Konidien verschwanden weitaus schneller als Konidien mit sigmoider oder einer anderen Form (Iqbal und Webster, 1973a). Ein Vergleich mit Sporen, die aus dem Schaum oder durch Millipor-Filtration gewonnen wurden, ergab, daß der Sporengehalt des Schaums mehr tetraradiäre Konidientypen aufweist als andere bisher bekannte Sporentypen.

Die Sporenkonzentration von im Wasser lebenden Hyphomycetes kann man leicht durch Filtration von Wasserproben bestimmen (Milliporfilter, Porengröße etwa 8 μm). Die Konzentrationen erreichen ein Maximum, das mit dem Laubblattfall in Ländern mit gemäßigtem Klima übereinstimmt. In gemäßigten Zonen findet man im Oktober und November Konzentrationen von bis zu 10^4/Liter (Iqbal und Webster, 1973 b).

Die im Wasser lebenden Hyphomycetes spielen eine wichtige Rolle im Nahrungskreislauf (Kaushik und Hynes, 1968, 1971; Bärlocher und Kendrick, 1973 a, b; Suberkropp und Klug, 1977, 1979). Viele Gewässer erhalten die Masse ihres fixierten Kohlenstoffs nicht durch die Makrophyten oder Algen, sondern von den Blättern, Zweigen und anderen Abfällen, wie z. B. Knospenschuppen, Kätzchen, Früchten und Baumstümpfen oder von anderen Pflanzen, die am Wasser wachsen. Dieses Material ist jedoch verhältnismäßig stickstoffarm oder auf andere Weise für die Invertebraten ungenießbar. Die Besiedelung des Blatthumus durch Wasserpilze und Bakterien leitet dessen Aufbereitung als Nährstoffe für Tiere ein (Berrie, 1975). Er-

Tabelle 9. Wachstum von *Gammarus pseudolimnaeus* auf Pilzmyzel und auf abgestorbenem Pflanzenmaterial (aus Bärlocher und Kendrick, 1973 a)

Nahrungsquelle	Durchschnitt-liches Gewicht der Tiere zu Beginn (mg)	Durchschnitt-liches Gewicht der überleben-den Tiere nach 62 Tagen (mg)	Durchschnitt-liche Lebend-gewichtszu-nahme (mg)	Aufgenommenes Trockengewicht pro Tier und Tag (mg)
Anguillospora	7,22	12,18	4,96	0,084
Clavariopsis	7,34	11,82	4,48	0,092
Tricladium	7,26	11,74	4,48	0,086
Ulmenblätter	7,32	9,50	2,18	1,07
Ahornzuckerblätter	7,34	8,42	1,08	0,98

stens wird der Proteingehalt des Blattmaterials durch mikrobielle Besiedelung er-höht, weiter können die Pilze den anorganischen Stickstoff des Wassers aufnehmen, und zwar in niedrigen Konzentrationen, aber in verhältnismäßig großer absoluter Menge. Unter Verwendung des Kohlenstoffs der Blätter können die Pilze Protein herstellen. Zweitens haben die Wassertiere nicht die Enzymausstattung, um das Blattgewebe aufzubrechen und zu verdauungsfähigen Stückchen aufzulösen. Fütte-rungsversuche mit *Gammarus* verdeutlichen diesen Effekt. Wie aus Tabelle 9 zu er-sehen ist, gibt es signifikante Wuchsunterschiede, wenn diese Tiere auf Pilzmyzel oder mit nicht befallenen Blättern gefüttert wurden. Spalte 3 der Tabelle zeigt, daß die mit Pilznahrung gefütterten Tiere eine größere Gewichtszunahme haben als die mit Blattnahrung gefütterten Tiere. Dies wird noch deutlicher, wenn man berück-sichtigt, daß die Tiere ungefähr zehnmal soviel Trockengewicht an Blattmaterial wie die Tiere mit der Pilznahrung verzehrten (s. Spalte 4).

An der Luft sporulierende imperfekte Wasserpilze

Inkubiert man Blätter und Zweige aus der Schlammoberfläche stehender Gewässer oder aus Gräben mit langsam fließendem Wasser, dann bilden sich schon bei Raumtemperatur in einer Feuchtkammer (z. B. in einer mit nassem Filterpapier ausgeschlagenen Petrischale oder Plastikschachtel) charakteristische Konidien. Die Konidien dieser Pilze haben ein gemeinsames Merkmal: während ihrer Entwick-lung bilden sie mit Luft gefüllte Hohlräume aus, so daß sie von submersem Substrat wegflottieren können. Solche Pilze können auf Blättern und Zweigen wie auch in Wasser mit sehr niedrigem Sauerstoffgehalt wachsen. Sie sporulieren allerdings nicht unter Wasser, sondern nur in der feuchten Randzone eines Gewässers. Die Konidien können sich auf verschiedene Weise entwickeln. Bei *Helicoon* (Abb. 310) bilden sie sich als zylindrische oder bienenstockförmige Spiralen. Die Konidien können Farbnuancen von farblos bis dunkelschwarz aufweisen. Die Drehrichtung der Spiralen (von der Spitze der Konidiophore nach oben gesehen) verläuft bei *H. richonis* im Uhrzeigersinn. Bei einigen anderen helicosporen Pilzen ist die Drehrichtung dem Uhrzeigersinn entgegengesetzt. Die Drehrichtung scheint für einzelne Arten konstant zu sein. Bei *Helicoon* verzweigen sich die Konidien selbst nicht, während die Konidien von *Helicodendron* weitere Konidien als seitliche Verzweigungen besitzen können (Abb. 310 B, C). *Beverwijkella pulmonaria* (Abb. 311 A) bildet zweilappige Aggregate von dunklen, dickwandigen, kugelähnlichen Zellen mit luftgefüllten Interzellularräumen, während *Spirosphaera* den gleichen Effekt durch Bildung von kugeligen Fortpflanzungszellen aus reich verzweigten, eingerollten Hy-

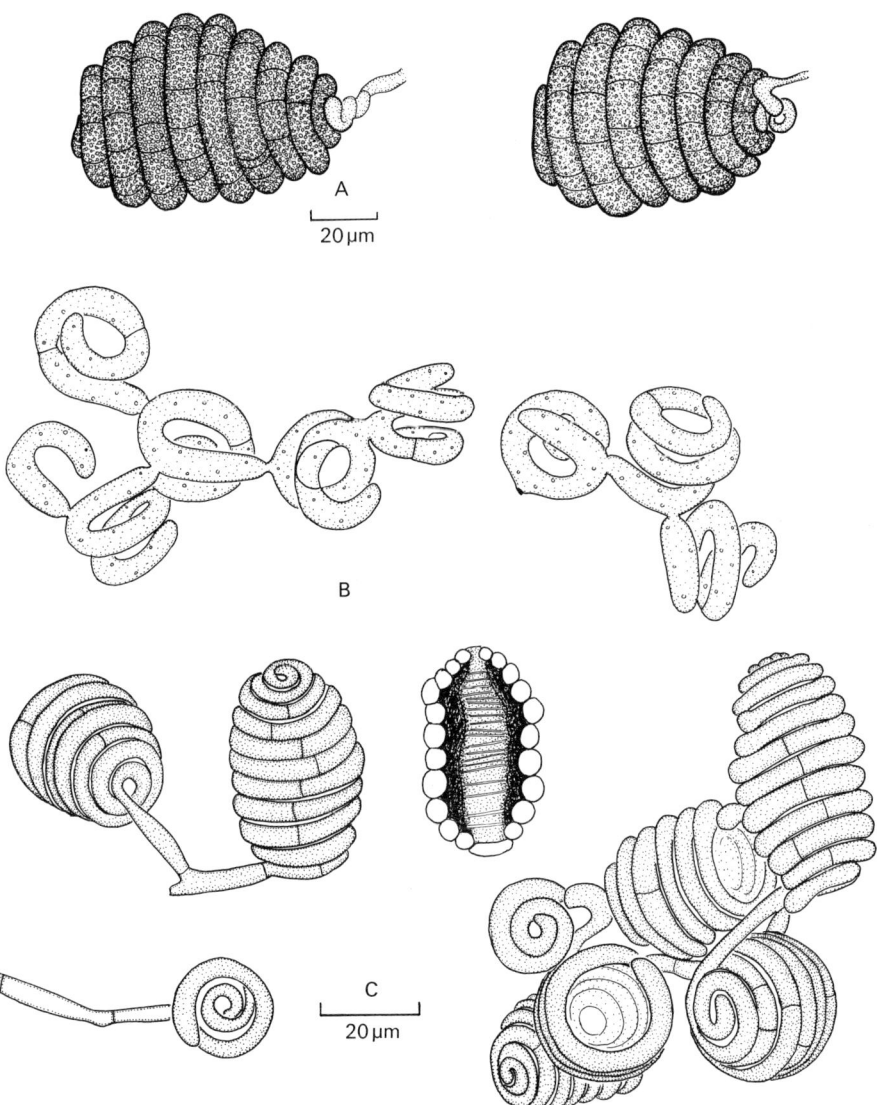

Abb. 310 A–C. Helicospore Pilze. A *Helicoon richonis;* **B** *Helicodendron triglitziense;* **C** *Helicodendron conglomeratum.* Die mittlere Spore ist im optischen Schnitt gezeigt, um die eingefangene Luftblase darzustellen

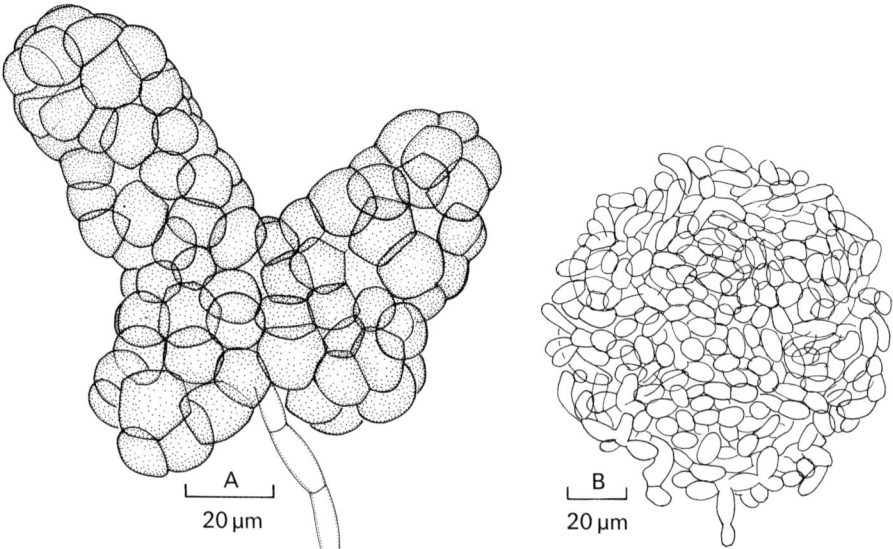

Abb. 311 A, B. Konidien von zwei an der Luft sporulierenden Wasserpilzen; **A** *Beverwijkella pulmonaria;* **B** *Spirosphaera* sp

phen erreicht (Abb. 311 B). Eine weitere Möglichkeit, Luft in den Fortpflanzungszellen einzuschließen, zeigt *Clathrosphaerina zalewskii*. Dieser Pilz bildet hohle, kugelige Fortpflanzungszellen mit einer Gitterwand, die einem Golfball aus Kunststoff ähnlich sehen. Diese Netzstrukturen werden durch mehrfache dichotome Verzweigungen der Arme der sich entwickelnden Konidie gebildet, die sich anschließend nach innen wölbt und mit den Spitzen der Arme festhaftet. Das sexuelle Stadium dieses Pilzes ist ein winziger, inoperculater Discomycet (eine Art von *Hyaloscypha*, Descals und Webster, 1976). Diese Darstellungen der Konidienentwicklung umfassen jedoch nicht alle Möglichkeiten, Luft einzuschließen, weil mehrere andere Fortpflanzungskörper dieser Art mit unterschiedlichen Strukturen bekannt sind.

Obwohl die Taxonomie dieser Gruppe ziemlich gut bekannt ist (Linder, 1929; Glen-Bott, 1951, 1955; van Beverwijk, 1953, 1954; Moore, 1955; Hennebert, 1968; Tubaki, 1975 a, b), ist ihre Ökologie wenig bekannt, wenn auch für solche Untersuchungen methodisch einfach durchzuführende Techniken vorhanden sind (Fisher, 1977; Fisher und Webster, 1979, 1981).

Tierfangende Fungi imperfecti

Die interessanteste Gruppe der Fungi imperfekti sind die tierfangenden Hyphomycetes. Sie fangen lebende Nematoden und fressen sie auf. Diese Verhaltensweise findet man jedoch nicht nur bei den Fungi imperfekti, sondern auch bei den Zoopagales und Entomophthorales (Zygomycotina), Chytridiomycetes und Oomycetes. Innerhalb der Basidiomycotina besteht die Gattung *Nematoctonus* aus Formen, die am Schnallenmyzel Konidien bilden; erst vor kurzem konnte gezeigt werden, daß *Hohenbuehelia* (Agaricales) das sexuelle Stadium einer dieser Arten ist (Barron, 1977; Barron und Dierkes, 1977). Die tierfangenden Hyphomycetes kann man leicht ködern, indem man eine Erdprobe in eine Petrischale mit schwach konzentriertem Mais-Agar gibt und einige Wochen bei Raumtemperatur inkubiert. Die in der Erde befindlichen Nematoden kriechen über die Agaroberfläche und suchen nach Bakterien. Befinden sich tierfangende Pilze in der Erde, dann bilden sie Strukturen aus, um die Nematoden zu fangen. Die eingefangenen toten und sterbenden Tiere sind leicht mit Hilfe des Stereomikroskopes zu erkennen. Bisher wurden über 150 Arten nematodenfressender Pilze beschrieben. Zu dieser Gruppe hat Barron (1977) eine Übersicht verfaßt. Die Taxonomie stützt sich größtenteils auf die grundlegenden Untersuchungen von Drechsler. Von Cooke und Godfrey (1964) wurde ein Schlüssel zur Klassifizierung der Arten aufgestellt.

Barron (1977) unterscheidet zwischen tierfangenden Pilzen (predatory fungi) und solchen, die die Nematoden indirekt einfangen (endoparasitic fungi). Die tierfangenden Formen mit Tierfallen bilden in der Erde ein ausgedehntes Hyphensystem. An den Hyphen entstehen in bestimmten Abständen Vorrichtungen zum Einfangen lebender Nematoden. Die endoparasitischen Formen bilden außerhalb des

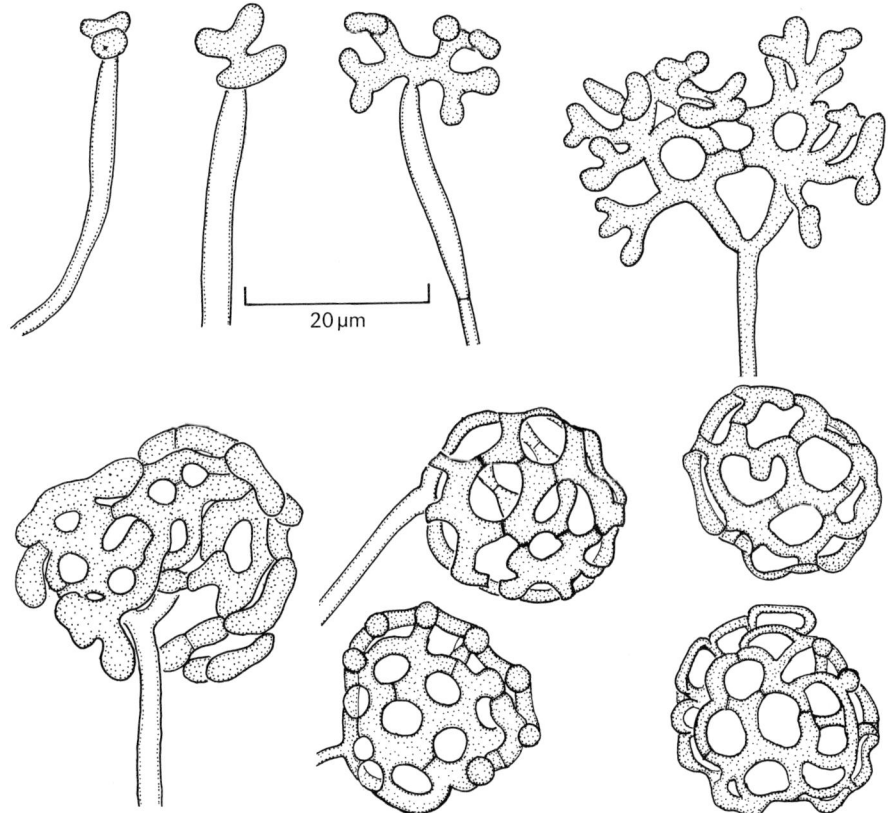

Abb. 312. *Clathrosphaerina zalewskii:* Konidienentwicklung

Wirtes kein ausgedehntes Myzel. Der Pilz lebt im Erdboden als Spore, die sich entweder an den Körper des Wirtes anhaftet oder von ihm gefressen wird. Die Spore keimt durch die Darmwand. Innerhalb des Nematoden bildet sich ein Myzel. Nur die Konidienphoren dringen durch den toten Nematoden nach außen. Dagegen können die auf dem Pilzmyzel innerhalb des Wirtes gebildeten Chlamydosporen bei der Zersetzung des Körpers im Erdboden überleben.

Die Unterscheidung zwischen diesen beiden Lebensformen ist nicht ganz eindeutig. Innerhalb der einzigen Gattung *Nematoctonus* gibt es nämlich beide Typen.

Nematodenpathogene Hyphomycetes mit Tierfallen

Die tierfangenden Hyphomycetes bilden unterschiedliche Fangorgane aus. In den meisten Fällen bilden sie diese Organe nicht in Reinkulturen, sondern erst nach Zugabe von Nematoden oder Nematodenextrakten. Die Bildung dieser Organe wird innerhalb von 24–48 h induziert. Andere biologische Substanzen, wie z. B. Pferdeserum oder Hefeextrakt, können die Bildung der Fallen induzieren. Pramer und Stoll (1959) nannten die Substanz oder Substanzen, die die Fallenbildung induzieren, Nemin. Spätere Untersuchungen ergaben, daß Nemin aus einer oder mehreren Aminosäuren oder aus einem Peptid mit verhältnismäßig geringem Molekulargewicht bestehen kann. Nach Nordbring-Herz (1973) ist bei *Arthrobotrys oligospora* die Induktion der Fallenbildung nach Zugaben von Peptiden stärker als von Aminosäuren. Besonders aktiv sind Valylpeptide. Die tierfangenden Hyphomycetes haben verschiedene Fangstrukturen:

1. *Klebrige Knöpfchen:* Einzellige, stiellose oder gestielte, kugelige Knöpfchen, die von einem klebrigen Sekret überdeckt sind und in Abständen an einer Hyphe vorkommen. Diese Fangorgane findet man bei einigen tierfangenden Hyphomycetes (z. B. *Dactylaria candida*). Elektronenmikroskopische Untersuchungen zur Ultrastruktur dieser klebrigen Knöpfchen zeigten bei *Monacrosporium drechsleri* dichte Einschlüsse, die in den nicht modifizierten Zellen des Myzels nicht zu finden sind, und ein gut ausgebildetes rauhes und glattes endoplasmatisches Retikulum. Solche Strukturen spielen möglicherweise bei der Sekretion des Klebstoffs eine Rolle. In der Hyphenwand gibt es jedoch keine Kanäle, durch die der Klebstoff ausgeschieden werden kann (Heintz und Pramer, 1972). Manchmal kann sich ein gefangener Nematode mitsamt dem klebrigen Knöpfchen durch kräftige Bewegungen vom Myzel lösen. In solchen Fällen ist es möglich, daß der Pilz erst später in den Wirt eindringt (siehe unten). Nach Barron (1977) können die losgelösten Knöpfchen zur Verbreitung beitragen.

2. *Klebrige Seitenzweige:* Kurze Seitenzweige, die manchmal nur aus einer einzigen angeschwollenen Zelle, meist aber aus mehreren Zellen bestehen, werden von einem Film aus sehr zähem Klebstoff bedeckt. Sie stehen aufrecht über der Oberfläche des Myzels. Diese Fallen in Form von klebrigen Knöpfchen sind so angeordnet, daß ein Nematode immer mehrere von ihnen berührt. Solche Fallen gibt es bei *Monacrosporium* sp. (Abb. 313). Bei einigen Arten (z. B. *M. cionopagum* und *M. gephyropagum*) können die Seitenzweige so dicht zusammen stehen, daß Anastomosen stattfinden und ein primitives Netzwerk gebildet wird.

3. *Klebrige Netze:* Eine der häufigsten Fallentypen ist ein klebriges Netzwerk, das aus Anastomosen von gewundenen Hyphenspitzen der Seitenzweige entsteht.

Abb. 313. *Monacrosporium* sp. Hyphen mit kurzen Seitenzweigen, die in klebrigen Knöpfchen umgewandelt sind. An mehreren Stellen haften Nematoden. Am Ende der Konidiophore ist eine einzelne Konidie zu erkennen

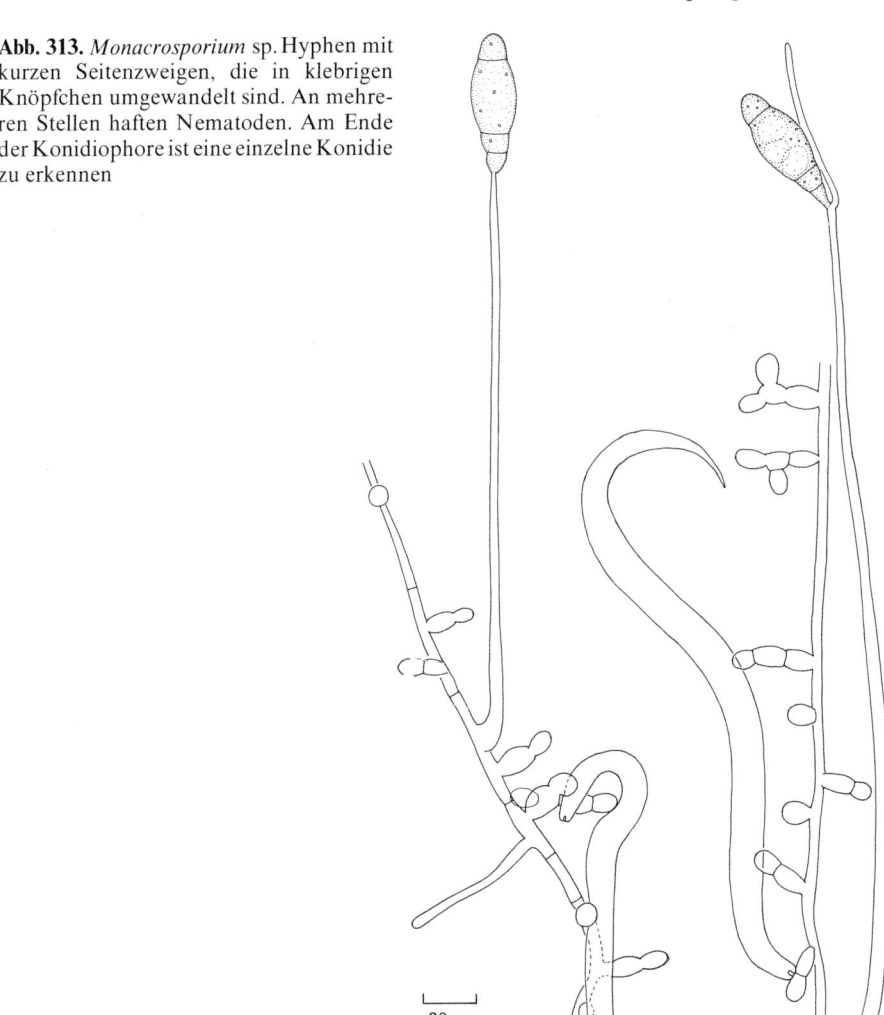

20 µm

Das Netzwerk erhebt sich über das Niveau des Myzels. Fallen dieser Art gibt es bei *M. eudermatum* (Abb. 314) und *Arthrobotrys robusta* (Abb. 315). Die gesamte Oberfläche des Netzwerks ist mit einem klebrigen Film überzogen. Stößt ein Nematode mit seinem Körper in dieses Netzwerk, wird er sehr schnell unbeweglich. Von Nordbring-Herz (1972) gibt es Aufnahmen mit dem Rasterelektronenmikroskop, die die Verteilung des Klebstoffs über dem Netzwerk zeigen. In einem ausgezeichneten Film von Comandon und Fonbrune (Champignons prédateurs de nématodes du sol: Institut Pasteur, Paris) wird der Klebstoff auf der Außenseite des Netzes mit Hilfe eines Mikromanipulators dargestellt.

4. *Schlingen, die sich nicht zusammenziehen:* Eine Reihe von tierfangenden Hyphomycetes fangen ihre Beute mit dreizelligen Schlingen, die durch Zurückbiegen

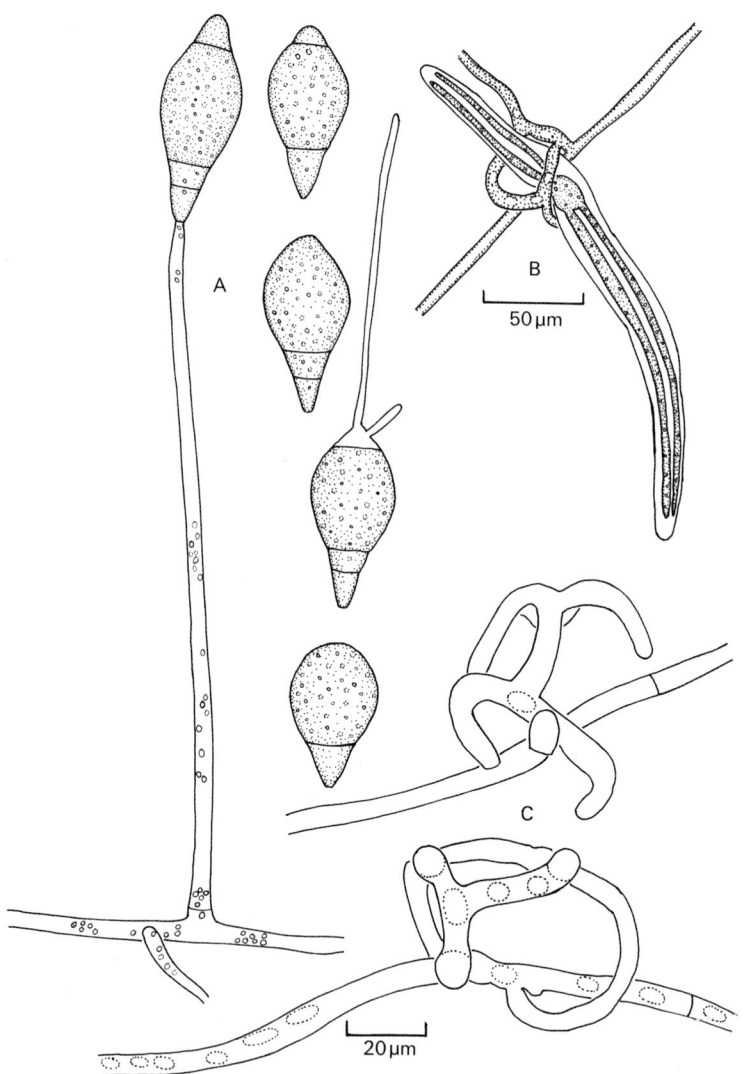

Abb. 314 A–C. *Monacrosporium eudermatum.* **A** Konidiophoren mit einer einzigen Konidie und mehreren losgelösten Konidien; **B** Gefangener Nematode. Man erkennt die nach Infektion entstandene Anschwellung und die den Inhalt des Tieres verdauenden Hyphen; **C** Klebefallen

und durch Anastomose der Spitze eines Seitenzweigs gebildet werden. Kriecht ein Wurm durch diese Schlinge, kann er sich so darin verfangen, daß er sich nicht mehr zurückziehen kann. Der Ansatzpunkt der Schlinge ist meist schwach ausgebildet, so daß durch Bewegungen des Nematoden die Schlinge gelöst werden kann. Gelegentlich findet man Nematoden mit mehreren Schlingen. Die abgelösten Schlingen sind noch in der Lage, in den Nematoden einzudringen und ihn zu töten. Diese Fallen wirken im wesentlichen passiv. Zur Einschnürung des Nematoden findet kein Anschwellen der Zellen der Falle statt. Die sich nicht einschnürenden Schlingen kommen bei *Dactylaria candida* vor, der auch Fallen mit klebrigen Knöpfchen bildet (Abb. 316) (Dowsett und Reid, 1977 a, b).

5. *Schlingen, die sich zusammenziehen:* Dies ist der interessanteste Fallentyp. Er wird auf die gleiche Weise gebildet wie die sich nicht zusammenziehenden Schlingen. Wenn die innere Oberfläche der Schlinge mit dem Wurm in Kontakt gerät, schwellen die Zellen rasch an. Auf diese Weise wird der Nematode stark zusammengeschnürt. Solche Fallen findet man bei den drei Hauptgattungen der tierfangenden Hyphomycetes, *Arthrobotrys* (z. B. *A. anchonia, A. dactyloides*), *Monacrosporium* (z. B. *M. bembicodes*) und *Dactylaria* (z. B. *D. brochopaga*). Dieser Fallentyp wird in Abb. 316 an einer Art von *Monacrosporium* dargestellt.

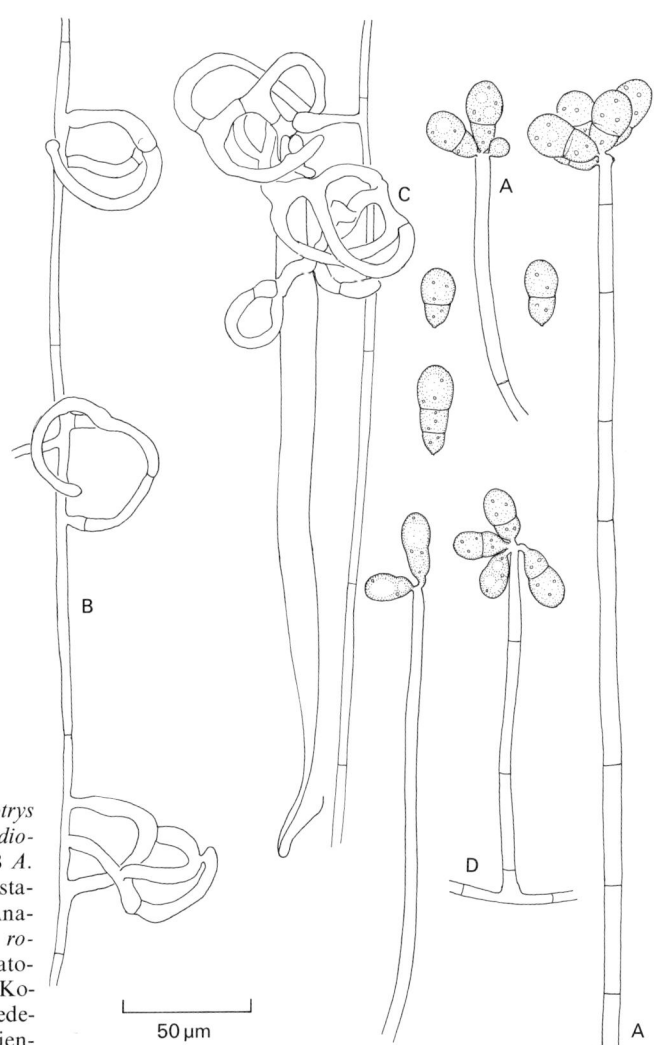

Abb. 315 A–D. *Arthrobotrys* spp. **A** *A. robusta. Konidiophoren und Konidien;* **B** *A. robusta.* Entwicklungsstadien der Fallen durch Anastomosenbildung; **C** *A. robusta.* Gefangener Nematode; **D** *A. oligospora.* Zwei Konidiophoren mit verschiedenen Stadien der Konidienentwicklung

50 µm

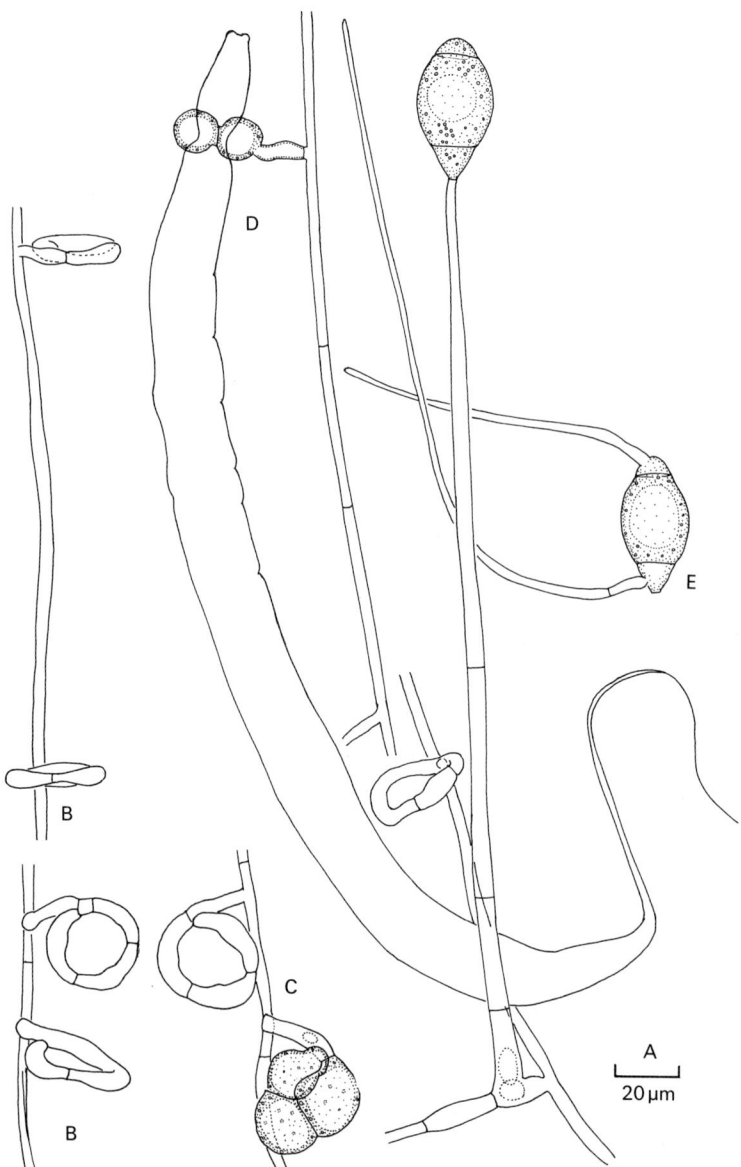

Abb. 316 A–E. *Monacrosporium* sp. **A** Konidiophore mit einer einzelnen terminalen Konidie; **B** Dreizellige, sich zusammenziehende Schlingenfalle; **C** Zwei Fallen, eine davon angeschwollen; **D** Nematode, mit dem Vorderende in einer angeschwollenen Schlingenfalle; **E** Keimende Konidie

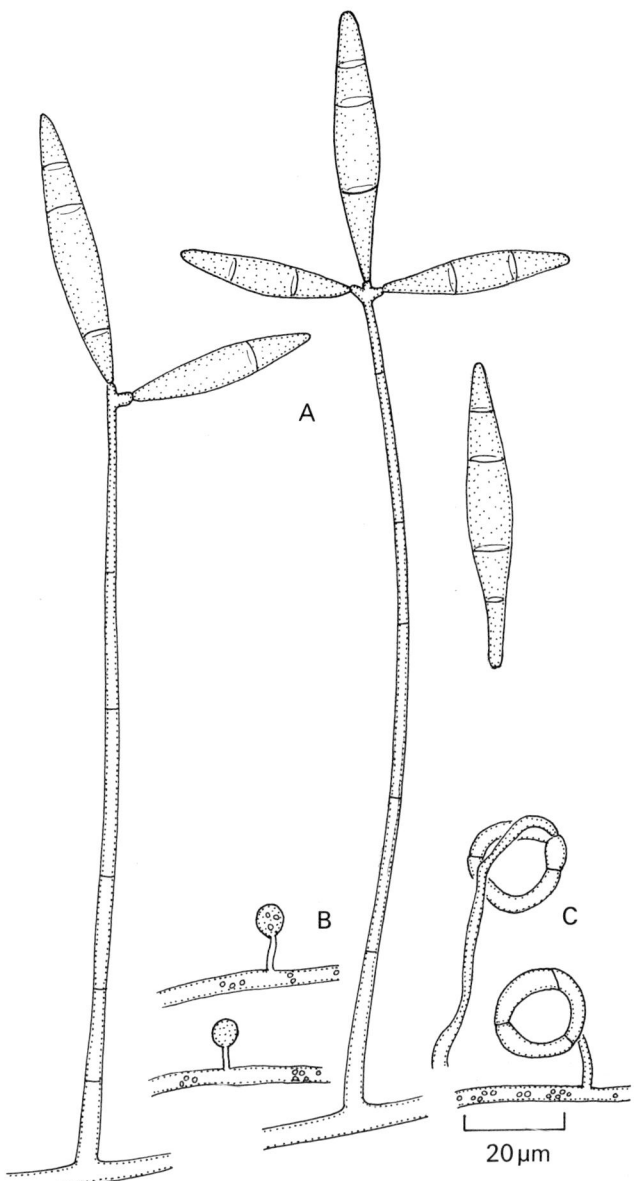

Abb. 317A–C. *Dactylaria candida.* **A** Konidiophore mit abgelöster Konidie; **B** Gestielte, einzellige Knopffalle; **C** Nicht zusammenziehende Schlingenfalle

Um den Mechanismus der Schlingenfallen zu verstehen, sind viele Versuche unternommen worden. Das Einbringen einer feinen Glasnadel in die Schlinge mit Hilfe eines Mikromanipulators und anschließender leichter Bewegung kann das Schließen der Falle auslösen. Andere Stimuli, wie z. B. Hitze oder ein trockener Luftstrom, können diesen Vorgang ebenfalls auslösen. Die Vergrößerung der Zellen wird durch Vakuolisierung begleitet und erfolgt durch eine elastische Dehnung der *Innenseite* der Schlinge, während die äußere Zellwand die Form nicht verändert (Estey und Tzean, 1976). Die Schlinge schließt sich innerhalb von 0,1 sec. Das Anschwellen der drei Schlingenzellen erfolgt nicht gleichzeitig. Nach teilweiser Anschwellung der ersten Zelle schwillt die zweite an und dann die dritte. Taucht man die Ringe in eine 0,3–0,5 M Saccharoselösung und induziert das Schließen der Falle durch Hitze, dann verzögert sich der Vorgang um den Faktor 100, so daß das Schließen der Falle ungefähr 10 Sekunden dauert (Müller, 1958). Das Volumen sich schließender Zellen steigt um das dreifache an. Möglicherweise spielen beim Schließen der Falle mehrere physiologische Veränderungen eine Rolle:

a) Veränderungen der Permeabilität der Membran und dadurch bedingte schnellere Aufnahme von Wasser.

b) *Wasseraufnahme*. Nach Mullers Schätzungen muß bei einer sich zusammenziehenden Schlinge von *Monacrosporium doedycoides* eine Wasseraufnahme von 18 000 μm^3 in 0,1 sec stattfinden. Es ist unwahrscheinlich, daß dieses Wasser durch den Stiel der sich zusammenziehenden Schlinge geleitet wird und durch die drei Septen, die die Zellen teilen. Die Wasseraufnahme kann daher über die gesamte Oberfläche der Schlinge erfolgen.

c) *Veränderungen der Zellwand*. Die schnelle Veränderung der Form des inneren Teils der Schlingenwand ist wahrscheinlich auf eine Verschiebung der Mikrofibrillen zurückzuführen, die diese Wand bilden. Dieser Teil der Wand wird ebenfalls dünner. Dowsett et al. (1977) zeigten an *Dactylaria brochopaga*, daß die innere Wand der Schlingenzellen dicker ist als die äußere Wand. Die innere Wand ist vor der Ausdehnung vierschichtig. Während der Ausdehnung zerreißen die zwei äußeren Wandschichten.

d) *Veränderungen des osmotischen Wertes*. Die schnelle Aufnahme von Wasser ist möglicherweise auf die Hydrolyse von Polymeren innerhalb der Zelle zurückzuführen, die zu einem Anstieg des osmotischen Wertes des Zellsaftes führt. Das aufgenommene Wasser kann vermutlich die osmotisch aktiven Substanzen verdünnen. Dies erklärt, warum Muller vor und nach dem Schließen der Schlinge keine Veränderungen des osmotischen Wertes feststellen konnte.

e) *Veränderungen der Neuordnung der Membranen*. Die dreifache Zunahme des Zellvolumens, die damit verbundene Zunahme der Oberfläche und die Vakuolisierung erfordern notwendigerweise eine schnelle Umordnung des Membransystems innerhalb der Zelle. Heintz und Pramer (1972) entdeckten bei Feinstrukturuntersuchungen der sich zusammenziehenden Schlingen von *Arthrobotrys dactyloides* ein Labyrinth von membrangebundenem Material in der Nähe des Plasmalemmas auf der Innenseite der Schlingenzellen und eine ausgedehnte Zone elektronendurchlässigen Materials. In angeschwollenen Schlingen fand man einen sehr häufig vorkommenden Plasmalemmatyp. Dies deutet darauf hin, daß die membrangebundenen Einschlüsse zur Bildung der vergrößerten Plasmamembran beitragen (siehe auch Dowsett et al. 1977).

Die Bildung dieser unterschiedlichen Fallentypen kann durch die Anwesenheit von Nematoden hervorgerufen werden, vermutlich durch ihre Körperausscheidungen. Die Berührung mit den Fallen erfolgt nicht immer zufällig, sondern kann durch chemotaktische Bewegungen der Nematoden zu diesen Fallen hervorgerufen werden. Legt man Nematoden in die Mitte zwischen zwei Scheiben mit einer Agarkultur eines tierfangenden Hyphomyceten, von denen die eine Kultur induzierte Fallen aufweist und die andere nicht, dann bewegt sich eine signifikant größere Zahl von Nematoden in die Richtung der Scheibe mit den Fallen (Field und Webster, 1977).

Nach dem Einfangen eines Nematoden stirbt dieser trotz sehr heftiger Bewegungen. Bei den sich zusammenziehenden Schlingenfallen stirbt der Nematode durch Einschnüren des Körpers. Es ist jedoch erwiesen, daß bestimmte Pilze Toxine bilden können. Nach Olthof und Estey (1963) haben sterile Extrakte des Myzels von *Arthrobotrys oligospora* keinen Einfluß auf die Lebensfähigkeit des Nematoden *Rhabditis* sp. Auch sterile Extrakte aus zerdrückten Nematoden zeigten keine Wirkung. Legt man jedoch lebende Nematoden in ein Filtrat aus Extrakten von zerdrückten und vom Pilz befallenen Nematoden, dann werden sie bewegungslos und schließlich getötet. Man nimmt an, daß die Extrakte ein nematotoxisches Prinzip enthalten. Balan und Gerber (1972) zeigten, daß Filtrate von nicht stimuliertem Myzel von *Arthrobotrys dactyloides* nematozid sind und daß das aktive Prinzip Ammonium ist. Stabile Nematotoxine wurden auch für Konidien im Verlauf der Keimung des endoparasitischen *Nematoctonus haptocladus* und *N. concurrens* nachgewiesen. In diesem Falle heften sich die Konidien außen an die Wirtskutikula an, so daß die Sekretion der Toxine (in diesem Falle wahrscheinlich ein Polysaccharid) dazu beiträgt, vor dem Eindringen den Wirt bewegungsunfähig zu machen (Giuma und Cooke, 1971; Giuma et al. 1973).

Tierfangende, nematodenfressende Pilze dringen durch die Kutikula mit einem Haustorium ein. In der Körperhöhle schwillt der Pilz an und bildet einen kugeligen Vesikel, den man Infektionskugel oder Postinfektionskugel nennt. Früher nahm man an, daß der Tod des Wirtes durch eine ‚innere Strangulation' der Körperinhalte hervorgerufen wird, wenn sich diese Kugel ausdehnt. Shepherd (1955) zeigte jedoch, daß der Wirt schon bewegungsunfähig ist, bevor sich die Kugel vollständig ausgedehnt hat. Aus dieser Kugel bilden sich in beide Richtungen Verdauungshyphen, die die Körperinhalte aufzehren. Schließlich kommt der Pilz wieder zum Vorschein und bildet Konidiophoren und Konidien.

Fortpflanzung

Die tierfangenden, nematodenfressenden Pilze gehören hauptsächlich vier Gattungen an. Bei *Arthrobotrys* (Abb. 315) sind die Konidien zweizellig und bilden entweder einen einzigen Wirtel an der Spitze oder eine Reihe von Wirteln entlang der Konidiophoren. Die Konidien bilden sich holoblastisch. Obwohl sich eine junge Konidie unterhalb des Insertionspunktes der nächst älteren Konidie (Abb. 315 D) bildet, werden im Verlauf des Wachstums der Konidiophorenspitze die älteren Konidien nach unten gedrückt, so daß die jüngste Konidie scheinbar an der Spitze gebildet wird. Obwohl sich die Konidien von *Trichothecium* sehr ähnlich sehen, bilden sie sich auf eine andere Weise, nämlich in basipetaler Folge, so daß sich die jüngste

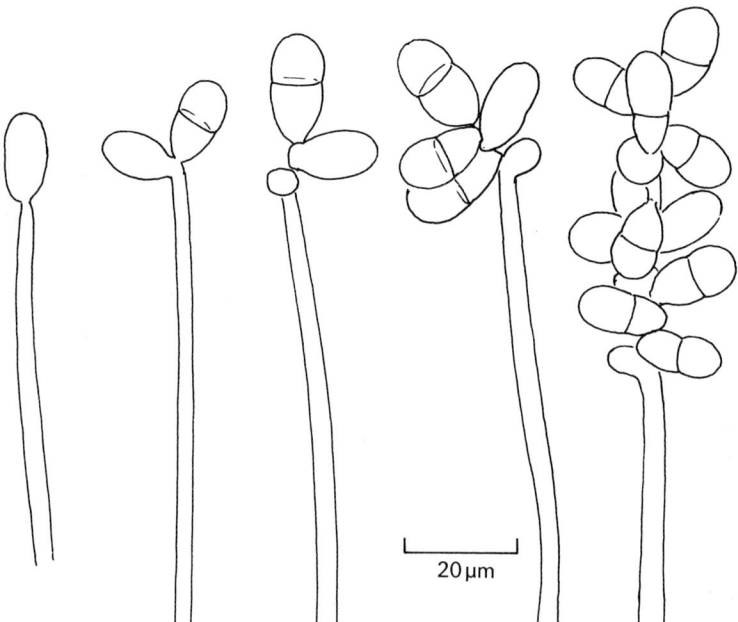

20 µm

Abb. 318. *Trichothecium roseum:* Konidiophoren mit sukzessiv gebildeten Konidien. Die zweite Konidie bildet sich unter der ersten. Die Konidiophore wird während der Konidienbildung kürzer

Konidie eindeutig an der Basis einer Gruppe von terminalen Konidien befindet. Dies ist in Abb. 318 an *T. roseum* dargestellt. Dieser Pilz ist *kein* tierfangender Pilz, sondern ein häufig vorkommender Saprophyt. Während der sukzessiven Bildung der Konidien wird die Konidiophorenspitze tatsächlich verkürzt. Man schließt daraus, daß das Wandmaterial der Konidiophore in Material umgewandelt wird, aus dem sich die Sporenwände bilden (Kendrick und Cole, 1969). Obwohl *T. roseum* nicht Nematoden frißt, trifft dies jedoch für einige andere Arten (z.B. *T. flagrans* und *T. cystosporium*) zu. Die zwei weiteren, häufig vorkommenden Gattungen sind *Monacrosporium*, bei der eine einzige hyaline Phragmospore an der Spitze der Konidiophore entsteht (Abb. 316), und *Dactylaria*, die eine Folge von ähnlich aussehenden Konidien bildet, so daß man an der Spitze der Konidiophore eine ‚Ähre‘ aus mehreren Konidien findet (Abb. 317). Viele Arten, die früher zur Gattung *Dactylella* gehörten (Cooke und Dickinson, 1965), werden jetzt *Monacrosporium* zugeordnet. Schenck et al. (1977) behaupten, daß die Septierung der Konidien kein brauchbares Merkmal für die Aufteilung der Arten der nematodenfressenden Pilze ist. Sie ordnen daher die nematodenfressenden Arten von *Dactylaria* (d.h. die Formen mit einer Vielzahl von Phragmokonidien) der Gattung *Arthrobotrys* zu.

Endoparasitische, nematodenfressende Hyphomycetes

Mehrere Gattungen der Hyphomycetes umfassen endoparasitische Formen. Bei einigen Arten heften sich die Konidien selbst an die Kutikula des Wirtes, dringen bei

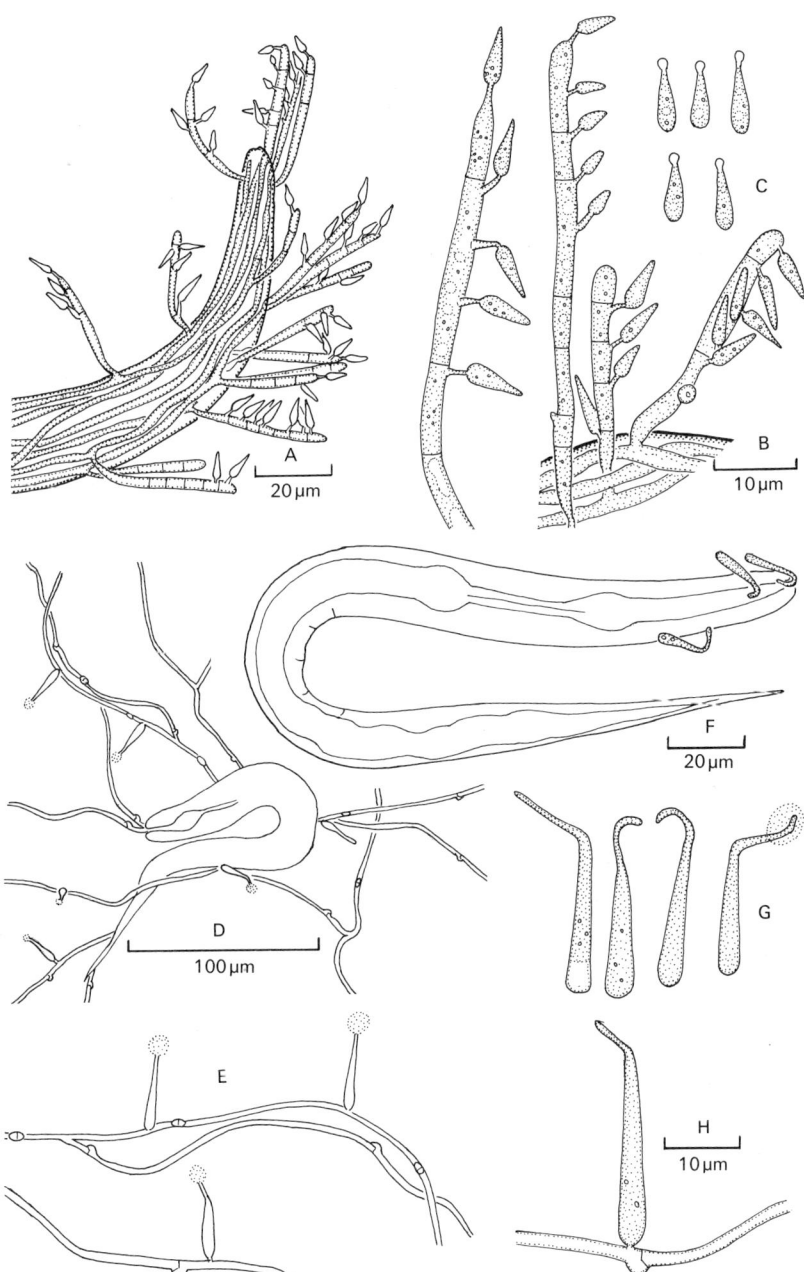

Abb. 319 A–H. *Meria coniospora.* **A** Toter Nematode mit Hyphen und herausragenden Konidiophoren; **B** Konidiophoren; **C** Reife Konidien mit terminalen, klebrigen Knöpfchen. *Nematoctonus leptosporus:* **D** Toter Nematode mit strahlenförmigen Schnallenhyphen und Konidien; **E** Schnallenhyphen mit aufrechten Konidien, die in klebrigen Knöpfchen enden; **F** Nematode mit drei am Vorderende haftenden Konidien. Eine Konidie befindet sich innerhalb der Mundöffnung; **G** Losgelöste Konidien mit spitz zulaufenden Auswüchsen, die manchmal zurückgebogen sind; **H** Anhaftende Konidie

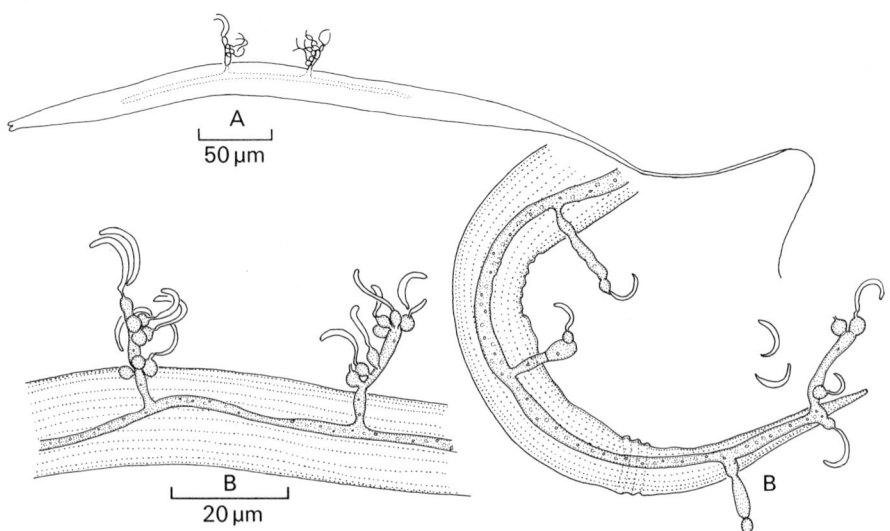

Abb. 320 A, B. *Harposporium anguillulae.* **A** Toter Nematode. Man erkennt das interne Myzel und die externen Konidiophoren; **B** Vergrößerte Darstellung der Konidiophoren mit kugelähnlichen Phialiden und sichelförmigen Phialokonidien

der Keimung in die Leibeshöhle ein und füllen diese schließlich mit Hyphen. *Meria coniospora* (Abb. 319) bildet konische Konidien, die bei der Reifung kugelige, klebrige Knöpfchen am spitzen Ende tragen. Solche Konidien haften sehr leicht an der Kutikula eines Nematoden. Die Nematoden versuchen auch, die Konidien zu verschlingen, so daß man die Konidien häufig auch am Vorderende findet. *Nematoctonus* besitzt ein Schnallenmyzel (Abb. 319) und bildet aufrechte Konidien mit spitz zulaufenden Enden, die manchmal winkelig gekrümmt sind. Diese Konidien heften sich durch ein klebriges Sekret an die Kutikula eines Nematoden, wenn dieser sie berührt. Die Konidien scheiden Nematotoxine aus, die den Nematoden unbeweglich machen. Dann erfolgt das Eindringen und die Verdauung. Bei einigen anderen Formen erfolgt die Infektion nach dem Verschlingen der Konidie. *Harposporium anguillulae* besitzt halbmondförmige Konidien. Werden diese gefressen, dann heftet sich das spitze Ende der Spore an die Wand des Ösophagus an und dringt nach Keimung in die Leibeshöhle ein (Aschner und Kohn, 1958). Die aus dem toten Wirt heraustretenden Konidiophoren tragen ungestielte, kugelähnliche Phialiden (Abb. 320). Das Myzel innerhalb des Wirtes kann Chlamydosporen bilden, die nach der Zersetzung des Nematoden vermutlich im Erdboden überleben können.

Biologische Bekämpfung der pathogenen Nematoden

Einige Nematoden sind gefährliche Krankheitserreger für Pflanzen und Tiere. Bei der Bekämpfung der parasitischen Nematoden im Erdboden hat man versucht, dem Erdboden Kulturen von nematodenfressenden Pilzen zuzufügen. Obwohl bei einigen Experimenten die Nematoden reduziert und die Ernteerträge verbessert wurden, ist die Technik bis jetzt noch nicht anwendungsreif und kann kommerziell noch nicht ausgewertet werden (Duddington, 1957).

Auf Samen vorkommende imperfekte Pilze

Die Samen vieler Pflanzen weisen eine typische Pilzflora auf. In einigen Fällen sind die Pilze pathogen. Das Vorkommen von pathogenen Pilzen in Samenproben bedeutsamer Nutzpflanzen kann dazu führen, daß die Krankheitserreger von einer Saison bis zur nächsten oder sogar auch mehrere Vegetationsperioden überdauern können und auch in bisher nicht befallene Regionen verbreitet werden. Die pathogenen Pilze können die Lebensfähigkeit der Samen schwächen oder ihre Qualität mindern. Die auf Samen vorkommenden imperfekten Pilze können auch Krankheiten an Tieren hervorrufen (z.B. Toxikose oder hormonelle Veränderungen), die zu einem Fertilitätsverlust oder zum Verlust der Milchproduktion führen. Viele, aber nicht alle auf Samen vorkommenden Pilze gehören zu den Deuteromycotina. Zu ihnen gehören nicht nur die Hyphomycetes, sondern auch die Coelomycetes. Sie bilden Pyknidien und Acervuli als Konidienfruchtkörper. Wegen ihrer Bedeutung in der Pflanzenpathologie werden die auf Samen vorkommenden Pilze häufig untersucht. In den meisten Ländern mit einer hoch entwickelten Landwirtschaft untersuchen Pflanzenschutzämter in Routineuntersuchungen die Samenproben. Aus diesem Grunde gibt es eine umfangreiche Literatur zu diesen Pilzen (Neergaard, 1977).

Die auf Samen vorkommenden Pilze sind verhältnismäßig leicht zu untersuchen. Die Blütenteile und Ovarien von Samenpflanzen können während ihrer Entwicklung von häufig vorkommenden, in der Luft befindlichen, saprophytischen Pilzen besiedelt werden (z.B. von *Aureobasidium, Cladosporium, Alternaria, Epicoccum, Aspergillus* und *Penicillium*). Inkubiert man Samenproben in einer Feuchtkammer oder legt sie direkt auf einen Nähragar, dann erfolgt ein intensives Wachstum dieser Schimmelpilze. Diese können das Vorkommen von noch gefährlicheren Pathogenen überdecken, die in tiefer liegenden Schichten des Samens wachsen. Die Samen können durch Abspülen in antiseptischen Lösungen (z.B. eine Lösung von 10%igem Natriumhypochlorid) sterilisiert werden. Werden die Samen danach getrocknet und auf ein geeignetes Agarmedium (z.B. Mais-Mehl-Agar, V8-Saft-Agar) übertragen oder auf feuchtem Filterpapier inkubiert, dann können die Pathogene auf der Oberfläche des Samens oder auf dem Medium Fruchtkörper bilden. Die Fruchtkörperbildung wird meist durch Benutzung von Plastikpetrischalen und durch Bestrahlung mit ultraviolettem Licht aus dem nahen Bereich stimuliert (Leach, 1962, 1963). Nach einer solchen Behandlung findet man häufig folgende Gattungen:

Hyphomycetes: *Alternaria, Stemphylium, Epicoccum, Nigrospora, Drechslera, Cercospora, Curvularia, Pyricularia.*

Coelomycetes: *Colletotrichum, Phoma, Ascochyta, Septoria.*

Hyphomycetes

Alternaria (Abb. 321, 322)

Dieser Pilz besitzt charakteristische Konidien. Sie sind gelblich-braun, schnabelförmig und haben Quer- und Längssepten. Sporen mit diesem Septentyp nennt man Dictyosporen (siehe Abb. 297 D). Sie bilden sich durch apikale Sprossung der koni-

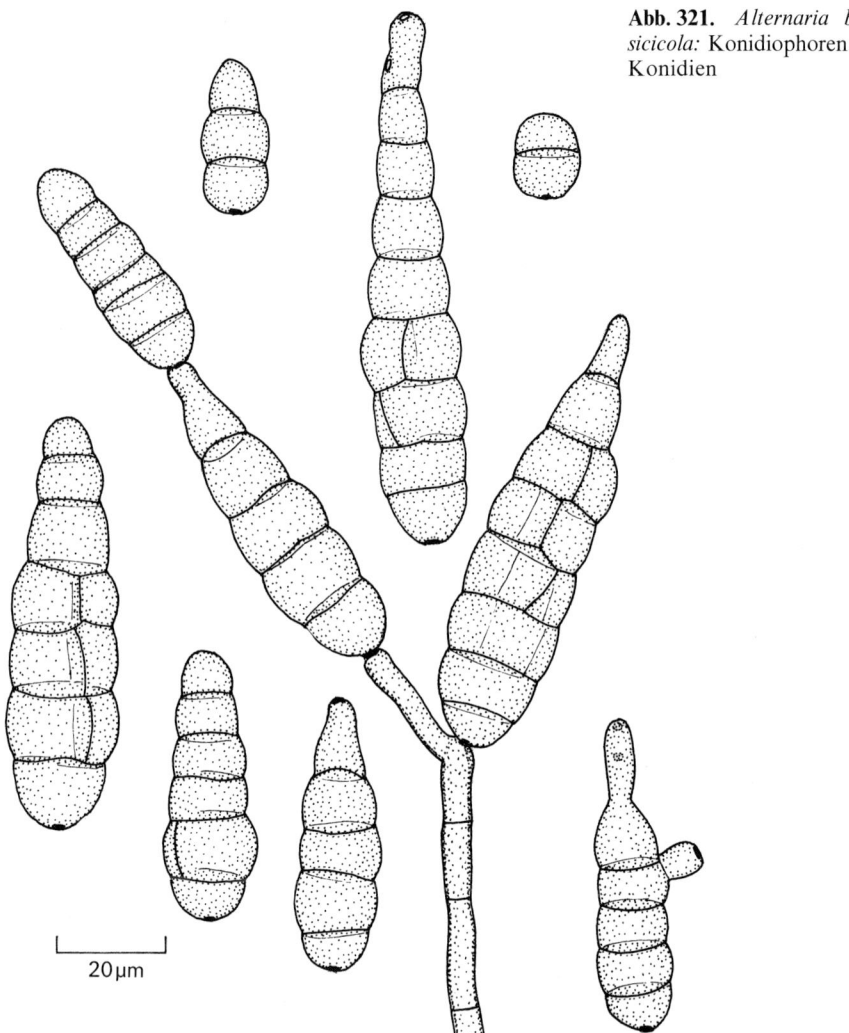

Abb. 321. *Alternaria bras-sicicola:* Konidiophoren und Konidien

20 μm

diogenen Zelle oder durch Sprossung an der Spitze der Spore. Wenn eine Spore sproßt und mehrere Sporen bildet, dann verzweigt sich die Sporenkette. Die bekannten sexuellen Stadien von *Alternaria* gehören meist zu der Gattung *Pleospora* (Loculoascomycetes) (S. 371). Die Formgattung *Alternaria* ist umfangreich (Joly, 1964) und umfaßt wirtsspezifische Arten und solche, die ein breites Wirtsspektrum haben. *Alternaria alternata* (syn. *A. tenuis*) findet man häufig auf absterbenden und alternden Pflanzenteilen. Ihre Sporen stellen einen bedeutenden Anteil der in der Luft befindlichen Sporenflora, insbesondere im Spätsommer und im Herbst in gemäßigten Ländern (Hyde und Williams, 1946). Konidien von *Alternaria* können beim Menschen Allergien hervorrufen und auch zu Störungen der Atemwege führen. Im Perikarp von Weizensamen kann *Alternaria* ein Myzel bilden und dadurch systemische Infektionen der Sprosse hervorrufen. *A. alternaria* verursacht eine Schwärzung der Weizenkörner (‚black point‘), die Infektion mit *A. triticina* führt zu einer Blattfäule (Bhowmik, 1969). Samen von *Brassica* können sowohl von *Alternaria brassicicola* als auch von *A. brassicae* infiziert werden (Abb. 322). Die zwei Arten sind leicht an der Konidienform zu unterscheiden. Die Konidien von *A. brassicae* sind länglich mit spitz zulaufendem ‚Schnabel‘. Diese Arten rufen verschiedene Krankheiten an Brassica hervor. *A. brassicicola* ist der Erreger der Kohlschwärze, einer Krankheit, die eine beträchtliche Ernteverminderung hervorruft. Die Infektion mit *A. brassicae* führt ebenfalls zu einer Kohlschwärze, allerdings mit grauen Blattflecken. Diese Krankheit ist hauptsächlich für das Ausbleiben der Samenbildung verantwortlich. Es ist wahrscheinlich, daß die Infektion der Samen durch die Ovarienwand erfolgt, und zwar ausgehend von den Petalen.

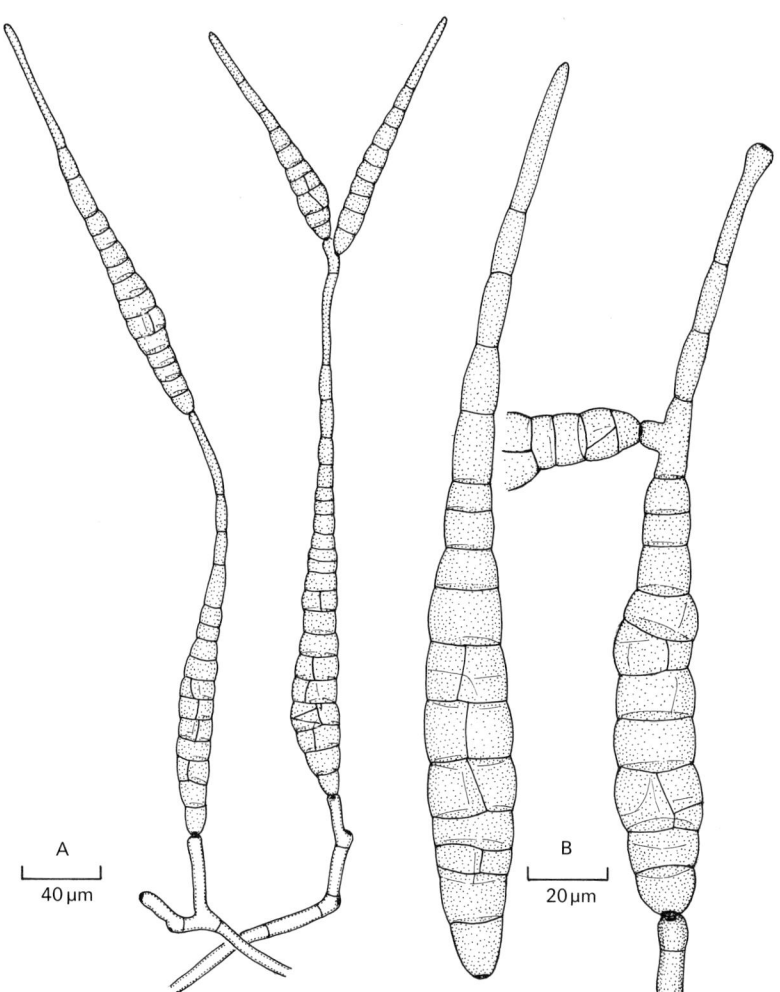

Abb. 322 A, B. *Alternaria brassicae.* **A** Konidiophoren und Konidien; **B** Konidien

Campbell (1969, 1970) untersuchte die Struktur von sich entwickelnden reifen und keimenden Konidien von *A. brassicicola*. Die Quersepten werden zuerst durch irisblendenartige Einschnürung in einer sich entwickelnden Spore gebildet. Ein Porus in der Mitte des Septums ermöglicht eine Übertragung von Cytoplasma.

Die Septen der basalen Spore werden jedoch gelegentlich verstopft, so daß eine weitere Ausdehnung der Sporenkette verhindert wird. Die Sporenwand besteht aus zwei Schichten, einer äußeren melanisierten und einer inneren hyalinen Schicht. Sproßt eine Spore an der Spitze, dann bildet sich in der äußeren Schicht ein Porus, durch den sich die innere Schicht ausdehnt. Man hat auch eine nicht pigmentierte (d.h. nicht melanisierte) Mutante isoliert. Die Sporen dieser Mutante sind weniger widerstandsfähig gegen chemische Einflüsse als die pigmentierten Sporen des Wildtyps (Campbell et al. 1968).

Stemphylium (Abb. 215)

Die Konidien von *Stemphylium* sind dunkel- und normalerweise rauhwandig. Sie besitzen Quer- und Längssepten. Im Gegensatz zu *Alternaria* entstehen sie einzeln und nicht in Ketten. Es gibt mehrere Arten, die an der Konidiengröße und -form unterschieden werden können. Sie kommen nicht nur auf Samen vor, sondern auch als schwache Parasiten auf Sprossen, auf denen sie Blattflecken hervorrufen. *S. radicinum* ist der Erreger der Wurzelfäule von Karotten. Die sexuellen Stadien von *Stemphylium* sind Arten von *Pleospora*, einem Loculoascomyceten mit bräunlich-gelben, muriformen Ascosporen (S. 372) (Simmons, 1969).

Epicoccum (Abb. 323)

Epicoccum ist ein ubiquitärer Saprophyt auf absterbenden Pflanzenteilen. Dieser Pilz parasitiert auch auf einigen Wirten, z.B. auf Hirse, Äpfeln und Baumwollschoten (Mulder und Pugh, 1971). Die häufigste Art ist *E. nigrum* (syn. *E. purpurascens*) (Schol-Schwartz, 1959). Obwohl man diesen Pilz oft auf Samen findet, kommt er besonders häufig auf Getreide und Gräsern vor. Es gibt nur wenige Anhaltspunkte für eine parasitische Lebensweise. Die Konidienfruchtkörper haben die Form von kissenförmigen, schwarzen oder purpurroten Sporodochien, die mit rauhen, warzigen, segmentierten, bräunlich-roten Konidien bedeckt sind (Abb. 323 A). Die Konidien können vom Sporodochium aktiv fortgeschleudert werden. Wahrscheinlich geschieht dies durch Abrunden der zwei turgeszenten Zellen auf jeder Seite des Septums. Diese Zellen trennen die Konidie von der Konidiophore (Abb. 323 C) (Webster, 1966). Möglicherweise wird die Abtrennung der Konidien durch Trockenheit stimuliert, denn die höchste Sporenkonzentration in der Luft findet man kurz nach Mittag (Meredith, 1966). Punithalingam et al. (1972) berichten von einem Pyknidienstadium (*Phoma epicoccina*). Die Feinstruktur der Konidien wurde von Brushaber und Haskins (1973) und Duncan und Herald (1974) untersucht.

Nigrospora (Abb. 324)

Arten dieser Gattung findet man häufig auf Pflanzen, wie z.B. Reis, Zuckerrohr, Mais und anderen Monokotyledonen. *N. oryzae* ist ein Saprophyt oder ein schwa-

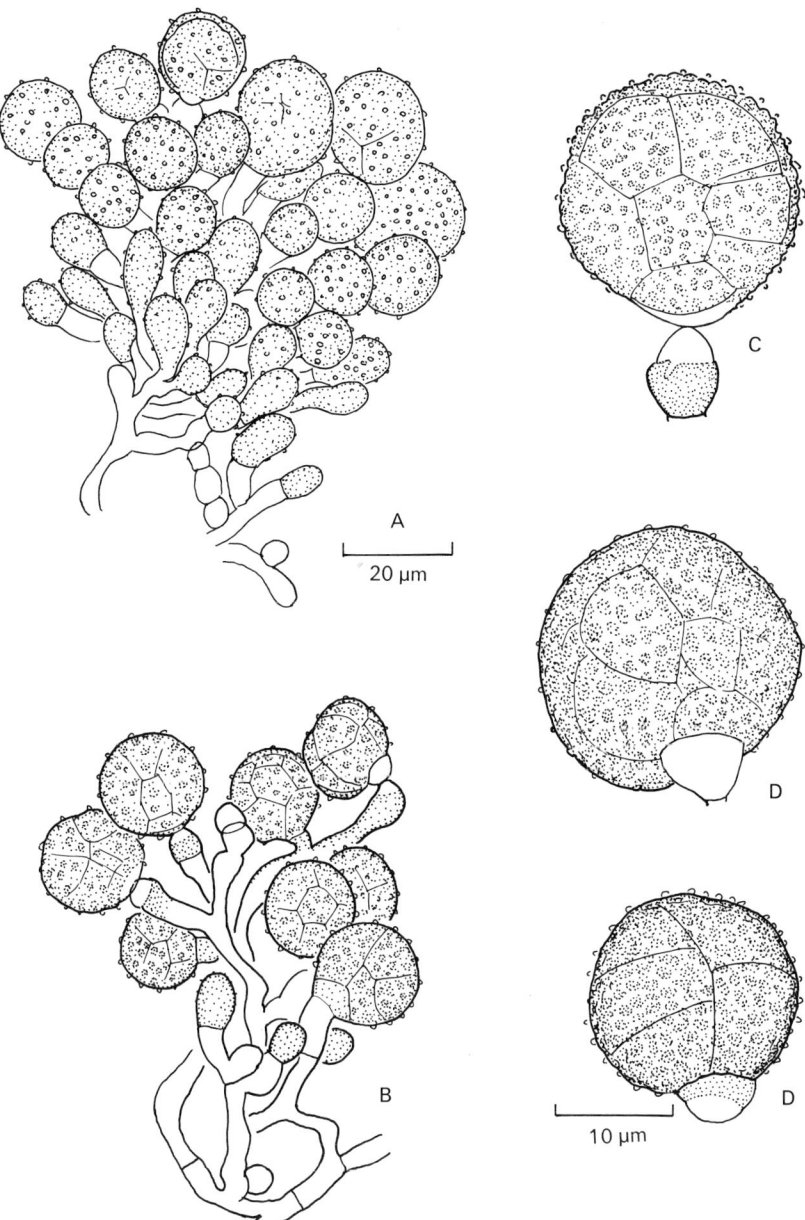

Abb. 323 A–D. *Epicoccum nigrum.* **A** Junges Sporodochium; **B** Konidiophoren und Konidien; **C** Konidie, die fast von der Konidiophore getrennt ist. Man erkennt das hervorstehende Septum der Konidiophore; **D** Zwei abgelöste Konidien

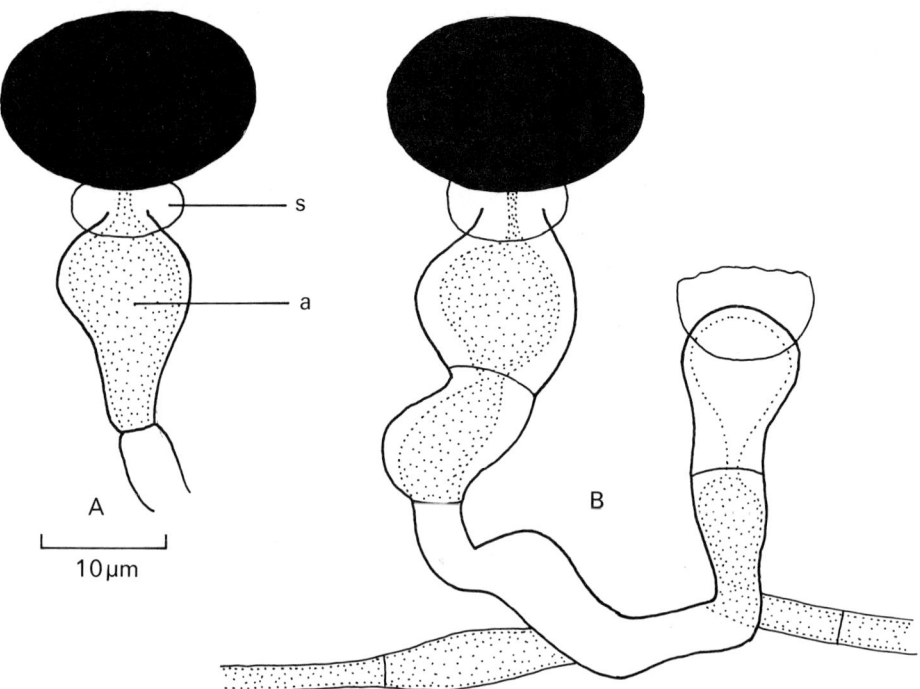

Abb. 324 A, B. *Nigrospora sphaerica.* **A** Konidiophoren, die aus einer angeschwollenen, gefäßförmigen Zelle bestehen (*a*), die mit Cytoplasma angefüllt ist, und einem stützenden Kragen
(*s*), durch den ein schmaler Cytoplasmastrom dringt; **B** Eine nicht freigesetzte und eine freigesetzte Konidiophore. Man erkennt, daß die freigesetzte Konidiophore frei von Cytoplasma
ist

cher Parasit auf Reiskörnern, Sorghum und Mais. Das sexuelle Stadium ist *Khuskia
oryzae* (Hudson, 1963), ein unitunicater Pyrenomycet. Die schwarzen, glänzenden,
flachkugeligen Konidien können größenmäßig von den Konidien von *N. sphaerica*
unterschieden werden. Die Konidien beider Arten findet man häufig in der Luft
von Bananenplantagen in Jamaica (Meredith, 1961, 1962). Die höchste Konzentration findet man am frühen Morgen. Bei *N. sphaerica* werden die Konidien explosionsartig durch einen Cytoplasmastrahl freigesetzt, der aus der angeschwollenen,
gefäßförmigen Zelle austritt. Die Konidie wird durch einen dünnwandigen, stützenden Kragen über der Mündung des Strahles an seinem Platz gehalten (Webster,
1952).

Drechslera (Abb. 325)

Arten dieser Formgattung findet man auf Samen von Getreide, Gräsern und anderen Wirten. Viele dieser pathogenen Arten wurden früher der Formgattung *Helminthosporium* zugeordnet. Die Species dieser Formgattung ist jedoch *H. velutinum* mit
einer tretischen Entwicklung der Konidien (Abb. 293, S. 494). Diese bilden sich entweder *terminal* oder *lateral* durch sehr schmale Kanäle in der dicken Wand der Konidiophore. Die Bildung einer terminalen Konidie bei *H. velutinum* verhindert die

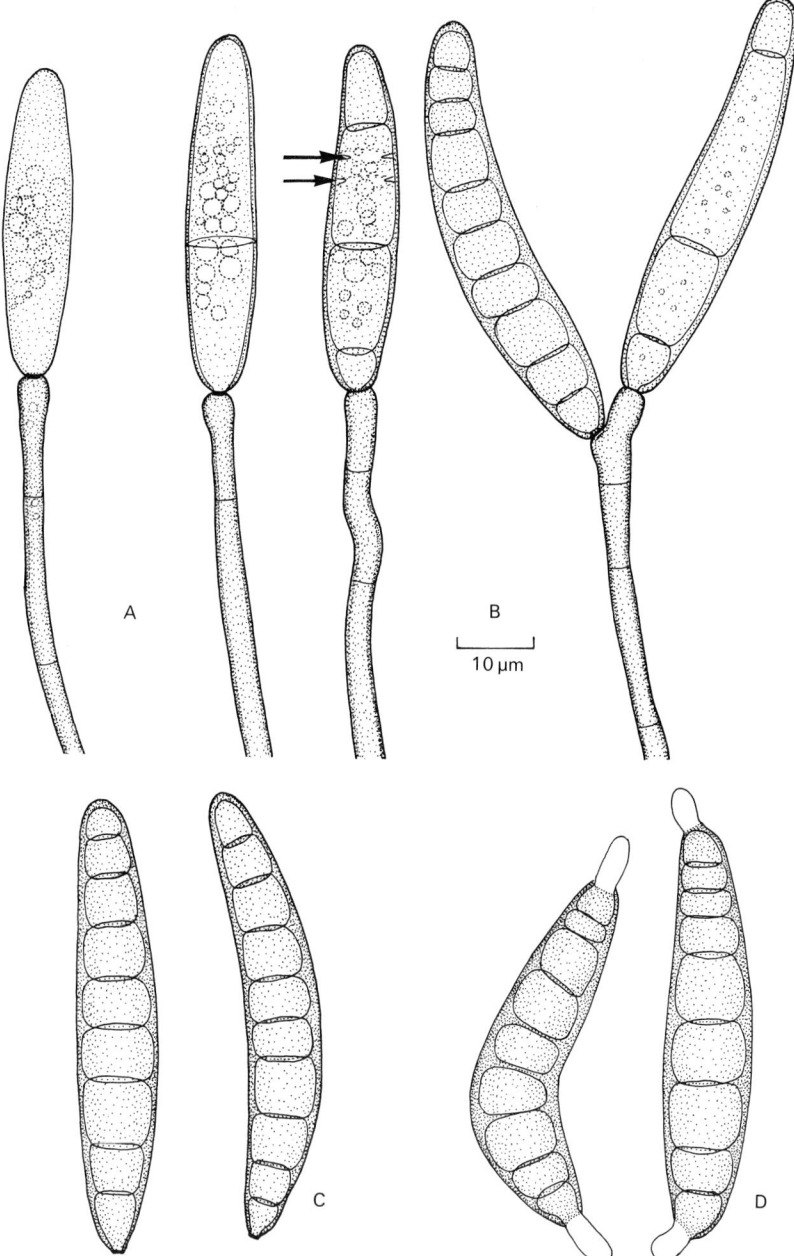

Abb. 325 A–D. *Drechslera sorokiniana,* das Konidienstadium von *Cochliobolus sativus.* **A** Sich entwickelnde Konidien. Die Pfeile zeigen auf die sich bildenden Septen; **B** Konidiophoren mit Bildung einer zweiten Konidie an der Seite der ersten; **C** Reife Konidien; **D** Zwei keimende Konidien mit hervortretenden Keimschläuchen auf beiden Seiten der Konidie

weitere Verlängerung der Konidiophore. Die Entwicklung der Konidien bei *Drechslera* entspricht nicht diesem Typ. In diesem Falle bilden sich die Konidien *apikal* aus einem Porus an der Spitze der Konidiophore. Nach der Entstehung der primären Konidie kann die Konidiophore sprossen, indem sie entweder durch die Narbe der ersten Konidie wächst (fortlaufende Proliferation) oder seitlich an der ersten Konidie eine neue Spitze bildet, die in die Richtung des Insertionspunktes wächst und eine zweite Konidie bildet (seitliche Proliferation). Dieser Vorgang kann sich wiederholen. Die seitliche Proliferation bei *D. sorokiniana* ist in Abb. 325 B dargestellt. Die Konidien von *Drechslera* sind zylindrisch oder keulenförmig und haben Quersepten. Luttrell (1963) unterscheidet zwei Septentypen.

„Euseptierte Konidien sind von einer einzigen Wand umgeben und besitzen echte Septen, die durch nach innen gerichtete Erweiterungen der Seitenwände gebildet werden. Das Septum bildet sich wahrscheinlich als geschlossenes Diaphragma. Meistens bleibt ein Porus in der Mitte bestehen und verbindet die beiden durch das Septum getrennten Zellen.

Distoseptierte Konidien besitzen eine gemeinsame Außenwand, die mehr oder weniger kugelige Zellen umschließt, von denen jede von einer eigenen Wand umgeben ist. Anscheinend hat die junge Konidie eine doppelte Wand. Einstülpungen der inneren Wand teilen den Protoplasten in eine Anzahl von Zellen, die Erbsen in einer Hülse ähneln .... Die Poren in den inneren Wänden verbinden die Protoplasten der angrenzenden Zellen".

Eine Septenbildung dieses Typs, der manchmal auch als ‚pseudoseptiert' bezeichnet wird, wurde für *D. sorokiniana* (Abb. 325 C), *D. avenacea* und *D. oryzae* beschrieben.

Die Einzelheiten der Feinstruktur der Konidienentwicklung von *Drechslera* spp. werden unterschiedlich beschrieben. Nach Cole (1973) ist die Konidienentwicklung bei *D. sorokiniana* tretisch. Die neu gebildete Konidie bildet sich enteroblastisch durch den Kanal in der Wand der konidiogenen Zelle, wahrscheinlich als ein Ergebnis einer Auflösung der äußeren Wandschichten. Nach Brotzman et al. (1975) ist die Entwicklung bei *D. maydis* holoblastisch. In diesem Falle sind alle Wandschichten an der Entwicklung beteiligt. Von mehreren Arten von *Drechslera* sind sexuelle Stadien bekannt. Sie gehören alle zu den Loculoascomycetes und umfassen folgende Gattungen: *Cochliobolus*, *Pyrenophora*, *Pleospora* und *Trichometasphaeria* (Ellis, 1971 b).

Wichtige pathogene, auf Samen vorkommende Arten von *Drechslera* sind: *D. sorokiniana* (Konidienstadium von *Cochliobolus sativus*), Erreger der Keimlingskrankheit, der Fußkrankheit und der Weißährigkeit der Gerste und anderen Wirten; *D. teres* (Konidienstadium von *Pyrenophora teres*), Erreger der Netzfleckenkrankheit der Gerste; *D. graminis* (Konidienstadium von *Pyrenophora graminis*), Erreger der Streifenkrankheit der Gerste.

Eine aktive Freisetzung der Konidien wurde für *Drechslera turcica* (Konidienstadium von *Trichometasphaeria turcica*) beschrieben, dem Erreger des Blattbrandes (‚northern leaf blight') von Mais. Es sei darauf hingewiesen, daß man diesen Pilz bisher noch nicht auf Samen von Mais gefunden hat (Neergaard, 1977), obwohl er auf Samen von *Sorghum* vorkommt. Nach Meredith (1965 b) erfolgt die Konidienfreisetzung bei Trockenheit. Er nimmt an, daß dadurch die Zellen der Konidiophore schrumpfen.

Da die Zellwände elastisch sind und deswegen die Tendenz haben, sich einer Schrumpfung zu widersetzen, stehen sie unter einer Spannung. Wenn der Punkt erreicht ist, an dem die Adhäsions- oder Kohäsionskräfte oder beide diese Spannung nicht mehr aufrechterhalten, bilden sich im Protoplasten Gasblasen, die Spannung läßt plötzlich nach und ruft einen Druck hervor, der dann wieder ausreichend ist, um die Konidiospore abzuschleudern.

Leach (1976) arbeitete mit dem gleichen Pilz und stellte fest, daß die Freisetzung der Sporen mit dem Austrocknen der Konidiophore zusammenhängt, aber auch bei erhöhter Feuchtigkeit auftreten kann. Bestrahlt man Verletzungen auf Maisblättern mit Rotlicht oder Infrarotlicht, dann erfolgt ebenfalls eine Freisetzung der Sporen. Gleichzeitig mit der Bestrahlung ist eine Erhöhung der elektrischen Spannung zwischen der Ober- und der Unterseite der Verletzungen auf den Blättern zu beobachten. Nach Leach werden die Konidien durch elektrostatische Abstoßung freigesetzt.

Wahrscheinlich werden die Sporen nicht bei allen Arten von *Drechslera* aktiv freigesetzt. Tatsächlich ist ein beträchtlicher Druck notwendig, um die Konidien von *D. maydis* von ihren Konidiophoren zu trennen. Aylor (1974) und Aist et al. (1976) untersuchten die Zentrifugalkräfte oder die Windgeschwindigkeit, die zur Trennung notwendig sind. Die Sporen lösen sich bei Windgeschwindigkeiten von über $5 \text{ m} \times \text{sec}^{-1}$. Bei Geschwindigkeiten von $6-7 \text{ m} \times \text{sec}^{-1}$ waren fast alle Sporen an einem 3–5 mm langen Stück vom Rand des Maisblattes freigesetzt, während 10 mm vom Rand entfernt noch keine Ablösung stattgefunden hat. Die reife Konidie ist nur mit etwas Cytoplasma an der Konidiophore befestigt. Diese Verbindung ist von einem kreisrunden, aufrecht stehenden Hilum umgeben. Seitlich auftretende Kräfte können die Spore von der Konidiophore weghebeln, wobei das Hilum als Angelpunkt dient.

Cercospora (Abb. 326)

Zu dieser Formgattung gehören ungefähr 2000 Arten, von denen aber wahrscheinlich viele synonym sind. Die Vielzahl der Namen zeigt das Bestreben der Pflanzenpathologen, Formen von *Cercospora* auf früher nicht beschriebenen Wirtspflanzen als neue Arten zu beschreiben. Johnson und Valleau (1949) isolierten *Cercospora* von 28 Wirtspflanzen aus 16 Familien, von denen alle anscheinend zur gleichen Art gehören. Die Größen der Konidiophoren und Konidien können sehr unterschiedlich sein, was wahrscheinlich auf Veränderungen der Luftfeuchtigkeit zurückzuführen ist. Die meisten Arten von *Cercospora* sind schwache Parasiten. *C. beticola* (Abb. 326) (nach Ellis, (1971 b) wahrscheinlich ein Synonym von *C. apii*) ist der Erreger der Blattflecken auf Zuckerrüben und wächst auf Samen. Die Konidien sind schmal und spitz zulaufend. Sie enthalten zahlreiche Quersepten und werden durch Regentropfen verbreitet.

Curvularia (Abb. 327)

Die Formgattung *Curvularia* umfaßt über 30 Arten, die nicht alle auf Samen wachsen (Ellis, 1966, 1971 b). Von Groves und Skolko (1944/45) gibt es eine Darstellung von den auf Samen vorkommenden Arten von *Curvularia*, und zwar von Samen aus Kanada, während die auf Reiskörnern vorkommenden Arten von Benoit und Mathur (1970) beschrieben wurden. Die charakteristischen Merkmale der Formgattung sind die Bildung von makronematischen, mononematischen, aufrechten Konidiophoren (und gelegentlich Stromata), mit spiralig oder in Wirteln angeordneten Sporen, die meistens gebogen sind. Die dritte Zelle von der Basis der Spore ist größer

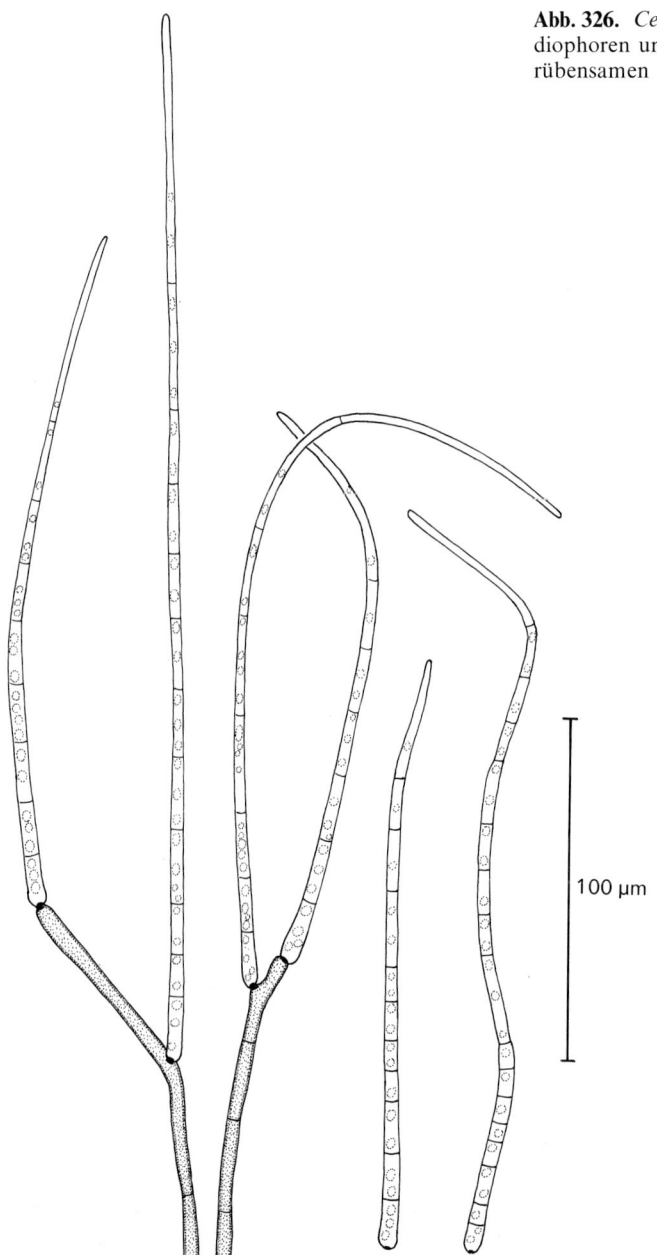

Abb. 326. *Cercospora beticola.* Konidiophoren und Konidien von Zuckerrübensamen

100 μm

als die anderen. Die Endzellen sind blasser (siehe Abb. 327 A, B von *C. lunata*). Bei einigen Arten (z. B. *C. cymbopogonis*) befindet sich an der Basis der Konidie ein protuberantes Hilum. Kendrick und Cole (1968) beschrieben nach Zeitrafferaufnahmen die Vorgänge, die zusammen mit der Konidienentwicklung bei *C. inaequalis* auftreten. Die erste Konidie bildet sich tretisch, d. h. als Porokonidie an der Spitze der sich verlängernden Konidiophore. An der Spitze der Konidiophore bildet

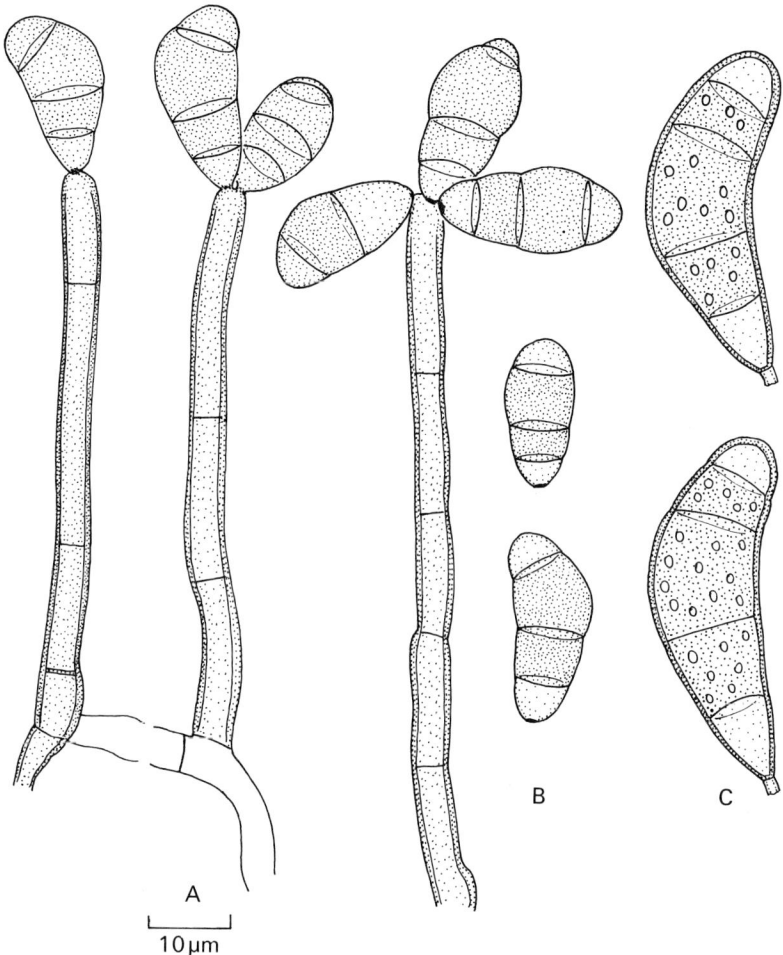

Abb. 327 A–C. *Curvularia* spp. **A** *C. lunata.* Konidiophoren mit verschiedenen Stadien der Konidienentwicklung; **B** *C. lunata.* Reife, abgelöste Konidien. Man erkennt die blassen Endzellen; **C** *C. cymbopogonis.* Reife, abgelöste Konidien mit protuberantem Hilum

sich durch Auflösung der äußeren Wand eine winziger apikaler Porus, aus dem eine kugelige, cytoplasmatische Blase austritt. Die erste Konidie nimmt eine eiförmige Gestalt an. Nach der Reifung bildet die Konidiophore einen neuen, subterminalen Vegetationspunkt, aus dem eine zweite Konidieninitiale entsteht. Der Vorgang wiederholt sich, so daß eine Reihe von neuen Spitzen entstehen, die jeweils mit einer Konidie enden. Diesen Typ der Konidiophorenspitzen nennt man Sympodula.

Curvularia spp. ist der Erreger verschiedenster Krankheiten. Auf Reis und anderen Kornpflanzen sind die wichtigsten Krankheiten: Blattflecken, Blattbrand, Körnerfäule, Wurzelfäule, Keimlingskrankheit, Verfärbung der Körner, Verletzungen und Verformungen der Körner (Benoit und Mathur, 1970).

Die sexuellen Stadien von *Curvularia* sind als Arten von *Cochliobolus* bekannt.

Pyricularia (Abb. 328)

Es gibt zwei häufig vorkommende Arten von *Pyricularia*, die in den Tropen und gelegentlich auch anderswo gemeinsam Erkrankungen bei Getreide und Gräsern hervorrufen. *P. grisea* ist der Erreger von Blattflecken von Gräsern. *P. oryzae* ist der
Erreger des Blattbrands an Reis (Brusone-Krankheit). Dieser Pilz wächst häufig auf
Samen in allen reisproduzierenden Ländern. *P. grisea* und *P. oryzae* sind wahrscheinlich Synonyme. Die Reispflanzen sterben schon als Keimlinge oder in ihren
ersten Entwicklungsstadien ab. Starke Infektionen der Rispen führen meist zu verminderten Ernteerträgen (Ou, 1972; I.R.R.I., 1963). Die Konidiophoren sind

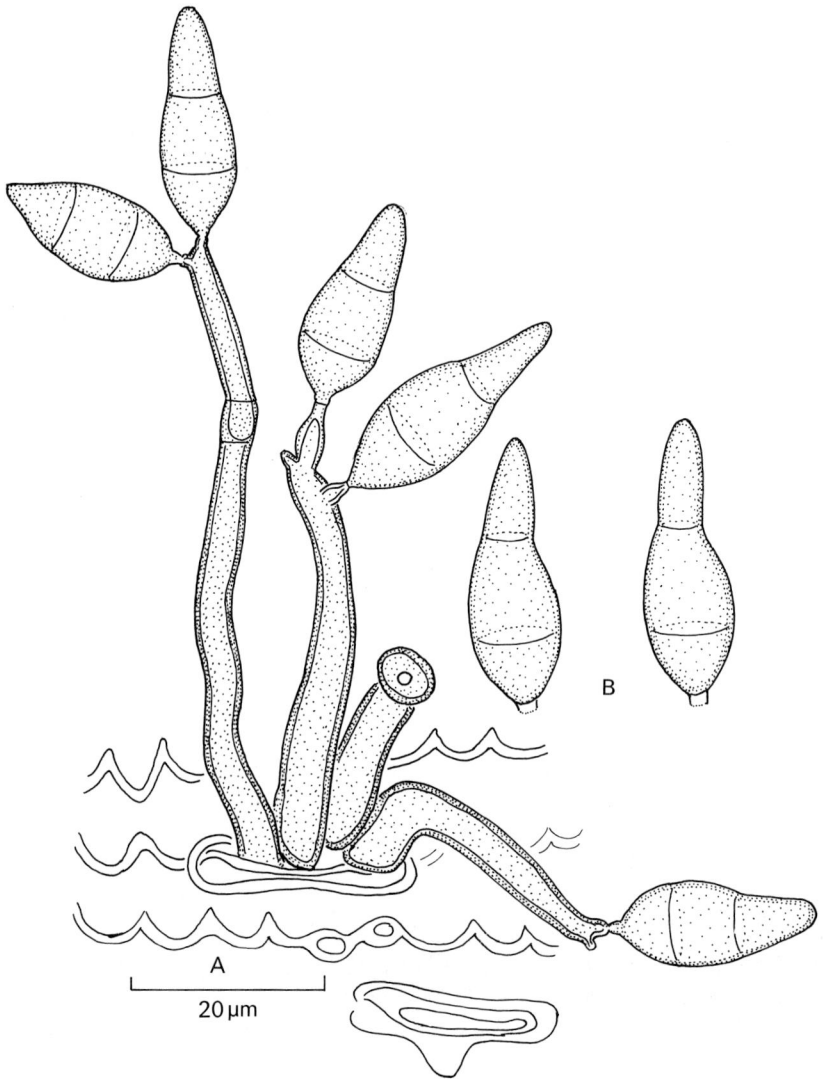

Abb. 328 A, B. *Pyricularia oryzae.* **A** Aus einem Stoma eines Reisblattes herausragende
Konidiophoren; **B** Abgelöste Konidien

schmal und breiten sich vom Myzel innerhalb des erkrankten Blattes durch die Stomata aus. Es bildet sich eine Reihe birnenförmiger und mit zwei Septen versehener, blaßbrauner Konidien, von denen jede durch ein protuberantes Hilum an der Konidiophore befestigt ist. Die Konidien bilden sich blastisch. Nach Ingold (1964) werden sie aktiv, möglicherweise durch eine Explosion des Hilums, freigesetzt. Die Abschleuderung erreicht ihr Maximum während der Nacht, wahrscheinlich ist dies mit der höchsten Luftfeuchtigkeit korreliert. Bei der Keimung bilden die Konidien kurze Keimschläuche mit Appressorien.

Das perfekte Stadium von *P. grisea* ist *Magnaporthe grisea*, ein unitunicater Pyrenomycet (Hebert, 1971; Yaegashi und Udagawa, 1978). Offensichtlich ist *P. grisea* nicht mit *P. aquatica* (siehe S. 511) verwandt, deren perfektes Stadium der Loculoascomycet *Massarina* ist.

Coelomycetes

Mehrere auf Samen vorkommende Formgattungen gehören zu den Coelomycetes. Sie bilden dort nicht immer Konidienfruchtkörper. Ihr Myzel kann auch innerhalb des Samens wachsen, so daß schon die Keimpflanzen infiziert sind. Die Konidienfruchtkörper (Acervuli und Pyknidien) entwickeln sich später (siehe S. 500).

Colletotrichum (Abb. 329)

Der Konidienfruchtkörper bei *Colletotrichum* ist ein Acervulus. Von Arx (1957) unterscheidet 11 Arten. Nach seiner Meinung sind viele der auf verschiedenen Wirtspflanzen gefundenen Formen Synonyme. *Colletrotrichum* spp. ist der Erreger einiger gefährlicher Pflanzenkrankheiten. Dazu gehören:

C. *dematium*, auf Leguminosen, Spinat.
C. *gloeosporoides*, auf den verschiedensten Wirten; das perfekte Stadium ist *Glomerella cingulata* (Sphaeriales).
C. *gossypii*, Erreger der Kapselfäule und Anthraknose (d. h. eine Krankheit mit begrenzten Verletzungen) der Baumwolle; das perfekte Stadium ist *G. gossypii*.
C. *graminicola*, häufig auf Samen vieler Gräser und Getreide; das perfekte Stadium ist *G. graminicola*.
C. *lindemuthianum*, (perfektes Stadium: *G. cingulata* f. sp. *phaseoli*) Erreger der Anthraknose von *Phaseolus*-Bohnen.
C. *lini*, Erreger der Stammanthraknose und des Krebses beim Flachs.

Eine ausführlichere Darstellung dieser Krankheiten gibt Neergaard (1977).

Colletotrichum graminicola ist in Abb. 329 dargestellt und wächst auf Hirsekörnern (*Sorghum*). Der Acervulus ist untertassenförmig und von starren, schwarzen, unverzweigten Haaren umgeben. Die konidiogenen Zellen bilden eine dicht gepackte Palisade aus Phialiden. Die Phialokonidien sammeln sich unter feuchten Bedingungen als glänzende Pusteln, die durch die Setae zusammengehalten werden.

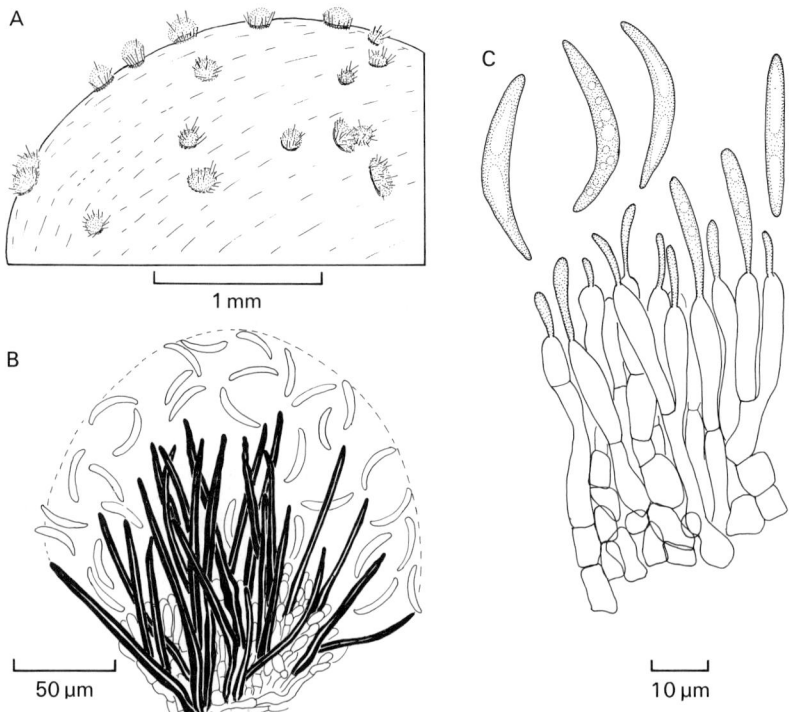

Abb. 329 A–C. *Colletotrichum graminicola.* **A** Teil eines Hirsekorns mit Acervuli; **B** Ein Acervulus; **C** Phialiden und Phialokonidien

Phoma (Abb. 330)

Zur Formgattung *Phoma* gehört eine große Zahl von Artnamen. Dies ist jedoch eine künstliche Formgattung, denn die sexuellen Stadien sind bei den verschiedenen Gattungen der Pseudosphaeriales zu finden. Der Konidienfruchtkörper ist ein Pyknidium, eine dunkle, flaschenförmige Struktur, die sich meist nur mit einer einzigen, runden Ostiole öffnet. Diese ist von einem Hymenium konidiogener Zellen ausgekleidet, aus denen zahlreiche einzellige, hyaline Pyknosporen entstehen. Die Pyknosporen werden aus dem Pyknidium herausgedrückt, wie die Paste aus einer Tube. Die konidiogenen Zellen sind sehr klein. Einzelheiten der Konidienentwicklung sind mit dem Lichtmikroskop sehr schwer zu erkennen. Brewer und Boerema (1965) und Boerema (1965) untersuchten die Entwicklung der Sporen mit dem Elektronenmikroskop. Sie beschreiben den Vorgang der Sporenbildung als ein monopolares, sich wiederholendes Sprossen von kleinen, undifferenzierten Zellen der Pyknidienwand. Wenn sich die Sporenbildung wiederholt, bildet die Spitze der konidiogenen Zelle einen verdickten Rand, der einer Phialide oder einer Annellophore (Annellide) ähnlich sieht. Sutton (1964) beschreibt die Konidien als Phialosporen.

Folgende, auf Samen vorkommende wichtige Pathogene gehören zur Formgattung *Phoma*:

Phoma betae (Abb. 330), Erreger des Wurzelbrands der Rüben; das perfekte Stadium ist *Pleospora bjoerlingii*.

Phoma lingam (Plenodomus lingam), Erreger der Schwarzbeinigkeit der Cruciferen; das perfekte Stadium ist *Leptosphaeria maculans*.

Phoma medicaginis var *pinodella*, Erreger der Fußkrankheit und Brennfleckenkrankheit der Erbse.

Eine ausführliche Darstellung dieser Pathogene gibt Neergaard (1977).

Ascochyta (Abb. 331)

Diese Formgattung enthält ungefähr 500 Artnamen, von denen viele Synonyme sind. Dieser Pilz ist wahrscheinlich heterogen. Einzelheiten zur Ontogenese der Konidien sind bis heute nicht bekannt. Die Pyknidien enthalten hyaline, zweizellige Konidien, die nach Brewer und Boerema (1965) durch Septenbildung aus der konidiogenen Zelle entstehen. Neben Konidien mit 2 oder 3 Septen gibt es auch unsep-

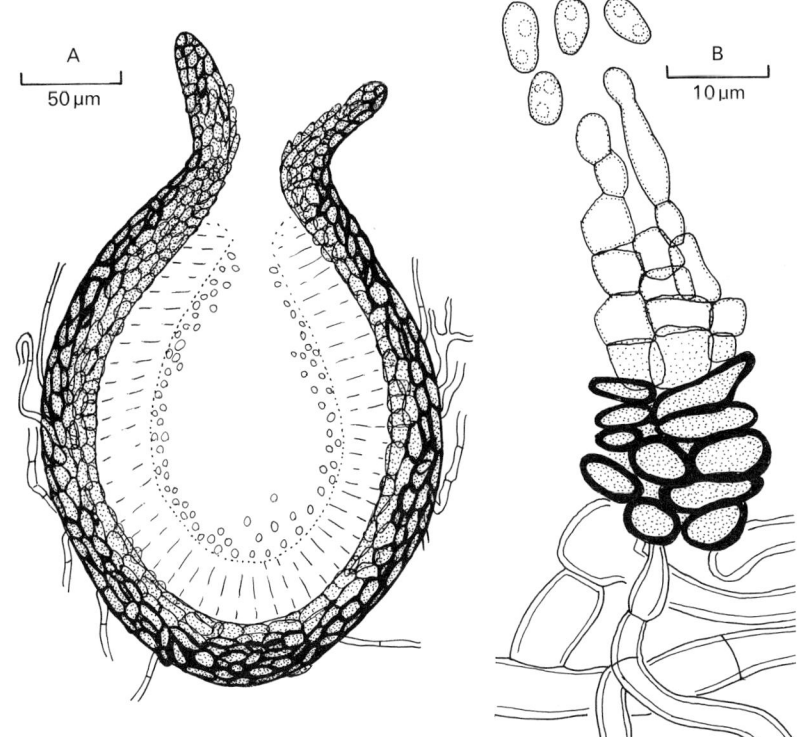

Abb. 330 A, B. *Phoma betae.* **A** Längsschnitt durch ein Pyknidium; **B** Teil der Wand eines Pyknidiums. Man erkennt, daß die Pyknosporen an Phialiden entstehen

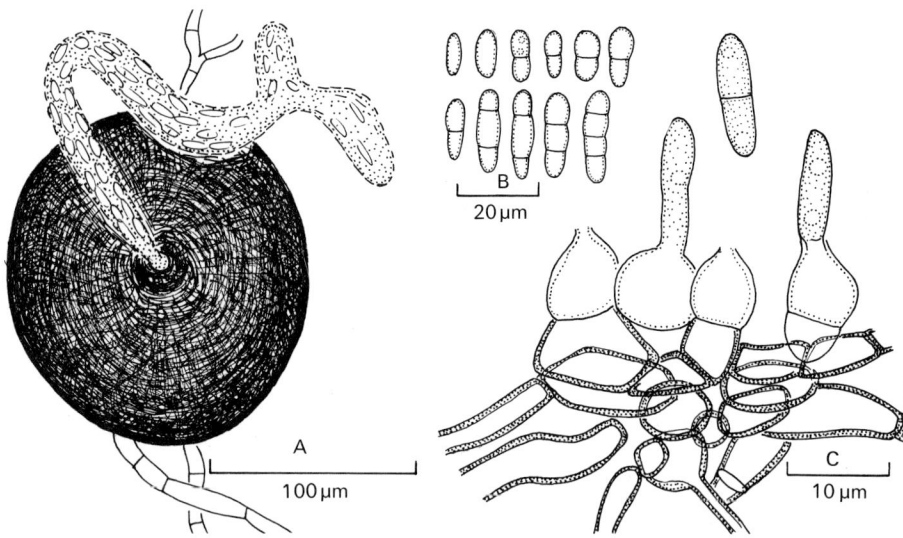

Abb. 331 A–C. *Ascochyta pisi.* **A** Pyknidium in Aufsicht. Man erkennt das pastenartige Ausdringen der Sporen aus der Ostiole; **B** Pyknosporen; **C** Schnitt durch den Teil einer Wand eines Pyknidiums mit der Entstehung der Pyknosporen

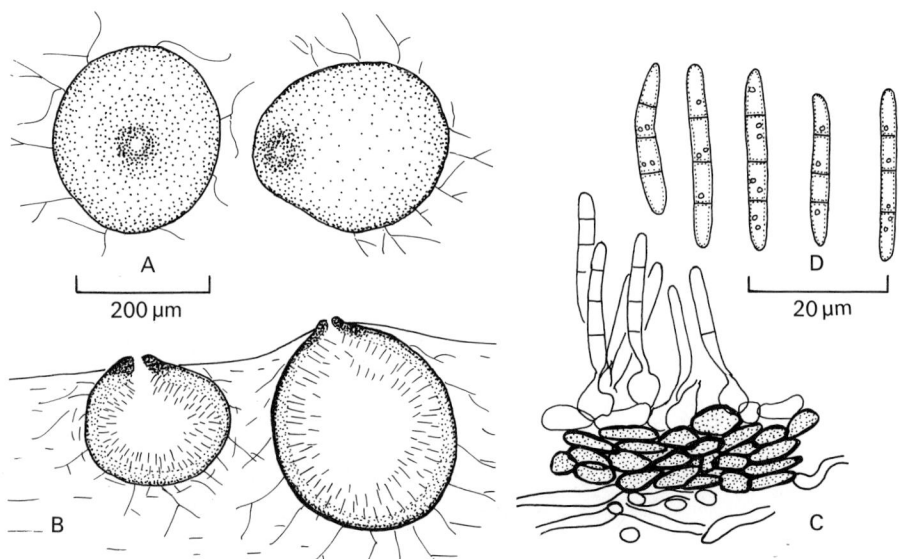

Abb. 332 A–D. *Septoria nodorum.* **A** Pyknidien in Aufsicht; **B** Angeschnittene Pyknidien in einer Agarkultur; **C** Teil einer Wand eines Pyknidiums. Man erkennt die Entstehung der Konidien; **D** Konidien. **A, B** im gleichen Maßstab; **C, D** im gleichen Maßstab

tierte Konidien. Folgende auf Samen vorkommende Arten von *Ascochyta* sind pathogen:

A. fabae, Erreger der Brennfleckenkrankheit der Ackerbohne (*Vicia faba*).

A. gossypii, Erreger des *Ascochyta*-Schimmels („*Ascochyta* blight') oder des Krebses („wet weather cancer') der Baumwolle.

A. pinodes, Erreger der Fußkrankheit der Erbse; das perfekte Stadium ist *Mycosphaerella pinodes* (Pseudosphaeriales).

A. pisi (Abb. 331), Erreger der Brennfleckenkrankheit der Erbse.

Eine ausführlichere Darstellung dieser Pathogene gibt Neergaard (1977).

Septoria (Abb. 332)

Dies ist eine weitere große Formgattung mit über 1000 Artnamen, von denen viele eine Ansammlung von Arten sind, die man auf verschiedenen Wirtspflanzen findet, aber die möglicherweise nicht zu verschiedenen Taxa gehören. Die Pyknidien sind in das Wirtsgewebe eingesenkt und enthalten filiforme Konidien mit mehreren Quersepten. Die folgenden Arten sind wichtige, auf Samen vorkommende Krankheitserreger:

S. apiicola, Erreger des Sellerieschimmels („late blight'). Dieser Pilz zerstört Blätter.

S. avenae, Erreger von Blattpusteln, Stammbruch und Stammschwärze an Hafer; das perfekte Stadium ist *Leptosphaeria avenaria*.

S. nodorum (Abb. 332), Erreger der Spelzenbräune des Weizens, die häufig in Gebieten mit hohem Niederschlag vorkommt; das perfekte Stadium ist *Leptosphaeria nodorum* (Loculoascomycetes). Die Pyknidien bilden sich unter der Epidermis von Blättern und Spelzen des Weizens. Es entstehen zylindrische, dreifach septierte Pyknosporen. Diese verlassen, wie schon beschrieben, das Pyknidium und werden von Regentropfen verbreitet. Ein sekundäres Pyknidienstadium mit winzigen, einzelligen Konidien wurde ebenfalls beschrieben (Shaw, 1953; Harrower, 1976). Diese Mikrosporen können die Wirtsblätter über Keimschläuche infizieren, die in die Stomata eindringen. Es ist nicht erwiesen, daß sie wie Spermatien fungieren. Ihre Bildung wird durch niedrige Temperaturen (5–10 °C) und Bestrahlung mit ultraviolettem Licht des nahen Bereichs gefördert.

Literatur *

Abbayes, H. des (1951). Traité de lichénologie. *Encyclopédie Biologique*, **41**, 217 pp. Paris: Lechevalier.

Abrams, E. (1950). Microbiological deterioration of cellulose during the first 72 hours of attack. *Textile Research Journal*, **20**, 71.

Agarwal, P. N., Verma, G. M., Verma, R. K. & Sahgal, D. D. (1963a). Decomposition of cellulose by the fungus *Chaetomium globosum*: Part I. Studies on enzyme activity. *Indian Journal of Experimental Biology*, **1**, 46–50.

Agarwal, P. N., Verma, G. M., Verma, R. K. & Rastogi, V. K. (1963b). Decomposition of cellulose by the fungus *Chaetomium globosum*. Part III. Factors affecting elaboration of cellulolytic enzymes. *Indian Journal of Experimental Biology*, **1**, 229–230.

Ahlquist, C. N. & Gamow, R. I. (1973). *Phycomyces*. Mechanical behaviour of stage II and stage IV. *Plant Physiology*, **51**, 586–587.

Ahmad, M. (1965). Incompatibility in yeasts. In *Incompatibility in Fungi*, 13–23. Editors: K. Esser & J. R. Raper. Berlin: Springer.

Ahmadjian, V. (1965). Lichens. *Annual Review of Microbiology*, **19**, 1–20.

Ahmadjian, V. (1967a). *The Lichen Symbiosis*. 152 pp. Waltham, Mass.: Blaisdell.

Ahmadjian, V. (1967b). A guide to the algae occurring as lichen symbionts: Isolation, culture, cultural physiology and identification. *Phycologia*, **6**, 127–160.

Ahmadjian, V. (1973). Resynthesis of lichens. In *The Lichens*, 565–579. Editors: V. Ahmadjian & M. E. Hale. New York and London: Academic Press.

Ahmadjian, V. & Hale, M. E. (eds.) (1973). *The Lichens*. 697 pp. New York and London: Academic Press.

Ainsworth, G. C. (1952). *Medical Mycology. An Introduction to its Problems*. 105 pp. London: Pitman.

Ainsworth, G. C. (1965). Longevity of *Schizophyllum commune*. II. *Nature, London*, **195**, 1120–1121.

Ainsworth, G. C. (1973). Introduction and Keys to higher taxa. In *The Fungi: An Advanced Treatise*, **IVB**, 1–7. Editors: G. C. Ainsworth, F. K. Sparrow & A. S. Sussman. New York and London: Academic Press.

Ainsworth, G. C. & Austwick, P. K. C. (1973). *Fungal Diseases of Animals*. 216 pp. Farnham Royal, England: Commonwealth Agricultural Bureaux.

Ainsworth, G. C., James, P. W. & Hawksworth, D. L. (1971). *Ainsworth & Bisby's Dictionary of the Fungi*, 6th edition. 663 pp. Kew, Surrey: Commonwealth Mycological Institute.

Ainsworth, G. C. & Sampson, K. (1950). *The British Smut Fungi (Ustilaginales)*. 137 pp. Kew, Surrey: Commonwealth Mycological Institute.

Ainsworth, G. C. & Sussman, A. S. (eds.) (1965). *The Fungi: An Advanced Treatise*. **I**. *The Fungal Cell*. 748 pp. New York and London: Academic Press.

Aist, J. R., Aylor, D. E. & Parlange, J.-Y. (1976). Ultrastructure and mechanics of the conidium–conidiophore attachment of *Helminthosporium maydis*. *Phytopathology*, **66**, 1050–1055.

---

* s. Seite 625, Literaturnachtrag zur deutschen Auflage

Aist, J. R. & Williams, P. H. (1971). The cytology and kinetics of cabbage root hair penetration by *Plasmodiophora brassicae*. *Canadian Journal of Botany*, **49**, 2023–2034.

Aist, J. R..& Williams, P. H. (1972). Ultrastructure and time course of mitosis in the fungus *Fusarium oxysporum*. *Journal of Cell Biology*, **55**, 368–389.

Ajello, L. (1977). Taxonomy of dermatophytes: A review of their imperfect and perfect states. In *Recent Advances in Medical and Veterinary Mycology*, 289–297. Editor: K. Iwata. Baltimore: University Park Press.

Alasoadura, S. O. (1963). Fruiting in *Sphaerobolus* with special reference to light. *Annals of Botany, London*, N.S., **27**, 123–145.

Aldrich, H. C. (1967). The ultrastructure of meiosis in three species of *Physarum*. *Mycologia*, **59**, 127–148.

Aldrich, H. C. (1968). The development of flagella in swarm cells of the myxomycete *Physarum flavicomum*. *Journal of General Microbiology*, **50**, 217–222.

Aldrich, H. C. & Carroll, G. (1972). Synaptonemal complexes and meiosis in *Didymium iridis*: a re-investigation. *Mycologia*, **63**, 308–316.

Alexopoulos, C. J. (1960a). Morphology and laboratory cultivation of *Echinostelium minutum* de Bary. *American Journal of Botany*, **47**, 37–43.

Alexopoulos, C. J. (1960b). Gross morphology of the plasmodium and its possible significance in the relationships among the Myxomycetes. *Mycologia*, **52**, 1–20.

Alexopoulos, C. J. (1969). The experimental approach to the taxonomy of the Myxomycetes. *Mycologia*, **61**, 219–239.

Alexopoulos, C. J. (1973). Myxomycetes. In *The Fungi: An Advanced Treatise*, **IVB**, 39–60. Editors: G. C. Ainsworth, F. K. Sparrow & A. S. Sussman. New York and London: Academic Press.

Alléra, A. & Wohlfarth-Bottermann, K.-E. (1972). Weitreichende fibrilläre Protoplasmadifferenzierungen und ihre Bedeutung für die Protoplasmaströmung. IX. Aggregationszustände des Myosins und Bedingungen zur Enstehung von Myosinfilamenten in den Plasmodien von *Physarum polycephalum*. *Cytobiologie*, **6**, 261–286.

Alvin, K. L. (1977). *The Observer's Book of Lichens*. 188 pp. London: Warne.

Ames, L. M. (1934). Hermaphroditism involving self-sterility and cross-fertility in the Ascomycete *Pleurage anserina*. *Mycologia*, **26**, 392–414.

Ames, L. M. (1963). A monograph of the Chaetomiaceae. *U.S. Army Research and Development Series, No. 2*. 125 pp.

Amon, J. P. & Perkins, F. O. (1968). Structure of *Labyrinthula* sp. zoospores. *Journal of Protozoology*, **15**, 543–546.

Andrus, C. F. & Harter, L. L. (1937). Organization of the unwalled ascus in two species of *Ceratostomella*. *Journal of Agricultural Research*, **54**, 19–46.

Anon (1967a). *Fomes annosus*. A fungus causing butt rot, root rot and death of conifers. *Forestry Commission Leaflet No. 5*. 11 pp. London: H.M.S.O.

Anon (1967b). Silver Leaf Disease of Fruit Trees. *Advisory Leaflet No. 246, Ministry of Agriculture, Fisheries and Food*. 7 pp. London: H.M.S.O.

Anon (1973). Wart Disease of Potatoes. *Advisory Leaflet No. 274, Ministry of Agriculture, Fisheries and Food*. 2nd edition. 5 pp. London: H.M.S.O.

Aoshima, K. (1953). Sexuality of *Elfingia applanata (Fomes applanatus)*. *Mycological Journal of the Nagao Institute*, **3**, 5–11.

Apinis, A. E. (1964). Revision of British Gymnoascaceae. *Mycological Paper No. 96, Commonwealth Mycological Institute*. 56 pp.

Aragno, M. (1968). Formation et évolution de l'asque chez *Rhytisma acerinum* (Pers.) Fr. *Bericht der Schweizerischen Botanischen Gesellschaft*, **77**, 173–186.

Arnold, C. A. (1928). The development of the perithecium and spermagonium of *Sporormia leporina*. *American Journal of Botany*, **15**, 241–245.

Aronson, J. M. (1965). The cell wall. In *The Fungi: An Advanced Treatise*, **I**, 49–76.

Editors: G. C. Ainsworth & A. S. Sussman. New York and London: Academic Press.

Aronson, J. M., Cooper, B. A. & Fuller, M. S. (1967). Glucans of oomycete cell walls. *Science, N.Y.*, **155**, 332–335.

Aronson, J. M. & Preston, R. D. (1960). An electron microscopic and X-ray analysis of the walls of selected lower Phycomycetes. *Proceedings of the Royal Society, Series B*, **152**, 346–352.

Arx, J. A. von (1957). Die Arten der Gattung *Colletotrichum* Corda. *Phytopathologische Zeitschrift*, **29**, 413–468.

Arx, J. A. von & Müller, E. (1954). Die Gattungen der amerosporen Pyrenomyceten. *Beiträge der Kryptogamenflora der Schweiz*, Bd. **11**(1), 1–434.

Arx, J. A. von & Müller, E. (1975). A re-evaluation of the bitunicate Ascomycetes with Keys to families and genera. *Studies in Mycology*, **9**, 159 pp. Baarn, Holland: Centraalbureau voor Schimmelcultures.

Aschner, M. & Kohn, S. (1958). The biology of *Harposporium anguillulae*. *Journal of General Microbiology*, **19**, 182–189.

Ashworth, D. (1931). *Puccinia malvacearum* in monosporidial culture. *Transactions of the British Mycological Society*, **16**, 177–202.

Ashworth, J. M. & Sackin, M. J. (1969). Role of aneuploid cells in cell differentiation in the cellular slime mould *Dictyostelium discoideum*. *Nature, London*, **224**, 817–818.

Ashworth, J. M. & Watts, D. J. (1970). Metabolism of the cellular slime mould *Dictyostelium discoideum* grown in axenic culture. *Biochemical Journal*, **119**, 175–182.

Assche, C. van & Vanachter, A. (1970). Systemic fungicides to control fungal diseases in vegetables. *Parasitica*, **26**, 117–125.

Atkins, F. C. (1966). *Mushroom Growing Today*. 188 pp. London: Faber & Faber.

Austin, W. L., Lafayette, F. & Roth, I. L. (1974). Scanning electron microscope studies on ascospores of homothallic species of *Neurospora*. *Mycologia*, **66**, 130–138.

Ave, R. & Müller, E. (1967). Vergleichende Untersuchungen an einigen Chaetomiumarten. *Berichte der Schweizerischen Botanische Gesellschaft*. **77**, 187–207.

Aylor, D. E. (1975). Force required to detach conidia of *Helminthosporium maydis*. *Plant Physiology*, **55**, 99–101.

Bachmann, B. J. & Strickland, W. N. (1965). *Neurospora Bibliography and Index*. 225 pp. New Haven and London: Yale University Press.

Backus, M. P. (1939). The mechanics of conidial fertilization in *Neurospora sitophila*. *Bulletin of the Torrey Botanical Club*, **66**, 63–76.

Bacon, C. W., Porter, J. K., Robbins, J. D. & Luttrell, E. S. (1977). *Epichloe typhina* from toxic tall fescue grasses. *Applied and Environmental Microbiology*, **34**, 576–581.

Bagchee, K. (1954). *Merulius lacrymans* (Wulf.) Fr. in India. *Sydowia*, **8**, 80–85.

Bailiss, K. W. & Wilson, I. M. (1967). Growth hormones and the creeping thistle rust. *Annals of Botany, London*, N.S., **31**, 195–211.

Baker, H. G. (1947). Infection of species of *Melandrium* by *Ustilago violacea* and the transmission of the resultant disease. *Annals of Botany, London*, N.S., **11**, 333–348.

Bakshi, B. K. (1951). Development of perithecia and reproductive structures in two species of *Ceratocystis*. *Annals of Botany, London*, N.S., **15**, 53–61.

Balan, J. & Gerber, N. N. (1972). Attraction and killing of the nematode *Panagrellus redivivus* by the predaceous fungus *Arthrobotrys dactyloides*. *Nematologica*, **18**, 163–173.

Banbury, G. H. (1955). Physiological studies in the Mucorales. II. The zygotropism of zygophores of *Mucor mucedo* Brefeld. *Journal of Experimental Botany*, **6**, 235–244.

Bandoni, R. J. (1963). Conjugation in *Tremella mesenterica*. *Canadian Journal of Botany*, **41**, 467–474.

Bandoni, R. J. (1965). Secondary control of conjugation in *Tremella mesenterica*. *Canadian Journal of Botany*, **43**, 627–630.

Bandoni, R. J. (1972). Terrestrial occurrence of some aquatic hyphomycetes. *Canadian Journal of Botany*, **50**, 2283–2288.

Bandoni, R. J. (1974). Mycological observations on the aqueous films covering decaying leaves and other litter. *Transactions of the Mycological Society of Japan*, **15**, 309–315.

Bandoni, R. J. & Bisalputra, A. A. (1971). Budding and fine structure of *Tremella mesenterica* haplonts. *Canadian Journal of Botany*, **49**, 27–30.

Bandoni, R. J., Lobo, K. J. & Brezden, S. A. (1971). Conjugation and chlamydospores in *Sporobolomyces odorus*. *Canadian Journal of Botany*, **49**, 683–686.

Banerjee, S. (1956). Heterothallism in *Auricularia auricula-judae* (Linn.) Schroet. *Science and Culture*, **21**, 549–550.

Banno, I. (1967). Studies on the sexuality of *Rhodotorula*. *Journal of General and Applied Microbiology*, **13**, 167–196.

Barger, G. (1931). *Ergot and ergotism*. London and Edinburgh: Gurney & Jackson.

Barksdale, A. W. (1960). Inter-thallic sexual reactions in *Achlya*, a genus of the aquatic fungi. *American Journal of Botany*, **47**, 14–23.

Barksdale, A. W. (1962). Effect of nutritional deficiency on growth and sexual reproduction of *Achlya ambisexualis*. *American Journal of Botany*, **49**, 633–638.

Barksdale, A. W. (1963a). The uptake of exogenous hormone A by certain strains of *Achlya*. *Mycologia*, **55**, 164–171.

Barksdale, A. W. (1963b). The role of hormone A during sexual conjugation in *Achlya ambisexualis*. *Mycologia*, **55**, 627–632.

Barksdale, A. W. (1965). *Achlya ambisexualis* and a new cross-conjugating species of *Achlya*. *Mycologia*, **57**, 493–501.

Barksdale, A. W. (1966). Segregation of sex in the progeny of a selfed heterozygote of *Achlya ambisexualis*. *Mycologia*, **58**, 802–804.

Barksdale, A. W. (1969). Sexual hormones in *Achlya* and other fungi. *Science*, **166**, 831–837.

Barksdale, A. W. (1970). Nutrition and antheridiol-induced branching in *Achlya ambisexualis*. *Mycologia*, **62**, 411–420.

Bärlocher, F. & Kendrick, W. B. (1973a). Fungi in the diet of *Gammarus pseudolimnaeus* (Amphipoda). *Oikos*, **24**, 295–300.

Bärlocher, F. & Kendrick, W. B. (1973b). Fungi and food preference of *Gammarus pseudolimnaeus*. *Archiv für Hydrobiologie*, **72**, 501–516.

Barnett, H. L. (1937). Studies in the sexuality of the Heterobasidiae. *Mycologia*, **29**, 626–649.

Barnett, J. A. & Pankhurst, R. J. (1974). *A new key to the yeasts*. 273 pp. Amsterdam and London: North-Holland Publishing Company.

Barratt, R. W. (1974). *Neurospora crassa*. In *Handbook of Genetics*, **I**, 511–529. Editor: R. C. King. New York and London: Plenum Press.

Barron, G. L. (1968). *The Genera of Hyphomycetes from Soil*. Baltimore: Williams & Wilkins.

Barron, G. L. (1977). *The Nematode-destroying Fungi*. Guelph, Ontario: Canadian Biological Publications Ltd.

Barron, G. L. & Dierkes, Y. (1977). Nematophagous fungi: *Hohenbuehelia*, the perfect state of *Nematoctonus*. *Canadian Journal of Botany*, **55**, 3054–3062.

Barron, J. L. & Hill, E. P. (1974). Ultrastructure of zoosporogenesis in *Allomyces macrogynus*. *Journal of General Microbiology*, **80**, 319–327.

Bartnicki-Garcia, S. (1968). Cell wall chemistry, morphogenesis, and taxonomy of fungi. *Annual Review of Microbiology*, **22**, 87–108.

Bartnicki-Garcia, S. (1970). Cell wall composition and other biochemical markers in fungal taxonomy. In *Phytochemical Phylogeny*, 81–103. Editor: J. B. Harborne. New York and London: Academic Press.

Bartnicki-Garcia, S. (1973). Fundamental aspects of hyphal morphogenesis. *Symposium of the Society for General Microbiology*, **23**, 245–267.

Bartnicki-Garcia, S., Bracker, C. E., Reyes, E. & Ruiz-Herrera, J. (1978). Isolation of chitosomes from taxonomically diverse fungi and synthesis of chitin microfibrils *in vitro*. *Experimental Mycology*, **2**, 173–192.

Bartnicki-Garcia, S. & Hemmes, D. E. (1976). Some aspects of the form and function of oomycete spores. In *The Fungus Spore. Form and Function*, 593–641. Editors: W. M. Hess & D. J. Weber. New York: John Wiley & Sons.

Bartnicki-Garcia, S. & McMurrough, I. (1971). Biochemistry of morphogenesis in yeasts. In *The Yeasts*, **2**, 441–491. Editors: A. H. Rose & J. S. Harrison. London and New York: Academic Press.

Bartnicki-Garcia, S., Nelson, N. & Cota-Robles, E. (1968). Electron microscopy of spore germination and cell wall formation in *Mucor rouxii*. *Archiv für Mikrobiologie*, **63**, 242–255.

Bartnicki-Garcia, S. & Nickerson, W. J. (1962a). Induction of yeast-like development in *Mucor* by carbon-dioxide. *Journal of Bacteriology*, **84**, 829–840.

Bartnicki-Garcia, S. & Nickerson, W. J. (1962b). Nutrition, growth and morphogenesis of *Mucor rouxii*. *Journal of Bacteriology*, **84**, 841–858.

Bartnicki-Garcia, S. & Nickerson, W. J. (1962c). Isolation, composition and structure of cell walls of filamentous and yeast-like forms of *Mucor rouxii*. *Biochimica et Biophysica Acta*, **58**, 102–119.

Bartnicki-Garcia, S. & Reyes, E. (1968). Polyuronides in the cell wall of *Mucor rouxii*. *Biochimica et Biophysica Acta*, **170**, 54–62.

Bashi, E. & Fokkema, N. J. (1976). Scanning electron microscopy of *Sporobolomyces roseus* on wheat leaves. *Transactions of the British Mycological Society*, **67**, 500–505.

Bashi, E. & Fokkema, N. J. (1977). Environmental factors limiting growth of *Sporobolomyces roseus*, an antagonist of *Cochliobolus sativus*, on wheat leaves. *Transactions of the British Mycological Society*, **68**, 17–25.

Basith, M. & Madelin, M. F. (1968). Studies on the production of perithecial stromata by *Cordyceps militaris* in artificial culture. *Canadian Journal of Botany*, **46**, 473–480.

Basu, S. N. (1951). Significance of calcium in the fruiting of *Chaetomium* species, particularly *Chaetomium globosum*. *Journal of General Microbiology*, **5**, 231–238.

Batra, L. R. (1963). Contributions to our knowledge of Ambrosia fungi. II. *Endomycopsis fasciculata* nom. nov. (Ascomycetes). *American Journal of Botany*, **50**, 481–487.

Batts, C. C. V. (1951). Physiologic specialization of *Puccinia graminis* Pers. in South-East Scotland. *Transactions of the British Mycological Society*, **34**, 533–538.

Batts, C. C. V. (1955). Observations on the infection of wheat by loose smut (*Ustilago tritici* (Pers.) Rostr.). *Transactions of the British Mycological Society*, **38**, 465–475.

Bayliss-Elliott, J. S. (1926). Concerning fairy rings in pastures. *Annals of Applied Biology*, **13**, 277–288.

Beadle, G. W. (1959). Genes and chemical reactions in *Neurospora*. *Science, N.Y.*, **129**, 1715–1719.

Beadle, G. W. & Coonradt, V. L. (1944). Heterokaryosis in *Neurospora crassa*. *Genetics*, **29**, 291–308.

Beakes, G. W. & Gay, J. L. (1978a). Light and electron microscopy of oospore maturation in *Saprolegnia furcata*. 1. Cytoplasmic changes. *Transactions of the British Mycological Society*, **71**, 11–24.

Beakes, G. W. & Gay, J. L. (1978b). Light and electron microscopy of oospore maturation in *Saprolegnia furcata*. 2. Wall development. *Transactions of the British Mycological Society*, **71**, 25–35.

Beaumont, A. (1947). Dependence on the weather of the date of potato blight epidemics. *Transactions of the British Mycological Society*, **31**, 45–53.

Becker, G. (1975). Initiation aux Bolets. *Bulletin Trimestriel de la Société Mycologique de France*, **91**, 191–196.

Beckett, A., Barton, R. & Wilson, I. M. (1968). Fine structure of the wall and appendage formation in ascospores of *Podospora anserina*. *Journal of General Microbiology*, **53**, 89–94.

Beckett, A. & Crawford, R. M. (1973). The development and fine structure of the ascus apex and its role during spore discharge in *Xylaria longipes*. *New Phytologist*, **72**, 357–369.

Beckett, A., Heath, I. B. & McLauglin, D. J. (1974). *An Atlas of Fungal Ultrastructure*. 221 pp. London: Longman.

Beckett, A. R. & Wilson, I. M. (1968). Ascus cytology of *Podospora anserina*. *Journal of General Microbiology*, **53**, 81–87.

Bega, R. V. & Scott, H. A. (1966). Ultrastructure of the sterigma and sporidium of *Cronartium ribicola*. *Canadian Journal of Botany*, **44**, 1726–1727.

Bellemère, A. & Melendez-Howell, L.-M. (1976). Étude ultrastructurale comparée de l'ornamentation externe de la paroi des ascospores de deux Pezizales: *Peziza fortini* n.sp., récoltée au Mexique, et *Aleuria aurantia* (Oed. ex Fr.) Fuck. *Revue de Mycologie*, **40**, 3–19.

Beneke, E. S. (1963). Calvatia, calvacin and cancer. *Mycologia*, **55**, 257–270.

Benjamin, C. R. (1955). Ascocarps of *Aspergillus* and *Penicillium*. *Mycologia*, **47**, 669–687.

Benjamin, C. R. & Hesseltine, C. W. (1959). Studies on the genus *Phycomyces*. *Mycologia*, **51**, 751–771.

Benjamin, R. K. (1956). A new genus of the Gymnoascaceae with a review of the other genera. *Aliso*, **3**, 301–328.

Benjamin, R. K. (1959). The merosporangiferous Mucorales. *Aliso*, **4**, 321–433.

Benjamin, R. K. (1962). A new *Basidiobolus* that forms microspores. *Aliso*, **5**, 223–233.

Benjamin, R. K. (1966). The merosporangium. *Mycologia*, **58**, 1–42.

Benjamin, R. K. (1973). Laboulbeniomycetes. In *The Fungi: An Advanced Treatise*, **IVA**, 223–246. Editors: G. C. Ainsworth, F. K. Sparrow & A. S. Sussman. New York and London: Academic Press.

Benjamin, R. K. & Mehrotra, B. S. (1963). Obligate azygospore formation in two species of *Mucor* (Mucorales). *Aliso*, **5**, 235–245.

Benoit, M. A. & Mathur, S. B. (1970). Identification of species of *Curvularia* on rice seed. *Proceedings of the International Seed Testing Association*, **35**, 99–119.

Bent, K. J. (1970). Fungitoxic action of dimethirimol and ethirimol. *Annals of Applied Biology*, **66**, 103–113.

Bent, K. J. (1978). Chemical control of powdery mildews. In *The Powdery Mildews*, 259–282. Editor: D. M. Spencer. London, New York, San Francisco: Academic Press.

Ben-Yephet, Y., Dinoor, A. & Henis, Y. (1975). The physiological basis of carboxin sensitivity and tolerance in *Ustilago hordei*. *Phytopathology*, **65**, 936–942.

Bergman, K., Burke, P. V., Cerdá-Olmedo, E., David, C. N., Delbrück, M., Foster, K. W., Goodell, E. W., Heisenberg, M., Meissner, G., Zalokar, M., Dennison, D. S. & Shropshire, W. (1969). Phycomyces. *Bacteriological reviews*, **33**, 99–157.

Berkson, B. M. (1966). Cytomorphological studies of the ascogenous hyphae in four species of *Chaetomium*. *Mycologia*, **58**, 125–130.

Berlin, J. D. & Bowen, C. C. (1964). The host–parasite interface of *Albugo candida* on *Raphanus sativus*. *American Journal of Botany*, **51**, 445–452.

Berliner, M. D. (1971). Induction of protoplasts of *Schizosaccharomyces octosporus* by magnesium sulfate and 2 deoxy-d-glucose. *Mycologia*, **63**, 819–825.

Berrie, A. D. (1975). Detritus, micro-organisms and animals in fresh water. In *The Role of Terrestrial and Aquatic Organisms in Decomposition Processes. British Ecological Society Symposium*, **17**, 323–338. Editors: J. M. Anderson & A. MacFadyen. Oxford: Blackwell Scientific Publications Ltd.

Berry, C. R. & Barnett, H. L. (1957). Mode of parasitism and host range of *Piptocephalis virginiana. Mycologia*, **49**, 374–386.

Bessey, E. A. (1950). *Morphology and taxonomy of fungi*. 791 pp. Philadelphia and Toronto: Blakiston.

Beuchat, L. R. & Toledo, R. T. (1977). Behaviour of *Byssochlamys nivea* ascospores in fruit syrups. *Transactions of the British Mycological Society*, **68**, 65–71.

Bevan, R. J. & Greenhalgh, G. N. (1976). *Rhytisma acerinum* as a biological indicator of pollution. *Environmental Pollution*, **10**, 271–285.

Beverwijk, A. L. van (1953). Helicosporous Hyphomycetes. I. *Transactions of the British Mycological Society*, **36**, 111–124.

Beverwijk, A. L. van (1954). Three new fungi: *Helicoon pluriseptatum* n.sp., *Papulospora pulmonaria* n.sp. and *Tricellula inaequalis* n.gen., n.sp. *Antonie van Leeuwenhoek*, **20**, 1–16.

Bhowmik, T. P. (1969). *Alternaria* seed infection of wheat. *Plant Disease Reporter*, **53**, 77–80.

Bistis, G. N. (1956). Sexuality in *Ascobolus stercorarius*. I. Morphology of the ascogonium; plasmogamy; evidence for a sexual hormonal mechanism. *American Journal of Botany*, **43**, 389–394.

Bistis, G. N. (1957). Sexuality in *Ascobolus stercorarius*. II. Preliminary experiments on various aspects of the sexual process. *American Journal of Botany*, **44**, 436–443.

Bistis, G. N. (1970). Dikaryotization in *Clitocybe truncicola. Mycologia*, **62**, 911–923.

Bistis, G. N. & Raper, J. R. (1963). Heterothallism and sexuality in *Ascobolus stercorarius. American Journal of Botany*, **50**, 880–891.

Black, W. (1952). A genetical basis for the classification of strains of *Phytophthora infestans. Proceedings of the Royal Society of Edinburgh, Series B*, **65**, 36–51.

Blackwell, E. M. (1943a). The life history of *Phytophthora cactorum* (Leb. & Cohn) Schroet. *Transactions of the British Mycological Society*, **26**, 71–89.

Blackwell, E. M. (1943b). Presidential Address. On germinating the oospores of *Phytophthora cactorum. Transactions of the British Mycological Society*, **26**, 93–103.

Blakeslee, A. F. (1906). Zygospore germinations in the Mucorineae. *Annales Mycologici*, **4**, 1–28.

Bland, C. E. & Charles, T. M. (1972). Fine structure of *Pilobolus*: surface and wall structure. *Mycologia*, **64**, 774–785.

Blaskovics, J. C. & Raper, K. B. (1957). Encystment stages of *Dictyostelium. Biological Bulletin*, **113**, 58–88.

Blumer, S. (1967). *Echte Mehltaupilze (Erysiphaceae). Ein Bestimmungsbuch für die in Europa vorkommenden Arten*. 436 pp. Jena: Fischer.

Boerema, G. H. (1965). Spore development in the form-genus *Phoma. Persoonia*, **3**, 413–417.

Bohus, M. G. (1962). Der Formenkreis des *Agaricus (Psalliota) bisporus* (Lange) Treschow und die Benützung der wildwachsenden Formen (Sorten) beim Veredelungsverfahren. *Schweizerische Zeitschrift für Pilzkunde*, **40**, 1–7.

Bond, T. E. T. (1952). A further note on size and form in agarics. *Transactions of the British Mycological Society*, **35**, 190–194.

Bonner, J. T. (1944). A descriptive study of the development of the slime mold *Dictyostelium discoideum. American Journal of Botany*, **31**, 175–182.

Bonner, J. T. (1967). *The cellular slime molds*. 2nd edition. 205 pp. Princeton University Press.

Bonner, J. T. (1969). Hormones in social amoebae and mammals. *Scientific American*, **220**, June, 78–91.

Bonner, J. T. (1971). Aggregation and differentiation in the cellular slime molds. *Annual Review of Microbiology*, **25**, 75–92.

Bonner, J. T., Kane, K. K. & Levey, R. H. (1956). Studies on the mechanics of growth in the common mushroom, *Agaricus campestris*. *Mycologia*, **48**, 13–19.

Booth, C. (1959). Studies of Pyrenomycetes. IV. *Nectria* (Part I). *Mycological Paper No. 73, Commonwealth Mycological Institute*. 115 pp.

Booth, C. (1960). Studies of Pyrenomycetes. V. Nomenclature of some *Fusaria* in relation to their Nectrioid perithecial states. *Mycological Paper No. 74, Commonwealth Mycological Institute*. 16 pp.

Booth, C. (1966a). The genus *Cylindrocarpon*. *Mycological Paper No. 104, Commonwealth Mycological Institute*. 56 pp.

Booth, C. (1966b). Fruit bodies in Ascomycetes. In *The Fungi: An Advanced Treatise*, **II**, 133–150. Editors: G. C. Ainsworth & A. S. Sussman. New York and London: Academic Press.

Booth, C. (1978). Presidential Address. Do you believe in genera? *Transactions of the British Mycological Society*, **71**, 1–9.

Borkowski, M. (1969). Über die axiale Anordnung der Sporen in Zoosporangien von *Saprolegnia*. *Flora*, **A, 160**, 158–163.

Borriss, H. (1934). Beiträge zur Wachstums- und Entwicklungsphysiologie der Fruchtkörper von *Coprinus lagopus*. *Planta*, **22**, 28–69.

Bourke, P. M. A. (1970). Use of weather in the prediction of plant disease epiphytotics. *Annual Review of Plant Pathology*, **8**, 345–370.

Bové, F. J. (1970). *The Story of Ergot*. 297 pp. Switzerland: Karger.

Bowden, J., Gregory, P. H. & Johnson, C. G. (1971). Possible wind transport of coffee leaf rust across the Atlantic Ocean. *Nature, London*, **229**, 500–501.

Bracker, C. E. (1966). Ultrastructural aspects of sporangiophore formation in *Gilbertella persicaria*. In *The Fungus Spore*, 39–58. Editor: M. F. Madelin. Colston Papers No. 18. London: Butterworths.

Bracker, C. E. (1967). Ultrastructure of fungi. *Annual Review of Phytopathology*, **5**, 343–374.

Bracker, C. E. (1968). Ultrastructure of the haustorial apparatus of *Erysiphe graminis* and its relationship to the epidermal cell of Barley. *Phytopathology*, **58**, 12–30.

Bracker, C. E. & Butler, E. E. (1963). The ultrastructure and development of septa in hyphae of *Rhizoctonia solani*. *Mycologia*, **55**, 35–58.

Bracker, C. E. & Butler, E. E. (1964). Function of the septal pore apparatus in *Rhizoctonia solani* during streaming. *Journal of Cell Biology*, **21**, 152–157.

Bracker, C. E. & Littlefield, L. J. (1973). Structural concepts of host–pathogen interfaces. In *Fungal Pathogenicity and the Plant's Response*, 159–318. Editors: R. J. W. Byrde & C. V. Cutting. New York and London: Academic Press.

Bracker, C. E., Ruiz-Herrera, J. & Bartnicki-Garcia, S. (1976). Structure and transformation of chitin synthetase particles (chitosomes) during microfibril synthesis *in vitro*. *Proceedings of the National Academy of Sciences of the United States of America*, **73**, 4570–4574.

Bradshaw, A. D. (1959). Population differentiation in *Agrostis tenuis* Sibth. II. The incidence and significance of infection by *Epichloe typhina*. *New Phytologist*, **58**, 310–315.

Brandenburger, W. & Schwinn, F. J. (1974). Oberflächenstrukturen der Sporen des Antherenbrandes der Caryophyllaceen in Raster-Elektronmikroskop. *Nova Hedwigia*, **22**, 879–897.

Brasier, C. M. (1972). Observations on the sexual mechanism in *Phytophthora palmi-*

vora and related species. *Transactions of the British Mycological Society*, **58**, 237–251.

Brasier, C. M. (1975a). Stimulation of sex organ formation in *Phytophthora* by antagonistic species of *Trichoderma*. I. The effect *in vitro*. *New Phytologist*, **74**, 183–194.

Brasier, C. M. (1975b). Stimulation of sex organ formation in *Phytophthora* by antagonistic species of *Trichoderma*. II. Ecological implications. *New Phytologist*, **74**, 195–198.

Brasier, C. M. & Gibbs, J. N. (1978). Origin and development of the current Dutch elm disease epidemic. In *Plant Disease Epidemiology*, 31–39. Editors: P. R. Scott & A. Bainbridgc. Oxford, London, Edinburgh, Melbourne: Blackwell Scientific Publications.

Brefeld, O. (1876). Ueben die Zygosporenbildung bei *Mortierella rostafinskii* nebst Bermerkungen über die Systematik der Zygomyceten. *Sitzungsberichte der Gesellschaft Naturforschender Freunde zu Berlin*, 91.

Brefeld, O. (1877). *Botanische Untersuchungen über Schimmelpilze. Untersuchungen aus dem Gesammtgebiet der Mykologie. III. Basidiomyceten. I.* Leipzig.

Brefeld, O. (1881). *Botanische Untersuchungen über Schimmelpilze. Untersuchungen aus dem Gesammtgebiet der Mykologie. IV. 4. Pilobolus.* Leipzig.

Brewer, J. G. & Boerema, G. H. (1965). Electron microscope observations on the development of pycnidiospores in *Phoma* and *Ascochyta* spp. *Proceedings of the Academy of Sciences, Amsterdam*, **C, 68**, 86–97.

Brian, P. W. (1960). Presidential address. Griseofulvin. *Transactions of the British Mycological Society*, **43**, 1–13.

Brian, P. W. (1967). Obligate parasitism in fungi. *Proceedings of the Royal Society, Series B*, **168**, 101–118.

Bridgmon, G. H. (1959). Production of new races of *Puccinia graminis* var. *tritici* by vegetative fusion. *Phytopathology*, **49**, 386–388.

Brierley, W. B. (1918). The microconidia of *Botrytis cinerea*. *Kew Bulletin*, 129–146.

Brodie, H. J. (1931). The oidia of *Coprinus lagopus* and their relation with insects. *Annals of Botany*, **45**, 315–344.

Brodie, H. J. (1932). Oidial mycelia and the diploidization process in *Coprinus lagopus*. *Annals of Botany*, **46**, 727–732.

Brodie, H. J. (1936). The occurrence and function of oidia in the Hymenomycetes. *American Journal of Botany*, **23**, 309–327.

Brodie, H. J. (1951). The splash-cup dispersal mechanism in plants. *Canadian Journal of Botany*, **29**, 224–234.

Brodie, H. J. (1956). The structure and function of the funiculus of the Nidulariaceae. *Svensk Botanisk Tidskrift*, **50**, 142–162.

Brodie, H. J. (1963). Twenty years of Nidulariology. *Mycologia*, **54**, 713–726.

Brodie, H. J. (1975). *The Bird's Nest Fungi*. Toronto and Buffalo: University of Toronto Press.

Brodie, H. J. & Gregory, P. H. (1953). The action of wind in the dispersal of spores from cup-shaped plant structures. *Canadian Journal of Botany*, **31**, 402–410.

Brooks, D. H. (1972a). Observations on the effects of mildew, *Erysiphe graminis*, on growth of spring and winter Barley. *Annals of Applied Biology*, **70**, 149–156.

Brooks, D. H. (1972b). Results in practice. I. Cereals. In *Systemic Fungicides*, 186–205. Editor: R. W. Marsh. London: Longman.

Brotzman, H. G., Calvert, O. H., Brown, M. F. & White, J. A. (1975). Holoblastic conidiogenesis in *Helminthosporium maydis*. *Canadian Journal of Botany*, **53**, 813–817.

Brown, A. H. S. & Smith, G. (1957). The genus *Paecilomyces* Bainier and its perfect stage *Byssochlamys* Westling. *Transactions of the British Mycological Society*, **40**, 17–89.

Brummelen, J. van (1967). A world monograph of the genera *Ascobolus* and *Saccobolus* (Ascomycetes, Pezizales). *Persoonia*, Supplement Vol. **1**. 260 pp.

Brushaber, J. A. & Haskins, R. H. (1973). Cell wall structures of *Epicoccum nigrum* (Hyphomycetes). *Canadian Journal of Botany*, **51**, 1071–1073.

Bryant, T. R. & Howard, F. L. (1969). Meiosis in the Oomycetes. I. A microspectrophotometric analysis of nuclear deoxyribonucleic acid in *Saprolegnia terrestris*. *American Journal of Botany*, **56**, 1075–1083.

Buchenau, G. W. (1975). Relationship between yield loss and area under the wheat stem rust and leaf rust progress curves. *Phytopathology*, **65**, 1317–1318.

Bucholtz, F. (1897). Zur Entwicklungsgeschichte der Tuberaceen. *Bericht der Deutschen Botanischen Gesellschaft*, **15**, 211–226.

Buczacki, S. T., Toxopeus, H., Mattusch, P., Johnston, T. D., Dixon, G. R. & Holbolth, L. A. (1975). Study of physiologic specialization in *Plasmodiophora brassicae*: proposals for attempted rationalization through an international approach. *Transactions of the British Mycological Society*, **65**, 295–303.

Bulat, T. J. (1953). Cultural studies of *Dacrymyces ellisii*. *Mycologia*, **45**, 40–45.

Buller, A. H. R. (1909). *Researches on Fungi*, **1**. 274 pp. London: Longmans, Green & Co.

Buller, A. H. R. (1922). *Researches on Fungi*, **2**. 492 pp. London: Longmans, Green & Co.

Buller, A. H. R. (1924). *Researches on Fungi*, **3**. 611 pp. London: Longmans, Green & Co.

Buller, A. H. R. (1931). *Researches on Fungi*, **4**. 329 pp. London: Longmans, Green & Co.

Buller, A. H. R. (1933). *Researches on Fungi*. **5**. 416 pp. London: Longmans, Green & Co.

Buller, A. H. R. (1934). *Researches on Fungi*, **6**. 513 pp. London: Longmans, Green & Co.

Buller, A. H. R. (1950). *Researches on Fungi*, **7**. 458 pp. Toronto University Press.

Buller, A. H. R. & Vanterpool, T. C. (1933). The violent discharge of the basidiospores (secondary conidia) of *Tilletia tritici*. In *Researches on Fungi*, **5**. A. H. R. Buller. London: Longmans, Green & Co.

Bulmer, G. S. (1964). Spore germination of forty-two species of puffballs. *Mycologia*, **56**, 630–632.

Bulmer, G. S. & Li, Y.-T. (1966). Enzymic activities in *Calvatia cyathiformis* during and after meiosis. *Mycologia*, **58**, 555–561.

Bu'Lock, J. D., Jones, B. E., Taylor, D., Winskill, N. & Quarrie, S. A. (1974a). Sex hormones in the Mucorales. The incorporation of C_{20} and C_{18} precursors into trisporic acids. *Journal of General Microbiology*, **80**, 301–306.

Bu'Lock, J. D., Jones, B. E. & Winskill, N. (1974b). Structures of the mating-type-specific prohormones of Mucorales. *Chemical Communications*, 708–709.

Burchill, R. T., Frick, E. L. & Swait, A. A. J. (1976). The control of peach leaf curl with off-shoot T. *Annals of Applied Biology*, **82**, 379–380.

Burdekin, D. A. & Gibbs, J. N. (1974). The control of Dutch Elm disease. *Forestry Commission Leaflet No. 54*. 7 pp. London: H.M.S.O.

Burgeff, H. (1914). Untersuchungen über Variabilität, Sexualität und Erblichkeit bei *Phycomyces nitens*. I. *Flora*, **107**, 259–316.

Burgeff, H. (1920). Über den Parasitismus des *Chaetocladium* und die heterokaryotische Natur der von ihm auf Mucorineen erzeugten Gallen. *Zeitschrift für Botanik*, **12**, 1–35.

Burgeff, H. (1924). Untersuchungen über Sexualität und Parasitismus bei Mucorineen. I. *Botanische Abhandlungen*, **4**, 1–135.

Burgeff, H. (1925). Über die Arten und Artkreuzung in der Gattung *Phycomyces*. *Flora*, **18**, 40–46.

Burnett, J. H. (1965). The natural history of recombination systems. In *Incompatibility in Fungi*, 98–113. Editors: K. Esser & J. R. Raper. Berlin: Springer.

Burnett, J. H. (1975). *Mycogenetics. An Introduction to the General Genetics of Fungi*. 375 pp. London, New York, Sydney, Toronto: John Wiley & Sons.

Burnett, J. H. (1976). *Fundamentals of Mycology*. 673 pp. London: Edward Arnold.

Burnett, J. H. & Boulter, M. E. (1963). The mating systems of fungi. II. Mating systems of the Gasteromycetes *Mycocalia denudata* and *M. duriaeana*. *New Phytologist*, **62,** 217–236.

Burnett, J. H. & Evans, E. J. (1966). Genetical homogeneity and the stability of mating-type factors of fairy rings of *Marasmius oreades*. *Nature, London*, **210,** 1368–1369.

Burnett, J. H. & Partington, D. (1957). Spatial distribution of fungal mating-type factors. *Proceedings of the Royal Physical Society of Edinburgh*, **26,** 61–68.

Bushnell, W. R. (1972). Physiology of fungal haustoria. *Annual Review of Phytopathology*, **10,** 151–176.

Bushnell, W. R. & Gay, J. (1978). Accumulation of solutes in relation to the structure and function of haustoria in powdery mildews. In *The Powdery Mildews*, 183–235. Editor: D. M. Spencer. London, New York, San Francisco: Academic Press.

Buston, H. W. & Khan, A. H. (1956). The influence of certain micro-organisms on the formation of perithecia by *Chaetomium globosum*. *Journal of General Microbiology*, **14,** 655–660.

Buston, H. W., Jabbar, A. & Etheridge, D. E. (1953). The influence of hexose phosphates, calcium and jute extract on the formation of perithecia by *Chaetomium globosum*. *Journal of General Microbiology*, **8,** 302–306.

Butcher, D. N., Sayadat El-Tigani & Ingram, D. S. (1974). The rôle of indole glucosinolates in the club root disease of Cruciferae. *Physiological Plant Pathology*, **4,** 127–141.

Butler, E. E. (1960). Pathogenicity and taxonomy of *Geotrichum candidum*. *Phytopathology*, **50,** 665–672.

Butler, E. E. & Petersen, L. J. (1972). *Endomyces geotrichum*, a perfect state of *Geotrichum candidum*. *Mycologia*, **64,** 365–374.

Butler, E. E., Webster, R. K. & Eckert, J. W. (1965). Taxonomy, pathogenicity and physiological properties of the fungus causing sour rot of citrus. *Phytopathology*, **55,** 1262–1268.

Butler, G. M. (1957). The development and behaviour of mycelial strands in *Merulius lacrymans* (Wulf.) Fr. I. Strand development during growth from a food-base through a non-nutrient medium. *Annals of Botany, London*, N.S., **21,** 523–537.

Butler, G. M. (1958). The development and behaviour of mycelial strands in *Merulius lacrymans* (Wulf.) Fr. II. Hyphal behaviour during strand formation. *Annals of Botany, London*, N.S., **22,** 219–236.

Butler, G. M. (1961). Growth of hyphal branching systems in *Coprinus disseminatus*. *Annals of Botany, London*, N.S., **25,** 341–352.

Butler, G. M. (1966). Vegetative structure. In *The Fungi: An Advanced Treatise*, **II,** 83–112. Editors: G. C. Ainsworth & A. S. Sussman. New York and London: Academic Press.

Butt, D. J. (1978). Epidemiology of powdery mildews. In *The Powdery Mildews*, 51–81. Editor: D. M. Spencer. London, New York, San Francisco: Academic Press.

Buxton, E. W. (1960). Heterokaryosis, saltation and adaptation. In *Plant Pathology; An Advanced Treatise*, **2,** 359–405. Editors: J. G. Horsfall & A. E. Dimond. New York and London: Academic Press.

Cabib, E. (1975). Molecular aspects of yeast morphogenesis. *Annual Review of Microbiology*, **29,** 191–214.

Cain, R. F. (1972). Evolution of the fungi. *Mycologia*, **64,** 1–14.

Callaghan, A. A. (1969a). Light and spore discharge in Entomophthorales. *Transactions of the British Mycological Society*, **53**, 87–97.

Callaghan, A. A. (1969b). Morphogenesis in *Basidiobolus ranarum*. *Transactions of the British Mycological Society*, **53**, 99–108.

Callaghan, A. A. (1969c). Secondary conidium formation in *Basidiobolus ranarum*. *Transactions of the British Mycological Society*, **53**, 132–137.

Callaghan, A. A. (1974). Effect of pH and light on conidium germination in *Basidiobolus ranarum*. *Transactions of the British Mycological Society*, **63**, 13–18.

Calleja, G. B. & Johnson, B. F. (1971). Flocculation in a fission yeast: an initial step in the conjugation process. *Canadian Journal of Microbiology*, **17**, 1175–1177.

Callow, J. A. (1975). Endopolyploidy in maize smut neoplasms induced by the maize smut fungus, *Ustilago maydis*. *New Phytologist*, **75**, 253–257.

Callow, J. A. & Ling, I. T. (1973). Histology of neoplasms and chlorotic lesions in maize seedlings following the injection of sporidia of *Ustilago maydis* (DC) Corda. *Physiological Plant Pathology*, **3**, 489–494.

Calonge, F. D. (1970). Notes on the ultrastructure of the microconidium and stroma in *Sclerotinia sclerotiorum*. *Archiv für Mikrobiologie*, **71**, 191–195.

Campbell, R. (1969). An electron microscope study of spore structure and development in *Alternaria brassicicola*. *Journal of General Microbiology*, **54**, 381–392.

Campbell, R. (1970). An electron microscope study of exogenously dormant spores, spore germination, hyphae and conidiophores of *Alternaria brassicicola*. *New Phytologist*, **69**, 287–293.

Campbell, R., Larner, R. W. & Madelin, M. F. (1968). Notes on an albino mutant of *Alternaria brassicicola*. *Mycologia*, **60**, 1122–1125.

Campbell, R. N. & Fry, P. R. (1966). The nature of the association between *Olpidium brassicae* and lettuce big vein and tobacco necrosis viruses. *Virology*, **29**, 222–233.

Campbell, W. A. & Hendrix, F. F. (1967). A new heterothallic *Pythium* from Southern United States. *Mycologia*, **59**, 274–278.

Campbell, W. P. (1957). Studies on ergot infection in gramineous hosts. *Canadian Journal of Botany*, **35**, 315–320.

Campbell, W. P. (1958). Infection of barley by *Claviceps purpurea*. *Canadian Journal of Botany*, **36**, 615–619.

Campbell, W. P. (1959). Inhibition of starch formation by *Claviceps purpurea*. *Phytopathology*, **49**, 451–452.

Campbell, W. P. & Tyner, L. E. (1959). Comparison of degree and duration of susceptibility of barley to ergot and true loose smut. *Phytopathology*, **49**, 348–349.

Canham, S. C. (1969). Taxonomy and morphology of *Hypocrea citrina*. *Mycologia*, **61**, 315–331.

Canter, H. M. & Willoughby, L. G. (1964). A parasitic *Blastocladiella* from Windermere plankton. *Journal of the Royal Microscopical Society*, **83**, 365–372.

Cantino, E. C. (1950). Nutrition and phylogeny in the water molds. *Quarterly Review of Biology*, **25**, 269–277.

Cantino, E. C. (1955). Physiology and phylogeny in the water-molds – a re-evaluation. *Quarterly Review of Biology*, **30**, 138–149.

Cantino, E. C. (1970). Germination of a resistant sporangium of *Blastocladiella britannica*: bearing on its taxonomic status. *Transactions of the British Mycological Society*, **54**, 303–307.

Cantino, E. C. & Horenstein, E. A. (1954). Cytoplasmic exchange without gametic copulation in the water mold *Blastocladiella emersonii*. *American Naturalist*, **88**, 143–154.

Cantino, E. & Hyatt, M. T. (1953). Carotenoids and oxidative enzymes in the aquatic Phycomycetes *Blastocladiella* and *Rhizophlyctis*. *American Journal of Botany*, **40**, 688–694.

Cantino, E. C. & Lovett, J. S. (1964). Non-filamentous aquatic fungi model systems for biochemical studies of morphological differentiation. *Advances in Morphogenesis*, **3**, 33–93.

Cantino, E. C., Lovett, J. S., Leak, L. V. & Lythgoe, J. (1963). The single mitochondrion, fine structure, and germination of the spore of *Blastocladiella emersonii*. *Journal of General Microbiology*, **31**, 393–404.

Cantino, E. C. & Mack, J. P. (1969). Form and function in the zoospore of *Blastocladiella emersonii*. I. The γ particle and satellite ribosome package. *Nova Hedwigia*, **18**, 115–158.

Cantino, E. C., Truesdell, L. C. & Shaw, D. S. (1968). Life history of the motile spore of *Blastocladiella emersonii*: a study in cell differentiation. *Journal of the Elisha Mitchell Scientific Society*, **84**, 125–146.

Cantino, E. C. & Turian, G. F. (1959). Physiology and development of lower fungi (Phycomycetes). *Annual Review of Microbiology*, **13**, 97–124.

Caporali, L. (1964). La biologie du *Taphrina deformans* (Berk.) Tul: relations entre l'hôte et le parasite. *Revue Générale de Botanique*, **71**, 241–282.

Carlile, M. J. (1965). The photobiology of fungi. *Annual Review of Plant Physiology*, **16**, 175–202.

Carlile, M. J. (1971). Myxomycetes and other slime moulds. In *Methods in Microbiology*, 237–265. Editor: C. Booth. New York and London: Academic Press.

Carlile, M. J. (1972). The lethal interaction following plasmodial fusion between two strains of the myxomycete *Physarum polycephalum*. *Journal of General Microbiology*, **71**, 581–590.

Carlile, M. J. (1973). Cell fusion and somatic incompatibility in Myxomycetes. *Bericht der Deutschen Botanischen Gesellschaft*, **86**, 123–139.

Carlile, M. J. & Dee, J. (1967). Plasmodial and lethal interaction between strains in a myxomycete. *Nature, London*, **215**, 832–834.

Carlile, M. J. & Machlis, L. (1965a). The response of male gametes of *Allomyces* to the sexual hormone sirenin. *American Journal of Botany*, **52**, 478–483.

Carlile, M. J. & Machlis, L. (1965b). A comparative study of the chemotaxis of the motile phases of *Allomyces*. *American Journal of Botany*, **52**, 484–486.

Carmichael, J. W. (1957). *Geotrichum candidum*. *Mycologia*, **49**, 820–830.

Carr, A. J. H. & Olive, L. S. (1958). Genetics of *Sordaria fimicola*. II. Cytology. *American Journal of Botany*, **45**, 142–150.

Carroll, F. E. & Carroll, G. C. (1971). Fine structural studies on "poroconidium" formation in *Stemphylium botryosum*. In *Taxonomy of Fungi Imperfecti*, 75–91. Editor: W. B. Kendrick. University of Toronto Press.

Carroll, G. C. (1967). The ultrastructure of ascospore delimitation in *Saccobolus kerverni*. *Journal of Cell Biology*, **33**, 218–224.

Carroll, G. C. & Dykstra, R. (1966). Synaptinemal complexes in *Didymium iridis*. *Mycologia*, **58**, 166–169.

Carroll, G. C. & Munk, A. (1964). Studies on lignicolous Sordariaceae. *Mycologia*, **56**, 77–98.

Cartwright, K. St.G. & Findlay, W. P. K. (1958). *Decay of Timber and its Prevention*. 2nd edition. 332 pp. London: H.M.S.O.

Castle, E. S. (1942). Spiral growth and reversal of spiraling in *Phycomyces*, and their bearing on primary wall structure. *American Journal of Botany*, **29**, 664–672.

Castle, E. S. (1953). Problems of oriented growth and structure in *Phycomyces*. *Quarterly Review of Biology*, **28**, 364–372.

Castle, E. S. (1966). Light responses of *Phycomyces*. *Science, N.Y.*, **154**, 1416–1420.

Catcheside, D. G. (1951). *Genetics of micro-organisms*. 223 pp. London: Pitman.

Caten, C. E. & Jinks, J. L. (1966). Heterokaryosis: its significance in wild homothallic ascomycetes and fungi imperfecti. *Transactions of the British Mycological Society*, **49**, 81–93.

Cerdá-Olmedo, E. (1974). *Phycomyces*. In *Handbook of Genetics*, **I**, 343–357. Editor: R. C. King. New York and London: Plenum Press.

Chadefaud, M. (1960). Les végétaux non vasculaires (Cryptogamie), Tome I. In *Traité de Botanique Systématique*. M. Chadefaud & L. Emberger. Paris: Masson.

Chadefaud, M. (1973). Les asques et la systématique des Ascomycètes. *Bulletin Trimestriel de la Société Mycologique de France*, **89**, 127–170.

Chambers, T. C., Markus, K. & Willoughby, L. G. (1967). The fine structure of the mature zoosporangium of *Nowakowskiella profusa*. *Journal of General Microbiology*, **46**, 135–141.

Chambers, T. C. & Willoughby, L. G. (1964). The fine structure of *Rhizophlyctis rosea*, a soil Phycomycete. *Journal of the Royal Microscopical Society*, **83**, 355–364.

Chang, S. T. & Hayes, W. A. (1978). *The Biology and Cultivation of Edible Mushrooms*. 819 pp. London, New York, San Francisco: Academic Press.

Chapman, J. A. & Vujičić, R. (1965). The fine structure of sporangia of *Phytophthora erythroseptica* Pethybr. *Journal of General Microbiology*, **41**, 275–282.

Chen, K.-C. (1965). The genetics of *Sordaria brevicollis*. I. Determination of seven linkage groups. *Genetics*, **51**, 509–517.

Chen, K.-C. & Olive, L. S. (1965). The genetics of *Sordaria brevicollis*. II. Biased segregation due to spindle overlap. *Genetics*, **51**, 761–766.

Chester, K. S. (1946). *The Nature and Prevention of the Cereal Rusts as Exemplified in the Leaf Rust of Wheat*. 269 pp. Waltham, Mass.: Chronica Botanica Co.

Chesters, C. G. C. & Greenhalgh, G. N. (1964). *Geniculosporium serpens* gen. et sp. nov., the imperfect state of *Hypoxylon serpens*. *Transactions of the British Mycological Society*, **47**, 393–401.

Chet, I., Henis, Y. & Kislev, N. (1969). Ultrastructure of sclerotia and hyphae of *Sclerotium rolfsii* Sacc. *Journal of General Microbiology*, **57**, 143–147.

Chiang, M. S. & Crête, R. (1970). Inheritance of clubroot resistance in cabbage (*Brassica oleracea* L. var. *capitata* L.). *Journal of Genetics and Cytology*, **12**, 253–256.

Chien, C-Y., Kuhlman, E. G. & Gams, W. (1974). Zygospores of two *Mortierella* species with stylospores. *Mycologia*, **66**, 114–121.

Christen, J. & Hohl, H. R. (1972). Growth and ultrastructural differentiation of sporangia in *Phytophthora palmivora*. *Canadian Journal of Microbiology*, **18**, 1959–1964.

Christensen, C. M. (1965). *The Molds and Man*. 3rd edition. 284 pp. University of Minnesota Press.

Christensen, J. J. (1932). Studies on the genetics of *Ustilago zeae*. *Phytopathologische Zeitschrift*, **4**, 129–188.

Christensen, J. J. (1963). Corn smut caused by *Ustilago maydis*. *American Phytopathological Society Monograph* No. **2**. 41 pp.

Chu, F. S. & Chang, C. C. (1973). Pecteolytic enzymes of eight *Byssochlamys fulva* isolates. *Mycologia*, **65**, 920–924.

Ciferri, R. & Tomaselli, R. (1955). The symbiotic fungi of lichens and their nomenclature. *Taxon*, **4**, 190–192.

Clark, J. & Collins, O. R. (1973). Directional cytotoxic reactions between incompatible plasmodia of *Didymium iridis*. *Genetics*, **73**, 247–257.

Clemençon, H. (1969). Reifung und endoplasmatisches Retikulum der Agaricales-Basidie. *Zeitschrift für Pilzkunde*, **35**, 295–304.

Clemençon, H. (1970). Bau der Wände der Basidiosporen und ein Vorschlag zur Benennung ihren Schichten. *Zeitschrift für Pilzkunde*, **36**, 113–133.

Clowes, F. A. L. (1951). The structure of mycorrhizal roots of *Fagus sylvatica*. *New Phytologist*, **50**, 1–16.

Clutterbuck, A. J. (1974). *Aspergillus nidulans*. In *Handbook of Genetics*, **I**, 447–510. Editor: R. C. King. New York and London: Plenum Press.

Cochrane, V. W. (1958). *Physiology of Fungi*. 524 pp. New York and London: Wiley. Chapman & Hall.

Coffey, M. D. (1975). Obligate parasites of higher plants, particularly rust fungi. *Symposium of the Society for Experimental Biology*, **29**, 297–323.

Cole, G. T. (1973). Ultrastructure of conidiogenesis in *Drechslera sorokiniana*. *Canadian Journal of Botany*, **51**, 629–638.

Cole, G. T. (1975). The thallic mode of conidiogenesis in the Fungi Imperfecti. *Canadian Journal of Botany*, **53**, 2983–3001.

Cole, G. T. & Kendrick, W. B. (1969a). Conidium ontogeny in hyphomycetes. The phialides of *Phialophora*, *Penicillium* and *Ceratocystis*. *Canadian Journal of Botany*, **47**, 779–789.

Cole, G. T. & Kendrick, W. B. (1969b). Conidium ontogeny in hyphomycetes. The annellophores of *Scopulariopsis brevicaulis*. *Canadian Journal of Botany*, **47**, 925–929.

Cole, G. T. & Kendrick, W. B. (1969c). Conidium ontogeny in hyphomycetes. The arthrospores of *Oidiodendron* and *Geotrichum*, and the endoarthrospores of *Sporendonema*. *Canadian Journal of Botany*, **47**, 1773, 1780.

Cole, G. T. & Samson, R. A. (1979). *Patterns of Development in Conidial Fungi*. 336 pp. London: Pitman Publishing Ltd.

Coley-Smith, J. R. & Cooke, R. C. (1971). Survival and germination of fungal sclerotia. *Annual Review of Phytopathology*, **9**, 65–92.

Colhoun, J. (1958). Club root disease of crucifers, caused by *Plasmodiophora brassicae* Woron. *Phytopathological Paper No. 3, Commonwealth Mycological Institute*. 108 pp.

Colhoun, J. (1966). The biflagellate zoospore of aquatic Phycomycetes with particular reference to *Phytophthora* spp. In *The Fungus Spore*, 85–92. Editor: M. F. Madelin. Colston Papers No. 18. London: Butterworths.

Collins, O. R. (1963). Multiple alleles at the incompatibility locus in the myxomycete *Didymium iridis*. *American Journal of Botany*, **50**, 477–480.

Collins, O. R. (1965). Evidence for a mutation at the incompatibility locus in the slime mold *Didymium iridis*. *Mycologia*, **57**, 314–315.

Collins, O. R. (1966). Plasmodial compatibility in heterothallic and homothallic isolates of *Didymium iridis*. *Mycologia*, **58**, 362–372.

Collins, O. R. & Clark, J. (1968). Genetics of plasmodial compatibility and heterokaryosis in *Didymium iridis*. *Mycologia*, **60**, 90–103.

Collins, O. R. & Haskins, E. F. (1970). Evidence for polygenic control of plasmodial fusion in *Physarum polycephalum*. *Nature, London*, **226**, 279–280.

Collins, O. R. & Ling, H. (1964). Further studies in multiple allelomorph heterothallism in the myxomycete *Didymium iridis*. *American Journal of Botany*, **51**, 315–317.

Collins, O. R. & Ling, H. (1972). Genetics of somatic cell fusion in two isolates of *Didymium iridis*. *American Journal of Botany*, **59**, 337–340.

Colotelo, N. (1974). A scanning electron microscope study of developing sclerotia of *Sclerotinia sclerotiorum*. *Canadian Journal of Botany*, **52**, 1127–1130.

Colson, B. (1934). The cytology and morphology of *Neurospora tetrasperma*. *Annals of Botany, London*, **48**, 211–225.

Conti, S. F. & Naylor, H. B. (1959). Electron microscopy of ultrathin sections of *Schizosaccharomyces octosporus*. I. Cell division. *Journal of Bacteriology*, **78**, 868–877.

Conti, S. F. & Naylor, H. B. (1960). Electron microscopy of ultrathin sections of *Schizosaccharomyces octosporus*. II. Morphological and cytological changes preceding ascospore formation. *Journal of Bacteriology*, **79**, 331–340.

Cook, A. H. (1958). *The Chemistry and Biology of yeasts.* 763 pp. New York and London: Academic Press.

Cooke, J. C. (1969a). Morphology of *Chaetomium funicolum. Mycologia,* **61,** 1060–1065.

Cooke, J. C. (1969b). Morphology of *Chaetomium erraticum. American Journal of Botany,* **56,** 335–340.

Cooke, J. C. (1970). Morphology of *Chaetomium trilaterale. Mycologia,* **62,** 282–288.

Cooke, R. C. (1969). Changes in soluble carbohydrates during sclerotium formation by *Sclerotinia sclerotiorum* and *S. trifoliorum. Transactions of the British Mycological Society,* **53,** 77–86.

Cooke, R. C. (1970). Physiological aspects of sclerotium growth in *Sclerotinia sclerotiorum. Transactions of the British Mycological Society,* **54,** 361–365.

Cooke, R. C. (1971a). Physiology of sclerotia of *Sclerotinia sclerotiorum* during growth and maturation. *Transactions of the British Mycological Society,* **56,** 51–59.

Cooke, R. C. (1971b). Uptake of [^{14}C] glucose and loss of water by sclerotia of *Sclerotinia sclerotiorum* during development. *Transactions of the British Mycological Society,* **57,** 379–384.

Cooke, R. C. & Dickinson, C. (1965). Nematode-trapping species of *Dactylella* and *Monacrosporium. Transactions of the British Mycological Society,* **48,** 621–629.

Cooke, R. C. & Godfrey, B. E. S. (1964). A key to the nematode-destroying fungi. *Transactions of the British Mycological Society,* **47,** 61–74.

Cooke, R. C. & Mitchell, D. T. (1966). Sclerotium size and germination in *Claviceps purpurea. Transactions of the British Mycological Society,* **49,** 95–100.

Cooke, R. C. & Mitchell, D. T. (1967). Germination pattern and capacity for repeated stroma formation in *Claviceps purpurea. Transactions of the British Mycological Society,* **50,** 275–283.

Cooke, R. C. & Mitchell, D. T. (1969). Sugars and polyols in sclerotia of *Claviceps purpurea, C. nigricans* and *Sclerotinia curreyana* during germination. *Transactions of the British Mycological Society,* **52,** 365–372.

Cooke, R. C. & Mitchell, D. T. (1970). Carbohydrate physiology of sclerotia of *Claviceps purpurea* during dormancy and germination. *Transactions of the British Mycological Society,* **54,** 93–99.

Cooke, W. B. (1961). The genus *Schizophyllum. Mycologia,* **53,** 575–599.

Cooke, W. B. & Hawksworth, D. L. (1970). A preliminary list of the families proposed for fungi (including the lichens). *Mycological Paper No. 121, Commonwealth Mycological Institute.* 86 pp.

Corlett, M. (1966). Perithecium development in *Chaetomium trigonosporum. Canadian Journal of Botany,* **44,** 155–162.

Corlett, M. (1973). Observations and comments on the *Pleospora* centrum type. *Nova Hedwigia,* **24,** 347–360.

Corner, E. J. H. (1929). Studies in the morphology of Discomycetes. I–II. *Transactions of the British Mycological Society,* **14,** 263–275; 275–291.

Corner, E. J. H. (1932). A *Fomes* with two systems of hyphae. *Transactions of the British Mycological Society,* **17,** 51–81.

Corner, E. J. H. (1948). Studies in the basidium. I. The ampoule effect, with a note on nomenclature. *New Phytologist,* **47,** 22–51.

Corner, E. J. H. (1950). *A Monograph of Clavaria and Allied Genera.* 740 pp. Oxford University Press.

Corner, E. J. H. (1953). The construction of polypores. I. Introduction: *Polyporus sulphureus, P. squamosus, P. betulinus* and *Polystictus microcyclus. Phytomorphology,* **3,** 152–167.

Corner, E. J. H. (1954). The classification of the higher fungi. *Proceedings of the Linnean Society of London,* **165,** 4–6.

Corner, E. J. H. (1966). *A Monograph of Cantharelloid Fungi*. 255 pp. Oxford University Press.

Couch, J. N. (1926). Heterothallism in *Dictyuchus*, a genus of the water moulds. *Annals of Botany, London*, **40**, 849–881.

Couch, J. N. (1939). Heterothallism in the Chytridiales. *Journal of the Elisha Mitchell Scientific Society*, **55**, 409–414.

Cox, A. E. & Large, E. C. (1960). Potato blight epidemics throughout the world. *U.S. Department of Agriculture Handbook No. 174*. 230 pp. Washington.

Cox, G. & Sanders, F. (1974). Ultrastructure of the host interface in vesicular–arbuscular mycorrhiza. *New Phytologist*, **73**, 901–912.

Cox, R. J. & Niederpruem, D. J. (1975). Differentiation in *Coprinus lagopus*. III. Expansion of excised fruit bodies. *Archives of Microbiology*, **105**, 257–260.

Crady, E. E. & Wolf, F. T. (1959). The production of indole acetic acid by *Taphrina deformans* and *Dibotryon morbosum*. *Physiologia Plantarum*, **12**, 526–533.

Craigie, J. H. (1927a). Experiments on sex in rust fungi. *Nature, London*, **120**, 116–117.

Craigie, J. H. (1927b). Discovery of the function of the pycnia of the rust fungi. *Nature, London*, **120**, 765–767.

Craigie, J. H. (1945). Epidemiology of stem rust in Western Canada. *Scientific Agriculture*, **25**, 285–401.

Craigie, J. H. & Green, G. J. (1962). Nuclear behaviour leading to conjugate association in haploid infections of *Puccinia graminis*. *Canadian Journal of Botany*, **40**, 163–178.

Crane, J. L. & Schoknecht, J. D. (1973). Conidiogenesis in *Ceratocystis ulmi*, *Ceratocystis piceae* and *Graphium penicillioides*. *American Journal of Botany*, **60**, 346–354.

Croft, J. H. & Jinks, J. L. (1977). Aspects of population genetics of *Aspergillus nidulans*. In *Genetics and Physiology of Aspergillus*, 339–360. Editors: J. E. Smith & J. A. Pateman. London, New York, San Francisco: Academic Press.

Croxall, H. E., Collingwood, C. A. & Jenkins, J. E. E. (1951). Observations on brown rot (*Sclerotinia fructigena*) of apples in relation to injury by earwigs (*Forficula auricularia*). *Annals of Applied Biology*, **38**, 833–843.

Crump, E. & Branton, D. (1966). Behavior of primary and secondary zoospores of *Saprolegnia* sp. *Canadian Journal of Botany*, **44**, 1393–1400.

Cullum, F. J. & Webster, J. (1977). Cleistocarp dehiscence in *Phyllactinia*. *Transactions of the British Mycological Society*, **68**, 316–320.

Cummins, G. B. (1959). *Illustrated Genera of Rust Fungi*. 129 pp. Minneapolis: Burgess Publishing Company.

Curtis, K. M. (1921). The life history and cytology of *Synchytrium endobioticum* (Schilb.) Perc., the cause of wart disease in potato. *Philosophical Transactions of the Royal Society, Series B*, **210**, 409–478.

Curtis, F. C., Evans, G. H., Lillis, V., Lewis, D. H. & Cooke, R. C. (1978). Studies on Mucoralean mycoparasites. I. Some effects of *Piptocephalis* species on host growth. *New Phytologist*, **80**, 157–165.

Cutter, V. M. (1942a). Nuclear behavior in the Mucorales. I. The *Mucor* pattern. *Bulletin of the Torrey Botanical Club*, **69**, 480–508.

Cutter, V. M. (1942b). Nuclear behavior in the Mucorales. II. The *Rhizopus*, *Phycomyces* and *Sporodinia* patterns. *Bulletin of the Torrey Botanical Club*, **69**, 592–616.

Daniels, J. (1961). *Chaetomium piluliferum* sp. nov., the perfect state of *Botryotrichum piluliferum*. *Transactions of the British Mycological Society*, **44**, 79–86.

D'Arcy Thompson, W. (1961). *On Growth and Form*. Abridged edition. Editor: J. T. Bonner. 346 pp. Cambridge University Press.

Dargent, R, R., Darnaud, M. & Montant, C. (1973). Sur l'ultrastructure des hyphes en croissance d'*Achlya bisexualis* Coker. Localisation des organites cytoplasmiques et étude de la morphologie des mitochondries. *Compte Rendu Hebdomadaire des Séances de l'Académie des Sciences, D*, **277**, 1141–1144.

Davey, C. B. & Papavizas, G. C. (1962). Growth and sexual reproduction of *Aphanomyces euteiches* as affected by the oxidation state of sulfur. *American Journal of Botany*, **49**, 400–404.

Davies, B. H. (1961). The carotenoids of *Rhizophlyctis rosea*. *Phytochemistry*, **1**, 25–29.

Davis, E. E. (1967). Zygospore formation in *Syzygites megalocarpus*. *Canadian Journal of Botany*, **45**, 531–532.

Davis, R. H. (1966). Mechanisms of inheritance. 2. Heterokaryosis. In *The Fungi: An Advanced Treatise*, **II**, 567–588. Editors: G. C. Ainsworth & A. S. Sussman. New York and London: Academic Press.

Day, A. W. (1972). Genetic implications of current models of somatic nuclear division in fungi. *Canadian Journal of Botany*, **50**, 1337–1347.

Day, A. W. & Poon, N. H. (1975). Fungal fimbriae. II. Their role in conjugation in *Ustilago violacea*. *Canadian Journal of Microbiology*, **21**, 547–557.

Day, P. R. (1963). The structure of the A mating-type factor in *Coprinus lagopus*: wild alleles. *Genetical Research, Cambridge*, **4**, 323–325.

Day, P. R. (1974). *Genetics of Host–Parasite Interaction*. 238 pp. San Francisco: W. H. Freeman & Co.

De Bary, A. (1887). *Comparative Morphology and Biology of the Fungi, Mycetozoa and Bacteria*. English translation. 525 pp. Oxford: Clarendon Press.

Decaris, B., Girard, J. & Leblon, G. (1974). *Ascobolus. Handbook of Genetics*, **I**. Editor: R. C. King. New York and London: Plenum Press.

Dee, J. (1960). A mating type system in an acellular slime mould. *Nature, London*, **185**, 780–781.

Dee, J. (1966). Multiple alleles and other factors affecting plasmodium formation in the true slime mould *Physarum polycephalum* Schw. *Journal of Protozoology*, **13**, 610–616.

Dekhuizen, H. M. & Overeem, J. C. (1971). The role of cytokinins in club root formation. *Physiological Plant Pathology*, **1**, 151–161.

Delamater, E. D., Yaverbaum, S. & Schwartz, L. (1953). The nuclear cytology of *Eremascus albus*. *American Journal of Botany*, **40**, 475–492.

Delay, C. (1966). Étude de l'infrastructure de l'asque d'*Ascobolus immersus* Pers., pendant la maturation des spores. *Annales des Sciences Naturelles (Botanique)*, Sér. 12, **7**, 361–420.

Delmas, J. (1976). La truffe et sa culture. 54 pp. Étude No. 60. Institut National de la Recherche Agronomique. Editors: S.E.I. C.N.R.A., Versailles.

Dengler, I. (1937). Entwicklungsgeschichtliche Untersuchungen an *Sordaria macrospora* Auersw., *S. uvicola* Viala et Mars., und *S. brefeldii* Zopf. *Jahrbuch für Wissenschaftliche Botanik* **84**, 427–448.

Dengler, R. E., Filosa, M. F. & Shao, Y. Y. (1970). Ultrastructural aspects of macrocyst development in *Dictyostelium mucoroides*. (Abstract). *American Journal of Botany*, **57**, 737.

Dennis, R. L. (1970). A middle Pennsylvanian Basidiomycete mycelium with clamp connections. *Mycologia*, **62**, 578–584.

Dennis, R. W. G. (1956). A revision of the British Helotiaceae in the herbarium of the Royal Botanic Gardens, Kew, with notes on related European species. *Mycological Paper No. 62, Commonwealth Mycological Institute*. 216 pp.

Dennis, R. W. G. (1858a). *Xylaria* versus *Hypoxylon* and *Xylosphaera*. *Kew Bulletin*, **13**, 101–106.

Dennis, R. W. G. (1958b). Some Xylosphaeras from tropical Africa. *Revista di Biologia, Lisboa*, **1**, 175–208.

Dennis, R. W. G. (1968). *British Ascomycetes*. 455 pp. Stuttgart: Cramer.

Dennis, R. W. G., Orton, P. D. & Hora, F. B. (1960). New check list of British Agarics and Boleti. *Supplement to Transactions of the British Mycological Society*, **43**. 225 pp.

Denward, T. (1970). Differentiation in *Phytophthora infestans*. II. Somatic recombination in vegetative mycelium. *Hereditas*, **66**, 35–48.

Derx, H. G. (1930). Étude sur les Sporobolomycètes. *Annales Mycologici*, **28**, 1–23.

Derx, H. G. (1948). *Itersonilia*, nouveau genre de sporobolomycètes à mycelium bouclé. *Bulletin of the Buitenzorg Botanical Gardens*, III, **18**, 465–472.

Descals, E. & Webster, J. (1976). *Hyaloscypha*: perfect state of *Clathrosphaerina zalewskii*. *Transactions of the British Mycological Society*, **67**, 525–528.

Descals, E., Webster, J. & Dyko, B. S. (1977). Taxonomic studies on aquatic Hyphomycetes. I. *Lemonniera* de Wildeman. *Transactions of the British Mycological Society*, **69**, 89–109.

Dick, M. W. (1969). Morphology and taxonomy of the Oomycetes, with special reference to the Saprolegniaceae, Leptomitaceae and Pythiaceae. *New Phytologist*, **68**, 751–775.

Dick, M. W. (1970). Saprolegniaceae on insect exuviae. *Transactions of the British Mycological Society*, **55**, 449–459.

Dick, M. W. (1971). Oospore structure in *Aphanomyces*. *Mycologia*, **63**, 686–688.

Dick, M. W. (1972). Morphology and taxonomy of the Oomycetes, with special reference to Saprolegniaceae, Leptomitaceae and Pythiaceae. II. Cytogenetic systems. *New Phytologist*, **71**, 1151–1159.

Dick, M. W. (1973a). Leptomitales. In *The Fungi: An Advanced Treatise*, **IVB**, 145–158. Editors: G. C. Ainsworth, F. K. Sparrow & A. S. Sussman. New York and London: Academic Press.

Dick, M. W. (1973b). Saprolegniales. In *The Fungi: An Advanced Treatise*, **IVB**, 113–144. Editors: G. C. Ainsworth, F. K. Sparrow & A. S. Sussman. New York and London: Academic Press.

Dick, M. W. (1976). The ecology of aquatic Phycomycetes. In *Recent Advances in Aquatic Mycology*, 513–542. Editor: E. B. Gareth Jones. London: Elek Science.

Dick, M. W. & Win-Tin (1973). The development of cytological theory in the Oomycetes. *Biological Reviews, Cambridge*, **48**, 133–158.

Dick, S. (1965). Physiological aspects of tetrapolar incompatibility. In *Incompatibility in Fungi*, 72–80. Editors: K. Esser & J. R. Raper. Berlin: Springer.

Dodge, B. O. (1924). Aecidiospore discharge as related to the character of the spore wall. *Journal of Agricultural Research*, **27**, 749–756.

Dodge, B. O. (1927). Nuclear phenomena associated with heterothallism and homothallism in the ascomycete *Neurospora*. *Journal of Agricultural Research*, **35**, 289–305.

Dodge, B. O. (1937). The perithecial cavity formation in a *Leptosphaeria* on *Opuntia*. *Mycologia*, **29**, 707–716.

Dodge, B. O. (1942). Heterocaryotic vigor in *Neurospora*. *Bulletin of the Torrey Botanical Club*, **69**, 75–91.

Douget, G. (1957). Organogénie de *Creopus spinulosus* (Fuck.) Moravec. Organogénie comparée de quelques Hypocréales du même type. *Bulletin de la Société Mycologique de France*, **73**, 144–164.

Doguet, G. (1960). Morphologie, organogénie et evolution nucléaire de l'*Epichloe typhina*. La place des Clavicipitaceae dans la classification. *Bulletin de la Société Mycologique de France*, **76**, 171–203.

Doguet, G. (1962). *Digitatospora marina* n.g., n.sp., basidiomycète marin. *Compte Rendu Hebdomadaire des Séances de l'Académie des Sciences, Paris, Sér. D*, **254**, 4336–4338.

Doguet, G. (1967). *Nia vibrissa* Moore et Meyers, remarquable basidiomycète marin.

Compte Rendu Hebdomadaire des Séances de l'Académie des Sciences, Paris, Sér. D, **265,** 1780–1783.

Doguet, G. (1968). *Nia vibrissa* Moore et Meyers, Gasteromycète marin. I. Conditions générale de formation des carpophores en culture. *Bulletin Trimestriel de la Société Mycologique de France,* **84,** 343–351.

Doguet, G. (1969). *Nia vibrissa* Moore et Meyers, Gasteromycète marin. II. Développement des carpophores et des basides. *Bulletin Trimestriel de la Société Mycologique de France,* **85,** 93–104.

Doling, D. A. (1966). Loose smut in wheat and barley. *Agriculture,* **73,** 523–527.

Donk, M. A. (1964). A conspectus of the families of Aphyllophorales. *Persoonia,* **3,** 199–324.

Donk, M. A. (1972a). The Heterobasidiomycetes: a reconnaissance. I. A restricted emendation. *Proceedings of the Konlike Nederlandse Akademie van Wetenschappie, Amsterdam, C,* **75,** 365–375.

Donk, M. A. (1972b). The Heterobasidiomycetes: a reconnaissance. II. Some problems connected with the restricted emendation. *Proceedings of the Konlike Nederlandse Akademie van Wetenschappie, Amsterdam, C,* **75,** 376–390.

Douwes, G. A. C. & Arx, J. A. von (1965). Das hymenophorale Trama bei den Agaricales. *Acta Botanica Neerlandica,* **14,** 197–217.

Dowding, E. S. (1931). The sexuality of *Ascobolus stercorarius* and the transportation of oidia by mites and flies. *Annals of Botany, London,* **45,** 621–637.

Dowding, E. S. (1958). Nuclear streaming in *Gelasinospora. Canadian Journal of Microbiology,* **4,** 295–301.

Dowding, E. S. & Bakerspigel, A. (1954). The migrating nucleus. *Canadian Journal of Microbiology,* **1,** 68–78.

Dowding, E. S. & Bulmer, G. S. (1964). Notes on the cytology and sexuality of puffballs. *Canadian Journal of Microbiology,* **10,** 783–789.

Dowsett, J. A. & Reid, J. (1977a). Light microscope observations on the trapping of nematodes by *Dactylaria candida. Canadian Journal of Botany,* **55,** 2956–2962.

Dowsett, J. A. & Reid, J. (1977b). Transmission and scanning electron microscope observations on the trapping of nematodes by *Dactylaria candida. Canadian Journal of Botany,* **55,** 2963–2970.

Dowsett, J. A., Reid, J. & van Caeseele, L. (1977). Transmission and scanning electron microscope observations on the trapping of nematodes by *Dactylaria brochopaga. Canadian Journal of Botany,* **55,** 2945–2955.

Drayton, F. L. (1934). The sexual mechanism of *Sclerotinia gladioli. Mycologia,* **26,** 46–72.

Drayton, F. L. & Groves, J. W. (1952). *Stromatinia narcissi,* a new, sexually dimorphic discomycete. *Mycologia,* **44,** 119–140.

Drechsler, C. (1956). Supplementary developmental stages of *Basidiobolus ranarum* and *Basidiobolus haptosporus. Mycologia,* **48,** 655–676.

Drechsler, C. (1960). Two root rot fungi closely related to *Pythium ultimum. Sydowia,* **14,** 107–115.

Dring, D. M. (1973). Gasteromycetes. In *The Fungi: An Advanced Treatise,* **IVB,** 451–478. Editors: G. C. Ainsworth, F. K. Sparrow & A. S. Sussman. New York and London: Academic Press.

Duddington, C. L. (1957). *The Friendly Fungi. A New Approach to the Eelworm Problem.* 188 pp. London: Faber & Faber.

Duddington, C. L. (1973). Zoopagales. In *The Fungi: An Advanced Treatise,* **IVB,** 231–234. Editors: G. C. Ainsworth, F. K. Sparrow & A. S. Sussman. New York and London: Academic Press.

Duncan, B. & Herald, A. C. (1974). Some observations on the ultrastructure of *Epicoccum nigrum. Mycologia,* **66,** 1022–1029.

Duncan, E. G. & Galbraith, M. H. (1972). Post-meiotic events in the Homobasidio-mycetidae. *Transactions of the British Mycological Society*, **58**, 387–392.

Duncan, E. G. & MacDonald, J. A. (1967). Micro-evolution in *Auricularia auricula*. *Mycologia*, **59**, 803–818.

Duncan, U. K. (1959). *A Guide to the Study of Lichens*. 164 pp. Arbroath: Buncle.

Duncan, U. K. (1963). *Lichen Illustrations. Supplement to A Guide to the Study of Lichens*. 144 pp. Arbroath: Buncle.

Duntze, W., Mackay, V. & Manney, T. R. (1970). *Saccharomyces cerevisiae*: A diffusible sex factor. *Science*, **168**, 1472–1473.

Durán, R. (1973). Ustilaginales. In *The Fungi: An Advanced Treatise*, **IVB**, 281–300. Editors: G. C. Ainsworth, F. K. Sparrow & A. S. Sussman. New York and London: Academic Press.

Durrieu, G. & Zambettakis, C. (1973). Les *Ustilago* parasites des Caryophyllacées. Apports de la microscopie électronique. *Bulletin Trimestriel de la Société Mycolo-gique de France*, **89**, 283–290.

Dykstra, M. J. (1974). An ultrastructural examination of the structure and germina-tion of asexual propagules of four mucoralean fungi. *Mycologia*, **66**, 477–489.

Edwards, H. H. (1970). A basic staining material associated with the penetration process in resistant and susceptible powdery mildewed barley. *New Phytologist*, **69**, 299–301.

Edwards, H. H. & Allen, P. J. (1970). A fine-structure study of the primary infection process during infection of barley by *Erysiphe graminis* f. sp. *hordei*. *Phytopathology*, **60**, 1504–1509.

Egel, R. (1971). Physiological aspects of conjugation in fission yeast. *Planta*, **98**, 89–96.

Eger, G. (1963). Untersuchungen zur Fruchtkörperbildung des Kulturchampignons. *Mushroom Science*, **5**, 314.

Ehrlich, H. G. & Ehrlich, M. A. (1963). Electron microscopy of the host–parasite relationships in stem rust of wheat. *American Journal of Botany*, **50**, 123–130.

Ehrlich, H. G. & McDonough, E. S. (1949). The nuclear history in the basidia and basidiospores of *Schizophyllum commune* Fries. *American Journal of Botany*, **36**, 360–363.

Ehrlich, M. A. & Ehrlich, H. G. (1966). Ultrastructure of the hyphae and haustoria of *Phytophthora infestans* and hyphae of *P. parasitica*. *Canadian Journal of Botany*, **44**, 1495–1503.

Ehrlich, M. A. & Ehrlich, H. G. (1970). Electron microscope radioautography of ^{14}C transfer from rust uredospores to wheat host cells. *Phytopathology*, **60**, 1850–1851.

Ehrlich, M. A. & Ehrlich, H. G. (1971). Fine structure of the host–parasite interfaces in mycoparasitism. *Annual Review of Phytopathology*, **9**, 155–184.

Ehrlich, M. A., Ehrlich, H. G. & Schafer, J. F. (1968). Septal pores in the Heterobasi-diomycetidae, *Puccinia graminis* and *P. recondita*. *American Journal of Botany*, **55**, 1020–1027.

Ekundayo, J. A. (1966). Further studies on germination of spores of *Rhizopus arrhizus*. *Journal of General Microbiology*, **42**, 283–291.

El-Abyad, M. S. H. & Webster, J. (1968a). Studies on pyrophilous Discomycetes. I. Comparative physiological studies. *Transactions of the British Mycological Society*, **51**, 353–367.

El-Abyad, M. S. H. & Webster, J. (1968b). Studies on pyrophilous Discomycetes. II. Competition. *Transactions of the British Mycological Society*, **51**, 369–375.

El-Ani, A. S. (1971). Chromosome numbers in the Hypocreales. II. Ascus development in *Nectria cinnabarina*. *American Journal of Botany*, **58**, 56–60.

El Shafie, A. K. & Webster, J. (1980). Ascospore liberation in *Cochliobolus cymbo-pogonis*. *Transactions of the British Mycological Society* (in the press).

Ellingboe, A. H. (1961). Somatic recombination in *Puccinia graminis* var. *tritici*. *Phytopathology*, **51**, 13–15.

Ellingboe, A. H. (1972). Genetics and physiology of primary infection by *Erysiphe graminis*. *Phytopathology*, **62**, 401–406.

Ellingboe, A. H. & Raper, J. R. (1962). The Buller Phenomenon in *Schizophyllum commune*: nuclear selection in fully compatible dikaryotic-homokaryotic matings. *American Journal of Botany*, **49**, 454–459.

Elliott, C. G. (1972). Sterols and the production of oospores by *Phytophthora cactorum*. *Journal of General Microbiology*, **72**, 321–327.

Elliott, C. G. & MacIntyre, D. (1973). Genetical evidence on the life history of *Phytophthora*. *Transactions of the British Mycological Society*, **60**, 311–316.

Elliott, E. W. (1949). The swarm cells of Myxomycetes. *Mycologia*, **41**, 141–170.

Elliott, M. E. (1964). Self-fertility in *Botryotrinia porri*. *Canadian Journal of Botany*, **42**, 1393–1395.

Ellis, M. B. (1966). Dematiaceous Hyphomycetes. VII. *Curvularia, Brachysporium*, etc. *Mycological Paper No. 106, Commonwealth Mycological Institute*. 43 pp.

Ellis, M. B. (1971a). Porospores. In *Taxonomy of Fungi Imperfecti*, 71–74. Editor: W. B. Kendrick. University of Toronto Press.

Ellis, M. B. (1971b). *Dematiaceous Hyphomycetes*. 608 pp. Kew, Surrey, England: Commonwealth Mycological Institute.

Ellis, M. B. (1976). *More Dematiaceous Hyphomycetes*. 505 pp. Kew, Surrey, England: Commonwealth Mycological Institute.

Ellis, T. T., Rogers, M. A. & Mims, C. W. (1972). The fine structure of the septal pore cap in *Coprinus stercorarius*. *Mycologia*, **64**, 681–688.

Ellis, T. T., Scheetz, R. W. & Alexopoulos, C. J. (1973). Ultrastructural observations on capillitial types in the Trichiales (Myxomycetes). *Transactions of the American Microscopical Society*, **92**, 65–79.

Ellzey, J. T. (1974). Ultrastructural observations of meiosis within antheridia of *Achlya ambisexualis*. *Mycologia*, **66**, 32–47.

Elsner, P. R., Vandermolen, G. E., Horton, J. C. & Bowen, C. C. (1970). Fine structure of *Phytophthora infestans* during sporangial differentiation and germination. *Phytopathology*, **60**, 1765–1772.

Emecz, T. I. & Jones, D. G. (1970). Effect of gibberellic acid on inflorescence production in cocksfoot plants infected with choke (*Epichloe typhina*). *Transactions of the British Mycological Society*, **55**, 77–82.

Emerson, R. (1941). An experimental study of the life cycles and taxonomy of *Allomyces*. *Lloydia*, **4**, 77–144.

Emerson, R. (1954). The biology of water molds. In *Aspects of Synthesis and Order in Growth*, 171–208. Editor: D. Rudnick. Princeton University Press.

Emerson, R. (1958). Mycological organization. *Mycologia*, **50**, 589–621.

Emerson, R. (1973). Mycological relevance in the nineteen seventies. *Transactions of the British Mycological Society*, **60**, 363–387.

Emerson, R. & Whisler, H. (1968). Cultural studies of *Oedogoniomyces* and *Harpochytrium*, and a proposal to place them in a new order of aquatic Phycomycetes. *Archiv für Mikrobiologie*, **61**, 195–211.

Emerson, R. & Wilson, C. M. (1954). Interspecific hybrids and the cytogenetics and cytotaxonomy of *Eu-Allomyces*. *Mycologia*, **46**, 393–434.

Emmons, C. W. & Bridges, C. H. (1961). *Entomophthora coronata*, the etiologic agent of a Phycomycosis of horses. *Mycologia*, **53**, 307–312.

Ende, H. van den (1976). *Sexual Interactions in Plants. The Role of Specific Substances in Sexual Reproduction*. 186 pp. London, New York, San Francisco: Academic Press.

Ende, H. van den & Stegwee, D. (1971). Physiology of sex in Mucorales. *Botanical Review*, **37**, 22–36.

Engel, H. & Friederichsen, I. (1964). Der Abschluss der Sporangiolen von *Sphaerobolus stellatus* (Thode) Pers., in kontinuerlicher Dunkelheit. *Planta*, **61**, 361–370.

Engel, H. & Schneider, J. C. (1963). Die Umwandlung von Glykogen in Zucker in den Fruchtkörpern von *Sphaerobolus stellatus* (Thode) Pers., vor ihrem Abschluss. *Bericht der Deutschen Botanischen Gesellschaft*, **75**, 397–400.

Ennis, H. L. & Sussman, M. (1958). The initiator cell for slime mold aggregation. *Proceedings of the National Academy of Sciences of the United States of America*, **44**, 407–411.

Erdos, G. W., Nickerson, A. W. & Raper, K. B. (1972). Fine structure of macrocysts in *Polysphondylium violaceum. Cytobiologie*, **6**, 351–366.

Erdos, G. W., Nickerson, A. W. & Raper, K. B. (1973a). The fine structure of macrocyst germination in *Dictyostelium mucoroides. Developmental Biology*, **32**, 321–330.

Erdos, G. W., Raper, K. B. & Vogen, L. K. (1973b). Mating types and macrocyst formation in *Dictyostelium discoideum. Proceedings of the National Academy of Sciences of the United States of America*, **70**, 1828–1830.

Erdos, G. W., Raper, K. B. & Vogen, L. K. (1975). Sexuality in the cellular slime mold *Dictyostelium giganteum. Proceedings of the National Academy of Sciences of the United States of America*, **72**, 970–973.

Eriksson, J. & Henning, E. (1894). Die Hauptresultate einer neuen Untersuchung über die Getreideroste. *Zeitschrift für Pflanzenkrankheiten*, **4**, 66–73.

Erlenmeyer, H. & Geiger-Huber, M. (1935). Notiz über die durch einen Brandpilz verursachte Geschlechtsummstimmung bei *Melandrium album. Helvetica Chimica Acta*, **18**, 921–923.

Escobar, G., McCabe, D. E. & Harpel, C. W. (1976). *Limnoperdon*, a floating Gasteromycete isolated from marshes. *Mycologia*, **68**, 874–880.

Esser, K. (1965). Heterogenic incompatibility. In *Incompatibility in Fungi*, 6–13. Editors: K. Esser & J. R. Raper. Berlin: Springer.

Esser, K. (1971). Breeding systems in fungi and their significance for genetic recombination. *Molecular and General Genetics*, **110**, 86–100.

Esser, K. (1974). *Podospora anserina*. In *Handbook of Genetics*, **I**, 531–551. Editor: R. C. King. New York and London: Plenum Press.

Esser, K. (1978). Genetics of the ergot fungus *Claviceps purpurea*. I. Proof of a monoecious life cycle and segregation patterns for mycelial morphology and alkaloid production. *Theoretical and Applied Genetics*, **53**, 145–149.

Esser, K. & Kuehnen, R. (1967). *Genetics of Fungi*. Translated by E. Steiner. 500 pp. Berlin: Springer.

Essig, F. M. (1922). The morphology, development and economic aspects of *Schizophyllum commune* Fries. *University of California Publications in Botany*, **7**, No. 14, 447–498.

Estey, R. H. & Tzean, S. S. (1976). Scanning electron microscopy of fungal nematode-trapping devices. *Transactions of the British Mycological Society*, **66**, 520–522.

Evans, R. G. (1965). *Sporobolomyces* as a cause of respiratory allergy. *Acta Allergologica*, **20**, 197–205.

Evans, S. M. & Wilson, I. M. (1971). The anther smut of sea campion. A study of the role of growth regulators in the dwarfing symptom. *Annals of Botany*, **35**, 543–553.

Eversmeyer, M. G. & Browder, L. E. (1974). Effect of leaf and stem rust on 1973 Kansas wheat yields. *Plant Disease Reporter*, **58**, 469–471.

Eversmeyer, M. G., Burleigh, J. R. & Roelfs, A. P. (1973). Equations for predicting wheat stem rust development. *Phytopathology*, **63**, 348–351.

Faro, S. (1971). Utilization of certain amino acids and carbohydrates as carbon sources of *Achlya heterosexualis. Mycologia*, **63**, 1234–1237.

Fassi, B. & Fontana, A. (1969). Sintesi micorrizici tra *"Pinus strobus"* e *"Tuber maculatum"* II. Sviluppo dei semenzali trapiantati e produzione di ascocarpi. *Allionia*, **15**, 115–120.

Fassi, B., Fontana, A. & Trappe, J. M. (1969). Ectomycorrhizae formed by *Endogone lactiflua* with species of *Pinus* and *Pseudotsuga*. *Mycologia*, **61**, 412–414.

Federici, B. A. (1977). Differential pigmentation in the sexual phase of *Coelomomyces*. *Nature, London*, **267**, 514–515.

Fell, J. W. (1976). Yeasts in oceanic regions. In *Recent Advances in Aquatic Mycology*, 93–124. Editor: E. B. Gareth Jones. London: Elek Science.

Fell, J. W., Hunter, I. L. & Tallman, A. S. (1973). Marine basidiomycetous yeasts (*Rhodosporidium* spp.n.) with tetrapolar and multiple allelic bipolar mating systems. *Canadian Journal of Microbiology*, **19**, 643–657.

Fell, J. W., Statzell, A. C., Hunter, I. L. & Phaff, H. J. (1969). *Leucosporidium* gen.n., the heterobasidiomycetous stage of several yeasts of the genus *Candida*. *Antonie van Leeuwenhoek*, **35**, 433–462.

Fennell, D. I. (1973). Plectomycetes; Eurotiales. In *The Fungi: An Advanced Treatise*, **IVA**, 45–68. Editors: G. C. Ainsworth, F. K. Sparrow & A. S. Sussman. New York and London: Academic Press.

Fergus, C. L. (1960). *Illustrated Genera of Wood Decay Fungi*. 132 pp. Minneapolis: Burgess Publishing Company.

Field, J. I. & Webster, J. (1977). Traps of predacious fungi attract nematodes. *Transactions of the British Mycological Society*, **68**, 467–470.

Fields, W. G. & Maniotis, J. (1963). Some cultural and genetic aspects of a new heterothallic *Sordaria*. *American Journal of Botany*, **50**, 80–85.

Filer, T. H. (1966). Effect on grass and cereal seedlings of hydrogen cyanide produced by mycelium and sporophores of *Marasmius oreades*. *Plant Disease Reporter*, **50**, 264–266.

Filosa, M. F. & Chan, M. (1972). Isolations from soil of macrocyst-forming strains of the cellular slime mould *Dictyostelium mucoroides*. *Journal of General Microbiology*, **71**, 413–414.

Fincham, J. R. S. (1971). Using fungi to study genetic recombination. *Oxford Biology Readers*, **2**. 16 pp. Oxford University Press.

Fincham, J. R. S. & Day, P. R. (1971). *Fungal Genetics*. 3rd edition. 402 pp. Oxford and Edinburgh: Blackwell Scientific Publications.

Findlay, W. P. K. (1940). Studies in the physiology of wood-destroying fungi. III. Progress of decay under natural and controlled conditions. *Annals of Botany, London*, N.S., **4**, 701–712.

Findlay, W. P. K. & Savory, J. G. (1960). *Dry Rot in Wood*. 6th edition. 36 pp. London: H.M.S.O.

Fischer, A. (1892). Die Pilze. IV. Abt. Phycomycetes. In *Kryptogamenflora von Deutschland, Oesterreich und der Schweiz*. Editor: L. Rabenhorst. Leipzig.

Fischer, E. (1938). Tuberineae. In *Die Natürlichen Pflanzenfamilien*. 2nd edition, 5b, VIII, 1–42. Editors: A. Engler & K. Prantl. Leipzig: Engelmann.

Fischer, F. G. & Werner, G. (1955). Eine Analyse des Chemotropismus einiger Pilze, insbesondere der Saprolegniaceen. *Hoppe-Seyler's Zeitschrift für Physiologische Chemie*, **300**, 211–236.

Fischer, F. G. & Werner, G. (1958a). Die Chemotaxis der Schwärmsporen von Wasserpilzen (Saprolegniaceen). *Hoppe-Seyler's Zeitschrift für Physiologische Chemie*, **310**, 65–91.

Fischer, F. G. & Werner, G. (1958b). Über die Wirkungen von Nicotinsäureamid auf die Schwärmsporen wasserbewohnende Pilze. *Hoppe-Seyler's Zeitschrift für Physiologische Chemie*, **310**, 92–96.

Fischer, G. W. & Holton, C. S. (1957). *Biology and Control of the Smut Fungi*. 622 pp. New York: Ronald Press Company.

Fisher, P. J. (1977). New methods of detecting and studying saprophytic behaviour of aero-aquatic hyphomycetes from stagnant water. *Transactions of the British Mycological Society*, **68**, 407–411.

Fisher, P. J. & Webster, J. (1980). Ecological studies on aero-aquatic Hyphomycetes. In *Fungal Ecology*. Editors: D. T. Wicklow & G. C. Carroll. New York: Marcel Dekker, Inc.

Flanagan, P. W. (1970). Meiosis and mitosis in Saprolegniaceae. *Canadian Journal of Botany*, **48**, 2069–2076.

Fleming, A. (1944). The discovery of penicillin. *British Medical Bulletin*, **2**, 4–5.

Fletcher, H. J. (1969). The development and tropisms of the sporangiophores of *Pilaira anomala*. *Transactions of the British Mycological Society*, **53**, 130–132.

Fletcher, H. J. (1973). The sporangiophore of *Pilaira* species. *Transactions of the British Mycological Society*, **61**, 553–568.

Fletcher, J. (1971). Conidium ontogeny in *Penicillium*. *Journal of General Microbiology*, **67**, 207–214.

Fletcher, J. (1972). Fine structure of developing merosporangia and sporangiospores of *Syncephalastrum racemosum*. *Archiv für Mikrobiologie*, **87**, 269–284.

Fletcher, J. (1973a). The distribution of cytoplasmic vesicles, multivesicular bodies and paramural bodies in elongating sporangiophores and swelling sporangia of *Thamnidium elegans* Link. *Annals of Botany*, **37**, 955–961.

Fletcher, J. (1973b). Ultrastructural changes associated with spore formation in sporangia and sporangiola of *Thamnidium elegans* Link. *Annals of Botany*, **37**, 963–972.

Fletcher, J. (1976). Electron microscopy of genesis, maturation and wall structure of conidia of *Aspergillus terreus*. *Transactions of the British Mycological Society*, **66**, 27–34.

Flor, H. H. (1971). Current status of the gene-for-gene concept. *Annual Review of Phytopathology*, **9**, 275–296.

Flores de Cunha, M. (1970). Mitotic mapping of *Schizosaccharomyces pombe*. *Genetical Research*, **16**, 127–144.

Fontana, A. & Palenzona, M. (1969). Sintesi micorrizica di "*Tuber albidum*" in coltura pure, con *Pinus strobus* è Pioppo euroamericano. *Allionia*, **15**, 99–104.

Foster, J. W. (1949). *Chemical Activities of Fungi*. 648 pp. New York and London: Academic Press.

Fothergill, P. G. & Child, J. H. (1964). Comparative studies of the mineral nutrition of three species of *Phytophthora*. *Journal of General Microbiology*, **36**, 67–78.

Fothergill, P. G. & Hide, D. (1962). Comparative nutritional studies of *Pythium* spp. *Journal of General Microbiology*, **29**, 325–334.

Fowell, R. R. (1969). Sporulation and hybridization of yeasts. In *The Yeasts*, I, 303–383. Editors: A. H. Rose & J. S. Harrison. New York and London: Academic Press.

Fox, R. A. (1953). Heterothallism in *Chaetomium*. *Nature, London*, **172**, 165–166.

Franke, G. (1957). Die Zytologie der Ascusentwicklung von *Podospora anserina*. *Zeitschrift für Induktive Abstammungs-u. Vererbungslehre*, **88**, 159–160.

Fraymouth, J. (1956). Haustoria of the Peronosporales. *Transactions of the British Mycological Society*, **39**, 79–107.

Fricke, S. & Handke, H. H. (1962). Untersuchungen zur Offnungswerke der Geastracee-Fruchtkorper. *Zeitschrift für Pilzkunde*, **27**, 113–122.

Fries, N. (1942). Einspormyzelien einiger Basidiomyceten als Mykorrhizabildner von Kiefer und Fichte. *Svensk Botanisk Tidskrift*, **36**, 151–156.

Fries, N. (1948). Heterothallism in some Gasteromycetes and Hymenomycetes. *Svensk Botanisk Tidskrift*, **42**, 158–168.

Fukui, Y. & Takeuchi, I. (1971). Drug resistant mutants and appearance of heterozygotes in the cellular slime mould *Dictyostelium discoideum. Journal of General Microbiology*, **67**, 307–317.

Fuller, J. G. (1969). *The Day of Antony's Fire.* 310 pp. New York: Macmillan.

Fuller, M. S. (1966). Structure of the uniflagellate zoospores of aquatic Phycomycetes. In *The Fungus Spore*, 67–84. Editor: M. F. Madelin. Colston Papers No. 18. London: Butterworths.

Fuller, M. S. (1976). The zoospore, hallmark of aquatic fungi. *Mycologia*, **69**, 1–20.

Fuller, M. S. & Olson, L. W. (1971). The zoospore of *Allomyces. Journal of General Microbiology*, **66**, 171–183.

Fuller, M. S. & Reichle, R. (1965). The zoospore and early development of *Rhizidiomyces apophysatus. Mycologia*, **57**, 946–961.

Fuller, M. S. & Reichle, R. E. (1968). The fine structure of *Monoblepharella* sp. zoospores. *Canadian Journal of Botany*, **46**, 279–283.

Fullerton, R. A. (1970). An electron microscope study of the intracellular hyphae of some smut fungi (Ustilaginales). *Australian Journal of Botany*, **18**, 285–292.

Fulton, I. W. (1950). Unilateral nuclear migration and the interactions of haploid mycelia in the fungus *Cyathus stercoreus. Proceedings of the National Academy of Sciences of the United States of America*, **36**, 306–312.

Furtado, J. S. (1962). Structure of the spore of the Ganodermoideae Donk. *Rickia, Archivos de Botanica do Estado de São Paulo*, **1**, 227–241.

Furtado, J. S. (1965). Relation of microstructures to the taxonomy of the Ganodermoideae (Polyporaceae) with special reference to the cover of the pilear surface. *Mycologia*, **57**, 588–611.

Furtado, J. S. (1966). Significance of the clamp-connection in the Basidiomycetes. *Persoonia*, **4**, 125–144.

Furtado, J. S. (1971). The septal pore and other ultrastructural features of the Pyrenomycete *Sordaria fimicola. Mycologia*, **63**, 104–113.

Furtado, J. S. & Olive, L. S. (1970). Ultrastructure of ascospore development in *Sordaria fimicola. Journal of the Elisha Mitchell Scientific Society*, **86**, 131–138.

Furtado, J. S. & Olive, L. S. (1971). Ultrastructural evidence of meiosis in *Ceratiomyxa fruticulosa. Mycologia*, **63**, 413–416.

Furtado, J. S., Olive, L. S. & Jones, S. B. (1971). Ultrastructural studies of protostelids: the fruiting stage of *Cavostelium bisporum. Mycologia*, **63**, 132–143.

Galindo, J. & Gallegly, M. E. (1960). The nature of sexuality in *Phytophthora infestans. Phytopathology*, **50**, 123–128.

Galindo, J. A. & Zentmeyer, G. A. (1967). Genetical and cytological studies of *Phytophthora* strains pathogenic to pepper plants. *Phytopathology*, **57**, 1300–1304.

Gallegly, M. E. & Galindo, J. (1958). Mating types and oospores of *Phytophthora infestans* in nature in Mexico. *Phytopathology*, **48**, 274–277.

Gams, W., Chien, C.-Y. & Domsch, K. H. (1972). Zygospore formation by the heterothallic *Mortierella elongata* and a related homothallic species *Mortierella epigama* n.spec. *Transactions of the British Mycological Society*, **58**, 5–13.

Gams, W. & Williams, S. T. (1963). Heterothallism in *Mortierella parvispora* Linnemann. I. Morphology and development of zygospores and some factors influencing their formation. *Nova Hedwigia*, **5**, 347–357.

Gamundi, I. J. & Ranalli, M. E. (1963). Apothecial development in *Ascobolus stercorarius. Transactions of the British Mycological Society*, **46**, 393–400.

Ganesan, A. T. (1959). The cytology of *Saccharomyces. Comptes Rendus des Travaux du Laboratoire Carlsberg*, **31**, 149–174.

Garay, A. & Sagi, F. (1960). Untersuchungen über die Geschlechtsumwandlung bei *Melandrium album* Mill., nach Infektion mit *Ustilago violacea* (Pers.) Fckl., unter besonder Berücksichtung der Auxinoxydase und Flavonoide. *Phytopathologische Zeitschrift*, **38**, 201–208.

Garnjobst, L. (1955). Further analysis of genetic control of heterokaryosis in *Neurospora crassa*. *American Journal of Botany*, **42**, 444–448.

Garnjobst, L. & Wilson, J. F. (1956). Heterokaryosis and protoplasmic incompatibility in *Neurospora crassa*. *Proceedings of the National Academy of Sciences of the United States of America*, **42**, 613–618.

Garraway, M. O. (1970). Rhizomorph initiation and growth in *Armillaria mellea* promoted by *o*-aminobenzoic and *p*-aminobenzoic acids. *Phytopathology*, **60**, 861–865.

Garraway M. O. & Weinhold, A. A. (1968). Period of access to ethanol in relation to carbon utilization and rhizomorph initiation and growth in *Armillaria mellea*. *Phytopathology*, **58**, 1190–1191.

Garrett, R. G. & Tomlinson, J. A. (1967). Isolate differences in *Olpidium brassicae*. *Transactions of the British Mycological Society*, **50**, 429–435.

Garrett, S. D. (1953). Rhizomorph behaviour in *Armillaria mellea* (Vahl) Quél. I. Factors controlling rhizomorph initiation by *Armillaria mellea* in pure culture. *Annals of Botany, London*, N.S., **17,** 63–79.

Garrett, S. D. (1954). Function of the mycelial strands in substrate colonization by the cultivated mushroom *Psalliota hortensis*. *Transactions of the British Mycological Society*, **37**, 51–57.

Garrett, S. D. (1956). *Biology of Root-Infecting Fungi*. 293 pp. Cambridge University Press.

Garrett, S. D. (1960). Inoculum potential. In *Plant Pathology: An Advanced Treatise*, **3,** 23–56. Editors: J. G. Horsfall & A. E. Dimond. New York and London: Academic Press.

Garrett, S. D. (1970). *Pathogenic Root-Infecting Fungi*. 294 pp. Cambridge University Press.

Garrod, D. & Ashworth, J. M. (1973). Development of the cellular slime mould *Dictyostelium discoideum*. *23rd Symposium of the Society for General Microbiology*, 407–435.

Gauger, W. L. (1961). The germination of zygospores of *Rhizopus stolonifer*. *American Journal of Botany*, **48**, 427–429.

Gauger, W. L. (1965). The germination of zygospores of *Mucor hiemalis*. *Mycologia*, **57,** 634–641.

Gauger, W. L. (1966). Sexuality in an azygosporic strain of *Mucor hiemalis*. I. Breakdown of the azygosporic component. *American Journal of Botany*, **53,** 751–755.

Gauger, W. L. (1975). Further studies on sexuality in azygosporic strains of *Mucor hiemalis*. *Transactions of the British Mycological Society*, **64**, 113–118.

Gäumann, E. (1959). Die Rostpilze Mitteleuropas. *Beiträge der Kryptogamenflora der Schweiz*, Bd. **XII.** 1407 pp. Bern: Büchler.

Gäumann, E. (1964). *Die Pilze. Grundzuge ihrer Entwicklungsgeschichte und Morphologie*. 541 pp. Basel and Stuttgart: Birkhauser.

Gaunt, R. E. & Manners, J. G. (1971a). Host–parasite relations in loose smut of wheat. I. The effect of infection on host growth. *Annals of Botany*, **35**, 1131–1140.

Gaunt, R. E. & Manners, J. G. (1971b). Host–parasite relations in loose smut of wheat. II. Distribution of ^{14}C-labelled assimilates. *Annals of Botany*, **35**, 1141–1150.

Gaunt, R. E. & Manners, J. G. (1971c). Host–parasite relations in loose smut of wheat. III. Utilization of ^{14}C-labelled assimilate. *Annals of Botany*, **35**, 1151–1161.

Gay, J. L. & Greenwood, A. D. (1966). Structural aspects of zoospore production in *Saprolegnia ferax* with particular reference to the cell and vacuolar membranes. In *The Fungus Spore*, 95–108. Editor: M. F. Madelin. Colston Papers No. 18. London: Butterworths.

Gay, J. L., Greenwood, A. D. & Heath, I. B. (1971). The formation and behaviour of vacuoles (vesicles) during oosphere development and zoospore germination in *Saprolegnia. Journal of General Microbiology,* **65,** 233–241.

Gentles, J. C. & La Touche, C. J. (1969). Yeasts as human and animal pathogens. In *The Yeasts,* **1,** 107–182. Editors: A. H. Rose & J. S. Harrison. New York and London: Academic Press.

George, R. P., Hohl, H. R. & Raper, K. B. (1972). Ultrastructural development of stalk-producing cells in *Dictyostelium discoideum,* a cellular slime mould. *Journal of General Microbiology,* **70,** 477–489.

Gerdemann, J. W. & Trappe, J. M. (1974). The Endogonaceae of the Pacific Northwest. *Mycologia Memoir No. 5.* 76 pp.

Gibbons, J. R. & Grimstone, A. V. (1960). On flagellar structure in certain flagellates. *Journal of Biophysical and Biochemical Cytology,* **7,** 697–716.

Gibbs, J. N. (1974). Biology of Dutch Elm Disease. *Forestry Commission Forest Record* **94.** 9 pp. London: H.M.S.O.

Gibbs, J. N. (1978). Intercontinental epidemiology of Dutch Elm Disease. *Annual Review of Phytopathology,* **16,** 287–307.

Gibbs, J. N. & Brasier, C. M. (1973a). Correlation between cultural characters and pathogenicity in *Ceratocystis ulmi* from Britain, Europe and America. *Nature, London,* **241,** 381–383.

Gibbs, J. N. & Brasier, C. M. (1973b). Origin of the Dutch Elm disease epidemic in Britain. *Nature, London,* **242,** 607–609.

Gibbs, J. N., Brasier, C. M., McNabb, H. S. & Heybroek, H. M. (1975). Further studies on pathogenicity in *Ceratocystis ulmi. European Journal of Forest Pathology,* **5,** 161–174.

Giesy, R. M. & Day, P. R. (1965). The septal pores of *Coprinus lagopus* (Fr.) sensu Buller in relation to nuclear migration. *American Journal of Botany,* **52,** 287–293.

Gilbert, H. C. (1935). Critical events in the life history of *Ceratiomyxa. American Journal of Botany,* **22,** 52–74.

Gilbert, O. L. (1973). Lichens and air pollution. In *The Lichens,* 443–472. Editors: V. Ahmadjian & M. E. Hale, New York and London: Academic Press.

Gingold, E. & Ashworth, J. M. (1974). Evidence for mitotic crossing-over during the parasexual cycle of the cellular slime mold *Dictyostelium discoideum. Journal of General Microbiology,* **84,** 70–78.

Girbardt, M. (1958). Über die Substruktur von *Polyporus versicolor* L. *Archiv für Mikrobiologie,* **28,** 255–269.

Girbardt, M. (1961). Licht- und elektronenoptische Untersuchungen an *Polystictus versicolor* (L). VII. Lebendbeobachtung und Zeitdauer der Teilung des vegetativen Kernes. *Experimental Cell Research,* **23,** 181–194.

Girbardt, M. (1968). The ultrastructure and dynamics of the moving nucleus. In *Aspects of Cell Motility,* 249–259. Editor: P. L. Miller. *Symposia of the Society for Experimental Biology,* **22.**

Giuma, A. Y. & Cooke, R. C. (1971). Nematotoxin production by *Nematoctonus haptocladus* and *N. concurrens. Transactions of the British Mycological Society,* **56,** 89–94.

Giuma, A. Y., Hackett, A. M. & Cooke, R. C. (1973). Thermostable nematotoxins produced by germinating conidia of some endozoic fungi. *Transactions of the British Mycological Society,* **60,** 49–56.

Gleason, F. H. (1972). Lactate dehydrogenases in Oomycetes. *Mycologia,* **64,** 663–666.

Gleason, F. H. (1973). Uptake of amino acids by *Saprolegnia. Mycologia,* **65,** 465–468.

Gleason, F. H. (1976). The physiology of the lower freshwater fungi. In *Recent Advances in Aquatic Mycology,* 543–572. Editor: E. B. Gareth Jones. London: Elek Science.

Gleason F. H., Rudolph, C. R. & Price, J. R. (1970a). Growth of certain aquatic

Oomycetes on amino acids. I. *Saprolegnia, Achlya, Leptolegnia* and *Dictyuchus. Physiologia Plantarum*, **23**, 513–516.

Gleason, F. H., Stuart, T. D., Price, J. S. & Nelbach, E. T. (1970b). Growth of certain aquatic Oomycetes on amino acids. II. *Apodachlya, Aphanomyces* and *Pythium. Physiologia Plantarum*, **23**, 769–774.

Glen-Bott, J. I. (1951). *Helicodendron giganteum* n.sp. and other aerial-sporing Hyphomycetes of submerged dead leaves. *Transactions of the British Mycological Society*, **34**, 275–279.

Glen-Bott, J. I. (1955). On *Helicodendron tubulosum* and some similar species. *Transactions of the British Mycological Society*, **38**, 17–30.

Goldie-Smith, E. K. (1954). The position of *Woronina polycystis* in the Plasmodiophoraceae. *American Journal of Botany*, **41**, 441–448.

Goldstein, B. (1923). Resting spores of *Empusa muscae. Bulletin of the Torrey Botanical Club*, **50**, 317–327.

Goldstein, S. (1960a). Physiology of aquatic fungi. I. Nutrition of two monocentric chytrids. *Journal of Bacteriology*, **80**, 701–707.

Goldstein, S. (1960b). Factors affecting the growth and pigmentation of *Cladochytrium replicatum. Mycologia*, **52**, 490–498.

Goldstein, S. (1961). Studies of two polycentric chytrids in pure culture. *American Journal of Botany*, **48**, 294–298.

Gooday, G. W. (1971). An autoradiographic study of hyphal growth of some fungi. *Journal of General Microbiology*, **67**, 125–133.

Gooday, G. W. (1973). Differentiation in the Mucorales. *Symposia of the Society for General Microbiology*, **23**, 269–294.

Gooday, G. W. (1974a). Fungal sex hormones. *Annual Review of Biochemistry*, **43**, 35–49.

Gooday, G. W. (1974b). Control of development of excised fruit bodies and stipes of *Coprinus cinereus. Transactions of the British Mycological Society*, **62**, 391–399.

Gooday, G. W., De Rousset-Hall, A. & Hunsley, D. (1976). Effect of polyoxin D on chitin synthesis in *Coprinus cinereus. Transactions of the British Mycological Society*, **67**, 193–200.

Gooday, G. W., Fawcett, P., Green, D. & Shaw, G. (1973). The formation of fungal sporopollenin in the zygospore wall of *Mucor mucedo:* a role for the sexual carotenogenesis in the Mucorales. *Journal of General Microbiology*, **74**, 233–239.

Goodell, E. W. (1971). "Apical dominance" in the sporangiophore of the fungus *Phycomyces. Planta*, **98**, 63–75.

Goodman, E. M. (1972). Axenic culture of myxamoebae of the Myxomycete *Physarum polycephalum. Journal of Bacteriology*, **111**, 242–247.

Gordon, C. C. (1966). A re-interpretation of the ontogeny of the ascocarp of species of the Erysiphaceae. *American Journal of Botany*, **53**, 652–662.

Gottsberger, C. (1967). Geisseln bei Myxomyceten (Elektronenoptische Studie). *Nova Hedwigia*, **13**, 235–243.

Graham, K. M. (1955). Distribution of physiological races of *Phytophthora infestans* (Mont.) de Bary in Canada. *American Potato Journal*, **32**, 277–282.

Grainger, J. (1962). Vegetative and fructifying growth in *Phallus impudicus. Transactions of the British Mycological Society*, **45**, 147–155.

Gray, W. D. (1941). Studies on alcohol tolerance of yeasts. *Journal of Bacteriology*, **42**, 561–574.

Gray, W. D. (1959). *The Relation of Fungi to Human Affairs.* 510 pp. New York: Henry Holt & Company.

Gray, W. D. & Alexopoulos, C. J. (1968). *Biology of the Myxomycetes.* 288 pp. New York: The Ronald Press Company.

Green, G. J. (1971a). Physiologic races of wheat stem rust in Canada from 1919 to 1969. *Canadian Journal of Botany*, **49**, 1575–1588.

Green, G. J. (1971b). Hybridization between *Puccinia graminis tritici* and *Puccinia graminis secalis* and its evolutionary implications. *Canadian Journal of Botany*, **49**, 2089–2095.

Greenhalgh, G. N. & Bevan, R. J. (1978). Response of *Rhytisma acerinum* to air pollution. *Transactions of the British Mycological Society*, **71**, 491–523.

Greenhalgh, G. N. & Evans, L. V. (1967). The structure of the ascus apex in *Hypoxylon fragiforme* with reference to ascospore release in this and related species. *Transactions of the British Mycological Society*, **50**, 183–188.

Greer, D. L. & Friedman, L. (1966). Studies on the genus *Basidiobolus* with reclassification of the species pathogenic for man. *Sabouraudia*, **4**, 231–241.

Gregg, J. H. (1966). Organization and synthesis in the cellular slime molds. In *The Fungi: An Advanced Treatise*, **II**, 235–281. Editors: G. C. Ainsworth & A. S. Sussman. New York and London: Academic Press.

Gregory, P. H. (1949). The operation of the puff-ball mechanism of *Lycoperdon perlatum* by raindrops shown by ultra-high-speed Schlieren cinematography. *Transactions of the British Mycological Society*, **32**, 11–15.

Gregory, P. H. (1957). Electrostatic charges on spores of fungi in air. *Nature, London*, **180**, 330.

Gregory, P. H. (1973). *The Microbiology of the Atmosphere*. 2nd edition. Aylesbury: Leonard Hill.

Gregory, P. H., Guthrie, E. J. & Bunce, M. E. (1952). Experiments on splash dispersal of fungus spores. *Journal of General Microbiology*, **20**, 328–354.

Gregory, P. H. & Henden, D. R. (1976). Terminal velocity of basidiospores of the giant puffball (*Lycoperdon giganteum*). *Transactions of the British Mycological Society*, **67**, 399–407.

Greis, H. (1938). Die sexualvorgange bei *Tuber aestivum* und *T. brumale*. *Biologisches Zentralblatt*, **58**, 617–631.

Greis, H. (1939). Ascusentwicklung von *Tuber aestivum* und *T. brumale*. *Zeitschrift für Botanik*, **34**, 129–178.

Gremmen, J. (1955). Über Apothezienbildung bein *Ascobolus stercorarius* (Bull.) Schroet. *Schweizerische Zeitschrift für Pilzkunde*, **33**, 42–45.

Griffiths, E. (1959). The cytology of *Gloeotinia temulenta* (blind seed disease of rye-grass). *Transactions of the British Mycological Society*, **42**, 132–148.

Griffiths, H. B. (1973). Fine structure of seven unitunicate pyrenomycete asci. *Transactions of the British Mycological Society*, **60**, 261–271.

Grove, S. N. & Bracker, C. E. (1970). Protoplasmic organization of hyphal tips among fungi: vesicles and Spitzenkörper. *Journal of Bacteriology*, **104**, 989–1009.

Grove, S. N. & Bracker, C. E. (1978). Protoplasmic changes during zoospore encystment and cyst germination in *Pythium aphanidermatum*. *Experimental Mycology*, **2**, 51–98.

Grove, S. N., Bracker, C. E. & Morré, D. J. (1970). An ultrastructural basis for hyphal tip growth in *Pythium ultimum*. *American Journal of Botany*, **57**, 245–266.

Groves, J. W. & Drayton, F. L. (1939). The perfect stage of *Botrytis cinerea*. *Mycologia*, **31**, 485–489.

Groves, J. W. & Loveland, C. A. (1953). The connection between *Botryotinia fuckeliana* and *Botrytis cinerea*. *Mycologia*, **45**, 415–425.

Groves, J. W. & Skolko, A. J. (1944–1945). Notes on seed-borne fungi. III. *Curvularia*. *Canadian Journal of Research*, **C**, 22–33.

Gruen, H. E. (1959). Auxins and fungi. *Annual Review of Plant Physiology*, **10**, 405–440.

Gruen, H. E. (1963). Endogenous growth regulations in carpophores of *Agaricus bisporus*. *Plant Physiology*, **38**, 652–666.

Gruen, H. E. (1969). Growth and rotation of *Flammulina velutipes* and the dependence of stipe elongation on the cap. *Mycologia*, **61**, 149–166.

Gruen, H. E. & Wu, S. (1972a). Promotion of stipe elongation in isolated *Flammulina velutipes* fruit bodies by carbohydrates, natural extracts, and amino acids. *Canadian Journal of Botany*, **50**, 803–818.

Gruen, H. E. & Wu, S. (1972b). Dependence of fruit body elongation on the mycelium in *Flammulina velutipes*. *Mycologia*, **64**, 995–1007.

Guerdoux, J. L. (1974). *Coprinus*. In *Handbook of Genetics*, **I**, 627–636. Editor: R. C. King. New York and London: Plenum Press.

Gull, K. (1976). Differentiation of septal ultrastructure according to cell type in the Basidiomycete, *Agrocybe praecox*. *Journal of Ultrastructure Research*, **54**, 89–94.

Gull, K. & Trinci, A. P. J. (1974). Detection of areas of wall differentiation in fungi using fluorescent staining. *Archiv für Mikrobiologie*, **96**, 53–57.

Gustafsson, M. (1965). On species of the genus *Entomophthora* Fres. in Sweden. II. Cultivation and physiology. *Lantbrukshögskolans Annaler*, **31**, 405–457.

Gustafsson, M. (1969). On the species of the genus *Entomophthora* Fres. in Sweden. III. Possibility of usage in biological control. *Lantbrukshögskolans Annaler*, **35**, 235–274.

Guttenberg, H. von & Schmoller, H. (1958). Kulturversuche mit *Peronospora brassicae* Gäum. *Archiv für Mikrobiologie*, **30**, 268–279.

Guttes, E., Guttes, S. & Rusch, H. P. (1961). Morphological observations on growth and differentiation of *Physarum polycephalum* grown in pure culture. *Developmental Biology*, **3**, 588–614.

Gutz, H. & Doe, F. J. (1975). On homo- and heterothallism in *Schizosaccharomyces pombe*. *Mycologia*, **67**, 748–759.

Gutz, H., Heslot, H., Leupold, U. & Loprieno, N. (1974). *Schizosaccharomyces pombe*. In *Handbook of Genetics*, **I**, 395–446. Editor: R. D. King. New York and London: Plenum Press.

Gwynne-Vaughan, H. C. I. & Broadhead, Q. E. (1936). Contributions to the study of *Ceratostomella fimbriata*. *Annals of Botany, London*, **50**, 747–758.

Gwynne-Vaughan, H. C. I. & Williamson, H. S. (1930). Contributions to the study of *Humaria granulata* Quél. *Annals of Botany, London*, **44**, 127–145.

Gwynne-Vaughan, H. C. I. & Williamson, H. S. (1932). The cytology and development of *Ascobolus magnificus*. *Annals of Botany, London*, **46**, 653–670.

Haber, J. E. & Halvorson, H. O. (1975). Methods in sporulation and germination of yeasts. In *Methods in Cell Biology*, **9**, 45–69. Editor: D. M. Prescott. New York, San Francisco, London: Academic Press.

Hadley, G. (1968). Development of stromata in *Claviceps purpurea*. *Transactions of the British Mycological Society*, **51**, 763–769.

Hagimoto, H. (1963). Studies on the growth of fruit body of fungi. IV. The growth of the fruit body of *Agaricus bisporus* and the economy of the mushroom growth hormone. *Botanical Magazine, Tokyo*, **76**, 256–263.

Hagimoto, H. & Konishi, M. (1959). Studies on the growth of fruit body of fungi. I. Existence of a hormone active to the growth of fruit body in *Agaricus bisporus* (Lange) Sing. *Botanical Magazine, Tokyo*, **72**, 359–366.

Hagimoto, H. & Konishi, M. (1960). Studies on the growth of fruit body of fungi. II. Activity and stability of growth hormone in the fruit body of *Agaricus bisporus* (Lange) Sing. *Botanical Magazine, Tokyo*, **73**, 283–287.

Hale, M. E. (1967). *The Biology of Lichens*. 176 pp. London: Edward Arnold.

Halisky, P. M. (1965). Physiologic specialization and genetics of the smut fungi. III. *Botanical Review*, **31**, 114–150.

Hall, I. M. & Halfhill, J. C. (1959). The germination of resting spores of *Entomophthora virulenta* Hall and Dunn. *Journal of Economic Entomology*, **52**, 30–35.

Hammett, K. R. W. & Manners, J. G. (1971). Conidium liberation in *Erysiphe graminis*. I. Visual and statistical analysis of spore trap records. *Transactions of the British Mycological Society*, **56**, 387–401.

Hammett, K. R. W. & Manners, J. G. (1973). Conidium liberation in *Erysiphe graminis*. II. Conidial chain and pustule structure. *Transactions of the British Mycological Society*, **61**, 121–133.

Hammett, K. R. W. & Manners, J. G. (1974). Conidium liberation in *Erysiphe graminis*. III. Wind tunnel studies. *Transactions of the British Mycological Society*, **62**, 267–282.

Hammill, T. M. (1971). Fine structure of annellophores. I. *Scopulariopsis brevicaulis* and *S. koningii*. *American Journal of Botany*, **58**, 88–97.

Hammill, T. M. (1972). Fine structure of annellophores. II. *Doratomyces nanus*. *Transactions of the British Mycological Society*, **59**, 249–253.

Hanlin, R. T. (1961). Studies in the genus *Nectria*. II. Morphology of *N. gliocladioides*. *American Journal of Botany*, **48**, 900–908.

Hanlin, R. T. (1965). Morphology of *Hypocrea schweinitzii*. *American Journal of Botany*, **52**, 570–579.

Hanlin, R. T. (1971). Morphology of *Nectria haematococca*. *American Journal of Botany*, **58**, 105–116.

Hanlin, R. T. (1976). Phialide and conidium development in *Aspergillus clavatus*. *American Journal of Botany*, **63**, 144–155.

Hansen, L. (1958). On the anatomy of the Danish species of *Ganoderma*. *Botanisk Tidsskrift*, **54**, 333–352.

Harley, J. L. (1969). *The Biology of Mycorrhiza*. 2nd edition. 334 pp. London: Leonard Hill.

Harris, J. S. & Taber, W. A. (1973). Ultrastructure and morphogenesis of the synnema of *Ceratocystis ulmi*. *Canadian Journal of Botany*, **51**, 1565–1571.

Harrison, K. A. (1971). The evolutionary lines in the fungi with spines supporting the hymenium. In *Evolution in the Higher Basidiomycetes*, 375–392. Editor: R. H. Petersen. Knoxville: University of Tennessee Press.

Harrison, K. A. (1973). Aphyllophorales. III. Hydnaceae and Echinodontiaceae. In *The Fungi: An Advanced Treatise*, **IVB**, 369–395. Editors: G. C. Ainsworth, F. K. Sparrow & A. S. Sussman. New York and London: Academic Press.

Harrold, C. E. (1950). Studies in the genus *Eremascus*. I. The re-discovery of *Eremascus albus* Eidam and some new observations concerning its life history and cytology. *Annals of Botany, London*, N.S., **14**, 127–148.

Harrower, K. M. (1976). The micropycnidiospores of *Leptosphaeria nodorum*. *Transactions of the British Mycological Society*, **76**, 335–336.

Hart, J. H. & Landis, W. R. (1971). Rate and extent of colonization of naturally and artificially inoculated American Elms by *Ceratocystis ulmi*. *Phytopathology*, **61**, 1456–1458.

Hartley, M. J. & Williams, P. G. (1971). Genotypic variation within a phenotype as a possible basis for somatic hybridization in rust fungi. *Canadian Journal of Botany*, **49**, 1085–1087.

Hartwell, L. H. (1974). *Saccharomyces cerevisiae* cell cycle. *Bacteriological Reviews*, **38**, 164–198.

Harvey, R. (1958). Sporophore development and proliferation in *Hydnum auriscalpium* Fr. *Transactions of the British Mycological Society*, **41**, 325–334.

Haskins, R. H. (1939). Cellulose as a substratum for saprophytic Chytrids. *American Journal of Botany*, **26**, 635–639.

Haskins, R. H. & Weston, W. H. (1950). Studies in the lower Chytridiales. I. Factors affecting pigmentation, growth and metabolism in a strain of *Karlingia (Rhizophlyctis) rosea*. *American Journal of Botany*, **37**, 739–750.

Hassan, A. & Macdonald, J. A. (1971). *Ustilago violacea* on *Silene dioica*. *Transactions of the British Mycological Society*, **56**, 451–461.

Hawker, L. E. (1954). British hypogeous fungi. *Philosophical Transactions of the Royal Society, Series B*, **237**, 429–546.

Hawker, L. E. (1955). Hypogeous fungi. *Biological Reviews*, **30**, 127–158.

Hawker, L. E. (1957). *The Physiology of Reproduction in Fungi*. 128 pp. Cambridge University Press.

Hawker, L. E. (1974). Revised annotated list of British hypogeous fungi. *Transactions of the British Mycological Society*, **63**, 67–76.

Hawker, L. E. & Abbott, P. McV. (1963a). The fine structure of vegetative hyphae of *Rhizopus*. *Journal of General Microbiology*, **30**, 401–408.

Hawker, L. E. & Abbott, P. McV. (1963b). An electron microscope study of maturation and germination of sporangiospores of two species of *Rhizopus*. *Journal of General Microbiology*, **32**, 295–298.

Hawker, L. E. & Beckett, A. (1971). Fine structure and development of the zygospore of *Rhizopus sexualis* (Smith) Callen. *Philosophical Transactions of the Royal Society, Series B*, **263**, 71–100.

Hawker, L. E. & Gooday, M. (1967). Delimitation of the gametangia of *Rhizopus sexualis* (Smith) Callen: an electron microscope study of septum formation. *Journal of General Microbiology*, **49**, 371–376.

Hawker, L. E. & Gooday, M. A. (1968). Development of the zygospore wall in *Rhizopus sexualis* (Smith) Callen. *Journal of General Microbiology*, **54**, 13–120.

Hawker, L. E. & Linton, A. H. (1971). *Micro-organisms. Function, Form and Environment*. 727 pp. London: Edward Arnold.

Hawker, L. E., Thomas, B. & Beckett, A. (1970). An electron microscope study of structure and germination of *Cunninghamella elegans* Lendner. *Journal of General Microbiology*, **60**, 181–189.

Hawksworth, D. L. (1971). A revision of the genus *Ascotricha* Berk. *Mycological Paper No. 126, Commonwealth Mycological Institute*. 28 pp.

Hawksworth, D. L. & Rose, F. (1976). Lichens as pollution monitors. *Studies in Biology No. 66, Institute of Biology*. 59 pp. London: Edward Arnold.

Hawksworth, D. L. & Wells, H. (1973). Ornamentation on the terminal hairs in *Chaetomium* Kunze ex Fr. and some allied genera. *Mycological Paper No. 134, Commonwealth Mycological Institute*. 24 pp.

Hayes, W. A. (1972). Nutritional factors in relation to mushroom production. *Mushroom Science*, **8**, 663–674.

Hayes, W. A., Randle, P. E. & Last, F. T. (1969). The nature of the microbial stimulus affecting sporophore formation in *Agaricus bisporus* (Lange) Sing. *Annals of Applied Biology*, **64**, 177–187.

Heath, I. B. (1974). Mitosis in the fungus *Thraustotheca clavata*. *Journal of Cell Biology*, **60**, 204–220.

Heath, I. B. (1976). Ultrastructure of freshwater phycomycetes. In *Recent Advances in Aquatic Mycology*, 603–650. Editor: E. B. Gareth Jones. London: Elek Science.

Heath, I. B., Gay, J. L. & Greenwood, A. D. (1971). Cell wall formation in the Saprolegniales: cytoplasmic vesicles underlying developing walls. *Journal of General Microbiology*, **65**, 225–232.

Heath, I. B. & Greenwood, A. D. (1970a). The structure and formation of lomasomes. *Journal of General Microbiology*, **62**, 129–137.

Heath, I. B. & Greenwood, A. D. (1970b). Centriole replication and nuclear division in *Saprolegnia*. *Journal of General Microbiology*, **62**, 139–148.

Heath, I. B. & Greenwood, A. D. (1970c). Wall formation in the Saprolegniales. II.

Formation of cysts by the zoospores of *Saprolegnia* and *Dictyuchus*. *Achiv für Mikrobiologie*, **75**, 67–79.

Heath, I. B. & Greenwood, A. D. (1971). Ultrastructural observations on the kinetosomes and Golgi bodies during the asexual life cycle of *Saprolegnia*. *Zeitschrift für Zellforschung und Mikroskopische Anatomie*, **112**, 371–389.

Heath, I. B., Greenwood, A. D. & Griffiths, B. (1970). The origin of Flimmer in *Saprolegnia, Dictyuchus, Synura* and *Cryptomonas. Journal of Cell Science*, **7**, 445–451.

Heath, M. C. (1976). Hypersensitivity, the cause or the consequence of rust resistance? *Phytopathology*, **66**, 935–936.

Hebert, T. T. (1971). The perfect state of *Pyricularia grisea (Ceratosphaeria grisea). Phytopathology*, **61**, 339–417.

Heim, P. (1955). Le noyau dans le cycle évolutif de *Plasmodiophora brassicae* Woron. *Revue de Mycologie, Paris*, **20**, 131–157.

Heim, P. (1956a). Remarques sur le cycle évolutif du *Synchytrium endobioticum. Compte Rendu Hebdomadaire des Séances de l'Académie des Sciences, Paris*, **42**, 2759–2761.

Heim, P. (1956b). Remarques sur le développement, les divisions nucléaires et sur le cycle évolutif du *Synchytrium endobioticum* (Schilb.) Perc. *Revue de Mycologie, Paris*, **21**, 93–100.

Heim, P. (1960). Évolution du *Spongospora* parasite des racines du Cresson. *Revue de Mycologie, Paris*, **25**, 3–12.

Heim, R. (1948). Phylogeny and natural classification of macro-fungi. *Transactions of the British Mycological Society*, **30**, 161–178.

Heim, R. (1962). L'organisation architecturale des spores de Ganodermes. *Revue de Mycologie, Paris*, **27**, 199–212.

Heim, R. (1963). *Les Champignons Toxiques et Hallucinogènes*. Paris: Boubée.

Heim, R. (1971). The interrelationships between the Agaricales and the Gasteromycetes. In *Evolution in the Higher Basidiomycetes*, 505–534. Editor: R. H. Petersen. Knoxville, U.S.A.: The University of Tennessee Press.

Heim, R. & Wasson, R. G. (1958). Les champignons hallucinogènes du Mexique. *Archives du Muséum National d'Histoire Naturelle, Paris*, 7 sér **6**, IV–VIII, 322 pp.

Heintz, C. E. & Niederpruem, D. J. (1970). Ultrastructure and respiration of oidia and basidiospores of *Coprinus lagopus* (sensu Buller). *Canadian Journal of Microbiology*, **16**, 481–484.

Heintz, C. E. & Pramer, D. (1972). Ultrastructure of nematode-trapping fungi. *Journal of Bacteriology*, **110**, 1163–1170.

Hemmes, D. E. & Bartnicki-Garcia, S. (1975). Electron microscopy of gametangial interaction and oospore development in *Phytophthora capsici. Archives of Microbiology*, **103**, 91–112.

Hemmes, D. E. & Hohl, H. R. (1969). Ultrastructural changes in directly germinating sporangia of *Phytophthora parasitica. American Journal of Botany*, **56**, 300–313.

Henderson, D. M., Orton, P. D. & Watling, R. (1969). *British Fungus Flora. Agarics and Boleti: Introduction*. 58 pp. Edinburgh: H.M.S.O.

Hendrix, J. W. (1970). Sterols in growth and reproduction of fungi. *Annual Review of Phytopathology*, **8**, 111–130.

Hennebert, G. L. (1968). New species of *Spirosphaera. Transactions of the British Mycological Society*, **51**, 13–24.

Herman, A. I. (1971). Sex-specific growth responses in yeasts. *Antonie van Leeuwenhoek*, **37**. 379–384.

Herrick, J. A. (1953). An unusually large *Fomes. Mycologia*, **45**, 622–624.

Heslop-Harrison, J. (1957). The experimental modification of sex expression in flowering plants. *Biological Reviews*, **32**, 38–90.

Heslot, H. (1958). Contribution a l'étude cytogenetique et genetique des Sordariacées. *Revue de Cytologie et Biologie Végétale*, **19**, Suppl. 2, 1–235.

Hess, W. M. & Weber, D. J. (1976). Form and function in Basidiomycete spores. In *The Fungal Spore: Form and Function*, 643–713. Editors: D. J. Weber & W. M. Hess. New York, London, Sydney, Toronto: John Wiley & Sons.

Hesseltine, C. W. (1953). A revision of the Choanephoraceae. *American Midland Naturalist*, **50**, 248–256.

Hesseltine, C. W. (1957). The genus *Syzygites* (Mucoraceae). *Lloydia*, **20**, 228–237.

Hesseltine, C. W. (1960). *Gilbertella* gen. nov. (Mucorales). *Bulletin of the Torrey Botanical Club*, **87**, 21–30.

Hesseltine, C. W. (1961). Carotenoids in the fungi Mucorales: special reference to Choanephoraceae. *United States Department of Agriculture Technical Bulletin No. 1245*, 1–33.

Hesseltine, C. W. (1965). A millenium of fungi, food and fermentation. *Mycologia*, **57**, 149–197.

Hesseltine, C. W. & Anderson, P. (1956). The genus *Thamnidium* and a study of the formation of its zygospores. *American Journal of Botany*, **43**, 696–703.

Hesseltine, C. W. & Anderson, P. (1957). Two genera of molds with low temperature requirements. *Bulletin of the Torrey Botanical Club*, **84**, 31–45.

Hesseltine, C. W. & Benjamin, C. R. (1957). Notes on the Choanephoraceae. *Mycologia*, **49**, 723–733.

Hesseltine, C. W., Benjamin, C. R. & Mehrotra, B. S. (1959). The genus *Zygorhynchus*. *Mycologia*, **51**, 173–194.

Hesseltine, C. W. & Ellis, J. J. (1973). Mucorales. In *The Fungi: An Advanced Treatise*, **IVB**, 187–217. Editors: G. C. Ainsworth, F. K. Sparrow & A. S. Sussman. New York and London: Academic Press.

Hesseltine, C. W., Whitehill, A. R., Pidacks, C., Tenhagen, M., Bohonos, M., Hutchings, B. L. & Williams, J. H. (1953). Coprogen, a new growth factor present in dung required by *Pilobolus*. *Mycologia*, **45**, 7–19.

Hewitt, W. B. & Grogan, R. G. (1967). Unusual vectors of plant viruses. *Annual Review of Microbiology*, **21**, 205–224.

Hickman, C. J. (1958). *Phytophthora* – plant destroyer. *Transactions of the British Mycological Society*, **41**, 1–13.

Hill, E. P. (1969). The fine structure of the zoospores and cysts of *Allomyces macrogynus*. *Journal of General Microbiology*, **56**, 125–130.

Hintikka, V. (1973). A note on the polarity of *Armillariella mellea*. *Karstenia*, **13**, 32–39.

Hiratsuka, Y. (1973). The nuclear cycle and terminology of spore states in Uredinales. *Mycologia*, **65**, 432–443.

Hiratsuka, Y. (1975). Recent controversies on the terminology of rust fungi. *Reports of the Tottori Mycological Institute (Japan)*, **12**, 99–104.

Hirsch, H. E. (1950). No brachymeiosis in *Pyronema confluens*. *Mycologia*. **42**, 301–305.

Hirst, J. M. (1955). The early history of a potato blight epidemic. *Plant Pathology*, **4**, 44–50.

Hirst, J. M. & Stedman, O. J. (1960a). The epidemiology of *Phytophthora infestans*. I. Climate, ecoclimate and the phenology of disease outbreak. *Annals of Applied Biology*, **48**, 471–488.

Hirst, J. M. & Stedman, O. J. (1960b). The epidemiology of *Phytophthora infestans*. II. The source of inoculum. *Annals of Applied Biology*, **48**, 489–517.

Hiura, U. (1978). Genetic basis of *formae speciales* in *Erysiphe graminis* DC. In *The Powdery Mildews*, 101–128. Editor: D. M. Spencer. London, New York, San Francisco: Academic Press.

Ho, H. H., Hickman, C. J. & Telford, R. W. (1968a). The morphology of zoospores of *Phytophthora megasperma* var. *sojae* and other Phycomycetes. *Canadian Journal of Botany*, **46**, 88–89.

Ho, H. H., Zachariah, K. & Hickman, C. J. (1968b). The ultrastructure of zoospores of *Phytophthora megasperma* var. *sojae*. *Canadian Journal of Botany*, **46**, 37–41.

Hoch, H. C. & Mitchell, J. E. (1972a). The ultrastructure of *Aphanomyces euteiches* during asexual spore formation. *Phytopathology*, **62**, 149–160.

Hoch, H. C. & Mitchell, J. E. (1972b). The ultrastructure of zoospores of *Aphanomyces euteiches* and of their encystment and subsequent germination. *Protoplasma*, **75**, 113–138.

Hocking, D. (1963). β-carotene and sexuality in the Mucoraceae. *Nature, London*, **197**, 404.

Hocking D. (1967). Zygospore initiation, development and germination in *Phycomyces blakesleeanus*. *Transactions of the British Mycological Society*, **50**, 207–220.

Hodgetts, W. J. (1917). On the forcible discharge of spores of *Leptosphaeria acuta*. *New Phytologist*, **16**, 139–146.

Hohl, H. R. (1966). The fine structure of the slimeways in *Labyrinthula*. *Journal of Protozoology*, **13**, 41–43.

Hohl, H. R. & Streit, W. (1975). Ultrastructure of ascus, ascospore and ascocarp in *Neurospora lineolata*. *Mycologia*, **67**, 367–381.

Holliday, R. (1961a). The genetics of *Ustilago maydis*. *Genetical Research, Cambridge*, **2**, 204–230.

Holliday, R. (1961b). Induced mitotic crossing-over in *Ustilago maydis*. *Genetical Research, Cambridge*, **2**, 231–248.

Holliday, R. (1974). *Ustilago maydis*. In Handbook of Genetics, **I**, 575–595. Editor: R. C. King. New York and London: Plenum Press.

Holloway, S. A. & Heath, I. B. (1974). Observations on the mechanism of flagellar retraction in *Saprolegnia terrestris*. *Canadian Journal of Botany*, **52**, 939–942.

Holloway, S. A. & Heath, I. B. (1977a). Morphogenesis and the role of microtubules in synchronous populations of *Saprolegnia* zoospores. *Experimental Mycology*, **1**, 9–29.

Holloway, S. A. & Heath, I. B. (1977b). An ultrastructural analysis of changes in organelle arrangement and structure between the various spore types of *Saprolegnia*. *Canadian Journal of Botany*, **55**, 1328–1339.

Holm, L. (1959). Some comments on the ascocarps of the Pyrenomycetes. *Mycologia*, **50**, 777–788.

Holm, L. & Müller, E. (1965). Nomina conservanda proposita. II. Proposals in Fungi. *Xylaria* Hill & Greville. *Regnum Vegetabile*, **40**, 13.

Holton, C. S. (1936). Origin and production of morphologic and pathogenic strains of the oat fungi by mutation and hybridization. *Journal of Agricultural Research*, **52**, 311–317.

Holton, C. S., Hoffmann, J. A. & Duran, R. (1968). Variation in the smut fungi. *Annual Review of Phytopathology*, **6**, 213–242.

Hooker, A. L. (1967). The genetics and expression of resistance in plants to rusts of the genus *Puccinia*. *Annual Review of Phytopathology*, **5**, 163–182.

Horgen, P. A. & Griffin, D. H. (1969). Structure and germination of *Blastocladiella emersonii* resistant sporangia. *American Journal of Botany*, **56**, 22–25.

Howard, F. L. (1971). Oospore types in the Saprolegniaceae. *Mycologia*, **63**, 679–686.

Howard, K. L. & Bigelow, H. E. (1969). Nutritional studies on two Gasteromycetes: *Phallus ravenelii* and *Crucibulum levis*. *Mycologia*, **61**, 606–613.

Howard, K. L. & Bryant, T. R. (1971). Meiosis in the Oomycetes. II. A microspectrophotometric analysis of DNA in *Apodachlya brachynema*. *Mycologia*, **63**, 58–68.

Howard, K. L. & Moore, R. T. (1970). Ultrastructure of oogenesis in *Saprolegnia terrestris*. *Botanical Gazette*, **131**, 311–336.

Huber, J. (1958). Untersuchungen zur Physiologie insektentötender Pilze. Archiv für Mikrobiologie, **29**, 257–276.

Hudson, H. J. (1963). The perfect state of *Nigrospora oryzae*. *Transactions of the British Mycological Society*, **46**, 355–360.

Huffman, D. M. & Olive, L. S. (1964). Engulfment and anastomosis in the cellular slime molds (Acrasiales). *American Journal of Botany*, **51**, 465–471.

Hughes, S. J. (1953). Conidiophores, conidia, and classification. *Canadian Journal of Botany*, **31**, 577–659.

Hughes, S. J. (1970). Ontogeny of spore forms in the Uredinales. *Canadian Journal of Botany*, **48**, 2147–2157.

Hughes, S. J. (1971). Annellophores. In *Taxonomy of Fungi Imperfecti*, 132–140. Editor: W. B. Kendrick. Toronto and Buffalo: University of Toronto Press.

Hunsley, D. (1973). Apical wall structure in hyphae of *Phytophthora parasitica*. *New Phytologist*, **72**, 980–990.

Hunsley, D. & Burnett, J. H. (1970). The ultrastructural architecture of the walls of some hyphal fungi. *Journal of General Microbiology*, **62**, 203–218.

Hunt, J. (1956). Taxonomy of the genus *Ceratocystis*. *Lloydia*, **19**, 1–58.

Hüttig, W. (1931). Über den Einfluss der Temperatur auf die Keimung und Geschlechtsverteilung bei Brandpilzen. *Zeitschrift für Botanik*, **24**, 529–577.

Hyde, H. A. & Williams, D. A. (1946). A daily census of *Alternaria* spores caught from the atmosphere at Cardiff in 1942 and 1943. *Transactions of the British Mycological Society*, **29**, 78–85.

Illingworth, R. F., Rose, A. H. & Beckett, A. (1973). Changes in the lipid composition and fine structure of *Saccharomyces cerevisiae* during ascus formation. *Journal of Bacteriology*, **113**, 373–386.

Indira, P. U. (1964). Swarmer formation from plasmodia of Myxomycetes. *Transactions of the British Mycological Society*, **47**, 531–533.

Ing, B. (1968). *A Census Catalogue of British Myxomycetes*. 24 pp. British Mycological Society Foray Committee.

Ingold, C. T. (1939). *Spore Discharge in Land Plants*. 178 pp. Oxford University Press.

Ingold, C. T. (1946a). Spore discharge in *Daldinia concentrica*. *Transactions of the British Mycological Society*, **29**, 43–51.

Ingold, C. T. (1946b). Size and form in agarics. *Transactions of the British Mycological Society*, **29**, 108–113.

Ingold, C. T. (1948). The water relations of spore discharge in *Epichloe*. *Transactions of the British Mycological Society*, **31**, 277–280.

Ingold, C. T. (1953). *Dispersal in Fungi*. 197 pp. Oxford: Clarendon Press.

Ingold, C.T. (1954a). The ascogenous hyphae in *Daldinia*. *Transactions of the British Mycological Society*, **37**, 108–110.

Ingold, C. T. (1954b). Fungi and water. *Transactions of the British Mycological Society*, **37**, 97–107.

Ingold, C. T. (1956). A gas phase in viable fungal spores. *Nature, London*, **177**, 1242–1243.

Ingold, C. T. (1957). Spore liberation in higher fungi. *Endeavour*, **16**, 78–83.

Ingold, C. T. (1959). Jelly as a water reserve in fungi. *Transactions of the British Mycological Society*, **42**, 475–478.

Ingold, C. T. (1964). Possible spore discharge mechanism in *Pyricularia*. *Transactions of the British Mycological Society*, **47**, 573–575.

Ingold, C. T. (1965). *Spore Liberation*. 210 pp. Oxford University Press.

Ingold, C. T. (1966a) Aspects of spore liberation: violent discharge. In *The Fungus Spore*, 113–132. Editor: M. F. Madelin. Colston Papers No. 18. London: Butterworths.

Ingold, C. T. (1966b). The tetraradiate aquatic fungal spore. *Mycologia*, **58**, 43–56.

Ingold, C. T. (1971). *Fungal Spores, Their Liberation and Dispersal*. 302 pp. Oxford: Clarendon Press.

Ingold, C. T. (1972). Presidential address. *Sphaerobolus:* the story of a fungus. *Transactions of the British Mycological Society*, **58**, 179–195.

Ingold, C. T. (1975a). *An Illustrated Guide to Aquatic and Water-Borne Hyphomycetes (Fungi Imperfecti) with Notes on their Biology*. 96 pp. Scientific Publication No. 30. Ambleside: Freshwater Biological Association.

Ingold, C. T. (1975b). Hooker Lecture 1974. Convergent evolution in aquatic fungi: the tetraradiate spore. *Biological Journal of the Linnean Society*, **7**, 1–25.

Ingold, C. T. & Cox, V. J. (1955). Periodicity of spore discharge in *Daldinia*. *Annals of Botany, London*, N.S., **19**, 201–209.

Ingold, C. T. & Dann, V. (1968). Spore discharge in fungi under very high surrounding air-pressure, and the bubble-theory of ballistospore release. *Mycologia*, **60**, 285–289.

Ingold, C. T. & Dring, V. J. (1957). An analysis of spore discharge in *Sordaria*. *Annals of Botany, London*, N.S., **21**, 465–477.

Ingold, C. T. & Hadland, S. A. (1959a). The ballistics of *Sordaria*. *New Phytologist*, **58**, 46–57.

Ingold, C. T. & Hadland, S. A. (1959b). Phototropism and pigment production in *Sordaria* in relation to quality of light. *Annals of Botany, London*, N.S., **23**, 425–429.

Ingold, C. T. & Zoberi, M. H. (1963). The asexual apparatus of Mucorales in relation to spore liberation. *Transactions of the British Mycological Society*, **46**, 115–134.

Ingram, D. S. (1971). An attempt to establish dual cultures of *Synchytrium endobioticum* and *Solanum tuberosum* callus. *Phytopathologische Zeitschrift*, **71**, 21–24.

Ingram, D. S. & Joachim, I. (1971). The growth of *Peronospora farinosa* f.sp. *betae* and sugar beet callus tissues in dual culture. *Journal of General Microbiology*, **69**, 211–220.

Ingram, D. S., Tommerup, I. C. & Dixon, G. R. (1975). The occurrence of oospores in lettuce cultivars infected with *Bremia lactucae* Regel. *Transactions of the British Mycological Society*, **64**, 149–153.

Ingram, M. (1955). *An Introduction to the Biology of Yeasts*. 273 pp. London: Pitman.

Iqbal, S. H. & Webster, J. (1973a). The trapping of aquatic hyphomycete spores by air bubbles. *Transactions of the British Mycological Society*, **60**, 37–48.

Iqbal, S. H. & Webster, J. (1973b). Aquatic Hyphomycete spora of the River Exe and its tributaries. *Transactions of the British Mycological Society*, **61**, 331–346.

I.R.R.I. (1963). *The Rice Blast disease*. 507 pp. Proceedings of a Symposium at the International Rice Research Institute. Baltimore, Maryland, U.S.A.: The Johns Hopkins Press.

Iten, W. (1969–1970). Zur Funktion hydrolytischer Enzyme bei der Autolyse von *Coprinus*. *Bericht der Schweizerischen Botanischen Gesellschaft*, **79**, 175–197.

Iten, W. & Matile, P. (1970). Role of chitinase and other lysosomal enzymes of *Coprinus lagopus* in the autolysis of fruiting bodies. *Journal of General Microbiology*, **61**, 301–309.

Jackson, G. V. H. & Gay, J. L. (1976). Perennation of *Sphaerotheca mors-uvae* as cleistothecia with particular reference to microbial activity. *Transactions of the British Mycological Society*, **66**, 463–471.

Jackson, G. V. H. & Wheeler, B. E. J. (1974). Perennation of *Sphaerotheca mors-uvae* as cleistocarps. *Transactions of the British Mycological Society*, **62**, 73–87.

Jackson, H. S. (1931). Present evolutionary tendencies and the origin of life cycles in the Uredinales. *Memoirs of the Torrey Botanical Club*, **18**, 1–108.

Jacobsen, B. J. & Williams, P. H. (1970). Control of cabbage clubroot using benomyl fungicide. *Plant Disease Reporter*, **54**, 456–460.

Jaffe, L. F. (1968). Localization in the developing *Fucus* egg and the general role of localizing currents. *Advances in Morphogenesis*, **7**, 295–328.

James, P. W. (1965). A new check-list of British lichens. *Lichenologist*, **3**, 95–153.

Janszen, F. H. A. & Wessels, J. G. H. (1970). Enzymic dissolution of hyphal septa in a Basidiomycete. *Antonie van Leeuwenhoek*, **36**, 255–257.

Jenkins, W. A. (1934). The development of *Cordyceps agariciformia*. *Mycologia*, **26**, 220–243.

Jenkyn, J. F. & Bainbridge, A. (1977). Biology and pathology of cereal powdery mildews. In *The Powdery Mildews*, 283–321. Editor: D. M. Spencer. London, New York, San Francisco: Academic Press.

Jersild, R., Mishkin, S. & Niederpruem, D. J. (1967). Origin and ultrastructure of complex septa in *Schizophyllum commune* development. *Archiv für Mikrobiologie*, **57**, 22–32.

Ji, Thakur & Dayal, R. (1971). Studies in the life cycle of *Allomyces javanicus* Kniep. *Hydrobiologia*, **37**, 245–251.

Jinks, J. L. (1952). Heterokaryosis: a system of adaptation in wild fungi. *Proceedings of the Royal Society, London, Series B*, **140**, 83–99.

Jinks, J. L. & Simchen, G. (1966). A consistent nomenclature for the nuclear status of fungal cells. *Nature, London*, **210**, 778–780.

John, B. & Lewis, K. R. (1973). The meiotic mechanism. *Oxford Biology Readers*, **65**. 32 pp. Oxford University Press.

Johns, R. M. & Benjamin, R. K. (1954). Sexual reproduction in *Gonapodya*. *Mycologia*, **46**, 202–208.

Johnson, B. F., Yoo, B. Y. & Calleja, G. B. (1973). Cell division in yeasts: movement of organelles associated with cell plate growth of *Schizosaccharomyces pombe*. *Journal of Bacteriology*, **115**, 358–366.

Johnson, E. M. & Valleau, W. D. (1949). Synonymy in some common species of *Cercospora*. *Phytopathology*, **39**, 763–770.

Johnson, T. (1953). Variation in the rusts of cereals. *Biological Reviews*, **28**, 105–157.

Johnson, T. (1960). Genetics of pathogenicity. In *Plant Pathology: An Advanced Treatise*, **2**, 407–459. Editors: J. G. Horsfall & A. E. Dimond. New York and London: Academic Press.

Johnson, T. (1961). Rust research in Canada and related plant-disease investigations. *Publication 1098, Research Branch, Canada Department of Agriculture*, 1–69.

Johnson, T., Green, G. J. & Samborski, D. J. (1967). The world situation of the cereal rusts. *Annual Review of Phytopathology*, **5**, 183–200.

Johnson, T. W. (1956). *The Genus Achlya: Morphology and Taxonomy*. 180 pp. Ann Arbor: The University of Michigan Press.

Johnson, T. W. (1969). Aquatic fungi of Iceland: *Olpidium* (Braun) Rabenhorst. *Archiv. für Mikrobiologie*, **69**, 1–11.

Johnson, T. W. (1973). Aquatic fungi from Iceland: some polycentric species. *Mycologia*, **65**, 1337–1355.

Johnston, T. D. (1970). A new factor for resistance to club root in *Brassica napus* L. *Plant Pathology*, **19**, 156–159.

Joly, P. (1964). *Le Genre Alternaria*. Paris: Editions Paul Chevalier.

Jones, D., Bacon, J. S. D., Farmer, V. C. & Webley, D. M. (1968). Lysis of cell walls of *Mucor ramannianus* Möller by a *Streptomyces* sp. *Antonie van Leeuwenhoek*, **34**, 173–182.

Jones, R. A. C. & Harrison, B. D. (1969). The behaviour of potato mop-top virus in soil and the evidence for its transmission by *Spongospora subterranea* (Wallr.) Lagenh. *Annals of Applied Biology*, **63**, 1–17.

Jones, R. A. C. & Harrison, B. D. (1972). Ecological studies on potato mop-top virus in Scotland. *Annals of Applied Biology*, **71**, 47–57.

Jones, S. G. (1925). Life-history and cytology of *Rhytisma acerinum* (Pers.) Fries. *Annals of Botany, London*, **39**, 41–73.

Jump, J. A. (1954). Studies on sclerotization in *Physarum polycephalum. American Journal of Botany*, **41**, 561–567.

Jurand, M. K. & Kemp, R. F. O. (1972). Surface ultrastructure of oidia in the Basidiomycete *Psathyrella coprophila. Journal of General Microbiology*, **72**, 575–579.

Jurand, M. K. & Kemp, R. F. O. (1973). An incompatibility system determined by three factors in a species of *Psathyrella* (Basidiomycetes). *Genetical Research, Cambridge*, **22**, 125–134.

Kane, B. E., Reiskind, J. B. & Mullins, J. T. (1973). Hormonal control of sexual morphogenesis in *Achlya:* dependence on protein and ribonucleic acid syntheses. *Science, N.Y.*, **180**, 1192–1193.

Karling, J. S. (1958). *Synchytrium fulgens* Schroeter. *Mycologia*, **50**, 373–375.

Karling, J. S. (1964). *Synchytrium*. 470 pp. New York and London: Academic Press.

Karling, J. S. (1968). *The Plasmodiophorales*. 256 pp. New York and London: Hafner Publishing Company.

Karling, J. S. (1969). Zoosporic fungi of Oceania. VII. Fusions in *Rhizophlyctis. American Journal of Botany*, **56**, 211–221.

Karling, J. S. (1973). A note on *Blastocladiella* (Blastocladiaceae). *Mycopathologia et Mycologia Applicata*, **49**, 169–172.

Kaushik, N. K. & Hynes, H. B. N. (1968). Experimental study on the role of autumn-shed leaves in aquatic environments. *Journal of Ecology*, **56**, 229–243.

Kaushik, N. K. & Hynes, H. B. N. (1971). The fate of dead leaves that fall into streams. *Archiv für Hydrobiologie*, **68**, 465–515.

Kemp, R. F. O. (1975a). Breeding biology of *Coprinus* species in the section *Lanatuli. Transactions of the British Mycological Society*, **65**, 375–388.

Kemp, R. F. O. (1975b). Oidia, plasmogamy and speciation in Basidiomycetes. In *The Biology of the Male Gamete*, 57–69. Editors: J. G. Duckett & P. A. Racey. Supplement No. 1, Biological Journal of the Linnean Society, 7, Academic Press.

Kemp, R. F. O. (1976). A new interpretation of unilateral nuclear migration in fungi with special reference to *Podospora anserina. Transactions of the British Mycological Society*, **66**, 1–5.

Kendrick, W. B. (ed.) (1971a). *Taxonomy of Fungi Imperfecti*. 309 pp. University of Toronto Press.

Kendrick, W. B. (1971b). Arthroconidia and meristem arthroconidia. In *Taxonomy of Fungi Imperfecti*, 160–175. Editor: W. B. Kendrick. University of Toronto Press.

Kendrick, W. B. (ed.) (1979). *The Whole Fungus: The Sexual–Asexual Synthesis*. 793 pp. 2 vols. Ottawa: National Museums of Canada.

Kendrick, W. B. & Carmichael, J. W. (1973). Hyphomycetes. In *The Fungi: An Advanced Treatise*, **IVA**, 323–509. Editors: G. C. Ainsworth, F. K. Sparrow & A. S. Sussman. New York and London: Academic Press.

Kendrick, W. B. & Cole, G. T. (1968). Conidium ontogeny in Hyphomycetes. The sympodulae of *Beauveria* and *Curvularia. Canadian Journal of Botany*, **46**, 1297–1301.

Kendrick, W. B. & Cole, G. T. (1969). Conidium ontogeny in hyphomycetes. *Trichothecium roseum* and its meristem arthrospores. *Canadian Journal of Botany*, **47**, 345–350.

Kern, H. & Naef-Roth, S. (1975). Zur Bildung von Auxinen und Cytokininen durch *Taphrina*-Arten. *Phytopathologische Zeitschrift*, **83**, 193–222.

Kerr, N. S. (1960). Flagella formation by myxamoebae of the true slime mold, *Didymium nigripes. Journal of Protozoology*, **7**, 103–108.

Kerr, N. S. (1963). The growth of myxamoebae of the true slime mold, *Didymium nigripes*, in axenic culture. *Journal of General Microbiology*, **32**, 409–416.

Kerr, N. S. (1967). Plasmodium formation by a minute mutant of the true slime mold, *Didymium nigripes*. *Experimental Cell Research*, **45**, 646–655.

Kerr, S. (1968). Ploidy level in the true slime mould, *Didymium nigripes*. *Journal of General Microbiology*, **53**, 9–15.

Keskin, B. (1964). *Polymyxa betae* n.sp. ein Parasite in den Wurzeln von *Beta vulgaris* Tournefort, besonders während der Jugendentwickelung der Zuckerrübe. *Archiv für Mikrobiologie*, **49**, 348–374.

Keskin, B. & Fuchs, W. H. (1969). Der Infektions vorgang bei *Polymyxa betae*. *Archiv für Mikrobiologie*, **68**, 218–226.

Kevorkian, A. G. (1937). Studies in the Entomophthoraceae. I. Observations on the genus *Conidiobolus*. *Journal of the Agricultural University of Puerto Rico*, **21**, 191–200.

Khairi, S. M. & Preece, T. F. (1978a). Hawthorn powdery mildew: diurnal and seasonal distribution of conidia in air near infected plants. *Transactions of the British Mycological Society*, **71**, 395–397.

Khairi, S. M. & Preece, T. F. (1978b). Hawthorn powdery mildew: overwintering mycelium in buds and the effect of clipping hedges on disease epidemiology. *Transactions of the British Mycological Society*, **71**, 399–404.

Killian, C. (1919). Sur la sexualité de l'ergot de Seigle, le *Claviceps purpurea* (Tulasne). *Bulletin de la Société Mycologique de France*, **35**, 182–197.

Kimbrough, J. W. (1970). Current trends in the classification of Discomycetes. *Botanical Review*, **36**, 91–161.

Kinugawa, K. (1965). On the growth of *Dictyophora indusiata*. II. Relations between the change in osmotic value of expressed sap and the conversion of glycogen to reducing sugar in tissues during receptaculum elongation. *Botanical Magazine, Tokyo*, **78**, 171–176.

Kinugawa, K. & Furukawa, H. (1965). The fruit-body formation in *Collybia velutipes* induced by the lower temperature treatment of one short duration. *Botanical Magazine, Tokyo*, **78**, 240–244.

Kirby, E. J. M. (1961). Host–parasite relations in the choke disease of grasses. *Transactions of the British Mycological Society*, **44**, 493–503.

Kirk, D., McKeen, W. E. & Smith, R. (1971). Cytoplasmic connections between *Dictyostelium discoideum* cells. *Canadian Journal of Botany*, **49**, 19–20.

Klein, D. T. (1960). Interrelations between growth rate and nuclear ratios in heterokaryons of *Neurospora crassa*. *Mycologia*, **52**, 137–147.

Kniep, H. (1919). Untersuchungen über den Antherenbrand (*Ustilago violacea* Pers.). Ein Beitrag zum Sexualitätsproblem. *Zeitschrift für Botanik*, **11**, 275–284.

Koch, W. J. (1951). Studies in the genus *Chytridium*, with observations on a sexually reproducing species. *Journal of the Elisha Mitchell Scientific Society*, **67**, 267–278.

Koch, W. J. (1956). Studies of the motile cells of chytrids. I. Electron microscope observations of the flagellum, blepharoplast and rhizoplast. *American Journal of Botany*, **43**, 811–819.

Koch, W. J. (1958). Studies of the motile cells of chytrids. II. Internal structure of the body observed with light microscopy. *American Journal of Botany*, **45**, 59–72.

Koch, W. J. (1961). Studies of the motile cells of chytrids. III. Major types. *American Journal of Botany*, **48**, 786–788.

Koch, W. J. (1968). Studies of the motile cells of chytrids. V. Flagellar retraction in posteriorly uniflagellate fungi. *American Journal of Botany*, **55**, 841–859.

Koevenig, J. L. (1964). Life cycle of *Physarum gyrosum* and other Myxomycetes. *Mycologia*, **56**, 170–184.

Köhler, E. (1923). Über den derseitigen Stand der Erforschung des Kartoffelkrebses.

Arbeiten aus der Biologischen Bundesanstalt für Land- und Forstwirtschaft, **11,** 289–315.

Köhler, E. (1931a). Der Kartoffelkrebs und sein Erreger (*Synchytrium endobioticum* (Schilb.) Perc.). *Landwirtschaftliche Jahrbücher,* **74,** 729–806.

Köhler, E. (1931b). Zur Biologie und Cytologie von *Synchytrium endobioticum* (Schilb.) Perc. *Phytopathologische Zeitschrift,* **4,** 43–55.

Köhler, E. (1956). Zur Kenntniss der Sexualität bei *Synchytrium. Bericht der Deutschen Botanischen Gesellschaft,* **69,** 121–127.

Köhler, F. (1935). Genetische Studien an *Mucor mucedo* Brefeld I–III. *Zeitschrift für Induktive Abstammungs- und Vererbungslehre,* **70,** 1–54.

Kohlmeyer, J. & Kohlmeyer, E. (1974). Distribution of *Epichloe typhina* (Ascomycetes) and its parasitic fly. *Mycologia,* **66,** 77–86.

Kole, A. P. (1954). *A contribution to the knowledge of Spongospora subterranea (Wallr.) Lagerh., the cause of powdery scab of potatoes.* 65 pp. Thesis. University of Wageningen.

Kole, A. P. (1965). Resting-spore germination in *Synchytrium endobioticum. Netherlands Journal of Plant Pathology,* **71,** 72–78.

Kole, A. P. & Gielink, A. J. (1961). Electron microscope observations on the flagella of the zoosporangial zoospores of *Plasmodiophora brassicae* and *Spongospora subterranea. Proceedings. Koniklijke Nederlandse Akademie van Wetenschappen,* C, **64,** 157–161.

Kole, A. P. & Gielink, A. J. (1962). Electron microscope observations on the resting spore germination of *Plasmodiophora brassicae. Proceedings. Koniklijke Nederlandse Akademie van Wetenschappen,* C, **65,** 117–121.

Kole, A. P. & Gielink, A. J. (1963). The significance of the zoosporangial stage in the life cycle of the Plasmodiophorales. *Netherlands Journal of Plant Pathology,* **69,** 258–262.

Koltin, Y. & Flexer, A. S. (1969). Alteration of nuclear distribution in B mutants of *Schizophyllum commune. Journal of Cell Science,* **4,** 739–749.

Koltin, Y., Raper, J. R. & Simchen, G. (1967). Genetics of the incompatibility factors of *Schizophyllum commune:* the B factor. *Proceedings of the National Academy of Sciences of the United States of America,* **57,** 55–62.

Konijn, T. M., Van de Meene, J. G. C., Bonner, J. T. & Barkley, D. S. (1967). The acrasin activity of adenosine-3'-5' cyclic phosphate. *Proceedings of the National Academy of Sciences of the United States of America,* **58,** 1152–1154.

Korf, R. P. (1973). Discomycetes and Tuberales. In *The Fungi: An Advanced Treatise,* **IVA,** 249–319. Editors: G. C. Ainsworth, F. K. Sparrow & A. S. Sussman. New York and London: Academic Press.

Korhonen, K. & Hintikka, V. (1974). Cytological evidence for somatic diploidization in dikaryotic cells of *Armillariella mellea. Archiv für Mikrobiologie,* **95,** 187–192.

Korohoda, W., Rakoczy, L. & Walczak, T. (1970). On the control mechanism of protoplasmic streaming in the plasmodia of Myxomycetes. *Acta Protozoologica,* **7,** 363–373.

Kosasih, B. D. & Willetts, H. J. (1975). Ontogenetic and histochemical studies of the apothecium of *Sclerotinia sclerotiorum. Annals of Botany,* **39,** 185–191.

Kramer, C. L. (1961). Morphological development and nuclear behaviour in the genus *Taphrina. Mycologia,* **52,** 295–320.

Kramer, C. L. (1973). Protomycetales and Taphrinales. In *The Fungi: An Advanced Treatise,* **IVA,** 33–41. Editors: G. C. Ainsworth, F. K. Sparrow & A. S. Sussman. New York and London: Academic Press.

Kreger, D. R. (1954). Observations on cell walls of yeasts and some other fungi by X-ray diffraction and solubility tests. *Biochimica et Biophysica Acta,* **13,** 1–9.

Kreger-van Rij, N. J. W. (1969). Taxonomy and systematics of yeasts. In *The Yeasts,* **I,**

3–78. Editors: A. H. Rose & J. S. Harrison. New York and London: Academic Press.

Kreger-van Rij, N. J. W. (1970). *Endomycopsis* Dekker. In *The Yeasts, a Taxonomic Study*, 166–208. Editor: J. Lodder. Amsterdam and London: North-Holland Publishing Company.

Kreger-van Rij, N. J. W. (1973). Endomycetales, Basidiomycetous yeasts, and related fungi. In *The Fungi: An Advanced Treatise*, **IVA**, 11–32. Editors: G. C. Ainsworth, F. K. Sparrow & A. S. Sussman. New York and London: Academic Press.

Kreger-van Rij, N. J. W. & Veenhuis, M. (1971). A comparative study of the cell wall structure of basidiomycetous and related yeasts. *Journal of General Microbiology*, **68**, 87–95.

Kreisel, H. (1961). Die Lycoperdaceae der Deutschen Demokratischen Republik. *Repertorium Novarum Specierum Regni Vegetabilis*, **64**, 89–201.

Krenner, J. A. (1961). Studies in the field of microscopic fungi. III. On *Entomophthora aphidis* H. Hoffm. with special regard to the family of the Entomophthoraceae in general. *Acta Botanica Hungarica*, **7**, 345–376.

Kuehn, H. H. (1956). Observations on the Gymnoascaceae. III. Developmental morphology of *Gymnoascus reessii*, a new species of *Gymnoascus* and *Eidamella deflexa*. *Mycologia*, **48**, 805–820.

Kuehn, H. H. (1958). A preliminary survey of the Gymnoascaceae. I. *Mycologia*, **50**, 417–439.

Kuehn, H. H. (1959). A preliminary survey of the Gymnoascaceae. II. *Mycologia*, **51**, 665–692.

Kuehn, H. H., Orr, G. F. & Ghosh, G. R. (1964). Pathological implications of Gymnoascaceae. *Mycopathologia et Mycologia Applicata*, **24**, 35–46.

Kuhlman, E. G. (1972). Variation in zygospore formation among species of *Mortierella*. *Mycologia*, **64**, 325–341.

Kuhlman, E. G. (1975). Zygospore formation in *Mortierella alpina* and *M. spinosa*. *Mycologia*, **67**, 678–681.

Kühner, R. (1973). Architecture de la paroi sporique des Hyménomycètes et de ses différenciations. *Persoonia*, **7**, 217 248.

Kühner, R. (1977). Variation of nuclear behaviour in the Homobasidiomycetes. *Transactions of the British Mycological Society*, **68**, 1–16.

Kühner, R. & Romagnesi, H. (1953). *Flore Analytique des Champignons Supérieurs (Agarics, Bolets, Chanterelles)*. 556 pp. Paris: Masson.

Kulkarni, U. K. (1963). Initiation of the dikaryon in *Claviceps microcephala* (Wallr.) Tul. *Mycopathologia et Mycologia Applicata*, **21**, 19–22.

Kusano, S. (1930a). The life-history and physiology of *Synchytrium fulgens* Schroet., with special reference to its sexuality. *Japanese Journal of Botany*, **5**, 35–132.

Kusano, S. (1930b). Cytology of *Synchytrium fulgens* Schroet. *Journal of the College of Agriculture, Imperial University of Tokyo*, **10**, 347–388.

Kwon, K. J. & Raper, K. B. (1967). Sexuality and cultural characteristics of *Aspergillus heterothallicus*. *American Journal of Botany*, **54**, 36–48.

Kwon-Chung, K. J. (1975). A new genus *Filobasidiella*, the perfect state of *Cryptococcus neoformans*. *Mycologia*, **67**, 1197–1200.

Kwon-Chung, K. J. (1976). Morphogenesis of *Filobasidiella neoformans*, the sexual state of *Cryptococcus neoformans*. *Mycologia*, **68**, 821–833.

Laane, M. M. (1974). Nuclear behaviour during vegetative stage and zygospore formation in *Absidia glauca*. *Norwegian Journal of Botany*, **21**, 125–135.

Lacoste, L. (1965). *Biologie naturelle et culturale du genre Leptosphaeria Cesati & de Notaris. Determinisme de la reproduction sexuelle.* Thèse de Doctorat ès Sciences. Toulouse, 1965. 230 pp.

Laffin, R. J. & Cutter, V. M. (1959). Investigations on the life cycle of *Sporidiobolus johnsonii*. I. Irradiation and cytological studies. *Journal of the Elisha Mitchell Scientific Society*, **75**, 89–96.

Laibach, F. (1927). Zytologische Untersuchungen über die Monoblepharideen. *Jahrbuch für Wissenschaftliche Botanik*, **66**, 596–630.

Laidlaw, W. M. R. (1961). Extracting barley embryos for loose smut examination. *Plant Pathology*, **10**, 63–65.

Lakon, G. (1963). Entomophthoraceae. *Nova Hedwigia*, **5**, 7–26.

Lammerink, J. (1970). Interspecific transfer of clubroot resistance from *Brassica campestris* L. to *Brassica napus* L. *New Zealand Journal of Agricultural Research*, **13**, 105–110.

Langdon, R. F. N. & Fullerton, R. A. (1975). Sorus ontogeny and sporogenesis in some smut fungi. *Australian Journal of Botany*, **23**, 915–930.

Lange, J. E. (1935–1940). *Flora Agaricina Danica*. I–V. Copenhagen.

Lange, M. & Hora, F. B. (1963). *Collins Guide to Mushrooms and Toadstools*. 257 pp. London: Collins.

Lara, S. L. & Bartnicki-Garcia, S. (1974). Cytology of budding in *Mucor rouxii:* Wall ontogeny. *Archiv für Mikrobiologie*, **97**, 1–16.

Large, E. C. (1952). Surveys for choke *(Epichloe typhina)* in cocksfoot seed crops, 1951. *Plant Pathology*, **1**, 23–28.

Large, E. C. (1958). *The Advance of the Fungi*. 488 pp. London: Jonathan Cape.

Last, F. T. (1955). Spore content of air within and above mildew-infected cereal crops. *Transactions of the British Mycological Society*, **38**, 453–464.

Last, F. T. & Deighton, F. C. (1965). The non-parasitic microflora on the surfaces of living leaves. *Transactions of the British Mycological Society*, **48**, 83–99.

Laundon, G. F. (1973). Uredinales. In *The Fungi: An Advanced Treatise*, **IVB**, 247–279. Editors: G. C. Ainsworth, F. K. Sparrow & A. S. Sussman. New York and London: Academic Press.

Leach, C. M. (1962). Sporulation of diverse species of fungi under near ultraviolet radiation. *Canadian Journal of Botany*, **40**, 151–161.

Leach, C. M. (1963). The qualitative and quantitative relationship of monochromatic radiation to sexual and asexual reproduction of *Pleospora herbarum*. *Mycologia*, **55**, 151–163.

Leach, C. M. (1968). An action spectrum for light inhibition of the "terminal phase" of photosporogenesis in the fungus *Stemphylium botryosum*. *Mycologia*, **60**, 532–546.

Leach, C. M. (1971). Regulation of perithecium development and maturation in *Pleospora herbarum* by light and temperature. *Transactions of the British Mycological Society*, **57**, 295–315.

Leach, C. M. (1976). An electrostatic theory to explain violent spore liberation by *Drechslera turcica* and other fungi. *Mycologia*, **68**, 63–86.

Leadbeater, G. & Mercer, C. (1956). Zygospores in *Piptocephalis cylindrospora* Bain. *Transactions of the British Mycological Society*, **39**, 17–20.

Leadbeater, G. & Mercer, C. (1957a). Zygospores in *Piptocephalis*. *Transactions of the British Mycological Society*, **40**, 109–116.

Leadbeater, G. & Mercer, C. (1957b). *Piptocephalis virginiana* sp.nov. *Transactions of the British Mycological Society*, **40**, 461–471.

Lebeau, J. B. & Hawn, E. J. (1963). Formation of hydrogen cyanide by the mycelial stage of a fairy ring fungus. *Phytopathology*, **53**, 1395–1396.

Lentz, P. L. (1954). Modified hyphae of Hymenomycetes. *Botanical Review*, **20**, 135–199.

Lentz, P. L. (1973). Analysis of modified hyphae as a tool in taxonomic research in the Higher Basidiomycetes. In *Evolution in the Higher Basidiomycetes*, 99–127. Editor: R. H. Petersen. Knoxville, U.S.A.: University of Tennessee Press.

Lerbs, V. (1971). Licht- und elektronen-mikroskopische Untersuchungen an meiotischen Basidien von *Coprinus radiatus* (Bolt.) Fr. *Archiv für Mikrobiologie,* **77,** 308–330.

Lesemann, D. E. & Fuchs, W. H. (1970a). Elektronenmikroskopische Untersuchung über die Vorbereitung der Infektion in encystierten Zoosporen von *Olpidium brassicae. Archiv für Mikrobiologie,* **71,** 9–19.

Lesemann, D. E. & Fuchs, W. H. (1970b). Die Ultrastruktur des Penetrationsvorganges von *Olpidium brassicae* an Kohlrabi-Wurzeln. *Archiv für Mikrobiologie,* **71,** 20–30.

Lessie, P. E. & Lovett, J. S. (1968). Ultrastructural changes during sporangium formation and zoospore differentiation in *Blastocladiella emersonii. American Journal of Botany,* **55,** 220–236.

Leupold, U. (1970). Genetical methods for *Schizosaccharomyces pombe.* In *Methods in Cell Physiology,* **4,** 169–177. Editor: D. M. Prescott. New York and London: Academic Press.

Levi, M. P. & Preston, R. D. (1965). A chemical and microscopic examination of the action of the soft-rot fungus *Chaetomium globosum* on Beechwood *(Fagus sylv.). Holzforschung,* **19,** 183–190.

Levisohn, I. (1927). Beitrag zur Entwicklungsgesichte und Biologie von *Basidiobolus ranarum* Eidam. *Jahrbuch für Wissenschaftliche Botanik,* **66,** 513–555.

Lewis, D. H. (1973). Concepts in fungal nutrition and the origin of biotrophy. *Biological Reviews, Cambridge,* **48,** 261–278.

Lewis, D. H. (1974). Micro-organisms and plants: the evolution of parasitism and mutualism. *Symposium of the Society for General Microbiology,* **24,** 367–392.

Lichtwardt, R. W. (1973a). The Trichomycetes: what are their relationships? *Mycologia,* **65,** 1–20.

Lichtwardt, R. W. (1973b). Trichomycetes. In *The Fungi: An Advanced Treatise,* **IV B,** 237–243. Editors: G. C. Ainsworth, F. K. Sparrow & A. S. Sussman. New York and London: Academic Press.

Lichtwardt, R. W. (1976). Trichomycetes. In *Recent Advances in Aquatic Mycology,* 651–671. Editor: E. B. Gareth Jones. London: Elek Science.

Lilly, V. G. & Barnett, H. L. (1951). *Physiology of the Fungi.* 464 pp. New York: McGraw Hill.

Lin, C. C. & Aronson, J. M. (1970). Chitin and cellulose in the cell walls of the oomycete *Apodachlya* sp. *Archiv für Mikrobiologie,* **72,** 111–114.

Lin, M.-R. & Edwards, H. H. (1974). Primary penetration process in powdery mildewed barley related to host cell age, cell type, and occurrence of basic staining material. *New Phytologist,* **73,** 131–137.

Lindegren, C. C. (1949). *The Yeast Cell, its Genetics and Cytology.* St. Louis, U.S.A.: Educational Publishers.

Lindegren, C. C. & Lindegren, G. (1943). Segregation, mutation and copulation in *Saccharomyces cerevisiae. Annals of Missouri Botanical Garden,* **30,** 453–468.

Linder, D. H. (1929). A monograph of the helicosporous Fungi Imperfecti. *Annals of Missouri Botanical Garden,* **16,** 227–388.

Linder, D. H. (1933). The genus *Schizophyllum.* I. Species of the Western Hemisphere. *American Journal of Botany,* **20,** 552–564.

Lingappa, B. T. (1958a). Development and cytology of the evanescent prosori of *Synchytrium brownii* Karling. *American Journal of Botany,* **45,** 116–123.

Lingappa, B. T. (1958b). The cytology of development and germination of resting spores of *Synchytrium brownii. American Journal of Botany,* **45,** 613–620.

Lingappa, B. T. & Sussman, A. S. (1959). Endogenous substrates of dormant activated and germinating ascospores of *Neurospora tetrasperma. Plant Physiology,* **34,** 466–472.

Lissouba, P., Mousseau, J., Rizet, G. & Rossignol, J. L. (1962). Fine structure of genes in the Ascomycete *Ascobolus immersus. Advances in Genetics,* **11,** 343–380.

List, P. H. & Freund, B. (1968). Geruchstoffe der Stinkmorchel, *Phallus impudicus* L. 18. Mitteilung über Pilzinhaltstoffe. *Planta Medical Supplement*, **1968**, 123–132.

Littlefield, L. J. (1973). Histological evidence for diverse mechanisms of resistance to flax rust, *Melampsora lini* (Ehrenb.) Lév. *Physiological Plant Pathology*, **3**, 241–247.

Lodder, J. (1970). *The Yeasts*. 2nd edition. 1385 pp. Amsterdam and London: North-Holland Publishing Company.

Lodha, B. C. (1964a). Studies on coprophilous fungi. I. *Chaetomium*. *Journal of the Indian Botanical Society*, **43**, 121–140.

Lodha, B. C. (1964b). Studies on coprophilous fungi. II. *Chaetomium*. *Antonie van Leeuwenhoek*, **20**, 163–167.

Long, P. E. & Jacobs, L. (1974). Aseptic fruiting of the cultivated mushroom, *Agaricus bisporus*. *Transactions of the British Mycological Society*, **63**, 99–107.

Loomis, W. F. (1975). *Dictyostelium discoideum. A Developmental System*. 214 pp. New York, San Francisco, London: Academic Press.

Lopez-Real, J. M. (1975). Formation of pseudosclerotia ('zone lines') in wood decayed by *Armillaria mellea* and *Stereum hirsutum*. I. Morphological aspects. *Transactions of the British Mycological Society*, **64**, 465–471.

Lopez-Real, J. M. & Swift, M. J. (1975). The formation of pseudosclerotia ('zone lines') in wood decayed by *Armillaria mellea* and *Stereum hirsutum*. II. Formation in relation to the moisture content of the wood. *Transactions of the British Mycological Society*, **64**, 473–481.

Lorenz, F. (1933). Beiträge zur Entwicklungsgeschichte von *Sphaerobolus*. *Archiv für Protistenkunde*, **81**, 361–398.

Loveless, A. R. (1971). Conidial evidence for host restriction in *Claviceps purpurea*. *Transactions of the British Mycological Society*, **56**, 419–434.

Loveless, A. R. & Peach, J. M. (1974). Evidence for the genotypic control of spore size in *Claviceps purpurea*. *Transactions of the British Mycological Society*, **63**, 612–616.

Lowry, R. J., Durkee, T. L. & Sussman, A. S. (1967). Ultrastructural studies of microconidium formation in *Neurospora crassa*. *Journal of Bacteriology*, **94**, 1757–1763.

Lowry, R. J. & Sussman, A. S. (1958). Wall structure of ascospores of *Neurospora tetrasperma*. *American Journal of Botany*, **45**, 397–403.

Lowry, R. J. & Sussman, A. S. (1968). Ultrastructural changes during germination of ascospores of *Neurospora tetrasperma*. *Journal of General Microbiology*, **51**, 403–409.

Lowy, B. (1951). A morphological basis for classifying the species of *Auricularia*. *Mycologia*, **43**, 351–358.

Lowy, B. (1952). The genus *Auricularia*. *Mycologia*, **44**, 656–692.

Lu, B. C. (1964). Polyploidy in the Basidiomycete *Cyathus stercoreus*. *American Journal of Botany*, **51**, 343–347.

Lu, B. C. & Brodie, H. J. (1964). Preliminary observation of meiosis in the fungus *Cyathus*. *Canadian Journal of Botany*, **42**, 307–310.

Lu, S.-H. (1973). Effect of calcium on fruiting of *Cyathus stercoreus*. *Mycologia*, **65**, 329–334.

Lucas, M. T. & Webster, J. (1967). Conidial states of British species of *Leptosphaeria*. *Transactions of the British Mycological Society*, **50**, 85–121.

Lundqvist, N. (1972). Nordic Sordariaceae. *Symbolae Botanicae Upsaliensis*, **20**, 1–374.

Lunney, C. Z. & Bland, C. E. (1976). An ultrastructural study of zoosporogenesis in *Pythium proliferum* de Bary. *Protoplasma*, **88**, 85–100.

Luttrell, E. S. (1951). Taxonomy of the Pyrenomycetes. *University of Missouri Studies*, **24**(3), 1–20.

Luttrell, E. S. (1955). The ascostromatic ascomycetes. *Mycologia*, **47**, 511–532.

Luttrell, E. S. (1963). Taxonomic criteria in *Helminthosporium*. *Mycologia*, **55**, 643–674.

Luttrell, E. S. (1965b). Paraphysoids, pseudoparaphyses, and apical paraphyses. *Transactions of the British Mycological Society*, **48**, 135–144.

Luttrell, E. S. (1973). Loculoascomycetes. In *The Fungi: An Advanced Treatise*, **IVA**, 135–219. Editors: G. C. Ainsworth, F. K. Sparrow & A. S. Sussman. New York and London: Academic Press.

Lyr, H. (1953). Zur Kenntniss der Ernahrungsphysiologie der Gattung *Pilobolus*. *Archiv. für Mikrobiologie*, **19**, 402–434.

Lythgoe, J. N. (1958). Taxonomic notes on the genera *Helicostylum* and *Chaetostylum* (Mucoraceae). *Transactions of the British Mycological Society*, **41**, 135–141.

Lythgoe, J. N. (1961). Effect of light and temperature on growth and development in *Thamnidium elegans* Link. *Transactions of the British Mycological Society*, **44**, 199–213.

Lythgoe, J. N. (1962). Effect of light and temperature on sporangium development in *Thamnidium elegans* Link. *Transactions of the British Mycological Society*, **45**, 161–168.

Maas-Geesteranus, R. A. (1963a). Hyphal structures in Hydnums. II. *Proceedings. Koniklijke Nederlandse Akademie van Wetenschappen, C*, **66**, 426–436.

Maas-Geesteranus, R. A. (1963b). Hyphal structures in Hydnums. IV. *Proceedings. Koniklijke Nederlandse Akademie van Wetenschappen, C*, **66**, 447–457.

Maas-Geesteranus, R. A. (1975). *Die Terrestrischen Stachelpilze Europas*. Amsterdam and London: North-Holland Publishing Company.

McClary, D. O., Williams, M. A., Lindegren, C. C. & Ogur, M. (1957). Chromosome counts in a polyploid series of *Saccharomyces*. *Journal of Bacteriology*, **73**, 360–364.

McClintock, B. (1945). *Neurospora*. I. Preliminary observations on the chromosomes of *Neurospora crassa*. *American Journal of Botany*, **32**, 671–678.

McCranie, J. (1942). Sexuality in *Allomyces cystogenus*. *Mycologia*, **34**, 209–213.

McCully, E. K. & Robinow, C. F. (1971). Mitosis in the fission yeast *Schizosaccharomyces pombe:* a comparative study with light and electron microscopy. *Journal of Cell Science*, **9**, 475–507.

Macdonald, J. A. (1937). A study of *Polyporus betulinus* (Bull.) Fr. *Annals of Applied Biology*, **24**, 289–310.

Macer, R. C. F. (1959). Pathology. *Annual Report. Plant Breeding Institute, Cambridge*, 1958–1959, 60–63.

McEwen, F. L. (1963). *Cordyceps* infections. In *Insect Pathology: An Advanced Treatise*, **2**, 273–290. Editor: E. A. Steinhaus. New York and London: Academic Press.

Macfarlane, I. (1952). Factors affecting the survival of *Plasmodiophora brassicae* Wor. in the soil and its assessment by a host test. *Annals of Applied Biology*, **39**, 239–256.

Macfarlane, I. (1959). A solution-culture technique for obtaining root-hair, or primary, infection by *Plasmodiophora brassicae*. *Journal of General Microbiology*, **18**, 720–732.

Macfarlane, I. (1968). Problems in the systematics of the Olpidiaceae. In *Marine Mykologie (Symposium über Niedere Pilze im Küstenbereich)*, Editor: A. Gaertner. *Veröffentlichungen des Instituts für Meeresforschung in Bremerhaven*, Sonderband **3**, 39–58.

Macfarlane, I. (1970). Germination of resting spores of *Plasmodiophora brassicae*. *Transactions of the British Mycological Society*, **55**, 97–112.

Macfarlane, I. & Last, F. T. (1959). Some effects of *Plasmodiophora brassicae* Woron. on the growth of the young cabbage plant. *Annals of Botany, London*, N.S., **23**, 547–570.

Macfarlane, T. D., Kuo, J. & Hilton, R. N. (1978). Structure of the giant sclerotium of

Polyporus mylittae. Transactions of the British Mycological Society, **71**, 359–365.

Machlis, L. (1958a). Evidence for a sexual hormone in *Allomyces*. *Physiologia Plantarum*, **11**, 181–192.

Machlis, L. (1958b). A study of sirenin, the chemotactic sexual hormone from the watermold *Allomyces*. *Physiologia Plantarum*, **11**, 845–854.

Machlis, L. (1972). The coming of age of sex hormones in plants. *Mycologia*, **64**, 235–247.

MacInnes, M. & Francis, D. (1974). Meiosis in *Dictyostelium mucoroides*. *Nature*, **251**, 321–324.

McIntosh, D. L. (1954). A cytological study of ascus development in *Pyronema confluens* Tul. *Canadian Journal of Botany*, **32**, 440–446.

McIntosh, R. A. (1978). Breeding for resistance to powdery mildew in the temperate cereals. In *The Powdery Mildews*, 237–257. Editor: D. M. Spencer. London, New York, San Francisco: Academic Press.

McKay, R. (1957). The longevity of the oospores of onion downy mildew, *Peronospora destructor* (Berk.) Casp. *Scientific Proceedings of the Royal Dublin Society*, N.S., **27**, 295–307.

McKeen, W. E. (1962). The flagellation, movement and encystment of some Phycomycetous zoospores. *Canadian Journal of Microbiology*, **8**, 897–904.

McKeen, W. E. (1970). Lipid in *Erysiphe graminis hordei* and its possible role during germination. *Canadian Journal of Microbiology*, **16**, 1041–1044.

McKeen, W. E., Mitchell, N. & Smith, R. (1967). The *Erysiphe cichoracearum* conidium. *Canadian Journal of Botany*, **45**, 1489–1496.

McKeen, W. E., Smith, R. & Mitchell, N. (1966). The haustorium of *Erysiphe cichoracearum* and the host–parasite interface on *Helianthus annuus*. *Canadian Journal of Botany*, **44**, 1299–1306.

McLaughlin, D. J. (1973). Ultrastructure of sterigma growth and basidiospore formation in *Coprinus* and *Boletus*. *Canadian Journal of Botany*, **51**, 145–150.

McLaughlin, J. L., Goyan, J. E. & Paul, A. G. (1964). Thin layer chromatography of ergot alkaloids. *Journal of Pharmaceutical Sciences*, **53**, 306–310.

MacLean, N. (1964). Electron microscopy of a fission yeast, *Schizosaccharomyces pombe*. *Journal of Bacteriology*, **88**, 1459–1466.

MacLeod, D. M. (1963). Entomophthorales infections. In *Insect Pathology: An Advanced Treatise*, **2**, 189–231. Editor: E. A. Steinhaus. New York and London: Academic Press.

MacLeod, D. M. & Müller-Kögler, E. (1973). Entomogenous fungi: *Entomophthora* species with pear-shaped to almost spherical conidia (Entomophthorales: Entomophthoraceae). *Mycologia*, **65**, 823–893.

McManus, M. A. (1958). *In vivo* studies of plasmogamy in *Ceratiomyxa*. *Bulletin of the Torrey Botanical Club*, **85**, 28–37.

McMeekin, D. (1960). The role of the oospores of *Peronospora parasitica* in downy mildew of crucifers. *Phytopathology*, **50**, 93–97.

McMorris, T. C. & Barksdale, A. W. (1967). Isolation of a sex-hormone from the water-mould *Achlya bisexualis*. *Nature, London*, **215**, 302–321.

McMorris, T. C., Seshadri, R., Weihe, G. R., Arsenault, G. P. & Barksdale, A. W. (1975). Structure of oogoniol-1, -2, and -3, steroidal sex hormones of the water mould *Achlya*. *Journal of the American Chemical Society*, **97**, 2544–2545.

McNabb, R. F. R. (1965). Taxonomic studies in the Dacrymycetaceae. II. *Calocera* (Fries) Fries. *New Zealand Journal of Botany*, **3**, 31–58.

McNabb, R. F. R. (1973). Phragmobasidiomycetidae: Tremellales, Auriculariales, Septobasidiales. In *The Fungi: An Advanced Treatise*, **IVB**, 303–316. Editors: G. C. Ainsworth, F. K. Sparrow & A. S. Sussman. New York and London, Academic Press.

McNabb, R. F. R. & Talbot, P. H. B. (1973). Holobasidiomycetidae. In *The Fungi: An Advanced Treatise,* **IVB,** 317–325. Editors: G. C. Ainsworth, F. K. Sparrow & A. S. Sussman. New York and London: Academic Press.

Madelin, M. F. (1956). The influence of light and temperature on fruiting of *Coprinus lagopus* Fr. in pure culture. *Annals of Botany, London,* N.S., **20,** 467–480.

Mai, S. H. (1976). Morphological studies in *Podospora anserina. American Journal of Botany,* **63,** 821–825.

Mainwaring, H. R. (1972). The fine structure of ascospore wall formation in *Sordaria fimicola. Archiv für Mikrobiologie,* **81,** 126–135.

Malcolmson, J. F. (1969). Races of *Phytophthora infestans* occurring in Great Britain. *Transactions of the British Mycological Society,* **53,** 417–423.

Malcolmson, J. F. (1970). Vegetative hybridity in *Phytophthora infestans. Nature,* **225,** 971–972.

Malençon, G. (1938). Les truffes européenes: historique, morphogenie, organographie, classification, culture. *Revue de Mycologie, Paris* (Mémoire hor série), 1–92.

Malik, M. M. S. (1974). Nuclear behaviour during teliospore germination in *Ustilago tritici* and *U. nuda. Pakistan Journal of Botany,* **6,** 59–63.

Manners, J. G. & Hossain, S. M. M. (1963). Effect of temperature and humidity on conidial germination in *Erysiphe graminis. Transactions of the British Mycological Society,* **46,** 225–234.

Manocha, M. S. (1965). Fine structure of the *Agaricus* carpophore. *Canadian Journal of Botany,* **43,** 1329–1334.

Manocha, M. S. (1975). Host–parasite relations in a mycoparasite. III. Morphological and biochemical differences in the parasitic- and axenic-culture spores of *Piptocephalis virginiana. Mycologia,* **76,** 382–391.

Manocha, M. S. & Shaw, M. (1966). The physiology of host–parasite relations. XVI. Fine structure of the nucleus in rust-infected mesophyll cells of wheat. *Canadian Journal of Botany,* **44,** 669–673.

Mantle, P. G. (1974). Industrial exploitation of ergot fungi. In *The Filamentous Fungi,* **3,** 426–450. Editors: J. E. Smith, & D. R. Berry. London: Edward Arnold.

Mantle, P. G. & Shaw, S. (1976). Role of ascospore production by *Claviceps purpurea* in aetiology of ergot disease in male sterile wheat. *Transactions of the British Mycological Society,* **67,** 17–22.

Manton, I., Clarke, B. & Greenwood, A. D. (1951). Observations with the electron microscope on a species of *Saprolegnia. Journal of Experimental Botany,* **2,** 321–331.

Marchant, R. & Robards, A. W. (1968). Membrane systems associated with the plasmalemma of plant cells. *Annals of Botany,* **32,** 457–471.

Marchant, R., Peat, A. & Banbury, G. H. (1967). The ultrastructural basis of hyphal growth. *New Phytologist,* **66,** 623–629.

Marshall, G. M. (1960a). The incidence of certain seed-borne diseases in commercial seed-samples. II. Ergot, *Claviceps purpurea* (Fr.) Tul. in cereals. *Annals of Applied Biology,* **48,** 19–26.

Marshall, G. M. (1960b). The incidence of certain seed-borne diseases in commercial seed-samples. IV. Bunt of wheat, *Tilletia caries* (DC.) Tul. V. Earcockles of wheat, *Anguina tritici* (Stein.) Filipjev. *Annals of Applied Biology,* **48,** 34–38.

Marte, M. & Gargiulo, A. M. (1972). Electron microscopy of peach leaves infected by *Taphrina deformans* (Berk.) Tul. *Phytopathologia Mediterranea,* **11,** 166–179.

Martin, E. (1940). The morphology and cytology of *Taphrina deformans. American Journal of Botany,* **27,** 743–751.

Martin, G. W. (1925). Morphology of *Conidiobolus villosus. Botanical Gazette,* **80,** 311–318.

Martin, G. W. (1927). Basidia and spores of the Nidulariaceae. *Mycologia,* **19,** 239–247.

Martin, G. W. (1952) Revision of the North Central Tremellales. *University of Iowa Studies in Natural History*, **19** (3), 1–122.

Martin, G. W. (1960). The systematic position of the Myxomycetes. *Mycologia*, **52**, 119–129.

Martin, G. W. (1961). Key to the families of fungi. In *Ainsworth & Bisby's Dictionary of the Fungi*, 5th edition, 497–517. Editor: G. C. Ainsworth. Kew, Surrey: Commonwealth Mycological Institute.

Martin, G. W. & Alexopoulos, C. J. (1969). *Monograph of the Myxomycetes*. 560 pp. Iowa City: University of Iowa Press.

Martin, M., Gay, J. L. & Jackson, G. V. H. (1976). Electron microscopic study of developing and mature cleistothecia of *Sphaerotheca mors-uvae*. *Transactions of the British Mycological Society*, **66**, 473–487.

Martin, P. (1967). Studies in the Xylariaceae. I. New and old concepts. *Journal of South African Botany*, **33**, 205–240.

Masri, S. S. & Ellingboe, A. H. (1966). Primary infection of wheat and barley by *Erysiphe graminis*. *Phytopathology*, **56**, 389–395.

Mather, K. & Jinks, J. L. (1958). Cytoplasm in sexual reproduction. *Nature, London*, **182**, 1188–1190.

Mathew, K. T. (1961). Morphogenesis of mycelial strands in the cultivated mushroom, *Agaricus bisporus*. *Transactions of the British Mycological Society*, **44**, 285–290.

Matile, P., Moor, H. & Robinow, C. F. (1969). Yeast cytology. In *The Yeasts*, **1**, 219–302. Editors: A. H. Rose & J. S. Harrison. New York and London: Academic Press.

Matthews, T. R. & Niederpruem, D. J. (1972). Differentiation in *Coprinus lagopus*. I. Control of fruiting and cytology of initial events. *Archiv für Mikrobiologie*, **87**, 257–268.

Matthews, T. R. & Niederpruem, D. J. (1973). Differentiation in *Coprinus lagopus*. II. Histology and ultrastructural aspects of developing primordia. *Archiv für Mikrobiologie*, **88**, 169–180.

Meier, H. & Webster, J. (1954). An electron microscope study of zoospore cysts in the Saprolegniaceae. *Journal of Experimental Botany*, **5**, 401–409.

Menzies, B. P. (1953). Studies on the systemic fungus *Puccinia suaveolens*. *Annals of Botany, London*, N.S., **17**, 551–568.

Meredith, D. S. (1961). Atmospheric content of *Nigrospora* spores in Jamaican banana plantations. *Journal of General Microbiology*, **26**, 343–349.

Meredith, D. S. (1962). Some components of the air spora in Jamaican banana plantations. *Annals of Applied Biology*, **50**, 577–594.

Meredith, D. S. (1965a). Violent spore release in *Stemphylium botryosum* Wallr. *Plant Disease Reporter*, **49**, 1006.

Meredith, D. S. (1965b). Violent spore release in *Helminthosporium turcicum*. *Phytopathology*, **55**, 1099–1102.

Meredith, D. S. (1966). Diurnal periodicity and violent liberation of conidia in *Epicoccum*. *Phytopathology*, **56**, 988.

Mesland, D. A. M., Huisman, J. G. & van den Ende, H. (1974). Volatile sexual hormones in *Mucor mucedo*. *Journal of General Microbiology*, **80**, 111–117.

Middleton, J. T. (1943). The taxonomy, host range and geographic distribution of the genus *Pythium*. *Memoirs of the Torrey Botanical Club*, **20**, 1–171.

Middleton, J. T. (1952). Generic concepts in the Pythiaceae. *Tijdschrift over Plantenziekten*, **58**, 226–235.

Milburn, J. A. (1970). Cavitation and osmotic potentials of *Sordaria* ascospores. *New Phytologist*, **69**, 133–141.

Millbank, J. W. & Kershaw, K. A. (1973). Nitrogen metabolism. In *The Lichens*,

289—307. Editors: V. Ahmadjian & M. E. Hale. New York and London: Academic Press.

Miller, J. H. (1930). British Xylariaceae. *Transactions of the British Mycological Society,* **15,** 134–154.

Miller, J. H. (1932a). British Xylariaceae. II. *Transactions of the British Mycological Society,* **17,** 125–135.

Miller, J. H. (1932b). British Xylariaceae. III. A revision of specimens in the Herbarium of the Royal Botanic Gardens, Kew. *Transactions of the British Mycological Society,* **17,** 136–146.

Miller, J. H. (1949). A revision of the classification of the Ascomycetes with special emphasis on the Pyrenomycetes. *Mycologia,* **41,** 99–127.

Miller, J. H. (1961). *A Monograph of the World Species of Hypoxylon.* 158 pp. University of Georgia Press.

Miller, R. E. (1971). Evidence of sexuality in the cultivated mushroom, *Agaricus bisporus. Mycologia,* **63,** 630–634.

Mills, G. L. & Cantino, E. C. (1978). The lipid composition of the *Blastocladiella emersonii* γ-particle and the function of the γ-particle lipid in chitin formation. *Experimental Mycology,* **2,** 99–109.

Mims, C. W. (1969). Capillitial formation in *Arcyria cinerea. Mycologia,* **61,** 784–798.

Mirza, J. H. & Cain, R. F. (1969). Revision of the genus *Podospora. Canadian Journal of Botany,* **47,** 1999–2048.

Mitchell, D. T. & Cooke, R. C. (1968). Some effects of temperature on germination and longevity of sclerotia in *Claviceps purpurea. Transactions of the British Mycological Society,* **51,** 721–729.

Mitchell, M. B. (1965). Characteristics of developing asci of *Neurospora crassa. Canadian Journal of Botany,* **43,** 933–938.

Mitchison, J. D. (1970). Physiological and cytological methods for *Schizosaccharomyces pombe.* In *Methods in Cell Physiology,* **4,** 131–168. Editor: D. M. Prescott. New York and London: Academic Press.

Mix, A. J. (1949). A monograph of the genus *Taphrina. Kansas University Scientific Bulletin,* **33,** 3–167.

Moens, P. B. & Rapport, E. (1971). Spindles, spindle plaques and meiosis in the yeast *Saccharomyces cerevisiae* (Hansen). *Journal of Cell Biology,* **50,** 344–361.

Moore, D. & Jirjis, R. I. (1976). Regulation of sclerotium production by primary metabolites in *Coprinus cinereus* (= *C. lagopus* sensu Lewis). *Transactions of the British Mycological Society,* **66,** 377–382.

Moore, E. J. (1963). The ontogeny of the apothecia in *Pyronema domesticum. American Journal of Botany,* **50,** 37–44.

Moore, E. J. & Korf, R. P. (1963). The genus *Pyronema. Bulletin of the Torrey Botanical Club,* **90,** 33–42.

Moore, R. T. (1955). Index to the Helicosporae. *Mycologia,* **47,** 90–103.

Moore, R. T. (1965). The ultrastructure of fungal cells. In *The Fungi: An Advanced Treatise,* **1,** 95–118. Editors: G. C. Ainsworth & A. S. Sussman. New York and London: Academic Press.

Moore, R. T. (1972). Ustomycota, a new division of higher fungi. *Antonie van Leeuwenhoek Journal of Microbiology and Serology,* **38,** 567–584.

Moore, R. T. (1975). Early ontogenetic stages in dolipore/parenthesome formation in *Polyporus biennis. Journal of General Microbiology,* **87,** 251–259.

Moore, R. T. & McAlear, J. H. (1962). Fine structure of mycota. 7. Observations on septa of Ascomycetes and Basidiomycetes. *American Journal of Botany,* **49,** 86–94.

Moore, R. T. & Marchant, R. (1972). Ultrastructural characterization of the Basidiomycete septum of *Polyporus biennis. Canadian Journal of Botany,* **50,** 2463–2469.

Moore, W. C. (1959). *British Parasitic Fungi.* 430 pp. Cambridge University Press.

Moore-Landecker, E. (1975). A new pattern of reproduction in *Pyronema domesticum*. *Mycologia*, **67**, 1119–1127.

Moreau, C. (1953). Les genres *Sordaria* et *Pleurage*, leurs affinités systématiques. *Encyclopédie Mycologique*, **15**, 1–330. Paris: Lechevalier.

Morisset, E. (1963). Recherches sur le Pyrénomycète *Sporormia leporina* Niessl (Pléosporale Sordarioide). *Revue Générale de Botanique*, **70**, 69–106.

Morrison, D. J. (1976). Vertical distribution of *Armillaria mellea* rhizomorphs in soil. *Transactions of the British Mycological Society*, **66**, 393–399.

Mortimer, A. M. & Shaw, D. S. (1975). Cytofluorimetric evidence for meiosis in gametangial nuclei of *Phytophthora drechsleri*. *Genetical Research, Cambridge*, **25**, 201–205.

Mortimer, R. K. & Hawthorne, D. C. (1969). Yeast genetics. In *The Yeasts*, **1**, 385–460. Editors: A. H. Rose & J. S. Harrison. New York and London: Academic Press.

Morton, D. J. (1961). Trypan blue and boiling lactophenol for staining and clearing barley tissues infected with *Ustilago nuda*. *Phytopathology*, **51**, 27–29.

Morton, F. J. & Smith, G. (1963). The genera *Scopulariopsis* Bainer, *Microascus* Zukal and *Doratomyces* Corda. *Mycological Paper No. 86, Commonwealth Mycological Institute*. 96 pp.

Moseman, J. G. (1966). Genetics of powdery mildews. *Annual Review of Plant Pathology*, **4**, 269–290.

Moseman, J. G. & Powers, H. R. (1957). Function and longevity of cleistothecia of *Erysiphe graminis* f. sp. *hordei*. *Phytopathology*, **47**, 53–56.

Moser, M. (1967). *Die Röhrlinge und Blatterpilze (Agaricales)*. Kleine Kryptogamenflora. Bd. IIb2. Basidiomyceten II Teil. Editor: H. Gams. Stuttgart: Fischer.

Moses, M. J. (1968). Synaptinemal complex. *Annual Review of Genetics*. **2**, 363–412.

Mosse, B. (1973). Advances in the study of vesicular–arbuscular mycorrhiza. *Annual Review of Phytopathology*, **11**, 171–196.

Mosse, B. & Bowen, G. D. (1968). A key to the recognition of some *Endogone* spore types. *Transactions of the British Mycological Society*, **51**, 469–483.

Motta, J. (1967). A note on the mitotic apparatus in the rhizomorph meristem of *Armillaria mellea*. *Mycologia*, **59**, 370–375.

Mower, R. L. & Hancock J. G. (1975a). Sugar composition of ergot honeydews. *Canadian Journal of Botany*, **53**, 2813–2825.

Mower, R. L. & Hancock J. G. (1975b). Mechanism of honeydew formation by *Claviceps* species. *Canadian Journal of Botany*, **53**, 2826–2834.

Mulder, J. L. & Pugh, G. J. F. (1971). Fungal biological flora. II. *Epicoccum nigrum* Link. *International Biodeterioration Bulletin*, **7**, 67–71.

Müller, F. (1954). Die Abschleuderung der Sporen von *Sporobolomyces* – Spiegelhefe – gefilmt. *Friesia*, **6**, 65–74.

Müller, E. & Arx, J. A. von (1962). Die Gattungen der didymosporen Pyrenomyceten. *Beiträge der Kryptogamenflora der Schweiz*, Bd. **11**(2), 1–922.

Müller, E. & Arx, J. A. von (1973). Pyrenomycetes: Meliolales, Coronophorales, Sphaeriales. In *The Fungi: An Advanced Treatise*, IVA, 87–132. Editors: G. C. Ainsworth, F. K. Sparrow & A. S. Sussman. New York and London: Academic Press.

Müller, E. & Tomasevic, M. (1957). Kulturversuche mit einigen Arten der Gattung *Leptosphaeria* Ces. & de Not. *Phytopathologische Zeitschrift*, **29**, 287–294.

Müller, G. (1964). Zur Kenntniss der Gattung *Endomycopsis* Stelling-Dekker. *Zentralblatt für Bakteriologie, Parasitenkunde, Infektionskrankheiten und Hygiene*, Abteilung II, **118**, 40–43.

Muller, H. G. (1958) The constricting ring mechanism of two predacious Hyphomycetes. *Transactions of the British Mycological Society*, **41**, 341–364.

Müller, K. O. (1959). Hypersensitivity. In *Plant Pathology: An Advanced Treatise*, **1**,

469–519. Editors: J. G. Horsfall & A. E. Dimond. New York and London: Academic Press.

Müller-Kögler, E. (1959). Zur Isolierung und Kultur insektpathogener Entomophthoraceen. *Entomophaga*, **4**, 261–274.

Müller- Kögler, E. (1965). *Pilzkrankheiten bei Insekten*. 444 pp. Berlin and Hamburg: Paul Parey.

Mullins, J. T. (1973). Lateral branch formation and cellulase production in the water molds. *Mycologia*, **65**, 1007–1014.

Mullins, J. T. & Raper, J. R. (1965). Heterothallism in biflagellate aquatic fungi: preliminary genetic analysis. *Science. N.Y.*, **150**, 1174–1175.

Munnecke, D. E., Wilbur, W. D. & Kolbezen, M. J. (1970). Dosage response of *Armillaria mellea* to methyl bromide. *Phytopathology*, **60**, 992–993.

Myers, R. B. & Cantino, E. C. (1974). The gamma particle. A study of cell-organelle interactions in the development of the water mold *Blastocladiella emersonii*. *Monographs in Developmental Biology*, **8**. 117 pp. S. Karger.

Nakai, Y. (1975). Fine structure of shiitake, *Lentinus edodes* (Berk.) Sing. IV. External and internal features of the hilum in relation to basidiospore discharge. *Reports of the Tottori Mycological Institute, Japan*, **12**, 41–45.

Nakai, Y. & Ushiyama, R. (1974a). Fine structure of the shiitake, *Lentinus edodes* (Berk.) Sing. *Report of the Tottori Mycological Institute, Japan*, **11**, 1–6.

Nakai, Y. & Ushiyama, R. (1974b). Fine structure of shittake, *Lentinus edodes* (Berk.) Sing. II. Development of basidia and basidiospores. *Report of the Tottori Mycological Institute, Japan*, **11**, 7–15.

Nakai, Y. & Ushiyama, R. (1978). Fine structure of shiitake, *Lentinus edodes*. VI. Cytoplasmic microtubules in relation to nuclear movement. *Canadian Journal of Botany*, **56**, 1206–1211.

Nannfeldt, J. A. (1932). Studien über die Morphologie und Systematik der nichtlichenisierten inoperculaten Discomyceten. *Nova Acta Regiae Societatis Scientiarum Upsaliensis*, IV, **8**(2), 1–368.

Nannfeldt, J. A. (1942). The Geoglossaceae of Sweden. *Arkiv för Botanik*, Bd. 30A, No. 4, 67 pp.

Nawawi, A., Descals, E. & Webster, J. (1977a). *Leptosporomyces galzinii*, the basidial state of a clamped branched conidium from fresh water. *Transactions of the British Mycological Society*, **68**, 31–36.

Nawawi, A., Webster, J. & Davey, R. A. (1977b). *Dendrosporomyces prolifer* gen. et sp.nov., a Basidiomycete with branched spores. *Transactions of the British Mycological Society*, **68**, 59–63.

Neergaard, P. (1977). *Seed Pathology*, 2 vols. London and Basingstoke: Macmillan.

Nelson, A. C. & Backus, M. P. (1968). Ascocarp development in two homothallic Neurosporas. *Mycologia*, **60**, 16–28.

Nelson, R. K. & Scheetz, R. W. (1975). Swarm cell ultrastructure in *Ceratiomyxa fruticulosa*. *Mycologia*, **67**, 733–740.

Nelson, R. K. & Scheetz, R. W. (1976). Thread phase ultrastructure in *Ceratiomyxa fruticulosa*. *Mycologia*, **68**, 144–150.

Newell, P. C. (1971). The development of the cellular slime mould *Dictyostelium discoideum*: A model system for the study of cellular differentiation. *Essays in Biochemistry*, **7**, 87–126.

Newell, P. C. (1975). Cellular communication during aggregation of the slime mold *Dictyostelium*. In *Microbiology – 1975*, 426–433. Editor: D. Schlessinger. Washington, D.C., U.S.A.: American Society for Microbiology.

Nickerson, A. W. & Raper, K. B. (1973a). Macrocysts in the life cycle of the Dictyosteliaceae. I. Formation of the macrocysts. *American Journal of Botany*, **60**, 190–197.

Nickerson, A. W. & Raper, K. B. (1973b). Macrocysts in the life cycle of the Dictyosteliaceae. II. Germination of the macrocysts. *American Journal of Botany*, **60**, 247–254.

Niederpruem, D. J. & Wessels, J. G. H. (1969). Cytodifferentiation and morphogenesis in *Schizophyllum commune*. *Bacteriological Reviews*, **33**, 505–535.

Niel, C. B. van, Garner, G. E. & Cohen, A. L. (1972). On the mechanism of ballistospore discharge. *Archiv für Mikrobiologie*, **84**, 129–140.

Nielsen, R. I. (1978). Sexual mutants of a heterothallic *Mucor* species, *Mucor pusillus*. *Experimental Mycology*, **2**, 193–197.

Noble, M. & Glynne, M. D. (1970). Wart disease of potatoes. *F.A.O. Plant Protection Bulletin*, **18**, 125–135.

Nobles, M. K. (1958a). A rapid test for extracellular oxidase in cultures of wood-inhabiting Hymenomycetes. *Canadian Journal of Botany*, **36**, 91–99.

Nobles, M. K. (1958b). Cultural characters as a guide to the taxonomy and phylogeny of the Polyporaceae. *Canadian Journal of Botany*, **36**, 883–926.

Nobles, M. K. (1965). Identification of cultures of wood-inhabiting Hymenomycetes. *Canadian Journal of Botany*, **43**, 1097–1139.

Nolan, R. A. & Lewis, J. D. (1974). Studies on *Pythiopsis cymosa* from Newfoundland. *Transactions of the British Mycological Society*, **62**, 163–179.

Nordbring-Herz, B. (1972). Scanning electron microscopy of the nematode-trapping organs in *Arthrobotrys oligospora*. *Physiologia Plantarum*, **26**, 279–284.

Nordbring-Herz, B. (1973). Peptide-induced morphogenesis in the nematode-trapping fungus *Arthrobotrys oligospora*. *Physiologia Plantarum*, **29**, 223–233.

Novaes-Ledieu, M., Jiménez-Martínez, A. & Villanueva, J. R. (1967). Chemical composition of hyphal wall of Phycomycetes. *Journal of General Microbiology*, **47**, 237–245.

O'Donnell, K. L., Fields, W. G. & Hooper, G. R. (1974). Scanning ultrastructural ontogeny of cleistohymenial apothecia in the operculate Discomycete *Ascobolus furfuraceus*. *Canadian Journal of Botany*, **52**, 1653–1656.

Oduro, K. A., Munnecke, D. E., Sims, J. J. & Keen, N. T. (1976). Isolation of antibiotics produced in culture by *Armillaria mellea*. *Transactions of the British Mycological Society*, **66**, 195–199.

Ogilvie, L. & Thorpe, I. G. (1966). Black stem rust of wheat in Great Britain. In *Cereal Rust Conferences, Cambridge*, 1964, 172–176. Cambridge: Plant Breeding Institute.

Ohr, H. D. & Munnecke, D. E. (1974). Effects of methyl bromide on antibiotic production by *Armillaria mellea*. *Transactions of the British Mycological Society*, **62**, 65–72.

Ojha, M. & Turian, G. (1971). Interspecific transformation and DNA characteristics in *Allomyces*. *Molecular and General Genetics*, **112**, 49–59.

Olchowecki, A. & Reid, J. (1974). Taxonomy of the genus *Ceratocystis* in Manitoba. *Canadian Journal of Botany*, **52**, 1675–1711.

Olive, L. S. (1952). Studies on the morphology and cytology of *Itersonilia perplexans* Derx. *Bulletin of the Torrey Botanical Club*, **79**, 126–138.

Olive, L. S. (1953). The structure and behavior of fungus nuclei. *Botanical Review*, **19**, 439–586.

Olive, L. S. (1956). Genetics of *Sordaria fimicola*. I. Spore color mutants. *American Journal of Botany*, **43**, 97–107.

Olive, L. S. (1963a). Genetics of homothallic fungi. *Mycologia*, **55**, 93–103.

Olive, L. S. (1963b). The question of sexuality in cellular slime molds. *Bulletin of the Torrey Botanical Club*, **90**, 144–153.

Olive, L. S. (1964). Spore discharge mechanism in Basidiomycetes. *Science, N.Y.*, **146**, 542–543.

Olive, L. S. (1965). Nuclear behavior during meiosis. In *The Fungi: An Advanced*

Treatise, **I**, 143–161. Editors: G. C. Ainsworth & A. S. Sussman. New York and London: Academic Press.

Olive, L. S. (1967). The Protostelida – a new order of the Mycetozoa. *Mycologia*, **59**, 1–29.

Olive, L. S. (1970). The Mycetozoa: a revised classification. *Botanical Review*, **36**, 59–89.

Olive, L. S. & Fantini, A. A. (1961). A new heterothallic species of *Sordaria*. *American Journal of Botany*, **48**, 124–128.

Olive, L. S. & Stoianovitch, C. (1960). Two new members of the Acrasiales. *Bulletin of the Torrey Botanical Club*, **87**, 1–20.

Olive, L. S. & Stoianovitch, C. (1966). A simple new mycetozoan with ballistospores. *American Journal of Botany*, **53**, 344–349.

Olive, L. S. & Stoianovitch, C. (1971). A new genus of protostelids showing affinities with *Ceratiomyxa*. *American Journal of Botany*, **58**, 32–40.

Oliver, P. T. P. (1972). Conidiophore and spore development in *Aspergillus nidulans*. *Journal of General Microbiology*, **73**, 45–54.

Olson, L. W. & Fuller, M. S. (1968). Ultrastructural evidence for the biflagellate origin of the uniflagellate fungal zoospore. *Archiv für Mikrobiologie*, **62**, 237–250.

Olthof, T. H. A. & Estey, R. H. (1963). A nematotoxin produced by the nematophagous fungus *Arthrobotrys oligospora* Fresenius. *Nature, London*, **197**, 514–515.

Orr, G. F., Kuehn, H. H. & Plunkett, O. A. (1963). The genus *Gymnoascus* Baranetzky. *Mycopathologia et Mycologia Applicata*, **21**, 1–18.

Oso, B. (1969). Electron microscopy of ascus development in *Ascobolus*. *Annals of Botany*, N.S., **33**, 205–209.

Ou, S. H. (1972). *Rice Diseases*. 368 pp. Kew, Surrey, England: Commonwealth Mycological Institute.

Padhye, A. A. & Carmichael, J. W. (1971). The genus *Arthroderma* Berkeley. *Canadian Journal of Botany*, **49**, 1525–1540.

Pady, S. M. (1974). Sporobolomycetaceae in Kansas. *Mycologia*, **66**, 333–338.

Pady, S. M. & Johnston, C. O. (1955). The concentration of airborne rust spores in relation to epidemiology of wheat rusts in Kansas in 1954. *Plant Disease Reporter*, **39**, 463–466.

Page, R. M. (1952). Studies on the development of asexual reproductive structures in *Pilobolus*. *Mycologia*, **48**, 206–224.

Page, R. M. (1959). Stimulation of asexual reproduction of *Pilobolus* by *Mucor plumbeus*. *American Journal of Botany*, **46**, 579–585.

Page, R. M. (1960). The effect of ammonia on growth and reproduction of *Pilobolus kleinii*. *Mycologia*, **52**, 480–489.

Page, R. M. (1964). Sporangium discharge in *Pilobolus*: a photographic study. *Science, N.Y.*, **146**, 925–927.

Page, R. M. & Curry, G. M. (1966). Studies on phototropism of young sporangiophores of *Pilobolus kleinii*. *Photochemistry and Photobiology*, **5**, 31–40.

Page, R. M. & Humber, R. A. (1973). Phototropism in *Conidiobolus coronatus*. *Mycologia*, **65**, 335–354.

Page, R. M. & Kennedy, D. (1964). Studies on the velocity of discharged sporangia of *Pilobolus kleinii*. *Mycologia*, **56**, 363–368.

Palenzona, M. (1969). Sintesi micorrizica tra "*Tuber aestivum*" Vitt., "*Tuber brumale*" Vitt., "*Tuber melanosporum*" Vitt. e gemenzali di "*Corylus avellana*" L. *Allionia*, **15**, 121–131.

Palmer, J. T. (1955). Observations on Gasteromycetes. 1–3. *Transactions of the British Mycological Society*, **38**, 317–334.

Papa, K. E., Campbell, W. A. & Hendrix, F. F. (1967). Sexuality in *Pythium sylvaticum*: heterothallism. *Mycologia*, **59**, 589–595.

Papavizas, G. C. & Davey, C. B. (1960). Some factors affecting growth of *Aphanomyces euteiches* in synthetic media. *American Journal of Botany*, **47**, 758–765.

Papazian, H. P. (1950). Physiology of the incompatibility factors in *Schizophyllum commune*. *Botanical Gazette*, **112**, 143–163.

Parag, Y. (1965). Genetic investigation into the mode of action of the genes controlling self-incompatibility and heterothallism in Basidiomycetes. In *Incompatibility of Fungi*, 80–98. Editors: K. Esser & J. R. Raper. Berlin: Springer.

Parag, Y. & Koltin, Y. (1971). The structure of the incompatibility factors of *Schizophyllum commune*: Constitution of the three classes of B factors. *Molecular and General Genetics*, **112**, 43–48.

Paravicini, E. (1917). Untersuchungen über das Verhalten der Zellkerne bei der Fortpflanzung der Brandpilze. *Annales Mycologici*, **15**, 57–96.

Parguey-Leduc, A. (1967a). Recherches préliminaires sur l'ontogénie et l'anatomie comparée des ascocarpes des Pyrénomycètes ascohyméniaux. *Revue de Mycologie (Paris)*, **32**, 57–68.

Parguey-Leduc, A. (1967b). Recherches préliminaires sur l'ontogénie et l'anatomie comparée des ascocarpes des Pyrénomycètes ascohyméniaux. III. Les asques des Sordariales et leurs ascothécies, du type "Diaporthe". *Revue de Mycologie (Paris)*, **32**, 369–407.

Park, D. (1974). Aquatic hyphomycetes in non-aquatic habitats. *Transactions of the British Mycological Society*, **63**, 179–183.

Park, J. Y. & Agnihotri, V. P. (1969). Bacterial metabolites trigger sporophore formation in *Agaricus bisporus*. *Nature, London*, **222**, 984.

Parker-Rhodes, A. F. (1955). Fairy ring kinetics. *Transactions of the British Mycological Society*, **38**, 59–72.

Parmeter, J. R., Snyder, W. C. & Reichle, R. E. (1963). Heterokaryosis and variability in plant-pathogenic fungi. *Annual Review of Phytopathology*, **1**, 51–76.

Peace, W. R. (1962). *Pathology of Trees and Shrubs with Special Reference to Britain*. 722 pp. Oxford University Press.

Peat, A. & Banbury, G. H. (1967). Ultrastructure, protoplasmic streaming, growth and tropisms of *Phycomyces* sporangiophores. *New Phytologist*, **66**, 475–484.

Pegler, D. N. (1966). "Polyporaceae" – Part I, with a key to British genera. *News Bulletin of the British Mycological Society*, **26**, 14–28.

Pegler, D. N. (1967). "Polyporaceae" – Part II, with a key to world genera. *Bulletin of the British Mycological Society*, **1**, 17–38.

Pegler, D. N. (1973). Aphyllophorales. IV. Poroid families. In *The Fungi: An Advanced treatise*, **IVB**, 397–420. Editors: G. C. Ainsworth, F. K. Sparrow & A. S. Sussman. New York and London: Academic Press.

Pegler, D. N. & Young, T. W. K. (1971). Basidiospore morphology in the Agaricales. Beihefte, *Nova Hedwigia*, **35**, 210 pp.

Pendergrass, W. R. (1950). Studies on the Plasmodiophoraceous parasite, *Octomyxa brevilegniae*. *Mycologia*, **42**, 279–298.

Pentland, G. D. (1968). The stimulatory effect of *Aureobasidium pullulans* on rhizomorph development of *Armillaria mellea* in autoclaved soil. *Canadian Journal of Microbiology*, **14**, 87–88.

Perera, R. G. & Gay, J. L. (1976). The ultrastructure of haustoria of *Sphaerotheca pannosa* (Wallroth ex Fries) Léveillé and changes in infected and associated cells of rose. *Physiological Plant Pathology*, **9**, 57–65.

Perera, R. G. & Wheeler, B. E. J. (1975). Effect of water droplets on the development of *Sphaerotheca pannosa* on rose leaves. *Transactions of the British Mycological Society*, **64**, 313–319.

Perkins, D. D. & Barry, E. G. (1977). The cytogenetics of *Neurospora*. In *Advances in*

Genetics, 133–285. Editor: E. W. Caspari. New York, London, San Francisco: Academic Press.

Perkins, F. O. (1970). Formation of centriole and centriole-like structures during meiosis and mitosis in *Labyrinthula* sp. (Rhizopodea, Labyrinthulida). An electron microscope study. *Journal of Cell Science*, **6**, 629–653.

Perkins, F. O. (1972). The ultrastructure of holdfasts, "rhizoids" and "slime tracks" in thraustochytriaceous fungi and *Labyrinthula* spp. *Archiv für Mikrobiologie*, **84**, 97–118.

Perkins, F. O. (1973a). Observations of thraustochytriaceous (Phycomycetes) and labyrinthulid (Rhizopodea) ectoplasmic nets on natural and artificial substrates – an electron microscope study. *Canadian Journal of Botany*, **51**, 485–491.

Perkins, F. O. (1973b). A new species of marine Labyrinthulid *Labyrinthuloides yorkensis* gen.nov. sp.nov. Cytology and fine structure. *Archiv für Mikrobiologie*, **90**, 1–17.

Perkins, F. O. (1974a). Phylogenetic considerations of the problematic thraustochytriaceous–labyrinthulid–*Dermocystidium* complex based on observations of fine structure. *Veröffentlichungen des Instituts für Meeresforschung in Bremerhaven*, Supplement 5.

Perkins, F. O. (1974b). Fine structure of lower marine and estuarine fungi. In *Recent Advances in Aquatic Mycology*, 279–312. Editor: E. B. Gareth Jones. London: Elek Science.

Perkins, F. O. & Amon, J. P. (1969). Zoosporulation in *Labyrinthula* sp., an electron microscope study. *Journal of Protozoology*, **16**, 235–257.

Perreau-Bertrand, J. (1967). Recherches sur la différentiation et la structure de la paroi sporale chez les homobasidiomycètes à spores ornées. *Annales des Sciences Naturelles Botanique*, Sér. 12, **8**, 639–746.

Perrott, P. E. (1955). The genus *Monoblepharis*. *Transactions of the British Mycological Society*, **38**, 247–282.

Perrott, P. E. (1958). Isolation and pure culture of *Monoblepharis*. *Nature, London*, **182**, 1322–1324.

Petch, T. (1936). *Cordyceps militaris* and *Isaria farinosa*. *Transactions of the British Mycological Society*, **20**, 216–224.

Petersen, H. E. (1936). The wasting disease of *Zostera marina*. I. A phytological investigation of the diseased plant. *Biological Bulletin*, **70**, 148–158.

Petersen, R. H. (1973). Aphyllophorales. II. The Clavarioid and Cantharelloid Basidiomycetes. In *The fungi: An Advanced Treatise*, **IVB**, 351–368. Editors: G. C. Ainsworth, F. K. Sparrow & A. S. Sussman. New York and London: Academic Press.

Petersen, R. H. (1974). The rust fungus life cycle. *Botanical Review*, **40**, 453–513.

Petrak, F. (1962). Über die Gattungen *Xylosphaera* Dum. und *Xylosphaeria* Otth. *Sydowia*, **15**, 288–290.

Peveling, E. (1973). Fine structure. In *The Lichens*, 147–179. Editors: V. Ahmadjian & M. E. Hale. New York and London: Academic Press.

Peyton, G. A. & Bowen, C. C. (1963). The host–parasite interface of *Peronospora manshurica* on *Glycine max*. *American Journal of Botany*, **50**, 787–797.

Phaff, H. J. (1963). Cell wall of yeasts. *Annual Review of Microbiology*, **17**, 15–30.

Phaff, H. J. (1970). Discussion of the yeast-like genera belonging to the Sporobolomycetaceae. In *The Yeasts. A taxonomic Study*. 2nd edition. Editor: J. Lodder. Amsterdam and London: North-Holland Publishing Company.

Phaff, H. J., Miller, M. W. & Mrak, E. M. (1966). *The Life of Yeasts*. 186 pp. Cambridge, Mass.: Harvard University Press.

Phaff, H. J. & Yoneyama, M. (1961). *Endomycopsis scolyti*, a new heterothallic species of yeast. *Antonie van Leeuwenhoek*, **27**, 196–202.

Piard-Douchez, Y. (1949). Le *Spongospora subterranea* et son action pathogène. *Annales des Sciences Naturelles Botanique*, Sér. 11, 91–122.

Pickett-Heaps, J. D. (1969). The evolution of the mitotic apparatus: an attempt at comparative ultrastructural cytology in dividing plant cells. *Cytobios*, **3**, 257–280.

Pidacks, C., Whitehill, A. R., Pruess, L. M., Hesseltine, C. W., Hutchings, B. C., Bohonos, N. & Williams, J. H. (1953). Coprogen, the isolation of a new growth factor required by *Pilobolus* species. *Journal of the American Chemical Society*, **75**, 6064–6065.

Piehl, A. (1929). The cytology and morphology of *Sordaria fimicola*. *Transactions of the Wisconsin Academy of Science, Arts and Letters*, **24**, 323–341.

Pittenger, R. H. & Atwood, K. C. (1956). Stability of nuclear proportions during growth of *Neurospora* heterokaryons. *Genetics*, **41**, 227–241.

Pittenger, R. H., Kimball, A. W. & Atwood, K. C. (1955). Control of nuclear ratios in *Neurospora* heterokaryons. *American Journal of Botany*, **42**, 954–958.

Plaats-Niterink, A. J. van der (1968). The occurrence of *Pythium* in the Netherlands. I. Heterothallic species. *Acta Botanica Neerlandica*, **17**, 320–329.

Plaats-Niterink, A. J. van der (1969). The occurrence of *Pythium* in the Netherlands. II. Another heterothallic species: *Pythium splendens* Braun. *Acta Botanica Neerlandica*, **18**(4), 489–495.

Plank, J. E. van der (1963). *Plant Diseases: Epidemics and Control.* 349 pp. New York and London: Academic Press.

Plank, J. E. van der (1971). Stability of resistance to *Phytophthora infestans* in cultivars without R genes. *Potato Research*, **14**, 263–270.

Plank, J. E. van der (1975). *Principles of Plant Infection.* 216 pp. New York and London: Academic Press.

Platford, R. G. & Bernier, C. C. (1970). Resistance to *Claviceps purpurea* in spring and durum wheat. *Nature, London*, **226**, 770.

Plattner, J. J. & Rapoport, H. (1971). The synthesis of D- and L-sirenin and their absolute configurations. *Journal of the American Chemical Society*, **93**, 1758–1761.

Plumb, R. & Turner, R. H. (1972). Scanning electron microscopy of *Erysiphe graminis*. *Transactions of the British Mycological Society*, **59**, 149–150.

Plunkett, B. E. (1953). Nutritional and other aspects of fruit body formation in pure cultures of *Collybia velutipes* (Curt.) Fr. *Annals of Botany, London*, N.S., **17**, 193–217.

Plunkett, B. E. (1956). The influence of factors of the aeration complex and light upon fruit-body form in pure culture of an agaric and a polypore. *Annals of Botany, London*, N.S., **20**, 563–586.

Plunkett, B. E. (1958). Translocation and pileus formation in *Polyporus brumalis*. *Annals of Botany, London*, N.S., **22**, 237–249.

Plunkett, B. E. (1961). The change of tropism of *Polyporus brumalis* stipes and the effect of directional stimuli on pileus differentiation. *Annals of Botany, London*, N.S., **25**, 206–223.

Plunkett, B. E. (1966). Morphogenesis in the mycelium: control of lateral hypha frequency in *Mucor hiemalis* by amino-acids. *Annals of Botany, London*, N.S., **30**, 133–151.

Poelt, J. (1973). Classification. In *The Lichens*, 599–632. Editors: V. Ahmadjian & M. E. Hale. New York and London: Academic Press.

Poitras, A. W. (1955). Observations on asexual and sexual reproductive structures of the Choanephoraceae. *Mycologia*, **47**, 702–713.

Pokorny, K. L. (1967). *Labyrinthula. Journal of Protozoology*, **14**, 697–708.

Pomerlau, R. (1970). Pathological anatomy of the Dutch Elm disease. Distribution and development of *Ceratocystis ulmi* in Elm tissues. *Canadian Journal of Botany*, **48**, 2043–2057.

Pontecorvo, G. (1956). The parasexual cycle in fungi. *Annual Review of Microbiology*, **10**, 393–400.

Poon, N. H. & Day, A. W. (1975). Fungal fimbriae. I. Structure, origin and synthesis. *Canadian Journal of Microbiology*, **21**, 537–546.

Poon, N. H., Martin, J. & Day, A. W. (1974). Conjugation in *Ustilago violacea*. I. Morphology. *Canadian Journal of Microbiology*, **20**, 187–191.

Popp, W. (1958). An improved method of detecting loose-smut mycelium in whole embryos of wheat and barley. *Phytopathology*, **48**, 641–643.

Porter, D. (1969). Ultrastructure of *Labyrinthula. Protoplasma*, **67**, 1–19.

Poulter, R. T. M. & Dee, J. (1968). Segregation of factors controlling fusion between plasmodia of the true slime mould *Physarum polycephalum. Genetical Research, Cambridge*, **12**, 71–79.

Pramer, D. & Stoll, N. R. (1959). Nemin: a morphogenic substance causing trap formation by predaceous fungi. *Science*, **129**, 966–967.

Prasertphon, S. & Tanada, Y. (1969). Mycotoxins of Entomophthoraceous fungi. *Hilgardia*, **39**, 581–600.

Pratt, R. G. & Green, R. J. (1971). The taxonomy and heterothallism of *Pythium sylvaticum. Canadian Journal of Botany*, **49**, 273–279.

Pratt, R. G. & Green, R. J. (1973). The sexuality and population structure of *Pythium sylvaticum. Canadian Journal of Botany*, **51**, 429–436.

Price, T. V. (1970). Epidemiology and control of powdery mildew (*Sphaerotheca pannosa*) on roses. *Annals of Applied Biology*, **65**, 231–248.

Prince, A. E. (1943). Basidium formation and spore discharge in *Gymnosporangium nidus-avis. Farlowia*, **1**, 79–93.

Punithalingam, E., Tulloch, M. & Leach, C. M. (1972). *Phoma epicoccina* sp.nov. on *Dactylis glomerata. Transactions of the British Mycological Society*, **59**, 341–345.

Puranik, S. B. & Mathre, D. E. (1971). Biology and control of ergot on male sterile wheat and barley. *Phytopathology*, **61**, 1075–1080.

Quantz, L. (1943). Untersuchungen über die Ernährungsphysiologie einiger niederer Phycomyceten (*Allomyces kniepii, Blastocladiella variabilis* und *Rhizophlyctis rosea). Jahrbuch für Wissenschaftliche Botanik*, **91**, 120–168.

Quispel, A. (1959). Lichens. In *Encyclopedia of Plant Physiology*, **11**, 577–604. Editor: W. Ruhland. Berlin: Springer.

Raa, J. (1971). Indole-3-acetic acid levels and the role of indole-3-acetic oxidase in the normal root and club root of cabbage. *Physiologia plantarum*, **25**, 130–134.

Ragab, M. A. (1953). Hyphal systems of *Auriscalpium vulgare. Bulletin of the Torrey Botanical Club*, **80**, 21–25.

Ramsbottom, J. (1953). *Mushrooms and Toadstools. A Study of the Activities of Fungi*. 306 pp. London: Collins.

Ranzoni, F. V. (1956). The perfect stage of *Flagellospora penicillioides. American Journal of Botany*, **43**, 13–17.

Raper, C. A., Raper, J. R. & Miller, R. E. (1972). Genetical analysis of the life cycle of *Agaricus bisporus. Mycologia*, **64**, 1088–1117.

Raper, J. R. (1939). Sexual hormones in *Achlya*. I. Indicative evidence of a hormonal coordinating mechanism. *American Journal of Botany*, **26**, 639–650.

Raper, J. R. (1950). Sexual hormones in *Achlya*. VII. The hormonal mechanism in homothallic species. *Botanical Gazette*, **112**, 1–24.

Raper, J. R. (1952). Chemical regulation of the sexual processes in the Thallophytes. *Botanical Review*, **18**, 447–545.

Raper, J. R. (1954). Life cycles, sexuality, and sexual mechanisms in the fungi. In *Sex in Microorganisms*, 42–81. Editor: D. H. Wenrich. Washington, D.C.: American Association for the Advancement of Science.

Raper, J. R. (1957). Hormones and sexuality in lower plants. *Symposia of the Society for Experimental Biology*, **11**, 143–165.

Raper, J. R. (1959). Sexual versatility and evolutionary processes in fungi. *Mycologia*, **51**, 107–124.

Raper, J. R. (1966a). *Genetics of Sexuality in Higher Fungi*. 283 pp. New York: Ronald Press Co.

Raper, J. R. (1966b). Life cycles, basic patterns of sexuality, and sexual mechanisms. In *The Fungi: An Advanced Treatise*, **II**, 473–511. Editors: G. C. Ainsworth & A. S. Sussman. New York and London: Academic Press.

Raper, J. R. & Flexer, A. S. (1971). Mating systems and evolution of the Basidiomycetes. In *Evolution in the Higher Basidiomycetes*, 149–167. Editor: R. H. Petersen. Knoxville: University of Tennessee Press.

Raper, J. R. & Hoffman, R. M. (1974). *Schizophyllum commune*. In *Handbook of Genetics*, **I**, 597–626. Editor: R. C. King. New York and London: Plenum Press.

Raper, J. R., Krongelb, G. S. & Baxter, M. G. (1958). The number and distribution of incompatibility factors in *Schizophyllum commune*. *American Naturalist*, **92**, 221–232.

Raper, K. B. (1935). *Dictyostelium discoideum*, a new species of slime mould. *Journal of Agricultural Research*, **50**, 135–147.

Raper, K. B. (1951). Isolation, cultivation and conservation of simple slime molds. *Quarterly Review of Biology*, **26**, 169–190.

Raper, K. B. (1952). A decade of antibiotics in America. *Mycologia*, **44**, 1–59.

Raper, K. B. (1957). Nomenclature in *Aspergillus* and *Penicillium*. *Mycologia*, **49**, 644–662.

Raper, K. B. (1973). Acrasiomycetes. In *The Fungi: An Advanced treatise*, **IVB**, 9–36. Editors: G. C. Ainsworth, F. K. Sparrow & A. S. Sussman. New York and London: Academic Press.

Raper, K. B. & Fennell, D. I. (1965). The genus *Aspergillus*. 686 pp. Baltimore: Williams & Wilkins.

Raper, K. B. & Quinlan, M. S. (1958). *Acytostelium leptosomum*. A unique cellular slime mould with an acellular stalk. *Journal of General Microbiology*, **18**, 16–32.

Raper, K. B. & Thom, C. (1949). *A Manual of the Penicillia*. 875 pp. London: Baillière, Tindall & Cox.

Raudaskoski, M. (1972a). Occurrence of microtubules in the hyphae of *Schizophyllum commune* during intercellular nuclear migration. *Archiv für Mikrobiologie*, **86**, 91–100.

Raudaskoski, M. (1972b). Secondary mutations at the B incompatibility locus and nuclear migration in the basidiomycete *Schizophyllum commune*. *Hereditas*, **72**, 175–182.

Rayner, A. D. M. & Todd, N. K. (1977). Intraspecific antagonism in natural populations of wood-decaying Basidiomycetes. *Journal of General Microbiology*, **103**, 85–90.

Rayner, A. D. M. & Todd, N. K. (1978). Polymorphism in *Coriolus versicolor* and its relation to interfertility and intraspecific antagonism. *Transactions of the British Mycological Society*, **71**, 99–106.

Read, D. J. & Armstrong, W. (1972). A relationship between oxygen transport and the formation of the ectotrophic mycorrhizal sheath in conifer seedlings. *New Phytologist*, **71**, 49–53.

Reddy, M. S. & Kramer, C. L. (1975). A taxonomic revision of the Protomycetales. *Mycotaxon*, **3**, 1–50.

Redfern, D. B. (1968). The ecology of *Armillaria mellea* in Britain: Biological control. *Annals of Botany*, N.S., **32**, 293–300.

Redfern, D. B. (1973). Growth and behaviour of *Armillaria mellea* rhizomorphs in soil. *Transactions of the British Mycological Society*, **61**, 569–581.

Redhead, S. A. & Malloch, D. W. (1977). The Endomycetaceae: new concepts, new taxa. *Canadian Journal of Botany*, **55**, 1701–1711.

Reeves, F. (1967). The fine structure of ascospore formation in *Pyronema domesticum*. *Mycologia*, **59**, 1018–1033.

Reeves, F. B. (1971). The structure of the ascus apex in *Sordaria fimicola*. *Mycologia*, **63**, 204–212.

Reichle, R. E. (1969). Fine structure of *Phytophthora parasitica* zoospores. *Mycologia*, **61**, 30–51.

Reichle, R. E. & Fuller, M. S. (1967). The fine structure of *Blastocladiella emersonii* zoospores. *American Journal of Botany*, **54**, 81–92.

Reid, D. A. (1974). A monograph of the British Dacrymycetales. *Transactions of the British Mycological Society*, **62**, 433–494.

Reiff, F., Kautzmann, R., Luers, H. & Lindemann, M. (1960). Editors. *Die Hefen*. Bd. A. *Die Hefen in der Wissenschaft*. 1024 pp. Nürnberg: Hans Carl.

Reijnders, A. F. M. (1963). *Les Problèmes du Développement des Carpophores des Agaricales et de quelques Groupes Voisins*. 412 pp. The Hague: Junk.

Reijnders, A. F. M. (1975). The development of three species of the Agaricaceae and the ontogenetic pattern of this family as a whole. *Persoonia*, **8**, 307–319.

Reischer, H. S. (1951). Growth of Saprolegniaceae in synthetic media. I. Inorganic nutrition. *Mycologia*, **43**, 142–155.

Remacle, J. & Moreau, C. (1962). Le *Pleurage tetraspora* (Wint.) Griffiths est-il une forme à asques tetrasporés du *Pleurage curvula* (de Bary) Kuntze? *Revue de Mycologie, Paris*, **27**, 213–217.

Rennie, W. J. & Seaton, R. D. (1975). Loose smut of barley. The embryo test as a means of assessing loose smut infection in seed stocks. *Seed Science and Technology*, **3**, 697–709.

Reynolds, D. R. (1971). Wall structure of a bitunicate ascus. *Planta*, **98**, 244–257.

Richard, C. (1971). Sur l'activité antibiotique de l'*Armillaria mellea*. *Canadian Journal of Microbiology*, **17**, 1395–1399.

Richardson, D. H. S. (1973). Photosynthesis and carbohydrate movement. In *The Lichens*, 249–288. Editors: V. Ahmadjian & M. E. Hale. New York and London: Academic Press.

Richardson, D. H. S. (1975). *The Vanishing Lichens. Their History, Biology and Importance*. 231 pp. Newton Abbot: David & Charles.

Riddle, L. W. (1906). On the cytology of the Entomophthoraceae. *Proceedings of the American Academy of Arts and Sciences*, **42**, 177–200.

Rifai, M. A. (1969). A revision of the genus *Trichoderma*. *Mycological Paper No. 116, Commonwealth Mycological Institute*. 56 pp.

Rifai, M. & Webster, J. (1966). Culture studies on *Hypocrea* and *Trichoderma*. III. *H. lactea* (=*H. citrina*) and *H. pulvinata*. *Transactions of the British Mycological Society*, **49**, 297–310.

Rijkenberg, F. H. J. & Truter, S. J. (1974). The ultrastructure of sporogenesis in the pycnial stage of *Puccinia sorghi*. *Mycologia*, **66**, 319–326.

Rishbeth, J. (1952). Control of *Fomes annosus* Fr. *Forestry*, **25**, 41–50.

Rishbeth, J. (1961). Inoculation of pine stumps against infection by *Fomes annosus*. *Nature, London*, **191**, 826–827.

Rishbeth, J. (1968). The growth rate of *Armillaria mellea*. *Transactions of the British Mycological Society*, **51**, 575–586.

Rishbeth, J. (1976). Chemical treatment and inoculation of hardwood stumps for control of *Armillaria mellea*. *Annals of Applied Biology*, **82**, 57–70.

Ritchie, D. (1937). The morphology of the perithecium of *Sordaria fimicola*. *Journal of the Elisha Mitchell Scientific Society*, **53**, 334–342.

Ritchie, D. (1948). The development of *Lycoperdon oblongisporum*. *American Journal of Botany*, **35**, 215–219.

Robinow, C. F. (1957a). The structure and behavior of the nuclei in spores and growing hyphae of Mucorales. I. *Mucor hiemalis* and *Mucor fragilis*. *Canadian Journal of Microbiology*, **3**, 771–789.

Robinow, C. F. (1957b). The structure and behavior of the nuclei in spores and growing hyphae of Mucorales. II. *Phycomyces blakesleeanus*. *Canadian Journal of Microbiology*, **3**, 791–798.

Robinow, C. F. (1962). Some observations on the mode of division of somatic nuclei of *Mucor* and *Allomyces*. *Archiv. für Mikrobiologie*, **42**, 369–377.

Robinow, C. F. (1963). Observations on cell growth, mitosis and division in the fungus *Basidiobolus ranarum*. *Journal of Cell Biology*, **17**, 123–152.

Robinson, P. M. & Smith, J. M. (1976). Morphogenesis and growth kinetics of *Geotrichum candidum* in continuous culture. *Transactions of the British Mycological Society*, **66**, 413–420.

Roelofsen, P. A. (1950). The origin of spiral growth in *Phycomyces* sporangiophores. *Receuil des Travaux Botaniques Néerlandaises*, **42**, 73–110.

Roelofsen, P. A. (1959). *The Plant Cell Wall*. Handbuch der Pflanzenanatomie, III(4). Berlin: Gebrüder Borntraeger.

Rogers, J. D. (1965). *Hypoxylon fuscum*. I. Cytology of the ascus. *Mycologia*, **57**, 789–803.

Rogers, J. D. (1968). *Xylaria curta*: cytology of the ascus. *Canadian Journal of Botany*, **46**, 1337–1340.

Rogers, J. D. (1969). *Xylaria polymorpha*. I. Cytology of a form with small stromata from Minnesota. *Canadian Journal of Botany*, **47**, 1315–1317.

Rogers, J. D. (1975a). *Xylaria polymorpha*. II. Cytology of a form with typical robust stromata. *Canadian Journal of Botany*, **53**, 1736–1743.

Rogers, J. D. (1975b). *Hypoxylon serpens*: cytology and taxonomic considerations. *Canadian Journal of Botany*, **53**, 52–55.

Rogerson, C. T. (1970). The Hypocrealean Fungi (Ascomycetes, Hypocreales). *Mycologia*, **62**, 865–910.

Romagnesi. H. (1944). La cystide chez les Agaricacées. *Revue de Mycologie, Paris*, **9**, (Supplement), 4–21.

Romano, A. H. (1966). Dimorphism. In *The fungi: An Advanced Treatise*, **II**, 181–209. Editors: G. C. Ainsworth & A. S. Sussman. New York and London: Academic Press.

Roper, J. A. (1966). Mechanisms of inheritance. 3. The parasexual cycle. In *The Fungi: An Advanced Treatise*, **II**, 589–617. Editors: G. C. Ainsworth & A. S. Sussman. New York and London: Academic Press.

Rose, A. H. & Harrison, J. S. (1969–1970). Editors. *The Yeasts*. 3 vols. New York and London: Academic Press.

Rosinski, M. A. (1961). Development of the ascocarp of *Ceratocystis ulmi*. *American Journal of Botany*, **48**, 285–293.

Ross, I. K. (1957a). Capillitial formation in the Stemonitaceae. *Mycologia*, **49**, 808–819.

Ross, I. K. (1957b). Syngamy and plasmodium formation in the Myxogastres. *American Journal of Botany*, **44**, 843–850.

Ross, I. K. (1960a). Sporangial development in *Lamproderma arcyrionema*. *Mycologia*, **52**, 621–627.

Ross, I. K. (1960b). Studies on diploid strains of *Dictyostelium discoideum*. *American Journal of Botany*, **47**, 54–59.

Ross, I. K. (1961). Further studies on meiosis in the Myxomycetes. *American Journal of Botany*, **48**, 244–248.

Ross, I. K. (1964). Pure cultures of some Myxomycetes. *Bulletin of the Torrey Botanical Club*, **91**, 23–31.

Ross, I. K. (1973). The Stemonitomycetidae, a new subclass of Myxomycetes. *Mycologia*, **65**, 477–485.

Ross, I. K. (1976). Nuclear migration rates in *Coprinus congregatus*: a new record? *Mycologia*, **68**, 418–422.

Ross, I. K. & Cummings, R. J. (1967). Formation of amoeboid cells from the plasmodium of a myxomycete. *Mycologia*, **59**, 725–732.

Rowell, J. B. (1968). Chemical control of the cereal rusts. *Annual Review of Phytopathology*, **6**, 213–242.

Rowell, J. B. (1973). Control of leaf and stem rusts of wheat by seed treatment with oxycarboxin. *Plant Disease Reporter*, **57**, 567–671.

Rowell, J. B. (1976). Control of leaf rust on spring wheat by seed treatment with 4-N butyl-1,2,4-triazole. *Phytopathology*, **66**, 1129–1134.

Sahtiyanci, S. (1962). Studien über einige wurzelparasitäre Olpidiaceen. *Archiv für Mikrobiologie*, **41**, 187–228.

Salaman, R. N. (1949). *The History and Social Influence of the Potato.* 685. pp. Cambridge University Press.

Salvin, S. B. (1941). Comparative studies on the primary and secondary zoospores of the Saprolegniaceae. I. Influence of temperature. *Mycologia*, **53**, 592–600.

Salvin, S. B. (1942). Preliminary report on the intergeneric mating of *Thraustotheca clavata* and *Achlya flagellata*. *American Journal of Botany*, **29**, 674–676.

Sampson, K. (1939). *Olpidium brassicae* (Wor.) Dang. and its connection with *Asterocystis radicis* de Wildeman. *Transactions of the British Mycological Society*, **32**, 199–205.

Samson, R. A. (1974). *Paecilomyces* and some allied Hyphomycetes. *Studies in Mycology*, **6**, 1–119.

Samson, R. A. & Tansey, M. R. (1975). *Byssochlamys verrucosa* sp.nov. *Transactions of the British Mycological Society*, **65**, 512–514.

San Antonio, J. P. (1971). A laboratory method to obtain fruit from cased grain spawn of the cultivated mushroom, *Agaricus bisporus*. *Mycologia*, **63**, 16–21.

Sanders, F. E., Mosse, B. & Tinker, P. B. (1976). *Endomycorrhizas.* 626 pp. New York, San Francisco, London: Academic Press.

Sansome, E. (1961). Meiosis in the oogonium and antheridium of *Pythium debaryanum* Hesse. *Nature, London*, **191**, 827–828.

Sansome, E. (1963). Meiosis in *Pythium debaryanum* Hesse and its significance in the life history of the Biflagellatae. *Transactions of the British Mycological Society*, **46**, 63–72.

Sansome, E. (1976). Gametangial meiosis in *Phytophthora capsici*. *Canadian Journal of Botany*, **54**, 1535–1545.

Sansome, E. & Brasier, C. M. (1973). Intracellular spore formation in *Ceratocystis ulmi*. *Transactions of the British Mycological Society*, **61**, 588–590.

Sansome, E. & Sansome, F. W. (1974). Cytology and life-history of *Peronospora parasitica* on *Capsella bursa pastoris* and of *Albugo candida* on *C. bursa-pastoris* and on *Lunaria annua*. *Transactions of the British Mycological Society*, **62**, 323–332.

Sansome, E. R. (1946). Heterokaryosis, mating-type factors, and sexual reproduction in *Neurospora*. *Bulletin of the Torrey Botanical Club*, **73**, 397–409.

Santesson, R. (1953). The new systematics of lichenized fungi. *Proceedings of the Seventh International Botanical Congress*, 809–810.

Sauer, H. W. (1973). Differentiation in *Physarum polycephalum*. *Symposium of the Society for General Microbiology*, **23**, 375–405.

Savage, E. J., Clayton, C. W., Hunter, J. A., Brenneman, J. A., Laviola, C. & Gallegly, M. E. (1968). Homothallism, heterothallism and interspecific hybridisation in the genus *Phytophthora*. *Phytopathology*, **58**, 1004–1021.

Savile, D. B. O. (1965). Spore discharge in Basidiomycetes: a unified theory. *Science, N.Y.*, **147**, 165–166.

Savile, D. B. O. (1976). Evolution of the rust fungi (Uredinales) as reflected by their ecological problems. *Evolutionary Biology*, **9**, 137–207.

Savile, D. B. O. & Hayhoe, H. N. (1978). The potential effect of drop size on efficiency of splash cup and springboard dispersal devices. *Canadian Journal of Botany*, **56**, 127–128.

Savory, J. G. (1954). Breakdown of timber by Ascomycetes and Fungi Imperfecti. *Annals of Applied Biology*, **41**, 336–347.

Savory, J. G. & Pinion, L. C. (1958). Chemical aspects of decay of beech wood by *Chaetomium globosum*. *Holzforschung*, **12**, 99–103.

Scheetz, R. W. (1972). The ultrastructure of *Ceratiomyxa fruticulosa*. *Mycologia*, **64**, 38–54.

Schenck, S., Kendrick, W. B. & Pramer, D. (1977). A new nematode-trapping hyphomycete and a re-evaluation of *Dactylaria* and *Arthrobotrys*. *Canadian Journal of Botany*, **55**, 977–985.

Schipper, M. A. A. (1978). On certain species of *Mucor*, with a key to all accepted species. *Studies in Mycology*, **17**, 1–52. Baarn: Centraalbureau voor Schimmelcultures.

Schipper, M. A. A., Samson, R. A. & Stalpers, J. A. (1975). Zygospore ornamentation in the genera *Mucor* and *Zygorhynchus*. *Persoonia*, **8**, 321–328.

Schnathorst, W. C. (1965). Environmental relationships in the powdery mildews. *Annual Review of Phytopathology*, **3**, 343–366.

Schneider, A. (1956). Sur les asques de *Taphrina* (Hémiascomycètes). *Compte Rendu Hebdomadaire des Séances de l'Académie des Sciences, Paris*, **243**, 2139–2142.

Schoknecht, J. D. (1975). Structure of the ascus apex and ascospore dispersal mechanisms in *Sclerotinia tuberosa*. *Transactions of the British Mycological Society*, **64**, 358–362.

Schol-Schwartz, M. B. (1959). The genus *Epicoccum* Link. *Transactions of the British Mycological Society*, **42**, 149–173.

Schremmer, F. (1963). Wechselbeziehungen zwischen Pilzen und Insecten. Beobachtungen an der Stinkmorchel, *Phallus impudicus* L. ex Pers. *Osterreichische Botanische Zeitschrift*, **110**, 380–340.

Schuster, F. (1964). Electron microscope observations on spore formation in the true slime mold *Didymium nigripes*. *Journal of Protozoology*, **11**, 207–216.

Schwab-Stey, H. & Schwab, D. (1973). Über die Feinstruktur von *Labyrinthula coenocystis* Schmoller nach Gefrieratzung. *Protoplasma*, **76**, 455–464.

Schwalb, M. & Roth, R. (1970). Axenic growth and development of the cellular slime mould, *Dictyostelium discoideum*. *Journal of General Microbiology*, **60**, 283–286.

Schweizer, G. (1947). Über die Kultur von *Empusa muscae* Cohn und anderen Entomophthoraceen auf kalt sterilisierten nährboden. *Planta*, **35**, 132–176.

Scott, D. B. & Stolk, A. C. (1967). Studies on the genus *Eupenicillium* Ludwig. II. Perfect states of some penicillia. *Antonie van Leeuwenhoek*, **33**, 297–314.

Scott, G. D. (1956). Further investigation of some lichens for fixation of nitrogen. *New Phytologist*, **55**, 111–119.

Scott, K. J. & Maclean, D. J. (1969). Culturing of rust fungi. *Annual Review of Phytopathology*, **7**, 123–146.

Scott, W. W. (1956). A new species of *Aphanomyces*, and its significance in the taxonomy of the watermolds. *Virginia Journal of Science*, N.S., **7**, 170–175.

Scott, W. W. (1961). A monograph of the genus *Aphanomyces*. *Virginia Agricultural Experimental Station Technical Bulletin*, **151**, 95 pp.

Scott, W. W. & O'Bier, A. H. (1962). Aquatic fungi associated with diseased fish and their eggs. *Progressive Fish Culturist*, **24**, 3–15.

Scurfield, G. (1967). Fine structure of the cell walls of *Polyporus myllitae* Cke. et Mass. *Journal of the Linnean Society (Botany)*, **60**, 159–166.

Sedlar, L., Dreyfuss, M. & Müller, E. (1972). Kompatibilitätsverhältnisse in *Chaetomium*. I. Vorkommen von Homo- und Heterothallie in Arten und Stämmen. *Archiv für Mikrobiologie*, **83**, 172–178.

Seth, H. K. (1967). Studies on the genus *Chaetomium*. I. Heterothallism. *Mycologia*, **59**, 580–584.

Seth, H. K. (1972). A monograph of the genus *Chaetomium*. *Beihefte Nova Hedwigia*, **37**, 1–134.

Seymour, R. L. (1970). The genus *Saprolegnia*. *Nova Hedwigia*, 19, 1–124.

Seymour, R. L. & Johnson, T. W. (1973). Saprolegniaceae: a keratinophilic *Aphanomyces* from soil. *Mycologia*, **65**, 1312–1318.

Shaffer, R. L. (1975). The major groups of Basidiomycetes. *Mycologia*, **67**, 1–18.

Shanor, L. (1936). The production of mature perithecia of *Cordyceps militaris* (Linn.) Link. in laboratory culture. *Journal of the Elisha Mitchell Scientific Society*, **52**, 99–103.

Shantz, H. L. & Piemeisel, R. L. (1917). Fungus fairy rings in Eastern Colorado and their effects on vegetation. *Journal of Agricultural Research*, **11**, 191–245.

Sharma, R. & Cammack, R. H. (1976). Spore germination and taxonomy of *Synchytrium endobioticum* and *S. succisae*. *Transactions of the British Mycological Society*, **66**, 137–147.

Shatkin, A. J. & Tatum, E. L. (1959). Electron microscopy of *Neurospora crassa* mycelia. *Journal of Biophysical and Biochemical Cytology*, **6**, 423–426.

Shatla, M. N., Yang, C. Y. & Mitchell, J. E. (1966). Cytological and fine structure studies of *Aphanomyces euteiches*. *Phytopathology*, **56**, 923–928.

Shaw, D. E. (1953). Cytology of *Septoria* and *Selenophoma* spores. *Proceedings of the Linnean Society of New South Wales*, **78**, 122–130.

Shepherd, A. M. (1955). Formation of the infection bulb in *Arthrobotrys oligospora* Fresenius. *Nature, London*, **175**, 475.

Sherman, F. & Lawrence, C. W. (1974). *Saccharomyces*. In *Handbook of Genetics*, **I**, 359–393. Editor: R. C. King. New York and London: Plenum Press.

Sherwood, W. A. (1969). Sexual reactions between clonal subcultures of a strain of *Dictyuchus monosporus*. *Mycologia*, **61**, 251–263.

Sherwood, W. A. (1971). Some observations on the sexual behavior of the progeny of six isolates of *Dictyuchus monosporus*. *Mycologia*, **63**, 22–30.

Shoemaker, R. A. (1955). Biology, cytology and taxonomy of *Cochliobolus sativus*. *Canadian Journal of Botany*, **33**, 562–576.

Shropshire, W. (1963). Photoresponses of the fungus *Phycomyces*. *Physiological Reviews*, **43**, 38–67.

Siegel, M. (1958). Zur ökologie des Anemonbecherlings. *Zeitschrift für Pilzkunde*, **24**, 18–19.

Sietsma, J. H., Child, J. J., Nesbitt, L. R. & Haskins, R. H. (1975). Chemistry and ultrastructure of the hyphal walls of *Pythium acanthicum*. *Journal of General Microbiology*, **86**, 29–38.

Silver, J. C. & Horgen, P. A. (1974). Hormonal regulation of presumptive mRNA in the fungus *Achlya ambisexualis*. *Nature, London*, **249**, 252–254.

Silver-Dowding, E. (1955). *Endogone* in Canadian rodents. *Mycologia*, **47**, 51–57.

Simmons, E. G. (1969). Perfect states of *Stemphylium*. *Mycologia*, **61**, 1–26.

Singer, R. (1961). *Mushrooms and Truffles. Botany, Cultivation and Utilization.* 272 pp. London: Leonard Hill.

Singer, R. (1970). *Armillariella mellea. Schweizerische Zeitschrift für Pilzkunde,* **48,** 65–69.

Singer, R. (1975). *The Agaricales in Modern Taxonomy.* 3rd edition. Vaduz: J. Cramer.

Singer, R. & Smith, A. H. (1960). Studies on Secotiaceous fungi. XI. The Astrogastraceous series. *Memoirs of the Torrey Botanical Club,* **21,** 1–112.

Singleton, J. R. (1953). Chromosome morphology and the chromosome cycle in the ascus of *Neurospora crassa. American Journal of Botany,* **40,** 124–144.

Sinha, U. & Ashworth, J. M. (1969). Evidence for the existence of elements of a para-sexual cycle in the cellular slime mould *Dictyostelium discoideum. Proceedings of the Royal Society of London, Series B,* **173,** 531–540.

Siva, B. & Shaw, M. (1969). Nuclei in haustoria of *Phytophthora infestans.Canadian Journal of Botany,* **47,** 1585–1587.

Sjöwall, von M. (1945). Studien über Sexualität, Vererbung an Zytologie bei einiger diozischen Mucoraceen. *Akademisk afhandling,* Lund, 1–97.

Sjöwall, von M. (1946). Über die zytologischen Verhaltnisse in den Keimschlauchen von *Phycomyces blakesleeanus* und *Rhizopus nigricans. Botaniska Notiser,* 1946, 331–334.

Skucas, G. P. (1966). Structure and composition of zoosporangial discharge papillae in the fungus *Allomyces. American Journal of Botany,* **53,** 1006–1011.

Skucas, G. P. (1967). Structure and composition of the resistant sporangial wall in the fungus *Allomyces. American Journal of Botany,* **54,** 1152–1158.

Skucas, G. P. (1968). Changes in wall and internal structure of *Allomyces*-resistant sporangia during germination. *American Journal of Botany,* **55,** 291–295.

Skupienski, F.-X. (1918). Sur la sexualité chez une espèce de Myxomycète Acrasiée, *Dictyostelium mucoroides. Compte Rendu Hebdomadaire des Séances de l'Académie des Sciences, Paris,* **167,** 960–962.

Slayman, C. L. & Slayman, C. W. (1962). Measurement of membrane potentials in *Neurospora. Science, N.Y.,* **136,** 876–877.

Slesinski, R. S. & Ellingboe, A. H. (1969). The genetic control of primary infection of wheat by *Erysiphe graminis* f.sp. *tritici. Phytopathology,* **59,** 1833–1837.

Slooff, W. C. (1970). *Schizosaccharomyces* Lindner. In *The Yeasts: A Taxonomic Study,* 733–755. Editor: J. L. Lodder. Amsterdam and London: North-Holland Publishing Company.

Smith, A. H. (1966). The hyphal structure of the basidiocarp. In *The Fungi: An Advanced Treatise,* **II,** 151–177. Editors: G. C. Ainsworth & A. S. Sussman. New York and London: Academic Press.

Smith, A. H. (1973). Agaricales and related Secotioid Gasteromycetes. In *The Fungi: An Advanced Treatise,* **IVB,** 421–450. Editors: G. C. Ainsworth, F. K. Sparrow & A. S. Sussman. New York and London: Academic Press.

Smith, A. L. (1918). *A Monograph of British Lichens.* Part I, 519 pp. British Museum.

Smith, A. L. (1921). *A Handbook of the British Lichens.* 158 pp. British Museum.

Smith, A. L. (1926). *A Monograph of British Lichens.* Part II, 447 pp. British Museum.

Smith, D. C. (1961). The physiology of *Peltigera polydactyla* (Neck.) Hoffm. *Lichenologist,* **1,** 209–226.

Smith, D. C. (1962). The biology of lichen thalli. *Biological Reviews,* **37,** 537–570.

Smith, D. C. (1963). Experimental studies of lichen physiology. In *Symbiotic Associations, 13th Symposium of the Society for General Microbiology,* 31–50. Editors: P. S. Nutman & B. Mosse. Cambridge University Press.

Smith, D. C. (1973). The lichen symbiosis. *Oxford Biology Reader,* **42.** 16 pp. Oxford University Press.

Smith, D. C. (1978). What can lichens teach us about REAL fungi? *Mycologia*, **70,** 915–934.

Smith, D. C., Muscatine, L. & Lewis, D. (1969). Carbohydrate movement from autotrophs to heterotrophs in parasitic and mutualistic symbiosis. *Biological Reviews*, **44,** 17–90.

Smith, G. (1969). *An Introduction to Industrial Mycology*. 6th edition, 390 pp. London: Edward Arnold.

Snider, P. J. (1959). Stages of development in rhizomorphic thalli of *Armillaria mellea*. *Mycologia*, **51,** 693–707.

Snider, P. J. (1965). Incompatibility and nuclear migration. In *Incompatibility in Fungi*, 52–70. Editors: K. Esser & J. R. Raper. Berlin: Springer.

Snider, P. J. (1968). Nuclear movements in *Schizophyllum*. In *Aspects of Cell Motility*, *Symposium of the Society for Experimental Biology*, **22,** 261–283. Editor: P. L. Miller. Cambridge University Press.

Somers, E. & Horsfall, J. G. (1966). The water content of powdery mildew conidia. *Phytopathology*, **56,** 1031–1035.

Sommer, N. F. (1961). Production by *Taphrina deformans* of substances stimulating cell elongation and division. *Physiologia Plantarum*, **14,** 460–469.

Sortkjaer, O. & Allermann, K. (1972). Rhizomorph formation in fungi. I. Stimulation by ethanol and acetate and inhibition by disulfiram of growth and rhizomorph formation in *Armillaria mellea*. *Physiologia Plantarum*, **26,** 376–380.

Spaeth, H. (1957). Über *Sclerotinia tuberosa*. *Schweizerische Zeitschrift für Pilzkunde*, **23,** 20–21.

Sparrow, F. K. (1939). *Monoblepharis taylori*, a remarkable soil fungus from Trinidad. *Mycologia*, **31,** 737–738.

Sparrow, F. K. (1957). A further contribution to the Phycomycete flora of Great Britain. *Transactions of the British Mycological Society*, **40,** 523–535.

Sparrow, F. K. (1958). Interrelationships and phylogeny of the aquatic Phycomycetes. *Mycologia*, **50,** 797–813.

Sparrow, F. K. (1960). *Aquatic Phycomycetes*, 2nd edition, 1187 pp. Ann Arbor: The University of Michigan Press.

Sparrow, F. K. (1973a). Mastigomycotina (Zoosporic Fungi). In *The Fungi: An Advanced Treatise*, **IVB,** 61–73. Editors: G. C. Ainsworth, F. K. Sparrow & A. S. Sussman. New York and London: Academic Press.

Sparrow, F. K. (1973b). Chytridiomycetes. Hyphochytridiomycetes. In *The Fungi: An Advanced Treatise*, **IVB,** 85–110. Editors: G. C. Ainsworth, F. K. Sparrow & A. S. Sussman. New York and London: Academic Press.

Sparrow, F. K. (1973c). Lagenidiales. In *The Fungi: An Advanced Treatise*, **IVB,** 159–163. Editors: G. C. Ainsworth, F. K. Sparrow & A. S. Sussman. New York and London: Academic Press.

Sparrow, F. K. (1973d). The type of *Chytridium olla* A. Braun. *Taxon*, **22,** 583–586.

Spencer, D. M. (ed.) (1978). *The Powdery Mildews*. 565 pp. London, New York, San Francisco: Academic Press.

Springer, M. E. (1945). A morphologic study of the genus *Monoblepharella*. *American Journal of Botany*, **32,** 259–269.

Srinivasan, M. C., Narasimhan, M. J. & Thirumalachar, M. J. (1964). Artificial culture of *Entomophthora muscae* and morphological aspects for differentiation of the genera *Entomophthora* and *Conidiobolus*. *Mycologia*, **56,** 683–691.

Srinivasan, M. C. & Thirumalachar, M. J. (1964). On the identity of *Entomophthora coronata*. *Mycopathologia et Mycologia Applicata*, **24,** 294–296.

Stakman, E. C. & Christensen, C. M. (1946). Aerobiology in relation to plant disease. *Botanical Review*, **12,** 205–253.

Stakman, E. C. & Harrar, J. G. (1957). *Principles of Plant Pathology.* 581 pp. New York: Ronald Press Company.

Stakman, E. C. & Levine, M. N. (1922). The determination of biologic forms of *Puccinia graminis* on *Triticum* spp. *Minnesota University Agricultural Experiment Station Technical Bulletin,* **8.**

Stakman, E. C., Levine, M. N. & Cotter, R. U. (1930). Origin of physiologic forms of *Puccinia graminis* through hybridization and mutation. *Scientific Agriculture,* **10,** 707–720.

Stamberg, J. & Koltin, Y. (1973). The organization of the incompatibility factors in higher fungi: the effects of structure and symmetry on breeding. *Heredity,* **30,** 15–26.

Stanbridge, B., Gay, J. L. & Wood, R. K. S. (1971). Gross and fine structural changes in *Erysiphe graminis* and barley before and during infection. In *Ecology of Leaf Surface Microorganisms,* 367–379. Editors: T. F. Preece & C. H. Dickinson. New York and London: Academic Press.

Stanghellini, M. E. & Hancock, J. G. (1971a). The sporangium of *Pythium ultimum* as a survival structure in soil. *Phytopathology,* **61,** 157–164.

Stanghellini, M. E. & Hancock, J. G. (1971b). Radial extent of the bean spermosphere and its relation to the behaviour of *Pythium ultimum. Phytopathology,* **61,** 165–168.

Stanier, R. Y. (1942). The culture and nutrient requirements of a chytridiaceous fungus. *Journal of Bacteriology,* **43,** 499–520.

Steele, S. D. & Fraser, T. W. (1973a). Ultrastructural changes during germination of *Geotrichum candidum* arthrospores. *Canadian Journal of Microbiology,* **19,** 1031–1034.

Steele, S. D. & Fraser, T. W. (1973b). The ultrastructure of *Geotrichum candidum* hyphae. *Canadian Journal of Microbiology,* **19,** 1507–1512.

Stephenson, L. W. & Erwin, D. C. (1972). Encirclement of the oogonial stalk by the amphigynous antheridium in *Phytophthora capsici. Canadian Journal of Botany,* **50,** 2439–2441.

Stey, H. (1968). Nachweis eines bisher unbekannten Organells bei *Labyrinthula. Zeitschrift für Naturforschung,* **23,** 567–568.

Stiegel, S. (1952). Über Erregungsvorgänge bei der Einwirkung von photischen und mechanischen Reizen auf *Coprinus* Fruchtkörper. *Planta,* **40,** 301–312.

Stolk, A. C. (1968). Studies on the genus *Eupenicillium* Ludwig. III. Four new species of *Eupenicillium. Antonie van Leeuwenhoek,* **34,** 37–53.

Stolk, A. C. & Samson, R. A. (1972). Studies on *Talaromyces* and related genera. I. *Hamigera* gen.nov. and *Byssochlamys* Westling. *Persoonia,* **6,** 341–357.

Storck, R. (1966). Nucleotide composition of nucleic acids of fungi. II. Deoxyribonucleic acids. *Journal of Bacteriology,* **91,** 227–230.

Storck, R., Alexopoulos, C. J. & Phaff, H. J. (1969). Nucleotide composition of deoxyribonucleic acid of some species of *Cryptococcus, Rhodotorula* and *Sporobolomyces. Journal of Bacteriology,* **98,** 1069–1072.

Stosch, H. A. von., Vanzul-Pischinger, M. & Dersch, G. (1964). Nuclear phase alternance in the myxomycete *Physarum polycephalum. Abstracts, Xth International Botanical Congress, Edinburgh,* 481–482.

Strickmann, E. & Chadefaud, M. (1961). Recherches sur les asques et les périthèces des *Nectria* et réflexions sur l'évolution des Ascomycètes. *Revue Générale de Botanique,* **68,** 725–770.

Stuart, M. R. & Fuller, H. T. (1968). Mycological aspects of diseased Atlantic salmon. *Nature, London,* **217,** 90–92.

Suberkropp, K. & Klug, M. J. (1977). Extracellular hydrolytic capabilities of aquatic Hyphomycetes on leaf litter. *Abstracts, Second International Mycological Congress, Tampa, Florida, U.S.A.,* 639.

Suberkropp, K. & Klug, M. J. (1980). The degradation of leaf litter by aquatic hyphomycetes. In *Fungal Ecology*. Editors: D. T. Wicklow & G. C. Carroll. New York: Marcel Dekker Inc.

Subramanian, C. V. (1971). The phialide. In *Taxonomy of Fungi Imperfecti*, 92–119. Editor: W. B. Kendrick. University of Toronto Press.

Subramanian, C. V. (1972). The perfect states of *Aspergillus*. *Current Science*, **41**, 755–761.

Suminoe, K. & Dukmo, H. (1963). The life cycles of *Schizosaccharomyces* with reference to the mode of conjugation and ascospore formation. *Journal of General and Applied Microbiology, Tokyo*, **9**, 243–247.

Sun, N. C. & Bowen, C. C. (1972). Ultrastructural studies of nuclear division in *Basidiobolus ranarum* Eidam. *Caryologia*, **25**, 471–494.

Sussman, A. S. (1957). Physiological and genetic adaptability in the fungi. *Mycologia*, **49**, 29–43.

Sussman, A. S. (1966). Types of dormancy as represented by conidia and ascospores of *Neurospora*. In *The Fungus Spore*, 235–256. Editor: M. F. Madelin. Colston Papers No. 18. London: Butterworths.

Sussman, A. S. (1968). Longevity and survivability of fungi. In *The Fungi: An Advanced Treatise*, **III**, 447–486. Editors: G. C. Ainsworth & A. S. Sussman. New York and London: Academic Press.

Sussman, A. S. & Halvorson, H. O. (1966). *Spores: Their Dormancy and Germination*. 354 pp. New York and London: Harper and Row.

Sussman, M. & Sussman, R. R. (1962). Ploidal inheritance in *Dictyostelium discoideum*: stable haploid, stable diploid and metastable strains. *Journal of General Microbiology*, **28**, 417–429.

Sussman, R. R. & Sussman, M. (1967). Cultivation of *Dictyostelium discoideum* in axenic medium. *Biochemical and Biophysical Research Communications*, **29**, 53–55.

Sutton, B. C. (1964). *Phoma* and related genera. *Transactions of the British Mycological Society*, **47**, 497–509.

Sutton, B. C. (1973). Coelomycetes. In *The Fungi: An Advanced Treatise*, **IVA**, 513–582. Editors: G. C. Ainsworth, F. K. Sparrow & A. S. Sussman. New York and London: Academic Press.

Swift, M. J. (1968). Inhibition of rhizomorph development by *Armillaria mellea* in Rhodesian soils. *Transactions of the British Mycological Society*, **51**, 241–247.

Swinbank, P., Taggart, J. & Hutchinson, S. A. (1964). The measurement of electrostatic charges on spores of *Merulius lacrymans* (Wulf.) Fr. *Annals of Botany, London*, N.S., **28**, 239–249.

Syers, J. K. & Iskandar, I. K. (1973). Pedogenetic significance of lichens. In *The Lichens*, 225–248. Editors: V. Ahmadjian & M. E. Hale. New York and London: Academic Press.

Syrop, M. (1975a). Leaf curl disease of almond caused by *Taphrina deformans* (Berk.) Tul. I. A light microscope study of the host/parasite relationship. *Protoplasma*, **85**, 39–56.

Syrop, M. (1975b). Leaf curl disease of almond caused by *Taphrina deformans* (Berk.) Tul. II. An electron microscope study of the host/parasite relationship. *Protoplasma*, **85**, 57–69.

Syrop, M. J. & Beckett, A. (1972). The origin of ascospore-delimiting membranes in *Taphrina deformans*. *Archiv für Mikrobiologie*, **86**, 185–191.

Szaniszlo, P. J. (1965). A study of the effect of light and temperature on the formation of oogonia and oospheres in *Saprolegnia diclina*. *Journal of the Elisha Mitchell Scientific Society*, **81**, 10–15.

Sziráki, I., Balázs, E. & Király, Z. (1975). Increased levels of cytokinin and indole-acetic acid in peach leaves infected with *Taphrina deformans*. *Physiological Plant Pathology*, **5**, 45–50.

Talbot, P. H. B. (1973a). Towards uniformity in basidial terminology. *Transactions of the British Mycological Society*, **61**, 497–512.

Talbot, P. H. B. (1973b). Aphyllophorales I: General characteristics; Thelephoroid and cupuloid families. In *The Fungi: An Advanced Treatise*, **IVB**, 327–349. Editors: G. C. Ainsworth, F. K. Sparrow & A. S. Sussman. New York and London: Academic Press.

Tanaka, K. (1970). Mitosis in the fungus *Basidiobolus ranarum* as revealed by electron microscopy. *Protoplasma*, **70**, 423–440.

Tansey, M. R. (1972). Effect of temperature on growth rate and development of the thermophilic fungus *Chaetomium thermophile*. *Mycologia*, **64**, 1290–1299.

Tarr, S. A. J. (1972). *Principles of Plant Pathology*. 632 pp. London: Macmillan.

Tatum, E. L. (1946). *Neurospora* as a biochemical tool. *Federation Proceedings, Federation of American Societies for Experimental Biology*, **5**, 362–365.

Teixeira, A. R. (1962). The taxonomy of the Polyporaceae. *Biological Reviews*, **37**, 51–81.

Teixeira, A. R. & Furtado, J. S. (1963). Anatomical studies on *Amauroderma regulicolor* (Berk. ex Cke). Murrill. *Rickia, Archivos de Botanica do Estado de São Paulo*, **2**, 17–23.

Temmink, J. H. M. (1971). An ultrastructural study of *Olpidium brassicae* and its transmission of Tobacco necrosis virus. *Mededelingen van de Landbouwhoogeschool te Wageningen*, **71**, 135 pp.

Temmink, J. H. M. & Campbell, R. N. (1968). The ultrastructure of *Olpidium brassicae*. I. Formation of sporangia. *Canadian Journal of Botany*, **46**, 951–956.

Temmink, J. H. M. & Campbell, R. N. (1969a). The ultrastructure of *Olpidium brassicae*. II. Zoospores. *Canadian Journal of Botany*, **47**, 227–231.

Temmink, J. H. M. & Campbell, R. N. (1969b). The ultrastructure of *Olpidium brassicae*. III. infection of host roots. *Canadian Journal of Botany*, **47**, 421–424.

Temmink, J. H. M., Campbell, R. N. & Smith, P. R. (1970). Specificity and site of *in vitro* acquisition of Tobacco necrosis virus by zoospores of *Olpidium brassicae*. *Journal of General Virology*, **9**, 201–213.

Teter, H. E. (1944). Isogamous sexuality in a new strain of *Allomyces*. *Mycologia*, **36**, 194–210.

Thaxter, R. (1888). The Entomophthoreae of the United States. *Memoirs of the Boston Society for Natural History*, **4**, 133–201.

Therrien, C. D. (1966). Microspectrophotometric measurement of nuclear deoxyribonucleic acid content in two Myxomycetes. *Canadian Journal of Botany*, **44**, 1667–1675.

Thielke, C. (1972). Die Dolipore der Basidiomyceten. *Archiv für Mikrobiologie*, **82**, 31–37.

Thielke, C. (1976). Intranukleäre Meiose bei *Agaricus bisporus*. *Zeitschrift für Pilzkunde*, **42**, 57–66.

Thirumalachar, M. J. & Dickson, J. G. (1949). Chlamydospore germination, nuclear cycle and artificial culture of *Urocystis agropyri* on red top. *Phytopathology*, **39**, 333–339.

Thomas, D. des S. & Mullins, J. T. (1969). Cellulose induction and wall extension in the water mold *Achlya ambisexualis*. *Physiologia Plantarum*, **22**, 347–353.

Tiffney, W. N. (1939a). The host range of *Saprolegnia parasitica*. *Mycologia*, **31**, 310–321.

Tiffney, W. N. (1939b). The identity of certain species of the Saprolegniaceae parasitic to fish. *Journal of the Elisha Mitchell Scientific Society*, **55**, 134–151.

Tingle, M., Singh Klar, A. J., Henry, S. A. & Halvorson, H. O. (1973). Ascospore formation in yeast. *Symposium of the Society for General Microbiology*, **23**, 209–243.

Tomiyama, S., Sakuma, T., Ishizaka, N., Sato, N., Katsui, N., Takasugi, M. &

Masamune, T. (1968). A new antifungal substance isolated from resistant potato tuber tissue infected by pathogens. *Phytopathology*, **58**, 115–116.

Tomlinson, J. A. (1958a). Crook root of watercress. II. The control of the disease with zinc-fritted glass and the mechanism of its action. *Annals of Applied Biology*, **46**, 608–621.

Tomlinson, J. A. (1958b). Crook root of watercress. III. The causal organism *Spongospora subterranea* (Wallr.) Lagerh. f.sp. *nasturtii* f.sp.nov. *Transactions of the British Mycological Society*, **41**, 491–498.

Tommerup, I. C. & Broadbent, D. (1974). Nuclear fusion, meiosis and the origin of dikaryotic hyphae in *Armillariella mellea*. *Archiv für Mikrobiologie*, **103**, 279–282.

Tommerup, I. C. & Ingram, D. S. (1971). The life cycle of *Plasmodiophora brassicae* Woron. in *Brassica* tissue cultures and in intact roots. *New Phytologist*, **70**, 327–332.

Tommerup, I. C., Ingram, D. S. & Sargent, J. A. (1974). Oospores of *Bremia lactucae*. *Transactions of the British Mycological Society*, **62**, 145–150.

Townsend, B. B. (1954). Morphology and development of fungal rhizomorphs. *Transactions of the British Mycological Society*, **37**, 222–233.

Townsend, B. B. & Willetts, H. J. (1954). The development of sclerotia of certain fungi. *Transactions of the British Mycological Society*, **37**, 213–221.

Trappe, J. M. & Maser, C. (1976). Germination of spores of *Glomus macrocarpus* (Endogonaceae) after passage through a rodent digestive tract. *Mycologia*, **68**, 433–436.

Trevethick, J. & Cooke, R. C. (1973). Water relations of some *Sclerotinia* and *Sclerotium* species. *Transactions of the British Mycological Society*, **60**, 555–558.

Trinci, A. P. J., Peat, A. & Banbury, G. H. (1968). Fine structure of phialide and conidiophore development in *Aspergillus giganteus* "Wehmer." *Annals of Botany, London*, N.S., **32**, 241–249.

Trione, E. J. (1972). Isolation of *Tilletia caries* from infected wheat plants. *Phytopathology*, **62**, 1096–1097.

Tsao, P. H. (1970). Selective media for isolation of pathogenic fungi. *Annual Review of Microbiology*, **8**, 157–186.

Tschierpe, H. J. (1959). Die Bedeutung des Kohlendioxyds für den Kulturchampignon. *Gartenbauwissenschaft*, **24**(1), 18–75.

Tschierpe, H. J. & Sinden, J. W. (1964). Weitere Untersuchungen über die Bedeutung von Kohlendioxyd für die Fruchtifikation des Kulturchampignons, *Agaricus campestris* var. *bisporus* (L) Lge. *Archiv für Mikrobiologie*, **49**, 405–425.

Tubaki, K. (1958). Studies on the Japanese Hyphomycetes. V. Leaf and stem group with a discussion of the classification of Hyphomycetes and their perfect stages. *Journal, Hattori Botanical Laboratory*, **20**, 142–244.

Tubaki, K. (1966). Sporulating structures in Fungi Imperfecti. In *The Fungi: An Advanced Treatise*, **II**, 113–131. Editors: G. C. Ainsworth & A. S. Sussman. New York and London: Academic Press.

Tubaki, K. (1975a). Notes on the Japanese Hyphomycetes. VI. *Candelabrum* and *Beverwykella* gen. nov. *Transactions of the Mycological Society of Japan*, **16**, 132–140.

Tubaki, K. (1975b). Notes on the Japanese Hyphomycetes. VII. *Cancellidium*, a new Hyphomycetes genus. *Transactions of the Mycological Society of Japan*, **16**, 357–360.

Tucker, C. M. (1931). Taxonomy of the genus *Phytophthora* de Bary. *Research Bulletin, Missouri Agricultural Experiment Station*, **153**, 1–208.

Tuominen, Y. & Jaakkola, T. (1973). Absorption and accumulation of mineral elements and radioactive nuclides. In *The Lichens*, 185–223. Editors: V. Ahmadjian & M. E. Hale. New York and London: Academic Press.

Turian, G. (1976). Spores in Ascomycetes, their controlled differentiation. In *The*

Fungal Spore: Form and Function, 715–788. Editors: D. J. Weber & W. M. Hess. New York and London: John Wiley and Sons.

Tveit, M. (1953). Control of a seed-borne disease by *Chaetomium cochliodes* Pall., under natural conditions. *Nature, London,* **172,** 39.

Tveit, M. (1956). Isolation of a chetomin-like substance from oat seedlings infested with *Chaetomium cochliodes. Acta Agriculturae Scandinavica,* **6,** 13–16.

Tveit, M. & Moore, M. B. (1954). Isolates of *Chaetomium* that protect oats from *Helminthosporium victoriae. Phytopathology,* **44,** 686–689.

Tveit, M. & Wood, R. K. S. (1955). The control of *Fusarium* blight in oat seedlings with antagonistic species of *Chaetomium. Annals of Applied Biology,* **43,** 538–552.

Tyler, V. E. (1971). Chemotaxonomy in the Basidiomycetes. In *Evolution in the Higher Basidiomycetes,* 29–62. Editor: R. H. Petersen. Knoxville, U.S.A.: University of Tennessee Press.

Tyrell, D. (1977). Occurrence of protoplasts in the natural life cycle of *Entomophthora egressa. Experimental Mycology,* **1,** 259–263.

Tyrell, D. & MacLeod, D. M. (1972). A taxonomic proposal regarding *Delacroixia coronata* (Entomophthoraceae). *Journal of Invertebrate Pathology,* **20,** 11–13.

Uecker, F. A. (1976). Development and cytology of *Sordaria humana. Mycologia,* **68,** 30–46.

Ullrich, R. C. & Anderson, J. B. (1978). Sex and diploidy in *Armillaria mellea. Experimental Mycology,* **2,** 119–129.

Unestam, T. (1965). Studies on the crayfish plague fungus, *Aphanomyces astaci.* I. Some factors affecting growth *in vitro. Physiologia Plantarum,* **18,** 483–505.

Unestam, T. & Gleason, F. H. (1968). Comparative physiology of respiration in aquatic fungi. II. The Saprolegniales, especially *Aphanomyces astaci. Physiologia Plantarum,* **21,** 573–588.

Upadhyay, H. P. & Kendrick, W. B. (1975). Prodromus for a revision of *Ceratocystis* (Microascales, Ascomycetes) and its conidial states. *Mycologia,* **67,** 798–808.

Vanterpool, T. C. (1959). Oospore germination in *Albugo candida. Canadian Journal of Botany,* **37,** 169–172.

Varitchak, B. (1931). Contribution à l'étude du développement des Ascomycètes. *Botaniste,* Série **23,** 1–182.

Vishniac, H. S. & Nigrelli, R. F. (1957). The ability of the Saprolegniaceae to parasitise platyfish. *Zoologica,* **42,** 131–134.

Vriesinga, J. D. & Honma, S. (1971). Inheritance of seedling resistance to clubroot in *Brassica oleracea* L. *Horticultural Science,* **6,** 395–396.

Vujičić, R., Colhoun, J. & Chapman, J. A. (1968). Some observations on the zoospores of *Phytophthora erythroseptica. Transactions of the British Mycological Society,* **51,** 125–127.

Waksman, S. A. & Bugie, E. (1944). Chaetomin, a new antibiotic substance produced by *Chaetomium cochliodes.* I. Formation and properties. *Journal of Bacteriology,* **48,** 527–530.

Walker, L. B. (1920). Development of *Cyathus fascicularis, C. striatus,* and *Crucibulum vulgare. Botanical Gazette,* **70,** 1–24.

Walker, L. B. (1927). Development and mechanism of discharge in *Sphaerobolus iowensis* n.sp. and *S. stellatus* Tode. *Journal of the Elisha Mitchell Scientific Society,* **42,** 151–178.

Walkey, D. G. A. & Harvey, R. (1966a). Studies of the ballistics of ascospores. *New Phytologist,* **65,** 59–74.

Walkey, D. G. A. & Harvey, R. (1966b). Spore discharge rhythms in pyrenomycetes. I. A survey of the periodicity of spore discharge in pyrenomycetes. *Transactions of the British Mycological Society,* **49,** 583–592.

Walsh, J. H. & Harley, J. L. (1962). Sugar absorption by *Chaetomium globosum*. *New Phytologist*, **61**, 299–313.

Walt, J. P. van der (1970a). *Saccharomyces* Meyen emend. Reess. In *The Yeasts: A Taxonomic Study*, 2nd revised and enlarged edition, 553–718. Editor: J. Lodder. Amsterdam and London: North-Holland Publishing Company.

Walt, J. P. van der (1970b). The perfect and imperfect states of *Sporobolomyces salmonicolor*. *Antonie van Leeuwenhoek*, **36**, 49–55.

Walt, J. P. van der & Pitout, M. J. (1969). Ploidy differences in *Sporobolomyces salmonicolor* and *Candida albicans*. *Antonie van Leeuwenhoek*, **35**, 227–231.

Wang, D. T. (1932). Observations cytologiques sur *l'Ustilago violacea* (Pers.) Fuckel. *Compte Rendu Hebdomadaire des Séances de l'Académie des Sciences, Paris*, **195**, 1417–1418.

Wang, D. T. (1934). Contribution à l'étude des Ustilaginées (Cytologie du parasite et pathologie de la cellule hôte). *Botaniste*, **26**, 540–672.

Warcup, J. H. (1951). Studies on the growth of Basidiomycetes in soil. *Annals of Botany, London*, N.S., **15**, 305–317.

Warcup, J. H. & Talbot, P. H. B. (1962). Ecology and identity of mycelia isolated from soil. *Transactions of the British Mycological Society*, **45**, 495–518.

Ward, E. W. B. & Thorn, G. D. (1965). The isolation of a cyanogenic fraction from the fairy ring fungus *Marasmius oreades* Fr. *Canadian Journal of Botany*, **43**, 997–998.

Ward, S. V. & Manners, J. G. (1974). Environmental effects on the quantity and viability of conidia produced by *Erysiphe graminis*. *Transactions of the British Mycological Society*, **62**, 119–128.

Warren, R. C. & Colhoun, J. (1975). Viability of sporangia of *Phytophthora infestans* in relation to drying. *Transactions of the British Mycological Society*, **64**, 73–78.

Waterhouse, G. M. (1956). The genus *Phytophthora*. Diagnoses (or descriptions) and figures from original papers. *Miscellaneous Publication No. 12, Commonwealth Mycological Institute*. 120 pp.

Waterhouse, G. M. (1963). Key to the species of *Phytophthora* de Bary. *Mycological Paper No. 92, Commonwealth Mycological Institute*. 22 pp.

Waterhouse, G. M. (1967). Key to *Pythium* Pringsheim. *Mycological Paper No. 109, Commonwealth Mycological Institute*. 15 pp.

Waterhouse, G. M. (1968). The genus *Pythium* Pringsheim. Diagnoses (or descriptions) and figures from the original papers. *Mycological Paper No. 110, Commonwealth Mycological Institute*. 71 pp.

Waterhouse, G. M. (1973a). Plasmodiophoromycetes. In *The Fungi: An Advanced Treatise*, **IVB**, 75–82. Editors: G. C. Ainsworth, F. K. Sparrow & A. S. Sussman. New York and London: Academic Press.

Waterhouse, G. M. (1973b). Peronosporales. In *The Fungi: An Advanced Treatise*, **IVB**, 165–183. Editors: G. C. Ainsworth, F. K. Sparrow & A. S. Sussman. New York and London: Academic Press.

Waterhouse, G. M. (1973c). Entomophthorales. In *The Fungi: An Advanced Treatise*, **IVB**, 219–229. Editors: G. C. Ainsworth, F. K. Sparrow & A. S. Sussman. New York and London: Academic Press.

Waterhouse, G. M. (1975). Key to the species of *Entomophthora* Fries. *Bulletin of the British Mycological Society*, **9**, 15–41.

Waters, H., Butler, R. D. & Moore, D. (1975a). Structure of aerial and submerged sclerotia of *Coprinus lagopus*. *New Phytologist*, **74**, 199–205.

Waters, H., Moore, D. & Butler, R. D. (1975b). Morphogenesis of aerial sclerotia of *Coprinus lagopus*. *New Phytologist*, **74**, 207–213.

Watkinson, S. C. (1971). The mechanism of mycelial strand induction in *Serpula lacrimans*: a possible effect of nutrient distribution. *New Phytologist*, **70**, 1079–1088.

Watling, R. (1970). *British Fungus Flora. Agarics and Boleti.* I. *Boletaceae: Gomphidiaceae: Paxillaceae.* 125 pp. Edinburgh: H.M.S.O.

Watson, A. G. & Baker, K. F. (1969). Possible gene centers for resistance in the genus *Brassica* to *Plasmodiophora brassicae. Economic Botany,* **23,** 245–252.

Watson, I. A. (1957). Further studies on the production of new races from mixtures of races of *Puccinia graminis* var. *tritici* on wheat seedlings. *Phytopathology,* **47,** 510–512.

Watson, I. A. & Luig, N. H. (1958). Somatic hybridization in *Puccinia graminis* var. *tritici. Proceedings of the Linnean Society of New South Wales,* **83,** 190–195.

Watson, I. A. & Luig, N. H. (1959). Somatic hybridization between *Puccinia graminis* var. *tritici* and *Puccinia graminis* var. *secalis.* Proceedings of the Linnean Society of New South Wales, **84,** 207–208.

Watson, S. W. & Raper, K. B. (1957). *Labyrinthula minuta* sp. nov. *Journal of General Microbiology,* **17,** 368–377.

Watts, D. J. & Ashworth, J. M. (1970). Growth of myxamoebae of the cellular slime mould *Dictyostelium discoideum* in axenic culture. *Biochemical Journal,* **119,** 171–174.

Webster, J. (1952). Spore projection in the Hyphomycete *Nigrospora sphaerica. New Phytologist,* **51,** 229–235.

Webster, J. (1959a). *Nectria lugdunensis* sp.nov., the perfect stage of *Heliscus lugdunensis. Transactions of the British Mycological Society,* **42,** 322–327.

Webster, J. (1959b). Experiments with spores of aquatic Hyphomycetes. I. Sedimentation, and impaction on smooth surfaces. *Annals of Botany, London,* N.S., **23,** 595–611.

Webster, J. (1961). The *Mollisia* perfect stage of *Anguillospora crassa. Transactions of the British Mycological Society,* **44,** 559–564.

Webster, J. (1964). Culture studies on *Hypocrea* and *Trichoderma.* I. Comparison of perfect and imperfect states of *Hypocrea gelatinosa, H. rufa* and *Hypocrea* sp.1. *Transactions of the British Mycological Society,* **47,** 75–96.

Webster, J. (1965). The perfect state of *Pyricularia aquatica. Transactions of the British Mycological Society,* **48,** 449–452.

Webster, J. (1966). Spore projection in *Epicoccum* and *Arthrinium. Transactions of the British Mycological Society,* **49,** 339–343.

Webster, J. (1979). Cleistocarps of *Phyllactinia* as shuttlecocks. *Transactions of the British Mycological Society,* **72,** 489–490.

Webster, J. & Dennis, C. (1967). The mechanism of sporangial discharge in *Pythium middletonii. New Phytologist,* **66,** 307–313.

Webster, J. & Descals, E. (1979). Perfect states of aquatic Hyphomycetes. In *The Whole Fungus – The Sexual–Asexual Synthesis.* 793 pp. 2 vols. Editor: W. B. Kendrick, Ottawa: National Museums of Canada.

Webster, J., Sanders, P. F. & Descals, C. (1978). Tetraradiate aquatic propagules in two species of *Entomophthora. Transactions of the British Mycological Society,* **70,** 472–479.

Wehmeyer, L. E. (1926). A biologic and phylogenetic study of stromatic Sphaeriales. *American Journal of Botany,* **13,** 575–645.

Wehmeyer, L. E. (1955). Development of the ascostroma in *Pleospora armeriae* of the *Pleospora herbarum* complex. *Mycologia,* **47,** 821–834.

Wehmeyer, L. E. (1961). *A World Monograph of the Genus* Pleospora *and its Segregates.* 451 pp. Ann Arbor: University of Michigan Press.

Wells, K. (1964a). The basidia of *Exidia nucleata.* I. Ultrastructure. *Mycologia,* **56,** 327–341.

Wells, K. (1964b). The basidia of *Exidia nucleata.* II. Development. *American Journal of Botany,* **51,** 360–370.

Wells, K. (1965). Ultrastructural features of developing and mature basidia and basidiospores of *Schizophyllum commune*. *Mycologia*, **57**, 236–261.

Wells, K. (1970). Light and electron microscopic studies of *Ascobolus stercorarius*. I. Nuclear divisions in the ascus. *Mycologia*, **62**, 761–790.

Wells, K. (1972). Light and electron microscopic studies of *Ascobolus stercorarius*. II. Ascus and ascospore ontogeny. *University of California Publications in Botany*, **62**, 1–93.

Wells, K. (1977). Meiotic and mitotic divisions in the Basidiomycotina. In *Mechanisms and Control of Cell Division*, 337–374. Editors: T. L. Rost & E. M. Gifford. Stroudsberg, Pennsylvania: Dowden, Hutchinson & Ross.

Werkman, B. A. & Ende, H. van den (1973). Trisporic acid synthesis in *Blakeslea trispora*. Interactions between *plus* and *minus* mating types. *Archiv für Mikrobiologie*, **90**, 365–374.

Werkman, B. A. & Ende, H. van den (1974). Trisporic acid synthesis in homothallic and heterothallic Mucorales. *Journal of General Microbiology*, **82**, 273–278.

Wessels, J. G. H. (1965). Morphogenesis and biochemical processes in *Schizophyllum commune* Fr. *Wentia*, **13**, 1–113.

Wessels, J. G. H. & Koltin, Y. (1972). R-glucanase activity and susceptibility of hyphal walls to degradation in mutants of *Schizophyllum* with disrupted nuclear migration. *Journal of General Microbiology*, **71**, 471–475.

Wessels, J. G. H., Kreger, D. R., Marchant, R., Regensburg, B. A. & De Vries, O. M. H. (1972). Chemical and morphological characterization of the hyphal wall surface of the basidiomycete *Schizophyllum commune*. *Biochimica et Biophysica Acta*, **273**, 346–358.

Western, J. H. & Cavett, J. J. (1959). The choke disease of cocksfoot (*Dactylis glomerata*) caused by *Epichloe typhina* (Fr.) Tul. *Transactions of the British Mycological Society*, **42**, 298–307.

Whalley, A. J. S. & Greenhalgh, G. N. (1973a). Numerical taxonomy of *Hypoxylon*. I. A comparison of classifications of the cultural and the perfect states. *Transactions of the British Mycological Society*, **61**, 435–454.

Whalley, A. J. S. & Greenhalgh, G. N. (1973b). Numerical taxonomy of *Hypoxylon*. II. A key to the identification of British species of *Hypoxylon*. *Transactions of the British Mycological Society*, **61**, 455–459.

Wheals, A. E. (1970). A homothallic strain of the Myxomycete *Physarum polycephalum*. *Genetics*, **66**, 623–633.

Whetzel, H. H. (1945). A synopsis of the genera and species of the Sclerotiniaceae, a family of stromatic inoperculate Discomycetes. *Mycologia*, **37**, 648–714.

Whetzel, H. H. (1946). The cypericolous and juncicolous species of *Sclerotinia*. *Farlowia*, **2**, 385–437.

Whiffen, A. J. (1944). A discussion of taxonomic criteria in the Chytridiales. *Farlowia*, **1**, 583–597.

Whisler, H. C., Zebold, S. L. & Shemanchuk, J. A. (1975). Life cycle of *Coelomomyces psophorae*. *Proceedings of the National Academy of Sciences of the United States of America*, **72**, 693–696.

White, G. A. & Thorn, G. D. (1975). Structure–activity relationships of carboxamide fungicides and the succinic dehydrogenase complex of *Cryptococcus laurentii* and *Ustilago maydis*. *Pesticide Biochemistry and Physiology*, **5**, 380–395.

Whitehouse, H. L. K. (1949a). Heterothallism and sex in the fungi. *Biological Reviews*, **24**, 411–447.

Whitehouse, H. L. K. (1949b). Multiple-allelomorph heterothallism in the fungi. *New Phytologist*, **48**, 212–244.

Whitehouse, H. L. K. (1951). A survey of heterothallism in the Ustilaginales. *Transactions of the British Mycological Society*, **34**, 340–355.

Whiteside, W. C. (1957). Perithecial initials of *Chaetomium*. *Mycologia*, **49**, 420–425.

Whiteside, W. C. (1961). Morphological studies in the Chaetomiaceae. I. *Mycologia*, **53**, 512–523.

Wickerham, L. J. & Burton, K. A. (1954). A classification of the relationship of *Candida guilliermondii* to other yeasts by a study of their mating types. *Journal of Bacteriology*, **68**, 594–597.

Wickerham, L. J. & Duprat, J. (1945). A remarkable fission yeast, *Schizosaccharomyces versatilis* nov.sp. *Journal of Bacteriology*, **50**, 597–607.

Wickerham, L. H., Lockwood, L. B., Pettijohn, O. G. & Ward, G. E. (1944). Starch hydrolysis and fermentation by the yeast *Endomycopsis fibuliger*. *Journal of Bacteriology*, **48**, 413–427.

Widra, A. & Delamater, E. D. (1955). The cytology of meiosis in *Schizosaccharomyces octosporus*. *American Journal of Botany*, **42**, 423–435.

Wieben, M. (1927). Die Infektion, die Myzelüberwinterung und die Kopulation bei Exoasceen. *Fortschritte auf dem Gebiete der Pflanzen-Krankheiten, Berlin*, **3**, 139–176.

Willetts, H. J. (1969). Structure of the outer surfaces of sclerotia of certain fungi. *Archiv für Mikrobiologie*, **69**, 48–53.

Willetts, H. J. (1971). The survival of fungal sclerotia under adverse environmental conditions. *Biological Reviews, Cambridge*, **46**, 387–407.

Willetts, H. J. & Wong, A. L. (1971). Ontogenetic diversity of sclerotia of *Sclerotinia sclerotiorum* and related species. *Transactions of the British Mycological Society*, **57**, 515–524.

Williams, P. G., Scott, K. J. & Kuhl, J. L. (1966). Vegetative growth of *Puccinia graminis* f.sp. *tritici in vitro*. *Phytopathology*, **56**, 1418–1419.

Williams, P. H. (1966). A cytochemical study of hypertrophy in clubroot of cabbage. *Phytopathology*, **56**, 521–524.

Williams, P. H. & McNabola, S. S. (1967). Fine structure of *Plasmodiophora brassicae* in sporogenesis. *Canadian Journal of Botany*, **45**, 1665–1669.

Williams, P. H. & Yukawa, Y. B. (1967). Ultrastructural studies on the host–parasite relations of *Plasmodiophora brassicae*. *Phytopathology*, **57**, 682–687.

Williams, S. T., Gray, T. R. G. & Hitchen, P. (1965). Heterothallic formation of zygospores in *Mortierella marburgensis*. *Transactions of the British Mycological Society*, **48**, 129–133.

Williams, W. T. & Webster, K. R. (1970). Electron microscopy of the sporangium of *Phytophthora capsici*. *Canadian Journal of Botany*, **48**, 221–227.

Willoughby, L. G. (1956). Studies on soil chytrids. I. *Rhizidium richmondense* sp.nov. and its parasites. *Transactions of the British Mycological Society*, **39**, 125–141.

Willoughby, L. G. (1957). Studies on soil chytrids. II. On *Karlingia dubia* Karling. *Transactions of the British Mycological Society*, **40**, 9–16.

Willoughby, L. G. (1958). Studies on soil chytrids. III. On *Karlingia rosea* Johanson and a multi-operculate chytrid parasitic on *Mucor*. *Transactions of the British Mycological Society*, **41**, 309–319.

Willoughby, L. G. (1962). The fruiting behaviour and nutrition of *Cladochytrium replicatum* Karling. *Annals of Botany, London*, N.S., **26**, 13–36.

Willoughby, L. G. (1968). Atlantic salmon disease fungus. *Nature, London*, **217**, 872–873.

Willoughby, L. G. (1969). Salmon disease in Windermere and the River Leven; the fungal aspect. *Salmon and Trout Magazine*, **186**, 124–130.

Willoughby, L. G. (1970). Mycological aspects of a disease of young perch in Windermere. *Journal of Fish Biology*, **2**, 113–116.

Willoughby, L. G. & Archer, J. F. (1973). The fungal spora of a freshwater stream and its colonization pattern on wood. *Freshwater Biology*, **3**, 219–239.

Willoughby, L. G. & Pickering, A. D. (1977). Viable Saprolegniaceae spores on the epidermis of the salmonid fish *Salmo trutta* and *Salvelinus alpinus*. *Transactions of the British Mycological Society*, **68**, 91–95.

Wilsenach, R. & Kessel, M. (1965). On the function and structure of the septal pore of *Polyporus rugulosus*. *Journal of General Microbiology*, **40**, 397–400.

Wilson, C. M. (1952a). Meiosis in *Allomyces*. *Bulletin of the Torrey Botanical Club*, **79**, 139–160.

Wilson, C. M. (1952b). Sexuality in the Acrasiales. *Proceedings of the National Academy of Sciences of the United States of America*, **38**, 659–662.

Wilson, C. M. (1953). Cytological study of the life cycle of *Dictyostelium*. *American Journal of Botany*, **40**, 714–718.

Wilson, C. M. & Flanagan, P. W. (1968). The life cycle and cytology of *Brachyallomyces*. *Canadian Journal of Botany*, **46**, 1361–1367.

Wilson, C. M. & Ross, I. K. (1957). Further cytological studies in the Acrasiales. *American Journal of Botany*, **44**, 345–350.

Wilson, I. M. (1952). The ascogenous hyphae of *Pyronema confluens*. *Annals of Botany, London*, N.S., **16**, 321–339.

Wilson, J. F., Garnjobst, L. & Tatum, E. L. (1961). Heterokaryon incompatibility in *Neurospora crassa* – micro-injection studies. *American Journal of Botany*, **48**, 299–305.

Wilson, J. G. M. (1976). Immunological aspects of fungal disease in fish. In *Recent Advances in Aquatic Mycology*, 573–601. Editor: E. B. Gareth Jones. London: Elek Science.

Wilson, M. & Henderson, D. M. (1966). *British Rust Fungi*. 384 pp. Cambridge University Press.

Wilson, R. W. & Beneke, E. S. (1966). Basidiospore germination in *Calvatia gigantea*. *Mycologia*, **58**, 328–332.

Winge, Ö. & Lausten, O. (1937). On two types of spore germination, and on genetic segregations in *Saccharomyces*, demonstrated through single spore cultures. *Comptes Rendus des Travaux du Laboratoire Carlsberg*, **22**, 99–116.

Winge, Ö. & Roberts, C. (1949). A gene for diploidization in yeasts. *Comptes Rendus des Travaux du Laboratoire Carlsberg*, **24**, 341–346.

Wogan, G. N. (ed.) (1965). *Mycotoxins in Foodstuffs*. 291 pp. Cambridge, Mass.: M.I.T. Press.

Wolf, F. T. (1974). The cultivation of rust fungi upon artificial media. *Canadian Journal of Botany*, **52**, 767–772.

Wolfe, M. S. (1972). The genetics of barley mildew. *Review of Plant Pathology*, **51**, 507–522.

Wong, A.-L. & Willetts, H. J. (1975). A taxonomic study of *Sclerotinia sclerotiorum* and related species: Mycelial interactions. *Journal of General Microbiology*, **88**, 329–334.

Wood, J. L. (1953). A cytological study of ascus development in *Ascobolus magnificus* Dodge. *Bulletin of the Torrey Botanical Club*, **80**, 1–15.

Woodham-Smith, C. (1962). *The Great Hunger. Ireland 1845–9*. London: Hamish Hamilton.

Woodward, R. C. (1927). Studies on *Podosphaera leucotricha* (Ell. & Ev.) Salm. I. The mode of perennation. *Transactions of the British Mycological Society*, **12**, 173–204.

Wormald, H. (1921). On the occurrence in Britain of the ascigerous stage of a 'brown rot' fungus. *Annals of Botany, London*, **35**, 125–135.

Wormald, H. (1954). The brown rot diseases of fruit trees. *Ministry of Agriculture Technical Bulletin No. 3*. 113 pp.

Woycicki, Z. (1927). Über die Zygotenbildung bei *Basidiobolus ranarum* Eidam. II. *Flora, oder Allgemeine Botanische Zeitung*, **122**, 159–166.

Yaegashi, H. & Udagawa, S. (1978). The taxonomical identity of the perfect state of *Pyricularia grisea* and its allies. *Canadian Journal of Botany*, **56**, 180–183.

Yanagishima, N. (1969). Sexual hormones in yeast. *Planta*, **87**, 110–118.

Yarwood, C. E. (1941). Diurnal cycle of ascus maturation of *Taphrina deformans*. *American Journal of Botany*, **28**, 355–357.

Yarwood, C. E. (1973). Pyrenomycetes: Erysiphales. In *The Fungi: An Advanced Treatise*, **IVA**, 71–86. Editors: G. C. Ainsworth, F. K. Sparrow & A. S. Sussman. New York and London: Academic Press.

Yarwood, C. E. (1978). History and taxonomy of powdery mildews. In *The Powdery Mildews*, 1–37. Editor: D. M. Spencer. London, New York, San Francisco: Academic Press.

Yendol, W. G. & Paschke, J. D. (1965). Pathology of an *Entomophthora* infection in the Eastern subterranean termite, *Reticulitermes flavipes* (Kollar). *Journal of Invertebrate Pathology*, **7**, 414–422.

Yerkes, W. D. & Shaw, G. C. (1959). Taxonomy of the *Peronospora* species on Cruciferae and Chenopodiaceae. *Phytopathology*, **49**, 499–507.

Yoo, B., Calleja, G. B. & Johnson, B. F. (1973). Ultrastructural changes of the fission yeast (*Schizosaccharomyces pombe*) during ascospore formation. *Archiv für Mikrobiologie*, **91**, 1–10.

Youatt, J. (1973a). Chemical nature of discharge papillae in *Allomyces*. *Transactions of the British Mycological Society*, **61**, 179–180.

Youatt, J. (1973b). Sporangium production by *Allomyces* in new chemically defined media. *Transactions of the British Mycological Society*, **61**, 257–263.

Youatt, J., Fleming, R. & Jobling, B. (1971). Differentiation in species of *Allomyces*: the production of sporangia. *Australian Journal of Biological Sciences*, **24**, 1163–1167.

Young, E. L. (1943). Studies on *Labyrinthula*. The etiologic agent of wasting disease of eel grass. *American Journal of Botany*, **30**, 586–593.

Yu, C. C. (1954). The culture and spore germination of *Ascobolus* with emphasis on *A. magnificus*. *American Journal of Botany*, **41**, 21–30.

Yuill, E. (1950). The numbers of nuclei in conidia of Aspergilli. *Transactions of the British Mycological Society*, **33**, 324–331.

Zak, B. (1976). Pure culture synthesis of *Pacific Madrone* ectendomycorrhizae. *Mycologia*, **68**, 362–369.

Zalokar, M. (1959). Growth and differentiation of *Neurospora* hyphae. *American Journal of Botany*, **46**, 602–610.

Zambettakis, C. (1970). Les formes imparfaites des Ustilaginées. *Revue de Mycologie*, **35**, 158–175.

Zambettakis, C. (1973). Recherches sur la germination des téliospores des Ustilaginales. I. Différents modes de germination selon l'espèce et le milieu utilisé. *Bulletin Trimestriel de la Société Mycologique de France*, **89**, 253–275.

Zoberi, M. H. (1961). Take-off of mould spores in relation to wind speed and humidity. *Annals of Botany*, London, N.S., **25**, 53–64.

Zycha, H., Siepmann, R. & Linnemann, G. (1969). *Mucorales. Eine Beschreibung aller Gattungen und Arten dieser Pilzgruppe.* 355 pp. Lehre: J. Cramer.

Literaturnachtrag zur deutschen Auflage

Abdullah, S. K., Descals, W. & Webster, J. (1981). Teleomorphs of three aquatic Hyphomycetes. *Transactions of the British Mycological Society*, **77**, 475–483.

Bötticher, W. (1974). *Technologie der Pilzverwertung*. 208 pp. Stuttgart: Ulmer.

Carr, A. J. H. & Olive, L. S. (1959). Genetics of *Sordaria fimicola*. III. Cross compatibility among self-fertile and self-sterile cultures. *American Journal of Botany*, **46**, 81–91.

Descals, E., Webster, J., Ladle, M. & Bass, J. A. B. (1981). Variations in asexual reproduction in species of *Entomophthora* on aquatic insects. *Transactions of the British
Mycological Society*, **77**, 85–102.

Esser, K. (1976). *Kryptogamen. Blaualgen, Algen, Pilze, Flechten*. 572 pp. Berlin, Heidel-
berg, New York: Springer.
Esser, K. (1978). Genetics of the ergot fungus *Claviceps purpurea*. I. Proof of a monoecious
life cycle and segregation patterns for mycelial morphology and alkaloid production.
Theoretical and Applied Genetics, **53**, 145–149.
Esser, K. (1982). *Cryptogams. Cyanobacteria, Algae, Fungi, Lichens*. 610 pp. Cambridge
University Press.
Esser, K. & Blaich, R. (1973). Heterogenic incompatibility in plants and animals. *Advan-
ces in Genetics*, **17**, 107–152.
Esser, K. & Kuenen, R. (1965). *Genetik der Pilze*. 501 pp. Berlin, Heidelberg, New York:
Springer.
Esser, K. & Kuenen, R. (1967). *Genetics of Fungi*. Translated by E. Steiner. 500 pp. New
York: Springer.
Esser, K., Saleh, F. & Meinhardt, F. (1979). Genetics of fruit body production in higher
Basidiomycetes. *Current Genetics*, **1**, 85–88.
Esser, K. & Stahl, U. (1981). Hybridization. In: H. J. Rehm and G. Reed (eds.): Hand-
book of Biotechnology. Vol. 1, 305–329. Weinheim, New York: Verlag Chemie.
Esser, K. & Straub, J. (1956): Fertilität im Heterocaryon aus zwei sterilen Mutanten von
Sordaria macrospora Auersw. Z. indukt. Abst.- u. Vererbl. **87**, 625–626.
Esser, K. & Straub, J. (1958). Genetische Untersuchungen an *Sordaria macrospora*
Auersw. Kompensation und Induktion bei genbedingten Entwicklungsdefekten.
Zeitschrift für Vererbungslehre, **89**, 729–746.
Esser, K. & Tudzynski, P. (1978). Genetics of the ergot fungus *Claviceps purpurea*. I.
Proof of a monoecious life cycle and segregation patterns for mycelial morphology
and alkaloid production. Theor. Appl. Genet. **53**, 145–149.

Fisher, P. J. & Webster, J. (1981). Ecological studies on aero-aquatic Hyphomycetes. In:
The Fungal Community: Its Organisation and Role in the Ecosystem, 709–730. Editors:
Wicklow, D. T. & Carroll, G. C. New York: Marcel Dekker, Inc.

Grente, J. & Delmas, J. (1974). Perspectives pour une trufficulture moderne. 4eme Edition. 65 pp.

Kreisel, H. (1969). Grundzüge eines natürlichen Systems der Pilze. Lehre: Cramer.

Leupold, U. (1980). Transposable mating-type genes in yeasts. Nature **283**, 811–812.

Meinhardt, F. & K. Esser (1981). Genetic studies of the Basidiomycete Agrocybe
aegerita. Part 2: Genetic Control of Fruit Body Formation and its Practical Implications. Theor. Appl. Genet. **60**, 265–268.

Michael-Hennig (1970), bearb. von B. Hennig. Handbuch für Pilzfreunde. Bd. I–V. Jena: Fischer.

Nawawi, A. & Webster, J. (1982). *Sistotrema hamatum* sp. nov., the teleomorph of *Ingoldiella hamata. Transactions of the British Mycological Society,* **78,** 287–291.

Neuner, A. (1976). *Pilze.* 3. Aufl. München: BLV Verlagsgesellschaft.

Rehm, H. J. (1980). *Industrielle Mikrobiologie.* 2. Aufl. 718 pp. Berlin, Heidelberg, New York: Springer.

Roper, J. A. (1952). Production of heterozygous diploids in filamentous fungi. *Experientia,* **8,** 14–15.

Sutton, B. C. (1980). *The Coelomycetes: Fungi Imperfecti with Pycnidia, Acervuli and Stromata.* 696 pp. Kew: Commonwealth Mycological Institute.

Webster, J. & Descals, E. (1981). Morphology, distribution and ecology of conidial fungi in freshwater habitats. In: *Biology of Conidial Fungi,* **1,** 295–355. Editors: Cole, G. T. & Kendrick, B. New York: Academic Press.

Williams, C. A. & Wilson, J. F. (1968). Factors of cytoplasmic incompatibility. Neurospora Newsletter **13,** 12.

Wilson, J. F. & Garnjobst, L. (1966). A new incompatibility locus in *Neurospora crassa.* Genetics **53,** 621–631.

Yarrow, D. (1972). Four new combinations in yeast. *Antonie van Leeuwenhoek,* **38,** 357–360.

Organismenverzeichnis *

Absidia 177, 182, 187, 194, 195, 197
– *glauca* 79, 180, 186, 190, 197
– *orchidis* 197
– *spinosa* 187, 190, 195, 197
Acaulospora 219
Acer 278
– *pseudoplatanus* 327, 345–347
Achlya 128, 129, 136, 138, 143, 145, 146
– *ambisexualis* 142–146
– *bisexualis* 143–146
– *colorata* 135, 140, 141
– *heterosexualis* 143, 145
– *klebsiana* 134
Ackerbohne 545
Acrasia rosea 7
Acrosporium 273
Acytostelium 15
Aegopodium 263
– *podagraria* 169
Aessosporon salmonicolor 475
Agaricus 396, 410
– *bisporus* 56, 375, 387, 395, 401, 402, 404–406, 410
– *campestris* 383, 384, 388, 398, 410
– *xanthodermus* 410
Agrocybe 412
– *aegerita* 390, 391, 411, 412
– *praecox* 387
Agropyron 271, 465, 477
Agrostis 44, 335, 336, 477
– *tenuis* 332
Ahorn 345, 422, 450
Alatospora acuminata 502, 503
Albugo 147, 171

– *blitis* 174
– *candida* 165, 171–174
– *tragopogi* 171, 174
Aleuria aurantia 360, 361, 363
Allomyces 55, 82, 113, 114, 116, 117, 120, 122
– *arbusculus* 113, 114, 116, 117, 119, 121
– *anomalus* 119, 121
– *javanicus* 116, 117
– *macrogynus* 66, 68, 114, 116, 117, 119, 121
– *neo-moniliformis* (= *A. cystogenus*) 113, 117, 119
Alopecurus myosuroides 333
Alternaria 371, 373, 529, 532
– *alternaria* 531
– *brassicae* 531
– *brassicicola* 530–532
– *tenuis* 530
– *triticina* 531
Althea 488
Amanita 396, 410
– *excelsa* 411
– *fulva* 410, 411
– *muscaria* 410
– *phalloides* 396, 410
– *rubescens* 396, 397, 399, 400, 410
– *vaginata* 378, 410
– *verna* 396, 410
– *virosa* 410
Anabaena 121
Anemone nemorosa 168, 169, 340, 341
Angelica 60
Anguillospora 508, 514
– *crassa* 502, 511
– *furtiva* 510

– *longissima* 508, 510, 511
Anthriscus 60
Apfelmotte 343
Aphanomyces 136, 141
– *astaci* 136
– *euteiches* 128, 129, 136
– *patersonii* 136
Apiocrea chrysosperma 414, 415
Apium 263
Aplanes 138
Aplanopsis 138
Apodachlya 127, 142
Aporpium caryae 442
Arbutus menziesii 435
Arcyria 28
– *denudata* 29, 32
Armillariella (*Armillaria*) 396, 408
– *mellea* 56, 58, 374, 388, 395, 408, 411, 413
Arrhenatherum elatius 460
Arthrobacter 404
Arthrobotrys 521, 526
– *anchonia* 521
– *dactyloides* 521, 524, 525
– *oligospora* 518, 521, 525
– *robusta* 519, 521
Arthroderma 282
Articulospora 505
– *tetracladia* 502, 504
Arum maculatum 218
Ascobolus 243, 357
– *carbonarius* 357
– *crenulatus* (= *A. viridulus*) 357
– *furfuraceus* (= *A. stercorarius*) 245, 357, 359–362
– *immersus* 306, 357, 358, 362
– *scatigenus* (= *A. magnificus*) 358

---

* In diesem Register sind nur die Gattungs-, Art- und Trivialnamen zusammengestellt

Ascochyta 529, 543
– *fabae* 545
– *gossypii* 545
– *pinodes* 545
– *pisi* 500, 544, 545
Asellus 513
Aspergillus 81, 211, 247,
  282, 283, 286–288, 290,
  292, 294, 490, 495, 529
– *carbonarius* 235, 236
– *flavus* 293
– *glauca* 290
– *heterothallicus* 291
– *nidulans* 13, 236, 287,
  291
– *niger* 13, 284, 285, 292
– *oryzae* 293
– *repens* 287
– *tamarii* 235
Astacus 128
Atriplex 164
Aureobasidium 529
– *pullullans* 408, 493
Auricularia 443
– *auricula (= Hirneola auri-
  cola-judae)* 377, 443–445
Auriscalpium 425, 426
– *vulgare* 425

Bacillus 404
Badhamia 26
Banane 197
Basidiobolus 220
– *meristosporus* 224
– *ranarum* 220–224
Baumwolle 541, 545
Berberis 476, 484
– *vulgaris* 480–482
Berberitze 480, 484
Bergahorn 345, 346, 348
Betula 318, 321, 414, 455
– *pendula* 322
*Beverwijkella pulmona-
  ria* 515, 516
Birke 125, 414, 415, 417,
  422, 434, 450
Birkenporling 388
*Bjerkandera adusta (= Poly-
  porus adustus)* 419
Blakeslea 208
– *trispora* 208, 209, 211
Blastocladiella 112, 113,
  121–123
– *britannica* 124
– *cystogena* 122
– *emersonii* 65, 66, 113,
  121–123

– *stübenii* 122
– *variabilis* 121
Blumenkohl 59
Bocksbart 171
Boletus 197, 388, 394, 414,
  417
– *chrysenteron* 414, 415
– *edulis* 414
– *elegans* 414
– *parasiticus* 414
– *satanus* 414
– *scaber* 414
– *versipellis* 414
Botryotrichum 316
Botrytis allii 60
– *cinerea* 59–61, 169,
  341–343
Bovista 446
Brachy-Allomyces 119–121
Brassica 531
– *campestris* 45
– *napus* 45
– *oleracea* 45
Buche 317, 414, 424
Bremia 164, 169
– *lactucae* 169, 170
Bullera 472
Byssochlamys 282, 283, 287
– *fulva* 287
– *nivea* 287, 288
– *verrucosa* 287

Calocera 438
– *cornea* 437, 438
– *viscosa* 377, 437–439
Calvatia 446, 448
– *gigantea* 384, 447, 448
Candida 250, 476
– *albicans* 262
Cantharellus cibarius 396
Capsella 174
– *bursa-pastoris* 44,
  164–166, 171, 172
Carex 487
Carpenteles 294, 295
Castanea 417
Cephalosporium 325, 327
Ceratiomyxa fruticulosa 19,
  21
– *tahitiensis* 20
Ceratocystis 50, 247, 297,
  300, 301
– *adiposa* 298, 299
– *coerulescens* 298, 299
– *fagacearum* 297
– *fimbriata* 297
– *piceae* 298, 300

– *ulmi* 297, 299, 300, 302
Cercospora 529, 537
– *apii* 537
– *beticola* 537, 538
Chaetocladium 204, 206
– *brefeldii* 207
– *jonesii* 207
Chaetomium 247, 314–316
– *brasiliense* 316
– *cochliodes* 315–317
– *elatum* 315, 316
– *globosum* 315–317
– *pululiferum* 316
– *thermophile* 315
– *trigonosporum* 316
Chaetostylum fresenii 206
Champignon 383, 410
Chenopodium 164
*Choanephora (Blakes-
  lea)* 81, 176, 208
– *cucurbitarum* 208, 210,
  211
– *trispora* 189
*Chondrostereum purpureum
  (= Stereum purpu-
  reum)* 434
Chytridium 90, 108, 109
– *olla* 109, 110
– *sexuale* 109, 110
Cirsium arvense 487
Cladochytrium 88, 90, 106
– *replicatum* 106–108
Cladonia 349, 352
– *pyxidata* 351, 352, 354
– *rangiferina* 352
– *sylvatica* 352
Cladosporium 493, 529
– *herbarum* 492
– *macrocarpum* 492
Clastoderma debaryanum 25
Clathrosphaerina zalewski
  516, 517
Clavaria 431, 438, 490
– *argillacea* 431
– – *var. sphaerospora* 432
*Clavariadelphus pistilla-
  ris* 431
Clavariopsis 514
– *aquatica* 504, 505, 512
Clavatospora longibrachiata
  502
– *stellata* 502
Claviceps 62, 297, 327, 328,
  332, 334, 337
– *microcephala* 329, 331
– *purpurea* 59–61,
  328–332, 334

Clavulina cristata   432, 433
– *rugosa*   432, 433
*Clavulinopsis cornicula-
ta*   431
– *fusiformis*   431
Clitocybe truncicola   391
– *clavipes*   396, 397, 408
*Cobosporium tussilagi-
nis*   490
Cochliobolus   369, 536, 539
– *cymbopogonis*   246
– *sativus*   246, 535, 536
Coelomyces   112
Colletotrichum   529, 541
– *dematium*   541
– *gloeosporoides*   541
– *gossypii*   541
– *graminicola*   500, 541, 542
– *lindemuthianum*   541
– *lini*   541
Collybia   408
Coltricia perennis   417
Comatricha   28, 32
– *nigra*   31
Conidiobolus coronata   225
– *villosus*   225
Coprinus   77, 400, 411
– *atramentarius*   383, 404,
412
– *cinereus*   384, 388–390,
392, 393, 398, 401–403,
405, 411, 412
– *comatus*   384, 388, 412
– *congregatus*   392
– *curtus*   411
– *ephemerus f. bisporus*   387
– *micaceus*   391, 412
– *plicatilis*   411
– *radiatus*   375
– *sterquilinus*   387, 404
Coprobia granulata   363
Cordyceps   62, 327, 337, 339
– *agariciformia*   339
  canadensis   339
– *militaris*   61, 337–339
– *ophioglossoides*   337, 339,
368
Coriolus versicolor   393, 409,
418, 419, 421
Cortinarius   396, 413
Corylus avellana   279, 280,
363
Crataegus   278, 490
Crocus   60
Cronartium ribicola   380
Crucibulum   450, 451, 453
– *vulgare*   389

Cryptococcus   250
– *neoformans*   476
*Cunninghamella echinula-
ta*   214
– *elegans*   214
Curvularia   529, 537–539
– *cymbopogonis*   538, 539
– *inaequalis*   538
– *lunata*   538, 539
Cyathus   65, 450
– *olla*   450
– *stercoreus*   390, 450–453
– *striatus*   389, 450, 451, 453
Cylindrocarpon   287, 325,
327, 329, 504
Cystocladiella   121
Cystogenes   119–122
Cystopus candidus   171

Dacrymyces   436
– *stillatus*   436–438
Dactylaria   526
– *brochopaga*   521, 524
– *candida*   518, 521, 523
Dactylella   526
Dactylis   44, 335, 477, 489
Daldinia   318
– *concentrica*   318–320
Delacroixia coronata   225
Dendrospora   508
– *erecta*   506, 507
*Dendrosporomyces proli-
fer*   508
*Deschampsia (Aira) caespito-
sa*   484
Dictyophora indusiata   456
Dictyostelium   7, 8, 14, 15
– *discoideum*   8–13
– *gigantum*   13
– *mucoroides*   8, 9, 12, 13
Dictyuchus   63, 119,
136–138
– *monosporus*   145
– *sterile*   136, 137, 139
Didymium   26
– *iridis*   34, 35
– *nigripes*   22, 23, 34
– *squamulosum*   24
Digitatospora marina   512
*Dinemasporium grami-
num*   64
Diplophlyctis   88, 90, 91
Doratomyces nanus   497
– *stemonitis*   497, 498, 500
Drechslera   529, 534, 536,
537
– *avenacea*   536

– *graminis*   536
– *maydis*   536, 537
– *oryzae*   536
– *sorokiniana*   535, 536
– *teres*   536
– *turcica*   536

Echinobotryum   497, 498
Echinostelium minutum   25
Edel-Reizker   416
Eiche   125, 414, 434, 442
Elaphomyces   337, 339, 364,
367
– *granulatus*   367, 368
– *muricatus*   367, 368
Elymus arenarius   460
Emericella   291
– *heterothallica*   291
– *nidulans*   236, 237, 287,
291, 292
Endoconidiophora   299, 300
Endodesmidium   96
Endogone   217, 219
– *lactiflua*   219
Endomyces   250, 254
– *geotrichum (= Galactomyces geotrichum)*   79, 253,
254, 491
– *magnusii*   254
– *reessii*   254
Endomycopsis   261
– *fasciculata*   261
– *fibuligera*   261, 262
– *scolyti*   261
Endymion non-scriptus   489
Entomophthora   225, 512
– *americana*   227, 228, 230,
231
– *coronata*   225, 226, 228,
381
– *egressa*   231
– *muscae*   225, 227–229
– *sepulchralis*   231
– *virulenta*   231
Entophlyctis   88, 91
Epichloe   327, 332, 335, 337
– *typhina*   64, 332, 335, 336
Epicoccum   529, 532
– *nigrum (= E. purpuras-
ceus)*   532, 533
Erbse   543, 545
Erdbeere   156, 177, 343
Erdstern   446, 449
Erdzunge   344
Eremascus   250, 254, 255
– *albus*   254, 255
– *fertilis*   254, 255

Erle 263
Erysiphe 269
– *cichoracearum* (= *E. communis*) 268, 269, 273
– *graminis* 64, 267, 269–276, 279
– – *f. sp. agropyri* 271
    hordei 271
    secalis 271
    tritici 271
– *polygoni* 269, 274, 275
Esche 125, 318
Escherichia coli 5, 8, 23
Eu-Allomyces 82, 114, 116, 117, 119–122
Eucladiella 121
Eupenicillium 283, 294
– *brefeldianum* 294
– *javanicum* 294
Eu-Puccinia 487
Eurotium 287, 291, 290
– *repens* 289–291
Exidia 442
– *glandulosa* 440–442
– *nucleata* 443

Fagus 455
– *sylvatica* 319, 321, 322
Feldschwindling 409
Felsenulme 302
Festuca 489
– *arundinacea* 337
– *rubra* 335
Fichtenknospenwurm 231
Filipendula ulmaria 489
Filobasidiella 476
Fistulina hepatica 417
Flachs 490, 541
Flagellospora curvula 508, 510
– *penicillioides* 508, 510
Flammulina velutipes (= *Collybia velutipes*) 391, 399, 401–403, 405, 406
Fliegenpilz 410
Flußkrebs 128
Fraxinus 321
– *excelsior* 318, 319
Fuligo 26
– *septica* 24, 28, 29
Fusarium 64, 287, 325, 327, 490
– *oxysporum* 238, 239

Gammarus pseudolimnaeus 514
Ganoderma 417

– *applanatum* (= *Elfingia applanata*) 384, 423, 424
Gastrodia elata 409
Geastrum 446, 449, 455
– *triplex* 449
Gelasinospora tetrasperma 237, 238
Genea 367
– *hispidula* 366
Geoglossum 344, 345
Geolegnia 138
Geotrichum candidum 254, 492
Geranium pratense 168, 169
Gerste 271, 477, 536
Gibberella fujikuroi 2
Gigaspora 219
Gilbertella 187, 208, 210
– *persicaria* 211
Gladiolus 60
Glaziella 219
Gliocladium 81, 287, 325, 326
Glomerella cingulata 541
– – *f. sp. phaseoli* 541
– *gossypii* 541
– *graminicola* 541
Glomus 219
– *macrocarpus* 220
– *mosseae* 217, 218
Glyceria 463
Gonapodya 124
Graphium 300
Grünblättriger Schwefelkopf 413
Grünspan-Träuschling 413
Gurke 149
Gymnoascus 247, 282
– *reessii* 282–284
Gymnosporangium 488, 490
– *clavariiforme* 490
– *nidus-avis* 380, 381

Hafer 477, 484, 545
Hallimasch 375, 408, 411
Hansenula wingei 261
Harposporium anguillulae 528
Hausschwamm 56, 429–431
Hefe 250
Helicobasidium brebisonii 443
Helicodendron 515
– *conglomeratum* 515
– *triglitziense* 515
Helicomyces scandens 64
Helicoon 514, 515

Helicostylum 204
– *fresenii* 206
Heliscus
  lugdunensis 502–504
Helminthosporium 534
– *velutinum* 80, 493, 494, 534
Helvella crispa 363, 364
Hemitricha 28
Heracleum 60
– *sphondylium* 269
Herbstrosenpilz 488
Heterobasidion annosum (= *Fomes annosum*) 417, 419, 421–423
Himbeere 343, 373
Hirschtrüffel 367
Hirse 532
Hirtentäschelkraut 44, 164, 171
Hohenbuehelia 517
Holcus 44, 335
Holunder 443
Hopfen 59, 344
Hordeum 271
Hundsrute 455
Hyaloscypha 516
Hydnum 425, 442
– *auriscalpium* 425
– *repandum* 426, 427
– *rufescens* 426
Hygrophorus 408
Hylurgopinus rufipes 301
Hymenogaster tener 449
Hymenoscyphus splendens 506
Hypholoma 413
– *fasciculare* 413
– *sublateritium* 413
Hypocrea 325
– *gelatinosa* 325, 326
– *pulvinata* 323–325
– *rufa* 325, 326
Hypoxylon 318, 319
– *fragiforme* (= *H. coccineum*) 321, 322
– *multiforme* 321, 322
– *rubiginosum* 321
– *serpens* 318

Ingoldiella hamata 508, 509, 512
Isopyrum 487

Juncus effusus 340, 341
Juniperus 490

Kakao 156
Karlingia dubia 106
– *rosea* 105
Kartoffel 36, 43, 59, 96, 97,
    146, 154, 160, 344, 443
Kartoffel-mop-top-Virus 44
Kautschuk 298
Khuskia oryzae 534
Kiefer 414, 450
Klebsiella aerogenes 5, 8, 23
Klee 269, 371
Knollenblätterpilz 410
Kohl 36–39, 92
Kresse 148
Kürbis 269

Labyrinthula 16, 17
– *macrocystis* 17, 18
Labyrinthuloides minuta 16
Laccaria 408
Lactarius 77, 197, 394, 398,
    415
– *deliciosus* 416
– *rufus* 396, 416
– *turpis* 416
Lactuca sativa 169
Lärche 414
Laetiporus sulphureus 419,
    421
Lamproderma 32
Larix 414, 415, 490
Lecanora conizaeoides 349
Leccinum 414
– *scabrum* 414
– *versipelle* 414
Lemonniera aquatica 502,
    503
– *terrestris* 502
Lentinellus 425
Lentinus edodes 376, 382,
    396
– *tigrinus* 396, 397
Lepidium sativum 148, 149
Lepiota 410
– *procera* 410, 411
– *rhacodes* 410
Leptographium 300
Leptolegnia 136
Leptosphaeria 369
– *acuta* 369–371
– *avenaria* 369, 545
– *coniothyrium* 369
– *maculans* 543
– *microscopica* 64
– *nodorum* 545
*Leptosporomyces galzi-
    nii* 506, 508

Leucosporidium 476
Licea 25
Lichtnelke 470
Limnoperdon 446
Linde 442
Linum catharticum 490
– *usitatissimum* 490
Löwenzahn 276
Lolium 44
Lophodermium pinastri 345
Lunulospora curvula 510,
    511
Luzerne 371
Lycogala epidendrum 28
Lycoperdon 445, 446, 448,
    450, 455
– *perlatum* 447
– *pyriforme* 446–448
Lycopodium 184

Magnaporthe grisea 541
Mais 532, 534, 536
Malva 488
Marasmius 408
– *oreades* 64, 409
*Margaritispora aquati-
    ca* 502, 511, 512
Massarina 505, 510, 541
– *aquatica* 511
Melampsora lini 490
– – var. *liniperda* 490
– *populnea* 490
*Melampsoridium betuli-
    num* 490
Melampyrum 490
Mercurialis perennis 97,
    103, 490
Meria coniospora 527, 528
Microascus 497
Micromyces 96
Microsphaera 281
– *alphitoides* 281
– *diffusa* 268
Microsporum 282
Mitrula 344
Modicella 219
Molinia 329
Mollisia 511
Monacrosporium 518, 519,
    522, 526
– *bembicodes* 521
– *cionopagum* 518
– *doedycoides* 524
– *drechsleri* 518
– *eudermatum* 519, 520
– *gephyropagum* 518

Monilia 312, 342, 343, 491
– *fructigena* 341
Monoblepharella 124, 126
Monoblepharis 124, 125
– *ovigera* 126
– *polymorpha* 125, 126
– *regigneus* 126
– *sphaerica* 126
Morchella elata 362
– *esculenta* 362, 363
Mortierella 215, 217
– *epigama* 216
– *marburgensis* 217
– *parvispora* 217
– *rostafinskii* 216
– *stylospora* 217
– *wolfii* 217
– *zonata* 216, 217
Mucor 177, 199, 204, 206,
    207, 211, 212, 214, 295
– *azygospora* 195
– *bainieri* 195
– *genevensis* 189, 193
– *hiemalis* 186, 187, 190,
    192, 195
– *mucedo* 178, 187, 189,
    192, 193, 195
– *plasmaticus* 187
– *plumbeus* 179, 187, 203
– *racemosus* 177, 179, 195
– *rouxii* 177, 180
– *spinosus* 195
Mutinus 458
– *caninus* 455, 457
Mycena 408, 410
– *galericulata* 410
– *galopus* 410
Mycosphaerella pinodes 545

Naematoloma 413
Nannizzia 282
Nardus 329
Nectria 81, 297, 325, 327,
    504, 508
– *cinnabarina* 62, 248, 325,
    327, 328, 437, 500
– *galligena* 325, 327
– *haematococca* 330
– *inventa* 331
– *mammoidea* 327, 329
Nematoctonus 516, 518, 528
– *concurrens* 525
– *haptocladus* 525
– *leptosporus* 527
Neurospora 2, 233, 234, 237,
    302, 310, 312, 359

Neurospora, crassa 54, 232, 240, 248, 310–313, 491
– *dodgei* 313
– *sitophila* 310, 312
– *terricola* 313
– *tetrasperma* 74, 75, 240, 310, 313, 314
Nia vibrissa 64, 446, 513
Nigrospora 529, 532
– *oryzae* 532
– *sphaerica* 534
Nodulisporium tulasnei 318
Nostoc 349, 351
Nowakowskiella 88, 90, 110
– *elegans* 111, 112
– *profusa* 90, 112

Ochsenzunge 417
Octomyxa brevilegniae 37
Oedocephalum lineatum 422
Oedogonium 109, 110
Oenothera 100, 103
Oidium 273
– *tuckeri* 281
Olpidium 48, 88, 90, 91, 93, 128
– *brassicae* 92, 94, 95
– *trifolii* 93, 95
– *viciae* 93, 95
Ophiobolus 369
Ophiostoma 300
Oudemansiella 408
– *mucida* 378
– *radicata* (= *Collybia radicata)* 375, 376, 409, 415
Ovulariopsis 281

Paeciliomyces 288, 339
Paneolus 412
– *campanulatus* 412
– *semi-ovatus* 412
– *sphinctrinus* 412
Papaver 45
Pappel 263
Parasolpilz 410
Pastinak 169
Paxillus 414
– *involutus* 415
Pellicularia rolfsii 60
Peltigera 351
– *canina* 351
– *polydactyla* 349–351, 353
Penicillium 81, 282, 283, 286, 287, 290, 294, 296, 490, 495, 496, 529
– *camemberti* 294

– *chrysogenum* 294
– *claviforme* 63, 294, 295
– *clavigerum* 286
– *corylophilum* 286
– *cyclopinum* 233
– *digitatum* 294
– *expansum* 293, 294
– *griseo-fulvum* 394
– *italicum* 294
– *notatum* 294
– *rogneforti* 294
– *spinulosum* 293, 294
– *thomii* 295
Peniophora gigantea 391, 392, 422
Périgordtrüffel 363
Peronospora 64, 147, 164
– *destructor* 164, 168
– *farinosa* 164
– *manshurica* 166, 167
– *parasitica* 165–168, 171, 174
– *tabacina* 164, 167, 168
Pertusaria pertusa 74
Pesotum 300
Peziza 363
Pfirsich 263
Pflaume 263
Phallus 445, 456
– *impudicus* 375, 455, 457, 458
– *ravenelii* 458
Phaseolus 541
Phlebia merismoides 409
Pholiota 413
– *squarrosa* 413
Phoma 529, 542
– *betae* 500, 543
– *epicoccina* 532
– *lingam* 543
– *medicaginis var. pinodella* 543
Phorbia phrenione 335
Phragmidium violaceum 489
Phragmites 7, 329
Phycomyces 176, 179, 182–185, 187, 194, 197, 203, 204
– *blakesleeanus* 186, 190, 192, 194, 197
– *nitens* 193, 197
Phyllactinia 281
– *guttata* (= *P. corylea)* 279–281
Physarum 24, 26
– *flavicomum* 34
– *globuliferum* 34

– *gyrosum* 23
– *oblatum* 24
– *polycephalum* 23, 24, 26–30, 34
Physoderma 88
Phytophthora 72, 73, 81, 130, 146, 147, 148, 154, 156, 174
– *cactorum* 155, 157–159
– *capsici* 159, 160
– *cinnamomi* 156, 160
– *cryptogea* 160
– *drechsleri* 159
– *erythroseptica* 73, 155, 157, 159
– *fragariae* 155
– *hevea* 159
– *infestans* 64, 149, 154–156, 159–164, 169
– *palmivora* 156, 159, 160
Pilaira 65, 197, 207
– *anomala* 203, 204
Pilobolus 64, 65, 197–203, 220
– *crystallinus* 199
– *kleinii* 199–201
– *longipes* 199
Pinus 219, 414, 455
– *strobus* 363
Piptocephalis 211, 212
– *freseniana* 212, 213
– *virginiana* 213
– *xenophila* 212
Piptoporus betulinus (= *Polyporus betulinus)* 323–325, 388, 417, 420–422
Pityrosporum 250
Plasmodiophora brassicae 36–40, 42, 45
Plasmopara 147, 164, 168, 169
– *nivea* 169
– *pusilla* 168, 169
– *pygmeae* 168, 169
– *viticola* 169
Plenodomus lingam 543
Pleospora 369, 371, 532, 536
– *bjoerlingii* (= *P. betae)* 371, 543
– *herbarum* 64, 369, 371, 372, 492
– *infectoria* 371, 373
Pluteus 400
– *cervinus* 399
Poa 484, 487, 489
Podosphaera 65, 276, 281

– *clandestina* (= *P. oxyacanthae*) 278, 279
– *leucotricha* 267, 276
Podospora 302, 306
– *anserina* 240, 307–310, 313, 314
– *curvula* 306
– *decipiens* 306
– *minuta* 307
Polygonum 269
Polymyxa graminis 44
Polyphagus 91
Polyporellus ciliatus 417
Polyporus brumalis (= *Polyporellus brumalis*) 401–403, 417
– *caryae* 417
– *mylittae* 61
– *rugulosum* 387
– *squamosus* 384, 417, 422
– *sulphureus* 419
Polysphondylium 15
– *violaceum* 12
Populus 490
Portulaca 174
Protomyces 263
– *inundatus* 263
– *macrosporus* 263
Protostelium 6
– *mycophaga* 5, 7
Psalliota 410
Psathyrella coprobia 390
– *coprophila* 391, 392
Pseudohydnum gelatinosum (= *Tremellodon gelatinosum*) 425, 440, 442
Pseudomonas putida 404
Pseudotsuga 219
Psilocybe 413
– *semilanceata* 413
Puccinia 477
– *caricina* 487
– *graminis* 377, 476–483, 487
– – *f. sp. avenae* 484
    airae 484
    poae 484
    secalis 484, 486
    tritici 484–486
– *malvacearum* 488
– *menthae* 476, 487
– *poarum* 64, 487
– *punctiformis* (= *P. suaveolens, P. obtegens*) 487, 488
– *recondita f. sp. tritici* 487
– *sorghi* 480

– *striiformis* (= *P. glumatarum*) 487
Pyrenophora 369, 536
– *graminis* 536
– *teres* 536
Pyricularia 529, 540
– *aquatica* 502, 511, 512, 541
– *grisea* 540
– *oryzae* 540
Pyronema 354, 357
– *domesticum* 354–357
– *omphalodes* (= *P. confluens*) 354
Pythiopsis cymosa 137
Pythium 85, 130, 146, 148, 150, 151, 153, 157
– *acanthicum* 147
– *aphanidermatum* 149, 151
– *butleri* 146
– *debaryanum* 149, 151, 153, 154
– *gracile* 149
– *heterothallicum* 153
– *mamillatum* 149, 153
– *middletonii* 150–152
– *multisporum* 147
– *proliferum* 150
– *splendens* 153
– *sylvaticum* 153
– *ultimum* 51, 52, 149, 151, 153
– – *var. sporangiferum* 151
    ultimum 151
– *undulatum* 151

Quecke 271
Quercus 417, 455

Ramaria 432
– *stricta* 432
Ranunculus ficaria 488
– *repens* 460
Raphanus 173
Reis 532, 538, 540
Rentierflechte 352
Reticularia 24
– *lycoperdon* 25, 28, 29
Rhabditis 525
Rhizidiomyces apophysatus 50, 69, 70, 88
Rhizidium 91
Rhizobium 404
Rhizoctonia 85, 387
– *solani* 59, 386
Rhizophlyctis 88, 104, 106

– *oceanis* 106
– *rosea* 89, 90, 104, 105
Rhizophydium 88, 91
Rhizopogon 394, 446
Rhizopus 182, 195, 204
– *sexualis* 187, 190–193, 197
– *stolonifer* 177, 181, 186, 187, 190, 193, 197
Rhodosporidium 475
Rhodotorula 476
– *mucilaginosa* 5
Rhynia 217
Rhytisma 345
– *acerinum* 345–348
Roggen 271, 330, 332, 477, 484
Rosellinia 317
Rubus fruticosus 489
Rübe 543
Rumex 45
Russula 77, 197, 394, 398, 415
– *cyanoxantha* 399
– *emetica* 396
– *fellea* 416
– *ochroleuca* 416

Saccharomyces 48, 250–252, 255, 258–261
– *cerevisiae* 82, 255–257
– *chevalieri* 261
– *lipolytica* 262
Salix 490
Sanguisorba officinalis 490
Saprolegnia 72, 73, 128–134, 136, 138, 142
– *dioica* 132
– *ferax* 73, 130, 133, 139
– *litoralis* 139
– *parasitica* 130, 133, 139
Saubohne 59, 371
Scheidling, schwarzstreifiger 396
Schizophyllum 426
– *commune* 238, 379–381, 388–390, 392, 393, 395, 427, 428
Schizoplasmodium cavosteloides 7
Schizosaccharomyces 250–252, 254
– *japonicus var. versatilis* 250, 252
– *octosporus* 250–252
– *pombe* 250–252

Schmeißfliege   227, 228, 230
Schopftintling   388, 412
Schüppling, südlicher   412
Scleroderma   414, 446, 455
– aurantium   447, 455
– verrucosum   455, 456
– vulgare   455
Sclerospora philippinen-
    sis   167
Sclerotinia   340
– curreyana   340, 341
– fructigena (= Monilinia
    fructigena)   248,
    341–343, 491
– fuckeliana (= Botryotinia
    fuckeliana)   59, 340, 343,
    344
– gladioli (= Stromatinia gla-
    dioli)   60, 344
– laxa   343
– narcissi   344
– porri (= Botryotinia por-
    ri)   344
– sclerotiorum   59, 344
– tuberosa   340, 341
Sclerotium cepivorum   61
– rolfsii   60
Scolytus   261
– multistriatus   301
Scopulariopsis   316
– brevicaulis   495, 496
Secale   271, 331
– cereale   330, 332
Seegras   18
Senecio   169, 490
– squalidus   171
– vulgaris   170
Sepedonium chrysosper-
    mum   414
Septoria   529, 545
– apiicola   545
– avenae   545
– nodorum   500, 544, 545
Serpula   431
– lacrymans (= Merulius lacry-
    mans)   56, 57, 374, 382,
    429, 430
Serratia marcescens   10
Shiitake   396
Silene alba   460, 470
– dioica   470
– vulgaris ssp. maritima   471
Sistotrema   508
Sojabohne   166
Solanum   160, 162
– demissum   162, 163
– tuberosum   163

Sonchus   169
Sordaria   245, 246, 302, 303,
    310
– brevicollis   306
– fimicola   64, 245, 303–305
– heterothallis   306
– humana   305
– macrospora   234, 236, 244,
    303, 305, 306
Sorghum   534, 536, 541
Spalthefe   251
Spartina   15
Sphacelaria   513
Sphacelia   332
– segetum   334
Sphaerobolus   65, 450, 453
– stellatus   451, 453–455
Sphaeronaemella   297
– fimicola   297
Sphaerotheca   276
– var. fuliginea (= S. fuligi-
    nea)   276
– macularis (= S. humu-
    li)   276
– mors-uvae   267, 276
– pannosa   274, 276, 277
Sphagnum   344
Spiegelhefe   472
Spinat   541
Spirosphaera   515, 516
Spongospora subterra-
    nae   36, 43; f. sp. nastur-
    tii   36, 44
Spordiobolus   475
– johnsoni   473
Sporobolomyces   48, 381,
    472, 473
– holsaticus   381
– odorus   474
– roseus   472–474
– salmonicolor   381, 472,
    474, 475
Sporodinia grandis (= Syzygi-
    tes megalocarpus)   197
Sporormia   369, 373
– intermedia   64, 373, 374
Stachelbeere   343
Stäubling   63, 446
Stechginster   318
Steinpilz   414
Stemonitis   28, 29, 32, 33
– fusca   31
– nigrescens   25
Stemphylium   371, 372, 492,
    529, 532
– radicinum   532
Stereum   434, 435

– gausapatum   434
– hirsutum   434, 443
– rugosum   434
– sanguinolentum   434
Stinkmorchel   63, 455
Stropharia   413
– aeruginosa   413
– semiglobata   396, 397, 413
Stubenfliege   225, 227, 229
Suillus   414
– bovinus   414
– grevillei   414, 415
– luteus   414
Syncephalastrum   211
– racemosum   211, 212
Syncephalis   211
Synchytrium   48, 88, 96, 101,
    103, 104
– aecidioides   103
– endobioticum   87, 96–103
– fulgens   100, 103
– mercurialis   97, 103
– taraxaci   97, 102, 103
Syzygites megalocarpus   186,
    187, 189, 191, 193, 197, 198

Tabak   146, 164
Talaromyces   295
– stipitatus (= Penicillium sti-
    pitatus)   295, 296
– vermiculatus (= Penicillium
    vermiculatus)   295, 296
Taphrina (= Exoascus)   263
– betulina   263
– cerasi   263
– deformans   263–266
– epiphylla   266
– institiae   263
– populina   263, 265
– pruni   263
– tosquinetii   263
Taraxacum officinale   97,
    102
Tetrachaetum elegans   506
Tetraploa aristata   64
Thalictrum   487
Thamnidium   81, 204
– elegans   204–206
Thanatephorus cucumeris   59
Thelephora   435
– terrestris   434–436
Thraustotheca   129, 136, 137
– clavata   135, 136, 140
Threbouxia   350
Tilletia   465, 466
– caries   64, 460, 463, 467,
    468

Tilletiopsis   473
Tintling   410
Tomate   177, 343, 344
Torula herbarum   64
Torulopsis   250
Tragopogon porrifolius   171
– *pratensis*   171
Tranzschelia discolor   64
Tremella   442, 443
– *frondosa*   440–443
– *mesenterica*   443
Trichia   23, 28
– *floriforme*   30
Trichocladium   506, 514
– *splendens*   502, 505, 513
Trichoderma   81, 174, 287, 325, 408, 409
– *viride*   79, 160, 325, 326
Trichoglossum   344
– *hirsutum*   344, 345
Tricholoma   408
Trichometasphaeria   536
– *turcica*   536
Trichophyton   282
Trichoscyphella willkommii   340
Trichothecium   525
– *cystosporium*   526
– *flagrans*   526
– *roseum*   526
Triphragmium   489
– *ulmariae*   489
Triticum   271
Trüffel   65, 363
Tuber   364
– *aestivum*   363, 367
– *albidum*   363
– *brumale*   363, 367
– *excavatum*   364–366
– *maculatum*   363

– *magnatum*   363
– *melanosporum*   363
– *puberulum*   364–366
– *rufum*   364, 365
Tubercularia vulgaris   325, 500
Tussilago   487, 490

Ulex   318
Ulme   125, 301, 422
Ulmus japonica   302
– *pumila*   302
– *thomasii*   302
Uncinula   281
– *bicornis (= U. aceris)*   278, 281
– *necator*   281
Urocystis   465
– *agropyri*   465
– *anemones*   460, 468
Uromyces dactylidis   489
– *ficariae*   489
– *muscari*   489
Urtica   487
– *dioica*   369, 447
Ustilago anemones   466
– *avenae*   377, 460–463, 467
– *hypdytes*   460
– *longissima*   463, 466
– *maydis*   463, 468
– *nuda*   460, 463, 465, 467, 468
– *violacea*   460, 463, 464
Ustulina deusta   317

Varicosporium elodeae   506, 507
Vaucheria   109, 110
Verrucaria   297

Verticillium   81, 287, 325, 327, 490
– *cinnabarinum*   331
Vicia faba   545
Viola   149
Vogelnestpilz   63, 450
Volucrispora   502
Volvariella volvacea   396

Wasserkresse   36, 44, 45
Weinrebe   169
Weißdorn   279
Weizen   333, 477, 484, 545
Weizenmosaikvirus   44
Wespe   343
Wiesenchampignon   410
Woronina polycystis   37

Xanthoria   349
– *aureola (= X. pariotina var. aureola)*   349, 350, 352
Xenodus carbonarius   488, 489
Xerocomus subtomentosus (= Boletus subtomentosus)   396
Xylaria   245, 318
– *hypoxylon*   318–321
– *longipes*   247
– *polymorpha*   318, 319
Xylosphaera   317

Zoophagus   148
Zostera   15
– *marina*   18
Zuckerrübe   164, 371, 532, 537
Zygorhizidium   108
Zygorhynchus   195, 207
– *dangeardi*   193
– *mölleri*   187, 189, 196

Sachverzeichnis

Acervulus 500, 541
Acrasiales 7
Acrasidae 7
Acrasin 8
Acrasiomycetes 4
Adhesorium 40, 41
Aecidiospore 477
Aecidium 477
Aethallium 28
Agaricaceae 410
Agaricales 395
Aggregation 8
Albuginaceae 146–148, 171
Aleuriokonidien 493
Aleuriospore 288
Amanitaceae 410
Amerospore 499
Ammenhyphen 451
AMP, zyklisch 8, 15
Anemonenbrand 460
Aneuploidie 14
Anisogametangioga-
mie 207, 217
Anisogamie 122, 217, 220
Annellophor (= Annelli-
de) 480, 495, 496
Antherenbrand 460
Antheridiol 144
Antheridium 125
– amphigyn 159
– epigyn 126
– paragyn 159
Anthraknose, Baumwol-
le 541
– Bohne 541
„Antoniusfeuer" 329
Anulus 245
Apandrie 357
Aphanoplasmodium 18–20,
26
Aphyllophorales 416
Aplanie 138
Aplanogameten 104
Aplanospore 74, 138, 175,
182

Apogamie 34
Apomixis 120
Apophyse 7
Apothezium 61, 62, 247
Appressorium 161, 212,
213, 228, 271
Arbusculum 218, 219
Arthropoden 175
Arthrosporen (= Arthrokoni-
dien) 254, 359
Ascogon 240
Ascokarp 62
Ascomycotina (Ascomyce-
tes) 212, 232
Ascospore 62, 74, 232
– Entwicklung 241
Ascostroma 368
Ascus 62, 232
– bitunicat 62, 245
– inoperculat 245
– operculat 245
– unitunicat 62, 245
Ascusentwicklung 241
Ascusvesikel 242
Auriculariales 443
Auriscalpiaceae 425
Auxotrophie 176
Azygospore 177, 195, 217,
220, 231

„bakanae"-Reiskrankheit 2
Ballistospore 77, 378
Barrage 309
Basalscheibe 8
Basidie 63, 374, 377, 477
– Holo-, 375, 377
– Meta-, 377
– Pario-, 377
– Phragmo-
(= Hetero-), 375, 378
– Pro-, 377, 477
Basidiokarp 63
Basidiole 400
Basidiomycotina (= Basidio-
mycetes) 233, 374

– Fortpflanzungssyste-
me 387
Basidiospore 63, 75, 477
– Struktur 76
– Freisetzung 378
Becherpilze 247
Befruchtungsstoffe 160
Blasenrost 85
Blastocladiaceae 113
Blastocladiales 112, 124,
126
Blastospore 261, 262
Blattbrand, Mais 536
– Reis (Brusone-Krank-
heit) 539, 540
Blattflecken, Gräser 540
– Reis 539
– Zuckerrüben 537
Blattfleckenkrankheit 369
Blattkräuseln 249
Blattpusteln, Hafer 545
Blattstreifenbrand 465
Blauschimmel, Tabak 146,
164
Blei- (= Silber-)glanz 434
Blepharoplast 67
Bodenparasiten 220
Bolbitiaceae 412
Boletaceae 413
Bordeaux-Mischung 162,
169
Bothrosom 17
Brandpilze 85, 458, 459
Brandspore 459
Brennfleckenkrankheit, Ak-
kerbohne 545
– Erbse 543
Braunfäule 294, 343, 417
Braun- oder Blattrost 487
Buller-Phänomen 393

Caeomata 490
Capillitium 19, 23, 28, 29,
31–33
Capillitiumfäden 447

Cephalodien 349
Ceratiomyxales 19
Ceratiomyxomycetidae 19
Chitin 37
– Formel 49
Chitinmikrofibrillen 177,
    179, 185
Chitosom 53
Chlamydospore 78, 79, 130,
    149, 157, 177, 179,
    217–219, 459
Choanephoraceae 176, 187,
    208
Chrysophyceae 15, 18
Chytridiaceae 108
Chytridiales 87, 121, 124
– Thallusstruktur 89
Chytridiomycetes 87
Cladochytriaceae 106
Clavariaceae 431
Clavicipitaceae 327
Coelomycetes 541
Coleosporiaceae 490
Columella 28, 33, 175, 176,
    178–181, 186, 187, 190,
    195, 200, 203–206, 208,
    215, 217, 220, 225, 228, 231
Compatibilität 35, 159
Compositae 169
Congregation 17
Coniophoraceae 429
Coprinaceae 411
Cortex 450
Cortina 396
Cortinariaceae 413
Cruciferae 38, 164, 171
Cunninghamellaceae 176,
    214
Cystenbildung 17
Cystidie 400
– Caulo-, 401
– Cheilo-, 401
– Pileo-, 401
– Pleuro-, 401
Cystidiole 400
Cytoplasmaströmung 20

Dacrymycetales 436
Dauerkörper 228
Dauersporangium 119, 124
Dauerspore 38
Desmidiaceae 220
Deuteromycotina 490
Diaporthe-Typ 304, 305,
    308
Dictyospore 499
Dictyosteliales 7

Didymospore 499
Dikaryon 385
Dikaryont 83
Dimorphismus 48
Diözie 138, 145, 147, 153,
    159, 160, 167, 202, 204,
    207, 211, 217
– physiologische 34, 174,
    187, 188, 193, 197
Diplanie 133
Diplont 82
Discomycetes 339
Dissepiment 419
Distelrost 487

Ectoascus (= Ectotuni-
    ca) 246
Ectrogellaceae 128
Eichenwelke 297
„Eingeborenenbrot" ("black
    fellows bread") 59
Ektospor 77
Elateren 23, 30
Endoascus (= Endotuni-
    ca) 246
Endogonaceae 177, 217
Endomycetaceae 250
Endomycetales 250
Endospor 75, 159, 174, 378
Endospore 22
Entomophthoraceae 220
Entomophthorales 175, 220
Entwicklungszyklen 81–83,
    120
Epispor 75, 208, 209, 378
Erstickungsschimmel 335
Erysiphales 267
Eumycota 2, 47
– Klassifikation 86
Eurotiaceae 283
Eurotiales 282
Excipulum 357
Exospor 77, 159, 174, 378

Feldresistenz 163
Fimbrien 463
Fischeikrankheiten 130
Fischeiparasiten 128
Fischkrankheiten 130
Fischparasiten 128
Fischpathogene 134
Flechten 348
Flechtenpilz 339
Flimmergeißel 69, 133
Flimmerhaare (= Mastigone-
    men) 73
Flugbrand, Gräser 467

Fortpflanzung, asexuell
    182, 204, 211, 214, 219,
    220, 223
– sexuell 187, 220
Fortpflanzungsstrukturen
    62
Fortpflanzungssysteme 34
Fremdzucht 35, 236
Fruchtkörper, astomat 302
– dimitisch 395, 419
– monomitisch 395, 419
– trimitisch 395, 419
Fruchtkörperanatomie 398
Fruchtkörperentwicklung
    (Basidiomycetes), angio-
    karp 396
– gymnokarp 396
– Form und Funktion 406
– Physiologie 401
Fruchtkörpertypen (Ascomy-
    cetes) 247
Führungshyphen 56
Fungi imperfekti 212, 233
– tierfangende 516
Fungizide 45
Funiculus 450
Fußfäule 148
Fußkrankheit, Erbse 543,
    545
– Gerste 536

Gametangiogamie 195
Gammapartikel 67, 69, 123
Ganodermataceae 422
Gasteromycetes 445
Geißel
– anisokont 23, 36
– Flimmer-, 127, 128, 147
– heterokont 17, 127
– Peitschen-, 127, 128, 147
Geißelbewegung 71, 72
Gemmen 78, 130, 139
Generationswechsel 121
Genkonversion 306
Getreiderost 476
Gibberelline 476
Gleba 65, 364, 447
Gonapodiaceae 124
Grauschimmel 59, 169, 343
Gymnoascaceae 282

Haferflugbrand 460
Hakenwurzelkrankheit 36,
    44, 45
Haplo-Dikaryont 83
Haplo-Diplont 82
Haplont 82

Haustorium 55, 147, 148
Hautpilze 282
Hefen 259
Helicospore 499
Helotiales 340
Hemiascomycetes 249
Heterokaryon 14, 233–235
Heterokontimycotina 128
Hexenbesen 249, 263
Hilum 77
Hinterzellen 10, 11
Holobasidiomycetidae 395
Holzfäuleerreger 374
Homokaryon 233, 234, 383
Honigtau 334
Hüllhyphen 248
Hutformstadium 5
Hybridisierung 486
Hydnaceae 426
Hydromyxomycetes 15
Hygrophoraceae 408
Hymenomycetes 394
Hymenopodium 400
Hyperplasie 100
Hypersensitivität 487
Hypertrophie 100
Hyphen 48
– ascogene 241
– Binde-, 395, 419
– Empfängnis-, 267
– generative 395, 419
– Skelett-, 395, 419
Hyphenaggregation 55
Hyphenkörper 220, 223, 228, 231
Hyphenspitze 52
Hyphenverzweigung 55
Hyphenwachstum 51
Hyphomycetes 529
Hypocreaceae 321
Hypothallus 18, 28, 30–33

Imperfekte Wasserpilze 501
Incompatibilität, heterogenische 35, 240, 241, 310, 313, 314
– homogenische 240, 241, 310
– Semi-, 309
– somatische 35
– vegetative 35
Insektenparasiten 60, 175, 220, 225, 337
Inzucht 35
Isogametangiogamie 175
Isogameten 119, 122

Isogamie 220
Isthmus 286

Kaffeeblattrost 484
Kapselfäule 293
– Baumwolle 541
Kartoffelkrautfäule 2, 160
Kartoffelkrebs 87
– Bekämpfung 101
Keimlingskrankheit 148
– Gerste 536
– Reis 539
Kernkappe 119, 124, 126
Kernwanderung 237, 392
Kickxellaceae 176
Kiefernnadelschütte 345
Kinetosom (= Blepharo-plast) 20, 67, 124, 134
Kleistokarpien (= Kleistothe-zien) 62, 247
Knollenfäule 443
Körnerfäule, Reis 539
Kohlhernie 36–38, 44
Kohlschwärze 531
Komplementation 233, 234
Konidien 206, 208, 210
– distoseptiert 536
– euseptiert 536
– Makro-, Mikro-, 311–313
Konidienentwicklung 80
– blastisch 79
– phialidisch 80
– thallisch 79, 491
– tretisch 80
Konidienfruchtkörper (Fungi imperfekti) 500
Konidiogene Zelle 79
Konidiophore, mononema-tisch 299
– synnematisch 299
Konidiospore 64, 78, 164, 175
Konjugation 175
Konnektiv 286
Koremien (= Synnema) 63, 294, 299, 500
Kräuselkrankheit 263, 266
Kraut- und Knollenfäule, Kartoffel 146, 149, 154, 160, 161
– Bekämpfung 162
Krebs, Kakao 156
Kreuzungstypen 159, 160, 187, 193, 195
Kreuzungsverhalten 240
Kronenfäule 293
Kulmination 11

Labyrinthulales 15
Lärchenkrebs 340
Lagenidiales 127
Lamellenstruktur, äquihyme-nial 398
– inäquihymenial 398
Lecanorales 348
Leptomitales 127, 142, 146
Lipidbeutel 67
Loculoascomycetes 368
Lohblüte 28
Lomasom 54, 167, 171
Lycoperdales 446

Maisbrand 463
Makrocysten 9, 12
Mastigomycotina 86
Mastigonemen 17, 69, 149
Medulla 340
Megachytriaceae 110
Mehltau 267, 269, 276, 281
– echter 55
– falscher 55, 127, 164, 167
– – auf Salat 169
– – auf Wein 146
Mehltaupilze 85
Meiosporangium 114, 119
Meiospore 114
Melampsoraceae 490
Melanosporaceae 314
Melanospore 459
Merosporangium 74, 175, 176, 211–213
Metulae 284, 291
Migration 9
Mikrocysten 12
Mikrosklerotium 58
Minzrost 476
Mitosporangium 116
Mitospore 116
Monoblepharidaceae 124
Monoblepharidales 124, 126
Monözie 34, 138, 145, 147, 153, 159, 167, 187, 189, 190, 193, 197, 213, 217
Monokaryon 385
Mortierellaceae 177, 215
Mucoraceae 176, 177, 200
Mucorales 175
Mucormycosis 177
Mutanten 233
Mutterkorn 59, 328
Mykorrhiza 1, 218, 219
Mykorrhizapilze 62, 217, 219
Myxamöbe 8, 18, 20, 24

Myxogastromycetidae 19, 22, 31
Myxomycetes 18
Myxomycota 2
Myzel (= Myzelium) 48, 49
Myzelstränge 55

Nachtschattengewächse 155
„Narrentaschen" 263
Nectria-Typ 322, 324
Netzfleckenkrankheit, Gerste 536
Netzplasmodium 15, 18
Nidulariales 450
Nodulisporium-Typ 320, 321

Obstbaumkrebs 325
Oidien 359, 390
Olpidiaceae 91
Oogametangiogamie 127, 128
Oogamie 124, 146, 147
Oogonienentwicklung 143
Oogoniol 145
Oogonium 78, 125–128, 138
Oomycetes 127
Ooplasma 153, 154, 158
Ooplast 141
Oosphäre 78, 124, 126
Oospore (= Dauerspore) 78, 125–127, 141
Operculum 245, 253
Ophiostomataceae 297
Ostiole (= Ostiolum) 62, 245, 297

Paraphysen 245, 317, 369
Parasiten, biotroph (= obligat) 36, 55, 85, 146–148, 164, 171
– fakultativ (= Saprophyten) 146, 148
Parenthosom 387
Parthenogenese 138
Peitschengeißel s. Geißel
Penicillin 294
Peridie 22
Peridiole 65, 450
Periphyse 297, 317
Periplasma 141, 147, 148, 152, 154, 158, 159, 173
Perispor 75, 378
Perithezienstroma 61
Perithezium 61, 62, 247, 297
Peronosporaceae 146–148, 164

Peronosporales 127, 141, 146, 148
Pezizales 353
Pflanzenparasiten 146
Phacidiales 345
Phaeophyceae 128
Phallales 455
Phaneroplasmodium 18, 26
Phialide 81, 284
Phialokonidien 81, 284
Photorezeptor 124
Phototropismus 182, 200, 203
Phragmobasidiomycetidae 438
Phragmospore 499
Physarales 22, 31
Phytoalexine (= Antipilzsubstanzen) 164
Phytuberin s. Phytoalexin
Pilobolaceae 176, 197
Pilzzellen 49
Piptocephalidaceae 176, 211
Planocyste 20
Planospore 20, 24, 25, 65, 72, 119, 122, 126, 127, 131–138
Planosporenbildung 17
Planosporenfreisetzung 90, 112
Plasmalemmasom 54
Plasmodiokarpien 28
Plasmodiophorales 36
Plasmodiophoromycetes 36
Plasmodium 2, 19, 20, 25, 41
Plasmogamie 25
Plectomycetes 266
Pleosporales 369
Pockenkrankheit, Kartoffel 59
Podetium 352
Polaron 362
Polygenie 45
Polyplanie 133
Polyploidie 143
Polyporaceae 416
Porospore 371
Postreduktion 242, 306
Präreduktion 242, 306
Primordium 30, 32
Promyzel 477
Prosorus (= Sommerspore) 99
Protoplasmodium 25
Protostelidae 5, 20, 22

Pseudoantheridium 267
Pseudoascogonium 267
Pseudocompatibilität 240, 309, 314
Pseudoplasmodium 2, 5, 7–9, 11
Pseudopodium 19, 24
Pseudothezium 62, 248, 297, 368
Psilophytales 217
Pucciniaceae 489
Pulverschorf 44, 45
– Kartoffel 36, 43
Pyknidien 63, 477, 500
Pyknospore 477
Pyrenomycetes 296
Pythiaceae 146–148

Rami 294
Rekombination 13, 163, 236, 463
Resistenz 163
Rhizidiaceae 104
Rhizomorphen 56
Riesenzelle 12
Rishitin s. Phytoalexin
Rostpilze 55, 85, 458, 476
Rotfäule 417
Rumposom 124
Russulaceae 415

Saccharomycetaceae 255
Sagenetosom 17
Saprolegniaceae 128, 129, 138, 141, 142
Saprolegniales 127, 128, 146, 147
Saprophyten 154, 156, 175, 232
Scheidenmatrix 273
Scheidenmembran 273
Scheidenmykorrhiza 61
Schizophyllaceae 426
Schnalle 385
Schnallenbildung 83, 385
Schotenfäule 156
Schwarzbeinigkeit 543
Schwarzfäule 298, 343
Schwarzrost, Bekämpfung 483
Sclerodermatales 455
Scolecospore 499
Seitenkörperkomplex 69
Selbstung 159
Sellerieschimmel 545
Septum 48, 386
– dolipor 51, 386

Sirenin 116
Sklerotium 26, 56, 59
Solanaceae 160
Sordariaceae 302
Soredium 349
Sorokarp 8, 11, 13
Sorus 8, 148
Spelzenbräune, Weizen 545
Spermatium 240
Sphaeriales 297
Sphaerula 26
Spiculum 377
Spindelanordnung 375
Spitzenkörper 54
Sporangienentwicklung 31–33
Sporangiole 81, 175, 176, 204–211, 214, 219
Sporangiophore 147
Sporangiospore 74, 206–208, 211
Sporangium 28
Sporobolomycetaceae 472
Sporocladien 176
Sporodochium 325, 328, 500
Sporokarp 20, 177, 217
Sporophor 18
Sporophyten 119
Sporopollenin 192, 193
Sporulation 22, 28
„Stäbchen" 134
Stammbruch, Hafer 545
Stammfäule 317
Stammschwärze, Hafer 545
Statismospore 379, 445
Staurospore 499
Steliogen 7
Stemonitomycetidae 19, 22, 31
Stereaceae 432
Sterigma 76, 374, 377
Stielbrand 460
Stinkbrand 469
Stinkmorchel 456
Streifenkrankheit, Gerste 536
Streifenrost 487
Stroma 248, 297, 340
Strophariaceae 413
Stylospore 215–217

Subgleba 447
Subhymenium 400
Suspensor 191, 194–197, 213, 216, 217, 219
Symbionten 83
Sympodula 539
Synaptomaler Komplex 12, 17, 19, 142
Synascus 249
Syncephastraceae 211
Synchytriaceae 96
Syngamie 13, 25
Synnema s. Koremien

Taphrinales 263
Teerfleckenkrankheit 345
Teleutosorus 477
Teleutospore (= Chlamydospore) 375, 459, 477
Teliomycetes 458
Tetrade 20
Tetradenanalyse 312
Thallus 48, 124, 127, 128
Thamnidiaceae 176, 204, 208
Thelephoraceae 435
Thigmotropismus 189
Thraustochytriaceae 18
Tierparasiten 148
Trama 396
Tremellales 439
Trennzelle 509
Trichiales 32
Trichoderma-Effekt 160
Trichogyne 240
Tricholomataceae 408
Trichomycetes 175
Triebsterben 369
Trisporiesäure 188, 189, 211
Trophocyste 199, 200
Tuberales 363
Tunica 450

Ulmensterben 297, 301
Umbelliferae 169
Umfallkrankheit 59, 85, 155
Uredinales 476, 488
Uredinium 477
Uredium 477
Uredospore 477
Ustilaginales 459

– Infektion 467
– Bekämpfung 469
Ustomycota 471
Ustospore 459

Velum, partiale 396
– universale 396
Venae externae 366
Volva 396
Vorderzellen 10

Wandvesikel 129
Wasserpilze 128
Weichfäule 315
Weißährigkeit, Gerste 536
Weißfäule 417
– Zwiebel 61
Weißrost 171
Weizenflugbrand 460
Weizensteinbrand 460
Welkekrankheiten 297
Windehyphen 56
Wurzelbrand 371
– Rübe 543
Wurzelfäule 443
– Karotte 532
– Reis 539
– Zwiebel 60
Wurzel- und Fruchtfäule 155
Wurzelfaser 67, 68
Wurzelkrankheit, Erbse 128

Xylariaceae 317
Xylaria-Typ 305, 316, 317

Zellulose 49
Zellwandstruktur, Eumycota 49
Zellwandtaxonomie 50
Zoopagaceae 220
Zoopagales 220
Zwiebelfäule 60
Zygomycetes 175
Zygomycotina 175
Zygophore 187–189, 191
Zygospore 77, 175, 180, 186–195, 197, 203, 204, 207, 208, 209, 211, 213, 219, 223
Zygotropismus 188

K. Esser

Kryptogamen: Blaualgen, Algen, Pilze, Flechten

Praktikum und Lehrbuch

1976. 304 Abbildungen, 5 Tabellen. XIV, 572 Seiten
DM 64,-. ISBN 3-540-07638-7

„Unter den Einführungsbüchern in die Kryptogamen-
kunde nimmt das vorliegende Werk ... sicherlich eine
Sonderstellung ein. Obwohl es in erster Linie als Prak-
tikums- und Lehrbuch für das Biologiestudium konzi-
piert ist, ist es darüber hinaus hervorragend geeignet,
allen an Blaualgen, Algen und Flechten interessierten
Wissenschaftlern und Laien eine fundierte, mit
anschaulichen, gut gewählten Beispielen belegte
Übersicht über die angesprochenen Mikroorganis-
men-Gruppen zu geben. Das Buch vermittelt in straff
gefaßter Form Wesentliches über den morphologisch-
anatomischen Aufbau sowie über die wichtigsten
Aspekte der Fortpflanzung bei Kryptogamen. Hervorzuheben sind die zahlreichen ausgezeichneten photo-
graphischen Aufnahmen, deren Prägnanz vielleicht
erst derjenige richtig einzuschätzen vermag, der sich
auf dem Gebiet der Mikrophotographie bei Kryptogamen versucht hat..."

Silvae Genetica

Springer-Verlag
Berlin
Heidelberg
NewYork

K. Esser, R. Kuenen

Genetik der Pilze

Ergänzter Neudruck 1967. 75 Abbildungen.
VII, 501 Seiten
DM 98,-. ISBN 3-540-03286-X

Springer Series in Microbiology

Editor: M. P. Starr

Ascomycete Systematics

The Luttrellian Concept

Editor: **D. R. Reynolds**
With contributions by numerous experts
1981. 122 figures. IX, 242 pages
Cloth DM 79,-. ISBN 3-540-90488-3

Basidium and Basidiocarp

Evolution, Cytology, Function, and Development

Editors: **K. Wells, E. K. Wells**
With contributions by numerous experts
1982. 117 figures. XI, 187 pages
Cloth DM 89,-. ISBN 3-540-90631-2

Basidium and Basidiocarp is a comprehensive interdisciplinary review of recent studies of the basidiomycetes. This major class of fungi is examined from the taxonomic, cytologic, molecular biological, physiologic, and biochemical points of view in order to provide a broad picture of modern findings and the experimental procedures underlying them. Among the areas covered are phylogenetic theory, basidial cytology, DNA replication, and the physiology of stipe elongation. Extensively illustrated, this book will be of interest to researchers and advanced students in mycology, plant biochemistry, physiology and pathology.

Springer-Verlag
Berlin
Heidelberg
New York

E. A. Birge

Bacterial and Bacteriophage Genetics

An Introduction
1981. 111 figures. XVI, 359 pages
Cloth DM 54,-. ISBN 3-540-90504-9

T. D. Brock

Thermophilic Microorganisms and Life at High Temperatures

1978. 195 figures, 69 tables. XI, 465 pages
Cloth DM 59,-. ISBN 3-540-90309-7

G. Gottschalk

Bacterial Metabolism

1979. 161 figures. XI, 281 pages
Cloth DM 47,-. ISBN 3-540-90308-9

G. Lancini, F. Parenti

Antibiotics

An Integrated View

Translated from the Italian by B. Rubin
1982. 106 figures. XI, 253 pages
Cloth DM 79,-. ISBN 3-540-90630-4

Drawing from numerous perspectives, the authors of this volume present an integrated and unified survey of the principles and concepts of antibiotics. Among the topics examined are: activity resistance; mechanisms of action; structure activity relationships; and biological and ecological significance.
This concise and well illustrated work will be welcomed by both student and scientist for its unique overview of the biology and biochemistry of antibiotics.

A. Maggenti

General Nematology

1981. 135 figures. X, 372 pages
Cloth DM 78,-. ISBN 3-540-90588-X